数字图像处理及应用

（第2版）

谢凤英　主　编

赵丹培　李　露　罗晓燕　副主编

姜志国　主　审

電子工業出版社

Publishing House of Electronics Industry

北京 • BEIJING

内容简介

本书在第 1 版的基础上修订而成，系统而全面地介绍了与数字图像处理相关的基础理论和应用技术，立足基础理论，突出经典算法，并注重总结当前的最新技术发展，同时重视工程应用。

全书共 14 章，第 1～8 章为理论篇，第 9～14 章为应用篇。第 1 章为图像处理的基础知识，包括图像的获取、表达、存储及图像质量评价等。第 2～8 章为图像的基础理论，包括图像变换、图像增强、图像复原、图像压缩编码、图像分割、图像的形态学处理，以及图像描述等。第 9～13 章为图像的应用技术，包括图像匹配、图像融合、目标检测、目标跟踪、图像识别等。第 14 章为工程应用系统案例分析，总结了作者实际课题研究中的典型工程案例，这些工程案例将本书的各章内容贯穿起来，是前面各种图像处理技术的综合运用，使读者对图像处理技术有一个更高层次的理解和提升。

本书理论翔实，内容全面，前后贯穿。本书适合作为本科生教材，其中对图像领域先进理论和算法的总结很有价值，适合作为研究生教材，工程应用系统的综合分析，对科学研究及工程开发人员很有借鉴意义。

图书在版编目（CIP）数据

数字图像处理及应用/谢凤英主编. —2 版. —北京：电子工业出版社，2016.9
ISBN 978-7-121-29874-5

Ⅰ. ①数…　Ⅱ. ①谢…　Ⅲ. ①数字图象处理　Ⅳ. ①TN911.73

中国版本图书馆 CIP 数据核字（2016）第 216379 号

策划编辑：许存权
责任编辑：许存权　特约编辑：谢忠玉 等
印　刷：北京虎彩文化传播有限公司
装　订：北京虎彩文化传播有限公司
出版发行：电子工业出版社
北京市海淀区万寿路 173 信箱　邮编 100036
开　本：787×1 092　1/16　印张：32.25　字数：826 千字
版　次：2014 年 6 月第 1 版
2016 年 9 月第 2 版
印　次：2023 年 9 月第 2 次印刷
定　价：79.00 元

凡所购买电子工业出版社图书有缺损问题，请向购买书店调换。若书店售缺，请与本社发行部联系，联系及邮购电话：（010）88254888，88258888。

质量投诉请发邮件至 zlts@phei.com.cn，盗版侵权举报请发邮件至 dbqq@phei.com.cn。

本书咨询联系方式：（010）88254484，xucq@phei.com.cn。

FOREWORD 再版前言

近几十年来，在数字信号处理技术和计算机技术发展的推动下，数字图像处理技术得到了飞速发展，已成为其他科学技术领域中不可缺少的一项重要工具。数字图像处理的应用领域越来越广泛，从空间探索到微观研究，从军事领域到工农业生产，从科学教育到娱乐游戏，越来越多的领域用到了数字图像处理技术。

作为一门实用而综合的交叉学科，图像处理技术研究的内容主要包括图像变换、图像压缩编码、图像增强与复原、图像分割、图像描述、图像匹配、图像融合、图像目标的检测跟踪、图像识别、图像的形态学处理等。本书以传统的图像处理方法为基础，突出经典理论，注重总结当前流行的新理论和新方法，系统介绍这些重要的数字图像处理技术，同时结合实际应用，对经典案例进行系统分析。本书力求基础理论、最新发展及工程应用紧密结合与统一。全书内容涵盖范围广，由经典到先进，深浅适中，读者通过本书的学习，既可以掌握基础理论，又能够熟悉领域内的发展动态，并通过案例分析加强理论内容的理解。

本书由几位多年从事数字图像处理教学和科研工作的教师编写，书中的内容及结构安排经过了课题组的多次讨论和审定，实例分析及工程应用案例来源于作者所在实验室的科研实践和课题研究。全书经过精心组织，有利于教师讲授和学生学习，同时也有利于相关领域科学研究和工程开发人员参考。

本书由北京航空航天大学图像处理中心的谢凤英、赵丹培、李露和罗晓燕老师共同编写，其中，谢凤英主要负责第 3、6、7、8、13、14 章，1.1、1.3、1.4 节，2.1～2.4、2.7 节，9.1～9.3 节，赵丹培主要负责第 4、11、12 章，2.5、2.6、2.8 节，9.4.1～9.4.5 节的初稿，13.2.2～13.2.5 节；李露主要负责第 5 章，9.4.6 节；罗晓燕主要负责第 10 章，1.2 和 1.5 节，9.4.1～9.4.5 节的终稿。全书由北京航空航天大学图像处理中心姜志国教授主审，最后由谢凤英统稿和校对。特别感谢在百忙之中为本书主审并提出许多宝贵意见的姜志国教授。感谢北京航空航天大学图像处理中心的卢亚楠博士、史俊博士、李阳、吴叶芬、张杰和陆明同学在本书的编写中给予的大力支持。同时，在编写本书的过程中参考了国内外大量书籍和论文，在此对本书所引用论文和书籍的作者深表感谢。

本书是在第 1 版的基础上修订而成，修正了其中的一些错误，改用通俗语言叙述一些概念。由于编者水平有限，书中还有不当之处，敬请读者批评指正。

编　者

CONTENTS 目录

理论篇

应用篇

理论篇

第1章 数字图像处理的基础知识

图像是信息的重要载体，是人类获取信息、表达信息和传递信息的重要手段。人类获取外界信息有视觉、听觉、触觉、嗅觉和味觉等多种方法，其中 80%左右来自视觉所接收的图像信息。自然图像是连续的，或者说，在采用数字化表示和数字计算机存储处理之前，图像是连续的，这时的图像称为模拟图像（Analog Image）。数字图像（Digital Image）是由模拟图像数字化或离散化得到的。随着人类社会的进步和计算机科学技术的发展，人们对信息处理和信息交流的要求越来越高，对数字图像处理技术的广泛研究和应用也成为必然趋势。

本章将介绍数字图像处理的主要研究内容、发展和应用，在此基础上介绍图像的获取技术、数字图像的表示和存储及图像质量的评价等基础内容。

1.1 数字图像处理概述

1.1.1 图像和数字图像

图像是当光辐射能量照在客观存在的物体上，经其反射或透射得到反射光能量或透射光能量，或由发光物体本身发出的光能量。人类用眼睛感受外界的光能量，经过视神经、传导神经后在大脑中重现出景物的视觉信息，这是最原始的图像。同理，由人类设计制造的成像装置感受外界的光能量形成的结果也是图像，例如，相机拍摄的底片和照片、电影摄影机拍摄的电影片段、电视摄像机拍摄的电视节目片段等都属于图像的范畴。广义地讲，凡是记录在纸介质上的、拍摄在底片和照片上的、显示在电视、投影仪和计算机屏幕上的所有具有视觉效果的画面都可以称为图像。根据图像记录方式的不同，图像可分为模拟图像和数字图像两类。模拟图像是通过某种物理量（光、电等）的强弱变化来记录图像上各点的亮度信息的，例如，模拟电视图像，而数字图像则完全是用数字（即计算机存储的数据）来记录图像亮度信息的。

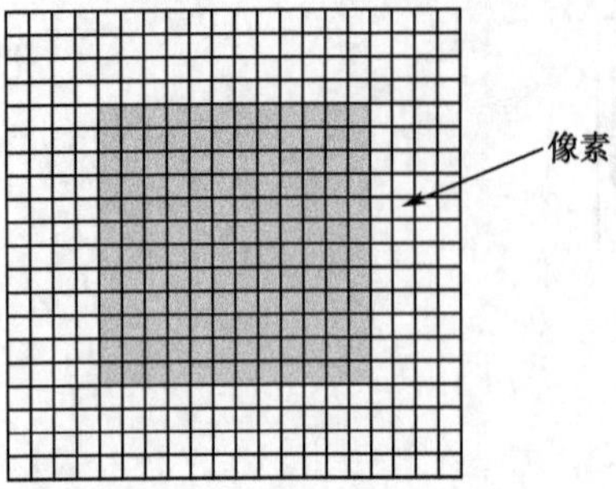

图 1-1　放大后的矩形图像

在计算机中，组成数字图像的基本单位是像素（Pixel），也就是说，数字图像是像素的集合。如图 1-1 所示，图中每个格点代表一个像素，该图是一个白色背景下包含灰色矩形的图像。数字图像处理（Digital Image Processing）又称为计算机图像处理，就是指用数字计算机及其他相关的数字技术，对数字图像施加某种或某些运算和处理，从而达到某种预期的处理目的。

1. 数字图像处理的基本特点

模拟图像经采样和量化两个过程以后变成能够被计算机存储和处理的数字图像，它具有以下几个基本特点。

1）处理信息量大

数字图像处理的信息大多是二维信息，处理信息量很大。如一幅 256×256 的黑白图像，要求约 64Kb 的数据量；对 512×512 的彩色图像，则要求 768Kb 的数据量；如果要处理 30 帧/秒的电视图像序列，则每秒要求 500Kb～22.5Mb 数据量。因此，对计算机的计算速度、存储容量等要求较高。

2）占用频带较宽

与语言信息相比，图像占用的频带要大几个数量级。如电视图像的带宽约 5.6MHz，而语音带宽仅为 4kHz 左右。所以在成像、传输、存储、处理、显示等各个环节的实现上，技术难度较大，成本亦高，这就对频带压缩技术提出了更高的要求。

3）各像素相关性大

数字图像中各个像素是不独立的，在图像画面上，经常有很多像素有相同或接近的灰度。就电视画面而言，同一行中相邻两个像素或相邻两行间的像素，其相关系数可达 0.9 以上，一般来说相邻两帧之间的相关性比帧内相关性还要大些。因此，图像处理中信息压缩的潜力很大。

4）受人的因素影响较大

数字图像处理后的图像一般是给人观察和评价的，因此，受人的因素影响较大。一方面由于人的视觉系统很复杂，受环境条件、视觉性能、人的情绪爱好及知识状况影响很大，作为图像质量的评价还有待进一步深入研究。另一方面，计算机视觉是模仿人的视觉，人的感知机理必然影响计算机视觉的研究。

2. 数字图像处理的优点

在计算机处理出现以前，图像处理都是采用光学照相处理和光学透镜滤波处理等模拟方法来进行的。随着计算机技术和图像处理技术的发展，用计算机或数字电路进行数字图像处理已经越来越显示出它的优越性。主要表现在：

1）再现性好

数字图像处理与模拟图像处理的根本不同在于，它不会因图像的存储、传输或复制等一系列变换操作而导致图像质量的退化。只要图像在数字化时准确地表现了原稿，则数字图像处理过程始终能保持图像的再现。

2）处理精度高

按目前的技术，几乎可将一幅模拟图像数字化为任意大小的二维数组，这主要取决于图像数字化设备的能力。现代扫描仪可以把每个像素的灰度等级量化为16位甚至更高，这意味着图像的数字化精度可以满足任一应用需求。对计算机而言，不论数组大小，也不论每个像素的位数多少，其处理程序几乎是一样的。换言之，从原理上讲不论图像的精度有多高，处理总是能实现的。

3）适用面宽

图像来自多种信息源，它们可以是可见光图像，也可以是不可见的波谱图像（例如，X射线图像、超声波图像或红外图像等）。从图像反映的客观实体尺度看，可以小到电子显微镜图像，大到航空照片、遥感图像甚至天文望远镜图像，这些来自不同信息源的图像均可用计算机来处理。即只要针对不同的图像信息源，采取相应的图像信息采集措施，图像的数字处理方法适用于任何一种图像。

4）灵活性高

图像处理大体上可分为图像的像质改善、图像分析和图像重建三大部分，每一部分均包含丰富的内容。由于图像的光学处理从原理上讲只能进行线性运算，这极大地限制了光学图像处理能实现的目标。而数字图像处理不仅能完成线性运算，而且能实现非线性处理，即凡是可以用数学公式或逻辑关系来表达的一切运算均可用数字图像处理实现。

1.1.2　数字图像处理的主要研究内容

根据图像处理的主要流程和目标，大致可以将图像处理的主要研究内容分为图像获取、图像变换、图像编码、图像增强和复原、图像分割、图像描述、图像匹配、图像融合、图像识别、运动目标检测和跟踪等几个方面。

1）图像获取

图像获取是图像处理过程中的首要基础工作，是获得或生成图像的过程。根据具体的获取方式分为两类，既可以是从客观现实目标场景中通过成像设备获得，也可以是计算机合成图像。其中，获得数字图像的成像设备应具有两种装置，一种是能感应记录电磁能量光谱的成像传感器，另一种是能将光谱能量电信号从模拟转化为数字形式的模/数转换器。目前，在图像处理领域，能被计算机处理的数字图像必须在空间和灰度上都具有离散性才行，体现在图像获取过程中就是图像的空间采样和灰度离散化技术。

2）图像变换

图像变换包括几何变换、傅里叶变换、离散余弦变换、K-L变换及小波变换等。除几何变换外，其他变换都是将空间域的处理转换为变换域处理，不仅可减少计算量，而且可获得更有效的处理，如傅里叶变换可用于频域数字滤波处理、离散余弦变换可用于图像数据压缩、而K-L变换则可用来对图像数据进行降维处理等。

3）图像编码压缩

图像编码压缩技术可减少描述图像的数据量（即位数），以便节省图像传输和处理的时间，以及减少所占用的存储器容量。压缩可以在不失真的前提下获得，也可以在允许失真的条件下进行。编码是压缩技术中最重要的方法，它在图像处理技术中是发展最早且比较成熟的技术。

4）图像增强和复原

图像增强和复原属于图像预处理环节，其目的是提高图像的质量，如去除噪声，提高图像的清晰度等。图像增强不考虑图像降质的原因，突出图像中感兴趣的部分，如强化图像高频分量可使图像中物体轮廓清晰，强化低频分量可减少图像中的噪声影响。图像复原要求对图像降质的原因有一定的了解，一般讲应根据降质过程建立“降质模型”，再采用某种滤波方法，恢复或重建原来的图像。

5）图像分割

图像分割是数字图像处理中的关键技术之一，它是将图像中有意义的特征部分提取出来，其有意义的特征有图像的边缘、区域等。图像分割是进一步进行图像识别、分析和理解的基础。虽然目前已研究出不少边缘提取、区域分割的方法，但还没有一种普遍适用于各种图像的有效方法。因此，对图像分割的研究还在不断深入之中，仍然是目前图像处理中研究的热点之一。

6）图像描述

图像描述是图像识别和理解的必要前提。为了有效识别感兴趣的目标，必须对各区域、边界的属性和相互关系用更加简洁明确的数值和符号表示，从而在保留原图像区域重要信息的同时，减少描述区域的数据量。图像的描述方法一般包括边界、形状、颜色和纹理等几方面。

7）图像匹配

图像匹配是图像处理中的应用技术之一，其实质是比较两幅或多幅图像，寻找它们之间在某一图像特性上的相似性，图像匹配的应用领域非常广泛，如全景视图、图像拼接、目标检测等。

8）图像融合

图像融合是信息融合的一个重要分支，其主要思想是通过一定的算法规则，将两个或多个在同一时间或不同时间获得的某一场景或目标的图像进行综合处理，最大限度地利用多源图像间的互补信息，减少冗余信息，生成一个对场景或目标表示更准确、有效的新图像。目前，图像融合不仅应用于场景感知、目标检测、目标识别等军事领域，也广泛应用于智能交通、安全监视、医学成像等民用领域。

9）图像识别

图像识别是图像经过某些预处理（增强、复原、压缩）后，进行图像分割和特征提取，从而进行判别分类。对图像目标的分类识别常采用经典的统计模式分类方法，以及后来发展起来的人工神经元网络和支持向量机等分类方法。

10）运动目标检测和跟踪

目标检测是搜索图像中感兴趣的目标，获得目标的客观信息，而目标跟踪则是根据当前运动信息估计和预测出运动目标的运动趋势，以便为其后的识别理解等高层次图像处理提供信息。运动目标的检测和跟踪属于动态图像序列的处理范畴，也是目前图像处理研究的热点内容之一。

对于一个图像处理系统，由于处理的目的不同，所用到的图像步骤可能是以上内容中的一种，也可能是几种，我们会在后续章节中对这些内容进行介绍。

1.1.3 数字图像处理的发展及应用

1. 数字图像处理的发展

数字图像的最早应用是在报纸业。早在20世纪20年代早期，Bartlane电缆图像传输系统通过海底电缆穿过大西洋在纽约和伦敦之间传输图像，它将传输时间从 1 周多减少至 3h。在该系统中，专用的打印设备将图像编码并传输，然后在接收端重建图像。为了提高这些图像的视觉质量，人们把问题聚焦在打印过程和亮度级分布上。早期的 Bartlane 系统的编码图像具有 5 个灰度级，到 1929 年提高至 15 个灰度级。尽管上面这个例子中提到了数字图像，但是由于这一时期计算机还没有出现，因而它们并不能算作我们所说的数字图像处理的结果。因此，数字图像处理的历史是和数字计算机密不可分的。事实上，数字图像占据大量的存储空间，而且数字图像处理过程中需要大量的计算，因此，数字图像的发展依赖于计算机的发展，依赖于显示、存储、传输等技术的支持。

用计算机成功处理数字图像最早可以追溯到 20 世纪 60 年代初期，1964 年美国喷气推进实验室（Jet propulsion Laboratory，JPL）对航天探测器徘徊者 7 号发回的几千张月球照片使用了图像处理技术，如用几何校正、灰度变换、去除噪声等方法进行处理，并考虑了太阳位置和月球环境的影响，由计算机成功地绘制出月球表面地图，获得了巨大的成功。随后又对探测飞船发回的近十万张照片进行更为复杂的图像处理，获得了月球的地形图、彩色图及全景镶嵌图，取得了非凡的成果，为人类登月创举奠定了坚实的基础，也推动了数字图像处理这门学科的诞生。在以后的宇航空间技术，如对火星、土星等星球的探测研究中，数字图像处理技术都发挥了巨大的作用。

与此同时，20 世纪 60 年代后期至 70 年代早期，数字图像处理开始用于医学图像、对地遥感和天文学等方面。1972 年英国 EMI 公司工程师 Hounsfield 发明了用于头颅诊断的 X 射线计算机断层摄影装置，也就是我们通常所说的 CT（Computer Tomography）。CT 的基本方法是根据人的头部截面的投影，经计算机处理来重建截面图像，称为图像重建。1975 年 EMI 公司又成功研制出全身用的 CT 装置，获得了人体各个部位鲜明清晰的断层图像。1979 年，这项无损伤诊断技术获得了诺贝尔奖，说明它对人类做出了划时代的贡献。

从 20 世纪 60 年代后期到现在，图像处理技术蓬勃发展并得到了广泛应用。在工业、医药和生物科学等领域，用对比度增强和伪彩色增强技术来提高视觉效果。地理学工作者对卫星或航拍图像进行增强来研究污染模式。图像增强和复原技术还可以用来处理不可复现的或者复现成本过于昂贵的质量下降的图像。在考古学领域，珍贵的人造物品会因年代久远而被损坏或丢失，用图像处理技术可以对这些物品成像并恢复模糊的图像。在物理学及其相关领域，图像处理技术可以用来增强高能离子显微镜或电子显微镜等实验结果图像。其他如天文、生物、核医学、执法、防卫和工业等领域，都有类似的图像处理的成功应用。

从 20 世纪 70 年代中期开始，随着计算机技术和人工智能、思维科学研究的迅速发展，数字图像处理向更高、更深层次发展。人们已开始研究如何用计算机系统解释图像，实现类似人类视觉系统对外部世界的理解，这被称为图像理解或计算机视觉。这类研究集中在图像信息的提取方面。这些信息可以是傅里叶变换系数、多维距离测量等。通常，这些信息与人类视觉的某些特征具有相同之处，可以用来解释图像的内容。图像处理技术应用在图像理解方面的典型例子包括自动字符识别、用于产品集成和检测的工业机器视觉、指纹的自动处理、X 射线和血液样本的筛查、用于天气预报和环境评估的航空或卫星图像处理等。图像理解虽然在理论方法研究上已取得不小的进展，但它本身是一个比较难的研究领域，存在不少困难，因人类本身对自己的视觉过程还了解甚少，因此计算机视觉是一个有待人们进一步探索的新领域。

现今，计算机性能不断地提高，通信技术不断地发展，而造价进一步下降，这极大地促进了图像处理系统的普及和应用，21 世纪的图像处理技术正在向更高质量方向发展，主要体现在以下几点：

（1）高分辨率。随着图像传感器分辨率和计算机运算速度的不断提高，图像存储器内存、计算机内存及外设存储容量不断增大，数字图像由低分辨率向高分辨率不断发展。

（2）高速度。在运动目标的检测和跟踪、工业部件的在线监测和分类中需要能够实时处理图像，并行计算机的出现、存储容量的增大及运算速度的提高，使得这种需要成为现实。

（3）立体化。三维立体图像可以提供更丰富的信息。三维图像获取及处理技术主要通过全息摄影实现，或通过断层扫描与图像重建实现。随着图像技术和计算机技术的发展，三维图像不再只是科幻电影中的某个镜头，而已经在军事和医学上得到广泛应用，并已逐步进入人们的日常生活。

（4）多模化。对于同一目标、景物或场景，采用不同的图像传感器或在不同条件下获取图像，然后对这些图像进行综合处理和应用。例如，医院为了有效检查某种疑难病症，可以将病灶位置的 CT、MR、超声的图像进行综合对比和分析。

（5）智能化。计算智能方法以其自学习、自组织、自适应的特征和简单、通用、鲁棒性强、易并行处理等特点，使得其在图像处理中有着广泛的应用前景和不可替代的地位。智能图像处理技术是图像处理智能化发展的必然趋势，它们能够更好地满足人类的信息处理需求。

2. 数字图像处理的应用

图像是人类获取和交换信息的主要来源，随着数字技术和数字计算机技术的飞速发展，数字图像处理技术已经发展成为一门独立的有强大生命力的学科，其应用领域十分广泛。

1）*航天和航空技术方面*

数字图像处理技术在航天和航空技术方面的应用，除了对月球、火星照片的处理之外，另一方面的应用是在航空遥感和卫星遥感技术中。许多国家每天派出很多侦察飞机对地球上感兴趣的地区进行大量的空中摄影。对由此得来的照片进行处理分析，以前需要雇用几千人，而现在改用配备有高级计算机图像处理的系统来判读分析，既节省人力，又加快了速度，还可以从照片中提取人工所不能发现的大量有用情报。从 20 世纪 70 年代初到 90 年代末，美国太空总署（NASA）发射了 7 颗资源遥感卫星 LANDSAT 系列，其图像分辨率最高可达 15m。1999 年美国洛克希马丁公司发射了世界上第一颗提供高分辨率卫星影像的商业遥感卫星 IKONOS，可提供 1m 分辨率的全色光图像。2001 年由美国 Digital Globe 公司发射的 QuickBird 卫星，全色光分辨率达到 0.6m，单景影像比其他的商业高分辨率卫星高出 2～10 倍，具有最高的地理定位精度和海量性上存储。法国则从 1986 年开始陆续发射 SPOT 卫星，目前可提供 10m 分辨率的全色图像和 20m 分辨率的多光谱图像。我国从 1985 年以来陆续研制发射了国土资源普查卫星，卫星图像数据因此得到了广泛应用。

遥感图像数据在空中先处理（数字化，编码）成数字信号存入磁带中，在卫星经过地面站上空时，再高速传送下来，然后由处理中心分析判读。这些图像无论是在成像、存储、传输过程中，还是在判读分析中，都必须采用很多数字图像处理方法。据统计，有近 30 个领域、行业都能用到遥感技术，如陆地水资源调查、土地资源调查、植被资源调查、地质调查、城市遥感调查、海洋资源调查、测绘、考古调查、环境监测和规划管理等。利用计算机对遥感图像目标进行自动识别，成为当前遥感信息处理的主要发展方向。

2）生物医学工程方面

数字图像处理在生物医学工程方面的应用十分广泛，而且很有成效。除了上面介绍的CT技术之外，还有一类是对医用显微图像的处理分析，如红细胞、白细胞分类，染色体分析，痰涂片结核杆菌检测，皮肤病理图像分析，癌细胞识别等。此外，在X光肺部图像增晰、超声波图像处理、MR核磁影像分析、心电图分析、立体定向放射治疗等医学诊断方面都广泛地应用图像处理技术。用数字图像处理和分析系统以后，由计算机处理和识别软件代替人眼，不仅大大减少了目视判读工作量，检验结果也实现定量化，精度大幅提高。

3）通信工程方面

当前通信的主要发展方向是声音、文字、图像和数据结合的多媒体通信。具体讲是将电话、电视和计算机以三网合一的方式在数字通信网上传输，其中以图像通信最为复杂和困难，因图像的数据量十分巨大，如传送彩色电视信号的速率达100Mb/s以上。要将这样高速率的数据实时传送出去，必须采用编码技术来压缩信息的比特量。在一定意义上讲，编码压缩是这些技术成败的关键。

4）工业和工程方面

在工业和工程领域中图像处理技术有着广泛的应用，如产品和大型部件的无损探伤，自动装配线中工件质量检测和分类，印刷电路板疵病检查，弹性力学照片的应力分析，流体力学图片的阻力和升力分析，邮政信件的自动分拣，支票、签名、文件的识别及辨伪，在一些有毒、放射性环境内识别工件及物体的形状和排列状态，在先进的设计和制造技术中采用工业视觉，等等。

5）军事公安方面

在军事方面图像处理和识别主要用于飞行导航，导弹打靶的景物图像制导和寻的，雷达地形侦察，各种侦察照片的判读，具有图像传输、存储和显示的军事自动化指挥系统，飞机、坦克和军舰模拟训练系统等；公安方面的业务包括图片的判读分析，指纹识别，人脸识别，不完整图片的复原，以及交通监控、车牌识别、事故分析等。

6）其他领域的应用

其他如电视画面的数字编辑、电视电影动画制作、电子图像游戏、电子商务中的身份认证和产品防伪、文物资料照片的复制和修复、运动员动作分析，等等。

总之，图像处理技术应用领域相当广泛，已在国家安全、经济发展、日常生活中充当越来越重要的角色，对国计民生的作用不可低估。

1.2 图像的获取技术

1.2.1 图像的获取手段

图像的获取可分为成像设备捕获与计算机合成两种方式。在现如今的应用中，最主要的图像是用成像设备产生的电磁能量谱图像，以可见光谱波段的图像为典型。在不同的应用场景，人们往往希望得到不同的光谱段信息，而不同范围的光谱记录依赖于不同特性的成像传感器，下面以常见的几种传感器为例对图像获取手段进行简要介绍。

1．CCD 图像传感器

电荷耦合元件（Charge-coupled Device，CCD）是固态阵中的主要元件，是一种半导体成像传感器器件，组成它的感光基元是离散硅成像元素，利用电荷注入、转移和读出方式实现场景信息的获取。根据成像原理，CCD 图像传感器分为线列 CCD 图像传感器和面阵 CCD 图像传感器。CCD 图像传感器可以根据不同的设计用于不同波长范围的光谱成像。

1）可见光 CCD 摄像机

可见光 CCD 摄像机是一种目前应用最广泛的图像采集设备，以市场上广泛流行的数码照相机为代表。CCD 摄像机主要是通过镜头将光照聚焦在加有驱动时钟的 CCD 光敏面上，CCD 根据光的强弱完成相应比例电荷的存储、转移，经过滤波、放大等处理后形成图像信号输出。

2）X 光 CCD 图像传感器

X 光 CCD 图像传感器在工程中得到广泛应用，以医学领域的数字式 X 光成像装置最为典型。CCD 图像传感器通过特殊设计可以用于 X 光的波长范围。因为传统的 CCD 表面对 X 光的吸收太强，因此，针对 X 光的 CCD 必须将这些结构设计并做得尽可能薄，以减少对 X 光的吸收。同时，为了能够形成一个收集 X 光的深耗尽层以收集穿过的 X 光光子，X 光 CCD 图像传感器需要具有高电阻率的衬底。

3）红外 CCD 图像传感器

红外 CCD 图像传感器主要用于军事领域，其中典型的代表是红外夜视成像设备。红外 CCD 图像传感器是在面阵 CCD 图像传感器和红外探测器阵列技术的基础上发展起来的。所以，在成像原理上，红外 CCD 图像传感器和可见光图像传感器基本是一样的，只是其接收到的电磁波段不一样，它主要接收的是红外辐射波段。红外 CCD 图像传感器的核心器件是在硅 CCD 器件和红外探测器阵列技术基础上发展起来的红外电荷耦合器，它是新一代的固体焦平面技术，它将 CCD 图像传感器的工作波段从可见光拓展到中远红外光。

2．CMOS 图像传感器

互补金属氧化物半导体（Complementary Metal Oxide Semiconductor，CMOS），它也是一种由半导体材料制作而成的图像传感器件。CMOS 图像传感器的光电转换功能与 CCD 相似，但它用传统的芯片工艺方法将光敏元件、放大器、A/D 转换器、存储器、数字信号处理器等都集成在一块硅片上，从而降低了功耗和成本，有着广泛的应用前景。

3．CID 图像传感器

电荷注入器件（Charge-injected Device，CID），具有与 CCD 相似的基本结构，也是一种利用电荷注入、转移和读出方式实现场景信息获取的半导体结构。与 CCD 器件不同的是，CID 图像传感器有一个和图像矩阵对应的电极矩阵，在每个像素对应位置上有两个能形成电位阱的电极，分别对应行列位置的电极连通或隔离。根据控制行列的电极连通与否，可以实现对某个像素的访问，具有很强的随机访问性。

4．其他典型成像设备

在不同的应用领域，随着成像目的的不同，涌现出大量针对特定场景信息源采用特殊成像方式的成像设备。比如，遥感多光谱成像扫描仪能获取同一地区在同一时刻的多个波段信息，它通过充分利用地物对不同光的不同反射特性来增加获取目标的信息量。合成孔径成像雷达，利用雷达对地物进行扫面，然后通过计算回波特性获得地物的物理特性。

1.2.2　图像的显示与输出

图像显示与输出是图像处理的最终目的，是图像处理系统与用户交流的重要手段。一般而言，图像显示方式分为暂时性显示和永久性显示两种。

暂时性显示主要依靠显示设备将图像强度信息转化为光亮度变化的模式，在一定的显示屏幕上输出图像。对于常见的图像显示设备，可以从工作原理、输入信号的方式、扫描方式、显示颜色、分辨率、显示屏形状等不同的角度进行分类。

根据工作原理划分：基于阴极射线管（Cathode-Ray Tube，CRT）、液晶显示器（Liquid Crystal Display，LCD）、等离子体显示器（Plasma Display Panel，PDP），等等。

根据输入信号的方式划分如下。

（1）模拟信号输入显示器。该显示器只有 R、G、B 三路模拟信号可以输入。

（2）数字信号输入显示器。该显示器的输入信号是数字信号。

（3）合成视频信号输入显示器。它的输入信号是包含色度、亮度和同步信号的混合视频信号，通过一根视频信号线传输。

根据扫描方式划分：隔行扫描显示器和逐行扫描显示器。

根据显示颜色划分：单色（或称黑白）和彩色。

根据分辨率划分：低分辨率、中分辨率、高分辨率显示器等。

根据显示屏形状划分：球面、纯平面、平面直角、柱面等。

永久性显示是指通过硬拷贝将图像转化到照片、透明胶片上，同时也可通过打印机或绘图仪等设备将图像输出在纸上。对于现有的打印输出，主要采用半调输出技术。半调输出技术是通过将灰度（或彩色）图像转化为二值点模式，从而在输出设备上保持输出图像原有的灰度级，它主要分为幅度调制技术和频率调制技术两类。

1）幅度调制技术

幅度调制（Amplitude Modulated，AM）半调技术，它是一种最开始提出使用的半调输出技术，通过调整输出黑点的尺寸来显示不同的灰度。

2）频率调制技术

频率调制（Frequency Modulated，FM）半调技术，它采用固定尺寸的输出黑点，使用其空间分布变化来表示不同的灰度。如果黑点分布比较密，所表示的灰度就比较暗；反之，如果分布比较稀疏，则表示比较亮的灰度。

1.3　图像数字化

一幅图像必须用一个合适的离散数据结构来表达才能够被计算机处理，例如，矩阵。传感器获取到的图像可以表示成二维坐标平面上的一个连续函数 $f(x,y)$，图像数字化就是将函数 $f(x,y)$ 采样成 M 行 N 列。图像量化则是给函数在每个采样点上赋予一个整数值——即连续

域上的图像函数 $f(x,y)$ 被分成 K 个间隔。因此，图像数字化的过程包括采样和量化两个过程，一个连续函数 $f(x,y)$ 被采样和量化得越细，其结果也就与函数 $f(x,y)$ 逼近得越好，即图像的保真度越高。

1.3.1 采样

对于一维时间信号，采样是将时间上、幅值上都连续的模拟信号在采样脉冲的作用下转换成时间上离散（时间上有固定间隔），但幅值上仍连续的离散模拟信号。所以采样又称为波形的离散化过程。对于图像信号而言，采样就是把位置空间上连续的模拟图像 $f(x,y)$ 转换成离散点集合的一种操作。

理论上，图像分辨率的选择由数字信号处理学的采样定理（奈奎斯特定理）来决定。设对模拟图像 $f(x,y)$ 按等间距网格均匀采样，x、y 方向上的采样间隔分别为 Δx、Δy。定义采样函数 $s(x,y)$，采样后的图像 $f_s(x,y)$ 应等于原模拟图像 $f(x,y)$ 与采样函数的乘积。

$$s(x,y)=\sum_{m=-\infty}^{+\infty}\sum_{n=-\infty}^{+\infty}\delta(x-m\Delta x,y-n\Delta y) \tag{1.1}$$

$$f_s(x,y)=f(x,y)s(x,y) \tag{1.2}$$

图 1-2 是采样函数示意图。

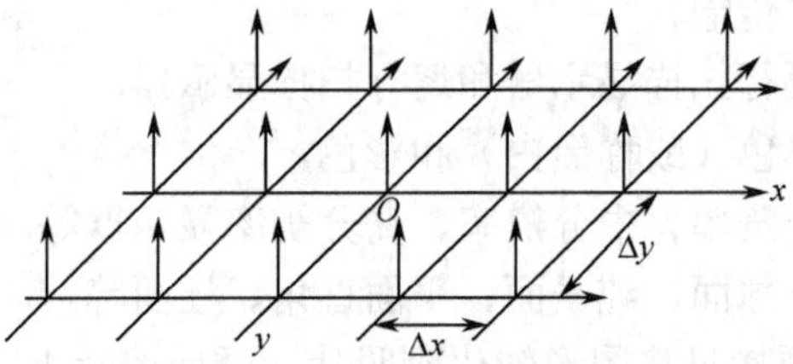

图 1-2 采样函数

设 $f(x,y)$ 的傅里叶变换为 $F(u,v)$，其中 (u,v) 是傅里叶变换域即图像频率域上的坐标，若 u_c 和 v_c 分别是模拟图像 $f(x,y)$ 对应的 $F(u,v)$ 函数的最大空间频率，则只要采样间隔满足条件 $\Delta x\leqslant\frac{1}{2u_c}$ 和 $\Delta y\leqslant\frac{1}{2v_c}$，此时模拟图像 $f(x,y)$ 的采样结果 $f_s(x,y)$ 可以精确地、无失真地重建原图像 $f(x,y)$。

在图像空间频率的最大值确定情况下，采样定理规定了完全重建该图像的最大采样间隔，也就是说，实际采样时至少应保证采样间隔不大于采样定理规定的采样间隔。

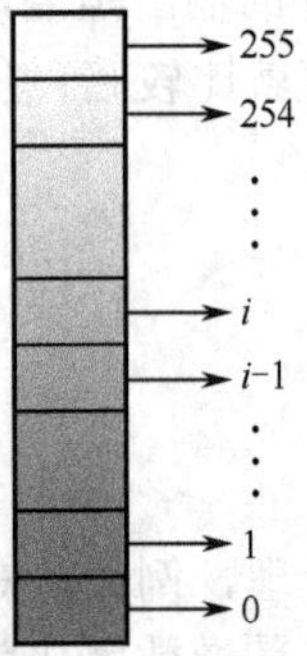

图 1-3 量化为 256 个灰度级

1.3.2 量化

在亮度空间上，采样后的图像 $f_s(x,y)$ 在各个采样点上的值仍然是连续的。所谓量化就是把图像 $f_s(x,y)$ 在各个采样点上连续的值变换成离散值或整数值的一种操作。量化得到的整数值就是像素的灰度值，量化所允许的整数值总数称为灰度级或灰度级数。假设要把一幅灰度图像量化成 256 个灰度级，且由 0 代表黑色，255 代表白色，则量化过程如图 1-3 所示。

图 1-3 是将图像的灰度值平均分成 256 等分，这种量化也叫做均匀量化。对于像素灰度值在黑—白范围内较均匀分布的图像，这种量化方法可以得到较小的量化误差。非均匀量化是依据一幅图像具体的灰度值分布的概率密度函数，按总的量化误差最小的原则进行的量化。具体做法是对图像中像素灰度值分布频繁出现的灰度值范围，量化间隔取小一些，而对于那些像素灰度值较少出现的范围，则量化的间隔大一些。这种量化方法可以较少丢失图像信息。由于图像灰度值的概率分布因图像不同而不同，所以不可能找到一个适合各种图像的最佳非均匀量化方案，因此实际上一般都采用均匀量化。

假设一幅模拟图像 $f(x,y)$ 经过采样和量化两个过程，被转换成 M 行 N 列、灰度级数为 L 的离散图像，则图像的空间位置坐标 (x,y) 被离散化为 (i,j)（其中，$i=0,1,\cdots,M-1$，$j=0,1,\cdots,N-1$），各离散点即为采样点，采样点对应数字图像像素的行和列，采样点处的函数值被量化为 $f(i,j)$（其中 $f(i,j)=0,1,\cdots,L-1$）。

模拟图像的数字化经历采样和量化两个过程，把数字化过程分解为两个过程，更多的是具有理论的意义。事实上，采样和量化这两个过程是紧密相关和不可分割的，而且是同时完成的，在很多成像系统中，我们可以观察到原始的模拟图像和数字化后的数字图像，却很难分别观察到单独的采样和量化的工作过程。

数字图像的分辨率是图像数字化精度的衡量指标之一。图像的空间分辨率是在图像采样过程中选择和产生的，图像的亮度分辨率是在图像量化过程中选择和产生的。空间分辨率用来衡量数字图像对模拟图像空间坐标数字化的精度，亮度分辨率是指对应同一模拟图像的亮度分布进行量化操作所采用的不同量化级数，也就是说可以用不同的灰度级数来表示同一图像的亮度分布。

一般来说，采样间隔越小，量化级数越多，图像空间分辨率和亮度分辨率也越高，图像的细节质量就会越好，但需要的成像设备、传输信道和存储容量的开销也越大。所以，工程上需要根据不同的应用，折中选择合理的图像数字化采样和量化间隔，使得既保证应用所需要的足够高的分辨率，又保证各种开销不超出可以接受的范围。

1.4 图像数据的表示与存储

1.4.1 彩色空间

自然界中的所有颜色都可以由红、绿、蓝（R、G、B）三种颜色合成，数字图像也是如此。针对红（绿/蓝）分量的多少，人为地划分为 0～255 共 256 个等级，0 表示不含红色（绿/蓝）成分，255 表示含有 100%红色（绿/蓝）成分。根据红、绿、蓝各种不同的组合就能表示 $256\times256\times256$ 种颜色。例如，一个像素，当它的红绿蓝成分分别为 255、0、255 时显示紫色。而对于灰度图像的像素，该像素的红绿蓝成分是相等的，只不过随着这三个分量数值的增大，像素颜色从黑色变成白色。

由此可知彩色数字图像可以由 RGB（Red/Green/Blue，红绿蓝）彩色空间表示。彩色空间是用来表示彩色的数学模型，又被称为彩色模型。RGB 彩色空间是最常用的一种彩色空间，但在计算机系统中表达颜色信息的空间不止这一种，此处介绍三种最常用的彩色空间。

1. RGB 彩色空间

根据色度学原理，自然界的各种颜色光都可由红、绿、蓝三种颜色的光按不同比例混合而成，同样，自然界的各种颜色光都可分解成红、绿、蓝三种颜色光，所以将红、绿、蓝三种颜色称为三基色。

几乎所有的彩色成像设备和彩色显示设备都采用 RGB 三基色。不仅如此，数字图像文件的常用存储形式也以 RGB 三基色为主，由 RGB 三基色为坐标形成的空间称为 RGB 彩色空间。

如图 1-4 所示是 RGB 三基色合成原理图。由图 1-4（a）可以看出，青色可以由绿色和蓝色合成，洋红（或品红）可以由红色和蓝色合成，黄色可以由红色和绿色合成，而青色、洋红和黄色恰好是 CMY（Cyan/Magenta/Yellow，青/洋红/黄）三基色。当 RGB 三基色以等比例或等量进行混合时，可以得到黑、灰或白色，而采用不同比例进行混合时，就得到千变万化的颜色。

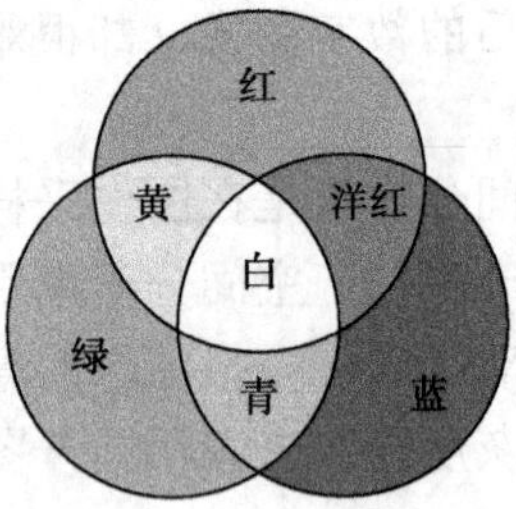

（a）RGB三基色混色

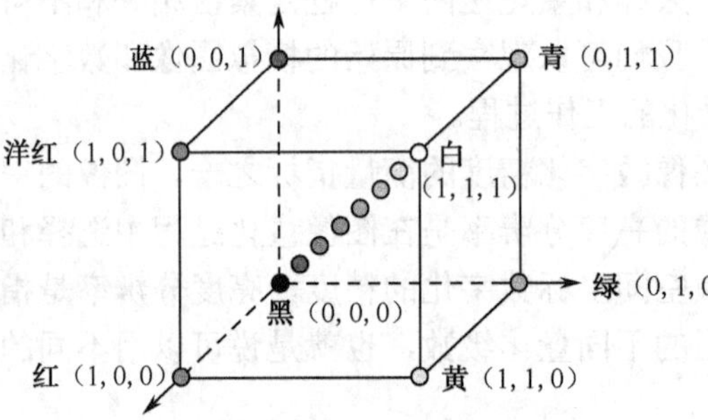

（b）RGB彩色空间

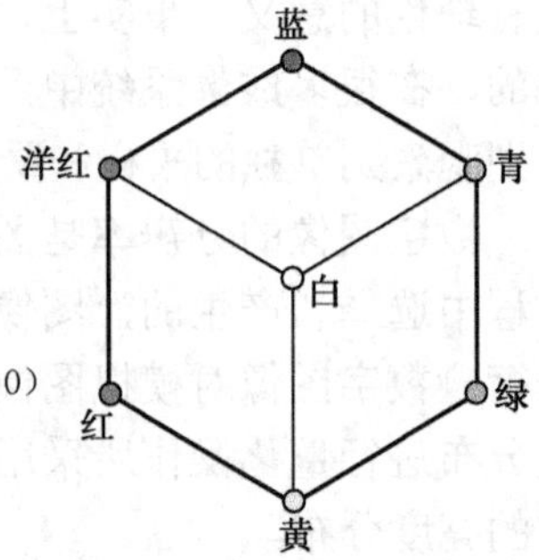

（c）RGB三基色二维对称表示

图 1-4　三基色原理图

在 RGB 彩色空间中，任意彩色光 L 的配色方程参见式（1.3）。

$$L = r[R] + g[G] + b[B] \tag{1.3}$$

其中，$r[R]$、$g[G]$、$b[B]$ 为彩色光 L 的三基色分量或百分比。

2. CMY 彩色空间

自然界物体颜色光的形成方式将物体划分为两类——发光物体和不发光物体，发光物体称为有源物体，不发光物体称为无源物体。有源物体是自身发出光波的物体，其颜色由物体发出的光波决定，因此采用 RGB 三基色相加模型和 RGB 彩色空间描述。有源物体的例子包括彩色电视、彩色显示器等。

无源物体是不发出光波的物体，其颜色由该物体吸收或反射哪些光波来决定，因此采用 CMY 三基色相减模型和 CMY 彩色空间描述。例如，在彩色印刷和彩色打印时，纸张是不能发射光线而只能反射光线的，因此，彩色印刷机和彩色打印机只能通过一些能够吸收特定光波和反射其他光波的油墨和颜料以及它们的不同比例的混合来印出千变万化的颜色。

油墨和颜料的三基色是 CMY 而不是 RGB，CMY 三基色的特点是油墨和颜料用得越多，颜色越暗（或越黑），所以将 CMY 称为三减色，而 RGB 称为三加色。理论上讲，等量的 CMY 可以合成黑色，但实际上纯黑色是很难合成出来的，所以彩色印刷机和彩色打印机要提供专门的黑色油墨，被人们称为四色印刷，四色印刷的彩色模型为 CMYK 模型。

3. HSI彩色空间

另一种常见的彩色模型是 HSI（Hue/Saturation/Intensity，色调/饱和度/强度）模型。采用色调和饱和度来描述颜色，是从人类的色视觉机理出发提出的。

色调（Hue）表示颜色，颜色与彩色光的波长有关，将颜色按红橙黄绿青蓝紫顺序排列定义色调值，并且用角度值（0°～360°）来表示。例如，红、黄、绿、青、蓝、洋红的角度值分别为 0°，60°，120°，180°，240° 和 300°。

饱和度（Saturation）表示色的纯度，也就是彩色光中掺杂白光的程度。白光越多饱和度越低，白光越少饱和度越高且颜色越纯。饱和度的取值采用百分数（0%～100%）来表示，0%表示灰色光或白光，100%表示纯色光。

强度（Intensity）表示人眼感受到彩色光颜色的强弱程度，它与彩色光的能量大小（或彩色光的亮度）有关，因此有时也用亮度（Brightness）来表示。

通常把色调和饱和度统称为色度，用来表示颜色的类别与深浅程度。人类的视觉系统对亮度的敏感程度远强于对颜色浓淡的敏感程度，对比 RGB 彩色空间，人类视觉系统的这种特性采用 HSI 彩色空间来解释更为适合。HSI 彩色描述对人来说是自然的、直观的，符合人的视觉特性，HSI 模型对于开发基于彩色描述的图像处理方法也是一个较为理想的工具，例如，在 HSI 彩色空间中，可以通过算法直接对色调、饱和度和亮度独立地进行操作。采用 HSI 彩色空间有时可以减少彩色图像处理的复杂性，提高处理的快速性，同时更接近人对彩色的认识和解释。

HSI 彩色空间是一个圆锥形空间模型，如图 1-5（a）所示。圆锥模型可以将色调、强度以及饱和度的关系变化清楚地表现出来。圆锥形空间的竖直轴表示光强 I，顶部最亮表示白色，底部最暗表示黑色，中间是在最亮和最暗之间过渡的灰度。圆锥形空间中部的水平面圆周是表示色调 H 的角度坐标，如图 1-5（b）所示。

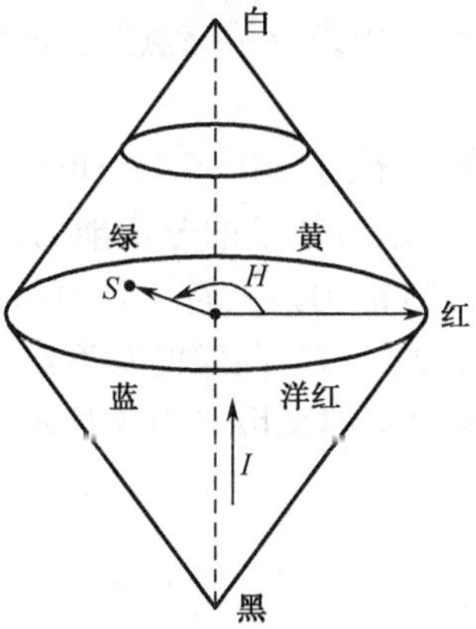

（a）圆锥形空间模型

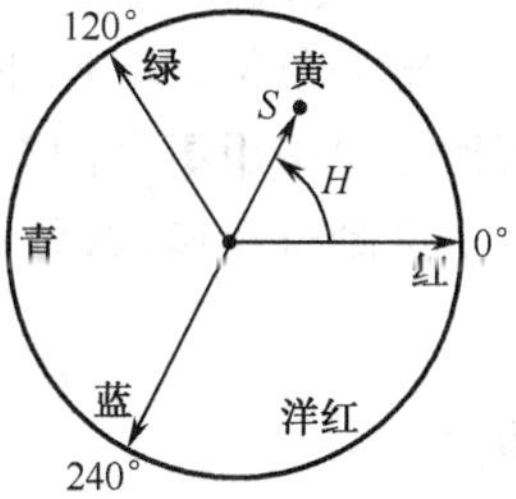

（b）色调角度坐标

图 1-5　HSI 彩色空间示意图

在处理彩色图像时，为了处理方便，经常要把 RGB 三基色表示的图像数据转换成 HSI 数据。RGB 彩色空间转换到 HSI 彩色空间的转换公式为

$$I=\frac{R+G+B}{3} \tag{1.4}$$

$$H=\begin{cases}\theta & B\leqslant G\\ 360^\circ-\theta & B>G\end{cases} \tag{1.5}$$

其中

$$\theta=\arccos\left\{\frac{\frac{1}{2}[(R-G)+(R-B)]}{[(R-G)^2+(R-G)(R-B)]^{1/2}}\right\}$$

$$S=1-\left[\frac{\min(R,G,B)}{I}\right] \tag{1.6}$$

1.4.2 图像类型

计算机上显示的图像经常有二值图像、灰度图像、伪彩色图像及真彩色图像等不同类型。

1. 二值图像

只有黑白两种颜色的图像称为黑白图像，因为图像的每个像素只能是黑或白，没有中间的过渡，故又称为二值图像。二值图像的像素值只能为 0 或 1，图像中的每个像素值用 1 位存储。在文字识别、图纸识别等应用中，灰度图像一般要经过二值化处理得到二值图像，二值图像中的黑或白分别用来表示不需要进一步处理的背景和需要进一步处理的前景目标，以便对目标进行识别。

2. 灰度图像

灰度图像是数字图像的最基本形式，灰度图像可以由黑白照片数字化得到，或从彩色图像进行去色处理得到。灰度图像只表达图像的亮度信息而没有颜色信息，因此，灰度图像的每个像素点上只包含一个量化的灰度级（即灰度值），用来表示该点的亮度水平，并且通常用 1 字节（8 个二进制位）来存储灰度值。

如果灰度值用 1 字节表示，则可以表示的正整数范围是 0～255，也就是说，像素灰度值取值在 0～255 之间，灰度级数为 256 级。注意到人眼对灰度的分辨能力通常为 20～60，因此，灰度值存储以字节为单位，既保证了人眼的分辨能力，又符合计算机数据寻址的习惯。在特殊应用中，可能需要采用更高的灰度级数，例如，CT 图像的灰度级数高达数千，需要采用 12 位或 16 位二进制位存储数据，但这类图像通常都采用专用的显示设备和软件来进行显示和处理。

3. 彩色图像

彩色图像的数据不仅包含亮度信息，还要包含颜色信息。彩色的表示方法是多样化的，最常见的是三基色模型，例如，RGB 三基色模型，利用 RGB 三基色可以混合成任意颜色。因此，RGB 模型在各种彩色成像设备和彩色显示设备中使用，常规的彩色图像也都是用 RGB 三基色来表示的，每个像素包括 RGB 三基色数据，每个基色用 1 字节（8 位二进制位）表示，则每个像素的数据为 3 字节（即 24 位二进制位），这就是人们常说的 24 位真彩色。

1.4.3　数字图像的表示

数字图像数据可以用矩阵来表示，因此可以采用矩阵理论和矩阵算法对数字图像进行分析和处理。最典型的例子是灰度图像，如图 1-6 所示。灰度图像的像素数据就是一个矩阵，矩阵的行对应图像的高（单位为像素），矩阵的列对应图像的宽（单位为像素），矩阵的元素对应图像的像素，矩阵元素的值就是像素的灰度值。

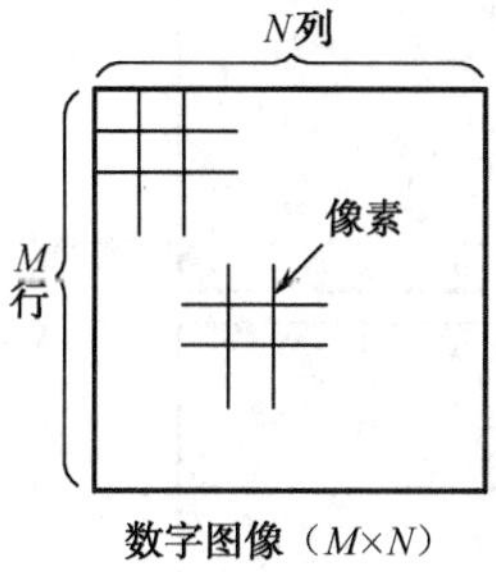

$$\begin{bmatrix} f_{0,0} & f_{0,1} & \cdots & f_{0,N-1} \\ f_{1,0} & f_{1,1} & \cdots & f_{1,N-1} \\ \vdots & & & \vdots \\ f_{M-1,0} & f_{M-1,1} & \cdots & f_{M-1,N-1} \end{bmatrix}$$

图 1-6　数字图像与图像矩阵

由于数字图像可以表示为矩阵的形式，所以在计算机数字图像处理程序中，通常用二维数组来存放图像数据，如图 1-7 所示。二维数组的行对应图像的高，二维数组的列对应图像的宽，二维数组的元素对应图像的像素，二维数组元素的值就是像素的灰度值。采用二维数组来存储数字图像，符合二维图像的行列特性，同时也便于程序的寻址操作，使得计算机图像编程十分方便。

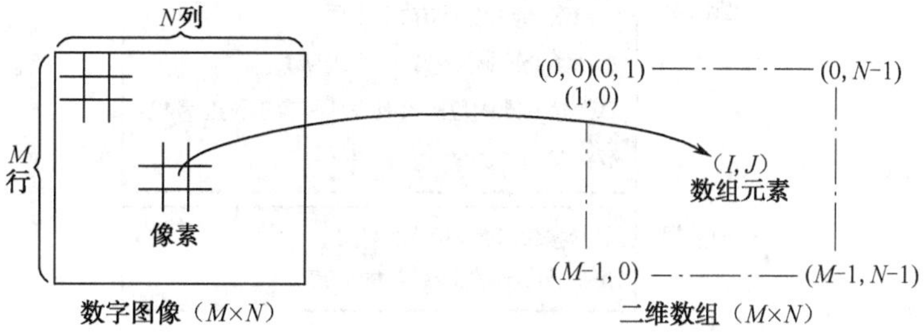

图 1-7　数字图像与二维数组

1.4.4　图像数据的存储

数字图像在外存储器设备中的存储形式是图像文件，图像必须按照某个已知的、公认的数据存储顺序和结构进行存储，才能使不同的程序对图像文件顺利进行打开或存盘操作，实现数据共享。图像数据在文件中的存储顺序和结构称为图像文件格式。目前广为流传的图像文件格式有许多种，常见的格式包括 BMP、GIF、JPEG、TIFF、PSD、DICOM、MPEG 等。在各种图像文件格式中，一部分是由软硬件厂商提出并被广泛接受和采用的格式，例如，BMP、GIF 和 PSD 格式；另一部分是由各种国际标准组织提出的格式，例如，JPEG 和 DICOM，其中 JPEG 是国际静止图像压缩标准组织提出的格式，DICOM 是医学图像国际标准组织提出的医学图像专用格式。

BMP 文件是 Windows 操作系统所推荐和支持的图像文件格式，是一种将内存或显示器的图像数据不经过压缩直接按位存盘的文件格式，也称位图文件。BMP 文件是非压缩的图像文件格式，适合图像处理算法的编程实现，下面详细介绍这种文件格式的存储方式。

如图 1-8 所示，BMP 图像文件被分成 4 个部分：位图文件头（Bitmap File Header），位图信息头（Bitmap Info Header），颜色表（Color Map）和位图数据（即图像数据，Data Bits 或 Data Body）。

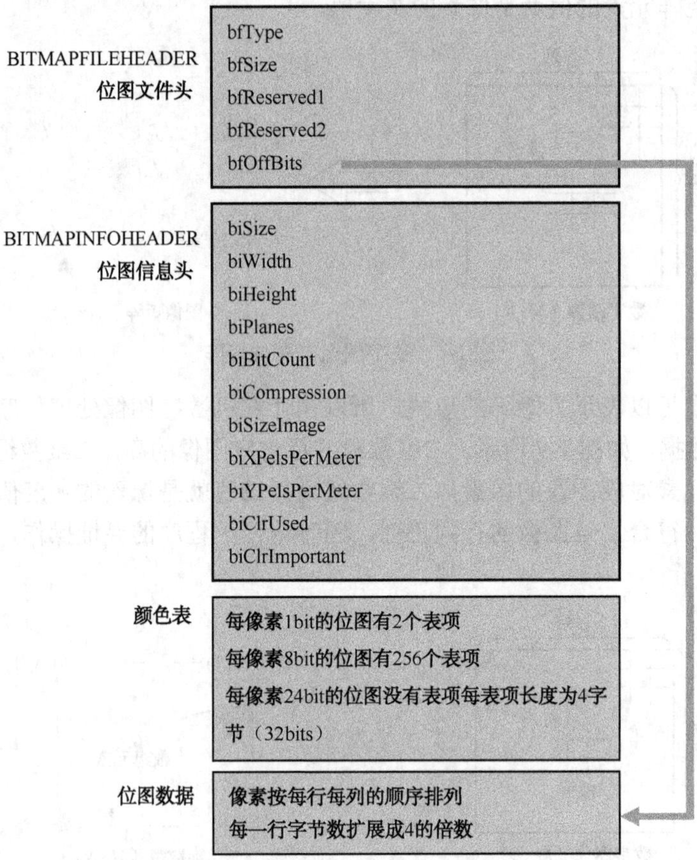

图 1-8 BMP 文件结构示意图

第一部分为位图文件头 BITMAPFILEHEADER 是一个结构体类型，该结构的长度是固定的，为 14 字节，其定义如下。

```
typedef struct tagBITMAPFILEHEADER
{
    WORD bfType;
    DWORD bfSize;
    WORD bfReserved1;
    WORD bfReserved2;
    DWORD bfOffBits;
} BITMAPFILEHEADER;
```

BITMAPFILEHEADER 结构的各个域详细说明如下。

- bfType：位图文件类型，必须是 0x424D，即字符串“BM”，也就是说所有的“*.bmp”

文件的头两字节都是“BM”。

- bfSize：位图文件大小，共 14 字节。
- bfReserved1，bfReserved2：Windows 保留字，暂不用。
- bfOffBits：从文件头到实际的位图数据的偏移字节数，即图 1-8 中前三个部分的长度之和。

第二部分为位图信息头 BITMAPINFOHEADER，也是一个结构体类型的数据结构，该结构的长度也是固定的，为 40 字节（WORD 为无符号 16 位整数，DWORD 为无符号 32 位整数，LONG 为 32 位整数），其定义如下。

```
typedef struct tagBITMAPINFOHEADER
{
        DWORD biSize;
        LONG biWidth;
        LONG biHeight;
        WORD biPlanes;
        WORD biBitCount
        DWORD biCompression;
        DWORD biSizeImage;
        LONG biXPelsPerMeter;
        LONG biYPelsPerMeter;
        DWORD biClrUsed;
        DWORD biClrImportant;
} BITMAPINFOHEADER;
```

BITMAPINFOHEADER 结构的各个域的详细说明如下。

- biSize：本结构的长度，为 40 字节。
- biWidth：位图的宽度，以像素为单位。
- biHeight：位图的高度，以像素为单位。
- biPlanes：目标设备的级别，必须是 1。
- biBitCount：每个像素所占的位数，其值必须为 1（黑白图像）、4（16 色图）、8（256 色）、24（真彩色图），新的 BMP 格式支持 32 位色。
- biCompresssion：位图压缩类型，有效的值为 BI_RGB（未经压缩），BI_RLE8，BI_RLE4，BI_BITFILEDS（均为 Windows 定义常量）。这里只讨论未经压缩的情况，即 biCompression=BI_RGB。
- biSizeImage：实际的位图数据占用的字节数。
- biXPelsPerMeter：指定目标设备的水平分辨率，单位是像素/m。
- biYPelsPerMeter：指定目标设备的垂直分辨率，单位是像素/m。
- biClrUsed：位图实际用到的颜色数，如果该值为零，则用到的颜色数为 2 的 biBitCount 次幂。
- biClrImportant：位图显示过程中重要的颜色数，如果该值为零，则认为所有的颜色都是重要的。

第三部分为颜色表。颜色表实际上是一个 RGBQUAD 结构的数组，数组的长度由 biClrUsed 指定（如果该值为零，则由 biBitCount 指定，即 2 的 biBitCount 次幂个元素）。RGBQUAD 结构是一个结构体类型，占4字节，其定义如下。

```
typedef struct tagRGBQUAD
{
    BYTE rgbBlue;
    BYTE rgbGreen;
    BYTE rgbRed;
    BYTE rgbReserved;
}RGBQUAD;
```

RGBQUAD 结构的各个域的详细说明如下。

- rgbBlue：该颜色的蓝色分量。
- rgbGreen：该颜色的绿色分量。
- rgbRed：该颜色的红色分量。
- rgbReserved：保留字节，暂不用。

有些位图需要颜色表，有些位图（如真彩色图）则不需要颜色表，颜色表的长度由 BITMAPINFOHEADER 结构中 biBitCount 分量决定。对于 biBitCount 值为 1 的二值图像，每像素占 1 位，图像中只有两种（如黑白）颜色，颜色表也就有 $2^1=2$ 个表项，整个颜色表的大小为 $2\times$sizeof(RGBQUAD) $=2\times4=8$ 字节；对于 biBitCount 值为 8 的灰度图像，每像素占 8 位，图像中有 $2^8=256$ 种颜色，颜色表也就有 256 个表项，且每个表项的 R、G、B 分量相等，整个颜色表的大小为 $256\times$sizeof(RGBQUAD) $=1024$ 字节大小；而对于 biBitCount=24 的真彩色图像，由于每个像素三字节中分别代表了 R、G、B 三分量的值，此时不需要颜色表，因此，真彩色图的 BITMAPINFOHEADER 结构后面直接就是位图数据。

第四部分是位图数据，即图像数据，它紧跟在位图文件头、位图信息头和颜色表（如果有颜色表的话）之后，记录了图像的每一个像素值。对于有颜色表的位图，位图数据就是该像素颜色在调色板中的索引值；对于真彩色图，位图数据就是实际的 R、G、B 值（三个分量的存储顺序是 B、G、R）。以下分别就 2 色、16 色、256 色和真彩色位图的位图数据进行说明。

- 对于 2 色位图，用 1 位就可以表示该像素的颜色，所以 1 字节能存储 8 个像素的颜色值。
- 对于 16 色位图，用 4 位可以表示一个像素的颜色。所以一字节可以存储 2 个像素的颜色值。
- 对于 256 色位图，1 字节刚好存储 1 个像素的颜色值。
- 对于真彩色位图，3 字节才能表示 1 个像素的颜色值。

需要注意两点：

第一，Windows 规定一个扫描行所占的字节数必须是 4 的倍数，不足 4 的倍数则要对其进行扩充，假设图像的宽为 biWidth 像素、每像素 biBitCount 位，其一个扫描行所占的真实字节数的计算公式如下，即

$$\text{DataSizePerLine} = (\text{biWidth} \times \text{biBitCount} /8+ 3) / 4\times4$$

那么，在不压缩情况下位图数据的大小（BITMAPINFOHEADER 结构中的 biSizeImage 成员）计算如下，即

$$\text{biSizeImage} = \text{DataSizePerLine} \times \text{biHeight}$$

第二，一般来说，BMP 文件的数据是从图像的左下角开始逐行扫描图像，即从下到上、从左到右，将图像的像素值一一记录下来，因此，图像坐标零点在图像左下角。

1.5 图像质量评价

图像质量评价（Image Quality Assessment，IQA）是图像处理中的基本技术之一，主要通过对图像进行特性分析研究，然后评估出图像优劣（图像失真程度）。图像质量评价在图像处理系统中，对于算法分析比较、系统性能评估等方面有着重要的作用。近年来，随着对数字图像领域的广泛研究，图像质量评价的研究也越来越受到研究者的关注，提出并完善了许多图像质量评价的指标和方法。

从有没有人参与的角度区分，图像质量评价方法有主观评价和客观评价两个分支。主观评价以人作为观测者，对图像进行主观评价，力求能够真实地反映人的视觉感知；客观评价方法借助于某种数学模型，反映人眼的主观感知，给出基于数字计算的结果。

1.5.1 人类视觉系统

图像处理系统的终端都是人眼，因此研究图像质量评价方法，有必要了解人类视觉系统（Human Visual System，HVS）。

1. HVS 的结构

HVS 包括从光线入眼到大脑成像的四个生理处理过程：光学处理（Optical Processing）、视网膜处理（Retina Processing）、侧膝体处理（Lateral Geniculate Nucleus Processing）和视皮层处理（Visual Cortex Processing），如图 1-9 所示。HVS 的生理结构中最为重要的构成是人眼，其结构类似于一个光学照相系统。由巩膜、角膜、虹膜三层薄膜组成外壳，在瞳孔缩放功能下，透过晶状体把物体发出的光线聚焦到相当于胶卷的视网膜上。同时，HVS 在视网膜上完成光电转换和信息初级处理。随后，左右两眼的信息通过视神经在传向侧膝体过程中的视交叉将电信号传到大脑皮层中负责电信号处理的视觉皮层神经中枢。最后通过视皮层感知识别物体，根据实际结果眼睛再主动进行调节。

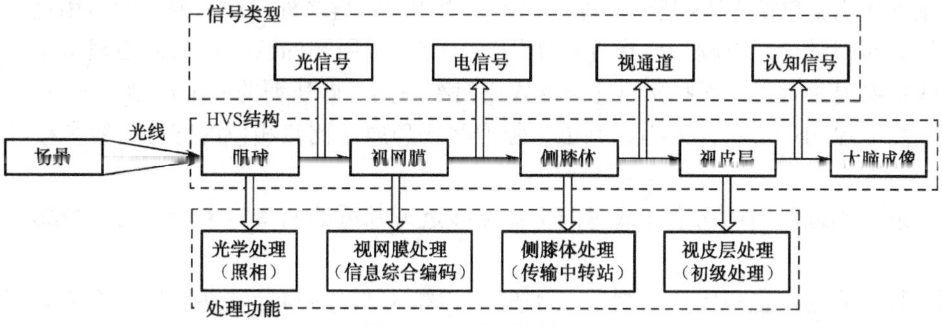

图 1-9　人眼视觉模型

2. HVS 的视觉特性

1）视觉的分辨特性

人眼对景物细节分辨的能力称为视觉分辨率。它包含空间分辨率、亮度分辨率、时间分辨率等。

- 空间分辨率。它是指人眼在一定距离上能区分相邻两点的能力，它不仅与环境的照度有关，还与景物的相对对比度有关。
- 亮度分辨率。它常依赖于亮度阈值，也就是使视觉产生感觉需要的最小亮度。它受适应状态、生理条件、光的波长、刺激持续时间和面积以及在视网膜上的位置等因素的影响。
- 时间分辨率。它是指活动图像相对于人眼感觉没有闪烁而依然是连续图像感觉的时间间隔。

2）视觉的时间特性

- 视觉起始特性。它是指在加入阶跃光波刺激时所产生的感觉变化。一般在刺激后几十毫秒时感觉才达到顶点，然后慢慢减少到一个常值。
- 视觉惰性。它是指人眼对亮度变化反应滞后的性质。当物体亮度发生改变时，人眼不会立刻随着光改变而作出响应，而是存在一个过渡时间。

3）视觉的适应性

- 亮适应。指人从黑暗处走到光亮处时的视觉恢复适应过程。
- 暗适应。指人眼对从亮环境到暗环境的适应能力。

4）视觉的亮度对比效应

人眼对亮度差别的感觉是由相对亮度的变化决定的，而相对亮度的变化又决定了人眼的主观感受。

- 同时对比效应。人眼对目标的亮度感觉，不仅取决于目标物体自身的亮度，也依赖于背景的亮度。相同的亮度块在不同的亮度背景下，人眼对其亮度的感觉不同。
- 视觉遮蔽效应。当背景信号存在明显变化的时候，辨别亮度变化的阈值增加。
- 马赫带效应。人眼在观察明暗交界处时，会感觉到边缘亮处更亮，暗处更暗的现象，它是一种主观的边缘对比效应。

3. HVS的心理特性

视觉过程除了包括HVS基于生理基础的一些物理过程之外，还需要人们运用生活的许多先验知识去对视觉处理过程加以指导和作用。目前，常用到的认知知识以心理学家在认知领域的一些组织规律为主。下面介绍几种格式塔组织原则，即所谓的完形法则。

（1）相似原则：形状、大小、颜色、强度等物理属性比较相似的部分，容易被组成一个整体。

（2）近或邻近原则：在空间或时间上比较接近或邻近的两个对象，倾向于被感知为一个整体。

（3）封闭原则：也称闭合原则。主体在感知物体时，能自行填补缺口，将彼此相属的各部分闭合成为一个整体。

（4）简单性原则：人们对一个复杂对象进行知觉时，常倾向于把对象认为是有组织的、简单的规则图形。

1.5.2　图像质量主观评价

主观评价只涉及由人作出的定性评价，它以人为观察者，对图像的优劣作出主观的定性评价。对于观察者的选择一般考虑未受训练的“外行”或者训练有素的“内行”。该方法是建立在统计意义上的，为保证图像主观评价在统计上有意义，参加评价的观察者应该足够多。主观评价方法主要可分为两种：绝对评价和相对评价。

1．绝对评价

所谓绝对评价，是由观察者根据自己的知识和理解，按照某些特定评价性能对图像的绝对好坏进行评价。通常，图像质量的绝对评价都是观察者参照原始图像对待评图像采用双刺激连续质量分级法（Double Stimulus Continuous Quality Scale，DSCQS），给出一个直接的质量评价值。具体做法是将待评价图像和原始图像按一定规则交替播放持续一定时间给观察者，然后在播放后留出一定的时间间隔供观察者打分，最后将所有给出的分数取平均作为该序列的评价值，即该待评图像的评价值。国际上也对评价尺度做出了规定，对图像质量进行等级划分并用数字表示，也称为图像评价的5分制“全优度尺度”（见表1-1）。

表1-1　主观绝对评价全优度尺度

分　数	质量尺度	妨碍尺度
5分	优	丝毫看不出图像质量变坏
4分	良	能看出图像质量变坏，但并不妨碍观看
3分	中	清楚地看出图像质量变坏，对观看稍有妨碍
2分	差	对观看有妨碍
1分	劣	非常严重地妨碍观看

2．相对评价

相对评价中没有原始图像作为参考，是由观察者对一批待评价图像进行相互比较，从而判断出每个图像的优劣顺序，并给出相应的评价值。通常，相对评价采用单刺激连续质量评价方法（Single Stimulus Continuous Quality Evaluation，SSCQE）。具体做法是，将一批待评价图像按照一定的序列播放，此时观察者在观看图像的同时给出待评图像相应的评价分值。相对于主观绝对评价，主观相对评价也规定了相应的评分制度，称为“群优度尺度”（见表1-2）。

表1-2　主观相对评价群优度尺度

分　数	质量尺度	尺度描述
5分	优	群中最好的
4分	良	群中中上水平，比群中平均水平稍好
3分	中	群中平均、中等水平
2分	差	群中中差水平，比群中平均水平差
1分	劣	群中最差的

1.5.3 图像质量客观评价

图像质量客观评价可分为全参考（Full-Reference，FR）、部分参考（Reduced-Reference，RR）和无参考（No-Reference，NR）三种类型。

1. 全参考

全参考图像质量评价是指在选择理想图像作为参考图像的情况下，比较待评图像与参考图像之间的差异，分析待评图像的失真程度，从而得到待评图像的质量评估。常用的全参考图像质量客观评价主要以像素统计、信息论、结构信息三方面为基础。

1）基于图像像素统计基础

基于图像像素统计基础，峰值信噪比（Peak Signal to Noise Ratio，PSNR）和均方误差（Mean Square Error，MSE）是比较常见的两种质量评价方法。它们通过计算待评图像和参考图像对应像素点灰度值之间的差异，从统计角度来衡量待评图像的质量优劣。设待评价图像为F，参考图像为R，它们大小为$M \times N$，则利用 PSNR 表征图像质量的计算方法为

$$\mathrm{PSNR} = 10\lg \frac{255^2}{\frac{1}{MN}\sum_{i=1}^{M}\sum_{j=1}^{N}\left|R(i,j) - F(i,j)\right|^2} \tag{1.7}$$

利用 MSE 表征图像质量的计算方法为

$$\mathrm{MSE} = \frac{1}{MN}\sum_{i=1}^{M}\sum_{j=1}^{N}\left|R(i,j) - F(i,j)\right|^2 \tag{1.8}$$

PSNR 与 MSE 都是通过计算待评图像与参考图像之间像素误差的全局大小来衡量图像质量好坏的。PSNR 值越大，表明待评图像与参考图像之间的失真较小，图像质量较好。而 MSE 的值越小，表明图像质量越好。这两种方法比较简单，且容易实现，在图像去噪等方面受到广泛应用。但这类算法是从图像像素值的全局统计出发，未考虑人眼的局部视觉因素，所以对于图像局部质量无从把握。

2）基于信息论基础

基于信息论中信息熵基础，互信息被广泛用来评价图像质量。近些年，Sheikh 和 Bovik 等人提出了信息保真度准则（Information Fidelity Criterion，IFC）和视觉信息保真度（Visual Information Fidelity，VIF）两种算法。它们通过计算待评图像与参考图像之间的互信息来衡量待评图像的质量优劣。这两种方法具有一定的理论支撑，在信息保真度上拓展了图像与人眼之间的联系，但是这类方法对于图像的结构信息没有反应。

3）基于结构信息基础

2002 年，Wang Zhou 和 Bovik 等人在多年对图像处理、图像压缩及图像视觉质量评价的研究工作基础上，首次提出了结构信息的概念。他们认为：人眼视觉的主要功能是提取背景中的结构信息，而且人眼视觉系统能高度自适应地实现这一目标，因此对图像的结构失真的度量应是图像感知质量的最好近似。在此基础上给出了一种符合人眼视觉系统特性的图像质量客观评判标准——结构相似度（Structure Similarity，SSIM）。

SSIM 根据图像像素间的相关性构造出结构相似性。假设给定两幅大小为$M \times N$的图像X、Y，其中X的均值、标准差及X和Y的协方差分别用u_x，σ_x，σ_{xy}表示。定义亮度、对

比度、结构的比较函数分别为

$$l(X,Y)=\frac{2u_x u_y+c_1}{{u_x}^2+{u_y}^2+c_1} \tag{1.9}$$

$$c(X,Y)=\frac{2\sigma_x\sigma_y+c_2}{{\sigma_x}^2+{\sigma_y}^2+c_2} \tag{1.10}$$

$$s(X,Y)=\frac{\sigma_{xy}+c_3}{\sigma_x\sigma_y+c_3} \tag{1.11}$$

其中的正常数c_1，c_2和c_3用来调节分母接近于零时的不稳定性。这三个成分因素综合起来就是SSIM指标。

$$\mathrm{SSIM}(X,Y)=[l(X,Y)]^{\alpha}[c(X,Y)]^{\beta}[s(X,Y)]^{\gamma} \tag{1.12}$$

SSIM根据图像像素间的相关性构造出参考图像与待评图像之间的结构相似性，SSIM值越大，图像质量越好。该指标算法实现简单，质量评估效果比较可靠，同时很多研究者结合人眼视觉系统对其又进行了许多改进，目前在图像处理各个方面都受到广泛应用。

2. 部分参考

部分参考也称为半参考，它是以理想图像的部分特征信息作为参考，对待评图像进行比较分析，从而得到图像质量评价结果。由于所参考的信息是从图像中提取出来的特征，所以它必须要先提取待评图像和理想图像的部分特征信息，通过比较提取出的部分信息对待评图像进行质量评估。部分参考方法可分为基于原始图像特征方法、基于数字水印方法和基于Wavelet域统计模型的方法等。因为部分参考质量评价依赖于图像的部分特征，与图像整体相比而言，数据量下降了很多，目前应用比较集中在图像传输系统中。

3. 无参考

无参考方法也称为盲评价方法，因为一般的理想图像很难获得，所以这种完全脱离了对理想参考图像依赖的质量评价方法应用较为广泛。无参考方法一般都是基于图像统计特性。

1）均值

均值是指图像像素的平均值，它反映了图像的平均亮度，平均亮度越大，图像质量越好，设待评价图像为F，大小为$M\times N$，其均值计算公式为

$$u=\frac{1}{MN}\sum_{i=1}^{M}\sum_{j=1}^{N}F(i,j) \tag{1.13}$$

2）标准差

标准差是指图像像素灰度值相对于均值的离散程度。如果标准差越大，表明图像中灰度级分布越分散，图像质量也就越好，其计算公式为

$$\mathrm{std}=\sqrt{\frac{1}{MN}\sum_{i=1}^{M}\sum_{j=1}^{N}(F(i,j)-u)^2} \tag{1.14}$$

3）平均梯度

平均梯度能反映图像中细节反差和纹理变换，它在一定程度上反映了图像的清晰程度。

其计算公式为

$$\nabla \bar{G} = \frac{1}{MN}\sum_{i=1}^{M}\sum_{j=1}^{N}\sqrt{\Delta xF(i,j)^2 + \Delta yF(i,j)^2} \tag{1.15}$$

式中，$\Delta xF(i,j)$、$\Delta yF(i,j)$ 分别表示像素点 (i,j) 在 x 或者 y 方向上的一阶差分。

4）熵

熵是指图像的平均信息量，它从信息论的角度衡量图像中信息的多少，图像中的信息熵越大，说明图像包含的信息越多。假设图像中各个像素点的灰度值之间是相互独立的，图像的灰度分布为 $p=\{p_1, p_2, \cdots, p_i, \cdots, p_n\}$，其中 p_i 表示灰度值为 i 的像素个数与图像总像素个数之比，而 n 为灰度级总数，其计算公式为

$$E = -\sum_{i=0}^{L} P(l)\log_2 P(l) \tag{1.16}$$

其中，$P(l)$ 为灰度值 l 在图像中出现的概率，L 为图像的灰度等级，对于 256 灰度等级的图像而言，L=255。

一般而言，无参考图像质量评价方法首先对理想图像的特性做出某种假设，再为该假设建立相应的数学分析模型，最后通过计算待评图像在该模型下的表现特征，从而得到图像的质量评价结果。

1.5.4 算法性能评价

在图像处理系统中，图像压缩、图像编码、图像传输等数字图像处理过程都会对原始图像质量造成或多或少的损失，而在图像增强、图像分割、图像融合等具体的图像处理过程中，对图像质量的要求又各不相同。因此，在图像处理过程中，有必要将图像质量评价作为处理过程中的标准，在尽可能的范围内控制和优化算法设计，并以此作为这些算法性能评价的标准。

正如图像质量评价方法一样，根据是否以观察者进行评价，图像处理中对算法性能的评价也分为主观和客观两大类方法，如图 1-10 所示。其中，算法性能的主观评价是以算法实施后的图像结果为评价对象，让观察者进行打分评估的方法。而算法性能的客观评价是通过理论分析或实验计量对算法性能进行评价，分为算法级评价和系统级评价。

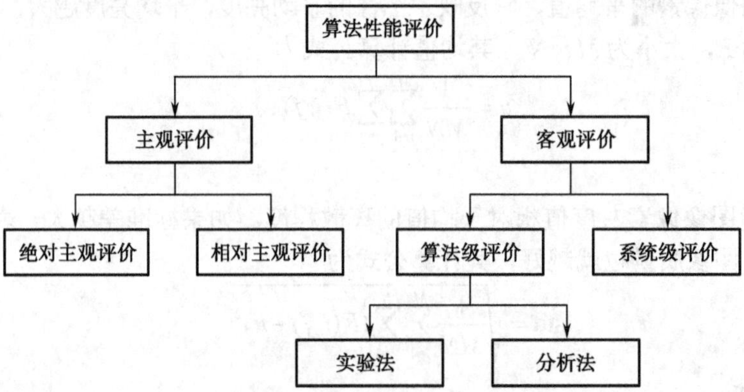

图 1-10　针对算法性能的评价方法分类

算法级评价是单独地对算法本身进行评价，根据评价方式不同可以分为分析法和实验法两类。分析法是从图像处理算法的原理思想入手，通过分析推理得到算法的性能评价，包括算法的处理策略、复杂度以及收敛性等。通常分析法采用的准则可以是定性的，也可以是定量的。实验法则需要在计算机上根据算法实际执行得到结果图像，然后根据结果图像的性能对算法性能进行评价。实验法一般采用定量准则，可以做成在线系统，但不同的实验安排会影响最终的评价结果。

系统级评价是将处理算法作为整个系统的一部分，利用部分与整体的辩证关系来研究待评算法的性能。比如分割作为图像识别系统的一部分，通过评价整个识别系统的结果可以间接反映分割的性能。事实上，实际问题中对这种方法的应用比较常见。但这种系统级评价方法只能从某种程度上反映待评算法的性能，且评价结果是依赖于该特定应用系统的，因为该系统的其他环节是根据该应用问题量身定制的。改变了其他环节，大系统的性能对该分割算法的评价也会改变。

小结

图像是人类获取和交换信息的主要来源，数字图像处理技术已经发展成为一门独立的有强大生命力的学科，应用领域十分广泛。本章首先详细介绍了数字图像的主要研究内容、发展和应用。在此基础上，介绍了图像的获取技术、图像的数字化、图像数据的存储方式、视觉原理及图像质量评价等。本章内容属于基础知识，后续各章内容都是在本章的基础上展开的。

习题

1-1　什么是数字图像处理？数字图像处理的特点是什么？

1-2　21 世纪数字图像处理技术的发展趋势是什么？

1-3　数字图像处理的应用有哪些？

1-4　模拟图像转换成数字图像需要经过哪两个过程，它们与图像分辨率的关系是什么？

1-5　一幅图像由 RGB 彩色空间转换到 HSI 彩色空间的转换公式是什么？

1-6　已知 BITMAPFILEHEADER 结构大小为 14 字节，BITMAPINFOHEADER 结构大小为 40 字节。现有一幅灰度图像，其大小为 30 行 50 列，若将这幅灰度图像存储为 bmp 文件格式，则该 bmp 文件的大小是多少字节？

1-7　图像质量评价的方法分哪几个类型，其中典型的代表有哪些？

第2章

图像的数学变换

图像的数学变换是图像处理中的一个重要内容，其特点在于有精确的数学背景，是许多图像处理技术的基础。在这些变换中，一种是在空间域进行的几何变换，它利用对输入图像进行加工而得到输出图像。另一种重要的数学变换则是将原定义在图像空间的图像以某种形式转换到另外一些空间，并利用输入图像在这些空间的特有性质有效和快速地对图像进行处理和分析。典型的有傅里叶变换、离散余弦变换、Gabor 变换和小波变换等，这些数学工具都对图像处理技术的发展起着不可磨灭的贡献。无论是在空域中的数学变换还是频域中的数学变换，它们在图像分析、滤波、增强、复原、压缩等处理中都有着非常典型而重要的应用，本章将对这些常用的数学变换进行详细的介绍。

2.1 几何变换

几何变换可以改变图像中物体之间的空间关系,它可以看成各物体在图像内移动的过程。例如，物体的转动、扭曲、倾斜、拉伸等，都是几何变换的结果。

为了不使图像经过几何变换之后出现断裂或支解等情况，在大多数应用中，要求保持图像中物体轮廓线的连续性和各物体表面的连通性。为此，一个几何变换需要两个独立的算法。首先，需要一个算法来定义空间变换本身，用它描述每个像素如何从其初始位置“移动”到终止位置，即每个像素的“运动”；同时，还需要一个用于灰度级插值的算法，这是因为，在一般情况下，输入图像的位置坐标(x,y)为整数，而输出图像的位置坐标为非整数，反过来也是如此。

2.1.1 空间变换

空间变换的一般定义式为

$$\begin{cases} g(x,y) = f(x',y') \\ x' = a(x,y) \\ y' = b(x,y) \end{cases} \tag{2.1}$$

其中，$f(x,y)$表示输入图像，$g(x,y)$表示输出图像。函数$a(x,y)$和$b(x,y)$唯一地描述了空间变换。

空间变换包括可用数学函数表达的简单变换（如平移、拉伸等仿射变换）和依赖实际图像而不易用函数形式描述的复杂变换（如对存在几何畸变的摄像机所拍摄的图像进行校正，需要实际拍摄栅格图像，根据栅格的实际扭曲数据建立空间变换；再如通过指定图像中一些控制点的位移及插值方法来描述的空间变换）。

1. 简单变换

在像素(x',y')到(x,y)的变换中，如下一些特殊的变换关系经常用到。

1）平移

若令

$$a(x,y)=x+x_0 \qquad b(x,y)=y+y_0 \tag{2.2}$$

则得到平移运算。其中，点(x_0,y_0)被平移到原点，而图像中的各像素点则移动了$\sqrt{x_0^2+y_0^2}$。采用齐次坐标的表达方式，可以认为x-y平面是x、y、z三维空间中$z=0$的平面，可将上式写成简洁的矩阵形式，即

$$\begin{bmatrix} a(x,y) \\ b(x,y) \\ 1 \end{bmatrix} = \begin{bmatrix} 1 & 0 & x_0 \\ 0 & 1 & y_0 \\ 0 & 0 & 1 \end{bmatrix} \begin{bmatrix} x \\ y \\ 1 \end{bmatrix} \tag{2.3}$$

2）缩放

若令

$$a(x,y)=x/c \qquad b(x,y)=y/d \tag{2.4}$$

则会使图像在x轴方向放大$1/c$倍，在y轴方向放大$1/d$倍。图像原点（通常取左上角）在图像“膨胀”时保持不变。当系数c、d大于1时，实际上是缩小变换。在齐次坐标系中，式(2.4)可写为

$$\begin{bmatrix} a(x,y) \\ b(x,y) \\ 1 \end{bmatrix} = \begin{bmatrix} \frac{1}{c} & 0 & 0 \\ 0 & \frac{1}{d} & 0 \\ 0 & 0 & 1 \end{bmatrix} \begin{bmatrix} x \\ y \\ 1 \end{bmatrix} \tag{2.5}$$

翻转变换是缩放变换令$c=-1$（关于y轴翻转）或$d=-1$（关于x轴翻转）时的特例。

3）旋转

若令

$$\begin{aligned} a(x,y) &= x\cos\theta - y\sin\theta \\ b(x,y) &= x\sin\theta + y\cos\theta \end{aligned} \tag{2.6}$$

则会使图像绕原点顺时针旋转θ角，在齐次坐标系中表示为

$$\begin{bmatrix} a(x,y) \\ b(x,y) \\ 1 \end{bmatrix} = \begin{bmatrix} \cos\theta & -\sin\theta & 0 \\ \sin\theta & \cos\theta & 0 \\ 0 & 0 & 1 \end{bmatrix} \begin{bmatrix} x \\ y \\ 1 \end{bmatrix} \tag{2.7}$$

显然，可以把平移和缩放、平移和旋转组合起来，使图像围绕任一点产生放大或者旋转。齐次坐标系为确定复合变换公式提供了一个简单的方法。

2. 复杂变换

在实际中，有时公式化一个解析函数 $a(x,y)$ 和 $b(x,y)$ 的集合是不可能的，这些解析函数表达了整个图像平面上的几何失真过程。最常用的克服这一困难的方法是用“控制点”表达像素的空间重定位，这些点是像素的子集，它们在输入（失真的）和输出（校正的）图像中的位置是精确已知的。

如图 2-1 显示了在失真和相应的校正图像中的四边形区域，输入图像上的四边顶点 A、B、C 和 D 的坐标，对应着校正后图像的四边顶点 A'、B'、C' 和 D' 的坐标，四边的顶点就是相应的“控制点”。假设四边形区域中的几何形变过程用双线性方程对来建模，即

$$\begin{cases} a(x,y) = c_1x + c_2y + c_3xy + c_4 \\ b(x,y) = c_5x + c_6y + c_7xy + c_8 \end{cases} \tag{2.8}$$

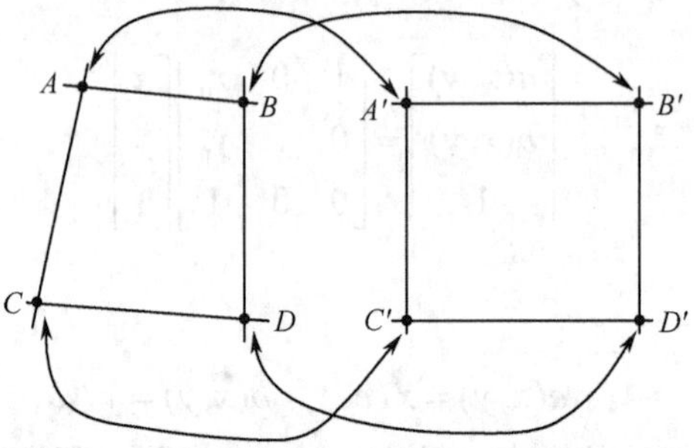

图 2-1　控制点法计算校正的数学模型

总共有 4 对已知的“控制点”，可解出 8 个系数 $c_i, i = 1,2,\cdots,8$。这些系数构成了用于变换四边形区域内所有像素的几何失真模型，该四边形是由导出系数的“控制点”定义的。通常，需要足够多的控制点以产生覆盖整个图像的四边形集，每一个四边形都有它自己的系数集。知道了每个四边形的系数，就可以得到确定的坐标变换关系，即可确定所有落入四边形内输出点的值。

2.1.2　灰度级插值

输出像素通常被映射到输入图像中的非整数位置，即位于 4 个输入像素之间。因此，为了确定与该位置相对应的灰度值，必须进行插值运算。

1. 最近邻插值

最简单的插值方法是最近邻插值，即选择离它所映射到的位置最近的输入像素的灰度值为插值结果。数学表示为

$$f(x) = f(x_k) \qquad \frac{1}{2}(x_{k-1} + x_k) < x < \frac{1}{2}(x_k + x_{k+1}) \tag{2.9}$$

这种插值法在邻近像素点灰度值有较大改变时，其细微结构会变得粗糙。

2. 双线性插值

双线性插值法是对最近邻法的一种改进，即用线性内插方法，根据 (x,y) 点的 4 个相邻点

的灰度值，分别在 x 和 y 方向上进行两次插值，计算出 $f(x,y)$ 的值，最后形成的插值函数为一个双曲抛物面方程，即

$$f(x,y)=ax+by+cxy+d \tag{2.10}$$

插值工作由此双曲抛物面与四个相邻已知点进行拟合。具体计算过程如图 2-2 所示。

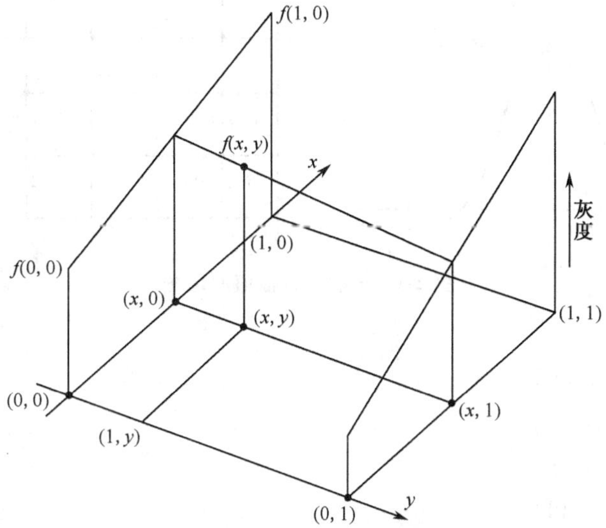

图 2-2　双线性插值示意图

首先，在 x 方向上进行线性插值，对上端的两个顶点线性插值得

$$f(x,0)=f(0,0)+x\left[f(1,0)-f(0,0)\right] \tag{2.11}$$

类似的，对于底端两个顶点线性插值有

$$f(x,1)=f(0,1)+x\left[f(1,1)-f(0,1)\right] \tag{2.12}$$

最后，在 y 方向上进行线性插值，可以确定为

$$f(x,y)=f(x,0)+y\left[f(x,1)-f(x,0)\right] \tag{2.13}$$

将式（2.11）和式（2.12）代入式（2.13）中，展开等式并合并同类项可得

$$\begin{aligned}f(x,y)=&\left[f(1,0)-f(0,0)\right]x+\left[f(0,1)-f(0,0)\right]y\\&+\left[f(1,1)+f(0,0)-f(0,1)-f(1,0)\right]xy+f(0,0)\end{aligned} \tag{2.14}$$

双线性插值计算方法由于已经考虑了 (x,y) 点的直接邻点对它的影响，因此一般可以得到令人满意的结果。但是，这种方法具有低通滤波性质，使高频分量受到损失，图像轮廓有一定模糊。如果要得到更精确的灰度插值效果，可采用高阶插值修正。

3．三次立方插值

该方法利用三次多项式 $S(x)$ 来逼近理论上的最佳插值函数 $\sin(x)/x$，其数学表达式为

$$S(x)=\begin{cases}1-2|x|^2+|x|^3 & 0\leqslant|x|<1\\4-8|x|+5|x|^2-|x|^3 & 1\leqslant|x|<2\\0 & |x|\geqslant 2\end{cases} \tag{2.15}$$

式（2.15）中的 $|x|$ 是周围像素沿 x 方向离原点的距离。如图 2-3 所示，待求像素 (x',y') 的

灰度值由其周围 16 个点的灰度值加权内插得到。可推导出待求像素的灰度值计算式为

$$f(x',y')=f(x+u,y+v)=\boldsymbol{ABC} \tag{2.16}$$

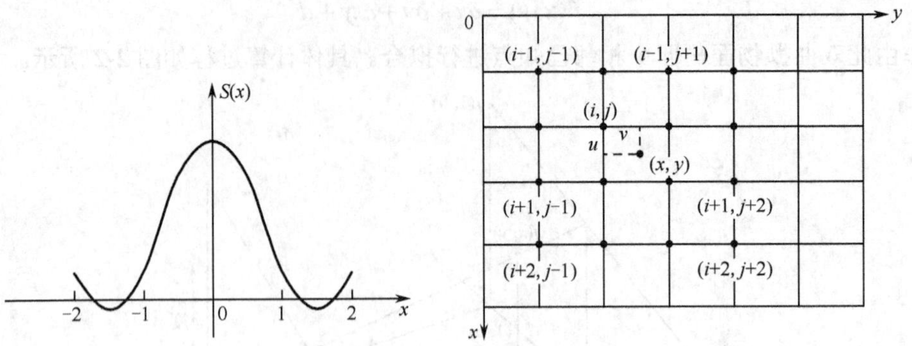

图 2-3　三次立方插值原理图

其中

$$\boldsymbol{A}=\begin{bmatrix}S(1+v)\\S(v)\\S(1-v)\\S(2-v)\end{bmatrix}^{\mathrm{T}}$$

$$\boldsymbol{B}=\begin{bmatrix}f(i-1,j-1) & f(i-1,j) & f(i-1,j+1) & f(i-1,j+2)\\ f(i,j-1) & f(i,j) & f(i,j+1) & f(i,j+2)\\ f(i+1,j-1) & f(i+1,j) & f(i+1,j+1) & f(i+1,j+2)\\ f(i+2,j-1) & f(i+2,j) & f(i+2,j+1) & f(i+2,j+2)\end{bmatrix}$$

$$\boldsymbol{C}=\begin{bmatrix}S(1+u)\\S(u)\\S(1-u)\\S(2-u)\end{bmatrix}$$

三次立方插值方法计算量大，但内插效果好，精度高。

2.1.3　几何校正

几何校正是几何变换的一个应用。图像在生成过程中，由于系统本身具有非线性或拍摄角度不同，会使生成的图像产生几何失真。对图像定量分析时，就要对失真的图像进行几何校正（即将存在几何失真的图像校正成无几何失真的图像），以免影响分析精度。校正过程分为以下三个步骤。

步骤 1：建立几何校正的数学模型。

步骤 2：利用已知条件确定模型参数。

步骤 3：根据校正模型，用灰度插值方法确定校正空间各像素的灰度值，对图像进行几何校正。

图 2-4 是一个利用图像实现人脚长度测量的例子。图 2-4（a）是一只脚踩在一张 A4 纸上，其中 A4 纸的标准大小是 210mm×297mm。如果能够从图像上测量出脚的长度与 A4 纸的长度

之比，则根据这个比例关系就可以计算出实际的脚长。但从图像可以看出，A4 纸并不是标准的矩形，这是由摄影几何原理决定的。因此，我们需要将 A4 纸校正成一个矩形，然后才能计算出脚长与 A4 纸的真实比例关系。令几何失真图像 $f(x,y)$ 为输入图像，经过校正后的图像 $g(x,y)$ 为输出图像，则根据摄影几何原理，建立几何校正的变换模型为

$$\begin{cases} g(x,y)=f(x',y') \\ x'=\dfrac{h_0x+h_1y+h_2}{h_6x+h_7y+1} \\ y'=\dfrac{h_3x+h_4y+h_5}{h_6x+h_7y+1} \end{cases} \tag{2.17}$$

由于标准 A4 纸四个角顶点的实际相对坐标是已知的，将 A4 纸的四个角顶点作为控制点，代入式（2.17）得到模型参数 h_i（$i=0,1,\cdots,7$）。然后根据几何校正变换模型，选择双线性内插法来确定输出图像各像素的灰度值，就可以实现对失真图像的几何校正了，校正后的结果如图 2-4（b）所示。

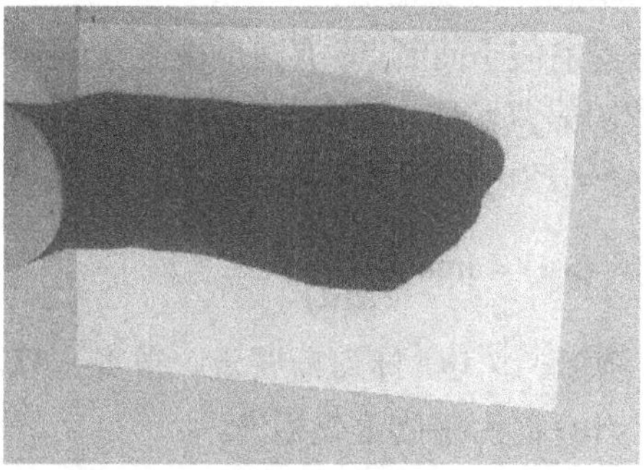

（a）几何失真图像

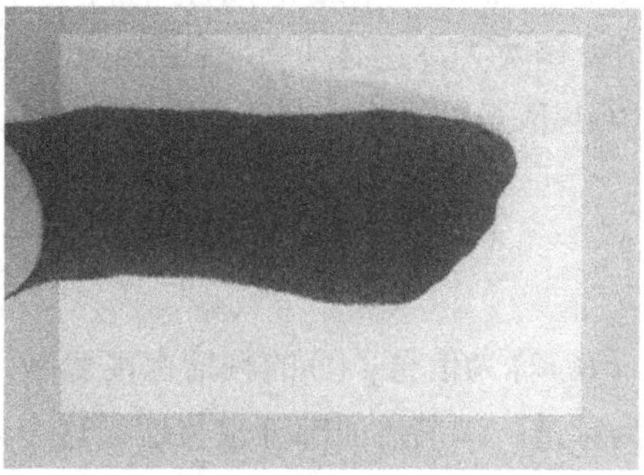

（b）校正后图像

图 2-4 几何校正实例

在校正后的图像上，首先计算出脚长所占像素数与 A4 纸在长度方向上所占的像素数之比，用这个比例关系与 A4 纸的真实长度相乘即可得出脚的真实长度。而本例中足跟是与 A4 纸左侧对齐的，因此足尖与 A4 纸左侧之间的横坐标之差即是脚长所占的像素数。

2.2 傅里叶变换

1822 年，法国工程师傅里叶指出，一个“任意”的周期函数 $f(t)$ 都可以分解为无穷多个不同频率正弦信号的和，这即是傅里叶级数。求解傅里叶系数的过程就是傅里叶变换。从下面讨论中还可以看到，傅里叶变换实际上是将信号 $f(t)$ 与一组不同频率的复正弦作内积，这一组复正弦是变换的基向量，傅里叶系数或傅里叶变换是 $f(t)$ 在这一组基向量上的投影。

在图像处理技术的发展过程中，傅里叶变换起着十分重要的作用。傅里叶变换是分析线性系统的一个有力工具，它能够定量地分析诸如数字图像之类的数字化系统，把傅里叶变换的理论与物理解释相结合，将有利于解决大多数图像处理问题，傅里叶变换在图像处理中的

应用十分广泛，如图像特征提取、空间频率与滤波、图像恢复、纹理分析等。

傅里叶变换主要分为连续傅里叶变换和离散傅里叶变换。在数字图像处理中经常用到的是二维离散傅里叶变换。连续傅里叶变换是离散傅里叶变换的基础，一维傅里叶变换又是二维傅里叶变换的基础，因此，这里先介绍一维傅里叶变换。

2.2.1 一维傅里叶变换

设 $f(t)$ 是一个连续时间信号，若 $f(t)$ 属于 L_2 空间，即

$$\int_{-\infty}^{\infty}\left|f(t)\right|^2 \mathrm{d}t < \infty \tag{2.18}$$

那么，$f(t)$ 的傅里叶变换存在，并定义为

$$F(u) = \int_{-\infty}^{\infty} f(t)\mathrm{e}^{-\mathrm{j}2\pi ut}\mathrm{d}t \tag{2.19}$$

其反变换为

$$f(t) = \int_{-\infty}^{\infty} F(u)\mathrm{e}^{\mathrm{j}2\pi ut}\mathrm{d}u \tag{2.20}$$

其中，$\mathrm{e}^{\mathrm{j}wt} = \cos(wt) + \mathrm{j}\sin(wt)$ 表示幅度为 1、角频率为 w 的复正弦。

此外，函数 $f(t)$ 还必须满足 Dirichlet 条件，即只有有限个间断点、有限个极值点和绝对可积，并且 $F(u)$ 也应是可积的。$f(t)$ 一般是实函数，而 $F(u)$ 是复函数，它由实部和虚部组成，即

$$F(u) = R(u) + \mathrm{j}I(u) = \left|F(u)\right|\mathrm{e}^{\mathrm{j}\varphi(u)} \tag{2.21}$$

$$\left|F(u)\right| = \sqrt{R^2(u) + I^2(u)},\quad \varphi(u) = \arctan\frac{I(u)}{R(u)} \tag{2.22}$$

其中，$F(u)$ 称为信号 $f(t)$ 的频谱密度函数，简称频谱；$\left|F(u)\right|$ 称为幅度谱，很多文献习惯称 $\left|F(u)\right|$ 为频谱，本书后面部分也将遵循这个习惯；$\phi(u)$ 称为相位角或相谱。

例如，对于一维方波信号 $f(t)$，即

$$f(t) = \begin{cases} A & |t| \leqslant \tau/2 \\ 0 & |t| > \tau/2 \end{cases}$$

则其傅里叶变换为

$$\begin{aligned} F(u) &= \int_{-\infty}^{\infty} f(t)\mathrm{e}^{-\mathrm{j}2\pi ut}\mathrm{d}t = \int_{-\tau/2}^{\tau/2} A\mathrm{e}^{-\mathrm{j}2\pi ut}\mathrm{d}t \\ &= \frac{A}{\mathrm{j}2\pi u}(\mathrm{e}^{\frac{\mathrm{j}2\pi u\tau}{2}} - \mathrm{e}^{\frac{-\mathrm{j}2\pi u\tau}{2}}) = A\tau\frac{\sin(\pi u\tau)}{\pi u\tau} \\ &= A\tau \sin c(\pi u\tau) \end{aligned}$$

图 2-5 是 $f(t)$ 及其傅里叶变换的频谱图。

在计算机上处理的信号都为离散信号，对离散信号的频谱分析自然要求实现离散信号的傅里叶变换。对连续函数 $f(t)$ 等间隔采样就得到一个离散序列 $f(x)$。假设共采样 N 次，则这个离散序列可以表示为 $\{f(0), f(1), f(2), \cdots, f(N-1)\}$。若令 x 为离散实变量，u 为离散频率变量，则一维离散傅里叶变换（DFT）与反变换定义为

$$F(u) = \sum_{x=0}^{N-1} f(x)\mathrm{e}^{-\mathrm{j}2\pi ux/N} \quad u = 0,1,\cdots,N-1 \tag{2.23}$$

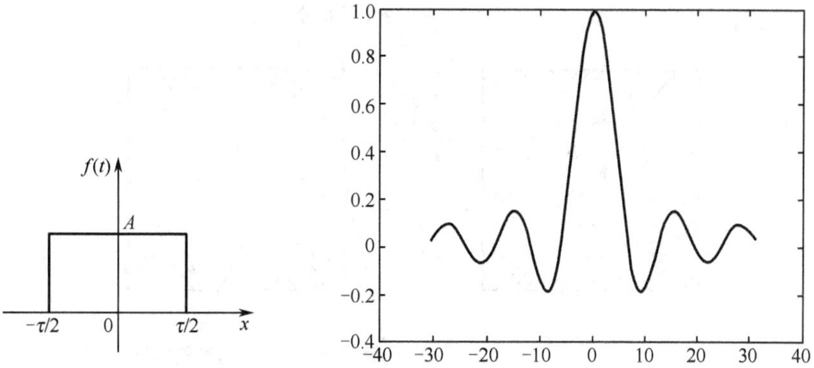

图 2-5 矩形信号及其频谱

和

$$f(x)=\frac{1}{N}\sum_{u=0}^{N-1}F(u)\mathrm{e}^{\mathrm{j}2\pi ux/N}\qquad x=0,1,\cdots,N-1 \tag{2.24}$$

离散傅里叶变换对总是存在的。有的书中将式（2.24）中的系数$1/N$放在式（2.23）中，这两种形式都是正确的，也可以在正变换和反变换前分别乘以$1/\sqrt{N}$，只要正变换和反变换前系数乘积等于$1/N$即可。

2.2.2 二维离散傅里叶变换

在 2.2.1 节中，函数$f(t)$是只含有一个自变量的一维信号。当含有两个自变量时，函数就变成了二维信号（函数），如图像数据。假设以正方形网格采样得到的图像用$f(x,y)$表示，其大小为N行M列，则$f(x,y)$的二维离散傅里叶变换可以表示为

$$F(u,v)=\sum_{x=0}^{M-1}\sum_{y=0}^{N-1}f(x,y)\mathrm{e}^{-\mathrm{j}2\pi(ux/M+vy/N)}\qquad u=0,1,\cdots,M-1,\quad v=0,1,\cdots,N-1 \tag{2.25}$$

其反变换为

$$f(x,y)=\frac{1}{MN}\sum_{u=0}^{M-1}\sum_{v=0}^{N-1}F(u,v)\mathrm{e}^{\mathrm{j}2\pi(ux/M+vy/N)}\qquad x=0,1,\cdots,M-1,\quad y=0,1,\cdots,N-1 \tag{2.26}$$

在数字图像处理中，图像傅里叶变换一般取方阵，即$M=N$，则二维傅里叶变换公式变为

$$F(u,v)=\sum_{x=0}^{N-1}\sum_{y=0}^{N-1}f(x,y)\mathrm{e}^{-\mathrm{j}2\pi(ux+vy)/N}\qquad u,v=0,1,\cdots,N-1 \tag{2.27}$$

$$f(x,y)=\frac{1}{N^2}\sum_{u=0}^{N-1}\sum_{v=0}^{N-1}F(u,v)\mathrm{e}^{\mathrm{j}2\pi(ux+vy)/N}\qquad x,y=0,1,\cdots,N-1 \tag{2.28}$$

与一维离散傅里叶变换的情况类似，可以定义二维离散傅里叶变换的频谱和相位角如下，即

$$|F(u,v)|=\sqrt{R^2(u,v)+I^2(u,v)},\quad \phi(u,v)=\arctan\frac{I(u,v)}{R(u,v)} \tag{2.29}$$

二维信号的离散傅里叶变换所得结果的频率成分的分布示意图如图 2-6 所示。即变换结果的左上、右上、左下、右下四个角部分对应低频成分，中央部分对应高频成分。若想使低频成分出现在中央位置，则可以利用傅里叶变换的平移特性，2.2.3 节中有介绍。

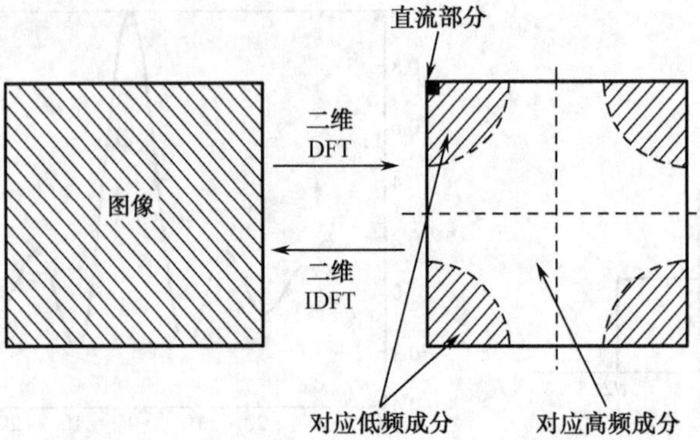

图 2-6　图像的二维离散傅里叶变换的频率成分分布示意图

图 2-7 是 Lena 图像的二维离散傅里叶变换频谱图，对于一幅图像，图像中灰度变化比较缓慢的区域可以用较低频率的正弦信号近似，而灰度变化比较大的边缘地带则需要用高频正弦信号近似。一幅图像中大部分都是灰度变化缓慢的区域，只有一小部分是边缘，因此，其变换域的图像能量主要集中在低频部分（对应幅值较高），只有一小部分能量集中在高频部分（对应幅值较低）。

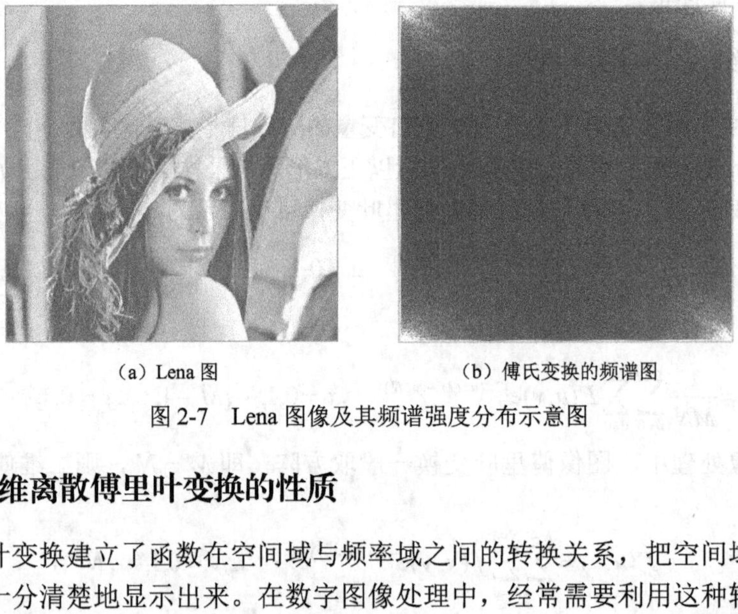

（a）Lena 图　　（b）傅氏变换的频谱图

图 2-7　Lena 图像及其频谱强度分布示意图

2.2.3　二维离散傅里叶变换的性质

离散傅里叶变换建立了函数在空间域与频率域之间的转换关系，把空间域难以显示的特征在频率域中十分清楚地显示出来。在数字图像处理中，经常需要利用这种转换关系和转换规律。因此，下面介绍二维离散傅里叶变换的基本性质。

1．可分离性

由式（2.27），有

$$\begin{aligned} F(u,v) &= \sum_{x=0}^{N-1}\sum_{y=0}^{N-1} f(x,y)\mathrm{e}^{-\mathrm{j}2\pi vy/N}\mathrm{e}^{-\mathrm{j}2\pi ux/N} \\ &= \sum_{x=0}^{N-1}\mathrm{e}^{-\mathrm{j}2\pi ux/N}\sum_{y=0}^{N-1} f(x,y)\mathrm{e}^{-\mathrm{j}2\pi vy/N} \qquad u,v=0,1,\cdots,N-1 \end{aligned} \tag{2.30}$$

同理，式（2.28）可以分离成如下形式，即

$$f(x,y)=\frac{1}{N}\sum_{u=0}^{N-1}\mathrm{e}^{\mathrm{j}2\pi ux/N}\frac{1}{N}\sum_{v=0}^{N-1}F(u,v)\mathrm{e}^{\mathrm{j}2\pi vy/N}\qquad x,y=0,1,\cdots,N-1 \tag{2.31}$$

由上述的分离形式可以看出，一个二维离散傅里叶变换可以通过先后两次运用一维傅里叶变换来实现，即先沿 $f(x,y)$ 的列方向求一维离散傅里叶变换得到 $F(x,v)$，再对 $F(x,v)$ 沿行的方向求一维离散傅里叶变换得到 $F(u,v)$，即

$$F(x,v)=\sum_{y=0}^{N-1}f(x,y)\mathrm{e}^{-\mathrm{j}2\pi vy/N}\qquad v=0,1,\cdots,N-1 \tag{2.32}$$

$$F(u,v)=\sum_{x-0}^{N-1}F(x,v)\mathrm{e}^{-\mathrm{j}2\pi ux/N}\qquad u,v=0,1,\cdots,N-1 \tag{2.33}$$

这个过程可用图 2-8 表示。

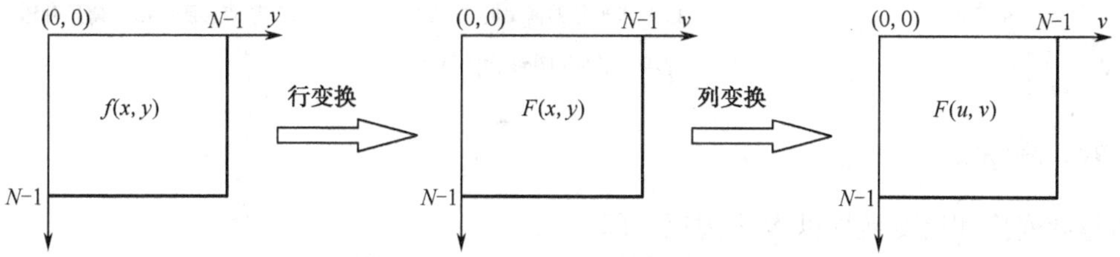

图 2-8　二维离散傅里叶变换的分离过程

二维离散傅里叶反变换的分离过程与正变换的分离过程相似。

2. 平移性

傅里叶变换的平移性是指，将 $f(x,y)$ 乘以一个指数项相当于将其二维离散傅里叶变换 $F(u,v)$ 的频域中心移动到新的位置。同样，将 $F(u,v)$ 乘以一个指数项，就相当于将 $f(x,y)$ 的空域中心移动到新的位置。这个性质可以表示为

$$f(x,y)\mathrm{e}^{\mathrm{j}2\pi(u_0x+v_0y)/N}\Leftrightarrow F(u-u_0,v-v_0) \tag{2.34}$$

$$f(x-x_0,y-y_0)\Leftrightarrow F(u,v)\mathrm{e}^{-\mathrm{j}2\pi(ux_0+vy_0)/N} \tag{2.35}$$

以上两式说明，当空域中 $f(x,y)$ 产生移动时，在频域中只发生相移，而傅里叶变换的幅值不变。因为

$$\left|F(u,v)\mathrm{e}^{-\mathrm{j}2\pi(ux_0+vy_0)/N}\right|=\left|F(u,v)\right| \tag{2.36}$$

反之，当频域中 $F(u,v)$ 产生移动时，相应的 $f(x,y)$ 在空域中也只发生相移，而幅值不变。

在数字图像处理中，常常需要将 $F(u,v)$ 的原点移到 $N\times N$ 方阵的中心，以便能清楚地分析傅里叶变换频谱的情况。要做到这一点，只须令

$$u_0=v_0=N/2$$

则

$$\mathrm{e}^{\mathrm{j}2\pi(u_0x+v_0y)/N}=\mathrm{e}^{\mathrm{j}\pi(x+y)}=(-1)^{x+y} \tag{2.37}$$

将式（2.37）代入式（2.34）中，可得

$$f(x,y)(-1)^{x+y}\Leftrightarrow F\left(u-\frac{N}{2},v-\frac{N}{2}\right) \tag{2.38}$$

式（2.38）说明：如果需要将图像频谱的原点从起始点$(0,0)$移到图像的中心点$\left(\frac{N}{2},\frac{N}{2}\right)$，只要将$f(x,y)$乘上$(-1)^{x+y}$因子进行傅里叶变换即可实现，图 2-9 表明了这一过程。

（a）Lena 图　　（b）未平移的傅里叶谱　　（c）原点移到中心的傅里叶谱

图 2-9　图像谱移动示例

3．周期性

傅里叶变换和反变换均以N为周期，即

$$F(u,v)=F(u+N,v)=F(u,v+N)=F(u+N,v+N) \tag{2.39}$$

式（2.39）可以通过将等式右边几项分别代入式（2.27）来进行验证。傅里叶变换的周期性表明，尽管$F(u,v)$对无穷多个u和v的值重复出现，但只须根据在任意周期内的N个值就可以从$F(u,v)$得到$f(x,y)$。也就是说，只须一个周期内的变换就可以将$F(u,v)$完全确定。这一性质对于$f(x,y)$在空域里也同样成立。

4．共轭对称性

如果$f(x,y)$是实函数，则它的傅里叶变换具有共轭对称性，即

$$F(u,v)=\overline{F(-u,-v)} \tag{2.40}$$

$$|F(u,v)|=|F(-u,-v)| \tag{2.41}$$

其中，$\overline{F(u,v)}$是$F(u,v)$的复共轭。

5．旋转不变性

若引入极坐标使

$$\begin{cases}x=r\cos\theta\\y=r\sin\theta\end{cases}\qquad\begin{cases}u=\omega\cos\varphi\\v=\omega\sin\varphi\end{cases} \tag{2.42}$$

则$f(x,y)$和$F(u,v)$分别表示为$f(r,\theta)$和$F(\omega,\varphi)$。

在极坐标中，存在以下的变换对，即

$$f(r,\theta+\theta_0)\Leftrightarrow F(\omega,\varphi+\theta_0) \tag{2.43}$$

式（2.43）表明，如果$f(x,y)$在空域旋转θ_0角度，则相应的傅里叶变换$F(u,v)$在频域也旋转同一角度θ_0。二维离散傅里叶变换的旋转性如图 2-10 所示，其中图 2-10（a）和图 2-10

（b）是原图像及其傅里叶频谱，图 2-10（c）和图 2-10（d）则是旋转后的图像及其傅里叶频谱，由图可见，如果图像本身在空间域旋转，则其二维离散傅里叶变换在频率域也会旋转，而且旋转的角度相同。

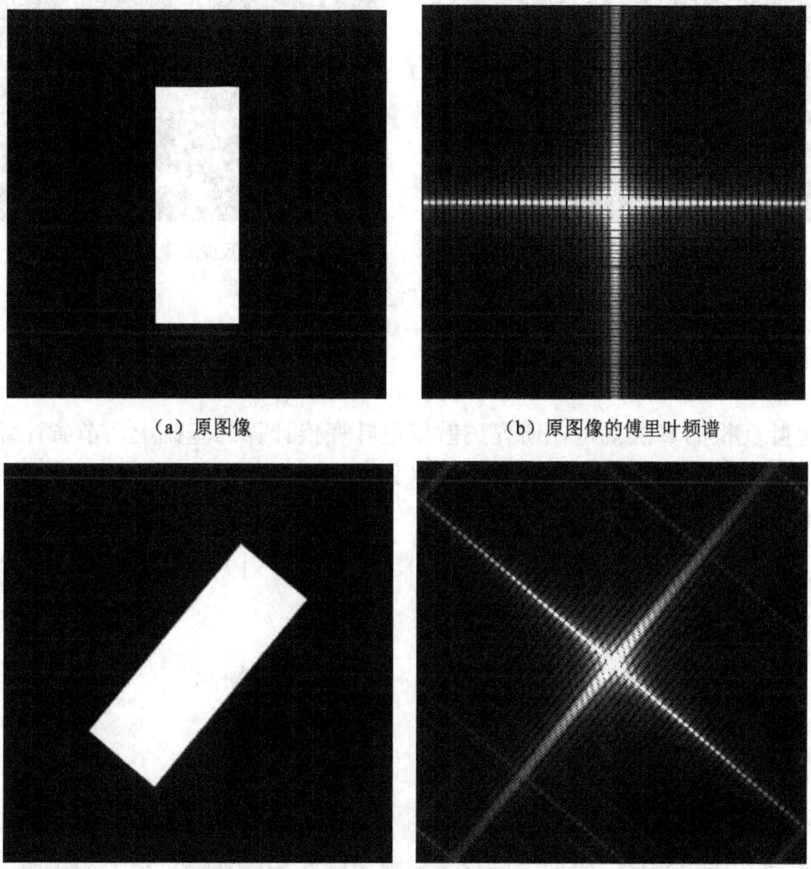

（a）原图像　（b）原图像的傅里叶频谱

（c）旋转后的图像　（d）旋转后图像的傅里叶频谱

图 2-10　二维离散傅里叶变换的旋转性

6. 分配性和比例性

傅里叶变换的分配性表明傅里叶变换对于加法可以分配，而对乘法则不行。即

$$F\{f_1(x,y)+f_2(x,y)\}=F\{f_1(x,y)\}+F\{f_2(x,y)\} \tag{2.44}$$

$$F\{f_1(x,y)f_2(x,y)\}\neq F\{f_1(x,y)\}\cdot F\{f_2(x,y)\} \tag{2.45}$$

傅里叶变换的比例性表明对于两个标量 a 和 b，有

$$af(x,y)\Leftrightarrow aF(u,v) \tag{2.46}$$

$$f(ax,by)\Leftrightarrow \frac{1}{|ab|}F\left(\frac{u}{a},\frac{v}{b}\right) \qquad (a\neq 0,b\neq 0) \tag{2.47}$$

式（2.47）说明了在空间比例尺度的展宽对应于在频域比例尺度的压缩，其幅值也减少为原来的$\frac{1}{|ab|}$。

（a）比例尺度展宽前的频谱

（b）比例尺度展宽后的频谱

图 2-11　傅里叶变换的比例性

2.2.4　快速傅里叶变换（FFT）

快速傅里叶变换的算法就是在研究离散傅里叶变换计算的基础上，节省计算量以达到快速计算的目的。由于二维离散傅里叶变换可以分离成两步的一维离散傅里叶变换来实现，这里只介绍一维离散傅里叶变换的快速算法。

令 $W_N = \mathrm{e}^{-\mathrm{j}\frac{2\pi}{N}}$，根据式（2.23）和式（2.24），对 N 点序列 $f(x)$，其一维离散傅里叶变换对定义为

$$\begin{cases} F(u) = \sum_{x=0}^{N-1} f(x) W_N^{ux} & u = 0,1,\cdots,N-1 \\ f(x) = \frac{1}{N}\sum_{u=0}^{N-1} F(u) W_N^{-ux} & x = 0,1,\cdots,N-1 \end{cases} \tag{2.48}$$

显然，求出 N 点 $F(u)$ 需要 N^2 次复数乘法及 $N(N-1)$ 次复数加法，而实现一次复数乘需要 4 次实数乘和 2 次实数加，实现一次复数加则需要 2 次实数加，当 N 很大时，计算量是非常大的，难以实时实现。对于二维图像数据的离散傅里叶变换，其所需计算量更是大得惊人。事实上，离散傅里叶变换的运算中包含大量的重复运算。

令矩阵

$$\boldsymbol{W}_N = \left[\boldsymbol{W}^{nu}\right] = \begin{bmatrix} W^0 & W^0 & W^0 & \cdots & W^0 \\ W^0 & W^1 & W^2 & \cdots & W^{N-1} \\ W^0 & W^2 & W^4 & \cdots & W^{2(N-1)} \\ \vdots & \vdots & \vdots & \vdots & \vdots \\ W^0 & W^{N-1} & W^{2(N-1)} & \cdots & W^{(N-1)(N-1)} \end{bmatrix} \tag{2.49}$$

$$\boldsymbol{F}_N = \left[F(0), F(1), \cdots, F(N-1)\right]^{\mathrm{T}} \tag{2.50}$$

$$\boldsymbol{f}_N = \left[f(0), f(1), \cdots, f(N-1)\right]^{\mathrm{T}} \tag{2.51}$$

则一维离散傅里叶的正变换可写成矩阵形式，即

$$\boldsymbol{F}_N = \boldsymbol{W}_N \boldsymbol{f}_N \tag{2.52}$$

观察 $\boldsymbol{W}_N$ 矩阵，显然其中有 N^2 个元素，但由于 $\boldsymbol{W}_N$ 的周期性，其中只有 N 个独立的值，即

$W_N^0, W_N^1, \cdots, W_N^{N-1}$，且在这 N 个值中有一部分取的是简单的值，W_N 因子的取值有如下特点：

① $W^0 = 1, W^{N/2} = -1$；

② $W_N^{N+r} = W_N^r$， $W_N^{N/2+r} = -W_N^r$， $W_{2N}^{2r} = W_N^r$ 。

例如，对四点 DFT，按式（2.48）直接计算需要 $4^2 = 16$ 次复数乘，按上述周期性和对称性，可写成如下的矩阵形式，即

$$\begin{bmatrix} F(0) \\ F(1) \\ F(2) \\ F(3) \end{bmatrix} = \begin{bmatrix} 1 & 1 & 1 & 1 \\ 1 & W^1 & -1 & -W^1 \\ 1 & -1 & 1 & -1 \\ 1 & -W^1 & -1 & W^1 \end{bmatrix} \begin{bmatrix} f(0) \\ f(1) \\ f(2) \\ f(3) \end{bmatrix} \tag{2.53}$$

将该矩阵的第二列和第三列交换，得

$$\begin{bmatrix} F(0) \\ F(1) \\ F(2) \\ F(3) \end{bmatrix} = \begin{bmatrix} 1 & 1 & 1 & 1 \\ 1 & -1 & W^1 & -W^1 \\ 1 & 1 & -1 & -1 \\ 1 & -1 & -W^1 & W^1 \end{bmatrix} \begin{bmatrix} f(0) \\ f(2) \\ f(1) \\ f(3) \end{bmatrix} \tag{2.54}$$

由此得出

$$\begin{cases} F(0) = [f(0)+f(2)]+[f(1)+f(3)] \\ F(1) = [f(0)-f(2)]+[f(1)-f(3)]W^1 \\ F(2) = [f(0)+f(2)]-[f(1)+f(3)] \\ F(3) = [f(0)-f(2)]-[f(1)-f(3)]W^1 \end{cases} \tag{2.55}$$

这样，求出四点 DFT 只需要一次复数乘法，问题的关键是如何巧妙地利用 W 因子的周期性和对称性，导出一个高效的快速算法。这一算法最早由 J.W.Cooley 和 J.W.Tukey 于 1965 年提出。自 Cooley-Tukey 的算法提出来后，新的算法不断涌现，总的来说，快速傅里叶的发展有两个，一是 N 等于 2 的整数次幂的算法，如基 2 算法、基 4 算法、实因子算法等，另一个是 N 不等于 2 的整数次幂的算法，如 Winograd 算法。限于篇幅，本书只介绍时间抽取（DIT）的基 2FFT 算法。

1. 时间抽取（DIT）的基 2 FFT 算法

根据式（2.49）及 W_N 因子的取值特点，对于 N=8 点的 DFT 可以写成如下的矩阵形式，即

$$\begin{bmatrix} F(0) \\ F(1) \\ F(2) \\ F(3) \\ F(4) \\ F(5) \\ F(6) \\ F(7) \end{bmatrix} = \begin{bmatrix} 1 & 1 & 1 & 1 & 1 & 1 & 1 & 1 \\ 1 & W^1 & W^2 & W^3 & -1 & -W^1 & -W^2 & -W^3 \\ 1 & W^2 & -1 & -W^2 & 1 & W^2 & -1 & -W^2 \\ 1 & W^3 & -W^2 & W^1 & -1 & -W^3 & W^2 & -W^1 \\ 1 & -1 & 1 & -1 & 1 & -1 & 1 & -1 \\ 1 & -W^1 & W^2 & -W^3 & -1 & W^1 & -W^2 & W^3 \\ 1 & -W^2 & -1 & W^2 & 1 & -W^2 & -1 & W^2 \\ 1 & -W^3 & -W^2 & -W^1 & -1 & W^3 & W^2 & W^1 \end{bmatrix} \begin{bmatrix} f(0) \\ f(1) \\ f(2) \\ f(3) \\ f(4) \\ f(5) \\ f(6) \\ f(7) \end{bmatrix} \tag{2.56}$$

对式 2.56 等号右端的矩阵进行一系列初等变换，可得如下形式，即

$$\begin{bmatrix} F(0) \\ F(1) \\ F(2) \\ F(3) \\ F(4) \\ F(5) \\ F(6) \\ F(7) \end{bmatrix} = \begin{bmatrix} 1 & 1 & 1 & 1 & 1 & 1 & 1 & 1 \\ 1 & -1 & W^2 & -W^2 & W^1 & -W^1 & W^3 & -W^3 \\ 1 & 1 & -1 & -1 & W^2 & W^2 & -W^2 & -W^2 \\ 1 & -1 & -W^2 & W^2 & W^3 & -W^3 & W^1 & -W^1 \\ 1 & 1 & 1 & 1 & -1 & -1 & -1 & -1 \\ 1 & -1 & W^2 & -W^2 & -W^1 & W^1 & -W^3 & W^3 \\ 1 & 1 & -1 & -1 & -W^2 & -W^2 & W^2 & W^2 \\ 1 & -1 & -W^2 & W^2 & -W^3 & W^3 & -W^1 & W^1 \end{bmatrix} \begin{bmatrix} f(0) \\ f(4) \\ f(2) \\ f(6) \\ f(1) \\ f(5) \\ f(3) \\ f(7) \end{bmatrix} \tag{2.57}$$

根据式（2.54）和式（2.57），我们把 4 点和 8 点 FFT 用蝶形流程图表示出来，如图 2-12 和图 2-13 所示。

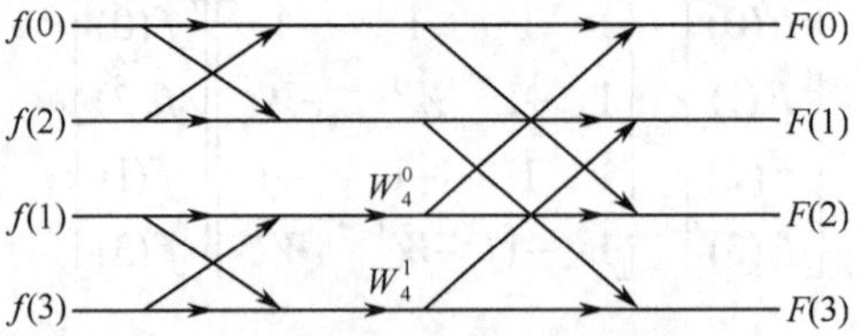

图 2-12　4 点 FFT 时间抽取算法信号流图

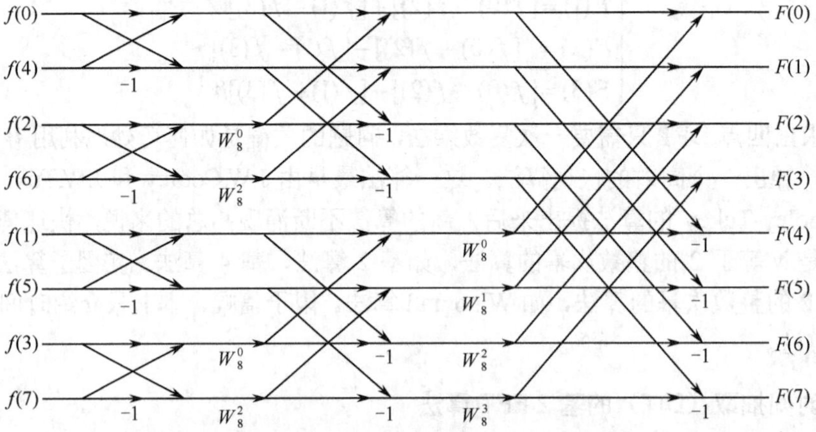

图 2-13　8 点 FFT 时间抽取算法信号流图

以上即是 4 点和 8 点的 FFT 算法信号流图，任何 N 是 2 的整数次幂的 DFT 都可以用上面的流程图形式来实现，有关时间抽取基 2 FFT 算法的详细推导过程可以查阅相关文献，此处不多讨论。为了找到 FFT 算法流程的一般规律，下面对 FFT 进行几点讨论。

2. 算法的讨论

● “级”的概念

由图 2-13 可知，将 N 点 DFT 先分成 2 个 $N/2$ 点 DFT，再分成 4 个 $N/4$ 点 DFT，进而 8 个 $N/8$ 点 DFT，直至 $N/2$ 个 2 点 DFT。每分一次，称为一“级”运算，共可以分成 $M = \text{lb}N$ 级。8 点 DFT 分级情况可以表示成图 2-14，从左至右，依次为 $m=0$ 级，$m=1$ 级，$m=2$ 级。

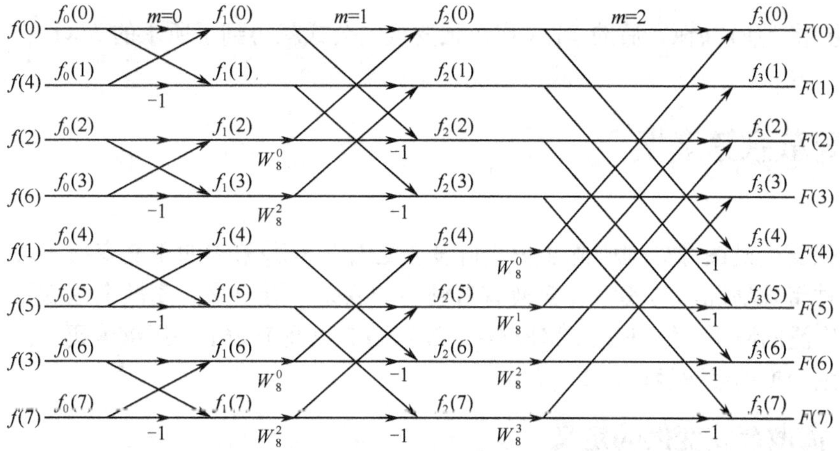

图 2-14 8 点 FFT 时间抽取算法信号流图

● W^r 因子的分布

从图 2-14 可以发现，第一次将 N 点 DFT 分成两个 $N/2$ 点 DFT 时相当于图 2-14 最右边一级，这时出现的 W^r 因子是 W_N^r，而 $r=0,1,2,\cdots,N/2-1$。由于 $W_{2N}^{2r}=W_N^r$，因此，算法再往下分时，W^r 依次是 $W_{N/2}^r, W_{N/4}^r$，…，故每一级 W^r 因子的分布规律如下，即

$m=0$ 级，W_2^r，$r=0$

$m=1$ 级，W_4^r，$r=0,1$

$m=2$ 级，W_8^r，$r=0,1,2,3$

…

$m=M-1$ 级，W_N^r，$r=0,1,\cdots,N/2-1$

因此，不难总结出 W^r 因子分布的一般规律为

第 m 级，$W_{2^{m+1}}^r$，$r=0,1,\cdots,2^m-1$

● 码位倒置

从图 2-14 可以看出，变换后的输出序列 $F(u)$ 是依照正序排列，但输入序列 $f(x)$ 的次序并不是原来的顺序，这正是将 $f(x)$ 按奇、偶分开产生的。对于 $N=8$，其自然序号是 $0,1,2,3,4,5,6,7$。第一次按奇、偶分开，得到两组 $N/2$ 点 DFT，$f(x)$ 的序号是

0，2，4，6 | 1，3，5，7

对每一组再按奇、偶分开，抽取后得到四组，每组的序号是

0，4 | 2，6 | 1，5 | 3，7

这就是 8 点 FFT 的输入端信号的排列顺序，同理可以得到 N 为 2 的更高次幂的输入信号的排列次序。

以上对输入数据的排序可以根据一个简单的位对换规则进行。如用 x 表示 $f(x)$ 的一个自变量值，那么它排序后对应的值可以通过把 x 表示成二进制数并左右对换各位得到。例如 $N=2^3$，$f(6)$ 排序后为 $f(3)$，因为 $6_{十进制}=110_{二进制}$，左右对换后为 $011_{二进制}=3_{十进制}$。如果算法实现时不对输入数据进行重新排序，那么输出结果就需要重新排序以得到正常的次序。

FFT 算法所需要的乘法次数和加法次数分别是 $\frac{1}{2}N\log_2 N$ 和 $N\log_2 N$。在求快速傅里叶反变

换时，只需要将$F(u)$共轭之后的$\overline{F(u)}$代入正变换的公式就得到了所求的$f(x)$。

2.3 离散余弦变换

离散余弦变换是图像处理中除了傅里叶变换之外另一种常用的正交变换手段，它是傅里叶变换的一种特殊情况，与傅里叶变换有着密切的联系。近年来，离散余弦变换在图像压缩领域得到了广泛的应用，如JPEG、MPEG-1、MPEG-2以及H.261等压缩编码的国际标准都采用了离散余弦变换的编码算法。

2.3.1 离散余弦变换的定义

离散余弦变换（Discrete Cosine Transform，DCT）是一种可分离的正交变换，并且是对称的。在傅里叶级数展开式中，被展开的函数是实偶函数时，其傅里叶级数中只包含余弦项，因此称之为余弦变换。在傅里叶变换中，由于它的参数都是复数，在数据的描述上相当于实数的两倍，计算非常复杂，因此希望找到一种能够具有相同功能但数据量又不大的变换。在这个思想的指导下，产生了离散余弦变换。

函数$f(x)$的一维离散余弦变换的定义为

$$F(0)=\frac{1}{\sqrt{N}}\sum_{x=0}^{N-1}f(x)$$

$$F(u)=\sqrt{\frac{2}{N}}\sum_{x=0}^{N-1}f(x)\cos\frac{(2x+1)u\pi}{2N} \tag{2.58}$$

函数$f(x)$表示时域的输入信号序列，采样值$x=0,1,\cdots,N-1$。$F(u)$表示对于$u=1,\cdots,N-1$的DCT变换系数。一维离散余弦反变换的表示式为

$$f(x)=\sqrt{\frac{1}{N}}F(0)+\sqrt{\frac{2}{N}}\sum_{u=0}^{N-1}F(u)\cos\frac{(2x+1)u\pi}{2N} \tag{2.59}$$

将一维离散余弦变换扩展到二维离散余弦变换，其正变换公式可以定义为

$$F(0)=\frac{1}{N}\sum_{x=0}^{N-1}\sum_{x=0}^{N-1}f(x,y)$$

$$F(0,v)=\frac{\sqrt{2}}{N}\sum_{x=0}^{N-1}\sum_{y=0}^{N-1}f(x,y)\cos\frac{(2y+1)v\pi}{2N}$$

$$F(u,0)=\frac{\sqrt{2}}{N}\sum_{x=0}^{N-1}\sum_{y=0}^{N-1}f(x,y)\cos\frac{(2x+1)u\pi}{2N}$$

$$F(u,v)=\frac{2}{N}\sum_{x=0}^{N-1}\sum_{y=0}^{N-1}f(x,y)\cos\frac{(2x+1)u\pi}{2N}\cos\frac{(2y+1)v\pi}{2N} \tag{2.60}$$

其中，$f(x,y)$是空间域二维向量的元素，$x,y=0,1,\cdots,N-1$，$F(u,v)$是变换系数阵列的元素，式中表示的阵列为$N\times N$。

二维离散余弦反变换由式（2.61）定义为

$$f(x,y)=\frac{1}{N}F(0,0)+\frac{\sqrt{2}}{N}\sum_{v=1}^{N-1}F(0,v)\cos\frac{(2y+1)v\pi}{2N}$$
$$+\frac{\sqrt{2}}{N}\sum_{u=1}^{N-1}F(u,0)\cos\frac{(2x+1)u\pi}{2N}$$
$$+\frac{2}{N}\sum_{u=1}^{N-1}\sum_{v=1}^{N-1}F(u,v)\cos\frac{(2x+1)u\pi}{2N}\cos\frac{(2y+1)v\pi}{2N} \tag{2.61}$$

2.3.2 快速离散余弦变换

离散余弦变换可以直接利用定义式来计算，但由于庞大的计算量限制了它的实际应用，因此很多快速算法被提出来，其中利用快速傅里叶变换进行离散余弦变换计算的方法最为常用。

根据定义进行如下推导，即

$$\begin{aligned}F(u)&=\sqrt{\frac{2}{N}}\sum_{x=0}^{N-1}f(x)\cos\frac{(2x+1)u\pi}{2N}\\&=\sqrt{\frac{2}{N}}\sum_{x=0}^{N-1}f(x)\mathrm{Re}\left\{\exp\left[-\mathrm{j}\frac{(2x+1)u\pi}{2N}\right]\right\}\\&=\sqrt{\frac{2}{N}}\mathrm{Re}\left\{\sum_{u=0}^{N-1}f(x)\exp\left[-\mathrm{j}\frac{(2x+1)u\pi}{2N}\right]\right\}\end{aligned}$$

其中Re是取实部的意思。如果把时域数据向量进行延拓，即

$$f_{\mathrm{e}}(x)=\begin{cases}f(x) & x=0,1,2,\cdots,N-1\\0 & x=N,N+1,\cdots,2N-1\end{cases}$$

则 $f_{\mathrm{e}}(x)$ 离散余弦变换的计算公式可写为

$$F(0)=\frac{1}{\sqrt{N}}\sum_{x=0}^{2N-1}f_{\mathrm{e}}(x)$$

$$\begin{aligned}F(u)&=\sqrt{\frac{2}{N}}\sum_{x=0}^{2N-1}f_{\mathrm{e}}(x)\cos\frac{(2x+1)u\pi}{2N}\\&=\sqrt{\frac{2}{N}}\mathrm{Re}\left\{\sum_{x=0}^{2N-1}f_{\mathrm{e}}(x)\exp\left[-\mathrm{j}\frac{(2x+1)u\pi}{2N}\right]\right\}\\&=\sqrt{\frac{2}{N}}\mathrm{Re}\left[\exp\left(-\mathrm{j}\frac{u\pi}{2N}\right)\sum_{x=0}^{2N-1}f_{\mathrm{e}}(x)\exp\left(-\mathrm{j}\frac{2xu\pi}{2N}\right)\right]\end{aligned} \tag{2.62}$$

式2.62中的求和项是 $2N$ 个点上的离散傅里叶变换。所以，在离散余弦变换时可以把序列长度延拓为 $2N$，然后作离散傅里叶变换，产生的结果取其实部便可得到余弦变换。因此，利用傅里叶变换快速计算离散余弦变换的具体实现步骤如下。

步骤1：把 $f(x)$ 延拓成 $f_{\mathrm{e}}(x)$，长度为 $2N$；

步骤2：求 $2N$ 点 $f_{\mathrm{e}}(x)$ 的FFT；

步骤3：对 u 各项乘上对应的因子 ；

步骤4：取实部，并乘上因子 $\sqrt{2/N}$；

取 $F(u)$ 的前 N 项即为 $f(x)$ 的余弦变换。

同理，在作逆变换时，首先在变换空间对 $[F(u)]$ 进行如下延拓，即

$$F_e(u)=\begin{cases}F(u) & u=0,1,2,\cdots,N-1\\ 0 & u=N,N+1,\cdots,2N-1\end{cases}$$

其逆变换可以用式（2.63）表示为

$$\begin{aligned}f(x)&=\frac{1}{\sqrt{N}}F_e(0)+\sqrt{\frac{2}{N}}\sum_{u=1}^{2N-1}F_e(u)\cos\frac{(2x+1)u\pi}{2N}\\&=\frac{1}{\sqrt{N}}F_e(0)+\sqrt{\frac{2}{N}}\sum_{u=1}^{2N-1}F_e(u)\mathrm{Re}\left\{\exp\left[\mathrm{j}\frac{(2x+1)u\pi}{2N}\right]\right\}\\&=\frac{1}{\sqrt{N}}F_e(0)+\sqrt{\frac{2}{N}}\sum_{u=1}^{2N-1}F_e(u)\mathrm{Re}\left\{\exp\left(\mathrm{j}\frac{u\pi}{2N}\right)\exp\left(\mathrm{j}\frac{2xu\pi}{2N}\right)\right\}\\&=\frac{1}{\sqrt{N}}F_e(0)+\sqrt{\frac{2}{N}}\mathrm{Re}\left\{\sum_{u=1}^{2N-1}\left[F_e(u)\exp\left(\mathrm{j}\frac{u\pi}{2N}\right)\right]\exp\left(\mathrm{j}\frac{2xu\pi}{2N}\right)\right\}\\&=\left(\frac{1}{\sqrt{N}}-\sqrt{\frac{2}{N}}\right)F_e(0)+\sqrt{\frac{2}{N}}\mathrm{Re}\left\{\sum_{u=0}^{2N-1}\left[F_e(u)\exp\left(\mathrm{j}\frac{u\pi}{2N}\right)\right]\exp\left(\mathrm{j}\frac{2xu\pi}{2N}\right)\right\}\end{aligned}\qquad(2.63)$$

从式（2.63 可）以看出，离散余弦逆变换可以由 $F_e(u)\exp\left(\mathrm{j}\frac{u\pi}{2N}\right)$ 的 $2N$ 点逆傅里叶变换实现。

图 2-15（a）为一幅原始图像，图 2-15（b）为该图像的离散余弦变换频谱。在图 2-15（b）中可以看到图像的低频能量都集中在左上角区域，而朝右下角方向频率越来越高。与图 2-7 的离散傅里叶频谱图进行比较，可以发现高低频的能量集中在不同的区域，这主要是因为离散傅里叶变换的变换核是复数，而离散余弦变换的变换核实际上是取其实部的原因。

（a）原图

（b）DCT 变换的频谱图

图 2-15　二维图像及其离散余弦变换频谱

2.4 Gabor 变换

在实际的时域信号中，平稳信号变化缓慢，非平稳信号变化急剧，甚至有突出表现，如音乐、语音等。传统的信号分析是建立在傅里叶变换基础之上的，由于傅里叶分析使用的是一种全局变换，要么完全在时域，要么完全在频域，因此无法表述信号的时频局部性质，而这种性质恰好是非平稳信号最基本和最关键的性质。为了分析和处理非平稳信号，D.Gabor 在

1946 年提出了 Gabor 变换。Gabor 变换是一种时频分析的有利工具，本节首先介绍短时傅里叶变换（Short-time Fourier Transform，STFT），然后再推广到 Gabor 变换。

2.4.1 短时傅里叶变换

短时傅里叶变换即加窗傅里叶变换，其窗函数的大小和形状均与时间和频率无关，保持固定不变。由分析傅里叶变换及反变换的公式可知，对给定的某一个频率，如u_0，为求得该频率处的傅里叶变换$F(u_0)$，式（2.19）对t的积分仍需要从$-\infty$到$+\infty$，即需要$f(t)$整个时域的“知识”。反之，如果要求出某一时刻（如t_0处）的值$f(t_0)$，由式（2.20）可知，需要将$F(u)$对u从$-\infty$到$+\infty$作积分，同样也需要$F(u)$整个频域的“知识”。实际上，由式（2.19）所得的傅里叶变换$F(u)$是信号$f(t)$在整个积分区间的时间范围内所具有的频率特征的平均表示。与此类似，式（2.20）也是如此。因此，傅里叶变换不具有时间和频率的定位功能，信号的时变特性得不到体现。为了克服这一缺点，短时傅里叶变换（STFT）假定非平稳信号在窗函数短时时间间隔内是平稳（或伪平稳）的，并通过移动窗函数，使加窗后的信号在不同的有限时间宽度内是平稳信号，这样就可以把非平稳信号看成一系列短时平稳信号的叠加，从而可以计算出各个不同时刻的功率谱。但是短时傅里叶变换的窗口大小和形状保持不变，与信号的频率无关。

一维连续信号$f(t)\in L^2(R)$的短时傅里叶变换定义为

$$\mathrm{STFT}_f(t,w)=\int f(\tau)\overline{g(\tau-t)}\mathrm{e}^{-\mathrm{j}w\tau}\mathrm{d}\tau \tag{2.64}$$

式中，$g(\tau)$称为窗函数，$\overline{g(\tau)}$代表$g(\tau)$的共轭，$\|g(\tau)\|=1$。

在一般情况下，$g(\tau)$为实对称函数且其傅里叶变换的能量集中在低频处，它还可以看作一个低通滤波的脉冲响应。

短时傅里叶变换的重构公式为

$$f(\tau)=\frac{1}{2\pi}\int_{-\infty}^{\infty}\int_{-\infty}^{\infty}\mathrm{STFT}_f(t,w)g(\tau-t)\mathrm{e}^{\mathrm{j}w\tau}\mathrm{d}t\mathrm{d}u \tag{2.65}$$

此处将$f(t)$中的时间变量t换成τ。STFT 的含义可解释如下：在时域用窗函数$g(\tau)$去截$f(\tau)$，对截下来的局部信号作傅里叶变换，即可得到在t时刻该段信号的傅里叶变换。这些傅里叶变换的集合即是$\mathrm{STFT}_f(t,w)$，如图 2-16 所示，显然，$\mathrm{STFT}_f(t,w)$是变量(t,w)的二维函数。

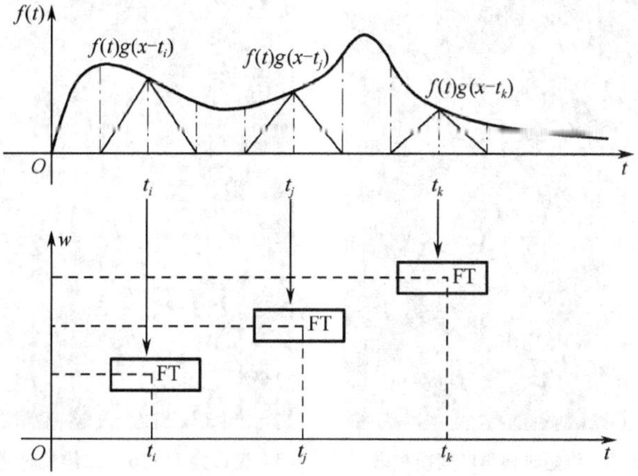

图 2-16 STFT 示意图

短时傅里叶变换是一种局域化的时频分析方法，只要适当选择窗函数$g(t)$，就可以通过信号$f(t)$的短时傅里叶变换$\mathrm{STFT}_f(t,w)$获得它在T（$g(t)$信号的时宽）时间区间内的信息。

要在计算机上实现一个信号的短时傅里叶变换，该信号必须是离散的，且为有限长的。设给定的信号为$f(x)$，$x=0,1,\cdots,L-1$，窗函数$g(x)$的宽度为M点，频率离散化为$w_k=\dfrac{2\pi}{M}k$，则离散信号的短时傅里叶变换及反变换公式为

$$\mathrm{STFT}_f(m,k)=\sum_{x=0}^{L-1}f(x)g(x-mN)\mathrm{e}^{-\mathrm{j}\frac{2\pi}{M}xk},\qquad k=0,1,\cdots,M-1 \tag{2.66}$$

$$f(x)=\frac{1}{M}\sum_{m}\sum_{k=0}^{M-1}\mathrm{STFT}_f(m,k)g(x-mN)\mathrm{e}^{\mathrm{j}\frac{2\pi}{M}xk} \tag{2.67}$$

其中，N是在时间轴上窗函数移动的步长，m的求和范围取决于数据的长度L及窗函数移动的步长N。

图2-17是对Lena图进行一维和二维短时傅里叶变换的频谱图。在图2-17（a）中，窗函数为8×1的一维矩形窗，采样间隔横向为8、纵向为1，即一维STFT；图2-17（b）是16×1的一维矩形窗，采样间隔横向为16、纵向为1；图2-17（c）是8×8的二维矩形窗，采样间隔横向为8、纵向为8；图2-17（d）是16×16二维矩形窗，采样间隔横向为16、纵向为16。

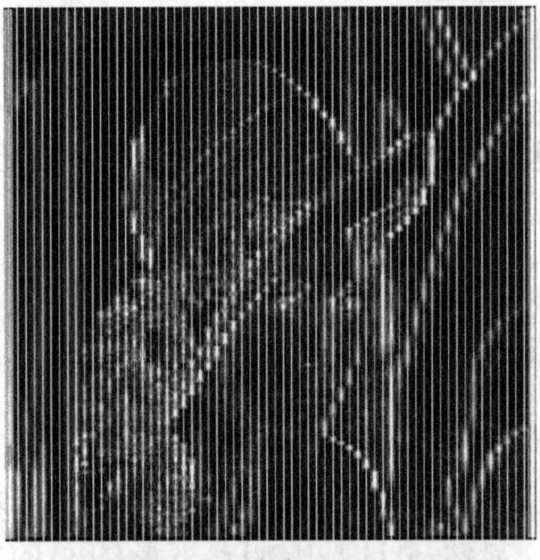

（a）窗口为8×1的一维短时傅里叶变换频谱

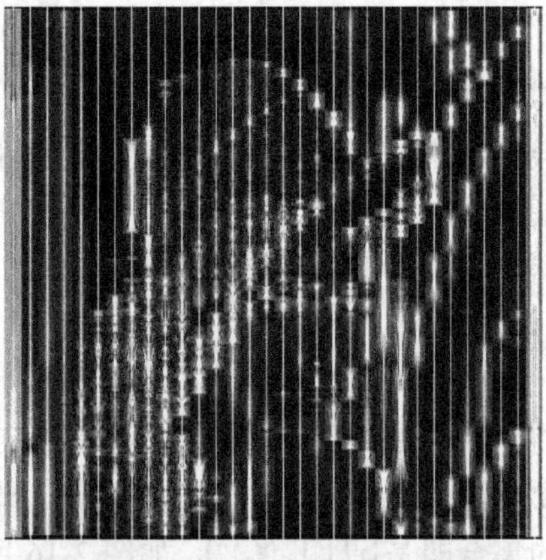

（b）窗口为16×1的一维短时傅里叶变换频谱

（c）窗口为8×8的二维短时傅里叶变换频谱

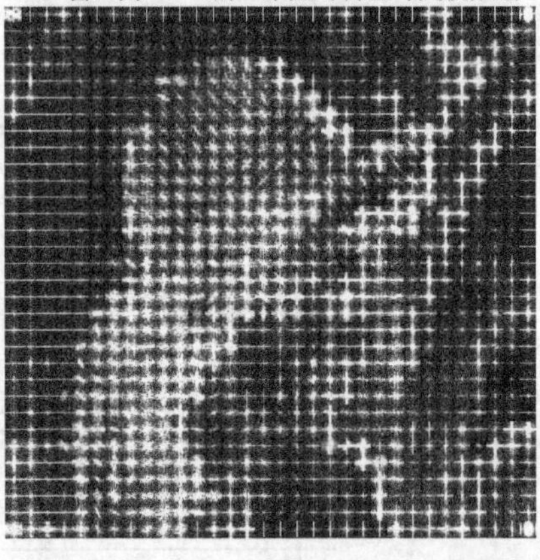

（d）窗口为16×16的二维短时傅里叶变换频谱

图2-17　Lena图短时傅里叶变换的频谱图

2.4.2 连续 Gabor 变换

早在 1946 年，Gabor 就提出可以用二维时频平面上离散栅格上的点来表示一个一维信号，即

$$f(t)=\sum_{m=-\infty}^{\infty}\sum_{n=-\infty}^{\infty}C_{m,n}h_{m,n}(t)=\sum_{m=-\infty}^{\infty}\sum_{n=-\infty}^{\infty}C_{m,n}h(t-na)\mathrm{e}^{\mathrm{j}2\pi mbt} \tag{2.68}$$

式中，a，b 为常数，a 代表栅格的时间长度，b 代表栅格的频率长度，如图 2-18 所示。

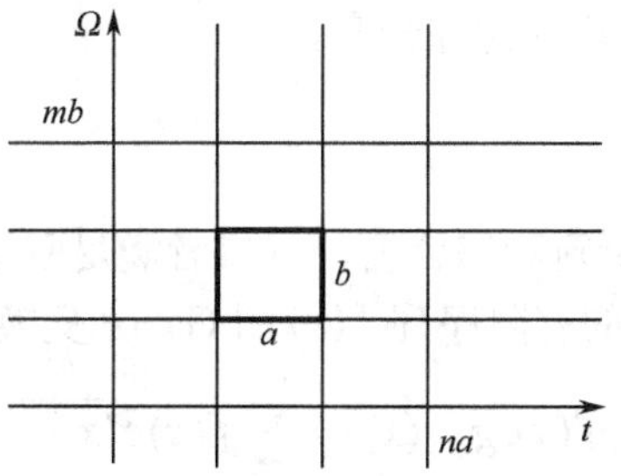

图 2-18　Gabor 展开的抽样栅格

式（2.68）称为连续信号的 Gabor 展开，式中的 $C_{m,n}$ 是一维信号 $f(t)$ 的展开系数，$h(t)$ 为一母函数，展开的基函数 $h_{m,n}(t)$ 由 $h(t)$ 位移和调制生成，如图 2-19 所示。

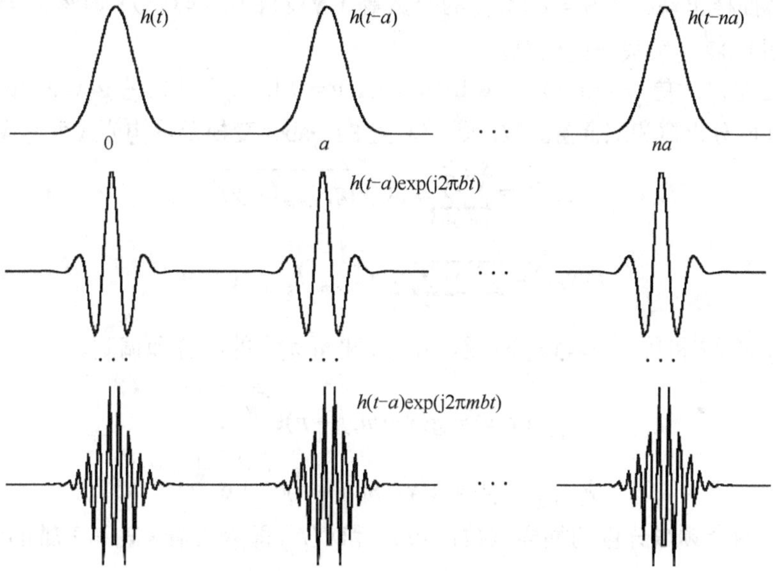

图 2-19　$h(t)$ 的位移和调制图示

由 $f(t)$ 求解系数 $C_{m,n}$ 的过程即为 Gabor 变换。

对于一个连续信号 $f(t)$，选择一个母函数 $g(t)$，令

$$g_{m,n}(t)=g(t-na)\mathrm{e}^{\mathrm{j}2\pi mbt} \tag{2.69}$$

$g_{m,n}(t)$ 也是由 $g(t)$ 位移和调制得到的，且位移和调制的方式和由 $h(t)$ 得到 $h_{m,n}(t)$ 的方式相同，且 $g(t)$ 和 $h(t)$ 满足双正交关系，即

$$\int g(t)\overline{h(t-na)}\mathrm{e}^{-\mathrm{j}2\pi mbt}\mathrm{d}t=\delta_m\delta_n \tag{2.70}$$

显然，若m，n中有一个不为零，式中的积分即为零，即$g(t)$和$h(t)$正交；若$m=n=0$，则

$$\int g(t)\overline{h(t)}\mathrm{d}t=1$$

则$f(t)$的Gabor变换及其重构公式为

$$C_{m,n}=\langle f(t),g_{m,n}(t)\rangle=\int f(t)\overline{g(t-na)}\mathrm{e}^{-\mathrm{j}2\pi mbt}\mathrm{d}t \tag{2.71}$$

$$f(t)=\sum_m\sum_n C_{m,n}h_{m,n}(t)=\sum_m\sum_n\langle f(t),g_{m,n}(t)\rangle h_{m,n}(t) \tag{2.72}$$

一般，$g(t)$称为分析窗，$h(t)$称为综合窗。

2.4.3 离散Gabor变换

若$g(x)$和$h(x)$是离散的分析窗和综合窗，且二者满足双正交关系，则根据前面连续信号Gabor变换及重构公式可得L点的有限序列$f(x)$的Gabor变换及其重构公式，即

$$C_{m,n}=\langle f(x),g_{m,n}(x)\rangle=\sum_{x=0}^{L-1}f(x)\overline{g(x-n)}\mathrm{e}^{-\mathrm{j}\frac{2\pi mx}{M}} \tag{2.73}$$

$$f(x)=\sum_{m=0}^{M-1}\sum_{n=0}^{N-1}C_{m,n}h_{m,n}(x)=\sum_{m=0}^{M-1}\sum_{n=0}^{N-1}C_{m,n}h(x-n)\mathrm{e}^{\mathrm{j}\frac{2\pi mx}{M}} \tag{2.74}$$

其中，N和M分别为时频域中的抽样点数，m/M即为离散化的频率。稳定的重建条件是$MN\geqslant L$，严格抽样出现在$MN=L$（$C_{m,n}$的个数等于$f(x)$的抽样点数）时刻，当$MN<L$时为欠抽样状态，此时将会丢失一些信息。

对于一个二维离散信号$f(x,y),x=0,1,\cdots,X-1,y=0,1,\cdots,Y-1$，若$g(x,y)$和$h(x,y)$是满足双正交关系的离散分析窗和综合窗函数，则$f(x,y)$的Gabor变换及重构公式可写成如下形式，即

$$C_{r,s,m,n}=\sum_{x=0}^{X-1}\sum_{y=0}^{Y-1}f(x,y)\overline{g_{r,s,m,n}(x,y)} \tag{2.75}$$

$$f(x,y)=\sum_r\sum_s\sum_m\sum_n C_{r,s,m,n}h_{r,s,m,n}(x,y) \tag{2.76}$$

其中，$g_{r,s,m,n}(x,y)$和$h_{r,s,m,n}(x,y)$分别是$g(x,y)$和$h(x,y)$的移位和调制。

$$g_{r,s,m,n}(x,y)=g(x-m,y-n)\mathrm{e}^{\mathrm{j}\frac{2\pi rx}{N_1}}\mathrm{e}^{\mathrm{j}\frac{2\pi sy}{N_2}} \tag{2.77}$$

$$h_{r,s,m,n}(x,y)=h(x-m,y-n)\mathrm{e}^{\mathrm{j}\frac{2\pi rx}{N_1}}\mathrm{e}^{\mathrm{j}\frac{2\pi sy}{N_2}} \tag{2.78}$$

这里N_1、N_2是两个频域分量的抽样点数，r/N_1和s/N_2即为沿着x轴和y轴的频率。

2.4.4 高斯窗Gabor函数

在Gabor变换最初提出时，指定了用高斯窗，原因是高斯函数的傅里叶变换也是高斯的，它保证了时域和频域的能量都相对比较集中，又由于高斯信号的时宽-带宽积满足不定原理的下限，因而又可得到最好的时间、频率分辨率。

当采用高斯窗时，分析窗函数$g(x,y)$为

$$g(x,y)=\frac{1}{2\pi\sigma_x\sigma_y}\exp\left[-\frac{1}{2}\left(\frac{x^2}{\sigma_x^2}+\frac{y^2}{\sigma_y^2}\right)\right] \tag{2.79}$$

其中，σ_x 和 σ_y 为高斯函数的方差，决定了滤波器的带宽。二维高斯函数的长轴和短轴分别平行于 x 轴和 y 轴。图 2-20 给出了二维高斯函数的图形表示，其中 $\delta_x = \delta_y = 5$ ，中心点在原点，且 x 和 y 方向的长度均为 30。

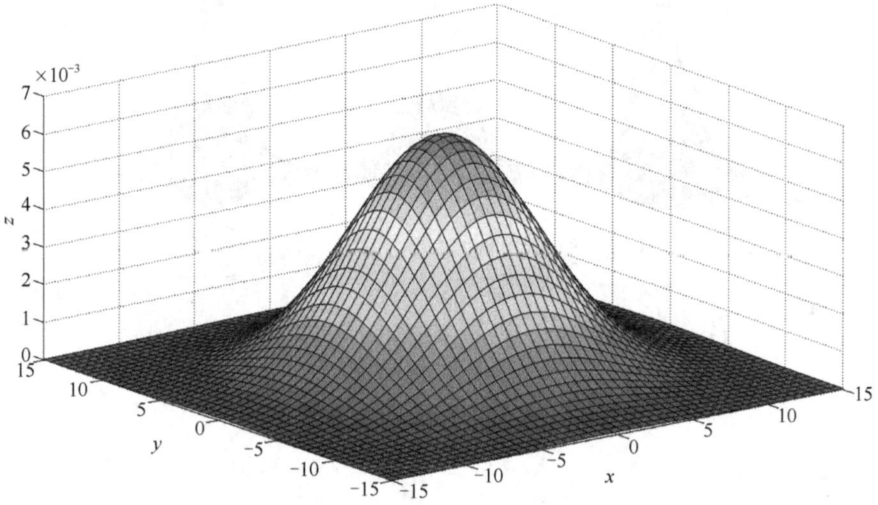

图 2-20 $\delta_x = \delta_y = 5$ 的高斯函数

对式（2.79）的 $g(x,y)$ 进行移位和调制，得 Gabor 函数为

$$g_{u_0,v_0,x_0,y_0}(x,y) = g(x-x_0, y-y_0)\exp\left[\mathrm{j}2\pi(u_0x+v_0y)\right] \tag{2.80}$$

其中，u_0 和 v_0 分别表示沿着 x 和 y 轴的频率，(x_0, y_0) 是 $g(x,y)$ 在 x 和 y 轴方向上的位移，即

$$g(x-x_0, y-y_0) = \frac{1}{2\pi\sigma_x\sigma_y}\exp\left[-\frac{1}{2}\left(\frac{(x-x_0)^2}{\sigma_x^2}+\frac{(y-y_0)^2}{\sigma_y^2}\right)\right] \tag{2.81}$$

函数 $g(x,y)$ 经过位移和调制后，中心点移到 (x_0, y_0) ，其径向中心频率为 $F=\sqrt{u_0^2+v_0^2}$ ，其调制的角度为 $\phi = \arctan(v_0/u_0)$ 。图 2-21 是对图 2-20 中的高斯函数进行位移和调制的结果，其中图 2-21(a)是位移的结果，三个高斯函数中心点 (x_0, y_0) 分别对应了（−30,30），（0,0,）和（30,30），图 2-21（b）是对图 2-21（a）进行 $u_0 = v_0 = 0.1$ 调制的结果，图 2-21（c）是对图 2-21(a)进行 $u_0 = v_0 = 0.3$ 调制的结果。可以看出，(x_0, y_0) 的变化是高斯函数在空域上的位移，而 (u_0, v_0) 的变化则是函数在频率上的反映。

为了分析 $g_{u_0,v_0,x_0,y_0}(x,y)$ 的性质，先分析式（2.80）傅里叶变换的性质。首先对式（2.79）进行傅里叶变换，其结果仍然是一个高斯函数，即

$$G(u,v) = \int g(x,y)\mathrm{e}^{-\mathrm{j}2\pi ux}\mathrm{e}^{-\mathrm{j}2\pi vy}\mathrm{d}x\mathrm{d}y = \exp[-2\pi^2(\sigma_x^2u^2+\sigma_y^2v^2)] \tag{2.82}$$

根据式（2.35），当空域中 $g(x,y)$ 产生位移时，在频域中只发生相移，而其傅里叶变换的幅值不变，因此可得 $g(x-x_0, y-y_0)$ 的傅里叶变换，即

$$\begin{aligned} G_{x_0,y_0}(u,v) &= \int g(x-x_0, y-y_0)\mathrm{e}^{-\mathrm{j}2\pi ux}\mathrm{e}^{-\mathrm{j}2\pi vy}\mathrm{d}x\mathrm{d}y \\ &= \exp[-2\pi^2(\sigma_x^2u^2+\sigma_y^2v^2)]\exp[-\mathrm{j}2\pi(ux_0+vy_0)] \end{aligned} \tag{2.83}$$

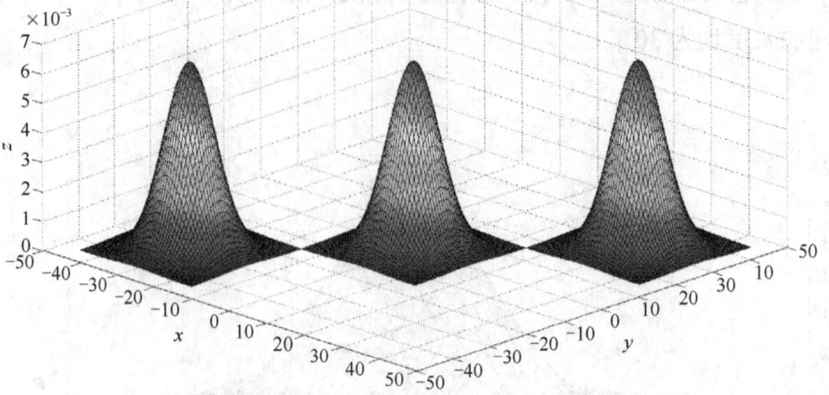

（a）高斯函数的位移，(x_0, y_0) 分别是（30, 30），（0, 0）和（-30, -30）

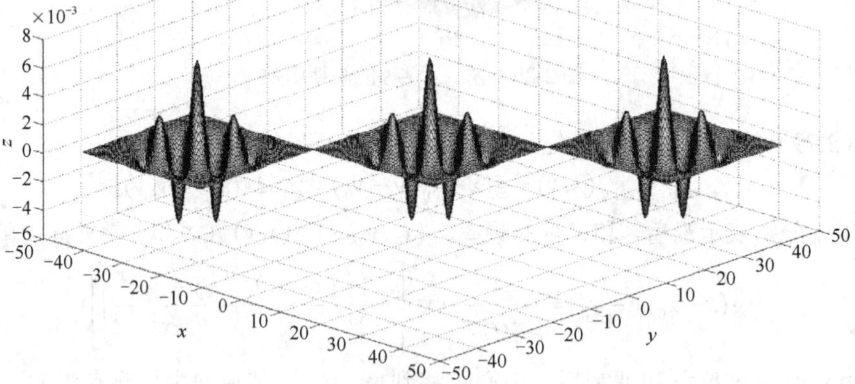

（b）对（a）的调制，其中$u_0=v_0=0.1$

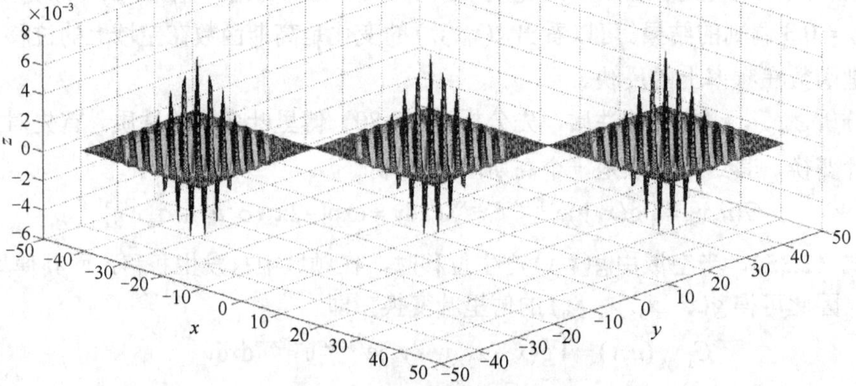

（c）对（a）的调制，其中$u_0=v_0=0.3$

图 2-21　高斯函数的位移和调制

根据式（2.34），将 $g(x-x_0,y-y_0)$ 乘以一个指数项，相当于将其二维离散傅里叶变换 $G_{x_0,y_0}(u,v)$ 的频域中心移动到新的位置，因此可得式（2.80）的傅里叶变换为

$$\begin{aligned}G_{u_0,v_0,x_0,y_0}(u,v)=&\exp\left\{-2\pi^2\left[\sigma_x^2(u-u_0)^2+\sigma_y^2(v-v_0)^2\right]\right\}\\&\times\exp\{-\mathrm{j}2\pi[x_0(u-u_0)+y_0(v-v_0)]\}\end{aligned}\tag{2.84}$$

式（2.84）表明，$G_{u_0,v_0,x_0,y_0}(u,v)$ 是一个沿频率轴 (u,v) 平移了 (u_0,v_0)、且相位平移了 $(-2\pi x_0,-2\pi y_0)$ 的高斯函数。因此 $G_{u_0,v_0,x_0,y_0}(u,v)$ 相当于一个中心频率为 (u_0,v_0) 的带通函数，其带宽由 σ_x 和 σ_y 决定。而根据 Parseval 等式，有

$$\langle f(x,y),g(x,y)\rangle=\frac{\langle F(u,v),G(u,v)\rangle}{2\pi}\tag{2.85}$$

由此，$g_{u_0,v_0,x_0,y_0}(x,y)$ 也是一个中心频率为 (u_0,v_0) 的带通滤波器。图 2-22 是不同的 (u_0,v_0) 对 Lena 图像的 Gabor 变换实例，可以看出，当 $u_0=v_0=0$ 时是一个低通滤波器，对图像起到平滑的作用，而当 $u_0=v_0=0.1$ 和 $u_0=v_0=0.3$ 时则是对图像不同频带上的带通滤波结果。

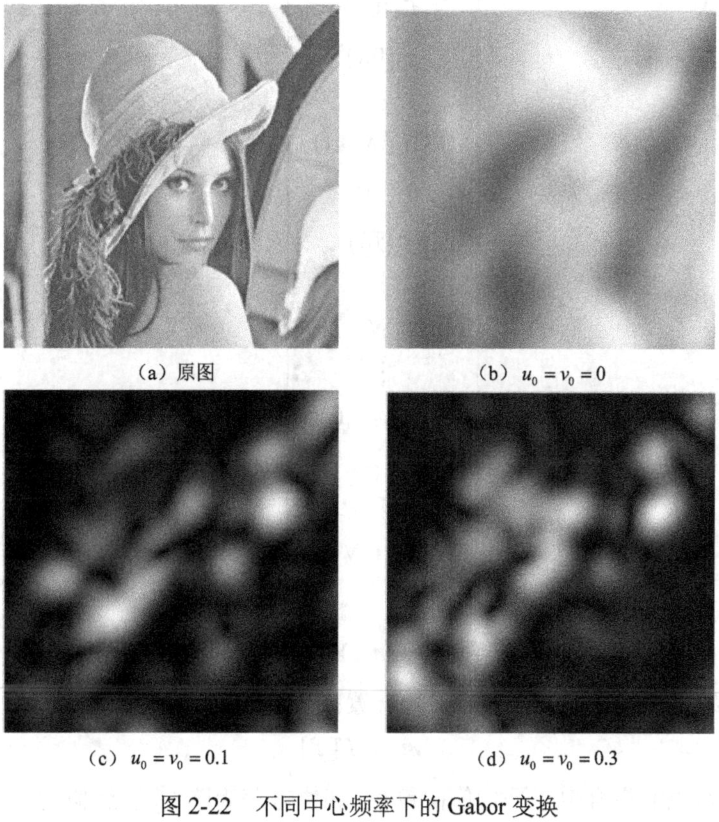

（a）原图　　（b）$u_0=v_0=0$

（c）$u_0=v_0=0.1$　　（d）$u_0=v_0=0.3$

图 2-22　不同中心频率下的 Gabor 变换

2.5 离散 K-L 变换

K-L 变换（Karhunen-Loeve）是由 H.Karhunen 和 M.Leoeve 等人最早提出来的，用于处理

随机过程中的连续信号的去相关问题。1933 年，霍特林（Hotelling）提出了一种离散信号的去相关线性变换，称为霍特林变换，它实际是 K-L 级数展开的离散等效方法。因此，霍特林变换也可以称为离散 K-L 变换。离散 K-L 变换是建立在图像像素的统计特征或模式特征基础上的，其变换核矩阵由图像阵列的协方差矩阵的特征值和特征向量所决定，所以它也经常被称为特征值向量变换或主分量变换等，被广泛应用在图像处理和模式识别领域。

2.5.1 离散 K–L 变换介绍

假设一幅 $N \times N$ 的图像 $f(x,y)$ 通过某一信号通道传输了 L 次，或一物体形成了 L 个波段的多光谱图像，则得到 L 幅图像组成的图像集合为

$$f(x,y)=\{f_1(x,y,),\ f_2(x,y,),\cdots,\ f_{\mathrm{L}}(x,y,)\} \tag{2.86}$$

由于在信号获取和传输的过程中会受到各种因素的随机干扰，因此，图像中会包含一些随机成分。对图像集合中的每一个样本 $f_i(x,y)$ 可以用行列堆叠的方法构成 N^2 维向量的形式 $\boldsymbol{f}_i$，即

$$\boldsymbol{f}_i=\begin{bmatrix} f_i(0,0) \\ f_i(0,1) \\ \vdots \\ f_i(0,\ N-1) \\ f_i(1,0) \\ f_i(1,1) \\ \vdots \\ f_i(1,N-1) \\ \vdots \\ f_i(N-1,0) \\ f_i(N-1,1) \\ \vdots \\ f_i(N-1,N-1) \end{bmatrix} \tag{2.87}$$

图像向量 $\boldsymbol{f}$ 的协方差矩阵定义为

$$\boldsymbol{C}_f=E[(\boldsymbol{f}-\boldsymbol{m}_f)(\boldsymbol{f}-\boldsymbol{m}_f)^{\mathrm{T}}] \tag{2.88}$$

式中，$E[\cdot]$ 为求统计平均，即期望值，T 为转置；$\boldsymbol{m}_f$ 定义为 $\boldsymbol{f}$ 的均值向量，即

$$\boldsymbol{m}_f=E[\boldsymbol{f}]$$

在 L 帧图像样本组成的集合中，平均值向量 $\boldsymbol{m}_f$ 和协方差矩阵 $\boldsymbol{C}_f$ 可近似为

$$\boldsymbol{m}_f\approx\frac{1}{L}\sum_{i=1}^{L}\boldsymbol{f}_i$$

$$\boldsymbol{C}_f\approx\frac{1}{L}\sum_{i=1}^{L}(\boldsymbol{f}_i-\boldsymbol{m}_f)(\boldsymbol{f}_i-\boldsymbol{m}_f)^{\mathrm{T}}=\frac{1}{L}\left[\sum_{i=1}^{L}\boldsymbol{f}_i\boldsymbol{f}_i^{T}\right]-\boldsymbol{m}_f\boldsymbol{m}_f^{\mathrm{T}} \tag{2.89}$$

由此可知，均值向量 $\boldsymbol{m}_f$ 是 N^2 个元素的向量，协方差矩阵 $\boldsymbol{C}_f$ 为 $N^2\times N^2$ 维的实对称方阵。

若设 $\lambda_i(i=1,2,\cdots,N^2)$ 是按递减顺序排列的协方差矩阵 $\boldsymbol{C}_f$ 的特征值，$\boldsymbol{b}_i=[b_{i1},b_{i2},\cdots,b_{iN^2}]^{\mathrm{T}}$ $(i=1,2,\cdots,N^2)$ 是对应 λ_i 的 N^2 维特征向量，则 $\boldsymbol{C}_f\boldsymbol{b}_i=\lambda_i\boldsymbol{b}_i$。且对于 $\boldsymbol{C}_f$，一定存在 N^2 个互为正交的实特征向量 $\boldsymbol{q}_i=[q_{i1},q_{i2},\cdots,q_{iN^2}]^{\mathrm{T}}$，构成 $\boldsymbol{C}_f$ 的一组正交基。令 $\boldsymbol{b}_i$ 所组成的 $N^2\times N^2$ 矩阵为 $\boldsymbol{B}$，$\boldsymbol{q}_i$ 所组成的 $N^2\times N^2$ 矩阵为 $\boldsymbol{Q}$，即

$$\boldsymbol{B}=\begin{bmatrix}\boldsymbol{b}_1^{\mathrm{T}}\\ \boldsymbol{b}_2^{\mathrm{T}}\\ \vdots\\ \boldsymbol{b}_{N^2}^{\mathrm{T}}\end{bmatrix}=\begin{bmatrix}b_{11}\ b_{12}\cdots b_{1N^2}\\ b_{21}\ b_{22}\cdots b_{2N^2}\\ \vdots\ \vdots\quad\vdots\\ b_{N^21}\ b_{N^22}\cdots b_{N^2N^2}\end{bmatrix}\tag{2.90}$$

$$\boldsymbol{Q}=\begin{bmatrix}\boldsymbol{q}_1^{\mathrm{T}}\\ \boldsymbol{q}_2^{\mathrm{T}}\\ \vdots\\ \boldsymbol{q}_{N^2}^{\mathrm{T}}\end{bmatrix}=\begin{bmatrix}q_{11}\ q_{12}\cdots q_{1N^2}\\ q_{21}\ q_{22}\cdots q_{2N^2}\\ \vdots\ \vdots\quad\vdots\\ q_{N^21}\ q_{N^22}\cdots q_{N^2N^2}\end{bmatrix}\tag{2.91}$$

则存在一个变换矩阵 $\boldsymbol{P}$，使得

$$\boldsymbol{Q}=\boldsymbol{PB}\tag{2.92}$$

对各特征向量 $\boldsymbol{q}_i$ 按照如下方式进行归一化处理，即

$$a_{i,j}=q_{i,j}\Big/\sqrt{\sum_{j=0}^{N^2}q_{i,j}^{\ 2}}\tag{2.93}$$

且

$$\boldsymbol{a}_i^{\mathrm{T}}\boldsymbol{a}_j=\begin{cases}1,当i=j\\ 0,当i\neq j\end{cases}\tag{2.94}$$

这样，就得到了 K-L 变换的变换矩阵 $\boldsymbol{A}$，即

$$\boldsymbol{A}=\begin{bmatrix}\boldsymbol{a}_1^{\mathrm{T}}\\ \boldsymbol{a}_2^{\mathrm{T}}\\ \vdots\\ \boldsymbol{a}_{N^2}^{\mathrm{T}}\end{bmatrix}=\begin{bmatrix}a_{11}\ a_{12}\cdots a_{1N^2}\\ a_{21}\ a_{22}\cdots a_{2N^2}\\ \vdots\ \vdots\quad\vdots\\ a_{N^21}\ a_{N^22}\cdots a_{N^2N^2}\end{bmatrix}\tag{2.95}$$

显然，$\boldsymbol{A}$ 是一个 N^2 阶的正交矩阵。

根据上述推导，离散 K-L 变换的表达式可以写成

$$\boldsymbol{Y}=\boldsymbol{A}(\boldsymbol{f}-\boldsymbol{m}_f)\tag{2.96}$$

由上述推导过程可知，$\boldsymbol{Y}$ 是一个 $N^2\times L$ 的矩阵。

因为 $\boldsymbol{A}$ 为正交方阵，$\boldsymbol{A}^{-1}$ 一定存在，则可得 K-L 的反变换公式为

$$\boldsymbol{f}=\boldsymbol{A}^{-1}\boldsymbol{Y}+\boldsymbol{m}_f\tag{2.97}$$

2.5.2 离散 K-L 变换的性质

离散 K-L 变换是由中心化图像向量 $\boldsymbol{f}-\boldsymbol{m}_f$ 与归一化特征向量矩阵 $\boldsymbol{A}$ 相乘产生的一幅新的图像向量，新图像向量具有如下基本性质：

（1）K-L 变换后图像向量 $\boldsymbol{Y}$ 的均值向量为 0，说明变换后向量坐标系已经移至直流分量为零的位置，即

$$\boldsymbol{m}_Y = E[\boldsymbol{Y}] = E[\boldsymbol{A}(\boldsymbol{f} - \boldsymbol{m}_f)] = \boldsymbol{A}E[\boldsymbol{f}] - \boldsymbol{A}\boldsymbol{m}_f = \boldsymbol{0}_{N^2 \times 1} \tag{2.98}$$

（2）K-L 变换后的图像向量 $\boldsymbol{Y}$ 的协方差矩阵 $\boldsymbol{C}_Y = \boldsymbol{A}\boldsymbol{C}_f\boldsymbol{A}^{\mathrm{T}}$。

$$\begin{aligned}\boldsymbol{C}_Y &= E[(\boldsymbol{Y} - \boldsymbol{m}_Y)(\boldsymbol{Y} - \boldsymbol{m}_Y)^{\mathrm{T}}] \\ &= E[(\boldsymbol{A}\boldsymbol{f} - \boldsymbol{A}\boldsymbol{m}_f)(\boldsymbol{A}\boldsymbol{f} - \boldsymbol{A}\boldsymbol{m}_f)^{\mathrm{T}}] \\ &= E[\boldsymbol{A}(\boldsymbol{f} - \boldsymbol{m}_f)(\boldsymbol{f} - \boldsymbol{m}_f)^{\mathrm{T}}\boldsymbol{A}^{\mathrm{T}}] \\ &= \boldsymbol{A}E[(\boldsymbol{f} - \boldsymbol{m}_f)(\boldsymbol{f} - \boldsymbol{m}_f)^{\mathrm{T}}]\boldsymbol{A}^{\mathrm{T}} \\ &= \boldsymbol{A}\boldsymbol{C}_f\boldsymbol{A}^{\mathrm{T}}\end{aligned} \tag{2.99}$$

（3）协方差矩阵 $\boldsymbol{C}_Y$ 是对角型矩阵，对角线上的元素 $c_{i,j}^Y$ 是原始图像向量的协方差矩阵 $\boldsymbol{C}_f$ 对应的特征值 λ_i，它也是 $\boldsymbol{Y}$ 向量第 i 个分量的方差。而非对角线上的元素值为 0，说明去除了 $\boldsymbol{Y}$ 向量中各元素之间的相关性，而 $\boldsymbol{C}_f$ 的非对角线上元素不为 0，说明原始图像元素之间的相关性强，这就是采用 K-L 变换进行编码数据压缩比大的原因。

（4）因为变换后的矩阵 $\boldsymbol{A}$ 是正交矩阵，所以离散 K-L 变换是正交变换。

（5）由于二维 K-L 变换核是不可分离的，因此离散 K-L 变换是不可分离变换。

K-L 变换是一种线性变换，也是均方误差最小意义上的最佳变换。K-L 变换通过寻找变量最大投影轴，判断有多少独立变量，并将相关量组合成新量，去掉一些不重要的或无关的量，这样可大大减少计算的复杂性，同时保证尽可能少地丢失信息，即降维处理。但是 K-L 变换的计算过程比较复杂，速度较慢。

2.5.3　主成分分析（PCA）

主成分分析（Principle Component Analysis，PCA）就是 K-L 变换。根据式（2.96），图像向量 $\boldsymbol{f}$ 经 K-L 变换后得到矩阵 $\boldsymbol{Y}$，$\boldsymbol{Y}$ 中的每一个列向量对应图像向量 $\boldsymbol{f}$ 在其特征值 λ_i 对应的特征向量上的一个投影，也就对应了图像向量 $\boldsymbol{f}$ 的一个主成分。一个矩阵可以有多个特征值，这个矩阵也就可以有多个主成分，各个主成分之间是相互线性无关的（正交的），从第一主成分往后，主成分按方差大小的顺序排列（对应特征值按大小顺序排列）。主成分中方差较小或 λ_i 较小的主成分被认为包含的是噪声，在分析时不使这些变量引入模型，这样使分析的主成分减少，以达到降维的目的。

图 2-23 是一幅高光谱图像的一组主成分数据显示，其中高光谱数据从 1～520 共 520 个波段。图 2-23（a）是从该高光谱图像中选取的 6 个波段（自左至右，上面一组分别为第 100、105、110 波段，下面一组为第 115、120、125 波段）。将每一个波段作为一幅图像，则组成了 520 个图像的集合，利用 K-L 变换，可得有 520 个列向量（主成分）的矩阵 $\boldsymbol{Y}$。图 2-23（b）是抽取的第 1、2、10 等主成分进行显示，从图中可以看出，主成分越靠前，对应的特征值 λ_i 越大，所具有的信息越丰富，对图像的表达也越接近，相反，主成分越靠后，距离图像的内容越远，通常被作为图像中的噪声进行处理。

（a）高光谱图像的 6 个波段

（b）第 1、2、10 主成分

图 2-23　一幅高光谱图像的主成分数据显示

主成分分析方法是应用最广泛的一种特征提取方法之一，它是一种统计学方法，在信号处理、模式识别、数字图像处理等领域已经得到了广泛的应用。主成分分析方法基本思想是提取出空间原始数据中的主要特征（主元），减少数据冗余，使得数据在一个低维的特征空间被处理，同时保持原始数据的绝大部分信息，从而解决数据空间维数过高的瓶颈问题。

在利用 PCA 进行特征提取的算法中，特征脸方法是其中的一个经典算法。特征脸方法是从主成分分析导出的一种人脸识别和描述技术，它将包含人脸的图像区域看作一种随机向量，因此可以采用 PCA 变换获得其正交基底。对应其中较大特征值的基底具有与人脸相似的形状，又称为特征脸。利用这些基底的线性组合可以描述、表达和逼近人脸图像，因此可以进行人脸识别与合成。识别过程就是将人脸图像映射到由特征脸张成的子空间上，比较其与已知人脸在特征空间中的位置。图 2-24（b）是利用 PCA 从图 2-24（a）中提取出的特征脸。

（a）原始人脸图像

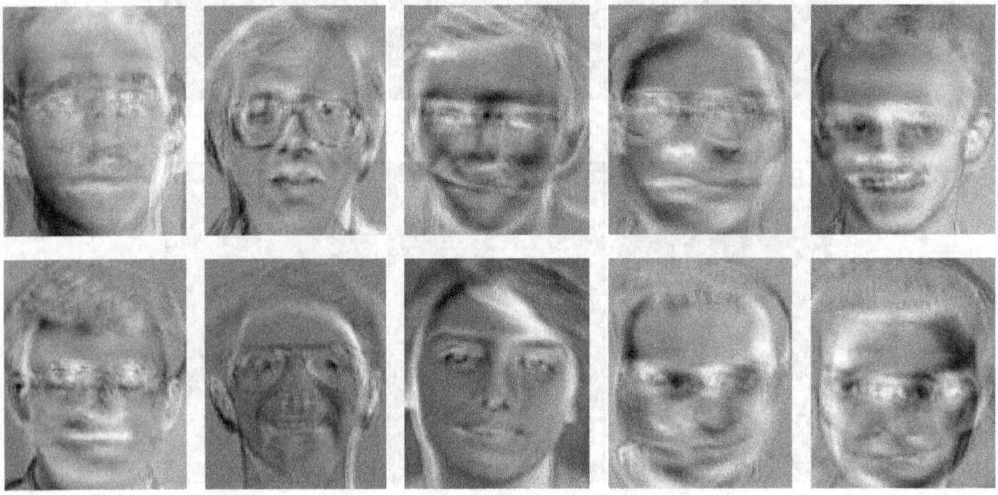

（b）最大特征值对应特征向量的特征脸

图 2-24　PCA 在人脸识别中的应用实例

2.6 Radon 变换

Radon 变换是奥地利数学家 Radon（1917 年）在数学研究中首先推导出的一种建立图像的理论。它为一大类图像重构（层析成像）问题提供了一个统一的数学基础，已被广泛应用于物理、医学、天文、分子生物、材料科学、核磁共振、无损检测、地球物理等方面。

2.6.1 Radon 变换介绍

图像（二维函数）$f(x,y)$ 的 Radon 变换是该函数沿其所在平面内的一组直线的线积分。图像在某一方向上做线性积分可以视作沿该方向上进行投影变换，通过这种投影变换，可以获取图像在该方向上的突出特性。

下面给出 Radon 变换的定义。

在图 2-25 中，直线 l 的方程由 $r = x\cos\theta + y\sin\theta$ 表示，其中，r 代表坐标原点到直线 l 的距离，$\theta \in [0,\pi)$ 代表直线 l 与 y 轴之间的夹角（或直线的法线与 x 轴的夹角），则前述线积分可定义为

$$R(r,\theta) = \iint f(x,y)\delta(r - x\cos\theta - y\sin\theta)\mathrm{d}x\mathrm{d}y \tag{2.100}$$

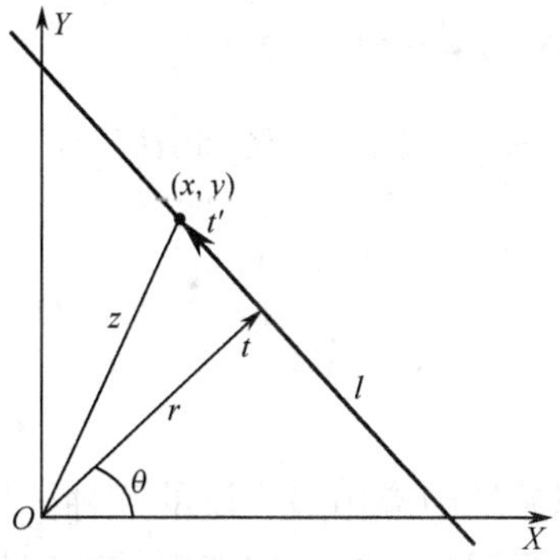

图 2-25　用于定义 Radon 变换的坐标系统

该线积分即为函数 $f(x,y)$ 的 Radon 变换。Radon 变换可以理解为图像在 (r,θ) 空间的投影，(r,θ) 空间的每一点对应一条直线，而 Radon 变换是图像像素点在每一条直线上的积分。因此，图像中高灰度值的线段会在 (r,θ) 空间形成亮点，而低灰度值的线段在 (r,θ) 空间形成暗点。这一点和第 6 章中的 Hough 变换类似，可以应用于直线的检测。

Radon 反变换给出了投影重建的解。2-D Radon 反变换如式（2.101）所示。

$$f(x,y) = \frac{1}{2\pi^2}\int_0^{\pi}\mathrm{d}\theta\int_{-\infty}^{\infty}\frac{\dfrac{\partial R}{\partial r}(r,\theta)}{x\cos\theta + y\sin\theta - r}\mathrm{d}r \tag{2.101}$$

2.6.2　Radon 变换的性质

Radon 变换的几个性质如下。

1）线性

$$R[af + bg] = aR_f + bR_g \tag{2.102}$$

2）相似性

如果 $R[f(x,y)] = R_f(r,\cos\theta,\sin\theta)$，则

$$R[f(ax,by)] = \frac{1}{|ab|}R_f\left(r,\frac{\cos\theta}{a},\frac{\sin\theta}{b}\right) \tag{2.103}$$

3）平移性

原函数 $f(x,y)$ 产生平移 (x_0,y_0)，其 Radon 变换为原函数 Radon 变换 $P(r,\theta)$ 沿 y 轴的平移，平移值为 $r_0 = x_0\cos\theta + y_0\sin\theta$，即

$$R(r,\theta)\{f(x-x_0,y-y_0)\} = P(r-r_0,\theta) \tag{2.104}$$

4）微分

$$R\left[\frac{\partial f}{\partial x}\right]=\cos\theta\frac{\partial R_f(r,\cos\theta,\sin\theta)}{\partial r} \tag{2.105}$$

5）卷积

用*表示一维卷积，用**表示二维卷积。Radon 变换的卷积定理可表示如下：如果 $f(x,y)=g(x,y)**h(x,y)$，那么对 $f(x,y)$ 的 Radon 变换的卷积等于 $g(x,y)$ 和 $h(x,y)$ 在 Radon 空间变换的一维卷积，即

$$\begin{aligned}R_f(r,\cos\theta,\sin\theta)&=R(g**h)=R_g*R_h\\&=\int_{-\infty}^{\infty}R_g(q,\cos\theta,\sin\theta)R_h(r-q,\cos\theta,\sin\theta)\mathrm{d}q\end{aligned} \tag{2.106}$$

2.7 小波变换

傅里叶变换一直是信号处理领域中应用最广泛的一种分析手段，是时域到频域互相转换的工具，对数学和物理都产生了深远的影响。它在频域的定位性是完全准确的，而在时域则没有任何定位性或分辨能力。也就是说，对于傅里叶谱中的某一频率，不知道这个频率是在什么时候产生的。短时傅里叶变换虽然能够在某种程度上改善傅里叶变换无法分析信号局部特性的缺陷。但是，由于这种通过加窗来实现局部分析的方法窗函数的大小和形状是恒定的，并不能根据分析的需要来改变时间窗的大小和形状。这就需要寻找一种新方法，能将时域和频域结合起来描述观察信号的时频联合特征，构成信号的时频谱，这就是所谓的时频分析法，亦称时频局部化方法，小波理论就是在这样的需求下产生并获得了广泛应用的。

小波分析具有很强的数学背景，深刻学习、理解和有效应用小波分析具有一定的难度。很多有关小波研究的参考书籍是从数学角度描述小波理论的，这种描述方法很难被工程技术人员理解和接受。随着小波理论与应用的不断发展和成熟，国内外开始出现一些从工程角度介绍小波的书籍，为小波技术的学习和应用做出了贡献。本节内容的安排，是以哈尔（Haar）小波作为切入点，从工程的角度介绍小波的原理与应用。

2.7.1 多分辨率分析的背景知识

1. 图像金字塔

1）金字塔算法

以多分辨率来解释图像的一种有效且概念简单的结构就是图像金字塔，一幅图像的金字塔是一系列以金字塔形状排列的分辨率逐步降低的图像集合。如图 2-26 所示，金字塔的底部是待处理图像的高分辨率表示，而顶部是低分辨率近似。当向金字塔的上层移动时，尺寸和分辨率就降低。

对于数字图像（以 512×512 像素为例），通过连续平均 2×2 像素的块并丢掉隔行隔列的像素，将得到缩小为原来 1/4 的图像（256×256 像素）（行列各缩小为原来的 1/2）。这样迭代进行，直到得到 1×1 像素的图像为止。如果利用同样尺寸的边缘检测算子（如 3×3 像素的 Sobel

算子）来执行边缘检测，在原始图像上则会得到小边缘，在 256×256 像素和 128×128 像素图像上能找到稍大的边缘，而在 16×16 像素和更小的图像上就会得到更大的边缘。

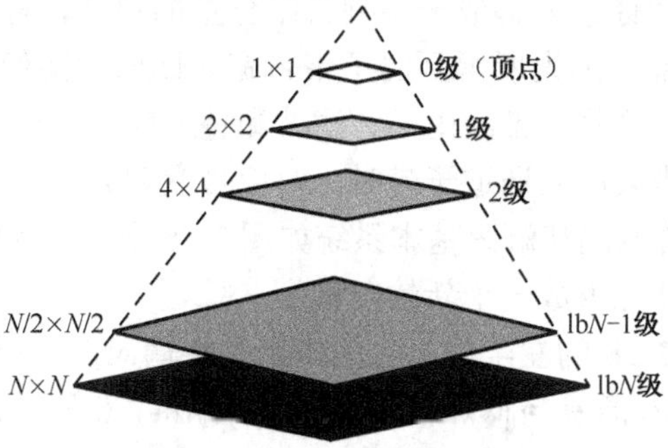

图 2-26 一个金字塔图像结构

2）高斯和拉普拉斯金字塔编码

首先对图像用高斯脉冲响应进行低通滤波，滤波后的结果从原图像中减去，图像中的高频细节则保留在差值图像里，然后，对低通滤波后的图像进行间隔采样，细节并不会因此而丢失。具体过程为：

对 $N\times N$（$N=2^n$）的原始图像 $f_0(x,y)$ 做高斯滤波，$g(x,y)$ 为高斯形状的低通滤波器脉冲响应。在编码过程的每一步中，图像都被分解为半分辨率的低频分量和整分辨率的高频分量。设 $f_1(x,y)$ 和 $h_k(x,y)$ 分别是第一步中的这两个分量，即

$$f_1(x,y)=[f*g](2x,2y) \tag{2.107}$$

$$h_1(x,y)=f_0(x,y)-[f*g](x,y) \tag{2.108}$$

这一过程在间隔抽样后的图像上迭代进行，经过 n 次迭代得到一组 $h_k(x,y)$ 和最终的低频图像 $f_n(x,y)$（一个点）组成一个编码图像金字塔。过程如图 2-27 所示，其中 $\downarrow 2$ 代表二元下采样，即每两个点抽掉一个点，$f_k(x,y),k=0,1,\cdots,\log_2 N$ 称为近似值金字塔（此处又是高斯金字塔），$h_k(x,y)$，$k=1,\cdots,\log_2 N$ 称为残差金字塔。

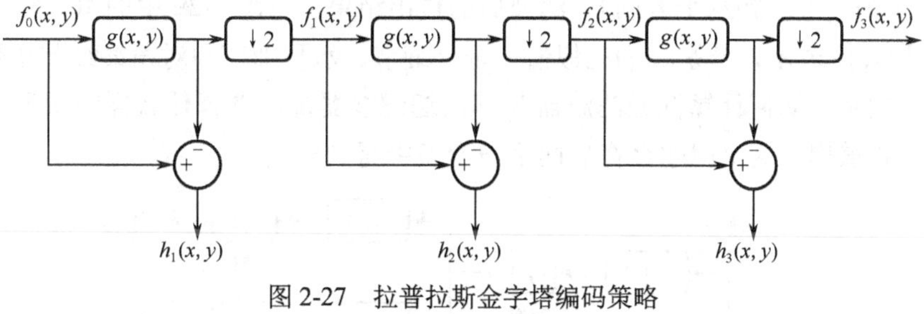

图 2-27 拉普拉斯金字塔编码策略

图像的解码过程以相反的次序进行。从最后一幅 $f_n(x,y)$ 开始，对每一幅抽样图像 $f_k(x,y)$ 都进行一个增频采样并与 $g(x,y)$ 卷积进行内插。增频采样是在采样点之间插入零的过程，所得结果被添加到下一幅（前一幅）图像 $f_{k-1}(x,y)$ 上，再对所得图像重复执行这一过程。这个过程能无误差地重建出原始图像。

由于 $h_k(x,y)$ 图像在很大程度上降低了相关性和动态范围，可以使用较粗的量化等级，因而可以实现很大程度的图像压缩。

2. 子带编码和解码

在子带编码中，一幅图像被分解成一系列带限分量的集合，称为子带，它们可以重组在一起无失真地重建原始图像。因为所得到的子带带宽要比原始图像的带宽小，子带可以进行无信息损失的抽样，通过对这些子带的内插、滤波和叠加就可以重建原始图像。

对于有限带宽信号，当采用双通道子带时，对应带宽划分为两个分量（子带），例如，低半带和高半带，双通道子带编码和解码基本系统如图 2-28 所示，其中“↑2”代表二元上采样，即每隔一个元素填充一个 0 元组成一个新的向量。

分析滤波器组，即图 2-28 的左半边，它的作用是将输入信号通过滤波和下采样，得到低频信号和高频信号。即输入信号与低通滤波器 h_0 做卷积，然后再向下采样，得到低频信号 $g_0(x)$；输入信号与高通滤波器 h_1 做卷积，然后再向下采样，得到高频信号 $g_1(x)$。

综合滤波器，即图 2-28 的右半边，它的作用是重构原始信号，即 $g_0(x)$ 经二元上采样后与 h_0' 做卷积，$g_1(x)$ 经二元上采样后与 h_1' 做卷积，将获得的两个序列相加即得重构信号。

子带编码的目的是选择 h_0，h_1，h_0' 和 h_1'，使得 $f(x)=\hat{f}(x)$，即子带编码和解码系统的输入、输出是一样的。当完成了这一任务时，就可以说最终系统采用了完美重建的滤波器。

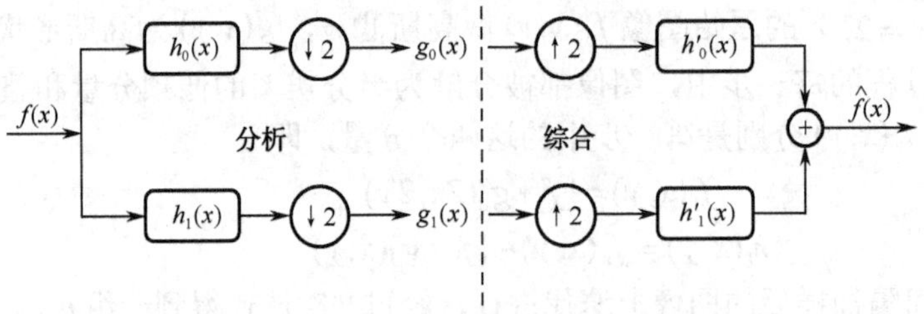

图 2-28　双通道子带编码和重建

以上是对一维信号的双通道子带编解码，当把滤波器设计成二维可分离滤波器时就可以处理图像数据的子带编解码了。如图 2-29 所示，可分离滤波器首先应用于某一维（如垂直方向），再应用于另一维（如水平方向）。滤波后的输出结果，用图 2-29 中的 $a(x,y)$、$d^{\mathrm{V}}(x,y)$、$d^{\mathrm{H}}(x,y)$ 和 $d^{\mathrm{D}}(x,y)$ 表示，分别称为近似值、垂直细节、水平细节和对角线细节子带。

现在的问题是，如何计算低通滤波器 h_0 和高通滤波器 h_1，选择什么样的 h_0 和 h_1 才能够将图像进行分解和重构，这个问题会在后面小波变换中得到解决。

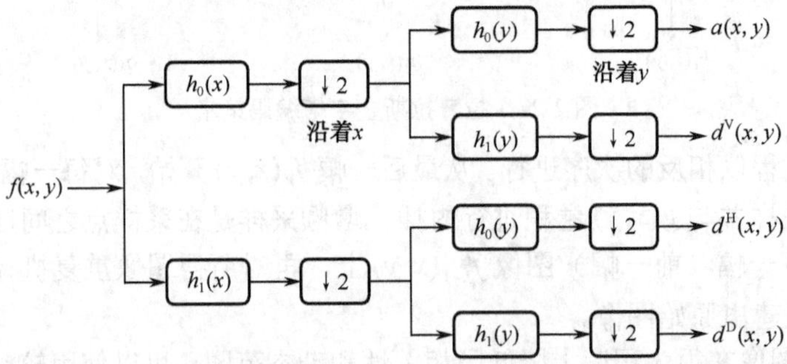

图 2-29　图像子带编码的二维 4 频段滤波器组

3. 哈尔变换

哈尔（Haar）基函数是众所周知的最古老也是最简单的正交小波。哈尔变换本身是可分离的，也是对称的，可以用矩阵形式表达为

$$\boldsymbol{T} = \boldsymbol{HFH}^{\mathrm{T}} \tag{2.109}$$

其中，$\boldsymbol{F}$ 是一个 $N \times N$ 图像矩阵，$\boldsymbol{H}$ 是 $N \times N$ 变换矩阵，$\boldsymbol{T}$ 是 $N \times N$ 变换的结果。对于哈尔变换，变换矩阵 $\boldsymbol{H}$ 包含哈尔基函数 $h_k(t)$（t 代表连续信号），它们定义在连续闭区间 $t \in [0,1], k = 0,1,\cdots,N-1$，这里，$N = 2^n$。为生成 $\boldsymbol{H}$ 矩阵，定义整数 k，即 $k = 2^p + q - 1$（这里 $0 \leqslant p \leqslant n-1$, $p = 0$ 时，$q = 0$ 或 1；$p \neq 0$ 时，$1 \leqslant q \leqslant 2^p$），可得哈尔基函数为

$$h_0(t) = h_{00}(t) = \frac{1}{\sqrt{N}}, t \in [0,1] \tag{2.110}$$

且

$$h_k(t) = h_{pq}(t) = \frac{1}{\sqrt{N}} \begin{cases} 2^{p/2} & (q-1)/2^p \leqslant t < (q-0.5)/2^p \\ -2^{p/2} & (q-0.5)/2^p \leqslant t < q/2^p \\ 0 & \text{其他，} t \in [0,1] \end{cases} \tag{2.111}$$

$N \times N$ 哈尔变换矩阵的第 i 行包含元素 $h_i(t)$，其中，$t = 0/N, 1/N, \cdots, (N-1)/N$。例如，当 $N = 4$ 时，k, p 和 q 的值见表 2-1。

表 2-1　k，p 和 q 的值

k	p	q
0	0	0
1	0	1
2	1	1
3	1	2

可以计算出，2×2 变换矩阵 $\boldsymbol{H}_2$ 和 4×4 变换矩阵 $\boldsymbol{H}_4$ 分别为

$$\boldsymbol{H}_2 = \frac{1}{\sqrt{2}} \begin{bmatrix} 1 & 1 \\ 1 & -1 \end{bmatrix} \tag{2.112}$$

$$\boldsymbol{H}_4 = \frac{1}{\sqrt{4}} \begin{bmatrix} 1 & 1 & 1 & 1 \\ 1 & 1 & -1 & -1 \\ \sqrt{2} & -\sqrt{2} & 0 & 0 \\ 0 & 0 & \sqrt{2} & -\sqrt{2} \end{bmatrix} \tag{2.113}$$

2.7.2 多分辨率展开

2.7.1 节的内容为多分辨率分析（MRA）中的重要内容，本节则通过一个简单的函数展开的例子说明序列展开、尺度函数及小波函数。在 MRA 中，尺度函数被用于建立某一函数的一系列近似值，相邻近似值之间的近似度相差 2 倍，而小波函数用于对相邻近似值之间的差异进行编码。

1. 函数的伸缩和平移

对于连续信号t，给定一个基本函数$\varphi(t)$，则$\varphi(t)$的伸缩和平移公式可记为

$$\varphi_{a,b}(t)=\varphi(at-b) \tag{2.114}$$

对于式（2.114），当a大于1时，函数宽度较原函数缩小，反之增大；当b为正时，函数向右移，反之向左移。

图2-30是一个函数伸缩和平移的例子，其中图2-30（a）所对应的函数$\varphi(t)$为

$$\varphi(t)=\begin{cases}\sin t & 0\leqslant t<2\pi\\ 0 & 其他\end{cases}$$

则$\varphi_{2,\pi}(t)$的波形如图2-30（b）所示。

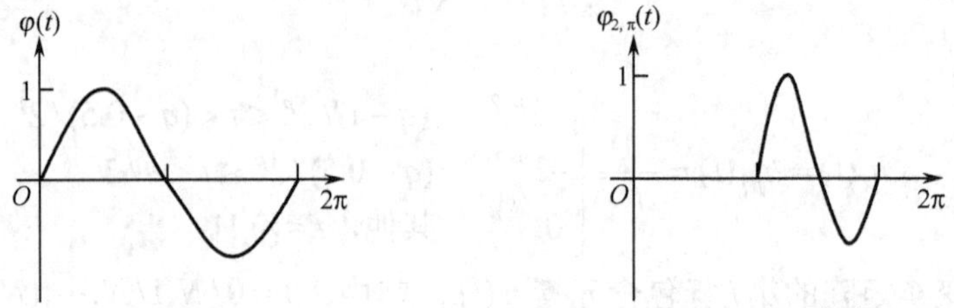

（a）$\varphi(t)$的波形　　（b）$\varphi_{2,\pi}(t)$的波形

图2-30　函数的伸缩和平移

2. 序列展开

信号或函数常常可以被很好地分解为一系列展开函数的线性组合。

$$f(t)=\sum_k a_k\varphi_k(t) \tag{2.115}$$

其中，k是有限或无限和的整数下标；a_k是具有实数值的展开系数；$\varphi_k(t)$是具有实数值的展开函数。如果展开是唯一的，即对任何指定的$f(t)$只有一个a_k序列与之相对应，则$\varphi_k(t)$称为基函数，展开序列$\{\varphi_k(t)\}$称为可被这样表示的一类函数的基。可展开的函数组成了一个函数空间，被称为展开集合的闭合跨度，表示为

$$V=\overline{\mathop{\mathrm{Span}}_k\{\varphi_k(t)\}} \tag{2.116}$$

$f(t)\in V$表示$f(t)$属于$\{\varphi_k(t)\}$的闭合跨度，并能写成式（2.115）的形式。

3. 尺度函数

设$\varphi(t)$是平方可积函数，即$\varphi(t)\in L^2(\boldsymbol{R})$，其实数二值尺度伸缩和整数平移函数定义为

$$\varphi_{j,k}(t)=2^{j/2}\varphi(2^j t-k) \tag{2.117}$$

其中j和k为整数，即$j\in z,k\in z$。则集合$\{\varphi_{j,k}(t)\}$是$\varphi(t)$的展开函数集。从式（2.117）可以看出，k决定了$\varphi_{j,k}(t)$在t轴的位置，j决定了$\varphi_{j,k}(t)$的宽度，即沿t轴的宽或窄的程度，而$2^{j/2}$控制其高度或幅度。由于$\varphi_{j,k}(t)$的形状随j发生变化，$\varphi(t)$被称为尺度函数。通过选择适当的$\varphi(t)$，$\{\varphi_{j,k}(t)\}$可以决定跨度$L^2(\boldsymbol{R})$，即所有可度量的平方可积函数的集合。

$\varphi_{j,k}(t)$ 不为零的区间称为该函数的支撑。例如，对于宽度和高度都为 1 的哈尔函数，$\varphi_{j,k}(t)$ 的支撑为 $[k/2^j,(k+1)/2^j]$，支撑的宽度为 $1/2^j$，随着分辨率 j 的增加而减小。

对于给定的尺度函数 $\varphi_{j,k}(t)$，定义 j,k 上的跨度子空间为

$$V_j = \overline{\underset{k}{\text{Span}}\{\varphi_{j,k}(t)\}} \tag{2.118}$$

显然，V_j 是 $L^2(\boldsymbol{R})$ 中的一个子空间。

例如，给定尺度函数为宽度和高度均为 1 的哈尔函数，即

$$\varphi(t)=\begin{cases}1 & 0\leqslant t<1\\ 0 & \text{其他}\end{cases} \tag{2.119}$$

图 2-31 是哈尔尺度函数的 6 个展开式，它们分别属于 V_0、V_1 和 V_2 子空间。图 2-32 是给定的一个函数 $f(t)$，则从图中可以看出该函数可以用哈尔尺度函数表示为

$$\begin{aligned}f(t)&=\frac{1}{2\sqrt{2}}\varphi_{1,0}(t)+\sqrt{2}\varphi_{1,1}(t)+\frac{1}{\sqrt{2}}\varphi_{1,2}(t)+\frac{1}{4\sqrt{2}}\varphi_{1,3}(t)\\&=\frac{1}{4}\varphi_{2,0}(t)+\frac{1}{4}\varphi_{2,1}(t)+\varphi_{2,2}(t)+\varphi_{2,3}(t)+\frac{1}{2}\varphi_{2,4}(t)+\frac{1}{2}\varphi_{2,5}(t)+\frac{1}{8}\varphi_{2,6}(t)+\frac{1}{8}\varphi_{2,7}(t)\end{aligned}$$

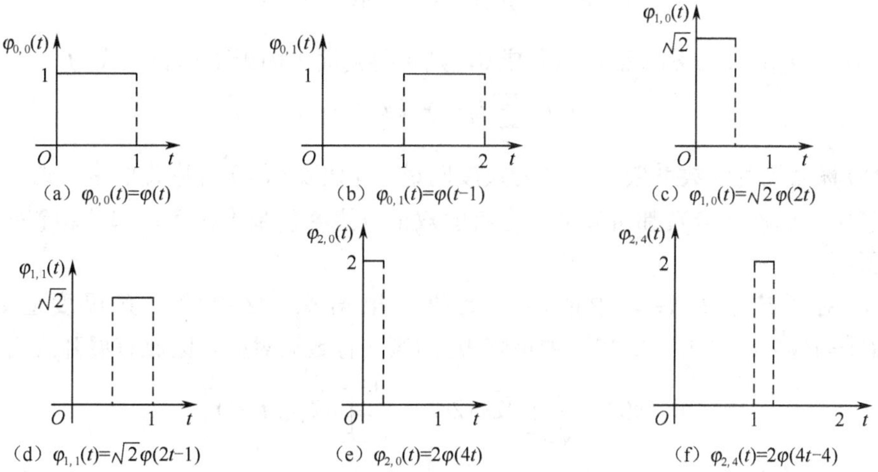

图 2-31　哈尔尺度函数的几个不同尺度展开式

从 $f(t)$ 的表达式中可以看出，$f(t)$ 不属于 V_0 子空间，这是因为 V_0 空间太粗糙而无法表达，显然 $f(t)$ 同时属于 V_1 和 V_2 子空间。从 $f(t)$ 展开式中还可以看出，任何 V_1 中的展开函数都可以由 V_2 中的展开函数来表达，因而 $V_1\subset V_2$。增加式（2.118）中的 j，将增加 V_j 的大小，允许具有变化较小的变量或细节函数包含在子空间中。

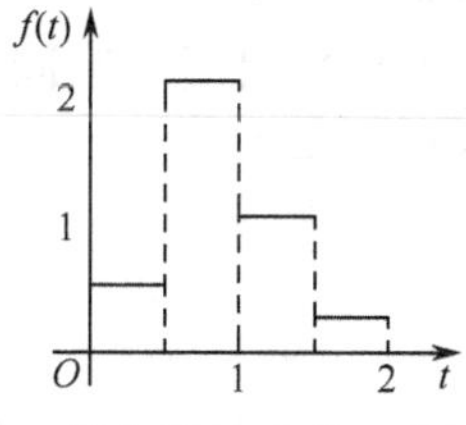

图 2-32　子空间 V_1 中的一个函数 $f(t)$

从上面的例子，我们对尺度函数有以下说明。

说明 1：$\{\varphi_{j,0},\varphi_{j,1},\cdots,\varphi_{j,2^j-1}\}$ 构成了 V_j 空间中的一组正交基。

因为任何一个属于 V_j 中的函数都可以展开成 $\{\varphi_{j,0},\varphi_{j,1},\cdots,\varphi_{j,2^j-1}\}$ 的线性表示形式，因此，$\{\varphi_{j,0},\varphi_{j,1},\cdots,\varphi_{j,2^j-1}\}$ 是 V_j 空间中的一组正交基。

说明 2：由低尺度的尺度函数跨越的子空间包含在高尺度的尺度函数跨越的子空间内。

可以知道，$V_0 \subset V_1 \subset \cdots \subset V_j \subset V_{j+1} \subset \cdots \subset V_\infty$，实际上，在$V_0$以外还可以有更低的分辨率。即$V_{-\infty} \subset \cdots \subset V_0 \subset V_1 \subset \cdots \subset V_j \subset V_{j+1} \subset \cdots \subset V_\infty$，其中$V_{-\infty} = \{0\}$。这些子空间还满足直观条件，即如果$f(t) \in V_j$，则$f(2t) \in V_{j+1}$。

说明 3：任何函数都可以以任意精度表示。

对于给定的$L^2(\boldsymbol{R})$中的函数$f(t) \in V_j$，且$f(t) \notin V_{j-1}$，那么$f(t)$不可能在低于V_j分辨率的子空间中展开，但所有$f(t)$却都可以在V_∞子空间中展开，即

$$V_\infty = \{L^2(\boldsymbol{R})\} \tag{2.120}$$

由于$V_j \subset V_{j+1}$，根据式（2.115），子空间V_j中的展开函数可以被描述成子空间V_{j+1}的展开函数的加权和，令

$$\varphi_{j,k}(t) = \sum_n a_n \varphi_{j+1,n}(t) \tag{2.121}$$

其中，求和的下标被改写成n，以示区别。将式（2.117）代入，并用$h_\varphi(n)$代替a_n，式（2.121）变成

$$\varphi_{j,k}(t) = \sum_n h_\varphi(n) 2^{(j+1)/2} \varphi(2^{j+1}t - n)$$

由于$\varphi(t) = \varphi_{0,0}(t)$，$j$和$k$都可以置成 0，则可得到简单的无下标表达式为

$$\varphi(t) = \sum_n h_\varphi(n) \sqrt{2} \varphi(2t - n) \tag{2.122}$$

式中，$h_\varphi(n)$称为尺度函数系数，h_φ称为尺度向量，n代表$\varphi(2t)$的整数平移。式（2.122）表示，任意子空间的展开函数都可以从它自身的双倍分辨率复制中得到，即从相邻较高分辨率的空间中得到。

例如，对于式（2.119）中的哈尔函数，根据式（2.122），其尺度函数系数为$h_\varphi(0) = h_\varphi(1) = 1/\sqrt{2}$，与式（2.112）中矩阵$\boldsymbol{H}_2$的第一行数据对应。因此有展开式为

$$\varphi(t) = \frac{1}{\sqrt{2}}\left[\sqrt{2}\varphi(2t)\right] + \frac{1}{\sqrt{2}}\left[\sqrt{2}\varphi(2t-1)\right]$$

4. 小波函数

给定尺度函数，则小波函数$\psi(t)$所在的空间跨越了相邻两尺度子空间 V_j 和 $V_\mathrm{j+1}$ 的差异。令相邻两尺度子空间 V_j 和 $V_\mathrm{j+1}$ 的差异子空间为W_j，则图 2-33 表明了W_j与 V_j 和 $V_\mathrm{j+1}$ 间的关系。

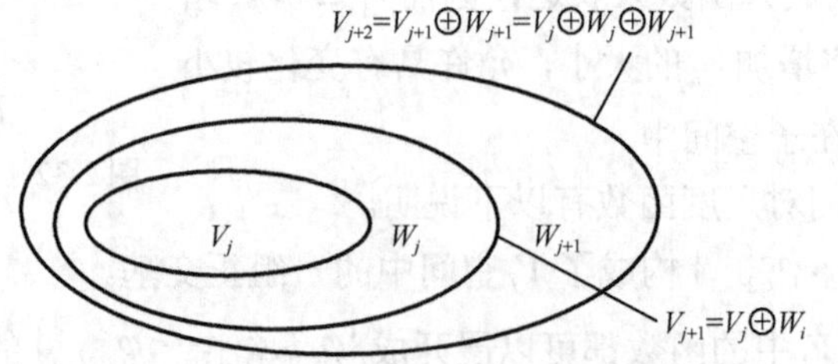

图 2-33　尺度及小波函数空间的关系

令基本小波函数$\psi(t)\in W_j$，对任意$k\in z$，为W_j空间定义小波集合$\{\psi_{j,k}(t)\}$及跨度子空间如下，即

$$\psi_{j,k}(t)=2^{j/2}\psi(2^j t-k) \tag{2.123}$$

$$W_j=\overline{\underset{k}{\mathrm{Span}}\{\psi_{j,k}(t)\}} \tag{2.124}$$

$\psi_{j,k}(t)$是$\psi(t)$实数二值尺度伸缩和整数平移。如果一个给定的函数$f(t)\in W_j$，则$f(t)$可以展开成如下形式，即

$$f(t)=\sum_k a_k\psi_{j,k}(t) \tag{2.125}$$

从图2-33中可以看出，对于V_{j+1}而言，W_j是V_j的正交补空间，V_{j+1}等于V_j与W_j的直和。

$$V_{j+1}=V_j\oplus W_j \tag{2.126}$$

因而V_j中的所有成员与W_j中的所有成员都正交，即$\langle\varphi_{j,k}(t),\psi_{j,l}(t)\rangle=0$，对任意$k,l\in z$成立。

由此$L^2(\boldsymbol{R})$可以写成

$$\begin{aligned}L^2(\boldsymbol{R})&=V_0\oplus W_0\oplus W_1\oplus W_2\cdots\\&=V_1\oplus W_1\oplus W_2\oplus\cdots\\&=V_2\oplus W_2\oplus\cdots\end{aligned} \tag{2.127}$$

因为小波空间存在于相邻较高分辨率尺度函数跨越的空间中，因而可以表示成平移的双倍分辨率尺度函数的加权和。类似于式（2.122），可以写成

$$\psi(t)=\sum_n h_\psi(n)\sqrt{2}\varphi(2t-n) \tag{2.128}$$

其中，$h_\psi(n)$称为小波函数系数，h_ψ称为小波向量。根据小波子空间W_j与V_j的直和等于更高分辨率尺度空间，且积分小波变换满足正交条件，可以表明小波函数系数与尺度函数系数以下述方式相关，即

$$h_\psi(n)=(-1)^n h_\varphi(1-n) \tag{2.129}$$

例如，哈尔小波函数的系数。由于哈尔尺度函数的系数为$h_\varphi(0)=h_\varphi(1)=1/\sqrt{2}$，根据式（2.129），相应的小波系数为$h_\psi(0)=1/\sqrt{2}$和$h_\psi(1)=-1/\sqrt{2}$，这些系数与式（2.112）矩阵$\boldsymbol{H}_2$中第二行数据对应。将$h_\psi(0)$、$h_\psi(1)$代入式（2.122），可得$\psi(t)=\varphi(2t)-\varphi(2t-1)$，则哈尔小波函数为

$$\psi(t)=\begin{cases}1 & 0\leqslant t<0.5\\-1 & 0.5\leqslant t<1\\0 & 其他\end{cases} \tag{2.130}$$

根据式（2.123），可对哈尔小波函数进行伸缩和平移，得到小波集合$\{\psi_{j,k}(t)\}$。图2-34是哈尔小波函数及其对给定函数的表达，其中给定函数$f(t)$为

$$f(t)=\begin{cases}\sqrt{2}/2 & 0\leqslant t<0.5\\\sqrt{2} & 0.5\leqslant t<1\\1 & 1.5\leqslant t<2\\0 & 其他\end{cases}$$

则 $f(t)$ 可以展开为

$$
\begin{aligned}
f(t) &= \frac{1}{2}\varphi_{1,0}(t)+\varphi_{1,1}(t)+\frac{1}{\sqrt{2}}\varphi_{1,3}(t) \\
&= \frac{3\sqrt{2}}{4}\varphi_{0,0}(t)+\frac{1}{2}\varphi_{0,1}(t)+\frac{\sqrt{2}}{4}\psi_{0,0}(t)-\frac{1}{2}\psi_{0,1}(t)
\end{aligned}
$$

令 $f_a(t)=\frac{3\sqrt{2}}{4}\varphi_{0,0}(t)+\frac{1}{2}\varphi_{0,1}(t)$，$f_d(t)=\frac{\sqrt{2}}{4}\psi_{0,0}(t)-\frac{1}{2}\psi_{0,1}(t)$，则 $f_a(t)$ 是 $f(t)$ 在较低分辨率子空间 V_0 中的近似，$f_d(t)$ 是 $f(t)-f_a(t)$ 的差值，代表 $f(t)$ 中的细节信息，用 W_0 的小波函数表达。$f(t)$ 的这种分解类似于用高通和低通滤波器的方法将 $f(t)$ 分成两部分，低频部分代表 $f(t)$ 在每个积分区间上的平均值，高频部分代表 $f(t)$ 的细节信息。

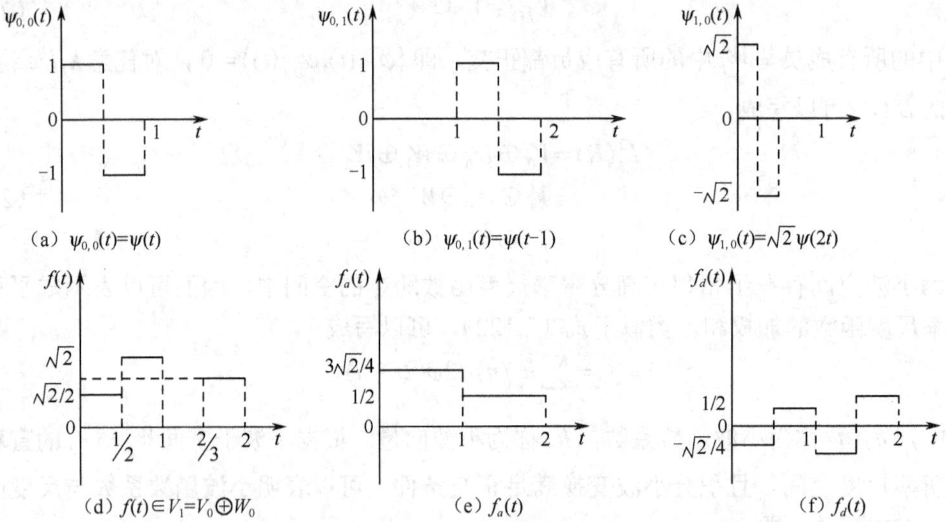

图 2-34　在 W_0 和 W_1 中的哈尔小波函数及给定函数的分解

2.7.3　一维小波变换

1. 小波序列展开

由 2.7.2 节尺度函数和小波函数可知，对于给定的函数 $f(t)\in L^2(R)$，可以将其展开成如下形式，即

$$f(t)=\sum_k a_{j_0}(k)\varphi_{j_0,k}(t)+\sum_{j=j_0}^{\infty}\sum_k b_j(k)\psi_{j,k}(t) \tag{2.131}$$

其中，$\varphi(t)$ 为尺度函数，$\psi(t)$ 为小波函数，j_0 是任意开始尺度，a_{j_o} 和 b_j 分别为尺度系数和小波系数。式（2.131）第一个求和公式代表 $f(t)$ 在尺度空间 V_{j_0} 上的近似（当 $f(t)\in V_{j_0}$ 时，该式是 $f(t)$ 的精确表达）。对于第二个求和公式中每一个较高分辨率尺度的 $j\geqslant j_0$，更细分辨率的函数（一个小波和）被添加到近似中以获得细节的增加。如果展开函数形成了一个标准正交基或紧框架，则展开系数 a_{j_o} 和 b_j 可以通过式（2.132）及式（2.133）求得

$$a_{j_0}(k)=\left\langle f(t),\varphi_{j_0,k}(t)\right\rangle=\int f(t)\overline{\varphi_{j_0,k}(t)}\mathrm{d}t \tag{2.132}$$

$$b_j(k)=\left\langle f(t),\psi_{j,k}(t)\right\rangle=\int f(t)\overline{\psi_{j,k}(t)}\mathrm{d}t \tag{2.133}$$

如果展开函数是双正交基的一部分，则 $\varphi(t)$ 和 $\psi(t)$ 要用它们的对偶函数来替换。

由于本书中的小波函数均采用实函数的形式，而实函数的共轭还是它本身，为了简便起见，式（2.132）及式（2.133）可以写成

$$a_{j_0}(k)=\int f(t)\varphi_{j_0,k}(t)\mathrm{d}t \tag{2.134}$$

$$b_j(k)=\int f(t)\psi_{j,k}(t)\mathrm{d}t \tag{2.135}$$

2. 一维连续小波变换

一组小波基函数 $\{\psi_{a,b}(t)\}$ 能够通过平移和伸缩基本小波 $\psi(t)$ 来生成，即

$$\psi_{a,b}(t)=\frac{1}{\sqrt{a}}\psi\left(\frac{t-b}{a}\right) \tag{2.136}$$

其中，$a>0$ 且与 b 同为实数。变量 a 反映一个特定基函数的尺度（宽度），而 b 则指明它沿 t 轴的平移位置。式（2.136）右端前面的尺度因子 $\frac{1}{\sqrt{a}}$ 保证小波基函数的范数全部相等。

对于 $f(t)\in L^2(R)$，其一维连续小波变换定义为

$$W_\psi(a,b)=<f,\psi_{a,b}>=\int_{-\infty}^{+\infty}f(t)\psi_{a,b}(t)\mathrm{d}t=\frac{1}{\sqrt{|a|}}\int_{-\infty}^{+\infty}f(t)\psi\left(\frac{t-b}{a}\right)\mathrm{d}t \tag{2.137}$$

其中，$a\neq 0,b,t$ 均为连续变量。

连续小波逆变换为

$$f(t)=\frac{1}{C_\psi}\int_0^{-\infty}\int_{-\infty}^{-\infty}W_\psi(a,b)\frac{\psi_{a,b}(t)}{a^2}\mathrm{d}b\mathrm{d}a \tag{2.138}$$

其中，a,b,t 与式（2.137）相同。

有关小波变换的严格数学基础及推导过程可参考有关文献，下面对小波变换的时频窗进行分析。

假设基小波 ψ 是可以提供一个局部时频窗口的窗函数，且 ψ 的时域中心为 t^*，时域半径为 Δ_ψ，那么式（2.137）的小波变换将信号限制在时间窗内，即 $[b+at^*-a\Delta_\psi,b+at^*+a\Delta_\psi]$。其窗口中心在 $b+at^*$，窗的宽度为 $2a\Delta_\psi$。显然“时间窗”的大小随 a 值线性变化。

对 ψ 傅里叶变换为 $\hat{\psi}$，得

$$\hat{\psi}_{a,b}=|a|^{-\frac{1}{2}}\int_{-\infty}^{\omega}e^{-\mathrm{i}\omega t}\psi\left(\frac{t-b}{a}\right)\mathrm{d}t=|a|^{-\frac{1}{2}}\psi\left(\widehat{\frac{t-b}{a}}\right)$$

$$=|a|^{-\frac{1}{2}}a\mathrm{e}^{-\mathrm{i}b\omega}\hat{\psi}(a\omega)$$

假设 $\hat{\psi}$ 的中心在 ω^*，半径为 $\Delta_{\hat{\psi}}$，则小波变换的频率窗为 $(\omega^*-\Delta_{\hat{\psi}})/a,(\omega^*+\Delta_{\hat{\psi}})/a$。频率窗的中心频率在 ω^*/a 处，带宽为 $2\Delta_{\hat{\psi}}/a$。可见，“频率窗”的大小仅与参数 a 有关。

如果把 ω^*/a 作为频率变量 ω，那么 $t-\omega$ 平面可以作为时间-频率平面。因此，上述的时间窗和频率窗在 $t-\omega$ 平面构成了一个矩形时间-频率窗，即

$$[b+at^*-a\Delta_\psi,b+at^*+a\Delta\psi]\times[(\omega^*-\Delta_{\hat{\psi}})/a,(\omega^*+\Delta_{\hat{\psi}})/a] \tag{2.139}$$

其中，b 仅仅影响窗口在平面时间轴上的位置，而 a 不仅影响窗口在频率轴上的位置，也影响窗口的形状。当 a 较大时（相当于低频）时域分辨率较低，频域分辨率较高；当 a 较小时（相当于高频）时域分辨率较高，频域分辨率较低。因此，当 a 从小逐渐增大时，时频分辨率就会发生相应的变化，这种特性称为小波的"变焦"特性或多分辨率分析。时间-频率窗的乘积为 $2a\Delta_\psi \times 2\Delta_{\hat{\psi}}/a = 4\Delta_\psi\Delta_{\hat{\psi}}$，无论 a 如何变化窗口的面积是保持不变的，即时域分辨率增加，必然导致频域分辨率减小，反之亦然（见图 2-35）。从总体上来说，小波变换具有更好的时频窗口特性，这便是它优于经典傅里叶变换与短时傅里叶变换的地方。

3. 一维离散小波变换

我们用 $f(x)$，$x=0,1,\cdots,M-1$ 表示离散信号，并令 M 是 2 的整数次幂，即 $M=2^J$，则根据式(2.131)、式(2.133)及式(2.135)，定义 $f(x)$ 的离散小波变换(Discrete Wavelet Transform，DWT）对如下所述。

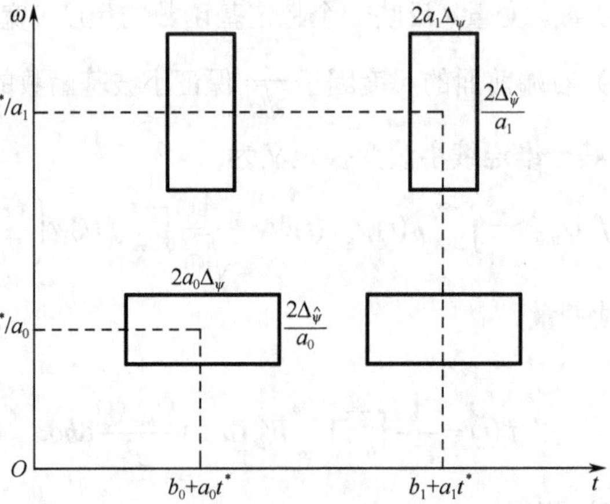

图 2-35　小波变换的时频局部特性

正变换为

$$W_\varphi(j_0,k)=\frac{1}{\sqrt{M}}\sum_{x=0}^{M-1}f(x)\varphi_{j_0,k}(x) \tag{2.140}$$

$$W_\psi(j,k)=\frac{1}{\sqrt{M}}\sum_{x=0}^{M-1}f(x)\psi_{j,k}(x) \tag{2.141}$$

在这些等式中，$\varphi_{j_0,k}(x)$ 和 $\psi_{j,k}(x)$ 是基函数 $\varphi_{j_0,k}(t)$ 和 $\psi_{j,k}(t)$ 的取样形式。

反变换：对于 $j \geqslant j_0$，有

$$f(x)=\frac{1}{\sqrt{M}}\sum_{k=0}^{2^{j_0}-1}W_\varphi(j_0,k)\varphi_{j_0,k}(x)+\frac{1}{\sqrt{M}}\sum_{j=j_0}^{J-1}\sum_{k=0}^{2^j-1}W_\psi(j,k)\psi_{j,k}(x) \tag{2.142}$$

W_φ 和 W_ψ 分别对应于式（2.131）中的展开系数 a_{j_0} 和 b_j。通常的小波变换是指 $j_0=0$ 的情况。特别地，如果尺度函数 $\varphi(x)$ 和基本小波 $\psi(x)$ 是用二值尺度伸缩和整数平移时，如式(2.117)，上面的三个公式就形成了二进小波变换对。

哈尔变换是紧支、二进、正交归一小波变换最早的例子，其基本小波函数如图 2-34（a）所示，它是常用的小波变换中最简单的一种。考虑 4 点的离散函数 $f(x)=\{2,3,-4,1\}$，其中

$x=0,1,2,3$。此时 $M=4$，$J=2$，当开始尺度 $j_0=0$ 时，我们计算该离散函数的小波变换。针对确定的 J 和 j_0，j 是从 j_0 到 $J-1$ 变化；而针对确定的 j，k 是从 0 到 2^j-1 变化（见 2.7.2 节尺度函数中的说明 1）。因此，该离散函数的小波变换包含 $W_\varphi(0,0)$，$W_\psi(0,0)$，$W_\psi(1,0)$ 和 $W_\psi(1,1)$ 四项。假定 $f(x)$ 的 4 个采样值分布在基函数的支撑区上，基函数的宽度为 1，因为对于 $x=0,1,2,3$，$\varphi_{0,0}(x)=1$，则将 4 个采样点代入式（2.140）可得

$$W_\varphi(0,0)=\frac{1}{2}\sum_{x=0}^{3}f(x)\varphi_{0,0}(x)=\frac{1}{2}[2\times1+3\times1-4\times1+1\times1]=1$$

这里采用的是哈尔尺度函数对于 $j=0$ 且 $k=0$ 的均匀空间采样。该值对应于式（2.113）哈尔变换矩阵 $\boldsymbol{H}_4$ 的第一行。继续使用式（2.141）和相似间隔的采样点 $\psi_{j,k}(x)$（对应于 $\boldsymbol{H}_4$ 的第 2 行至第 4 行），可得

$$W_\psi(0,0)=\frac{1}{2}[2\times1+3\times1-4\times(-1)+1\times(-1)]=4$$

$$W_\psi(1,0)=\frac{1}{2}[2\times\sqrt{2}-3\times\sqrt{2}-4\times0+1\times0]=-\sqrt{2}/2$$

$$W_\psi(1,1)=\frac{1}{2}[2\times0+3\times0-4\times\sqrt{2}+1\times(-\sqrt{2})]=-5\sqrt{2}/2$$

因此，该离散函数的小波变换与哈尔尺度和小波函数的关系是$\{1，4，-\sqrt{2}/2，-5\sqrt{2}/2\}$。

式（2.142）允许从小波变换中恢复出原始函数，此时只需将 $W_\varphi(0,0)$，$W_\psi(0,0)$，$W_\psi(1,0)$ 和 $W_\psi(1,1)$ 代入式（2.142）即可。此处不赘述，读者可自行计算进行验证。

2.7.4　快速小波变换

Mallat 在 1989 年建立了与经典快速傅里叶变换（FFT）相应的快速小波变换算法（Fast Wavelet Transform，FWT），即 Mallat 算法。该变换根据相邻尺度 DWT 系数间的规律性，利用双通道子带编码迭代地自底向上建立小波变换，实现了离散小波变换的高效计算。

1．小波正变换的快速算法

根据式（2.122），离散信号的二尺度方程为

$$\varphi(x)=\sum_n h_\varphi(n)\sqrt{2}\varphi(2x-n) \tag{2.143}$$

用 j 对 x 进行尺度化，用 k 对它进行平移，令 $m=2k+n$，得

$$\begin{aligned}\varphi(2^j x-k)&=\sum_n h_\varphi(n)\sqrt{2}\varphi(2(2^j x-k)-n)\\&=\sum_m h_\varphi(m-2k)\sqrt{2}\varphi(2^{j+1}x-m)\end{aligned} \tag{2.144}$$

把式（2.144）中的 h_φ 看作用来将 $\varphi(2^j x-k)$ 展开成尺度 $j+1$ 的尺度函数和的“权”（尺度函数的系数）。

同理，针对小波函数

$$\psi(x)=\sum_n h_\psi(n)\sqrt{2}\varphi(2x-n) \tag{2.145}$$

有

$$\psi(2^j x-k)=\sum_m h_\psi(m-2k)\sqrt{2}\varphi(2^{j+1}x-m) \tag{2.146}$$

根据式（2.123）和式（2.141），可得

$$W_\psi(j,k)=\frac{1}{\sqrt{M}}\sum_{x=0}^{M-1}f(x)2^{j/2}\overline{\psi(2^j x-k)} \tag{2.147}$$

用式（2.146）的右端代替 $\psi(2^j x-k)$，变成

$$\begin{aligned}W_\psi(j,k)&=\frac{1}{\sqrt{M}}\sum_{x=0}^{M-1}f(x)2^{j/2}\left[\sum_m h_\psi(m-2k)\sqrt{2}\varphi(2^{j+1}x-m)\right]\\&=\sum_m h_\psi(m-2k)\left[\frac{1}{\sqrt{M}}\sum_{x=0}^{M-1}f(x)2^{(j+1)/2}\varphi(2^{j+1}x-m)\right]\end{aligned} \tag{2.148}$$

这里，括号里面的量与式（2.140）在 $j_0=j+1$ 时相等。将式（2.117）代入式（2.140）并令 $j_0=j+1$，这样可以写为

$$W_\psi(j,k)=\sum_m h_\psi(m-2k)W_\varphi(j+1,m) \tag{2.149}$$

式（2.149）说明，DWT 在尺度 j 的细节系数是 DWT 在尺度 j+1 的近似值系数的函数。同样，有

$$W_\varphi(j,k)=\sum_m h_\varphi(m-2k)W_\varphi(j+1,m) \tag{2.150}$$

式（2.149）和式（2.150）揭示了 DWT 相邻尺度系数间的重要关系。也就是说，尺度 j 的近似值系数 $W_\varphi(j,k)$ 与细节系数 $W_\psi(j,k)$ 可以通过求尺度 j+1 的近似值系数 $W_\varphi(j+1,k)$ 和时域反转的尺度向量 $h_\varphi(-n)$ 与小波向量 $h_\psi(-n)$ 的卷积，而后对结果下采样来计算。我们将该过程用图 2-36 表示，可以看出这与图 2-28 双通道子带编码的分析部分具有相同的形式。将图 2-28 中的符号 x 看作符号 n，则有 $h_0(n)=h_\varphi(-n)$ 且 $h_1(n)=h_\psi(-n)$，因此有

$$W_\psi(j,k)=h_\psi(-n)*W_\varphi(j+1,n)\big|_{n=2k,k\geqslant 0} \tag{2.151}$$

和

$$W_\varphi(j,k)=h_\varphi(-n)*W_\varphi(j+1,n)\big|_{n=2k,k\geqslant 0} \tag{2.152}$$

其中，卷积在 $n=2k$ 时进行计算（$k\geqslant 0$）。在非负偶数时刻，计算卷积与以 2 为步长进行过滤和抽样的效果相同。

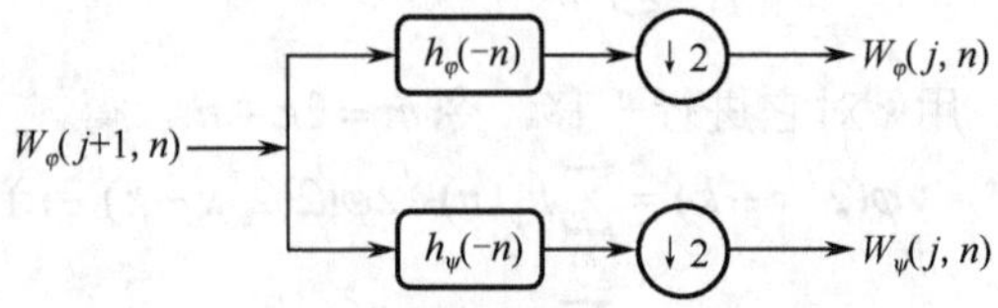

图 2-36　一个 FWT 分析滤波器族

给定一个长度为 M 的离散函数 $f(n)$，且 M 是 2 的整数幂次方，即 $M=2^J$。根据 2.7.2 节尺度函数，$f(n)\in V_J$，V_J 是函数 $f(n)$ 所在的尺度空间，则 J 是该函数的最高尺度，即有 $W_\varphi(J,n)=f(n)$。图 2-37（a）显示了用于计算变换的两个最高尺度系数的二阶滤波器族。图 2-37（a）中的第一个滤波器族将原始函数分解成一个低通近似分量（对应于尺度系数 $W_\varphi(J-1,n)$）和一个高通细节分量（对应于尺度系数 $W_\psi(J-1,n)$）。图 2-37（b）是函数的频

率分离特性，尺度空间 V_J 被分成尺度子空间 V_{J-1} 和小波子空间 W_{J-1}。原始函数的频谱被分成两个半波段分量。图 2-37(a)中的第二个滤波器族将频谱和子空间 V_{J-1} 分成 1/4 波段子空间 V_{J-2} 和 W_{J-2}，分别对应于 DWT 系数 $W_\varphi(J-2,n)$ 和 $W_\psi(J-2,n)$。

图 2-37(a)所示的滤波器族非常容易扩展至任意阶数的滤波器族。通常，对于具有 $M=2^J$ 个点的函数 $f(n)$，用 P 个滤波器族生成尺度 $J-1,J-2,\cdots,J-P$ 的 P 尺度 FWT。首先计算最高尺度系数（即 $J-1$），最后计算最低尺度系数（即 $J-P$）。

例如，重新考虑离散函数 $f(n)=\{2,3,-4,1\}$，我们用快速算法再次计算基于哈尔尺度和小波函数的变换。由式（2.112）和式（2.129），哈尔尺度和小波向量为

$$h_\varphi(n)=\begin{cases}1/\sqrt{2} & n=0,1\\ 0 & 其他\end{cases}$$

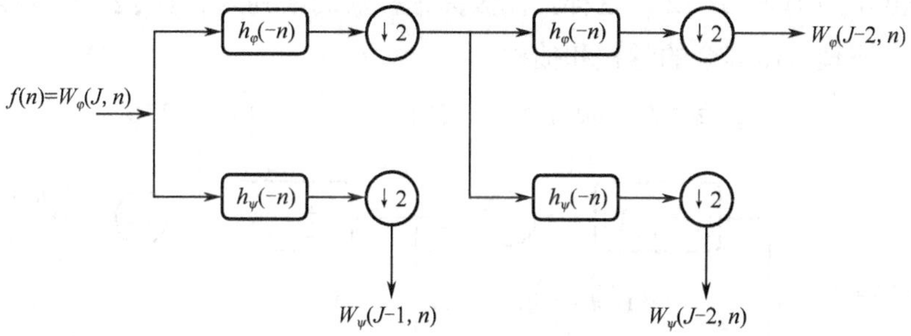

（a）一个两阶或两尺度滤波器族

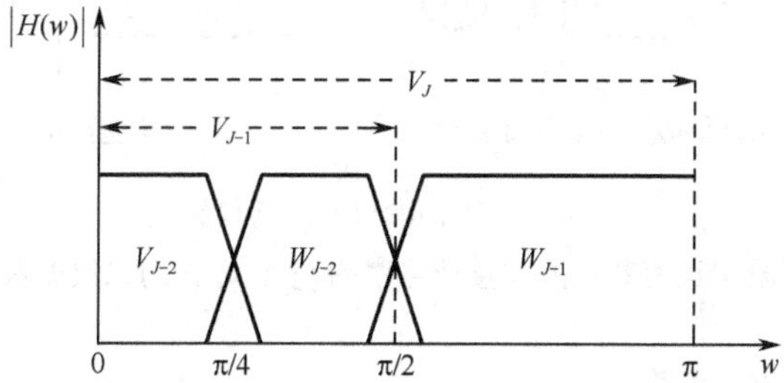

（b）频率分离特性

图 2-37 给定函数的二尺度小波分解及其频率分离特性

和

$$h_\psi(n)=\begin{cases}1/\sqrt{2} & n=0\\ -1/\sqrt{2} & n=1\\ 0 & 其他\end{cases}$$

函数 $f(n)$ 的 DWT 由元素 $\{W_\varphi(0,0),W_\psi(0,0),W_\psi(1,0),W_\psi(1,1)\}$ 组成，对尺度 $j=\{0,1\}$ 计算相应的二尺度 FWT。即 $J=2$（有 $2^J=2^2$ 个采样值）和 $P=2$（按尺度 $J-1=1$ 和 $J-P=2-2=0$ 的顺序进行）。根据图 2-37（a）所示的滤波器族，图 2-38 显示了对 $f(n)=\{2,3,-4,1\}$ 进行 FWT 卷积和抽样获得的序列。针对 $W_\psi(1,k)$ 系数，首先要做 $f(n)$ 与 $h_\psi(-n)$ 的卷积，由于 $h_\psi(-n)=\{-1/\sqrt{2},1/\sqrt{2}\}$，将 $h_\psi(-n)$ 进行翻转得 $\{1/\sqrt{2},\ -1/\sqrt{2}\}$。将序列 $\{1/\sqrt{2},\ -1/\sqrt{2}\}$ 在 $f(n)=\{2,3,-4,1\}$ 上平移，逐点计算两函数各对应点的乘积和，得到序列

$\{-2/\sqrt{2},-1/\sqrt{2},7/\sqrt{2},-5/\sqrt{2},1/\sqrt{2}\}$，其中第二项对应下标 $k=2n=0$。在图 2-38 中，带下划线的值表示负时刻，即 $n<0$。对偶数下标的点进行抽样，得到 $W_\psi(1,k)=\{-1/\sqrt{2},-5/\sqrt{2}\}$（$k$={0,1}）。也可以交替使用式（2.151）计算，即

$$\begin{aligned}W_\psi(1,k)&=h_\psi(-n)*W_\varphi(2,n)\big|_{n=2k,k\geqslant 0}=h_\psi(-n)*f(n)\big|_{n=2k,k\geqslant 0}\\&=\sum_l h_\psi(l-2k)f(l)\Big|_{k=0,1}\\&=\frac{1}{\sqrt{2}}f(2k)-\frac{1}{\sqrt{2}}f(2k+1)\Big|_{k=0,1}\end{aligned}$$

其中，用 $2k$ 代替卷积中的 n，用 l 代替卷积中的虚变量（即代替相关的两序列）。展开式中只有两项，因为在小波向量 $h_\psi(-n)$ 的时域翻转只有两个非零项。令 k=0，得出 $W_\psi(1,0)=-1/\sqrt{2}$；对于 k=1，得出 $W_\psi(1,1)=-5/\sqrt{2}$。这样，滤波并抽样后的序列为 $\{-1/\sqrt{2},-5/\sqrt{2}\}$，这与 2.7.3 节的结果相同。同理可做其余的卷积和抽样。

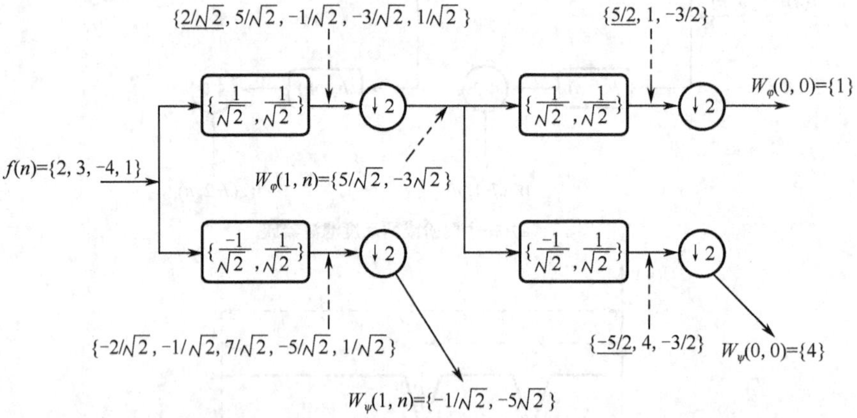

图 2-38　用哈尔尺度和小波向量计算序列 {2,3,−4,1} 的二尺度快速小波变换

2. 小波反变换的快速算法

由正变换的快速算法过程很容易得到反变换的快速算法 FWT^{-1}。图 2-39 详细描述了小波重建的结构，与图 2-28 双通道子带编码中的综合部分相同。因此对于 $i=\{0,1\}$，$h_i'(n)=h_i(-n)$。也就是说，分析和综合滤波器在时域是相互翻转的。因为 FWT 的分析滤波器是 $h_0(n)=h_\varphi(-n)$ 和 $h_1(n)=h_\psi(-n)$，所以要求 FWT^{-1} 的综合滤波器为 $h_0'(n)=h_0(-n)=h_\varphi(n)$ 和 $h_1'(n)=h_1(-n)=h_\psi(n)$。当然，也可能使用双正交分析和综合滤波器，它们并不是彼此时域反转的。有关双正交分析和综合滤波器读者可以参考有关书籍。

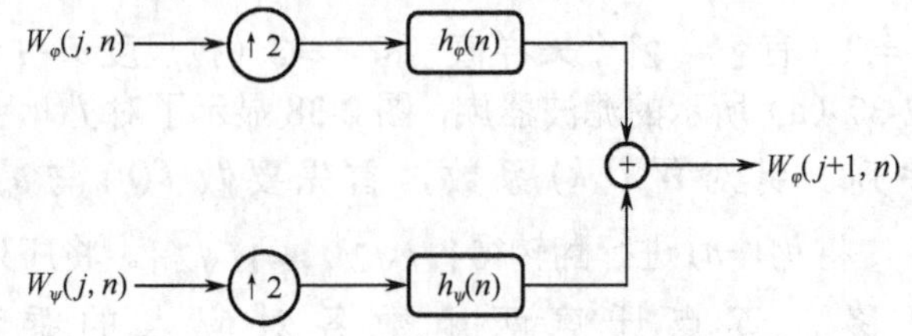

图 2-39　FWT^{-1} 的综合滤波器族

根据图 2-39，FWT^{-1} 的滤波器族执行下面的操作，即

$$W_\varphi(j+1,k)=h_\varphi(k)*W_\varphi^{\mathrm{up}}(j,k)+h_\psi(k)*W_\psi^{\mathrm{up}}(j,k)\big|_{k\geqslant 0} \tag{2.153}$$

其中 W^{up} 代表以 2 为步长进行内插（即在 W 的各元素之间插入 0，使其长度变为原来的 2 倍）。内插后的系数通过与 $h_\varphi(n)$ 和 $h_\psi(n)$ 进行卷积完成过滤，并相加以得到较高尺度的近似值。最终将建立 $f(n)$ 的较好近似，该近似含有较多的细节和较高的分辨率。与 FWT 正变换相类似，反变换滤波器组可以按照如图 2-40 所示进行迭代。这里，为了计算 FWT^{-1} 重建的最后两个尺度，描绘了两尺度结构。该系数合并过程可以扩展到任意数目的尺度，从而保证函数 $f(n)$ 的完全重建。

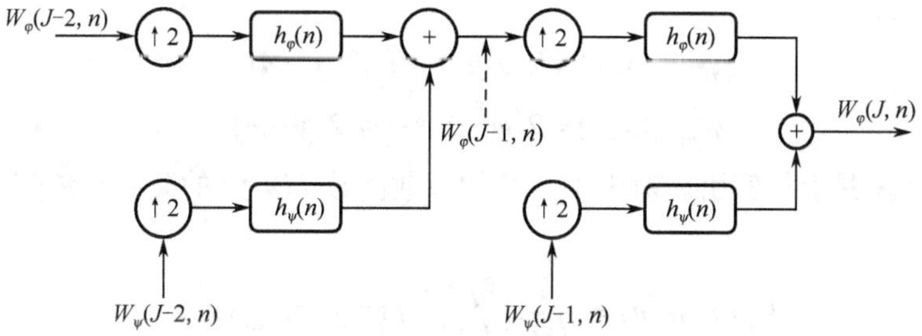

图 2-40　一个二阶或二尺度 FWT^{-1} 的综合滤波器族

例如，对于图 2-38 所示的离散序列 $f(n)=\{2,3,-4,1\}$ 的二尺度变换过程，其小波正变换的结果为$\{1,4,\ -1/\sqrt{2}\ ,\ -5/\sqrt{2}\ \}$，我们按照图 2-39 的过程进行信号重建。首先对 0 级近似值和细节进行内插，分别产生$\{1,0\}$和$\{4,0\}$，与滤波器 $h_0'(n)=h_\varphi(n)=\{1/\sqrt{2},1/\sqrt{2}\}$ 和 $h_1'(n)=h_\psi(n)=\{1/\sqrt{2},-1/\sqrt{2}\}$ 进行卷积得到 $\{1/\sqrt{2},1/\sqrt{2},0\}$ 和 $\{4/\sqrt{2},-4/\sqrt{2},0\}$，相加得到 $W_\varphi(1,n)=\{5/\sqrt{2},-3/\sqrt{2}\}$，这样图 2-41 中的一级近似值被重建，它与图 2-38 中的近似值结果相匹配。重复上述过程，即可得到原信号 $f(n)$ 的完全重建。

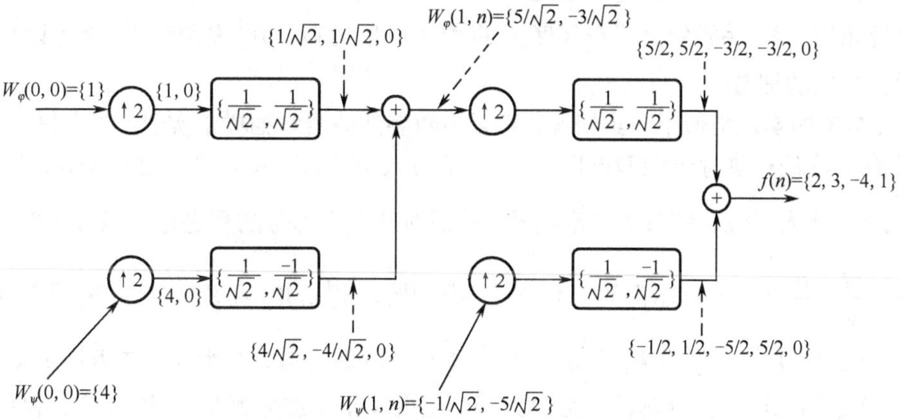

图 2-41　用哈尔尺度和小波向量计算序列$\{1,4,-1/\sqrt{2},-5/\sqrt{2}\}$的两尺度快速小波反变换

2.7.5　二维离散小波变换

一维离散小波变换很容易推广到二维，这里只考虑尺度函数是可分离的情况，即

$$\varphi(x,y)=\varphi(x)\varphi(y) \tag{2.154}$$

式中，$\varphi(x)$ 是一个一维尺度函数。若 $\psi(x)$ 是相应的小波，则下列的三个二维基本小波就建立了二维小波变换的基础，即

$$\begin{aligned}\psi^1(x,y)&=\varphi(x)\psi(y)\\ \psi^2(x,y)&=\psi(x)\varphi(y)\\ \psi^3(x,y)&=\psi(x)\psi(y)\end{aligned} \tag{2.155}$$

这里的上标只是索引，不是指数。

根据一维尺度和小波函数的伸缩和平移公式，为二维尺度函数和小波函数定义一个尺度和平移基函数，即

$$\varphi_{j,m,n}(x,y)=2^j\varphi(2^jx-m,2^jy-n) \tag{2.156}$$

$$\psi^l_{j,m,n}(x,y)=2^j\psi^l(2^jx-m,2^jy-n) \tag{2.157}$$

此处的 $l\in\{1,2,3\}$，是上标索引。对于 $M\times N$ 的离散函数 $f(x,y)$ 的离散小波变换对如下所述。

正变换为

$$W_\varphi(j_0,m,n)=\frac{1}{\sqrt{MN}}\sum_{x=0}^{M-1}\sum_{y=0}^{N-1}f(x,y)\varphi_{j_0,m,n}(x,y) \tag{2.158}$$

$$W^l_\psi(j,m,n)=\frac{1}{\sqrt{MN}}\sum_{x=0}^{M-1}\sum_{y=0}^{N-1}f(x,y)\psi^l_{j,m,n}(x,y)\qquad l=\{1,2,3\} \tag{2.159}$$

反变换为

$$\begin{aligned}f(x,y)=&\frac{1}{\sqrt{MN}}\sum_m\sum_n W_\varphi(j_0,m,n)\varphi_{j_0,m,n}(x,y)\\ &+\frac{1}{\sqrt{MN}}\sum_{l=1}^{3}\sum_{j=j_0}^{\infty}\sum_m\sum_n W^l_\psi(j,m,n)\psi^l_{j,m,n}(x,y)\end{aligned} \tag{2.160}$$

j_0 是任意开始尺度，通常取 $j_0=0$，且选择 $M=N=2^J$，$j=0,1,\cdots,J-1$ 和 $m=n=0,1,\cdots,2^j-1$。与一维情况相同，W_φ 系数定义了在尺度 j_0 的 $f(x,y)$ 的近似，W^l_ψ 系数对于 $j\geqslant j_0$ 附加了垂直、水平和对角方向的细节。

二维 DWT 的实现类似于一维情况，可以用数字滤波器和抽样来实现。对于每一层小波分解，先对 $f(x,y)$ 的行进行一维 DWT，若该层信号大小是 $M\times N$，则经过行 DWT 后，得到 2 个 $M\times\dfrac{N}{2}$ 分别代表近似和细节的二维信号；然后对这 2 个信号的列进行一维 DWT，就会得到 4 个大小为 $\dfrac{M}{2}\times\dfrac{N}{2}$（上一层图像的 1/4）的子图像 W_φ、W^1_ψ、W^2_ψ 和 W^3_ψ，其中 W_φ 代表 $f(x,y)$ 在尺度 j 下的近似，W^1_ψ、W^2_ψ 和 W^3_ψ 分别代表信号 $f(x,y)$ 的垂直、水平和对角方向上的细节。针对 W_φ 再一次运用二维小波分解，就会得到下一层的 4 个小波分解 W_φ、W^1_ψ、W^2_ψ 和 W^3_ψ。一直迭代下去，就可以实现二维 DWT。图 2-42 表示二维离散小波变换的一次分解过程。

二维 DWT 的信号重构，对应于双通道子带编码中的综合滤波器组。其重建过程与一维 DWT 情况类似，即先将 W_φ 与 W^1_ψ、W^2_ψ 与 W^3_ψ 组合，分别进行列 DWT 反变换，得到的两个输出结果再进行一次行 DWT 反变换，这正好是二维 DWT 相反的过程。

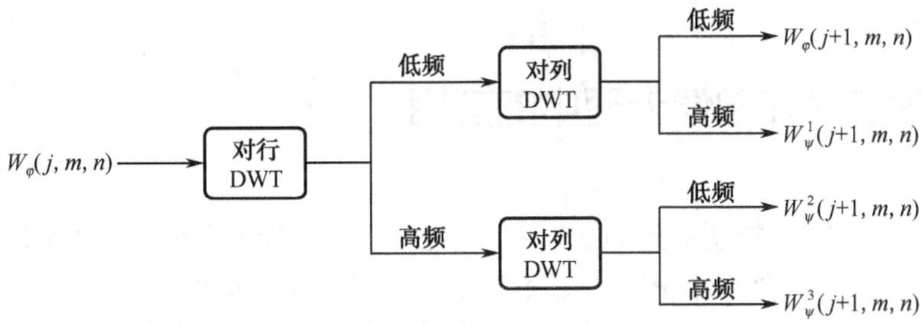

图 2-42　二维离散小波变换的一次分解

对一幅图像进行二维小波变换时，先对行进行一维小波变换，得到左右两张子图，然后再对左右两张子图进行列方向的一维小波变换，每张子图又被分成上下两张更小的子图，如图 2-43 所示。在图 2-43（b）左右两张子图中，左侧子图 L 是图像的近似值，右侧子图 H 是细节，由于在变换过程中是行方向上的下采样，因此损失的是纵向边缘信息，因而在右侧子图 H 中将能看到纵向的边缘细节。而对于图 2-43（c），左侧子图 L 被进一步分解成上下两部分 LL 和 LH，它们分别是子图 L 的近似和细节，同样道理，HL 和 HH 是子图 H 的近似和细节。

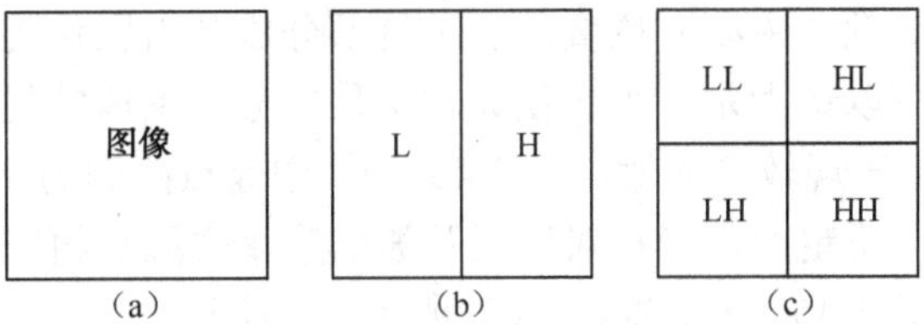

图 2-43　图像的一次小波分解

图 2-44 是对一幅真实图像的二维小波变换实例。从图上可以看出，对于每一层，左上角是对上一层图像的近似，其他三者分别是图像的三个方向上的细节信息。如果把每一层上的近似图像从上到下叠起来，就对应了图 2-26 的金字塔结构，只是序号是相反的。不同层代表了图像的不同分辨率。从前面的学习中知道，给定任意一层图像的近似信息与各层的小波系数，可以重建出原始图像。这样的分解有一个好处，就是可以根据需要，在任意层上处理图像的数据。比如，在较高分辨率下检测图像边缘时，图像中较小的边缘也会检测到，而在较低分辨率下，只能检测到较粗的边缘。又如在图像的细节信息中，可以通过对低于门限的元素置零的方式滤除噪声或进行压缩存储等，这就是图像多分辨率分析的内容。

（a）原始图像　（b）第一层　（c）第二层

图 2-44　图像的二维离散小波变换

2.8 数学变换在图像处理中的应用

数学变换在图像处理中起到重要的作用，它是许多图像处理和分析技术的基础。它将图像数据从图像空间变换到另外一个空间（变换空间），利用图像在变换空间的特有性质，有效和快速地对图像进行处理和分析，最后，再变换回图像空间，以得到所需的效果。本节介绍一些数学变换应用的典型例子，使读者能够对数学变换在图像处理中的内在含义有更深入的理解。

2.8.1 傅里叶变换在图像去噪中的应用

傅里叶变换在图像处理中是一个最基本的数学工具。利用这个工具，可以对图像的频谱进行各种各样的处理，如滤波、降噪、增强等，下面通过对正弦波去噪和增强的实例介绍傅氏变换的应用。

图 2-45（a）是一幅有栅格影响的图像，它的频谱图如 2-45（b）所示。对于图像中的平坦区域，它占有图像的低频（中心）位置，由于这部分成分占图像的大部分区域，因而其值较高。对于栅格部分，可以认为是一种正弦波，这种成分是图像的另一个重要组成成分，其对应的频率将在频谱图上出现较高的值，即 2-45（b）中原点两侧的亮点，出现在横轴而不是纵轴是由该正弦波的方向决定的，当把对应正弦波的频率去除后再求傅里叶反变换，就会达到去除噪声的目的，如图 2-45（c）、2-45（d）所示。同样道理，当对一幅图像频谱的纵向中心轴上增加一个谱段上的强度时就会有相应横向的波纹出现，如图 2-46 所示。

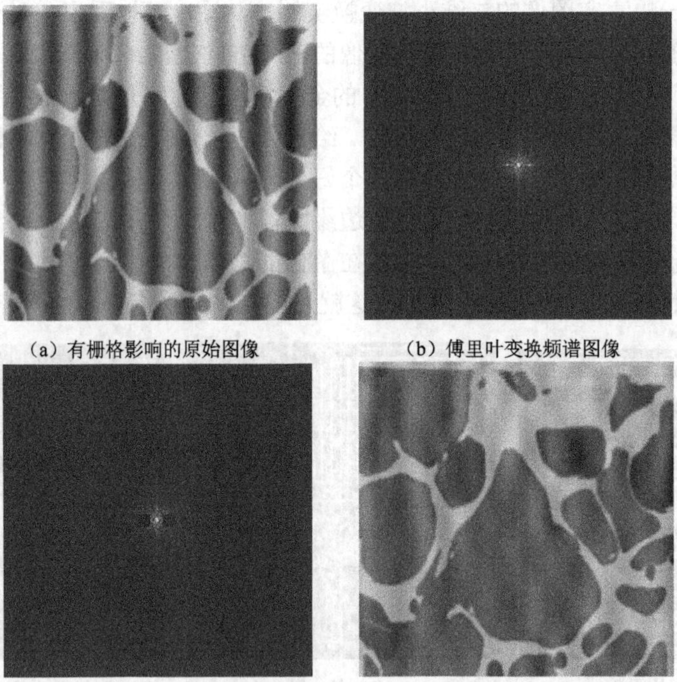

（a）有栅格影响的原始图像　（b）傅里叶变换频谱图像

（c）去除高频成分　（d）傅里叶反变换结果

图 2-45　用傅里叶变换去除正弦波噪声示例

（a）Lena 图

（b）Lena 图的频谱

（c）增强纵轴上某一谱段的强度

（d）傅里叶反变换的结果

图 2-46 利用傅里叶变换对图像加正弦波的示例

2.8.2 离散余弦变换在图像压缩中的应用

离散余弦变换在图像处理中占有重要的位置，尤其是在图像的变换编码中有着非常成功的应用。近年来十分流行的静止图像压缩标准 JPEG（Joint Picture Expert Group）就采用了离散余弦变换。

图像经 DCT 变换以后，DCT 系数之间的相关性已经很小，而且大部分能量集中在少数的系数上，因此，DCT 变换在图像压缩中非常有用，是有损图像压缩国际标准 JPEG 的核心。从原理上讲可以对整幅图像进行 DCT 变换，但由于图像各部位细节的丰富程度不同，这种整体处理的方式效果不好。为此，编码时先将图像分解为 8×8 或 16×16 的块，然后再对每个图像块进行二维 DCT 变换，接着再对 DCT 系数进行量化和编码。解码时先是对量化的 DCT 系数进行解码，并对每个图像块进行二维 DCT 反变换，最后将操作完成后所有的块拼接起来构成一幅单一的图像。对于一般的图像而言，大多数 DCT 系数值都接近于 0，可以去掉这些系数而不会对重建图像的质量产生重大影响。图 2-47 是在 Photoshop 中采用 JPEG 格式压缩的实例。图 2-47（a）是一幅大小为 960×650 的灰度图像，采用 BMP 格式存储需要 611KB 的存储空间；在 Photoshop 中采用品质为 12（最佳品质）的 JPEG 格式压缩，需要 239KB 存储空间，图 2-47（b）是采用最佳品质压缩后解码重建的效果；而采用品质为 0（最低品质）的 JPEG 格式压缩则需要 43KB 的存储空间，图 2-47（c）是采用最低品质压缩后解码重建的效果。从图 2-47 中可以看出，重建图像视觉上并没有明显的信息丢失，而存储空间却大大降低。因此，利用 DCT 进行图像压缩确实可以节约大量的存储空间。

（a）原始图像

（b）最佳品质压缩后重建图像

（c）最低品质压缩后重建图像

图 2-47　在 Photoshop 中用 JPEG 格式进行压缩的实例

2.8.3　Gabor 变换在纹理分析中的应用

Gabor 小波变换实质上是一个以 Gabor 函数作为基函数的小波变换，很多文献中直接称其为 Gabor 滤波器，它在一定程度上结合了 Gabor 变换和小波变换的优点，具有多角度、多分辨率的特性。由于纹理图像在不同的角度和不同的尺度范围内都会呈现出不同的纹理特性来，而 Gabor 小波变换恰好能够在多尺度、多角度的条件下对图像进行处理，这就使得它被广泛应用到图像的纹理特征提取中，并取得了很好的效果。有关采用 Gabor 小波变换描述图像纹理的具体内容，我们将在本书的 8.5.7 节有详细介绍，此处只给出一个用 Gabor 滤波器族提取图像纹理特征的实例。

图 2-48 是用 Gabor 滤波器族提取皮肤镜图像纹理的实例。其中图 2-48（a）显示了所选取的滤波器族，滤波器窗口大小为 32×32，尺度数为 4，方向数为 6，共 24 个不同尺度和方向的滤波器。图 2-48（b）是采用图 2-48（a）所示滤波器族对皮肤镜图像纹理的提取结果。对图 2-48（b）中的每个滤波图像进行灰度均值与方差的计算，即可得到 $4\times6\times2=48$ 维的特征向量，该向量即是原图像的 Gabor 纹理表示。

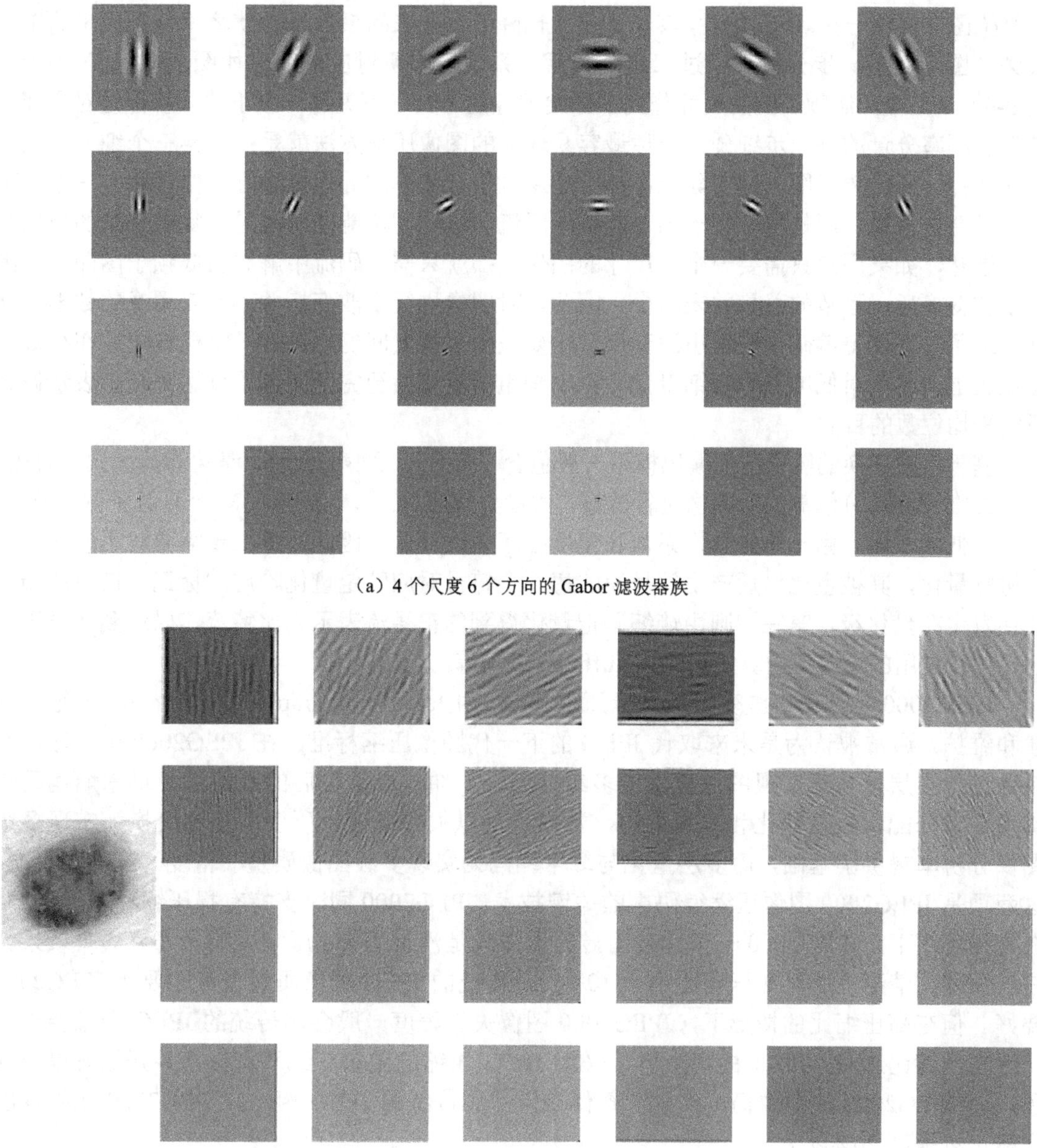

（a）4 个尺度 6 个方向的 Gabor 滤波器族

（b）用 Gabor 滤波器提取的纹理

图 2-48　Gabor 滤波器提取纹理特征

2.8.4　小波变换在图像压缩中的应用

图像压缩是小波分析应用的一个重要方面，它的特点是压缩比高，压缩速度快，压缩后能保持信号与图像的特征不变，且在传递中可以抗干扰。

从 2.7.5 节图 2-44（b）可知，原始图像经过一级小波变换后，其全部信息被重新分配到了四个子图中，左上角子图包含了原始图像的低频信息，但失去了一部分边缘细节信息，这些失去的细节信息被分配到了其他三个子图中。由于失去了部分细节信息，所以左上角子图比原始图像模糊一些，不仅如此，其长宽尺寸也降低到原来的1/2，即分辨率降低到原来的1/4。低频子图可以进一步分解，经过二级分解后，系数矩阵所对应的图像如图2-44（c）所示。图2-44（c）中，低频子图的尺寸降到了原始图像的1/16，可见每一级小波分解都是对空间分辨率和频率分量的进一步细分。一种最容易理解的图像压缩方法就是：丢弃三个细节子图，只保留并编码低频子图。但实际上，并不是通过这么简单的处理来进行图像压缩，三个细节子图不会被丢掉，而是与低频子图一起编入码流，这样才可能在解码时恢复出完整的原始图像。当然，如果用户只需要一个小尺寸的图像，那就只需从码流中解码出低频子图即可。因为小波变换后，系数的总量并未减少，因此，对图像进行小波变换并不代表图像的数据量就被压缩了。在图像编码中应用小波变换，主要是除去像素间的相关性，将能量集中在少数低频系数上，从而对低频系数精细量化，对高频粗糙量化甚至完全抛弃，以达到减少表示像素所需平均位数的目的。

基于小波变换的图像压缩编码模型一般包含3部分，即小波分解、量化和熵编码。首先，利用二维Mallat分解算法对图像进行分解，假设分解成M层，则得到3M个高频子图（子带）与一个低频子图。由于小波变换系数在幅度上还是连续的，因此，第二步需要对小波变换系数进行量化，其被量化以后产生符号流的每一个符号对应特定量化阶层的标记，信息的损失往往发生在量化级。第三步则由熵编码把量化得到的符号流表示为比特流，以达到数据压缩的目的。常用的熵编码由算术编码、Huffman编码等。

JPEG2000是基于小波变换的图像压缩标准，由Joint Photographic Experts Group组织创建和维护，通常被认为是未来取代JPEG的下一代图像压缩标准。在JPEG2000中，通过对系数进行多层量化来实现图像质量的多级伸缩性，通过对量化后的系数进行算术熵编码来实现比特分配，经过量化和算术编码，数据量得以大幅压缩。所以，小波变换为实现多级图像分辨率提供了基础，而多层量化与算术编码为实现多级图像质量（精度）提供了可能，这两项是JPEG2000图像压缩编码中的关键技术。JPEG2000同时支持有损压缩和无损压缩。在有损压缩下，JPEG2000一个比较明显的优点就是没有JPEG压缩中的马赛克失真效果。在低压缩比情形下（比如压缩比小于10∶1），传统的JPEG图像质量有可能要比JPEG2000要好。但在高压缩比的情形下，JPEG2000图像失真程度一般会比传统的JPEG图像要小，一般在压缩比达到100∶1的情形下，采用JPEG压缩的图像已经严重失真并开始难以识别了，而JPEG2000的图像仍可识别。整体来说，和传统的JPEG相比，JPEG2000压缩性能大概可以提高20%以上。

2.8.5 小波变换在图像去噪中的应用

在实际应用中，噪声的有效抑制是图像进行正确分割的基本前提。而利用小波变换去除噪声不仅具有较强的抑制噪声能力，同时也能够很好地保持图像的边缘信息。小波变换实际上是将信号通过低通和高通两组滤波器，把信号分解为低频和高频两部分。对于带有高斯噪声的图像中的平稳信号，其能量大部分都集中在低频部分，只有少部分的细节才会出现在高频部分，非平稳信号的能量则会分布在整个频域，而高斯噪声的大部分能量都集中在高频部分。也就是说非平稳信号和高斯噪声在频域中是有一部分重叠的。将小波变换的高频系数强制置零，可以有较好的去噪效果，但由于非平稳信号在高频中的分布，重构后的信号会丢失一些细节，使图像变得模糊，如图2-49（b）所示。为了改进这一缺点，可以对小波系数设置阈值，即基于阈值的小波去噪方法。该方法根据高斯白噪声在小波变换域的能量主要集中于高频中幅值较小的小波系数这一特点来设置阈值，将低于该阈值的高频系数置零，而高于阈值的高频系数将保留，然后进行小波逆变换，得到重构的信号，这种方法既可以保留信号细节又能够达到去除噪声的目的，如图 2-49（c）所示。从图 2-49 可以看出，基于阈值的小波去噪方法重构出来的图像效果要比直接将小波高频系数置零好得多。事实上，基于阈值的小波去噪方法可以细分为硬阈值和软阈值两种，图 2-49（c）则是采用硬阈值方法进行小波去噪的效果，由于篇幅所限，本书不对小波系数硬阈值和软阈值的设置方法进行详细介绍，感兴趣的读者可以查阅相关文献。

（a）含有高斯噪声的图像

（b）高频置零的小波去噪结果

（c）基于阈值的小波去噪结果

图 2-49 基于小波变换的图像去噪

2.8.6 小波变换在边缘检测中的应用

由于图像在不同的尺度范围内形成不同类型的边缘，并且存在噪声。单一尺度的边缘检测算子不可能根据图像特性自适应地正确检测出边缘，因此用多尺度的方法检测边缘成为一种有效的边缘检测技术。用小波变换检测边缘的思路是：在大尺度下抑制噪声，可靠地识别边缘；在小尺度下补足大尺度下滤掉的弱小边缘，对边缘精确定位。下面简单介绍 B 样条小波边缘检测算法。

假设 $\theta(x,y)$ 是二维平滑函数，且满足 $\iint\theta(x,y)\mathrm{d}x\mathrm{d}y\neq 0$，可把它沿 x,y 两个方向上的导数作为 B 样条基本小波，即

$$\begin{cases}\psi^{(x)}(x,y)=\dfrac{\partial\theta(x,y)}{\partial x}\\ \psi^{(y)}(x,y)=\dfrac{\partial\theta(x,y)}{\partial y}\end{cases}\tag{2.161}$$

则定义式（2.161）的尺度变换为

$$\begin{cases}\psi_a^{(x)}(x,y)=\dfrac{1}{a^2}\psi^{(x)}\left(\dfrac{x}{a},\dfrac{y}{a}\right)=\dfrac{\partial\theta_a(x,y)}{\partial x}\\ \psi_a^{(y)}(x,y)=\dfrac{1}{a^2}\psi^{(y)}\left(\dfrac{x}{a},\dfrac{y}{a}\right)=\dfrac{\partial\theta_a(x,y)}{\partial y}\end{cases}\tag{2.162}$$

其中，$\theta_a(x,y)=\theta\left(\dfrac{x}{a},\dfrac{y}{a}\right)$，$a$ 为小波变换的尺度，a 一般取 $2^{-j},j\in k$，即二进小波变换。

对于一个图像$f(x,y)$，其在x和y方向上的小波变换为

$$\begin{cases}\mathrm{WT}^{(x)}f(a,x,y)=f(x,y)*\psi_a^{(x)}(x,y)\\ \mathrm{WT}^{(y)}f(a,x,y)=f(x,y)*\psi_a^{(y)}(x,y)\end{cases} \tag{2.163}$$

其中，*代表卷积，即

$$f(x,y)*\psi_a^{(i)}(x,y)=\frac{1}{a^2}\iint f(u,v)\psi\left(\frac{x-u}{a},\frac{y-v}{a}\right)\mathrm{d}u\mathrm{d}v,\ i=x\text{或}y$$

需要指出的是，此处的小波函数族采用$\psi_{a,b}(t)=\frac{1}{a}\psi\left(\frac{t-b}{a}\right)$的形式，这与许多文献的写法相同，该定义的优点是在不同的尺度下可以保持各$\psi_{a,b}(t)$的频谱中幅频特性大小一致，这一点是与式（2-139）有所不同的。

根据卷积的性质，我们将式（2.163）记成矢量形式，即

$$\begin{bmatrix}\mathrm{WT}^{(x)}f(a,x,y)\\ \mathrm{WT}^{(y)}f(a,x,y)\end{bmatrix}=a\times\begin{bmatrix}\frac{\partial}{\partial x}[f(x,y)*\theta_a(x,y)]\\ \frac{\partial}{\partial y}[f(x,y)*\theta_a(x,y)]\end{bmatrix}=a\times\mathrm{grad}[f(x,y)*\theta_a(x,y)] \tag{2.164}$$

式（2.164）中$f(x,y)*\theta_a(x,y)$是对图像进行平滑，$\mathrm{WT}^{(x)}$和$\mathrm{WT}^{(y)}$分别反映图像经平滑函数在尺度a下平滑之后图像灰度沿x,y两个方向的梯度。

取$a=2^j, j\in k$，则整个图像的二进小波变换矢量为

$$\begin{bmatrix}\mathrm{WT}^{(x)}f(2^j,x,y)\\ \mathrm{WT}^{(y)}f(2^j,x,y)\end{bmatrix}=\mathrm{WT}f(2^j,x,y) \tag{2.165}$$

其模值为

$$\mathrm{Mod}\left[\mathrm{WT}f(2^j,x,y)\right]=\sqrt{\left|\mathrm{WT}^{(x)}f(2^j,x,y)\right|^2+\left|\mathrm{WT}^{(y)}f(2^j,x,y)\right|^2} \tag{2.166}$$

其相角为

$$\mathrm{Arg}[\mathrm{WT}f(2^j,x,y)]=\arctan\frac{\left|\mathrm{WT}^{(x)}f(2^j,x,y)\right|}{\left|\mathrm{WT}^{(y)}f(2^j,x,y)\right|} \tag{2.167}$$

$M_{2^j}f(x,y)$的大小反映$f(x,y)*\theta_{2^j}(x,y)$在点(x,y)灰度变化的剧烈程度，完全表示了$f(x,y)*\theta_{2^j}(x,y)$的灰度变化特征。$M_{2^j}f(x,y)$ 沿梯度方向A_{2^j}取极大值的点对应$f(x,y)$的突变点，也就是图像的边缘点。另一方面，由于图像中的噪声也是灰度突变点，也是模极大值点，但相比于真正的边缘点，噪声的小波系数幅值较小。因此可以设定一个阈值，将大于一定阈值的小波系数模极大值点作为图像的边缘点检出。

为了充分抑制噪声，检测出图像中的细小边缘，可以利用小波多分辨的分析性能。将各个尺度下提取的边缘综合起来，由粗到细逐层匹配，检测出比传统方法和单尺度方法更多的细节和更清晰的边缘。图 2-50 是采用小波变换进行多尺度综合边缘提取的实例，可见采用多尺度方法提取的边缘更加精细准确。

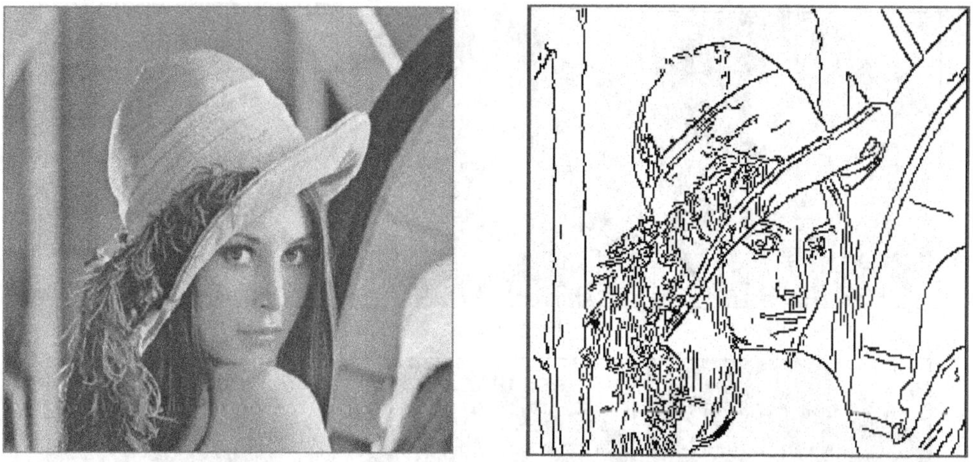

（a）原图　　（b）一阶和二阶尺度综合提取的边缘

图 2-50　基于小波变换极大值点提取边缘的实例

2.8.7　小波变换在图像融合中的应用

基于小波变换的图像融合，就是将待融合的原始图像首先进行小波变换，将其分解为近似图像和细节图像，然后在小波变换域内通过比较各图像的细节信息，在不同尺度上实现图像融合，提取出重要的小波系数；最后进行小波反变换，得到数据融合之后的图像。以两幅原图像为例，图像融合过程如图 2-51 所示。

从图 2-51 中我们可以看到，融合规则在融合处理中扮演了一个重要的角色。在确定融合图像的每个小波系数时，必须确定哪个原图的小波系数对融合有利，这个信息将保留在融合决策图中。融合决策图的大小和原图的大小一致，融合决策图的每个值是原图的索引，它可以为相应的小波系数提供较多的信息。这样就可以确定每个小波系数。

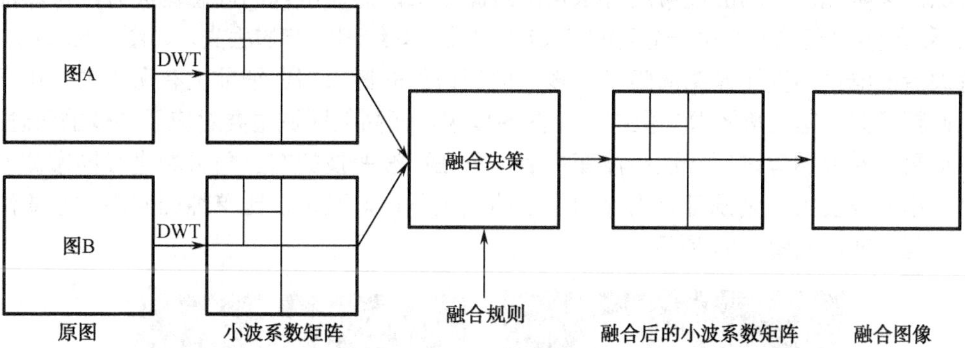

图 2-51　基于小波变换的图像融合过程

图 2-52 是对 5 幅蝴蝶眼睛图像序列的融合实例，图像大小为 560×560 像素。图 2-52（a）～图 2-52（e）是原始图像序列，由于采集设备不聚焦，导致蝴蝶的眼睛在每一幅图像上都有不同部位和不同程度的模糊。采用基于小波变换的图像融合方法对序列图进行处理，图 2-52（f）是最终的融合结果。可以看出，图像经融合后得到了清晰的眼睛图像。

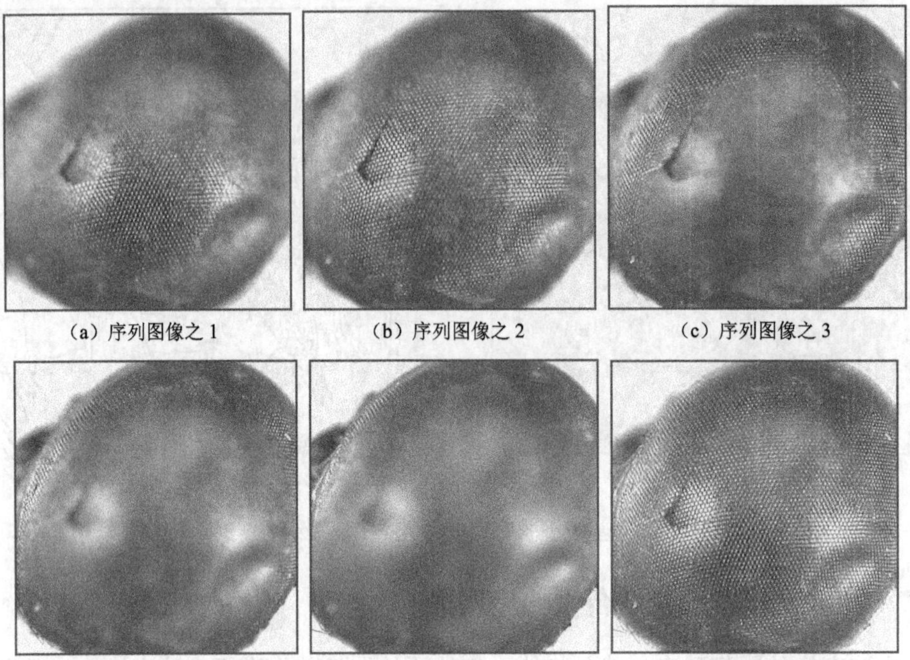

（a）序列图像之 1　（b）序列图像之 2　（c）序列图像之 3

（d）序列图像之 4　（e）序列图像之 5　（f）图像融合的结果

图 2-52　蝴蝶眼睛显微图像序列的融合

2.8.8　小波变换在图像增晰中的应用

小波变换还可以和其他算法结合起来，达到比一般算法更好的效果，图像的同态滤波就是一个例子。如图 2-53（a）所示，相机逆光从洞穴向外拍摄，洞内一部分区域比较暗，看不清细节。为了提高图像质量，看清楚洞内墙壁上的细节，可以在预处理阶段对光照不均现象进行去除。去除光照不均的最常用方法是同态滤波法，然而常规的同态滤波方法虽然能够消除光照不均现象，但同时也会一定程度上造成图像原有纹理细节的丢失，如图 2-53（b）所示，同态滤波后的洞内墙壁比原图清晰了许多，但洞口外的树木却在细节上有所丢失。由于小波变换的低频子图（左上角图像）保持了原图的概貌，而高频区域主要对应了图像的纹理细节，那么，如果在对原图像进行一次小波变换后，只在小波变换的左上角区域进行同态滤波，然后再进行小波反变换，则既可以去除图像中的光照不均，又可以比单纯的同态滤波算法保留更多的纹理细节，如图 2-54 所示。

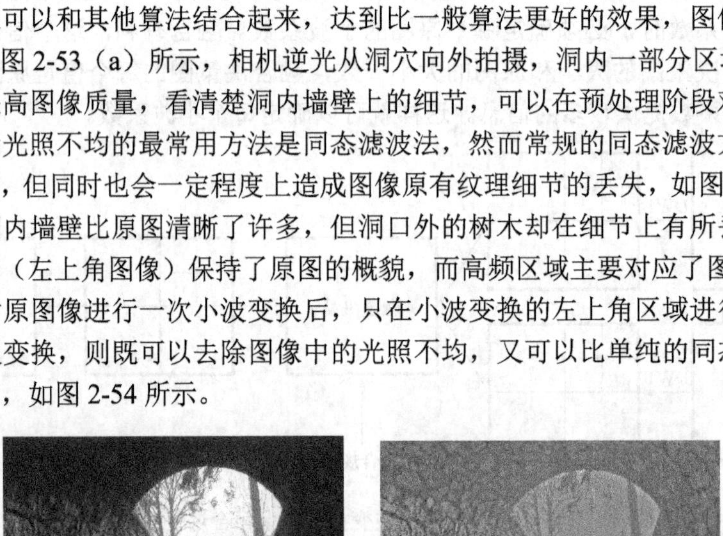

（a）原图　（b）同态滤波的结果

图 2-53　图像的同态滤波效果图

（a）对图 2-53（a）小波变换　　（b）对左上角区域进行同态滤波并小波反变换

图 2-54　在小波变换基础上进行同态滤波的结果

小结

本章介绍了数字图像处理中的几种常用的数学变换，主要包括几何变换、傅里叶变换、离散余弦变换、Gabor 变换、K-L 变换、Radon 变换及小波变换等，并通过实例说明这些变换在图像处理中的广泛应用。图像变换理论告诉我们，对图像的分析并非局限于图像空间上，当把图像从空间域变换到变换域（如频域）时，图像的分析、复原、压缩等将会收到意想不到的效果。数学变换为这些常用的图像处理方法提供了数学依据，希望能够通过本章的介绍，为读者建立在变换域进行图像分析的基本概念。

习题

2-1　简述散傅里叶变换的性质及在图像处理中的应用。

2-2　求下列图像的二维离散傅里叶变换。

（a）长方形图像。

$$f(x,y)=\begin{cases}E & |x|<a,\ \ |y|<b\\ 0 & \text{其他}\end{cases}$$

（b）旋转 45° 后的长方形图像。

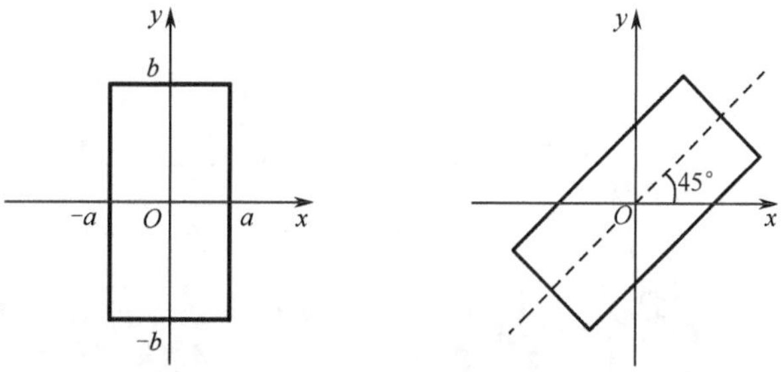

（a）　　（b）

题 2-2 图

2-3　给定一幅图像，试通过傅里叶变换对图像加入一个斜向的正弦波。

2-4　在傅里叶频谱中，图像的边缘对应高频部分，若想削弱图像中的边缘强度，该怎么做？请用 Lena 图像进行实验验证。

2-5　请用 C 或者 Matlab 编程实现题 2-5 图所示图像的二维离散余弦变换。

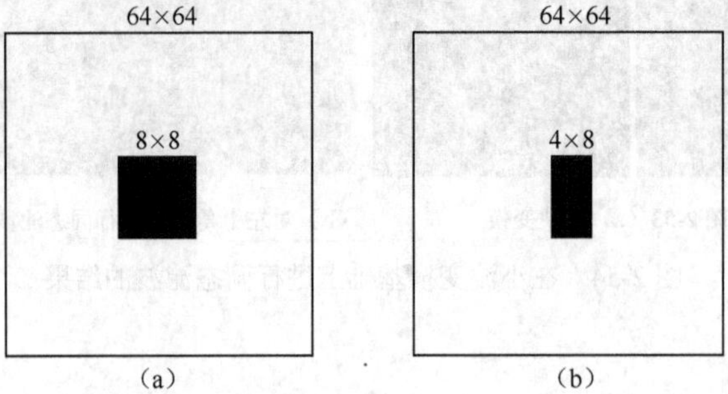

题 2-5 图

2-6　试分析小波变换过程与金字塔分解过程的相似点。

2-7　构造 N=8 的哈尔变换矩阵。

2-8　根据式（2.119）哈尔尺度函数，画出 $\varphi_{3,0}(t)$ 和 $\varphi_{3,4}(t)$ 的图形。

2-9　根据式（2.130）哈尔小波函数，画出 $\psi_{2,1}(t)$ 的图形。

2-10　给定离散序列 $f(x)=\{1,4,-3,0\}$，用哈尔尺度和小波函数对 $f(x)$ 进行 2 尺度小波分解。

2-11　编程实现快速小波变换算法。

2-12　编程实现图像的二尺度小波变换。

第3章
图像增强

图像增强是图像处理中的一个重要内容，在图像生成、传输或变换的过程中，由于多种因素的影响，造成图像质量下降、图像模糊、特征淹没，给分析和识别带来困难。因此，按特定的需要将图像中感兴趣的特征有选择地突出，衰减不需要的特征，提高图像的可懂度是图像增强的主要内容。图像增强不考虑图像降质的原因，而且改善后的图像也不一定逼近原图像，这是它与图像复原本质的区别。图像增强的主要目的有两个：一是改善图像的视觉效果，提高图像的清晰度；二是将图像转换成一种更适合人类或机器进行分析处理的形式，以便从图像中获取更多有用的信息。例如，一幅侦察图像甚至有可能是经过各种欺骗和伪装后的图像，在这类图像中，目标与背景可能混淆不清，很难区别。如何从中识别出我们感兴趣的目标，如机场、跑道、飞机、建筑物等，就需要进行增强处理，以便将感兴趣的目标突现出来。

图像增强的方法有很多种，按增强的目的和效果来划分，图像增强方法大致可以分为灰度级修正、图像平滑、图像锐化、图像增晰和彩色增强等，如图 3-1 所示。灰度级修正主要用来提高图像对比度，提高人眼视觉分辨能力，包括灰度变换和直方图修正等；图像平滑是用来消除或削弱图像中的噪声，包括空间域的平滑和频率域的平滑；图像锐化则可以突出图像的边缘，同样包括空间域和频率域的方法；图像增晰用来消除图像中的光照不均，去除图像中的薄雾和沙尘等；彩色增强则是从可视性角度进行图像增强。按处理空间来划分，图像增强方法大致可分为空间域处理和频率域处理。空间域法是直接对图像的像素进行处理，基本上是以灰度映射变换为基础的，所用的映射变换取决于图像的特点和增强的目的，主要包括灰度变换、直方图修正、图像空间域平滑和锐化、彩色增强等。频率域法是在图像的某种变换域内，对变换后的系数进行运算，然后再反变换到原来的空间域，得到增强的图像，主要包括低通滤波、高通滤波、带阻滤波、同态滤波等。本章将从图像的灰度级修正、图像平滑和锐化、图像增晰及彩色增强等角度介绍图像增强中的典型方法。

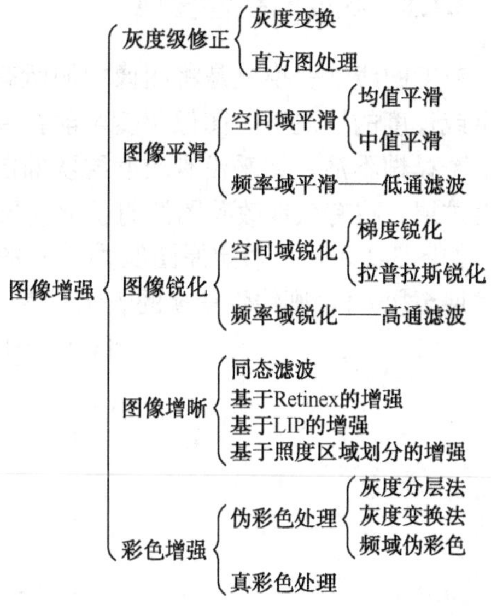

图 3-1　按增强为目的划分增强算法的体系结构

3.1 灰度级修正

灰度级修正是图像增强处理技术中一种非常基础、直接的空间域图像处理方法。由于形成图像的系统亮度有限，常出现对比度不足的弊病，使人眼观看图像时视觉效果很差。通过灰度级修正方法可使图像动态范围加大，图像对比度扩展，图像变得清晰，从而大大改善人眼的视觉效果。

以灰度图像为例，假设原图像像素的灰度值为$D = f(x,y)$，(x,y)为图像坐标，处理后图像像素的灰度值$D' = g(x,y)$，则灰度级修正公式可以表示为

$$g(x,y) = T[f(x,y)] \tag{3.1}$$

或

$$D' = T[D] \tag{3.2}$$

要求 D 和 D'都在图像的灰度范围之内。变换函数T描述了输入灰度值与输出灰度值之间的转换关系。一旦灰度变换函数确定，则图像中每一点的运算就被完全确定下来。

灰度级修正方法主要针对独立的像素点进行处理，由输入像素点的灰度值来决定相应的输出像素点的灰度值，通过改变原始图像数据所占据的灰度范围而使图像在视觉上得到改观，这种变换没有利用像素点之间的相互空间关系，因而这种处理方法也称为点运算法。灰度级修正方法又分为灰度的线性变换、非线性变换和直方图均衡等。

3.1.1 灰度的线性变换

灰度的线性变换就是将图像中的所有像素点的灰度按照线性变换函数进行变换。在曝光不足或过度的情况下，图像灰度可能会局限在一个很小的范围内。这时在显示器上看到的将是一个模糊不清、似乎没有灰度层次的图像。用一个线性单值函数对图像内的每一个像素做线性扩展，将有效地改善图像的视觉效果。

如图 3-2 表示，假定原图像$f(x,y)$的灰度范围为$[a,b]$，希望变换后图像$g(x,y)$的灰度范围扩展至$[c,d]$，则线性变换的表示式为

$$g(x,y) = \left[(d-c)/(b-a)\right]\left(f(x,y)-a\right)+c \tag{3.3}$$

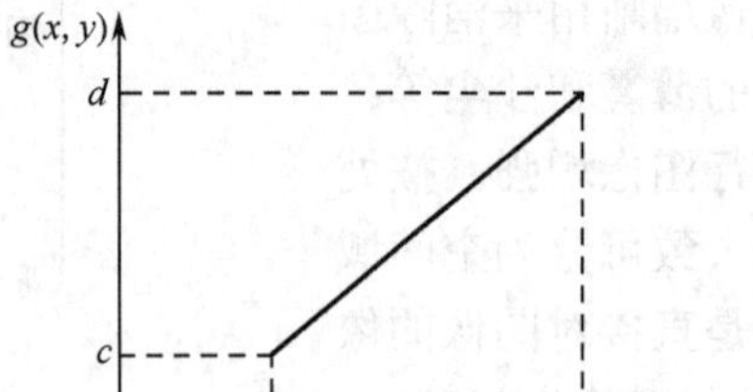

图 3-2 灰度范围线性变换

如果图像中大部分像素的灰度级分布在区域$\left[a,b\right]$之间，小部分灰度级超出了此区域，为了改善增强效果，可以用式（3.4）所示的变换关系，即

$$g(x,y)=\begin{cases} c & 0\leqslant f(x,y)<a \\ \dfrac{d-c}{b-a}\left[f(x,y)-a\right]+c & a\leqslant f(x,y)<b \\ d & b\leqslant f(x,y)\leqslant M \end{cases} \quad (3.4)$$

此关系可用图 3-3 表示。

1. 负相变换

当图 3-2 中的线性关系变成图 3-4 所示的形式时，线性变换就变成了负相变换（反向变换），即对每一个像素值求反。对图像求反就是将原图灰度值翻转，简单地说，就是将黑的变成白的，将白的变成黑的。普通黑白照片和底片就是这种关系。

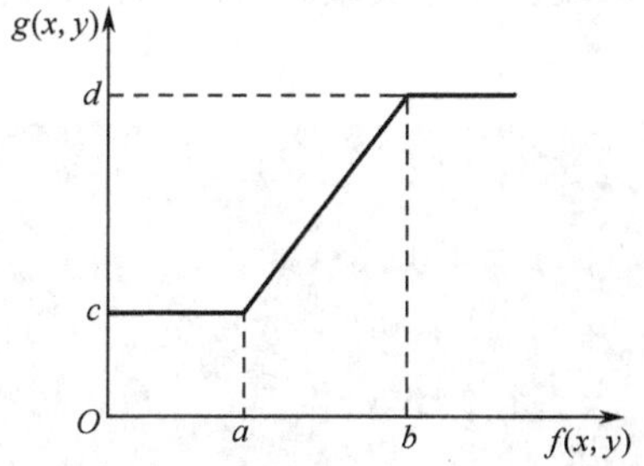

图 3-3　式（3.4）的线性变换关系

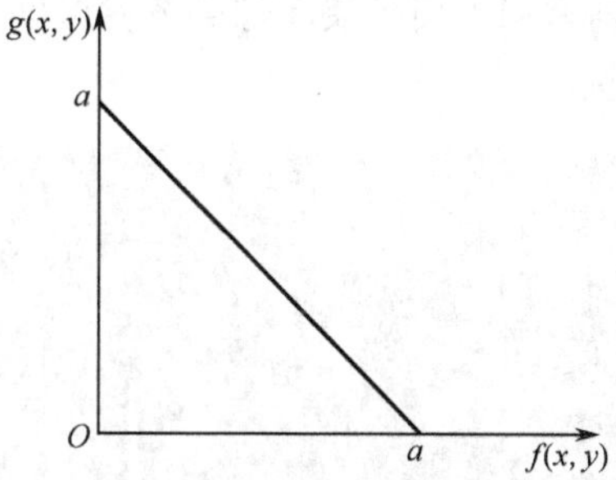

图 3-4　图像的负相变换关系

负相变换的运行结果如图 3-5 所示，其中图 3-5（a）是原图，图 3-5（b）是求负相的结果。

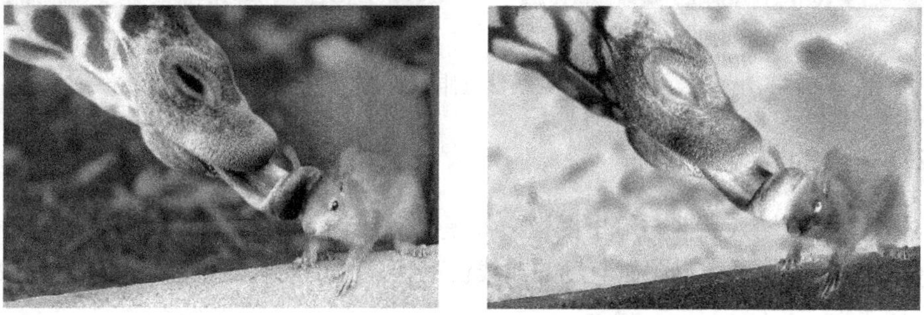

（a）原图　　（b）负相结果

图 3-5　负相变换结果

2. 分段线性变换

分段线性变换也叫灰度线性拉伸，常用的方法是分三段进行线性变换，如图 3-6 所示，假设输入图像 $f(x,y)$ 的灰度为 $0-M_f$ 级，输出图像 $g(x,y)$ 的灰度为 $0-M_g$ 级，其分段线性变换的数学表达式为

$$g(x,y)=\begin{cases} (c/a)f(x,y) & 0\leqslant f(x,y)<a \\ [(d-c)/(b-a)][f(x,y)-a]+c & a\leqslant f(x,y)<b \\ [(M_g-d)/(M_f-b)][f(x,y)-b]+d & b\leqslant f(x,y)\leqslant M_f \end{cases} \quad (3.5)$$

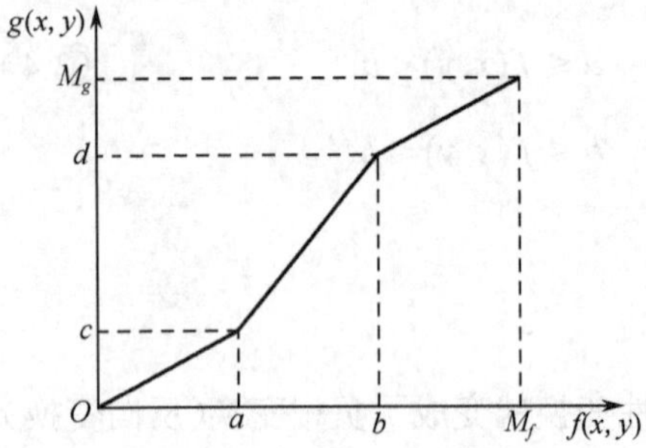

图 3-6　分段线性变换关系

图 3-6 中对灰度区间[*a,b*]进行了线性变换，而灰度区间[*0,a*]和[*b,M_f*]受到了压缩。通过细心调整折线拐点的位置及控制分段直线的斜率，可对任意灰度区间进行扩展或压缩。在图像增强中，为了突出感兴趣的目标或灰度区间，相对抑制那些不感兴趣的灰度区间，可以采用分段线性变换。如果一幅图像灰度集中在较暗的区域而导致图像偏暗，可以扩展图像低灰度区间（斜率>1）而压缩图像高灰度区间（斜率<1）以改善图像；同样，如果图像灰度集中在较亮的区域而导致图像偏亮，也可以用灰度拉伸功能压缩图像低灰度区间（斜率<1）而扩展图像高灰度区间（斜率>1）来改善图像质量。图 3-7 是线性拉伸的一个处理实例。

（a）原图　　　（b）线性拉伸的结果

图 3-7　线性拉伸的处理实例

3.1.2　灰度的非线性变换

前面的灰度变换输入图像与输出图像之间是一种线性变换关系，当用某些非线性函数对图像灰度进行映射时，可实现图像灰度的非线性变换，常用的有对数函数和指数函数。

1. 对数函数

对数函数作为图像的映射函数时，对数变换的一般形式为

$$g(x,y)=a+\frac{\ln[f(x,y)+1]}{b\ln c} \tag{3.6}$$

这里 a、b、c 是便于调整曲线的位置和形状而引入的参数，且 $b\neq0$，$c\neq1$，它使图像的低灰度范围得以扩展而高灰度范围得到压缩，使图像分布均匀，与人的视觉特性相匹配。图像的对数变换关系如图 3-8 所示。

2. 指数函数

指数变换的一般形式为

$$g(x,y)=b^{c[f(x,y)-a]}-1 \tag{3.7}$$

其中，a、b、c 三个参数用来调整曲线的位置和形状，它的效果与对数变换相反，使图像的高灰度范围得到扩展，低灰度范围得到压缩。图 3-9 所示是图像的指数变换关系曲线图。

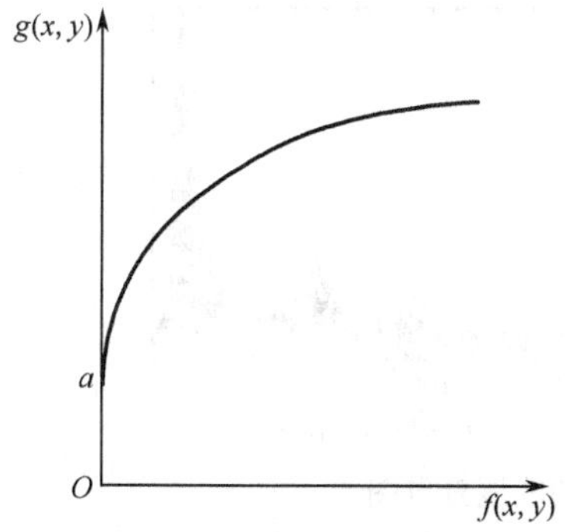

图 3-8 图像的对数变换关系

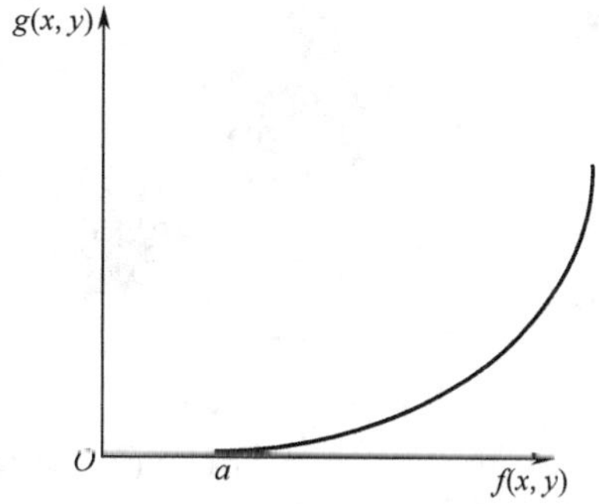

图 3-9 图像的指数变换关系曲线

图 3-10 所示是对数拉伸和指数拉伸的效果图，从图中可以看出，对数拉伸变换扩展了灰度级较低范围的像素，压缩了灰度级较高部分的像素，因此图像比原来"亮"了，而指数拉伸变换则恰恰相反，压缩了灰度级较低部分的像素，扩展了灰度级较高部分的像素，因此图像比原来"暗"了。读者可以自己设置对数变换和指数变换的参数，感受一下参数的变化对两种变换的影响。

（a）原图　　（b）对数拉伸结果　　（c）指数拉伸结果

图 3-10 对数拉伸和指数拉伸效果

3.1.3 直方图修正

图像的灰度直方图反映图像灰度的统计特性，表达了图像中取不同灰度值的面积或像素数在整幅图像中所占的比例，是图像中最基本的信息。用横坐标表示灰度级，纵坐标表示灰度级出现的频数，一幅图像的直方图可以表示为

$$p(r_k)=\frac{n_k}{N} \qquad (k=0,1,2,\cdots,L-1) \tag{3.8}$$

式中，N 为一幅图像中像素的总数，n_k 为第 k 级灰度的像素数，r_k 表示第 k 个灰度级，L 为灰度级数，$p(r_k)$ 表示该灰度级出现的概率。如图 3-11（b）是一幅细胞图像的直方图统计。

直方图是图像的一维特征，一个图像具有唯一的直方图，但多个图像如果灰度分布密度相同，它们也对应同一个直方图，因此图像的直方图统计是多对一的关系。从图像直方图灰度级的分布形态可以提供图像信息的许多特征，为图像分析提供一个有力的工具。例如，若直方图密集地分布在很窄的区域之内，说明图像的对比度很低；若直方图有两个峰值，则说明图像中有可能存在两种不同亮度的区域。图 3-11 是一幅细胞核图像及其直方图统计，图 3-11（b）中有两个峰值，分别对应原图中的背景和细胞核目标。

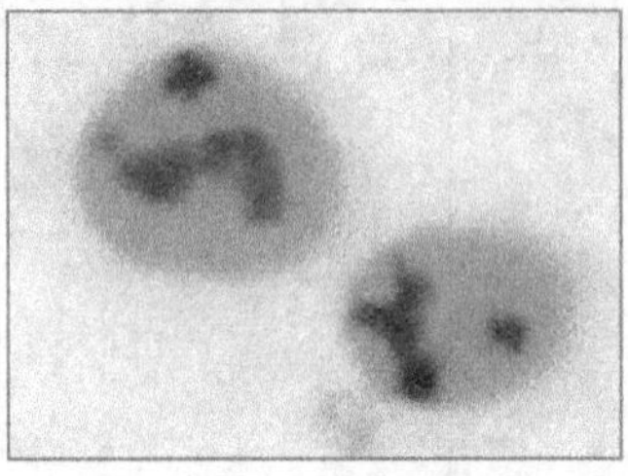

（a）原图

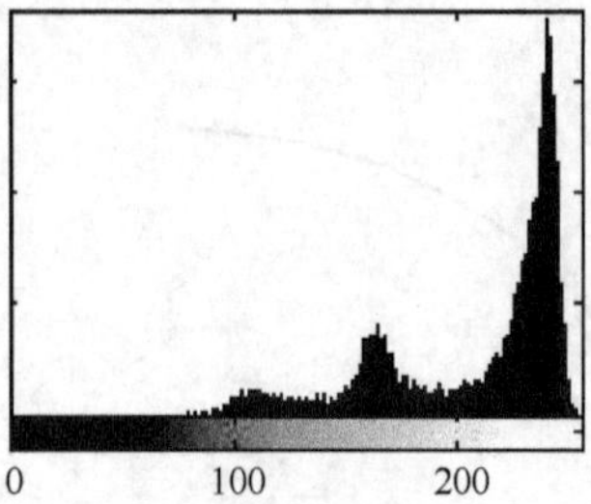

（b）灰度直方图分布

图 3-11　一幅免疫细胞图像的灰度直方图

1. 直方图均衡

直方图均衡的基本思想是对原始图像中的像素灰度做某种映射变换，使变换后的图像灰度的概率密度是均匀分布的，即变换后图像是一幅灰度级均匀分布的图像，这意味着图像灰度的动态范围得到了增加，从而可提高图像的对比度。

为了研究方便，用 r 和 s 分别表示归一化了的原始图像灰度和变换后的图像灰度。即

$$0 \leqslant r \leqslant 1, 0 \leqslant s \leqslant 1 \text{（0 代表黑，1 代表白）}$$

在[0,1]区间内的任一个 r 值，都可以产生一个 s 值，且 $s = T(r)$，$T(r)$ 为变换函数。为使这种灰度变换具有实际意义，$T(r)$ 应满足下列条件：

① 在 $0 \leqslant r \leqslant 1$ 区间，$T(r)$ 为单调递增函数；

② 在 $0 \leqslant r \leqslant 1$ 区间，有 $0 \leqslant T(r) \leqslant 1$。

这里，条件①保证灰度级从黑到白的次序，条件②保证变换后的像素灰度仍在原来的动态范围内。

由 s 到 r 的反变换为

$$r = T^{-1}(s) \quad （0 \leqslant s \leqslant 1）$$

这里 $T^{-1}(s)$ 对 s 也满足条件①和条件②。

令原图像灰度级的概率密度函数为 $P_r(r)$，变换后的图像灰度级的概率密度函数为 $P_s(s)$，则直方图均衡变换原理图如图 3-12 所示，在连续情况下非均匀概率密度函数 $P_r(r)$ 经变换函数 $T(r)$ 转换为均匀概率分布 $P_s(s)$ 的情况。变换后图像的动态范围与原图一致。

由概率论知，若原图像灰度级的概率密度函数 $P_r(r)$ 和变换函数 $T(r)$ 已知，且 $T^{-1}(s)$ 是单调递增函数，则变换后的图像灰度级的概率密度函数 $P_s(s)$ 如式（3.9）所示。

$$P_s(s) = P_r(r)\frac{\mathrm{d}r}{\mathrm{d}s}\bigg|_{r = T^{-1}(s)} \tag{3.9}$$

对于连续图像，当直方图均衡化（并归一化）后有 $P_s(s) = 1$，即

$$\mathrm{d}s = P_r(r)\mathrm{d}r = \mathrm{d}T(r) \tag{3.10}$$

两边取积分得

$$s = T(r) = \int_0^r P_r(r)\mathrm{d}r \tag{3.11}$$

式（3.11）就是所求的变换函数，它表明变换函数是原图像的累计分布函数，是一个非负的递增函数。

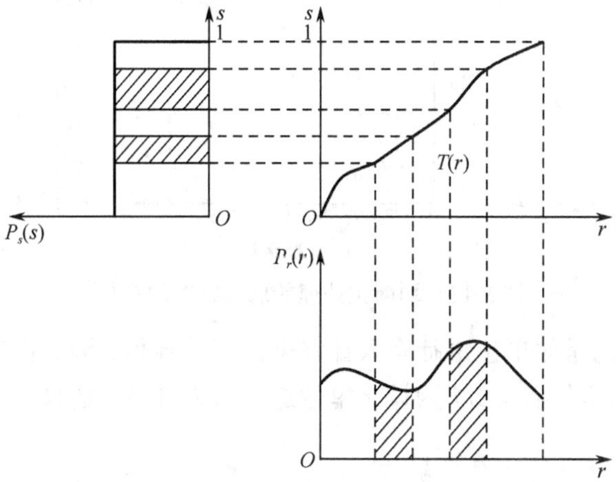

图 3-12　将非均匀密度变换为均匀密度

对于离散图像，我们处理其概率（直方图值）与求和来替代处理概率密度函数与积分。假定数字图像中的总像素为 N，灰度级总数为 L 个，第 k 个灰度级的值为 r_k，图像中具有灰度级 r_k 的像素数目为 n_k，则该图像中灰度级 r_k 的像素出现的概率（或称频数）为

$$p_r(r_k) = \frac{n_k}{N}(0 \leqslant r_k \leqslant 1; k = 0,1,\cdots,L-1) \tag{3.12}$$

对其进行均匀化处理的变换函数为

$$s_k = T(r_k) = \sum_{j=0}^{k} P_r(r_j) = \sum_{j=0}^{k} \frac{n_j}{N} \tag{3.13}$$

利用式（3.13）对图像进行灰度变换，即可得到直方图均衡化后的图像。

例如，假设有一幅图像，共有 64×64 像素，8 个灰度级，各灰度级概率分布见表 3-1，将其直方图均衡化。

表 3-1　各灰度级概率分布（$N = 4096$）

灰度级 r_k	r_0=0	r_1=1/7	r_2=2/7	r_3=3/7	r_4=4/7	r_5=5/7	r_6=6/7	r_7=1
像素数 n_k	790	1023	850	656	329	245	122	81
概率 $p_r(r_k)$	0.19	0.25	0.21	0.16	0.08	0.06	0.03	0.02

首先，应用式（3.13）可求得变换函数 s_k 为

$$s_0 = T(r_0) = \sum_{j=0}^{0} p_r(r_j) = p_r(r_0) = 0.19$$

$$s_1 = T(r_1) = \sum_{j=0}^{1} p_r(r_j) = p_r(r_0) + p_r(r_1) = 0.19 + 0.25 = 0.44$$

按此同样的方法计算出 s_2、s_3、s_4、s_5、s_6、s_7 如下：

$s_2 = 0.65 \qquad s_3 = 0.81 \qquad s_4 = 0.89 \qquad s_5 = 0.95 \qquad s_6 = 0.98 \qquad s_7 = 1.00$

得到变换函数 $T(r_k)$ 如图 3-13（b）所示。

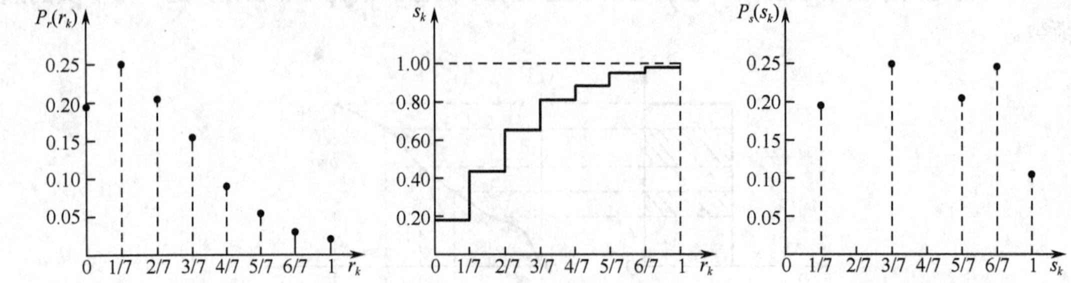

（a）原直方图　　（b）变换函数　　（c）均衡后的直方图

图 3-13　均衡化处理前后直方图的变化

其次，对 s_k 以 1/7 为量化单位进行舍入计算来修正计算值。因为离散图像只取 8 个等间隔的灰度级，需要对变换后的 s_k 以 1/7 为量化单位进行舍入计算，选择最靠近的一个灰度级的计算值加以修正。

$$s_0 = 0.19 \to \approx \frac{1}{7} \qquad s_1 = 0.44 \to \approx \frac{3}{7} \qquad s_2 = 0.65 \to \approx \frac{5}{7} \qquad s_3 = 0.81 \to \approx \frac{6}{7}$$

$$s_4 = 0.89 \to \approx \frac{6}{7} \qquad s_5 = 0.95 \to \approx 1 \qquad s_6 = 0.98 \to \approx 1 \qquad s_7 = 1 \to 1$$

最后，确定离散化的映射关系及新灰度级分布。由上述数值可见，映射成新图后，新图像将只有 5 个不同的灰度级，即 r_0 经变换后映射为 $s_0 = 1/7$，共 790 像素；r_1 经变换后映射为 $s_1 = 3/7$，共 1023 像素；r_2 经变换后映射为 $s_2 = 5/7$，共 850 像素；r_3 和 r_4 经变换后映射为 $6/7$，共 656+329=985 像素；r_5、r_6 和 r_7 经变换后共同映射为 1，共 245+122+81=448 像素。用总的像素数年 $N = 4094$ 除以每个映射的像素数 n_k，即可得新图像的直方图分布，如图 3-13（c）所示。表 3-2 中列出了直方图均衡化的全过程。

表 3-2　直方图均衡化过程

原灰度级	变换函数 $T(r_k)$ 值	像　素　数	量　化　级	新灰度级	新灰度级分布
$r_0 = 0$	$T(r_0) = s_0 = 0.19$	790	0		0
$r_1 = 1/7$	$T(r_1) = s_1 = 0.44$	1023	$1/7 = 0.14$ →	$s'_0(790)$	$790/4096 = 0.19$
$r_2 = 2/7$	$T(r_2) = s_2 = 0.65$	850	$2/7 = 0.29$		
$r_3 = 3/7$	$T(r_3) = s_3 = 0.81$	656	$3/7 = 0.43$ →	$s'_1(1023)$	$1023/4096 = 0.25$
$r_4 = 4/7$	$T(r_4) = s_4 = 0.89$	329	$4/7 = 0.57$		
$r_5 = 5/7$	$T(r_5) = s_5 = 0.95$	245	$5/7 = 0.71$ →	$s'_2(850)$	$850/4096 = 0.21$
$r_6 = 6/7$	$T(r_6) = s_6 = 0.98$	122	$6/7 = 0.86$ →	$s'_3(985)$	$985/4096 = 0.24$
$r_7 = 1$	$T(r_7) = s_7 = 1.00$	81	1 →	$s'_4(448)$	$448/4096 = 0.11$

图 3-14 所示是一幅楼阁图像经过直方图均衡前后图像及其直方图变化的对比图。从图中可以看出，原图较暗且动态范围较小，反映在直方图上就是其直方图所占据的灰度值范围比较窄，而且集中在低灰度值一边。均衡化后的直方图占据了整个图像灰度值允许的范围，比

原直方图均匀了，但它并不能完全均匀，这是由于在均衡化的过程中，原直方图上有几个像素较少的灰度级归并到一个新的灰度级上，而像素较多的灰度级间隔被拉大了。直方图均衡化以减少图像的灰度等级为代价，提高了图像对比度。

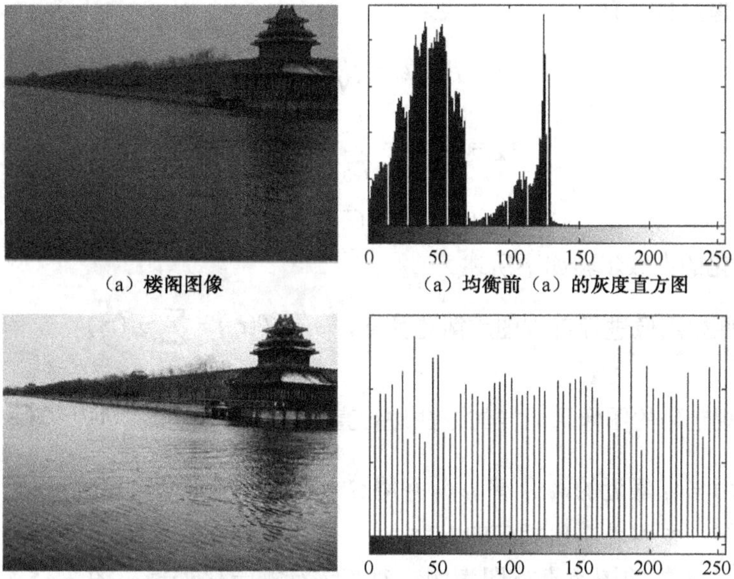

（a）楼阁图像　（a）均衡前（a）的灰度直方图

（c）对（a）直方图均衡后的结果　（d）均衡后（c）的灰度直方图

图 3-14　直方图均衡前后图像及其直方图变化对比图

2. 直方图规定化

直方图均衡化的优点是能自动增强整个图像的对比度，但它的具体增强效果不易控制，处理的结果总是得到全局均衡化的直方图。另外，均衡化处理后的图像虽然增强了图像的对比度，但它并不一定适合人的视觉。实际中有时要求突出图像中人们感兴趣的灰度范围，这时，可以变换直方图使之成为所要求的形状，从而有选择地增强某个灰度值范围内的对比度，这种方法称为直方图规定化或直方图匹配。

对于连续的情况，设 $P_r(r)$ 和 $P_z(z)$ 分别代表原始图像和规定化处理后图像（即希望得到的图像）的灰度概率密度函数，分别对原始直方图和规定化处理后的直方图进行均衡化处理，则有

$$s = T(r) = \int_0^r P_r(r)\mathrm{d}r \tag{3.14}$$

$$v = G(z) = \int_0^z P_z(z)\mathrm{d}z \tag{3.15}$$

$$z = G^{-1}(v) \tag{3.16}$$

均衡化处理后的二者所获得的图像灰度概率密度函数 $P_s(s)$ 和 $P_v(v)$ 应该是相等的（均为1），为此可以用 s 代替式（3.16）中的 v，即

$$z = G^{-1}(s) \tag{3.17}$$

这里的灰度级 z 便是所希望的图像的灰度级。

此外，利用式（3.14）和式（3.17）还可得到组合变换函数，即

$$z = G^{-1}[T(r)] \tag{3.18}$$

利用式（3.18）可从原始图像得到希望的图像灰度级。

对于离散图像而言，有

$$p_z(z_k) = \frac{n_k}{N} \tag{3.19}$$

$$v_k = G(z_k) = \sum_{j=0}^{k} p_z(z_j) \tag{3.20}$$

$$z_k = G^{-1}(s_k) = G^{-1}[T(r_k)] \tag{3.21}$$

直方图规定化的大致步骤如下所述。

步骤 1：对原始图像进行直方图均衡化处理，$s_k = T(r_k) = \sum_{j=0}^{k} p_r(r_j)$；

步骤 2：对规定化的图像用同样的方法进行直方图均衡化处理，$v_k = G(z_k) = \sum_{j=0}^{k} p_z(z_j)$；

步骤 3：使用与 v_k 靠近的 s_k 代替 v_k，并用 $G^{-1}(s)$ 求逆变换即可得到 z'_k；

步骤 4：根据一系列 z'_k 求出相应的 $P_z(z_k)$。

我们仍以表 3-1 中的图像直方图为例，对其进行规定化处理。图 3-15（a）是原始直方图，图 3-15（b）是我们希望的直方图，表 3-3 列出了直方图规定化的详细过程，根据该过程，图 3-15（c）给出了直方图规定化的变换函数，图 3-15（d）是最后结果的直方图。

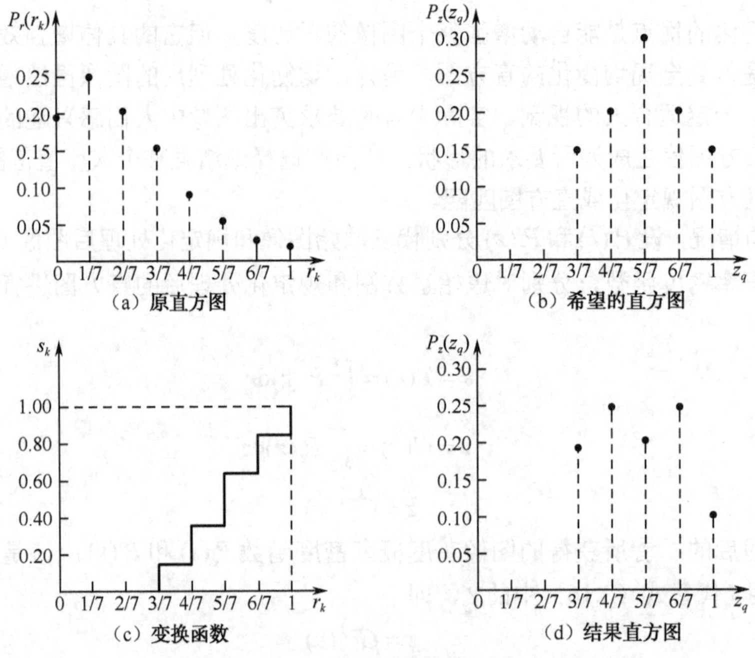

图 3-15　直方图规定化

表 3-3 直方图规定化过程

序号	运 算	步骤和结果							
1	原始图像灰度级（1/7）	0	1	2	3	4	5	6	7
2	原始直方图各灰度级像素 n_k	790	1023	850	656	329	245	122	81
3	原始直方图 P（r）	0.19	0.25	0.21	0.16	0.08	0.06	0.03	0.02
4	原始累积直方图 V_1	0.19	0.44	0.65	0.81	0.89	0.95	0.98	1.00
5	原始直方图均衡映射	1	3	5	6	6	7	7	7
6	规定直方图 P（z）	0	0	0	0.15	0.20	0.30	0.20	0.15
7	规定累积直方图 V_2	0	0	0	0.15	0.35	0.65	0.85	1.00
8	映射$\|V_2-V_1\|$最小	3	4	5	6	6	7	7	7
9	确定映射关系	0→3	1→4	2→5	3,4→6		5,6,7→7		
10	变换后直方图	0	0	0	0.19	0.25	0.21	0.24	0.11

3.2 图像平滑

图像噪声的来源有三：一为光电、电磁转换过程中引入的人为噪声；二是大气层电（磁）爆、闪电、电压、浪涌等引起的强脉冲性冲激噪声的干扰；三为自然起伏性噪声，由物理量的不连续性或粒子性所引起的，这类噪声又可分为热噪声、散粒噪声等。在实际的图像平滑处理中，我们常把图像噪声大致分为加性噪声和乘性噪声。前者如放大器噪声等。每一个像素的噪声不管输入信号大小，噪声总是分别加到信号上。后者如光量子噪声，胶片颗粒噪声等。由于传送每一个像素信息的载体的变化而产生的噪声受信息本身调制。在某些情况下，如信号变化很小，噪声也不大。为了分析处理方便，常常将乘性噪声近似认为是加性噪声，而且总是假定信号和噪声是互相统计独立。图像平滑的主要目的就是为了消除噪声，可以在空间域进行，也可以在频率域进行。空间域常用的方法有邻域平均法、中值滤波法等，频率域则主要是低通滤波器。

3.2.1 邻域平均法

邻域平均法也叫均值平滑，是一种局部空间域处理的算法。设原始图像为 $f(x,y)$，对 $f(x,y)$ 的每个像素点取一个邻域 S，计算 S 中所有像素灰度级的平均值，将其作为邻域平均处理后的图像 $g(x,y)$ 的像素值。即

$$g(x,y)=\frac{1}{M}\sum_{(i,j)\subset S} f(i,j) \tag{3.22}$$

式中 S 是预先确定的邻域，M 为邻域 S 中像素的点数。图 3-16 给出了 4 点邻域和 8 点邻域两种情况，其中图 3-16（a）中的邻域半径为一个像素间隔 Δx，图 3-16（b）的邻域半径为 $\sqrt{2}\Delta x$。

邻域平均法也可以用空间域卷积运算方式来描述，把平均化处理看作一个作用于大小为 $M\times N$ 图像 $f(x,y)$ 上的低通滤波器，该滤波器的脉冲响应是 $m\times n$ 阵列 $h(r,s)$。于是，滤波器输出的图像 $g(x,y)$ 可以用如下卷积表示：

$$g(x,y)=\sum_{r=-k}^{k}\sum_{s=-l}^{l} f(x-r,y-s)h(r,s) \tag{3.23}$$

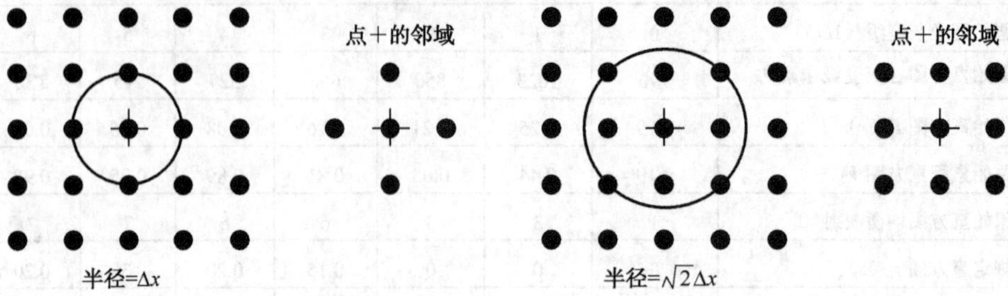

（a）4点邻域　　（b）8点邻域

图 3-16　像素的 4 点邻域和 8 点邻域

其中，$k=(m-1)/2$，$l=(n-1)/2$，根据所选邻域大小来决定模板的大小。公式中 $h(r,s)$ 为加权函数，习惯上称为掩模、模板或卷积阵列。用 Δ 代表中心像素的位置，图 3-17 给出了两个常用的均值平滑算子。

均值平滑算子是最常用的线性低通滤波器，也叫均值滤波器。均值滤波器所有的系数都是正数，且整个模板的平均数为 1。

邻域算子的取法不同，中心点或邻域的重要程度也不同。一般认为离对应模板中心像素近的像素应对滤波结果有较大贡献，所以接近模板中心的系数可较大，而模板边界附近的系数应较小。由此得到其他的加权平均模板如图 3-18 所示。

$$\frac{1}{5}\begin{bmatrix}0 & 1 & 0\\ 1 & 1_{\Delta} & 1\\ 0 & 1 & 0\end{bmatrix}\qquad \frac{1}{9}\begin{bmatrix}1 & 1 & 1\\ 1 & 1_{\Delta} & 1\\ 1 & 1 & 1\end{bmatrix}$$

图 3-17　邻域平均模板

$$\frac{1}{10}\begin{bmatrix}1 & 1 & 1\\ 1 & 2_{\Delta} & 1\\ 1 & 1 & 1\end{bmatrix}\qquad \frac{1}{16}\begin{bmatrix}1 & 2 & 1\\ 2 & 4_{\Delta} & 2\\ 1 & 2 & 1\end{bmatrix}$$

图 3-18　加权平均模板

一个模板与图像的卷积运算可以按以下步骤进行。

步骤 1：以 1 为步长将模板在图像中从左至右、从下到上滑动。

步骤 2：每滑动到一个新位置，将模板每个位置上的系数与它所对应的像素灰度值相乘。

步骤 3：将所有乘积求和。

步骤 4：把求得的结果赋给图像中与模板中心像素重合的像素，得到平滑的输出图像。

对于图像中的边界像素，当模板滑动到该位置时会出现部分模板落在图像之外的情况，这种情况下可以不去处理边界像素，也可以用最近像素的平滑值来替代。

一般来说，模板半径取得越大，会使灰度突变的边缘图像变得模糊起来。图 3-19 是对含有高斯噪声的图像分别利用简单邻域平均法的不同尺寸模板进行平滑后的处理结果，图 3-19（a）是带噪声的图像，图 3-19（b）至图 3-19（d）是分别使用了 3×3、5×5、9×9 平均模板平滑后的图像。从处理结果可以看出，当所用平滑模板尺寸增大时，对噪声的消除效果也有所增强，但同时会带来图像的模糊，边缘细节逐步减少，且运算量增大。在实际应用中，可以根据不同的应用场合选择合适的模板大小。

邻域平均算子和加权平均算子在消除噪声的同时都存在平均化带来的缺陷，使尖锐变化的边缘或线条变得模糊。为了克服简单局部平均的弊病，减轻图像的模糊效应，可以采用选择式掩模平滑法进行改进。选择式掩模平滑法也称自适应局部平滑方法，也是以模板运算为基础的。取 5×5 的模板窗口，在窗口内以中心像素 (i, j) 为基准点，制作一个边长为 3 像素的正方形、4 个五边形、4 个六边形共 9 种形状的屏蔽窗口，如图 3-20 所示，分别计算每个窗口内的平均值及方差。由于含有尖锐边缘的区域，方差必定较平缓区域大，因此采用方差最小的屏蔽窗口进行平均化，这种方法在完成滤波操作的同时，又不破坏区域边界的细节。

(a) 含有噪声的原始图像　(b) 3×3 邻域平均法的平滑图像

(c) 5×5 邻域平均法的平滑图像　(d) 9×9 邻域平均法的平滑图像

图 3-19 不同模板邻域平均法的平滑结果

0	0	0	0	0
0	1	1	1	0
0	1	1	1	0
0	1	1	1	0
0	0	0	0	0

(a)

0	0	0	0	0
1	1	0	0	0
1	1	1	0	0
1	1	0	0	0
0	0	0	0	0

(b)

0	1	1	1	0
0	1	1	1	0
0	0	1	0	0
0	0	0	0	0
0	0	0	0	0

(c)

0	0	0	0	0
0	0	0	1	1
0	0	1	1	1
0	0	0	1	1
0	0	0	0	0

(d)

0	0	0	0	0
0	0	0	0	0
0	0	1	0	0
0	1	1	1	0
0	1	1	1	0

(e)

1	1	0	0	0
1	1	1	0	0
0	1	1	0	0
0	0	0	0	0
0	0	0	0	0

(f)

0	0	0	1	1
0	0	1	1	1
0	0	1	1	0
0	0	0	0	0
0	0	0	0	0

(g)

0	0	0	0	0
0	0	0	0	0
0	0	1	1	0
0	0	1	1	1
0	0	0	1	1

(h)

0	0	0	0	0
0	0	0	0	0
0	1	1	0	0
1	1	1	0	0
1	1	0	0	0

(i)

图 3-20 9 种屏蔽窗口的模板

图 3-21 是分别利用邻域平均法、加权平均法和选择式掩模法 3 种平滑方法对同一幅图像进行平滑的实验结果对比。从图中可以看出，邻域平均法虽然能够消除部分噪声干扰，但对图像的模糊效应非常明显；加权平均法通过改变距离掩模中心像素的权值，能够相对减少其他像素对图像平滑的影响，从而降低图像的模糊效应；选择式掩模平滑根据物体与背景的不同统计特性，选择方差最小的屏蔽窗口进行平均化处理，这样在完成滤波操作的同时又能较好地保留图像的边缘细节信息，尽量避免了边缘轮廓的模糊现象，比前两种方法具有更好的滤波效果。

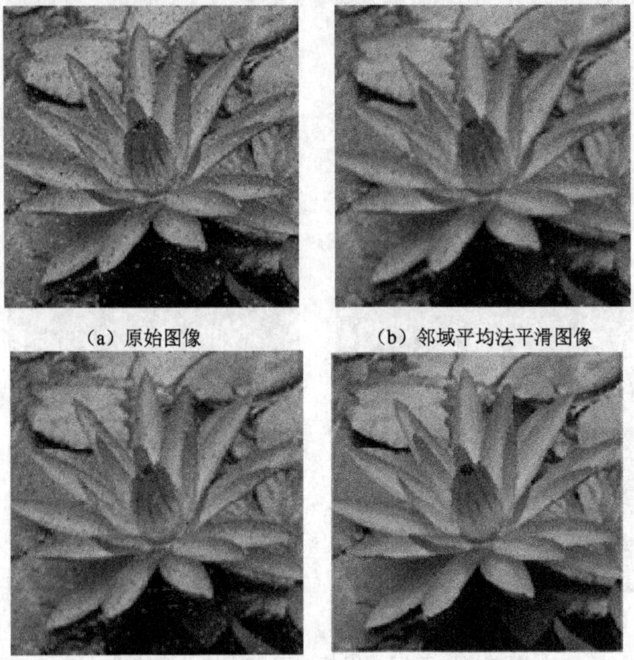

（a）原始图像　（b）邻域平均法平滑图像

（c）加权平均法平滑图像　（d）选择式掩模法平滑图像

图 3-21　3 种平滑方法的平滑效果对比

除了上述这种选择式掩模平滑方法外，目前还提出了许多保边缘、保细节的局部平滑算法。它们的区别在于如何选择邻域的大小、形状和方向，如何选择参与平均的像素点数及邻域各点的权重系数等，主要算法有灰度最相近的 k 个邻点平均法、梯度倒数加权平滑、最大均匀性平滑、小斜面模型平滑，等等，有兴趣的读者可以查阅相关文献，此处不赘述。

3.2.2　中值滤波

中值滤波是一种典型的非线性滤波技术，它在一定的条件下可以克服线性滤波器（如均值滤波等）带来的图像细节模糊，由于在实际运算过程中不需要图像的统计特征，因此使用方便。

传统的中值滤波一般采用含有奇数个点的滑动窗口，用窗口中各点灰度值的中值来代替指定点的灰度值。中值滤波也是一种典型的低通滤波器，主要用来抑制脉冲噪声，它能够彻底滤除尖波干扰噪声，同时又具有能较好地保护目标图像边缘的特点。

标准一维中值滤波器的定义为

$$y_k = \text{med}\{x_{K-N}, x_{K-N+1}, \cdots, x_k, \cdots, x_{K+N-1}, x_{K+N}\} \tag{3.24}$$

式中，med 表示取中值操作。

例如，若窗口长度为 5 像素，窗口中像素灰度值分别为 10、16、70、30、35，按从小到大的顺序排序，其中间值为 30，则原来窗口中心点灰度值 70 由窗口中值 30 来代替。如果 70 是一个噪声的尖峰，则将被滤除。然而，如果它是一个信号，那么此法处理的结果将会造成信号的损失。

一维中值滤波很容易推广到二维。一般来说，二维中值滤波器比一维滤波器有更好的性能。二维中值滤波的窗口形状和尺寸设计对滤波的效果影响较大，不同的图像内容和不同的应用要求往往采用不同的形状和尺寸。常用的二维中值滤波窗口有线形、十字形、方形和菱形等，如图 3-22 所示。在实际使用窗口时，窗口的尺寸一般先取 3 像素再取 5 像素，依次增大直到滤波效果满意为止。在对图像进行中值滤波时，如果窗口关于中心点对称，并且包含中心点在内，则中值滤波能保持任意方向的跳变边缘。对于有较长轮廓线物体的图像，采用方形或圆形窗口较合适；对于包含尖顶角物体的图像，采用十字形窗口较合适。使用二维中值滤波最值得注意的是要保持图像中有效的细线状物体。如果图像中点、线、尖角细节较多，则不宜采用中值滤波。

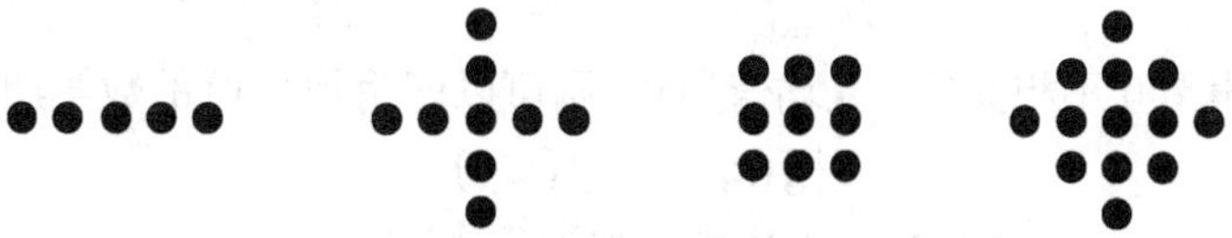

图 3-22 中值滤波的常用模板

中值滤波是非线性的，它对椒盐噪声或脉冲式干扰具有很强的滤除作用，如图 3-23 所示。因为这些干扰值与其邻近像素的灰度值有很大的差异，经过排序后取中值的结果就会将此干扰强制变成与其邻近的某些像素值一样，从而达到去除干扰的效果。

（a）原始图像　　（b）滤波后的图像

图 3-23 中值滤波的平滑结果

邻域平均法和中值滤波法都可以对图像进行平滑滤波，但邻域平均法使数字信号变“平坦”，在消除或抑制图像中噪声的同时，图像中景物边缘也会不同程度地变得模糊；而中值滤波可以消除杂散噪声点而不会或较小程度地造成边缘模糊，如图 3-24 所示。

			噪声位置						边缘位置			
			⇩						⇩			
1维信号序列：	0	0	6	0	0	0	0	0	2	2	2	2
3点平均：	0	2	2	2	0	0	0	2/3	4/3	2	2	2
3点取中值：	0	0	0	0	0	0	0	0	2	2	2	2

图 3-24 均值平滑与中值滤波平滑效果对比

3.2.3 帧间平滑

帧间平滑也称为多图像平均法，是利用对同一景物的多幅图像取平均来消除噪声产生的高频成分，在图像采集中常应用这种方法滤除噪声。

假定对同一景物 $f(x,y)$ 摄取 M 幅图像 $g_i(x,y)$（$i=1,2,\cdots,M$），由于在获取时可能有随机的噪声存在，所以 $g_i(x,y)$ 可表示为

$$g_i(x,y)=f(x,y)+n_i(x,y) \quad (i=1,2,\cdots,M) \tag{3.25}$$

其中 $n_i(x,y)$ 是叠加在每一幅图像 $g_i(x,y)$ 上的随机噪声。对 M 幅图像进行灰度平均，则平均后的图像为

$$\overline{g}(x,y)=\frac{1}{M}\sum_{i=1}^{M}g_i(x,y)=f(x,y)+\frac{1}{M}\sum_{i=1}^{M}n_i(x,y) \tag{3.26}$$

如果各点的噪声是互不相关的，且均值为 0，则可以证明 $\overline{g}(x,y)$ 的数学期望就是 $f(x,y)$，即

$$E\{\overline{g}(x,y)\}=f(x,y) \tag{3.27}$$

如果考虑图像和噪声之间均方差的关系，则有

$$\sigma^2_{\overline{g}(x,y)}=\frac{1}{M}\sigma^2_{n(x,y)} \tag{3.28}$$

式（3.28）表明对 M 幅图像平均可把噪声方差减少为原来的 $1/M$，当 M 增大时，$\overline{g}(x,y)$ 将更加接近于 $f(x,y)$。多图像取平均处理常用于摄像机中，用于减少电视摄像机光导析像管的噪声，这时可对同一景物连续摄取多幅图像并数字化，再对多幅图像平均。这种方法的实际应用困难在于如何把多幅图像配准起来，以便使相应的像素能正确对应。

图 3-25 是用多图像平均法消除随机噪声的例子。图 3-25（a）是一幅叠加了零均值高斯随机噪声的灰度图像，图 3-25（b）和图 3-25（c）分别为用 4 幅和 8 幅同类图像（噪声类型相同，均值和方差也相同）进行相加平均的结果。由图可见，随着参与平均的图像数量增加，噪声的影响逐步减少。

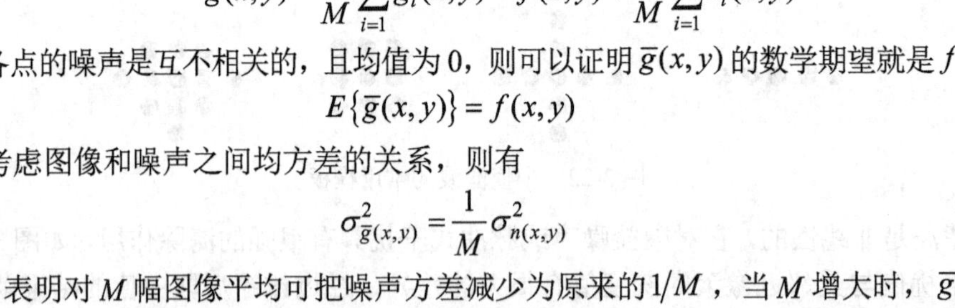

（a）叠加高斯噪声的灰度图像　（b）4 幅图像叠加平均的结果　（c）8 幅图像叠加平均的结果

图 3-25 用多图像平均法消除随机噪声

3.2.4 频域低通滤波法

图像的边缘及噪声干扰在图像的频域上对应于图像傅里叶变换中的高频部分，而图像的背景区则对应于低频部分，因此可以用频域低通滤波法去除或削弱图像的高频成分，以去掉噪声使图像平滑。

根据信号系统的理论，低通滤波处理的一般形式可以写为：

$$G(u,v)=H(u,v)F(u,v) \tag{3.29}$$

式中，$F(u,v)$ 是含噪声图像的傅里叶变换，$G(u,v)$ 是平滑后图像的傅里叶变换，$H(u,v)$ 是滤波器的传递函数。利用 $H(u,v)$ 使 $F(u,v)$ 的高频分量得到衰减，得到 $G(u,v)$ 后再经过傅里叶反变换就可以得到所希望的图像 $g(x,y)$。低通滤波法的系统框图如图 3-26 所示。

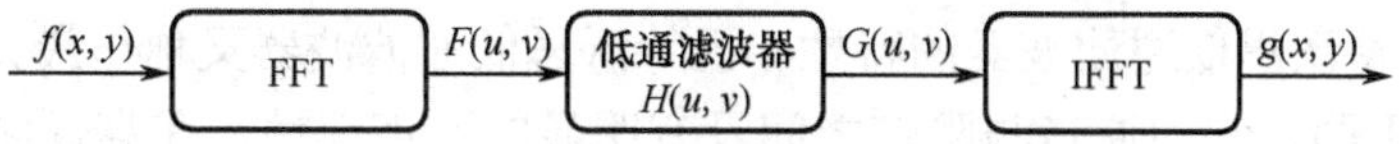

图 3-26 低通滤波法的系统框图

对于同一幅图像来说，选择不同的 $H(u,v)$ 可产生不同的平滑效果，常用低通滤波器有以下几种。

1. 理想低通滤波器（ILPF）

一个理想的低通滤波器的传递函数由式（3.30）表示为

$$H(u,v)=\begin{cases}1 & D(u,v)\leqslant D_0\\ 0 & D(u,v)>D_0\end{cases} \tag{3.30}$$

式中，D_0 是一个事先设定的截止频率，是非负量。$D(u,v)$ 代表从频率平面的原点到 (u,v) 点的距离，即

$$D(u,v)=\sqrt{u^2+v^2} \tag{3.31}$$

图 3-27 是理想低通滤波器的特性。这种理想低通滤波器如同一维理想滤波器一样不能用硬件来实现，这是因为实际的元器件无法实现 $H(u,v)$ 从 1 到 0 如此陡峭的突变。另外，理想低通滤波器在消减噪声的同时，随着所选截止频率 D_0 的不同，会发生不同程度的“振铃”现象。同时，理想低通滤波器作用的不良后果是图像变模糊了。截止频率 D_0 越低，滤除噪声越彻底，高频分量损失越严重，图像就越模糊。

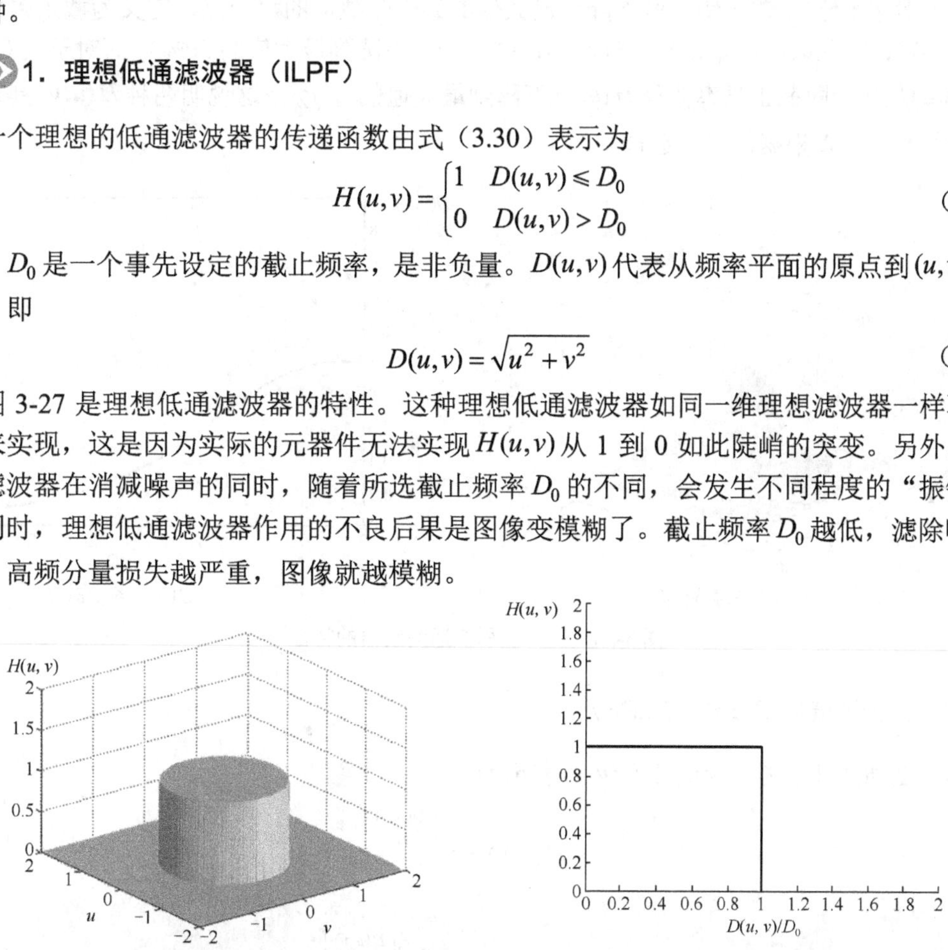

（a）ILPF的三维特性图 （b）ILPF的二维剖面图

图 3-27 理想低通滤波器的特性

2. 巴特沃思低通滤波器（BLPF）

一个 n 阶巴特沃思滤波器的传递系数为

$$H(u,v)=\frac{1}{1+\left[\frac{D(u,v)}{D_0}\right]^{2n}} \tag{3.32}$$

或

$$H(u,v)=\frac{1}{1+(\sqrt{2}-1)\left[\frac{D(u,v)}{D_0}\right]^{2n}} \tag{3.33}$$

图 3-28 是巴特沃思低通滤波器的特性。巴特沃思低通滤波器又称作最大平坦滤波器。与理想低通滤波器不同，它的通带与阻带之间没有明显的不连续性，在高低频率间的过渡比较光滑，所以用巴特沃思滤波器得到的输出图像其振铃效应不明显。从它的传递函数特性曲线 $H(u,v)$ 可以看出，在它的尾部保留有较多的高频，所以对噪声的平滑效果不如理想低通滤波器。在一般情况下，常将 $H(u,v)$ 下降到最大值的某一分数值的那一点，定义为截止频率。对于式（3.32），当 $D(u,v)=D_0$，$n=1$ 时，$H(u,v)=1/2$（下降到最大值的 50%）；而对于式（3.33），$H(u,v)=1/\sqrt{2}$，即截止频率值使 $H(u,v)$ 下降到最大值的 $1/\sqrt{2}$。这说明两种 $H(u,v)$ 具有不同的衰减特性，可以根据需要来选择。

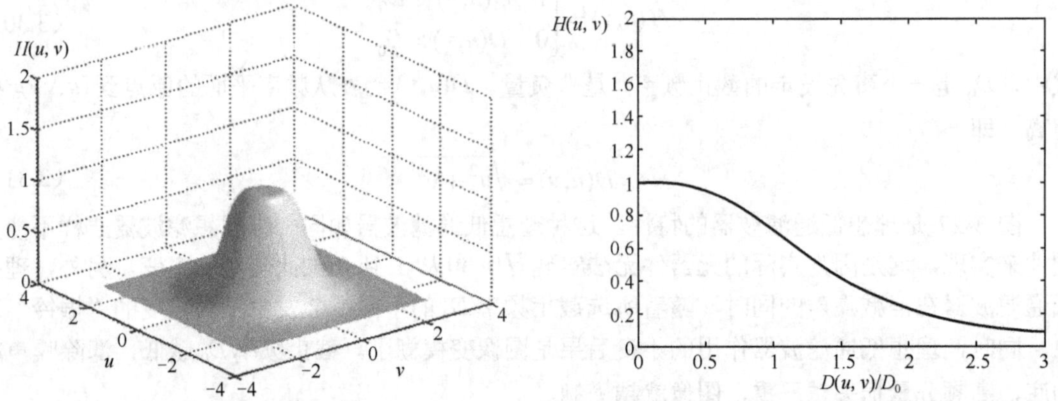

（a）BLPF的三维特性图　　（b）BLPF的二维剖面图

图 3-28　巴特沃思低通滤波器的特性

3. 指数低通滤波器（ELPF）

指数低通滤波器的传递函数 $H(u,v)$ 表示为

$$H(u,v)=\mathrm{e}^{-\left[\frac{D(u,v)}{D_0}\right]^n} \tag{3.34}$$

或

$$H(u,v)=\mathrm{e}^{-\ln\sqrt{2}\left[\frac{D(u,v)}{D_0}\right]^n} \tag{3.35}$$

图 3-29 是指数低通滤波器的特性。当 $D(u,v)=D_0$，$n=1$ 时，对于式（3.34），$H(u,v)=1/\mathrm{e}$，而对于式（3.35），$H(u,v)=1/\sqrt{2}$，所以两者的衰减特性仍有不同。由于指数低通滤波器具有比较平滑的过渡带，因此平滑后的图像“振铃”现象不明显。而指数低通滤波器与巴特沃思低通滤波器相比，它具有更快的衰减特性，所以经指数低通滤波器滤波的图像比巴特沃思低通滤波器处理的图像稍微模糊一些。

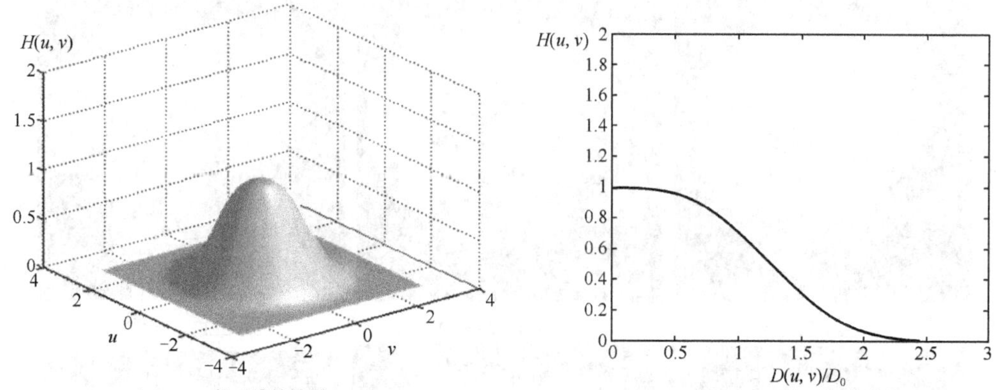

（a）ELPF的三维特性图　　（b）ELPF的二维剖面图

图 3-29　指数低通滤波器的特性

4．梯形低通滤波器（TLPF）

梯形低通滤波器的特性如图 3-30 所示，可以看出梯形低通滤波器的传递函数介于理想低通滤波器和具有平滑过渡带的低通滤波器之间，它的传递函数为

$$H(u,v)=\begin{cases}1 & D(u,v)<D_0\\ \dfrac{1}{D_0-D_1}\left[D(u,v)-D_1\right] & D_0\leqslant D(u,v)\leqslant D_1\\ 0 & D(u,v)>D_1\end{cases}\tag{3.36}$$

在规定 D_0 和 D_1 时，要满足 $D_0<D_1$ 的条件。一般为了方便起见，把 $H(u,v)$ 的第一个转折点 D_0 定义为截止频率，第二个变量 D_1 可以任意选取，只要满足 $D_0<D_1$ 的条件就可以了。

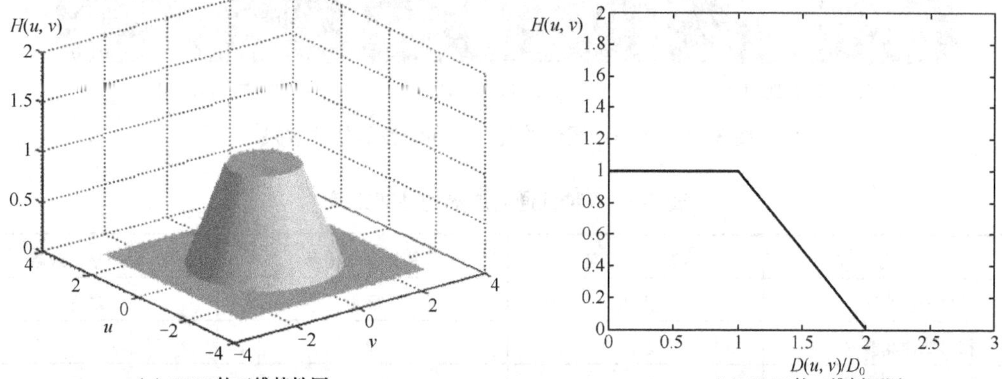

（a）TLPF的三维特性图　　（b）TLPF的二维剖面图

图 3-30　梯形低通滤波器的特性

图 3-31 是无噪声图像在不同截止频率下的几种低通滤波器处理效果。从图中可以看出，当 $D_0=15$ 时，较多的高频信息被抑制，理想低通滤波器（ILPF）表现出了较强的振铃现象，而其他三个滤波器振铃现象不明显，图像比较清晰。当截止频率增大后（$D_0=45$），边缘信息被更多地保留下来，处理后的图像也比 $D_0=15$ 时清晰得多。表 3-4 给出了 4 种低通滤波器的性能比较。

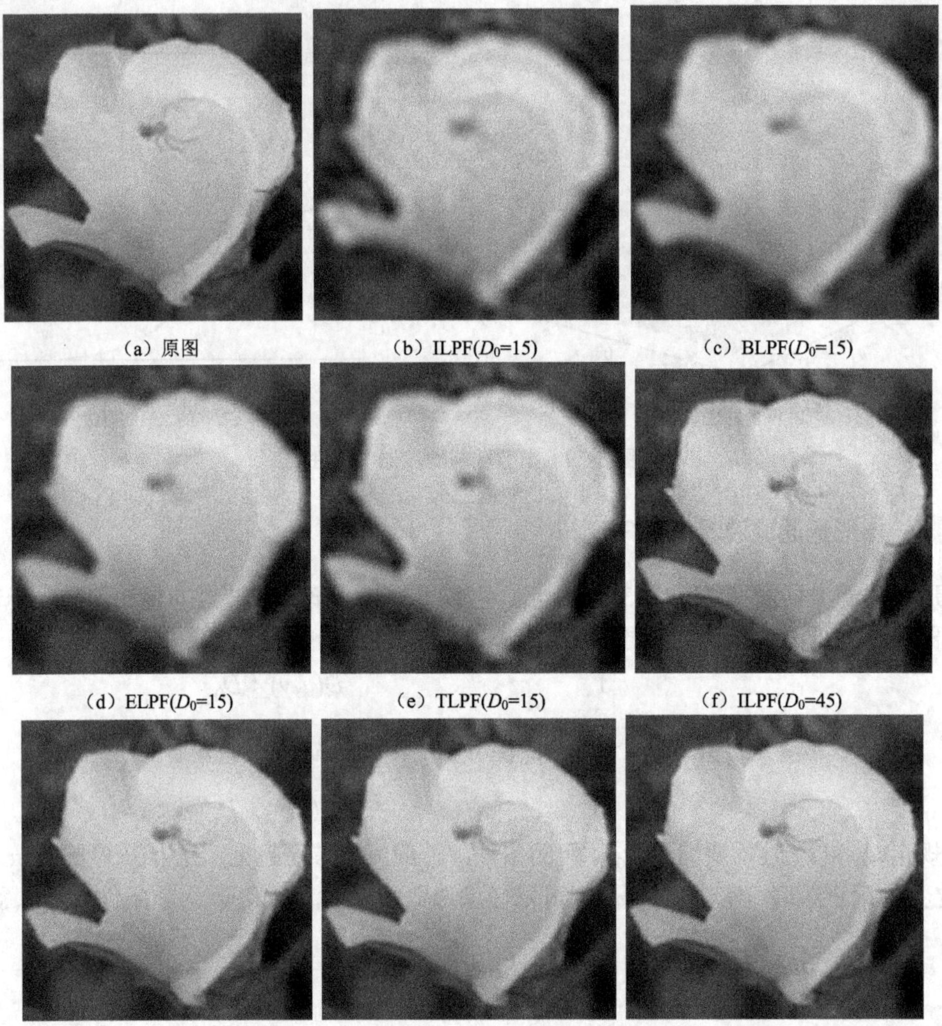

（a）原图　（b）ILPF(D_0=15)　（c）BLPF(D_0=15)

（d）ELPF(D_0=15)　（e）TLPF(D_0=15)　（f）ILPF(D_0=45)

（g）BLPF(D_0=45)　（h）ELPF(D_0=45)　（i）TLPF(D_0=45)

图 3-31　无噪声图像的几种低通滤波器处理效果

表 3-4　4 种低通滤波器的性能比较

类　别	振铃程度	图像模糊程度	噪声平滑效果
理想低通滤波器	严重	严重	最好
梯形低通滤波器	较轻	轻	好
指数低通滤波器	无	较轻	一般
巴特沃思低通滤波器	无	很轻	一般

3.3 图像锐化

图像的锐化处理主要是用于增强图像中的轮廓边缘、细节及灰度跳变部分，形成完整的物体边界，达到将物体从图像中分离出来或将表示同一物体表面的区域检测出来的目的。由于图像的低频成分主要对应于图像中的区域和背景，高频成分对应于图像中的边缘和细节，因此，可以通过加强高频或减弱低频成分来达到图像锐化的目的。图像锐化的通用公式可以写成

$$g = \alpha f_{\text{original}} - f_{\text{lowpass}} = (\alpha - 1) f_{\text{original}} + f_{\text{highpass}} \tag{3.37}$$

或

$$g = f_{\text{original}} + \alpha f_{\text{highpass}} \tag{3.38}$$

式（3.37）是用减弱低频方式进行锐化，而式（3.38）则是从加强高频的角度实现锐化。系数 α 的选择要合理，过大会导致轮廓边缘地方出现过冲，过小又会导致锐化效果不明显。由于图像锐化与图像平滑是相反的过程，因此对于图像中的噪声，锐化处理后对噪声将会有一定的放大。与图像的平滑处理一样，图像的锐化也有空域和频域两种处理方法。

3.3.1 微分法

微分法是在空域中对图像进行锐化。由于图像模糊的实质是图像受到平均或积分运算造成的，所以为了把图像中任何方向伸展的边缘和模糊的轮廓变得清晰，可以对图像进行逆运算——微分运算，从而使图像清晰化。

图像中的边缘是图像局部特性不连续（或突变）的结果，例如，灰度值的突变、颜色的突变、纹理的突变等。我们以一个简单的带纵向边缘的图像为例来分析图像中边缘处的微分特性。图 3-32（a）是原图，我们把每行像素灰度的变化用图 3-32（b）来近似描述。根据微分原理，图 3-32（b）的一阶导数和二阶导数分别为图 3-32（c）和图 3-32（d）的形状。从图 3-32（c）可以看出，对于图像中变化比较平坦的区域，因相邻像素的灰度变化不大，因而其梯度幅值较小（趋于 0）；而图像的边缘地带，因相邻像素的灰度值变化剧烈，所以梯度幅值较大，因此用一阶导数幅值的大小可以判断图像中是否有边缘及边缘的位置。同样道理，二阶导数的符号可以用于判断一个边缘像素是在边缘亮的一边还是暗的一边，而且过零点的位置就是边缘的位置。

1. 梯度算子

梯度对应一阶导数。我们用 r 和 s 代表两个连续变量，则对于一个二维连续函数 $f(r,s)$，它在点 (r,s) 处的梯度定义为

$$\nabla f(r,s) = [G_r \quad G_s]^{\mathrm{T}} = \begin{bmatrix} \dfrac{\partial f}{\partial r} & \dfrac{\partial f}{\partial s} \end{bmatrix}^{\mathrm{T}} \tag{3.39}$$

其中，G_r 和 G_s 分别为沿 r 方向和 s 方向的梯度。梯度 $|\nabla f(x,y)|$ 的幅度和方向角分别为

$$|\nabla f(r,s)| = (G_r^2 + G_s^2)^{1/2} \tag{3.40}$$

$$\phi(r,s) = \arctan(G_r / G_s) \tag{3.41}$$

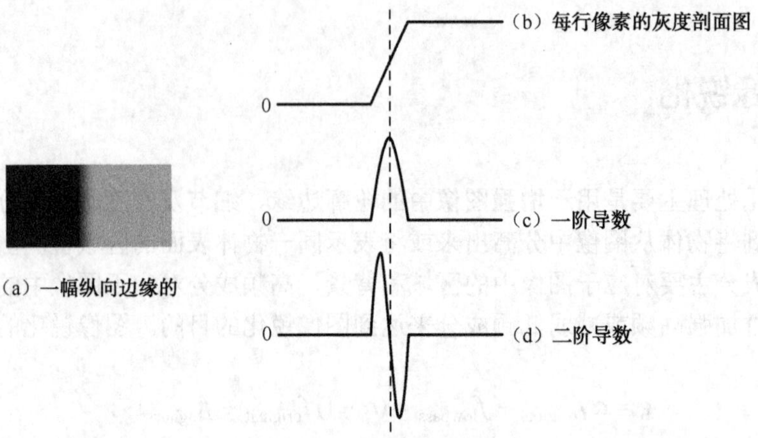

图 3-32　微分算子的原理图

可知梯度的数值就是 $f(r,s)$ 在其最大变化率方向上的单位距离所增加的量。

对于数字图像而言，梯度是由差分代替微分来实现的。沿水平方向 x 和垂直方向 y 的一阶差分可以写成

$$\begin{cases} G_x = f(x+1,y) - f(x,y) \\ G_y = f(x,y+1) - f(x,y) \end{cases} \tag{3.42}$$

则根据式（3.40），点 (x,y) 处的梯度幅度可以写为

$$|G[f(x,y)]| = \left[[f(x+1,y) - f(x,y)]^2 + [f(x,y+1) - f(x,y)]^2 \right]^{1/2} \tag{3.43}$$

为便于编程和提高运算速度，在计算精度允许的情况下，可采用绝对差算法近似为：

$$|G[f(x,y)]| = |f(x+1,y) - f(x,y)| + |f(x,y+1) - f(x,y)| \tag{3.44}$$

式中各像素的位置如图 3-33（a）所示。这种梯度法又称为水平垂直差分法。另一种梯度法如图 3-33（b）所示，是交叉进行差分计算，称为罗伯特梯度算子。罗伯特算法在 x 和 y 方向的两个差分为

$$\begin{cases} G_x = f(x+1,y+1) - f(x,y) \\ G_y = f(x,y+1) - f(x+1,y) \end{cases} \tag{3.45}$$

则罗伯特梯度公式为

$$|G[f(x,y)]| = \left[[f(x+1,y+1) - f(x,y)]^2 + [f(x,y+1) - f(x+1,y)]^2 \right]^{1/2} \tag{3.46}$$

同样，可以采用绝对差算法近似为：

$$|G[f(x,y)]| = |f(x+1,y+1) - f(x,y)| + |f(x,y+1) - f(x+1,y)| \tag{3.47}$$

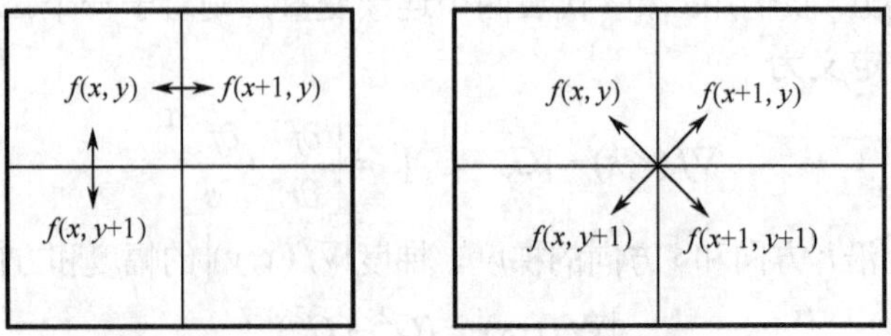

（a）水平垂直差分法　　（b）罗伯特梯度法

图 3-33　求梯度的两种差分算法

由梯度的计算可知，在图像中灰度变化较大的边缘区域其梯度值大，在灰度变化平缓的区域其梯度值较小，而在灰度均匀的区域其梯度值为零。另一方面，从式（3.42）可知，水平方向梯度 G_x 突出的是图像的纵向边缘，而垂直方向梯度 G_y 突出的是图像的横向边缘。由此可见，图像经过梯度运算后，留下灰度值急剧变化的边缘处的点，这就是图像经过梯度运算后可使其细节清晰从而达到锐化的实质。

在实际应用中，常利用卷积运算来近似梯度，这时 G_x 和 G_y 各自使用一个模板（算子），式（3.46）对应的 Roberts 算子模板如表 3-5 所示。表中的 Priwitt、Sobel 及 Isotropic 是另外几个常用的微分算子。

表 3-5　一阶微分算子（Δ 代表模板中心像素）

算子名称	G_x	G_y
Roberts	$\begin{bmatrix} -1_\Delta & 0 \\ 0 & 1 \end{bmatrix}$	$\begin{bmatrix} 0_\Delta & -1 \\ 1 & 0 \end{bmatrix}$
Prewitt	$\begin{bmatrix} -1 & 0 & 1 \\ -1 & 0_\Delta & 1 \\ -1 & 0 & 1 \end{bmatrix}$	$\begin{bmatrix} -1 & -1 & -1 \\ 0 & 0_\Delta & 0 \\ 1 & 1 & 1 \end{bmatrix}$
Sobel	$\begin{bmatrix} -1 & 0 & 1 \\ -2 & 0_\Delta & 2 \\ -1 & 0 & 1 \end{bmatrix}$	$\begin{bmatrix} -1 & -2 & -1 \\ 0 & 0_\Delta & 0 \\ 1 & 2 & 1 \end{bmatrix}$
Isotropic	$\begin{bmatrix} -1 & 0 & 1 \\ -\sqrt{2} & 0_\Delta & \sqrt{2} \\ -1 & 0 & 1 \end{bmatrix}$	$\begin{bmatrix} -1 & -\sqrt{2} & -1 \\ 0 & 0_\Delta & 0 \\ 1 & \sqrt{2} & 1 \end{bmatrix}$

当梯度计算完之后，就可以采用式（3.37）或式（3.38）对图像进行处理，进而得到锐化了的图像 $g(x,y)$，图 3-34 是采用以上几种梯度算子进行锐化的结果。

（a）原图

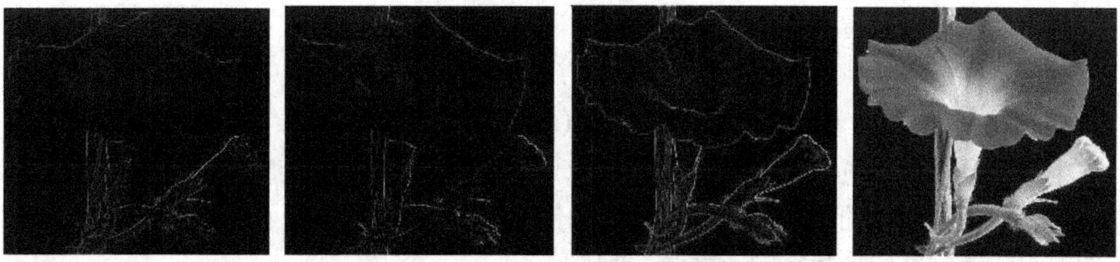

（b）Roberts 算子 $G_y*f(x,y)$、$G_x*f(x,y)$、梯度图及增强后图像

图 3-34　采用梯度算子进行锐化的实例

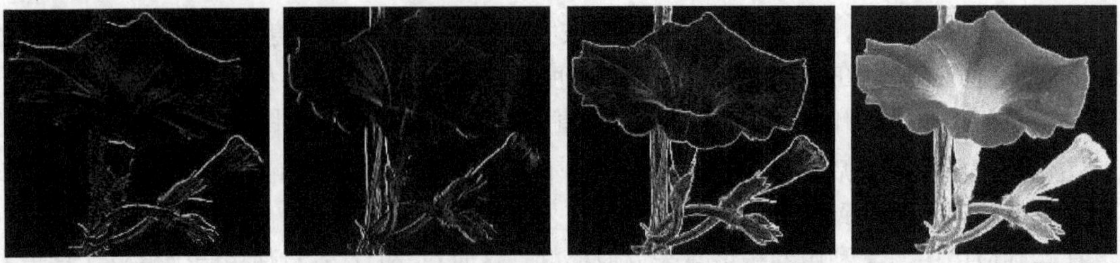

（c）Prewitt 算子 $G_y*f(x,y)$、$G_x*f(x,y)$、梯度图及增强后图像

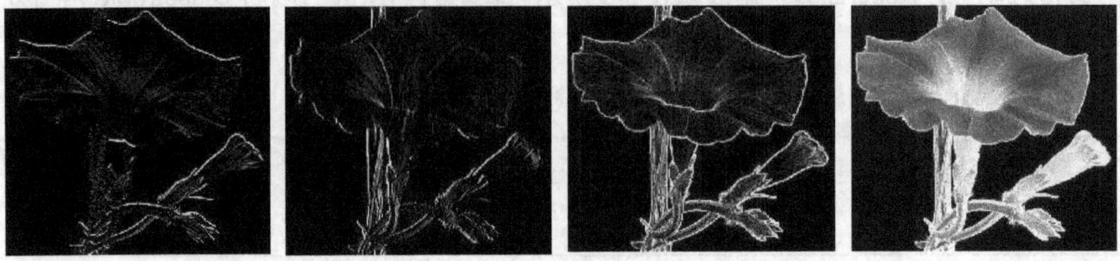

（d）Sobel 算子 $G_y*f(x,y)$、$G_x*f(x,y)$、梯度图及增强后图像

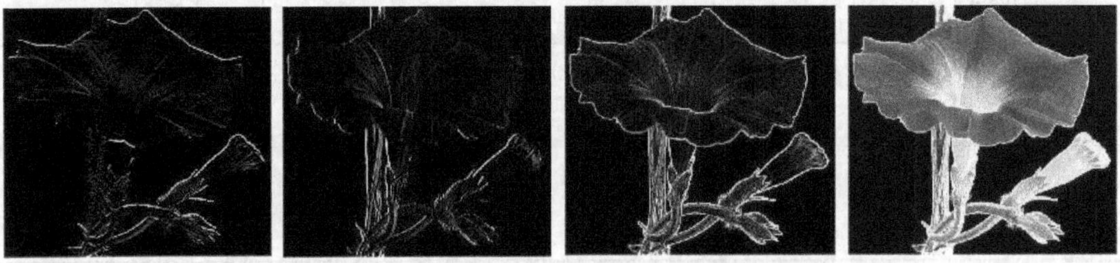

（e）Isotropic 算子 $G_y*f(x,y)$、$G_x*f(x,y)$、梯度图及增强后图像

图 3-34　采用梯度算子进行锐化的实例

有时为了输出需要，除了采用式（3.37）或式（3.38）进行锐化之外，当梯度计算完之后，还可以用以下几种方法进行锐化，生成不同的梯度增强图像 $g(x,y)$。

（1）梯度图像直接输出。

使各点的灰度 $g(x,y)$ 等于该点的梯度幅度 $|\nabla f(x,y)|$，即

$$g(x,y)=|\nabla f(x,y)| \tag{3.48}$$

这种方法直接、简单，但增强的图像仅显示灰度变化比较陡的边缘轮廓，而灰度变化平缓的区域则呈暗色。

（2）加阈值的梯度输出。

加阈值的梯度输出表达式为

$$g(x,y)=\begin{cases}|\nabla f(x,y)| & |\nabla f(x,y)|\geqslant T\\ f(x,y) & \text{其他}\end{cases} \tag{3.49}$$

式中的 T 是一个非负的阈值，适当选取 T，既可使明显的边缘轮廓得到突出，又不会破坏原来灰度变化比较平缓的背景。

（3）给边缘规定一个特定的灰度级，即

$$g(x,y)=\begin{cases}L_G & |\nabla f(x,y)|\geqslant T\\ f(x,y) & \text{其他}\end{cases} \tag{3.50}$$

式中的 L_G 是根据需要指定的一个灰度级，它将明显的边缘用一个固定的灰度级来表现，而其他非边缘区域的灰度级仍保持不变。

（4）给背景规定特定的灰度级，即

$$g(x,y)=\begin{cases}|\nabla f(x,y)| & |\nabla f(x,y)|\geqslant T\\ L_G & 其他\end{cases} \tag{3.51}$$

此法将背景用一个固定灰度级 L_G 来表现，便于研究边缘灰度的变化。

（5）二值图像输出。

在某些场合（如字符识别等），既不关心非边缘像素的灰度级差别，又不关心边缘像素的灰度级差别，而只关心每个像素是边缘像素还是非边缘像素，这时可采用二值化图像输出方式，其表达式为

$$g(x,y)=\begin{cases}L_G & |\nabla f(x,y)|\geqslant T\\ L_B & 其他\end{cases} \tag{3.52}$$

此法将背景和边缘用二值图像表示，便于研究边缘所在位置。

2. 拉普拉斯运算

拉普拉斯算子是常用的边缘增强处理算子，它是各向同性的二阶导数。一个连续的二元函数 $f(r,s)$，它在 (r,s) 处的拉普拉斯算子定义为

$$\nabla^2 f(r,s)=\frac{\partial^2 f}{\partial r^2}+\frac{\partial^2 f}{\partial s^2} \tag{3.53}$$

对于离散的数字图像来讲，$f(x,y)$ 的二阶偏导数可以表示为

$$\begin{cases}\dfrac{\partial^2 f}{\partial x} & =[f(x+1,y)-f(x,y)]-[f(x,y)-f(x-1,y)]\\ & =f(x+1,y)+f(x-1,y)-2f(x,y)\\ \dfrac{\partial^2 f}{\partial y} & =f(x,y+1)+f(x,y-1)-2f(x,y)\end{cases} \tag{3.54}$$

为此拉普拉斯算子 $\nabla^2 f(x,y)$ 为

$$\begin{aligned}\nabla^2 f(x,y)&=\frac{\partial^2 f}{\partial x}+\frac{\partial^2 f}{\partial y}\\ &=f(x+1,y)+f(x-1,y)+f(x,y+1)+f(x,y-1)-4f(x,y)\end{aligned} \tag{3.55}$$

可见数字图像在 (x,y) 点的拉普拉斯算子只有一个模板，它可以由 (x,y) 点邻域的平均灰度值减去该点的灰度值来求得。通常拉普拉斯算子如图 3-35 所示。

对于图像中的边缘，上述拉普拉斯算子的输出可以在图像边缘较暗的一侧形成一个正的峰值，而在边缘较亮的一侧形成一个负的峰值。如果想得到相反的效果，我们可以把上边的模板取反，如图 3-36 所示。

$$\begin{bmatrix}0 & 1 & 0\\ 1 & -4_{\Delta} & 1\\ 0 & 1 & 0\end{bmatrix}\qquad\begin{bmatrix}1 & 1 & 1\\ 1 & -8_{\Delta} & 1\\ 1 & 1 & 1\end{bmatrix}$$

图 3-35　常用的两个拉普拉斯算子

$$\begin{bmatrix}0 & -1 & 0\\ -1 & 4_{\Delta} & -1\\ 0 & -1 & 0\end{bmatrix}\qquad\begin{bmatrix}-1 & -1 & -1\\ -1 & 8_{\Delta} & -1\\ -1 & -1 & -1\end{bmatrix}$$

图 3-36　其他两个常用的拉普拉斯模板

根据式（3.38）对图像进行锐化增强，相当于一个原始信号与一个高通信号叠加，因此，拉普拉斯锐化增强可以表示为如图 3-37 所示的模板。

$$\begin{bmatrix} 0 & -1 & 0 \\ -1 & 5_{\Delta} & -1 \\ 0 & -1 & 0 \end{bmatrix} \qquad \begin{bmatrix} -1 & -1 & -1 \\ -1 & 9_{\Delta} & -1 \\ -1 & -1 & -1 \end{bmatrix}$$

图 3-37　拉普拉斯图像增强模板

拉普拉斯锐化增强模板是一种高通滤波器，它将原始图像叠加到拉普拉斯变换的处理结果中去，可以使图像中的各灰度值得到保留，使灰度突变处的对比度得到增强，最终结果是在保留图像背景的前提下，突现图像中小的细节信息，如图 3-38 所示。

（a）原始图像　　（b）锐化后的图像

图 3-38　拉普拉斯方法的锐化结果

最后需要说明一点，不管是用一阶还是用二阶微分算子进行锐化处理，运算的结果中有可能出现负值的情况，如何处理负值将会影响到最终的结果。一般来说，负值的处理方法有以下三种：

（1）取绝对值，能够保留边缘的幅度信息，但会丢失变化的方向信息。

（2）负值按零处理，这种方法比较简单，但会丢失负向变化的全部信息。

（3）按照线性关系进行动态范围调整，较前两种复杂一些，但能够保持处理后的动态范围一致性，且信息较少丢失。

3.3.2　频域高通滤波法

图像中的边缘或线条与图像频谱中的高频分量相对应，因此，采用高通滤波器让高频分量顺利通过，得到高通图像，然后再按式（3.37）或式（3.38）进行处理，可以使图像的高频加强，边缘或线条变得更清楚，从而实现图像的锐化。

频域高通滤波的方法形式上与频域低通滤波的方法类似，几种常用高通滤波器的传递函数如表 3-6 所示。

表 3-6　几种常用高通滤波器的传递函数

滤波器名称	传递函数 $H(u, v)$
理想滤波器（IHPF）	$H(u,v)=\begin{cases}0 & D(u,v)\leqslant D_0\\ 1 & D(u,v)>D_0\end{cases}$
巴特沃斯滤波器（BHPF）	$H(u,v)=\dfrac{1}{1+[D_0/D(u,v)]^{2n}}$ 或 $H(u,v)=\dfrac{1}{1+(\sqrt{2}-1)[D_0/D(u,v)]^{2n}}$

续表

滤波器名称	传递函数 $H(u,v)$
指数滤波器（EHPF）	$H(u,v)=\mathrm{e}^{-[D_0/D(u,v)]^n}$ 或 $H(u,v)=\mathrm{e}^{-\ln\sqrt{2}[D_0/D(u,v)]^n}$
梯形滤波器（THPF）	$H(u,v)=\begin{cases}0 & D(u,v)<D_0\\ \dfrac{1}{D_1-D_0}[D(u,v)-D_0] & D_0\leqslant D(u,v)\leqslant D_1\\ 1 & D(u,v)>D_1\end{cases}$

以上四种频域高通滤波器传递函数 $H(u,v)$ 的特性如图 3-39 所示。

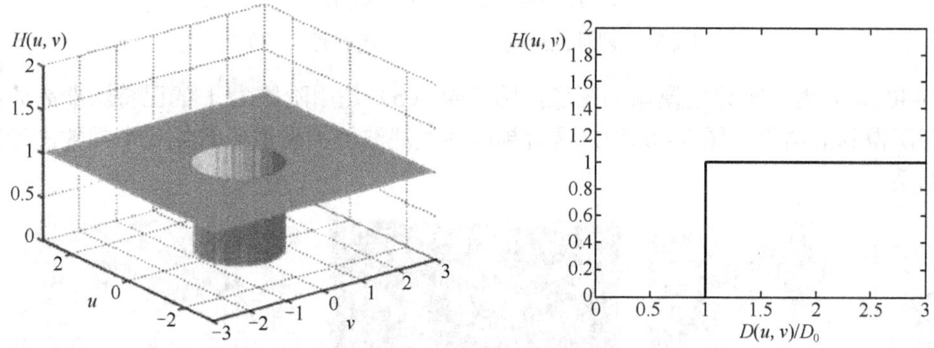

（a） IHPF的三维特性及其二维剖面图

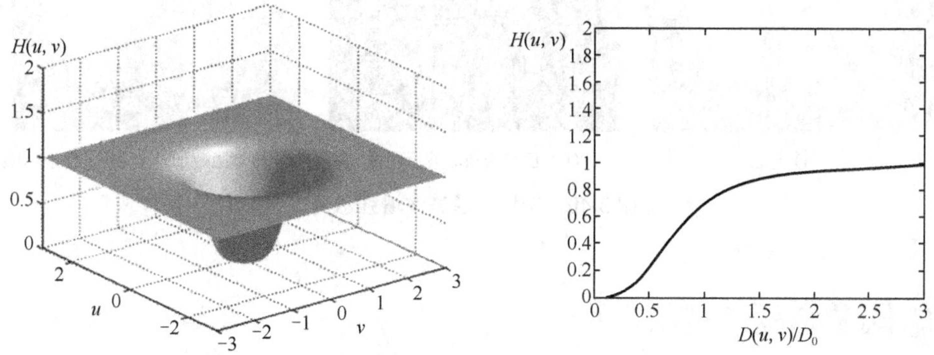

（b） BHPF的三维特性及其二维剖面图

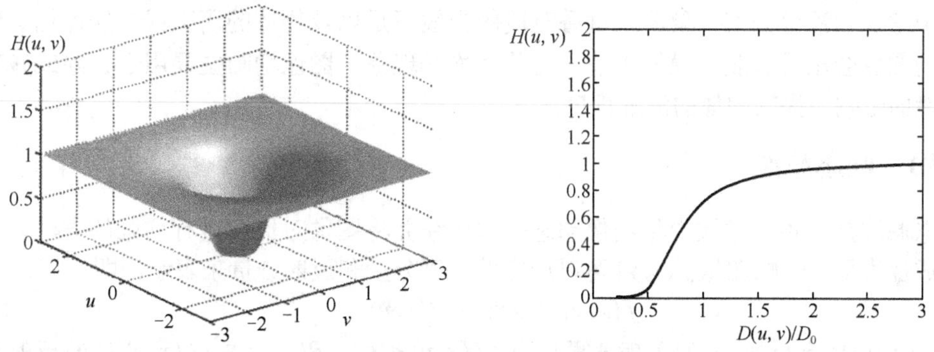

（c） EHPF的三维特性及其二维剖面图

图 3-39 四种高通滤波器传递函数 $H(u,v)$ 的特性

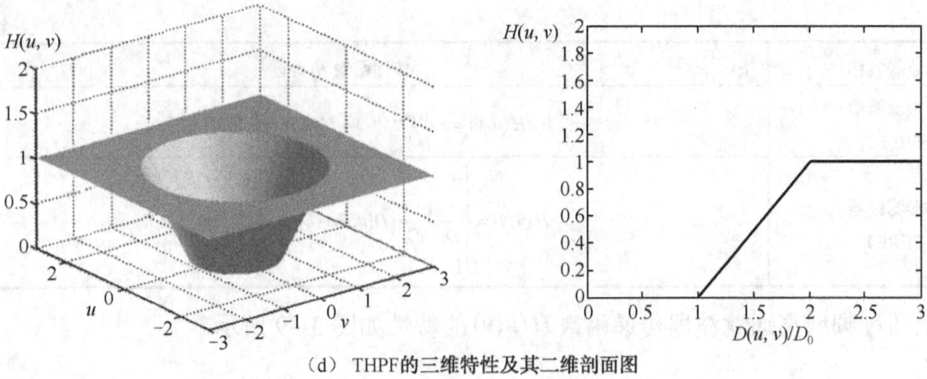

（d） THPF的三维特性及其二维剖面图

图 3-39 四种高通滤波器 $H(u,v)$ 的特性（续）

图 3-40（a）为一幅比较模糊的图像，图 3-40（b）是用阶数为 1 的巴特沃斯高通滤波器进行处理所得到的结果，图 3-40（c）是对频域高通滤波器的传递函数加一个常数进行处理所得到的结果。

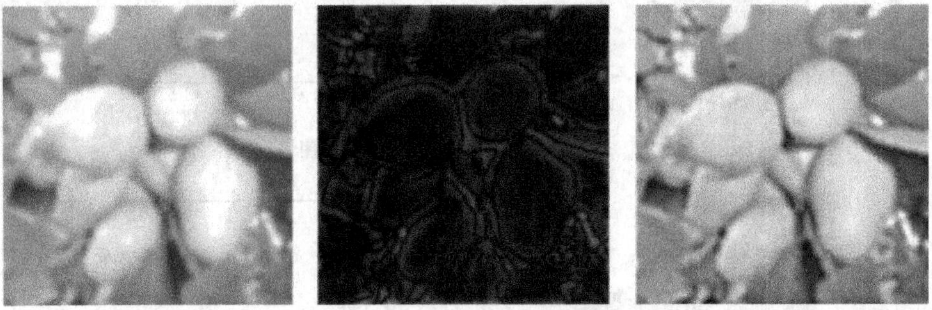

（a）原图 （b）巴特沃斯滤波后图像 （c）传递函数加一个常数得到的图像

图 3-40 频域高通滤波增强示例

3.4 图像增晰

对于薄雾和沙尘天气，黎明或黄昏时段的光线不足以及物体的阴影或光线遮挡等情况，所获取的图像会出现朦胧、模糊不清、光照不均等现象，图像增晰主要用于去除或减轻这些恶劣环境的影响，提高图像的清晰程度。

3.4.1 同态滤波

同态滤波是一种在频域中将图像动态范围压缩并将图像对比度进行增强的方法，它基于图像的成像模型。一幅图像 $f(x,y)$ 可以用它的照度分量和反射分量来表示，即

$$f(x,y)=L(x,y)\cdot R(x,y) \tag{3.56}$$

式中，$L(x,y)$ 是点 (x,y) 处的入射光量，$0<L(x,y)<\infty$；$R(x,y)$ 是点 (x,y) 处的反射系数，$0<R(x,y)<1$。入射光量和外界的光照有关，它在空间上变化缓慢，以低频成分为主；而反射系数取决于物体的特性，反映物体表面颜色的变化、细节及不同物体交界处的边缘，包含

很多高频成分。这样，可以用取对数的方法把它们分离开，然后就可以对这两部分采用不同的处理方法，从而获得更好的效果。同态滤波的过程如图 3-41 所示，它包括以下几个步骤。

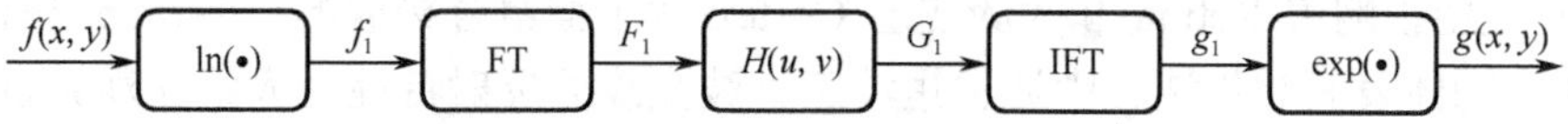

图 3-41 同态滤波流程图

步骤 1：对式（3.56）两边取对数。

$$f_1(x,y)=\ln f(x,y)=\ln L(x,y)+\ln R(x,y)=L_1(x,y)+R_1(x,y)$$

步骤 2：傅里叶变换。

$$\begin{aligned}F_1(u,v)&=FT(f_1(x,y))\\&=FT(L_1(x,y))+FT(R_1(x,y))\\&=l_1(u,v)+r_1(u,v)\end{aligned}$$

步骤 3：滤波处理。$G_1(u,v)=H(u,v)F_1(u,v)=H(u,v)l_1(u,v)+H(u,v)r_1(u,v)$

步骤 4：反变换到空间域。$g_1(x,y)=FT^{-1}(G_1(u,v))$

步骤 5：取指数。$g(x,y)=\exp(g_1(x,y))$

其中，$H(u,v)$ 称为同态滤波函数，它分别作用在照度分量和反射分量上。从上面的分析可知，照度分量主要集中在低频，反射分量主要分布在高频。针对这一特性，我们可以根据需要，设计一个对频域中的高频和低频有不同影响的滤波器 $H(u,v)$，从而达到特定的滤波效果。图 3-42 给出了一个同态滤波函数 $H(u,v)$ 的剖面图，这个滤波器可以起到减弱低频和加强高频的作用，一方面压缩了照度分量的动态范围，另一方面增加了图像各部分之间的对比度，因此该同态滤波函数可以用于处理照度不均的图像。

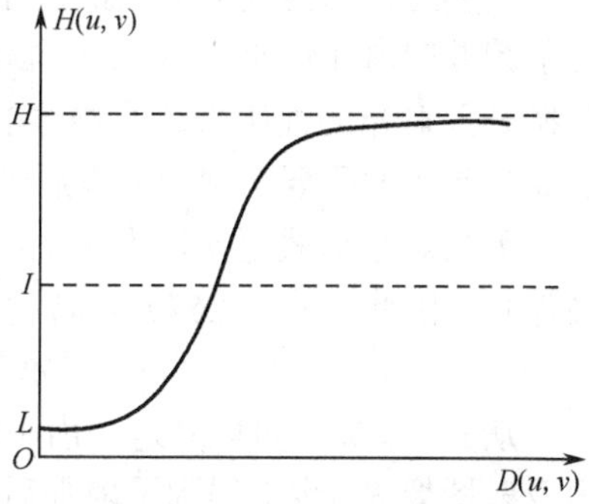

图 3-42 同态滤波函数剖面图

图 3-43 是一个利用同态滤波去除光照的实例，其中图 3-43（a）中阳光被树木遮挡，图像中有阴影地方的纹理几乎看不到，图 3-43 是同态滤波的结果，可以看出，同态滤波以后，阴影处的纹理变得清晰了。

（a）光照不均的原图　　（b）同态滤波的结果

图 3-43 同态滤波增强效果

3.4.2 基于 Retinex 的增强

Retinex 是由视网膜 Retina 和大脑皮层 Cortex 两个词组合构成的。Retinex 理论认为物体的颜色取决于物体表面对长波、中波、短波三个波光线的反射特性。人眼在观察自然场景时，首先确定场景中是否存在“标准”白光（这一标准对应于 CIE 色度图中的等能量点），如果发现存在标准的白光参照物，则将其他物体均与该物体进行色差计算，以得到其他物体的颜色信息；绝大部分时候，在场景中并不存在标准的白光参照物，在这种情况下，人眼首先寻找当前场景中光照强度最大的物体，将这一区域定义为相对白光参照物，同样将其他物体与该物体进行对比，通过计算相对色差，还原出场景中其他物体的真实色彩，这一过程不受入射光频率改变的影响。

1. Retinex 增强算法

由 3.4.1 节可知，人眼中图像的成像，主要由入射光和反射体决定，为了本节内容的完整性，此处重新给出该模型为

$$f(x,y)=L(x,y)R(x,y) \tag{3.57}$$

事实上，入射光 L 直接决定了一幅图像中像素灰度级能达到的动态范围，反射物体 R 决定了图像的内在性质。Retinex 理论的目的就是为了从图像 $f(x,y)$ 中获得物体的反射性质 R，即抛开入射光的性质来还原物体的本来面貌。而从图像增强的角度来理解，这个物体的本来面貌就是我们所要得到的增强后的图像。

因为对数形式更接近人眼的亮度感知能力，并且可以将复杂的乘积形式转变为简单的加减形式。因此，式（3.57）可转化为：

$$\log R(x,y)=\log f(x,y)-\log L(x,y) \tag{3.58}$$

从式（3.58）可以知道，由于输入图像是已知的，如果能够估计出入射光 L，就能够求解出反射图像 R，也就得到了增强后的图像。对于入射光部分 L，可以由一个环绕函数 $g(x,y)$ 与图像 $f(x,y)$ 的卷积估计出来，即

$$L(x,y)=f(x,y)*g(x,y) \tag{3.59}$$

环绕函数 $g(x,y)$ 一般取高斯函数，即

$$g(x,y)=\frac{1}{2\pi\sigma_x\sigma_y}\exp\left[-\frac{1}{2}\left(\frac{x^2}{\sigma_x^2}+\frac{y^2}{\sigma_y^2}\right)\right] \tag{3.60}$$

其中，σ_x 和 σ_y 为高斯函数的方差，决定了滤波器的带宽，一般取 $\sigma_x=\sigma_y$。

这样可以得到 Retinex 增强模型，即

$$R_i(x,y)=\exp(\log f_i(x,y)-\log[f_i(x,y)*g(x,y)]) \quad i=1,2,\cdots,N \tag{3.61}$$

其中，i 代表第 i 个颜色通道，N 为图像中颜色通道的个数，$f_i(x,y)$ 表示输入图像的第 i 个颜色通道数据，$R_i(x,y)$ 表示第 i 个颜色通道的 Retinex 输出。

因此，用 Retinex 算法进行图像增强的基本思路是首先将待增强图像看成由入射分量和反射分量组成，然后通过对入射分量的估计来实现对图像的增强。该算法的关键点是估计入射分量，入射分量的估计直接决定着最终增强效果。Retinex 算法流程可以用图 3-44 表示。

Retinex 算法假设入射分量是平滑的，因此，用高斯模板与原图做卷积来估计入射分量。这

里将高斯模板中的标准差σ称之为尺度参数，是该算法的唯一参数。当σ取值较大时，高斯模板较大，高斯函数表现为相对平滑，卷积后，产生的入射分量估计也较平滑，表现为颜色保真能力好，但是细节增强效果较差；反之，σ取值较小时，高斯模板较小，高斯函数表现为相对陡峭，卷积后的入射分量估计也相对崎岖，结果突出了图像的细节，颜色保真效果较差。

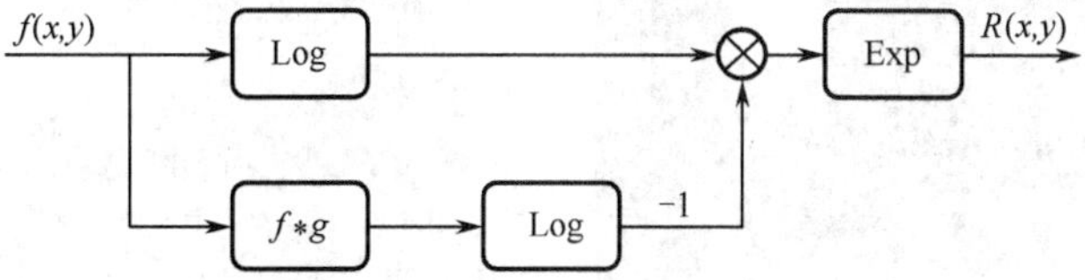

图 3-44 Retinex 算法流程

2. 多尺度 Retinex 图像增强

式（3.61）是单一尺度的 Retinex 算法（SSR）。由于单尺度 Retinex 算法不能同时有效保证局部能力增强和颜色保真，因此提出了多尺度 Retinex 增强算法。多尺度 Retinex（MSR）是对单尺度 Retinex 进行的改进，其数学形式是对多个单尺度 Retinex 的输出进行加权相加，其公式可以表示为

$$R_i(x,y)=\sum_{k=1}^{K}W_k\{\log f_i(x,y)-\log[f_i(x,y)*g(x,y)]\}\quad i=1,\cdots,N \tag{3.62}$$

其中，W_k表示与高斯函数相关的权重，且$\sum_{k=1}^{K}W_k=1$。K表示高斯环绕函数的个数或环绕尺度的个数。在一般情况下，MSR 取高、中、低三个尺度，即K=3。

多尺度 Retinex 是对高、中、低三个单尺度 Retinex 的结合，所以多尺度 Retinex（MSR）算法具备了单尺度 Retinex（SSR）算法高、中、低三个尺度的特点，它能够同时提供动态范围压缩和颜色高保真。

图 3-45 显示的是分别利用单尺度 Retinex 和多尺度 Retinex 算法对薄雾图像处理后的结果。由结果可以看出，单尺度和多尺度 Retinex 算法都能有效去除薄雾成分，增强图像的清晰程度。由于单尺度 Retinex 只有一个尺度，很难同时兼顾局部细节增强和颜色保真能力，所以处理后的图像亮度偏暗，颜色动态范围相对较小，色彩稍有失真。经过多尺度 Retinex 处理后的图像相对于单尺度算法来说局部细节得到加强，图像整体亮度较好，而且比较均匀，在色彩方面更加丰富，保真度更好，使处理后的图像更加接近真实效果。

（a）原始图像

图 3-45 单尺度与多尺度 Retinex 方法去除薄雾的对比

（b）单尺度 Retinex 处理

（c）多尺度 Retinex 处理

图 3-45　单尺度与多尺度 Retinex 方法去除薄雾的对比（续）

Retinex 方法不仅能够处理薄雾条件下的图像，而且对于沙尘条件下的图像也有较好的增强效果。如图 3-46 所示为分别利用单尺度 Retinex 和多尺度 Retinex 算法对沙尘图像的增强结果。从图中可以看出，两种方法不仅有效去除了图像中的沙尘成分，而且能够较好地恢复出图像的真实色彩和纹理细节。当然，多尺度 Retinex 在图像细节增强和颜色保真度方面要更加优于单尺度算法。

（a）原始图像

（b）单尺度 Retinex 处理结果

（c）多尺度 Retinex 处理结果

图 3-46　单尺度与多尺度 Retinex 方法对去除沙尘的对比

3.4.3　基于 LIP 的增强

Jourlin 和 Pinoli 提出的基于人眼视觉特性（Human Visual System，HVS） 的对数图像处理

模型被称为经典 LIP（Logarithmic Image Processing Model）数学模型。模型中使用灰色调函数来描述图像的强度，并定义了一系列非线性运算。LIP 模型更加符合数字图像运算的非线性特征，满足韦伯定律和人眼视觉的饱和特性曲线，被成功用于图像增强、边缘检测和图像恢复。

Lee 提出过一种图像增强的简单算法，这种算法通过灰度值的拉伸来改变图像的动态范围。Deng 和 Cahill 在 LIP 模型下对 Lee 图像增强方法进行了新的实现。这种基于 LIP 的增强算法可以同时增强整个图像的对比度和边缘，在图像的清晰化方面起到良好的效果。

1. LIP 模型

LIP 所阐述的是灰色调函数与入射光强成反比关系。在一个全黑的环境下，视网膜上的电荷量为一常数，而当入射光强增加时，电荷量并不是增加，反而是呈现减少趋势。从这一概念出发，灰色调函数 $g(x,y)$ 的形式定义如下，即

$$g(x,y)=M\left(1-\frac{L(x,y)}{L_{\max}}\right) \tag{3.63}$$

其中，$L(x,y)$ 表示入射光强度，$L_{\max}$ 是入射光强饱和值，是人类视觉的极值。当光强超过光强度饱和值以后，人眼就感觉不到光强的变化了。在自然环境下，入射光强 $L(x,y)$ 不可能为 0，因此 $g(x,y)$ 的取值范围是 $[0,M)$。

对于一般的 8 位存储图像，$M=256$。为了使 $g(x,y)$ 的取值范围仍处于 $[0,M)$ 区间内，将灰色调函数简化为

$$g(x,y)=255-L(x,y) \tag{3.64}$$

这里的 $L(x,y)$ 为原图像的灰度值，因此，8 位图像的灰色调函数有点类似于图像的负相图。

LIP 模型定义了一系列非线性运算。在 LIP 空间中，设 $g_1(x,y)$ 和 $g_2(x,y)$ 为两个灰色调函数，定义加法 $\oplus$ 和标量乘法 $\otimes$ 运算法则，即

$$g_1(x,y)\oplus g_2(x,y)=g_1(x,y)+g_2(x,y)-g_1(x,y)g_2(x,y)/M \tag{3.65}$$

$$a\otimes g_1(x,y)=M-M\left(1-g_1(x,y)/M\right)^a \tag{3.66}$$

其中，a 是正的实数。

此外，给出 $g_1(x,y)$ 取反的定义为

$$\Theta g_1(x,y)=-M\frac{g_1(x,y)}{M-g_1(x,y)} \tag{3.67}$$

由此得出，灰色调函数的减法运算 Θ 为

$$g_1(x,y)\Theta g_2(x,y)=M\frac{g_1(x,y)-g_2(x,y)}{M-g_2(x,y)} \tag{3.68}$$

定义两个灰色调函数的相乘运算为

$$g_1(x,y)*g_2(x,y)=\varphi^{-1}(\overline{g}_1\cdot\overline{g}_2) \tag{3.69}$$

其中，$\overline{g}$ 和 φ^{-1} 为灰色调函数的变换和逆变换，具体含义见式（3.70）和式（3.71）。

定义在 $(-\infty,M)$ 上的具有 $\oplus$ 和 $\otimes$ 运算的灰色调函数集构成了一个实向量空间。在 LIP 空间中，对灰色调函数 $g(x,y)$ 进行如下变换，即

$$\varphi(g)=-M\ln^{\beta}(1-g(x,y)/M) \tag{3.70}$$

式中，β 为一正整数参数。

Jourlin 和 Pinoli 已经证明，灰色调函数构成的实向量空间经φ变换后与实数空间同构。此处，变换φ被称作同构变换，用$\overline{g}=\varphi(g)$表示同构变换的结果，则$\overline{g}$是一个实数。

同构空间的逆变换公式为

$$\varphi^{-1}(\overline{g})=M(1-\exp(-\overline{g}/M)^{1/\beta}) \tag{3.71}$$

由于灰色调函数的变换和逆变换公式中包含对数运算，因此该模型也称为对数图像处理模型（LIP）。

2. 基于 LIP 的单尺度图像清晰化方法

Lee 的图像增强算法是一个线性处理，可以表示为

$$f'(x,y)=\alpha A(x,y)+\eta+\beta[f(x,y)-A(x,y)] \tag{3.72}$$

其中$f(x,y)$和$f^{'}(x,y)$分别代表原始图像和处理后图像的像素灰度值，$A(x,y)$是以(x,y)为中心的$n\times n$窗口内像素的灰度平均值，α、β和η是实数。

Deng 根据 LIP 模型，将式（3.72）改为

$$g'(x,y)=\alpha\otimes p(x,y)\oplus\beta\otimes\left[g(x,y)\Theta p(x,y)\right] \tag{3.73}$$

其中，$g(x,y)$和$g'(x,y)$分别是原始灰色调函数和处理后的灰色调函数，α和β是实数，$p(x,y)$是灰色调函数在(x,y)处$n\times n$窗口内的平均值，即

$$p(x,y)=\frac{1}{n\times n}\otimes\left(\bigoplus_{k=x-n/2}^{x+n/2}\bigoplus_{l=y-n/2}^{y+n/2}g(k,l)\right) \tag{3.74}$$

式中，$\bigoplus\limits_{i=1}^{n}g(x_i)$的形式代表$n$个像素所对应灰色调值在 LIP 空间下的相加$\oplus$，即

$$\bigoplus_{i=1}^{n}g(x_i)=g(x_1)\oplus g(x_2)\oplus\cdots\oplus g(x_n) \tag{3.75}$$

式（3.73）可以用灰色调函数的归一补变换来简化。

灰色调函数的归一补变换定义为

$$\overline{g}(x,y)=1-g(x,y)/M \tag{3.76}$$

从式（3.64）和式（3.76）可以看出，图像的灰色调函数通过归一补变换使得灰色调函数值从区间[0,256）映射到区间(0, 1]，有点类似于图像灰度值的归一化。很容易看出，灰色调函数归一补变换具有如下性质，即

$$\overline{g_1\oplus g_2}=\overline{g}_1\overline{g}_2,\quad \overline{a\otimes g}=\overline{g}^{a},\quad 以及\ \overline{g_1\Theta g_2}=\overline{g}_1/\overline{g}_2$$

用灰色调函数的归一补变换对式（3.73）进行简化，可得

$$\log(\overline{g}'(x,y))=\alpha\log[\overline{p}(x,y)]+\beta\left\{\log[\overline{g}(x,y)]-\log[\overline{p}(x,y)]\right\} \tag{3.77}$$

其中

$$\log[\overline{p}(x,y)]=\frac{1}{n\times n}\left(\sum_{k=x-n/2}^{x+n/2}\sum_{l=y-n/2}^{y+n/2}\log[\overline{g}(k,l)]\right) \tag{3.78}$$

式（3.77）即为基于 LIP 模型的 Lee 增强算法的实现。

对一幅图像$f(x,y)$进行增强时，先计算图像的灰色调函数$g(x,y)$，该灰色调函数可以由式（3.64）得出；然后对灰色调函数进行归一补变换，并采用式（3.77）进行线性处理；最后

通过指数运算及归一补变换的逆运算得到增强后的灰色调函数值 $g'(x,y)$；将 $g'(x,y)$ 映射回图像灰度值，即可得到增强后的图像。图 3-47 是针对灰色调函数给出了该增强算法的流程图。

图 3-47 基于 LIP 的图像增强算法流程图

对于式(3.77)，第一项 $\alpha\log(\bar{p}(x,y))$ 可以增强图像非常暗（或非常亮）区域的细节。$\bar{p}(x,y)$ 在区间 (0,1] 中。当 $0<\alpha<1$ 时，非线性变换 $\bar{p}(x,y)^{\alpha}$ 示意图如图 3-48 所示，该非线性变换过程可以扩展图像暗区域的动态范围；同理，当 $\alpha>1$ 时，该非线性变换过程可以扩展图像亮区域的动态范围。第二项 $\beta\{\log[\bar{g}(x,y)]-\log[\bar{p}(x,y)]\}$ 对图像有锐化的作用。当 $\beta>1$ 时，中心像素和周围像素均值的差值被非线性放大了，因此增强了图像的边缘。

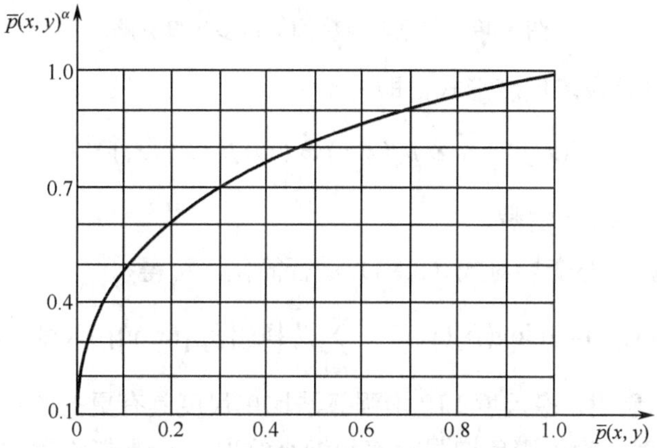

图 3-48 非线性变换 $\bar{p}(x,y)^{\alpha}$ 示意图，$\alpha=0.3$

3. 基于 LIP 的多尺度图像清晰化方法

式 (3.77) 在增强图像细节的同时会增强图像中的噪声。为解决对噪声敏感问题，Deng 和 Cahill 改进了基于 LIP 的图像增强算法为多尺度处理方法，即将图像在各个尺度分别处理。

对于灰色调函数 $g(x,y)$，像素 (x,y) 在 $n\times n$ 的窗口内具有 $M=n\times n-1$ 个邻居像素，则定义像素 (x,y) 的平均对比度 $e(x,y)$ 为

$$e(x,y)=g(x,y)\Theta\left[\frac{1}{M}\otimes\left(\bigoplus_{i=1}^{M}g(i)\right)\right] \tag{3.79}$$

其中，$g(i)$ 代表 (x,y) 的第 i 个邻居。式（3.79）的第二项是像素 (x,y) 处周围像素的灰色调函数平均值，代表 LIP 下的平均运算，用 $L(\cdot)$ 表示，令 $p_0(x,y)=g(x,y)$，$e_1(x,y)=e(x,y)$，则式（3.79）可以改写成

$$p_0(x,y)=p_1(x,y)\oplus e_1(x,y) \tag{3.80}$$

其中，$p_1(x,y)=L(p_0(x,y))$，这样，原图被分解为两幅图像。$p_1(x,y)$ 同样可以分解为 $p_1(x,y)=p_2(x,y)\oplus e_2(x,y)$，依此类推，可得

$$p_{n-1}(x,y)=p_n(x,y)\oplus e_n(x,y) \tag{3.81}$$

则一幅图像的灰色调函数可分解为

$$g(x,y) = p_n(x,y) \oplus \left[\bigoplus_{i=1}^{n} e_i(x,y) \right] \tag{3.82}$$

式(3.82)即是图像灰色调函数的多尺度分解，$p_n(x,y)$ 是原图像的粗描述。多尺度分解中，$L(\cdot)$ 是一个低通滤波器，$e_i(x,y)$ 是图像 $p_{i-1}(x,y)$ 的对比度信息。图 3-49 给出了灰色调函数 $g(x,y)$ 多尺度分解的示意图。

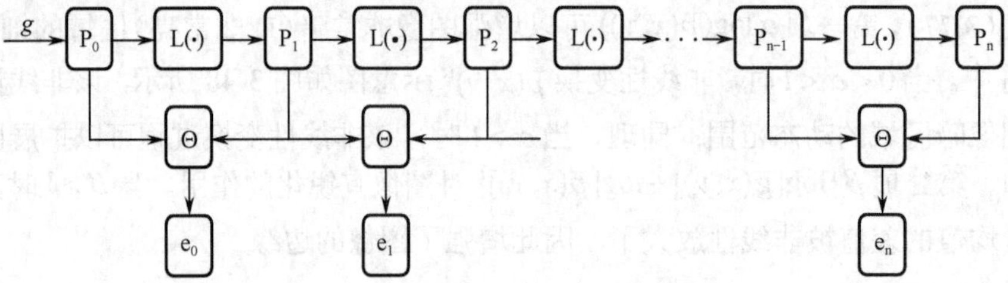

图 3-49　灰色调函数 $f(x,y)$ 多尺度分解

由此，式（3.73）可以写成多尺度形式，即

$$g'(x,y) = \alpha \otimes p_n(x,y) \oplus \left\{ \bigoplus_{i=1}^{n} [\beta_i \otimes e_i(x,y)] \right\} \tag{3.83}$$

其中，α，$\beta_i (i = 1,2,\cdots,n)$ 为实数。

用灰色调函数的归一补变换对式（3.83）进行简化，可得

$$\log(\overline{f}'(x,y)) = \alpha \log(\overline{p}_n(x,y)) + \sum_{i=1}^{n} \beta_i \left\{ \log[\overline{p}_{i-1}(x,y)] - \log[\overline{p}_i(x,y)] \right\} \tag{3.84}$$

从式（3.84）可以看出，多尺度 LIP 增强算法比单尺度具有更多的自由度。例如，$e_1(x,y)$ 代表小尺度上的对比度，为了避免增强噪声和细小纹理，β_1 不能设置太大。我们也可以设置 $\beta_1 < 1$ 来抑制细节部分或噪声，而设置其他的 $\beta_i > 1 (i > 1)$ 来增强大尺度物体的边缘。当然，这个算法在抑制噪声的同时也削弱了图像的一些细节，图像变得模糊。

图 3-50 显示的是传统 LIP 算法和 Deng 改进的多尺度 LIP 算法对低照度条件下图像的处理实例，这两种方法对于低照度图像或者亮度不均图像都有非常好的处理效果，不仅能够提高图像细节区域的对比度，而且色彩丰富，颜色保真度较好，但是基于 LIP 的算法在增强图像细节的同时也会增强噪声，因此，增强后的图像较为粗糙；而 Deng 改进的基于 LIP 的多尺度算法在增强图像细节的同时并没有扩大噪声的影响，图像细节丰富，纹理清晰，画质细腻，因此，这种算法非常适合处理低照度图像。

（a）原始图像

图 3-50　传统 LIP 与改进 LIP 算法对低照度条件下图像的处理实例

（b）LIP 算法的处理结果　　　　　　（c）Deng 改进的多尺度算法的处理结果

图 3-50　传统 LIP 与改进 LIP 算法对低照度图像的处理实例（续）

3.4.4　基于照度区域划分的增强

根据心理学中的韦伯定律，人眼的最小可察觉刺激与刺激强度的比值是一个常数。也就是说，人眼能感受到的照度变化差值与照度水平之比（也叫光亮效应）是一个常数。例如，照度是 10 的房间，增加照度 1 就可感觉出来照度变了，而在照度为 100 的房间，则需要增加照度 10 才能觉察出照度的变化，两者的比率都是 0.1。在不同照度区域这个常数是不同的。Panetta 等人引入带参数的 LIP 模型，并在 PLIP 框架下提出了新的对比度测度，利用该测度将图像划分为 4 个不同的照度区域。图像增强时，可以根据不同照度区域的特点有针对性地进行，这种算法在雾天图像的清晰化中有很好的处理效果。

1．带参数的 LIP 模型

Panetta 等人引入带参数的 LIP 模型，即 PLIP（Parameterization of Logarithmic Image Processing Model）。PLIP 模型提供了一个非线性的图像处理框架。在该框架下，从人眼视觉模型的角度更精确地处理图像，并使得图像的像素值维持在$[0,M)$范围内。根据 PLIP 模型，LIP 中的主要操作变成，即

$$g_1(x,y)\oplus g_2(x,y)=g_1(x,y)+g_2(x,y)-\frac{g_1(x,y)g_2(x,y)}{\gamma(M)} \tag{3.85}$$

$$g_1(x,y)\Theta g_2(x,y)=k(M)\frac{g_1(x,y)-g_2(x,y)}{k(M)-g_2(x,y)} \tag{3.86}$$

$$a\otimes g_1(x,y)=\gamma(M)-\gamma(M)\left(1-\frac{g_1(x,y)}{\gamma(M)}\right)^{u} \tag{3.87}$$

$$g_1(x,y)*g_2(x,y)=\varphi^{-1}(\varphi(g_1)\varphi(g_2)) \tag{3.88}$$

$$\phi(g_1)=-\lambda(M)\ln^{\beta}\left(1-\frac{g_1(x,y)}{\lambda(M)}\right) \tag{3.89}$$

$$\phi^{-1}(\overline{g}_1)=\lambda(M)\left[1-\exp\left(\frac{-\overline{g}_1}{\lambda(M)}\right)^{1/\beta}\right] \tag{3.90}$$

在以上公式中，$\gamma(M)$、$k(M)$和$\lambda(M)$代表所有任意函数，它们的值可以相同也可以不同，

Panetta 等人的实验表明，最佳的参数值为 1026，即$\gamma(M)=k(M)=\lambda(M)=1026$，$\beta$ 的最佳值为 2。

对比度测度可以衡量图像的质量或者图像增强算法的性能。在 PLIP 框架下，Panetta 定义了两个新的对比度测度。为了书写方便，我们用 I 代表一幅图像，假设图像 I 被分成 $k_1 \times k_2$ 个子块，则图像的对比度被定义成各个子块的对比度平均值。

$$\log \mathrm{AME}_{k_1k_2}(I)=\frac{1}{k_1k_2}\otimes\left\{\sum_{i=1}^{k_1}\sum_{j=1}^{k_2}\left[\frac{1}{20}\otimes\ln\left(\frac{I_{\max}^{w_{ij}}\Theta I_{\min}^{w_{ij}}}{I_{\max}^{w_{ij}}\oplus I_{\min}^{w_{ij}}}\right)\right]\right\} \tag{3.91}$$

$$\log \mathrm{AMEE}_{k_1k_2}(I)=\frac{1}{k_1k_2}\otimes\left\{\sum_{i=1}^{k_1}\sum_{j=1}^{k_2}\left[\left(\frac{I_{\max}^{w_{ij}}\Theta I_{\min}^{w_{ij}}}{I_{\max}^{w_{ij}}\oplus I_{\min}^{w_{ij}}}\right)\otimes\ln\left(\frac{I_{\max}^{w_{ij}}\Theta I_{\min}^{w_{ij}}}{I_{\max}^{w_{ij}}\oplus I_{\min}^{w_{ij}}}\right)\right]\right\} \tag{3.92}$$

其中，$I_{\max}^{w_{ij}}$ 和 $I_{\min}^{w_{ij}}$ 代表第 i 行第 j 列图像子块中的最大和最小像素值。

2. 人眼视觉区域划分

根据韦伯定律，人眼的最小可察觉刺激与刺激强度的比值是一个常数 K，常数 K 也叫韦伯分数，在不同照度区域这个常数是不同的，如图 3-51 所示。在图 3-51 中曲线的斜率为 1/2，也就是韦伯分数为 1/2 的区域称为德弗里斯区域（Devries-Rose Region），是低照度区域；斜率为 1 的区域是著名的韦伯区域（Weber Region），是中照度区域；高照度区域受刺激饱和的影响，定义为饱和区域（Saturation Region）；最后剩下的区域就是低对比度区域（Low-Contrast Region），在这个区域中人眼几乎感觉不到照度的变化。

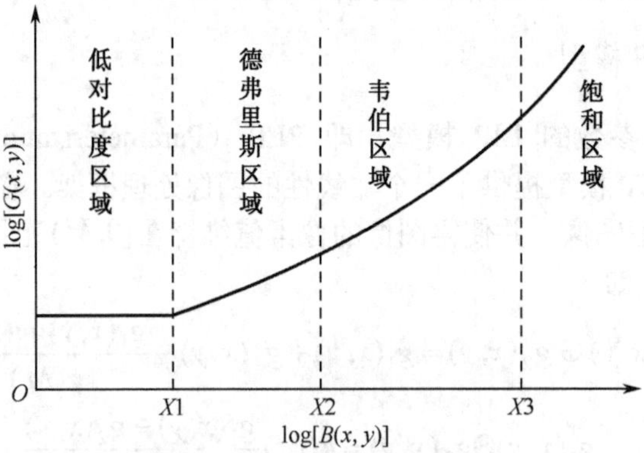

图 3-51　人类视觉区域划分

可以通过图像背景强度和灰度值的跳变率将图像中各像素分别归入图 3-51 所示的不同区域。Panetta 等人借用 PLIP 模型的计算思想，用灰度图像计算邻域像素的加权均值来得到背景强度 $B(x,y)$，即

$$B(x,y)=l\otimes\left[l\otimes\left(\frac{l}{2}\otimes\sum_{Q}f(x,y)\oplus\frac{q}{2}\otimes\sum_{Q'}f(x,y)\right)\oplus f(x,y)\right] \tag{3.93}$$

式中，$\oplus$ 和 $\otimes$ 是 PLIP 模型中的运算规则，$f(x,y)$ 是输入图像灰度值，Q 是像素 (x,y) 的上下左右四个邻域像素组成的集合，Q' 表示像素 (x,y) 对角线上的邻域像素组成的集合，l 和 q 是权值常量。可使用梯度模板等边缘检测算法计算出图像的梯度 $G(x,y)$ 作为图像的信息跳变率。

还需要定义图像像素的最大差别值 B_T ，即

$$B_T = \max(f(x,y)) \Theta \min(f(x,y)) \tag{3.94}$$

设定背景强度阈值 B_{Xi} 和梯度阈值 G_i ， $i=1,2,3$ ，对图像进行区域划分为

$$B_{X1} = a_1 B_T \qquad B_{X2} = a_2 B_T \qquad B_{X3} = a_3 B_T \tag{3.95}$$

$$G_1 = \frac{1}{100} \beta \max \frac{G(x,y)}{B(x,y)} \qquad G_2 = G_1 \sqrt{B_{X2}} \qquad G_3 = G_1 / B_{X3} \tag{3.96}$$

这里，a_1 一般设为 0，a_2 和 a_3 需要根据实验确定，也可以通过式（3.91）或式（3.92）计算输入图像的 $\log$ AME 和 $\log$ AMEE 的局部极值点来确定。

这样，对于一个图像像素点 (x,y) ，可以按照以下规则确定其所属区域。

（1）如果像素满足 $B_{X1} \leqslant B(x,y) \leqslant B_{X2}$，且 $\dfrac{G(x,y)}{\sqrt{B(x,y)}} \geqslant G_2$，则该像素属于德弗里斯区域。

（2）如果像素满足 $B_{X2} \leqslant B(x,y) \leqslant B_{X3}$，且 $\dfrac{G(x,y)}{B(x,y)} \geqslant G_1$，则该像素属于韦伯区域。

（3）如果像素满足 $B_{X3} \leqslant B(x,y)$，且 $\dfrac{G(x,y)}{B(x,y)^2} \geqslant G_3$，则该像素属于饱和区域。

（4）剩下的像素归并到低对比度区域中。

图 3-52 是采用照度区域划分方法对一幅山中云雾图像进行处理的结果，其中图 3-52（a）是原图，图 3-52（b）至图 3-52（e）分别提取出低对比度区域、德弗里斯区域、韦伯区域和饱和区域，将这四个区域合并在一起，就是整幅图像。

（a）一幅山中云雾图像

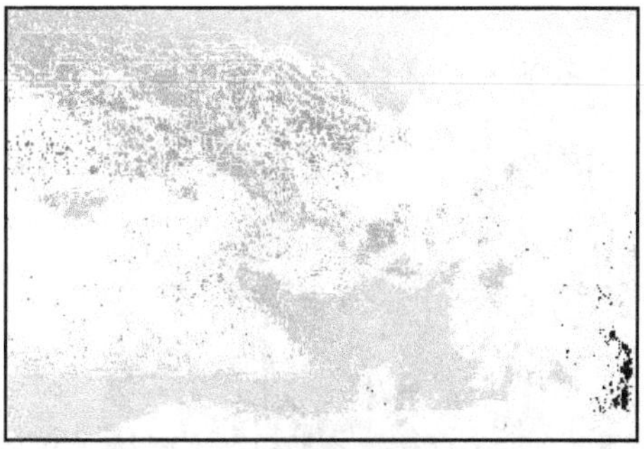

（b）低对比度区域

（c）德弗里斯区域

图 3-52 对一幅图像的视觉区域划分实例

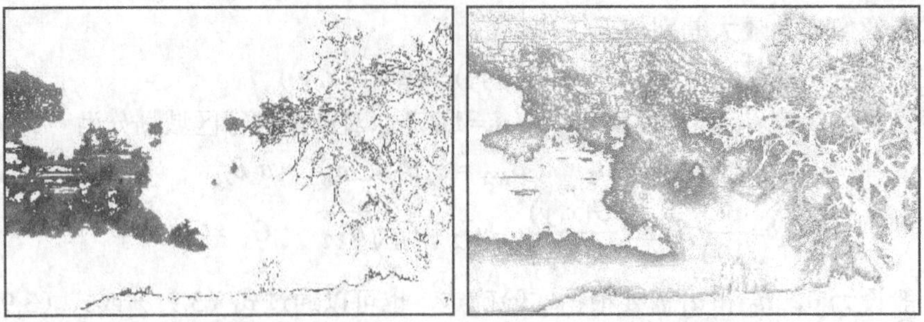

（d）韦伯区域　　（e）饱和区域

图 3-52　对一幅图像的视觉区域划分实例（续）

3. 基于照度区域划分的图像清晰化

人类视觉将图像划分为四个不同照度的区域，可以根据四个区域的特点，在不同的区域选择不同的增强方法。从 3.4.2 节中知道，尺度参数σ的取值决定了 Retinex 算法的增强效果，σ值较大时，颜色保真能力好，细节增强效果较差，反之，细节增强能力好，颜色保真效果较差。对于一幅图像，如果在对比度较低的区域选用较大尺度的σ，则可以达到提升对比度的目的；而在饱和区选用较小尺度的σ，则可以从饱和区中提取并保持图像的细节。

以上思路，对于雾天图像的清晰化有很好的效果。图像所处的人类视觉区域能够反映出雾的厚薄程度。浓雾条件下，图像整体呈灰白色，亮度均值较高，像素往往集中在饱和区域；同理，中雾和薄雾的像素往往集中在韦伯区域和德弗里斯区域。即人类视觉的四个区域中，除低照度区域外，德弗里斯区域、韦伯区域、饱和区域分别对应薄雾、中雾、浓雾三种雾的厚薄程度，因此可针对三种区域选择适合该区域的尺度参数进行增强。

一种简单的基于视觉区域划分的雾天图像增强算法的思路如下：首先，将待增强图像划分为若干子块，分别计算子块中处于不同人类视觉区域的像素个数；然后根据子块内落在不同区域的像素个数来判定子块所属类别（浓雾区、中雾区或薄雾区），并确定适合该子块雾型的尺度参数；最后采用块信息融合策略融合不同尺度的处理结果，以避免块状效应。张新龙等人采用基于视觉区域划分的增强算法对雾天图像进行清晰化处理，效果如图 3-53 所示。图 3-53（a）是一幅山中的景物图，在右下角的近处区域，雾气较薄，能见到小树，而在左上角的远处区域，则雾气较重，很难看清景物。图 3-53（b）是基于视觉区域划分的增强结果，可以看出，图像中的景物能够基本恢复出来。

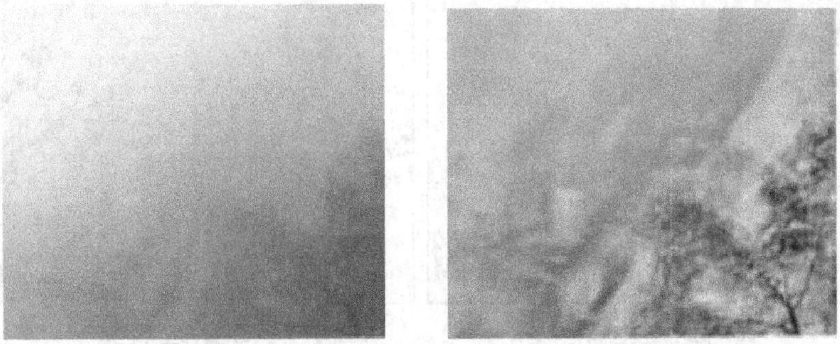

（a）原图　　（b）清晰化的结果

图 3-53　基于视觉区域划分增强算法的实例

一般的图像增强算法，如对比度拉伸和直方图方法，都是全局性的方法，它们用相同的变换处理图像中的每个像素。而不考虑图像的局部信息。在许多情况下，需要在不同的区域进行增强。照度区域的划分使得图像增强可以在其局部区域进行，这种基于人眼视觉特性的增强方法在边缘检测和图像清晰化方面具有良好的效果。

3.5 彩色增强

彩色图像处理技术是从可视性角度实现图像增强的有效方法之一。对于灰度图像，人眼能分辨的灰度级大约只有 20 余种不同的等级，而对不同亮度和色调的彩色图像则能达到几百甚至上千。利用人类视觉系统的这一特性，将灰度图像变成彩色图像，或者改变已有的彩色分布，无疑都会改善图像的可视性，将颜色信息用于图像增强之中，提高了图像的可分辨性。彩色增强方法一般可分为伪彩色增强方法和真彩色增强方法。

3.5.1 伪彩色增强

伪彩色增强是针对灰度图像提出的，其宗旨是把离散灰度图像 $f(x,y)$ 的不同灰度级按照线性或者非线性关系映射成不同的颜色，以提高图像内容的可辨识度。伪彩色图像处理可在空间域内实现，也可在频率域内实现。下面介绍几种常用的伪彩色处理方法。

1. 亮度切割技术

亮度切割是伪彩色图像增强技术中原理最简单、操作最简便的一种，又称为强度分层。

设一幅灰度图像 $f(x,y)$，在某一灰度级如 $f(x,y)=l_1$ 上设置一个平行于 $x-y$ 平面的切割面，其剖面图如图 3-54 所示。这幅灰度图像被切割成只有两个灰度级，对切割平面以下，即灰度级小于 l_1 的像素分配一种颜色（如蓝色）；相应地，对切割平面以上，即灰度级大于 l_1 的像素分配另一种颜色（如红色）。这样切割的结果就可以将灰度图像变为只有两个颜色的伪彩色图像。

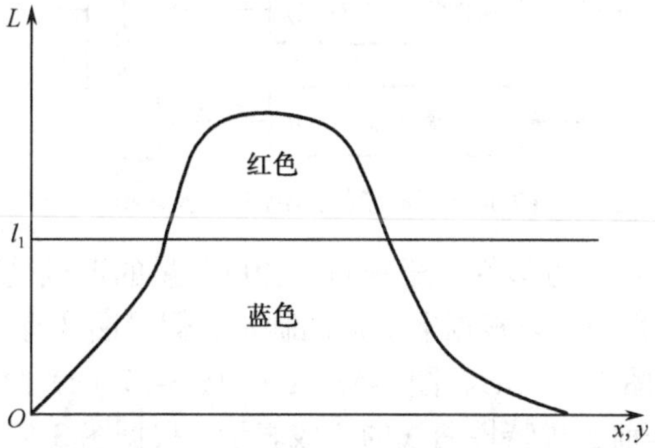

图 3-54 亮度切割的剖面示意

若将以上图像的灰度级用 M 个切割平面去切割，就会得到 M 个不同灰度级的区域 $s_1,s_2,\cdots,s_M$。对这 M 个区域中的像素人为地分配 M 个不同的颜色，就可以得到具有 M 种颜色的伪彩色图像，如图 3-55 所示。这种切割过程可以是均匀切割，也可以是非等间隔切割。

所谓的非等间隔切割就是对关心的灰度级区间分得密一些，其他区间分得稀疏些。亮度切割伪彩色处理的优点是简单易行，仅用硬件就可以实现，并且可以扩大用途。如用来计算图像中某灰度级的面积等。但此方法有些缺点，例如，伪彩色图像的视觉效果不理想，伪彩色生硬且不够调和，量化噪声大等。亮度切割技术的效果与切割层数成比例，层次越多，细节越丰富，彩色越柔和。

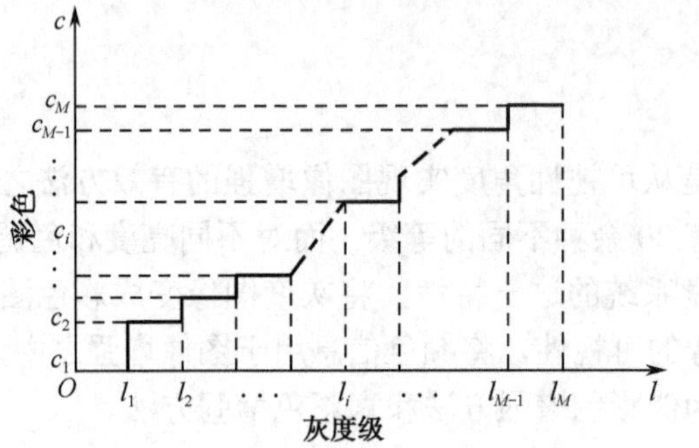

图 3-55　多灰度伪彩色切割

2. 灰度级彩色变换

这种伪彩色处理技术可以将灰度图像变换为具有多种颜色渐变的连续彩色图像。其方法如图 3-56 所示，先将灰度图像 $f(x,y)$ 送入具有不同变换特征的三个变换器（变换函数），然后再将三个变换器的不同输出 $I_R(x,y)$、$I_G(x,y)$、$I_B(x,y)$ 代表红、绿、蓝三个颜色分量，最后由这三个颜色分量共同合成一种彩色输出 $\vec{g}(x,y)$，其中 $\vec{g}(x,y)$ 代表具有三个颜色分量的矢量。对于同一个灰度级而言，由于三个变换器对其实施不同的变换，因而三个变换器的输出不同，从而不同大小灰度级合成了不同的彩色。

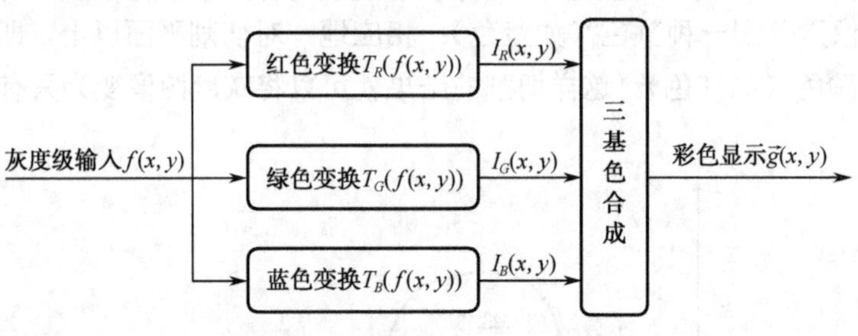

图 3-56　灰度级彩色变换示意图

灰度级彩色变换法产生的伪彩色是渐变的，各色分量的形成受变换函数特性支配。对于三个变换器的变换特性，我们可以根据需要自己制定。假设图像有 L 个灰度级，图 3-57 给出了一组颜色变换器，其中图 3-57（a）、图 3-57（b）、图 3-57（c）分别是红、绿、蓝三基色的变换曲线，图 3-57（d）是前三种特性曲线的合成表示。根据图 3-57 所示的三个变换特性，我们可以写出对应的变换函数为

$$I_R(x,y)=\begin{cases}0, & 0\leqslant f(x,y)<L/2\\ [4f(x,y)-2L](L-1)/L, & L/2\leqslant f(x,y)<3L/4\\ L-1, & 3L/4\leqslant f(x,y)\leqslant L-1\end{cases} \tag{3.97a}$$

$$I_G(x,y)=\begin{cases}4f(x,y)(L-1)/L, & 0\leqslant f(x,y)<L/2\\ L-1, & L/2\leqslant f(x,y)<3L/4\\ 4[L-1-f(x,y)](L-1)/(L-4), & 3L/4\leqslant f(x,y)\leqslant L-1\end{cases} \tag{3.97b}$$

$$I_B(x,y)=\begin{cases}L-1, & 0\leqslant f(x,y)<L/2\\ [2L-4f(x,y)](L-1)/L, & L/2\leqslant f(x,y)<3L/4\\ 0, & 3L/4\leqslant f(x,y)\leqslant L-1\end{cases} \tag{3.97c}$$

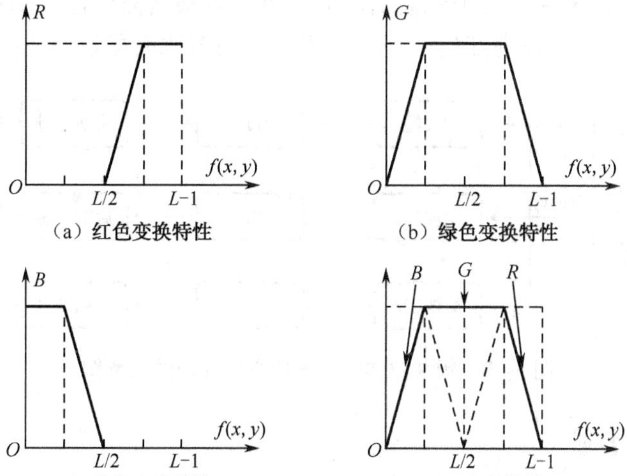

(a) 红色变换特性　(b) 绿色变换特性　(c) 蓝色变换特性　(d) 合成特性

图 3-57　典型的彩色变换特性

对于上述的这组变换函数，当 L=256 个灰度级时，若 $f(x,y)=0$，则 $I_B(x,y)=255$、$I_R(x,y)=I_G(x,y)=0$，这时显示蓝色；若 $f(x,y)=128$，则 $I_G(x,y)=255$、$I_R(x,y)=I_B(x,y)=0$，这时显示绿色；若 $f(x,y)=255$，则 $I_R(x,y)=255$、$I_B(x,y)=I_G(x,y)=0$，这时显示红色。除此之外，将由三基色合成而产生不同的彩色。因此不难理解，若灰度图像 $f(x,y)$ 的灰度级在 0～255 之间变化，$I_R(x,y)$、$I_G(x,y)$、$I_B(x,y)$ 会有不同的输出，从而合成不同的彩色图像。

前面讨论的亮度切割方法可以看作用一个分段的线性函数实现从灰度到彩色的变换，而灰度级彩色变换方法可以使用光滑的、非线性的变换函数，所以亮度切割法可以看作本方法的一个特例。在实际应用中，变换函数常用取绝对值的正弦函数，其特点是在峰值处比较平缓而在低谷处比较尖锐。通过改变每个正弦波的相位和频率就可以改变相应灰度值所对应的彩色。例如，当三个变换具有相同的相位和频率时，输出的图仍是灰度图。当三个变换间的相位发生一点小变化时，其灰度值对应正弦函数峰值处的像素受到的影响很小（特别当频率比较低，峰比较宽时），但其灰度值对应正弦函数低谷处的像素受到的影响较大。特别在三个正弦函数都为低谷处，相位变化导致幅度变化更大。也就是说，在三个正弦函数的数值变化比较剧烈处，像素灰度值受彩色变化影响比较明显。这样不同灰度值范围的像素就得到了不同的伪彩色增强效果。

3．频域伪彩色增强

前面介绍的两种方法都是在空间域进行的伪彩色处理技术。伪彩色处理还可以在频率域借助各种滤波器进行。采用频率域滤波法，其输出图像的伪彩色与灰度图像的灰度级无关，而仅与灰度图像中的不同空间频率成分有关。频域滤波法实现伪彩色处理的示意图如图 3-58 所示，首先把灰度图像经傅里叶变换到频率域，在频率域内用三个不同传递特性的滤波器将其分离成三个独立分量，从三个不同频率的滤波器输出的信号再经过傅里叶反变换，可以对这三幅图像再作后期处理（如直方图均衡化或规定化），最后把它们作为红、绿、蓝三基色分量进行合成，从而实现频率域的伪彩色处理。这种方法的基本思想是根据图像中各区域的不同频率含量给区域赋予不同的颜色。为得到不同的频率分量可分别使用低通、带通（或带阻）和高通滤波器作为图 3-58 中的三个滤波器。滤波器可以根据需要自己制定，比如，如果希望图像的边缘（即高频成分）成为红色，则可以将红色通道滤波器设计成高通滤波器。

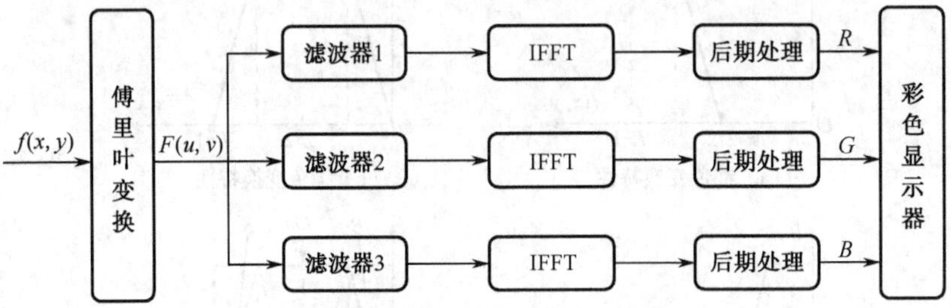

图 3-58　频域滤波法实现伪彩色处理的示意图

3.5.2　真彩色增强

伪彩色增强处理的是灰度图像，而真彩色增强处理的则是一幅自然彩色图像或是同一景物的多光谱图像，它是从彩色到彩色的一种转换。真彩色增强的目的有两个：一是变换图像的色彩，引起人们的特别关注；二是由于人眼对不同颜色的灵敏度不同，使景物呈现出与人眼色觉相匹配的颜色，以提高人眼对目标的分辨力。

对于 RGB 彩色空间，真彩色图像增强算法对每个通道的数据进行函数映射，从而转换成新的三基色分量，再彩色合成使得增强图像中各目标呈现出与原图像不同的彩色。在真彩色增强处理中，选择合适的彩色模型或映射函数是很重要的。对于自然景色图像，通用的线性真彩色映射可表示为式（3.98），其中 $\alpha_i,\beta_i,\gamma_i$（$i=1,2,3$）是变换系数，$R_{\mathrm{f}},G_{\mathrm{f}},B_{\mathrm{f}}$ 是原彩色空间的 R、G、B 分量。

$$\begin{bmatrix} R_{\mathrm{g}} \\ G_{\mathrm{g}} \\ B_{\mathrm{g}} \end{bmatrix} = \begin{bmatrix} \alpha_1 & \beta_1 & \gamma_1 \\ \alpha_2 & \beta_2 & \gamma_2 \\ \alpha_3 & \beta_3 & \gamma_3 \end{bmatrix} \begin{bmatrix} R_{\mathrm{f}} \\ G_{\mathrm{f}} \\ B_{\mathrm{f}} \end{bmatrix} \tag{3.98}$$

在 RGB 空间里进行真彩色增强的时候是对 RGB 各个分量直接处理的，RGB 分量发生了变化，它们的相对数值很可能与原来不同，这将导致原图像颜色的较大改变。为了克服这一缺点，可以在 HSI 空间进行真彩色增强处理。相比于 RGB 彩色空间，HSI 模型更有优势和特点。首先，在 HSI 模型中，亮度分量与色度分量是分开的，其次，色调和饱和度的概念与人的感知是紧密联系的。在 HSI 空间进行真彩色增强的基本步骤如下。

步骤 1：将 R、G、B 分量图转化为 H、S、I 分量图；

步骤 2：利用对灰度增强的方法增强其中需要增强的分量；

步骤 3：再将结果转换为 R、G、B 分量图来显示。

在 HSI 空间中，色度和亮度无关，单独对亮度的处理不会改变原图的彩色内容，但增强后的图从视觉上看起来会有些不一样。若增强了其中的 I 亮度分量，整个图像会比原来更亮一些。

真彩色增强的一个重要应用是用于多光谱遥感图像。多光谱图像中除了可见光波段图像外，还包括一些非可见光波段的图像，由于它们的夜视和全天候能力，可得到可见光波段无法获得的信息，因此若将可见光与非可见光波段结合起来，通过真彩色处理，就能获得更丰富的信息，便于对地物识别。

小结

图像增强是图像处理中的一种基本处理技术，它通过采用一定的方法对图像进行加工和变换，从而得到更清晰或更有用的结果。本章在灰度级修正中介绍了图像的线性拉伸及直方图均衡等算法，用来增强图像的对比度。并从空域和频域角度介绍了图像的平滑和锐化方法。在图像增晰方面，介绍了传统的同态滤波算法，以及基于人眼视觉特性的去雾增强算法。本章最后介绍了图像的彩色增强，用来提高图像的可视效果。

图像增强的效果可以用图像增强的性能指标来客观测量，用于图像增强的性能指标也就是图像质量的评价指标，即亮度、标准差、熵、对比度、对比度熵等，关于这部分内容，本书在 1.5 节中已有介绍，此处不再赘述。

习题

3-1 试写出将灰度范围由[0，80]拉伸为[0，40]，把[80，160]拉伸为[40，200]，将[160，255]拉伸为[200，255]的直方图线性变换方程，并画出直方图变换曲线。

3-2 试给出变换方程 $T(z)$，使其满足在 $10 \leqslant z \leqslant 100$ 的范围内，$T(z)$ 是 $\lg z$ 的线性函数。

3-3 如果一幅图像已经用直方图均衡化方法进行了处理，那么对处理后的图像再次应用直方图均衡化，处理的结果会不会更好？

3-4 已知一幅 64 像素×64 像素的数字图像，其灰度级有 8 个，各灰度级出现的频数如题 3-4 表 a 所示。试将此幅图像进行直方图变换，使其变换后的图像具有如题 3-4 表 b 所示的灰度级分布，并画出变换前后图像的直方图。

题 3-4 表 a

$f(x,y)$	n_k	n_k/n
0	560	0.14
1	920	0.22
2	1046	0.26
3	705	0.17
4	356	0.09
5	267	0.06
6	170	0.04
7	72	0.02

题 3-4 表 b

$g(x,y)$	n_k	n_k/n
0	0	0
1	0	0
2	0	0
3	790	0.19
4	1023	0.25
5	850	0.21
6	985	0.24
7	448	0.11

3-5　已知某 7 像素×15 像素的假想图像中含有一些点状噪声，如题 3-5 图所示。

（1）分别采用图 3-17 所示的两种模板对图像进行均值平滑,并对滤波结果进行对比。

（2）采用图 3-22 所示的几种模板对图像进行中值平滑,并对滤波结果进行对比。

1	1	1	1	1	1	1	1	1	1	1	1	1	1	1
1	1	8	1	1	1	1	1	1	1	1	1	1	1	1
1	1	1	1	1	1	1	1	1	1	1	1	1	1	1
1	1	1	1	1	1	1	5	5	5	5	5	5	5	5
1	1	1	1	1	1	1	5	9	9	9	9	9	9	9
1	1	8	1	1	1	1	5	9	9	9	9	9	9	9
1	1	1	1	1	1	1	5	9	9	9	9	9	9	9

题 3-5 图

3-6　采用图 3-37 所示拉普拉斯增强算子对题 3-6 图进行增强运算，并将增强后的图像画出来。

0	0	0	0	0	0	0	0
0	0	0	0	0	0	0	0
0	0	1	1	1	1	0	0
0	0	1	1	1	1	0	0
0	0	1	1	1	1	0	0
0	0	1	1	1	1	0	0
0	0	0	0	0	0	0	0
0	0	0	0	0	0	0	0

题 3-6 图

3-7　试画出几种高通滤波器的特性曲线。

3-8　试讨论用于平滑处理的滤波器和用于锐化处理的滤波器之间的区别和联系。

3-9　高通滤波、低通滤波和同态滤波各适合什么情况？

3-10　给定一幅灰度图像，自己设计针对 R、G、B 三个分量的变换器函数，实现灰度级彩色变换算法。

3-11　给定一幅图像，试利用 PLIP 模型将该图像分成低对比度区域、德弗里斯区域、韦伯区域及饱和区域等四个照度区域，并体会四个区域的特点。

3-12　给定一幅雾气遮挡的图像，试采用 Retinex 方法、LIP 方法及照度区域划分的方法对图像进行清晰化处理，并对比三种方法的优缺点。

第4章

图像复原

图像是通过摄像机等图像采集设备获取的、能够反映外界真实景物的信息，有时需要把它转换成可视信息，然后进行记录、存储和再现，无论是由光学、光电或电子方法获得的图像都会有不同程度的退化，这种由于图像采集设备的固有缺陷、周围环境的变化及其他人为因素的影响，使所采集的图像带上噪声、产生模糊的现象我们称为图像退化，也叫图像降质。

在数字图像处理中要解决的一个重要问题就是如何以观测图像为已知数据来恢复反映客观场景的真实图像。图像复原就是利用导致图像退化的先验知识，建立图像退化的数学模型，然后通过图像退化的逆过程进行恢复，以获得清晰的原始图像。图像复原技术也常被称为图像恢复技术，是当今图像处理研究领域的重要分支。图像复原技术能够去除或减轻在获取数字图像过程中发生的图像质量下降（退化）问题，从而使图像尽可能地接近真实场景。

图像复原与图像增强在图像处理中都是用来改善输入图像的视觉质量和视觉效果的一种图像处理方法，目的是得到某种意义上的改进图像，为后续处理奠定基础。它们之间既存在着密切的联系，也有明显的区别，主要表现为：

（1）从处理结果上看，图像增强技术是要满足人的视觉系统具有好的视觉结果，增强后的图像可能与原始图像有一定的差异。而图像复原技术则是根据图像畸变或退化的原因，将图像退化的过程模型化，将质量退化的图像重建或恢复到原始图像，即恢复退化图像的本来面目，忠实于原图像。

（2）从处理过程来看，图像增强技术更偏向主观判断，即要突出所关心的信息，满足人的视觉系统要求，使处理后的图像具有好的视觉结果。它主要是通过某些技术来突出图像中感兴趣的特征，在对图像进行处理的过程中，不考虑图像退化的真实物理基础和降质机理，而是利用人的心理状态和视觉系统去控制图像质量，因此，图像增强其实是一个视觉系统的心理感受过程，具有极大的主观性。而图像恢复恰恰是要找出和利用图像降质的机理，在研究图像退化的基础上，以退化图像为依据，建立系统退化的数学模型，通过反向推演恢复出原始的理想图像。换句话说，图像复原必须将图像退化的过程模型化，根据一定的图像退化模型来得到原始的真实图像，因此，图像复原具有很强的客观性。

本章主要介绍图像复原的基本原理，以及图像复原的典型方法，重点介绍运动模糊图像的复原原理和过程，并在此基础上对图像复原的质量评价进行描述。

4.1 图像的退化模型

4.1.1 图像的退化与复原过程

图像复原的关键是建立图像退化的数学模型，不同的图像产生系统具有不同的图像退化模型。将图像退化过程描述成一个退化系统，这里原图像 $f(x,y)$ 是通过一个系统 H 并与加性噪声 $n(x,y)$ 相加退化成图像 $g(x,y)$ 的，其过程如图 4-1 所示。

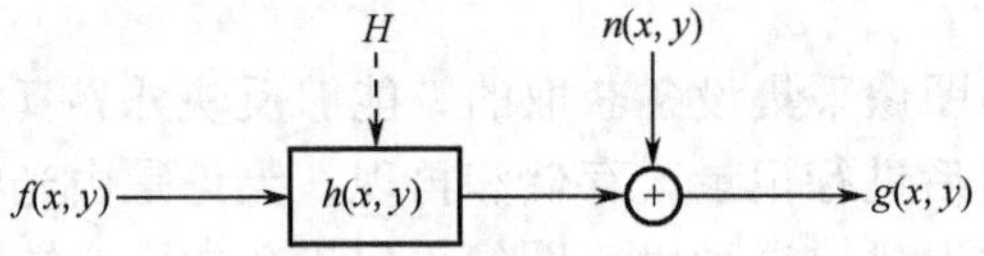

图 4-1 图像的退化模型

图像复原可以看成一个预测估计的过程，由已给出的退化图像 $g(x,y)$ 估计出系统参数 H，从而近似地恢复出 $f(x,y)$。这样图像退化过程的数学表达式就可以写为

$$\begin{aligned} g(x,y) &= H[f(x,y)] + n(x,y) \\ &= f(x,y) * h(x,y) + n(x,y) \end{aligned} \tag{4.1}$$

其中 $f(x,y)$ 为输入的清晰图像，$h(x,y)$ 为成像系统的冲击响应，$n(x,y)$ 为加性噪声，$g(x,y)$ 为输出的降质图像。在光学中冲击为一光点，因此 $h(x,y)$ 又称为退化过程的点扩散函数（PSF）。在这个模型中，图像降质过程被模型化为 $f(x,y)$ 与 $h(x,y)$ 的卷积，并与 $n(x,y)$ 联合作用产生 $g(x,y)$。

式（4.1）中 $H[\cdot]$ 可理解为综合所有退化因素的函数或算子。抽象地讲，在不考虑加性噪声 $n(x,y)$ 时，图像退化的过程也可以看作一个变换 H，即

$$H[f(x,y)] \to g(x,y) \tag{4.2}$$

由 $g(x,y)$ 求得 $f(x,y)$，就是寻求逆变换 H^{-1}，使得 $H^{-1}[g(x,y)] \to f(x,y)$。

图像复原的过程，就是根据退化模型及原图像的某些知识，设计一个恢复系统 $p(x,y)$，以退化图像 $g(x,y)$ 作为输入，该系统应使输出的恢复图像 $\hat{f}(x,y)$ 按某种准则最接近原图像 $f(x,y)$，图像的退化及复原的过程如图 4-2 所示。

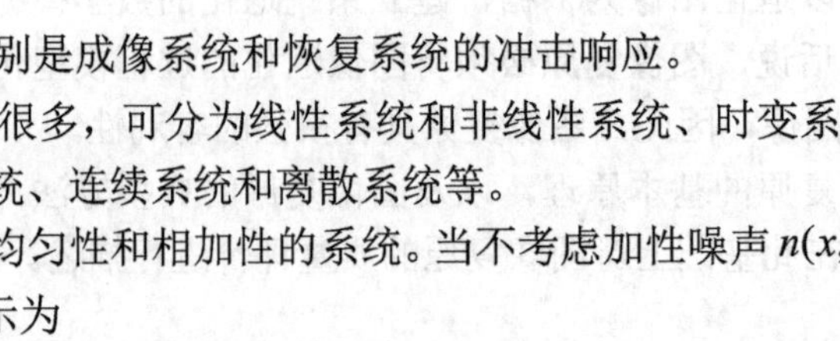

图 4-2 图像退化及复原的过程

其中 $h(x,y)$ 和 $p(x,y)$ 分别是成像系统和恢复系统的冲击响应。

系统 H 的分类方法很多，可分为线性系统和非线性系统、时变系统和非时变系统、集中参数系统和分布参数系统、连续系统和离散系统等。

线性系统就是具有均匀性和相加性的系统。当不考虑加性噪声 $n(x,y)$ 时，即令 $n(x,y)=0$，则图 4-1 所示系统可表示为

$$g(x,y)=H[f(x,y)] \tag{4.3}$$

两个输入信号 $f_1(x,y)$ 、 $f_2(x,y)$ 对应的输出信号为 $g_1(x,y)$ 、 $g_2(x,y)$ ，如果有式（4.4）成立

$$\begin{aligned}H[k_1f_1(x,y)+k_2f_2(x,y)]&=H[k_1f_1(x,y)]+H[k_2f_2(x,y)]\\&=k_1g_1(x,y)+k_2g_2(x,y)\end{aligned} \tag{4.4}$$

则系统 H 是一个线性系统， k_1 、 k_2 为常数。

线性系统的这种特性为求解多个激励情况下的输出响应带来很大方便。

如果一个系统的参数不随时间变化，即称为时不变系统或非时变系统，否则，该系统为时变系统。与此相对应，对二维函数来说，如果

$$H[f(x-\alpha,y-\beta)]=g(x-\alpha,y-\beta) \tag{4.5}$$

则 H 是空间不变系统（或称位置不变系统），式中， α 、 β 分别是空间位置的位移量。式（4.5）表示图像中的任一点通过该系统的响应只取决于在该点的输入值，而与该点的位置无关。

如果系统 H 有式（4.4）和式（4.5）的关系，那么系统就是线性和空间位置不变的系统。在图像复原处理中，非线性和空间变化的系统模型虽然更具普遍性和准确性，但却给处理工作带来巨大的困难，它常常没有解或很难用计算机来处理。实际的成像系统在一定条件下往往可以近似地视为线性和空间不变的系统，因此在图像复原处理中，往往用线性和空间不变性的系统模型加以近似。这种近似使线性系统理论中的许多知识可以直接用于解决图像复原问题，所有图像复原处理特别是数字图像复原处理主要采用线性的空间不变复原技术。

4.1.2 连续函数的退化模型

单位冲激函数 $\delta(t)$ 是一个振幅在原点之外所有时刻为零，而在原点处振幅为无穷大，宽度无限小，面积为 1 的窄脉冲，其时域表达式为

$$\delta(t)=\begin{cases}\infty & t=0\\ 0 & t\neq 0\end{cases}\qquad \int_{-\infty}^{+\infty}\delta(t)\mathrm{d}t=1 \tag{4.6}$$

$\delta(t)$ 的卷积取样公式为

$$f(x)=\int_{-\infty}^{+\infty}f(x-t)\delta(t)\mathrm{d}t \tag{4.7}$$

或

$$f(x)=\int_{-\infty}^{\infty}f(t)\delta(x-t)\mathrm{d}t \tag{4.8}$$

上述的一维时域冲激函数 $\delta(t)$ 可推广到二维空间域中，从而可把 $f(x,y)$ 写成下面的积分形式，即

$$f(x,y)=\int_{-\infty}^{+\infty}\int_{-\infty}^{+\infty}f(\alpha,\beta)\delta(x-\alpha,y-\beta)\mathrm{d}\alpha\,\mathrm{d}\beta \tag{4.9}$$

由于 $g(x,y)=H[f(x,y)]+n(x,y)$ ，如果令 $n(x,y)=0$ ，同时考虑到 H 为线性算子，则

$$\begin{aligned}g(x,y)&=H[f(x,y)]\\&=H\left[\int_{-\infty}^{+\infty}\int_{-\infty}^{+\infty}f(\alpha,\beta)\delta(x-\alpha,y-\beta)\,\mathrm{d}\alpha\,\mathrm{d}\beta\right]\\&=\int_{-\infty}^{+\infty}\int_{-\infty}^{+\infty}H\left[f(\alpha,\beta)\delta(x-\alpha,y-\beta)\right]\mathrm{d}\alpha\,\mathrm{d}\beta\\&=\int_{-\infty}^{+\infty}\int_{-\infty}^{+\infty}f(\alpha,\beta)H\left[\delta(x-\alpha,y-\beta)\right]\mathrm{d}\alpha\,\mathrm{d}\beta\end{aligned} \tag{4.10}$$

令 $h(x,\alpha,y,\beta)=H[\delta(x-\alpha,y-\beta)]$，则有

$$g(x,y)=\int_{-\infty}^{+\infty}\int_{-\infty}^{+\infty}f(\alpha,\beta)h(x,\alpha,y,\beta)\mathrm{d}\alpha\ \mathrm{d}\beta \tag{4.11}$$

其中 $h(x,\alpha,y,\beta)$ 为系统 H 的冲激响应，即 $h(x,\alpha,y,\beta)$ 是系统 H 对坐标为 (α,β) 处的冲激函数 $\delta(x-\alpha,y-\beta)$ 的响应。

式（4.11）说明，当系统 H 对冲激函数的响应为已知，则对任意输入 $f(x,y)$ 的响应均可由式（4.11）求得，也就是说，线性系统 H 完全可由其冲激响应来表征。

当系统 H 空间位置不变时，则

$$h(x-\alpha,y-\beta)=H[\delta(x-\alpha,y-\beta)] \tag{4.12}$$

这样就有

$$g(x,y)=\int_{-\infty}^{+\infty}\int_{-\infty}^{+\infty}f(\alpha,\beta)h(x-\alpha,y-\beta)\mathrm{d}\alpha\ \mathrm{d}\beta \tag{4.13}$$

即系统 H 对输入 $f(x,y)$ 的响应就是系统输入信号 $f(x,y)$ 与系统冲激响应的卷积。

考虑加性噪声 $n(x,y)$ 时，式（4.11）可写成

$$g(x,y)=\int_{-\infty}^{+\infty}\int_{-\infty}^{+\infty}f(\alpha,\beta)h(x,\alpha,y,\beta)\mathrm{d}\alpha\ \mathrm{d}\beta+n(x,y) \tag{4.14}$$

其中 $n(x,y)$ 与图像中的位置无关。

4.1.3 离散函数的退化模型

在连续的退化模型中，把 $f(\alpha,\beta)$ 和 $h(x-\alpha,y-\beta)$ 进行均匀取样后就可以得到离散的图像退化模型。在实际应用中，图像和点扩散函数都是离散的。

分别给出大小为 $A\times B$ 和 $C\times D$ 的两幅图像 $f(x,y)$ 和 $h(x,y)$，将两幅图像周期性地拓展成大小为 $M\times N$ 的图像，即

$$f_e(x,y)=\begin{cases}f(x,y) & 0\leqslant x\leqslant A-1\ \text{且}\ 0\leqslant y\leqslant B-1\\ 0 & A-1<x\leqslant M-1\ \text{或}\ B-1\leqslant y\leqslant N-1\end{cases} \tag{4.15}$$

$$h_e(x,y)=\begin{cases}h(x,y) & 0\leqslant x\leqslant C-1\ \text{且}\ 0\leqslant y\leqslant D-1\\ 0 & C-1<x\leqslant M-1\ \text{或}\ D-1\leqslant y\leqslant N-1\end{cases} \tag{4.16}$$

如果把延伸函数 $f_e(x,y)$ 和 $h_e(x,y)$ 作为 x 和 y 方向上周期分别为 M 和 N 的二维周期函数来处理，那么 $f_e(x,y)$ 和 $h_e(x,y)$ 的二维离散卷积为

$$g_e(x,y)=\sum_{m=0}^{M-1}\sum_{n=0}^{N-1}f_e(m,n)h_e(x-m,y-n) \tag{4.17}$$

式中，x=0,1,2,⋯, M−1 和 y=0,1,2,⋯, N−1。显然 $g_e(x,y)$ 也为周期函数，为了避免混叠，M 和 N 应选为 $M\geqslant A+C-1$，$N\geqslant B+D-1$。

如果把噪声项 $n(x,y)$ 也离散化，并将其周期性地延拓成 $M\times N$，记为 $n_e(x,y)$，那么图像退化的离散模型就可以表示为

$$g_e(x,y)=\sum_{m=0}^{M-1}\sum_{n=0}^{N-1}f_e(m,n)h_e(x-m,y-n)+n_e(x,y) \tag{4.18}$$

式（4.18）图像退化的离散模型也可用矩阵来表示，即

$$\boldsymbol{g}=\boldsymbol{H}\ \ \boldsymbol{f}+\boldsymbol{n} \tag{4.19}$$

其中$\boldsymbol{g}$、$\boldsymbol{f}$、$\boldsymbol{n}$均为$M\times N$维列向量，这些列向量是由$M\times N$维的函数矩阵$[f_e(x,y)]$、$[g_e(x,y)]$和$[n_e(x,y)]$的各行堆叠而成。$\boldsymbol{H}$为$MN\times MN$维矩阵，即

$$\boldsymbol{H}=\begin{bmatrix} \boldsymbol{H}_0 & \boldsymbol{H}_{M-1} & \boldsymbol{H}_{M-2} & \cdots & \boldsymbol{H}_1 \\ \boldsymbol{H}_1 & \boldsymbol{H}_0 & \boldsymbol{H}_{M-1} & \cdots & \boldsymbol{H}_2 \\ \boldsymbol{H}_2 & \boldsymbol{H}_1 & \boldsymbol{H}_0 & \cdots & \boldsymbol{H}_3 \\ \vdots & \vdots & \vdots & \ddots & \vdots \\ \boldsymbol{H}_{M-1} & \boldsymbol{H}_{M-2} & \boldsymbol{H}_{M-3} & \cdots & \boldsymbol{H}_0 \end{bmatrix} \tag{4.20}$$

式中，每个$\boldsymbol{H}_j$都是一个$N\times N$的矩阵，是由延拓函数$h_e(x,y)$的第j行构成的。

$$\boldsymbol{H}_j=\begin{bmatrix} \boldsymbol{h}_e(j,0) & \boldsymbol{h}_e(j,N-1) & \boldsymbol{h}_e(j,N-2) & \cdots & \boldsymbol{h}_e(j,1) \\ \boldsymbol{h}_e(j,1) & \boldsymbol{h}_e(j,0) & \boldsymbol{h}_e(j,N-1) & \cdots & \boldsymbol{h}_e(j,2) \\ \boldsymbol{h}_e(j,2) & \boldsymbol{h}_e(j,1) & \boldsymbol{h}_e(j,0) & \cdots & \boldsymbol{h}_e(j,3) \\ \vdots & \vdots & \vdots & \ddots & \vdots \\ \boldsymbol{h}_e(j,N-1) & \boldsymbol{h}_e(j,N-2) & \boldsymbol{h}_e(j,N-3) & \cdots & \boldsymbol{h}_e(j,0) \end{bmatrix} \tag{4.21}$$

可见，$\boldsymbol{H}_j$是一个循环矩阵，而$\boldsymbol{H}$是一个分块循环矩阵。

上述离散退化模型是在线性空间不变的前提下推出的。目的是在给定$g(x,y)$并且知道$h(x,y)$和$n(x,y)$的情况下，估计出理想的原始图像$f(x,y)$。但是，要想从式（4.19）直接求解得$f(x,y)$，对于实际大小的图像来说，处理工作量是十分艰巨的，如$M=N=512$时，$\boldsymbol{H}$矩阵的大小为$MN\times MN=512^2\times512^2$=262 144×262 144，求解$\boldsymbol{f}$需要解262 144个联立方程组，计算量之大难以想象，为解决这样的问题，需研究一些简化算法，利用$\boldsymbol{H}$的循环性质，使简化运算得以实现。

根据有关的数学知识，由于$\boldsymbol{H}$是分块循环矩阵，则$\boldsymbol{H}$可对角化，即

$$\boldsymbol{H}=\boldsymbol{WDW}^{-1} \tag{4.22}$$

$\boldsymbol{W}$为一变换阵，大小为$MN\times MN$维矩阵，它由M^2个大小为$N\times N$的子块组成，即

$$\boldsymbol{W}=\begin{bmatrix} \boldsymbol{w}(0,0) & \boldsymbol{w}(0,1) & \cdots & \boldsymbol{w}(0,M-1) \\ \boldsymbol{w}(1,0) & \boldsymbol{w}(1,1) & \cdots & \boldsymbol{w}(1,M-1) \\ \vdots & \vdots & \ddots & \vdots \\ \boldsymbol{w}(M-1,0) & \boldsymbol{w}(M-1,1) & \cdots & \boldsymbol{w}(M-1,M-1) \end{bmatrix} \tag{4.23}$$

其中

$$\boldsymbol{w}(i,m)=\exp\left[\mathrm{j}\frac{2\pi}{M}im\right]\boldsymbol{w}_N \tag{4.24}$$

式中，$i,m=0$，1，2，…，$M-1$。$\boldsymbol{w}_N$为$N\times N$的矩阵，其元素为

$$\boldsymbol{w}_N(k,n)=\exp\left[\mathrm{j}\frac{2\pi}{N}kn\right] \tag{4.25}$$

式中，$k,n=0$，1，2，…，$N-1$。

实际上，对任意形如$\boldsymbol{H}$的分块循环矩阵，$\boldsymbol{W}$都可使其对角化。$\boldsymbol{D}$是对角阵，其对角元素与$h_e(x,y)$的傅里叶变换有关，二者相差一个常数MN，即如果

$$H(u,v)=\sum_{x=0}^{M-1}\sum_{y=0}^{N-1}h_e(x,y)\exp\left[-\mathrm{j}2\pi\left(\frac{ux}{M}+\frac{vy}{N}\right)\right] \tag{4.26}$$

则 $\boldsymbol{D}$ 的 MN 个对角线元素按下面的形式给出，第一组 N 个元素为 $H(0,0)$，$H(0,1)$，…，$H(0,N-1)$；第二组为 $H(1,0)$，$H(1,1)$，…，$H(1,N-1)$；依此类推，最后的 N 个对角线元素为 $H(M-1,0)$，$H(M-1,1)$，…，$H(M-1,N-1)$。由上述元素组成的整个矩阵再乘以 MN 得到 $\boldsymbol{D}$，即有

$$D(k,i)=\begin{cases}MNH\left(\left[\dfrac{k}{N}\right],\ k \bmod N\right) & i=k\\ 0 & i\neq k\end{cases} \tag{4.27}$$

式中，$\left[\dfrac{k}{N}\right]$ 表示不超过 $\dfrac{k}{N}$ 的最大整数，$k \bmod N$ 是以 $\boldsymbol{N}$ 除以 k 所得到的余数。

从而退化模型可写成

$$\boldsymbol{g}=\boldsymbol{H}\quad \boldsymbol{f}+\boldsymbol{n}=\boldsymbol{W}\boldsymbol{D}\boldsymbol{W}^{-1}\boldsymbol{f}+\boldsymbol{n} \tag{4.28}$$

$$\boldsymbol{W}^{-1}\boldsymbol{g}=\boldsymbol{D}\boldsymbol{W}^{-1}\boldsymbol{f}+\boldsymbol{W}^{-1}\boldsymbol{n} \tag{4.29}$$

可以证明

$$\boldsymbol{W}^{-1}\boldsymbol{g}=\boldsymbol{V}_{\mathbf{ec}}\left[G(u,v)\right] \tag{4.30}$$

$$\boldsymbol{W}^{-1}\boldsymbol{f}=\boldsymbol{V}_{\mathbf{ec}}\left[F(u,v)\right] \tag{4.31}$$

$$\boldsymbol{W}^{-1}\boldsymbol{n}=\boldsymbol{V}_{\mathbf{ec}}\left[N(u,v)\right] \tag{4.32}$$

式中，$G(u,v)$、$F(u,v)$ 和 $N(u,v)$ 分别是 $g(x,y)$、$f(x,y)$ 和 $n(x,y)$ 的二维傅里叶变换，$\boldsymbol{V}_{\mathbf{ec}}[\cdot]$ 是将矩阵拉伸为向量的算子，如

$$\boldsymbol{V}_{\mathbf{ec}}\begin{bmatrix}1 & 2\\ 3 & 4\end{bmatrix}=\begin{bmatrix}1\\ 2\\ 3\\ 4\end{bmatrix} \tag{4.33}$$

于是，式（4.28）变成

$$G(u,v)=H(u,v)F(u,v)+N(u,v) \tag{4.34}$$

这样就将求 $f(x,y)$ 的过程转换为求解 $F(u,v)$ 的过程，简化了计算过程，同时式（4.34）也是进行图像恢复的基础。

4.1.4 图像复原的基本步骤

由于获得图像的方法不同，其退化形式是多种多样的，包括在图像的形成、传输及记录过程中由光学系统、相对运动等造成图像的模糊，以及源自电路和光学因素的噪声对图像质量的影响，如传感器噪声、摄像机未聚焦、物体与摄像设备之间的相对移动、随机大气湍流、光学系统的像差、成像光源或射线的散射、摄影胶片的非线性和几何畸变，等等，这些因素都会使成像的分辨率和对比度退化。如果能对退化的类型、机制和过程都十分清楚，那么就可以利用其反过程把已退化的图像复原。

由于引起图像退化的因素各异，目前存在许多图像复原方法，大致可以分为两类：一类方法适用于缺乏图像先验知识的情况，此时可对退化过程建立模型进行描述，进而寻找一种去除或削弱其影响的过程，这是一种估计方法；另一类是根据图像退化的先验知识建立一个

数学退化模型，并根据它对退化图像进行拟合来恢复原始图像。这两种方法各有优缺点，第一种方法不需要先验知识，但其缺点是速度较慢，效果也不如第二种好；而第二种方法只要有正确的模型，就可在相对较短的时间内得到较好的效果，其缺点是建立准确的模型通常十分困难。

图像复原技术就是要将图像退化的过程模型化，并由此采取相反的过程以得到原始图像。根据前面的分析，退化图像的复原过程主要包括三个步骤：

步骤 1：建立图像退化模型，即确定图像退化的点扩散函数模型；

步骤 2：估计点扩散函数模型中的未知参数；

步骤 3：选择合适的图像复原方法复原出原始图像。

式（4.34）是在频域中进行的复原模型，这需要在复原前和复原后都进行一次傅里叶变换，使得图像能够在空域和频域之间进行转化，对应该模型的方法有逆滤波法和维纳滤波法等，这类算法原理简单、计算量少、应用广泛。也有一些复原方法是将系统点扩散函数的估计过程与图像复原过程同时进行的，如后面提到的最小二乘复原法和投影法等，这类方法是在空域中进行的迭代复原技术，一般计算量比较大。

4.2 常用的图像退化模型

点扩散函数（PSF）是对图像退化过程的一种建模，对应了不同的退化模型，点扩散函数的准确与否是决定图像复原结果好坏的一种主要因素。本节介绍几个常用的点扩散函数。

1．运动模糊的退化函数

在曝光过程中，摄像机与被拍摄物体之间的相对运动导致所拍摄的照片发生的运动模糊不仅与运动的速度、大小有关，而且也与运动方向有关。假设图像是通过一个具有机械快门的摄像机获得的。摄像机和拍摄物体在快门打开期间（即曝光时间）T 的相对运动引起物体在图像中的平滑。假设 V 是沿 x 轴方向的恒定速度，时间 T 内 PSF 的傅里叶变换 $H(u,v)$ 由式(4.35)给出

$$H(u,v)=\frac{\sin(\pi VTu)}{\pi Vu} \tag{4.35}$$

2．匀速线性运动退化函数

线性运动模糊是运动模糊的特例，当成像系统和目标之间的相对运动为匀速直线运动时，系统的点扩散函数可表示为

$$h(x,y)=\begin{cases}\dfrac{1}{L} & 0\leqslant x\leqslant L-1, y=0\\ 0 & 其他\end{cases} \tag{4.36}$$

其中 L 是退化函数的模糊长度。如果噪声较低时，这种类型的退化函数可在频域辨识，即由 $h(x,y)$ 傅里叶变换的带状调制来确定 L。

3. 大气湍流退化函数

大气的随机运动造成了大气湍流，其主要起因是地球表面对气流拖曳形成的风速剪切、太阳辐射对地球表面不同位置加热的差异或地表热辐射导致的热对流、包含热量释放的相变过程（沉积、结晶）造成的温度场和速度场的变化等。大气湍流运动导致大气折射率的随机变化，从而在湍流大气中传输光束的波前也将随机起伏，由此引起光束抖动，强度起伏(闪烁)、光束扩展和像点抖动等一系列光传输的大气湍流效应。由大气湍流引起的波前畸变，使得光学成像系统所获取的图像产生严重的退化和降质，退化模型的傅里叶变换为

$$H(u,v)=\exp[-c(u^2+v^2)^{5/6}] \tag{4.37}$$

其中，c 是与湍流性质有关的常数。

4. Gauss 退化函数

Gauss 退化函数，也是大气扰动模型，是许多光学成像系统最常见的退化函数，例如，光学相机、光学显微镜、CT 机等。对于这些系统，决定系统 PSF 的因素很多，众多因素综合作用的结果使 PSF 趋于 Gauss 型。Gauss 点扩散函数的表达式为

$$h(x,y)=\begin{cases}K\mathrm{e}^{-a(x^2+y^2)/2\sigma^2} & (x,y)\in C\\ 0 & \text{其他}\end{cases} \tag{4.38}$$

其中，K 是归一化常数，a 是一个正常数，σ^2 表示模糊程度的方差，C 是 $h(x,y)$ 的圆形或方形支撑域。与大气湍流的退化模型相比，这两个公式具有相同的形式，所以很多时候都可用 Gauss 型 PSF 直接近似大气湍流的降质模型。

由于 Gauss 函数的傅里叶变换仍是 Gauss 函数，并且没有过零点，因此 Gauss 退化函数的辨识不能利用频域过零点进行。不过 Gauss 退化函数有一个很有意义的性质，即一个 Gauss 函数总可以分解为两个 Gauss 函数的卷积。这就意味着，如果退化函数估计偏窄，反卷积总可以消除一部分 Gauss 退化，结果使图像的分辨率得到改善。

5. 光学系统散焦模糊退化函数

散焦模糊是由于成像区域中存在不同深度的对象造成的图像退化，几何光学的分析表明，光学系统散焦造成的图像退化相应的点扩散函数是一个均匀分布的圆形光斑，其表达式为

$$h(x,y)=\begin{cases}1/\pi R^2 & x^2+y^2\leqslant R^2\\ 0 & \text{其他}\end{cases} \tag{4.39}$$

其中，R 为散焦半径。这个模型的公式非常简单，但实际的恢复效果证明了它的合理性。如果退化图像的信噪比较高时，则可由 $h(x,y)$ 的傅里叶变换在频域图上产生的圆形轨迹来确定 R，它的傅里叶变换为

$$H(u,v)=2\pi R\frac{\mathrm{J}_1(R\sqrt{u^2+v^2})}{\sqrt{u^2+v^2}} \tag{4.40}$$

式中，$\mathrm{J}_1(\cdot)$ 表示一阶第一类 Bessel 函数。$H(u,v)$ 是圆对称的，它的第一个过零点的轨迹形成一个圆，假设该圆的半径为 d_r，则

$$R = \frac{3.83M}{2\pi d_r} \tag{4.41}$$

式中，假定计算离散傅里叶变换的尺寸是 $M \times M$ 。利用圆形轨迹测出 d_r ，即可根据式（4.41）计算得到散焦半径 R ，从而决定散焦的 PSF。

6. 二维模糊的退化函数

二维（2D）模糊也是散焦造成图像退化的一个近似模型。同散焦模型相比，二维模糊表示了更严重的退化形式，其点扩散函数可以表示为

$$h(x,y) = \begin{cases} \dfrac{1}{L^2} & -\dfrac{L}{2} \leqslant x, y \leqslant \dfrac{L}{2} \\ 0 & \text{其他} \end{cases} \tag{4.42}$$

其中，L 假定为奇数。

4.3 退化模型的参数估计

前面介绍了几种典型的图像退化模型及相应的点扩散函数，对于一幅退化图像来说，确定图像的退化模型是复原的第一步，第二步就是要估计退化模型的参数，然后再根据参数就能够复原出原始图像。这一节我们主要以运动模糊图像与散焦模糊图像为例，介绍模糊图像的形成过程、退化模型及点扩散函数的参数估计方法。

4.3.1 运动模糊的退化原理

在用摄像机获取景物图像时，如果曝光期间相机与景物之间存在足够大的相对运动，就会造成图像模糊，即使对于静止物体，如果摄像机在成像的曝光期间有抖动，也会使图像模糊，这种由于相对运动造成的图像模糊现象统称为运动模糊。这是成像过程中普遍存在的问题，例如，用相机拍摄高速运动的物体、在飞机或卫星上拍摄的地面图像、在颠簸的汽车上拍摄的图像等都会存在这种现象。如图 4-3 所示为在实验室利用高速轨道实际拍摄的运动模糊图像。

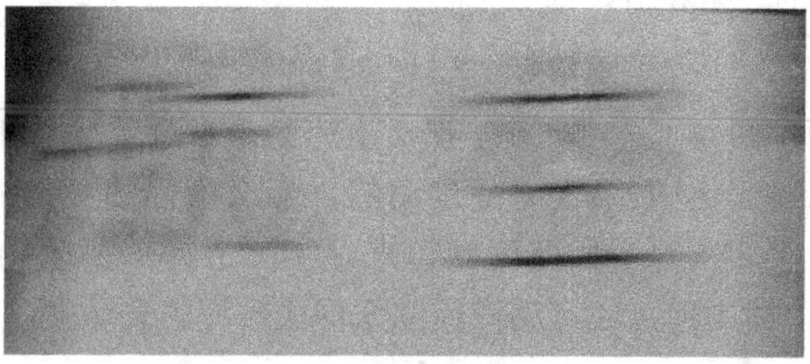

图 4-3　运动模糊图像

解决运动模糊问题一般有两种方法：一是减少曝光时间，二是建立运动模糊图像复原模型。在第一种方法中，随着运动速度的加快，不可能无限制地减少曝光时间。因为曝光时间减少，相应的信噪比降低，图像质量也降低，所以靠减少曝光时间来得到运动的清晰图像是

不现实的，而通过建立运动模糊图像模型是解决运动模糊图像复原问题比较好的方法。因此，运动模糊图像复原的关键问题在于建立正确的图像退化模型。图像复原处理可以看成一个估计过程，对于模糊图像来说，如果估计出了点扩展函数或者估计出了退化模型，就可以近似复原出原始图像。

很多变速的非直线运动在一定条件下可以看成均匀直线运动的合成结果，因此，由均匀直线运动所造成的模糊图像的复原问题更具有一般和普遍的意义。而在匀速直线运动模糊的所有模型中，水平方向的匀速直线运动模糊具有代表性和简单性，其他方向上的匀速直线运动模糊可以通过图像旋转的方式转化为水平方向上的匀速直线模糊。本节主要针对匀速直线运动引起的模糊图像的复原问题展开讨论。

1. 运动模糊图像的形成过程

以拍摄快速运动的汽车为例来分析运动模糊图像的形成过程，如图 4-4 所示。

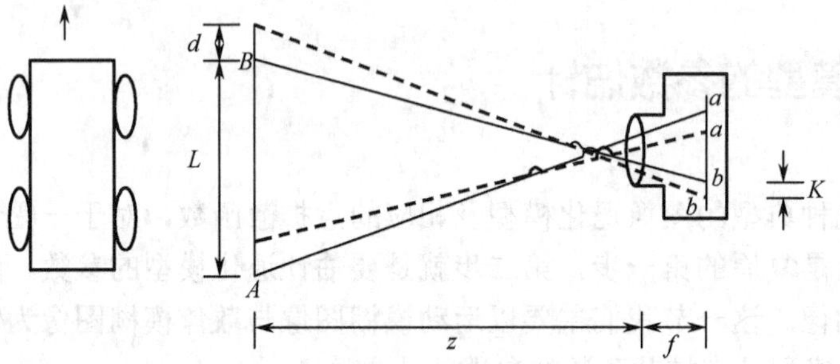

图 4-4　运动模糊图像的成像原理

在特定情况下，当汽车在地面上以速度 v 行驶，在固定相机的成像平面上，假设汽车与其夹角为 0，如图 4-4 所示，汽车后面的 A 点在成像平面上的成像位置本来应该是 a 点，汽车前方的 B 点在成像平而上的成像位置本来应该是 b 点，但是由于汽车是快速前进的，因此，实际上，A 点在 a'点处成像，B 点在 b'成像，因此，造成了在同一时刻、不同位置像素的叠加，而且在拍摄的过程中，不可避免要引入噪声，由于噪声和模糊的双重影响，造成图像质量下降。这便是运动模糊的形成过程。

在曝光量适当和聚焦正确的情况下，假设快门开启和关闭瞬时完成，则 $g(x,t)$ 可以表达为对实际景物图像 $w(x,t)$ 的一个积分，即

$$g(x,t)=\int w(x,t)\mathrm{d}\tau \tag{4.43}$$

如果景物是静止的，即 $w(x,t)=f(x)$，那么上述积分只是 $f(x)$ 与时间的乘积，曝光时间的变化只影响成像的反差。但如果景物是运动的，那么曝光的叠加成像 $g(x,t)$ 作为运动中 $w(x,t)$ 的积分就必定会随着 t 的增大而模糊起来。实际上，只要把 $w(x,t)=f(x-vt)$ 代入式（4.43），即可得到描述上述匀速直线运动模糊图像形成过程的表达式，即

$$g(x,t)=\int_0^t f(x-vt)\mathrm{d}t \tag{4.44}$$

这就是匀速直线运动模糊的成像表达式。式（4.43）和式（4.44）表明，运动模糊图像是由景物在不同时刻的无限多个影像叠加而成的。

景物和照相机之间的相对运动有其不同的方向和速率，因此无论使用何种方法来恢复运

动模糊图像，都需要先确定景物与照相机相对运动的方向和速率这两个基本要素，然后才能确定这幅图像的恢复模型，这就是运动模糊参数的确定问题。

2. 运动模糊图像的退化模型

我们在 4.2 节中简单介绍了运动模糊图像退化的点扩散函数，下面具体推导运动模糊点扩散函数在频域和时域的表达式。

1）运动模糊点扩散函数的频域表达

假设相机不动，目标运动，运动分量 x，y 分别为 $x_0(t)$，$y_0(t)$，相机快门速度是理想的，快门开启时间（曝光）为 T，则退化图像为

$$g(x,y)=\int_0^T f[x-x_0(t),y-y_0(t)]\mathrm{d}t \tag{4.45}$$

其傅里叶变换为

$$G(u,v)=\int_{-\infty}^{\infty}\int_{-\infty}^{\infty}\int_0^T f[x-x_0(t),y-y_0(t)]\mathrm{d}t\exp[-\mathrm{j}2\pi(ux+vy)]\mathrm{d}x\mathrm{d}y \tag{4.46}$$

对积分次序交换后可得

$$G(u,v)=\int_0^T F(u,v)\exp[-\mathrm{j}2\pi(ux_0(t)+vy_0(t))]\mathrm{d}t \tag{4.47}$$

其中

$$F[u,v]=\int_{-\infty}^{\infty}\int_{-\infty}^{\infty} f\left[x-x_0(t),y-y_0(t)\right]\exp[-\mathrm{j}2\pi(u[x-x_0(t)]+v[y-y_0(t)])]\mathrm{d}x\mathrm{d}y \tag{4.48}$$

因此

$$\begin{aligned}G(u,v)&=F(u,v)\int_0^T\exp[-\mathrm{j}2\pi(ux_0(t)+vy_0(t))]\mathrm{d}t\\&=F(u,v)H(u,v)\end{aligned} \tag{4.49}$$

得到

$$H(u,v)=\int_0^T\exp[-\mathrm{j}2\pi(ux_0(t)+vy_0(t))]\mathrm{d}t \tag{4.50}$$

假如图像在 x、y 方向均存在运动变化，x 方向的移动像素个数为 a，y 方向的移动像素个数为 b，T 为相机的曝光时间，即此时 $x_0(t)=at/T$，$y_0(t)=bt/T$，可得到

$$g(x,y)=\int_0^T f[x-x_0(t),y-y_0(t)]\mathrm{d}t=\int_0^T f[x-at/T,y-bt/T]\mathrm{d}t \tag{4.51}$$

则运动模糊的退化函数为

$$H(u,v)=\frac{T}{\pi(ua+vb)}\sin[\pi(ua+vb)]\mathrm{e}^{-\mathrm{j}\pi(ua+vb)} \tag{4.52}$$

若当图像只存在单一 x 方向的运动时，即此时 $x_0(t)=at/T$，$y_0(t)=0$，可得到水平方向运动模糊的数学退化模型为

$$\begin{aligned}H(u,v)&=\int_0^T\exp\left[-\mathrm{j}2\pi ux_0(t)\right]\mathrm{d}t\\&=\int_0^T\exp\left[-\mathrm{j}2\pi uat/T\right]\mathrm{d}t\\&=\frac{T}{\pi ua}\sin(\pi ua)\mathrm{e}^{-\mathrm{j}\pi ua}\end{aligned} \tag{4.53}$$

式（4.53）表明，当$u=n/a$时，H为0。

2）运动模糊点扩散函数的时域表达

假设模糊图像是由景物在x方向上作匀速直线运动造成的，则模糊后图像任意点的值为

$$g(x,y)=\int_0^T f\left[x-\frac{at}{T},y\right]\mathrm{d}t \tag{4.54}$$

式中，$x_0(t)$是景物在x方向上的运动分量，a为图像总的位移量，T为曝光时间，则$x_0(t)=at/T$。

对于离散图像来说，式（4.54）可写成

$$g(x,y)=\sum_{i=0}^{L-1} f\left(x-\frac{at}{T},y\right)\Delta t \tag{4.55}$$

其中，L为照片上景物在曝光时间内移动的像素个数的整数近似值。Δt是每个像素对模糊产生影响的时间因子。由此可知，运动模糊图像的像素值是原图像相应像素值与其时间乘积的累加。

从物理现象上看，运动模糊图像实际上就是同一景物图像经过一系列的距离延迟后再叠加，最终形成的图像。如果要由一幅清晰图像模拟出水平匀速运动产生的模糊图像，可按式（4.56）进行，即

$$g(x,y)=\frac{1}{L}\sum_{i=0}^{L-1} f(x-i,y) \tag{4.56}$$

这样可以理解为此运动模糊与时间无关，而只与运动模糊的距离有关。在这种条件下，使仿真得到简化。因为对一幅实际的运动模糊图像，由于摄像机不同，很难知道其曝光时间和景物运动速度。

与水平方向的运动类似，对于任意方向的匀速直线运动引起的图像模糊，描述的是图像作为刚体在$x-y$平面上沿θ方向以速度v作匀速直线运动在曝光瞬间而引起的模糊现象，其表达式为

$$g(x,y)=\int_0^T f(x-at\cos\theta,y-at\sin\theta)\mathrm{d}t \tag{4.57}$$

由于在匀速直线运动中，运动的方向只是相对坐标轴而言，如果通过适当的坐标变换，使运动方向回到水平方向，在新的坐标系下，式（4.57）可变为

$$g(x')=\int_0^T f(x'-vt)\mathrm{d}t \tag{4.58}$$

其中，$x'=x\cos\theta+y\sin\theta$，$y'=y\cos\theta-x\sin\theta$。因此，任意方向的匀速直线运动模糊图像只需要通过坐标旋转至水平方向，其图像特征的描述可由水平匀速直线运动模糊图像类推得出。

由此，对于任意方向的匀速直线运动模糊图像的点扩散函数模型$h(x,y)$可以类推为

$$h(x,y)=\begin{cases}\dfrac{1}{L}, & y=x\tan\theta,\ 0\leqslant x\leqslant L\cos\theta \\ 0, & y\neq x\tan\theta,\ -\infty\leqslant x\leqslant\infty\end{cases} \tag{4.59}$$

其中，θ是运动方向与x轴的夹角，L是在曝光时间T内相机与物体的相对运动距离，也就是运动模糊的尺度。

式（4.59）即为运动模糊退化系统的连续点扩散函数参数模型，对于仅存在水平方向上匀速直线运动的模糊图像来说，点扩散函数的时域表达式为

$$h(x,y)=\begin{cases}\dfrac{1}{L}, & 0\leqslant x\leqslant L-1, y=0\\ 0, & \text{其他}\end{cases}\tag{4.60}$$

4.3.2 运动模糊退化模型的参数估计

对于匀速直线运动造成的图像退化来讲，运动方向和模糊长度决定了该退化模型的点扩散函数。在运动模糊复原中，模糊图像本身是唯一的已知条件，点扩散函数的参数估计也只能从模糊图像的具体特征着手进行分析。常见的分析方法主要基于两个方面：空域图像特征和频域图像特征。下面分别从空域和频域的角度介绍两种运动模糊图像退化模型的参数估计方法。

1. 基于频域特征的参数估计

一般来说，复杂景物的图像频谱相对比较平滑。如果引起退化的传递函数具有零点，这些零点就会迫使退化图像在某些特定的频率上其频谱幅度变成零。因为线性运动模糊算子就具有零点，所以运动模糊图像频谱图在相应的位置必然为零。下面我们通过研究其零点的分布规律来估计退化函数参数。

假定在成像过程中，景物在水平方向由左到右匀速直线运动了 L 个像素，则 $h(x,y)$ 变为

$$h(x,y)=\frac{1}{L},0\leqslant x<L-1,y=0\tag{4.61}$$

对 $h(x,y)$ 进行傅里叶变换，即

$$H(u,v)=\iint h(x,y)\mathrm{e}^{-\mathrm{j}2\pi(ux+vy)}\mathrm{d}x\mathrm{d}y=\int_0^{L-1}\frac{1}{L}\mathrm{e}^{-\mathrm{j}2\pi ux}\mathrm{d}x=\frac{\sin(\pi uL)}{\pi uL}\mathrm{e}^{-\mathrm{j}\pi uL}\tag{4.62}$$

假设 $f(x,y)$ 是 $M\times N$ 像素，那么 $F(u,v)$ 也是 $M\times N$ 像素。$H(u,v)$ 要能和 $F(u,v)$ 进行点乘，$H(u,v)$ 也必须是 $M\times N$ 大小，则 $h(x,y)$ 也必须是 $M\times N$ 大小。但由式（4.62）可知 $h(x,y)$ 是 $1\times L$ 大小，那么必须对 $h(x,y)$ 进行补零拓展，然后再进行离散傅里叶变换。$h(x,y)$ 应该做如下拓展，即

$$h(x,y)=\begin{cases}1/L, & 0\leqslant x\leqslant L-1, y=0\\ 0, & L\leqslant x\leqslant N-1\\ 0, & 0\leqslant x\leqslant N-1, 1\leqslant y\leqslant M-1\end{cases}\tag{4.63}$$

可写成矩阵形式为

$$\boldsymbol{h}(x,y)=\begin{bmatrix}1/L & 1/L & \cdots & 0\\ \vdots & \vdots & \vdots & 0\\ \vdots & \vdots & \vdots & 0\\ 0 & 0 & \cdots & 0\end{bmatrix}\tag{4.64}$$

第一行共有 L 个 $1/L$ ，其他位置均补零。对以上矩阵进行二维离散傅里叶变换，得

$$H(u,v)=\sum_{x=0}^{N-1}\sum_{y=0}^{M-1}h(x,y)\mathrm{e}^{-\mathrm{j}2\pi\left(\frac{ux}{N}+\frac{vy}{M}\right)}$$

$$=\sum_{y=0}^{M-1}\mathrm{e}^{-\mathrm{j}2\pi\frac{vy}{M}}\sum_{x=0}^{L-1}h(x,y)\mathrm{e}^{-\mathrm{j}2\pi\frac{ux}{N}} \tag{4.65}$$

$$=\sum_{x=0}^{L-1}\frac{1}{L}\mathrm{e}^{-\mathrm{j}2\pi\frac{ux}{N}}$$

式（4.65）说明$H(u,v)$与v无关，仅与u有关。也就是说当u一定时，v的变化对$H(u,v)$没有影响，即$H(u,v)$在每一列中的v值是相等的。由此，我们先不考虑v，只考虑u，令

$$H(u)=\sum_{x=0}^{L-1}\frac{1}{L}\mathrm{e}^{-\mathrm{j}2\pi\frac{ux}{N}} \quad 0\leqslant u\leqslant N-1 \tag{4.66}$$

则$u=0$时，$H(0)=1$，在$u\neq 0$时，有

$$H(u)=\sum_{x=0}^{L-1}\frac{1}{L}\mathrm{e}^{-\mathrm{j}2\pi\frac{ux}{N}}=\frac{1}{L}\times\frac{1-\mathrm{e}^{-\mathrm{j}2\pi\frac{uL}{N}}}{1-\mathrm{e}^{-\mathrm{j}2\pi\frac{u}{N}}} \tag{4.67}$$

其中$u\in[0,N-1]$，已知$H(0)=1$，所以$H(u)$没有极点。如果$\frac{uL}{N}$为整数时，$\mathrm{e}^{-\mathrm{j}2\pi\frac{uL}{N}}=1$，则$H(u)=0$。所以当$u$等于$N/L$的整数值时，$H(u)=0$，故$H(u)$每隔$N/L$个点就会出现一个零点。总共有$L-1$个零点，而且各零点是等间距的，在$H(u,v)$的幅度谱上表现为有$L-1$个值为0的列。若用灰度图表示，则上面有$L-1$条平行的黑色条纹，并且黑色条纹间的距离相等。对于非水平方向上的运动模糊图像，根据傅里叶变换的时频特性可知暗线条纹与运动方向相互垂直。因此，对于运动模糊图像的频谱图，只要我们能够检测出暗线的方向，就可以计算出模糊图像的运动方向（与暗线垂直的方向）。

图 4-5 表现了运动模糊图像序列在不同模糊方向上的频谱变化特点。其中，图 4-5（a）是 Lena 图在三个方向的运动模糊，模糊长度L为 20 像素，模糊方向θ从左至右分别为0°、20°和40°。对图 4-5（a）中的图像进行傅里叶变换，得到相应的频谱如图 4-5（b）所示。从图中可以发现，随着运动模糊方向的变化，模糊图像频谱的条纹也随之产生变化，变化角度保持一致，并且图中条纹的方向与模糊方向总是垂直。因此，可以通过判定模糊图像频谱条纹的方向来确定实际的模糊方向。

（a）模糊方向θ=0°　　模糊方向θ=20°　　模糊方向θ=30°

图 4-5　运动模糊图像序列及其频谱特点

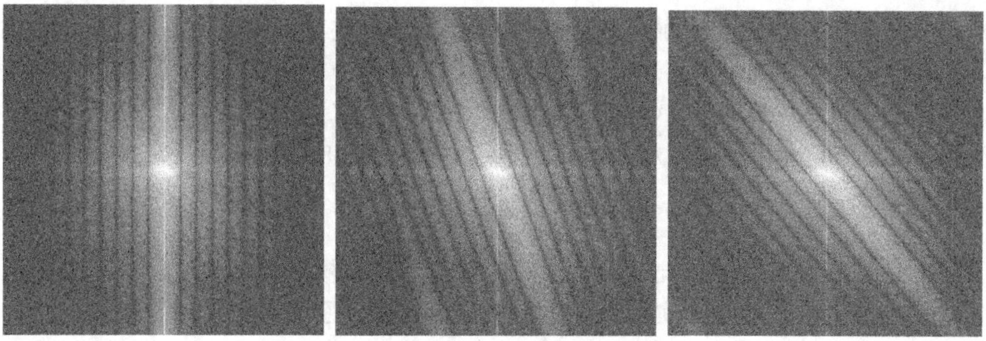

（b）不同方向的模糊图像的频谱变化

图 4-5　运动模糊图像序列及其频谱特点（续）

下面我们来分析一下模糊长度与频谱图像条纹数量之间的关系。对 Lena 图像在水平方向上进行不同尺度的运动模糊，其对应的频谱图如图 4-6 所示。

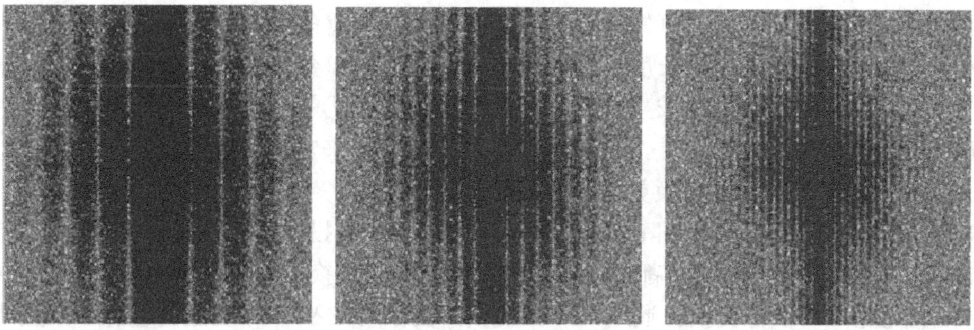

（a）模糊长度 10 像素　　（b）模糊长度 20 像素　　（c）模糊长度 40 像素

图 4-6　不同模糊长度的运动模糊图像频谱图

由图可以发现，随着运动模糊长度的变化，条纹的数量也随之产生变化，图像频谱图条纹的个数即为图像实际运动模糊的尺度，单位为像素。这样就可以通过计算模糊图像频谱条纹的数量来确定实际的运动模糊长度，我们把这种方法叫做基于频谱零点的运动模糊长度估计方法。这是一种比较常用且比较简单的模糊长度估计方法，但这种方法受噪声影响较为严重，如果模糊图像含有较大噪声干扰，则频谱中的条纹就会被淹没在噪声之中，很难获得准确的检测结果。

由于图像频谱条纹的数量很难直接统计，因此，有学者根据对匀速运动模糊图像点扩散函数公式的推导，在数学领域给出了退化图像频谱暗条纹间距和退化图像模糊长度之间的关系式，从而为根据退化图像频谱辨识退化图像模糊长度提供了理论依据。

通过对运动模糊图像的频谱特点分析可以知道，水平方向匀速直线运动退化图像的频谱 $G(u,v)$ 上每隔 N/L 个点就会出现一个零点，因此频谱图上两条暗线条纹的距离为 $d=N/L$ 。而当运动方向与水平方向成 θ 角时，根据三角几何关系，运动模糊图像频谱图的任意行上每隔 $N/L\cos\theta$ 个点就必然存在一个零值点，通常称退化图像 $|G(u,v)|$ 的图像中心与相邻的暗条纹之间的距离或两条紧邻暗条纹之间的距离为暗条纹间距。因此，退化图像模糊长度 L 与频谱图像中暗条纹间距 d 成反比关系，这样通过暗线之间的间隔即可计算出图像的模糊长度 L。

然而，在实际应用中，运动模糊图像的频谱图上不一定存在零点。由于退化函数的约束因素，在本该出现零值的位置出现了一个极小值点，且两个极小值点之间存在一个极大值，到极大值的距离相等且都为$N/L\cos\theta$，假设两个极小值点之间的距离为d，这样通过计算就可以得到d与模糊长度L及模糊方向之间的关系，如式（4.68）所示。

$$d=\frac{2N}{L\cos\theta} \tag{4.68}$$

因此，只要判断出运动方向θ，就可以计算出运动模糊的模糊长度，进而求出运动模糊退化的点扩展函数。但是在实际应用中，如果只对频谱图的某一行进行操作，求其一维灰度曲线，由于噪声的影响，往往不能得到理想的结果。因此，在求取运动模糊的方向之后，将图像进行适当的旋转，使其频谱图的暗线与水平方向垂直，这样就可以将频谱图的每一列分别相加进行投影，然后根据一维灰度投影曲线，求其亮带附近的两个暗线条纹的距离，进而求出运动模糊长度。这种方法虽然有些笨拙，但是由于减小了噪声的影响，计算的准确度好。

根据模糊图像的频谱特性可知，通过确定模糊图像频谱条纹的方向即可求出实际的运动模糊方向，从而求出运动模糊长度。因此，估计运动模糊参数的关键就是如何确定频谱条纹的方向。如果将这些暗条纹看成直线，通过检测直线的方式就可鉴定出模糊方向。这里可以使用 Hough 变换等直线拟合方法，也可以利用 Radon 变换来实现。由于 Radon 变换不需要进行边缘检测，相对于 Hough 变换更适合这类场合。

Radon 变换的原理是图像矩阵在指定方向上的投影，该投影即为在某一方向上的线积分。Radon 变换与 Hough 变换一样，都可以将图像平面上的线转换成参数平面上的点，Radon 变换的具体过程见第 2 章图像变换。通过 Radon 变换，图像所在$x-y$平面上的任意一条直线都可以用极坐标(θ,ρ)表示，从而生成一个新的坐标空间(θ,ρ)平面，利用这一性质就可以提取出图像的线性特征。

由于此处仅需要求出模糊方向，因此，定义沿θ方向的 Radon 变换为

$$R_\theta(x)=\int f(x\cos\theta-y\sin\theta,x\sin\theta+y\cos\theta)\mathrm{d}y \tag{4.69}$$

由 Radon 变换的几何关系可知，投影方向与变换方向互相垂直。当投影方向上存在长直线，对应的$R_\theta(x)$将取得极大值。利用这一性质，对退化图像$G(u,v)$的频谱图进行 0°～180°的 Radon 变换，取每个角度上 Radon 变换的极大值。由这些极大值形成曲线，取曲线上最大值对应的角度即为所求的模糊方向。我们称这种模糊方向的判别方法为基于 Radon 变换的极大值算法（即 MRT 算法）。

对二值图像来说，Radon 变换的实质就是沿各个方向图像投影的集合。Radon 变换是在极坐标系$\rho-\theta$中进行的。首先，对图像各个方向$\theta(0-180)$进行 Radon 变换，变换值都被保存在 Radon 变换矩阵中；其次，由于变换的最大值对应垂直于直线的方向（运动方向）θ和主要直线位置ρ，所以只需搜索出变换矩阵的最大值就可提取到所求模糊方向。

利用频域特征估计运动模糊参数的具体实现过程如下。

步骤 1：对退化图像进行傅里叶变换，并将频谱图像原点移至图像的中心位置；

步骤 2：对图像进行二值化；

步骤 3：对频谱图像进行 Radon 变换；

步骤 4：检测 Radon 变换极大值对应的投影轴角度；

步骤 5：计算出退化图像运动模糊角度。

也可以在步骤 3 中利用 Hough 变换来检测暗条纹的方向，以暗线条纹的方向ϕ为参数，采用 Hough 变换计算ϕ的极值ϕ_{max}，$\theta = \phi_{max} - 90^\circ$ 即是所求的运动方向。

步骤 6：求出运动模糊方向后，将频谱图在θ方向进行灰度值积分投影，根据前面推导的两个极小值之间的距离d与模糊长度L之间的关系，则$L = \dfrac{2N}{d\cos\theta_{max}}$即为图像模糊的长度。

图 4-7 是采 Radon 变换和频谱零点的方法在频域上检测运动模糊参数的实例，其中图 4-7（a）是运动方向为 30° 的 Lena 模糊图像；图 4-7（b）是其频谱图；图 4-7（c）是对图 4-7（b）二值图像，进行 Radon 变换的结果；图 4-7（d）是 Radon 变换后 0°～180° 各个方向极大值形成的 MRT 曲线，其中曲线上最大值对应的角度为 30°，即为所求的模糊方向。图 4-7（e）是在θ_{max}方向上的投影积分图，该积分图上中间两个极小值之间的距离即是两条暗线之间距离d的 2 倍，根据d值就可以很容易求出图像的模糊长度。

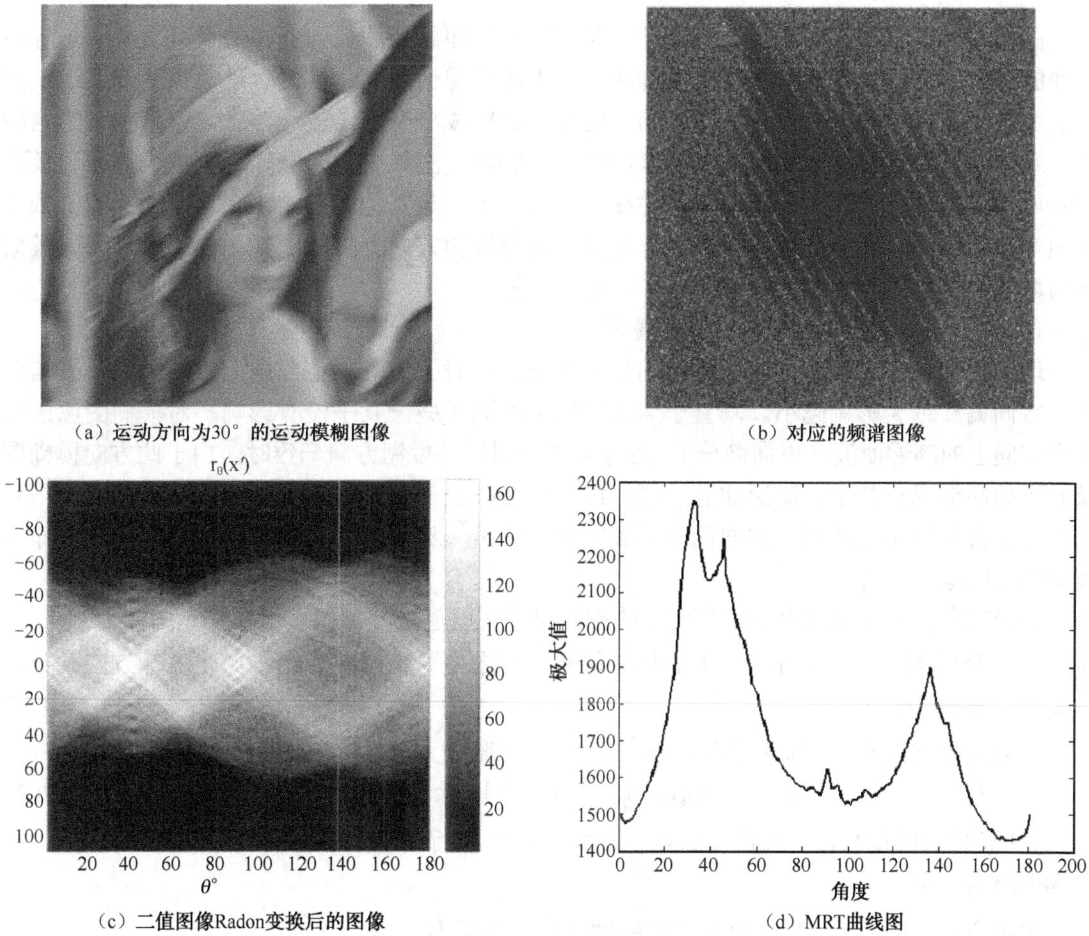

（a）运动方向为30°的运动模糊图像　（b）对应的频谱图像

（c）二值图像Radon变换后的图像　（d）MRT曲线图

图 4-7　基于频域特征进行运动参数估计的结果

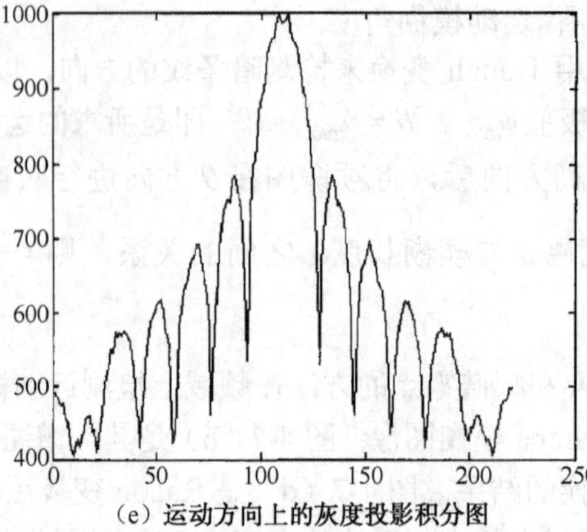

（e）运动方向上的灰度投影积分图

图 4-7　基于频域特征进行运动参数估计的结果（续）

2. 基于空域特征的运动模糊参数估计

图像通常可看作各向同性的一阶马尔科夫过程，即原始图像的自相关及其功率谱是各向同性的。运动模糊最大程度抑制了沿运动方向上的图像分辨率，虽然运动模糊降低了运动方向上图像的高频成分，而对于其他方向上图像的高频成分影响比较小，方向偏离越大影响越小，对于垂直于运动方向上的图像高频成分并不影响。空域中的微分运算可减少低频分量而同时增加高频分量。因为图像模糊发生在运动方向上，与其他方向相比，该方向上的低频分量相对得到增强，高频分量降低。微分运算在图像模糊方向上抑制更多图像强度，因此模糊方向可通过图像微分的最小值所在的方向进行识别。

1）基于最小方向微分的模糊方向鉴别

运动模糊降低了运动方向上图像的高频成分，而对于图像其他方向上的高频成分影响较小，方向偏离越大影响越小。垂直于运动方向上的高频成分几乎没有影响。对模糊图像进行各个方向上的高通滤波（方向微分），当滤波方向同运动模糊方向一致时，由于此方向模糊图像对应的高频成分最小，高通滤波使模糊图像能量损失最大，得到的微分图像灰度值（绝对值）之和必然最小。所以，方向微分得到图像灰度值（绝对值）之和最小时对应的方向即为模糊图像的运动方向。

图像方向微分定义为沿规定方向上的相邻像素灰度值之差。假设运动模糊图像为 $g(i,j)$，$g_{[a]}(i',j')$ 是像素 $g(i,j)$ 在方向 α 上的相邻像素，称之为 α 方向亚像素，α 是进行方向微分的方向角，$\alpha \in [-90^\circ, 90^\circ]$。

如方向角度为 0°（即水平向右方向），则方向微分为

$$\Delta g(i,j)_{[0]} = g(i,j+1) - g(i,j) \tag{4.70}$$

其中 i 代表图像行，j 代表图像列。图像大小为 M 行 N 列，$1 \leqslant i \leqslant M$，$1 \leqslant j \leqslant N-1$，规定 $\Delta g(i,N)_{[0]} = 0$。

如果方向角度不为 0°，则 α 方向的微分图像表示为

$$\Delta g(i,j)_{[\alpha]} = g_{[\alpha]}(i',j') - g(i,j) \tag{4.71}$$

$g_{[a]}(i',j')$ 的值可以由模糊图像通过插值获得，在这里可以采用线性插值或双线性插值方

法。以双线性插值方法为例，介绍一下 $g_{[a]}(i',j')$ 的计算过程。

如果参考方向亚像素行列上相邻 3 个像素，$g_{[a]}(i',j')$ 的计算就可以采用双线性插值的算法，如图 4-8 所示。为计算方便，规定 $g_{[a]}(i',j')$ 与 $g(i,j)$ 的距离恒等于 1，$g_{[a]}(i',j')$ 位于模糊图像中以 (i,j) 为圆心、半径为 Δr 的半圆弧上，且

$$\begin{cases} i' = i + \Delta r \sin\alpha \\ j' = j + \Delta r \cos\alpha \end{cases} \tag{4.72}$$

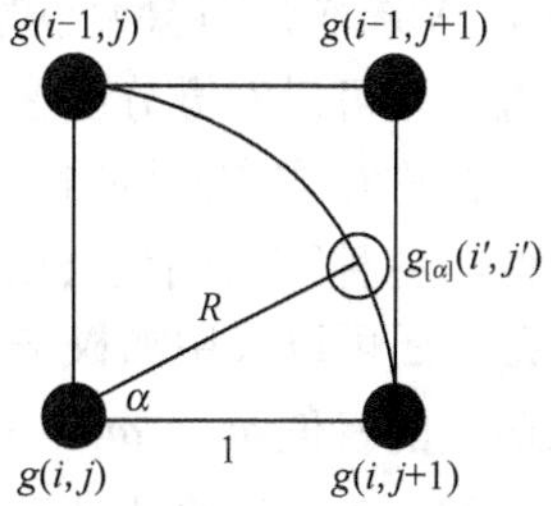

图 4-8 亚像素双线性插值

其中 Δr 是进行方向微分时的微元长度，Δr 值的大小可根据被鉴别的模糊图像的模糊长度，即运动模糊方向旋转到水平轴后的一维点扩散函数长度及运动类型（匀速直线运动、加速运动、振动等）适当选取，如取 1，1.5，2 等，可以为整数，也可以为小数，Δr 值选取得当可以提高鉴别精度。

当 $0 \leqslant a \leqslant 90$ 时，由 $g(i,j)$ 和 $g(i,j+1)$ 得

$$g_1 = g(i,j)(1-\sin a) + g(i,j+1)\sin a \tag{4.73}$$

由 $g(i-1,j)$ 和 $g(i-1,j+1)$ 得

$$g_2 = g(i-1,j)(1-\sin a) + g(i-1,j+1)\sin a \tag{4.74}$$

由 g_1 和 g_2 线性插值

$$g(i',j')_{[a]} = g_1(1-\cos a) + g_2\cos a \tag{4.75}$$

同理，当 $90 \leqslant a \leqslant 180$ 时，有

$$g_1 = g(i,j)(1-\sin a) + g(i,j-1)\sin a \tag{4.76}$$

$$g_2 = f(i,j-1)(1-\sin a) + g(i-1,j-1)\sin a \tag{4.77}$$

$$g(i',j')_{[a]} = g_1(1-\cos a) - g_2\cos a \tag{4.78}$$

当 $a=0°$ 时，式（4.78）简化为

$$g(i',j')_{[a]} = g(i.j+1) \tag{4.79}$$

计算出 $g_{[a]}(i',j')$，就能够计算出任意方向的方向微分。由于运动模糊会降低运动方向上图像的高频成分，因此，如果沿着运动方向实施高通滤波（即方向微分），就可保证微分图像灰度值的绝对值最小，依据这一原理，有学者提出一种计算模糊方向的空域算法，称为最小方向微分（Minimum Directional Derivatives）算法，即 MDD 方法。下面介绍一下算法的具体实现过程。

计算出每个像素的方向微分后，就可以很容易地得出整幅图像的方向微分。我们把图像 α 角度的方向微分定义为图像中各个像素 α 角度的方向微分 $\Delta g(i,j)_\alpha$ 的绝对值之和，即

$$I(\Delta g)_{[\alpha]} = \sum_{i=0}^{N-1}\sum_{j=0}^{M-1}\left|\Delta g(i,j)_{[\alpha]}\right| \tag{4.80}$$

α 在 $[-90°,90°]$ 范围内按一定步长（如 1°）取值。由于在运动方向上图像的方向微分取最小值，因此，需要计算出图像在各个角度上的方向微分，并找出其中的方向微分最小值 $\min(I(\Delta g)_{[\alpha]})$，则该值对应的 α 角度即为运动模糊图像中运动模糊方向与水平轴的夹角，也就是模糊方向。即

$$\hat{\alpha} = \underset{\alpha\in[-90^\circ,90^\circ]}{\arg\min}\ (I(\Delta g)_{[\alpha]}) \tag{4.81}$$

M，N选取为图像大小时，则是对整幅图像求和鉴别，在精度允许的情况下，通过限制求和范围，也可以对微分图像局部进行求和鉴别，这样还可以减少计算量。

在进行方向鉴别时，图像偶尔会有局部偏离“各向同性的一阶马尔科夫过程”这一前提条件，各种随机因素会引起鉴别误差，为了平均这种随机性，提高鉴别精度，以上述方法为基础，还可以采用加权平均法的思想，即对不同的方向微元Δr_1，Δr_2，Δr_3求得的$I(\Delta g)_\alpha$，选取适当的权值ω_1，ω_2，ω_3相乘后相加，最后将不同的α得出其最小值的方向作为模糊方向。

图 4-9 显示的是对于模糊长度为 12 像素，模糊方向为 15° 的模糊图像利用最小微分方向鉴别方法的实验结果，其中图 4-9（b）是鉴别曲线，实验中α步长取 1°。由实验结果可以看出，α值离真实运动模糊方向越近时，对应的$I(\Delta g)_{[\alpha]}$值越小，当$I(\Delta g)_{[\alpha]}$值最小时，α的对应值即为运动模糊方向。图 4-9（b）中方向微分最小值出现在 105°，将方向角归一化到$\alpha\in[-90^\circ,90^\circ]$，则可以得到模糊方向角$\alpha=15^\circ$，误差为0°。

（a）在 15° 方向模糊 12 像素的图像

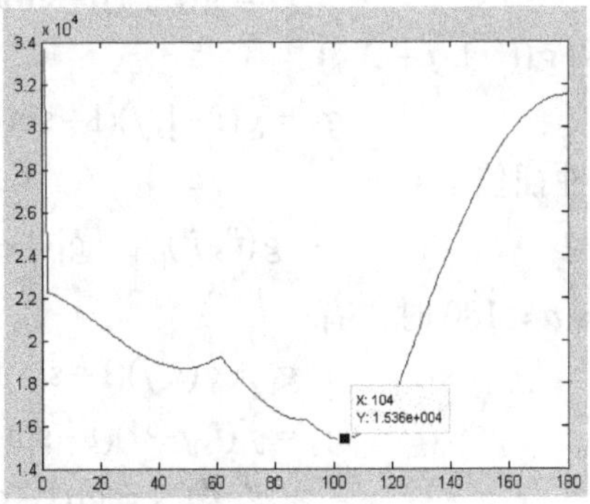

（b）方向鉴别曲线（鉴别结果 104−90 = 15）

图 4-9　最小微分方向鉴别

2）基于微分自相关的运动模糊长度估计

对于已经鉴别出运动模糊方向的图像，如果按照估计出来的模糊方向角将退化图像顺时针旋转到水平轴，这样能够将二维问题简化为一维问题来处理，在估计模糊长度的算法中就只需要考虑运动方向为水平向右的匀速直线运动的情形。依据这种思想，提出了一种基于微分自相关技术估计运动模糊长度的算法，简称 PDA 算法。

算法的基本思想是，利用运动方向上相邻各像素之间的相似性和相关性，将旋转后的模糊图像在水平方向上进行一阶微分，方向微分实际上也是一个矢量，方向也是水平向右，与运动模糊方向保持一致。然后在水平方向上进行微分图像的自相关运算，并将自相关图像的各列加起来，得到一条鉴别曲线，在鉴别曲线上的零频尖峰两侧会对称地出现一对共轭的负相关峰，两负相关峰间的距离等于运动模糊点扩散函数尺度的两倍。因此，只要鉴别出这两个相关峰的位置，就可以估计出运动模糊的尺度。图像经过式（4.70）的运算后得到水平方向的微分图像$g_{[0]}(i,j)$，$g_{[0]}(i,j)$在水平向右方向上抑制了图像的平滑区域并突出边界信息，然后利用自相关方法来分析运动模糊对图像的影响，即对微分图中的像素定义运动方向上的自相关运算，具体到水平方向就是计算图像的行像素自相关，公式如下，即

$$R_{Li}(q)=\sum_{p=-N}^{N}L_i(p+q)L_i(p) \tag{4.82}$$

$-N\leqslant q\leqslant N$，$L_i(k)$ 代表微分图中第 i 行第 k 列像素灰度值，当 $1\leqslant k\leqslant N$ 时，$L_i(k)=\Delta g_{[0]}(i,k)$，并规定 $L_i(k)$ 超出微分图范围时取值为 0 时，即 $k\leqslant 0$ 或 $k\geqslant N$ 时，$L_i(k)=0$。

用 PDA 算法来估计运动模糊长度的计算过程如下所述。

步骤 1：利用 MDD 方法或其他方法先鉴别出运动模糊的方向，再通过图像旋转，按照模糊方向角将图像旋转到水平方向。

步骤 2：对旋转后的模糊图像进行水平方向的一阶微分，获得微分图像 $g_{[0]}(i,j)$。

步骤 3：将微分图像进行水平方向的自相关运算，得到自相关图像 R_{Li}。

步骤 4：把行像素自相关的结果在列的方向求和，从而得到整个图像的方向微分自相关。微分自相关的方向始终保持水平向右，即

$$R=\sum_{i=1}^{M}R_{L_i} \tag{4.83}$$

步骤 5：由自相关函数的性质可知 R 关于 y 轴对称，并在零点取得极大值。由于运动模糊的影响，方向微分自相关曲线在与零点一定距离的位置会出现极小值，该距离被用来估算运动模糊长度。

这里请读者注意：由于自相关曲线的对偶性，在计算方向微分自相关时，可以只计算 y 轴右侧部分，即 $0\leqslant q\leqslant N$。这样既不影响模糊长度的估算，又可减少约一半的计算量。

利用微分方法来估计运动模糊参数比较准确，更接近于真实值，但计算周期比较长，不利于实时计算；而前面介绍的频域方法计算量较小，效率较高，适合实时或者在线处理。关于计算复杂度在理论上大致可以这样推算：频域方法的主要计算集中在傅里叶变换和 Radon 变换，而快速傅里叶变换的计算复杂度为 $n\mathrm{lb}n$，Radon 变换的计算复杂度为 n。微分方法的主要计算集中在双线性插值，其计算复杂度为 n^2，比频域方法要高。另一方面，微分方法具有一定的抗噪声能力，而频域方法则更容易受噪声污染的影响。

下面是利用微分自相关方法对运动模糊长度识别的实验结果。运动模糊图像是模糊长度为 15 像素，模糊方向为水平向右的卫星仿真图像。其中图 4-10（b）显示的是 PDA 鉴别曲线 y 轴的右侧部分，即 $0\leqslant q\leqslant N$，由曲线图可以看出，距离零点的第一个负相关峰出现在 15 的位置，表示利用 PDA 算法计算出来的模糊长度为 15 像素，误差为 0。

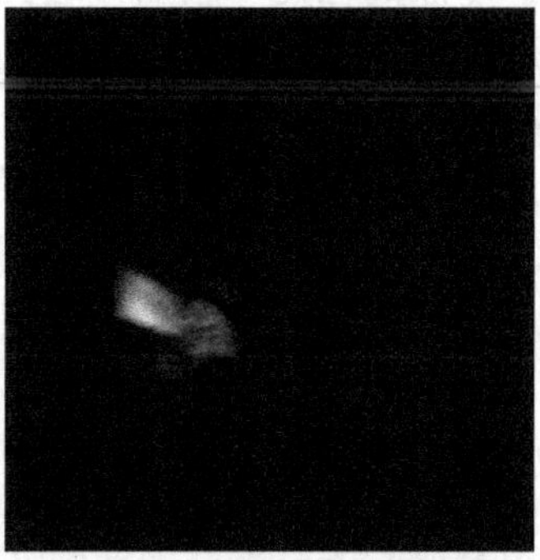

（a）水平方向运动模糊的图像

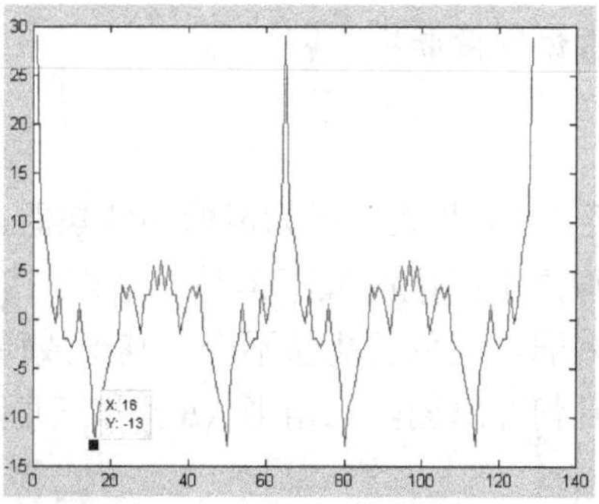

（b）水平方向微分自相关曲线

图 4-10　基于方向微分方法估计模糊尺度的实验结果图

3. 基于相机参数的运动参数估计

如果相机的参数已知，那么还可以通过相机参数和物体的运动参数直接计算出图像的运动模糊参数。基本思想是：在图像序列中通过跟踪运动物体获得物体在序列图像中的运动参数，再结合已知的相机参数，从而确定出运动模糊的点扩散函数，实现模糊图像复原。

假设序列图像的帧频（FPS）为每秒 25 帧，并且假设在两帧之间物体进行匀速直线运动。通过准确跟踪运动物体，可以知道运动物体在当前帧和上一帧的位置。设运动物体在 $X-1$ 帧中的位置为 (x_1,y_1)，在当前帧中的位置为 (x_2,y_2)，则物体运动方向的角度正切值为

$$\tan\theta=\frac{y_2-y_1}{x_2-x_1} \tag{4.84}$$

物体的运动速度为

$$v=\sqrt{(y_2-y_1)^2-(x_2-x_1)^2}\times \text{FPS} \tag{4.85}$$

物体的模糊长度为

$$\text{Length}=vt\ \ （t\ 为照相机的积分时间） \tag{4.86}$$

通过运动模糊的方向 θ 和运动模糊的长度 Length 即可确定运动模糊的点扩散函数。

获得模糊长度和角度两个参数后，下面建立点扩散函数离散化矩阵。设模糊的方向为 β，模糊的长度为 L，则 PSF 的宽度为 $m=L\cos\beta$，高为 $n=L\sin\beta$。通过下面两个公式，可以计算点扩散函数 $h(x,y)$。由于离散化的原因，$h(x,y)$ 并非是直线。

$$y=\left[\frac{m}{n}x\right],\quad x=0,1,\cdots,n-1 \tag{4.87}$$

$$x=\left[\frac{n}{m}y\right],\quad x=0,1,\cdots,m-1 \tag{4.88}$$

其中，m 为水平方向的模糊长度，n 为垂直方向的模糊长度。当 $n\geqslant m$ 时用式（4.87）计算，当 $n<m$ 时用式（4.88）计算。因此，图像模糊的方向和长度是进行图像恢复的两个主要参量。

4.3.3 散焦模糊的退化原理

在用相机拍摄景物时，如果相机没有聚焦，就会导致所拍摄的图像模糊，称为散焦模糊。如图 4-11 所示。在一般情况下，无论成像系统多么复杂，总可以将摄像镜头视为一个凸透镜。根据几何光学原理可知，点光源经理想成像系统后，所成的像为一个点，这样得出的整幅图像为清晰的，根据成像原理，即

$$\frac{1}{u}+\frac{1}{v}=\frac{1}{f} \tag{4.89}$$

其中，u 为物距，v 为相距，f 为成像系统焦距。但当物距、像距和焦距不满足表达式（4.89）时，点光源在像屏上所成的像不再是一个点，而是一个圆盘状的弥散盘。该圆盘从中心向四周的能量逐渐减弱，但总的能量不变，其形成原理如图 4-12 所示。

根据散焦几何光路图，三角形 ABP' 和三角形 $A'B'P'$ 相似，即

$$\frac{d}{D}=\frac{v_0-v}{v} \tag{4.90}$$

式中，d 为散焦半径的 2 倍，D 为透镜直径，v_0 为相距，联立式（4.89）和式（4.90）可得

$$d = D\left(\frac{v_0}{f} - \frac{v_0}{u} - 1\right) \tag{4.91}$$

图 4-11 散焦模糊图像

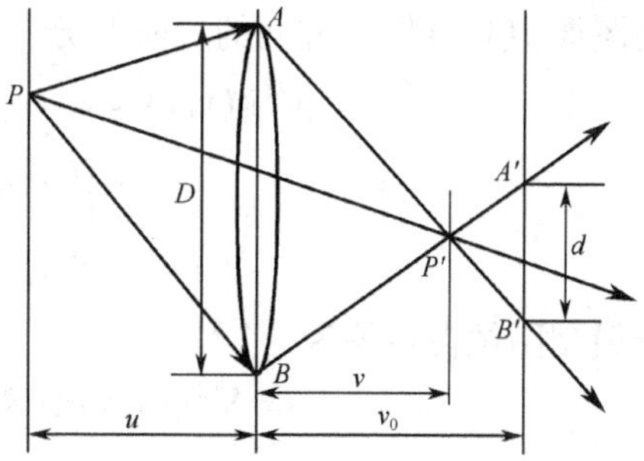

图 4-12 散焦模糊几何光路图

散焦弥散盘的直径由透镜直径 D、相距 v_0、透镜焦距 f 和物距 u 共同决定，在现实中，前三个变量很容易知道，但物距却很难求出，一般用圆盘散焦模型来近似代表散焦模糊的点扩散函数，即

$$h(x,y) = \begin{cases} 1/\pi R^2 & x^2 + y^2 \leqslant R^2 \\ 0 & 其他 \end{cases} \tag{4.92}$$

其中，R 为散焦半径，只要估计出散焦半径 R，根据式（4.92）就能确定出散焦模糊的点扩散函数，进而利用相应的图像复原方法对散焦退化图像进行复原。

4.3.4 散焦模糊退化模型的参数估计

散焦模糊图像的参数只有一个，即散焦半径。散焦半径的求取对于图像复原是至关重要的，当该参数估计值与真实值相差太大时，不仅不能使图像恢复原来的面貌，反而使图像更加恶化。在前面 4.2 节介绍散焦模糊退化函数时曾介绍基于频域的散焦半径估计方法，本节将介绍基于拉普拉斯微分图像自相关的散焦半径估计。

基于微分图像自相关法利用拉普拉斯算子对模糊图像进行无方向的二阶微分，然后求微分图像的自相关函数，图 4-13 为通过三维显示的自相关图像，可以看到其等高线投影成一个圆周，圆心为零频相关峰，半径即为散焦模糊半径的 2 倍。为什么散焦模糊图像的微分自相关函数会有这样的三维形式？下面将详细介绍其推导过程。

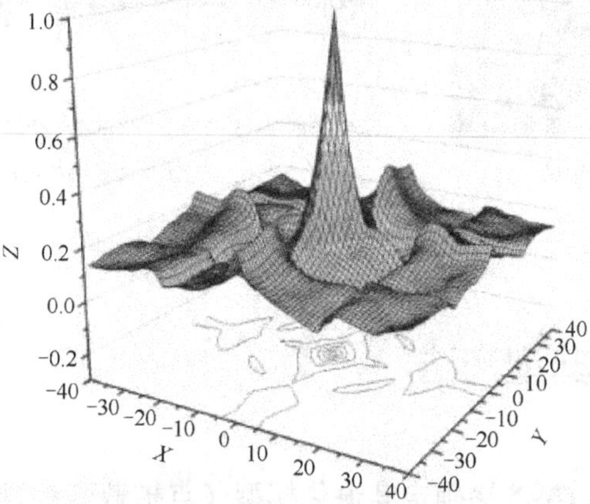

图 4-13 散焦模糊图像微分自相关函数的三维显示

假设不考虑加性噪声，则模糊图像的退化模型为

$$g(x,y)=f(x,y)*h(x,y) \tag{4.93}$$

对观测图像 $g(x,y)$ 做无方向的二阶微分，即

$$\begin{aligned}\nabla^2 g(x,y)&=\nabla^2\iint f(\alpha,\beta)h(x-\xi,y-\eta)\mathrm{d}\xi\mathrm{d}\eta\\&=\iint f(\alpha,\beta)\nabla^2 h(x-\xi,y-\eta)\mathrm{d}\xi\mathrm{d}\eta\\&=f(x,y)*\nabla^2 h(x,y)\end{aligned} \tag{4.94}$$

则微分模糊图像自相关为

$$\begin{aligned}s&=\nabla^2 g(x,y)\otimes\otimes\nabla^2 g(x,y)\\&=(f(x,y)\otimes\otimes f(x,y))*(\nabla^2 h(x,y)\otimes\otimes\nabla^2 h(x,y))\\&=s_f*s_{\nabla^2 h}\end{aligned} \tag{4.95}$$

其中，$s_f=f(x,y)\otimes\otimes f(x,y)$，$s_{\nabla^2 h}=\nabla^2 h(x,y)\otimes\otimes\nabla^2 h(x,y)$，$\otimes\otimes$ 表示二维相关，$*$ 表示卷积，s 为微分图像自相关，s_f 为原始清晰图像自相关，$s_{\nabla^2 h}$ 为微分点扩散函数自相关。由式（4.95）可以看出，微分模糊图像的自相关函数主要取决于微分点扩散函数的自相关函数，而点扩散函数的微分自相关图形有一个环形圆槽，圆槽以零频尖峰为中心，以负尖峰为圆周围成，其半径为 $2R$，即散焦模糊半径的两倍，圆槽的基地等高线投影为同心圆。所以只要取出这个三维图形的过零频中心峰值的剖面图（如图 4-14（b）所示），就可以确定圆槽半径，进而求得散焦模糊参数。

（a）Lena 散焦模糊图像

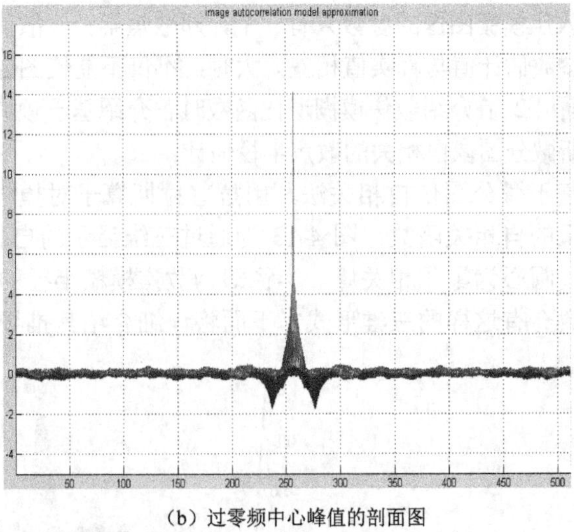

（b）过零频中心峰值的剖面图

图 4-14　散焦模糊参数估计

4.4 图像复原的典型方法

对于一种退化图像，如果能够确定其退化模型（点扩散函数）并对退化模型的参数进行准确估计，接下来就是要选择一种合适的复原方法对退化图像进行复原。

目前存在许多图像复原方法，这些方法主要针对不同的物理模型采用不同的退化模型、处理技术和估计准则来进行图像复原。典型的图像复原方法主要包括频域复原法、代数复原法、非线性复原法、盲复原法及其他一些复原方法。其中图像的频域复原方法比较典型的有逆滤波、维纳滤波、等功率谱滤波、几何均值滤波等，代数复原方法比较常用的是无约束的代数复原方法和有约束的代数复原方法，非线性复原方法主要包括最大后验法和最大熵法，还有一些常用的复原方法如投影法、Richardson-Lucy 方法及盲复原方法，等等。在实际应用中要根据降质图像的特点来选择合适的复原方法。本章主要介绍一些典型的复原方法。

4.4.1 逆滤波法

逆滤波复原方法也称为反向滤波法，根据图像退化模型，其基本原理如下，即

$$g(x,y)=f(x,y)*h(x,y)+n(x,y) \tag{4.96}$$

由傅里叶的卷积定理可以推导出

$$G(u,v)=H(u,v)F(u,v)+N(u,v) \tag{4.97}$$

图像的退化过程是原始图像 $f(x,y)$ 通过系统 H 并与加性噪声 $n(x,y)$ 相叠加而形成退化图像。逆滤波的方法就是直接将退化过程 H 的逆变换直接与退化图像进行反卷积。如果利用傅里叶变换卷积特性，在考虑噪声的情况下，上述过程可以用式（4.98）表述，即

$$\hat{F}(u,v)=\frac{G(u,v)-N(u,v)}{H(u,v)} \tag{4.98}$$

$\hat{F}(u,v)$ 就是恢复后图像的傅里叶变换。其中，$F(u,v)$ 是原始图像的傅里叶变换，$G(u,v)$ 是退化图像的傅里叶变换，$N(u,v)$ 是噪声的傅里叶变换，$H(u,v)$ 是点扩散函数（即退化过程）的傅里叶变换，也称为滤波器的传递函数。

如果不考虑噪声的影响，逆滤波的过程可以用式（4.99）描述，即

$$\hat{F}(u,v)=\frac{G(u,v)}{H(u,v)} \tag{4.99}$$

由式（4.99）取傅里叶反变换，即可得到恢复后的图像，即

$$\hat{f}(x,y)=F^{-1}[\hat{F}(u,v)]=F^{-1}\left[\frac{G(u,v)}{H(u,v)}\right] \tag{4.100}$$

这说明如果已知退化图像的傅里叶变换和点扩散函数，则可以求得原始图像的傅里叶变换，经逆傅里叶变换后就可以求得原始图像 $f(x,y)$ 的复原图像。这里，$\dfrac{G(u,v)}{H(u,v)}$ 起到了反向滤波的作用，这就是逆滤波复原方法的基本原理。

利用上式进行复原处理时，$u-v$ 平面上的有些点或区域可能会存在 $H(u,v)=0$ 或 $H(u,v)$ 非常小的情况。在这种情况下，即使没有噪声，也无法准确地恢复出原始图像。同时，当有噪声存在时，在 $H(u,v)$ 的邻域内，$H(u,v)$ 的值可能比 $N(u,v)$ 的值小得多，这样得到的噪声项会非常大，造成复原出来的图像面目全非。

为了解决这一问题，通常采用一个折中方法来处理，即不用 $1/H(u,v)$ 作为逆滤波的点扩散函数，而是采用另外一个关于 u,v 的函数 $M(u,v)$ 作为逆滤波的处理传递函数。

在一般情况下，$H(u,v)$ 的幅度随着离 $u-v$ 平面原点距离的增加而迅速下降，而噪声项

$N(u,v)$ 的幅度变化比较平缓。在远离 $u-v$ 平面的原点时，$N(u,v)/H(u,v)$ 的值就会变得很大，而对于大多数图像而言，此时的 $F(u,v)$ 值很小。在这种情况下噪声占据优势，无法获得满意的复原效果，这说明应用逆滤波时仅在原点邻域内采用 $1/H(u,v)$ 才有效，因此 $M(u,v)$ 函数通常设计为

$$M(u,v)=\begin{cases}\dfrac{1}{H(u,v)} & u^2+v^2\leqslant w^2\\ 1 & u^2+v^2>w^2\end{cases} \tag{4.101}$$

w 的选择应该将 $H(u,v)$ 的零点排除在此邻域之外。这种方法的缺点就是恢复结果的振铃效应较明显。一种改进的方法就是取 $M(u,v)$ 函数如式（4.102）所示。

$$M(u,v)=\begin{cases}\dfrac{1}{H(u,v)} & H(u,v)>d\\ k & H(u,v)\leqslant d\end{cases} \tag{4.102}$$

其中 k 和 d 均为小于 1 的常数，而且 d 选得较小为好。

因此，可以将逆滤波进行图像复原的处理模型总结为图 4-15 所示形式。

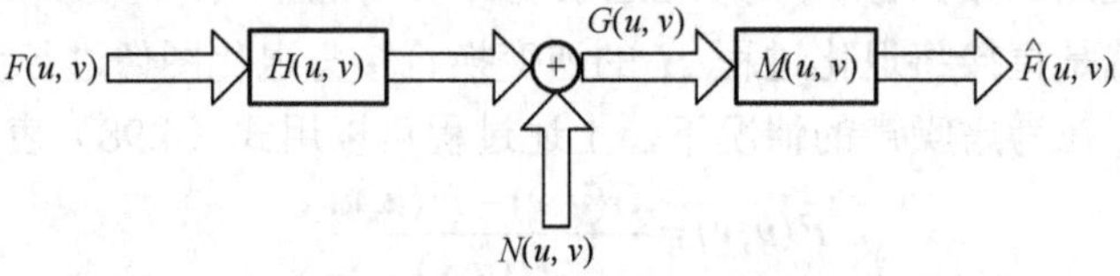

图 4-15　逆滤波处理模型

图 4-16 和图 4-17 是采用逆滤波法进行图像复原的实例。图 4-16 所示是对不含噪声的模糊图像进行恢复的实验结果，其中模糊的尺度为 x=20，y=10。当参数 k 取不同值时，恢复结果相差很大。当 k=0.1 时图像不够清晰，轮廓也不够鲜明，而 k=0.01 时虽然轮廓清晰，但引入较大噪声，且振铃效应比较明显。图 4-17 是实际拍摄的含有噪声的“航空”图像，由于逆滤波算法对噪声有明显的放大作用，复原后图像以噪声为主，淹没了原始图像信号，由此可见，逆滤波算法不适合用来恢复含有噪声的图像。

（a）模糊图像（x=20，y=10）　（b）k=0.1　（c）k=0.01

图 4-16　不带噪声的模糊 Lena 图像及其在不同参数下的恢复效果

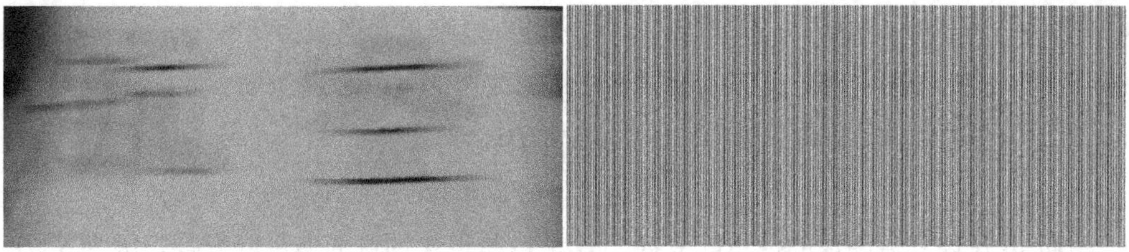

图 4-17 逆滤波方法对含有噪声的“航空”图像的恢复效果

4.4.2 维纳滤波

通常功率谱的低频部分以信号为主，而高频部分则主要被噪声所占据。由于逆滤波器的幅值随着频率的升高而升高，因此会增强高频部分的噪声。为了克服以上缺点，维纳滤波被提出用来进行模糊图像的恢复。维纳滤波方法也叫最小二乘滤波方法，它使原始图像及其恢复图像之间的均方误差最小，是一种有约束的复原方法。该方法除了要求了解关于降质模型的传递函数的情况外，还需知道噪声的统计特性和噪声与图像的相关情况。

维纳滤波复原算法是一种对噪声起抑制和减小作用的方法，由 C.W.Helstrom 于 1967 年提出。维纳滤波复原是寻找一个滤波器，使得复原后的图像和原图像的均方差最小，即

$$\min E\left[\left|f-\hat{f}\right|^2\right] \tag{4.103}$$

因此，这种方法也被称为最小均方估计法(MMSE)。

根据图像退化模型，即

$$g(x,y)=f(x,y)*h(x,y)+n(x,y) \tag{4.104}$$

希望找到一个复原滤波器 $m(x,y)$，它用 $g(x,y)$ 作为输入，输出为复原后的图像，即

$$\hat{f}(x,y)=g(x,y)*m(x,y) \tag{4.105}$$

且满足 $\min E\left[\left|f-\hat{f}\right|^2\right]$。根据线性均方估计中的正交原理，式（4.105）最小化的充要条件是估计误差 $f-\hat{f}$ 正交于数据 g，于是，必须有

$$E[(f-\hat{f})g]=0 \tag{4.106}$$

令 $M(u,v)$ 为 $m(x,y)$ 傅里叶变换，$S_{fg}(u,v)$ 和 $S_{gg}(u,v)$ 分别为互功率谱和自功率谱。维纳滤波器可以表示为

$$M(u,v)=\frac{S_{fg}(u,v)}{S_{gg}(u,v)} \tag{4.107}$$

此外，还可以证明

$$S_{gg}(u,v)=\left|H(u,v)\right|^2 S_{ff}(u,v)+S_{nn}(u,v) \tag{4.108}$$

$$S_{fg}(u,v)=H(u,v)^* S_{ff}(u,v) \tag{4.109}$$

由以上 3 个式子可以得到维纳滤波器为

$$M(u,v)=\frac{\overline{H(u,v)}}{\left|H(u,v)\right|^2+S_{nn}(u,v)/S_{ff}(u,v)} \tag{4.110}$$

其中，$\overline{(\cdot)}$ 表示复数的共轭，$S_{nn}(u,v)$ 和 $S_{ff}(u,v)$ 分别是噪声和图像的功率谱。

根据卷积定理和谱密度定义可以推导出维纳滤波器的复原公式为

$$\hat{F}(u,v)=\frac{1}{H(u,v)}\cdot\frac{\left|H(u,v)\right|^2}{\left|H(u,v)\right|^2+S_{nn}(u,v)/S_{ff}(u,v)}\cdot G(u,v) \tag{4.111}$$

其中，$\hat{F}(u,v)$ 是恢复后图像的傅里叶变换，$G(u,v)$ 是退化图像的傅里叶变换。因为 $S_{nn}(u,v)$、$S_{ff}(u,v)$ 在实际应用中很难求得，因此，可以用一个比值 k 代替两者之比，从而得到简化的维纳滤波公式为

$$\hat{F}(u,v)=\frac{1}{H(u,v)}\cdot\frac{\left|H(u,v)\right|^2}{\left|H(u,v)\right|^2+k}\cdot G(u,v) \tag{4.112}$$

其中，k 通常利用先验知识近似取为信噪比的值。

图 4-18 所示为在不同参数下维纳滤波方法对实际拍摄的运动模糊图像的恢复效果，可见随着 k 值不断减小，图像噪声越来越明显，但字符的轮廓越来越清晰。在极端的情况下，令 k=0，此时的维纳滤波退化为逆滤波，其恢复结果与图 4-17 相同。而另一方面，当 k 值不断增大时，图像边缘越来越模糊。对于图 4-18 所示的几幅恢复图像，当 k=0.01 时恢复效果较好。

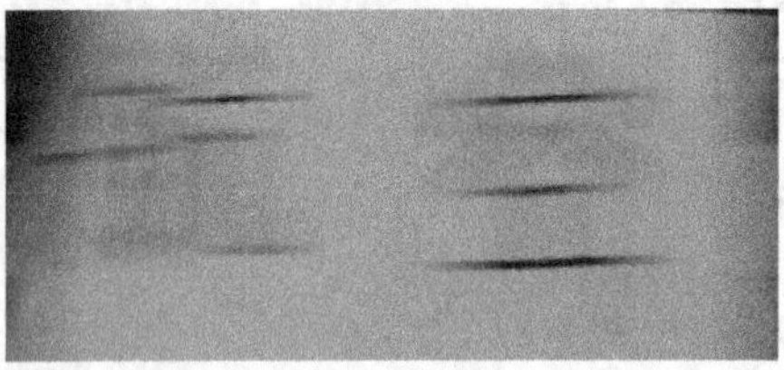

（a）实际拍摄的含有噪声的图像

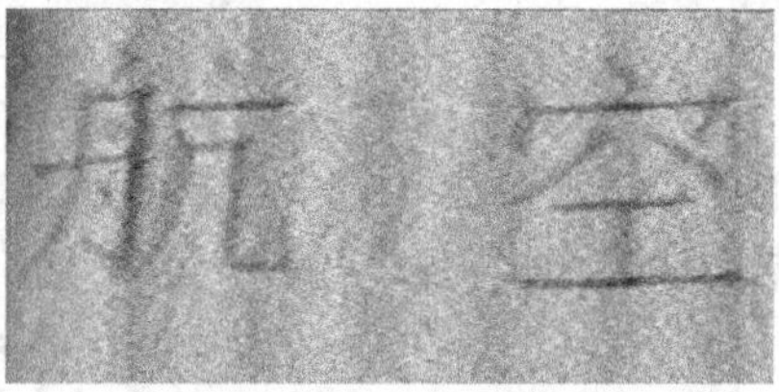

（b）k=0.001 的维纳滤波恢复的效果

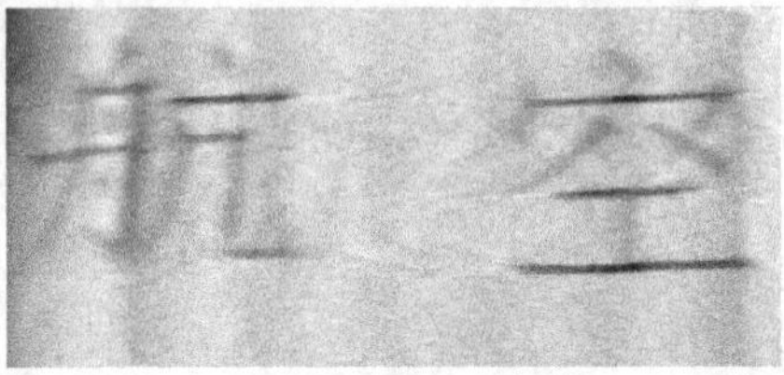

（c）k = 0.01 时的维纳滤波恢复的效果

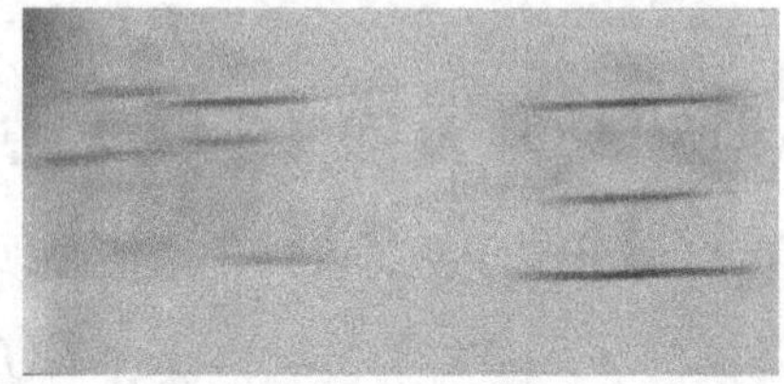

（d）k = 0.1 时的维纳滤波恢复的效果

图 4-18　在不同 k 参数下，维纳滤波恢复效果

将维纳滤波器与逆滤波器相比较可以看出，维纳滤波器可以看作一种正则化的逆滤波器，$S_{nn}(u,v)/S_{ff}(u,v)$ 或 k 起到正则化的作用，它们消除了核函数的频域奇异性造成的病态问题。维纳滤波能有效抑制复原过程中的噪声放大，且能以很低的计算代价获得较好的复原效果。但是，维纳滤波也有明显的缺点。为了抑制噪声，它使用最小均方误差（NMSE）准则，该准则只在平均意义上是最优的，因此给出的估计以一种并非最适合人眼的方式对图像进行了平滑。此外，维纳滤波器必须假设图像和噪声都是广义平稳过程，这往往有别于物理事实，因此会降低复原效果。

由于维纳滤波不能达到人眼所要求的最佳效果，于是产生了参数维纳滤波方法，一定程度上改善了复原结果。

参数维纳滤波如式（4.113）所示。

$$\hat{F}(u,v)=\frac{1}{H(u,v)}\cdot\frac{|H(u,v)|^2}{|H(u,v)|^2+\gamma\dfrac{S_{nn}(u,v)}{S_{ff}(u,v)}}\cdot G(u,v) \tag{4.113}$$

即在信噪比的倒数前加一个参数γ，注意$\gamma=1$时，为标准维纳滤波器；$\gamma\neq1$时，为含参数的维纳滤波器。若没有噪声时，即$S_{nn}(u,v)=0$，维纳滤波器则退化成理想逆滤波器。在实际应用中必须调节γ以满足复原需求，γ一般取值在 0～0.3 之间，从而达到修正该项、平滑滤波效果和改善滤波器抗噪性能的目的。

4.4.3 等功率谱滤波

利用图像的等功率谱进行图像复原的基本思想是：原始图像估值$\hat{f}(x,y)$的功率谱等于原始图像$f(x,y)$的功率谱，因此该复原方法叫做等功率谱滤波。这一方法是斯托克哈姆及库尔提出的，所以很多国外文献称这种滤波器为斯托克母-库尔滤波器。

等功率谱滤波的先验是假设图像和噪声均属于均匀随机场，噪声的均值为零，且与图像不相关。根据图像的退化模型和均匀随机场互相关函数的定义，同时考虑噪声与图像不相关且均值为零等特性，设恢复滤波器的传递函数为$M(u,v)$，则

$$S_{\hat{f}\hat{f}}(u,v)=S_{gg}(u,v)|M(u,v)|^2 \tag{4.114}$$

将$S_{gg}(u,v)$的表达式（4.108）代入得

$$S_{\hat{f}\hat{f}}(u,v)=S_{ff}(u,v)|H(u,v)|^2|M(u,v)|^2+S_{nn}(u,v)|M(u,v)|^2 \tag{4.115}$$

根据等功率谱的定义，$S_{\hat{f}\hat{f}}(u,v)=S_{ff}(u,v)$，可得

$$M(u,v)=\left[\frac{1}{|H(u,v)|^2+S_{nn}(u,v)/S_{ff}(u,v)}\right]^{1/2} \tag{4.116}$$

则等功率谱的滤波公式为

$$\hat{F}(u,v)=\left[\frac{1}{|H(u,v)|^2+S_{nn}(u,v)/S_{ff}(u,v)}\right]^{1/2}G(u,v) \tag{4.117}$$

由式（4.117）可知，等功率谱滤波器在没有噪声的情况下，$S_{nn}(u,v)=0$，就简化为逆滤波器；当有噪声存在时，在$H(u,v)$很小或等于零的区域上，滤波公式简化为

$$\hat{F}(u,v)=[S_{ff}(u,v)/S_{nn}(u,v)]^{1/2}G(u,v) \tag{4.118}$$

因此，根据退化图像计算出退化图像的功率谱$S_{gg}(u,v)$后，就可以对图像进行恢复了。图像功率谱通常都是利用与原始图像统计性质相同的一类图像按定义计算的，如果不知道随机场的统计特性，也常用式（4.119）近似表达为

$$\hat{F}(u,v)=\left[\frac{1}{|H(u,v)|^2+k}\right]^{1/2}G(u,v) \tag{4.119}$$

式中，k是根据信噪比的某种先验知识适当确定的常数，这一简化方式与维纳滤波的简化方式

相同。

与维纳滤波方法类似，这种等功率谱滤波器也是没有相移的（是实偶函数），它可以用于无相移的或者相移可以用其他方法确定的退化函数。等功率谱滤波器与维纳滤波器十分相似。当没有噪声时，这两种滤波器都可以简化为直接的逆滤波；当没有信号时，这两种滤波器都完全截止。然而，不同的是等功率谱滤波器在传递函数 $F(u,v)$ 为零处并不截止为零。等功率谱滤波器具有相当强的图像恢复能力，在某些情况下其性能优于维纳滤波器。尤其对衰减很大的信号高频成分的复原能力超过维纳滤波，但同时对高频噪声也更加敏感。

4.4.4 几何均值滤波器

将维纳滤波器进一步加以泛化，即可得到几何均值滤波器的形式为

$$\hat{F}(u,v)=\left[\frac{\overline{H(u,v)}}{|H(u,v)|^2}\right]^{\alpha}\left[\frac{\overline{H(u,v)}}{|H(u,v)|^2+\gamma\left[\dfrac{S_{nn}(u,v)}{S_{ff}(u,v)}\right]}\right]^{1-\alpha}G(u,v) \tag{4.120}$$

式中，α 和 γ 为正的实常数。

几何均值滤波器是前面讨论过的几种滤波器的一般形式，其传递函数具有参数 α 和 γ 。当 $\alpha=1$ 时，式（4.120）就成为逆滤波器，令 $\alpha=0$，就得到参数化的维纳滤波器；当 $\gamma=1$，等式就变成了标准维纳滤波器；而如果令 $\alpha=1/2$，$\gamma=1$，则它就变为等功率谱滤波器。进一步观察，还可以注意到当 $\alpha=1/2$ 时，式（4.120）定义的是普通逆滤波和维纳滤波的几何平均，因此等式定义的滤波器为几何均值滤波器。当 $\gamma=1$，α 减到 $1/2$ 以下时，滤波的性能越来越接近逆滤波器；当 α 增加到 $1/2$ 以上时，越来越接近维纳滤波。一般来说，可以通过选择 γ 的数值来获得所希望的维纳平滑效果。

几何均值滤波器是一个很一般的滤波器，可以适用于具有线性、空间不变的模糊函数和加性、不相关噪声的情形。Andrews 和 Hunt 在轻微模糊和适度噪声条件下对几何均值滤波器的复原能力进行了研究，结果表明，在上述条件下，单纯逆滤波的效果最差；而维纳滤波器会产生超过人眼所希望的严重低通滤波效应。在同样约束条件下，γ 的参数化维纳滤波和几何均值滤波的复原结果更令人满意。

4.4.5 无约束最小二乘复原方法

前面介绍的几种复原方法都是在频域中进行的，需要在复原前后进行傅里叶变换，使图像进行空域和频域之间的转换。图像的代数复原方法则是在空域中进行的复原技术，分为无约束最小二乘复原和有约束最小二乘复原方法。代数图像复原算法是由 Andrews 和 Hunt 等人推导出的一种基于离散退化系统模型的图像复原方法，从而为基于空域的复原滤波器的数值计算提供了一个统一的设计思路和比较透彻的解释。

用矩阵形式描述图像 $\boldsymbol{f}$ 被 $\boldsymbol{H}$ 降质同时被噪声 $\boldsymbol{n}$ 污染的退化图像 $\boldsymbol{g}$，根据离散退化系统模型，退化图像表示为

$$\boldsymbol{g}=\boldsymbol{Hf}+\boldsymbol{n} \tag{4.121}$$

其中，$\boldsymbol{g}$,$\boldsymbol{f}$ 和 $\boldsymbol{n}$ 都是 N^2 维列向量，$\boldsymbol{H}$ 是 $N^2\times N^2$ 的矩阵。

若 $\boldsymbol{n}=0$ 或者对于噪声一无所知，则可把复原问题当作一个最小二乘问题来解决。令 $\boldsymbol{e}(\hat{\boldsymbol{f}})$ 为估计量 $\hat{\boldsymbol{f}}$ 与模糊向量 $\boldsymbol{g}$ 之间的差值，则将式（4.121）改写为

$$\boldsymbol{g}=\boldsymbol{H}\boldsymbol{f}=\boldsymbol{H}\hat{\boldsymbol{f}}+\boldsymbol{e}(\hat{\boldsymbol{f}})\text{ 或者 }\boldsymbol{e}(\hat{\boldsymbol{f}})=\boldsymbol{g}-\boldsymbol{H}\hat{\boldsymbol{f}} \tag{4.122}$$

定义 $\boldsymbol{e}(\hat{\boldsymbol{f}})$ 的范数平方为

$$\|\boldsymbol{e}(\hat{\boldsymbol{f}})\|^2=\boldsymbol{e}(\hat{\boldsymbol{f}})^{\mathrm{T}}\boldsymbol{e}(\hat{\boldsymbol{f}})=(\boldsymbol{g}-\boldsymbol{H}\hat{\boldsymbol{f}})^{\mathrm{T}}(\boldsymbol{g}-\boldsymbol{H}\hat{\boldsymbol{f}}) \tag{4.123}$$

$\|\boldsymbol{e}(\hat{\boldsymbol{f}})\|^2$ 可以视为误差项 $\boldsymbol{e}(\hat{\boldsymbol{f}})$ 的一种度量。可以这样选择 $\hat{\boldsymbol{f}}$，使它被退化后所得的结果与观察到的图像 $\boldsymbol{g}$ 之间的差在均方意义下尽可能小。

若令目标函数为

$$\boldsymbol{T}(\hat{\boldsymbol{f}})=\|\boldsymbol{e}(\hat{\boldsymbol{f}})\|^2=(\boldsymbol{g}-\boldsymbol{H}\hat{\boldsymbol{f}})^{\mathrm{T}}(\boldsymbol{g}-\boldsymbol{H}\hat{\boldsymbol{f}}) \tag{4.124}$$

则无约束复原就是求 $\boldsymbol{T}(\hat{\boldsymbol{f}})$ 的最小值。由式（4.124）可见，除了使目标函数最小外，并无其他限制条件，因此称之为无约束代数复原方法。

令 $\boldsymbol{T}(\hat{\boldsymbol{f}})$ 的导数等于零，则

$$\frac{\partial \boldsymbol{T}(\hat{\boldsymbol{f}})}{\partial \boldsymbol{f}}=-2\boldsymbol{H}^{\mathrm{T}}(\boldsymbol{g}-\boldsymbol{H}\hat{\boldsymbol{f}})=0 \tag{4.125}$$

求得

$$\hat{\boldsymbol{f}}=(\boldsymbol{H}^{\mathrm{T}}\boldsymbol{H})^{-1}\boldsymbol{H}^{\mathrm{T}}\boldsymbol{g} \tag{4.126}$$

其中 $(\boldsymbol{H}^{\mathrm{T}}\boldsymbol{H})^{-1}\boldsymbol{H}^{T}$ 称为 $\boldsymbol{H}$ 的广义逆，由于 $\boldsymbol{H}$ 是 $N\times N$ 的方阵，所以

$$\hat{\boldsymbol{f}}=\boldsymbol{H}^{-1}\boldsymbol{g} \tag{4.127}$$

式（4.127）在频域表示为

$$\hat{F}(u,v)=\frac{G(u,v)}{H(u,v)} \tag{4.128}$$

与逆滤波解相同。可见，基于线性代数的无约束最小二乘复原算法与逆滤波等价。

4.4.6 有约束最小二乘复原方法

如果不考虑噪声影响，按照离散系统的退化模型，要恢复原始图像 $\boldsymbol{f}$，需要对矩阵 $\boldsymbol{H}$ 求逆，即

$$\hat{\boldsymbol{f}}=\boldsymbol{H}^{-1}\boldsymbol{g} \tag{4.129}$$

数学上要求这个逆矩阵存在并且唯一。但事实上，由于退化图像即使存在非常小的扰动，在恢复结果中都会产生不可忽视的强扰动，而实际中这种扰动是不可避免的。同时，由于噪声的随机性，也会导致恢复问题的病态性，还存在另外一种可能性，即逆矩阵不存在，但确实存在与 $\boldsymbol{f}$ 非常近似的解，这称为恢复问题的奇异性。因此，为了克服复原问题中的病态性质，需要在恢复过程中对运算施加某种约束，从而在一组可能的结果中选择一种，这就是有约束条件的复原方法。

假设对图像施加某一线性运算 $\boldsymbol{Q}$，考虑噪声存在下的极小化过程，在两端范数相等的约束条件下，即

$$\|\boldsymbol{g}-\boldsymbol{H}\hat{\boldsymbol{f}}\|^2=\|\boldsymbol{n}\|^2 \tag{4.130}$$

将约束复原问题看成函数 $\|\boldsymbol{Q}\hat{\boldsymbol{f}}\|^2$ 求极小值的问题。

利用拉格朗日乘数法，先构造一个辅助函数为

$$\begin{aligned}\boldsymbol{T}(\hat{\boldsymbol{f}},\lambda)&=\|\boldsymbol{Q}\hat{\boldsymbol{f}}\|^2+\lambda\|\boldsymbol{g}-\boldsymbol{H}\hat{\boldsymbol{f}}\|^2-\|\boldsymbol{n}\|^2\\&=(\boldsymbol{Q}\hat{\boldsymbol{f}})^{\mathrm{T}}(\boldsymbol{Q}\hat{\boldsymbol{f}})+\lambda(\boldsymbol{g}-\boldsymbol{H}\hat{\boldsymbol{f}})^{\mathrm{T}}(\boldsymbol{g}-\boldsymbol{H}\hat{\boldsymbol{f}})-\boldsymbol{n}^{\mathrm{T}}\boldsymbol{n}\end{aligned} \tag{4.131}$$

求 $\boldsymbol{T}(\hat{\boldsymbol{f}},\lambda)$ 对 $\hat{\boldsymbol{f}}$ 的偏导数，并令其为零，则有

$$\frac{\partial \boldsymbol{T}(\hat{\boldsymbol{f}},\lambda)}{\partial \hat{\boldsymbol{f}}}=2\boldsymbol{Q}^{\mathrm{T}}\boldsymbol{Q}\hat{\boldsymbol{f}}-2\lambda\boldsymbol{H}^{\mathrm{T}}(\boldsymbol{g}-\boldsymbol{H}\hat{\boldsymbol{f}})=0 \tag{4.132}$$

解之得

$$\hat{\boldsymbol{f}}=(\boldsymbol{H}^{\mathrm{T}}\boldsymbol{H}+\gamma\boldsymbol{Q}^{\mathrm{T}}\boldsymbol{Q})^{-1}\boldsymbol{H}^{\mathrm{T}}\boldsymbol{g} \tag{4.133}$$

式中，$\gamma=1/\lambda$，这就是有约束最小二乘代数复原解的一般公式。

式（4.133）等价的频域形式的解为

$$\hat{F}(u,v)=\frac{\overline{\boldsymbol{H}(u,v)}}{|\boldsymbol{H}(u,v)|^2+\gamma|\boldsymbol{Q}(u,v)|^2}\boldsymbol{G}(u,v) \tag{4.134}$$

为了确定优化参数γ，可以用迭代的方法实施复原过程。由于$\|\boldsymbol{n}\|^2$是γ的单调减函数，可先取初始的γ代入复原公式，根据求得的解计算$\|\boldsymbol{g}-\boldsymbol{H}\hat{\boldsymbol{f}}\|^2$，当结果大于$\|\boldsymbol{n}\|^2$时，可规定$\|\boldsymbol{g}-\boldsymbol{H}\hat{\boldsymbol{f}}\|^2-\|\boldsymbol{n}\|^2$小于给定的阈值。$\|\boldsymbol{n}\|^2$代表噪声的功率，该项可以在空域利用图像的平坦区域进行估计。当线性运算 $\boldsymbol{Q}$ 取不同的值时，代表不同的约束方式，于是得到不同的约束复原算法。下面介绍常用的 3 种约束方式。

1）能量约束

若取线性运算矩阵为单位阵$\boldsymbol{Q}=\boldsymbol{E}$，则复原方程变为

$$\hat{\boldsymbol{f}}=(\boldsymbol{H}^{\mathrm{T}}\boldsymbol{H}+\gamma\boldsymbol{E})^{-1}\boldsymbol{H}^{\mathrm{T}}\boldsymbol{g} \tag{4.135}$$

频域解为

$$\hat{F}(u,v)=\frac{\overline{\boldsymbol{H}(u,v)}}{|\boldsymbol{H}(u,v)|^2+\gamma}\boldsymbol{G}(u,v) \tag{4.136}$$

与逆滤波相比，参数γ起到正则化的作用。实际上$\min\|\hat{\boldsymbol{f}}\|^2$是指在$\|\boldsymbol{g}-\hat{\boldsymbol{f}}\|^2=\|\boldsymbol{n}\|^2$的约束条件下，复原图像能量最小。或者说，当有几个可能的复原结果时，能量最小的解是所要解。当$\gamma=0$时，上式退化为逆滤波公式，所以这种方法常称为伪逆滤波。

2）平滑约束

根据 Phillips 的正则化方法，应该保证解的二阶导数的范数平方$\|\hat{\boldsymbol{f}}''\|^2$最小。在离散情况下，用二阶差分代替二阶导数，因此线性运算可取为 Laplace 算子，即

$$\boldsymbol{C}(m,n)=\begin{bmatrix}0&1&0\\1&-4&1\\0&1&0\end{bmatrix} \tag{4.137}$$

相应的复原方程为

$$\hat{\boldsymbol{f}}=(\boldsymbol{H}^{\mathrm{T}}\boldsymbol{H}+\gamma\boldsymbol{C}^{\mathrm{T}}\boldsymbol{C})^{-1}\boldsymbol{H}^{\mathrm{T}}\boldsymbol{g} \tag{4.138}$$

此方程的频域估计为

$$\hat{F}(u,v)=\frac{\overline{H(u,v)}}{|H(u,v)|^2+\gamma|C(u,v)|^2}G(u,v) \tag{4.139}$$

式中，$C(u,v)$ 是算子矩阵 $C(m,n)$ 填充零后的离散傅里叶变换。

最小化约束 $\min\|C\hat{f}\|^2$ 表示对复原图像高频能量的限制，体现了对复原图像平滑性的要求。式（4.139）描述的复原算法称为CLS算法。

3）噪声约束

复原图像相对于原始图像均方误差的最小化导致了参数维纳滤波解。选取 Q 为噪声与信号的比为

$$Q=(R_n/R_f)^{1/2} \tag{4.140}$$

其中 $R_f=E[ff^{\mathrm{T}}]$，$R_f=E[nn^{\mathrm{T}}]$ 分别是图像和噪声的自相关矩阵，并且是正定对称的。于是复原方程表示为

$$\hat{f}=(H^{\mathrm{T}}H+\gamma R_f^{-1}R_n)^{-1}H^{\mathrm{T}}g \tag{4.141}$$

其频域解相应为

$$\hat{F}(u,v)=\frac{\overline{H(u,v)}}{|H(u,v)|^2+\gamma S_{nn}(u,v)/S_{ff}(u,v)}G(u,v) \tag{4.142}$$

式中，$S_{nn}(u,v)$ 和 $S_{ff}(u,v)$ 分别是噪声和图像的功率谱。这恰恰是参数维纳滤波的解；当 $\gamma=1$ 时，式（4.142）则变为经典的维纳滤波。实际上，$\min\|R_f^{-1/2}R_n^{1/2}\hat{f}\|^2$ 意味着使噪声对复原图像影响最小，而此时最小二乘准则演变为最小均方误差准则，与维纳滤波的基本思想一致。

综上所述，在最小二乘准则的前提下，对复原解施加能量约束导致伪逆滤波算法，施加平滑约束导致CLS算法，施加噪声约束导致维纳滤波。以上讨论的线性代数复原方法都可以有相应的频域解，从而避免了存放和处理大尺寸矩阵，这得益于循环矩阵对角化技术的应用。而还有许多复原算法无法实施循环矩阵对角化，进而不能将解表示为频域的紧凑形式，复原方程只能用迭代求解。

在本节中分别在图片有噪声和无噪声两种情况下应用有约束最小二乘方法进行恢复。图4-19（a）显示了 x=20 y=10 的无噪声模糊图像，图4-19（b）是对其应用最小二乘法恢复后的结果，可以看到恢复效果比较理想。

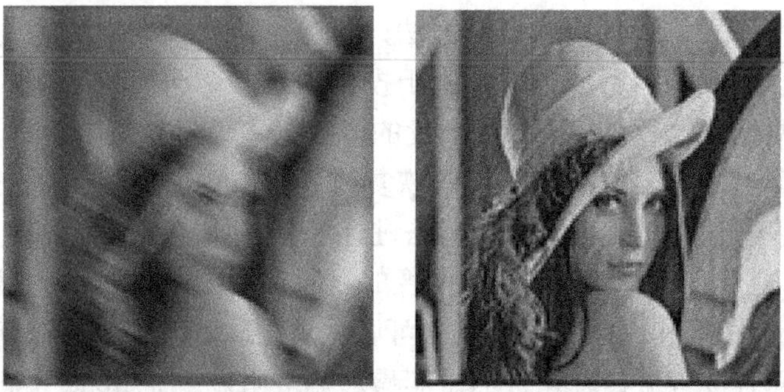

（a）模糊图像(x=20 y=10)　　（b）恢复结果

图4-19　有约束最小二乘复原

4.4.7 投影复原法

投影复原方法是一种极为有效的非线性代数复原方法，可以从几何学观点进行解释。将忽略噪声的图像退化模型写成矩阵形式为

$$\begin{cases} h_{11}f_1 + h_{12}f_2 + \cdots + h_{1m}f_m = g_1 \\ h_{21}f_1 + h_{22}f_2 + \cdots + h_{2m}f_m = g_2 \\ \cdots \\ h_{n1}f_1 + h_{n2}f_2 + \cdots + h_{nm}f_m = g_n \end{cases} \tag{4.143}$$

其中，f 是原始图像的采样，g 是模糊图像的采样。h_{ij} 为常数，表示点扩散函数矩阵的元素。f 和 g 的采样数目为图像大小，即 m 和 n。$f=\{f_1,f_2,\cdots,f_n\}$ 可以看成 n 维空间中的一个向量和一个点，而式（4.143）中的每一个方程式代表一个超平面。选取初始估值 $f^0=\left\{f_1^0,f_2^0,\cdots,f_n^0\right\}$，通常会选取模糊图像作为 g 的初值，即 $f^0=\{g_1,g_2,\cdots,g_n\}$。下面由其前次迭代值 f^0 对 f^1 进行估计，取 f^0 在第一个超平面 $h_{11}f_1+h_{12}f_2+\cdots+h_{1m}f_m=g_1$ 上的投影，即

$$f^1 = f^0 - \frac{f^0 h_1 - g_1}{h_1 h_1} h_1 \tag{4.144}$$

其中，$h_1=(h_{11},h_{12},\cdots,h_{1m})$，圆点代表向量的点积，然后再取 f^1 在第二个超平面 $h_{21}f_1+h_{22}f_2+\cdots+h_{2m}h_m=g_2$ 上的投影，并称为 f^2。依次推导下去，直到得到 f^n 满足最后一个方程式，这就实现了迭代的第一个循环。然后再从第一个方程式开始进行第二次迭代，即取 f^n 在 $h_{11}f_1+h_{12}f_2+\cdots+h_{1m}f_m=g_1$ 上的投影，取 f^{n+1} 在 $h_{21}f_1+h_{22}f_2+\cdots+h_{2m}h_m=g_2$ 上的投影，直到最后一个方程式，这就实现了第二个迭代循环。按照上述方法依次迭代下去，便得到了一系列向量 f^0，f^n，$f^{2n}\cdots$可以证明，对于任何给定的 n、m 和向量 h_{ij}、f^{kn} 都收敛于 f。如果有唯一解，那么 f 即是这个解；而假设有无穷多个解，那么就是要找出与初值的方差和最小的解，即求使式（4.145）取最小值时的 f。

$$\| f - f^{02} \| = \sum_{i=1}^{m}(f_i - f_i^0) = (f_1 - f_1^0)^2 + (f_2 - f_2^0)^2 + \cdots + (f_m - f_m^0)^2 \tag{4.145}$$

对灰度图进行复原时，图像灰度值限定在范围 $0 \leqslant f_{ij} \leqslant 255$ 内。

投影恢复是一种基于迭代的空域恢复方法，它避免传统频域方法的振铃效应。但其缺点是恢复后的图像有较大噪声。另一方面，由于投影法是一个迭代的过程，其速度相对频域方法要慢。由投影法原理可知，在相同模糊长度的情况下，当模糊角度为斜 45° 时算法计算量达到最大，因此尽量避免对较大模糊角度的恢复或者在恢复前先将图像按照模糊角度进行旋转，使模糊方向与水平方向平行，再用投影法进行恢复。

图 4-20 是采用投影法对水平运动模糊图像的复原实例。图 4-20（b）和图 4-20（d）是采用投影法恢复的 Lena 图像和“航空”图像。可以明显发现，使用投影法恢复的“航空”图像的文字较为清晰，而且没有振铃现象，但是其噪声非常明显；而 Lena 模糊图像背景不复杂且能量较低，可以获得较好的恢复效果。

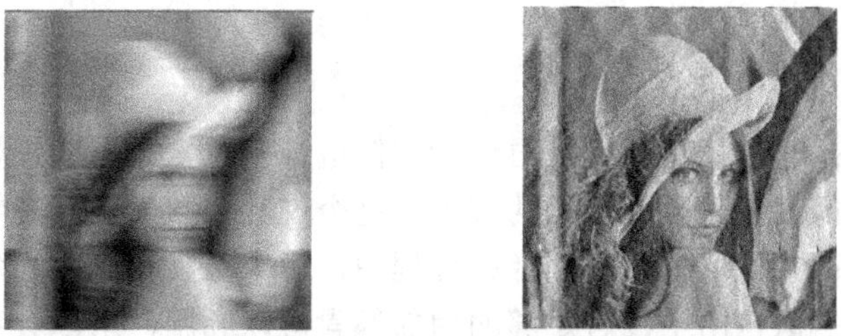

（a）Lena 运动模糊图像　　（b）使用投影法恢复效果

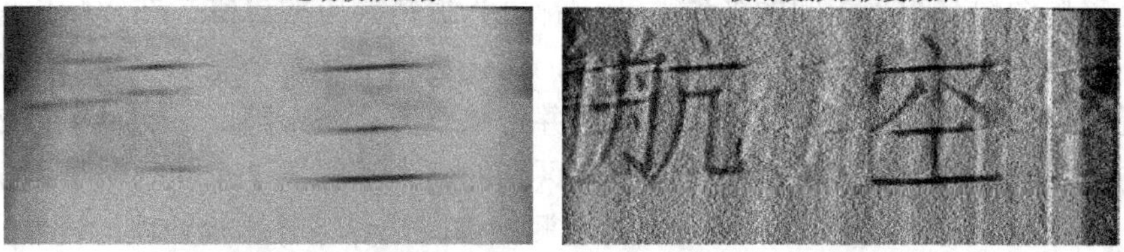

（c）“航空”运动模糊图像　　（d）投影法对“航空”图像的恢复结果（迭代 30 次）

图 4-20　投影法对水平运动模糊图像的恢复结果

4.4.8 Richardson-Lucy 算法

Richardson-Lucy（RL）算法是目前应用很广泛的一种图像复原方法，它是一种迭代方法。Richardson 和 Lucy 先后独立提出了基于最大似然理论的反卷积方法，Fish 等将其用于图像盲复原中。该方法的理论基础是假设原始图像是满足泊松分布的数学模型，通过最大化图像模型的似然函数得到估计原始图像信息的迭代表达式，即

$$\hat{f} = \arg\max_{f}(P(f|g)) \tag{4.146}$$

$\hat{f}$ 的迭代公式为

$$\hat{f}_{K+1}(x,y) = \hat{f}_K(x,y)\left[h(-x,-y) * \frac{g(x,y)}{h(x,y) * \hat{f}_K(x,y)}\right] \tag{4.147}$$

其中，$\hat{f}_{K+1}(x,y)$ 是 K 次迭代后复原图像的估计值，$g(x,y)$ 为采集到的退化图像，$h(x,y)$ 为退化图像点扩散函数。该方法的缺点是不提供结束迭代的条件阈值，需要人工根据图像复原效果决定需要的迭代次数。

图 4-21 是采用 RL 算法进行模糊图像复原的实例，其中图 4-21（a）是 30° 方向上模糊了 30 像素的 Lena 图像，通过图 4-21（b）和图 4-21（c）的恢复结果可以看出，迭代次数越多效果越好。在无噪声情况下，RL 每次迭代都会提高解的似然性，随着迭代次数的增加，最终将会收敛于最大似然性的解。

（a）模糊的 Lena 图像　　（b）迭代 70 次的效果　　（c）迭代 200 次的效果

图 4-21　Richardson-Lucy 滤波恢复效果

4.4.9 振铃效应的去除

运动造成图像模糊的过程实质就是对原始图像进行多像素平滑的过程，也就是一个像素与运动方向上的周围像素进行累加平均的过程。这个过程在数学上就是卷积，所以恢复过程就等于逆卷积。在以逆卷积形式恢复图像的过程中，每个像素都需要相邻像素的信息才能得以恢复，但图像边缘的像素由于没有足够的相邻像素可以利用，所以会导致恢复图像的边缘变差，并且整幅图像有明暗相间的条纹，我们称之为振铃效应或鬼影。在实际成像中，由于成像空间的限制，只能对有限空间成像。因此，退化过程不是一个完全卷积，边缘截断破坏了边缘附近的卷积关系，给图像复原造成困难并带来复原误差，因此，这种振铃效应在恢复人工模糊的图像与实际采集的模糊图像时是有区别的。为了解决这个问题，早期学者们最常用的方法是边界修正法，即用 Hamming 窗对观测图像的边界进行加权处理。边界修正法可以减小寄生波纹，但常常不够满意。Aghdasi 于 1996 年提出循环边界法，它是对图像进行对称延拓，使图像变为原来的四倍，延拓的连接处不会引起灰度值的跳变，这样就可以消除边界引起的振铃。循环边界法将图像的尺寸变为原来的四倍，计算量急剧增加，在实时性要求比较高的情况下是不允许的。如何在不增加图像尺寸的基础上对振铃效应进行抑制？基于循环边界法的缺点，Limetal 提出了对二维模糊图像进行恢复的最优窗法。

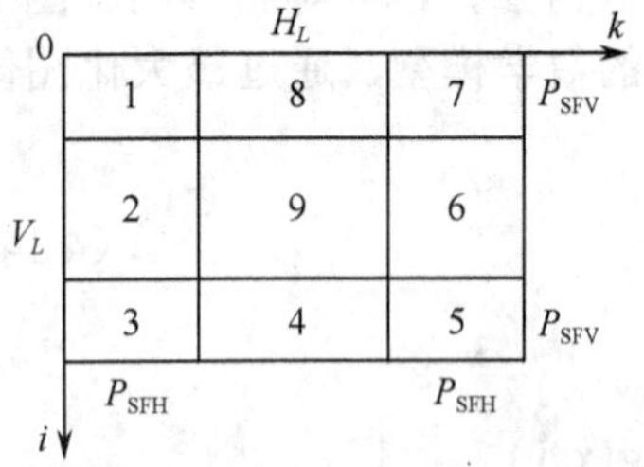

图 4-22 最优窗对二维图像的区域划分

假设二维模糊图像宽为 H_L，高为 V_L，最优窗 $\omega_{i,k}$ 将图像平面分为 9 个区域，如图 4-22 所示。

标号 9 的中央区域 $\omega_{i,k}=1$，P_{SFV}、P_{SFH} 分别表示中央区域 9 上下、左右的边界距离，即最优窗边界位置，$h_{p,q}$ 为模糊图像退化的点扩散函数的取值，因此，最优窗的形式与 PSF 的模型有关。在最上一层，区域 1、7 和 8 的 i 坐标取值范围为[0，P_{SFV}-2]，区域 2、6 和 9 区域的 i 坐标取值范围为[$P_{SFV}-1$，V_L-P_{SFV}]，区域 3、4 和 5 的 i 坐标取值范围为[$V_L-P_{SFV}+1$，V_L-1]；水平方向，区域 1、2 和 3 的 k 坐标取值范围为[0，$P_{SFH}-2$]，区域 4、8 和 9 区域的 k 坐标取值范围为[$P_{SFH}-1$，H_L-P_{SFH}]，区域 5、6 和 7 的 k 坐标取值范围为[H_L - P_{SFH}+1，H_L -1]，因此，最优窗计算公式如下所示。

$$\begin{bmatrix} \sum\limits_{p=0}^{i}\sum\limits_{q=0}^{k}h_{p,q} & \sum\limits_{p=0}^{i}\sum\limits_{q=0}^{P_{SFH}-1}h_{p,q} & \sum\limits_{p=0}^{i}\sum\limits_{q=k+P_{SFH}-H_L}^{P_{SFH}-1}h_{p,q} \\ \sum\limits_{p=0}^{P_{SFV}-1}\sum\limits_{q=0}^{k}h_{p,q} & 1 & \sum\limits_{p=0}^{P_{SFV}-1}\sum\limits_{q=k+P_{SFH}-H_L}^{P_{SFH}-1}h_{p,q} \\ \sum\limits_{p=i+P_{SFV}-V_L}^{P_{SFV}-1}\sum\limits_{q=0}^{k}h_{p,q} & \sum\limits_{p=i+P_{SFV}-V_L}^{P_{SFV}-1}\sum\limits_{q=0}^{P_{SFH}-1}h_{p,q} & \sum\limits_{p=i+P_{SFV}-V_L}^{P_{SFV}-1}\sum\limits_{q=k+P_{SFH}-H_L}^{H_L-1}h_{p,q} \end{bmatrix} \tag{4.148}$$

随着 PSF 的变换，最优窗的形式也随之变化。最优窗对观测图像的边界进行加权处理，使得像素值向外逐步过渡到零。这样修正的目的是使得观测图像在边界附近接近于完全卷积的自然边界图像，边界结合处不会出现灰度值的跳变，从而达到抑制振铃效应的目的。

图 4-23 所示是对图像加最优窗前后恢复情况的对比，可以看出，没加最优窗恢复的图像

有明显的振铃效应，恢复的图像质量较差，严重影响图像的后续处理工作；而加了最优窗后恢复的图像清晰，恢复结果有了明显改善，边界的振铃效应明显减弱，但是加最优窗的方法会使图像增加两条黑色的边界，可以通过剪裁图像边界的方法来修正恢复后的图像。

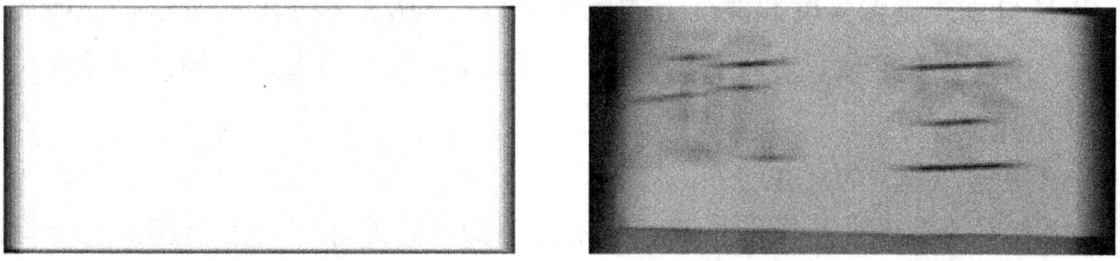

（a）对图像加的最优窗　　（b）加最优窗后的图像

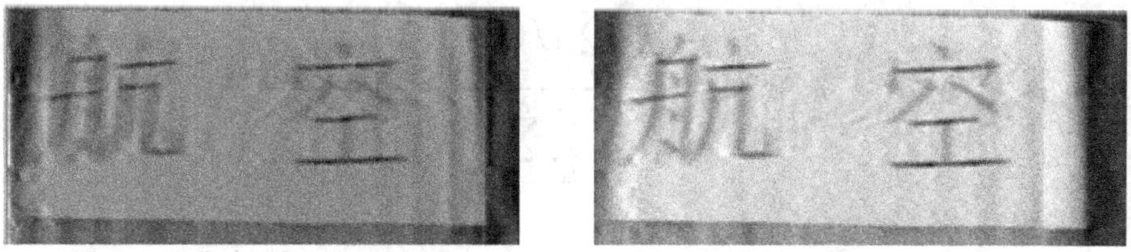

（c）没有加最优窗对实拍运动模糊的恢复　　（d）加最优窗后使用维纳滤波恢复的图像

图 4-23　对图像加最优窗前后的恢复情况对比

4.5 图像复原的质量评价

图像的质量评价方法用来评价一幅图像的质量好坏。当一个退化图像经过一种复原方法进行复原后，如果比复原前具有较高的图像质量，则说明该复原方法比较优秀。因此，图像复原的质量评价方法不但是衡量图像质量的测度，也是衡量图像复原方法好坏的测度。

图像复原的质量评价可以分为客观评价和主观评价两种。由于主观质量评价随意性很大，同一个人在不同情况下对同一幅图像可能会打出不同的分，所以在实际应用中意义不大。因此，在本节中仅讨论图像的客观评价方法。

4.5.1 有参考的图像质量评价

有参考的图像质量评价主要是对图像相似度的测量。图像相似度的测量通常是用复原图像与原图像之间的统计误差来衡量复原图像的质量，若误差越小，则从统计意义上来说被评价图像与原图像的差异越小，图像的相似度就越高，获得的图像质量评价也越高，此评价方法多适用于黑白图像及灰度图像的质量评价。这类方法主要包括均方误差（MSE）、归一化均方误差（NMSE）、平均绝对误差（MAE）、信噪比（SNR）和峰值信噪比（PSNR）、信噪比改善因子（ISNR）等。

1）均方误差（MSE）

均方误差是判断图像质量最常用的算法之一，它的值越小表示图像质量越好，其计算表达式为

$$\mathrm{MSE}=\frac{\sum_{i=1}^{M}\sum_{j=1}^{N}[f(i,j)-\hat{f}(i,j)]^2}{M\times N} \tag{4.149}$$

式中，M 和 N 分别是图像长度和宽度上的像素个数，$f(i,j)$ 和 $\hat{f}(i,j)$ 分别是原始图像和被评价图像在点 (i,j) 处的灰度值。在图像复原中，$f(i,j)$ 表示的是未退化的理想图像，$\hat{f}(i,j)$ 代表的是复原后的图像。

2）归一化均方误差（NMSE）

归一化均方误差是一种基于能量归一化的测量方法，它相对均方误差是将分母的图像大小变成原始图像各个像素灰度的平方和，同样是值越小表示图像质量越好。公式为

$$\mathrm{NMSE}=\frac{\sum_{i=1}^{M}\sum_{j=1}^{N}[f(i,j)-\hat{f}(i,j)]^2}{\sum_{i=1}^{M}\sum_{j=1}^{N}[f(i,j)]^2} \tag{4.150}$$

3）平均绝对误差（MAE）

平均绝对误差的计算是把被评价图像与原始图像各点灰度差的绝对值之和除以图像的大小，其值越小表示与原始图像的偏差越小，图像质量越好，它的公式如下，即

$$\mathrm{MAE}=\frac{\sum_{i=1}^{M}\sum_{j=1}^{N}\left|f(i,j)-\hat{f}(i,j)\right|}{M\times N} \tag{4.151}$$

4）信噪比（SNR）与峰值信噪比（PSNR）

信噪比与峰值信噪比也是用来测量图像质量的常用参数，不同的是前几个参数是越小表示图像质量越好，但信噪比与峰值信噪比是值越大代表图像质量越好，它们的表达式分别如下，即

$$\mathrm{SNR}=10\lg\left[\frac{\sum_{i=1}^{M}\sum_{j=1}^{N}f(i,j)^2}{\sum_{i=1}^{M}\sum_{j=1}^{N}\left[f(i,j)-\hat{f}(i,j)\right]^2}\right] \tag{4.152}$$

$$\mathrm{PSNR}=10\lg\left[\frac{255^2\times M\times N}{\sum_{i=1}^{M}\sum_{j=1}^{N}[f(i,j)-\hat{f}(i,j)]^2}\right] \tag{4.153}$$

5）信噪比改善因子（ISNR）

MSE 和 PSNR 只表征了复原图像相对于原始理想图像的相似程度，但没有表明复原图相对于退化图像的改善程度，而这一点对于图像复原算法的评价是非常重要的。为此，改善信噪比 ISNR 评价标准被提出来，其定义如下，即

$$\mathrm{ISNR}=10\lg\left[\frac{\sum_{i=1}^{M}\sum_{j=1}^{N}[g(i,j)-\hat{f}(i,j)]^2}{\sum_{i=1}^{M}\sum_{j=1}^{N}[\hat{f}(i,j)-f(i,j)]^2}\right]=\mathrm{PSNR}_{\hat{f}}-\mathrm{PSNR}_{g} \tag{4.154}$$

其中，$f(i,j)$ 表示理想图像，$g(i,j)$ 表示退化图像，$\hat{f}(i,j)$ 表示复原后的图像。从式（4.154）可以看到，ISNR 为复原图像的峰值信噪比与退化图像的峰值信噪比之差。如果 ISNR>0，ISNR 越大，表明相对于退化图像复原的改善程度越大，算法的图像复原能力越好。如果 ISNR<0，表明图像相对于退化图像更加远离目标，算法不能使退化图像得到改善。

4.5.2 无参考的图像质量评价

前面提到的有参照质量评价方法的参数计算前提都必须以原始图像作为参照，但是在实际应用中还存在无法知道原始图像信息的情况。例如，在评价航空拍摄的运动模糊图像时就不存在原始清晰的图像，这就需要一些评价参数来评价图像复原后的图像清晰度。在图像复原中，由于图像清晰度评价没有统一的标准，所以，至今也没有统一的图像复原质量评价方法。但是，为了从客观上评价图像的复原效果，很多学者提出利用图像的梯度信息、边缘特征及图像灰度差等方法来构造评价函数作为判断图像清晰度的依据。

图像的模糊退化必然会导致原始图像的边缘特征和梯度信息丢失，图像的复原从某种意义上讲也就是恢复原始图像的一些边缘特征和梯度信息，所以，复原前后的图像在边缘特征和梯度信息方面具有较大的差异，因此，利用边缘特征或梯度信息的图像清晰度评价方法的基本思想是：图像清晰度越高边缘特征信息越丰富，图像边缘梯度能量就越大。下面介绍几种利用图像梯度和边缘特征进行清晰度评价的方法。

1）*灰度平均梯度评价方法*

灰度平均梯度值（Gray Mean Grads，GMG）是分别将图像长度和宽度方向上的相邻像素灰度值做差后求平方和再求均方根值，它能较好地反映图像的对比度和纹理变化特征，其值越大表示图像越清晰，图像质量越好，它的公式为

$$\begin{aligned}\mathrm{GMG}&=\frac{1}{(M-1)(N-1)}\sum_{i=1}^{M-1}\sum_{j=1}^{N-1}\sqrt{\frac{\Delta I_x^2+\Delta I_y^2}{2}}\\&=\frac{1}{(M-1)(N-1)}\sum_{i=1}^{M-1}\sum_{j=1}^{N-1}\sqrt{\frac{[g(i,j+1)-g(i,j)]^2+[g(i+1,j)-g(i,j)]^2}{2}}\end{aligned}\tag{4.155}$$

其中，$g(i,j)$ 表示复原后的图像。

2）*基于边缘检测算子的评价方法*

基于边缘特征提取的清晰度评价法的实质就是比较图像的梯度能量，对不同的边缘检测算子有不同的清晰度评价函数，算法原理与基于梯度的方法相类似。评价函数为

$$S=\sum_x\sum_y\sqrt{\Delta I_x^2+\Delta I_y^2}\tag{4.156}$$

其中，ΔI_x 和 ΔI_y 是 x 和 y 方向上的边缘检测模板。

3）*基于邻域灰度差的评价方法*

图像邻域灰度差也是评价清晰度常用的方法。由于运动模糊图像实质上是在运动方向上各像素点相互重叠造成的，这体现在灰度上，就是随着模糊的加重相邻点的灰度差(绝对值)变小。因此，根据这一特性用图像灰度差的和构成的函数可以作为判断图像清晰度的依据，本质上与基于梯度和边缘特征的评价方法一致。主要有下面几个评价函数：

运动模糊具有方向性，在不同方向上灰度差随不同模糊的变化趋势是不一样的，设 $g(i,j)$

代表复原后的图像在(i,j)点的像素灰度值，用三个函数P_{1k}，P_{2k}，P_{3k}分别表示x方向，y方向，45° 方向灰度差的和（绝对值），则它们的表达式如下，即

$$P_{1k}=\sum_i\sum_j\left|g(i,j)-g(i-1,j)\right| \tag{4.157}$$

$$P_{2k}=\sum_i\sum_j\left|g(i,j)-g(i,j-1)\right| \tag{4.158}$$

$$P_{2k}=\sum_i\sum_j\left|g(i,j)-g(i-1,j-1)\right| \tag{4.159}$$

• 四邻域灰度绝对值之和评价函数

它以四个方向相邻像素的灰度差的绝对值之和为评价函数。评价函数为

$$\begin{aligned}P_{4k}=\sum_i\sum_j[&\left|g(i,j)-g(i-1,j)\right|+\left|g(i,j)-g(i,j-1)\right|\\&+\left|g(i,j)-g(i+1,j)\right|+\left|g(i,j)-g(i,j+1)\right|]\end{aligned} \tag{4.160}$$

• Roberts 梯度和评价函数

此算法是利用像素的交叉位置关系，其表达式如下，即

$$P_{5k}=\sum_i\sum_j[\left|g(i,j)-g(i+1,j+1)\right|+\left|g(i,j+1)-g(i+1,j)\right|] \tag{4.161}$$

• 灰度差方和评价函数

它是利用与水平和垂直方向相邻两像素灰度差的平方和作为评价函数。

$$P_{6k}=\sum_i\sum_j[\left|g(i,j)-g(i+1,j)\right|^2+\left|g(i,j)-g(i,j+1)\right|^2] \tag{4.162}$$

• 四邻域灰度差方和评价函数

此算法用四邻域像素灰度差的平方和作评价函数。

$$\begin{aligned}P_{7k}=\sum_i\sum_j[&\left|g(i,j)-g(i+1,j)\right|^2+\left|g(i,j)-g(i,j+1)\right|^2\\&+\left|g(i,j)-g(i-1,j)\right|^2+\left|g(i,j)-g(i,j-1)\right|^2]\end{aligned} \tag{4.163}$$

上面介绍的图像清晰度评价方法虽然都不用参照原始图像进行计算。对于不同目标所生成的不同图像，由于背景、对比度、纹理结构等成像条件不一样，这些评价函数的值差别是很大的，不具有可比性。因此这些评价方法只能用于对相同目标图像质量的比较，也可以用于比较对同一图像经过不同处理手段后的质量，以判断处理方法的效果和有效性。

小结

本章介绍了图像的退化和复原模型，并介绍了常用的点扩散函数及经典的图像复原方法。在此基础上，深入探讨了运动模糊图像复原的退化模型，并对运动模糊图像退化模型的参数进行估计，最后采用维纳滤波方法进行复原。本章以运动模糊图像为切入点，通过对运动模糊图像的复原，使读者详细了解了图像复原的全部过程。本章最后给出了几种常用的图像复原方法的评价指标。

习题

4-1 什么是图像复原？图像复原与图像增强的区别是什么？

4-2 试述图像退化的基本模型，并画出框图。

4-3 什么是约束复原？什么是无约束复原？在什么条件下进行选择？

4-4 逆滤波复原的基本原理是什么？它的主要难点是什么？如何克服？

4-5 试述几种最常见退化现象的物理模型。

4-6 如成像过程只有 Y 方向的匀速直线运动，其速率为 $y_0 = b_t/T$，其中 T 为曝光时间，b_t 为像移距离，试求该运动引起的降质系统的传递函数 $H(u,v)$ 和相应的点扩散函数 $h(x,y)$。

4-7 在连续线性位移不变系统的维纳滤波器中，如果假设噪声与信号的功率谱之比为 $S_{nn}(u,v)/S_{ff}(u,v) = |H(u,v)|^2$，试求最佳估值 $\hat{f}(x,y)$ 的表示式。

4-8 设有一个线性位移不变的图像退化系统，具有如下冲击响应：$h(x-\alpha, y-\beta) = \mathrm{e}^{-[(x-\alpha)^2+(y-\beta)^2]}$，假定输入系统的是无穷小宽度的线组成的图像，位移 $x=\alpha$，并由 $f(x,y)=\delta(x-a)$ 模型化，δ 是一个冲击函数，假设无噪声，输出图像 $g(x,y)$ 是什么？

4-9 设两个系统的点扩散函数都是 $h(x,y)$，其形式为 $h(x,y)=\begin{cases}\mathrm{e}^{-(x+y)} & x\geqslant 0, y\geqslant 0\\ 0 & \text{其他}\end{cases}$，若将这两个系统串联，试求此系统总的冲击响应 $H(u,v)$。

4-10 给定一幅清晰图像，模拟生成一幅运动模糊图像，采用 4.4.3 节中的方法估计运动模糊的退化模型参数，采用逆滤波法、维纳滤波法及 Richardson-Lucy 算法对图像进行复原，并根据复原结果对比分析几种复原方法的优缺点。

4-11 给定一幅清晰图像，模拟生成一幅散焦模糊的图像，采用式（4.39）作为退化模型，估计退化参数，并采用维纳滤波方法进行复原，最后采用均方误差（MSE）和峰值信噪比评价图像复原的质量。

第5章

图像压缩编码

图像压缩，也称图像编码，它指的是用较少的位数无损地或者有损地表示原来的图像像素值的技术。图像压缩的目的是通过减少图像数据之间的冗余信息来解决图像数据量大、通信带宽有限、存储空间有限之间的矛盾，以满足大多数图像存储和传输的需要。由于图像信息需要大的存储容量和宽的传输信道，而现在的技术难以满足原始数字图像存储和传输的需要，因此，对图像数据的压缩就成了技术进步的迫切需求。

5.1 图像压缩编码概述

5.1.1 图像压缩编码的必要性和可行性

在21世纪科学技术尤其是多媒体技术和互联网技术迅猛发展的今天，人们对多媒体信息的需求越来越大。图像是人类认识世界、探索世界的重要信息来源，并且由于其具有直观性、具体性及生动性的特点而成为多媒体信息中非常重要的一种数据类型。然而图像包含的数据量非常大的，若不经过压缩，数字图像传输所需的高传输速率和数字图像存储所需要的巨大容量会阻碍数字图像的发展。例如，一幅分辨率1280×1024的彩色图像，每个像素用24位数字存储，则总的数据量约为31.5MB。如果地球卫星以30帧/s的速度将所摄取的图像传回地面，即传输率为945MB/s，一张60MB的光盘还不够存放1s的数据。在现有的通信能力下，如果不经过压缩，无法完成大量多媒体信息的实时传输，数字图像高速传输和存储所需要的巨大容量已成为推广数字图像通信的最大障碍。因此，如何高效、实时地压缩图像是多媒体技术中最关键的问题之一，图像压缩技术已经成为一个十分重要的研究领域。

图像数据中通常包含数量可观的冗余信息，另外还有大量的不相干信息，这为实现图像数据压缩技术提供了可能。图像压缩技术通过删除图像中冗余的或者不相干的信息，从而达到用尽可能少的数据量去表达尽可能完整的图像信息的目的。对于数字图像，数据冗余主要由图像的编码冗余、像素间冗余及人的心理视觉冗余等几个方面构成。

（1）编码冗余：为表达图像数据需要使用一系列符号，图像编码需要用这些符号根据一定的规则来表达图像。这里对每个信息或事件所赋的符号序列称为码字，而每个码字里的符号个数称为码字的长度。编码所用的符号构成的集合称为码本。在实际图像中，每个信息或者事件出现的概率不一样，如果它们对应码字的长度都一样的话，就不能使编码产生的符号序列最小，从而产生编码冗余。

（2）像素间冗余：像素间冗余是图像与像素间的相关性直接联系的一种数据冗余，也被称为空间冗余或在几何冗余。如果图像的目标分布较为规则，有一定的规律可循，相邻像素间的相关性较强，对于图像中的某个像素值可以比较方便地根据其与相邻像素的相关性预测得出。这样的图像就要比像素间相关性较差的不规则图像每个像素所携带的平均信息少。所以，图像中那部分可由相邻像素的相关性推断得出的像素是冗余的，消除这种像素间冗余的通常做法是对图像像素进行映射转换。

（3）心理视觉冗余：人眼感觉到的区域的亮度不仅仅取决于该区域的反射光，还取决于其他因素。产生这个现象是因为眼睛对视觉信息感受的灵敏性不同。人类的视觉系统对于图像的感知是非均匀和非线性的，人眼对一般图像中的许多信息并不敏感，并不是对图像中的任何变化都能察觉到。然而在获取原始图像数据时，通常假定视觉系统是线性的和均匀的，对视觉敏感与否不进行设定，这样就会产生比较多的数据，这就是视觉冗余。如果压缩编码方案能够充分利用人眼的视觉系统特性，可以达到较高的压缩比。

图像压缩的本质就是试图减少以上这些冗余量，冗余量的减少会使图像数据量减少，但是并不减少信息源的信息熵。如果从数学的角度来看，图像可以看作一个多维函数，压缩这个函数的数据量意味着减少它的相关性。而在某些情况下，我们允许图像存在失真，只要不影响图像的实际应用，这样压缩的空间就更大了。

综上所述，实现图像数据的压缩是可行的，而解决的办法便是消除那些冗余信息，所以，研究图像数据压缩，本质上就是研究如何去除图像数据中存在的大量冗余信息。

5.1.2　图像压缩编码的发展

自 1948 年提出电视信号数字化后，人们就开始了对图像压缩编码的研究工作，至今已有 50 多年的历史了。20 世纪 50 年代和 60 年代的图像压缩技术由于受到电路技术等的制约，仅仅停留在预测编码、亚采样和内插复原等技术的研究，对视觉特性也做了一些重要的工作。1966 年，J.B.ONeal 对比分析了 DPCM 和 PCM，并提出了对电视的实验数据进行编码。1969 年美国召开第一届图像编码会议，标志着图像编码作为一门独立的学科诞生。

20 世纪的 70 年代和 80 年代，人们突破了 Shannon 理论的框架，重视对感知特性的利用，使图像压缩技术取得了质的突破。这一阶段，图像压缩技术的主要成功集中在编码技术上。变换编码以其压缩比高及误差影响小等明显优势成为图像压缩编码的核心技术之一。这一时期的代表即静止彩色图像压缩编码国际标准（JPEG 标准）就是以变换编码为基础的。此外，图像压缩技术的发展与矢量量化技术（Vector Quantization，VQ）有十分紧密的联系，矢量量化方法在近十几年发展很快，为编码技术提供了灵活的应用空间。

近几年来，图像编码技术进入了一个新的时代，特别是 20 世纪 80 年代以后，随着小波变换理论、分形理论、人工神经网络理论等的建立，人们开始突破传统的信源编码理论，例如，不再假设图像是平稳的随机场，图像编码进入一个崭新的时期。

在继续研究灰度图像压缩技术的同时，人们越来越关注它们在彩色图像压缩编码技术中的推广使用，图像数据压缩技术的应用前景也越来越广阔。当前，电子产品的数字化已是大势所趋，所有的数字产品均涉及图像压缩技术，其中包括高清晰数字电视、可视电话、手机等。

到目前为止，图像压缩编码技术已发展到第二代编码技术。

第一代编码技术包括建立在 Shannon 的码率失真理论基础上的预测编码、变换编码、统计编码及 Oliver 提出的 PCM 编码理论。虽然这些编码技术在中等压缩率的情况下，能提供非常好的图像质量，但在码率非常低的情况下，无法提供令人满意的质量。究其原因是由于这些技术没有利用图像的结构特点，同时也没有考虑人类视觉系统的特性，因此它们也就只能以像素或块作为编码的对象。

第二代编码技术包括基于分形、模型、区域分割的编码，以及基于神经网络的编码等。这类编码技术不再局限于信息论的框架，充分利用了人类视觉及图像信源的各种特征，实现从“波形”编码到“模型”编码的转变，获得了更高的压缩比。其中分形图像编码技术因其极高的压缩比（对特定图像可达到 10000：1）在众多编码技术中尤为引人注目。

在第一代和第二代编码技术之间，还有一些过渡编码技术，如子带编码和基于小波变换的编码等。这类方法使用不同类型的一维或二维线性数字滤波器，对图像整体进行分解，然后根据人类视觉特性对不同频段的数据进行粗细不同的量化处理，以达到更好的压缩效果，它们属于“波形”编码，可归入经典编码技术，但它们又充分利用了人类视觉系统的特性，因此可以被看作“第一代”编码技术向“第二代”编码技术的过渡。

5.1.3 图像压缩编码的分类

图像压缩编码的主要任务是去掉各种冗余和不相干的信息，保留有用的信息，将一个大的数据文件转换成较小的文件，以尽量少的数据来表示图像，同时保持复原图像的质量，使它符合预定应用场合的需求。压缩数据量和提高有效性是图像压缩编码的首要目的。目前，图像压缩编码的方法很多，根据出发点不同其分类方法也不同。

（1）根据解压缩后重建图像和原始图像之间是否具有误差，可以将图像压缩编码方法分为无损（无失真或无误差）编码和有损（有失真或有误差）编码两大类。

① 无损编码：无损压缩编码是指使用压缩后的数据进行解码，恢复的数据与原来的数据完全相同。这类压缩算法中删除的仅仅是图像数据中冗余的信息，因此在解压缩后能精确恢复原始图像。无损编码用于要求重建后图像严格和原始图像保持相同的场合，例如，用于复制、保存十分珍贵的历史、文物图像等。因为受到信息本身熵的限制，所以无损编码不能取得很高的压缩比。常见的无损数据压缩有以下几种：行程编码（RLE）、字典编码、香农-范诺编码、霍夫曼编码、算术编码等。

② 有损编码：有损压缩编码是指使用压缩后的数据进行解码，恢复的数据与原来的数据有所不同。这类算法是一种以放弃部分信息量为代价换取缩短平均码长的编码压缩方法。由于放弃了一些图像细节或其他不太重要的内容，因此在解压缩时只能对原始图像进行近似的恢复，而不能准确复原。它只适合大多数用于存储数字化了的模拟数据。有损压缩编码主要有以下几种：矢量量化编码（Vector Quantization，VQ）、变换编码、预测及内插编码、模型基编码、分形编码、神经网络编码、混合编码（用以上两种或者两种以上的方法相结合对图像进行编码称为混合编码，如 JPEG 和 MPEG 都属于混合编码）等。

无损编码是把相同或相似的数据归类，然后用较少位数来描述它，从而实现减少数据量的目标。有损编码是利用人眼视觉特性，以降低总数据量为目标，通过有区别地简化不重要的数据来实现。无损编码和有损编码的不同之处体现在压缩的方式及恢复的图像上。首先，无损编码是对图像文件本身的压缩是优化图像数据的存储方式，并对重复的数据采用某种编码方式表示；而有损编码则是对图像本身的改变。其次，无损编码后的图像可以完全恢复，图像细节也不会有任何的损失；而有损编码后的图像则不能完全恢复重建原始图像，只能是在保证恢复图像质量的前提下，尽量提高压缩比，语音、图像及视频等数据压缩广泛采用有损编码方式。

（2）根据编码原理，图像压缩编码分为熵编码、预测编码、变换编码等。

① 熵编码。熵编码是纯粹基于信号统计特性的编码技术，是一种无损编码。熵编码的基本原理是给出现概率较大的符号赋予一个短码字，而给出现概率较小的符号赋予一个长码字，从而使得最终的平均码长很小，常见的熵编码方法有霍夫曼编码、算术编码和行程编码。

② 预测编码。预测编码是基于图像数据的空间或时间冗余特性，用相邻的已知像素（或像素块）来预测当前像素（或像素块）的取值，然后再对预测误差进行量化和编码。预测编码可分为帧内预测和帧间预测，常用的预测编码有差分脉冲编码调制和运动补偿法。

③ 变换编码。变换编码通常是将空间域上的图像经正交变换映射到另一变换域上，使变换后的系数之间的相关性降低。图像变换本身并不能压缩数据，但变换后图像的大部分能量只集中到少数几个变换系数上，再采用适当的量化和熵编码就可以有效地压缩图像。

5.2 图像压缩编码的基本理论

5.2.1 信息的度量

经典信息论认为，实际信源中均含有一定的自然冗余度，这些冗余度可能来自信源本身的相关性，也可能来自信源概率分布的不均匀性。只要能找到去除相关性、解决概率分布不均匀的方法，就可以实现有效的数据压缩。

信源发出某一符号的信息量可以用这一符号出现的不确定性来描写。如果一个符号的出现可以比较准确地预测，那么这个符号就只含有很小的信息量；一个符号的出现很难预测，则这个符号就具有较大的信息量。可见，一个符号出现的不确定性越大，它的信息量就越大。

经典信息论用概率论的方法对信息进行了定量的描述：设信源为A，集合$\{a_1,a_2,\cdots,a_J\}$为表示信源信息内容的符号集合。如果各符号a_j的出现是各不相干的，或者说是独立的，在信息论中称信源 A 是无记忆信源。设信源产生a_j的事件概率是$P(a_j)$，信源产生单个符号a_j时的自信息为

$$I(a_j)=-\log P(a_j) \tag{5.1}$$

如果产生了k个信源符号，则符号a_j平均来说将产生$kP(a_j)$次，因此根据k输出得到的平均自信息量为

$$-kP(a_1)\log P(a_1)-kP(a_2)\log P(a_2)-\cdots-kP(a_J)\log P(a_J) \tag{5.2}$$

如将每个信源输出的平均自信息量记为$H(u)$，则

$$H(u)=\sum_{i=1}^{n}P(a_j)I[P(a_j)]=-\sum_{i=1}^{n}P(a_j)\log P(a_j) \tag{5.3}$$

将这个平均自信息量 $H(u)$ 称为信源的熵，它定义了观察单个信源输出得到的平均信息量。随着熵的增加，信源具有更大的不定度且因此有更多的信息与信源相联系。如果信源符号的出现是等可能性的，则熵达到最大值，而且信源对每个信源符号提供可能的最大信息量。

在通常情况下，信源先后发出的信息符号之间是相互依存的，具有这种特征的信源称为有记忆信源。设 X，Y 是两个随机变量，它们可能是信源的两个连续输出，也可能是两个有关系的不同信源的输出，在已知 Y 观察值的情况下，X 的条件熵为

$$H(X|Y) = -\sum_{i=1}^{n}\sum_{j=1}^{m} p(x_i, y_i)\log_2 p(x_i | y_i) \tag{5.4}$$

可以证明，$H(X) \geqslant H(X|Y)$，也就是说，在已知 Y 观察值的情况下，X 的熵不会增加，由式（5.4）可以得到一个有记忆信源的极限信息熵为

$$\lim_{x\to\infty} H(X) = \lim_{x\to\infty} H(x_n | x_1, x_2, \cdots, x_{n-1}) \tag{5.5}$$

实际信源发出的消息符号往往只与发出前若干个符号的依存关系较强，而与更早发出的符号依存关系较弱，这种信源称为有限记忆信源，一般的声音、图像和视频信号都属于这种情况。

如果一个有记忆信源发出的一个符号的概率和此前相继发出的 M 个符号相关，而和再往前的第 M+1 个、第 M+2 个……符号相互独立无关，这种信源可用 M 阶马尔可夫（Markov）过程描写，称为 M 阶马尔可夫信源。此时可用条件概率分布 $P(x_i | x_{i-1}, x_{i-2}, \cdots, x_{i=m})$ 来描述信源的统计特性。其中 m 为阶数，称为记忆阶数。通过条件概率算得的熵，当 M 为 1 时，就是二阶熵值；M 为 0 时，得一阶熵，此即无记忆信源。

对于有记忆信源，联合事件集的总熵小于两个独立信源的联合熵，即

$$H(X|Y) = H(X) + H(Y|X) \leqslant H(X) + H(Y) = H_{\max}(X|Y) \tag{5.6}$$

$H(X|Y)$ 与 $H_{\max}(X|Y)$ 之差就反映了此联合信源所含有的冗余度，信源中的相关性越大，冗余度就越大，设法减小此相关性便能够有效地进行数据压缩。

5.2.2 香农编码定理

香农（Shannoon）三大定理是信息论的基础理论。香农三大定理是存在性定理，虽然并没有提供具体的编码实现方法，但为通信信息的研究指明了方向。香农第一定理是可变长无失真信源编码定理；香农第二定理是有噪信道编码定理；香农第三定理是保真度准则下的有失真信源编码定理，也称信息率失真理论。

1）可变长无失真信源编码定理

所谓信源编码就是用二进制码字序列表示一个信源的输出序列。对于离散信源，实现无失真信源编码的条件可以用香农第一编码定理来描述。

香农第一编码定理 对于离散信源 X，实现无失真编码的条件是每像素平均码元数不能小于其信源熵 $H(X)$，即

$$H(X) \leqslant \overline{L} < H(S) + \varepsilon \tag{5.7}$$

其中，$\overline{L}$ 为平均码字长度；ε 表示任意小正数。

该定理一方面指出图像的熵值是在保存信息量的前提下能进行编码的每像素平均码元数的下限，同时也说明存在任意接近该下限的编码方法。如果要求在信源编码中不丢失

信息量，即要保持信息中的熵，只需要以大于熵值的码率（每像素平均码元数）对图像进行编码，可以确定，全部信息可以用任意高的置信度无失真地编码。如果以小于熵值的码率编码，无论用什么方法，总要丢失一些信息质量，编码的码流永远不可能无失真地恢复出原始信源的输出信号。另一个从可变长无失真信源编码定理中得出的重要的观察结论是：码率接近于熵的可靠编码具有这样的性质，它们的码字全部以相等的似然性出现。也就是说，输出序列是“完全随机的”。因此，用一个完全随机序列表示信源输出是信源编码的目标。

2）有噪信道编码定理

信道编码的作用是增强信道传输的可靠性，即在最小冗余条件下，对信息序列实现最大程度的抗差错保护。衡量信道编码的标准为编码效率和纠错能力。

对于确定的信道，如果它的输入为X，而输出为Y，则X与Y之间的互信息量$I(X|Y)$均满足式（5.8），即

$$I(X|Y)=H(X)-H(X|Y) \tag{5.8}$$

互信息量决定于信源的概率分布和信道特征（包括信道的噪声特征、传递带宽、传送功率等）。在信道特性固定的情况下，可以将信源的概率分布变化时，互信息量的最大值，即

$$C=\max_{p}\{H(X)-H(X|Y)\} \tag{5.9}$$

定义为该信道的信道容量。信道容量表示了最大限度利用信道时的信息传输能力。信道容量C和信道信息传输率R之间的关系可由香农第二编码定理描述。

香农第二编码定理　设某信道有r个输入符号，s个输出符号，信道容量为C。当信道的信息传输率$R\leqslant C$时，只要码长N足够长，总可以在输入集合中（含有r^N个长度为N的码符号序列），找到M个码字（$M\leqslant 2^{N(c-\varepsilon)}$，$\varepsilon$表示任意小正数），分别代表$M$个等可能性的消息，组成一个码及相应的译码规则，使信道输出端的最小平均错误译码率$P_{e\min}$达到最小。

这个定理告诉我们，只要$R\leqslant C$，则总可以找到一种编码方式实现无误传输；而当$R>C$时，无论何种信道编码方式都无法实现信息的无失真传输。这也说明了，在有噪信道中的信息传输一样可以既有效，又可靠。

3）信息率失真理论

香农可变长无失真信源编码定理告诉我们：采用无失真最佳信源编码可使得用于每个信源符号的编码位数尽可能地少，但它的极限是原始信源的熵值。超过了这一极限就不可能实现无失真的译码。但实际需要传输的信源，其信息传输率往往超过传输信道的信道容量，因此传输过程的失真与差错是不可避免的。另一方面，在实际生活中，人们一般并不要求完全无失真地恢复消息，而只要求在一定保真度的前提下近似地再现原来的消息，也就是允许有一定的失真存在。这就是香农信息论研究的又一个重点，即信息率失真理论。

在香农信息论中，对于率失真函数可以这样表达，即率失真（Rate-Distortion，R-D）函数是在允许失真为D的条件下，信源编码给出的平均互信息量的下界，也就是数据压缩的极限码率。或者说，在给定允许的某种失真测度后，编码器能够达到的比特率的最低限，由率失真函数$R(D)$给出，即

$$R(D)=\min_{Q\in Q_D} I(X,Y) \tag{5.10}$$

其中，$I(X,Y)$表示原信号X和编码输出Y之间的互信息量；Q_D为保证失真在允许范围D内的条件概率集合，即$Q_D=\{Q:D(Q)<D\}$。对于限失真信源编码，可用香农第三编码定理来表述。

香农第三编码定理 设$R(D)$为一离散无记忆信源的信息率失真函数，并且选定有限的失真函数。对于任意允许平均失真度$D\geqslant 0$和任意小的$\varepsilon>0$，以及任意足够长的码长N，则一定存在一种信源编码W，其码字个数为

$$M\leqslant \exp\{N[R(D)+\varepsilon]\} \tag{5.11}$$

而编码后码的平均失真度为

$$\overline{D}(W)\leqslant D+\varepsilon \tag{5.12}$$

保真度准则下的信源编码定理证实了在给定的失真度D的情况下，总能找到一种编码方案，其编码比特率R'接近于$R(D)$，而平均失真度小于允许的平均失真度D。反之，若$R'<R(D)$，那么编码后的平均失真度将大于D。可见，$R(D)$确实是允许平均失真度为D的情况下信源信息率压缩的下限值。

5.2.3 图像压缩编码的一般流程

数字图像压缩系统无论采用什么具体结构和技术，其基本过程是一致的，一般可以概括成图 5-1 所示的基本框图。压缩过程从原理上讲有三个基本环节：变换、量化、编码，这三个环节都有数据压缩的任务。

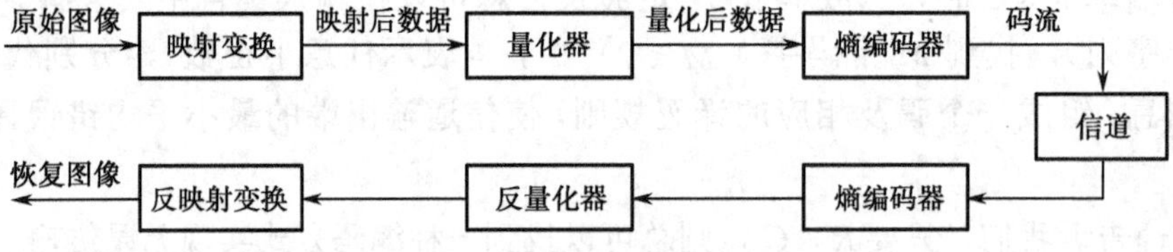

图 5-1 图像编码器的基本过程

首先对原始图像进行映射变换，这里的变换是广义的，变换的作用是将原始图像在一个新的域中用另一种新的形式表述。对变换器的要求是：有效地压缩数据，同时信息保真度要高，还要求是广义可逆的，还要方法简单，经济实用。经过映射变换，如时域预测、频域变换或其他变换，原始图像数据特性被改变，变得更利于压缩编码。接下来，变换后形成的参数进入熵减阶段，这个阶段就是量化过程。量化器的引入是图像编码产生失真的根源。对量化器的要求是：在一定程度的客观或主观误差允许下，总的量化级数要尽量少，同时也应便于实现。最后，对量化后的符号进行熵编码。熵编码器是用来消除符号编码冗余度的，它一般不产生失真，常用的熵编码方法有分组码、行程码、变长码和算术码等。编码器的编码方式应和信号或符号流的分布特性相适应，以求得较大的压缩比。熵编码后的信息码流被送入存储设备或通过信道传输。

以上三个步骤既相互联系又相互制约，对不同的编码技术来说，其图像变换的模型、量化器的设计、熵编码所采取的措施都是不同的。图像压缩的解码是编码的逆过程，这里不再赘述。

5.3 经典图像压缩编码方法

5.3.1 霍夫曼编码

霍夫曼编码是常用的压缩方法之一，它是霍夫曼在研究文本文件的压缩时提出来的。是一种无失真图像压缩方法，通过设计合理的代码取代数据来实现的。霍夫曼编码的基本思路是用变长的码字来使冗余量达到最小，出现频率越高的像素值，其对应的编码长度越短，反之出现频率越低的像素值，对应的编码长度越长。这样就可以达到用尽可能少的代码表示信源数据的目的。

下面通过一个具体的例子来对霍夫曼编码过程进行介绍。假定信源 S 包含的码元有{S1、S2、S3、S4、S5、S6、S7}，而它们在通信消息中出现的概率分别是{0.21、0.11、0.08、0.18、0.03、0.25、0. 14}，即 S={S1，S2，S3，S4，S5，S6，S7}，而其相应的出现概率 P={P1，P2，P3，P4，P5，P6，P7}={0.21，0.11，0.08，0.18，0.03，0.25，0.14}。

虽然总的原则是对于出现概率大的灰度级用较短的位数来表示，出现概率相对较小的灰度级可用较长的位数来表示，但也要遵循一定的规则，不能随意编码，否则将造成解码上的混乱，比如，如果出现概率最大的 S6 用 01 表示，出现概率较小的 S5 用 0101 表示，那么在解码时如果出现 010101 的编码，则将无法断定到底应将序列解码为 S6S6S6、S6S5 还是 S5S6。因此，在编码时必须确保任意两个码字之间的前几位有所不同，这也是编码序列能正确解码的必要条件。

霍夫曼编码过程中需要使用霍夫曼树，即如图 5-2 所示。

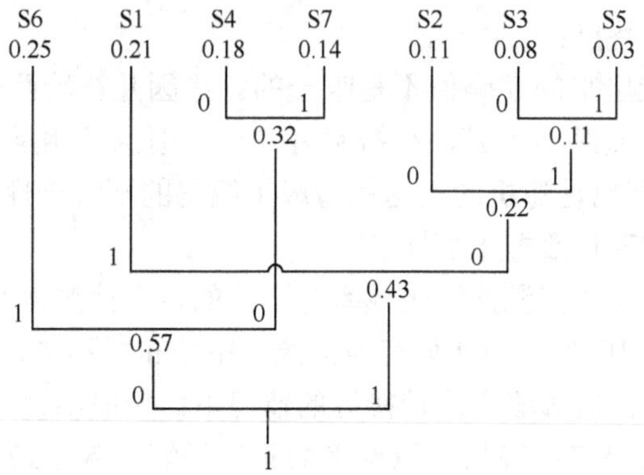

图 5-2 霍夫曼树的构造过程

霍夫曼编码的实现步骤如下所述。

步骤 1：将信源中的码元按照其在消息中出现概率的降序排列，即 S6，S1，S4，S7，S2，S3，S5，作为霍夫曼树的叶子。

步骤 2：将排序过的序列中概率最小的两个码元相加组成一个新概率值，作为一个新的元素取代原序列中概率最小的那两个元素，以此新概率值做子树的根形成一棵子树，并分别将连接其中较小概率叶子的边标为“1”，较大概率叶子的边标为“0”。

步骤 3：在形成的新序列中继续对其进行排序，再找出两个概率较小的节点，重复步骤 2 的操作，形成新的子树。直到最后形成子树的根节点概率值为 1 时停止。这个根就是霍夫曼树的根。

步骤 4：从霍夫曼树的根沿着每棵子树的边向叶节点查看，并记录经过的每条边上的“0”与“1”的数字，结果便组成了该叶节点的霍夫曼编码。

按照上述方法计算得到的霍夫曼编码如表 5-1 所示。

表 5-1　霍夫曼编码

码　元	S6	S1	S4	S7	S2	S3	S5
概　率	P6	P1	P4	P7	P2	P3	P5
	0.25	0.21	0.18	0.14	0.11	0.08	0.03
编　码	01	11	000	001	100	1010	1011
码　长	2	2	3	3	3	4	4

信源 S 包含的码元共有 7 个，它们可用 4 位二进制数编码，因为 4 位二进制数可描述 8 种组合，故平均码长为 4 位。信源 S 压缩后的平均码长 L 应按照下式计算，即

$$\begin{aligned} L &= \sum_{i=1}^{n} \mathrm{Si} \times \mathrm{Pi} \\ &= 2\times0.25+2\times0.21+3\times0.18+3\times0.14+3\times0.11+4\times0.08+4\times0.03 \\ &= 2.64 \end{aligned} \tag{5.13}$$

故信源的霍夫曼编码压缩率为

4/2.54=1.52 倍

由以上计算可以看出，不失真压缩算法的压缩率一般并不十分高。

霍夫曼编码具有以下特点：

（1）霍夫曼编码构造出来的编码值不是唯一的。原因是在给两个最小概率的图像的灰度值进行编码时，可以是大概率为“0”，小概率为“1”，但也可相反；而当两个灰度值的概率相等时，“0”、“1”的分配也是随机的，这就造成了编码的不唯一性，可是其平均码长却是相同的，所以不影响编码效率和数据压缩性能。

（2）霍夫曼编码对不同的信源其编码效率是不同的，当信源概率为 2 的负幂次方时，霍夫曼编码的编码效率达到 100%。因此只有当信源概率分布很不均匀时，霍夫曼编码才会收到显著的效果。换句话说，在信源概率比较接近的情况下，一般不使用霍夫曼编码方法。

（3）霍夫曼编码结果码字不等长，虽说平均码字最短，效率最高，但是码字长短不一，实时硬件实现很复杂（特别是译码），而且在抗误码能力方面也比较差，为此，研究人员提出了一些修正方法，如双字长霍夫曼编码（也称亚最佳编码方法），希望通过降低一些效率来换取硬件实现简单的实惠。双字长编码只采用两种字长的码字，对出现概率高的符号用短码字，对出现概率低的符号用长码字。短码字中留下一个码字不用，作为长码字前缀，这种方法编码压缩效果不如霍夫曼码，但其硬件实现相对简单，抗干扰能力也比霍夫曼方法强得多。

（4）霍夫曼编码应用时，均需要与其他编码结合起来使用，才能进一步提高数据压缩比。例如，在静态图像国际压缩标准 JPEG 中，先对图像进行分块，然后进行 DCT 变换、量化、Z

形扫描、行程编码后，再进行霍夫曼编码。

5.3.2 算术编码

理论上，霍夫曼编码是接近于信源熵的编码方法，可以达到最佳编码效果。但由于计算机存储、处理的最小单位是“位”，霍夫曼编码对于一个信源符号也必须分配整数位码字，所以，一般实际的压缩比与理论压缩比的极限相去甚远。例如，某个字符 A 的出现概率为 0.6，则理论上，根据字符 A 的熵确定的最优码长为：

$$H(A) = -\log_2 0.6 \approx 0.737 \tag{5.14}$$

若要达到最佳编码效果，则字符 A 的码长为 0.737 位，霍夫曼编码只能给该信源分配 0 或 1 比特，无法以最优码长进行编码，故这也是实际编码效果不能达到理论压缩比的原因。

算术编码则能够克服以上问题，它跳出了将单个信源符号映射成一个码字的做法，将整个信源表示为实数线上的 0～1 之间的一个区间，其长度等于该序列的概率，再在该区间内选择一个代表性的小数，转化为二进制作为实际的编码输出。消息序列中的每个元素都要缩短为一个区间，信息越长编码表示它的间隙就越小，表示这一间隙所需二进位就越多，大概率符号出现的概率越大对应区间愈宽，可用长度较短的码字表示；小概率符号出现概率越小区间愈窄，需要较长码字表示。采用算术编码，每个符号的平均编码长度可以为小数，这样，就能更加接近于最优熵编码，故压缩性能也就优于霍夫曼编码。

下面通过一个具体的例子来说明算术编码的过程。设要编码的信息流（即信源）为“bcacd”，信源中各个符号出现的概率和设定的取值范围如表 5-2 所示。

表 5-2 算术编码

字　符	概　率	范　围
a	0.2	[0.0 , 0.2)
b	0.4	[0.2 , 0.6)
c	0.2	[0.6 , 0.8)
d	0.2	[0.8 , 1.0)

定义当前区间为[L(i),H(i))，当前编码符号的初始区间为[l,h)，则当前区间的起始值 L(i)和结束值 H(i)为

$$L(i) = L(i-1) + lR(i-1) \tag{5.15}$$

$$H(i) = L(i-1) + hR(i-1) \tag{5.16}$$

式中，$L(i-1)$ 为前一个区间的起始位置，$R(i-1) = H(i-1) - L(i-1)$ 为前一个区间的长度。

信息流的第一个符号为“b”，该符号的取值范围在[0.2,0.6)之间，即信息流的第一个符号决定了代码最高有效位取值的范围。接着，继续对信息流第二个符号“c”编码，“c”的取值范围在[0.6,0.8)区间内。但是，由于第一个符号“b”已经将取值范围限制在[0.2,0.6)之间，因此第二个符号“c”的取值范围应该是前符号范围[0.2,0.6)的[0.6,0.8)处。根据式（5.24）和式（5.25），计算公式如下，即

$$L(2) = L(1) + lR(1) = 0.2 + 0.6 \times 0.4 = 0.44 \tag{5.17}$$

$$H(2) = L(1) + hR(1) = 0.2 + 0.8 \times 0.4 = 0.52 \tag{5.18}$$

即第二个符号“c”的编码取值范围为[0.44,0.52)。也就是说，每输入一个符号，都将按照事先对概率范围的定义，在逐步缩小的当前取值范围区间上按照式（5.15）和式（5.16）确定新的范围区间。继续读入第三个符号“a”，它的编码取值范围应该在[0.44, 0.52)中的[0.0, 0.2)内，即[0.44, 0.456)，重复上述编码过程，如图 5-3 所示。

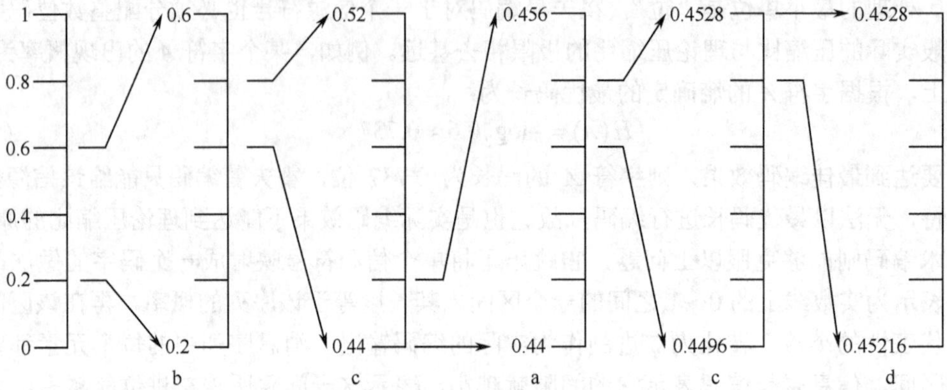

图 5-3 算术编码的过程

直到输入数据流结束，最终，输入的信息流被描述为一个实数区间[0.45216,0.4528)，也就是说，该区间内的任意一个实数值都可以代表该信息流。在整个编码的过程中个，只用到了加减法和乘除法等算术运算，故算术编码的名称由此而来。

5.3.3 游程编码

游程编码（Run Length Coding, RLC）的基本思想是将具有相同数值（例如，像素的灰度值）的、连续出现的信源符号构成的符号串用其数值及串的长度表示。以图像编码为例，灰度值相同的相邻像素的延续长度（像素数目）称为延续的游程，又称游程长度，简称游程。如果沿图像的水平方向有一串 L_k 个像素具有相同的灰度值 G_k，则对其进行游程编码后，只需传送数据组 (G_k, L_k) 就可代替传送这一串像素的灰度值。对同一灰度值、不同长度游程出现的概率进行统计，则可以游程作为编码对象进行变字长统计编码。例如，对一串像素值5555557777733322221111111，游程编码为（5，6）（7，5）（3，3）（2，4）（1，7）。可见，游程编码的位数远远少于原始字符串的位数。在对图像数据进行编码时，沿一定方向排列的具有相同灰度值的像素可看成连续符号，用字串代替这些连续符号，可大幅度减少数据量。

显然，平均游程长度越长，游程编码的效率越高。由于必须保证在一个游程内所有像素的灰度值相同，所以游程编码不太适合多值的灰度图像编码，因为图像灰度等级多，难以产生长游程。一般灰度等级越多，平均游程越短，编码效率越低。游程编码是连续精确的编码，在传输过程中，如果其中一位符号发生错误，即可影响整个编码序列，使游程编码无法还原回原始数据。

5.3.4 预测编码

由图像的统计特性可知，相邻像素之间有较强的相关性。具体来说，就是相邻像素之间灰度值比较接近。因此，其像素的值可根据以前已知的几个像素来估计，即预测。预测编码是根据某一模型、利用以往的样本值对新样本值进行预测，然后将样本的实际值与其预测值相减得到一个误差值，对这一误差值进行编码，以达到压缩数据的目的。计算预测值的像素，可以是同一扫描行的前几个像素，或者是前几行上的像素，甚至是前几帧的邻近像素。实际利用预测器时，并不是利用数据源的某种确定型数学模型，而是基于估计理论、现代统计学理论设计预测器。

预测编码可分为无损预测和有损预测两类。如果模型足够好且样本序列在时间上相关性较强，那么误差信号的幅度将远远小于原始信号，对差值信号不进行量化而直接编码就称之为无损预测编码。若不是直接对差值信号进行编码，而是对差值信号进行量化后再进行编码就称之为有损预测编码。

设图像某空间坐标 (i,j) 像素点的实际灰度为 $f(i,j)$，$\hat{f}(i,j)$ 是根据以前已出现的像素点的灰度对该点的预测灰度，则无损预测编码系统的工作原理如图 5.4 所示。

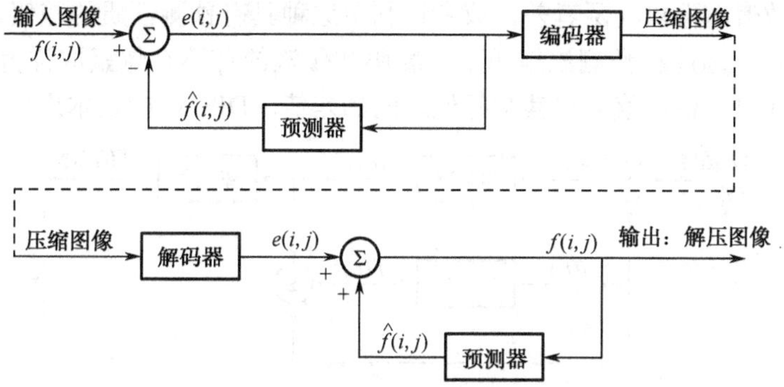

图 5-4 无损预测编码系统

当输入图像的像素值 $f(i,j)$ 逐个进入编码器时，预测器根据若干个过去的输入产生对当前输入像素的预测（估计）值 $\hat{f}(i,j)$，则预测误差为实际值和预测值之间的差值，用式（5.19）表示为

$$e(i,j)=f(i,j)-\hat{f}(i,j) \tag{5.19}$$

对这个误差用变长码进行编码以产生压缩数据流的下一个元素，然后解码器根据接收到的变长码字重建 $e(i,j)$，并执行下列操作，即

$$f(i,j)=e(i,j)+\hat{f}(i,j) \tag{5.20}$$

在 1-D 线性预测编码中，设扫描沿行进行，预测值可写为

$$\hat{f}_n(x,y)=\text{round}\left[\sum_{i=1}^{m}a_i f(x-i,y)\right] \tag{5.21}$$

其中 m 称为线性预测器的阶，round 是舍入函数，a_i 是预测系数。

最简单的 1-D 线性预测编码是一阶的($m=1$)，此时

$$\hat{f}_n(x,y)=\text{round}[af(x-1),y] \tag{5.22}$$

无损预测编码中所取得的压缩率与将输入图映射到预测误差序列所产生的熵减少量直接有关。通过预测可消除相当多的像素相关冗余，所以预测误差的概率密度函数一般在零点有一个高峰，并且与输入灰度值分布相比其方差较小。事实上，预测误差的概率密度函数一般用零均值不相关拉普拉斯概率密度函数表示，即

$$p_e(e) = \frac{1}{\sqrt{2}\sigma_e} \exp\left(\frac{-\sqrt{2}\,|e|}{\sigma_e}\right) \tag{5.23}$$

其中σ_e是误差 e 的均方差。

在实际生活中，人们往往并不要求获得完全无失真的消息，通常只要求近似地再现原消息，也就是允许一定的失真存在。在对图像质量要求不高的情况下，为了达到较高的压缩比，一般使用有损预测编码。

与无损预测编码相比，有损预测编码系统主要是增加了量化器。有损预测编码方法有多种，其中差分脉冲编码调制（Differential Pulse Code Modulation，DPCM）是一种具有代表性的编码方法。其基本思想是通过仅提取每个像素中的新信息并对它们编码来消除像素间的冗余，这里一个像素的新信息定义为该像素的当前或现实值与预测值的差，即如果已知图像一个像素离散幅度的真实值，利用其相邻像素的相关性，预测它的下一个像素（水平方向或垂直方向）的可能数值，再求其两者差，或者说利用这种具有预测性质的差值，再量化、编码、传输，其效果更佳。因此在预测法编码中，编码和传输的并不是像素取样值本身，而是这个取样值的预测值（也称估计值）与其实际值之间的差值。DPCM 的基本原理如图 5-5 所示。

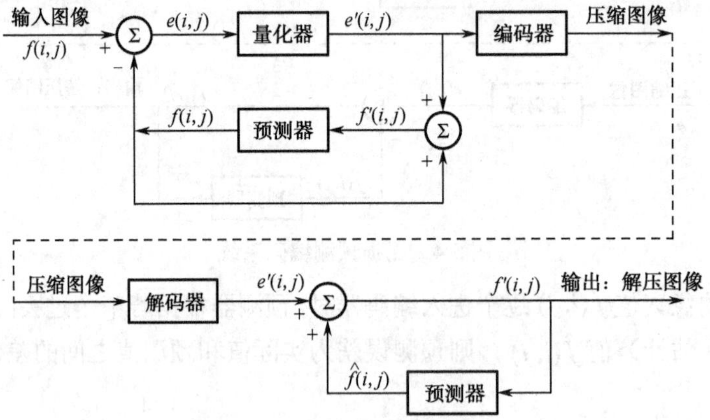

图 5-5　有损预测编码系统

$f(i,j)$ 为图像某空间坐标 (i,j) 像素点的实际灰度值，$\hat{f}(i,j)$ 是根据以前已出现的像素点的灰度对该点的预测值，$e(i,j)$ 为差值信号，其值为

$$e(i,j) = f(i,j) - \hat{f}(i,j) \tag{5.24}$$

$q(i,j)$ 为量化器的量化误差，$e'(i,j)$ 为量化器的输出值，则

$$q(i,j) = e(i,j) - e'(i,j) \tag{5.25}$$

解压缩图像的输出值为 $f'(i,j)$，则有

$$f'(i,j) = e'(i,j) + \hat{f}(i,j) \tag{5.26}$$

那么，在输出端的解压缩图像与原输入图像的误差为

$$\begin{aligned} f(i,j) - f'(i,j) &= f(i,j) - (e'(i,j) + \hat{f}(i,j)) \\ &= f(i,j) - \hat{f}(i,j) - e'(i,j) \\ &= e(i,j) - e'(i,j) \\ &= q(i,j) \end{aligned} \tag{5.27}$$

由此可见，在 DPCM 系统中，误差的来源是发送端的量化器，而与输出端无关。

若去掉量化器，那么 $e(i,j)=e'(i,j)$，则有 $q(i,j)=0$，$f(i,j)=f'(i,j)$，即不带量化器的 DPCM 系统可完全不失真地恢复输入信号，从而实现信息保持型编码。

如果包含量化器，则编码器对 $e'(i,j)$ 编码，量化器导致了不可逆的信息损失，这时输出端经解码恢复出的信号并不是真正的 $f(i,j)$，而是重建的 $f'(i,j)$。可见，引入量化器会引起一定程度的信息损失，使图像质量受损。但是，为了压缩图像，可以利用人眼的视觉特性，丢失不易察觉的图像信息，不会引起明显失真，因此，带有量化器有失真的 DPCM 编码系统还是普遍被采用。

5.3.5 变换编码

前面讨论的图像编码技术都是直接对像素空间进行操作，方法直观、简单，常称为空间域方法。本节将要讨论的是基于图像变换的编码方法，是利用正交变换将图像从空间域变换到频率域，再对频率分量进行处理。图像经过正交变换后之所以能够实现数据压缩，是因为经过多维坐标系适当的旋转变换后，把分布在各个原坐标轴上的原始图像数据集中到新坐标系中的少数坐标轴上了，从而为后续的量化和编码提供了高效数据压缩的可能。

变换编码的过程是将原始图像分块，对每一块进行某种形式的正交变换。可以简单地理解为将小块图像由时间域变换到频率域，而且能够想象经变换后能量主要集中在直流分量和频率低的分量上。在误差允许的条件下，只采用直流和有限的低频分量来代表原始数据就能达到数据压缩的目的。在解压缩时，利用已压缩的数据并补上高频分量，而后进行逆变换。通过逆变换就可恢复原始数据。可以想到，在压缩时，忽略了许多高频分量，而在解压缩时，用 0 代替，这必然减少了信源的熵，使信息量减少，从而带来了一定的失真，所以这种变换是一种有损压缩。

正交变换的种类很多，如人们熟知的离散傅里叶变换，离散余弦变换，K-L 变换，离散哈达玛变换等。典型的变换编码系统框图如图 5-6 所示。编码部分包括 4 个模块：分解子图像、变换、量化和编码。一幅 $N\times N$ 图像先被分割为 $n\times n$ 的子图像，通过变换这些子图像得到 $(N/n)^2$ 个 $n\times n$ 的子图像变换数组。变换的目的是为了解除每个子图像内部像素之间的相关性或将尽可能多的信息集中到尽可能少的变换系数上。量化时有选择性地消除携带信息最少的系数，因为它们对重建子图像的质量影响最小。最后再对量化的系数进行编码，实现压缩。解码部分包括符号解码、反变换和子图像合并。即首先进行符号解码，然后以零补足所有没有被传输的系数，最后对每一个数据矩阵进行反变换后合并成一个完整的图像。

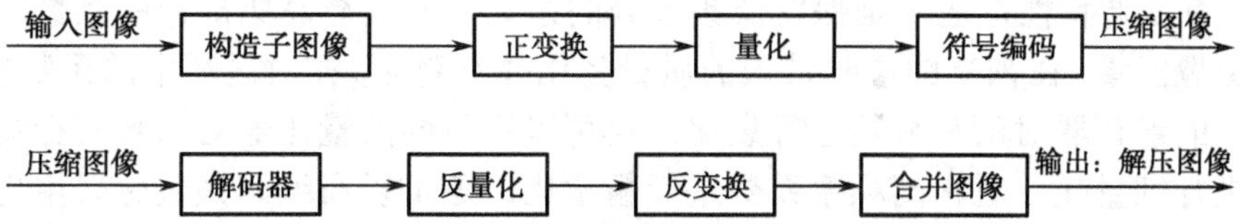

图 5-6 变换编码流程图

利用变换编码进行图像压缩的具体过程如下：

步骤 1：选择变换方法。

许多图像变换都可用于变换编码，不同变换的信息集中能力不同。在理论上，K-L 变换（Karhunen-LoeveTransform）是最优的正交变换，它能完全消除子块内像素间的线性相关性；但 K-L 基是不固定的，且与编码对象的统计特征有关，这种不确定性使得 K-L 使用起来非常不方便，所以 K-L 一般只是作为理论上的比较标准。

离散傅里叶变换（Discrete Fourier Transform, DFT）不对图像本身编码，只对变换系数进行编码和传输，具有蝶形快速算法，但是 DFT 变换是一种酉（复数）变换，运算量大，实用困难大。沃尔什-哈达玛变换（Walsh Hadamard Transform, WHT）可以取代 DFT，使运算量明显减少，这是因为 WHT 具有 DFT 的快速算法结构，且只有加、减运算而无乘法，但是实践证明经 WHT 变换后，其能量集中程度不如 DFT。Harr 变换具有比 WHT 更快的运算速度，但其能量集中的程度比 WHT 更差。

实际上图像压缩中最常用的是离散余弦变换（Discrete Cosine Transform, DCT），它的性能最接近 K-L 变换，并且具有快速算法。因此，对于大多数相关性很强的图像数据，DCT 是 KLT 目前最好的替代，所以称 DCT 为次最优正交变换。

步骤 2：确定子块图像的大小。

在正交变换中，往往要将一帧图像划分成若干正方形的图像子块来进行。子块图像的尺寸也是影响变换编码误差和计算复杂度的一个重要因素。子块越小，计算量越小，实现时硬件装置的规模也越小，不利的是均方误差较大，在同样的允许失真度下，压缩比小。因此，从改善图像质量考虑，适当加大图像子块是需要的。但这并不意味子块可以任意大，因为硬件的复杂程度与规模和子块大小成正比。同时，图像中某个像素与周围像索之间的相关性在一定距离之内。也就是说，当子块足够大以后，再加大子块，则加进来的像素与中心像素之间的相关性甚小，甚至不相关，而计算的复杂度将显著加大。由此，变换中图像子块一般取 8×8 或 16×16。

步骤 3：变换系数的编码。

对图像子块进行变换后，得到的是其变换系数。接下来就要对这些系数进行编码，变换后图像能量更加集中。在对变换系数编码时，应结合人类视觉心理因素，可采用“区域编码”或“阈值编码”等方法，保留变换系数中幅值较大的元素，而将大多数幅值较小或某些特定区域的变换系数全部当作零处理，这样可以减少图像数据。再辅以非线性量化，还可以进一步压缩图像数据。下面简单介绍这两种系数编码方法。

（1）区域编码：区域编码就是选出能量集中的区域，对这个区域中的系数进行编码传送，而其他区域的系数可以舍弃不用。在译码时可以对舍弃的系数进行补零处理。由于大多数图像的频谱具有低通特性，通常是保留低频部分的系数，而丢弃高频部分的系数。这样保持了大部分图像能量，在恢复图像时带来的质量劣化并不明显。在对区域中的系数量化时. 可以采用同样的量化器对所有系数进行量化；也可以用不同的量化器对系数进行量化，如对低频系数进行细量化，对稍高频率系数进行粗量化。还可以在编码系数时采用更细致的位分配方法。

（2）阈值编码：这种采样方法不同于区域编码法，它不是选定固定的区域，而是先设定一个门限值。如果系数超过门限值，就保留下来并且进行编码传输：如果小于门限值就舍弃不用。在实际应用中，取门限值和量化过程可以通过一个量化矩阵结合在一起。

$$\hat{F}(u,v)=\text{INF}\left[\frac{F(u,v)}{S(u,v)}\pm 0.5\right] \tag{5.28}$$

式中，$F(u,v)$ 是变换系数，$\hat{F}(u,v)$ 是经过量化和取门限后的结果，$S(u,v)$ 是量化矩阵中的相应元素。等式右边实际上表示一个四舍五入取整的结果，若 $\hat{F}(u,v)$ 不等于零，则保留系数 $F(u,v)$，量化矩阵的每个元素通常是一个 8 位的整数，确定每个系数的量化步长。通常，考虑到人眼的视觉频率响应特性，对于较高频率的系数，取较大的量化步长，而对于较低频率的系数，取较小的量化步长。

和区域编码相比，阈值编码有一定的自适应能力，可获得较好的图像质量。但是，阈值编码中保留系数的位置是可变的，因此，需要对这些系数的位置信息和幅度信息一起编码和传输，才能在接收端止确恢复图像，所以其压缩比有时会有所下降。常用的对位置编码的方法是基于对 0 值（非保留系数）的游程长度的编码，也就是通过指明一个保留系数之前有多少个 0 来确定该保留系数的位置。

在选定了要编码传输的系数后，有几种方法可以对其量化：

（1）对所有变换系数分配相同的位数。在发送端先对各变换系数进行归一化，使它们有相同的方差，然后用一个统一的量化器对所有的系数进行量化及编码。在该方式下，由于接收端要把归一化的系数恢复回去，原来方差大的系数要乘大的倍数，因此量化误差大。

（2）对方差大的变换系数分配较多的位数，使位数正比于该系数方差的对数。可以证明，这样的分配方案可使量化造成的总均方差最小。在该方式中，对不同的变换系数要用不同的量化器，它们之间不仅量化级数不同，判决电平和量化输出电平的变化规律也可以不同，以适合各自系数的分布规律。

（3）利用人眼视觉特性设计量化器。由于人眼对不同空间频率的失真敏感度不同，在比特分配时可对人眼较为敏感的变化系数分配较多的比特，而不太敏感的系数分配较少的比特。按这种方式设计的量化器可使变换编码系统总的主观图像质量较好。

变换编码中对变换域系数的量化是造成图像质量下降的主要原因，量化器设计的好坏将直接影响图像质量。变换编码中图像质量下降的主要表现形式是方块效应，即在图像分块的边缘产生较易为人眼所察觉的误差。

变换编码之所以在图像信号处理中得到广泛应用，主要是它具有如下特性：

（1）能量集中性与保持特性。变换编码方法最重要的特点是使能量主要集中于低频区域，使大多数变换系数为 0 或者很小的数。在编码时，可以舍弃能量较小的系数，或者分配很少的比特，从而实现数据的压缩。

（2）去相关性。通过变换可以使相关的空间样值变为不相关或者弱相关的变换系数，即变换编码能够消除相关性中的冗余度。

5.4 现代图像压缩编码方法

前面我们介绍了霍夫曼编码、算术编码、预测编码、变换编码等几种最流行的编码，这些方法的共同特点是从信号处理理论出发，利用信号理论和信息论作为工具，可以将这种编码原理统称为波形编码，它们是传统的或经典的压缩编码方法。与传统的经典编码方法不同，现代编码方法是通过对信源的分析，将其分为一系列的“基元”或从信源中提取出若干具有更本质意义的参数，仅对这些基本单元或特征参数进行编码。接收端应用一定的规则或模型，按一定的算法将这些基元或参数综合为原信源的一个近似。这类新方法又常称为分析-综合方法（Analysis-synthesis）。它包括分形图像编码、模型基图像编码、小波变换图像编码、神经网络编码等。

5.4.1 分形编码

现有的大多数图像编码算法仅仅是借助相邻像素间的相关性来进行压缩的，因而压缩比不高。实际上图像中不仅仅区域内相邻像素间存在相关，而且一些相距甚远的区域之间、或区域与整体之间也可能存在相当大的相关性，这是一种全局相关性。这些相关性正是分形几何所阐述的基本理论思想。

分形图像压缩是由美国数学家 Barnsley 1987 年首次提出的。之后，他和合作者将 Hutchinson 1981 年提出的迭代函数系统（IFS）应用到图像压缩编码中，并获得了极好的压缩性能。1990 年，Jacquin 又提出分块的迭代变换算法理论，进一步丰富和完善了分形图像编码算法理论。

分形编码（Fractal Coding）是在分形几何理论的基础上发展起来的一种编码方法。分形理论是欧氏几何相关理论的扩展，是研究不规则图像和混沌系统的一门新科学，它描述了自然界物体的自相似性，这种自相似性是可以确定的，也可以是统计意义上的。分形编码的目的是发掘自然物体（比如天空、云雾、森林等）在结构上的自相似形，这种自相似形是图像整体与局部相关性的表现。分形压缩正是利用了分形几何中的自相似的原理来实现的。首先对图像进行分块，然后再去寻找各块之间的相似形，这里相似形的描述主要是依靠仿射变换确定的。一旦找到了每块的仿射变换，就保存这个仿射变换的系数，由于每块的数据量远大于仿射变换的系数，因而图像得以大幅度压缩。

分形图像压缩的迭代函数系统 IFS 实际上是一组压缩仿射变换$[W_1,W_2,\cdots,W_N]$，其中每个变换 W 都有如下形式，即

$$\begin{pmatrix} x_{n+1} \\ y_{n+1} \end{pmatrix} = W\begin{pmatrix} x_n \\ y_n \end{pmatrix} = \begin{pmatrix} a_{11} & a_{12} \\ a_{21} & a_{22} \end{pmatrix}\begin{pmatrix} x_n \\ y_n \end{pmatrix} + \begin{pmatrix} b_1 \\ b_2 \end{pmatrix} \tag{5.29}$$

并且满足

$$d(W(X_1),W(X_2)) \leqslant sd(X_1,X_2) \tag{5.30}$$

这里，x_i，y_i 为点 X_i 的坐标，$a_{11},a_{12},a_{21},a_{22},b_1,b_2$ 为变换系数，$d(X,Y)$ 代表两点 X 和 Y 的距离，s 称为压缩因子，是一个小于 1 的正数，压缩仿射变换是由缩小、位移、旋转、反射等基本运算构成的变换，其反复迭代运算将得到一个稳定的极限图像，它与迭代的初始图像无关，而是由这些变换，即变换参数唯一确定。

对于分形图像压缩，它是一个逆问题，即把欲编码的图像当作一组压缩仿射变换的迭代极限，假如能够找到这些压缩仿射变换的参数，就可以重建原始图像。为此寻找一个压缩仿射变换，使它对原图像进行压缩仿射变换后的结果能与原图像的一部分吻合。如果原图像各个部分均可被对原图的不同压缩仿射变换的结果所覆盖，就找到了一个将图像映射成自身的

变换。以上过程称为拼贴定理，它表明可以用原图像的近似图像为极限的一组压缩仿射变换作为原图像的编码，其重建图像的误差很小。此即迭代函数系统方法的基本思想。

以平面点集合与图像为例，迭代函数系统压缩编码大致步骤如下所述。

步骤 1：图像分割。首先将原图（集合 x 或图像）预分割（或预分解）为若干分形子图 $x^{(m)}(m=1,2,\cdots,M)$，使得每一个子图 $x^{(m)}$ 具有一定的分形结构，且其局部与整体之间保持某种相似特征。而这种子图分割可以是空间域分割，也可以是频率域或其他空间域分割。在总图像的分割中，常常把同类或者相近的物体放在同一子图中，而把不同的景物，如山脉、河流、沙漠、云雾、森林、草地等，分别置于不同的子图中。

步骤 2：提取迭代函数系统（IFS）代码。在分割完分形子图 $x^{(m)}$ 之后，对每一个分形子图提取 IFS 代码，其方法是：将子图 $x^{(m)}$ 置于计算机屏幕上，利用人机对话方式，对 $x^{(m)}$ 进行压缩处理（可伸缩、平移、旋转和仿射等），生成 $x^{(m)}$ 的一个仿射图 $x_j^{(m)}$，这个仿射图应该覆盖原始子图 $X^{(\mathrm{m})}$的一部分，于是可得所谓的仿射变换为

$$\phi_j^{(m)}: x^{(m)} \rightarrow x_j^{(m)} \tag{5.31}$$

即通过仿射变换 $\phi_j^{(m)}$，由子图 $x^{(m)}$ 生成 $x^{(m)}$ 的仿射图 $x_j^{(m)}$。

步骤 3：对 IFS 代码进行编码。获得了原图的 IFS 代码之后，可按子图 $x^{(m)}$ 或仿射图 $x_j^{(m)}$ 的预测加权，用常规编码方法对 IFS 代码进行编码。

IFS 方法只适用于自相似性很强的分形图像。此时用总图像的若干种变换就能将原图像完全覆盖。对于一般的情况，经常看到的是图像的某些部分与其他部分相似，而且将图像分割为较小的方块时，找到相似块的可能性较大。根据这种思想，可以把图像分为一些较大的块，称为域块，然后再将域块进一步分为更小的区块，并对每个区块找出与之相匹配的域块，区块的码包括所属域块、收缩因子、位移量和旋转角度。根据这些参数可以重建各个区块，即整个图像。这就是方块迭代变换理论（ITT）编码的基本思想。

分形编码的最显著的特点是自相似性。与经典方法相比，它不但去除了数据之间局部的相关性，而且去除了整体与局部之间的相关性，所以有望达到经典编码方法所达不到的压缩比，是一种思想全新、很有潜力的编码技术。分形编码的主要特点有：

（1）分形编码、基于模型编码与经典图像编码方法相比在思想和思维上有了很大的突破，理论上的压缩比可超出经典编码方法两三个数量级。

（2）由于分形编码可把图像划分成大得多、形状复杂得多的区块，故压缩所得的文件的大小不会随着图像像素数目的增加即分辨率的提高而变大。而且，分形压缩还能依据压缩时确定的分形模型给出高分辨率的、清晰的边缘线，而不是将其作为高频分量加以抑制。

（3）分形压缩和解压缩不对称，压缩较慢，而解压缩很快。这是由于对每块确定仿射变换时，要对整幅图像进行相似性搜索，因而较慢。而恢复时只需简单反复迭代过程，因而较快。

5.4.2 模型基编码

在一幅图像中，人们往往是对其中特定的目标比较感兴趣，因此利用面向对象的思想，可以对这一特定的物体进行专门的编码，而不是像传统的方法把整个图像当成像素点的集合来处理。模型基编码就是这样一种新型的方法。

模型基编码（Model-Based Coding），也称知识基编码，最早是由瑞典的 Forchheimer 和 Parke 及后来日本的 Aizawa，Harashima 提出的。模型基，也就是基于模型的，它是一种综合图像分析和计算机图形学高效的压缩编码方法。模型基编码方法的思想是：首先，在编、解码两端分别建立相同的模型。在发送端，利用图像分析模块对输入图像提取景物的参数，如形状参数、运动参数等。在接收端，景物的这些参数被编码后通过信道传输到解码端，由解码器接收到的参数利用图像合成技术再重建图像，基本原理如图 5-7 所示。模型编码方法的核心是建模和提取模型参数，其中模型的选取、描述和建立是决定模型编码质量的关键因素。

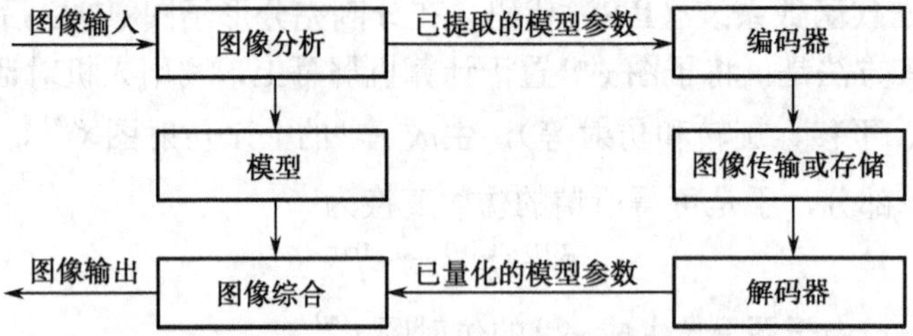

图 5-7　基于模型的图像编码基本原理框图

与经典方法中的预测编码方法类似，基于模型的编码在发送端既有分析用的编码器，同时又有综合用的解码器。只有这样，在发送端才能获得与接收端相同的综合后的重建图像，并将后者与原始图像进行“比较”，以确定图像失真是否低于“某种阈值”，以便修正模型参数。

但是，模型基编码和传统的编码方式有本质的不同。它不是把图像信号作为一个统计模型来考虑，而是作为一个结构模型，利用结构化的方式来描述图像组成，需要对图像的内容有所了解。该方法认为编码的图像具有边界、轮廓和区域等结构信息，在低码率编码时给予保留，因此能使恢复的图像维持较高的视觉质量，有效地克服了传统编码方式在低码率下产生严重方块效应等问题，是一种在低码率条件下高质量压缩图像的方法。

同经典方法比较，基于模型的编码还有两点显著不同：一是编码失真。基于模型的编码所引起的失真已从传统方法的量化误差转化为几何失真，并可能进一步转化为物理失真或行为失真；二是如何评价重建图像质量。传统的以像素为单位计算原始图像与重建图像之间“逼真度”（如均方误差、信噪比）不能测量几何失真和物理失真等，从原理上讲根本不适用于基于模型的编码。

目前，已有许多基于模型的图像编码方法，例如，物体基编码，知识基编码，语义基编码，分析综合编码。根据对图像内容先验知识的使用程度，模型基编码可以分为两类。一类是基于语义的图像编码，它是基于限定景物的模型编码，其中景物内图像的三维模型是严格已知的；另一类是基于物体的图像编码，它是针对未知物体的模型编码，需要实时构造物体的模型。这两类编码方法各有优缺点。基于语义的方法可以有效地利用景物中已知物体的知识，获得非常高的压缩比，但它仅能处理已知物体并需要模式识别。基于物体的方法由于不需要模式识别，其图像分析要简单许多，但因为没有充分利用景物的知识，或只能在低层次上利用物体知识，所以其编码效率较基于语义的方法低很多。

5.4.3 小波变换编码

小波变换是 20 世纪 80 年代后期发展起来的一种新的信息处理方法，因其本质是多分辨率分析信号，在时域和频域都具有分辨率，对高频分量采用逐渐精细的时域或空域步长，可以聚焦到分析对象的任意细节。对于剧烈变换的边缘，比常规的傅里叶变换具有更好的适应性，故特别适用于分析非平稳信号。

因为小波变换是正交变换，所以变换前后能量是守恒的，不同的是，在把图像数据从空间域转换到小波域之后，图像的能量分布发生了变化，从空间域的分散分布变成集中分布在低频分量上，而高频分量小波系数大部分为零，所占的能量比也较小，因此可以利用这一特点通过量化小波系数来实现压缩。为了进一步提高压缩比，通常在量化之后再采用熵编码对量化输出符号进行编码。小波变换是可逆变换，通过重构算法可以完全恢复原始图像。

将一幅图像进行小波变换实际上是把图像信号从空间域转变到小波域，这种转变表现为图像像素矩阵转变为小波系数矩阵。如果对图像进行变换的小波是正交小波，那么变换前后图像在空间域和变换域上的能量是守恒的，但是与其他的正交变换一样，小波变换也具有类似的去相关能力，因此图像在空间域上的冗余在小波变换后被消除了，能量被集中在少数的小波系数上，而且能量的集中性随着变换级数的增加变得越来越好，因而压缩效果也越好。

小波变换并没有实现对图像的压缩，只是把图像从空间域变换到了小波域，真正实现对图像压缩处理的是在其后的量化和熵编码环节。对小波变换系数量化后会产生较多的零值，这是能够实现高效压缩的基础。常见的量化方法有标量量化、矢量量化及零树量化等。

基于小波变换的图像压缩算法有很多，具体选择采用哪种方法是由小波系数的特性决定的。目前比较常见的小波图像压缩算法有嵌入式零树小波编码算法（Embedded Zerotree Wavelets, EZW）、多级树集合分裂算法（Set Partitioning in Hierarchical Trees, SPIHT）及最佳截断的嵌入式块编码（Embedded Block Coding with Optimized Truncation, EBCOT）。

变换编码的基本思想就是去除图像整体的相关性，而当前所有常规小波编码器都是变换编码形式。图像小波编码的基本思想是：将原始图像经二维小波变换后，利用小波分解后系数的一些固有的特性来组织系数模型，先对位置信息编码，然后对小波系数进行幅度精细量化，最后熵编码，如图 5-8（a）所示。解码算法为编码的逆过程，如图 5-8（b）所示。由于小波变换后，原始图像的能量集中在少数的小波系数上，所以最简单的系数量化方法就是将某一阈值以下的系数忽略不计，或者表示为某一恒定的常数，只保留那些能量较大的小波系数，从而达到数据压缩的目的。

（a）小波变换图像压缩编码过程

（b）小波变换图像压缩解码过程

图 5-8 小波变换图像压缩编解码过程

在基于小波变换的图像压缩编码过程当中，每一个环节都会对图像的压缩效果产生影响，影响图像压缩效果的因素有：小波基的选择、图像边界延拓方式、小波分解级数、小波系数量化方法及熵编码方式的选择等。

因此，在进行图像的小波变换之前，一定要根据图像的特性来选择合适的小波基和小波变换级数，这对图像的压缩效果起着非常关键的作用。对小波系数的量化是压缩编码过程中一个非常重要的环节，因为在整个编码过程中所有的信息损失都发生在这个阶段，对变换后的小波系数采取何种量化方式要依据其特性来选择。由于小波变换具有良好的解相关能力，因此对小波系数通常采用标量量化。对量化过后的小波系数，要进行熵编码操作，以进一步消除信息冗余。

小波变换是全局变换，时域和频域都具有良好的局部化性能，它在应用中易考虑人眼视觉特性，多分辨率表示特征非常适合渐进式传输。基于小波变换的图像编码与传统的图像编码方法相比主要具有以下几个优势：

（1）计算简单有效。基于小波变换的图像压缩方法可通过一个滤波器组利用上一次的分解系数计算得到下一次的分解系数，并且具有正交基。

（2）可去除方块效应。小波变换其实是一种全局变换，既能去除图像的全局相关性，又可将量化失真随机分散到整幅图像之中，人眼不易觉察，可有效避免方块效应。

（3）能量集中。图像经小波变换后，绝大部分的能量都集中在低频子图的少量系数上，而多数高频子图系数能量较小，且具有相关性。对于数值较小的小波系数可以置为0，因此，用少量重要的小波系数就可以表示整个图像，从而达到了压缩的目的。

（4）采用多尺度分析。小波变换编码方法首先将原图像分解成低频平滑部分和高频细节两部分，此时得到的低频部分又可以进行这样的分解，如此可以将低频系数分解进行下去，一直达到规定的要求，然后得到一个关于原始图像的具有层次结构的分解。编码时，根据小波系数重要程度的不同，对不同层次的系数进行不同的处理，有利于得到高的压缩比。在恢复图像时，根据需要，增加的细节越多，图像恢复质量越好，可进行分级传输。

（5）符合人类视觉特性。基于小波变换的图像编码方法可以把原始图像多级分解成许多具有不同空间分辨率、频率特性和方向特性的子图像，LL 子带对应图像的低频部分，HL 子带对应水平方向、LH 子带对应垂直方向、HH 子带对应对角线方向。而人眼视觉系统在不同空间频率、不同方向上的敏感度不同，其对低频分量的敏感度高于高频分量，对水平方向和垂直方向的敏感度又高于对角线方向。因此，根据人眼视觉特对各子带选择合适的量化编码方法，便于在失真编码中提高压缩比。

（6）有多种小波函数可以选择。在基于小波变换的图像压缩方法中，有多种小波基可以构造选择。可根据不同的应用问题选择最合适的小波基。

（7）小波变换是图像的时频表示，具有时间频域定位能力，并可实现图像中平稳成分与非平稳成分的分离，从而可对其进行高效压缩。因此，小波变换用于图像压缩时，可以用时频局部化分析方法处理非平稳信号。

5.4.4 神经网络编码

人工神经网络在图像压缩中的应用越来越引起人们的注意，和一些传统的压缩方法相比，人工神经网络技术具有良好的容错性、自组织性和自适应性，因此在图像压缩过程中，不必借助于某种预先确定的数据编码算法，神经网络能根据图像本身的信息特点，自主地完成图像编码和压缩。目前，在神经网络编码中，使用较多的是三层 BP 网络和自组织映射神经网络。

采用 BP 网络实现数据压缩好比是强迫数据通过细腰型网络的瓶颈，并期望在网络的瓶颈处能获得较紧凑的数据表示。图 5-9 给出了 BP 网络进行数据压缩的原理，将图像先分成 n 个小块，对应于输入的 n 个神经元，压缩后的数据对应于隐含层 m 个神经元，$m \leqslant n$。通过训练算法在网络学习过程中调整网络的权重，使训练集图像的重建误差 $E = \| X - Z \|^2$ 均值达到最小（X 为输入层样本集，Z 为输出层样本集），或者说使重建图像在均方误差意义上尽可能地相似于原始图像。经过训练后的 BP 神经网络便可用来进行图像压缩。

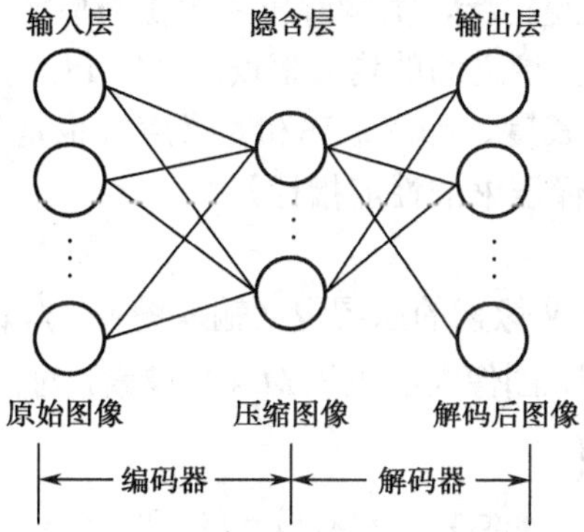

图 5-9　BP 神经网络图像压缩

自组织映射神经网络中的神经元可以自动根据外部刺激的兴奋点调整自己在由外界信号决定的参数空间中的位置。以一种双层神经网络为例，其中输入层神经元 $(x_1, x_2, \cdots, x_n)$ 简单反映外部刺激。在输出层中，M 个神经元排布成二维网络，其中每个神经元 j 接收两类输入：来自输入层神经元 i 的输入 x_i （权重为 w_{ij} ）和来自输出层神经元的固定权重。对每一个外界输入矢量 $\boldsymbol{x} = (x_1, x_2, \cdots, x_n)$，只有一个同该输入的距离 $d_1 = f(x, w_j)$，$w_j = (w_{1j}, w_{2j}, \cdots, w_{nj})$ 为最小的神经元 j 才被激发。其中，距离函数 $f(x, w_j)$ 反映了在某一准则（一般为平方误差准则）下，矢量 x 与 w_j 之间的距离。在网络的训练中只需要提供输入矢量 x，通过调整从公共的外部输入到每个神经元 j 的连接权重 w_j，权重矢量将逐渐指向输入矢量空间的聚类。从而实现了输入空间的维数压缩，完成了类似于矢量量化的功能。

除了把神经网络直接用于图像压缩之外，还可以把神经网络同传统的图像压缩编码算法相结合，构成许多间接应用神经网络的图像编码方法。但是，目前人工神经网络的工作原理还不清楚，神经网络的图像编码方法的研究目前仅处于一个初级阶段，需要解决的问题还很多，如完善人工神经网络的理论体系，弄清楚神经网络的工作原理，找到适合图像数据的高效压缩，充分利用视觉信息处理机制的神经网络模型和学习算法。

5.5　图像压缩编码的性能评价

解码图像的质量是评价图像压缩编码方法的最为重要的标准之一，它包括两方面的含义：一方面是图像的逼真度，即解码图像与原始图像的偏离程度；另一方面是图像的可懂度。即图像能向人或机器提供特征信息的能力。解码图像与原始图像可能会存在差异，有可能会导致一定数量的信息损失，在这种情况下，需要有一个描述图像失真的准则来对图像的失真程度或质量进行评价，以便将图像失真限制在限定的范围内。这就产生了两种判别标准：一种是客观判别标准，它建立在原始图像与还原图像之间的误差上；另一种是主观评价标准，即通过人眼对图像打分得到。

1. 客观评价准则

客观评价准则就是利用客观指标，衡量解压后图像与原始图像存在的差别。最常用的客观评价准则是原始图像与解码图像之间的均方根误差（RMS）和均方根信噪比（SNR）两种。除此之外，压缩比、平均码字长度、编码效率和冗余度等也是与压缩编码相关的几个概念，它们从不同角度定量描述了图像压缩的性能指标。

1）均方根误差（RMS）

令 $f(x,y)$ 代表大小为 $M \times N$ 像素的原图像（输入图），$\hat{f}(x,y)$ 代表 $f(x,y)$ 先压缩又解压缩得到的 $f(x,y)$ 的近似输出图，图像大小也为 $M \times N$ 像素，对任意的给定点 (x,y)，$f(x,y)$ 和 $\hat{f}(x,y)$ 两点之间的误差定义为

$$e(x,y) = \hat{f}(x,y) - f(x,y) \tag{5.32}$$

$f(x,y)$ 和 $\hat{f}(x,y)$ 之间的均方根误差定义为

$$e_{\mathrm{rms}} = \left\{ \frac{1}{MN} \sum_{x=0}^{M-1} \sum_{y=0}^{N-1} [\hat{f}(x,y) - f(x,y)]^2 \right\}^{\frac{1}{2}} \tag{5.33}$$

2）均方根信噪比（SNR）

如果将 $\hat{f}(x,y)$ 看作原始图像 $f(x,y)$ 和噪声信号 $e(x,y)$ 的和，那么解压缩图像的均方根信噪比 $\mathrm{SNR_{ms}}$ 为

$$\mathrm{SNR_{ms}} = \sqrt{\sum_{x=0}^{M-1} \sum_{y=0}^{N-1} \hat{f}(x,y)^2 \Big/ \sum_{x=0}^{M-1} \sum_{y=0}^{N-1} [\hat{f}(x,y) - f(x,y)]^2} \tag{5.34}$$

实际使用时常将 $\mathrm{SNR_{ms}}$ 归一化并用分贝（dB）表示。令

$$\bar{f} = \frac{1}{MN} \sum_{x=0}^{M-1} \sum_{y=0}^{N-1} f(x,y) \tag{5.35}$$

有

$$\mathrm{SNR} = 10\lg \left\{ \frac{\sum_{x=0}^{M-1} \sum_{y=0}^{N-1} [f(x,y) - \bar{f}]^2}{\sum_{x=0}^{M-1} \sum_{y=0}^{N-1} [\hat{f}(x,y) - f(x,y)]^2} \right\} \tag{5.36}$$

若令 $f_{\max} = \max f(x,y),\quad x = 0,1,\cdots,M-1;\quad y = 0,1,\cdots,N-1$，即图像中的灰度最大值，则得到峰值信噪比（PSNR），即

$$\mathrm{PSNR} = 10\lg \left\{ \frac{f_{\max}^2}{\frac{1}{MN} \sum_{x=0}^{M-1} \sum_{y=0}^{N-1} [\hat{f}(x,y) - f(x,y)]^2} \right\} \tag{5.37}$$

对于 8 位的连续灰度图像，$f_{\max}=255$，则

$$\mathrm{PSNR}=20\lg\left\{\frac{255}{\frac{1}{MN}\sum_{x=0}^{M-1}\sum_{y=0}^{N-1}[\hat{f}(x,y)-f(x,y)]^2}\right\} \tag{5.38}$$

3）压缩比

为了表明某种压缩编码的效率，通常引入压缩比这一参数，它的定义为

$$c=\frac{b_1}{b_2}$$

其中，b_1 表示压缩前图像每像素的平均位数，b_2 表示压缩后每像素所需的平均位数。一般的情况下压缩比 c 总是大于等于 1 的，c 愈大则压缩程度愈高。

4）平均码字长度

设 β_k 为数字图像第 k 个码字 C_k 的长度（C_k 编码成二进制码的位数），其相应出现的概率为 P_k，则该数字图像所赋予的平均码字长度为

$$\overline{L}=\sum_{k=1}^{M}\beta_k P_k$$

5）编码效率

在一般情况下，编码效率往往可用下列简单公式（5-39）表示为

$$\eta=\frac{H}{R} \tag{5.39}$$

其中 H 是原始图像的熵，R 是实际编码的平均码字长度。

6）冗余度

如果编码效率 $\eta\neq 100\%$，说明还有冗余信息，因此冗余度 r 可由式（5.40）来表示为

$$r=1-\eta \tag{5.40}$$

r 越小，说明可压缩的余地越小。

一般来说，压缩比越大，图像信息就被压缩得越厉害。一个编码系统要研究的问题是平均码字长度 $\overline{L}$ 尽可能小，使编码效率 η 接近于 1，冗余度尽量趋于 0。

2. 主观评价准则

尽管客观评价准则提供了一种简单和方便的评价信息损失的方法，但很多解压后的图像是让人看的。实际上，对于相同客观评价不同的图像，人的视觉可能会产生不同的视觉效果。这是因为客观评价指标是一个统计平均意义下的准则，它对于图像中的某些细节信息不能反映出来，而人的视觉能够觉察出来。在这种情况下，用主观的方法来评价图像的质量则显得较为合适。一种常用的方法是让一组（常超过 20 个）经过细心选择的观察者观看图像并打分，将他们对该图像的评分取一个平均值，用来评价一幅图像的主观质量。

评价也可以对照某种绝对的尺度进行。表 5-4 给出一种对电视图像质量进行绝对评价的尺度，据此可对图像的绝对质量进行判断打分。

表 5-4　电视图像质量评价尺度

评　分	评　价	说　明
1	优秀	图像质量非常好，如同人能想象出的最好质量
2	良好	图像质量高，观看舒服，有干扰但不影响观看
3	可用	图像质量可接受，有干扰但不太影响观看
4	刚可看	图像质量差，干扰有些妨碍观看，观察者希望改进
5	差	图像质量很差，妨碍观看的干扰始终存在，几乎无法观看
6	不能用	图像质量极差，不能使用

5.6 图像压缩技术标准

5.6.1 静止图像压缩标准简介

1. JPEG

JPEG 是“联合图像专家组”（Joint Photographic Experts Group，JPEG）的简称，是由国际标准组织（ISO）和国际电话电报咨询委员会（Consultation Committee of the International Telephone and Telegraph，CCITT）联合组成的一个专家小组，他们研制的连续色调、多灰度级、静止图像的数字图像压缩编码方法是国际上第一个数字图像标准。该压缩标准是一个适用范围广泛的通用标准，它不仅适用于静止图像压缩，而且在电视图像序列中的帧内图像的压缩编码中也常用该压缩标准。该标准于 1991 年 3 月提出了 ISO CDIO918 号建议草案：多灰度静止图像的数字压缩编码（通常简称为 JPEG 标准）。这是一个适用于彩色和单色多灰度或连续色调静止数字图像的压缩标准。

JPEG 标准规定了有损压缩和无损压缩两种编解码处理。

第一种是基于离散余弦变换（DCT）的编码。它规定了有损压缩，可以对图像数据很大压缩的同时，还能够保证图像解码后具有很高的视觉逼真度。

最简单的基于 DCT 的编码处理叫做顺序处理。它提供了大部分应用所需要的性能指标，具有这种能力的编码系统叫做基本系统。我们把这种编码处理及编码系统叫做 JPEG 基本系统。目前我们在现实生活中所遇到的都是 JPEG 基本系统压缩的图像，例如，在网页图像和数码照相机照片等。

第二种编解码处理为了满足无损压缩的应用要求，不使用 DCT 而是使用预测处理。一切编码处理所提供的压缩量都与被压缩图像的特性有很大关系，同时也与实际应用中所要求的图片质量和所需要的压缩和解压缩的处理速度等因素有关。

JPEG 算法流程如图 5-10 所示。

JPEG 压缩算法基本过程可分为如下几个步骤实现。

步骤 1：颜色模式转化及取样。RGB 色彩系统是最常用的表示颜色的方式，JPEG 采用的是 YCbCr 色彩系统，想要用 JPEG 基本压缩法处理全彩色图像，得先把 RGB 颜色模式图像数据转化为 YCbCr 颜色模式数据。因为人眼对图片上亮度的变化远比色彩的变化敏感，所以采用部分取样可达到图像压缩但几乎不影响图像质量。

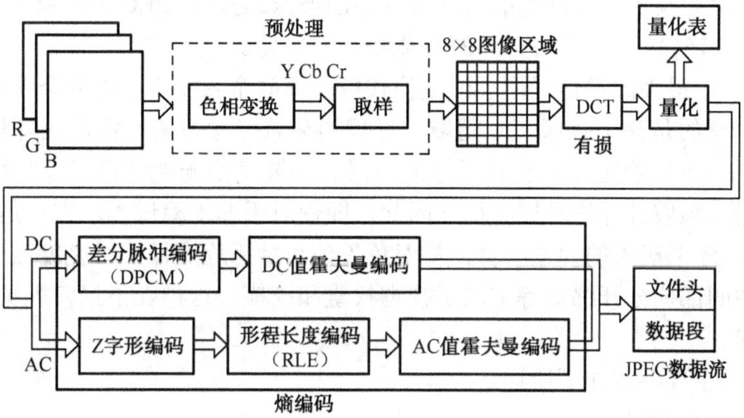

图 5-10　JPEG 算法流程图

步骤 2：离散余弦变换（DCT）。按顺序分块，将图像分成8×8的图像子块。对每一个子块进行 DCT 变换，得到 DCT 系数矩阵。

步骤 3：量化。量化的作用是在保持一定图像质量的前提下，丢弃图像中对视觉效果影响不大的信息，就是减少非“0”系数的幅度并增加“0”值系数的数目。直流分量和各交流分量可用不同量化间隔量化，低频分量量化得细些，高频分量量化得粗些。DCT 系数矩阵被量化以减少系数的精度，因此提高了压缩率。

步骤 4：Z 字形编码。量化后的 DCT 系数要重新编排，目的为了增加连续 0 的个数，右下角部分接近 0，把这个矩阵中的值重新排列游程，可以使游程中 0 值的长度增加，以进一步提高压缩率。JPEG 提出用“Z”字形序列的方法为量化后的 DCT 系数排序。

步骤 5：使用差分脉冲编码调制（DPCM）对直流系数（DC）进行编码。8×8 图像块经过 DCT 变换之后得到的 DC 直流系数有两个特点：一是系数的数值比较大，二是相邻8×8 图像块的 DC 系数值变化不大。根据这个特点，JPEG 算法使用了差分脉冲编码（DPCM）技术，在同一个图像分量中取得每一个 DC 值与前一个 DC 值的差值来编码，由于在连续色调的图像中，其差值多半比原值小，对差值进行编码所需的位数会比对原值进行编码所需的位数少许多。

步骤 6：用行程长度编码（RLE）对交流系数（AC）进行编码。量化 AC 系数的特点是 1×64 矢量中包含有许多“0”系数，并且许多“0”是连续的，因此使用非常简单和直观的游程长度编码（RLE）对它们进行编码。JPEG 使用了 1 字节的高 4 位来表示连续“0”的个数，而使用它的低 4 位来表示编码下一个非“0”系数所需要的位数，跟在它后面的是量化 AC 系数的数值。

步骤 7：熵编码。为了进一步达到压缩数据的目的，需对量化后的 DC 系数和行程编码后的 AC 系数进行基于统计特性的熵编码。JPEG 建议使用两种熵编码方法：霍夫曼编码和自适应二进制算术编码。熵编码可分成两步进行，首先把 DC 和 AC 系数转换成一个中间格式的符号序列，然后给这些符号赋变长码字。

2. JPEG2000

随着多媒体应用领域的激增，传统 JPEG 压缩技术已无法满足人们对多媒体图像资料的要求。因此，更高压缩率及更多新功能的新一代静态图像压缩技术 JPEG2000 就诞生了。JPEG2000 正式命名为“ISO 15444”，同样是由 JPEG 组织负责制定。

JPEG2000 一个最大改进是采用小波变换代替了离散余弦变换。离散余弦变换是经典谱分析的工具，它考察的是整个时域（时间域）过程的频域（频率域）特征或者整个频域过程的时域特征，因此对于平稳过程，它有很好的效果。小波变换既能考察局部时域过程的频域特征，又能考察局部频域过程的时域特征，因此，即使对于非平稳过程，它也是强有力的工具。此外，JPEG2000 还考虑人的视觉特性，如对色差信号敏感程度低于对亮度信息的敏感程度，对图形边缘和中间部位分开感知等增加了视觉权重和掩模，这样在不损害视觉效果的情况下，大大提高了效率。

JPEG2000 的主要特点如下所述。

1）良好的低比特性能

JPEG2000 力争在低比特率性能上优于当前的 JPGE 标准，在不牺牲比特率畸变范围内性能的前提下，就可实现低比特率性能的明显改善。JPEG2000 作为 JPEG 的升级版，高压缩（低码率）是其最优先考虑的目标，其压缩率比 JPEG 高约 30%左右。

2）连续色调图像压缩和二值图像压缩

JPEG2000 的目标是成为一个标准编码系统，既能压缩连续色调自然图像又能压缩二值图像。该系统对于每一个彩色分量使用不同的动态范围（例如，1～16 位）进行压缩和解压缩。以下应用将使用此特性：包含图像和文本的复合文档、有注释层的医学图像、带有二值或近似二值区域或 alpha 通道的图形、计算机合成图像或传真。

3）无损压缩和有损压缩

JPEG2000 要在渐进的解码过程中由单一的压缩码流实现从低质量到无损压缩的最高质量（渐进编码可以通过差分图像编码或其他支持无损重构的技术来实现）。在接收端解码时，根据此特性的应用实例有：有时也需要无损压缩的医学图像，保存时需要高质量而预览时并不需要的图像存档，为不同硬件设备提供不同性能的网络应用等。

4）渐进传输（像素精度渐进和图像空间分辨率渐进）

在某些应用（如因特网、图像存档和打印）中，渐进传输是必要的。JPEG2000 在传输时，不像传统的 JPEG 那样由上到下，从左到右逐块慢慢传输、显示，而是类似于 GFI 格式图像的“渐显”特性。它先传输图像的轮廓，然后逐步传输高质量图像的数据，接收端就可以根据不同的像素精度（位深度）和图像空间分辨率来重构图像，让图像由朦胧到清晰显示。

5）固定码率、固定尺寸、有限的工作存储器

固定码率（固定局部码率）意味着对于给定数目的相邻像素，其编码后的位数等于（或小于）固定值，这样解码器就可以通过有限带宽的通道实时解码。固定尺寸（固定全局码率）意味着整幅图像编码后的总位数是一个固定值，这样对于具有有限存储空间的硬件设备就可容纳完整的编码流。

6）对码流的随机访问和随机处理

在有些情况下，图像中只有一小块区域对用户是有用的。那么将它定义成一个感兴趣的

区域（Regions-of-Interest，ROI），采用低压缩比以获取较好的图像效果，而对其他部分采用高压缩比以节省存储空间。在传输中可以对 ROI 部分进行随机解压缩，而其余码流仍处于压缩状态。随机处理指的是在不解压全部码流的前提下对 ROI 对应的图像进行平移、旋转、缩放等操作。结合 JPEG2000 的渐进传输特点，可以知道接收端不必等待所有的数据都传到，就可从传输的码流中解压出逐步清晰的图像；接收端在观察中可以多次指定新的感兴趣区域，编码过程在已经发送的数据基础上继续编码，而不需要重新开始。

7）误码鲁棒性

在通信等低信噪比的传输系统中，适当的码流对连续差错的更正很有帮助，可以减少解码失败几率，对于减少灾难性的误码故障更为重要。

8）开放的体系结构

开放的体系结构可以为不同的图像类型和应用确定一个最佳系统。通过语法描述语言集成或开发新的压缩工具，优化整个编解码系统。对于未知压缩工具，解码器可以要求从源端发过来。

5.6.2 运动图像压缩标准简介

MPEG（Moving Picture Experts Group）的中文意思是运动图像专家小组。MPEG 和 JPEG 两个专家小组都是在 ISO 领导下的专家小组，其小组成员也有很大的交叠。JPEG 的目标是专门集中于静止图像压缩，MPEG 的目标是针对活动图像的数据压缩，但是静止图像与活动图像之间有密切关系。

MPEG 专家小组承担制定了一个可用于数字存储介质上的视频及其关联音频的国际标准这个国际标准简称为 MPEG 标准。MPEG 标准主要有 MPEG-1、MPEG-2、MPEG-4 和正在制定的 MPEG-7、MPEG-21。

MPEG-1 于 1989 年 7 月开始研究，1992 年被 ISO/IEC 批准为正式标准，主要针对 1.5Mbps 以下数据传输率的数字存储媒体运动图像及其伴音的编码，每秒播放 30 帧，具有 CD 音质，质量级别基本与 VHS（广播级录像带）相当。MPEG-1 的编码速率最高可达 4～5Mbps，但随着速率的提高，其解码后的图像质量有所降低。MPEG-1 视频数据压缩率为 1/100～1/200，音频压缩率为 1/6.5，经过其压缩后，允许超过 70min 高质量的视频和音频存储在一张 CD-ROM 盘上。VCD 采用的就是 MPEG-1 的标准，音频压缩格式就是大家熟悉的 MP3 格式。此外，MPEG-1 还被用于数字电话网络上的视频传输，如非对称数字用户线路（ADSL），视频点播（VOD）及网络教育等。

MPEG-2 于 1991 年 7 月开始研究，1994 年 11 月正式推出，主要针对标准数字电视（HDTV）和高清数字电视在各种应用下的压缩方案和系统层的详细规定，编码码率 3～100Mbps，MPEG-2 不是 MPEG-1 的简单升级，MPEG-2 在系统和传送方面进行了更加详细的规定和进一步的完善。MPEG-2 特别适用于广播级数字电视的编码和传送，被认定为 SDTV 和 HDTV 的编码标准。MPEG-2 还专门规定了多路节目的复分接方式。此外，MPEG-2 还兼顾了与 ATM 信元的适配问题。除了作为 DVD 的指定标准外，MPEG-2 还可用于视音频资料的保存、非线性编辑系统级非线性编辑网络、卫星传输、广播电视及电视节目的播出、有线电视网、电缆网络及多级多点的直播等。MPEG-2 的音像质量好，但同时占用带宽也相当大，所以不太适合远程传输。

MPEG-3 标准本来是针对 HDTV 制定的压缩和编码标准，但是由于 MPEG-2 的出色表现，MPEG-3 被淘汰，其原来的工作被 MPEG-2 工作组接管。

由 MPEG 指定的第一阶段解决方案 MPEG-1 和 MPEG-2 采用的基于帧和基于块的压缩算法不能支持表征图像内容的数据结构，而这些又正是许多交互式应用所必需的；其次，当码率很低时也会产生较重的方块效应和动作失真，而低码率又是多媒体移动通信所必需的。因此，在预见到 3C 融合所出现的需求的基础上，为了努力克服 MPEG-2 的不足，更有效地利用和节省网络与硬件资源，减少数据的传输时间，实现网络的实时传输和操作的交互性及灵活性，需要制定新的多媒体通信标准，这就是 MPEG 第二阶段解决方案 MPEG-4 标准。MPEG-4 于 1991 年 5 月首次提出，1993 年 7 月正式启动，经过长达 6 年的研究与讨论，于 1999 年 2 月正是公布成为国际标准。

MPEG-4 是一种高效率的编码标准，其最低码率可达到 5～64Kb/s。该技术在开发低码率编码的同时，更注重具体视频对象的交互性和可操作性，并可对多媒体应用领域的各种编码进行兼容。MPEG-4 标准是一个适合多种多媒体应用的视听对象编码标准，它定义了一种框架而不是具体的算法，它不仅是针对一定比特率下的视音频编码，更加注重多媒体系统的交互性和灵活性。MPEG-4 标准的开发目标是实现多媒体业务在各个领域的应用，涉及面非常广泛，不同的应用对应的码率、分辨率、质量和服务也不同。MPEG-4 试图达到两个目标：一是低比特率下的多媒体通信；二是多工业多媒体通信的综合。

随着 Internet 的普及和网络带宽的增加，产生了大量的多媒体数据，如何在浩如烟海的信息中快速、准确地获得自己所需的内容则成为当前必须解决的问题。在此需求下，MPEG-7 应运而生，它规定一个用于描述各种不同类型多媒体信息的描述符的标准集合，被称为“多媒体内容描述接口”。该标准于 1998 年 10 月提出，于 2001 年最终完成并公布。MPEG-7 标准可以独立于其他 MPEG 标准使用，但 MPEG-4 中所定义的音频、视频对象的描述适用于 MPEG-7。

MPEG-7 的目标是支持多种音频和视觉的描述，包括自由文本、N 维时空结构、统计信息、客观属性、主观属性、生产属性和组合信息；是根据信息的抽象层次提供一种描述多媒体材料的方法，以便表示不同层次用户对信息的需求；是支持数据管理的灵活性、数据资源的全球化和互操作性，最终的目的是把网上的多媒体内容变成文本内容，具有可搜索性。

互联网改变了物质商品交换的商业模式，这就是“电子商务”。新的市场必然带来新的问题：如何获取数字视频、音频及合成图形等“数字商品”，如何保护多媒体内容的知识产权，如何为用户提供透明的媒体信息服务，如何检索内容，如何保证服务质量等。MPEG-21 就是在这种情况下提出的。MPEG-21 的正式名称是多媒体框架，又称数字视听框架。它的目标就是理解如何将不同的技术和标准结合在一起，需要什么样的新标准及完成不同标准的结合。简言之，制定 MPEG-21 标准的目的如下。

（1）将不同的协议、标准、技术等有机地融合在一起。

（2）制定新的标准。

（3）将这些不同的标准集成在一起。

MPEG-21 标准其实就是一些关键技术的集成，通过这种集成环境对全球数字媒体资源进行透明和增强管理，实现内容描述、创建、发布、使用、识别、收费管理、产权保护、用户隐私权保护、终端和网络资源抽取、事件报告等功能。

小结

图像压缩技术通过删除图像中冗余的或者不相干的信息，从而达到用尽可能少的数据量去表达尽可能完整的图像信息的目的。本章主要介绍了图像压缩编码的基本理论、经典的压缩编码方法、现代编码方法及图像压缩编码的质量评价，并给出了静态图像和运动图像的压缩标准。

习题

5-1 变长编码程序能否用于压缩具有 $2n$ 个灰度级的直方图均衡过的图像？为什么？这样的图像是否包含可以用于数据压缩像素间的冗余？

5-2 假设信源符号为{a, b, c, d}，这些符号的出现概率分别为{0.4, 0.2, 0.1, 0.3}，写出算术编码及解码过程。

5-3 考虑如下大小为 4×8 的 8 位图像：

21	21	95	169	243	243
21	21	95	169	243	243
21	21	95	169	243	243
21	21	95	169	243	243
21	21	95	169	243	243

（1）计算该图像的熵。

（2）用霍夫曼编码压缩该图像。

（3）计算霍夫曼编码能达到的压缩率和效率。

（4）考虑对一对像素而不是单个像素进行霍夫曼编码。也就是说，考虑由产生原图像的零记忆信源的第二次扩展产生的图像。当作为像素对看待时，图像的熵是什么？

（5）考虑对相邻像素间的差值进行编码。新的差值图像的熵是什么？关于压缩图像，它告诉我们做什么？

（6）解释（1），（4）和（5）中熵的差别。

5-4 试述 DPCM 的编码原理，并画出其原理框图。

5-5 写出将一幅 24 位真彩色图像压缩成 JPEG 图像格式文件的算法过程。

5-6 有一幅特定的图像，分别用一种有损压缩算法和一种无损压缩算法对该图像进行压缩，计算各自的压缩时间、解压缩时间和压缩比。

第6章

图像分割

图像分割是一种重要的图像分析技术。在对图像的研究和应用中，人们往往仅对图像中的某些部分感兴趣，这部分常常称为目标或前景（其他部分称为背景），它们一般对应图像中特定的、具有独特性质的区域。这里的独特性可以是像素的灰度值、物体轮廓曲线、颜色、纹理等。为了识别和分析图像中的目标，需要将它们从图像中分离、提取出来，在此基础上才有可能进一步对目标进行测量和对图像进行利用。图像分割就是指把图像分成各具特性的区域并提取感兴趣目标的技术和过程。

一般的图像处理过程如图 6-1 所示。从图中可以看出，图像分割是从图像预处理到图像识别和分析理解的关键步骤，在图像处理中占据重要的位置。一方面它是目标表达的基础，对特征测量有重要的影响；另一方面，图像分割及其基于分割的目标表达、特征提取和参数测量等将原始图像转换为更为抽象、更为紧凑的形式，使得更高层的图像识别、分析和理解成为可能。

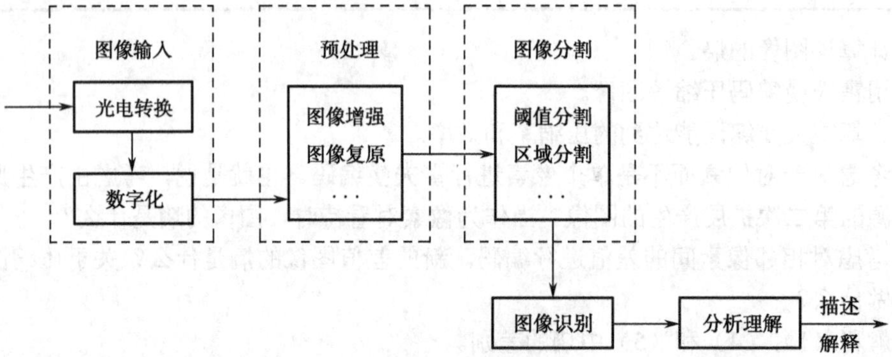

图 6-1　一般的图像处理过程

自 20 世纪 70 年代起，图像分割一直受到人们的高度重视，目前已经提出的图像分割方法有很多，从分割依据角度出发，图像分割方法大致可以分为非连续性分割和相似性分割。所谓非连续分割就是首先根据亮度值突变来检测局部不连续性，然后将它们连接起来形成边界，这些边界把图像分成不同的区域，这种基于不连续性原理检测物体边缘的方法有时也称为基于点相关的分割技术，如点检测、边缘检测、Hough 变换等；所谓相似性分割就是将具有同一灰度级或相同组织结构的像素聚集在一起，形成图像中的不同区域，这种基于相似性原理的方法通常也称为基于区域相关的分割技术，如阈值分割、区域生长、分类合并、聚类分割等方法。以上两类方法是互补的，在有些场合适宜用这一种分割方法，而另一些场合则适宜用另一种分割方法，有时还要将它们有机地结合起来，以求得到更好的分割效果。

近年来，随着各学科许多新理论和新方法的提出，人们也提出了许多与一些特定理论、方法和工具相结合的分割技术，如与聚类分析、数学形态学、活动轮廓、图理论、小波变换、人工神经元网络等有关的分割方法等，这些分割方法的提出对图像分割技术的发展产生了巨大的影响。

本章将对阈值分割、边缘检测和区域生长等经典的方法加以介绍，在此基础上介绍聚类分割、基于参数活动轮廓模型的分割，基于几何形变模型的分割，以及基于图论的分割等几种目前广泛流行的图像分割方法。采用定量的方式计算分割图像的性能指标，具有客观、可重复等优点，本章最后介绍图像分割算法的客观评价指标。

6.1 非连续性分割

非连续性分割根据亮度值突变来检测局部不连续性，包括点、线和边缘的检测，然后将它们连接起来形成边界，这些边界把图像分成不同的区域。本节首先介绍几个典型的图像中灰度级不连续性检测的方法，在此基础上介绍基于梯度和 Hough 变换的边缘连接方法。

6.1.1 点检测

检测不连续性的最通用的方式是采用掩模模板在图像中搜索，如图 6-2 所示，在搜索的过程中系数与对应像素灰度值乘积求和即为该点的输出响应 R。

w_1	w_2	w_3
w_4	w_5	w_6
w_7	w_8	w_9

图 6-2 不连续性检测模板示意图

$$R = w_1 z_1 + w_2 z_2 + \cdots + w_9 z_9 = \sum_{i=1}^{9} w_i z_i \tag{6.1}$$

其中，z_i 是模板系数 w_i 对应的像素灰度级，通常，模板的响应定义在模板的中心位置。

图像中的孤立点就是在灰度值恒定或均匀的区域内灰度值与周围背景像素明显不同的像素点。孤立点的检测原理非常简单，用图 6-3 所示的模板对全图进行搜索，当某点的响应满足式（6.2）时，则该点即可作为孤立点被检测出来。

$$|R| \geqslant T \tag{6.2}$$

其中，T 是非负的阈值，R 由式（6.1）给定。

因为孤立点与周围像素在灰度值上有很大不同，所以很容易用这种模板方法检测出来。例如，图 6-3（a）中，灰度值为 5 的像素是一个明显与周围像素不同的点，该点为一个孤立点，灰度值为 1 的像素点虽然与周围像素之间有跳跃，但是差别不是很大，可以认为该区域为均匀区域，当取 T=20 时，则像素值为 5 的点作为孤立点被检测出来，如图 6-3（d）所示（用 1 代表）。

$$\begin{bmatrix} 0&0&0&0&0&0&0&0\\ 0&0&0&0&0&0&0&0\\ 0&0&5&0&0&0&0&0\\ 0&0&0&0&0&0&1&0\\ 0&0&0&0&0&0&0&0\\ 0&0&0&0&0&0&0&0 \end{bmatrix}$$

（a）图像数据

$$\begin{bmatrix} -1&-1&-1\\ -1&8&-1\\ -1&-1&-1 \end{bmatrix}$$

（b）模板

$$\begin{bmatrix} \times&\times&\times&\times&\times&\times&\times&\times\\ \times&5&5&5&0&0&0&\times\\ \times&5&40&5&0&1&1&\times\\ \times&5&5&5&0&1&8&\times\\ \times&0&0&0&0&1&1&\times\\ \times&\times&\times&\times&\times&\times&\times&\times \end{bmatrix}$$

（c）$|R|$的计算结果

$$\begin{bmatrix} \times&\times&\times&\times&\times&\times&\times&\times\\ \times&0&0&0&0&0&0&\times\\ \times&0&1&0&0&0&0&\times\\ \times&0&0&0&0&0&0&\times\\ \times&0&0&0&0&0&0&\times\\ \times&\times&\times&\times&\times&\times&\times&\times \end{bmatrix}$$

（d）T=20 时的点检测结果

图 6-3　点检测示例

这里需要注意的是，图 6-3（b）所采用的模板与 3.3.1 节中拉普拉斯算子相同，但此处强调的是点的检测，也就是说，我们在这里关心的是那些$|R|\geqslant T$ 的孤立点，而且模板系数之和为 0，这表明在灰度相同的区域，响应输出是为 0 的。

以上孤立点的检测是非常特殊的，因为它检测的是恒定或均匀背景下的一个孤立像素点。在实际应用中，大多数孤立点是要作为噪声被去除的，而且在多数情况下，图像中的孤立点也会远远多于一个像素，因此上面这个例子的理论意义要大于它的实际意义。

6.1.2　线检测

线检测是更为复杂一点的非连续性检测，考虑如图 6-4 所示的四个模板。如果采用第一个模板在图像上滑动，它会对水平方向的线（一个像素宽）响应更强烈。在背景恒定的情况下，当水平方向的线穿过模板中间行位置的时候，输出响应将是最大的。这一点很容易由图 6-5 所示的图像矩阵来验证。同样道理，图 6-4（b）～6-4（d）所示的三个模板将会使+45°、垂直及−45°三个方向的线得到最强的输出响应。

-1	-1	-1
2	2	2
-1	-1	-1

（a）水平

-1	-1	2
-1	2	-1
2	-1	-1

（b）+45°

-1	2	-1
-1	2	-1
-1	2	-1

（c）垂直

2	-1	-1
-1	2	-1
-1	-1	2

（d）-45°

图 6-4　四个方向的线检测模板

$$\begin{bmatrix} 1&1&1&1&1&1&1&1\\ 1&1&1&1&1&1&1&1\\ 5&5&5&5&5&5&5&5\\ 1&1&1&1&1&1&1&1\\ 1&1&1&1&1&1&1&1 \end{bmatrix}$$

图 6-5　图像矩阵

令R_1、R_2、R_3和R_4代表图 6-4 所示的从左到右四个模板，将四个模板分别在图像上滑动。如果图像中的某个点满足$|R_i|>|R_j|$（对所有的$j\neq i$），则该点更可能与第i个方向的线有关。由此，我们可以检测特定方向的线。例如，图 6-6（a）是一个具有不同方向线目标的图像，假设我们对图像上一个像素宽、−45°方向上的线感兴趣，则使用图 6-4（d）所示的模板对图像进行卷积计算，得到图 6-6（b）所示的结果，图 6-4（c）是对图 6-4（b）取阈值的结果。从图中可以看出，原图上水平或垂直方向的线消失了，同时具有±45°方向走势的线有比较强的输出响应，而+45°方向的响应要弱于−45°方向。对于原图中右下方较粗的黑线，由于该线

大于一个像素宽，因此在粗线的内部输出响应为 0，而在线的边界处有较强的响应，从而形成了两条线，但这两条线的强度要小于真正线目标的输出强度。这样，我们简单用一个与图 6-6（c）中较大值相等的阈值对其进行二值化，则-45°方向上一个像素宽的线被完整地检测出来，效果如图 6-6（d）所示。

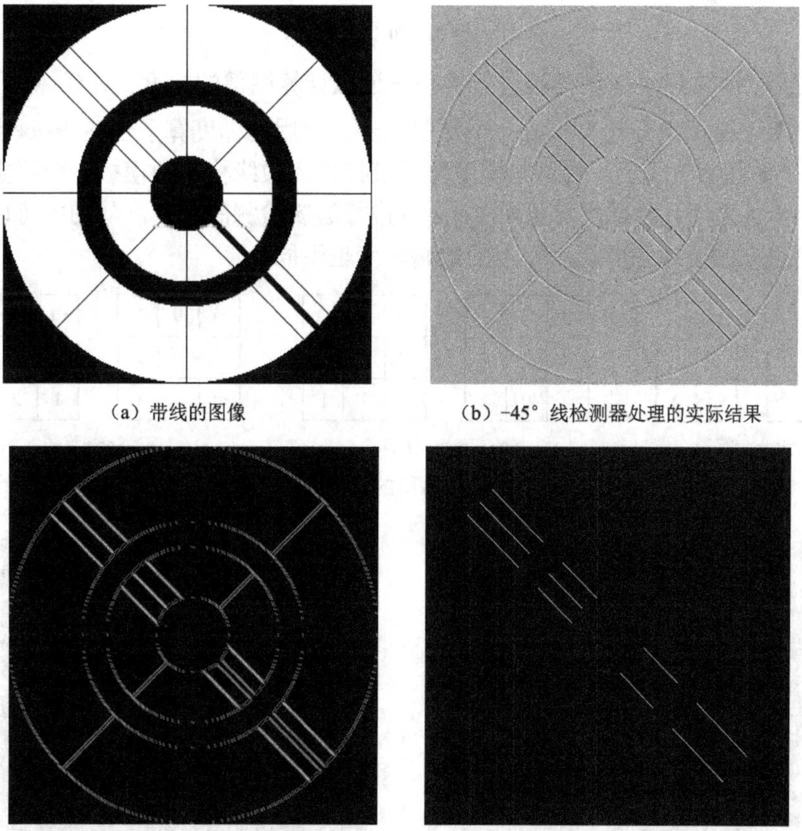

（a）带线的图像　　（b）-45°线检测器处理的实际结果

（c）对（b）取绝对值　　（d）对（c）取阈值的结果

图 6-6　检测-45°方向的线

6.1.3　边缘检测

边缘能勾画出目标物体，蕴含了丰富的信息，是图像分割、识别及分析中抽取图像特征的重要属性。在灰度级不连续性检测中，尽管点和线的检测非常重要，但边缘检测却是目前为止最为通用的方法。图像的边缘检测是利用图像一阶导数的极值（梯度算子模板）或二阶导数的过零点（拉普拉斯算子模板）信息来实现的。在前面第 3 章图像增强中的 3.3.1 节，我们讲述了图像的微分原理，并用梯度算子和拉普拉斯算子实现了图像锐化。将 3.3.1 节中的梯度算子或者拉普拉斯算子直接作为边缘检测的模板，即可实现图像的边缘检测。为了内容的完整性，我们在后面的介绍中仍然给出一些基本公式。

1. 梯度算子

对于一个数字图像 $f(x,y)$，它在点 (x,y) 处的梯度矢量定义为

$$\nabla f(x,y)=[G_x \quad G_y]^{\mathrm{T}}=\left[\frac{\partial f}{\partial x} \quad \frac{\partial f}{\partial y}\right]^{\mathrm{T}} \tag{6.3}$$

其中 G_x 和 G_y 分别为沿 x 方向和 y 方向的梯度，梯度的幅度 $|\nabla f(x,y)|$ 和方向角分别为

$$|\nabla f(x,y)|=\mathrm{mag}(\nabla f(x,y))=(G_x^2+G_y^2)^{1/2} \tag{6.4}$$

$$\phi(x,y)=\arctan(G_y/G_x) \tag{6.5}$$

在实际应用中，常用小区域模板进行卷积来近似计算图像的梯度。对 G_x 和 G_y 各用一个模板，所以需要两个模板组合起来构成一个梯度算子。常用的梯度算子包括 Robert、Prewitt 和 Sobel 算子等，如图 6-7 所示。将这些梯度算子直接作为边缘检测的模板，即可实现图像的边缘检测。图 6-8 是采用几种梯度算子对 Lena 图进行边缘检测的实例，从图中可以看出，模板不同，所检测出来的边缘强弱及对噪声的敏感程度也不同。

-1	0
0	1

0	-1
1	0

（a）Robert算子

-1	0	1
-1	0	1
-1	0	1

-1	-1	-1
0	0	0
-1	1	1

（b）Prewitt算子

-1	0	1
-2	0	2
-1	0	1

-1	-2	-1
0	0	0
1	2	1

（c）Sobel算子

图 6-7　常用的梯度算子

（a）Lena 图像

（b）Robert 算子边缘检测

（c）Prewitt 算子边缘检测

（d）Sobel 算子边缘检测

图 6-8　几种梯度算子进行边缘检测实例

实际上，当用梯度算子检测边缘时，也可以只用其中的一个方向模板来检测特定方向的图像边缘，如图 6-9 所示。图 6-9（a）和图 6-9（b）是分别采用 Sobel 算子的两个模板 G_x 和 G_y 单独对 Lena 图像进行边缘检测的结果，可以看出，G_x 模板可以检测出图像中的纵向边缘（如图像左侧的纵向边缘），G_y 模板则检测出了图像中的横向边缘（如 Lena 眼睛部位的横向边缘）。从图 6-9 这个例子我们可以得到启发，即可以设计自己的方向边缘检测算子，如图 6-10 所示的两个模板是根据 Sobel 算子设计的 ±45° 方向的两个边缘检测算子。

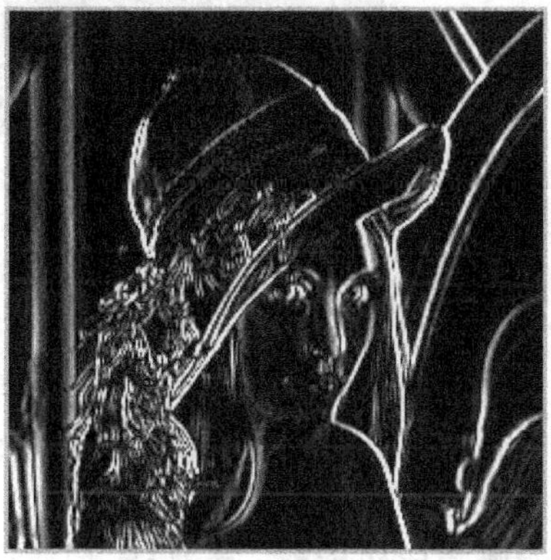

（a）G_x 检测的边缘

（b）G_y 检测的边缘

图 6-9　采用 Sobel 算子中 G_x 和 G_y 分别进行边缘检测的结果

-2	-1	0
-1	0	1
0	1	2

（a）45° 方向模板

0	-1	-2
1	0	-1
2	1	0

（b）-45° 方向模板

图 6-10　±45° 方向的两个模板

2. 拉普拉斯算子

梯度算子属于图像的一阶微分算子，而拉普拉斯算子则是图像的二阶微分算子，它是各向同性的。对于离散的数字图像，拉普拉斯算子 $\nabla^2 f(x,y)$ 为

$$\begin{aligned}\nabla^2 f(x,y) &= \frac{\partial^2 f}{\partial x} + \frac{\partial^2 f}{\partial y} \\ &= f(x+1,y) + f(x-1,y) + f(x,y+1) + f(x,y-1) - 4f(x,y)\end{aligned} \tag{6.6}$$

常用的拉普拉斯模板如图 6-11 所示，其中图 6-11（a）对应公式（6.6）的形式，图 6-11（b）是两种扩展形式的拉普拉斯模板。从模板形式容易看出，如果在图像中一个较暗的区域中出现了一个亮点，那么用拉普拉斯运算就会使这个亮点变得更亮。同梯度算子一样，拉普拉斯算子也增强了图像的噪声，有时用拉普拉斯算子进行边缘检测时，可先将图像进行平滑处理。另外一点，拉普拉斯算子常产生双像素宽的边缘，而且也不能提供边缘的方向信息，因此，拉普拉斯算子很少直接用于边缘检测，而主要用于已知边缘像素后确定该像素是在图像的暗区还是亮区。图 6-12 是用图 6-11（a）所示的拉普拉斯算子对 Lena 图像进行边缘检测的结果。

0	1	0
1	-4	1
0	1	0

（a）常用模板

1	0	1
0	-4	0
1	0	1

1	1	1
1	-8	1
1	1	1

（b）扩展模板

图 6-11　拉普拉斯算子

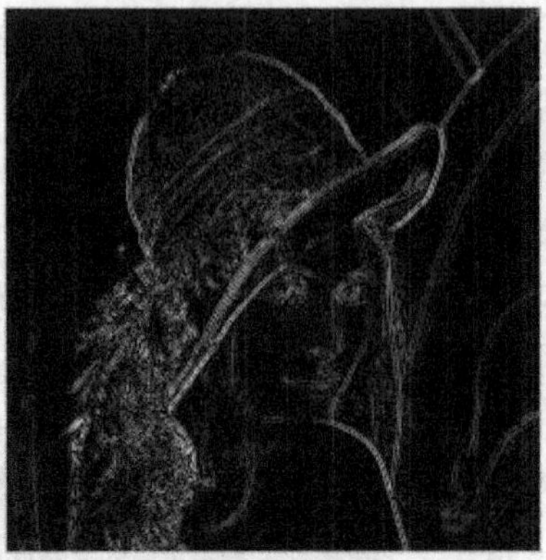

图 6-12　拉普拉斯边缘检测算子的检测结果

3. 其他边缘检测算子

-2	-4	-4	-4	-2
-4	0	8	0	-4
-4	8	24	8	-4
-4	0	8	0	-4
-2	-4	-4	-4	-2

图 6-13　高斯-拉普拉斯算子

除了 Roberts、Sobel、Prewitt 和 Laplacian 等算子外，常用的边缘检测算子还有高斯-拉普拉斯（Gauss-Laplacian）算子和 Krisch 算子。

拉普拉斯算子对噪声比较敏感，而高斯-拉普拉斯算子把高斯平滑滤波器和拉普拉斯边缘检测算子结合起来，先平滑掉噪声，再进行边缘检测，效果比较好。图 6-13 所示是常用的 5×5 高斯-拉普拉斯模板。

Krisch 算子是由 8 个模板组成的方向算子，如图 6-14 所示。8 个模板代表 8 个方向，图像中的每个点都用 8 个模板进行卷积，取 8 个方向中的最大值作为边缘幅度图像的输出。

5	5	5
-3	0	-3
-3	-3	-3

-3	5	5
-3	0	5
-3	-3	-3

-3	-3	5
-3	0	5
-3	-3	5

-3	-3	-3
-3	0	5
-3	5	5

5	5	-3
-3	0	-3
-3	-3	-3

5	-3	-3
5	0	-3
5	-3	-3

-3	-3	-3
5	0	-3
5	5	-3

-3	-3	-3
-3	0	-3
5	5	5

图 6-14　Krisch 算子的 8 个方向模板

6.1.4 基于梯度的局部处理

在理想情况下，边缘检测方法应该只在物体边缘处有响应输出。然而，由于噪声及光照不均等情况的存在，使得边缘检测的结果经常不能完整地勾画出物体的边缘。因此，边缘检测后得到的边缘像素点集合需要进行连接处理来将其连接成有意义的边。

连接边缘点的最简单方法是在一个小的邻域内（如3×3或5×5）分析每一个边缘像素点的特征。根据预先定义的集合准则，将所有具有相似特征的点连接起来，形成一条边。在边缘像素点相似性分析中，有两个主要特性：①边缘像素的梯度幅度，②边缘像素的梯度矢量方向。它们分别由式（6.4）和式（6.5）给定。这样，对于一个边缘像素点(x_0,y_0)及预先定义的领域(x,y)，如果它们在梯度幅值上满足

$$|\mathrm{mag}(\nabla f(x_0,y_0))-\mathrm{mag}(\nabla f(x,y))|\leqslant E \tag{6.7}$$

其中，E为非负的幅度阈值，则这两点在梯度幅值上是相似的。如果这两点在梯度矢量角度上满足

$$|\phi(x_0,y_0)-\phi(x,y)|< A \tag{6.8}$$

其中，A为非负的角度阈值，则这两点在梯度矢量角度上是相似的。

搜索图像上每一个像素点，并计算其与局部邻域内(x,y)的相似性，将相似的点集进行连接，即将图像中同一条线上的边缘点连接起来形成有意义的边。图 6-15 是采用边缘点局部连接处理进行车牌定位的例子。图 6-15（a）是一个汽车尾部图像，从图中可以看到，车牌是一个矩形区域，利用这一性质可以进行车牌定位。图 6-15（b）和图 6-15（c）是采用水平和垂直方向的 Sobel 梯度算子检测出的垂直和水平方向的边缘像素。针对图 6-15（b），按列搜索，将梯度幅值大于 25 且邻域内角度之差小于 15° 的像素点记录为同一条垂直方向线上的像素点集。同样，针对图 6-15（c），按行搜索，将梯度幅值大于 25 且邻域内角度之差小于 15° 的点记录为同一条水平线方向上的像素点集。最后去除小的孤立线段，并对具有小间断的线段进行连接，图 6-15（d）显示了最终的连接结果。根据车牌的长宽比关系，在图 6-15（d）上很容易定位到车牌矩形区域。

（a）原图

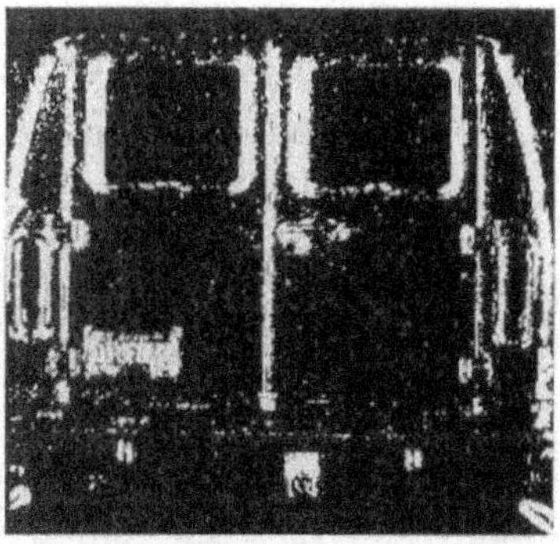

（b）梯度 G_x 成分

（c）梯度 G_y 成分

（d）边缘连接的结果

图 6-15 采用局部处理连接边缘点实例

6.1.5 基于 Hough 变换的全局处理

本节中，我们对指定形状曲线上的点进行连接。与 6.1.4 讨论的局部分析方法不同，本节考虑的是像素点之间的全局关系。

给定图像中的n个点，假设想要从中找出在同一条直线上的点集，一个可能的方案是先计算每对像素所确定的线，然后针对每一条线，找到与之接近的所有的点。这一过程需要找到$n(n-1)/2$ 条线，并将每一个像素与所有的直线进行对比，确定该像素所属的直线，这一过程总的对比次数为$n[n(n-1)/2]$。以上方案计算量大而且应用价值不高，针对这一问题，Hough 提出了一种检测、定位直线和解析曲线的有效方法，即 Hough 变换。它是把二值图变换到 Hough 参数空间，在参数空间用极值点的检测来完成目标的检测。下面以直线检测为例，说明 Hough 变换的原理。

首先让我们来看模拟情况，对一个直角坐标系中的直线，其方程可以写成

$$\rho = x\cos\theta + y\sin\theta \tag{6.9}$$

参数ρ和θ可以唯一确定一条直线，如图 6-16 所示，ρ是原点到直线的距离，θ是该直线的法线与 x 轴的夹角，换句话说，ρ和θ是原点到直线的矢量长度和方向。现在，以式（6.9）作为 x-y 坐标向$\rho-\theta$坐标的变换方程，进行$x-y$平面内点集的变换。对于$x-y$平面内的点(x_0, y_0)，变换方程为

$$\rho = x_0\cos\theta + y_0\sin\theta = A\sin(\alpha+\theta) \tag{6.10}$$

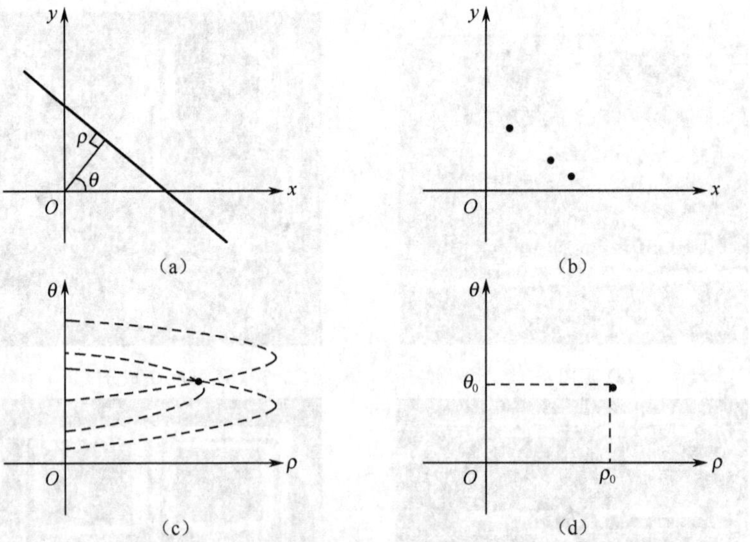

图 6-16 用于直线检测的 Hough 变换示意图

其中$\alpha = \arctan(x_0/y_0)$，$A=\sqrt{x_0^2+y_0^2}$。这在$\rho-\theta$平面内是一条正弦曲线，其初始角$\alpha$和振幅$A$随$x_0$和$y_0$的值而变，若将$x-y$平面内在同一条直线上的一个点序列变换到$\rho-\theta$平面内，则所有正弦曲线都经过一点$(\rho_0,\theta_0)$，$(\rho_0,\theta_0)$对应于这条直线到原点的距离和法线与$x$轴的夹角。所有正弦曲线在$\rho-\theta$平面内其他各处均不相交。因此，在极限情况下，将$x-y$平面内一条直线上的无数点变换到$\rho-\theta$平面上时，经过$(\rho_0,\theta_0)$的次数为无穷，经过其他各处次数都为1。也就是说，该变换将$x-y$平面内的一条直线变换成了$\rho-\theta$平面的一个点，该点的坐标为

x-y 坐标原点到该直线的方向矢量的长度和方向，如图 6-16（d）所示。

因此，如果要检测图像中的直线，可以建立二维累加数组 A，其元素可以写为 $A(\rho,\theta)$。对于二值图像上的每个目标点 (x_0,y_0)，让 θ 依次变化而根据式（6.10）计算 ρ，并对 A 累加：$A(\rho,\theta)=A(\rho,\theta)+1$。所有的目标点计算完以后，累加数组中最大值的点就对应了直线的参数。因此，Hough 变换把图像空间中的直线检测问题转换为在参数空间中对极值点的检测，通过在参数空间进行简单的累加统计完成检测任务。

利用 Hough 变换不但可以检测直线，还可以检测曲线。实际上只要能够写得出方程的图形都可以利用 Hough 变换检测。以圆周的检测为例，圆的一般方程是

$$(x-a)^2+(y-b)^2=r^2 \tag{6.11}$$

由于式（6.11）有三个参数 a、b 和 r，所以需要在参数空间建立一个三维的累加数组 A，其元素可以写为 $A(a,b,r)$。让 a 和 b 依次变化而根据式（6.11）计算 r，并对 $A(a,b,r)$ 累加。可见这个过程与检测直线上的点相同，只是参数空间多了一维，当然复杂性也增加了。

现在让我们再次回到边缘连接的问题，基于 Hough 变换的边缘连接方法步骤如下所述。

步骤 1：计算图像的梯度，并对其取阈值得到二值化的图像；

步骤 2：对二值图上的点进行 Hough 变换；

步骤 3：考查累加数组每个元素的值，找到像素映射比较集中的数组单元；

步骤 4：对于选定的累加数组单元，检查映射到该单元的像素之间的关系（主要是连续性）。

对于一个给定的 Hough 变换累加器元素，对应的像素点集有可能存在间断，即该像素点集是不连续的。如果这个间断在一定的距离之内，则认为这是在同一条线（解析曲线）上的间断，我们可以把间断的两点连接起。图 6-17 是利用 Hough 变换进行边缘连接的例子。图 6-17（a）是一幅包括两个飞机棚和一个高速公路的红外图像；图 6-17（b）是采用 Sobel 算子对原图求梯度并二值化的结果，二值化后在高速公路边缘处出现了小的间断；图 6-17（c）则是对图 6-17（b）进行 Hough 变换的结果，可以看出 Hough 变换的结果在几个区域形成了高峰，那是原图上几条较长线映射的结果；图 6-17（d）中白色的线是对满足①像素属于三个具有最高值的累加器元素之一，②间隔不超过 5 个像素两个条件的像素集进行连接的结果，可以看出原图上小的间隔消失了。

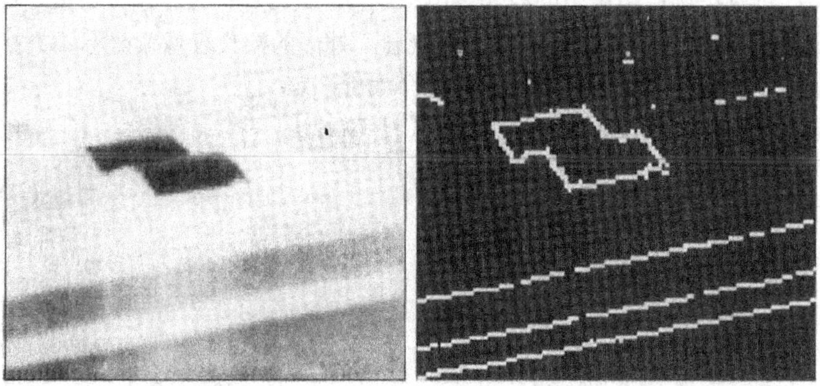

（a）红外图像　　　　（b）梯度图像取阈值

图 6-17　采用 Hough 变换对边缘进行连接的实例

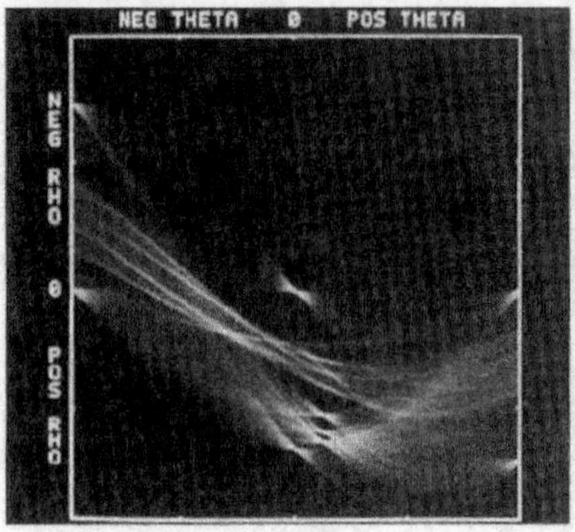

（c）Hough 变换

（d）像素连接

图 6-17 采用 Hough 变换对边缘进行连接的实例（续）

6.1.6 基于图论的全局处理

基于图论的边缘检测和连接方法把图像中两像素点间的边缘（我们称之为边元素）看作图中的顶点，将图像映射为图的形式，通过最短路径搜索得到图像的边缘，这是一种属于离散空间方法的全局最优算法。

我们先给出几个基本定义。如图 6-18 所示，一个图$G=(V,E)$由有限的、非空的顶点集 V 和边集 E 构成。V 中的每对(v_i,v_j)称为一个边e_{ij}。为了与后面的边元素相区别，此处将边称之为弧。对于一个图，如果它的弧都是有方向的，则该图为有向图，否则为无向图。如果一个弧的方向是从顶点v_i到顶点v_j的，则顶点v_j称为顶点v_i的后继。确定一个顶点后继的过程称为顶点的扩展。每一个弧(v_i,v_j)有一个代价$w_{ij}=w(v_i,v_j)$与之相关联，也叫权值。一个顶点序列$v_1,v_2,\cdots,v_k$，其中顶点v_i是顶点v_{i-1}的后继，称为从v_1到v_k的一个路径。整个路径的代价是

$$w=\sum_{i=2}^{k}w(v_{i-1},v_i) \tag{6.12}$$

在图像中，我们将一个边元素定义为像素p和q之间的分界线，p和q是四邻域关系，如图 6-19 所示。也就是说，图像中的边元素由坐标对(x_p,y_p)和(x_q,y_q)所确定。现在，用如图 6-20（a）所示的3×3图像来讨论前面的几个概念。外部的数代表像素坐标，方括号中的数代表像素灰度值，由像素p和q确定的边对应一个代价，定义为

$$w(p,q)=H-[f(p)-f(q)] \tag{6.13}$$

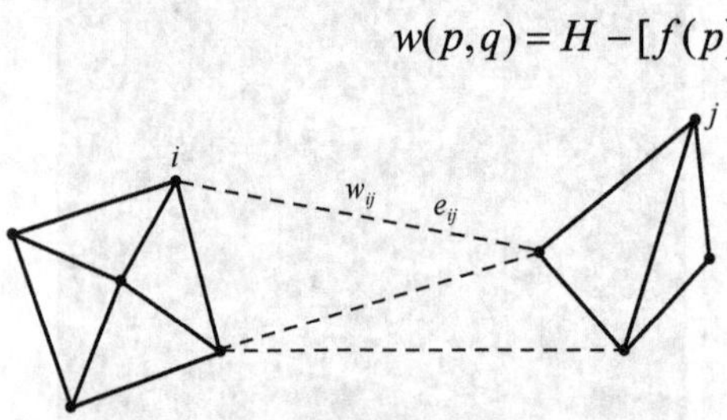

图 6-18 图的定义

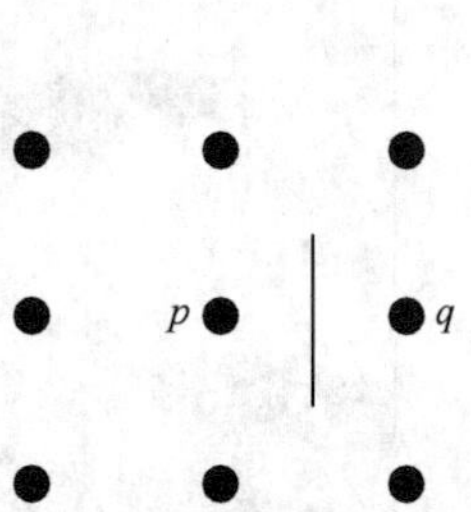

图 6-19 像素点 p 和 q 之间的边元素

其中H是图像的最高灰度值（本例中该值为 7），$f(p)$和$q(p)$分别为像素p和q的灰度值。为方便起见，令点p在沿边元素行进方向的右手边。例如，图 6-20（b）中边元素(1,2)(2,2)在

点(1,2)和(2,2)之间，如果追踪的方向是向右的，那么 p 是坐标点(2,2)，q 是坐标点(1,2)。从而 $c(p,q)=7-(7-6)=6$，这个代价用边缘线下方的方框表示。同样是这两个点，如果从右向左追踪，那么 p 是点(1,2)，q 是点(2,2)，这种情况的代价为8，如图6-20（b）中边缘线段上方的方框所示。为了讨论简单，我们采用四邻域来追踪最短路径，假设图像的边缘是从第一行开始到最后一行结束，那么一条边的第一个元素只能在点(1,1)，(1,2)或(1,2)，(1,3)之间。同样，最后一个边元素只能在(3,1)，(3,2)或(3,2)，(3,3)之间。图6-21给出了这一问题的图，图中每个矩形框代表图6-20（b）中的一个边元素，相当于图中的一个顶点，如果前后相连的两个边元素是同一条边缘的一部分，则有一个弧存在于两个对应顶点之间，该边旁边的方框标明了该条弧的代价。目标顶点用灰色显示，虚线显示了具有最小代价的路径，图6-20（c）给出了对应最小代价路径的边缘。

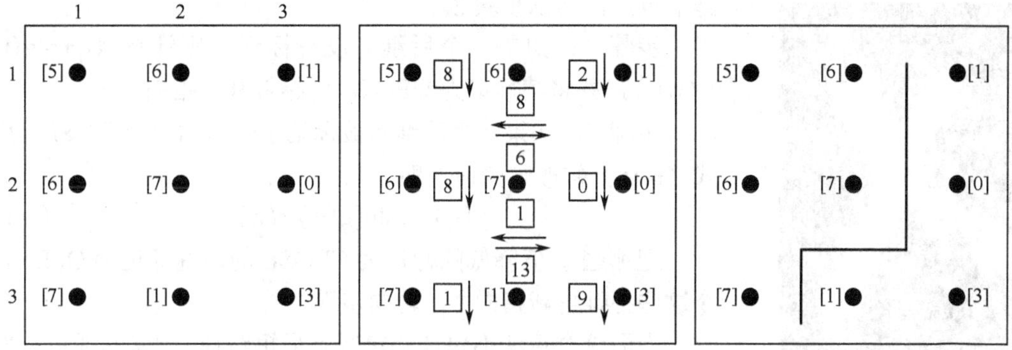

（a）3×3图像　（b）边缘线段和它们的代价　（c）对应最小代价的边缘

图6-20　最小代价路径计算过程图

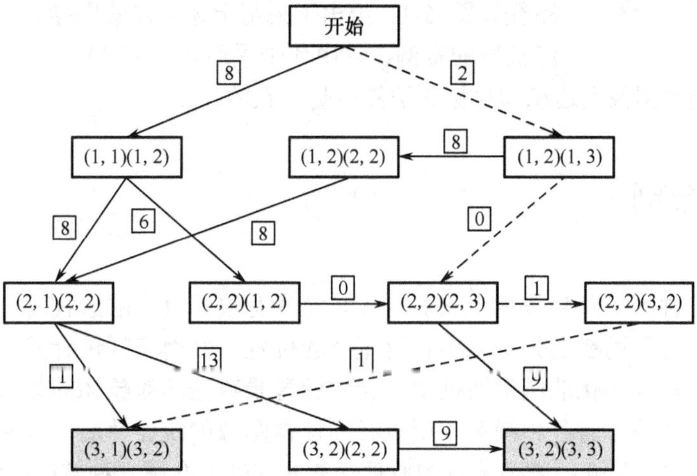

图6-21　图像6-20（a）所对应的图

一般找最短路径（最小代价）的问题是非常耗时的，有时为了提高速度会牺牲优化的精度。下面的方法是一种减少搜索时间的启发式的方法。令 $r(v)$ 为从开始顶点 s 经 v 到一个目标顶点的最短路径的估计，则该代价可以表示从 s 到 v 的最小代价估计加上从 v 到目标点的最小代价估计，即

$$r(v) = g(v) + h(v) \tag{6.14}$$

其中，$g(v)$ 是目前为止找到的从 s 到 v 的最小代价路径，$h(v)$ 是从顶点 v 到目标点最佳路径的估计代价，也叫启发代价，它通过使用任何可得到的启发式信息得到。下面是一个以 $r(v)$ 为代价函数的图搜索算法。

步骤 1：将起始点 s 标记为 OPEN，并令 $g(s) = 0$。

步骤 2：如果没有 OPEN 的顶点，则以失败退出；否则继续。

步骤 3：将具有最小代价 $r(v)$（由式（6.14）计算得到）的顶点 v 由 OPEN 标记为 CLOSE。

步骤 4：如果 v 是目标点，沿 v 回溯到起始点所经过的路径即是最短路径，算法结束；否则，继续。

步骤 5：扩展顶点 v，产生它的所有后继节点；如果没有后继节点，则转到步骤 2。

步骤 6：如果一个后继 v_i 没有标记，则计算 $r(v_i) = g(v) + w(v, v_i)$，并将其标记为 OPEN，将指针从 v_i 指向 v。

步骤 7：如果一个后继 v_i 被标记了 OPEN 或 CLOSE，用公式（6.15）修改它的值，即

$$g'(v_i) = \min[g(v_i), r(v_i)] \tag{6.15}$$

把那些 g' 值降低的标记为 CLOSE 的后继标记为 OPEN，并令这些指针重新指向 v，转向步骤 2。

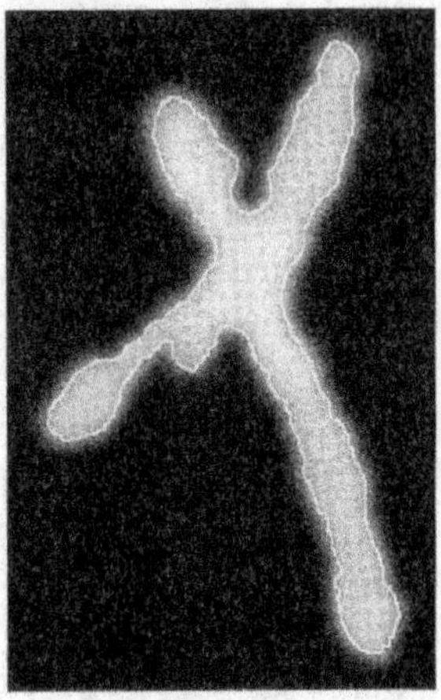

图 6-22　采用图理论进行边缘搜索的实例

上面这个算法不保证一定得到最短路径，但是它通过启发式搜索提高了速度。然而，如果启发代价 $h(v)$ 总是小于从顶点 v 到目标点最短路径的真实代价时，这一过程确实可以产生一个最短路径。图 6-22 给出了采用上述启发式图搜索算法进行染色体边缘提取的实例，其中代价采用式（6.13）计算，白色的线勾画出了图像边缘，本例中图像的边缘和目标的边界线是一致的。

6.2 阈值分割

阈值分割是一种区域分割技术，它对物体与背景有较强对比的景物的分割特别有用，因其简单直观、易于实现而在图像分割中占有重要的位置。然而怎样进行阈值选择却是一个比较难的问题，因为在数字化的图像数据中，无用的背景数据和对象物的数据常常混在一起。除此之外，在图像中还含有各种噪声。所以必须根据图像的统计性质，即从概率的角度来选择合适的阈值。本节首先介绍阈值分割的原理，在此基础上介绍几种常用的阈值选择方法。

6.2.1 阈值分割的原理

灰度阈值法是把图像的灰度分成不同的等级，然后用设置灰度阈值的方法确定有意义的区域或欲分割物体的边界，该方法中最简单的就是二值化的阈值分割。

一幅图像包括目标、背景和噪声，怎样从多值的灰度图像中取出对象物，设定某一阈值 t，

可以用t将图像的数据分成两部分：大于t的像素群和小于t的像素群，例如，输入图像为$f(x,y)$，输出图像为$f'(x,y)$，则

$$f'(x,y)=\begin{cases}1, & f(x,y)\geqslant t\\ 0, & f(x,y)<t\end{cases} \tag{6.16}$$

或

$$f'(x,y)=\begin{cases}1, & f(x,y)\leqslant t\\ 0, & f(x,y)>t\end{cases} \tag{6.17}$$

这就是图像二值化处理，也就是阈值分割，它的目的就是求一个阈值t，并用t将图像$f(x,y)$分成对象物和背景两个区域。

由于实际得到的图像目标和背景之间不一定单纯分布在两个灰度范围内，此时就需要两个或以上的阈值来提取目标。比如选择一个区间(t_1,t_2)作为阈值，用下面两个公式进行图像二值化处理。

$$f'(x,y)=\begin{cases}1, & 若t_1\leqslant f(x,y)\leqslant t_2\\ 0, & 其他\end{cases} \tag{6.18}$$

或

$$f'(x,y)=\begin{cases}1, & 其他\\ 0, & 若t_1\leqslant f(x,y)\leqslant t_2\end{cases} \tag{6.19}$$

在利用取阈值方法来分割灰度图像时一般都对图像有一定的假设，即图像由具有单峰灰度分布的目标和背景组成，处于目标或背景内部相邻像素间的灰度值是高度相关的，但处于目标和背景交界处两边的像素在灰度值上有很大的差别。如果一幅图像满足这些条件，它的灰度直方图基本上可看作分别由对应目标和背景的两个单峰直方图混合构成的。进一步，如果这两个分布大小（数量）接近且均值相距足够远，而且两部分的方差也足够小，则直方图应为较为明显的双峰，如图 6-23 所示，则对这类图像常可用取阈值方法来较好地分割。

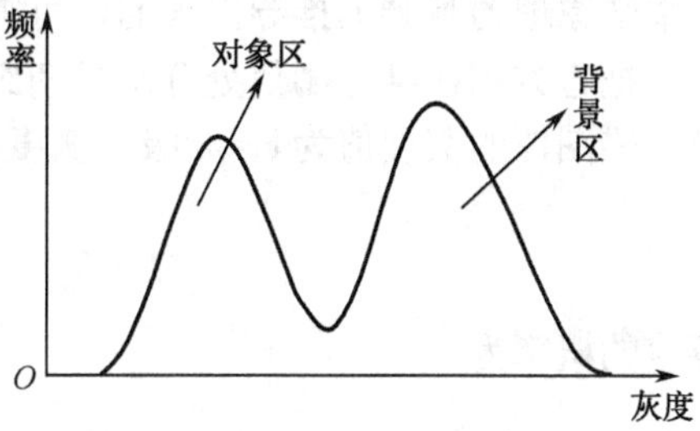

图 6-23　典型的双峰直方图模型

6.2.2　最小误差阈值分割

假如一幅图像，设对象物的灰度分布具有平均值为μ标准差为δ的正态分布概率密度函数$p(z)$，背景的灰度分布具有平均值为ν，标准差为τ的正态分布概率$q(z)$，如图 6-24 所示。

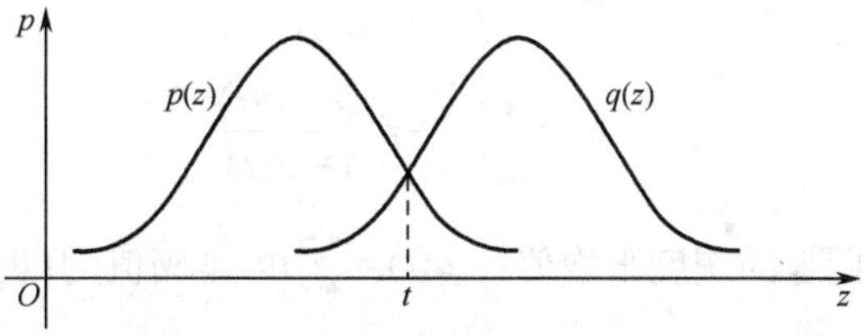

图 6-24　目标和背景概率密度分布

设对象物占整体图像的比例为θ，此时整体图像的灰度概率密度由式（6.20）决定。

$$\theta p(z)+(1-\theta)q(z) \tag{6.20}$$

现在用阈值t分开：当$z>t$时为背景，反之则是对象物。此时，把背景误认为对象物的概率，即

$$Q(t)=\int_{-\infty}^{t}q(z)\mathrm{d}z$$

把对象物误认为背景的概率，即

$$P(t)=\int_{t}^{\infty}p(z)\mathrm{d}z=1-\int_{-\infty}^{t}p(z)\mathrm{d}z \tag{6.21}$$

那么错误区分的概率由式（6.22）给出，即

$$\theta P(t)+(1-\theta)Q(t) \tag{6.22}$$

式（6.22）为最小值时的t便是阈值。也就是对式（6.22）求微分并使之为零，即

$$\frac{\mathrm{d}}{\mathrm{d}t}(\theta P(t)+(1-\theta)Q(t))=0$$

$$\therefore (1-\theta)q(t)-\theta p(t)=0 \tag{6.23}$$

根据假设，当θ，$p(z)$，$q(z)$已知时，可求解阈值t。利用此方法求取阈值时必须用两个已知正态分布的曲线合成来近似直方图的分布，还要给定两个正态分布合成的比例θ，所以实现起来比较复杂，必须用数值计算才能得到。

6.2.3 最大类间方差阈值分割

最大类间方差阈值也叫大津阈值，是 1980 年由日本的大津展之提出，它是在判别与最小二乘法原理的基础上推导出来的，可得到较好的结果。

把直方图在某一阈值处分割成两组，当被分成的两组间方差为最大时，决定阈值。现在，设一幅图像的灰度值为$1\sim m$级，灰度值i的像素数为n_i，此时得到像素总数为

$$N=\sum_{i=1}^{m}n_i \tag{6.24}$$

各值的概率为

$$p_i=\frac{n_i}{N} \tag{6.25}$$

然后用t将其分成两组$C_0=\{1\sim t\}$和$C_1=\{t+1\sim m\}$，各组产生的概率如下，即

C_0产生的概率
$$w_0=\sum_{i=1}^{t}p_i=w(t) \tag{6.26}$$

C_1产生的概率
$$w_1=\sum_{i=t+1}^{m}p_i=1-w_0 \tag{6.27}$$

C_0的平均值
$$\mu_0=\sum_{i=1}^{t}\frac{ip_i}{w_0}=\frac{\mu(t)}{w(t)} \tag{6.28}$$

C_1的平均值
$$\mu_1=\sum_{i=t+1}^{m}\frac{ip_i}{w_1}=\frac{\mu-\mu(t)}{1-w(t)} \tag{6.29}$$

其中，$\mu=\sum_{i=1}^{m}ip_i$是整体图像的灰度平均值；$\mu(t)=\sum_{i=1}^{t}ip_i$是阈值为$t$时灰度平均值，所以全部采样的灰度平均值为

$$\mu = w_0\mu_0 + w_1\mu_1 \tag{6.30}$$

两组间的方差用式（6.31）求出，即

$$\begin{aligned}\delta^2(t) &= w_0(\mu_0-\mu)^2 + w_1(\mu_1-\mu)^2 = w_0w_1(\mu_1-\mu_0)^2 \\ &= \frac{[\mu w(t)-\mu(t)]^2}{w(t)[1-w(t)]}\end{aligned} \tag{6.31}$$

在$1\sim m$之间改变t，求式（6.31）为最大值时的t，即求$\max\delta^2(t)$时的t^*值，此时，t^*便是阈值。我们把$\delta^2(t)$叫做阈值选择函数。此方法不管图像的直方图有无明显的双峰，都能得到比较满意的结果，在图像分割中应用非常广泛。图 6-25 是采用大津阈值对免疫细胞图像分割的结果。图像中从亮到暗依次为背景、细胞核和包裹在细胞核中的核仁，将细胞核看作要分割的目标，图 6-25（b）是图像的直方图，大津阈值选择落在了背景和细胞核之间的谷底处，图 6-25（c）是最后的分割结果。

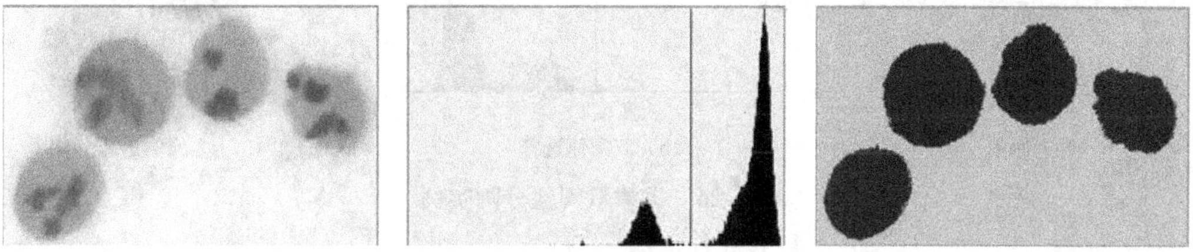

（a）原图　　（b）大津阈值选择　　（c）阈值分割结果

图 6-25　大津阈值分割实例

式（6.31）是针对目标和背景两类目标分割的，即单阈值选择，当对图像进行三类目标分割时，可以将其推广至双阈值选择。设一幅图像的灰度值为$1\sim m$，用t_1，t_2将图像分成三组$C_0=\{1\sim t_1\}$、$C_1=\{t_1+1\sim t_2\}$和$C_2=\{t_2+1\sim m\}$，w_0、w_1和w_2分别对应三组产生的概率，μ_0、μ_1和μ_2分别对应三组的平均值，则各组两两共同产生的概率如下，即

C_0,C_1共同产生的概率
$$w_{0,1} = \sum_{i=1}^{t_1} p_i + \sum_{i=t_1+1}^{t_2} p_i = w_0 + w_1 \tag{6.32}$$

C_0,C_2共同产生的概率
$$w_{0,2} = \sum_{i=1}^{t_1} p_i + \sum_{i=t_2+1}^{m} p_i = w_0 + w_2 \tag{6.33}$$

C_1,C_2共同产生的概率
$$w_{1,2} = \sum_{i=t_1+1}^{t_2} p_i + \sum_{i=t_2+1}^{m} p_i = w_1 + w_2 \tag{6.34}$$

C_0,C_1共同的平均值
$$v_{0,1} = \sum_{i=1}^{t_1} \frac{ip_i}{w_{0,1}} + \sum_{i=t_1+1}^{t_2} \frac{ip_i}{w_{0,1}} = \sum_{i=1}^{t_2} \frac{ip_i}{w_{0,1}} \tag{6.35}$$

C_1,C_2共同的平均值
$$v_{1,2} = \sum_{i=t_1+1}^{m} \frac{ip_i}{w_{1,2}} \tag{6.36}$$

C_0,C_2共同的平均值
$$v_{0,2} = \sum_{i=1}^{t_1} \frac{ip_i}{w_{0,2}} + \sum_{i=t_2+1}^{m} \frac{ip_i}{w_{0,2}} \tag{6.37}$$

根据式（6.31），基于最大类间方差的双阈值选择公式为

$$\delta^2(t_1,t_2) = w_{0,1}[w_0(\mu_0 - v_{0,1})^2 + w_1(\mu_1 - v_{0,1})^2]$$

$$+w_{12}[w_1(\mu_1-\nu_{1,2})^2+w_2(\mu_2-\nu_{1,2})^2]$$
$$+w_{0,2}[w_0(\mu_0-\nu_{0,2})^2+w_2(\mu_2-\nu_{0,2})^2] \tag{6.38}$$

在$1\sim m-1$之间改变t_1，每改变一次，t_2取遍所有$t_1+1\sim m$的值，计算$\max\delta^2(t_1,t_2)$时t_1^*和t_2^*的值，t_1^*，t_2^*便是阈值。根据式（6.38），图6-26是对免疫细胞图像进行大津双阈值分割的实例，从图中可以看出，双阈值选择对应直方图中两两类别间的谷底位置，分割结果与人眼视觉相一致，图中出现的小的噪声区域可以采用形态学腐蚀算法进行去除，有关形态学的内容将在第7章介绍。

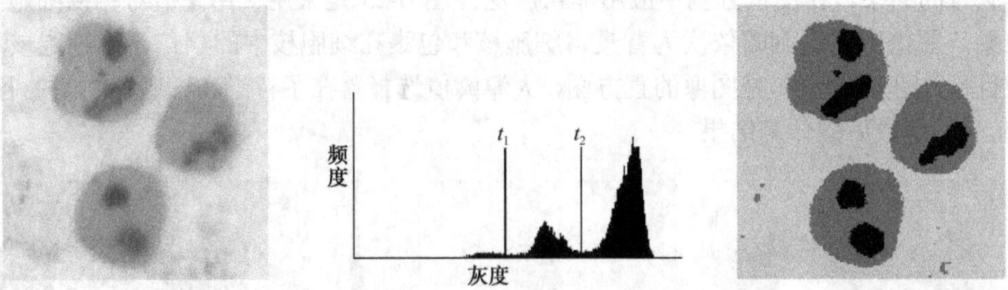

（a）原图　　（b）双阈值选择　　（c）以t_1、t_2为阈值进行分割

图6-26　大津双阈值分割实例

6.2.4　最大熵阈值分割

熵是平均信息量的表征，在数字图像处理和模式识别中有很多应用，最大熵阈值法就是其中一例。本节首先介绍一维最大熵阈值分割，在此基础上介绍二维最大熵阈值分割算法。

1. 一维最大熵阈值分割

根据信息论，熵定义为

$$H=-\int_{-\infty}^{+\infty}p(x)\lg p(x)\mathrm{d}x \tag{6.39}$$

式中，$p(x)$是随机变量x的概率密度函数。对于数字图像来说，这个随机变量x可以是灰度值、区域灰度、梯度等特征。所谓灰度的一维熵最大，就是选择一个阈值，使得图像用这个阈值分割出的两部分的一阶灰度统计的信息量最大。对于一个$M\times N$的数字图像，设n_i为图像中灰度级i的像素点数，p_i为灰度级i出现的概率，则

$$p_i=\frac{n_i}{M\times N}\qquad i=1,2,\cdots,L$$

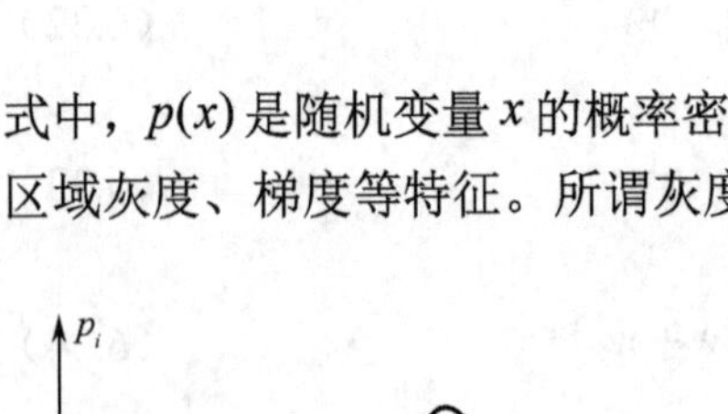

图6-27　图像的一维直方图

式中，L为图像总的灰度级数。图像的一维直方图如图6-27所示，假设图中灰度级小于等于t的像素点构成目标区域O，灰度级大于t的像素点构成背景区域B，那么各概率在其本区域的分布为

O区：　$p_{\mathrm{i}}/P_{\mathrm{t}}\qquad i=1,2,\cdots,t$　(6.40)

B区：　$p_{\mathrm{i}}/(1-P_{\mathrm{t}})\qquad i=t+1,t+2,\cdots,L$　(6.41)

其中，$P_t=\sum_{i=1}^{t}p_i$。

对于数字图像，目标区域和背景区域的熵分别定义为

$$H_O(t)=-\sum_{i=1}^{t}(p_i/P_t)\lg(p_i/P_t) \tag{6.42}$$

$$H_B(t)=-\sum_{i=t+1}^{L}[p_i/(1-P_t)]\lg[p_i/(1-P_t)] \tag{6.43}$$

则熵函数定义为

$$\varphi(t)=H_O+H_B=\lg P_t(1-P_t)+\frac{H_t}{P_t}+\frac{H_L-H_t}{1-P_t} \tag{6.44}$$

式中，$H_t=-\sum_{i=1}^{t}p_i\lg p_i$，$H_L=-\sum_{i=1}^{L}p_i\lg p_i$。

当熵函数取得最大值时对应的灰度值t^*就是所求的最佳阈值，即

$$t^*=\arg\max\{\varphi(t)\} \tag{6.45}$$

2. 二维最大熵阈值分割

灰度一维最大熵阈值分割法基于图像原始直方图，仅仅利用了像素点灰度信息而未充分利用图像的空间信息，当信噪比降低时，分割效果并不理想，而利用图像点灰度和区域灰度均值信息的二维最大熵阈值法可以克服这一点。

首先以原始灰度图像（L个灰度级）中各像素及其四邻域的4个像素为一个区域，计算出区域灰度均值图像（L个灰度级），这样，原始图像中每一个像素都对应一个点灰度-区域灰度均值对，这样的数据对存在$L\times L$种可能的取值。设$n_{i,j}$为图像中点灰度为i及其区域灰度均值为j的像素点数，$p_{i,j}$为点灰度-区域灰度均值对(i,j)发生的概率，则

$$p_{i,j}=\frac{n_{i,j}}{M\times N}$$

其中$M\times N$为图像的大小，那么$\{p_{i,j},\ i,j=1,2,\cdots,L\}$就是图像关于点灰度−区域灰度均值的二维直方图。图6-28为二维直方图的$x-y$平面图。由于图像的所有像素点中目标点和背景点所占比例最大，而目标区域和背景区域内部的像素灰度级比较均匀，点灰度及其区域灰度均值相差不大，所以会集中在$x-y$平面对角线附近，即图中的A区（目标）和B区（背景）。远离对角线的坐标处反映的是图像的噪声和边缘，即图中的C区和D区，这部分的像素只占图像的很小部分。因此，在A区和B区用点灰度-区域灰度均值二维最大熵法确定最佳阈值，可使真正代表目标和背景的信息量最大。

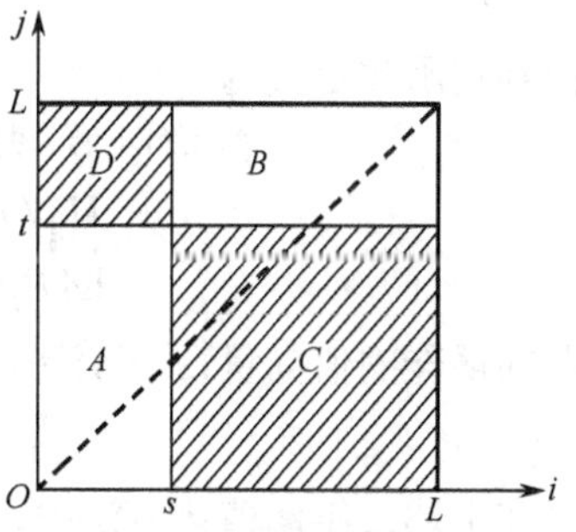

图6-28 二维直方图的x-y平面图

设A区和B区各自有不同的概率分布，用A区和B区的后验概率对各区域的概率$p_{i,j}$进行归一化处理，使分区熵之间具有可加性。如果阈值设在(s,t)，则

$$P_A=\sum_{i=1}^{s}\sum_{j=1}^{t}p_{i,j} \tag{6.46}$$

$$P_B=\sum_{i=s+1}^{L}\sum_{j=t+1}^{L}p_{i,j} \tag{6.47}$$

定义离散二维熵为

$$H=-\sum_{i}\sum_{j}p_{i,j}\lg p_{i,j} \tag{6.48}$$

则 A 区和 B 区的二维熵分别为

$$\begin{aligned}H(A)&=-\sum_{i}\sum_{j}(p_{i,j}/P_A)\lg(p_{i,j}/P_A)\\&=-(1/P_A)\sum_{i}\sum_{j}(p_{i,j}\lg p_{i,j}-p_{i,j}\lg P_A)\\&=(1/P_A)\lg P_A\sum_{i}\sum_{j}p_{i,j}-(1/P_A)\sum_{i}\sum_{j}p_{i,j}\lg p_{i,j}\\&=\lg P_A+H_A/P_A\end{aligned} \tag{6.49}$$

式中，$H_A=-\sum_{i=1}^{s}\sum_{j=1}^{t}p_{i,j}\lg p_{i,j}$ 。

同理，我们有

$$H_B=\lg P_B+H_B/P_B \tag{6.50}$$

式中，$H_B=-\sum_{i=s+1}^{L}\sum_{j=t+1}^{L}p_{i,j}\lg p_{i,j}$ 。

由于 C 区和 D 区包含的是关于噪声和边缘的信息，所以将其忽略不计，即假设 C 区和 D 区的 $p_{i,j}\approx 0$。可以得到

$$P_B=1-P_A \tag{6.51}$$

$$H_B=H_L-H_A \tag{6.52}$$

式中，$H_L=-\sum_{i=1}^{L}\sum_{j=1}^{L}p_{i,j}\lg p_{i,j}$ ，则

$$H(B)=\lg(1-P_A)+(H_L-H_A)/(1-P_A) \tag{6.53}$$

熵的判别函数定义为

$$\begin{aligned}\varphi(s,t)&=H(A)+H(B)\\&=H_A/P_A+\lg P_A+(H_L-H_A)/(1-P_A)+\lg(1-P_A)\\&=\lg[P_A(1-P_A)]+H_A/P_A+(H_L-H_A)/(1-P_A)\end{aligned} \tag{6.54}$$

选取的最佳阈值向量 (s^*,t^*) 满足

$$\varphi(s^*,t^*)=\max\{\varphi(s,t)\} \tag{6.55}$$

在上述二维阈值化方法中，对于每个 (s,t) 对，都要从头开始计算 $P_A(s,t)$ 和 $H_A(s,t)$ ，运算过程是一个 4 重循环，计算复杂性为 $O(L^4)$，计算比较耗时。在实际应用中，为了提高运算速度，减少重复计算，必须对二维最大熵进一步优化。通常的做法是以加大存储空间为代价，换取时间上的减少，限于篇幅，此处不多讨论，感兴趣的读者可以查阅相关文献。

在图像的特征中，点灰度无疑是最基本的特征，但它对噪声较敏感，区域灰度特征包含

了图像的部分空间信息，且对噪声的敏感程度要低于点灰度特征。因此，综合利用点灰度特征和区域灰度特征可以更好地表征图像的信息。图 6-29 是采用一维最大熵和二维最大熵阈值法进行图像分割的实例。

（a）原图　（b）一维最大熵分割　（c）二维最大熵分割

图 6-29　熵阈值分割

6.3 基于区域的分割

阈值分割法由于没有或很少考虑空间关系，使多阈值选择受到限制，基于区域的分割方法可以弥补这点不足。该方法利用的是图像的空间性质，认为分割出来的属于同一区域的像素应具有相似的性质，其概念是相当直观的。传统的区域分割法有区域生长法和分裂合并法，下面对这两种方法加以介绍。

6.3.1 区域生长法

1. 区域生长法的原理和步骤

区域生长的基本思想是将具有相似性质的像素集合起来构成区域。具体先对每个需要分割的区域找一个种子像素作为生长的起点，然后将种子像素周围邻域中与种子像素有相同或相似性质的像素（根据某种事先确定的生长或相似准则来判定）合并到种子像素所在的区域中。将这些新像素当作新的种子像素继续进行上面的过程，直到再没有满足条件的像素可被包括进来，这样，一个区域就长成了。

图 6-30 给出了已知种子点进行区域生长的一个示例。图 6-30（a）给出待分割的图像，设已知有两个种子像素（标为深浅不同的灰色方块），现要进行区域生长。假设这里采用的判断

准则是：如果所考虑的像素与种子像素灰度值差的绝对值小于某个门限t，则将该像素包括进种子像素所在的区域。图6-30（b）给出$t=3$时的区域生长结果，整幅图像被较好地分成两个区域；图6-30（c）给出$t=1$时的区域生长结果，有些像素无法判定；图6-30（d）给出$t=6$时的区域生长结果，整幅图像都被分在一个区域了，由此可见门限的选择是很重要的。

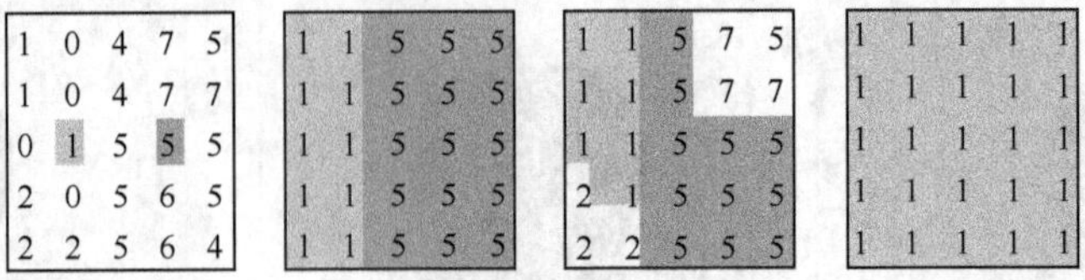

（a）图像数据　（b）t=3　（c）t=1　（d）t=6

图6-30　区域生长示例

从上面的示例可知，在实际应用区域生长法时需要解决以下三个问题。

（1）选择或确定一组能正确代表所需区域的种子像素。

（2）确定在生长过程中能将相邻像素包括进来的准则。

（3）制定让生长过程停止的条件或规则。

种子像素的选取常可借助具体问题的特点进行。例如，军用红外图像中检测目标时，由于在一般情况下目标辐射较大，所以可以选用图中最亮的像素作为种子像素。如果对具体问题没有先验知识，则常可借助生长所用准则对像素进行相应计算。如果计算结果呈现聚类的情况则接近聚类中心的像素可取为种子像素。以图6-30为例，由对它所作直方图可知具有灰度值为1和5的像素最多且处在聚类的中心，所以可各选一个具有聚类中心灰度值的像素作为种子。具体在选择种子像素时可以由某种规则自动选取，也可以用交互的方式完成。

生长准则的选取不仅依赖于具体问题本身，也和所用图像数据的种类有关。例如，当图像是彩色的时候，仅用单色的准则效果就会受到影响。另外，还要考虑像素间的连通性和邻近性，否则有时会出现无意义的结果。我们将在后面介绍几种典型的生长准则和对应的生长过程。

一般生长过程在进行到再没满足生长准则的像素停止，但常用的基于灰度、纹理、彩色的准则大都基于图像的局部性质，并没有充分考虑生长的“历史”。为增加区域生长的性能，常需考虑一些与尺寸、形状等图像和目标的全局性质有关的准则。在这种情况下常需对分割结果建立一定的模型或辅以一定的先验知识。

2．生长准则

区域生长的一个关键是选择合适的生长或相似准则，大部分区域生长准则使用图像的局部性质。生长准则可根据不同原则制定，而使用不同的生长准则会影响区域生长的过程，下面介绍三种基本的生长准则和方法。

1）*基于区域灰度差*

基于区域灰度差的方法主要有如下步骤。

步骤1：对像素进行扫描，找出尚没有归属的像素。

步骤2：以该像素为中心检查它的邻域像素，即将邻域中的像素逐个与它比较，如果灰度差小于预先确定的阈值，将它们合并。

步骤 3：以新合并的像素为中心，返回步骤 2，检查新像素的邻域，直到区域不能进一步扩张。

步骤 4：返回步骤 1，继续扫描直到所有像素都有归属，则结束整个生长过程。

采用上述方法得到的结果对区域生长起点的选择有较大的依赖性。为克服这个问题可以对方法做以下改进：将灰度差的阈值设为零，这样具有相同灰度值的像素合并到一起，然后比较所有相邻区域之间的平均灰度差，合并灰度差小于某一阈值的区域。这种改进仍然存在一个问题，即当图像中存在缓慢变化的区域时，有可能会将不同区域逐步合并而产生错误分割结果。一个比较好的做法是：在进行生长时，不用新像素的灰度值与邻域像素的灰度值比较，而是用新像素所在区域的平均灰度值与各邻域像素的灰度值进行比较，将小于某一阈值的像素合并进来。

2）基于区域内灰度分布统计性质

这里考虑以灰度分布相似性作为生长准则来决定区域的合并，具体步骤为如下所述。

步骤 1：把像素分成互不重叠的小区域。

步骤 2：比较邻接区域的累积灰度直方图，根据灰度分布的相似性进行区域合并。

步骤 3：设定终止准则，通过反复进行步骤 2 中的操作将各个区域依次合并直到满足终止准则。

为了检测灰度分布情况的相似性，采用下面的方法。这里设 $h_1(X)$ 和 $h_2(X)$ 为相邻的两个区域的灰度直方图，X 为灰度值变量，从这个直方图求出累积灰度直方图 $H_1(X)$ 和 $H_2(X)$，根据以下两个准则。

（1）Kolmogorov-Smirnov 检测。

$$\max_X |H_1(X)-H_2(X)| \tag{6.56}$$

（2）Smoothed-Difference 检测。

$$\sum_X |H_1(X)-H_2(X)| \tag{6.57}$$

如果检测结果小于给定的阈值，就把两个区域合并。这里灰度直方图 $h(X)$ 的累积灰度直方图 $H(X)$ 被定义为

$$H(X)=\int_0^X h(x)\mathrm{d}x \tag{6.58}$$

在数字场合，即

$$H(X)=\sum_{i=0}^{X} h(i) \tag{6.59}$$

对上述两种方法有以下两点值得说明。

（1）小区域的尺寸对结果影响较大，尺寸太小时检测可靠性降低，尺寸太大时则得到的区域形状不理想，小的目标可能漏掉。

（2）式（6.57）比式（6.56）在检测直方图相似性方面更优，因为它考虑了所有灰度值。

3）基于区域形状

在决定对区域的合并时也可以利用对目标形状的检测结果，常用的方法有两种：

（1）把图像分割成灰度固定的区域，设两相邻区域的周长为 P_1 和 P_2，把两区域共同边界线两侧灰度差小于给定值的那部分设为 L，如果（t_1 为预定的阈值）

$$\frac{L}{\min\{P_1,P_2\}}>t_1 \tag{6.60}$$

则合并两区域。

（2）把图像分割成灰度固定的区域，设两邻接区域的共同边界长度为B，把两区域共同边界线两侧灰度差小于给定值的那部分长度设为L，如果（t_2为预定阈值）

$$\frac{L}{B}>t_2 \tag{6.61}$$

则合并两区域。

上述两种方法的区别：第一种方法是合并两邻接区域的共同边界中对比度较低部分占整个区域边界份额较大的区域，第二种方法则是合并两邻接区域的共同边界中对比度较低部分比较多的区域。

图 6-31 是采用区域生长法对指定种子点的生长实例，其中图 6-31（a）是免疫细胞图像，在细胞体上手工选择一个种子点，采用区域灰度差的生长准则，图 6-31（b）是区域生长的结果。

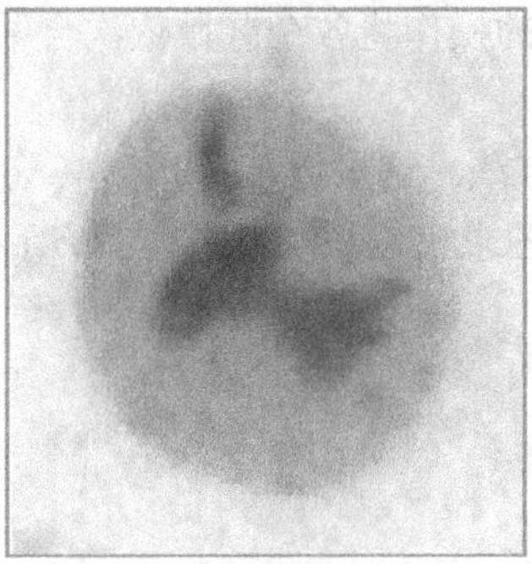

（a）原图

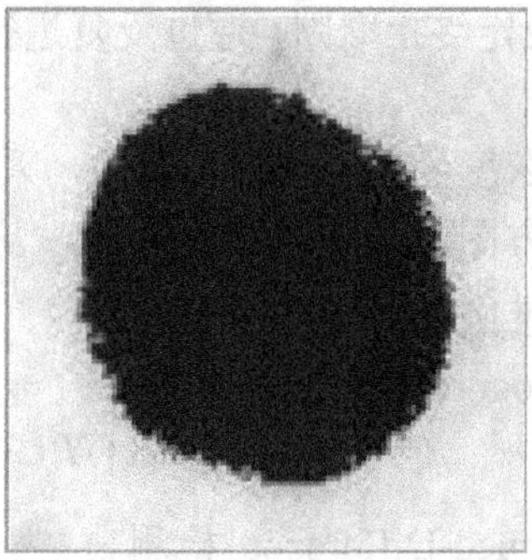

（b）区域生长结果

图 6-31　指定种子点的区域生长实例

6.3.2　分裂合并法

6.3.1 节介绍的区域生长方法是先从单个种子像素开始，通过不断接纳新像素最后得到整个区域。分裂合并法是先从整幅图像开始，通过不断分裂得到各个区域。实际中常先把图像分成任意大小且不重叠的区域，然后再合并或分裂这些区域以满足分割的要求。

在这类方法中，常需要根据图像的统计特性设定图像区域属性的一致性测度，其中最常用的测度多基于灰度统计特征，例如，同质区域中的方差（Variance Within Homogeneous Region，VWHR）。算法根据 VWHR 的数值合并或分裂各个区域。为得到正确的分割结果，需要根据先验知识或对图像中噪声的估计来选择 VWHR，它选择的精度对算法性能影响很大。

假设以 VWHR 为一致性测度，令$V(R)$代表趋于区域R内的 VWHR 值，阈值设为t，下面介绍一种利用图像四叉树表达方法的简单分裂合并算法。如图 6-32 所示，设R_0代表整个四方形图像区域，从最高层开始，如果$V(R_0)>t$，就将其四等分，得到四个子区域R_i。如果

$V(R_i)>t$，则将该区域四等分。如此类推，直到 R_i 为单个像素。

如果仅仅使用分裂，最后有可能出现相邻的两个区域属于同一个目标但并没有合并成一个整体。为解决这个问题，每次分裂后允许其后继续分裂或合并。合并的过程只合并相邻的区域且合并后组成的新区域要满足一致性测度，即相邻的 R_i 和 R_j，如果 $V(R_i \cup R_j) \leqslant t$，则将二者合并。

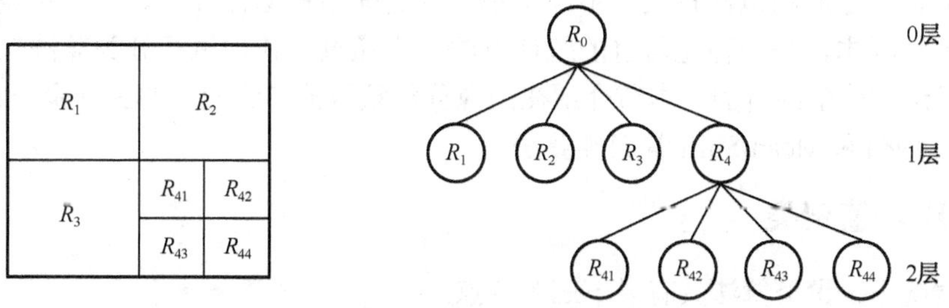

图 6-32 简单的区域分裂过程

综上所述，分裂合并算法的步骤可以简单描述如下。

步骤 1：对于任一 R_i，如果 $V(R_i)>t$，则将其分裂成互不重叠的四等分。

步骤 2：对相邻区域 R_i 和 R_j，如果 $V(R_i \cup R_j) \leqslant t$，则将二者合并。

步骤 3：如果进一步的分裂或合并都不可能了，则终止算法。

图 6-33 给出一个简单分裂合并图像各步骤的例子。设图中阴影区域为目标，白色区域为背景，它们都具有常数灰度值。设 $t=0$（该例子比较特殊），则对于整个图像 R_0，因 $V(R_0)>t$，所以将其四等分，如图 6-33（a）所示，由于右上角区域一致性测度，所以停止分裂，其他三个区域则继续四等分，得到图 6-33（b）。接下来根据分裂合并准则将相邻的满足一致性准则的区域合并，同时将不满足一致性测度的区域继续分裂，得到图 6-33（c）。再执行一次分裂合并过程后得到最终结果图 6-33（d）。

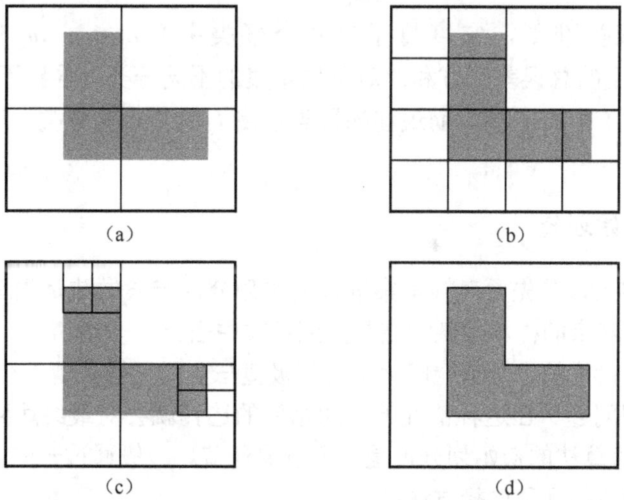

图 6-33 分裂合并法分割图像示例

6.4 聚类分割

聚类分割是把给定的样本集合 $X=\{x_1,x_2,\cdots,x_n\}$ 按照某种准则分割成 k 个不相交的子集，每个子集中的样本之间相似性较大，不同子集样本之间的相似性较小。采用聚类方法分割图像，不需要训练样本，是一种无监督的统计方法，它通过迭代地执行分类算法来提取各类的特征值，从而达到分割的目的。本节介绍在图像分割领域被广泛应用的三种聚类方法，即 K-均值、模糊 C 均值和 Mean-Shift 等聚类算法。

6.4.1 K-均值聚类

在一般情况下，聚类算法具有以下三个要点：

① 选定某种距离度量作为样本间的相似性度量。

② 确定某个评价聚类结果质量的准则函数。

③ 给定某个初始分类，然后用迭代算法找出使准则函数取极值的最好聚类结果。

下面以这三个要点为主线，介绍 K-均值聚类的原理和过程。

1. 准则函数——误差平方和准则

若 N_i 是第 i 聚类 X_i 中的样本数目，u_i 是样本的均值，即

$$u_i=\frac{1}{N_i}\sum_{x\in X_i}x \tag{6.62}$$

把 X_i 中的各样本 x 与均值 u_i 间的误差平方和对所有类相加后为

$$J_{\mathrm{e}}=\sum_{i=1}^{c}\sum_{x\in X_i}\|x-u_i\|^2 \tag{6.63}$$

J_e 是误差平方和聚类准则，它度量了用 c 个聚类中心 $u_1,u_2,\cdots,u_c$ 代表 c 个样本子集 $X_1,X_2,\cdots,X_c$ 时所产生的总误差平方和。对于样本集的不同分类，导致不同的样本子集 X_i 及其均值 u_i，从而得到不同的 J_{e} 值，而最佳的聚类是使 J_{e} 为最小的分类。这种类型的聚类通常称为最小方差划分。

2. 样本集初始划分

为了得到最优结果，首先要对样本集进行初始划分，一般做法是先选择一些代表点作为聚类的核心，然后把其余的样本按某种方法分到各类中去。

通过迭代方法求极值的一个普遍问题是局部极值与全局极值问题。在 K−均值算法等动态聚类方法中也有类似问题。在这种情况下，初始值的选择就会对最终达到哪一个极值有决定性影响，因此 K-均值算法的初始划分也是一个重要环节。一般通过一些启发式方式来确定初始划分。下面是代表点的几种选择方法：

（1）凭经验选择代表点。根据问题的性质，用经验的办法确定类别数，从数据中找出从直观上看来是比较合适的代表点。

（2）将全部数据随机地分为c类，计算各类重心，将这些重心作为每类的代表点。

（3）“密度”法选择代表点。这里的“密度”是具有统计性质的样本密度。一种求法是对每个样本确定大小相等的邻域（如同样半径的超球体），落在其邻域的样本数称为该点“密度”。在得到样本“密度”后，选“密度”为最大的样本点作为第一个代表点，然后人为规定距该代表点d距离外的区域内次高“密度”的样本点作为第二个代表点，依次选择其他代表点，使用这种方法的目的是避免代表点过分集中在一起。

（4）从$c-1$聚类划分问题的解中产生c聚类划分问题的代表点。其具体做法是，可先把全部样本看作一个聚类，其代表点为样本的总均值；然后确定两聚类问题的代表点是一聚类划分的总均值和离它最远的点；依次类推，则c聚类划分问题的代表点就是$c-1$聚类划分最后得到的各均值再加上离最近的均值最远的点。

总之，以上这些选择代表点的方法都是带有启发性的，不同的方法得到不同的初始代表点，它将影响到聚类的结果。

在选定代表点后要进行初始划分，下面列出几种确定初始划分的方法：

（1）对选定的代表点按距离最近的原则将样本划属各代表点代表的类别。

（2）选择一批代表点后，每个代表点自成一类，将剩余样本依顺序归入与其距离最近的代表点的那一类，并立即重新计算该类的重心以代替原来的代表点，然后再计算下一个样本的归类，直至所有样本都归到相应的类中为止。

（3）一种既选择了代表点又同时确定了初始划分的方法。首先规定一阈值d，然后选$X_1=\{x_1\}$，计算样本x_2与x_1的距离$D(x_2,x_1)$，如其值小于d，则归入X_1，否则建立新的类别$X_2=\{x_2\}$。当轮到样本x_l时，假如已形成了K类即$X_1,X_2,\cdots,X_K$，而每类第一个归入的样本分别为$x_1^1,x_2^1,\cdots,x_K^1$，则计算$D(x_i^1,x_l),i=1,\cdots,K$，若有$D(x_i^1,x_l)>d$对所有的$i=1,\cdots,K$成立，则建立新类$X_{K+1}=\{x_l\}$，否则将$x_l$归入与$x_1^1,x_2^1,\cdots,x_K^1$距离最近的类别中。

（4）先将数据标准化，用x_{ij}表示标准化后第i个样本的第j分量，令

$$\mathrm{SUM}(i)=\sum_{j=1}^{d}x_{ij} \tag{6.64}$$

$$\mathrm{MA}=\max_{i}\mathrm{SUM}(i) \tag{6.65}$$

$$\mathrm{MI}=\min_{i}\mathrm{SUM}(i) \tag{6.66}$$

如果欲将样本划分为c类，则对每个i计算，即

$$\frac{(c-1)[\mathrm{SUM}(i)-\mathrm{MI}]}{\mathrm{MA}-\mathrm{MI}}+1 \tag{6.67}$$

假设与这个计算值最近的整数为K，则将第i个样本归入第K类。

3. 迭代计算

显然，由以上各种方法获得的初始划分只能作为一个迭代过程的初始条件，需按准则函数极值化的方向对初始划分进行修正。在使用上面提到的误差平方和准则时，可以按以下方法进行。

如果原属X_k中的一个样本x从X_k移入X_j时，它会对误差平方和产生影响，X_k类在抽出样本x后用$\tilde{X}_k$表示，其相应均值$\tilde{u}_k$为

$$\tilde{u}_k = u_k + \frac{1}{N_k - 1}(u_k - x) \tag{6.68}$$

其中，u_k、N_k 是 X_k 的均值与样本数。

设 X_j 接受 x 后的集合是 $\tilde{X}_j$，其相应的均值是 $\tilde{u}_j$，即

$$\tilde{u}_j = u_j + \frac{1}{N_j + 1}(x - u_j) \tag{6.69}$$

其中，u_j、N_j 是 X_j 的均值与样本数。

由于 x 的移动只影响到 X_k 和 X_j 两类，而对其他的类是无任何影响的，因此只需要计算这两类新的误差平方和 $\tilde{J}_k$ 和 $\tilde{J}_j$，即

$$\tilde{J}_k = J_k - \frac{N_k}{N_k - 1}\| x - u_k \|^2 \tag{6.70}$$

$$\tilde{J}_j = J_j + \frac{N_j}{N_j + 1}\| x - u_j \|^2 \tag{6.71}$$

如果

$$\frac{N_j}{N_j + 1}\| x - u_j \|^2 < \frac{N_k}{N_k - 1}\| x - u_k \|^2 \tag{6.72}$$

则将样本 x 从 X_k 移入 X_j 就会使误差平方总和 J_e 减小。只有当 x 离 u_j 的距离比离 u_k 的距离更近时才满足上述不等式。

综上所述，K-均值算法可归纳成如下几个步骤。

步骤 1：选择某种方法把 N 个样本分成 c 个聚类的初始划分，计算每个聚类的均值 $u_1, u_2, \cdots, u_c$ 和 J_e。

步骤 2：选择一个备选样本 x，设其在 X_i 中。

步骤 3：若 $N_i = 1$，则转步骤 2，否则继续。

步骤 4：计算。

$$\rho_j = \begin{cases} \dfrac{N_j}{N_j + 1}\| x - u_j \|^2 & j \neq i \\ \dfrac{N_i}{N_i - 1}\| x - u_i \|^2 & j = i \end{cases} \tag{6.73}$$

步骤 5：对于所有的 j，若 $\rho_k < \rho_j$，则将 x 从 X_i 移到 X_k 中。

步骤 6：重新计算 u_i 和 u_k 的值，并修改 J_e。

步骤 7： 若连续迭代 N 次（即所有样本都运算过）J_e 不变，则停止，否则转到步骤 2。

图 6-34 是运用 K-均值算法对图像进行聚类分割的实例。图 6-34（a）是一幅皮肤肿瘤图像；采用大津阈值方法对图像进行分割，分割结果作为样本集的初始划分，并以像素灰度值作为样本的特征属性，运行 K-均值算法对图像聚类，图 6-34（b）是聚成 3 类的结果；K-均值聚类后存在小的孤立点，这些小的孤立点可以采用小区域滤除技术进行滤除，图 6-34（c）是孤立点滤除后的结果。对于图 6-34（c），还需要进行合并后处理，由于正常的背景皮肤一般位于图像的四周位置，且比皮损目标亮，因此可以根据这个先

验知识，设定一个合并规则，将三个子区合并成皮损目标和背景皮肤两部分，如图 6-34（d）所示。

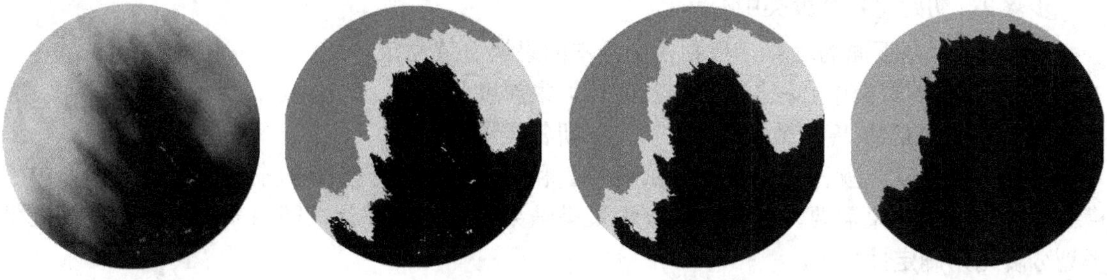

（a）皮肤肿瘤图像　　（b）K-均值方法聚 3 类　　（c）滤除小的孤立区域　　（d）合并成目标和背景

图 6-34　K-均值聚类分割实例

6.4.2　模糊 C 均值聚类

K-均值算法也叫 C-均值算法，它是误差平方和准则下的聚类算法，它把每个样本严格地划分到某一类，属于硬划分的范畴。实际上，样本并没有严格的属性，它们在性态和类属方面存在中介性，为了解决这一类问题，研究者们将模糊理论引入 K-均值算法（C -均值算法），由此，K-均值由硬聚类被推广为模糊聚类，即模糊 C 均值算法（Fuzzy C-Means，FCM）。模糊 C 均值算法采用迭代法优化目标函数来获得对数据集的模糊分类，算法具有很好的收敛性，是实际中应用最为广泛的一种模糊聚类算法。

将问题的有关符号重新规定如下：$\{x_i, i=1,2,\cdots,n\}$ 是 n 个样本组成的样本集合，c 为预定的类别数目，$u_i, i=1,2,\cdots,c$ 为每个聚类的中心，$\mu_j(x_i)$ 是第 i 个样本对于第 j 类的隶属度函数。用隶属度函数定义的聚类损失函数可以写为

$$J_f = \sum_{j=1}^{c}\sum_{i=1}^{n}[\mu_j(x_i)]^b \| x_i - u_j \|^2 \tag{6.74}$$

其中，$b>1$ 是一个可以控制聚类结果的隶属程度的常数。

在不同的隶属度定义方法下最小化式（6.74）的损失函数，就得到不同的模糊聚类方法，其中最具有代表性的是模糊 C 均值算法，它要求一个样本对于各个聚类的隶属度之和为 1，即

$$\sum_{j=1}^{c}\mu_j(x_i) = 1 \qquad i=1,2,\cdots,c \tag{6.75}$$

在条件式（6.75）下求式（6.74）的极小值，令 J_f 对 u_i 和 $\mu_j(x_i)$ 的偏导数为 0，可得必要条件，即

$$u_j = \frac{\sum_{i=1}^{n}[\mu_j(x_i)]^b x_i}{\sum_{i=0}^{n}[\mu_j(x_i)]^b} \qquad j=1,2,\cdots,c \tag{6.76}$$

$$\mu_j(x_i) = \frac{[1/\| x_i - u_j \|^2]^{1/(b-1)}}{\sum_{k=1}^{c}[1/\| x_i - u_k \|^2]^{1/(b-1)}} \qquad i=1,2,\cdots,n \qquad j=1,2,\cdots,c \tag{6.77}$$

用迭代法求解式（6.76）和式（6.77），就是模糊 C 均值算法。算法的步骤如下所述。

步骤 1：设定聚类数目 c 和参数 b。

步骤 2：初始化各个聚类中心 v_i。

步骤 3：重复下面的运算，直到各个样本的隶属度值稳定。

① 用当前的聚类中心根据式（6.77）计算隶属度函数；

② 用当前的隶属度函数按式（6.76）更新各类聚类中心。

当算法收敛时，就得到了各类的聚类中心和各个样本对于各类的隶属度值，从而完成了模糊聚类划分。如果需要，还可以将模糊聚类结果进行去模糊化，即用一定的规则把模糊聚类划分转化为确定性分类。

图 6-35 是采用模糊 C 均值算法对图 6-34（a）进行聚类的结果。与 K-均值算法相同，采用大津阈值方法获得样本集的初始划分，以像素的灰度值作为样本的特征属性，运行模糊 C 均值算法，实现图像的聚类，图 6-35（a）是对图 6-34（a）聚 3 类的结果；应用小区域滤除技术进行后处理，以消除小区域噪声的影响，得到如图 6-35（b）所示的最终分割结果，该结果与 K-均值聚类的结果从视觉上基本一致，但不完全相同。

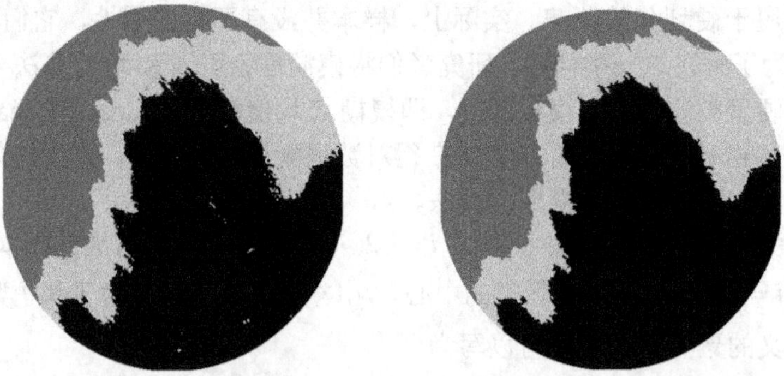

（a）模糊 C 均值方法聚 3 类　　（b）滤除小的孤立区域

图 6-35　模糊 C 均值聚类分割实例

6.4.3 Mean-shift 聚类分割

Mean-shift 算法是一种核密度估计方法，用来分析复杂多模特征空间，确定特征聚类的非参数密度估计，被广泛应用于图像处理和视觉任务中。

1. 核估计

核密度估计法又称 Parzen 窗法，其含义可理解为将每个采样点为中心的局部函数的平均效果作为该采样点概率密度函数的估计值。对于 d 维空间 R^d 中的 n 个数据点 x_i，样本 x 的多维核密度估计公式为

$$\hat{f}_{h,K}(x)=\frac{1}{nh^d}\sum_{i=1}^{n}K\left(\frac{x-x_i}{h}\right) \tag{6.78}$$

其中，$K(x)$ 为核函数（又称窗函数），h 为核函数的大小（又称核函数的带宽）。

在所有实际应用中，核函数 $K(x)$ 均采用径向对称核函数，它满足

$$K(x)=ck(\|x\|^2) \tag{6.79}$$

其中，c 是令 $K(x)$ 积分为 1 的严格为正的常数。两种典型的核函数包括正态核 $K_N(x)$（也称高斯核）和 Epanechnikov 核 $K_E(x)$。

正态核函数定义如下，即

$$K_N(x)=c\ \exp\left(-\frac{1}{2}\|x\|^2\right) \tag{6.80}$$

该核函数的轮廓函数 $k_N(x)$ 为

$$k_N(x)=\exp\left(-\frac{1}{2}x\right)\qquad x\geqslant 0 \tag{6.81}$$

为了得到具有紧支撑特点的核函数，正态核函数通常进行对称截取。

Epanechnikov 核函数定义如下，即

$$K_E(x)=\begin{cases}c(1-\|x\|^2) & \|x\|\leqslant 1\\ 0 & \|x\|>1\end{cases} \tag{6.82}$$

该核函数的轮廓函数 $k_E(x)$ 为

$$k_E(x)=\begin{cases}1-x & 0\leqslant x\leqslant 1\\ 0 & x>1\end{cases} \tag{6.83}$$

并且其在边界不可微。

2. 密度梯度估计

求出 $f_{h,K}(x)$ 梯度的零点，即确定满足 $\nabla f_{h,K}(x)=0$ 的 x，这样，问题就可以从对密度的估计转化为对密度梯度的估计，即

$$\hat{\nabla} f_{h,K}(x)=\nabla\hat{f}_{h,K}(x)=\frac{1}{nh^d}\sum_{i=1}^{n}\nabla K\left(\frac{x-x_i}{h}\right) \tag{6.84}$$

由式（6.79），有

$$\hat{\nabla} f_{h,K}(x)=\frac{2c_k}{nh^{(d+2)}}\sum_{i=1}^{n}(x-x_i)\,k'\left(\left\|\frac{x-x_i}{h}\right\|^2\right) \tag{6.85}$$

其中，c_k 是规范化的常数。

令 $-k'(x)=g(x)$，假设除有限点外，对于所有 $x\in[0,\infty)$，轮廓函数 $k(x)$ 的导数均存在，则式（6.85）可重写为

$$\begin{aligned}\hat{\nabla} f_{h,K}(x)&=\frac{2c_k}{nh^{(d+2)}}\sum_{i=1}^{n}(x_i-x)\,g\left(\left\|\frac{x-x_i}{h}\right\|^2\right)\\&=\frac{2c_k}{nh^{(d+2)}}\left(\sum_{i=1}^{n}g_i\right)\left(\frac{\sum_{i=1}^{n}x_i g_i}{\sum_{i=1}^{n}g_i}-x\right)\end{aligned} \tag{6.86}$$

其中，$g_i=g(\|(x-x_i)/h\|^2)$。

将 $g(x)$ 看作一个轮廓函数，仿照式（6.79）定义核函数 $G(x)=c_g\ g(\|x\|^2)$，则由核函数 G 计算的密度估计 $\hat{f}_{h,G}$ 为

$$\hat{f}_{h,G}(x)=\frac{c_g}{nh^d}\sum_{i=1}^{n}g\left(\left\|\frac{x-x_i}{h}\right\|^2\right) \tag{6.87}$$

对比式（6.86）和式（6.87）可知，式（6.86）等号右边的第一项 $\frac{2c_k}{nh^{(d+2)}}\sum_{i=1}^{n}g_i$ 与 $\hat{f}_{h,G}$ 成比例，第二项 $\frac{\sum_{i=1}^{n}x_i g_i}{\sum_{i=1}^{n}g_i}-x$ 表示 Mean-Shift 向量 $m_{h,G}(x)$，即

$$m_{h,G}(x)=\frac{\sum_{i=1}^{n}x_i g\left(\left\|\frac{x-x_i}{h}\right\|^2\right)}{\sum_{i=1}^{n}g\left(\left\|\frac{x-x_i}{h}\right\|^2\right)}-x \tag{6.88}$$

由此，式（6.86）可重写为

$$\hat{\nabla}f_{h,K}(x)=\hat{f}_{h,G}(x)\frac{2c_k}{h^2c_g}m_{h,G}(x) \tag{6.89}$$

进而

$$m_{h,G}(x)=\frac{1}{2c_k}h^2c_g\frac{\hat{\nabla}f_{h,K}(x)}{\hat{f}_{h,G}(x)} \tag{6.90}$$

式（6.90）中，核 $G(x)$ 的密度估计 $\hat{f}_{h,G}(x)$ 是一个正数，因此，$m_{h,G}(x)$ 与梯度 $\hat{\nabla}f_{h,K}(x)$ 的方向是一致的，也就是说，Mean-Shift 向量同梯度一样，始终指向密度值增大的方向。

假设初始点 x 所在的窗口有 n 个样本 x_i，初始点 x 的核函数为 $G(x)$，误差阈值为 ε，则 Mean-Shift 算法寻找密度最大的过程可总结如下。

步骤 1：根据式（6.88）计算 Mean-Shift 向量 $m_{h,G}(x)$。

步骤 2：如果 $\|m_{h,G}(x)\|<\varepsilon$，则表示 Mean-Shift “爬”到局部的概率密度最大处，算法终止，否则执行步骤 3。

步骤 3：将新的质心 $m_{h,G}(x)+x$ 为中心点赋予 x，以新的 x 所在窗口为当前窗口，执行步骤 1。

从上述步骤中可以看出，Mean-Shift 算法是一个迭代寻找局部模式（即概率密度最大处）的过程，该迭代过程可以用式（6.91）表示为

$$y_{j+1}=\sum_{i=1}^{n}x_i g\left(\left\|\frac{y_j-x_i}{h}\right\|^2\right)\Bigg/\sum_{i=1}^{n}g\left(\left\|\frac{y_j-x_i}{h}\right\|^2\right) \tag{6.91}$$

其中，y_1 即为初始位置 x。y_{j+1} 序列最终收敛于密度最大处，它可用图 6-36 形象地表示。图 6-36（a）是随机地选取一个感兴趣区域作为初始位置，计算它的质心，质心与感兴趣区域的偏移称之为 Mean-Shift，表示密度增大的方向；图 6-36（b）得到以质心为中心的新的感兴趣区域，计算新区域的质心；图 6-36（c）和图 6-36（d）为迭代地重复上述过程，最终收敛到密度最大的区域。

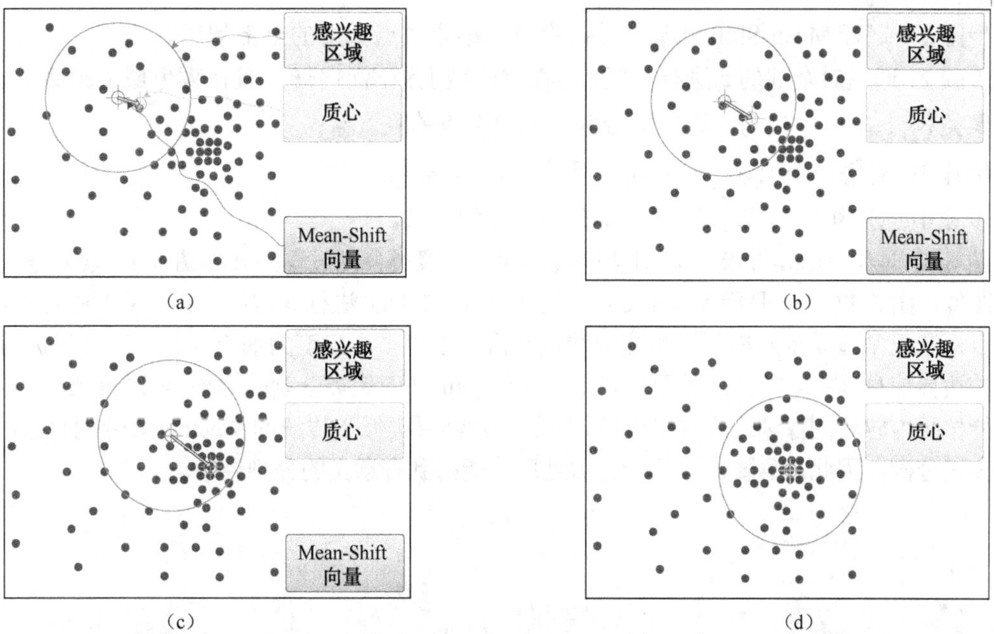

图 6-36 Mean-Shift 算法演示

3. 基于 Mean-Shift 算法的图像聚类分割

一幅图像由 p 维像素构成的 d 维网格（空间域）表示，其中，p 代表图像的频带数量（颜色域），$p=1$ 表示灰度图像，$p=3$ 表示彩色图像，对于一幅静态图像，d=2。为两个域假设一个欧氏距离，空间域和颜色域的向量可结合成一个空间-颜色联合域。联合域的核函数 $K_{h_s,h_r}(\mathrm{x})$ 由两个径向对称的核函数组成，h_s 和 h_r 分别表示空间域和颜色域中核函数的大小，p 和 d 表示空间的维数。

$$K_{h_s,h_r}(x)=\frac{c}{h_s^d h_r^p}k\left(\left\|\frac{x^s}{h_s}\right\|^2\right)k\left(\left\|\frac{x^r}{h_r}\right\|^2\right) \tag{6.92}$$

其中，x^s 和 x^r 是特征向量的空间域部分和颜色域部分，$k(x)$ 是应用在两个域中的通用的轮廓函数，c 是一个规范化的常数。

Mean-shift 图像分割算法采取不连续性保护滤波和 Mean-Shift 聚类两步程序。设原始 d 维图像的像素用 x_i 表示，滤波后图像的像素用 z_i 表示，并且这些像素是在空间-颜色联合域中表示的，则 Mean-Shift 滤波的步骤如下所述。

步骤 1：对每个像素 x_i，初始化为起始步，令 $j=1$，$y_{i,1}=x_i$；

步骤 2：根据式（6.91）计算 $y_{i,j+1}$，直到收敛于 $y_{i,con}$；

步骤 3：滤波后的像素赋值为 $z_i=(x_i^s,y_{i,con}^r)$。

上标 s 和 r 分别表示滤波结果的空间域和颜色域，即滤波后 x_i 处像素的值为收敛于 $y_{i,con}^r$ 的像素的值。在空间-颜色联合域中，Mean-Shift 向密度最大的方向运动。

图像滤波之后，在空间-颜色联合域中定义像素 x_i 和 z_i，并令 L_i 表示分割图像中像素 i 的分割标记，则 Mean-Shift 分割的步骤如下所述。

步骤 1：运行 Mean-Shift 滤波算法，存储 d 维收敛点 $y_{i,con}$ 的全部信息。

步骤 2：通过对全部的 z_i 进行归类，即在空间域上距离小于 h_s，且在颜色域上距离小于 h_r，确定聚类 $\{C_p\}_{p=1,\ldots,m}$。换句话说，即合并这些收敛点的吸聚盆；

步骤 3：对每一个像素 $i=1,\cdots,n$，令 $L_i=\{p\,|\,z_i\in C_p\}$。

步骤 4：必要时，可以消除像素个数小于 S 的区域。

图 6-37 是用 Mean-Shift 算法对皮肤镜图像进行聚类分割过程，其中图 6-37（a）是一幅皮肤镜图像，图 6-37（b）是用 Mean-Shift 算法对图 6-37（a）进行滤波的结果。从图中可以看出，皮损目标和正常背景皮肤在不同程度上均被平滑，去掉了小尺度的细节信息，同时保护图像大尺度的边界信息。图 6-37（c）是对图 6-37（a）进行 Mean-Shift 聚类分割的结果，可以看到 Mean-Shift 分割能按照内容将图像划分成许多区域，它的分割结果类似于传统的 Watershed 分割算法，一般都存在过分割，因此，需要一定的合并后处理才能得到有意义的分割结果。

（a）皮肤镜原始图像　　（b）滤波结果图像　　（c）分割结果图像

图 6-37　Mean-Shift 聚类分割实例

6.5 基于参数活动轮廓模型的分割

参数活动轮廓模型是最早出现的一类活动轮廓模型，自 Kass 等人于 1988 年提出 Snake 模型以来，参数活动轮廓模型的研究一直活跃在图像分割与视觉跟踪等领域。Kass 等人提出的 Snake 模型是最为经典的参数活动轮廓模型，绝大多数参数活动轮廓模型均是在该模型的框架下发展起来的。Snake 模型是一条具有能量的参数化闭合曲线，该参数化曲线通过极小化它所具有的能量来达到动态提取目标边界的目的。Kass 等人利用 Snake 模型把目标边界提取问题转化成能量泛函的优化问题，由此开创了一类新形式的图像分割算法。传统的 Snake 模型采用图像的梯度构造外力场，其捕捉范围非常有限。当初始 Snake 曲线远离目标轮廓时，该外力无法引导 Snake 曲线形变到目标轮廓，而且也难以使 Snake 曲线进入轮廓的凹陷区。针对传统 Snake 模型的缺陷，Xu 和 Prince 于 1998 年为参数活动轮廓模型提出了另一种经典的外力——梯度矢量流场（Gradient Vector Flow，GVF）。GVF 场的作用范围不局限于图像边缘的邻近区域，它可以充满整个图像区域，且具有双向驱动轮廓线运动的优势，解决了传统 Snake 模型的两大问题，对活动轮廓模型的发展起到了非常重要的作用。本节将对传统 Snake 和梯度矢量流

Snake 这两种重要的活动轮廓模型进行介绍。

6.5.1 传统 Snake 模型

1. 基本原理

根据原始的 Snake 模型定义，可以把活动轮廓线 Snake 描述成在目标边界附近的一条闭合的参数化曲线 $X(s)=[x(s),y(s)]$，其中 $x(s),y(s)$ 是沿着轮廓线的 x,y 坐标，s 是沿着 $X(s)$ 的标准化弧长($0\leqslant s\leqslant 1$)，那么最终的轮廓将从最小化以下函数 E_{snake} 获得，即

$$E_{\text{snake}}(X(s))=\int_0^1 E_{\text{int}}(X(s))+E_{\text{ext}}(X(s))\mathrm{d}s \tag{6.93}$$

其中，E_{int} 是曲线 X 的内部能量，包括弹性能量和刚性能量，E_{ext} 是曲线 X 的外部能量函数。

极小化 Snake 模型的能量泛函 E_{snake}，根据变分法，式（6.93）的极小值解必须满足下面的 Euler-Lagrange 方程，即

$$\frac{\partial}{\partial s}\left(\alpha\frac{\partial X}{\partial s}\right)-\frac{\partial^2}{\partial s^2}\left(\beta\frac{\partial^2 X}{\partial s^2}\right)-\nabla E_{\text{ext}}=0 \tag{6.94}$$

为了分析 Snake 模型的轮廓线在物理学上的运动机理，式（6.94）也可以被看作一个平衡方程，即

$$F_{\text{int}}(X)+F_{\text{ext}}(X)=0 \tag{6.95}$$

其中，F_{int} 对应于模型的内部能量函数 E_{int}，表示作用在 Snake 模型轮廓线上的内力，其表达式为

$$F_{\text{int}}=\frac{\partial}{\partial s}\left(\alpha\frac{\partial X}{\partial s}\right)-\frac{\partial^2}{\partial s^2}\left(\beta\frac{\partial^2 X}{\partial s^2}\right) \tag{6.96}$$

内力 F_{int} 的作用是控制轮廓线的弹性和刚性，使轮廓线在运动中保持规则和光滑。F_{ext} 对应于模型的外部能量函数 E_{ext}，表示作用在 Snake 模型轮廓线上的外力，其表达式为

$$F_{\text{ext}}=-\nabla E_{\text{ext}} \tag{6.97}$$

外力 F_{ext} 的作用是驱动轮廓线向目标边界运动，从而达到提取目标边界的目的。

外部能量函数 E_{ext} 是从图像数据中导出的，通常采用梯度信息控制 Snake 曲线的形变过程，使能量函数在目标边缘处达到极小值，从而引导 Snake 曲线形变到目标轮廓。例如，对于给定的灰度图像 I（这里，图像 I 被看作一个关于坐标变量 (x,y) 的连续函数），经典的吸引 Snake 曲线趋向阶梯边缘的外能为高斯势能，可表示为

$$E_{\text{ext}}(x,y)=-|\nabla I(x,y)|^2 \tag{6.98a}$$

或

$$E_{\text{ext}}(x,y)=-|\nabla\left(G_\sigma(x,y)*I(x,y)\right)|^2 \tag{6.98b}$$

其中 ∇ 表示空间梯度算子，$*$ 表示卷积算子，G_σ 是标准方差为 σ 的二维 Gaussian 滤波器。而如果图像是在白色背景下的一条黑色的线，那么合适的外部能量可以定义为

$$E_{\text{ext}}(x,y)=I(x,y) \tag{6.99a}$$

$$E_{\text{ext}}(x,y)=G_\sigma(x,y)*I(x,y) \tag{6.99b}$$

为了求解由式（6.94）所描述的 Euler-Lagrange 方程，需要给曲线 X 引入一个虚拟的时间

参数t，即把曲线X看成一个动态的函数$X(s,t)$，则计算曲线X的偏微分方程为

$$\frac{\partial X}{\partial t}=\frac{\partial}{\partial s}\left(\alpha\frac{\partial X}{\partial s}\right)-\frac{\partial^2}{\partial s^2}\left(\beta\frac{\partial^2 X}{\partial s^2}\right)-\nabla E_{\text{ext}} \tag{6.100}$$

给偏微分方程（6.100）赋一个合适的初始值X^0，通过数值方法迭代求解曲线X，随着时间t的增加，曲线X的值也在发生相应变化，直至方程（6.100）右侧的数值变为零，曲线X的值才达到稳定。实际上，上述方程求解过程也可以形象地看作模型轮廓线在力的作用下进行运动的过程，即给 Snake 模型设置一个合适的初始轮廓线，轮廓线在模型内力和外力的共同作用下不断运动，直至模型内力与外力的合力达到平衡时轮廓线才停止运动。

2. Snake 模型的数值实现

到目前为止，人们已经采用了多种数值实现方法来计算 Snake 模型的解，如有限差分法、动态规划法、有限元法、贪婪算法及一些与人工智能有关的方法。综合考虑效率和性能两方面因素，在 Snake 模型中有限差分法是应用最为广泛的一种数值实现方法。下面介绍基于有限差分法的 Snake 模型的数值实现。

首先，需要在空间域和时间域上离散化 Snake 模型的动态轮廓线$X(s,t)$，$0\leqslant s\leqslant 1$，$t\geqslant 0$，并将其表示成向量的形式$\boldsymbol{X}_i^n=(x_i^n,y_i^n)=\big(x(ih,n\Delta t),y(ih,n\Delta t)\big)$，$i\in\{1,2,\cdots,M\}$，$n=1,2,\cdots$，其中$h$表示空间域$x$和$y$两个方向上的等间隔采样步长，一般取$h=1$，$\Delta t$表示时间域上的采样步长，式（6.100）中的偏微分可近似表示成如下差分形式为

$$\frac{\partial X}{\partial s}=\frac{X_{i+1}-X_i}{h}$$

$$\frac{\partial^2 X}{\partial s^2}=\frac{X_{i+1}-2X_i+X_{i-1}}{h^2}$$

$$\frac{\partial X}{\partial t}=\frac{X_i^n-X_i^{n-1}}{\Delta t}$$

则，求解 Snake 模型的连续偏微分方程（6.100）近似地写成如下离散的形式，即

$$\begin{aligned}\frac{X_i^n-X_i^{n-1}}{\Delta t}=&\frac{1}{h^2}[\alpha_{i+1}(X_{i+1}^n-X_i^n)-\alpha_i(X_i^n-X_{i-1}^n)]\\&-\frac{1}{h^4}[\beta_{i-1}(X_{i-2}^n-2X_{i-1}^n+X_i^n)-2\beta_i(X_{i-1}^n-2X_i^n+X_{i+1}^n)+\beta_{i+1}(X_i^n-2X_{i+1}^n+X_{i+2}^n)]\\&-\nabla E_{\text{ext}}(X_i^{n-1})\end{aligned} \tag{6.101}$$

其中，α_i与β_i分别表示$\alpha(ih)$和$\beta(ih)$，而$-\nabla E_{\text{ext}}(X_i^{n-1})$表示在离散点$X_i^{n-1}$处的 Snake 模型外力。实际上，根据式（6.97），$-\nabla E_{\text{ext}}$也可以被表示为F_{ext}。进一步可以把方程（6.101）写成下面矩阵的形式，即

$$\frac{\boldsymbol{X}^n-\boldsymbol{X}^{n-1}}{\Delta t}=\boldsymbol{A}\boldsymbol{X}^n+F_{\text{ext}}(\boldsymbol{X}^{n-1}) \tag{6.102}$$

其中，$\boldsymbol{X}^n$表示矩阵$[X_1^n,X_2^n,\cdots,X_M^n]^{\text{T}}$，而$\boldsymbol{A}$则表示一个关于变量$\alpha_i$、$\beta_i$及$h$的$M\times M$阶矩阵。最后，把矩阵方程（6.102）再转化成一个关于向量$\boldsymbol{X}^n$的迭代求解的形式，即

$$\boldsymbol{X}^n=(\boldsymbol{I}-\Delta t\boldsymbol{A})^{-1}[\boldsymbol{X}^{n-1}+\Delta tF_{\text{ext}}(\boldsymbol{X}^{n-1})] \tag{6.103}$$

其中，I 表示 $M\times M$ 阶单位矩阵。在实际应用中，式（6.103）中的外力 F_{ext} 既可以用原始的 Snake 模型外力（Gaussian 势能力）来替代，也可以用其他参数活动模型的外力来替代。在通常情况下，α 和 β 被设置为与曲线参数 s 无关的、正的常值系数，并且令

$$\begin{aligned} a &= (-6\beta - 2h^2\alpha)/h^4 \\ b &= (4\beta + h^2\alpha)/h^4 \\ c &= -\beta/h^4 \end{aligned} \tag{6.104}$$

由此，式（6.103）中的矩阵 A 可以简洁地写成下面常值矩阵的形式为

$$A=\begin{bmatrix} a & b & c & 0 & \cdots & & 0 & c & b \\ b & a & b & c & \cdots & & & 0 & c \\ c & b & a & b & \cdots & & & & 0 \\ 0 & c & b & a & \cdots & & & & 0 \\ \vdots & \vdots & \vdots & \vdots & \vdots & \vdots & \vdots & \vdots & \vdots \\ 0 & & & & \cdots & a & b & c & 0 \\ 0 & & & & \cdots & b & a & b & c \\ c & 0 & & & \cdots & c & b & a & b \\ b & c & 0 & & \cdots & 0 & c & b & a \end{bmatrix} \tag{6.105}$$

取 Snake 模型的初始轮廓线 X^0 作为方程组的初值，根据式（6.103）迭代求解。矩阵 $I-\Delta tA$ 的逆矩阵可以通过 LU 分解得到，对于参数 α,β 不变的情况，分解过程仅需要一次，不需要随着轮廓线 X 变动而更新。在迭代过程中，弹性力促使曲线 X 向内部弯曲，刚性力则阻止曲线 X 弯曲，二者保证了 Snake 的连续和光滑，而外力迫使曲线 X 向目标边缘移动，保证 Snake 与目标边缘的一致性。当解收敛时得到最优曲线，分割图像时，即得到目标边界。图 6-38 是对 ⊂ 形物体进行收敛的效果图。图 6-38（a）是白色背景下一个 ⊂ 形的物体，由于是一条黑色的线，因此采用式（6.99b）作为外部能量，且令 $\sigma=1.0$，其他参数设置为 $\alpha=0.5$、$\beta=0.0$、$\Delta t=1$、$h=1$。图 6-38（a）中 ⊂ 形物体外的几条线即为 Snake 轮廓线的收敛过程，最外层是初始轮廓位置。在迭代过程中，曲线逐渐向内移动，直到收敛至 ⊂ 形物体的边界为止。

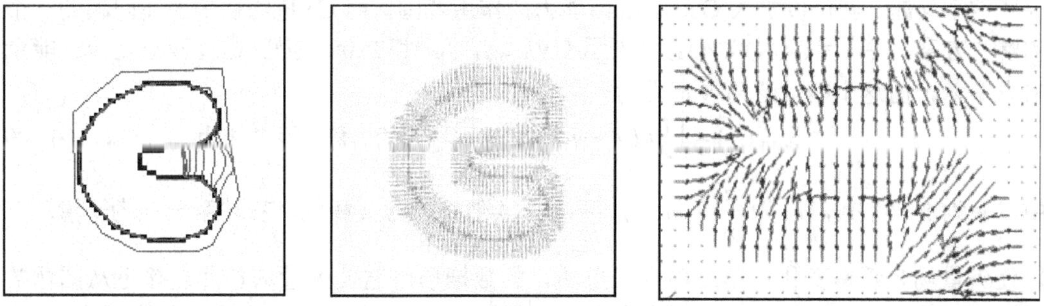

（a）⊂ 形物体的 Snake 收敛过程　（b）高斯外力场　（c）凹形区域外力场放大图

图 6-38　高斯外力 Snake 模型对 ⊂ 形物体的收敛结果

从 Snake 模型收敛的结果可以看出，轮廓线并不能正确收敛至 ⊂ 形物体的凹陷部分，原因可以从图 6-38（b）和图 6-38（c）找到。图 6-38（b）为高斯外力场（高斯外力分布），

图中带箭头的线段表示高斯力，箭头代表高斯力的方向，线段的长度代表高斯力的大小，从图中可见远离目标边界区域高斯力为零，这说明高斯力场捕捉范围非常有限，当 Snake 模型的初始轮廓线远离目标轮廓时，该外力无法引导 Snake 形变到目标边界；而图 6-38（c）是凹陷部分高斯场的放大图，可以看出该区域的高斯力是水平方向的，而且中间位置左右两方向的力相互抵消，这使得 Snake 轮廓线在该区域失去了运动的方向，从而导致 Snake 无法形变进入轮廓的凹陷区。虽然随着标准差σ的增大会扩大外力的作用范围，但σ增加也导致了图像中目标边界模糊和定位准确度下降。因此，在传统的 Snake 模型中，初始轮廓线一般要位于图像中目标边界附近，否则，模型可能收敛到错误的结果。对此，人们提出了各种方法来解决这一问题，如气球力 Snake 模型和梯度矢量流 Snake 模型等，都可增加外力的作用范围。

6.5.2 GVF Snake 模型

1. 基本原理

在描述梯度矢量流场（GVF）之前，首先定义一下图像边缘函数f，给定灰度图像$I(x,y)$，函数f的表达式为

$$f(x,y)=|\nabla I(x,y)|^2 \tag{6.106}$$

或

$$f(x,y)=|\nabla\left(G_\sigma(x,y)*I(x,y)\right)|^2 \tag{6.107}$$

其中，∇表示空间梯度算子，$*$表示卷积算子，G_σ是标准方差为σ的二维 Gaussian 滤波器。显然，图像的边缘函数f和 Snake 模型的外部能量函数E_{ext}具有如下关系，即

$$f=-E_{\text{ext}} \tag{6.108}$$

回顾一下 Gaussian 势能力的形式，实际上 Gaussian 势能力就是图像边缘函数的梯度，即∇f。因为∇f的值只有在图像边缘的邻近区域才不趋近于零，所以当 Snake 模型的轮廓线远离由目标边界所形成的图像边缘时，Gaussian 势能力则无法把轮廓线驱动到目标边界上。如何把∇f的值从图像边缘向两边延拓同时又保持图像边缘处∇f的值是有待解决的重要问题。如果解决了这个问题，就可以扩大 Gaussian 势能力的作用范围，而 GVF 场就是上述问题的一个成功的解决方案。令$V=(u(x,y),v(x,y))$表示 GVF 场，Xu 和 Prince 提出通过极小化一个能量泛函来求取V，而这个能量泛函被定义为

$$E_{\text{GVF}}(V)=\iint \mu(u_x^2+u_y^2+v_x^2+v_y^2)+|\nabla f|^2|V-\nabla f|^2\,\mathrm{d}x\mathrm{d}y \tag{6.109}$$

其中，μ为加权系数，u_x为$\dfrac{\partial u}{\partial x}$，$u_x^2$为$\left(\dfrac{\partial u}{\partial x}\right)^2$，其他符号含义相同。右端第一项为平滑项，它可以使矢量场V缓慢变化；第二项为矢量场V的数据项，它使矢量场V尽量接近从图像数据计算得到的∇f。由式（6.109）可以看出，当$|\nabla f|$取较大的数值时，即当坐标变量(x,y)位于图像边缘时，式（6.109）积分号中的第二项起主导作用，该项的作用是使V与∇f的值保持相等；然而，当$|\nabla f|$取非常小的数值时，即当坐标变量(x,y)远离图像边缘时，积分号中的第一项则起主导作用，平滑向量场V，使矢量场V缓慢变化，从而将V在图像边缘处的分布向两边延拓。μ是一个正的权值，用于平衡积分号中第一项与第二项。

根据变分法，由式（6.109）可得到梯度矢量流V的两个分量u和v满足偏微分方程为

$$\mu\nabla^2 u-(u-f_x)(f_x^2+f_y^2)=0 \tag{6.110a}$$

$$\mu\nabla^2 v-(v-f_y)(f_x^2+f_y^2)=0 \tag{6.110b}$$

其中，∇^2表示 Laplacian 算子，f_x为$\dfrac{\partial f}{\partial x}$，$f_x^2$为$\left(\dfrac{\partial f}{\partial x}\right)^2$。平坦区域$f_x$和$f_y$等于 0，此时式（6.110a）和式（6.110b）的第二项也等于 0。从而，在平坦区域 GVF 完全由 Laplacian 等式控制，它使矢量场V缓慢变化，并将V在图像边缘的分布向平坦区域扩散。

为了求解方程（6.110a）和（6.110b）中向量场V的两个分量u和v，引入虚拟的时间变量t，把V看作关于变量x、y和t的函数，即$V=(u(x,y,t),v(x,y,t))$，并建立下面的偏微分方程为

$$\frac{\partial u}{\partial t}=\mu\nabla^2 u(x,y,t)-[u(x,y,t)-f_x(x,y,t)][f_x^2(x,y)+f_y^2(x,y)] \tag{6.111a}$$

$$\frac{\partial v}{\partial t}=\mu\nabla^2 v(x,y,t)-[v(x,y,t)-f_y(x,y,t)][f_x^2(x,y)+f_y^2(x,y)] \tag{6.111b}$$

本质上，偏微分方程（6.111a）和（6.111b）是一个扩散方程。通常扩散方程被应用于图像滤波领域。而 Xu 和 Prince 把扩散方程巧妙地应用于参数活动轮廓模型的外力场设计中，通过扩散图像边缘函数的梯度场获得一种性能优越的外力场。

2. 数值实现

为了方便起见，这里将方程（6.111a）和（6.111b）重写为如下形式，即

$$\frac{\partial u}{\partial t}=\mu\nabla^2 u(x,y,t)-b(x,y)u(x,y,t)+c^1(x,y) \tag{6.112a}$$

$$\frac{\partial v}{\partial t}=\mu\nabla^2 v(x,y,t)-b(x,y)v(x,y,t)+c^2(x,y) \tag{6.112b}$$

式中

$$b(x,y)=f_x^2(x,y)+f_y^2(x,y)$$

$$c^1(x,y)=b(x,y)f_x(x,y)$$

$$c^2(x,y)=b(x,y)f_y(x,y)$$

对于一个给定的图像，b,c^1,c^2不含时间，因而不会随着方程（6.112a）和（6.112b）的迭代计算而发生改变，为了提高运算效率，参数b,c^1,c^2的值可以被预先计算并存储起来。

数值实现偏微分方程（6.112a）和（6.112b）的第一步就是将相关变量离散化。这里将空间变量x、y及时间t分别离散为$i\Delta x$、$j\Delta y$和$n\Delta t$的形式，其中Δx和Δy表示空间域x和y方向上的采样步长，离散采样时相邻像素间的距离$\Delta x=1$，$\Delta y=1$，Δt表示时间域上的采样步长。由此，函数$u(x,y,t)$和$v(x,y,t)$被离散化为$u(i,j,n)$和$v(i,j,n)$，可简单地表示为$u_{i,j}^n$和$v_{i,j}^n$。然后，将连续的偏微分方程（6.112a）和（6.112b）近似地写成如下离散的形式为

$$\frac{u_{i,j}^{n+1}-u_{i,j}^n}{\Delta t}=\frac{\mu}{\Delta x\Delta y}(u_{i+1,j}^n+u_{i,j+1}^n+u_{i-1,j}^n+u_{i,j-1}^n-4u_{i,j}^n)-b_{i,j}u_{i,j}^n+c_{i,j}^1 \tag{6.113a}$$

$$\frac{v_{i,j}^{n+1}-v_{i,j}^{n}}{\Delta t}=\frac{\mu}{\Delta x\Delta y}(v_{i+1,j}^{n}+v_{i,j+1}^{n}+v_{i-1,j}^{n}+v_{i,j-1}^{n}-4v_{i,j}^{n})-b_{i,j}v_{i,j}^{n}+c_{i,j}^{2} \quad (6.113b)$$

进一步将式（6.113a）和（6.113b）写成一个迭代求解的形式为

$$u_{i,j}^{n+1}=(1-b_{i,j}\Delta t)u_{i,j}^{n}+r(u_{i+1,j}^{n}+u_{i,j+1}^{n}+u_{i-1,j}^{n}+u_{i,j-1}^{n}-4u_{i,j}^{n})+c_{i,j}^{1}\Delta t \quad (6.114a)$$

$$v_{i,j}^{n+1}=(1-b_{i,j}\Delta t)v_{i,j}^{n}+r(v_{i+1,j}^{n}+v_{i,j+1}^{n}+v_{i-1,j}^{n}+v_{i,j-1}^{n}-4v_{i,j}^{n})+c_{i,j}^{2}\Delta t \quad (6.114b)$$

其中，$r=\dfrac{\mu\Delta t}{\Delta x\Delta y}$。

假设b、c^1和c^2是有界的（这种假设通常是合理的），当迭代方程（6.114a）和（6.114b）满足 CFL（Courant-Friendrichs-Lewy）条件时，即$r\leqslant 1/4$，方程（6.114a）和（6.114b）才是稳定的，因此，时间步长Δt应该满足

$$\Delta t\leqslant\frac{\Delta x\Delta y}{4\mu} \quad (6.115)$$

条件式（6.115）的内在含义：如果空间步长Δx和Δy取得很大，收敛速度就会加快；如果μ取得很大，但同时希望矢量场比较平滑，即Δx和Δy取得较小，那么Δt就必须保持很小，从而收敛速度减慢。根据迭代方程（6.114a）和（6.114b）计算出 GVF 场V，然后，将该力场作为外力代入 Snake 模型式（6.100）中，用于代替 Gaussian 势能力，由此产生了 GVF Snake 模型，即

$$\frac{\partial X}{\partial t}=\frac{\partial}{\partial s}\left(\alpha\frac{\partial X}{\partial s}\right)-\frac{\partial^2}{\partial s^2}\left(\beta\frac{\partial^2 X}{\partial s^2}\right)+V \quad (6.116)$$

同 Gaussian 势能力的计算方式相似，一旦 GVF 场V一次性计算完毕，其值是固定的，不需要随着模型轮廓线X变动而更新。以式（6.116）为迭代公式，图 6-39 为基于梯度矢量流 Snake 对⊂形物体的收敛过程和结果，令梯度矢量流场 GVF 的$\mu=0.2$，其他参数与图 6-38 一致。图 6-39（b）是图像的 GVF 场，可以看出 GVF 场较高斯外力场有更大的捕捉范围，这使得初始轮廓线在距离目标边界比较远的情况下依然能得到正确的结果。图 6-39（c）是凹陷区域的 GVF 场放大图，可以看出凹陷区域两侧的 GVF 场同时具有向两侧和向下的趋势，这使得 Snake 曲线可以向凹陷区域内部形变。图 6-39（a）给出了初始轮廓线的位置及轮廓线最终的收敛结果。

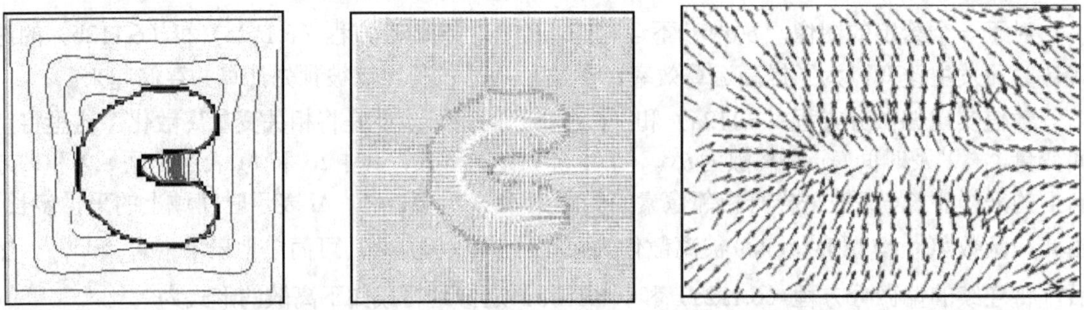

（a）GVF Snake 收敛过程和结果　　（b）GVF 场　　（c）凹形区域外力场放大图

图 6-39　GVF Snake 模型对⊂形物体的收敛过程和结果

6.6 基于几何形变模型的分割

图像处理领域有两类主要的形变模型：参数活动模型和几何形变模型。前面提到的 Snake 模型是参数活动模型的代表，该类模型不能自动处理轮廓线的拓扑变化，对于结构较为复杂的图像需要活动轮廓模型能自动改变拓扑结构，以适应分割多个子区域的需要，而参数活动轮廓模型却很难满足这种需求，这一缺点也严重地束缚了它在图像分割中的应用。

几何形变模型由 Caselles 和 Malladi 分别独立提出，它是以曲线演化理论和水平集方法为基础的。几何形变模型的轮廓线由水平集函数的零水平集表示，模型通过更新水平集函数达到使轮廓线运动的目的，即使轮廓线发生了分裂与合并等拓扑变化，水平集函数仍然能保持为一个有效的函数。与参数活动轮廓模型相比，几何形变模型具有自动处理轮廓线拓扑变化的优势，可以同时分割多个目标，并分割具有复杂拓扑结构的目标。因而，已被广泛地应用于实际的图像处理系统中，尤其是医学图像处理系统。本节介绍曲线演化理论和水平集方法，在此基础上介绍几何活动模型和测地活动模型等两种典型的几何形变模型。

6.6.1 曲线演化理论

曲线演化理论是仅利用曲线的单位法向量和曲率等几何测度来研究曲线随时间形变的理论。而在参数活动轮廓模型中，轮廓线形变所依赖的曲线导数是一个与曲线参数有关的变量，不属于几何测度。

设一个闭合的动态曲线为 $C(s,t)=(x(s,t),y(s,t))$，其中 s 表示曲线的参变量，t 表示时间变量，则轮廓曲线沿其单位内法向矢量 $\boldsymbol{N}$ 的运动方程可以用如下偏微分方程表示，即

$$\frac{\partial C}{\partial t}=V(C)\boldsymbol{N} \tag{6.117}$$

在式（6.117）中，$V(C)$ 是轮廓曲线演化的速度函数，决定轮廓曲线上每点的运动快慢。需要指出的是，沿任意方向运动的轮廓曲线总是可以重新参数化为方程（6.117）的形式，因为轮廓曲线的切线方向的运动仅仅影响轮廓曲线的参数化，不会改变其形状和几何属性。最常用的轮廓曲线演化是曲率演化和常值演化。常值演化的演化方程为

$$\frac{\partial C}{\partial t}=V_0\boldsymbol{N} \tag{6.118}$$

其中，V_0 表示一个常值系数，决定了曲线演化的速度大小和方向。常值演化以均匀收缩（或膨胀）的方式进行运动，容易产生尖角，并可能出现拓扑结构的变化（分裂或合并），如图 6-40 所示，其中图 6-40（a）是原始轮廓曲线，图 6-40（b）、（c）、（d）是轮廓曲线的常值演化过程。

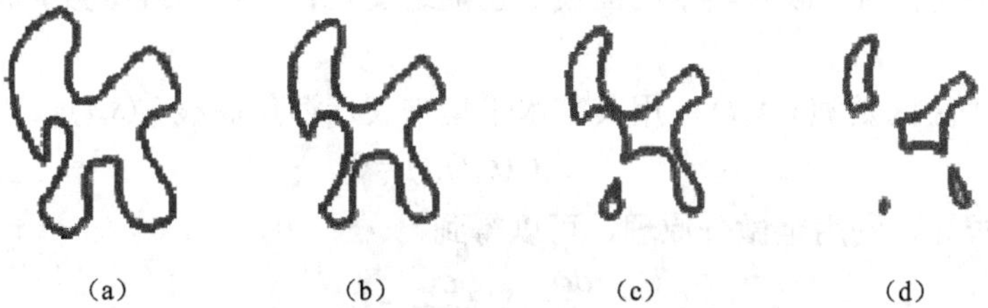

图 6-40 闭合曲线的常值演化过程（V_0=1）

而曲率演化的演化方程为

$$\frac{\partial C}{\partial t}=\lambda\kappa \boldsymbol{N} \tag{6.119}$$

其中，κ 表示曲线的曲率，λ 表示一个正的常值系数。曲率演化和参数活动轮廓模型中内力对轮廓曲线运动的影响很相似，其过程如图 6-41 所示，其中，图 6-41（a）是初始轮廓曲线，图 6-41（b）、（c）、（d）是图 6-41（a）的轮廓曲线的曲率演化过程，轮廓曲线逐渐收缩平滑，并向圆形的趋势演化，最后可收缩成一个点。

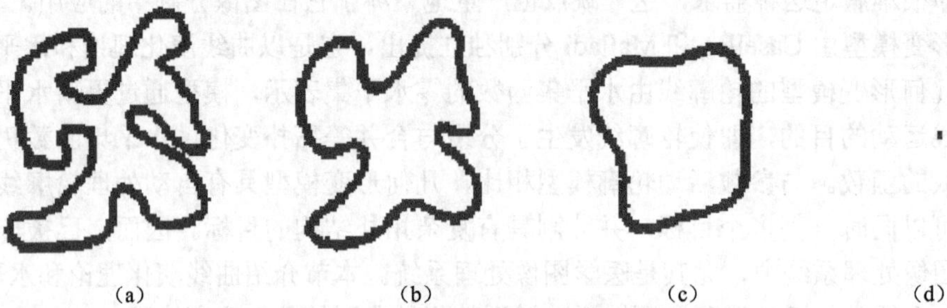

图 6-41　轮廓曲线的曲率演化过程

6.6.2　水平集方法及其数值实现

1. 水平集方法原理

水平集方法是由 Osher 和 Sethian 于 1988 年首次提出的一种非常有效的实现曲线演化的方法。水平集方法将演化曲线 $C(s,t)$ 嵌入一个比它高一维的函数 $\phi(x,y,t)$ 中，其中函数 ϕ 被称为水平集函数。通常水平集函数 ϕ 用其零水平集来表示曲线 C，即 $C(s,t)=\{(x,y)\,|\,\phi(x,y,t)=0\}$。令 Ω_1 为曲线 C 所包围的内部区域，Ω_2 为曲线 C 以外的区域，则传统水平集函数一般被定义为符号距离函数，即

$$\varphi(x,y,t)=\begin{cases}-d((x,y),C(s,t)) & 若(x,y)\in\Omega_1\\ 0, & 若(x,y)\in C\\ d((x,y),C(s,t)) & 若(x,y)\in\Omega_2\end{cases} \tag{6.120}$$

其中，$d((x,y),C(s,t))$ 表示坐标 (x,y) 到曲线 $C(s,t)$ 的距离。图 6-42 给出了一个用水平集函数表示演化曲线的例子。图 6-42（a）显示了演化曲线 C，而图 6-42（b）显示了与曲线 C 相对应的水平集函数 ϕ，水平集函数 ϕ 与平面 $z=0$ 的交线（即水平集函数 ϕ 的零水平集）隐含地表示了曲线 C。从图中可以知道，水平集方法将曲线的演化问题转化成了高维函数的更新问题，当高维函数 ϕ 发生变化时，嵌入其中的曲线 C 也随之变化；一旦高维函数 ϕ 被确定，则曲线 C 也最终被确定。

给定一个水平集函数 $\phi(x,y,t)$，用其零水平集来表示演化曲线 $C(s,t)$，则有

$$\phi(C(s,t),t)=0 \tag{6.121}$$

式（6.121）对 t 求导，利用全微分原理，可以得到

$$\frac{\partial \phi}{\partial t}+\nabla\phi\frac{\partial C}{\partial t}=0 \tag{6.122}$$

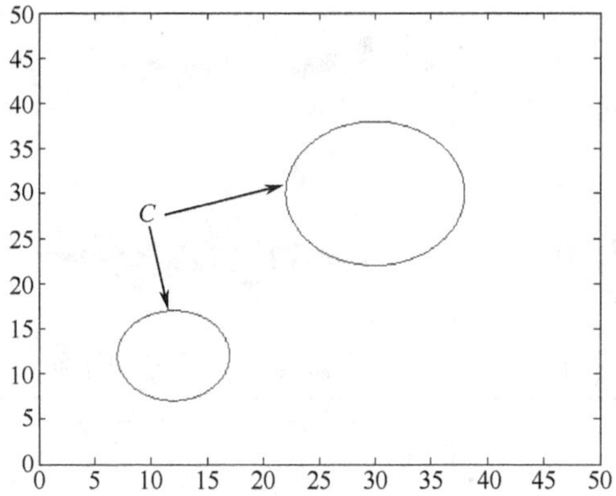

(a) 演化曲线C

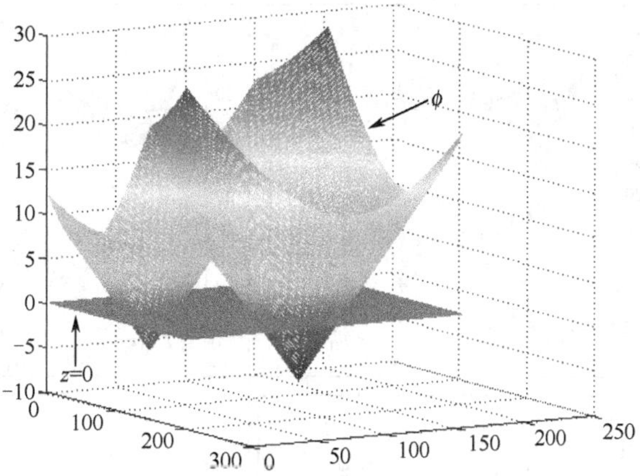

(b) 对应的水平集函数ϕ

图 6-42 演化曲线及相应的水平集函数

根据式（6.120），ϕ在零水平集的内部是负的，在外部是正的，则曲线C的向内单位法向量$\boldsymbol{N}$可以通过式（6.123）来计算，即

$$\boldsymbol{N}=-\frac{\nabla\phi}{|\nabla\phi|} \tag{6.123}$$

将曲线C的演化方程（6.117）及向内单位法向量$\boldsymbol{N}$的计算表达式（6.123）代入方程（6.122），可以得到

$$\frac{\partial\phi}{\partial t}-V(C)\left|\nabla\phi\right|=0 \tag{6.124}$$

将式（6.124）再进一步改写，则得到与曲线演化方程（6.117）相对应的水平集方程，即

$$\frac{\partial\phi}{\partial t}=V(C)\,|\,\nabla\phi\,| \tag{6.125}$$

这样，给定轮廓曲线运动的偏微分方程（6.117）及轮廓曲线初始时刻的水平集函数$\phi(x,y)$，方程（6.125）可以保证水平集函数$\phi(x,y,t)$随时间的运动满足$\phi(C(s,t),t)=0$的条件，即ϕ的零水平集始终是轮廓曲线$C(s,t)$，则方程（6.125）称为轮廓曲线运动方程（6.117）的欧氏表达，是一种 Hamilton-Jacobi 类型的偏微分方程。

由方程式（6.125）可方便地计算出轮廓曲线$C(s,t)$的曲率κ为

$$\kappa=\operatorname{div}\frac{\nabla\phi}{|\nabla\phi|}=\frac{\phi_{xx}\phi_y^2-2\phi_x\phi_y\phi_{xy}+\phi_{yy}\phi_x^2}{(\phi_x^2+\phi_y^2)^{3/2}} \tag{6.126}$$

使用水平集方法来实现曲线演化的主要优点在于，该方法能够自动地处理演化曲线的拓扑变化。只要水平集方程（6.125）中的速度函数$V(C)$是平滑的，随着水平集函数ϕ的更新，即使演化曲线C（水平集函数ϕ的零水平集）发生了拓扑变化，水平集函数ϕ仍能保持为一个有效的函数。图 6-43 的第一行图像显示了一个水平集函数在常值速度和曲率速度的共同作用下的更新过程，而第二行图像则显示了该水平集函数的零水平集所表示曲线的演化过程。从图 6-43 可以看出，随着水平集函数的有效更新，它所表示曲线的拓扑结构可以随意发生变化。

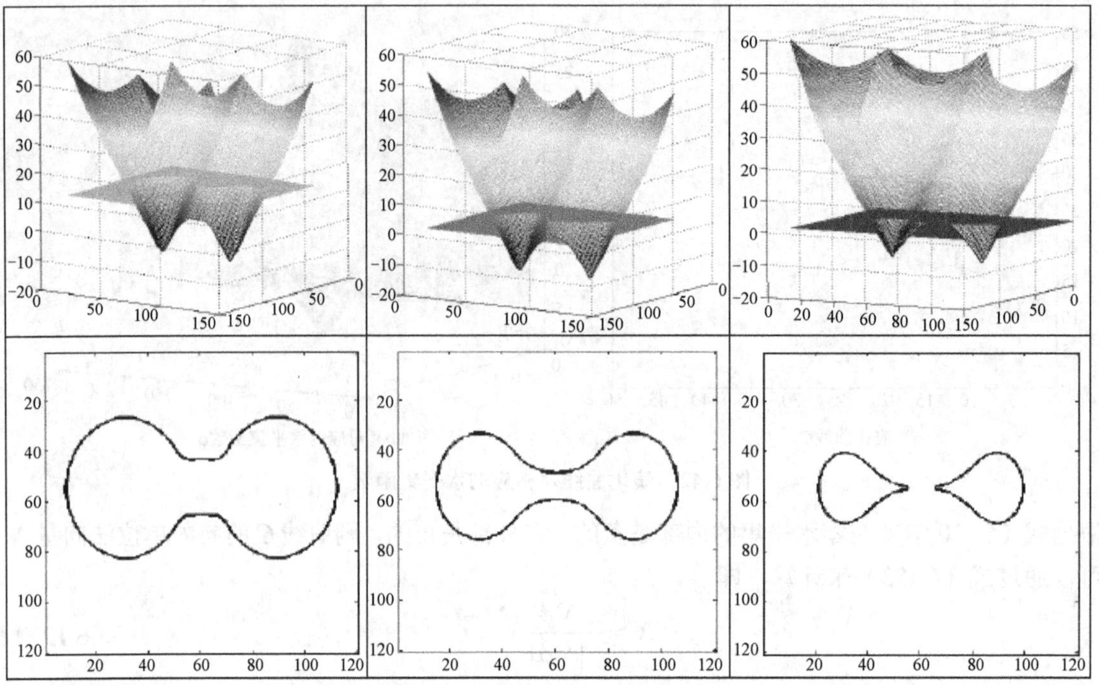

图 6-43　水平集方程的演化及其所表示曲线的拓扑变化

2. 水平集方法的数值实现

利用水平集方法实现轮廓曲线运动在图像分割中的应用，有必要选择适当的数值计算方法。有效、稳定的数值实现方法对水平集方法的应用是非常关键的。Osher 详细讨论了方程（6.125）的数值表达，包括水平集函数的网格表达、一阶和二阶微分的计算、单位法向矢量及曲率的计算等，简要介绍如下。

在图像分割应用中，水平集方程（6.125）中的速度项 V 通常包含以下三种形式的速度，即

$$V = V_{\text{Cons}} + V_{\text{Curv}} + V_{\text{Adv}} \tag{6.127}$$

其中 $V_{\text{Cons}} = V_0$ 表示常值速度；$V_{\text{Curv}} = a\kappa$ 表示曲率速度；$V_{\text{Adv}} = UN$ 表示水平速度。这里 V_0 和 a 既可以表示常值，也可以表示函数，$U = (u,v)$ 表示一个向量场。将式（6.127）和式（6.123）代入方程（6.125），可以得到一个"完整"的应用于图像分割的水平集方程为

$$\frac{\partial \phi}{\partial t} = (V_0 + a\kappa)|\nabla \phi| - U\nabla \phi \tag{6.128}$$

由于水平集函数在运动过程中始终保持为一个函数，因此，可以用离散网格来表达水平集函数 $\phi(x,y,t)$。设图像离散网格的间隔为 h，离散后 $I(x,y)$ 的大小为 $M \times N$ 个像素，节点 ij 中的 $i \in \{1,2,\cdots,M\}$，$j \in \{1,2,\cdots,N\}$。Δt 为时间间隔，并设在 n 时刻节点 ij 处的水平集函数为 ϕ_{ij}^n，则方程式（6.128）可以离散化为

$$\frac{\phi_{ij}^{n+1} - \phi_{ij}^n}{\Delta t} = V_{ij}^n |\nabla_{ij} \phi_{ij}^n| \tag{6.129}$$

其中，V_{ij}^n 表示 n 时刻速度函数位于网格点 ij 处的值。采用逆向有限差分法，可得式（6.128）

最终的离散化形式为

$$
\begin{aligned}
\phi_{ij}^{n+1} = \phi_{ij}^{n} + \Delta t\{ & -[\max(V_{0ij},0)\nabla^{+} + \min(V_{0ij},0)\nabla^{-}] \\
& + a\kappa_{ij}^{n}[(D_{ij}^{0x})^2 + (D_{ij}^{0y})^2]^{1/2} \\
& - [\max(u_{ij}^{n},0)D_{ij}^{-x} + \min(u_{ij}^{n},0)D_{ij}^{+x} \\
& + \max(v_{ij}^{n},0)D_{ij}^{-y} + \min(v_{ij}^{n},0)D_{ij}^{+y}]\}
\end{aligned}
\tag{6.130}
$$

其中∇^{+}、∇^{-}、D_{ij}^{-x}、D_{ij}^{+x}、D_{ij}^{-y}、D_{ij}^{+y}、D_{ij}^{0x}及D_{ij}^{0y}分别由下列式子计算，即

$$\nabla^{+} = [(\max(D_{ij}^{-x},0))^2 + (\min(D_{ij}^{+x},0))^2 + (\max(D_{ij}^{-y},0))^2 + (\min(D_{ij}^{+y},0))^2]^{1/2}$$

$$\nabla^{-} = [(\max(D_{ij}^{+x},0))^2 + (\min(D_{ij}^{-x},0))^2 + (\max(D_{ij}^{+y},0))^2 + (\min(D_{ij}^{-y},0))^2]^{1/2}$$

$$D_{ij}^{-x} = \frac{\phi_{ij}^{n} - \phi_{i-1,j}^{n}}{h}, \quad D_{ij}^{+x} = \frac{\phi_{i+1,j}^{n} - \phi_{ij}^{n}}{h}$$

$$D_{ij}^{-y} = \frac{\phi_{ij}^{n} - \phi_{i,j-1}^{n}}{h}, \quad D_{ij}^{+y} = \frac{\phi_{i,j+1}^{n} - \phi_{ij}^{n}}{h}$$

$$D_{ij}^{0x} = \frac{\phi_{i+1,j}^{n} - \phi_{i-1,j}^{n}}{2h}, \quad D_{ij}^{0y} = \frac{\phi_{i,j+1}^{n} - \phi_{i,j-1}^{n}}{2h}$$

通过差分方程（6.130），可以利用迭代法来不断更新水平集函数，提取更新后水平集函数的零水平集，即可得更新后的轮廓曲线。而且，轮廓曲线的曲率可以直接采用中值差分方法来数值计算，即令$h=1$，用D_{ij}^{0x}和D_{ij}^{0y}近似，而单位内法向矢量可以按照式（6.132）计算，即

$$
\begin{aligned}
n_{ij}^{*} = \frac{(\phi_x,\phi_y)}{\sqrt{\phi_x^2+\phi_y^2}} = & \frac{(D_{ij}^{+x},D_{ij}^{+y})}{\sqrt{(D_{ij}^{+x})^2+(D_{ij}^{+y})^2}} + \frac{(D_{ij}^{-x},D_{ij}^{+y})}{\sqrt{(D_{ij}^{-x})^2+(D_{ij}^{+y})^2}} \\
& + \frac{(D_{ij}^{+x},D_{ij}^{-y})}{\sqrt{(D_{ij}^{+x})^2+(D_{ij}^{-y})^2}} + \frac{(D_{ij}^{-x},D_{ij}^{-y})}{\sqrt{(D_{ij}^{-x})^2+(D_{ij}^{-y})^2}}
\end{aligned}
\tag{6.131}
$$

然后

$$N_{ij} = -\frac{n_{ij}^{*}}{|n_{ij}^{*}|} \tag{6.132}$$

基于式（6.130）进行水平集函数更新时，必须审慎选取时间间隔Δt，以保证偏微分方程数值计算的稳定性，Sethian 论述了时间间隔的选取必须满足 CFL 条件为

$$\Delta t \max V_{ij} \leqslant h \tag{6.133}$$

式（6.133）的含义是每次迭代时，零水平集移动范围不能超过一个网格宽度。

3. 水平集算法的快速实现

根据上述所介绍的数值方法来直接实现水平集函数的演化将是一个计算量非常庞大的任务，因此，在逆向有限差分算法的基础上，人们又为水平集方程的数值实现提出了一些快速算法，例如，窄带法、快速行进法和加操作分离法等。此处我们简单介绍用窄带法快速实现水平集的过程。

窄带法最初由 Chop 提出，Adalsteinsson 和 Sethian 给出了详细的实现方法。基本思想是只更新位于零水平集周围很窄的一个带状区域水平集函数的值。如图 6-44 所示，阴影条带内

部的轮廓曲线是当前的零水平集，外面的曲线是窄带外边界点，里面的曲线是内部边界点，更新水平集函数的时候，只对带状阴影内部的点更新。

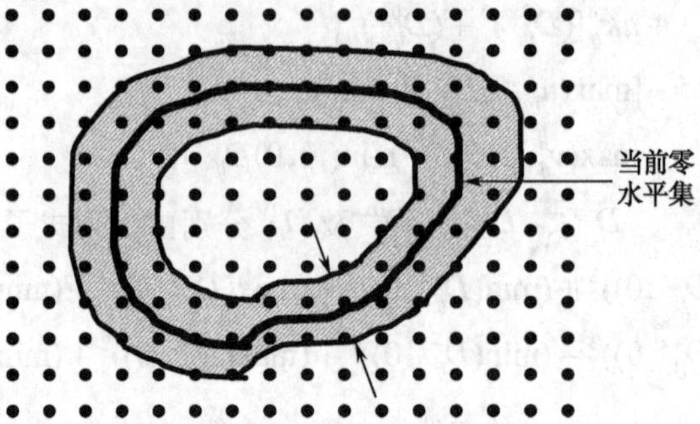

图 6-44　窄带方法示意图

当前零水平集由于窄带宽度一般较窄，窄带内需更新的激活点不多，因此，更新水平集函数的计算量大大减少。不过，窄带法存在的问题是经过几次迭代后，零水平集的位置可能超出窄带的范围，因此，需要经常更新窄带状水平集函数，更新的项目包括：①更新窄带的内外边界点，以保持窄带的有效范围；②重新初始化水平集函数，使其保持为符号距离函数。更新的方式和窄带的宽度有关，如果窄带宽度很窄，一次迭代后，零水平集就有可能超出窄带范围，则需要每次更新，这将增加计算量；如果窄带宽度很宽，则需更新的窄带内网格点比较多，计算量也增加，比较合理的窄带宽度是 $2\sigma=12\sim16$（网格点间距或采样点间距）。下面是窄带法更新水平集函数的基本流程。

步骤 1：构造窄带。

① 由初始轮廓曲线 C_0 生成窄带内的符号距离函数（SDF），将窄带内所有点标记为激活点。

② 标记窄带的边界点。

③ 将远离窄带的点标记为远点，并对 C_0 以外的远点赋予较大的正 SDF 值，对 C_0 内部的远点赋予较大的负 SDF 值。

步骤 2：迭代轮廓曲线运动方程。

① 根据方程（6.130），更新激活点的 ϕ。

② 提取更新后 ϕ 的零水平集曲线 C_n，检查是否到达窄带边界点，如果到达，则根据当前的 C_n 按照步骤 1 重新构造窄带和 SDF，然后继续迭代。

③ 收敛检查。

6.6.3　几何活动轮廓模型

几何活动轮廓模型是由 Caselles 等人与 Malladi 等人分别独立提出的首个水平集活动轮廓模型。在此之前，活动轮廓模型仅具有一种类型，即以 Snake 模型为代表的参数活动轮廓模型。几何活动轮廓模型的提出开创了一种新形式的活动轮廓模型——水平集活动轮廓模型。

令演化曲线 $C(s,t)=(x(s,t),y(s,t))$ 表示几何活动轮廓模型的轮廓线，其中 s 表示曲线的参变量，t 表示时间变量，则几何活动轮廓模型的轮廓线 C 的演化方程可以写为

$$\frac{\partial C}{\partial t} = g(V_0 + \kappa)\boldsymbol{N} \tag{6.134}$$

其中，$\boldsymbol{N}$ 表示曲线 C 的向内单位法向量，κ 表示曲线 C 的曲率，V_0 表示一个常值系数，而 g 是一个依赖于图像特征的函数。给定一个灰度图像 $I(x,y)$，则函数 g 被定义为

$$g(x,y) = \frac{1}{1+|\nabla(G_\sigma * I(x,y))|^2} \tag{6.135}$$

其中，G_σ 表示标准方差为 σ 的二维 Gaussian 滤波器，$*$ 表示卷积算子，∇ 表示空间梯度算子。这里 Gaussian 滤波器的作用是去除噪声。

当坐标变量 (x,y) 位于图像边缘时，图像梯度的幅值（即 $|\nabla(G_\sigma * I(x,y))|$）相对很大，因而 $g(x,y)$ 的值会趋近于 0；相反，当坐标变量 (x,y) 远离图像边缘时，位于图像灰度值比较平坦的区域时，图像梯度的幅值相对很小，因而 $g(x,y)$ 的值会趋近于 1。由此，可以根据函数值 $g(x,y)$ 是接近 0 还是接近 1 来判断其对应像素 $I(x,y)$ 是否位于图像边缘上，所以，函数 g 被称为图像边缘指示函数。从演化方程（6.134）可以看出，曲线 C 的演化速度是 $g(V_0+\kappa)$，其中 V_0 和 κ 是前面介绍过的常值速度和曲率速度。当 V_0 取正值时，曲线 C 在该速度的影响下向内收缩；而当 V_0 取负值时，曲线 C 在该速度的影响下向外膨胀，而曲率速度 κ 的作用是使曲线 C 在演化过程中保持平滑。之所以在常值速度与曲率速度的合速度前乘以边缘指示函数 g，其目的是：当几何活动轮廓模型的轮廓线远离由目标边界所形成的图像边缘时，函数 g 的取值几乎处处为 1，轮廓线在常值速度与曲率速度的共同作用下向目标边界运动，一旦轮廓线遇到目标边界，函数 g 的值趋近于 0，使得轮廓线的演化速度变为 0，从而轮廓线最终停止在目标边界上。

根据 6.6.2 节介绍的曲线演化方程与水平集方程的对应关系，可以把几何活动轮廓模型的曲线演化方程（6.134）转化为如下形式，即

$$\frac{\partial \phi}{\partial t} = g|\nabla\phi|\left[V_0 + \operatorname{div}\left(\frac{\nabla\phi}{|\nabla\phi|}\right)\right] \tag{6.136}$$

其中 ϕ 是演化曲线 C 所对应的水平集函数，即水平集函数 ϕ 用其零水平集来表示曲线 C。水平集方程（6.136）的数值实现可以参看 6.6.2 节的介绍。

图 6-45 是采用几何活动轮廓模型分割目标轮廓线有拓扑变化的例子，其中图 6-45（a）是人工合成的有‘Y’字形目标的图像，令常值速度 $V_0 = \pm 0.5$，边缘指示函数的参数 $\sigma = 0.5$。图 6-45（b）是图 6-45（a）的边缘函数。图 6-45（c）显示了几何活动轮廓模型的轮廓线从目标内部向目标边界演化的过程，在演化过程中，上侧目标区域内的两个分离的轮廓线成功地进行了合并。图 6-45（d）显示了模型的轮廓线从目标外部向目标边界演化的过程，在演化过程中，整个轮廓线成功地分离成了两个轮廓线。由此可知，几何活动轮廓模型在图像分割过程中可以自动处理轮廓线的拓扑变化。

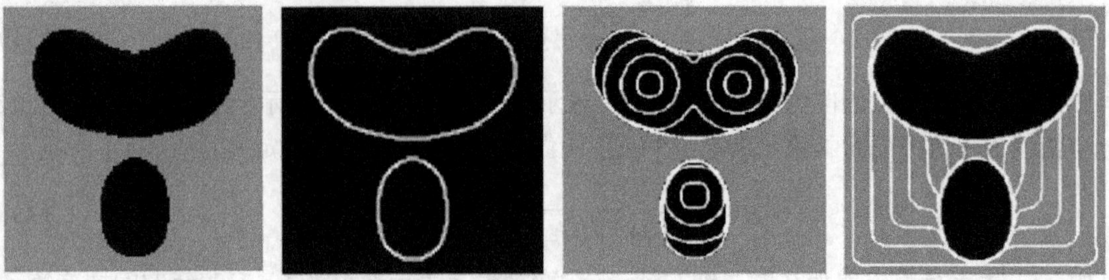

图 6-45　几何活动轮廓模型在分割‘Y’字形图像时轮廓线的拓扑变化过程

6.6.4　测地活动轮廓模型

6.6.3 节介绍了首个水平集活动轮廓模型——几何活动轮廓模型。可以看出，几何活动轮廓模型的设计是在曲线演化方程的框架上直接设计演化速度。这种设计模式比较简单，很难运用这种模式设计出一些更精巧、更有效的水平集活动轮廓模型来。

本节将介绍另一种经典的水平集活动轮廓模型——测地活动轮廓模型。测地活动轮廓模型采取与原始 Sanke 模型相似的设计模式，即首先设计一个关于轮廓线的能量泛函，然后通过极小化这个能量泛函来获取轮廓线的运动方程。这种模式以间接的方式来设计轮廓线的演化方程，虽然设计过程相对复杂，但为研究者们提供了一种更开阔的设计思路。

令演化曲线 $C(p,t)$ 表示测地活动轮廓模型的轮廓线，其中 $p\in[0,1]$ 表示曲线 C 的参变量，t 表示时间变量，则测地活动轮廓模型关于演化曲线 C 的能量泛函被定义为

$$E_G(C)=\int_0^1 g\left|\frac{\partial C}{\partial p}\right|\mathrm{d}p \tag{6.137}$$

其中，g 为式（6.135）所定义的图像边缘指示函数。定义为

$$d_\mathrm{s}=\left|\frac{\partial C}{\partial p}\right|\mathrm{d}p \tag{6.138}$$

根据微分几何的基本知识，可知 d_s 表示曲线 C 的欧几里得弧长。如果边缘指示函数 g 的值处处为 1，则能量泛函 E_G 表示对曲线 C 的弧长进行积分，其大小为曲线 C 的长度，而极小化能量泛函 E_G 则等价于寻找一条长度最短的曲线。事实上，函数 g 并非处处恒为常值，其值在图像边缘处趋近于 0，而在远离图像边缘的区域趋近于 1。测地活动轮廓模型通过将曲线的欧几里得弧长 d_s 乘以函数 g，从而得到加权的曲线弧长，即 gd。然后对这个加权的弧长进行积分，用于定义能量泛函 E_G，而 E_G 的值即为曲线 C 的加权长度。

下面进一步考察能量泛函 E_G 的意义，当初始曲线 C 被设置在目标边界的附近时，曲线 C 从初始位置运动到目标边界时 E_G 会达到极值。这是因为当曲线 C 位于以图像边缘为特征的目标边界时，其加权弧长 $\mathrm{g}d_s$ 趋近于 0；当曲线 C 要偏离目标边界时，其欧几里得弧长 d_s 可能会缩短，但其加权弧长 $\mathrm{g}d_s$ 显然是增加的。所以，当测地活动轮廓模型的轮廓线与目标边界重合时，与该轮廓线相应的能量泛函 E_G 达到极小值。

运用变分法计算能量泛函 E_G 的一阶变分，并且根据分步积分，可以推导出如下方程，即

$$\frac{\partial E_G(C)}{\partial t} = -\int_0^{L(t)} \left\langle \frac{\partial C}{\partial t}, \left(g\kappa - (\nabla g \boldsymbol{N})\right)\boldsymbol{N} \right\rangle \mathrm{d}s \tag{6.139}$$

其中符号$\langle\cdot\rangle$代表两个数的内积，$\boldsymbol{N}$表示曲线C的向内单位法向量，κ表示曲线C的曲率，$L(t)$表示曲线C在t时刻的欧几里得长度。根据式（6.139）可以进一步得到测地活动轮廓模型的曲线演化方程，即

$$\frac{\partial C}{\partial t} = (g\kappa - (\nabla g \boldsymbol{N}))\boldsymbol{N} \tag{6.140}$$

式（6.140）定义了一种梯度流。曲线C沿着这个梯度流方向进行演化，从而达到极小化曲线加权长度E_G的目的。

根据曲线演化方程与水平集方程的对应关系，从演化方程（6.140）可以推导出如下水平集方程，即

$$\frac{\partial \phi}{\partial t} = g|\nabla\phi|\operatorname{div}\left(\frac{\nabla\phi}{|\nabla\phi|}\right) + \nabla g \nabla\phi \tag{6.141}$$

其中，ϕ表示演化曲线C所对应的水平集函数。在实际应用中，人们通常在水平集方程（6.141）中增加一个常值速度V_0，以保证当测地活动轮廓模型的轮廓线远离目标边界时，它仍能向目标边界运动。由此，测地活动轮廓模型的水平集方程可以完整地写为

$$\frac{\partial \phi}{\partial t} = g|\nabla\phi|\left(V_0 + \operatorname{div}\left(\frac{\nabla\phi}{|\nabla\phi|}\right)\right) + \nabla g \nabla\phi \tag{6.142}$$

该公式的离散化形式参见6.6.2节。与几何活动轮廓模型（6.136）相比，测地活动轮廓模型的水平集方程增加了一项因式$\nabla g \nabla \phi$，通常该项因式被称为吸引因子。当水平集函数ϕ的零水平集所表示的轮廓线C要穿越或偏离以图像边缘为特征的目标边界时，吸引因子会产生一个力把轮廓线C重新拖回目标边界上。因此，测地活动轮廓模型具有防止轮廓线出现边界泄漏的优点。

图6-46是考察测地活动轮廓模型防止轮廓线出现边界泄漏的例子。在该实验中，令边缘指示函数的参数$\sigma = 1$，常值速度$V_0 = -0.5$。图6-46（a）显示了被测试的‘Y’字形人工合成图像，在该人工合成图像的目标边界处，有一个区域被人为地模糊了，因此，相应的边缘函数图像6-46（b）显示目标边界具有一段强度较弱的图像边缘。图6-46（c）和（d）分别显示了几何活动轮廓模型和测地活动轮廓模型的轮廓线从目标内部向目标边界演化的过程。可以看出，几何活动轮廓模型在较弱的边缘处发生了边界泄漏，而测地活动轮廓模型由于具有吸引因子，加强了图像边缘对轮廓线的吸引作用，则成功地避免了边界泄漏，并能最终准确地提取目标边界。

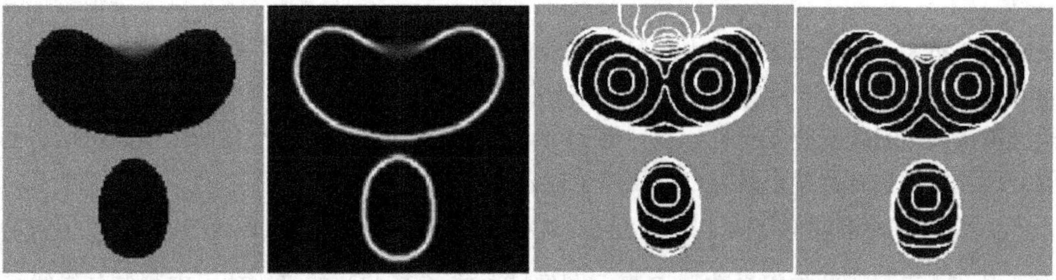

（a）原图　（b）边缘图像　（c）几何活动轮廓模型分割　（d）测地活动轮廓模型分割

图6-46　测地活动轮廓模型与几何活动轮廓模型分割比较1

图 6-47 用于考察测地活动轮廓模型对初始条件的要求。在该实验中，为了增加测地活动轮廓模型吸引因子的作用范围，令边缘指示函数的参数 $\sigma=2$，常值速度 $V_0=0.3$。图 6-47（a）和（b）分别显示了被测试的心形人工合成图像及其边缘函数，图 6-47（c）和（d）分别显示了几何活动轮廓模型和测地活动轮廓模型的轮廓线向目标边界演化的过程。在该实验中，初始轮廓线与目标边界存在交叉，对于几何活动轮廓模型，位于目标内部的轮廓线在常值速度的作用下不断收缩，越来越远离目标边界；对于测地活动轮廓模型，吸引因子能克服常值速度的作用，将位于目标内部的轮廓线吸引到目标边界上。该实验结果表明，对于几何活动轮廓模型，初始轮廓线必须被完全地设置在目标的内部或者外部，模型方能获得令人满意的分割结果，而测地活动轮廓模型对初始条件的要求则不像几何活动轮廓模型那样苛刻。

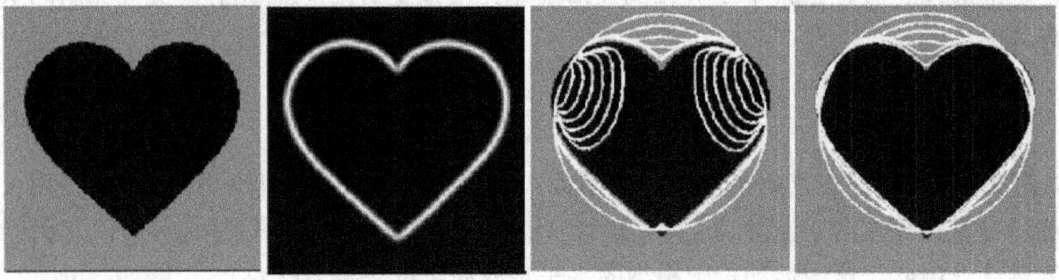

（a）原图　（b）边缘图像　（c）几何活动模型分割　（d）测地活动模型分割

图 6-47　测地活动轮廓模型与几何活动轮廓模型分割比较 2

6.6.5 Chan-Vese 模型

前面介绍的几何轮廓模型和测地活动轮廓模型是利用目标边界所形成的图像边缘来分割图像的，属于基于边界的水平集活动轮廓模型，这类算法通常具有以下缺点：

（1）对噪声和杂波比较敏感。

（2）容易发生边界泄漏现象。

（3）对初始条件的要求比较苛刻。

Chan 和 Vese 于 2001 年提出了一种经典的基于区域的水平集活动轮廓模型——Chan-Vese 模型，它成功地克服了上述基于边界的水平集活动轮廓模型的缺点。Chan-Vese 模型是由 Mumford-Shah 模型演化而来，被认为是简化的 Mumford-Shah 模型，因此，在介绍 Chan-Vese 模型之前，先简要介绍一下 Mumford-Shah 模型。

1. Mumford-Shah 模型

Mumford-Shah 模型是一种去噪与分割相结合的图像处理模型。给定灰度图像 $I(x,y)$，Mumford-Shah 模型的目的是寻找一个分段光滑函数 u，用来近似灰度图像 I 的强度分布。令分段光滑函数 u 的区域分界线是 $C(s)$，则 Mumford-Shah 模型通过极小化一个能量泛函，同时求取分段光滑函数 u 及其分界线 C，而这个能量泛函被定义为

$$E_{\mathrm{MS}}(u,C)=\mu\mathrm{Length}(C)+\lambda\iint_{\Omega}|I(x,y)-u(x,y)|^2\,\mathrm{d}x\mathrm{d}y+\iint_{\Omega\setminus C}|\nabla u(x,y)|^2\,\mathrm{d}x\mathrm{d}y \tag{6.143}$$

其中，μ 和 λ 表示正的加权系数，Ω 表示图像域。式（6.143）的第一项用来测量分界线 C 的长度，该项约束起到平滑分界线的作用；第二项用来测量函数 u 与图像 I 的相似程度，从而使

得函数u更加逼近图像I；第三项为正则项，用来分段地平滑函数u。通过优化能量泛函E_{MS}，可以同时获取两个结果：分段光滑函数u及其分界线C，其中函数u可以被看作去除噪声后的图像，而曲线C则可以看作图像分割区域的边界线。因此，Mumford-Shah 模型是一种将去噪和分割相统一的图像处理模型。

2. Chan-Vese 模型

Chan-Vese 模型将 Mumford-Shah 模型中的分段光滑函数u替换为一个分段常值函数，即

$$\tilde{u}(x,y)=\begin{cases} c_1, & \text{如果}(x,y)\in\Omega_1 \\ c_2, & \text{如果}(x,y)\in\Omega_2 \end{cases} \tag{6.144}$$

其中，Ω_1为曲线C围成的内部区域，Ω_2表示曲线C的外部区域，c_1和c_2表示依赖于曲线C的常数。将分段常值函数$\tilde{u}$代入式（6.143），并在此基础上添加一个面积项，可以得到如下 Chan-Vese 模型，即

$$\begin{aligned} E_{cv}(\tilde{u},C)=&\mu\text{Length}(C)+v\text{Area}(\text{inside}(C)) \\ &+\lambda_1\iint_{\Omega_1}|I(x,y)-c_1|^2\,\mathrm{d}x\mathrm{d}y+\lambda_2\iint_{\Omega_2}|I(x,y)-c_2|^2\,\mathrm{d}x\mathrm{d}y \end{aligned} \tag{6.145}$$

由于分段常值函数$\tilde{u}$本身就是一个特殊的分段光滑函数，因此，由式（6.145）所定义的 Chan-Vese 模型去除了 Mumford-Shah 模型中的正则项。当$v=0$、$\lambda_1=\lambda_2=\lambda$时，Chan-Vese 模型便是 Mumford-Shah 模型的特例。

Chan-Vese 模型将轮廓线C用一个水平集函数ϕ的零水平集来表示，并规定在曲线C的内部，函数ϕ的取值为正；而在曲线C的外部，函数ϕ的取值为负。令H表示 Heaviside 函数，δ_0表示狄拉克（Dirac）δ函数，这两个函数分别被定义为如下形式，即

$$H(z)=\begin{cases} 1, & \text{如果 } z\geqslant 0 \\ 0, & \text{如果 } z<0 \end{cases},\qquad \delta_0=\frac{\mathrm{d}H(z)}{\mathrm{d}z} \tag{6.146}$$

则

$$\begin{aligned} \text{Length}(\phi=0)&=\iint_{\Omega}|\nabla H(\phi(x,y))|\,\mathrm{d}x\mathrm{d}y \\ &=\iint_{\Omega}\delta_0(\phi(x,y))|\nabla\phi(x,y)|\,\mathrm{d}x\mathrm{d}y \end{aligned}$$

$$\text{Area}(\phi\geqslant 0)=\iint_{\Omega}H(\phi(x,y))\mathrm{d}x\mathrm{d}y$$

$$\iint_{\Omega_1}|I(x,y)-c_1|^2\,\mathrm{d}x\mathrm{d}y=\iint_{\Omega}|I(x,y)-c_1|^2\,H(\phi(x,y))\mathrm{d}x\mathrm{d}y$$

$$\iint_{\Omega_2}|I(x,y)-c_2|^2\,\mathrm{d}x\mathrm{d}y=\iint_{\Omega}|I(x,y)-c_2|^2\,[1-H(\phi(x,y))]\mathrm{d}x\mathrm{d}y$$

则式（6.145）可以改写成一个与水平集函数ϕ有关的能量泛函，即

$$\begin{aligned} E_{cv}(c_1,c_2,\phi)=&\mu\iint_{\Omega}\delta_0(\phi(x,y))|\nabla\phi(x,y)|\,\mathrm{d}x\mathrm{d}y \\ &+v\iint_{\Omega}H(\phi(x,y))\mathrm{d}x\mathrm{d}y \\ &+\lambda_1\iint_{\Omega}|I(x,y)-c_1|^2\,H(\phi(x,y))\mathrm{d}x\mathrm{d}y \\ &+\lambda_2\iint_{\Omega}|I(x,y)-c_2|^2\,[1-H(\phi(x,y))]\mathrm{d}x\mathrm{d}y \end{aligned} \tag{6.147}$$

关于常数c_1和c_2的值可以通过极小化能量泛函E_{cv}来求取，即固定水平集函数ϕ的值，关于c_1和c_2分别极小化能量泛函E_{cv}，由此，可以得到如下计算常数c_1和c_2的公式为

$$c_1(\phi)=\frac{\iint_{\Omega} I(x,y)H\left(\phi(x,y)\right)\mathrm{d}x\mathrm{d}y}{\iint_{\Omega} H\left(\phi(x,y)\right)\mathrm{d}x\mathrm{d}y},\quad c_2(\phi)=\frac{\iint_{\Omega} I(x,y)[1-H\left(\phi(x,y)\right)]\mathrm{d}x\mathrm{d}y}{\iint_{\Omega}[1-H\left(\phi(x,y)\right)]\mathrm{d}x\mathrm{d}y} \tag{6.148}$$

从式（6.148）可以看出，常量c_1和c_2分别表示轮廓线C的内部和外部的图像灰度均值。

由于 Heaviside 函数H和 Dirac 函数δ_0是不规则函数，所以无法由能量泛函E_{cv}的表达式（6.147）推导出关于水平集函数ϕ的 Euler-Lagrange 方程，因而 Chan 和 Vese 选取了一个稍微规则的函数H_ε来逼近 Heaviside 函数H，并根据近似的 Heaviside 函数H_ε计算出对应的近似 Dirac 函数δ_ε。下面分别给出函数H_ε和δ_ε的表达式为

$$H_\varepsilon(z)=\frac{1}{2}\left[1+\frac{2}{\pi}\arctan\left(\frac{z}{\varepsilon}\right)\right],\quad \delta_\varepsilon(z)=\frac{\mathrm{d}H_\varepsilon(z)}{\mathrm{d}z}=\frac{1}{\pi}\frac{\varepsilon}{\varepsilon^2+z^2} \tag{6.149}$$

其中，ε表示近似函数H_ε和δ_ε的参数。当ε的值趋近于 0 时，函数H_ε和δ_ε逼近于 Heaviside 函数H和 Dirac 函数δ_0。

固定c_1和c_2的值，通过极小化能量泛函E_{cv}，可以推导出一个关于水平集函数ϕ的 Euler-Lagrange 方程。给水平集函数ϕ引入一个时间变量t，将其看作一个关于时间变量t的函数，即$\phi(x,y,t)$，然后，根据水平集函数ϕ的 Euler-Lagrange 方程可以写出如下水平集方程，即

$$\frac{\partial\phi}{\partial t}=\delta_\varepsilon(\phi)\left[\mu\mathrm{div}\left(\frac{\nabla\phi}{|\nabla\phi|}\right)-\nu-\lambda_1(I-c_1)^2+\lambda_2(I-c_2)^2\right] \tag{6.150}$$

3. Chan-Vese 模型的数值实现

与前面介绍的标准水平集方程（6.128）相比，Chan-Vese 模型的水平集方程（6.150）在形式上略有不同。将空间变量x、y和时间变量t进行离散化，令h表示空间步长，Δt表示时间步长，则可以将水平集函数$\phi(x,y,t)$及图像函数$I(x,y)$分别表示成离散的形式$\phi_{ij}^n=\phi(ih,jh,n\Delta t)$和$I_{ij}=I(ih,jh)$。Chan 和 Vese 将水平集方程（6.150）转化为如下数值实现形式，即

$$\begin{aligned}\frac{\phi_{ij}^{n+1}-\phi_{ij}^n}{\Delta t}=\delta_\varepsilon(\phi_{ij}^n)[\mu D_{ij}^{-x}&\left(\frac{D_{ij}^{+x}\phi_{ij}^{n+1}}{\sqrt{(D_{ij}^{+x}\phi_{ij}^n)^2+(D_{ij}^{0y})^2}}\right)\\&+\mu D_{ij}^{-y}\left(\frac{D_{ij}^{+y}\phi_{ij}^{n+1}}{\sqrt{(D_{ij}^{+y}\phi_{ij}^n)^2+(D_{ij}^{0x})^2}}\right)\\&-\nu-\lambda_1(I_{ij}-c_1(\phi^n))^2+\lambda_2(I_{ij}-c_2(\phi^n))^2]\end{aligned} \tag{6.151}$$

其中D_{ij}^{-x}、D_{ij}^{+x}、D_{ij}^{0x}、D_{ij}^{-y}、D_{ij}^{+y}、D_{ij}^{0y}由式（6.130）给出。

在算法实现中，水平集函数ϕ的更新公式（6.151）与常量c_1和c_2的估计公式（6.148）交替运算。而且，同前面介绍的水平集方程的数值实现一样，在每次更新水平集函数ϕ后，需要将水平集函数重新初始化为符号距离函数，以保证数值计算的稳定性。因此，Chan-Vese 模型算法的主要步骤如下所述。

步骤 1：针对初始轮廓线构造符号距离函数，以此初始化 ϕ^0，$n=0$。

步骤 2：由公式（6.148）计算 $c_1(\phi^n)$ 和 $c_2(\phi^n)$。

步骤 3：根据迭代公式（6.151）计算 ϕ^{n+1}。

步骤 4：用符号距离函数重新初始化 ϕ。

步骤 5：检查是否收敛，否则，$n=n+1$，转到步骤 2。

图 6-48 给出了用 Chan-Vese 模型分割图像的实例，其中图 6-48（b）和图 6-48（c）是分别采用大津阈值和 Chan-Vese 模型对原图 6-48（a）进行分割的结果。图 6-48（d）是对原图 6-48（a）加入噪声的图像。图 6-48（e）和图 6-48（f）是分别采用大津阈值和 Chan-Vese 模型对图 6-48(d)进行分割的结果。从图中可以看出，大津阈值受噪声影响非常严重，而 Chan-Vese 对初始轮廓的位置并不像几何活动轮廓模型和测地活动轮廓模型那样苛刻，同时算法能够克服噪声的影响而收敛到正确的目标边界。

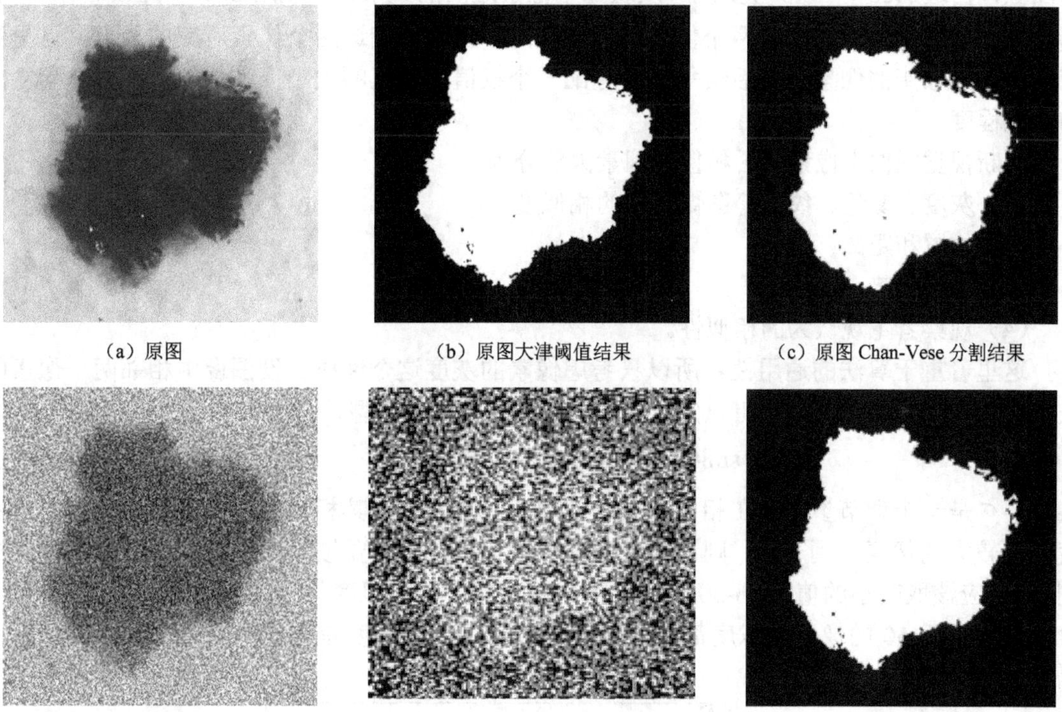

（a）原图　（b）原图大津阈值结果　（c）原图 Chan-Vese 分割结果

（d）加噪图　（e）加噪图大津阈值结果　（f）加噪图 Chan-Vese 分割结果

图 6-48　Chan-Vese 模型与大津阈值的对比实例

6.7 基于图论的分割

基于图论的图像分割技术是近年来国际上图像分割领域的一个新的研究热点。这种方法目前已成功应用到医学图像、运动分割、纹理分割及地震资料解译等领域。

基于图论的分割算法本质上是将图像分割问题转化为最优化问题，其基本框架如图 6-49 所示。其基本思想是将图像映射为带权图，把像素或区域视作节点，两节点属于同一区域的可能性表示连接它们边的权值。根据图的某种划分准则建立相应的能量函数，该能量函数的最小值对应图像的一个最佳分组。本节以图切割算法为例，介绍基于图论的图像分割算法的基本过程。

图 6-49　基于图论的图像分割技术基本框架

1. 从图像到图的映射

首先研究怎么用一个连通图来描述一幅图像，在选用描述方式时，我们考虑的是既要尽可能充分地描述图像的性质（如像素的灰度、颜色、纹理分布等），又要考虑连通图的复杂性，即在图的复杂性可以承受的范围内，所构造的图应充分反映图像的特征。针对一幅 $m \times n$ 大小的图像，构造的图 $G=(V,E)$ 要能够反映每个像素之间的关系，所以用图 G 中的顶点 $v_i \in V$ 表示图像中的一个像素，如果两个像素相邻，则用一条边连接这两个像素对应的顶点。这里我们只考虑四邻接的像素，然后给每条边分配一个权值，权值的大小反映相邻的两个像素之间的相似程度。

判断视觉图像中像素是否相似的因素大致分为：

（1）灰度、颜色、纹理等图像特征的相似度；

（2）位置和距离；

（3）移动趋势；

（4）观察者主观认为的相似性。

这里着重于算法的通用性，所以只考虑像素的灰度这个性质。设图像中相邻两个像素的灰度值分别为 I_i 和 I_j，那么可以定义它们的相似度为高斯模型，即

$$\mathrm{sml}(i,j)=\exp(-(I_i-I_j)^2/\sigma^2) \tag{6.152}$$

其中，σ 是一个调节参数，在相同灰度差情况下，σ 越大，其相似度越大。所以如果要将灰度差别较大的像素聚到一类，则 σ 应该取较大的值，而如果要按照灰度级别进行更细致的分割，则 σ 应该取较小的值。图 6-50 显示了不同参数 σ 下的相似度与灰度差的关系曲线，σ=100 时灰度差大于 50 的像素相似度都接近零，而 σ=1000 时灰度差为 50～100 的像素的相似度为 0～0.4。

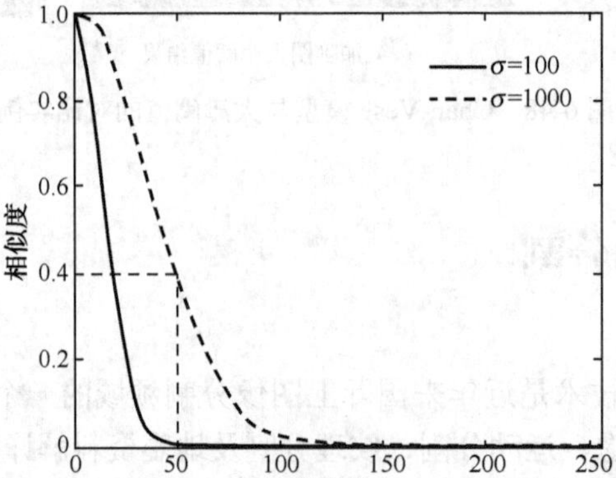

图 6-50　不同参数 σ 下的像素相似度与灰度差的关系曲线

于是，一幅 $N = m\times n$ 大小的图像的分割就可以归为一个 $N\times N$ 的图的分割问题，实现模型如图 6-51 所示。

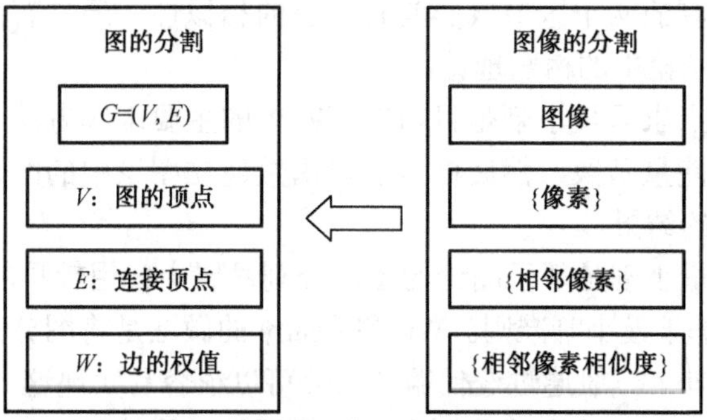

图 6-51 图的分割和图像分割的关系

2. 分割标准

在 6.1.6 节中我们讨论过图的一些定义，此处继续给出子图的概念。设图 $G=(V,E)$，$G_1=(V_1,E_1)$，如果 $V_1\subset V$，$E_1\subset E$，则称 G_1 为 G 的子图，记作 $G_1\subset G$。如图 6-52 中 G_1 和 G_2 都是 G 的子图。

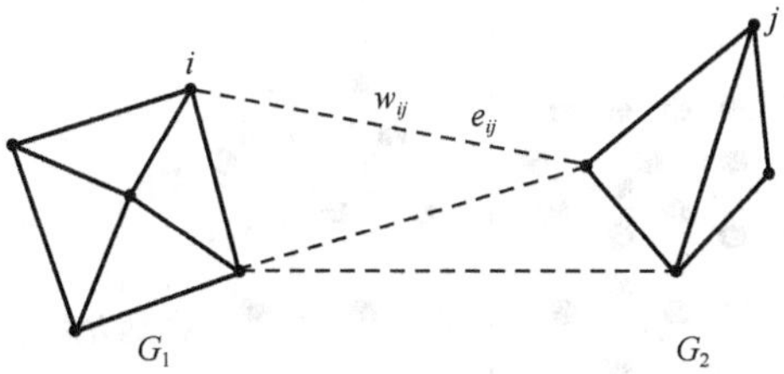

图 6-52 图和子图

将图分割成子图的方法有很多，但是我们需要找到一个好的分割。因此，首先要确定一个分割的标准，满足这个标准的分割就是好的分割。接下来就是如何实现这个标准，这是一个最优化问题。对一个图 $G=(V,E)$，连接两个顶点的边的权表示两顶点的关系紧密程度。如果要将图的所有顶点分割成 K 个子集 V_1，$V_2,\cdots$，V_K，那么分割标准应该是：

（1）同一子集 $V_{\rm j}$ 内的顶点之间的关系紧密。

（2）不同子集 $V_{\rm i}$ 与 $V_{\rm j}$ 相互之间的关系松散。

3. 最小割和归一化割分割算法

对于子图 $G_1=(V_1,E_1)$ 和 $G_2=(V_2,E_2)$，如果 $V_1\cup V_2=V$，则称 G_1 和 G_2 互为补图。若将图二分为互为补图的子图，连接两个子图的边的集合叫做割集。如图 6-52 中两个子图 G_1，G_2 之间的虚线所表示的边即是一个割集。换句话说，一个割集 S 是这样一个边集：在 G 中去掉 S 中的所有的边，G 变成具有二分支的分离图，但是只去掉 S 中的部分边，图将仍然是连通的。

割集的权值之和称作割，即

$$\mathrm{cut}(G_1,G_2)=\sum_{i\in V_1(G_1),\,j\in V_2(G_2)} w_{ij} \tag{6.153}$$

对于图的二分，要使得两个子图之间的联系最弱，则要求两个子图之间的割最小，即

$$E(u)=\min\left(\mathrm{cut}(G_1,G_2)\right) \tag{6.154}$$

根据最小割准则分割的两个区域或类具有最小的相似性。通常有两种方式求解最小割：使用能量优化的观点及图论中的树图理论。

根据能量优化的观点求解最小割是目前图切割中的主要求解方法。该方法需要根据图像的特征信息建立合适的能量函数，然后根据能量函数建立图论中的网络图，通过对网络图采用最小割算法获得分割的结果。

使用树图理论求解最小割是基于图论的图像分割发展中使用较早的典型方法，如 Wu 和 Leahy 提出的聚类方法基于最小割准则。Wu 和 Leahy 的做法是将图分割成 K 个子图，并保证这 K 个子图之间的割最小。一般通过迭代循环二分可以很容易实现这个算法。Wu 和 Leahy 提出的这种方法非常简洁，在某些图的分割上也取得了很好的结果。但是，这种分割方法存在一个很大的缺陷，就是这种方法偏向于分离单个或者小簇顶点。这是因为式（6.154）只考虑了分割标准的第二条，即只考虑了两个子图之间的割最小，所分的两个子集之间任意增加一条边都会使它们之间的割增大，所以 Wu 和 Leahy 的方法会趋向于寻找边数较少的割，而单个顶点与其补图之间的边数往往是最少的，图 6-53 显示了这种情况。假设图的权值反比于顶点之间的距离，按照 Wu 的最小割分割方法，算法会趋向于分割单个顶点，而我们真正需要的最佳分割的割值将因为大于单个顶点的割值而无法得到。

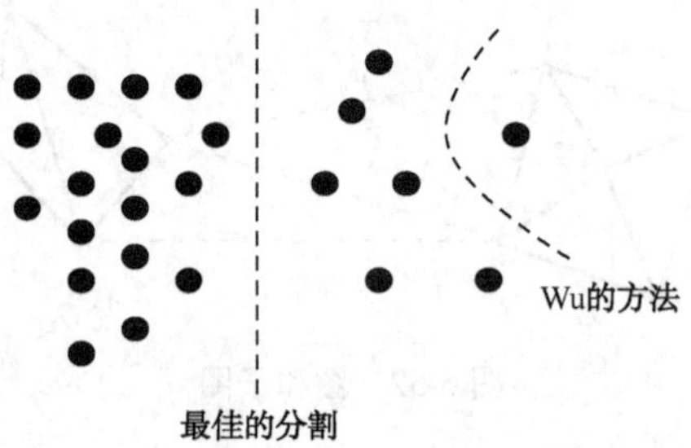

图 6-53　Wu 和 Leahy 最小割方法存在的缺陷的例子

由于最小切割标准易于产生孤立点的小割集，出现了许多解决方案，这些方案不仅考虑类间的不相似性，同时考虑每个类的密度或大小，如归一化割（Ncut）分割方法。根据归一化割算法，将式（6.154）改为

$$E(u)=\mathrm{Ncut}(G_1,G_2)=\frac{\mathrm{cut}(G_1,G_2)}{\mathrm{assoc}(G_1,G)}+\frac{\mathrm{cut}(G_2,G_1)}{\mathrm{assoc}(G_2,G)} \tag{6.155}$$

式中，$\mathrm{assoc}(G_1,G)=\sum_{v_i\in E_1(G_1),v_j\in E(G)} w_{i,j}$，表示连接子图 G_1 中顶点和全图 G 中顶点边的权值之和。

从式（6.155）可以看出，归一化割并不只是计算连接两个子图的边的权值之和，而是将其作为分子，计算这些边在整个图的边集权值中所占的分量。这样，单个顶点的分割会造成 Ncut 的分母值很小，其分割结果不再满足 Ncut 值最小，从而有效消除 Wu 和 Leahy 方法的分割偏向，图 6-53 所示的错误分割也可以避免。图 6-54 是采用 Ncut 方法对图像进行超像素分割的例子，原图被分割成很多个小的同质区域，可以通过区域合并的后续处理完成图像各区域的分割。

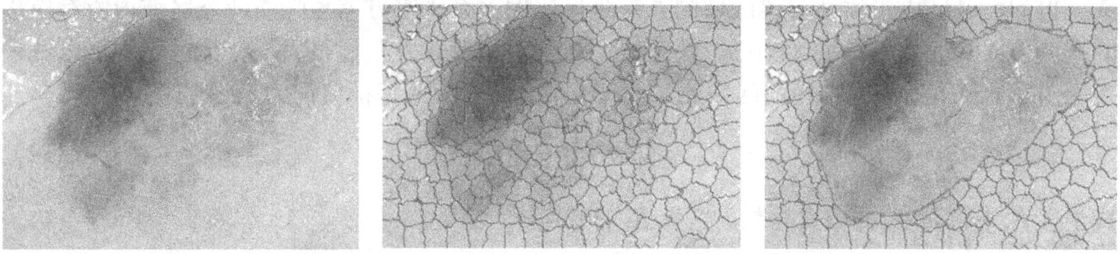

（a）原图　　（b）Ncut 结果　　（c）小区域合并后处理结果

图 6-54 采用 Ncut 方法对图像进行超像素分割的实例

6.8 图像分割的性能评价

采用定量的方式计算分割结果图像的性能指标，从而评价分割的效果，具有客观、可重复等优点，是分割评价研究的重点和热点。根据是否需要理想分割的参考结果图像，可进一步分为无监督评价法和有监督评价法。无监督评价法通过分割结果图像的质量参数来评价相应的分割算法。有监督评价法是将算法分割得到的图像与理想分割的参考图像进行对比，实现对分割算法的评价。

1. 无监督评价方法

分割的无监督评价通过直接计算结果图像的特征参数进行评价，无监督评价的优势就在于不需要依赖参考图像，由于在某些应用中参考图像的获取是费时费力的，甚至是不可能的，因此无监督评价具有更广泛的应用范围，并适用于在线实时系统。结果图像的特征参数就是评价的准则，也称为指标或测度。无监督评价的指标一般分为区域内一致性指标、区域间差异性指标和语义性指标三类。

1）区域内一致性指标

好的分割，其分割的区域内部的特征具有均匀性和一致性。区域内一致性指标主要基于图像的灰度、颜色、纹理和熵等信息。

比如，可以通过计算最大对比度评价一个区域的均匀性。对于一幅图像 I，假设分割后的二值图中有 $R_1,R_2,\cdots,R_M$ 共 M 个区域，则第 k 个区域 R_k 的一致性 z_{ebk} 可以表示为

$$z_{\text{ebk}}=\frac{1}{N_k}\sum_{\substack{i\in R_k\\ j\in W(i)\cap R_k}}\max(f_i-f_j) \tag{6.156}$$

其中，N_k 为区域 R_k 的像素总数，i 为 R_k 中的像素，f_i 为像素 i 的灰度值，W（i）为像素 i 的邻域，j 为像素 i 包含在 R_k 中的邻域像素。

则分割后图像一致性的评价指标可以用各个区域 z_{ebk} 的加权平均来表示，即

$$Z_{\text{eb}}=\frac{1}{N}\sum_{k=1}^{M}N_k z_{\text{ebk}} \tag{6.157}$$

其中，N 为图像 I 的像素总数。对于分割后的一幅图像，Z_{eb} 值越小，区域内一致性越好。

再如，区域内一致性与该区域的方差是反比例关系。零方差意味着特征区域内所有像素的灰度值或其他像素特征（颜色、纹理等）相同。相反，方差值很大，特征区域的一致性很差。对于一个具有相同特性的区域 R_k，每一个像素 i 对应的特征值记为 f_i，则有

$$\overline{f_k} = \frac{1}{N_k}\sum_{i \in R_k} f_i \tag{6.158}$$

式中，N_k 是区域 R_k 的像素总数。区域 R_k 的方差 ${\sigma_k}^2$ 为

$${\sigma_k}^2 = \frac{1}{N_k}\sum_{i \in R_k}(f_i - \overline{f_k})^2 \tag{6.159}$$

则对于评价图像一致性的指标，定义为

$$U_I = 1 - (\sum_{R_k \in I} w_k \delta_k^2 / E) \tag{6.160}$$

式中，w_k 为权值，E 为归一化因数，即

$$E = \left(\sum_{R_k \in I} w_k\right) \cdot \frac{\left(\max\limits_{i \in R_k} f_i - \min\limits_{i \in R_k} f_i\right)^2}{2} \tag{6.161}$$

可以用 R_k 的像素总数代替权值，即 $w_k = N_k$，并将式 6.158、式 6.159 和式 6.161 代入式 6.160，可得

$$U_I = 1 - \frac{2}{N}\sum_{R_k \in I} \frac{\sum\limits_{i \in R_k}\left(f_i - \frac{1}{N_k}\sum\limits_{i \in R_k} f_i\right)^2}{(\max\limits_{i \in R_k} f_i - \min\limits_{i \in R_k} f_i)^2} \tag{6.162}$$

对于一个已分割的图像，U_I 越大，区域内一致性越好。

2）区域间差异性指标

好的分割，其分割的相邻区域间的特征具有显著的差异。区域间差异性指标主要基于灰度、颜色、重心距离等信息。对于具有 M 个区域的图像 I，可以通过计算两区域间的不一致性获得区域间的差异性，其式为

$$\text{DIR} = \frac{1}{C_M^2} \frac{\sum\limits_{i=1}^{M-1}\sum\limits_{j=i+1}^{M}\left|f(R_i) - f(R_j)\right|}{\max\limits_{(x,y) \in I}(g(x,y)) - \min\limits_{i \in I}(g(x,y))} \tag{6.163}$$

其中，C_M^2 为区域的组合数，(x,y) 是像素点坐标，$g(x,y)$ 是灰度特征函数，$f(R_i)$ 为区域特征函数，一般为区域平均灰度。

3）语义指标

语义指标主要基于分割目标的形状和边界平滑度等信息，比如，目标的紧凑度和圆度指标定义如下，即

$$\text{紧凑度} = \frac{p^2}{S} \tag{6.164}$$

$$\text{圆度} = \frac{4\pi S}{p^2} \tag{6.165}$$

其中，S 为分割目标的面积，p 为该目标的周长。

分割的无监督评价方法除了单独使用上述三类指标外，还会对它们进行组合，比如区域内和区域间指标进行相加、相减、相除等运算，就可以得到新的评价指标。

2. 有监督评价方法

分割的有监督评价通过比较算法分割图像并参考分割图像来达到评价的目的，参考分割图像又称为真值图像或金标准，由手动分割而来。由于有真值图像作参考，有监督评价方法得到的评价结果更加准确，也是使用最多的评价方法。有监督评价的指标主要基于算法分割图像与参考图像二者的相似度或差异度，相似度越大或差异度越小，分割算法越好。

对于真值图像和算法分割图像，如图 6-55 所示，真阳性（True Positive, TP）是指分割算法将实际目标正确地分割为目标；假阴性（False Negative, FN）是分割算法将实际目标错误地分割为背景；假阳性（False Positive, FP）是分割算法将实际背景错误地分割成目标；真阴性（True Negative, TN）是分割算法将实际背景正确地分割为背景，则几个常用的有监督评价指标如下所述。

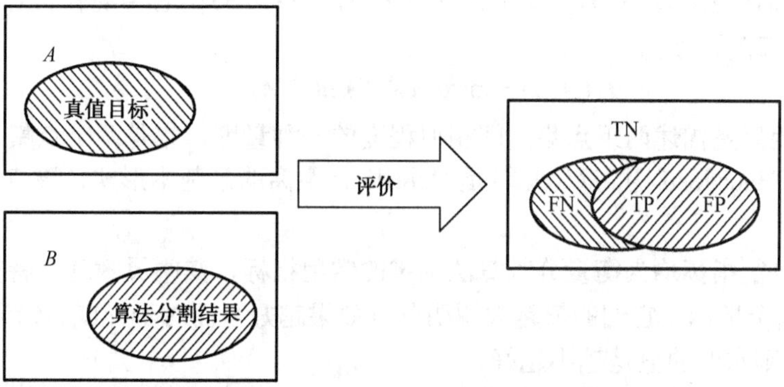

图 6-55 真阳性、假阴性、假阳性和真阴性的定义

（1）灵敏度又称查全率或真阳性率，定义为

$$灵敏度 = \frac{TP}{TP + FN} \tag{6.166}$$

此值越高，表明皮损区域被错误分割为正常皮肤的程度越低。

（2）特异度又称真阴性率，定义为

$$特异度 = \frac{TN}{TN + FP} \tag{6.167}$$

此值越高，表明正常皮肤被错误分割为皮损区域的程度越低。

（3）准确度又称精度、正确率，定义为

$$准确度 = \frac{TP}{TP + FP} \tag{6.168}$$

此值越高，表明分割出的目标皮损区中确定为皮损的比例越高。

（4）异或（XOR）定义为

$$XOR = \frac{FP + FN}{TP + FN} \tag{6.169}$$

此值越低，表明错误分割的区域与实际目标皮损区域的比值越低。

（5）错误率定义为

$$\text{错误率}=\frac{\mathrm{FP}+\mathrm{FN}}{\mathrm{TP}+\mathrm{FP}+\mathrm{TN}+\mathrm{FN}} \tag{6.170}$$

此值越低，表明错误分割的区域占整幅图像的比例越低。

（6）Jaccard 指数也称 Jaccard 相似性系数，定义为

$$J=\frac{\mathrm{TP}}{\mathrm{TP}+\mathrm{FP}+\mathrm{FN}} \tag{6.171}$$

Jaccard 指数用来测量样本集之间的相似度，此值越大，说明两个样本集之间相似度越高。

（7）Hausdorff 距离

设 A 为手动分割目标集合，B 为算法分割目标集合，令 border$A$ 和 border$B$ 分别是 A 和 B 的边界，则从 A 到 B 的单向 Hausdorff 距离为

$$h(A,B)=\max_{a\in \mathrm{border}A}\ \min_{b\in \mathrm{border}B}\|a-b\| \tag{6.172}$$

其中，$\|\cdot\|$ 是两点间的欧氏距离。

双向 Hausdorff 距离 $H(A,B)$ 是单向距离 $h(A,B)$ 和 $h(B,A)$ 两者中的较大者，它度量了两个点集间的最大不匹配程度为

$$H(A,B)=\max(h(A,B),h(B,A)) \tag{6.173}$$

Hausdorff 距离是描述两组点集之间相似程度的一种量度，它是两个点集之间距离的一种定义形式。双向 Hausdorff 距离 $H(A,B)$ 是 Hausdorff 距离的最基本形式，该值越小，说明分割效果越好。

以上 7 个分割指标均为衡量分割算法优劣的常用指标，其中灵敏度、特异度、准确度和 Jaccard 指数等四个指标，它们的值越大说明分割效果越好，而对于异或、错误率和 Hausdorff 距离三个指标，则它们的值是越小越好。

在实际应用中，当用评价指标去评价分割效果时，其评价指标的计算都应该是对多个数据（数据集）的统计结果，通常包括均值和方差。均值代表一个指标的平均量，而方差则代表这一指标的分散程度，该值越小越好。均值和方差共同反映了一个指标的好坏，比如对于灵敏度指标，即使它的平均值偏低，而如果它的方差偏大的话，则说明这个分割算法整体性能是不够稳定的。

小结

图像分割是图像分析和模式识别的首要问题，它是图像分析和模式识别系统的重要组成部分，并决定图像的最终分析质量和模式识别的判别结果。图像分割方法大致可以分为非连续性分割和相似性分割。在基于不连续性的分割技术中，介绍了点检测、边缘检测、Hough 变换等。而针对基于相似性原理的分割技术，介绍了阈值分割、区域生长、分类合并等方法。以上分割方法都是非常经典的分割技术，在图像处理技术的发展历史中得到了非常重要的应用。随着各学科许多新理论和新方法的提出，人们逐渐认识到现有的任何一种单独的图像分割算法都难以对一般图像取得令人满意的分割效果，因而很多人在把新方法和新概念不断引

入图像分割领域的同时，也更加重视把各种方法综合起来运用。针对这些新出现的分割方法，介绍了聚类分割、活动轮廓模型、几何形变模型，以及基于图论的分割等几种目前广泛流行的分割技术。本章最后介绍了图像分割算法的性能评价指标。

习题

6-1 在本章图 6-8 和图 6-12 中，为什么采用 Sobel 算子和拉普拉斯算子进行边缘检测的结果是不一样的？

6-2 试用 Robert 算子和拉普拉斯算子检测下面图像的边缘。

4	4	4	4	4	4	4	4	0	0
4	4	4	4	4	4	4	4	0	0
4	4	5	5	5	5	5	4	0	0
4	4	5	6	6	6	5	4	0	0
4	4	5	6	7	6	5	4	0	0
4	4	5	6	6	6	5	4	0	0
4	4	5	5	5	5	5	4	0	0
4	4	4	4	4	4	4	4	0	0
4	4	4	4	4	4	4	4	0	0
4	4	4	4	4	4	4	4	0	0

6-3 本章图 6-4（d）和图 6-10（b）对应的两个模板有什么不同？

6-4 若图像中的纵向边缘如题 6-4 图所示，试画出它们每行像素的灰度剖面图及该剖面上的一阶和二阶导数。

题 6-4 两种具有纵向边缘的图像

6-5 编程序实现区域生长算法，要求种子点的选取由人工制定，用不同的生长准则，比较生长结果的差异。

6-6 编一个程序，用 Hough 变换检测直线，并用带有直线的图像验证算法的正确性。

6-7 编程实现 K-均值和模糊 C 均值算法，并比较两种算法的优缺点。

6-8 编程实现传统 Snake 模型算法，对图像进行分割，并体会该算法的特点。

6-9 根据 6.6.2 节写出几何轮廓模型的数值迭代公式。

6-10 根据 6.6.2 节写出测地活动轮廓模型的数值迭代公式。

6-11 Chan-Vese 模型需要给定初始轮廓线，试通过一种算法给出合理的初始轮廓线并编程实现 Chan-Vese 模型。

6-12　试比较 6.6 节中介绍的几种基于几何形变模型分割算法的优缺点。

6-13　利用 6.7 节介绍的方法，将下面的图像以像素的灰度和位置信息来定义相似度，并将图像映射为图。

21	22	60	60	60	80
21	22	80	80	80	80
21	22	80	80	80	80
21	22	80	200	200	200
25	25	80	200	21	200
25	25	80	220	200	200

第 7 章

图像的形态学处理

数学形态学是用集合论方法定量描述目标几何结构的学科，它在集合代数的基础上通过物体和结构元素相互作用的某些运算来得到物体更本质的形态，其基本思想和方法对图像处理的理论和技术产生了重大的影响，已成为数字图像处理的一个主要研究领域，在文字识别、显微图像分析、医学图像、工业检测、机器人视觉都有很成功的应用。

本章主要介绍二值形态学的腐蚀、膨胀算法，以及以它们为基础发展起来的开闭运算、击中击不中变换等。同时，将二值形态学推广到灰度图像，介绍灰度图像的腐蚀和膨胀算法、形态学梯度、Top-Hat 变换及水域分割等。

7.1 数学形态学概述

7.1.1 数学形态学

数学形态学最初起源于岩相学对岩石结构的定量描述，主要是通过对目标影像的形态变换来实现结构分析和特征提取，其历史可追溯到 19 世纪。而真正将数学形态学应用于图像处理与分析领域，当归功于法国的马瑟荣（G . Matheron）和塞拉（J.Serra）。1964 年法国巴黎矿业学院的博士生塞拉在导师马瑟荣的指导下从事有关铁矿岩定量岩石学分析的博士论文研究工作，在研究工作中，塞拉摈弃了传统的分析方法，建立了一个数字图像分析设备，并将它称为“纹理分析器”。随着实验研究与分析工作的不断深入，塞拉逐渐形成了击中、击不中的概念。与此同时，马瑟荣在一个更为理论层面上第一次引入了形态学的表达式，建立了颗粒分析方法，他们的工作奠定了这门学科的基础。

数学形态学首先用于处理二值图像，它将二值图像看成集合，并用结构元素来探测。基本的数学形态学运算是将结构元素在图像的范围内平移，同时施加交、并等基本的集合运算，以达到对二值图像的处理。它广泛应用于二值的图像处理中且效果显著。灰度数学形态学是二值数学形态学对灰度图像的自然扩展，其中，二值形态学中所用到的交、并运算分别用最大、最小极值运算代替。数学形态学在灰度图像中已形成了较完备的理论体系和较为成熟的各种算法，但从灰度图像向彩色图像的推广，即形态学在彩色图像中的应用研究仍处于经验阶段，这其中的主要问题在于彩色图像序结构的建立。二值图像的“包含”关系和灰度图像的“强度”关系，确立了其像素间的序结构。但彩色图像像素的颜色是一个多维向量，不存在明显的序结构。由此，在彩色图像中采用不同的序结构就产生不同的彩色形态学方法。现有对于彩色图像进行处理的方法可归纳为两大类：分量法和向量排序法，这些方法已经应用到彩色图像的处理中。

人们还研究了各种不同的其他方法与数学形态学结合，以产生不同的形态学方法。将模糊数学引入数学形态学领域，形成模糊数学形态学。另一种数学形态学方法是软数学形态学，软数学形态学具有硬数学形态学相似的代数特性，但具有更强的抗噪声干扰的能力，对加性噪声及微小形状变化不敏感。也有人将模糊集合理论应用于软数学形态学，提出了模糊软数学形态学。近来提出的形态小波是一种非线性的多分辨率分析方法，兼顾了数学形态学与小波变换的优点，具有更好地多分辨率分析特性和更好的抗噪声性能。

经过几十年的发展，数学形态学已形成一种新的图像处理分析方法和理论，它可以用来解决图像滤波、边缘检测、图像分割、形状识别、纹理分析、图像压缩、图像恢复与重建等图像处理问题。但在实际应用中仍存在很多不尽完善的地方，如数学形态学如何在彩色图像处理中更好地应用、形态学快速算法的实现问题、形态运算的通用性与适应性问题等还有待进一步研究。

7.1.2 数学形态学的基本思想

从某种特定意义上讲，形态学图像处理是以几何学为基础，它着重研究图像的几何结构，这种结构表示的可以是分析对象的宏观性质，也可以是微观性质。例如，在分析一个印刷字符的形状时，研究的就是其宏观结构形态；而在分析由小的基元产生的纹理时，研究的便是微观结构形态。形态学研究图像几何结构的基本思想是利用一个结构元素去探测一个图像，看是否能够将这个结构元素很好地填放在图像的内部，同时验证填放结构元素的方法是否有效。如图 7-1 所示，图中包括一个二值图像 A 和结构元素 B，观察者在图像中不断地移动结构元素 B，看是否能将这个结构元素很好地填放在物体区域（或目标）A 的内部，并对图像内适合放入结构元素的位置做标记，从而得到关于目标结构的信息。这些信息与结构元素的尺寸和形状都有关。构造不同的结构元素（如方形或圆形结构元素），便可完成不同的图像分析，得到不同的分析结果。

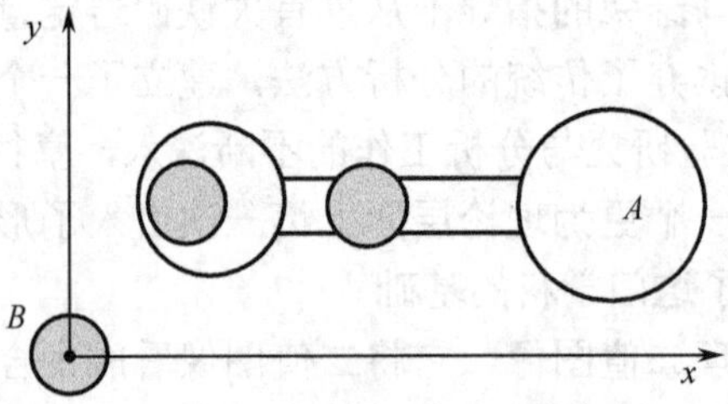

图 7-1　形态学基本运算

7.2 二值形态学

数学形态学首先用于处理二值图像，它将二值图像看成集合，并用结构元素来探测。二值图像的形态学算法以腐蚀和膨胀这两种基本运算为基础，引出了其他几种常用的数学形态学运算，最常见的有开运算、闭运算、击中击不中变换等。

7.2.1 几个基本符号和定义

在介绍基本的二值形态学变换前，先介绍几个相关的符号和定义。

1. 集合论的概念

属于关系：对于一个集合 A（图像中一般指物体区域）和一个元素 b，如果 b 是集合 A 内的元素，则 b 属于集合 A，记为 $b \in A$；如果 b 不在集合 A 内，则 b 不属于 A，记为 $b \notin A$。

包含关系：对于集合 A 和集合 B，如果 B 中任意一个元素都属于 A，则 B 包含于 A，记为 $B \subset A$；如果 B 中至少存在一个元素不在 A 内，则 B 不包含于 A，记为 $B \not\subset A$。

交集和并集：集合 A 和集合 B 中的公共元素组成的集合称为两个集合的交集，记为 $A \cap B$，即 $A \cap B = \{a \mid a \in A 且 a \in B\}$；集合 A 和集合 B 中的所有元素组成的集合称为两个集合的并集，记为 $A \cup B$，即 $A \cup B = \{a \mid a \in A 或 a \in B\}$。

补集：一个集合 A，所有集合 A 以外的元素构成的集合称为 A 的补集，记作 A^{C}。

2. 平移

将一个集合 A 平移距离 b 可以表示为 $A+b$，其定义为式（7.1）。

$$A + b = \{a + b \mid a \in A\} \tag{7.1}$$

图 7-2 说明了集合平移的过程，从几何上看，$A+b$ 表示 A 沿矢量 $\boldsymbol{b}$ 平移了一段距离。探测的目的就是要标记出图像内部那些可以将结构元素填入的（平移）位置。

3. 对称集

如图 7-3 所示，设有一幅图像 A，将 A 中所有元素相对原点转 180°，即令 (x_0, y_0) 变成 $(-x_0, -y_0)$，所得到的新集合称为 A 的对称集，记为 $-A$。

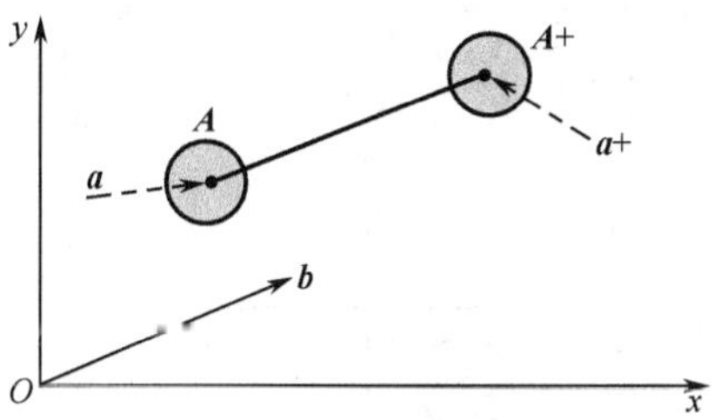

图 7-2 二值图像的平移

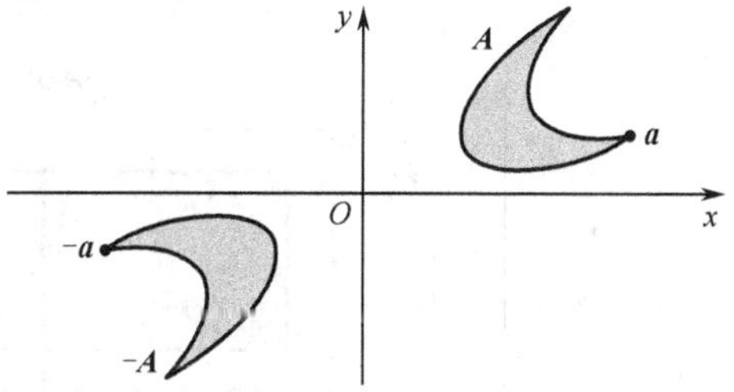

图 7-3 相对原点转 180°

4. 物体与结构元素的集合关系

如图 7-4 所示，设 A 和 B 为 R^2 空间的子集，A 为物体区域，B 为某种结构元素，则 B 结构元素对 A 的关系有三类。

（1）B 包含于 A，记作 $B \subset A$

（2）B 击中 A，记作 $B \cap A \neq \Phi$

（3）B 击不中 A，记作 $B \cap A = \Phi$

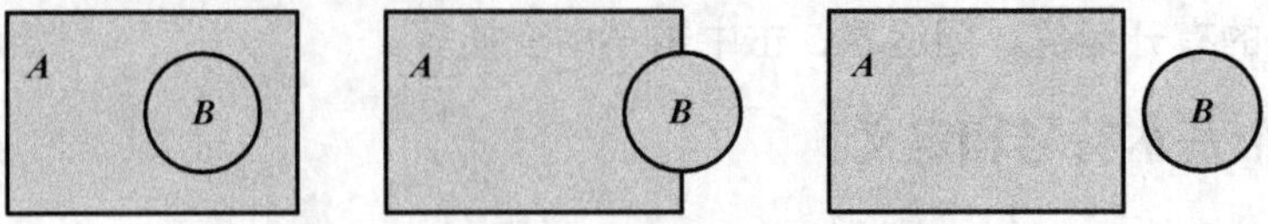

图 7-4　包含、击中和击不中示意图

7.2.2　二值腐蚀和膨胀

1. 腐蚀

集合 A 被 B 腐蚀，表示为 $A\Theta B$，其定义为

$$A\Theta B = \{c \mid B + c \subset A\} \tag{7.2}$$

其中，A 称为输入图像，B 称为结构元素。

$A\Theta B$ 由将 B 平移 c 仍包含在 A 内的所有点 c 组成。如果将 B 看作模板，那么，$A\Theta B$ 则由模板平移的过程中所有可以填入 A 内部的模板的原点组成，如图 7-5 所示，腐蚀具有收缩输入图像的作用。一般可以得到下列性质：如果原点在结构元素的内部，则腐蚀后的图像为输入图像的子集；如果原点在结构元素的外部，那么腐蚀后的图像则可能不在输入图像的内部，如图 7-6 所示。

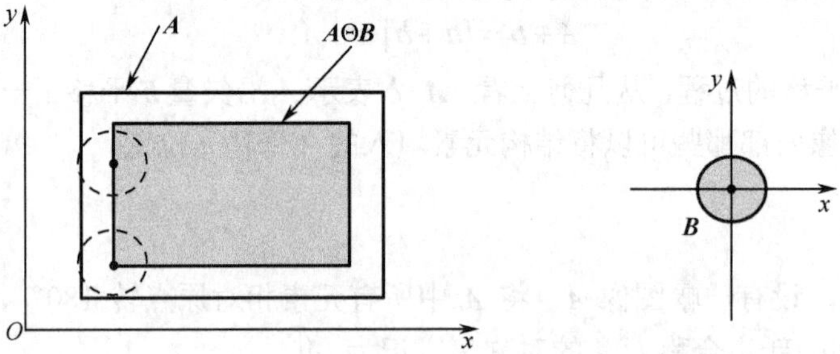

图 7-5　腐蚀类似于收缩

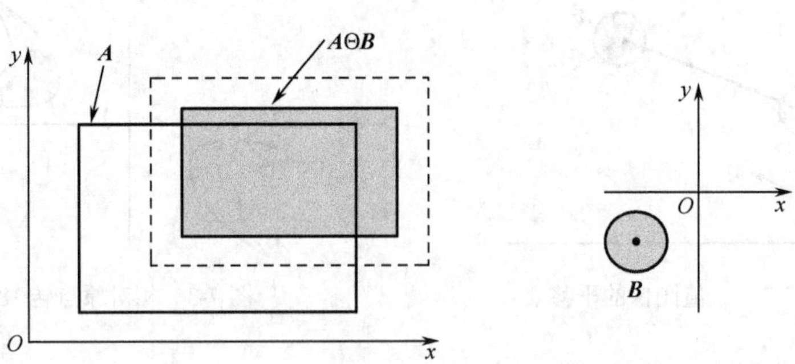

图 7-6　结构元素不包含原点时的腐蚀结果

从图中可以看出腐蚀是表示用某种“探针”（即结构元素）对一个图像进行探测，以便找出图像内部可以放下该基元的区域。它是一种消除边界点、使边界向内部收缩的过程。可以用来消除小且无意义的物体。例如，用 0 代表背景，1 代表目标，设数字图像 $\boldsymbol{S}$ 和结构元素 $\boldsymbol{E}$ 为

$$S=\begin{bmatrix}0 & 1 & 0 & 1 & 0\\0 & 1 & 1 & 0 & 1\\0_{\Delta} & 1 & 1 & 1 & 0\end{bmatrix}\qquad E=\begin{bmatrix}1 & 0\\1 & 1_{\Delta}\end{bmatrix}$$

其中，三角“Δ”代表坐标原点，则用 $\boldsymbol{E}$ 对 $\boldsymbol{S}$ 腐蚀的结果为

$$S\Theta E=\begin{bmatrix}0 & 0 & 0 & 0 & 0\\0 & 0 & 1 & 0 & 0\\0_{\Delta} & 0 & 1 & 1 & 0\end{bmatrix}$$

图 7-7 是对实际二值图像进行腐蚀运算的效果图，此处用 255（白色）代表目标，0（黑色）代表背景，而且在本章后续的二值图像形态学运算中，都用 255 代表目标，0 代表背景。从图中可以看出，目标经过腐蚀后变瘦了。

（a）原图

（b）腐蚀结果

图 7-7　二值腐蚀的效果图

2．膨胀

我们以 A^C 表示集合 A 的补集，$-B$ 表示 B 关于坐标原点的对称集。那么，集合 A 被 B 膨胀，表示为 $A\oplus B$，其定义为

$$A\oplus B=[A^C\Theta(-B)]^C \tag{7.3}$$

为了利用结构元素 B 膨胀集合 A，可将 B 相对原点旋转180°，得到 $-B$，再利用 $-B$ 对 A^C 进行腐蚀，腐蚀结果的补集就是所求的结果，如图 7-8 所示。

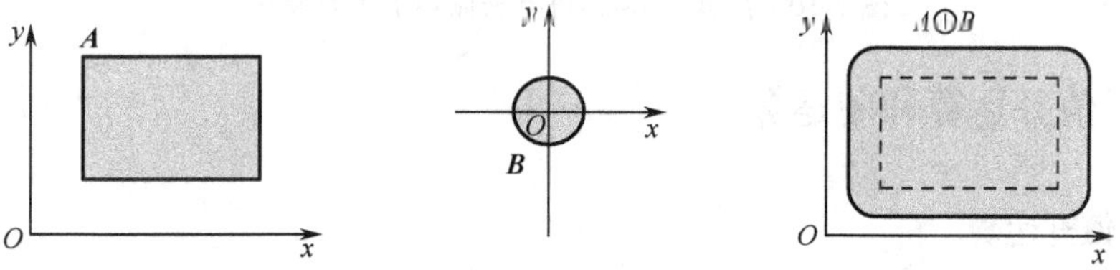

图 7-8　利用圆盘膨胀

从图中可以看出，与腐蚀相反，膨胀将与物体接触的所有背景点合并到该物体中，使边界向外部扩张，如果两个物体之间的距离比较近，则膨胀运算可能会把两个物体连通到一起，膨胀对填补图像分割后物体中的孔洞很有用。图 7-9 是对图像进行二值膨胀运算的效果图。

（a）原图

（b）膨胀结果

图 7-9　二值膨胀的效果图

膨胀还可以通过相对结构元素的所有点平移输入图像，然后计算并集得到，可用式（7.4）描述，即

$$A \oplus B = \bigcup \{A + b \mid b \in B\} \tag{7.4}$$

式（7.4）也称为明夫斯基和形式。图 7-10 是用式（7.4）膨胀的示意图，其中图 7-10（a）为输入图像，图 7-10（b）为结构元素，将输入图像相对于结构元素内的三个点进行平移并将三个平移图像叠加，最后的输出图像如图 7-10（c）所示，图 7-10（c）中三种不同外框标出的点对应输入图像的三次平移。

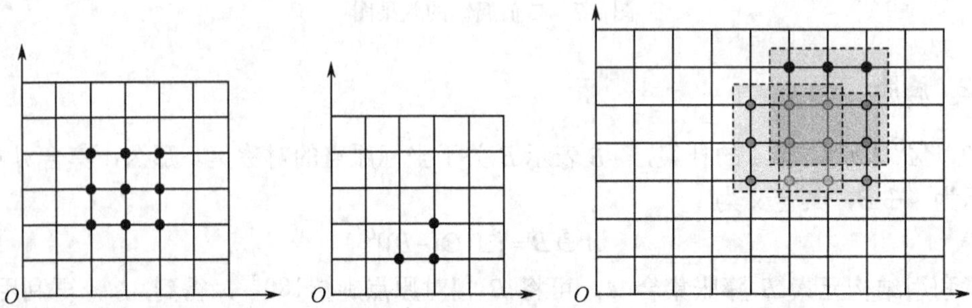

（a）输入图像　（b）结构元素　（c）膨胀结果

图 7-10　用式（7.4）进行膨胀运算的示意图

7.2.3　二值开运算和闭运算

1. 二值开运算

假定 A 仍为输入图像，B 为结构元素，利用 B 对 A 进行开运算，用符号 $A \circ B$ 表示，其定义为

$$A \circ B = (A \Theta B) \oplus B \tag{7.5}$$

所以，开运算实际上是 A 先被 B 腐蚀，然后再被 B 膨胀的结果。开运算通常用来消除小

对象物、在纤细点处分离物体、平滑较大物体边界的同时并不明显改变其体积。图 7-11 是用圆盘对矩形进行开运算的例子。从图 7-11 我们看到，开运算具有两个显著的作用。

（1）利用圆盘可以磨光矩形内边缘，即可以使图像的尖角转化为背景。

（2）用 $A-A\circ B$ 可以得到图像的尖角，因此圆盘的圆化作用可以起到低通滤波的作用。

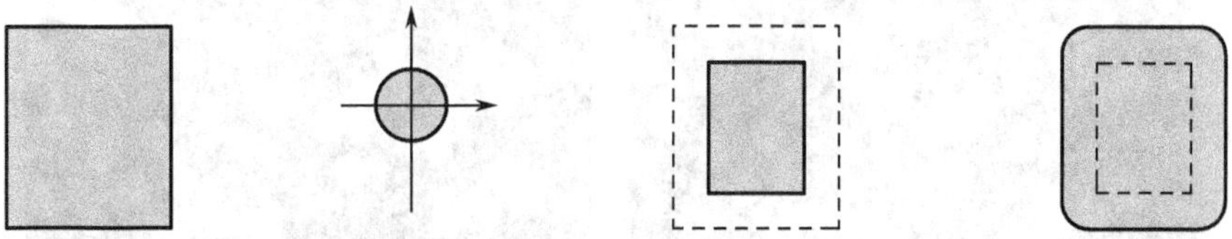

（a）输入图像A　（b）结构元素B　（c）$A\Theta B$　（d）$A\circ B$

图 7-11　用圆盘对输入图像开运算的结果

开运算在粘连目标的分离及背景噪声（椒盐噪声）的去除方面有较好的效果，如图 7-12 所示。其中，图 7-12（b）是对图 7-12（a）进行开运算的结果，通过开运算之后，原图 7-12（a）中原有的目标粘连情况被分离开，同时图像内一些小的椒盐噪声被滤除了，而目标原有大小和形状基本保持不变。

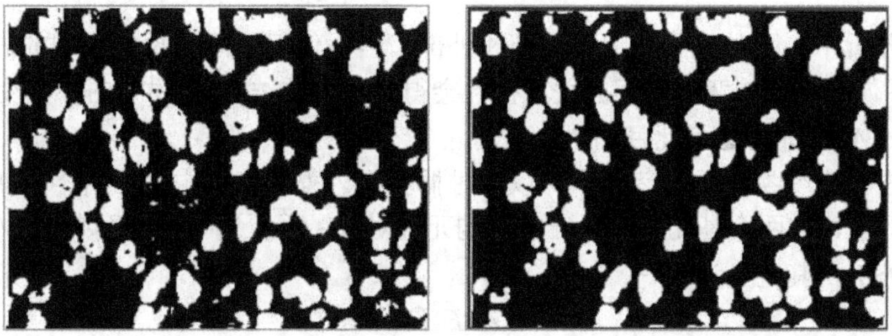

（a）原图　（b）开运算结果

图 7-12　开运算滤除背景噪声

2. 二值闭运算

闭运算是开运算的对偶运算，定义为先膨胀然后再腐蚀。利用 B 对 A 进行闭运算表示为 $A\cdot B$，其定义为

$$A\cdot B=[A\oplus(-B)]\Theta(-B) \tag{7.6}$$

即用 B 对 A 进行膨胀，将其结果再用 $-B$ 进行腐蚀。闭运算通常用来填充目标内细小孔洞、连接断开的邻近目标、平滑其边界的同时并不明显改变其面积。图 7-13 表示了闭运算的过程及结果。显然，用闭运算对图形的外部做滤波，仅仅磨光了凸向图像内部的边角。

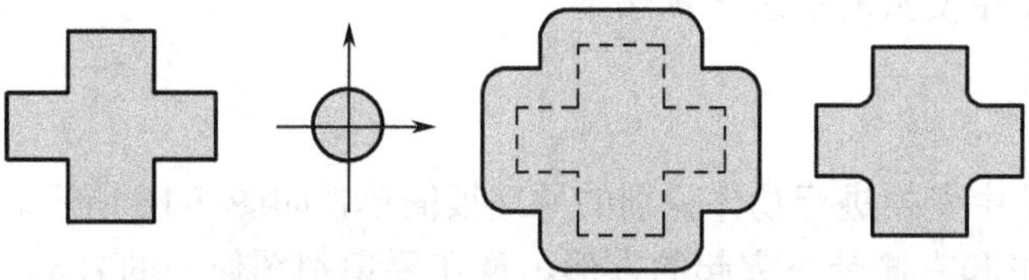

A　B　$A\oplus(-B)$　$A\cdot B$

图 7-13　利用圆盘对输入图像进行闭运算

闭运算在去除图像前景噪声方面有较好的应用，如图 7-14（b）所示，通过闭运算之后，将原图 7-14（a）中原有的目标间断及目标内部的孔洞在基本保持原目标大小与形态的同时进行了连接与填充。

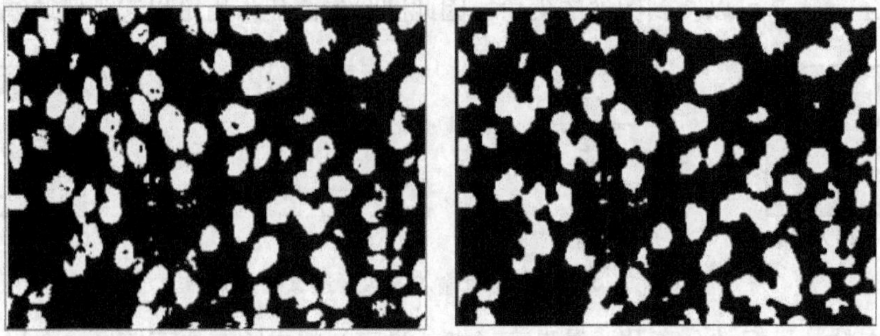

（a）原图　　（b）闭运算的结果

图 7-14　利用闭运算去除前景噪声

7.2.4　击中、击不中变换及其应用

在图像分析中，同时探测图像的内部和外部，但不仅仅局限于探测图像的内部或图像的外部，研究图像中物体与背景之间的关系往往会得到很好的结果。击中、击不中变换（Hit Miss Transform，HMT）即可达到此目的。

击中、击不中变换在一次运算中可以同时捕获到内外标记。击中、击不中变换需要两个结构基元 E 和 F，这两个基元被作为一个结构元素对 $B=(E,F)$，一个探测图像内部，另一个探测图像的外部，其定义为

$$A*B=(A\Theta E)\bigcap(A^C\Theta F) \tag{7.7}$$

当且仅当 E 平移到某一点时可填入 A 的内部，F 平移到该点时可填入 A 的外部时，该点才在击中、击不中变换的输出中。显然，E 和 F 应当是不相连接的，即 $E\bigcap F=\Phi$，否则便不可能存在两个结构元素同时填入的情况。图 7-15 是击中、击不中变换示意图。

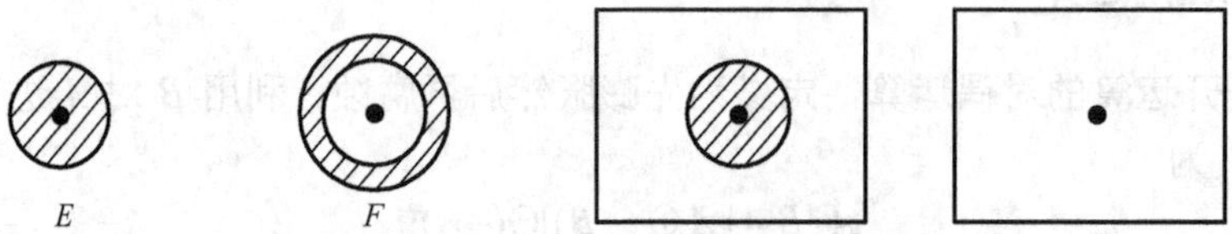

（a）击中结构元素　（b）击不中结构元素　（c）输入图像　（d）击中、击不中输出

图 7-15　击中、击不中变换示意图

许多数学形态学算法都依赖于击中、击不中变换，其中，图像物体识别和细化是两个常见的使用击中、击不中变换的形态学算法。

1．物体识别

利用击中、击不中变换进行物体识别的原理很简单，如图 7-16 所示。图 7-16（b）中有三个物体，矩形、方形和右侧带小突起的方形，现在要识别图像中的方形，并标记出方形物体的位置。我们可以建立一个与待识别的目标形状相同、大小一致的结构元素（如图 7-16（a）

中的 E）对图像进行腐蚀运算，则图像中方形目标处就会有一个标记输出，这种识别也就是一个匹配过程。但是，由于带小突起的目标大小和方形目标相同，也会有标记点输出，因此只用一个结构元素对图像进行腐蚀是不能够正确识别出物体的。在这种情况下，可以建立如图 7-16（a）所示的击中、击不中结构元素对 $B=(E,F)$，击中结构元素 E 是方形，击不中结构元素 F 是包围方形的方框，用它们对图像进行击中、击不中变换将得到单一的一个点，这个点即是所求方形的中心点，如图 7-16（c）所示。

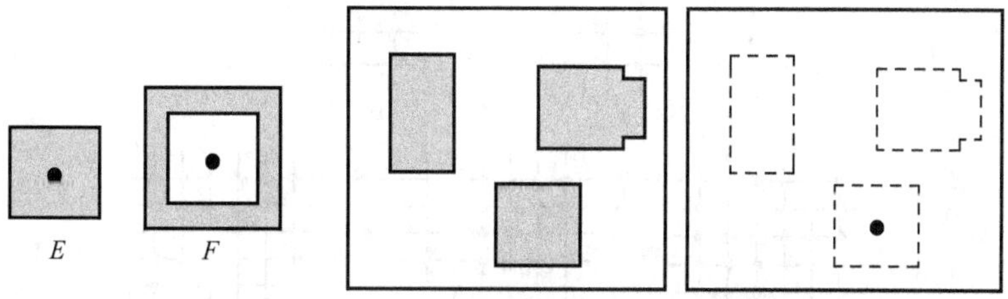

（a）击中、击不中结构元素对　（b）原始图像　（c）矩形目标识别结果

图 7-16　利用击中、击不中变换识别物体的过程 1

在实际应用中，由于光照的变化或者噪声的存在，获取到的二值图像目标有可能存在变形，如果仍然用图 7-16 所示的结构元素对，击中结构元素将不能正确填进方形的内部，击不中结构元素也不能探测到方形的外部，因此得不到正确的输出结果。我们可以将方形腐蚀一圈来做击中结构元素，将方形膨胀一圈后的外接方形框做击不中结构元素，如图 7-17（b）所示，用它们对图像进行击中、击不中变换，将在方形区域有若干标记点的输出，我们可以通过对输出点取重心的做法来得到矩形区域的实际位置。

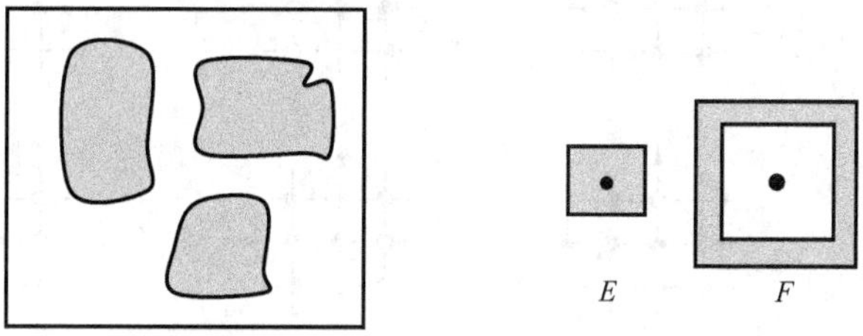

（a）有噪声污染的目标图像　（b）识别有变形目标的结构元素对

图 7-17　利用击中、击不中变换识别物体的过程 2

2. 细化

数字图像细化是一种最常见的使用击中、击不中变换的形态学算法。对于结构对 $B=(E,F)$，利用 B 细化 S 定义为

$$S \otimes B = S \setminus (S * B) \tag{7.8}$$

即 $S \otimes B$ 为 $S * B$ 与 S 的差集。更一般地，利用结构对序列 $B^1, B^2, \cdots, B^k$ 迭代产生输出序列为

$$S^1 = S \otimes B^1, \cdots, S^k = S^{k-1} \otimes B^k \tag{7.9}$$

或

$$\{S^k\} = S \otimes \{B^i\} = (\cdots((S \otimes B^1) \otimes B^2) \cdots \otimes B^k) \tag{7.10}$$

随着迭代的进行，得到的集合也不断细化。假设输入集合是有限的，最终将得到一个细化的

图像。

图 7-18 表示了利用一个结构对 E 和 F 作用于图像 S 的连续迭代过程，击中、击不中变换标记图像的左下角，并在迭代的过程中通过细化除去这些标记。图 7-18 中仅利用了一个结构对，因而，细化是有方向性的。图 7-19 给出了 8 个方向的结构元素对，当用这 8 个结构元素对循环对图像进行细化时，则细化可以以更对称的方式完成，图 7-20 即是利用这 8 个方向的结构元素进行细化的效果。

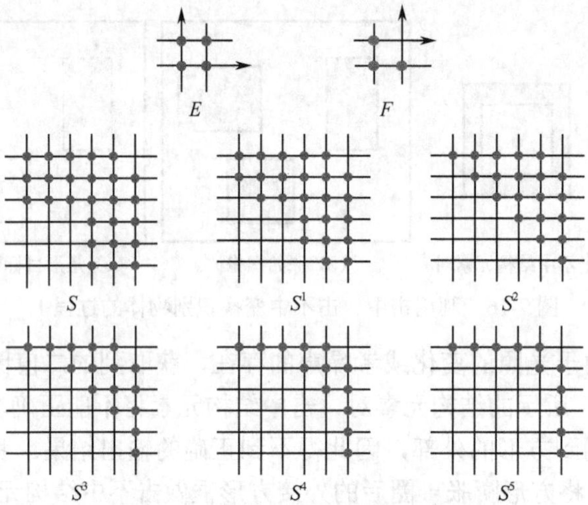

图 7-18　利用一个结构对的细化

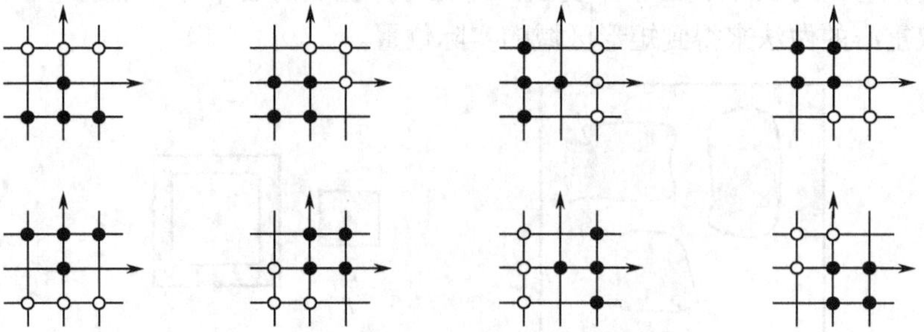

图中●表示击中结构元素E，○表示击不中结构元素F

图 7-19　8 个方向的结构元素对

（a）原图

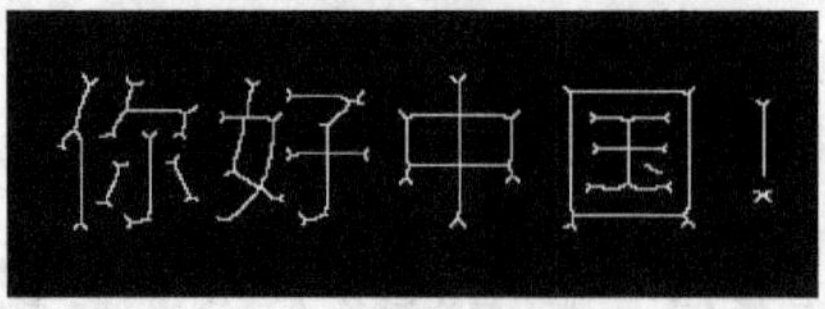

（b）细化结果

图 7-20　利用击中、击不中变换对图像细化的效果

7.2.5 骨架抽取

骨架可以理解为目标的中轴，它是目标的重要拓扑描述，具有广泛的应用。一种定义骨架的方式是基于烈火模拟，即假设在 $t=0$ 时刻，将目标边界各点同时点燃，火的前沿以均匀速度向目标内部蔓延，当前沿相交时火焰熄灭，火焰熄灭点的集合就构成了骨架，如图 7-21 所示。

另一种定义骨架的方法使用了最大圆盘概念。在欧式二值图像的内部给定一点，以该点为圆心存在一个最大圆盘，其整个盘体都在图像的内部，且至少有两点与目标边界相切，则该点便是骨架上的点。如图 7-22 所示，点 x 处存在一个最大圆盘 $D(x)$，该圆盘与目标边界有两点相切，因此 x 是骨架上的点；而以点 w 为圆心的最大圆盘 $D(w)$ 只有一点与目标边界相切，且还有更大的圆盘可以把 $D(w)$ 包含进去，因此 w 点不是骨架上的点。目标 S 的骨架由 S 内所有最大内切圆盘的圆心构成，如图 7-23 所示，骨架的每个点都对应一个相应的最大圆盘和半径 r。最大圆盘定义的骨架和烈火模拟方式定义的骨架除在某些特殊情况下端点处存在差异外，绝大多数情况下都是一致的。

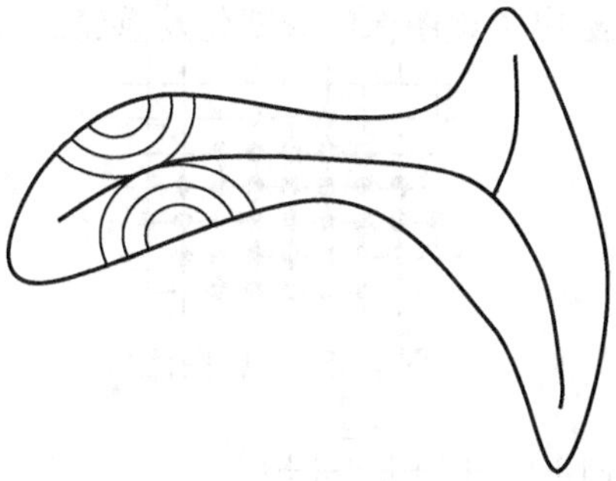

图 7-21 基于火种方式定义的骨架

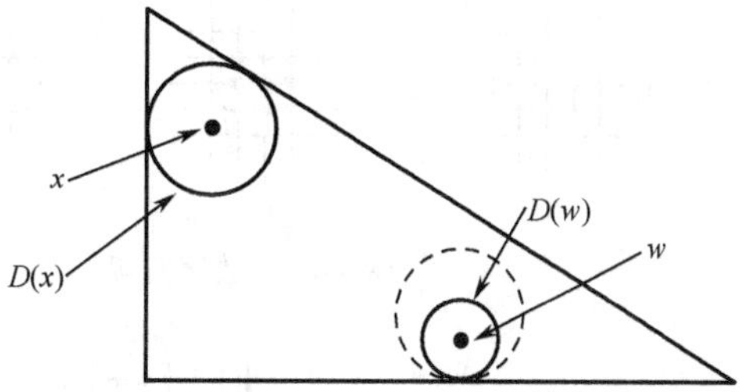

图 7-22 最大圆盘

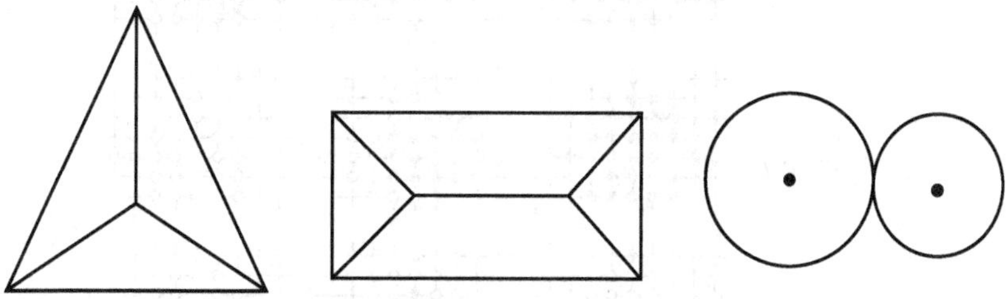

图 7-23 基于最大圆盘定义的骨架

数字骨架可以从形态学的角度给出定义。令 $nB = \overbrace{B \oplus B \oplus \cdots \oplus B}^{n次}$，当 $n=0$ 时，nB 是只包含原点的结构元素。对于 $n=0,1,2,\cdots$，定义骨架子集 $\text{Skel}(S;n)$ 为图像 S 内所有最大圆盘 nB 的圆心 x 构成的集合。从骨架的定义可知，骨架是所有骨架子集的并为

$$\text{Skel}(S) = \bigcup\{\text{Skel}(S;n) : n = 0,1,2,\cdots\} \tag{7.11}$$

可以证明骨架子集为

$$\text{Skel}(S;n) = (S\Theta nB) \setminus [(S\Theta nB) \circ B] \tag{7.12}$$

其中，$S\Theta nB$ 代表连续 n 次用结构元素 B 对图像 S 进行腐蚀，即

$$S\Theta nB = S\overbrace{\Theta B\Theta\cdots\Theta B}^{n次}$$

联立方程（7.11）和（7.12）可得骨架的形态学表达方程为

$$\mathrm{Skel}(S)=\bigcup\{(S\Theta nB)\setminus[(S\Theta nB)\circ B]:n=0,1,2,\cdots\} \tag{7.13}$$

作为一种变换，骨架处理是不可逆的。但是可以证明，给定所有的骨架子集，原始集合必等于利用相应结构元素 nB 对骨架子集进行膨胀所得集合的并为

$$S=\bigcup\{\mathrm{Skel}(S;n)\oplus nB:n=0,1,2\cdots\} \tag{7.14}$$

其中，$\mathrm{Skel}(S;n)\oplus nB$ 代表连续 n 次用结构元素 B 对 $\mathrm{Skel}(S;n)$ 进行膨胀，即

$$\mathrm{Skel}(S;n)\oplus nB=\mathrm{Skel}(S;n)\overbrace{\oplus B\oplus\cdots\oplus B}^{n次}$$

由于图像的像素集合是有界的，因此总有一个足够大的 N 使得 $S\Theta NB$ 为空集，因此式（7.13）和式（7.14）可以写成

$$\mathrm{Skel}(S)=\bigcup\{(S\Theta nB)\setminus[(S\Theta nB)\circ B]:n=0,1,2,\cdots,N\} \tag{7.15}$$

$$S=\bigcup\{\mathrm{Skel}(S;n)\oplus nB:n=0,1,2,\cdots,N\} \tag{7.16}$$

令 B 是 3×3 的结构元素，图 7-24 给出了大小为 $0B$、B 和 $2B$ 的数字圆盘。以图 7-24 的数字圆盘作为最大圆盘，对图 7-25 进行骨架计算，则图 7-26 给出了该图像的骨架化及重建的过程。

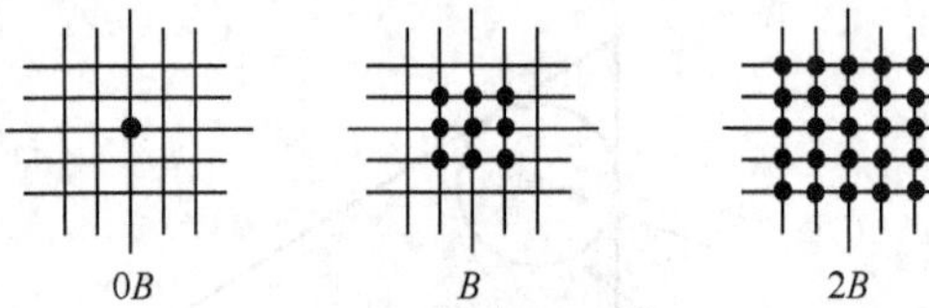

图 7-24　数字圆盘

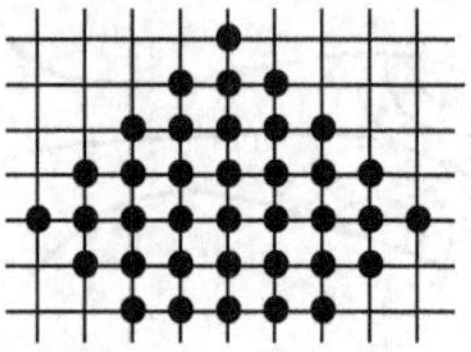

图 7-25　一幅图像

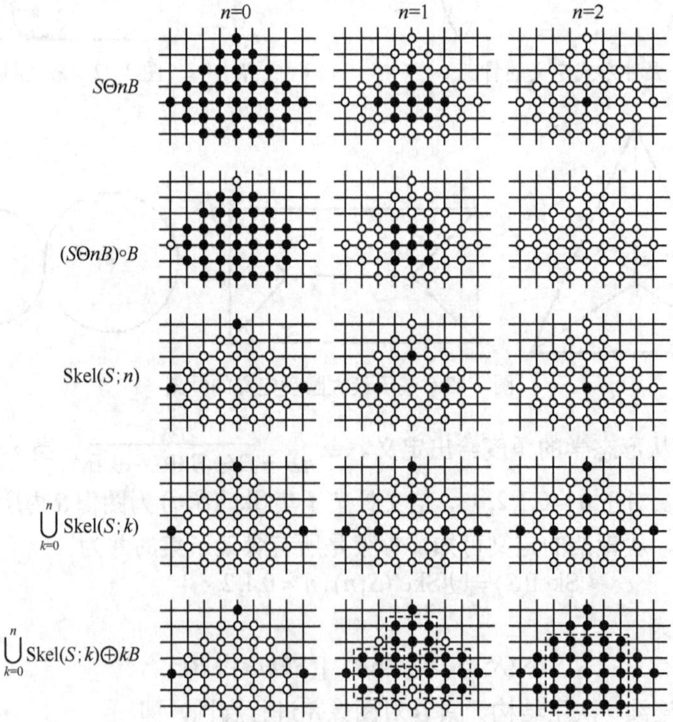

图 7-26　一幅图像的骨架化及重建的过程

图 7-27 给出了图像骨架抽取的例子，其中图 7-27（a）是原始图像，图 7-27（c）是以图 7-27（b）作为结构元素对图像进行骨架抽取的结果，图 7-27（e）是以图 7-27（d）作为结构元素对进行骨架抽取的结果，可以看出，不同的最大圆盘所得到的骨架在端点处会存在差异，而其他大部分是相同的。另外，图 7-27 骨架抽取的结果与图 7-20 采用击中、击不中变换细化的结果也是相近的，这是因为图 7-20 的细化采用了 8 个方向的结构元素对，而如果单纯采用其中的一个或两个方向的结构元素对则并不能得到这样的结果。

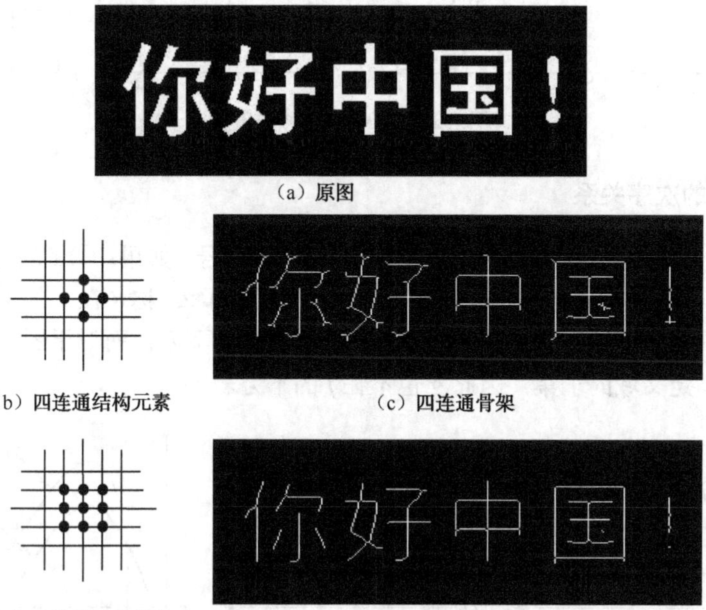

（a）原图

（b）四连通结构元素　（c）四连通骨架

（d）八连通结构元素　（e）八连通骨架

图 7-27　骨架抽取实例

7.3 灰度形态学

本节将二值形态学的方法推广到灰度图像上，为了使采用的数学符号尽可能简单，图示尽可能直观，以便于灰度图像形态学的理解，我们在一维信号上讨论灰度形态学，然后推广到二维图像空间，在二维图像空间上实现灰度形态学的算法。

7.3.1 灰度形态学的相关概念

在定义灰度形态学运算之前，先介绍几个与二值形态学平移、子集和并等相对应的概念，为了便于说明问题，我们用图形表示信号。

1. 信号的平移

信号的图形可以按两种方式移动，即水平移动和垂直移动。将信号 f 向右水平移动 x，称为移位，定义为 $f_x(z)=f(z-x)$。将信号 f 竖直移动 y，称为偏移，定义为 $(f+y)(z)=f(z)+y$。

当移位和偏移同时存在时，便得到形态学平移 f_{x+y}，其定义为

$$(f_x + y)(z) = f(z - x) + y \tag{7.17}$$

图 7-28 表示了一个信号 f 的形态学平移。

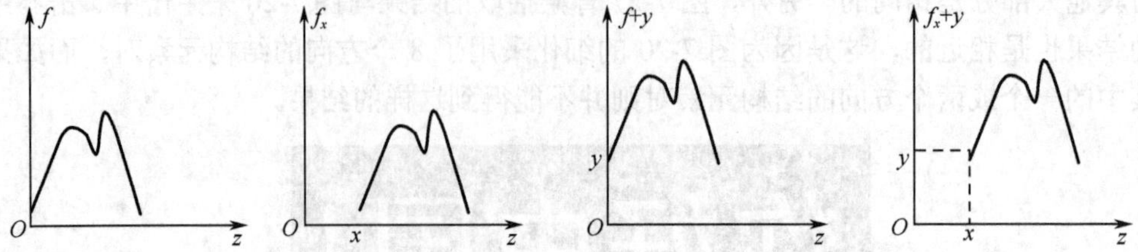

图 7-28　信号的平移与偏移

2．信号的次序关系

假设 g 和 f 分别为定义在域 $D[g]$ 和 $D[f]$ 上的两个信号，如果：① g 的定义域是 f 定义域的子集；② 对于 g 的定义域中的任一点 x 有 $g(x) < f(x)$，那么，称 g 在 f 的下方，记为 g□ f 。在图 7-29（a）中，g□ f ；在图 7-29（b）中 g 不在 f 的下方；而对于图 7-29（c）的情况，g 的定义域不是 f 定义域的子集，因此 g 也不在 f 的下方。

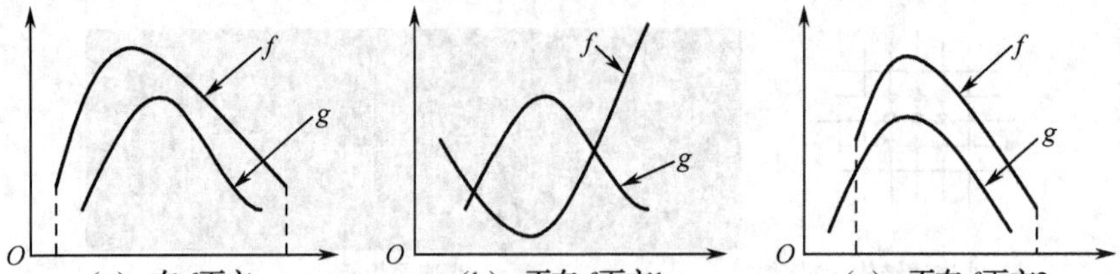

（a）g在f下方　（b）g不在f下方1　（c）g不在f下方2

图 7-29　信号的次序关系

3．反射

它是参照集合在平面内相对原点的旋转而提出来的。如果 h 为定义域 $D[h]$ 内的一个信号，h 对原点的反射定义为

$$h^{\wedge}(x) = -h(-x) \tag{7.18}$$

如图 7-30 所示，信号的反射式通过先对纵轴反射，然后对横轴反射得到。

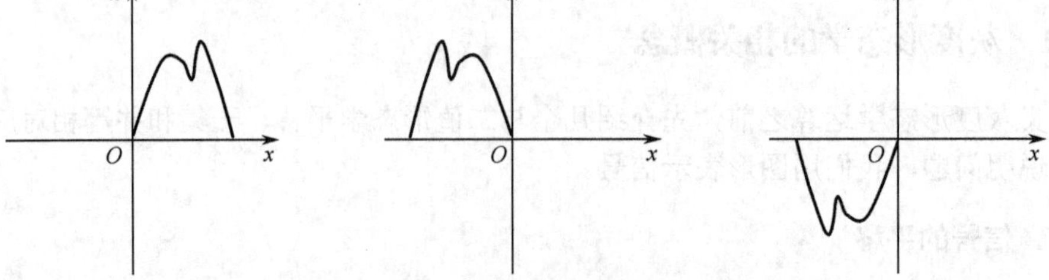

图 7-30　信号的反射示意图

7.3.2 灰度腐蚀和膨胀

1. 灰度腐蚀

利用结构元素 g（也是一个信号）对信号 f 的腐蚀定义为

$$(f\Theta g)(x)=\max\{y:g_x+y<<f\} \qquad (7.19)$$

从几何角度讲，为了求出信号被结构元素在点 x 腐蚀的结果，我们在空间滑动这个结构元素，使其原点与 x 重合，然后向上推结构元素，结构元素仍处于信号下方所能达到的最大值即为该点的腐蚀结果。由于结构元素必须在信号的下方，故空间平移结构元素的定义域必为信号定义域的子集，否则腐蚀在该点没有意义。图 7-31 是利用半圆形结构元素 g 对信号 f 的腐蚀示意图。

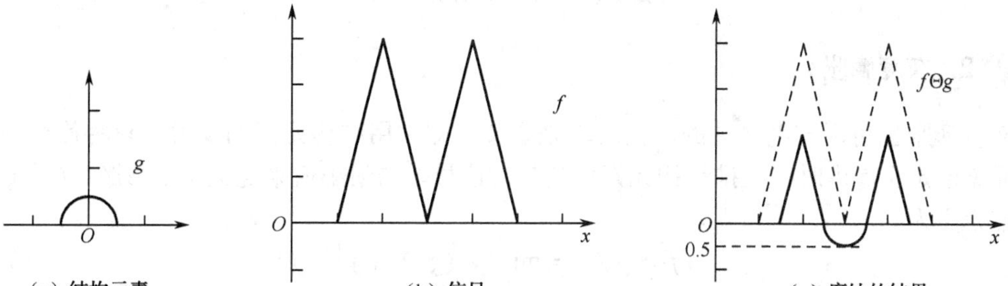

（a）结构元素　（b）信号　（c）腐蚀的结果

图 7-31 利用半圆形结构元素对信号腐蚀

上推结构元素求出方程（7.19）的极大值，只是计算灰度腐蚀的一种方法。我们还可以通过计算在平移结构元素的定义域上信号值与平移结构元素之间的最小差值来得到灰度腐蚀。这是因为，这个最小值与上推结构元素的最大值是相等的。由此得到灰度腐蚀的另一种表达形式：

$$(f\Theta g)(x)=\min\{f(z)-g_x(z):z\in D[g_x]\} \qquad (7.20)$$

例如，离散的结构元素 g 和信号 f 分别为

$$f=(*_\Delta \quad * \quad 0 \quad 2 \quad 1 \quad 5 \quad 9 \quad 6 \quad 1 \quad 0)$$

$$g=(5_\Delta \quad 5 \quad 4)$$

其中，“*”代表信号无定义（负无穷大）的点，带“Δ”下标的元素表示原点的位置。用结构元素 g 对 f 进行腐蚀，将 g 向右平移，当其平移 2 个单位时，g 变为

$$g=(*_\Delta \quad * \quad 5 \quad 5 \quad 4)$$

利用方程（7.20）有

$$(f\Theta g)(2)=\min\{0-5,2-5,1-4\}=-5$$

连续将 g 向右平移，并进行极小值运算，得到腐蚀后的信号为

$$f\Theta g=(*_\Delta \quad * \quad -5 \quad -4 \quad -4 \quad 0 \quad -3 \quad -4)$$

上面例子中定义域的最后一点为 $x=7$，因为，超过这一点，平移结构元素便不再位于信号的下方，因此腐蚀信号经过腐蚀以后定义域是缩小的。

将结构元素 g 和 f 推广到二维（灰度图像），将结构元素 g 在 x 和 y 两个方向上逐点平移，并在每个位置上计算公式（7.20）的值，即可得到二维信号腐蚀的结果。图 7-32 是一幅图像的灰度腐蚀的效果图，由于腐蚀的输出图像在输入图像的下方，因而腐蚀的结果要比原图暗，

这一点可以从小鸟的尾部看出来。

（a）原图　　（b）灰度腐蚀的结果

图 7-32　灰度腐蚀的效果图

2．灰度膨胀

灰度膨胀也可用灰度腐蚀的对偶运算来定义，即利用结构元素的反射，求将信号限制在结构元素的定义域内时，上推结构元素使其超过信号时的最小值来定义灰度膨胀。f 被 g 膨胀的逐点定义为

$$(f \oplus g)(x) = \min\{y : (g^{\wedge})_x + y \geq f\} \tag{7.21}$$

前面关于定义域的限制对于该定义仍然适用。图 7-33 给出了通过上推结构元素对信号进行膨胀的示意图。

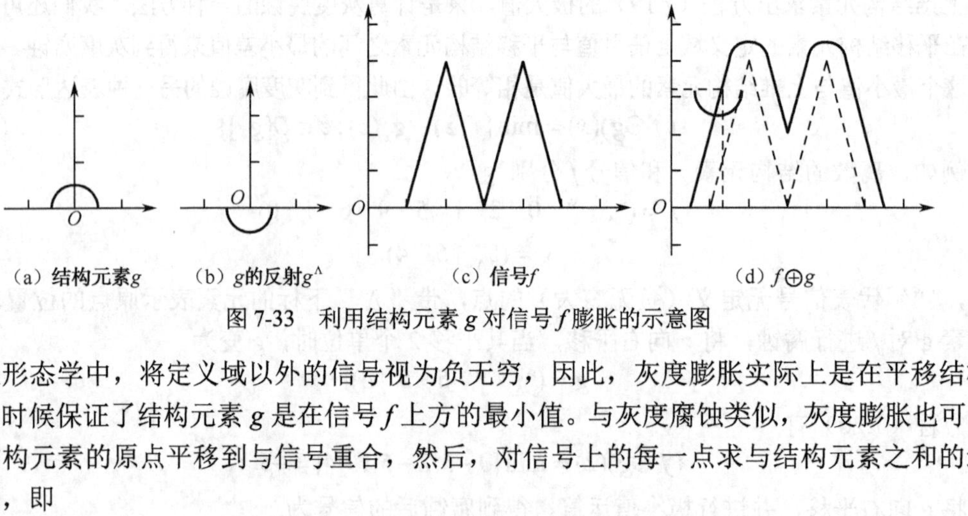

（a）结构元素g　（b）g的反射$g^{\wedge}$　（c）信号f　（d）$f \oplus g$

图 7-33　利用结构元素 g 对信号 f 膨胀的示意图

在形态学中，将定义域以外的信号视为负无穷，因此，灰度膨胀实际上是在平移结构元素 g 的时候保证了结构元素 g 是在信号 f 上方的最小值。与灰度腐蚀类似，灰度膨胀也可以通过将结构元素的原点平移到与信号重合，然后，对信号上的每一点求与结构元素之和的最大值得到，即

$$(f \Theta g)(x) = \max\{f(z) + g_x(z) : z \in D[g_x]\} \tag{7.22}$$

假设给定结构元素 g 和信号 f 如下，即

$$g = (-3 \quad 0_{\Delta} \quad -3)$$
$$f = (7 \quad 9 \quad 8 \quad 3_{\Delta} \quad 8 \quad 9 \quad 9)$$

其中"Δ"下标的元素表示原点的位置。根据式（7.22），当结构元素 g 的原点平移至 $x = -4$ 时，结构元素 g 的信号第一次处于 f 的上方，因此有

$$(f \Theta g)(-4) = \max\{*, *, -3 + 7\} = 4$$

同理，可以有

$$(f\Theta g)(-3)=\max\{*,0+7,-3+9\}=7$$
$$(f\Theta g)(-2)=\max\{-3+7,0+9,-3+8\}=9$$
$$(f\Theta g)(-1)=\max\{-3+9,0+8,-3+3\}=8$$

……

最后的膨胀结果为

$$f\oplus g=(4\quad 7\quad 9\quad 8\quad 5_{\Delta}\quad 8\quad 9\quad 9\quad 6)$$

从膨胀结果可以看出，信号经过膨胀以后定义域扩展了。

我们还可以利用全局明可夫斯基和定义膨胀为

$$f\Theta g=\vee\{f_x+g(x):x\in D[g]\} \tag{7.23}$$

根据这一表达式，灰度膨胀的步骤为：对结构元素 g 的定义域 $D[g]$中的每一点 x 将信号 f 平移 x；然后，再对平移信号的值加上 g（x），这样对于结构元素定义域中的每个点都得到一个信号，对所有这些信号驻点取其最大值，便可得到膨胀结果。仍然以前面例子中的结构元素 g 和 f 为例，根据式（7.23）可得到三个信号的逐点最大值：

$$f_{-1}-3=(4\quad 6\quad 5\quad 0\quad 5_{\Delta}\quad 6\quad 6\quad *\quad *)$$
$$f_{0}+0=(*\quad 7\quad 9\quad 8\quad 3_{\Delta}\quad 8\quad 9\quad 9\quad *)$$
$$f_{+1}-3=(*\quad *\quad 4\quad 6\quad 5_{\Delta}\quad 0\quad 5\quad 6\quad 6)$$

对以上三个式子每列取最大值得：

$$f\oplus g=(4\quad 7\quad 9\quad 8\quad 5_{\Delta}\quad 8\quad 9\quad 9\quad 6)$$

可以看出该结果与式（7.22）的结果是一致的。不难看出，式（7.22）和式（7.23）两个公式的计算量是相同的，只是表达方式不同而已。图 7-34 是用3×3 的模板对灰度图像进行膨胀的效果图，由于膨胀的输出图像是在输入图像的上方，因此膨胀的结果要比原图亮，这一点可以从上方小鸟的尾部变化看出来。

（a）原图

（b）灰度膨胀的结果

图 7-34 灰度膨胀的效果图

7.3.3 灰度开运算和闭运算

1. 灰度开运算

与二值形态学相类似，灰度开运算是先做腐蚀再做膨胀的迭代运算，其公式为

$$f\circ g=(f\Theta g)\oplus g \tag{7.24}$$

图 7-35 是结构元素 g 对信号 f 开运算的过程示意图，从图中可以看出，开运算可以滤掉信号

向上的小噪声，且保持信号的基本形状不变。当然，噪声的滤除效果也与所选择结构元素的大小和形状有关，假如本例中结构元素的长度小于信号向上突起的噪声的底端长度，那么开运算的结果将会削弱噪声而不是消除噪声。图 7-36 则是对实际灰度图像进行开运算的效果图。

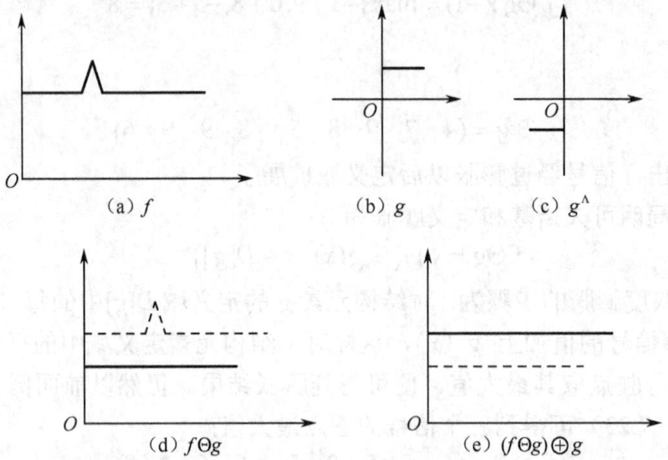

图 7-35　开运算过程示意图

(a) 原图　　(b) 开运算结果

图 7-36　灰度开运算效果图

2. 灰度闭运算

灰度闭运算是开运算的对偶运算，即先做膨胀后做腐蚀运算，其公式为

$$f \cdot g = (f \oplus g)\Theta g \tag{7.25}$$

图 7-37 是利用图 7-35 中的结构元素对图 7-37（a）信号 f 做闭运算的过程示意图，从图中可以看出，闭运算可以滤掉向下的小噪声，且保持信号的基本形状不变。而且与开运算相同，结构元素的选择也会影响滤波的效果。图 7-38 是对实际图像进行灰度闭运算的效果图。

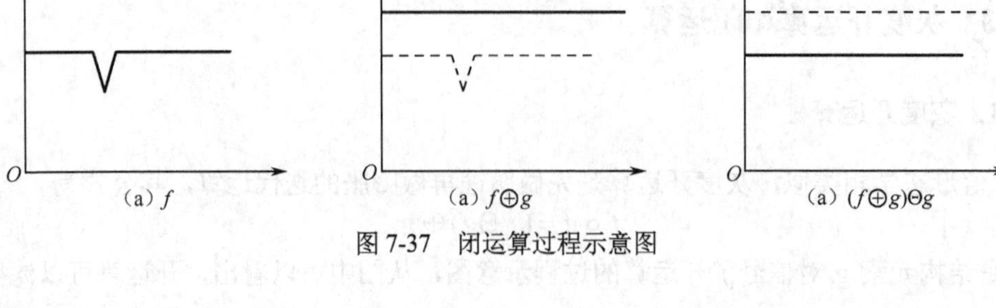

图 7-37　闭运算过程示意图

（a）原图　　（b）闭运算的结果

图 7-38　灰度闭运算效果图

7.3.4 灰度形态学梯度

在第 6 章中，在用梯度检测图像边缘时是基于以下考虑：如果在某一点处的梯度值大，则表示在该点处图像的明暗变化迅速，从而可能有边缘通过。在形态学处理中也提出了几种梯度，本节介绍其中的一种，称为形态学梯度，其定义为

$$\mathrm{GRAD}(f)=(f\oplus g)-(f\ominus g) \tag{7.26}$$

其中，g 为以原点为中心的扁平结构元素（定义域上取常数的结构元素）。图 7-39 给出了对信号 f 求梯度的过程示意图，其中 g 为定义域内取值为 0 的扁平结构元素，从图中可以看出，输出信号在输入信号跳变处形成了较高的值。图 7-40 是一个形态学梯度的实例，其中图 7-40（a）是原图，图 7-40（b）是利用十字形结构元素计算的形态学梯度，结构元素的大小和形状影响形态学梯度的结果。

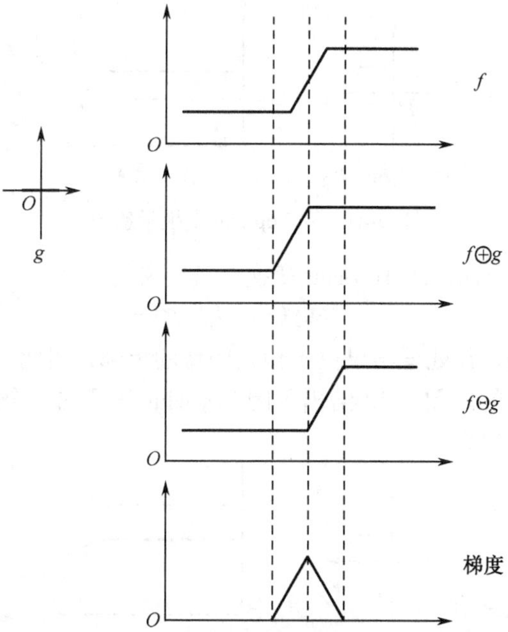

图 7-39　形态学梯度

（a）原图　　（b）形态学梯度

图 7-40　形态学梯度实例

7.3.5　Top-Hat 变换

Top-Hat 变换是常用的一种形态学滤波器，具有高通滤波的某些特性，利用它可以从图像中检测出较周围背景亮的结构，也可以检测出较周围背景暗的结构。

根据开运算、闭运算的不同，Top-Hat 变换可分为开 Top-Hat 变换和闭 Top-Hat 变换。开 Top-Hat 变换算子定义为

$$\mathrm{HAT}(f)=f-(f\circ g) \tag{7.27}$$

其中，g 为结构元素。因为开运算是一种非扩展运算，处理过程处在原始图像的下方，所以 $\mathrm{HAT}(f)$ 总是非负的。图 7-41 给出了开 Top-Hat 算子的一个例子，采用的结构元素 g 为一扁平结构元素，其长度较原始信号的跳跃尖峰的宽度稍大一点。从图中可以看到，信号中的峰值已经被检测出来了。

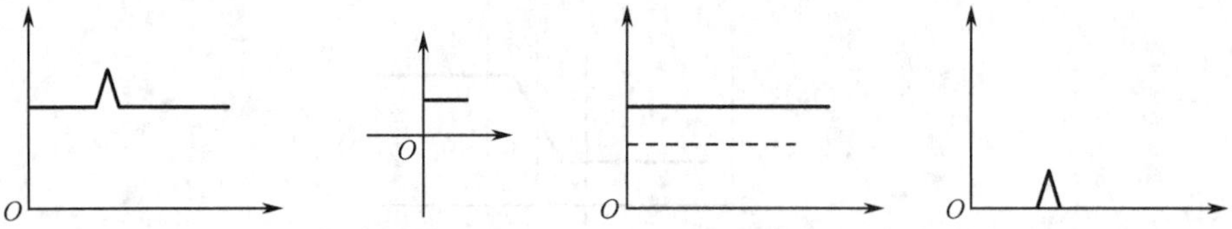

（a）信号f　　（b）结构元素g　　（c）开运算　　（d）开Top-Hat变换

图 7-41　开 Top-Hat 变换示意图

式（7.27）的对偶算子称为闭 Top-Hat 变换，其定义为

$$\mathrm{Vally}(f)=(f\cdot g)-f \tag{7.28}$$

由于闭运算是扩展的，其处理结果位于输入图像的上部，因此根据式（7.25），闭 Top-Hat 变换的输出结果也是非负的。图 7-42 给出了闭 Top-Hat 算子的一个例子，从图中可以看到，信号中的谷值已经被检测出来了。

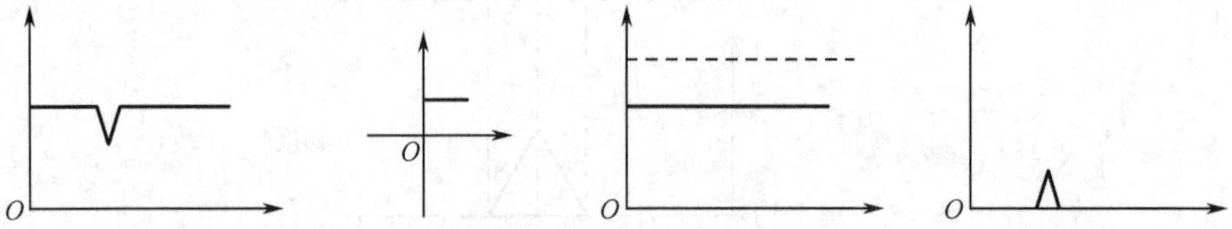

（a）信号f　　（b）结构元素g　　（c）闭运算　　（d）闭Top-Hat变换

图 7-42　闭 Top-Hat 变换示意图

由 Top-Hat 变换的定义可知，开 Top-Hat 算子能检测出图像中的峰结构，因此也叫波峰检测器。闭 Top-Hat 算子能检测出图像中的谷结构，因此也叫波谷检测器。为了检测图像中的峰和谷，可以同时使用开运算和闭运算，然后求其差，即

$$\mathrm{PV}(f)=(f\cdot g)-(f\circ g) \tag{7.29}$$

图 7-43 是一个波谷检测器的实例，其中图 7-43（a）是一幅带毛发的皮肤镜图像。假如我们的任务是将图像中的毛发目标提取出来，则由于毛发和背景在灰度分布上很相近，所以直接用阈值方法很难对图像进行有效分割。由于毛发在图像中是细长的线，亮度比周围背景皮肤暗，形成了一个波谷信号，因此采用闭 Top-Hat 变换可以将毛发目标进行增强，如图 7-43（b）所示；图 7-43（c）是对图 7-43（b）取阈值的结果，可以看出毛发目标和一部分噪声都被分割出来；此时采用滤波的方法将噪声滤除，可得到正确的毛发目标，如图 7-43（d）所示。

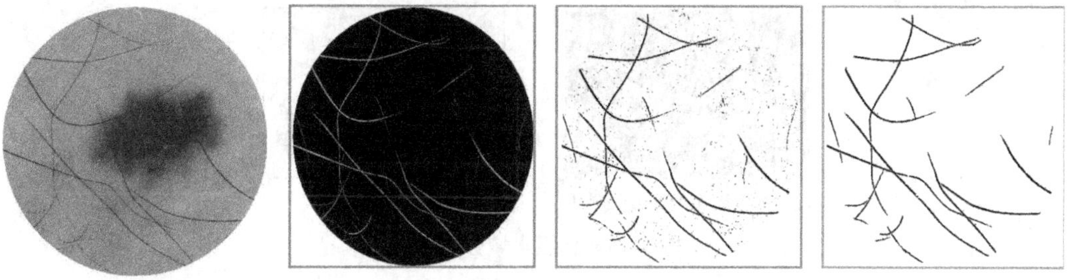

（a）原图　（b）闭 Top-Hat 变换　（c）阈值化　（d）滤波结果

图 7-43　闭 Top-Hat 变换实例

7.4 水域分割

水域分割又称 Watershed 变换，是模仿地形图浸没过程的一种形态学分割算法，其本质是利用图像的区域特性来分割图像，它将边缘检测与区域生长的优点结合起来，能够得到单像素宽、连通、封闭且位置准确的轮廓，因此是应用比较广泛的一种图像分割方法。

1. 基本原理

水域分割的基本思想是基于局部极小值和积水盆的概念。积水盆是地形中局部极小点的影响区，水平面从这些局部极小值处上涨，在水平面浸没地形的过程中，每一个积水盆被筑起的“坝”所包围，这些坝用来防止不同积水盆里的水混合到一起。在地形完全浸没到水中之后，这些筑起的坝就构成了分水岭。这个过程可以用图 7-44 说明。

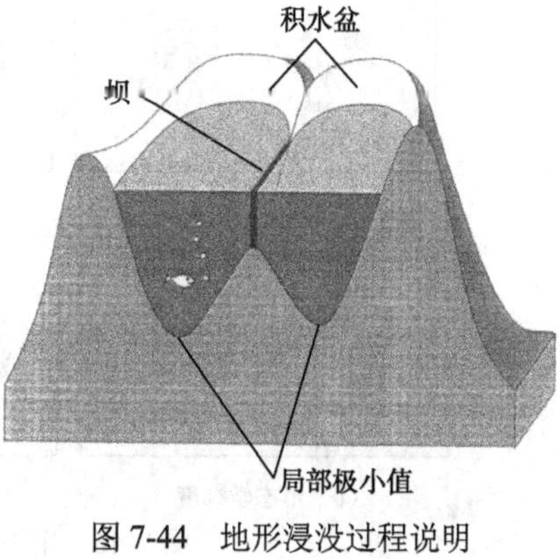

图 7-44　地形浸没过程说明

将水域的概念应用到图像分割中，假设待分割的图像由目标和背景组成，对图像进行梯度变换，则图像的背景和目标的内部区域将对应梯度图中灰度较

低的位置，而目标边缘则对应了梯度图中的亮带，这样，图像的梯度图即对应了 Watershed 变换中的地形图。我们称梯度图像中具有均匀低灰度值的区域为极小值区域（一般分布在目标内部及背景处）。水面从这些极小区域开始上涨，当不同流域中的水面不断升高到将要汇合在一起时（目标边界处），便筑起一道堤坝，最后得到由这些坝组成的分水线，图像也就完成了分割。图 7-45 所示是一组水域分割实例。

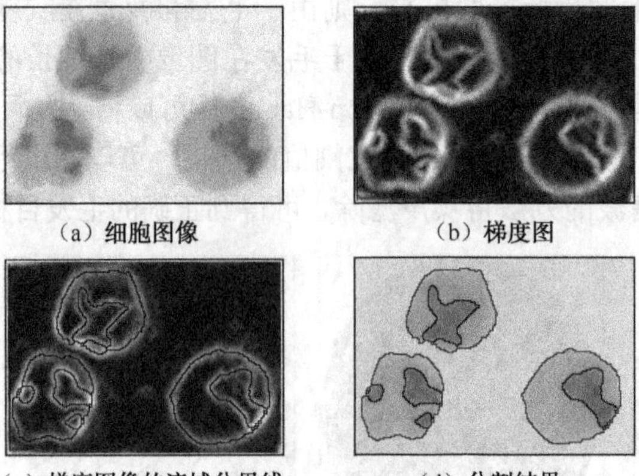

（a）细胞图像　（b）梯度图

（c）梯度图像的流域分界线　（d）分割结果

图 7-45　一组水域分割实例

从水域分割的基本原理知道，水域分割本质上是利用基于邻域的空间信息来分割图像的，它实际上是把边缘检测和区域生长结合起来，所以能够得到单像素宽的、连续而准确的边缘。因此边缘算子的选择直接影响图像分割的好坏，一个合适的边缘检测算子能够得到准确而平滑的目标边缘。到目前为止，用于边缘检测的算子有很多，如 Sobel、Prewitt、Canny 及形态学梯度等。也有文献用红蓝两个分量组成距离空间，用当前像素到四邻域的最大距离作为该像素的梯度。在以上提到的各梯度算子中，除 Canny 算子外，其他梯度算子计算都比较简单，但抗噪能力差，边缘不够光滑，其中 Sobel、Prewitt 和形态学梯度算子在质量较好的图像中尚能取得较好的结果，而对于目标边界比较弱的图像却不尽如人意。Canny 算子是在三个准则基础上提出来的一种优化算法，对噪声不敏感，而且在弱边界处也显示了较好的效果。图 7-46 是一组对比实验，其中图 7-46（a）是一幅边缘比较模糊的图像，图 7-46（b）～图 7-46（f）分别在水域分割中使用不同梯度算子的分割结果，图 7-46 显示了不同梯度算子对弱边界的响应情况。

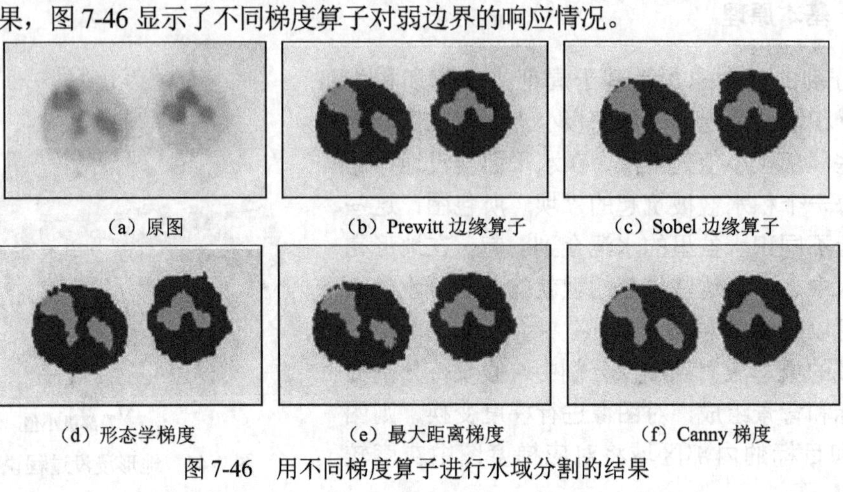

（a）原图　（b）Prewitt 边缘算子　（c）Sobel 边缘算子

（d）形态学梯度　（e）最大距离梯度　（f）Canny 梯度

图 7-46　用不同梯度算子进行水域分割的结果

2. 基于标记的 Watershed 变换

由于待分割的图像中存在噪声和一些微小的灰度值起伏波动，在梯度图像中可能存在许多假的局部极小值，如果直接对梯度图进行生长会造成过分割的现象。即使在 Watershed 变换前对梯度图进行滤波，存在的极小点也往往会多于原始图像中目标的数目，因此必须加以改进。实际中应用 Watershed 变换的有效途径是首先确定图像中目标的标记或种子，然后再进行生长，并且生长的过程中仅对具有不同标记的标记点建筑防止溢流汇合的堤坝，产生分水线，这就是基于标记的 Watershed 变换。基于标记的 Watershed 变换大体可分为 3 个步骤。

步骤 1：对原图进行梯度变换，得到梯度图。

步骤 2：用人机交互或者标记函数把图像中各个区域标记出来，得到标记图。

步骤 3：将标记图中的相应标记作为种子点，对梯度图像进行 Watershed 变换，当不同标记汇合时产生分水线。

图 7-47 是对带有蚂蚁的图片进行 Watershed 分割的实例，其中 7-47（a）是原图，7-47（b）是梯度图，图 7-47（c）中的两个圆点是手动标记种子点的位置，图 7-47（d）是水域分割的结果，其中白色的线即为分水线。图 7-48 是将图 7-47（a）分三类的情况。在图 7-47 和图 7-48 的分割实例中，标记提取是采用人机交互进行的。而在有些情况下，如计算机辅助诊断系统，希望标记提取能通过算法自动完成，这样才能实现图像自动分割。我们将在 14.1 节的免疫细胞图像分析系统实例中介绍基于直方图峰值特性的标记自动提取方法。

（a）原图

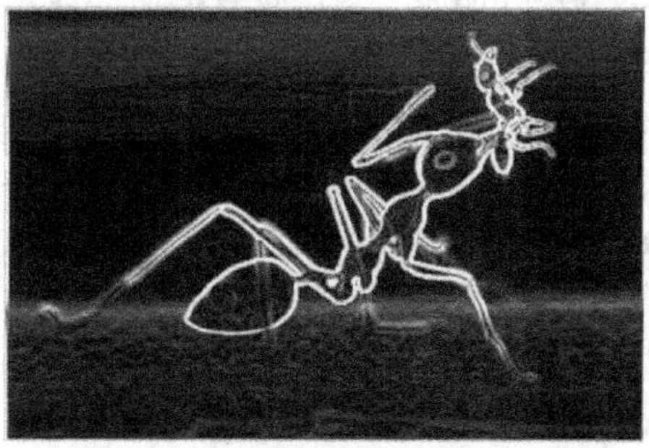

（b）梯度图

（c）手动选取的两个标记位置

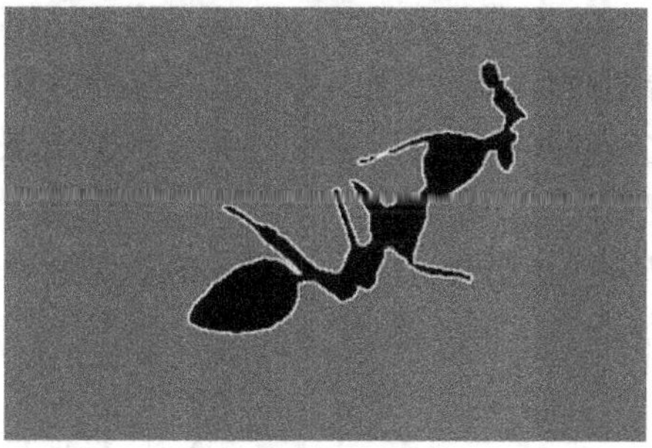

（d）水域分割结果

图 7-47　水域分割实例

（a）手动选取三个标记位置　　（b）三类目标分割结果

图 7-48　对图 7-47(a)分三类的结果

小结

形态学运算最初是针对二值图像依据数学形态学的集合论方法发展起来的，是分析几何形状和结构的数学方法，用于描述图像的基本特征。本章介绍了二值形态学的基本运算——腐蚀和膨胀，并以此为基础，引出了其他常见的数学形态学运算，如开闭运算，击中、击不中变换等。将二值形态学的理论推广到灰度图像上，就有了灰度形态学，本章同样介绍了灰度形态学的基本运算——腐蚀和膨胀，并以此为基础，介绍了灰度开闭运算及 Top-Hat 变换等。本章最后还介绍了应用广泛的形态学分割算法——水域分割，该算法模仿地形图浸没的过程，将边缘检测与区域生长的优点结合起来，能够得到单像素宽、连通、封闭，并且位置准确的轮廓。

形态学方法是图像处理技术中的一个重要发展方向，基于数学形态学的图像处理算法有很多种，限于篇幅，本书不能一一介绍，感兴趣的读者可以查阅相关的理论书籍。

习题

7-1　编写程序，实现二值图像的腐蚀和膨胀算法，并对实际图像进行腐蚀和膨胀变换，察看图像目标的变化。将二值图像的前景和背景颜色互换，再次对图像进行腐蚀和膨胀变换，并比较此时的腐蚀和膨胀结果与前景/背景互换前有什么不同。

7-2　题 7-2 图中给定一个二值图像 A 及结构元素 E，试用 E 对 A 进行开运算，并说明开运算有什么滤波特性，其中数据阵列中 1 表示目标，0 表示背景，△表示原点位置。

$$\begin{bmatrix} 0 & 0 & 0 & 0 & 0 & 0 & 0 \\ 0 & 1 & 1 & 1 & 1 & 0 & 0 \\ 0 & 1 & 1 & 0 & 1 & 1 & 0 \\ 0 & 1 & 1 & 1 & 1 & 1 & 0 \\ 0 & 1 & 1 & 1 & 0 & 0 & 0 \\ 0 & 1 & 1 & 1 & 0 & 1 & 0 \\ 0_{\triangle} & 0 & 0 & 0 & 0 & 0 & 0 \end{bmatrix} \qquad \begin{bmatrix} 1 & 1 \\ 1_{\triangle} & 1 \end{bmatrix}$$

图像数据阵列 $\boldsymbol{A}$　　结构元素 $\boldsymbol{E}$

题 7-2 图

7-3　编写程序，实现灰度图像的腐蚀和膨胀运算，并将腐蚀和膨胀结合起来，实现灰度图像的开运算和闭运算。找一幅带噪声的图像，体会开闭运算对灰度图像的滤波效果。

7-4　编写程序，实现形态学梯度算法，并调整结构元素的大小和形状，观察图像边缘的变化。

7-5　骨架是图像形态的一种拓扑描述，当给定一幅图像全部的骨架子集，根据式（7.16），可以完全重建图像，而如果只给定高阶骨架子集，则重建出来的图像目标会在支端末节有信息丢失。因此，利用最大圆盘骨架可以进行图像的有损或无损压缩。编写程序，实现图像的骨架抽取，并根据骨架子集重建图像，同时分析只采用高阶子集重建图像时图像信息损失的情况。

7-6　基于击中、击不中变换，编写细化算法，并采用图 7-19 所示的 8 个方向结构元素对，对图像进行细化，观察只采用图 7-19 中一个方向的结构元素对时细化的结果。

第8章

图像的描述

图像经过分割后就得到了若干区域和边界，通常把感兴趣部分称作目标（物），把其余的部分称作背景。为了让计算机有效地识别这些目标，必须对各区域、边界的属性和相互关系用更加简洁明确的数值和符号表示，这样在保留原图像或图像区域重要信息的同时，也减少了描述区域的数据量。这些从原始图像中产生的数值、符号或者图形称为图像特征，它们反映了原图像的最重要信息和主要特性。我们把这些表征图像特征的一系列符号称为描述子，它们具有如下特点。

（1）唯一性：每个目标必须有唯一的表示，否则无法区分；

（2）完整性：描述是明确的，没有歧义的；

（3）几何变换不变性：描述应具有平移、旋转、尺度等几何变换不变性；

（4）敏感性：描述结果应该具有对相似目标加以区别的能力；

（5）抽象性：从分割区域、边界中抽取反映目标特性的本质特征，不容易因噪声等原因而发生变化。

对目标的描述通常是针对目标的某些特性进行的，本章从目标的几何特征、边界、形状、直方图、颜色和纹理等方面介绍图像的典型描述方法。

8.1 几何描述

对一幅灰度图像或者彩色图像运用图像分割的方法进行处理，把其中感兴趣的像素分离出来作为目标像素，取值为1，而把不感兴趣的其余部分作为背景像素，取值为0，就可以得到一幅二值图像。二值图像包含目标的位置、大小等几何特征，这些几何特征是目标物特征中的重要参数，对于图像识别、分类与理解有重要作用。以下是几种典型的几何特征描述。

1）面积

图像中目标物的面积可以定义为其所占的像素点个数。若图像为二值图，大小为$M \times N$，目标为1，背景为0，则目标的面积A可表示为

$$A = \sum_{x=0}^{M-1}\sum_{y=0}^{N-1} f(x,y) \tag{8.1}$$

2）周长

数字图像子集S的周长定义有不同的概念，通常用如下三种定义来近似。

（1）若将图像中每个像素都看作单位面积的小方格，则区域 S 和背景 $\overline{S}$ 都由方格组成，区域 S 的周长可以定义成区域和背景交界线的长度。

（2）将像素看作一个个的点，则周长可以定义为区域边界 8 链码的长度（链码长度的定义见 8.2.1 节）。

（3）周长用边界所占面积表示，即边界点数之和。

如图 8-1 所示，图中竖线和斜线所标出的是目标，而竖线所标出的格子为目标的边界点。目标的边界点与背景之间的线即为交界线，其周长为 38。图中虚线是用 8 链码表示的边界，其周长为 $12+11\sqrt{2}$。而如果用面积表示，则其周长为 23。

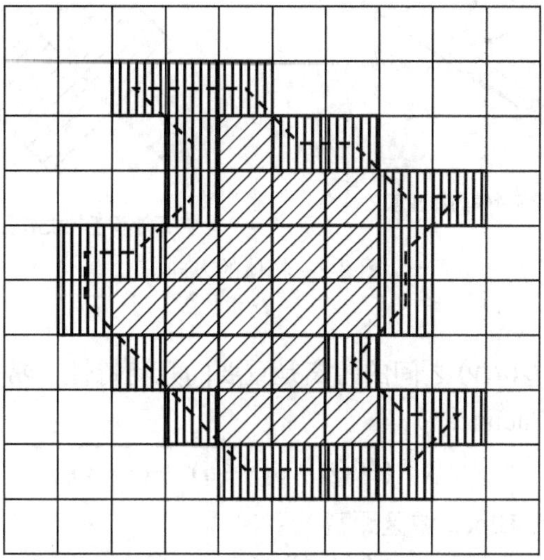

图 8-1　求周长简例

3）位置

由于目标在图像中总是有一定的面积大小，通常不是一个像素，因此，有必要定义目标在图像中的精确位置。

定义目标面积的中心点就是该目标在图像中的位置，面积中心就是单位面积质量恒定的相同形状图形的质心。对 $M \times N$ 的数字图像 $f(x,y)$，其质心 $(\overline{X},\overline{Y})$ 定义为

$$\overline{X}=\frac{1}{MN}\sum_{x=0}^{M-1}\sum_{y=0}^{N-1}xf(x,y) \tag{8.2}$$

$$\overline{Y}=\frac{1}{MN}\sum_{x=0}^{M-1}\sum_{y=0}^{N-1}yf(x,y) \tag{8.3}$$

4）方向

知道了目标在图像中的位置，并不意味着就知道了目标是怎样放置在图像中的。根据位置的定义，它只是目标物的质心，因此，我们还必须定义目标在图像中的“方向”。假设物体是细长的，那么可把较长方向的轴定为物体的方向，如图 8-2 所示。通常的方法是选择最小惯量轴在二维平面上的等效轴。最小惯量轴定义为在目标上找一条直线，使得目标上的所有点到这条直线的垂直距离的平方和最小，它可表示目标的方向。对于 $M \times N$ 的图像 $f(x,y)$，计算公式为

$$\chi^2 = \min_{\theta \to [0,\pi)} \left(\sum_{x=0}^{M-1} \sum_{y=0}^{N-1} r_{xy}(\theta)^2 f(x,y) \right) \tag{8.4}$$

式中，$r_{xy}(\theta)^2$ 是物体点 (x,y) 到一条过质心、方向为 θ 的直线的距离平方。

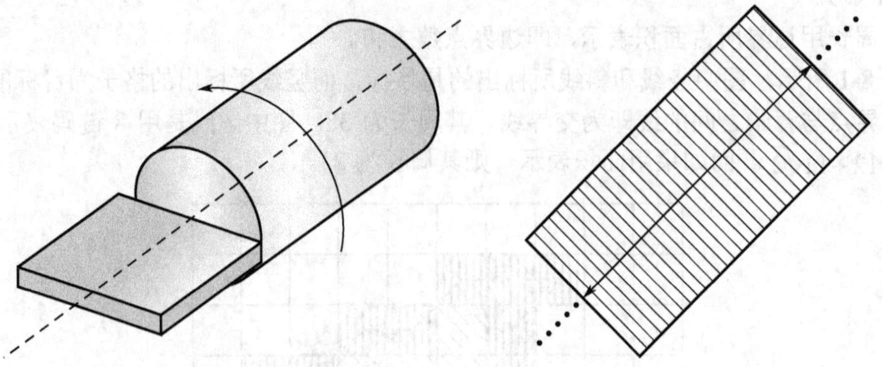

（a）最小惯量轴的物理意义

（b）最小惯量轴投影在二维平面上的等效轴

图 8-2　物体的方向

5）距离

图像中两点 $P(x,y)$ 和 $Q(u,v)$ 之间的距离是重要的几何特性，常用如下三种方法测量。

（1）欧几里得距离（Euclidean）。

$$d_e(P,Q) = \sqrt{(x-u)^2 + (y-v)^2} \tag{8.5}$$

（2）四邻域距离（City-Block 城区距离）。

$$d_4(P,Q) = |x-u| + |y-v| \tag{8.6}$$

（3）八邻域距离（Chessboard 棋盘距离）。

$$d_8(P,Q) = \max(|x-u|, |y-v|) \tag{8.7}$$

8.2 边界描述

所谓边界描述是将图像中目标物的边界作为图像的重要信息用简洁的数值序列表示出来。当一个目标区域边界上的点已被确定时，就可以利用这些边界点来区别不同区域的形状。这样做既可以节省存储信息，又可以准确地确定物体。下面介绍两种常用的边界描述方法。

8.2.1 链码

在数字图像中，边界或曲线是由一系列离散的像素点组成的，其最简单的表示方法是由美国学者 Freeman 提出的链码方法。

1. 链码的定义

按照水平、垂直和两条对角线方向，可以为相邻的两个像素点定义 4 个方向符：0、1、2、3，分别表示 0°、90°、180° 和 270° 四个方向，如图 8-3（a）所示。同样，也可以定义 8

个方向符：0、1、2、3、4、5、6、7，如图 8-3（b）。链码就是用线段的起点加上由这几个方向符所构成的一组数列，通常称之为 Freeman 链码。因此可以用链码来描述任意曲线或者闭合的边界。用 Freeman 链码表示曲线时需要曲线的起点，对 8 链码而言，奇数码和偶数码的对应线段长度不等，规定偶数码单位长度为 1，奇数码的单位长度为$\sqrt{2}$。

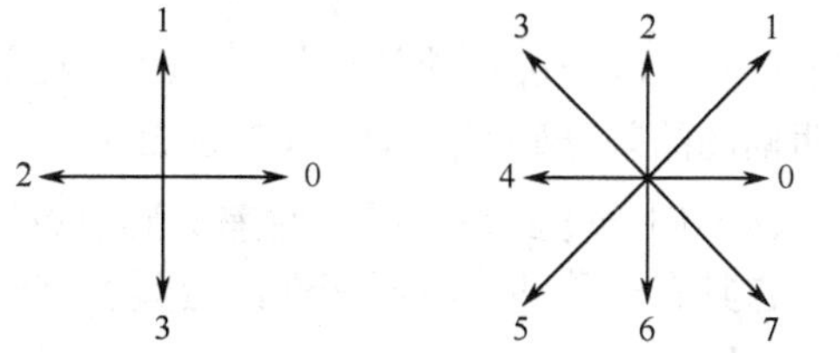

（a）4方向链码的方向符　（b）8方向链码的方向符

图 8-3　链码方向符

2. 曲线的链码表示

我们以图 8-3（b）的 8 方向链码为例，介绍目标边界的各种链码表示。

（1）原链码：从边界起点开始，按顺时针方向观察每一段走向，并用相应的指向符表示，结果就形成表示该边界的数码序列，称为原链码。假设目标有n个边界点，且边界起始点坐标为S，则目标边界的原链码表示为

$$M_N = S\mathop{C}_{i=1}^{n-1} a_i = Sa_1a_2\cdots a_{n-1},\quad a_i = 0,1,\cdots,N-1 \tag{8.8}$$

式中，N为方向数，对于 8 链码，$N=8$。当边界闭合时，原链码会回到起点，此时S可省略，链码变成$a_1a_2\cdots a_n$的形式，如图 8-4（a）所示，目标边界的原链码为$M_8 = 2120606454$。

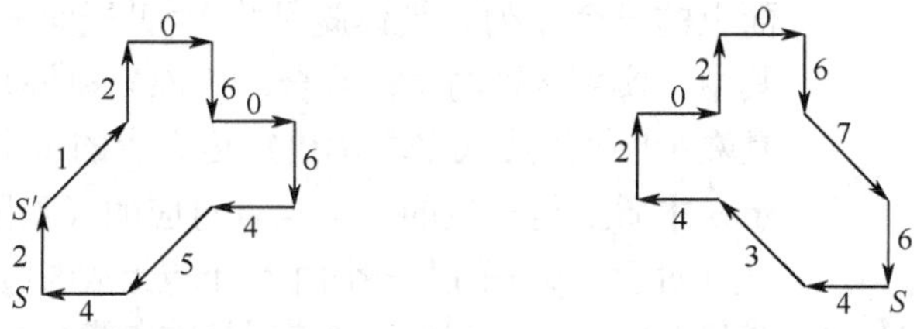

（a）原始目标的区域　（b）逆时针旋转90°后的区域

图 8-4　目标区域及其旋转 90° 后的链码表示

（2）归一化码：原链码具有平移不变性，但当改变起始点S时，会得到不同的链码表示，即不具备唯一性。为此可引入归一化链码，其方法是：对于闭合边界，任选一起点 S 得到原链码，将链码看作由各方向数构成的n位自然数，将该码按一个方向循环，使其构成的n位自然数最小，此时就形成起始点唯一的链码，称为归一化链码，也称为规格化链码。例如，将图 8-4（a）中目标边界原链码序列向左循环，循环一次得到 1206064542，循环两次得到 2060645421，循环三次得到 0606454212，这也是该序列循环能得到的最小自然数，即目标边界的归一化链码为$\overline{M}_8$=0606454212。

（3）差分码：归一化链码既具有平移不变性，也具备唯一性，但不具备旋转不变性。如图 8-4(b)所示，当对 8-4(a)中的目标逆时针旋转 90° 后，其归一化链码变为$\bar{M}_8 = 0206764342$。对于 8 链码，当目标物逆时针旋转 45° 的m倍时，其原链码变为

$$M_N = \mathop{C}_{i=1}^{n} a_i^m \tag{8.9}$$

其中，$a_i^m = (a_i + m)\text{MOD}8$ 表示未旋转前的指向符加上m后对 8 取模（8 链码）。一般$a_i \neq a_i^m$，如图 8-4 所示，旋转前后的链码确实不同。为了得到具有旋转不变性的链码，我们可定义差分

码。链码对应的差分码定义为

$$M'_N = \mathop{C}_{i=1}^{n} a'_i \tag{8.10}$$

其中，$a'_1 = (a_1 - a_n)$ MOD N , $a'_i = (a_i - a_{i-1})$ MOD N , $i = 2,3,\cdots,n$ 。当起始点为 S 时，图 8-4 中两幅图的差分码均为 $M_8^1 = 6716626617$ 。

（4）归一化的差分码：对差分码进行（起点）归一化，就可得到归一化（唯一）的差分码，它具有平移和旋转不变性，也具有唯一性。图 8-4 的差分码为 $\overline{M'}_8 = 1662661767$ 。

3. 边界的形状数表示

由于归一化的差分码既具有唯一性，也具有目标物平移和旋转不变性，因此可用来表示边界，称为形状数。形状数序列的长度（位数）称为形状数的阶，它可作为闭合边界的周长。如图 8-4 所示的目标边界，其形状数为 $\overline{M'}_8 = 1662661767$ ，形状数的阶为 10。

8.2.2 傅里叶描述子

对边界的离散傅里叶变换表达，可以作为定量描述边界形状的基础。采用傅里叶描述的一个优点是将二维的问题简化为一维问题。即将 $x-y$ 平面中的曲线段转化为一维函数 $f(r)$（在 $r-f(r)$ 平面上），也可将 $x-y$ 平面中的曲线段转化为复平面上的一个序列。具体就是将 $x-y$ 平面与复平面 $u-v$ 重合，其中，实部 u 轴与 x 轴重合，虚部 v 轴与 y 轴重合。这样可用复数 $u+jv$ 的形式来表示给定边界上的每个点 (x,y)。这两种表示在本质上是一致的，是点点对应的（见图 8-5）。

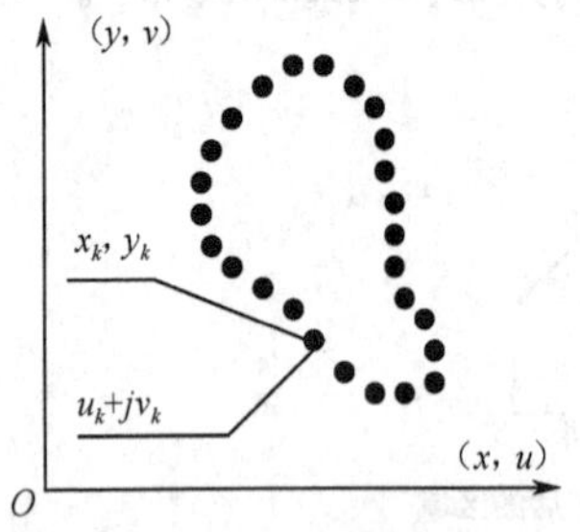

图 8-5 边界点的两种表示方法

对于 x-y 平面上一个由 N 个点组成的边界来说，任意选取一个起点 (x_0, y_0)，然后沿着逆时针方向绕行一周，可以得到一个点序列：(x_0, y_0) , (x_1, y_1) ,$\cdots$, (x_{N-1}, y_{N-1}) 。如果记 $x(k) = x_k, y(k) = y_k$ ，并把它们用复数表示，则得到一个坐标序列为

$$s(k) = x(k) + \mathrm{j}y(k) \qquad k = 0,1,\cdots,N-1 \tag{8.11}$$

$s(k)$的离散傅里叶变换为

$$S(u) = \sum_{k=0}^{N-1} s(k)\exp\left(-\mathrm{j}\frac{2\pi uk}{N}\right) \qquad u = 0,1,\cdots,N-1 \tag{8.12}$$

$S(u)$ 可称为边界的傅里叶描述，它的傅里叶逆变换为

$$s(k) = \frac{1}{N}\sum_{u=0}^{N-1} S(u)\exp\left(\mathrm{j}\frac{2\pi uk}{N}\right) \qquad k = 0,1,\cdots,N-1 \tag{8.13}$$

可见，离散傅里叶变换是一个可逆变换，在变换过程中信息没有任何增减，这为我们有选择地描述边界提供了方便。

傅里叶变换的高频分量对应一些细节而低频分量对应总体形状，因此用一些低频分量的傅里叶系数足以近似描述边界形状。一般来说，在用傅里叶描述子描述闭合曲线时，我们可以只选择其中的前 M 个点，并根据它们进行曲线描述，而在重建原曲线时也只能根据这 M 个点，并将后面的 $N-M$ 个系数全置为零，重建公式如下所示，即

$$\hat{s}(k)=\frac{1}{N}\sum_{u=0}^{M-1}S(u)\exp\left(\mathrm{j}\frac{2\pi uk}{M}\right)\qquad k=0,1,\cdots,N-1 \tag{8.14}$$

对于式（8.14），如果$M \ll N$,那么在重建曲线时只能得到原曲线的大体形状，因为其细节部分被略去了，而当M越接近N，重建的曲线就越逼近原曲线，当$M=N$时，我们可以还原出和原始曲线相同的结果。如图 8-6 所示，图 8-6（a）为$N=64$的正方形边界，图 8-6（b）～图 8-6（d）是M逐渐逼近N时的重建结果。

（a）N=64　（b）M=8　（c）M=24　（d）M=56

图 8-6　用傅里叶描述子进行曲线重建

8.3　形状描述

人的视觉系统对于景物的最初认识是物体的形状，在人的视觉感知、识别和理解中，形状是一个重要参数。描述物体的形状特性并用于机器识别是一个非常有价值的研究课题。

8.3.1　区域描述

一旦一幅图像的目标区域被确定，我们往往用一套描述子来表示其特性。选择区域描述子的动机不单纯为了减少在区域中原始数据的数量，而且也应有利于区别带有不同特性的区域。因此，当目标区域有大小、旋转、平移等方面的变化时，针对这一目标的区域描述子应是不变的。

1）分散度

分散度是一种面积形状的测度。设图像子集 S 的面积为A，即有A个像素点数，周长为P，定义P^2/A为S的“分散度”。这个测度符合人的认识，相同面积的几何形状物体，其周长越小，越紧凑。对圆形S来讲，$P^2/A=4\pi$，圆形S最紧凑。其他任何形状的S，$P^2/A>4\pi$。若几何形状越复杂，则分散度越大，例如，正方形的分散度为16，而正三角形的分散度为$36/\sqrt{3}$。

2）伸长度

设图像子集S的面积为A，宽度为W，定义A/W^2为S的伸长度。伸长度也是符合人们的习惯的，面积一定的S，其宽度W越小，肯定越细长；反之，则越粗短。

3）饱和度

给定平面上的一个点集，包含点集中所有点的最小面积的凸多边形为这个点集的凸包。一个目标区域的凸包即为包含该目标区域的最小面积凸多边形。图 8-7 中黑色目标外侧的线所包围的区域即是目标区域的凸包。令凸包区域的面积为$A_{\text{convex_hull}}$，目标区域实际面积为A，则饱和度定义为

图 8-7　目标区域的凸包

$$饱和度 = \frac{A}{A_{\text{convex\_hull}}} \tag{8.15}$$

4）欧拉数

在一幅图像中的孔数为H，连通域的个数为C，那么欧拉数E定义为

$$E = C - H \tag{8.16}$$

例如，图 8-8 中从左至右几个字母的欧拉数依次为 2、1、0、-1 和 0。由于把区域中孔数作为拓扑描述子，显然这种性质不受伸长或旋转变换的影响，但是如果孔出现撕裂或折叠，就不能简单地应用这种拓扑描述子了。

5）凸凹性

设p是图像子集S中的点，若通过p的每条直线只与S相交一次，则称S为发自p的星形， 也就是站在p点能看到S的所有点。

S满足下列条件之一，称此S为凸状的：

（1）从S中每点看，S都是星形的；

（2）对S中任意两点p，q，从p到q的直线段完全在S中；

（3）对S中任意两点p，q，从p到q的直线中点位于S中；

（4）任一条直线与S只能相交一次。

上述四个条件是等效的，一个凸状物体是没有凹处，也不会有孔，而且是连通的。但要注意，在数字图像中的凸性物体，在数字化以前的模拟图像中可能有细小凹处，这些细小凹处往往会在取样时被漏掉。

6）偏心度

区域的偏心度是区域形状的重要描述，度量偏心度可以采用区域主轴与辅轴之比，如图 8-9 所示，图中主轴与辅轴相互垂直，且是两方向上的最长值。

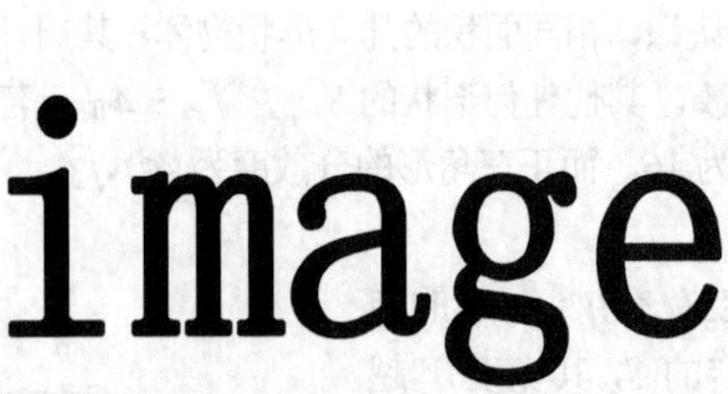

图 8-8　欧拉数示意图

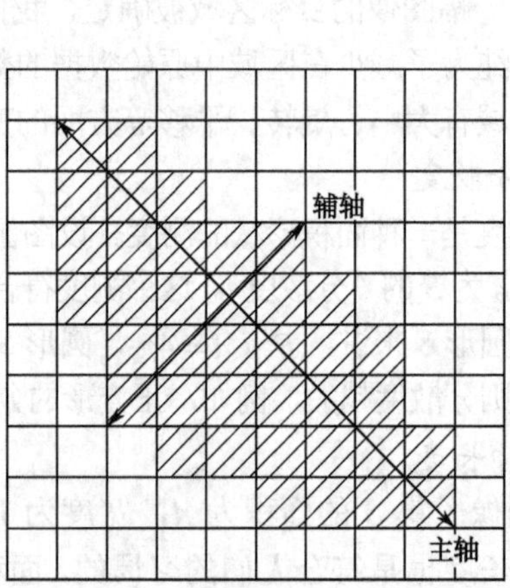

图 8-9　图像的主轴与辅轴

另一种方法是计算惯性主轴比，它基于边界线点或整个区域来计算质量。对任意点集R的偏心度e的计算过程如下所述。

步骤 1：计算平均向量。

$$\overline{x} = \frac{1}{n}\sum_{x \in R} x, \quad \overline{y} = \frac{1}{n}\sum_{y \in R} y \tag{8.17}$$

步骤 2：计算 $i+j$ 阶矩。

$$\mu_{ij}=\sum_{(x,y)\in R}(x-\overline{x})^i(y-\overline{y})^j \tag{8.18}$$

步骤 3：计算方向角。

$$\theta=\frac{1}{2}\arctan\left(\frac{2\mu_{11}}{\mu_{20}-\mu_{02}}\right)+\frac{\pi}{2}n \tag{8.19}$$

步骤 4：计算偏心度的近似值。

$$e=\frac{(\mu_{20}-\mu_{02})^2+4\mu_{11}}{\text{面积}} \tag{8.20}$$

8.3.2 图像矩

矩在统计学中用于表征随机量的分布，而在力学中用于表征物质的空间分布。若把二值图或灰度图看作二维密度分布函数，就可把矩特征应用于图像分析中。这样，矩就可以用于描述一幅图像的特征，并提取为与统计学和力学中相似的特征。矩特征对于图像的平移、旋转、尺度等几何变换具有不变的特性，因此，可以用来描述图像中的区域特性。

1. 矩的定义

二维矩不变理论是在 1962 年由美籍华人学者胡名桂教授提出的。对于 $M\times N$ 的数字图像 $f(x,y)$，其 $p+q$ 阶矩定义为

$$m_{pq}=\sum_{x=0}^{M-1}\sum_{y=0}^{N-1}x^p y^q f(x,y),\quad p,q=0,1,2\cdots \tag{8.21}$$

将上述矩特征量进行位置归一化，得图像 $f(x,y)$ 的中心矩为

$$\mu_{pq}=\sum_{x=0}^{M-1}\sum_{y=0}^{N-1}(x-\overline{x})^p(y-\overline{y})^q f(x,y) \tag{8.22}$$

式中，$\overline{x}=\dfrac{m_{10}}{m_{00}},\overline{y}=\dfrac{m_{01}}{m_{00}}$，而

$$m_{00}=\sum_{x=0}^{M-1}\sum_{y=0}^{N-1}f(x,y) \tag{8.23}$$

$$m_{01}=\sum_{x=0}^{M-1}\sum_{y=0}^{N-1}yf(x,y) \tag{8.24}$$

$$m_{10}=\sum_{x=0}^{M-1}\sum_{y=0}^{N-1}xf(x,y) \tag{8.25}$$

如果将图像 $f(x,y)$ 的灰度看作“质量”，则上述的 $(\overline{x},\overline{y})$ 即为图像的质心点。

对于一个经分割的二值图像，若其目标物体取值为 1，背景为 0，即函数只反映了物体的形状而忽略其内部的灰度级细节，则式（8.21）可写成

$$m_{pq}=\sum_{x}\sum_{y}x^p y^q \tag{8.26}$$

因此，m_{00} 是该区域的像素点数，即目标区域的面积，$\overline{x}=\dfrac{m_{10}}{m_{00}},\overline{y}=\dfrac{m_{01}}{m_{00}}$ 为目标区域的形心。这样，离散图像的中心矩为

$$\mu_{pq}=\sum_x\sum_y(x-\overline{x})^p(y-\overline{y})^q \tag{8.27}$$

2. 不变矩

定义归一化的中心矩为

$$\eta_{pq}=\frac{\mu_{pq}}{\mu_{00}{}^{\gamma}},\qquad \gamma=\left(\frac{p+q}{2}+1\right) \tag{8.28}$$

利用归一化的中心矩，可以获得对平移、缩放、旋转都不敏感的 7 个不变矩，定义如下。

$$\varphi_1=\eta_{20}+\eta_{02} \tag{8.29}$$

$$\varphi_2=(\eta_{20}-\eta_{02})^2+4\eta_{11}^2 \tag{8.30}$$

$$\varphi_3=(\eta_{30}-3\eta_{12})^2+(3\eta_{21}-\eta_{03})^2 \tag{8.31}$$

$$\varphi_4=(\eta_{30}+\eta_{12})^2+(\eta_{21}+\eta_{03})^2 \tag{8.32}$$

$$\begin{aligned}\varphi_5=&(\eta_{30}-3\eta_{12})(\eta_{30}+\eta_{12})[(\eta_{30}+\eta_{12})^2-3(\eta_{21}+\eta_{03})^2]\\&+(3\eta_{21}-\eta_{03})(\eta_{21}+\eta_{03})[3(\eta_{30}+\eta_{12})^2-(\eta_{21}+\eta_{03})^2]\end{aligned} \tag{8.33}$$

$$\varphi_6=(\eta_{20}-\eta_{02})[(\eta_{30}+\eta_{12})^2-(\eta_{21}+\eta_{03})^2]+4\eta_{11}(\eta_{30}+\eta_{12})(\eta_{21}+\eta_{03}) \tag{8.34}$$

$$\begin{aligned}\varphi_7=&(3\eta_{21}-\eta_{03})(\eta_{30}+\eta_{12})[(\eta_{30}+\eta_{12})^2-3(\eta_{21}+\eta_{03})^2]\\&+(3\eta_{12}-\eta_{30})(\eta_{21}+\eta_{03})[3(\eta_{30}+\eta_{12})^2-(\eta_{21}+\eta_{03})^2]\end{aligned} \tag{8.35}$$

由于采样和量化会导致图像的灰度层次和图像边缘表示得不精确，因此图像离散化会对图像矩特征的提取产生影响，特别是对高阶矩特征的计算影响较大。这是因为高阶矩主要描述图像的细节，如扭曲度、峰态等；而低阶矩主要描述图像的整体特征，如面积、主轴、方向角等，相对而言影响较小。

图 8-10 是一个表现矩不变性的例子，其中图 8-10（b）中显示的目标为图 8-10（a）的 1/2 尺寸，图 8-10（c）～图 8-10（f）分别是将原图旋转 45°、90°、135°、180° 得到的图像。运用式（8.29）～式（8.35）计算这些图像的 7 个不变矩。为了减小动态范围，将计算得到的结果取对数的幅值，如表 8-1 所示，从表中可以看出，图 8-10（b）～图 8-10（f）所得到的结果与原图计算得到的不变矩有较好的一致性。

（a）原图　（b）1/2尺寸　（c）旋转45°

（d）旋转90°　（e）旋转135°　（f）旋转180°

图 8-10　原图及其缩小和旋转的图像

表 8-1 图 8-10（a）～图 8-10（f）所示图像的 7 个不变矩

不变矩（|log|）	原 图	1/2 尺寸	旋转 45°	旋转 90°	旋转 135°	旋转 180°
φ_1	27.5168	24.5604	27.5077	27.4265	27.4807	27.4087
φ_2	55.0336	49.1208	55.0154	54.8531	54.9614	54.8174
φ_3	73.7267	66.2451	73.7060	73.4633	73.6252	73.4131
φ_4	73.7267	66.2451	73.7060	73.4633	73.6252	73.4131
φ_5	147.4534	132.4902	147.4121	146.9267	147.2504	146.8263
φ_6	101.2435	90.8055	101.2137	100.8899	101.1059	100.8219
φ_7	116.6107	101.4226	115.3809	116.0275	117.0424	116.3307

3. 低阶矩

物体的二阶矩、一阶矩和零阶矩通常称为低阶矩，这些低阶矩有明确的物理和数学意义。

1）零阶矩

$f(x,y)$ 零阶矩的定义为

$$m_{00}=\sum_x\sum_y f(x,y) \tag{8.36}$$

它表示图像的总质量，当图像为二值图时，零阶矩表示该目标区域的总面积。

2）一阶矩

两个一阶矩 $\{m_{10},m_{01}\}$ 用来确定目标的质心。质心的坐标 $(\bar{x},\bar{y})$ 由式（8.37）计算，即

$$\bar{x}=\frac{m_{10}}{m_{00}},\qquad \bar{y}=\frac{m_{01}}{m_{00}} \tag{8.37}$$

当图像为二值图时，$(\bar{x},\bar{y})$ 为目标区域的形心。

3）二阶矩

二阶矩 $\{m_{02},m_{11},m_{20}\}$ 又叫惯性矩，表征图像的大小和方向。事实上，如果仅考虑阶次为 2 的矩集，则原始图像完全等同于一个具有确定的大小、方向和离心率，以图像质心为中心的椭圆。该图像椭圆的参数如下所述。

长半轴 L_{long} 为

$$L_{\text{long}}=\sqrt{2(\mu_{02}+\mu_{20}+(4\mu_{11}^2+(\mu_{02}-\mu_{20})^2)^{1/2})} \tag{8.38}$$

短半轴 L_{short} 为

$$L_{\text{short}}=\sqrt{2(\mu_{02}+\mu_{20}-(4\mu_{11}^2+(\mu_{02}-\mu_{20})^2)^{1/2})} \tag{8.39}$$

椭圆倾角 θ 为

$$\theta=\frac{1}{2}\arctan\left(\frac{2\mu_{11}}{\mu_{20}-\mu_{02}}\right) \tag{8.40}$$

可以在图像的二阶矩基础上定义一些形状特征描述方法，如目标区域的纵横比定义为

$$\text{Aspect\_Ratio}=\frac{L_{\text{short}}}{L_{\text{long}}} \tag{8.41}$$

其中，L_{long} 为式（8.38）定义的椭圆长轴长度，L_{short} 为式（8.39）定义的椭圆短轴长度。

再如椭圆圆度，如图 8-11 所示，首先在原二值图上画一个椭圆，其中椭圆圆心为式（8.37）定义的二值图形心$(\bar{x},\bar{y})$，椭圆长、短轴的定义如式（8.38）和式（8.39），椭圆的旋转角θ由式（8.40）计算得到。然后计算在椭圆内部黑色区域的面积和椭圆外部白色区域的面积，两者之和记为$A_{\text{difference}}$。记椭圆的面积为A_{ellipse}，则椭圆圆度定义为

$$随圆度 = 1 - \frac{A_{\text{difference}}}{A_{\text{ellipse}}} \tag{8.42}$$

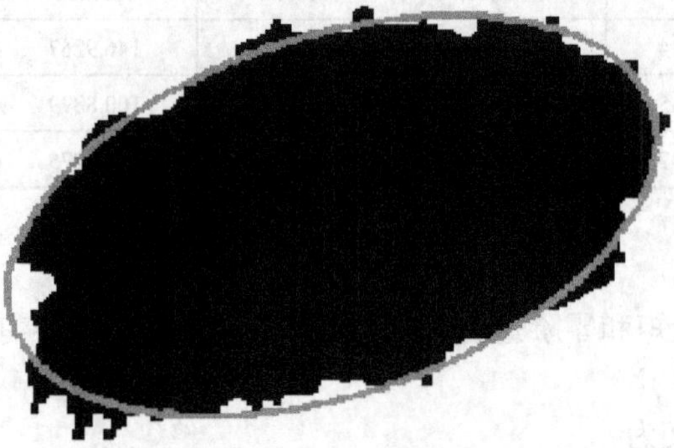

图 8-11　由二阶矩确定的目标区域椭圆

8.4 直方图描述

一幅数字图像可以看作一个二维随机过程的一个样本，用联合概率分布来描述。根据图像的各像素幅度值可以设法估计出图像的概率分布，从而形成图像的直方图特征。直方图是一种概率统计的方法，具有旋转不变性和缩放不变性等特点，在图像处理中得到广泛应用。

8.4.1 直方图特征

1. 一维灰度直方图

图像的灰度直方图可以描述图像的灰度分布情况，其横坐标为灰度级$b \in [0, L-1]$（图像灰度级数为L），纵坐标为该灰度b在图像中出现的频率$p(b)$，即

$$p(b) = N(b)/M \tag{8.43}$$

其中，M表示了图像中总像素数目，$N(b)$表示像素为灰度值b的数目。

因此，$p(b)$是一个在[0,1]区间内的随机数，代表了区域的概率密度函数。通常，直方图给出了一幅灰度图像的全局描述，在实际应用中，把整个直方图作为特征是没有必要的。人们通常使用以下几个从直方图中提取出来的一阶统计测度作为类别间的特征差异，如均值、方差、偏度、能量、熵等。

（1）均值μ：表示灰度概率分布的均值。

$$\mu = \sum_{b=0}^{L-1} bp(b) \tag{8.44}$$

（2）方差σ^2：是图像灰度值分布离散性的度量。

$$\sigma^2 = \sum_{b=0}^{L-1}(b-\mu)^2 p(b) \tag{8.45}$$

（3）偏度：是对灰度分布对称情况的度量。

它描述了数据集（图像像素）关于中心点μ左右对称的情况。对于任何对称分布的数据集，其偏度都近似为0，例如，正态分布的偏度就是0。如果偏度为负数，表示数据集偏于中心点μ的左边；如是正数，则表示图像像素集偏于中心点μ的右边。

$$S = \frac{1}{\sigma^3}\sum_{b=0}^{L-1}(b-\mu)^3 p(b) \tag{8.46}$$

（4）峰度：表示了图像灰度分布的集中情况。

相对于正态分布来说，图像像素的分布是集中在均值附近，呈尖峰状，或是分布于两端，呈平坦状。如果像素分布有高峰度值，则说明在均值附近有一尖峰；若峰度值低，则峰值较平缓。但是对于均匀分布来说，却是一个例外，正值表示数据集中在均值附近，负值则表示数据是平缓分布的。

$$K = \frac{1}{\sigma^4}\sum_{b=0}^{L-1}(b-\mu)^4 p(b) \tag{8.47}$$

（5）能量：表示灰度分布的均匀性。

$$\mathrm{EN} = \sum_{b=0}^{L-1}[p(b)]^2 \tag{8.48}$$

（6）熵：是图像中信息量的度量。

$$\mathrm{ER} = -\sum_{b=0}^{L-1} p(b)\log[p(b)] \tag{8.49}$$

一般来说，均值μ反映图像的平均亮度，方差σ^2反映图像灰度级分布的分散性。这两个统计量容易受图像采样的情况所影响（如光照条件），因此在一些分类问题中，一般情况下都先对图像进行规范化处理，使得所有图像有相同的均值和方差。偏度是直方图偏离对称情况的度量。峰度反映直方图所表示的分布是集中在均值附近还是散布于端尾。能量是灰度分布对于原点的二阶矩，如果图像灰度值是等概率分布的，则能量为最小。根据信息理论，熵是图像中信息量多少的反映，对于等概率分布时，熵最大。

必须指出的是，在图像的灰度空间，其直方图的计算方式也可以同样应用于彩色图像的各颜色子带。

2. 特征直方图

设$N(x_i)$为图像I中某一特征值为x_i的像素个数，$M=\sum_i N(x_i)$为I中总像素数，对$N(x_i)$做归一化处理，即

$$h(x_i) = \frac{N(x_i)}{M} \tag{8.50}$$

图像I的一般特征直方图为

$$H(I) = [h(x_1), h(x_2), \cdots, h(x_n)] \tag{8.51}$$

式中，n 为某一特征取值的个数。

事实上，特征直方图就是某一特征的概率分布。对于灰度图像，直方图就是灰度的概率分布。令

$$\lambda(x_i)=\sum_{j=1}^{i}h(x_j) \tag{8.52}$$

则该特征的累积直方图为

$$\lambda(I)=[\lambda(x_1),\lambda(x_2),\cdots,\lambda(x_n)] \tag{8.53}$$

8.4.2 梯度方向直方图

梯度方向直方图（Histogram of Oriented Gradients，HOG）是特征直方图的一种。由 3.3.1 节可知，对于一幅图像 $f(x,y)$，它在点 (x,y) 处的梯度幅度 $|\nabla f(x,y)|$ 和方向角 ϕ 分别为

$$|\nabla f(x,y)|=\text{mag}(\nabla f(x,y))=(G_x^2+G_y^2)^{1/2} \tag{8.54}$$

$$\phi(x,y)=\arctan(G_y/G_x) \tag{8.55}$$

其中，G_x 和 G_y 分别为沿 x 方向和 y 方向的梯度。

若将式（8.55）中的梯度方向在 $\left[-\dfrac{\pi}{2},\dfrac{\pi}{2}\right]$ 区间上划分为 K 个均匀区间（bin），用 bin_k 代表第 k 个梯度方向，则像素点 (x,y) 在第 k 个梯度方向上的梯度幅度权重投影函数 $Q_k(x,y)$ 可以表示为

$$Q_k(x,y)=\begin{cases}|\nabla f(x,y)| & \phi(x,y)\in\text{bin}_k\\ 0 & \phi(x,y)\notin\text{bin}_k\end{cases} \tag{8.56}$$

或

$$Q_k(x,y)=\begin{cases}\sqrt{|\nabla f(x,y)|} & \phi(x,y)\in\text{bin}_k\\ 0 & \phi(x,y)\notin\text{bin}_k\end{cases} \tag{8.57}$$

其中，$k=0,1,\cdots,K-1$。

式（8.56）和式（8.57）中梯度幅度权重投影函数 $Q_k(x,y)$ 是像素点的梯度幅值和梯度幅值的平方根，实际上 $Q_k(x,y)$ 还可以是梯度幅值的平方，甚至可以是梯度幅值的省略形式，它们都能够一定程度上反应出像素上一定的边缘信息。根据式（8.56），每个像素点 (x,y) 处的梯度特征是一个 K 维的向量。图像的梯度方向直方图即是对图像中所有像素点的 K 维梯度特征进行的直方图统计。

1. HOG 特征提取

梯度主要存在于边缘的地方，图像中的目标形状能够被梯度或边缘的方向密度分布很好地描述。Dalal 等人根据这一思想，提出用 HOG 特征来对物体进行特征描述。HOG 特征提取的大致步骤为如下所述。

步骤 1：图像归一化。归一化图像的主要目的是提高图像特征描述子对于光照的鲁棒性。在图像的纹理强度中，局部表层曝光贡献的比重较大，这种压缩处理能够有效地降低图像局部的阴影和光照变化。因为颜色信息作用不大，通常先转化为灰度图，在灰度图上进行归一化。传统的图像归一化操作一般采用 Gamma 标准化形式为

$$f(x,y)=\sqrt{f(x,y)} \quad 或 \quad f(x,y)=\ln(f(x,y)+1)$$

步骤 2：计算图像梯度幅度和方向。根据式（8.54）和式（8.55），计算每个像素的梯度幅值和方向。

步骤 3：直方图统计的方格单元划分。将图像划分成如图 8-12 所示的方格单元和块，一个图像由若干个方格单元组成，且相邻的若干方格单元组成一个块。

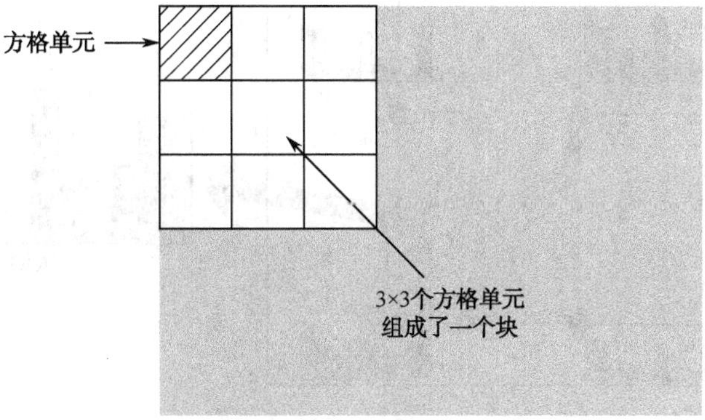

图 8-12　图像中划分的块和方格单元

步骤 4：计算一个块中的 HOG 特征向量。根据式（8.56），计算一个方格单元的 K 个梯度特征 $Q_k(x,y)$，则对于由 $n\times n$ 个相邻方格单元组成的块，将每个方格单元的梯度特征组合在一起，即可得到这个块的梯度特征向量，该特征向量是 $n\times n\times K$ 维。

步骤 5：HOG 特征向量归一化。归一化操作是针对块进行的，对块内特征向量的归一化主要是为了使特征向量空间对光照、阴影和边缘变化具有鲁棒性。假设 HOG 特征向量为 v，一般采用的归一化函数有以下四种。

（1）L2-norm：$v=v/\sqrt{\|v\|_2^2+\varepsilon^2}$，其中 ε 是一个很小的常数，避免分母为 0；

（2）L2-hys：归一化方法同上，但是限制 v 的最大值为 0.2，然后再次归一化；

（3）L1-norm：$v=v/(\|v\|_1+\varepsilon)$；

（4）L1-sqrt：$v=\sqrt{v/(\|v\|_1+\varepsilon)}$。

步骤 6：HOG 特征向量生成。在图像上以一个方格单元为步长对块进行滑动，将每个块的特征组合在一起，即可得到图像的 HOG 特征。假设一个图像共分成 $M\times N$ 个方格单元，且一个块由 $n\times n$ 个方格单元组成，则块只能在图像上 $(M-n+1)\times(N-n+1)$ 个位置滑动，因此，图像的 HOG 特征向量是 $(M-n+1)\times(N-n+1)\times(n\times n\times K)$ 维的。由于块与块之间是重叠的，在块重叠中，处于块边缘部分的像素点也能够给相邻块中的方向梯度直方图提供一定贡献，从而将块与块之间进行关联，这在一定程度上模糊了块与块之间的边界效应。

2. HOG 特征提取的快速算法

传统的 HOG 特征计算使用穷举搜索算法，计算量偏大。此处我们给出基于积分直方图的 HOG 特征提取方法。图 8-13 是积分直方图的原理，某像素点 (x,y) 对应的积分直方图定义为梯度图像中满足集合 $\{(x',y')\mid x'\leqslant x, y'\leqslant y\}$ 的区域内所有像素点的梯度方向直方图，也可以理解为以图像坐标原点和该像素点(x,y)为对角线顶点组成的矩形区域的直方图。令$H(x,y,k)$表示像素点(x,y)的积分直方图，则它可以采用如下迭代公式计算，即

$$H(x,y,k)=H(x-1,y,k)+H(x,y-1,k)-H(x-1,y-1,k)+Q_k(x,y) \tag{8.58}$$

其中，$k=0,1,\cdots,K-1$，$Q_k(x,y)$的取值见式（8.56）。

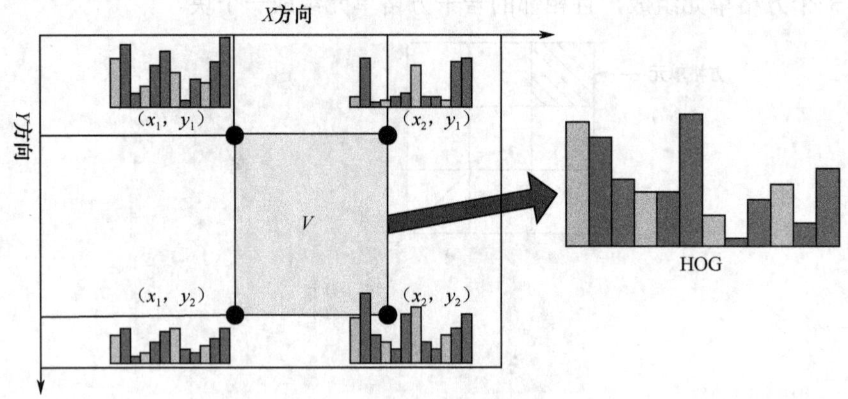

图 8-13　积分直方图的计算

计算出图像中各点对应的直方图后，图 8-13 中区域V的直方图H_V可计算如下，即

$$H_V(k)=H(x_2,y_2,k)+H(x_1,y_1,k)-H(x_1,y_2,k)-H(x_2,y_1,k) \tag{8.59}$$

采用式（8.58）和式（8.59）迭代计算区域的梯度方向直方图，可以节省大量的计算时间，从而快速提取出 HOG 特征。

8.4.3　韦伯局部描述子

韦伯定律，即感觉的差别阈值随初始刺激量的变化而变化，而且表现出一定的规律性，表示如下，即

$$\frac{\Delta I}{I}=k \tag{8.60}$$

其中，ΔI表示差别阈值，I表示初始刺激，k是一个常量，分数$\Delta I/I$也被称作韦伯分数。简单地说，一个能被注意到的差分与初始激励是固定比例的，例如，在一个吵闹的环境中，大声的喊话才能被听见，而在一个安静的房间里，低声细语就可以。

韦伯局部描述子（Weber Local Descriptor，WLD）由两部分特征组成：差分激励ξ和方向θ。如图 8-14 所示，定义四个滤波器，其中左侧两个滤波器是与差分激励相关的，而右侧两个滤波器是与方向相关的，则 WLD 特征的计算过程如图 8-15 所示。

+1	+1	+1
+1	−8	+1
+1	+1	+1

0	0	0
0	+1	0
0	0	0

0	−1	0
0	0	0
0	+1	0

0	0	0
+1	0	−1
0	0	0

图 8-14　WLD 描述子滤波器

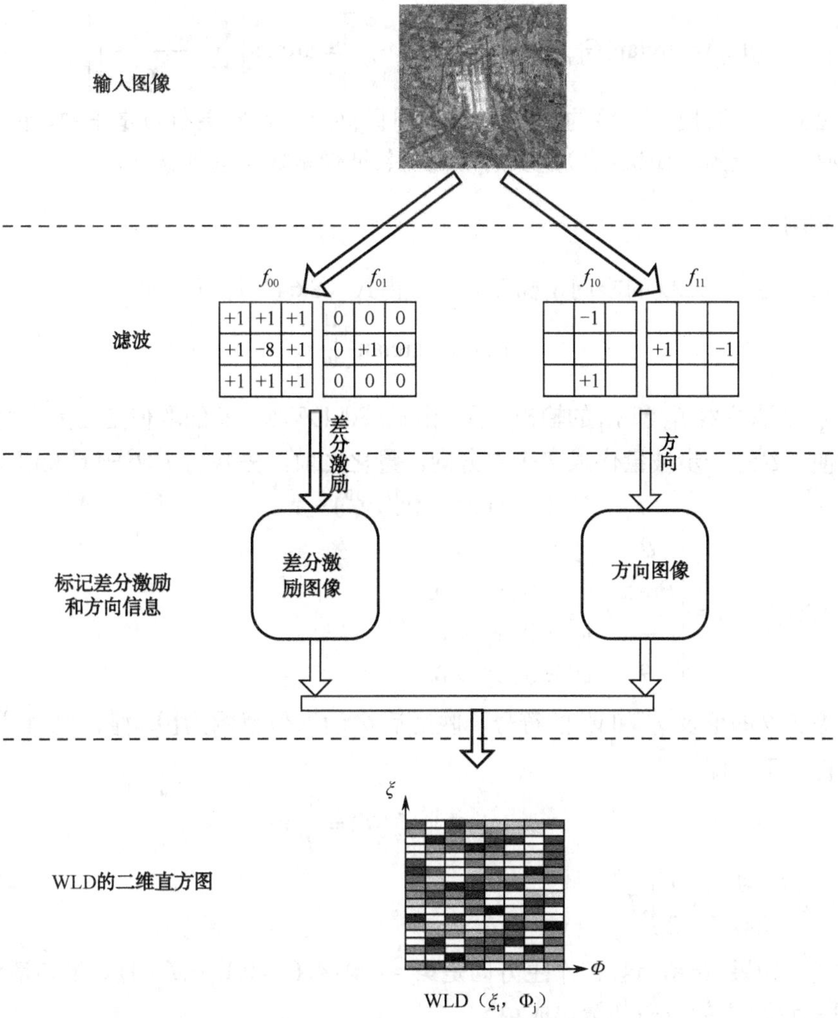

图 8-15　计算 WLD 描述子

1. 差分激励

当前像素的变化定义为邻域与当前像素的亮度差值。在图像中需找显著的变化来模拟人类的模式感知。具体来说，当前像素 x_c 的差分激励 $\xi(x_c)$ 通过使用滤波器 f_{00} 来计算中心点和它邻域的差分为

$$v_s^{00} = \sum_{i=0}^{p-1}(\Delta x_i) = \sum_{i=0}^{p-1}(x_i - x_c) \tag{8.61}$$

其中，$x_i(i=0,1,\cdots,p-1)$ 表示第 i 个与 x_c 相邻的像素，p 表示相邻像素的数量。根据韦伯定律，通过结合两个滤波器 f_{00} 和 f_{01} 的结果，计算当前像素亮度差分的比例为

$$G_{\text{ratio}}(x_c) = v_s^{00} / v_s^{01} \tag{8.62}$$

则当前像素的差分激励 $\xi(x_c)$ 由式（8.63）计算为

$$\xi(x_c)=\arctan[G_{\text{ratio}}(x_c)]=\arctan\left[\frac{v_s^{00}}{v_s^{01}}\right]=\arctan\left[\sum_{i=0}^{p-1}\left(\frac{x_i-x_c}{x_c}\right)\right] \tag{8.63}$$

从上面公式可以看出，$\xi(x)$的值在$[-\pi/2,\pi/2]$区间上，且如果$\xi(x)$是正的，说明邻域像素比当前像素亮，相反的，如果$\xi(x)$是负的，说明邻域像素比当前像素暗。

2. 方向

如图 8-15 所示，WLD 的方向是梯度方向，由式（8.64）计算，即

$$\theta(x_c)=\arctan\frac{v_s^{11}}{v_s^{10}} \tag{8.64}$$

其中，v_s^{10}和v_s^{11}是滤波器f_{10}和f_{11}的输出结果。由式（8.64）可知，θ的取值范围为$\theta\in[-\pi/2,\pi/2]$。

为了简便，θ进一步被量化成T个主方向。量化之前，先映射$f:\theta\mapsto\theta'$如下，即

$$\theta'=\arctan2(v_s^{11},v_s^{10})+\pi \tag{8.65}$$

其中，$\arctan2(v_s^{11},v_s^{10})=\begin{cases}\theta & v_s^{11}>0,v_s^{10}>0,\\ \theta+\pi & v_s^{11}>0,v_s^{10}<0,\\ \theta-\pi & v_s^{11}<0,v_s^{10}<0,\\ \theta & v_s^{11}<0,v_s^{10}>0,\end{cases}$

这个映射考虑了θ的值及v_s^{10}和v_s^{11}的符号，映射后θ'的取值范围为$[0,2\pi]$，则对$\theta'\in[0,2\pi]$进行量化的方程如下，即

$$\Phi_t=f_q(\theta')=\frac{2t}{T}\pi \tag{8.66}$$

其中，$t=\mathrm{mod}\left(\left(\frac{\theta'}{2\pi/T}+\frac{1}{2}\right),T\right)$。

举例来说，如果 T=8，这 T 个主方向是$\Phi_t=(t\pi)/4,(t=0,1,\cdots,T-1)$。换句话说，在区间$[\Phi_t-\pi/T,\Phi_t+\pi/T]$中的方向都量化成$\Phi_t$。

3. WLD 直方图

在生物学合理的视觉系统及目标检测和识别中，采用直方图的梯度和方向来描述一幅图像。首先，我们分别利用式（8.63）和式（8.66）计算出单个像素的差分激励ξ_j和方向Φ_t（$j=0,1,\cdots,N-1$, $t=0,1,\cdots,T-1$, N是图像的像素数，T是主方向的数量）。将ξ_j的取值$[-\pi/2,\pi/2]$划分为C个均匀区间，用ξ_i'（$i=0,1,\cdots,C-1$）代表，每个区间的宽度$\Delta\xi$为π/C。对图像统计二维直方图$\mathrm{WLD}(\xi_i',\Phi_t)$，则二维直方图$\mathrm{WLD}(\xi_i',\Phi_t)$的大小为$T\times C$。即在二维直方图中，每一列对应一个主方向，每一行对应T个差分激励直方图。因此，每个单元的强度对应一个主方向上的某个差分激励的间隔频率。

为了得到更有识别力的描述符，将二维直方图$\mathrm{WLD}(\xi_i',\Phi_t)$进一步编码成为一个一维的直方图$H$。当给定一个图像的二维直方图$\mathrm{WLD}(\xi_i',\Phi_t)$时，如图 8-16 所示，取出二维直方图的每列来形成一维直方图$H(t)$ $(t=0,1,\cdots,T-1)$。即将差分激励ξ_i'分成T个子直方图$H(t)$，并且每个子直方图$H(t)$对应一个主方向Φ_t。接下来，我们将每个子直方图$H(t)$平均分为M个

子块 $H_{m,t}, m=0,1,\cdots,M-1$。所有的子直方图的子块 $H_{m,t}$ 形成直方图矩阵。每一列对应一个主方向，每一行对应一个差分激励的子块（即有相同的差分激励值）。将直方图矩阵的每一行连接成为子直方图 H_m ($H_m=\{H_{m,t}\}, t=0,1,\cdots,T-1$)，然后再将每一行形成的子直方图 H_m 进行连接，可得到一个一维直方图 $H=\{H_m\}, m=0,1,\cdots,M-1$，这个一维直方图就是 WLD 描述子。

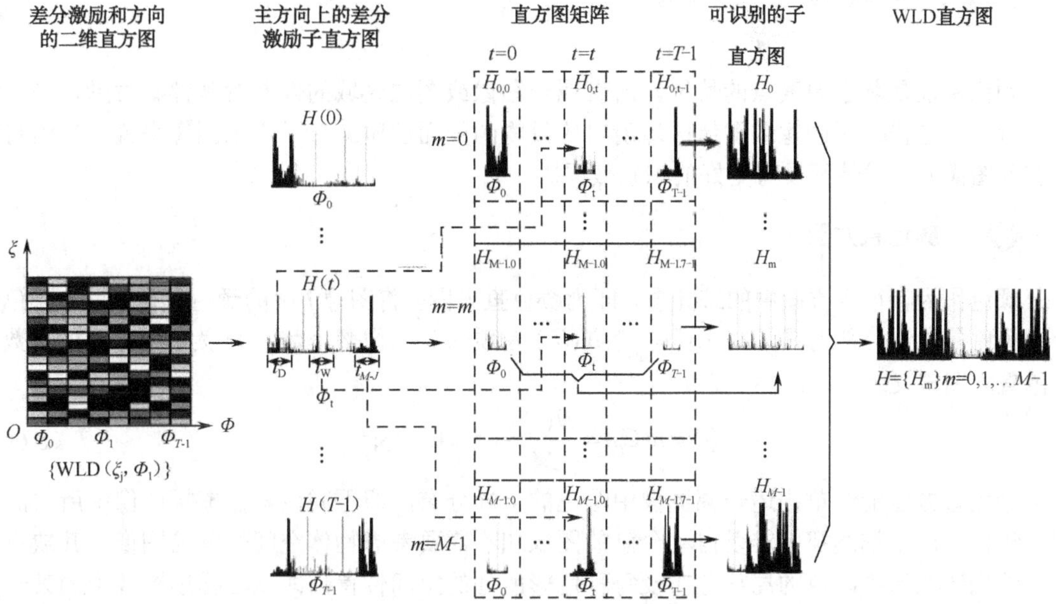

图 8-16　一维 WLD 编码过程

通过上面的一维直方图编码过程，子直方图 $H(t)$ 被平均分为 M 个子块，差分激励 ξ_j 的取值也被平均分为 M 个区间 $l_m(m=0,1,\cdots,M-1)$。因此，对每个区间 l_m，令 $l_m=[\eta_{m,l},\eta_{m,u}]$，其中，下界为 $\eta_{m,l}=(m/M-1/2)\pi$，上界为 $\eta_{m,u}=[(m+1)/M-1/2]\pi$。另外，如图 8-17 所示，每个子直方图子块 $H_{m,t}$ 由 $S=C/M$ 位组成，即 $H_{m,t}=\{h_{m,t,s}\}, s=0,1,\cdots,S-1$，其中，$h_{m,t,s}$ 由式（8.67）计算，即

$$h_{m,t,s}=\sum_j \delta(S_j==s) \qquad S_j=\left[\frac{\xi_j-\eta_{m,l}}{(\eta_{m,u}-\eta_{m,l})/S}\right]+\frac{1}{2} \tag{8.67}$$

式中，m 是由 ξ_j 所属值的间隔决定，即 $\xi_j\in l_m$；t 是方向量化的索引值，由式（8.66）计算得出，即 $\Phi_t=f_q(\theta'_j)$，$\delta(\cdot)$ 是脉冲函数，定义如下，即

$$\delta(X)=\begin{cases}1 & X\text{为真}\\ 0 & \text{其他}\end{cases} \tag{8.68}$$

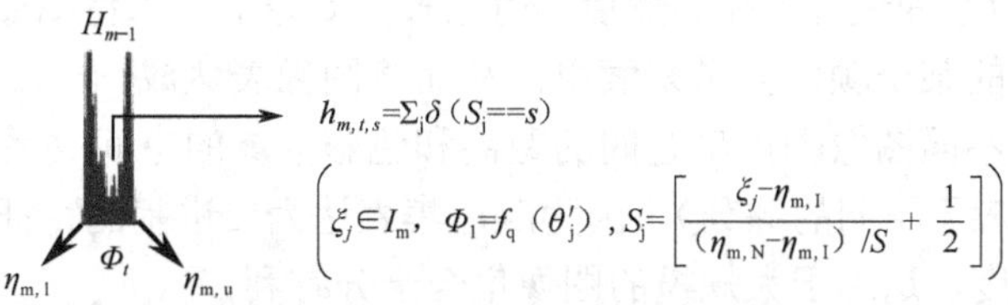

图 8-17　一个子直方图子块 $H_{m,t}$

直观来讲，$h_{m,t,s}$ 表示像素的数目，这些像素的差分激励 ξ_j 属于相同间隔 l_m，方向 θ_j' 量化为相同的主方向 Φ_t，并且索引值 S_j 与 s 相等。

8.5 颜色描述

颜色特征是基于像素点的特征，所有属于图像或图像区域的像素对其都有贡献，是一种全局特征，它描述了图像或图像区域所对应景物的表面性质。对于彩色图像来说，三维特征比灰度图像的一维特征具有更好的识别效果。

1. 颜色直方图

颜色作为特征直方图中的统计量，即为颜色直方图。将图像 I 中的颜色量化成 n 个颜色等级，颜色量化值分别为 $C_1, C_2, \cdots, C_n$，令 $N(C_i)$ 为颜色 C_i 的像素个数，M 为 I 中像素的总数，颜色直方图定义为

$$h(i) = h(C_i) = \frac{N(C_i)}{M} \quad i = 1, 2, \cdots, n \tag{8.69}$$

颜色直方图能简单描述一幅图像中颜色的全局分布，即不同色彩在整幅图像中所占的比例，特别适用于描述那些难以自动分割的图像和不需要考虑物体空间位置的图像。其缺点在于无法描述图像中颜色的局部分布及每种色彩所处的空间位置，即无法描述图像中的某一具体的对象或物体。

图像的颜色特征提取之后，很直观的方法是直接使用颜色特征向量的距离来衡量两幅图像的相似性，也就是颜色直方图间距离的度量问题。目前较为常用的直方图距离公式有多种，下面是常用的两种距离公式为

$$d_1(h, g) = \sum_{i=1}^{n} |h(i) - g(i)| \tag{8.70}$$

$$d_2(h, g) = \left(\sum_{i=1}^{n} (h(i) - g(i))^2 \right)^{1/2} \tag{8.71}$$

其中，$i = 1, 2, \cdots, n$ 表示 n 维的索引色空间，h 和 g 分别表示参考图像和被考察图像的颜色直方图。

2. 颜色集

颜色集是对颜色直方图的一种近似。首先将 RGB 颜色空间转化成视觉均衡的颜色空间（如 HSV 空间），并对颜色空间进行量化。然后，用色彩自动分割技术将图像分为若干区域，每个区域用量化颜色空间的某个颜色分量来索引，从而将图像表达成一个二进制的颜色索引集。在图像匹配中，比较不同图像颜色集之间的距离和色彩区域的空间关系（包括区域的分离、包含、交等，每种对应于不同的评分）。因为颜色集表达为二进制的特征向量，可以构造二分查找树来加快检索速度，这对于大规模的图像集合十分有利。

3．颜色矩

颜色矩是以数学方法为基础的，它通过计算矩来描述颜色的分布。由于多数信息只与低阶矩有关，因此，实际运用中只需提取颜色特征的一阶矩、二阶矩、三阶矩来表示颜色特征。颜色矩通常直接在 RGB 空间计算，颜色分布的前三阶矩表示为

$$\mu_i = \frac{1}{M}\sum_{j=1}^{M} P_{ij} \tag{8.72}$$

$$\sigma_i = \left[\frac{1}{M}\sum_{j=1}^{M}\left(P_{ij} - \mu_i\right)^2\right]^{\frac{1}{2}} \tag{8.73}$$

$$s_i = \left[\frac{1}{M}\sum_{j=1}^{M}\left(P_{ij} - \mu_i\right)^3\right]^{\frac{1}{3}} \tag{8.74}$$

式中，P_{ij} 是第 j 个像素的第 i 个颜色分量；M 是图像中像素数量。事实上，一阶矩 μ_i 定义了每个颜色分量的平均强度，二阶矩 σ_i 和三阶矩 s_i 分别定义了颜色分量的方差和偏斜度。

4．颜色聚合向量

图像的颜色聚合向量是颜色直方图的一种演变，其核心思想是将属于直方图每一个颜色等级的像素分为两部分：如果该颜色等级内的某些像素所占据的连续区域的面积大于给定的阈值，则将该区域内的像素作为聚合像素，否则作为非聚合像素。对于具有 n 个颜色量级的图像 I，假设 a_i 与 b_i 分别代表直方图的第 i 个颜色级中聚合像素和非聚合像素的数量，图像的颜色聚合向量可以表达为 $\langle(\boldsymbol{a}_1,\boldsymbol{b}_1),(\boldsymbol{a}_2,\boldsymbol{b}_2),\cdots,(\boldsymbol{a}_n,\boldsymbol{b}_n)\rangle$。令 M 为图像中像素的总数，将 $\boldsymbol{a}_i$ 和 $\boldsymbol{b}_i$ 进行归一化为 $\boldsymbol{\alpha}_i = \boldsymbol{a}_i / M$ 和 $\boldsymbol{\beta}_i = \boldsymbol{b}_i / M$，可得归一化的颜色聚合向量 $\langle(\boldsymbol{\alpha}_1,\boldsymbol{\beta}_1),(\boldsymbol{\alpha}_2,\boldsymbol{\beta}_2),\cdots,(\boldsymbol{\alpha}_n,\boldsymbol{\beta}_n)\rangle$，而 $\langle\boldsymbol{\alpha}_1+\boldsymbol{\beta}_1,\boldsymbol{\alpha}_2+\boldsymbol{\beta}_2,\cdots,\boldsymbol{\alpha}_n+\boldsymbol{\beta}_n\rangle$ 就是该图像的颜色直方图。由于包含了颜色分布的空间信息，颜色聚合向量相比颜色直方图可以达到更好的检索效果。

5．颜色相关图

颜色相关图是图像颜色分布的另一种表达方式，描述了像素颜色随距离变化的空间相关性。假设一幅彩色图像 I 中的颜色量化值分别为 $C_1,C_2,\cdots,C_n$，N_{C_i} 表示颜色为 C_i 的所有像素。假设任意两个像素点 p_1、p_2 的坐标分别为 (x_1,y_1) 和 (x_2,y_2)，它们之间的距离定义为

$$k = |p_1 - p_2| = \max\{|x_1 - x_2|,|y_1 - y_2|\} \tag{8.75}$$

则颜色相关图可以定义为

$$r_{C_iC_j}^{(k)} = \Pr[|p_1 - p_2| = k \mid p_1 \in N_{C_i}, p_2 \in N_{C_j}] = N_{ij} / M \tag{8.76}$$

其中 $i,j \in \{1,2,\cdots,n\}$，N_{ij} 表示距离为 k 的颜色对 $\langle C_i,C_j\rangle$ 的个数，M 为图像的总像素数。这样 $r_{C_iC_j}^{(k)}$ 表达的是距离为 k 的两个像素 C_i 和 C_j 同时发生的条件概率。当取 $i=j$ 时，$r_{C_iC_i}^{(k)}$ 为颜色自相关图。

8.6 纹理描述

纹理也是图像的一个重要属性。一般来说，纹理就是指在图像中反复出现的局部模式和它们的排列规则，是图像像素灰度级或颜色的某种规律性的变化，这种变化是与空间统计相关的。通常，纹理特征和物体的位置、走向、尺寸和形状有关，但与像素的平均灰度值无关，如图 8-18 所示。直觉上纹理描述子是对图像纹理平滑度、粗糙度和规律性等特征的度量。

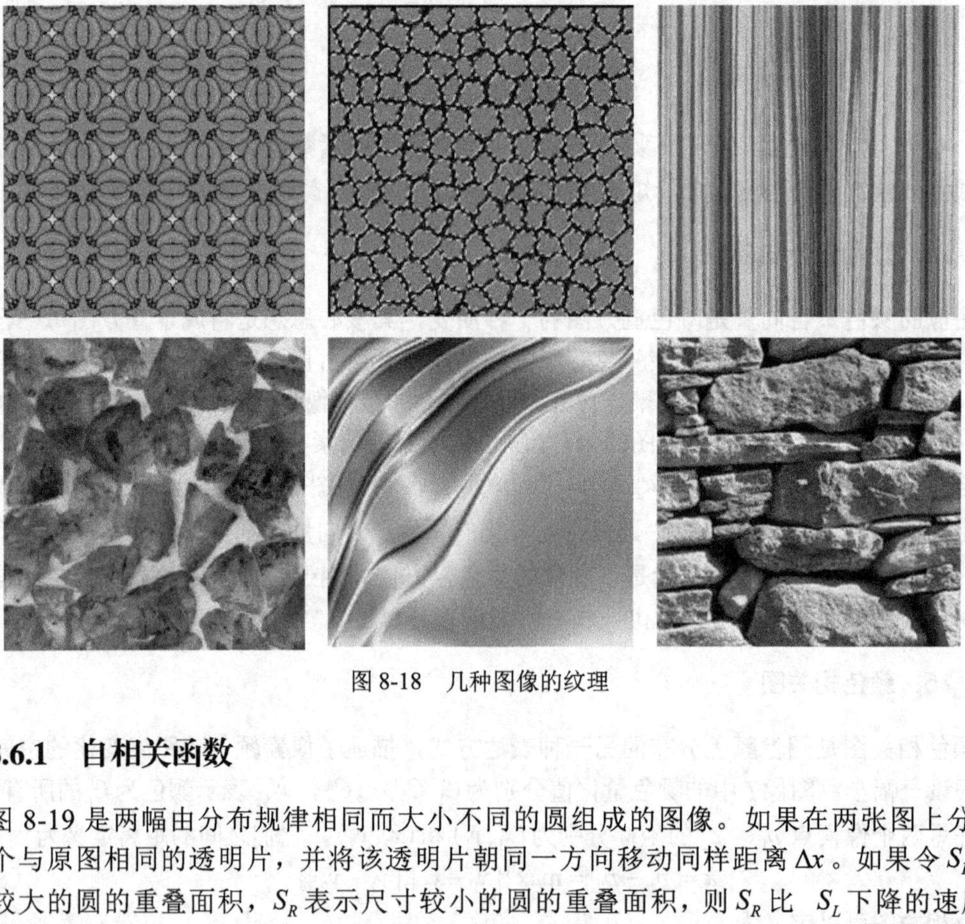

图 8-18　几种图像的纹理

8.6.1　自相关函数

图 8-19 是两幅由分布规律相同而大小不同的圆组成的图像。如果在两张图上分别放上一个与原图相同的透明片，并将该透明片朝同一方向移动同样距离 Δx。如果令 S_L 表示尺寸较大的圆的重叠面积，S_R 表示尺寸较小的圆的重叠面积，则 S_R 比 S_L 下降的速度快。而重叠面积的数学含义就是这幅图像里的自相关函数，因此可以用自相关函数来描述纹理结构。

图中的圆圈大小也可以看作纹理的粗糙程度，粗糙的程度与局部结构的空间重复周期有关，例如，周期越大，纹理就越粗，反之周期越小，则纹理就越细。这种纹理测度可以利用空间的自相关函数描述。

设图像为 $f(x,y)$，它的自相关函数描述定义如下，即

$$R(\varepsilon,\eta,j,k)=\frac{\sum_{x=j-w}^{j+w}\sum_{y=k-w}^{k+w}f(x,y)f(x-\varepsilon,y-\eta)}{\sum_{x=j-w}^{j+w}\sum_{y=k-w}^{k+w}[f(x,y)]^2} \tag{8.77}$$

其中，$(2w+1)(2w+1)$ 是像素点 (j,k) 所在窗口大小，ε 和 η 是图像 $f(x,y)$ 在 x 和 y 方向上的平移量。

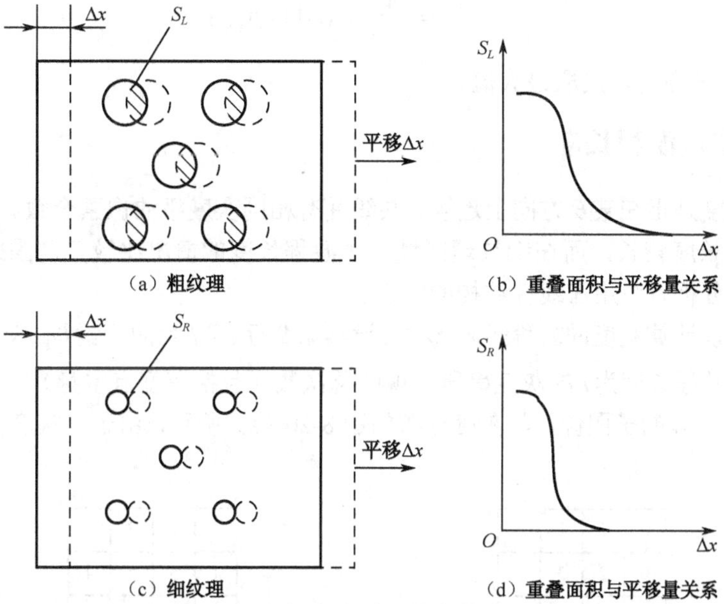

图 8-19　不同粗细纹理的自相关函数

对某个给定的散布（ε，η），粗纹理区域所呈现的相关性比细纹理区域的相关性要高，而纹理粗糙度与自相关函数的变化方向成正比。因此，利用自相关函数随 ε、η 大小而变化的规律，可以描述图像的纹理特征。

8.6.2　灰度差分统计

设图像中某点为 (x,y)，则它与距其距离较短的点 $(x+\Delta x,y+\Delta y)$ 的灰度差分为：

$$f_\Delta(x,y)=f(x,y)-f(x+\Delta x,y+\Delta y) \tag{8.78}$$

把 (x,y) 在整个图像遍历，得到每个点的 $f_\Delta(x,y)$，取差分为 m 级，则计算出各个数值的次数，这样就可以绘出直方图，最后根据直方图来确定取各值时对应的概率 $p_\Delta(i)$，其中 $i=1,2,\cdots,m$。当 i 的值较小，而 $p_\Delta(i)$ 对应的概率较大时，说明纹理粗糙；反之，如果概率分布平稳，说明纹理细密，由此可得几种在纹理描述时常见的统计量，如下所述。

（1）对比度。

$p_\Delta(i)$ 为关于原点的二阶矩定义为对比度。

$$\text{CON}=\sum_i i^2 p_\Delta(i) \tag{8.79}$$

（2）角二阶矩。

$$\text{ASM}=\sum_i [p_\Delta(i)]^2 \tag{8.80}$$

也就是能量，当概率分布趋向于均匀分布时，在取各值时对应的概率 $p_\Delta(i)$ 几乎相等，角二阶矩取最小值。

（3）平均值。

$$平均值=\frac{1}{m}\sum_i ip_\Delta(i) \tag{8.81}$$

（4）熵。

$$熵=-\sum_i p_\Delta(i)\log p_\Delta(i) \tag{8.82}$$

当 $p_\Delta(i)$ 为等概率分布时，熵取最大值。

8.6.3 等灰度游程长度

灰度游程长度是指在某 θ 方向上连续、共线并有相同灰度级的像素个数。据此，在粗纹理区域的灰度游程长度较长，而在细纹理区域，短游程长度的情况比较多。因此我们一般将等灰度游程长度的分析方法用在线性结构的纹理上。

对于某个可以计算灰度的游程矩阵 $\boldsymbol{M}^{(\theta)}$，设其第 g 行、第 l 列的元素 m_{gl} 表示图像中在 θ 方向上灰度为 g、游程长度为 l 的灰度串所出现的总次数（包括灰度点本身）。

假设有一个 4×4 的子图像，其灰度分布如图 8-20（a）所示，由于其灰度值是 0～3，具有 4 个等级。

0	1	2	3
0	2	3	3
2	1	1	1
3	0	3	0

（a）子图像灰度分布

1	2	3	4
1	3	4	4
3	2	2	2
4	1	4	1

（b）子图像灰度级别

图 8-20　一个 4×4 的图像灰度分布

这样我们就可以构造出在 θ 方向上 4×4 的灰度游程矩阵 $\boldsymbol{M}^{(\theta)}$，如图 8-21 所示，从而由灰度游程矩阵得到图像纹理特征的度量。

$$\boldsymbol{M}^{(0^\circ)}=\begin{bmatrix}4&0&0&0\\1&0&1&0\\3&0&0&0\\3&1&0&0\end{bmatrix}\qquad \boldsymbol{M}^{(45^\circ)}=\begin{bmatrix}4&0&0&0\\4&0&0&0\\0&0&1&0\\3&1&0&0\end{bmatrix}$$

$$\boldsymbol{M}^{(90^\circ)}=\begin{bmatrix}2&0&0&0\\4&0&0&0\\3&0&0&0\\3&1&0&0\end{bmatrix}\qquad \boldsymbol{M}^{(135^\circ)}=\begin{bmatrix}4&0&0&0\\4&0&0&0\\3&0&0&0\\5&0&0&0\end{bmatrix}$$

图 8-21　等灰度游程长度的纹理描述

我们可以将图像中任意一点在 θ 方向上游程长度为 l 的情况发生概率记为 $p(g,l)$，由 $p(g,l)$ 可以定义出能够较好描述纹理特征的一些参数。

（1）长游程加重法。

$$\mathrm{LRE}=\sum_{g,l}l^2p(g,l)/\sum_{g,l}p(g,l) \tag{8.83}$$

当游程长时，LRE 大。

（2）灰度值分布。

$$\mathrm{GLD}=\sum_{g}[\sum_{l}p(g,l)]^2/\sum_{g,l}p(g,l) \tag{8.84}$$

当灰度游程等分布时，GLD 最小；若某些灰度出现多，即灰度较均匀，则 GLD 大。

（3）游程比。

$$\mathrm{RPG}=\sum_{g,l}p(g,l)/N^2 \tag{8.85}$$

式中，N^2 为像素总数。

8.6.4 灰度共生矩阵

灰度共生矩阵是最常用的纹理统计分析方法之一。它是建立在图像的二阶组合条件概率密度函数的基础上，即通过计算图像中特定方向和特定距离的两像素间从某一灰度过渡到另一灰度的概率，反映图像在方向、间隔、变化幅度及快慢的综合信息。

设 $f(x,y)$ 为一幅 $N\times N$ 的灰度图像，$\boldsymbol{d}=(\mathrm{d}x,\mathrm{d}y)$ 是一个位移矢量，其中 dx 是行方向上的位移，$\mathrm{d}y$ 是列方向上的位移，L 为图像的最大灰度级数。灰度共生矩阵定义为从 $f(x,y)$ 的灰度为 i 的像素出发，统计与距离为 $\delta=(\mathrm{d}x^2+\mathrm{d}y^2)^{\frac{1}{2}}$，灰度为 j 的像素同时出现的概率 $p(i,j\,|\,d,\theta)$，如图 8-22 所示。用数学式表达为

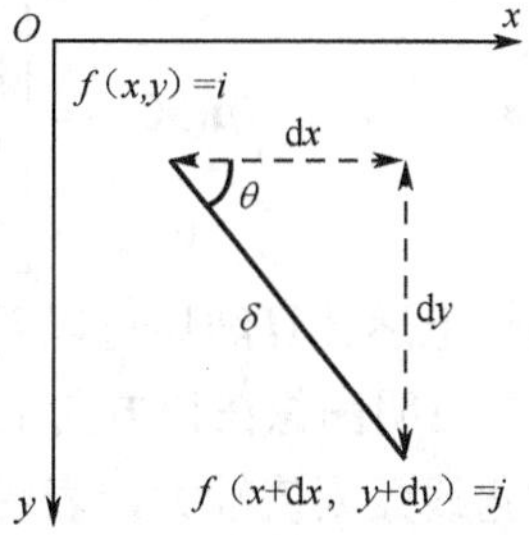

图 8-22 灰度共生矩阵的像素对

$$p(i,j\,|\,d,\theta)=\{(x,y)\,|\,f(x,y)=i,f(x+\mathrm{d}x,y+\mathrm{d}y)=j\} \tag{8.86}$$

根据这个定义，灰度共生矩阵的第 i 行第 j 列元素表示图像上两个相距为 δ，方向为 θ，分别具有灰度级 i 和 j 的像素点对出现的次数。其中，(x,y) 是图像中的像素坐标，x、y 的取值范围为 $[0,N-1]$，i、j 的取值范围为 $[0,L-1]$。一般而言，θ 取 0°、45°、90°、135°。对于不同的 θ，矩阵元素的定义如下，即

$$p(i,j\,|\,d,0^\circ)=\{(x,y)\,|\,f(x,y)=i,f(x+\mathrm{d}x,y+\mathrm{d}y)=j,|\mathrm{d}x|=d,\mathrm{d}y=0\} \tag{8.87}$$

$$\begin{aligned}p(i,j\,|\,d,45^\circ)=\{(x,y)\,|\,f(x,y)i,f(x+\mathrm{d}x,y+\mathrm{d}y)=j,\\(\mathrm{d}x=d,\mathrm{d}y=-d)or(\mathrm{d}x=-d,\mathrm{d}y=d)\}\end{aligned} \tag{8.88}$$

$$p(i,j\,|\,d,90^\circ)=\{(x,y)\,|\,f(x,y)=i,f(x+\mathrm{d}x,y+\mathrm{d}y)=j,\mathrm{d}x=0,|\mathrm{d}y|=d\} \tag{8.89}$$

$$\begin{aligned}p(i,j\,|\,d,135^\circ)=\{(x,y)\,|\,f(x,y)=i,f(x+\mathrm{d}x,y+\mathrm{d}y)=j,\\(\mathrm{d}x=d,\mathrm{d}y=d)or(\mathrm{d}x=-d,\mathrm{d}y=-d)\end{aligned} \tag{8.90}$$

显然 $\boldsymbol{p}(i,j\,|\,d,\theta)$ 为一个对称矩阵，其维数由图像中的灰度级数决定。若图像的最大灰度级数为 L，则灰度共生矩阵为 $L\times L$ 矩阵。这个矩阵是距离和方向的函数，在规定的计算窗口或图像区域内统计符合条件的像素对数。

对于如图 8-23（a）所示的 6×6、灰度级为 4 的图像，其相应的共生矩阵如图 8-23（b）

所示。

0	1	2	3	0	1
1	2	3	0	1	2
2	3	0	1	2	3
3	0	1	2	3	0
0	1	2	3	0	1
1	2	3	0	1	2

（a）图像

	0	1	2	3
0	p (0,0)	p (0,1)	p (0,2)	p (0,3)
1	p (1,0)	p (1,1)	p (1,2)	p (1,3)
2	p (2,0)	p (2,1)	p (2,2)	p (2,3)
3	p (3,0)	p (3,1)	p (3,2)	p (3,3)

（b）灰度共生矩阵

图 8-23　图像与其共生矩阵

由前面的公式可以计算出 $d=1$ 时，0°、45°、90°、135° 的灰度共生矩阵分别为：

$$\boldsymbol{p}(0^\circ)=\begin{bmatrix}0&8&0&7\\8&0&8&0\\0&8&0&7\\7&0&7&0\end{bmatrix}\qquad \boldsymbol{p}(45^\circ)=\begin{bmatrix}12&0&0&0\\0&14&0&0\\0&0&12&0\\0&0&0&12\end{bmatrix}$$

$$\boldsymbol{p}(90^\circ)=\begin{bmatrix}0&8&0&7\\8&0&8&0\\0&8&0&7\\7&0&7&0\end{bmatrix}\qquad \boldsymbol{p}(135^\circ)=\begin{bmatrix}0&0&13&0\\0&0&0&12\\13&0&0&0\\0&12&0&0\end{bmatrix}$$

通过上述计算结果可以看出，图像在0°、90°、135° 方向上的灰度共生矩阵的对角线元素全为 0，表明图像在该方向上灰度无重复，变化快，纹理细；而图像在45° 方向上灰度共生矩阵的对角线元素值较大，表明图像在该方向上灰度变化慢，纹理较粗。

灰度共生矩阵反映了图像灰度分布关于方向、邻域和变化幅度的综合信息，但它并不能直接提供区别纹理的特性。因此，有必要进一步从灰度共生矩阵中提取描述图像纹理的特征，用来定量描述纹理特性。

为了分析方便，灰度共生矩阵元素常用概率值表示，即将各元素 $p(i,j\,|\,d,\theta)$ 除以各元素之和 S，得到各元素都小于 1 的归一化值 $\hat{p}(i,j\,|\,d,\theta)$，即

$$\hat{p}(i,j\,|\,d,\theta)=\frac{p(i,j\,|\,d,\theta)}{S}\tag{8.91}$$

下面是最常用的五种特征量计算公式。

1）对比度

$$\text{CON}=\sum_i\sum_j (i-j)^2\,\hat{p}(i,j\,|\,d,\theta)\tag{8.92}$$

图像的对比度可以理解为图像的清晰度，即纹理清晰程度。在图像中，纹理的沟纹越深，其对比度越大，图像的视觉效果越清晰。

2）能量

$$\text{ASM}=\sum_i\sum_j \hat{p}(i,j\,|\,d,\theta)^2\tag{8.93}$$

能量（或角二阶矩）是对图像灰度分布均匀性的度量。当灰度共生矩阵的元素分布较集

中于主对角线时，说明从局部区域观察图像的灰度分布是较均匀的。从图像的整体来观察，纹理较粗，ASM 较大，即粗纹理含有较多的能量；反之，细纹理则 ASM 较小，含有较少的能量。

3）相关性

相关能够被用来衡量灰度共生矩阵的元素在行的方向或列的方向的相似程度。例如，某图像具有水平方向的纹理，则图像在 $\theta=0^\circ$ 方向的灰度共生矩阵的相关值往往大于 $\theta=45^\circ,90^\circ,135^\circ$ 的灰度共生矩阵的相关值。

$$C(d,\theta)=\frac{\sum_i\sum_j ij\hat{p}(i,j\mid d,\theta)-\mu_1\mu_2}{\sigma_1^2\sigma_2^2} \tag{8.94}$$

其中，$\mu_1=\sum_i i\sum_j \hat{p}(i,j\mid d,\theta)$，$\mu_2=\sum_j j\sum_i \hat{p}(i,j\mid d,\theta)$

$$\sigma_1^2=\sum_i (i-\mu_1)^2\sum_j \hat{p}(i,j\mid d,\theta),\quad \sigma_2^2=\sum_j (j-\mu_2)^2\sum_i \hat{p}(i,j\mid d,\theta)$$

4）熵

$$\text{ENT}=-\sum_i\sum_j \hat{p}(i,j\mid d,\theta)\log_2\hat{p}(i,j\mid d,\theta) \tag{8.95}$$

熵是图像所具有信息量的度量，纹理信息也属于图像的信息。若图像没有任何纹理，则灰度共生矩阵几乎为零矩阵，熵值接近零；若图像有较多的细小纹理，灰度共生矩阵中的数值近似相等，则图像的熵值较大；若图像中分布着较少的纹理，则该图像的熵值较小。

5）逆差矩

$$\text{Hom}=\sum_i\sum_j \frac{\hat{p}(i,j\mid d,\theta)}{1+(i-j)^2} \tag{8.96}$$

逆差矩是图像纹理局部变化的度量，反映了纹理的规则程度。纹理越规则，逆差矩就越大，反之亦然。

8.6.5 傅里叶功率谱纹理分析

前面叙述的纹理描述方法都是在空间域中进行的，可以通过傅里叶变换到频率域中对图像的纹理特性进行描述。

设图像 $f(x,y)$ 的傅里叶变换为

$$F(u,v)=\sum_{x=0}^{N-1}\sum_{y=0}^{N-1} f(x,y)\mathrm{e}^{-\mathrm{j}2\pi(ux+vy)/N}\qquad u,v=0,1,\cdots,N-1 \tag{8.97}$$

其二维傅里叶变换的功率谱可写为

$$P(u,v)=|F(u,v)|^2=F(u,v)\overline{F(u,v)} \tag{8.98}$$

其中，$\overline{F}$ 是 F 的共轭复数。

功率谱反映了整幅图像的性质，它的分布规律与 $f(x,y)$ 的纹理特征有密切关系，这种关系主要反映在两个方面：第一，$P(u,v)$ 的径向分布与空域中 $f(x,y)$ 的纹理粗细有关，纹理越密集，功率谱沿径向分布就越分散，逐渐远离原点，反之纹理越粗、越稀疏，功率谱则逐渐向原点集中，如图 8-24 中的前两个纹理图及其功率谱分布。第二，$P(u,v)$ 的分布方向和空域中的纹理方向有关，两者相互垂直，如图 8-24 中的最后一个纹理图及其功率谱分布。

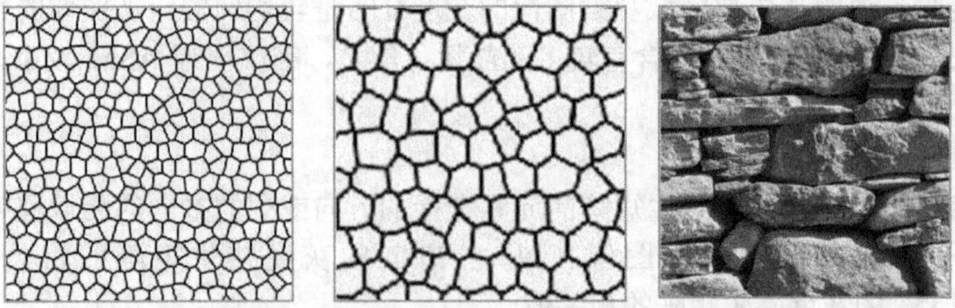

（a）纹理图像

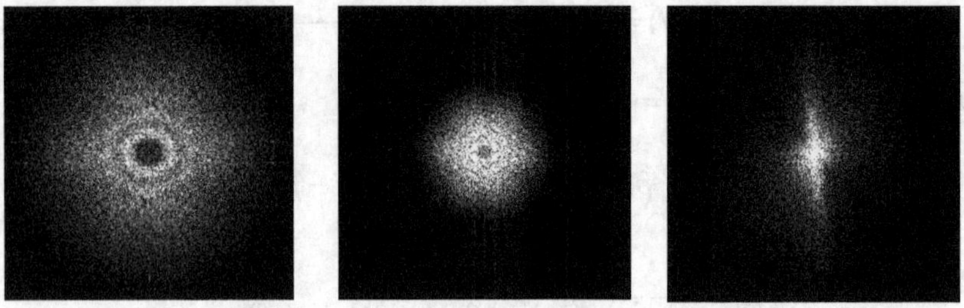

（b）对应的傅立叶功率谱

图 8-24　纹理图像及其傅立叶功率谱分布

将式（8.98）用极坐标形式 $P(r,\theta)$ 表示，则可对 θ 和 r 分别求 $P(u,v)$ 的积分，即计算

$$P(r)=2\sum_{\theta=0}^{\pi}P(r,\theta) \tag{8.99}$$

和

$$P(\theta)=2\sum_{r=0}^{W}P(r,\theta) \tag{8.100}$$

式中，W 是以原点为中心的圆的半径。

如图 8-25 所示，$P(r)$ 是在功率谱空间以原点为中心的环形区域的能量之和，$P(\theta)$ 表示扇形区域内的能量之和。$P(r)$、$P(\theta)$ 的平均值和方差，以及 $P(r)$ 和 $P(\theta)$ 图形的峰的位置和大小等即可作为纹理特征。例如，$P(\theta)$ 的峰表示纹理在其方向或直角的方向上具有明确的方向性，$P(r)$ 的峰表示纹理构成元素的大小（即纹理的粗糙程度）。$P(r)$ 对图像纹理方向不敏感，对频率敏感；而 $P(\theta)$ 对方向敏感，却对频率不敏感。因此，在实际应用中往往需要将二者结合起来。

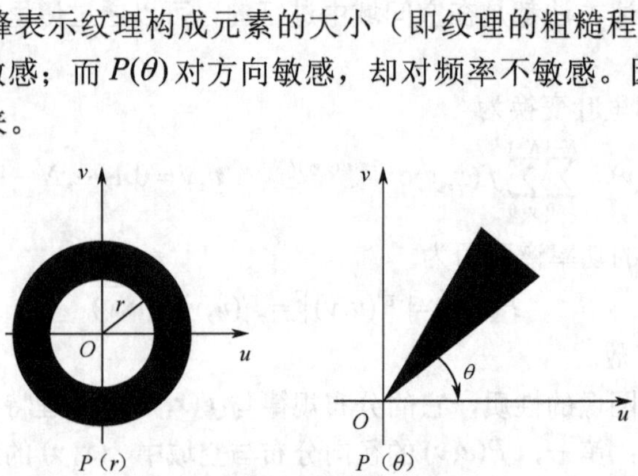

图 8-25　纹理图像的功率谱分析

8.6.6 局部二元模式（LBP 特征）

局部二元模式（Local Binary Pattern，LBP）是 Ojala 等人提出的一种简单有效的纹理特征提取方法，是一种灰度范围内的纹理度量，在纹理分类上取得了不错的效果。

原始的 LBP 定义在 3×3 的领域内，以邻域中心像素为阈值，将其相邻的 8 个相邻像素的灰度值与其进行比较。若周围像素灰度值大于中心像素灰度值，则该像素的位置被标记为 1，否则为 0。这样，在 3×3 领域内的 8 个像素点可产生 8 位无符号数，即为该领域的局部二元模式值，并用该值反映该区域的纹理信息，如图 8-26 所示。

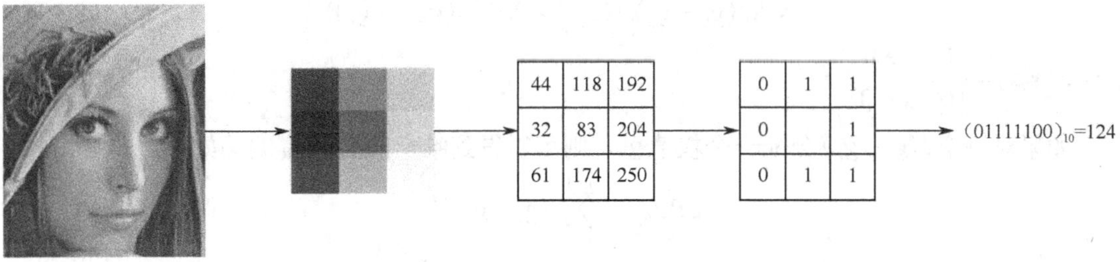

图 8-26　局部二元模式计算流程图

我们将一幅图像划分为若干个子区域，对每个子区域内的每个像素点提取 LBP 特征，然后在每个子区域内建立 LBP 特征的统计直方图，则每个子区域可以用一个统计直方图来进行描述，整幅图像也就可以由若干统计直方图表示了。

原始的 LBP 提出后，研究人员在使用过程中不断进行各种改进和优化，提出了诸如半径为 R 的圆形区域内含有 P 个采样点的 LBP 算子 $LBP_{P,R}$、LBP 均匀模式、LBP 旋转不变模式、LBP 等价模式等。

$LBP_{P,R}$ 的基本思想是，图像的局部纹理 T 的分布可以认为是局部区域内像素灰度的联合分布密度 $T=t(g_c,g_0,\cdots,g_{P-1})$，其中，$g_c$ 为图像局部邻域中心的像素灰度值，$g_i(i=0,\cdots,P-1)$=为 P 个等距分布的以中心像素为圆心、半径为 R 的圆周上像素点的灰度值，不在整数坐标上的像素的值可以通过线性插值得到，如图 8-27 所示。

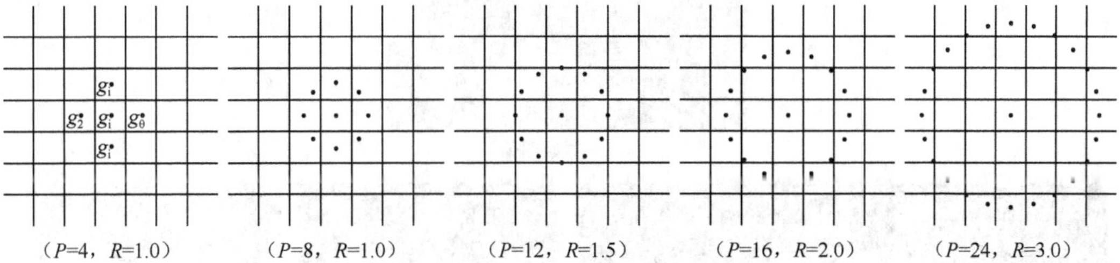

图 8-27　圆形领域 LBP 算子模型

在不损失纹理信息的情况下，可以从周边点 g_i 中减去中心点像素值，即

$$T = t(g_c, g_0 - g_c, \cdots, g_{P-1} - g_c) \tag{8.101}$$

假设中心像素点与周边像素点的差值独立于中心像素点的值，则可以进一步改写为

$$T = t(g_c)t(g_0 - g_c, \cdots, g_{P-1} - g_c) \tag{8.102}$$

事实上，这种独立性并不总是成立，由于数字图像中的灰度取值范围有限，那些较大的

或者较小的 g_c 值分布会明显降低差值的取值范围，因此，这种独立性的假设及由之而来的推论有可能会带来信息的丢失。然而，这种信息的少量牺牲带来的好处是使得局部纹理的描述对于图像灰度范围内的平移具有不变性，这是 LBP 算法的重要性质之一，即将图像的所有像素点值加上或者减去一个常量，不影响 LBP 对于纹理的描述。另外，又由于 $t(g_c)$只是描述了整个图像的亮度分布情况，而跟图像的局部纹理无关，因而可以忽略不计，从而有

$$T \approx t(g_0 - g_c, \cdots, g_{P-1} - g_c) \tag{8.103}$$

如果仅考虑 g_i-g_c 的符号，可以发现，它对局部纹理描述具有对均匀亮度变化的不变性，而不仅仅是对灰度范围内平移具有不变性。因此，式（8.103）可以表示为

$$T \approx t(s(g_0 - g_c), s(g_1 - g_c), \cdots, s(g_{P-1} - g_c)) \tag{8.104}$$

其中，$s(x) = \begin{cases} 1 & x \geqslant 0 \\ 0 & x < 0 \end{cases}$。

如果对每个 $s(g_i - g_c)$ 分配一个权值 2^i，则可以得到唯一的 $\text{LBP}_{P,R}$ 编码如下，即

$$\text{LBP}_{P,R} = \sum_{i=0}^{P-1} s(g_i - g_c)2^i \tag{8.105}$$

其中，R 为半径。由 LBP 定义可以知道，LBP 可以产生 2^P 种不同的输出。显然，如果图像发生旋转，则 LBP 特征的值会发生变化，为消除这种影响，引出旋转不变性的定义：

$$\text{LBP}_{P,R}^{ri} = \mathbf{min}\{\text{ROR}(\text{LBP}_{P,R}, i \mid i = 0,1,\cdots,P-1)\} \tag{8.106}$$

其中，ROR(x,i)表示对 x 右旋 i 次。这些旋转模式可以被认为是特征检测器。

LBP 特征是优秀的纹理描述方式，目前已广泛应用于图像处理和模式识别的各个领域。图 8-28 是不同 P 和 R 提取图像 LBP 纹理的效果图。

（a）原始图像

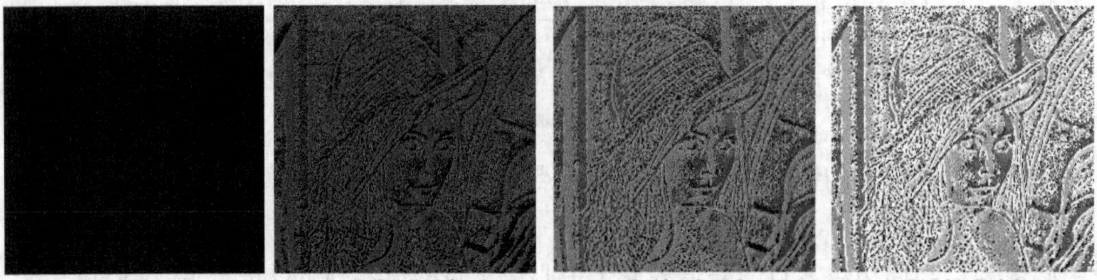

P=4，R=1.0　　P=8，R=1.0　　P=12，R=1.5　　P=16，R=2.0

（b）LBP提取的纹理

图 8-28　LBP 提取图像纹理的效果图

8.6.7 Gabor 小波纹理描述

视觉系统是把视网膜上的图像分解成许多滤波后的图像加以识别的，而且每幅图像的频率、方向的变化范围较窄。也就是说，滤波后的图像只描述了视网膜图像在一个比较窄的频带和方向范围内的成分。受此观点启发，在模拟人类视觉系统中，可以将频率和方向结合在一起，调谐到一个比较窄的区域对图像进行分析。这个区域也就是通道，纹理分析采用的“多通道滤波器方法”就是受到视觉系统工作的启发。

Gabor 小波变换一定程度上结合了 Gabor 变换和小波变换的优点，具有多角度，多分辨率的特性。由于纹理图像在不同的角度和不同的尺度范围内会呈现出不同的纹理特性，而 Gabor 小波变换恰好能够在多尺度、多角度的条件下对图像进行处理，这就使得它被广泛应用于图像的纹理特征提取中，并取得了很好的效果。

1. Gabor 小波函数

Gabor 小波变换实质上是一个以 Gabor 函数作为基函数的小波变换。由于 Gabor 函数构成了一个完备的非正交基，当给定函数时，用该基函数展开就提供了一个局域化的频率描述。因此，采用基小波为 Gabor 函数的小波变换来提取纹理特征，通过采用不同尺度的滤波器，就可以检测到不同尺度下图像的局部特征。根据 2.4.4 节，高斯窗 Gabor 函数为

$$g_{u_0,v_0,x_0,y_0}(x,y)=g(x-x_0,y-y_0)\exp[\mathrm{j}2\pi(u_0x+v_0y)] \tag{8.107}$$

其中，u_0 和 v_0 分别表示沿 x 和 y 轴的频率，(x_0,y_0) 是 $g(x,y)$ 在 x 和 y 方向上的位移。

当 $x_0=0$、$y_0=0$ 时，式（8.107）可写成

$$g_{u_0,v_0}(x,y)=g(x,y)\exp[\mathrm{j}2\pi(u_0x+v_0y)] \tag{8.108}$$

将式(8.108)作为基本小波函数，对其进行尺度扩张和旋转变换，可得到一组自相似 Gabor 小波基函数为

$$\begin{aligned}\psi_{m,n}(x,y)&=a^{-m}g_{u_0,v_0}(x',y')\\&=a^{-m}g(x',y')\exp[\mathrm{j}2\pi(u_0x'+v_0y')]\end{aligned} \tag{8.109}$$

式中，$x'=a^{-m}(x\cos\theta+y\sin\theta)$，$y'=a^{-m}(-x\sin\theta+y\cos\theta)$，$\theta=n\pi/N$。

其中，m 和 n 代表小波的尺度和方向，$m=0,1,\cdots,M-1$，$n=0,1,\cdots,N-1$，M 和 N 分别表示尺度数和方向数，$a>1$ 为伸缩因子。

根据傅里叶变换的旋转不变性及比例性，可以得到式（8.109）的傅里叶变换为

$$F_\psi(u,v)=\exp\{-2\pi^2a^{2m}[\sigma_x^2[(u-u_0)']^2+\sigma_y^2[(v-v_0)']^2]\} \tag{8.110}$$

其中，$[(u-u_0)',(v-v_0)']$ 是被移位和旋转的频率坐标，即

$$\begin{pmatrix}(u-u_0)'\\(v-v_0)'\end{pmatrix}=\begin{pmatrix}\cos\theta & \sin\theta\\-\sin\theta & \cos\theta\end{pmatrix}\begin{pmatrix}u-u_0\\v-v_0\end{pmatrix}$$

因此，通过改变 m 和 n 的值，便可以得到一组方向和尺度都不同的滤波器，即 Gabor 小波滤波器，通常也称作 Gabor 滤波器。

设 u_l 和 u_h 分别表示所研究频域中最低和最高的频率值，假设 Gabor 滤波选择尺度 M=5，方向 L =12，并取 u 轴上尺度 $m=0$ 时的中心频率 $u_l=0.05$，尺度 $m=M-1$ 时的中心频率

$u_h = 0.6$，图 8-29 给出了 Gabor 滤波器示意图。图中每一个椭圆代表一个滤波器的抛面图，因为滤波器的对称性，在实际中只取方向的一半即可。

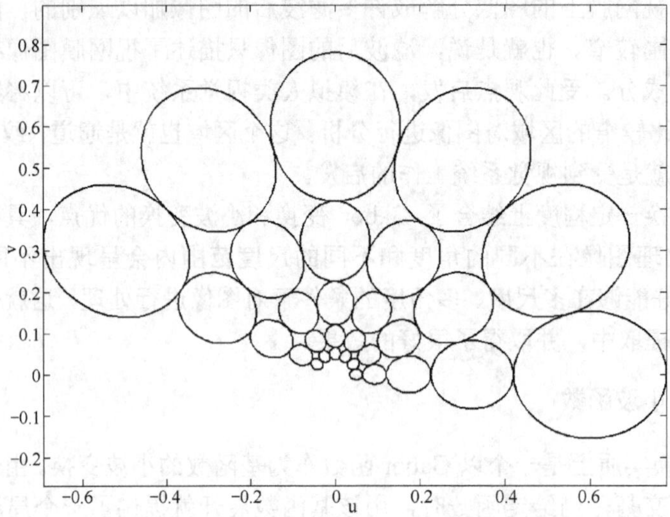

图 8-29　Gabor 滤波器示意图

图 8-30　菊花花瓣状 Gabor 滤波器

图 8-30 用图像的形式给出了 5 个尺度 16 个方向的二维 Gabor 滤波器组在频率域上的形状，它类似于菊花花瓣，所以该类滤波器又称菊花花瓣状 Gabor 滤波器。

2. Gabor 滤波器的参数确定

应用 Gabor 滤波时，除了要确定尺度 m 和方向 n 外，还需要确定的参数有：各个滤波器的中心频率 $(u_{0,m}, v_{0,m})$，以及各个滤波器的二维标准差 $(\sigma_{u,m}, \sigma_{v,m})$。

不同方向的 Gabor 滤波器可以由每个尺度下方向 n 为 0 角度的滤波器旋转得到，未经旋转的各个尺度下的滤波器确定后，所有的滤波器就可以确定。图 8-31 是方向角为 0 时的 Gabor 滤波器，从图中可以看出，随着尺度的变化，由低频到高频滤波器的频率带宽逐渐增大，这是因为自然图像的高频分量较少，是为了使纹理特征的各指标分量能够数量相当而采取的。

由于滤波器的尺度间隔是指数级的，因此可得

$$u_h = a^{M-1} u_l \tag{8.111}$$

则尺度参数为

$$a = (u_h / u_l)^{1/(M-1)} \tag{8.112}$$

图 8-31 中各个滤波器的中心频率横坐标为

$$u_{0,m} = u_l a^m \qquad m = 0,1,\cdots,M-1 \tag{8.113}$$

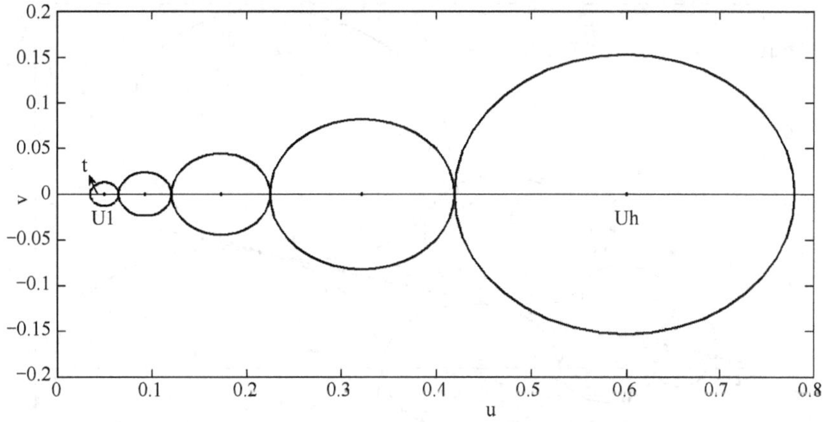

图 8-31 方向角为 0 时的 Gabor 滤波器

现在来计算滤波器参数$\sigma_{u,m}$，如图 8-31 所示，令t为u轴上最小滤波的半幅宽度，即最低频率滤波器的椭圆半径，则当$m=0,1,\cdots,M-1$时，对应的各个椭圆半径为$a^m t$，可以得到

$$\begin{aligned}u_h-u_l&=t+2at+2a^2t+\cdots+2a^{M-2}t+a^{M-1}t\\&=2a^0t+2at+2a^2t+\cdots+2a^{M-2}t+2a^{M-1}t-t-a^{M-1}t\\&=\frac{a+1}{a-1}(a^{M-1}-1)t\end{aligned} \tag{8.114}$$

设椭圆半径为t时所对应的位置是滤波器高斯频谱最小振幅的一半，即为方差的$\sqrt{2\ln 2}$倍，则最高频率滤波器的半幅值应该为

$$a^{M-1}t=\sigma_{u,M-1}\sqrt{2\ln 2} \tag{8.115}$$

由式（8.112）、式（8.114）和式（8.115）消去t可得

$$\sigma_{u,M-1}=\frac{(a-1)u_h}{(a+1)\sqrt{2\ln 2}} \tag{8.116}$$

由各个滤波器的带宽呈指数递增的分布特点，我们可以得到横轴方向的滤波器方差为

$$\sigma_{u,m}=\sigma_{u,M-1}a^{m-M+1},m=0,1,\cdots,M-1 \tag{8.117}$$

下面再计算图 8-32 所示的各个纵轴方向的方差$\sigma_{v,m}$。对于L个方向的 Gabor 滤波器，两个椭圆之间的夹角是$2\pi/L$，则图中的直线方程为

$$v=u\tan\beta=u\tan(\pi/L) \tag{8.118}$$

设最高频率的滤波器椭圆方程为

$$\frac{(u-u_h)^2}{2\ln 2\sigma_{u,M-1}^2}+\frac{v^2}{2\ln 2\sigma_{v,M-1}^2}=1 \tag{8.119}$$

则直线方程（8.118）和椭圆方程（8.119）的关于u的交点方程为

$$(u-u_h)^2\sigma_{v,M-1}^2+\left(\tan\frac{\pi}{L}\right)^2u^2\sigma_{u,M-1}^2=2\ln 2\sigma_{v,M-1}^2\sigma_{u,M-1}^2 \tag{8.120}$$

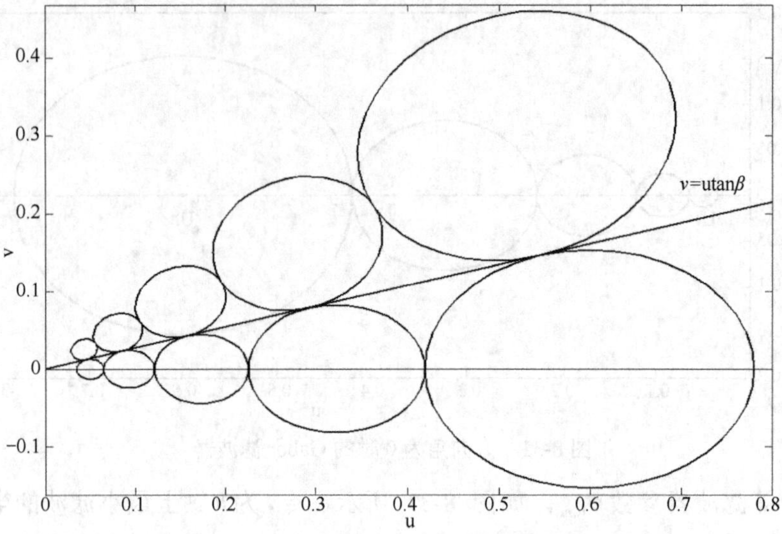

图 8-32　不同方向的两个相邻滤波器的半幅曲线

从图 8-32 中可知，直线与椭圆只有一个交点，因此该方程只有一个解，根据韦达定理 $\Delta^2 = b^2 - 4ac = 0$，有

$$(2u_h\sigma_{v,M-1}^2)^2 - 4\left(\sigma_{v,M-1}^2 + \left(\tan\frac{\pi}{L}\right)^2\sigma_{u,M-1}^2\right)(u_h^2\sigma_{v,M-1}^2 - 2\ln 2\sigma_{u,M-1}^2\sigma_{v,M-1}^2) = 0 \tag{8.121}$$

从而得到纵轴方向最高频率的滤波器方差为

$$\sigma_{v,M-1} = \tan\frac{\pi}{L}\sqrt{\frac{u_h^2}{2\ln 2} - \sigma_{u,M-1}^2} \tag{8.122}$$

则纵轴方向的各个滤波器的方差为

$$\sigma_{v,m} = \sigma_{v,M-1}a^{m-M+1}, m = 0,1,\cdots,M-1 \tag{8.123}$$

再利用旋转方程，可以得到不同方向上的滤波器方程。

3．基于 Gabor 滤波器的纹理描述

对一幅给定的灰度图像 $f(x,y)$，它的离散 Gabor 小波变换的卷积形式为

$$G_{m,n}(x,y) = \sum_s\sum_t f(x-s,y-t)\overline{\psi_{m,n}(s,t)} \tag{8.124}$$

式中，$\overline{\psi_{m,n}}(s,t)$ 是自相似函数 $\psi_{m,n}(s,t)$ 的共轭复数。

对一幅图像进行多尺度、多方向滤波以后，可以得到一个多维数组为

$$E(m,n) = \sum_x\sum_y |G_{m,n}(x,y)| \tag{8.125}$$

式中，$m = 0,1,\cdots,M-1$，$n = 0,1,\cdots,N-1$，这些维数代表图像中不同尺度和方向的能量。因此，变换系数的平均值 $\mu_{m,n}$ 和标准差 $\sigma_{m,n}$ 可以用来代表某个区域的纹理特征，即

$$\mu_{m,n} = E(m,n)/MN \tag{8.126}$$

$$\sigma_{m,n} = \sqrt{\sum_x\sum_y(|G_{m,n}(x,y) - \mu_{m,n}|)^2/MN} \tag{8.127}$$

用 $\mu_{m,n}$ 和 $\sigma_{m,n}$ 作为分量可以构成特征向量 $\overline{f}\{\mu_{0,0},\sigma_{0,0},\mu_{0,1},\sigma_{0,1},\cdots,\mu_{M-1,N-1},\sigma_{M-1,N-1}\}$ 来描述图像的纹理。有关用 Gabor 滤波器组提取图像纹理的实例可以参见图 2-50。

小结

图像描述是从图像分割到图像分类识别的重要过渡，它为图像分类识别提供重要的特征参数。本章从目标的几何、边界、形状、直方图、颜色和纹理等几个方面介绍图像描述方法。针对目标物的形状，介绍了图像的区域描述和矩不变量；针对目标的灰度统计，介绍了直方图描述，并从颜色角度介绍了颜色矩、颜色聚合向量等描述方法；最后介绍了自相关函数、等灰度游程长度、灰度共生矩阵、傅里叶功率谱及 Gabor 小波等图像的纹理描述方法。以上这些图像描述方法将为目标物的特征选择与提取提供有力的依据。

习题

8-1 图像都有哪些特征？简要说明这些特征，它们在图像分析中有何用途？

8-2 对题 8-2 图所示的闭合边界，写出以 S 为起点的原链码、归一化码、差分码和归一化的差分码。

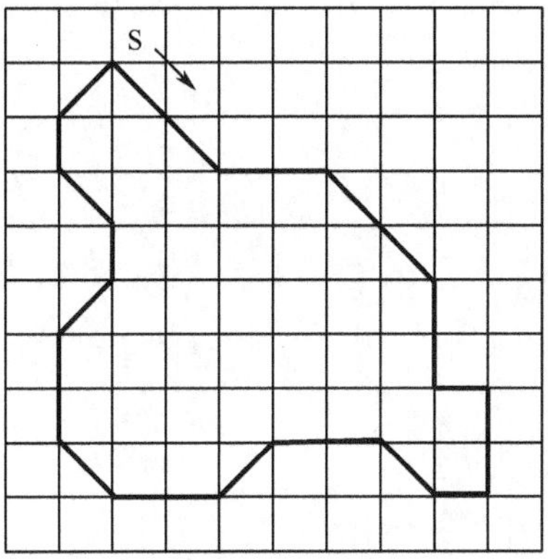

题 8-2 图

8-3 给定一幅带有汽车目标的灰度图像，对其进行缩放、旋转和平移变换，编程序计算变换前后的 7 个不变矩特征，观察不变矩数值的变化。

8-4 对题 8-3 中的灰度图像进行二值化，再对其进行缩放、旋转和平移变换，计算变换前后的 7 个不变矩特征，对比题 8-3 的结果，观察不变矩数值的变化。

8-5 已知一幅 4×4，灰度级为 4 的数字图像，如题 8-5 图所示，取 $d=1$，分别求 $\theta=0°$ 、45° 、90° 、135° 时的灰度共生矩阵 $\boldsymbol{P}(i,j\,|\,d,\theta)$ ，分析它在不同方向上的纹理分布情况，并计算该图像的 5 个纹理特征量。

0	0	1	1
0	0	1	1
2	2	2	2
2	2	3	3

题 8-5 图

8-6　什么是傅里叶描述子？它有何特点？试编写计算图像区域傅里叶描述子的程序，并对三角形的边界线进行近似重建，观察重建图形随重建点数的变化而变化的情况。

8-7　编写程序，给定一幅图像，采用式（8-106）提取该图像的 LBP 纹理特征，并变化 P 和 R 的取值，观察纹理特征的变化。

应 用 篇

第9章

图 像 匹 配

图像匹配是指针对不同时间、不同传感器、不同视角及不同拍摄条件下获取的同一场景的两幅或多幅图像，建立图像间的对应关系，进行匹配和对准。在实际应用中，对图像匹配技术的需求非常广泛，如计算机视觉、医学图像处理、光学和雷达图像目标跟踪、资源分析、气象预报及景物变化检测等领域。

图像匹配技术可分为手工匹配和自动匹配两种方式，而自动匹配是在整个匹配过程中不需要人工干预的一种匹配技术，它也是图像匹配技术的最终发展目标。目前为止，自动匹配的方法多种多样，本章根据图像特征提取的层次将图像匹配分为基于灰度的匹配、基于底层特征的匹配和基于局部不变描述子特征的匹配。

9.1 图像匹配概述

假定两幅待匹配图像 $I_1(x,y)$ 和 $I_2(x,y)$，设其中 $I_1(x,y)$ 为基准图，$I_2(x,y)$ 为参考图，则图像匹配的数学模型可表示为

$$I_2(x,y)=g(I_1(f(x,y))) \tag{9.1}$$

式中，g 表示图像的一维灰度变换，f 表示二维空间的坐标变换。其中，确定最佳的坐标映射函数 f 是匹配问题的关键。

图像匹配的一般做法是，首先在基准图上选取以某一目标点为中心的图像子块，并称它为图像匹配的目标窗口，然后让目标窗口在参考图上有秩序地移动，每移到一个位置，就把目标窗口与参考图的对应部分进行相关比较，直到找到匹配位置为止。如果在匹配窗口范围内，同一目标的两幅图像完全相同，那么完成图像匹配并不困难。然而，实际应用中同一场景在不同条件下获得的两幅图往往存在较大差异，比如不同的成像时间、不同的成像位置，甚至不同的成像系统等，再加上成像中各种噪声的影响，使同一目标的两幅图像不可能完全相同，只能做到某种程度的相似，这些都使得图像匹配变得非常困难。

在图像匹配的过程中，主要解决以下几个方面的问题：

1）特征空间的选择

对于匹配的图像而言，有许多的特征可供选择，可以是图像本身的灰度，可以是边缘、曲线、角点、直线交点、高曲率点，也可以是不变矩、重心等。

2）相似性测度的选择

相似性测度的选择是图像匹配中最重要的步骤之一，它决定如何确定匹配位置，其匹配的程度最后转化为匹配或不匹配。

3）搜索空间与策略的选择

搜索空间通常是要找到匹配的最佳位置的位置集，在很多情况下，减少测量的数量很重要，误匹配位置越多，计算量就越大，问题就越严重。在有些情况下，可以利用一些先验信息去掉不可能匹配的搜索子空间，从而达到减少计算量的目的。

总的来讲，要想提高图像匹配算法的性能，主要是从以上几个方面去考虑，而且就目前的研究现状来讲，主要也是针对以上几个方面去考虑改进算法的性能，包括匹配时间的改进与匹配精度的改进。

9.2 基于灰度信息的图像匹配

基于灰度信息的图像匹配主要是针对基准图像某一区域内各点的灰度值，利用相似性算法找出该区域与参考图像的对应关系，计算匹配度，找到匹配点。然后再依次搜索各个区域，完成全图的匹配，其匹配的性能主要取决于相似性度量算法。

假设基准图T的大小为$M \times N$，参考图S的大小为$K \times L$，如图9-1所示。将基准图T叠放在参考图S上平移，基准图T覆盖下的那块搜索图称为子图$S^{i,j}$，i,j为这块子图的左下角像点在S图中的坐标，不难知道，i和j的取值范围为$0 \leqslant i \leqslant K-M$，$0 \leqslant j \leqslant L-N$。现在可以比较$T$和$S^{i,j}$的内容，若两者一致，则$T$和$S^{i,j}$之差为零。

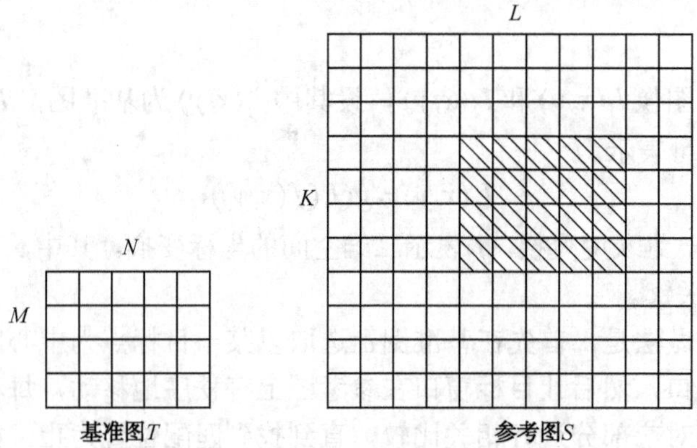

图9-1 基于灰度信息的图像匹配原理

可以选用不同测度来衡量T和$S^{i,j}$之间的相似程度，根据所选相似性测度的不同，可分为绝对平衡搜索（Absolute Balance Search，ABS）、归一化互相关（Normalized Correlation，NC）和最大互信息匹配等多种不同的匹配方法。

9.2.1 绝对平衡搜索匹配

绝对平衡搜索 ABS 匹配算法就是简单地用基准图和参考图上搜索窗口之间的像素灰度值的差别来表示二者的相关性。计算 ABS 值有三种算法，可以根据不同的场合选择合适的算法，它们是最小均方误差函数（MSE）、最小平均绝对差值函数（MAD）、最大匹配像素统计（MPC），它们定义如下，即

$$\mathrm{MSE}(i,j)=\frac{1}{M\times N}\sum_{m=1}^{M}\sum_{n=1}^{N}(T(m,n)-S^{i,j}(m,n))^2 \tag{9.2}$$

$$\mathrm{MAD}(i,j)=\frac{1}{M\times N}\sum_{m=1}^{M}\sum_{n=1}^{N}|(T(m,n)-S^{i,j}(m,n)| \tag{9.3}$$

$$\mathrm{MPC}(i,j)=\sum_{m=1}^{M}\sum_{n=1}^{N}N(m,n) \tag{9.4}$$

其中

$$N(m,n)=\begin{cases}1 & |T(m,n)-S^{i,j}(m,n)|\leqslant t\\ 0 & \text{其他}\end{cases} \tag{9.5}$$

t 为估算阈值，根据式（9.5），小于阈值 t 的像素被归入匹配像素，否则被归入非匹配像素。

对于最小均方误差函数和最小平均绝对差值函数，MSE 和 MAD 的值越小说明两图之间越相似。如果参考图中一定包含了基准图，则具有最小 MSE 和 MAD 的位置即为匹配位置。在实际应用中，经常会有参考图中不包含基准图或者包含若干个基准图的情况，此时可以设定一个阈值 T，当 MSE 和 MAD 的值小于给定阈值 T 时认为匹配成功。由相同的分析可以知道，对于最大匹配像素统计函数，MPC 的值越大说明两图之间越相似，具有最大 MPC 值的位置即为最佳的匹配位置。

9.2.2 归一化互相关匹配

归一化互相关算法 NC 是一种经典的图像匹配算法，通过计算基准图和参考图的互相关值来确定匹配的程度。互相关定义一般有如下两种形式，即

$$\mathrm{NC}(i,j)=\frac{\sum_{m=1}^{M}\sum_{n=1}^{N}T(m,n)S^{i,j}(m,n)}{\sqrt{\sum_{m=1}^{M}\sum_{n=1}^{N}T^2(m,n)\sum_{m=1}^{M}\sum_{n=1}^{N}[S^{i,j}(m,n)]^2}} \tag{9.6}$$

$$\mathrm{NC}(i,j)=\frac{\sum_{m=1}^{M}\sum_{n=1}^{N}(T(m,n)-\overline{T}(m,n))(S^{i,j}(m,n)-\overline{S}^{i,j}(m,n))}{\sqrt{\sum_{m=1}^{M}\sum_{n=1}^{N}(T(m,n)-\overline{T}(m,n))^2\sum_{m=1}^{M}\sum_{n=1}^{N}(S^{i,j}(m,n)-\overline{S}^{i,j}(m,n))^2}} \tag{9.7}$$

式中

$$\overline{T}(m,n)=\frac{1}{M\times N}\sum_{m=1}^{M}\sum_{n=1}^{N}T(m,n) \tag{9.8}$$

$$\overline{S}^{i,j}(m,n)=\frac{1}{M\times N}\sum_{m=1}^{M}\sum_{n=1}^{N}S^{i,j}(m,n) \tag{9.9}$$

如果 $NC(i,j)$ 的值越大说明搜索图上 (i,j) 位置与基准图越相似，当 $NC(i,j)$ 值为 1 时，说明该位置即为匹配位置。在实际应用中，常常因为基准图和参考图是不同时间或不同相机拍摄的，因此两者对应像素的灰度值并不是绝对相等的，因而找不到 NC 值为 1 的位置，此时，只需要在参考图中找到具有最大 NC 值的位置，则认为该位置为最佳匹配位置。

NC 算法具有很高的准确性和适应性，对图像灰度值的线性变换具有“免疫性”，即所求的 NC 值不受灰度值的线性变换的影响。但是考虑到图像中的自相关值都比较大，因此在互相关计算过程中，相似度形成以基准图存在的真实位置为中心的平缓峰，往往无法检测到准确的尖峰位置，使得确定基准图的准确位置很难。造成这个结果的原因是：一方面没有考虑图像中各个像点之间存在空间相关性，另一方面图像中的噪声可能会掩盖相关峰值。为了克服这个缺点，可以先对参考图和基准图进行边缘处理，当图像中像点高度相关时，两幅图像的相关性实际是集中在它们轮廓信息的相关性，从而提高了目标位置定位的精度，这种方法适用于目标轮廓特征较明显的情况。

9.2.3 最大互信息匹配

互信息 $I(A,B)$ 是对随机变量 A 和 B 之间统计依存程度的信息度量，主要描述两组图像信息间相关的程度。对同一位置处的两组图像而言，对应像素对之间的灰度在统计学上并非独立，而是相关的，这是互信息匹配的基础。互信息具有对称性和非负性，当且仅当 A 和 B 独立时，互信息为零，也就是说，A 和 B 独立，互信息为零，同时 A 和 B 是不相关的，相关系数也为零；但 A 和 B 不相关，相关系数为零时，并不代表 A 和 B 是独立的，可能两者的灰度存在非线性联系，这时互信息不为零，这就是互信息相对于其他测度的优势。对于两幅待匹配的图像，如图 9-2 所示，圆代表了图像的熵，两圆合并区域为联合熵，重叠部分就为互信息。图中明确给出了二者之间的关系，互信息综合了图像的熵、联合熵，其形式为两者之差，即

$$I(A,B)=H(A)+H(B)-H(A,B) \tag{9.10}$$

其中 $H(A)$，$H(B)$ 分别表示随机变量 A 和 B 的熵，$H(A,B)$ 则表示它们之间的联合熵，具体计算公式参见 6.2.4 节。

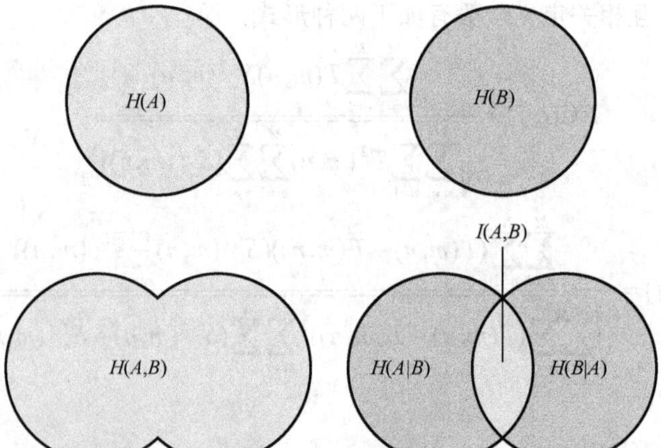

图 9-2　互信息示意图

互信息还有两种其他形式：Studholme 归一化互信息测度和 Maes 提出的熵的相关系数为

$$Y(A,B)=\frac{H(A)+H(B)}{H(A,B)} \tag{9.11}$$

$$\mathrm{ECC}(A,B)=\frac{2I(A,B)}{H(A)+H(B)} \tag{9.12}$$

对于待匹配的两幅图像，可认为是关于图像灰度的随机变量集 A 和 B，其概率分布及联合概率分布可以由式（9.13）～式（9.15）求得

$$p_A(a)=\frac{h(a)}{\sum_A h(a)} \tag{9.13}$$

$$p_B(b)=\frac{h(b)}{\sum_B h(b)} \tag{9.14}$$

$$p_{AB}(a,b)=\frac{h(a,b)}{\sum_A\sum_B h(a,b)} \tag{9.15}$$

其中，$h(a)$ 和 $h(b)$ 为图像 A 和 B 的直方图，$h(a,b)$ 为图像 A 与 B 的联合直方图。

进行匹配时，将基准图在参考图上进行搜索，具有最大互信息的位置即为最佳匹配位置。最大互信息法几乎可以用于任何不同模态图像的匹配，它是一种自动的、基于像素灰度的方法，不需要选择标志点或提取图像特征，不需要假设图像中各像素的灰度值之间存在某种线性关系，因而得到了广泛应用。

9.3 基于特征的图像匹配

基于特征的匹配方法需要进行相关计算的像素点数目明显减少，并具有更强的适应能力。这种算法的关键是寻找易于识别和区分的特征，基于特征集之间的相似性来找到基准图在参考图中的匹配位置。

9.3.1 基于点特征的匹配

特征点通常是图像中易于确定的特殊点，比如角点、线条交叉点、T 形交汇点、高曲率点，或者边界封闭区域的重心等。一旦在两幅图像中选定了两个特征点集后，有若干方法可以用来匹配两个特征点集，这些方法包括对两个点集的最小间距树进行分类、松弛和匹配，对两个点集的凸部边缘进行匹配等。

1. Harris 角点特征提取

常用的特征点提取算法有 Harris 算子、Moravec 算子、Forstner 算子和小波变换算子等，本节介绍基于 Harris 算子的角点提取算法。

角点是图像的重要局部特征，其直观定义是指在至少两个方向上图像灰度变化均较大的点。在实际图像中，轮廓的拐角、线段的末端等都是角点。角点特征因具有信息量丰富，便

于测量和表示，能够适应环境光照变化，尤其适用于处理遮挡和几何变形问题等优点而成为许多特征匹配算法的首选。

在角点处，图像的灰度梯度是不连续的，而且在角点临近的区域，梯度有两个或者两个以上的不同值，Harris 算子就是根据这个事实提出的。Harris 算子受信号处理中自相关函数的启发，给出与自相关函数相联系的矩阵 $\boldsymbol{M}$。$\boldsymbol{M}$ 阵的特征值是自相关函数的一阶曲率，如果两个曲率值都高，那么就认为该点是角点。

对灰度图像上的每个像素点，计算其在横向和纵向的一阶导数，以及两者的乘积，这样可以得到三幅新的图像。三幅图像中的每个像素对应的属性值分别代表 x 方向的梯度 g_x、y 方向的梯度 g_y 和 $g_x g_y$。对这三幅图像进行高斯滤波，计算原图像上对应的每个点的兴趣值为

$$\boldsymbol{M} = G(\overline{s}) * \begin{bmatrix} g_x & g_x g_y \\ g_x g_y & g_y \end{bmatrix} \tag{9.16}$$

$$I = \det(\boldsymbol{M}) - k t_r^{\ 2}(\boldsymbol{M}) \tag{9.17}$$

式中，*是卷积，k 为权值系数，在具体应用中一般设为经验常数。$G(\overline{s})$ 为高斯模板。det 为矩阵的行列式，t_r 为矩阵的迹。

Harris 算法认为，特征点是局部范围内的极大兴趣值对应的像素点。因此，在计算完各点的兴趣值后，要提取原始图像中所有局部兴趣值最大的点。在实际操作中，可依次从以每个像素为中心的 3×3 的窗口中提取最大值，如果中心点像素的兴趣值就是最大值，则该点就是特征点。图 9-3 中白色十字即为提取的 Harris 角点。

图 9-3　Harris 角点提取

2. 角点匹配算法

所谓角点匹配是指找出图像 I_1 和 I_2 中的唯一对应角点。这里介绍一种基于奇异值分解的角点匹配算法。

令 I 和 J 为两幅图像，分别包含 m 个特征点 $I_i(i=1,\cdots,m)$ 和 n 个特征点 $J_j(j=1,\cdots,n)$，则基于奇异值分解的特征匹配算法步骤如下所述。

首先，分别取特征点 I_i 和 J_j 的 $W \times W$ 邻域 A 和 B，于是可得这两个区域的互相关系数为

$$C_{ij}=\frac{\sum_{u=1}^{W}\sum_{v=1}^{W}(A_{uv}-\overline{A})(B_{uv}-\overline{B})}{W^2\sigma(A)\sigma(B)} \tag{9.18}$$

其中，$\overline{A}$ 和 $\overline{B}$ 分别为区域 A 和 B 的均值，$\sigma(A)$ 和 $\sigma(B)$ 为标准差。可以看出 C_{ij} 在−1（两区域完全不同）到 1（两区域完全相同）之间变化。

然后，根据两个特征点 I_i 和 J_j 的高斯加权距离表示 C_{ij} 构造相似矩阵 $\boldsymbol{G}$，即

$$G_{ij}=\frac{C_{ij}+1}{2}\mathrm{e}^{-r_{ij}^2/2\sigma^2},\quad i=1,\cdots,m,j=1,\cdots,n \tag{9.19}$$

其中，$r_{ij}=\|I_i-J_j\|$ 为两个特征点之间的欧式距离。由式（9.19）可以看出，G_{ij} 为正且其变化范围为 0～1。参数 σ 用于控制两个特征点之间的相互作用，当 σ 小时，G_{ij} 就大，实际应用中可根据经验设定。

最后，对 $\boldsymbol{G}$ 进行奇异值分解为

$$\boldsymbol{G}=\mathbf{TDU}^{\mathrm{T}} \tag{9.20}$$

其中，$\boldsymbol{T}\in M_m$，$\boldsymbol{U}\in M_n$，且均为正交矩阵；$\boldsymbol{D}$ 为对角阵，$\boldsymbol{D}\in \boldsymbol{M}_{m,n}$，$\boldsymbol{D}$ 中对角线元素按降序排列。将 $\boldsymbol{D}$ 中对角线元素值不为 0 的元素值置 1，构造矩阵 $\boldsymbol{E}$，进而可以得到矩阵 $\boldsymbol{P}$ 为

$$\boldsymbol{P}=\mathbf{TEU}^{\mathrm{T}} \tag{9.21}$$

矩阵 $\boldsymbol{P}$ 和 $\boldsymbol{G}$ 具有相同的形状，且它可以很好地突出相匹配的特征点，抑制非对应的特征点 。如果 P_{ij} 既是它所在行的最大值，也是它所在列的最大值，则特征点 I_i 和 J_j 为一一对应点，否则 I_i 和 J_j 不完全匹配。

特征点匹配算法需满足以下三个准则。

- 相似性准则：两个特征点所在的区域应相似。
- 相近准则：两幅图中的两个特征点不应相距太远，对满足相似性准则的几个特征点，选择最近的两个点。
- 唯一性准则：特征点匹配应该是一一对应的。

从以上特征点匹配过程可以看出，该算法满足相近准则（矩阵 $\boldsymbol{G}$ 为相似性矩阵）和唯一性准则（矩阵 $\boldsymbol{T}$ 和 $\boldsymbol{U}$ 为正交矩阵，即矩阵 $\boldsymbol{P}$ 每行元素的平方和为 1），因此，某个特征 I_i 不可能和多个 J_j 的相关性都强，而矩阵 $\boldsymbol{T}$ 的每行和 $\boldsymbol{U}$ 的每行的相互正交也保证了一幅图像中的不同特征点都和另一幅图像的相匹配的特征点紧密相关。同时由于在相似性系数中考虑了距离的影响，该算法也满足相似性准则，因此，它的抗噪性比较强，对于有噪声存在的图像，用该算法进行处理，提高了匹配的鲁棒性。

图 9-4 所示是角点匹配的实例，其中图 9-4（a）是从不同角度拍摄的待匹配的两幅图像，图 9-4（b）是对两幅图像角点提取的结果，图 9-4（c）是两幅图像角点匹配的结果，图中标号说明了两幅图像匹配后的对应点。由于该算法需要进行相关计算的像素点数目明显减少，因此具有更强的适应能力。但算法需要进行大量的矩阵浮点运算，因此运行时间比较长。

（a）待匹配的两幅图像

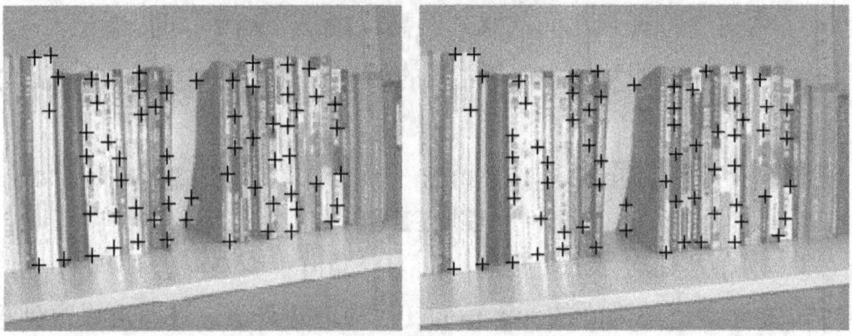

（b）角点提取的结果

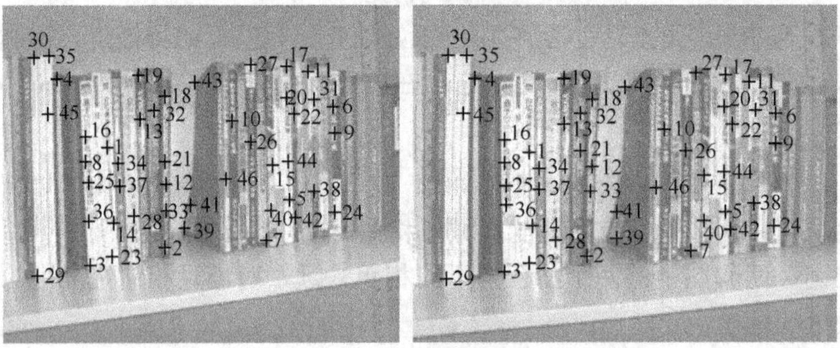

（c）角点匹配的结果

图 9-4　角点匹配实例

9.3.2　基于线特征的匹配

基于点特征的图像匹配算法具有较强的有效性和可靠性，然而，当基准图和参考图之间存在较大几何差异时，点特征的提取很困难。基于线特征的图像匹配算法能够有效地解决这个缺陷。

1. 线基元的提取

提取线基元的过程可分为边缘检测和线段提取两步。其中，边缘检测是很重要的一步。为了便于其后的线段提取，检测出来的边缘应该有较好的连贯性。同时，为了降低定位误差，检测出来的边缘应该为单像素宽。在边缘被检测出来后，就要将这些边缘连接成直线、曲线轮廓线，或者由一定的直线、曲线去拟合它们。关于边缘检测和连接算法，可参见本书前面章节的介绍。

2. 变换模型

变换模型是指根据基准图与参考图之间几何畸变的情况所选择的能最佳拟合两幅图像之间变化的几何变换模型。可采用的变换模型有如下几种：刚体变换、仿射变换、透视变换、投影变换和多项式变换，其中最常用的是仿射变换。仿射变换就是保持图像中平行特性的空间变换，包括平移、尺度变换、旋转、翻转变换。假设基准图和参考图之间只存在旋转和平移，则基准图中的点(R_x,R_y)经仿射变换后在参考图中的坐标为(R'_x,R'_y)，数学表示为

$$\begin{bmatrix} R'_x \\ R'_y \end{bmatrix} = \begin{bmatrix} a_1 & a_2 \\ b_1 & b_2 \end{bmatrix} \begin{bmatrix} R_x \\ R_y \end{bmatrix} + \begin{bmatrix} a_0 \\ b_0 \end{bmatrix} \tag{9.22}$$

其中，$\begin{bmatrix} a_1 & a_2 \\ b_1 & b_2 \end{bmatrix}$为实数矩阵。

那么，确定匹配变换模型就需要求解六个参数（a_0,a_1,a_2,b_0,b_1,b_2）。

3. 相似性度量

当匹配基元与图像变换模型确定以后，接下来的工作是选定相似性度量。对于直线段特征来说，一种判断两条直线段是否同名的最简单明了的约束就是共线约束。如图 9-5 所示，设基准图中有一线段R_1R_2，则线段R_1R_2与参考图中一线段I_1I_2在空间上共线的必要条件是：线段R_1R_2从基准图空间经过变换函数变换到参考图空间后，其两端点R'_1和R'_2到线段I_1I_2的距离为零，即

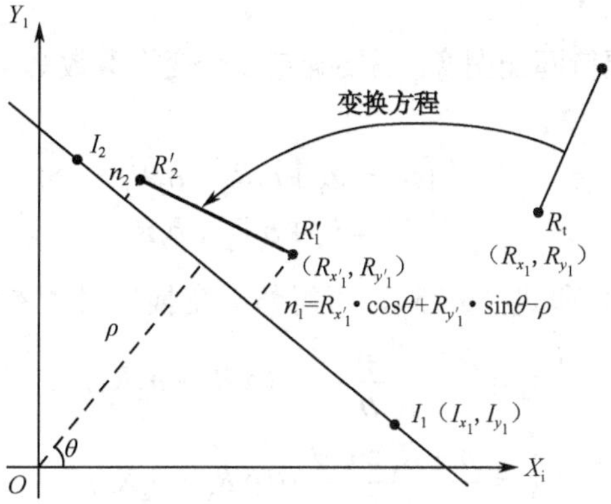

图 9-5 线段之间的相似度量

$$n_1 = n_2 = 0 \tag{9.23}$$

在图 9-5 中，设ρ为在参考图坐标系X_1OY_1下原点到线段I_1I_2的距离，θ为线段I_1I_2的法线和x轴的夹角，线段R_1R_2的一个端点R_1从基准图空间经过变换函数后在坐标系X_1OY_1中的坐标为(R'_{x1},R'_{y1})，则

$$n_1 = R'_{x_1}\cos\theta + R'_{y_1}\sin\theta - \rho \tag{9.24}$$

同理

$$n_2 = R'_{x_2}\cos\theta + R'_{y_2}\sin\theta - \rho \tag{9.25}$$

从而，对于一对同名线段而言，可以列两个相似性度量约束方程。

设线段 I_1I_2 两个端点在参考图坐标系 X_1OY_1 中的坐标表示为 (Ix_1, Iy_1) 和 (Ix_2, Iy_2)，则线段 I_1I_2 的斜率为

$$k = \frac{Iy_2 - Iy_1}{Ix_2 - Ix_1} \tag{9.26}$$

令

$$\begin{cases} xx = \dfrac{k(kIx_i - Iy_i)}{k^2 + 1}, \quad \text{其中} i = 1 \text{或} 2 \\ yy = -\dfrac{kIx_i - Iy_i}{k^2 + 1} \end{cases} \tag{9.27}$$

则

$$\begin{cases} \cos\theta = \dfrac{xx}{\sqrt{xx^2 + yy^2}} \\ \sin\theta = \dfrac{yy}{\sqrt{xx^2 + yy^2}} \\ \rho = \sqrt{xx^2 + yy^2} \end{cases} \tag{9.28}$$

图像变换模型 F 确定以后，就可以得到基准图中的点 R_1 和 R_2 在参考图坐标系中的坐标为

$$(R'_{x_i}, R'_{y_i}) = F(R_{x_i}, R_{y_i}), \quad \text{其中} i = 1 \text{或} 2 \tag{9.29}$$

从而，相似性度量式（9.24）与式（9.25）可以由同名线段四个端点的坐标来表示。

4. 匹配搜索算法

对于存在仿射变换的两幅待匹配图像，需要确定 6 个变换参数（$a_0, a_1, a_2, b_0, b_1, b_2$），式（9.22）可重写为

$$\begin{cases} R'_x = a_0 + a_1 R_x + a_2 R_y \\ R'_y = b_0 + b_1 R_x + b_2 R_y \end{cases} \tag{9.30}$$

则根据式（9.23）、式（9.24）和式（9.25），可得仿射变换的模型参数为

$$\begin{cases} a_0 = \dfrac{\rho - R'_y \sin\theta}{\cos\theta} - (a_1 R_x + a_2 R_y) \\ b_0 = \dfrac{\rho - R'_x \cos\theta}{\sin\theta} - (b_1 R_x + b_2 R_y) \\ a_1 = \left[\dfrac{\rho - R'_y \sin\theta}{\cos\theta} - (a_0 + a_2 R_y)\right] \Big/ R_x \\ b_1 = \left[\dfrac{\rho - R'_x \cos\theta}{\sin\theta} - (b_0 + b_2 R_y)\right] \Big/ R_x \\ a_2 = \left[\dfrac{\rho - R'_y \sin\theta}{\cos\theta} - (a_0 + a_1 R_x)\right] \Big/ R_y \\ b_2 = \left[\dfrac{\rho - R'_x \cos\theta}{\sin\theta} - (b_0 + b_1 R_x)\right] \Big/ R_y \end{cases} \tag{9.31}$$

接下来，需要通过匹配算法来确定以上 6 个参数。Hough 变换是一种检测、定位直线和解

析曲线的有效方法，它通过对参数空间中极值点的检测来完成目标的检测。Hough 变换具有很强的稳健性，对局部的噪声不敏感，可以找到全局最优值。此处，我们将 Hough 变换用于建立特征的相关和求解匹配问题的转换函数。待求解参数的数目决定了 Hough 变换累加数组的维数，对于仿射变换，需要构造一个六维的累加数组。这会使算法所消耗的内存急剧增加，时间花费也随之增大。为了解决这一问题，可以采用序贯的方式进行求解，即改进的迭代 Hough 变换算法（Modified Iterated Hough Transform，MIHT），其基本步骤如下所述。

步骤 1：对于待估的 $a_0 \sim b_2$ 等 6 个参数，建立 6 个累加数组，每一个数组对应一个待估参数，数组的大小由该参数的取值范围决定。针对每一个待估参数，将其余 5 个参数根据先验知识设置一个近似值（即估算其中 1 个参数时，其余 5 个参数假定为已知）。对每一个待估计参数进行下面的迭代操作。

步骤 2：对于待估计的未知参数，将其累加数组置零，遍历基准图和参考图两个数据集间所有可能的配对情形，在每一配对情形下根据公式计算出在该种配对下待估参数对应的值，并对累加数组进行累加。

步骤 3：当遍历完所有可能的配对情况以后，累加数组中会出现一个峰值，该峰值的位置即为该待估参数正确解的位置，同时，将对该峰值有贡献的配对视为正确的配对。

步骤 4：以该解作为该参数的新近似值，更新其在其他累加数组中所对应的已知参数值。进入步骤 2，继续求解别的待估参数。

步骤 5：当每一个待估参数都经过步骤 2～步骤 4 取得新近似值后，进入下一次的循环，重复步骤步骤 2～步骤 5。当所有待估参数的值都无显著变化时，跳出循环。

步骤 6：将最后一次循环中对累加数组的峰值形成有贡献的配对作为正确的配对，利用这些配对，根据最小二乘平差方法求解参数。

对特定的两幅待匹配图像而言，它们之间的空间变换关系只有一种，客观上仅对应一套 a_0～b_2，因此，所有的同名线段通过式（9.31）所计算出来的仿射参数都应该是相等的。而对任意一对非同名线段而言，由于它们并不遵循共线约束式（9.23），因此式（9.31）对它们来说不成立。而且，由于它们之间的空间关系不尽相同，从而所计算出来的仿射参数会有各种不同的值，散落在值域的各处而不会形成一个峰值。MIHT 方法就是基于这种现象，通过同名线段与非同名线段的不同统计特征来对其进行分类，并同时得到仿射变换参数。

9.3.3 基于不变矩的匹配

图像的不变矩特征主要表征了图像区域的几何特征，具有旋转、平移、尺度的不变性，其公式描述及具体含义在 8.3.2 节已详细阐述，此处我们直接介绍基于不变矩的图像匹配算法。

假设基准图的大小为 $m \times m$，参考图的大小为 $M \times M$，则基于不变矩的匹配算法大致步骤如下所述。

步骤 1：将基准图采用式（8.29）～式（8.35）计算 7 个不变矩。

步骤 2：用 $m \times m$ 的窗口遍历参考图，计算参考图中每个 $m \times m$ 小窗口子图像的不变矩。

步骤 3：采用相似性测度，将步骤 2 中所得不变矩值与基准图的不变矩值进行比较，得到基准图在参考图中的匹配位置。

对于不变矩的相似性测度，可以采用 9.2.1 节中的最小均方误差函数（MSE）和最小平均绝对差值函数（MAD）等形式，只不过这里参加运算的不再是灰度信息，而是 7 个不变矩特征。

基于不变矩的匹配算法常用在飞机、坦克等有形状特点的目标图像的匹配识别，但由于该方法只适用于相似变换，不适用于仿射变换。因此，当待匹配识别的物体存在仿射变换时，则不宜用这种方法进行识别。

9.3.4 基于相位相关的匹配

相位相关法是一种在频率域进行的图像匹配算法，该算法根据傅里叶变换的不变性，建立起一种空域下目标位置变化与频域下相位变化之间的对应关系，通过检测出两幅图像之间的平移值，估计匹配参数，从而实现准确的图像匹配。这就是基于傅里叶变换的相位相关方法进行图像匹配的基本原理。

两幅待匹配图像，如图 9-6（a）所示，其相位相关矩阵可通过式（9.34）确定。

（a）两幅存在平移和旋转关系的待匹配图像

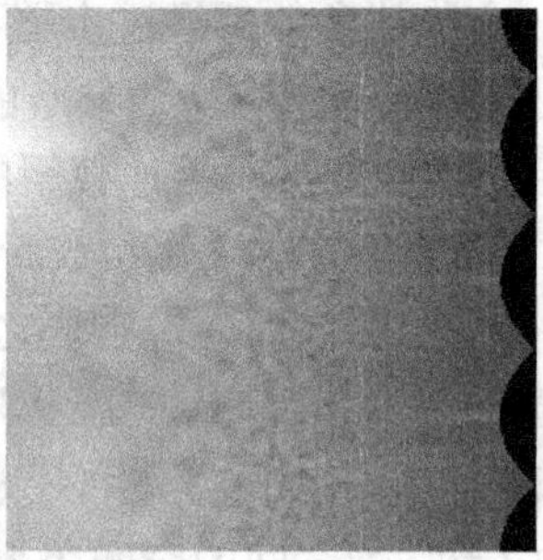

（b）图像的傅里叶频谱　　（c）傅里叶频谱在对数极坐标下的表示

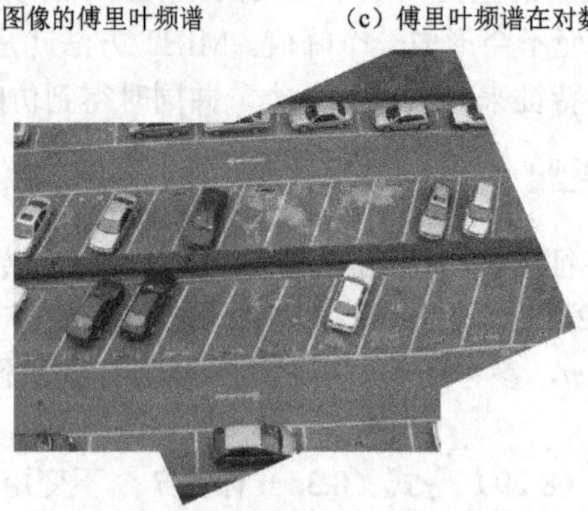

（d）采用相位相关方法进行匹配后的图像

图 9-6　利用频域扩展的相位相关方法进行图像匹配的应用实例

$$Q(u,v)=\frac{\overline{F_1(u,v)}F_2(u,v)}{|\overline{F_1(u,v)}F_2(u,v)|}=\mathrm{e}^{-\mathrm{j}2\pi(ux_0+vy_0)} \tag{9.32}$$

其中F_1和F_2为两幅图像的傅里叶变换，$\overline{F_1}$为F_1的复共轭，将式（9.32）进行傅里叶反变换得到

$$\delta(x-x_0,y-y_0)=F^{-1}[\mathrm{e}^{-\mathrm{j}2\pi(ux_0+vy_0)}] \tag{9.33}$$

通过δ函数中出现的脉冲峰值位置就可以确定两幅图像f_1和f_2之间的平移运动参数，从而实现图像的匹配。

当两幅待匹配图像既存在平移又存在旋转运动，可通过扩展相位相关算法来计算图像的平移和旋转参数。当$f_2(x,y)$是$f_1(x,y)$经平移(x_0,y_0)、旋转θ_0得到的图像，此时两幅图像间的关系表示为

$$f_2(x,y)=f_1(x\cos\theta_0+y\sin\theta_0-x_0,-x\sin\theta_0+y\cos\theta_0-y_0) \tag{9.34}$$

根据傅里叶的旋转和平移特性，变换后两图像间的关系为

$$F_2(\xi,\eta)=\mathrm{e}^{-\mathrm{j}2\pi(\xi x_0+\eta y_0)}F_1(\xi\cos\theta_0+\eta\sin\theta_0,-\xi\sin\theta_0+\eta\cos\theta_0) \tag{9.35}$$

令M_1和M_2分别表示F_1和F_2的幅值，则从式（9.35）可以得出

$$M_2(\xi,\eta)=M_1(\xi\cos\theta_0+\eta\sin\theta_0,-\xi\sin\theta_0+\eta\cos\theta_0) \tag{9.36}$$

由式（9.36）可以看出，F_1和F_2的幅值是相同的，只是相差了一个旋转角度。为了利用相位相关算法来计算图像间的旋转量，将笛卡尔坐标系下的傅里叶频谱通过式（9.37）转换到极坐标下，这样就将两幅图像在笛卡尔坐标系下的旋转关系转换成极坐标系下的平移关系。

$$\begin{cases}\rho=\sqrt{(x-x_0)^2+(y-y_0)^2}\\ \upsilon=\mathrm{Arg}(\mathrm{e}^{(x-x_0)+j(y-y_0)})\end{cases} \tag{9.37}$$

式（9.36）转换为极坐标系下的表示形式为

$$M_2(\rho,\theta)=M_1(\rho,\theta-\theta_0) \tag{9.38}$$

这样，就可以利用相位相关算法直接求出对数极坐标系下傅里叶频谱间的平移矢量，也就检测出了两幅图像间的旋转角度θ_0。将图像进行旋转补偿后，再利用相位相关算法计算补偿后两幅图像间的平移量，就可以实现两幅存在旋转和平移关系的图像的匹配。

图9-6是利用频域扩展的相位相关方法进行图像匹配的实例，其中图9-6（a）是两幅存在平移和旋转关系的待匹配图像，图9-6（b）和图9-6（c）是左侧待匹配图像的傅里叶频谱及其变换到对数极坐标下的表示，图9-6（d）是采用扩展的相位相关方法检测出两幅图像间的平移参数和旋转角度，从而实现两幅图像匹配的实验结果。

相位相关方法利用频域下傅里叶变换的平移性质和相位特性来检测图像间的平移矢量，它较传统的时域方法具有更强的噪声抑制能力和更高的检测精度，同时能够克服光照、灰度不均、图像模糊等因素对检测结果的影响，在目标检测、图像匹配和图像拼接等方面都具有良好的性能优势，得到广泛应用。

9.4 基于局部不变描述子的图像匹配

局部不变特征描述子是一种描述图像局部结构特征定量化的方法，充分反映特征点附近的图像局部特征。局部不变特征的关键并不在于它的局部性，而是在于它所表现出来的不变性质，如旋转不变性、尺度不变性、仿射不变性、灰度不变性等。对于局部特征来说，如何

使用或选择一种合适的特征描述方法来描述特征点附近的局部图像模式，是图像匹配和图像识别中的关键步骤。

近年来，人们研究了各种各样的局部不变特征描述子，大致可以分为基于图像梯度分布、基于空间频率、基于微分和不变矩等。其中，基于以 SIFT（Scale Invariant Feature Transform）描述子为代表的基于图像梯度统计直方图的方法得到了广泛应用。本节主要以 SIFT、最新发展起来的 SURF（Speeded Up Robust Features）、D-nets（Descriptor-nets）等图像局部不变描述子为基础，对匹配算法进行介绍。

9.4.1 SIFT 特征描述子

SIFT 算法由 D.G. Lowe 1999 年提出，它是局部特征研究过程中里程碑式的进展，为特征的研究开创了一系列新的视角和方向。它的主要思想是利用金字塔和高斯核滤波差分来提取局部特征，在尺度空间寻找极值点，提取位置、尺度和旋转不变量。

1. 尺度空间的生成

尺度空间理论是用来模拟图像数据的多尺度特征，高斯卷积核是实现尺度变换的唯一线性核。二维高斯函数 $G(x,y,\sigma)$ 定义如下，即

$$G(x,y,\sigma)=\frac{1}{2\pi\sigma^2}\mathrm{e}^{\left(-\frac{x^2+y^2}{2\sigma^2}\right)} \tag{9.39}$$

其中，σ 表示高斯正态分布的方差。

一幅二维图像的尺度空间 $L(x,y,\sigma)$ 定义为原始图像 $I(x,y)$ 与一个可变尺度高斯函数 $G(x,y,\sigma)$ 的卷积运算，即

$$L(x,y,\sigma)=G(x,y,\sigma)*I(x,y) \tag{9.40}$$

其中，(x,y) 是空间坐标，σ 是高斯金字塔的尺度参数，其值越小则表征该图像被平滑越少，相应的尺度也就越小。当 σ 连续变化时，$G(x,y,\sigma)$ 就构成该图像的尺度空间。

2. 高斯金字塔

为了得到在不同尺度空间下的稳定关键点，将图像 $I(x,y)$ 与不同尺度因子的高斯核 $G(x,y,\sigma)$ 进行卷积操作，构建图像金字塔，图像金字塔共 O 组，每组有 S 层尺度图像，下一组的图像由上一组图像 2 元下采样得到，如图 9-7 所示。

假设图像的大小为 $M\times N$，则高斯金字塔的组数为

$$O=[\log_2(\min(M,N))]-3 \tag{9.41}$$

当图像通过相机拍摄时，假定相机的镜头已经对图像进行了一次初始模糊，所以根据高斯模糊的性质，高斯金字塔的初始尺度 σ_0 为

$$\sigma_0=\sqrt{\sigma_{\text{init}}^2-\sigma_{\text{pre}}^2} \tag{9.42}$$

其中，σ_{init} 为第 0 层尺度，σ_{pre} 为被相机镜头模糊后的尺度。

高斯金字塔共有 O 组，每组有 S 层（一般为 3～5 层），则对于第 i 组的第 s 层，其尺度为

$$\sigma(i,s)=\sigma_i 2^{s/S} \tag{9.43}$$

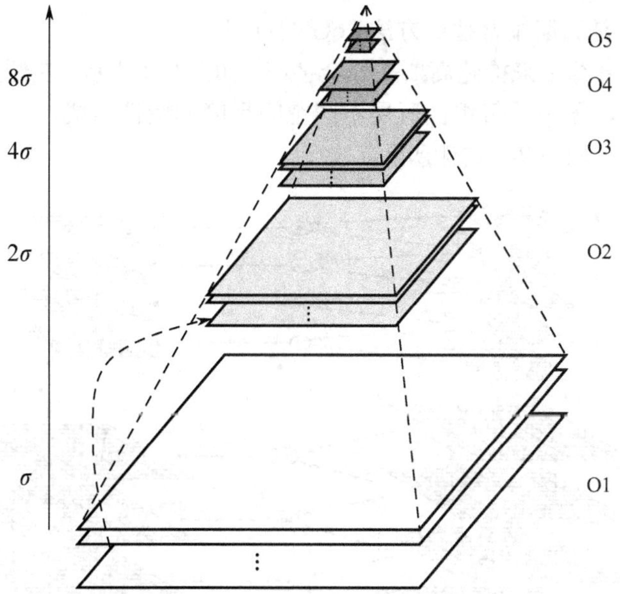

图 9-7 图像的高斯金字塔结构

对于高斯金字塔中的第 i 组，该组内相邻两层的尺度关系可以化简为

$$\sigma(i,s+1)=\sigma(i,s)2^{1/S} \tag{9.44}$$

而相邻组之间的尺度关系为

$$\sigma(i+1,s)=\sigma_i 2^{(s+S)/S}=2\sigma_i 2^{s/S} \tag{9.45}$$

由此可见，相邻两组的同一层尺度为 2 倍关系。

因此，我们把组内尺度和组间尺度归结为

$$2^{i-1}(\sigma,k\sigma,k^2\sigma,\cdots,k^{S-1}\sigma) \tag{9.46}$$

其中，$k=2^{1/S}$，$i=1,\cdots,O-1$ 是金字塔的组数，S 是每一组的层数。即相邻两层图像间的高斯尺度为 k 倍的关系，同时相邻两组的同一层尺度为 2 倍的关系，并假设初始图像是已经以一定 σ 模糊过的图像。由此，上一组图像的底层是由前一组图像的第二层图像隔点采样生成的，如图 9-7 中虚线箭头所示，这样可以保持尺度的连续性。

如果 (M_0,N_0) 是第 0 组的分辨率，并假设 x_0,y_0 是第 0 组的空间坐标，则第 i 组对应的空间坐标 x,y 为

$$x=2^i x_0, y=2^i y_0 \tag{9.47}$$

其分辨率由式（9.48）获得

$$M_i=\left\lfloor\frac{M_0}{2^i}\right\rfloor, N_i=\left\lfloor\frac{N_0}{2^i}\right\rfloor \tag{9.48}$$

3. 高斯差分尺度空间（DoG）

为了有效地在尺度空间检测到稳定的关键点，定义图像的高斯差分尺度空间为图像的不同尺度空间之间的差，可以利用高斯差分算子 DoG（Difference of Gaussians）生成。

$$D(x,y,\sigma)=(G(x,y,k\sigma)-G(x,y,\sigma))*I(x,y)=L(x,y,k\sigma)-L(x,y,\sigma) \tag{9.49}$$

DoG 算子计算简单，是高斯拉普拉斯方法 LoG 的近似。

我们通过高斯差分算子来构建高斯差分金字塔，如图 9-8 所示，左侧是由两组高斯尺度空间图像构建的金字塔，图中的每组由五层不同空间尺度的图像组成，相邻两层图像相减得到四层高斯差分金字塔，如图 9-8 右侧所示。

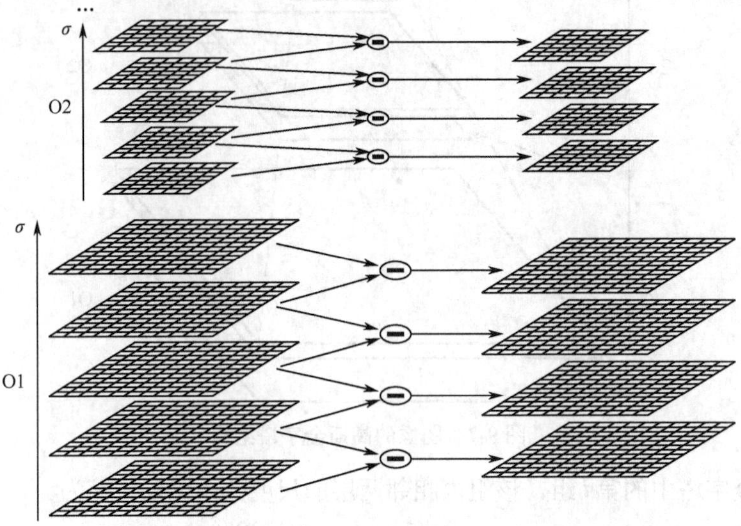

图 9-8　高斯金字塔与高斯差分金字塔

DoG 图像表现的是目标的轮廓，我们可以通过 DoG 图像看出图像上的像素值变化情况。如图 9-9 所示，图的第一行是一个下视场景中的机场图像，第二行是 DoG 金字塔中第一阶（第一组）的各层高斯差分图像的直观展示。由于同一组中高斯图像的尺度逐渐加大，对图像的模糊逐渐加大，表现在 DoG 金字塔图像上是目标的边缘轮廓越来越粗。

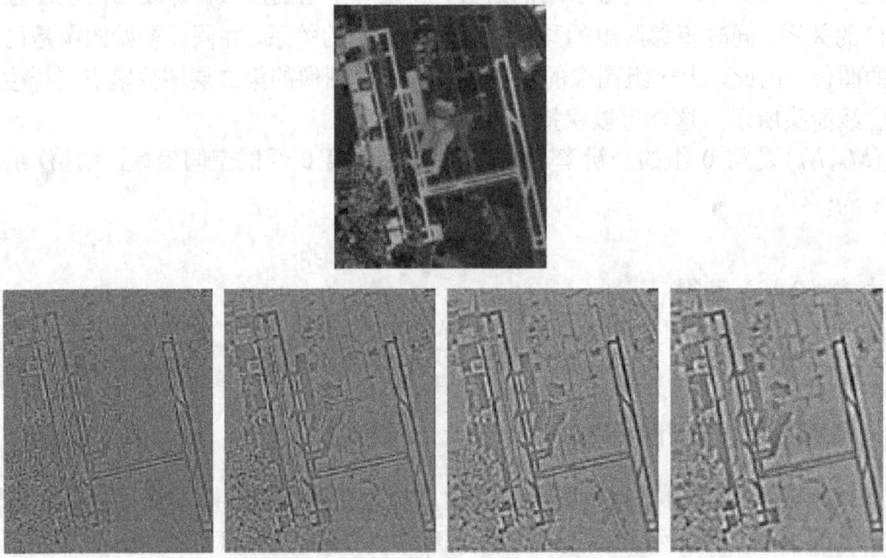

图 9-9　第一阶的各层高斯差分图像实例

4．关键点检测

关键点是由DoG空间的局部极值点组成的，为了在上面建立的DoG尺度空间金字塔中检测到DoG算子的极值点，DoG尺度空间中的中间层（最底层和最顶层除外）的每一个像素点要和它同尺度的8个相邻点及上下相邻尺度对应的9×2个点（共26个点）比较，以确保在尺度空间和二维图像空间都能够检测到局部极值点，如图9-10所示。图中是对标记为叉号的像素进行极值检测的示意，若该像素点比相邻26个像素的DoG值都大或都小，则将该点作为一个局部极值，记录下它的位置和对应尺度。

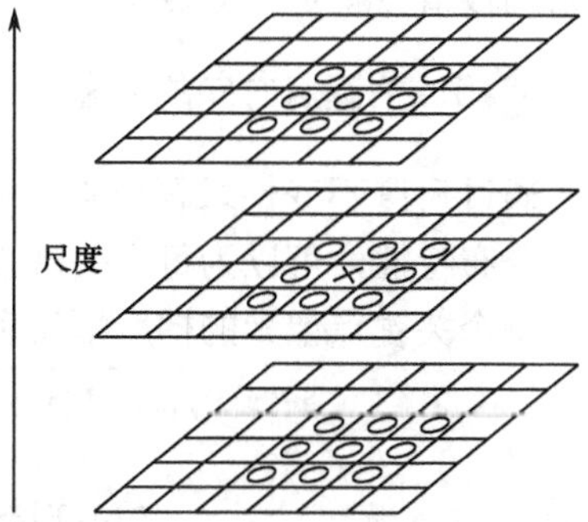

图9-10　DoG尺度空间局部极值点检测

在极值比较的过程中，每一组图像的首末两层是无法进行极值比较的，为了满足尺度变化的连续性要求，我们在每一组图像的顶层继续用高斯模糊生成了3幅图像，高斯金字塔有每组$S+3$层图像。DoG金字塔每组有$S+2$层图像，这样，只牺牲了-1组的第0层和第0组的最高层，如图9-11所示。

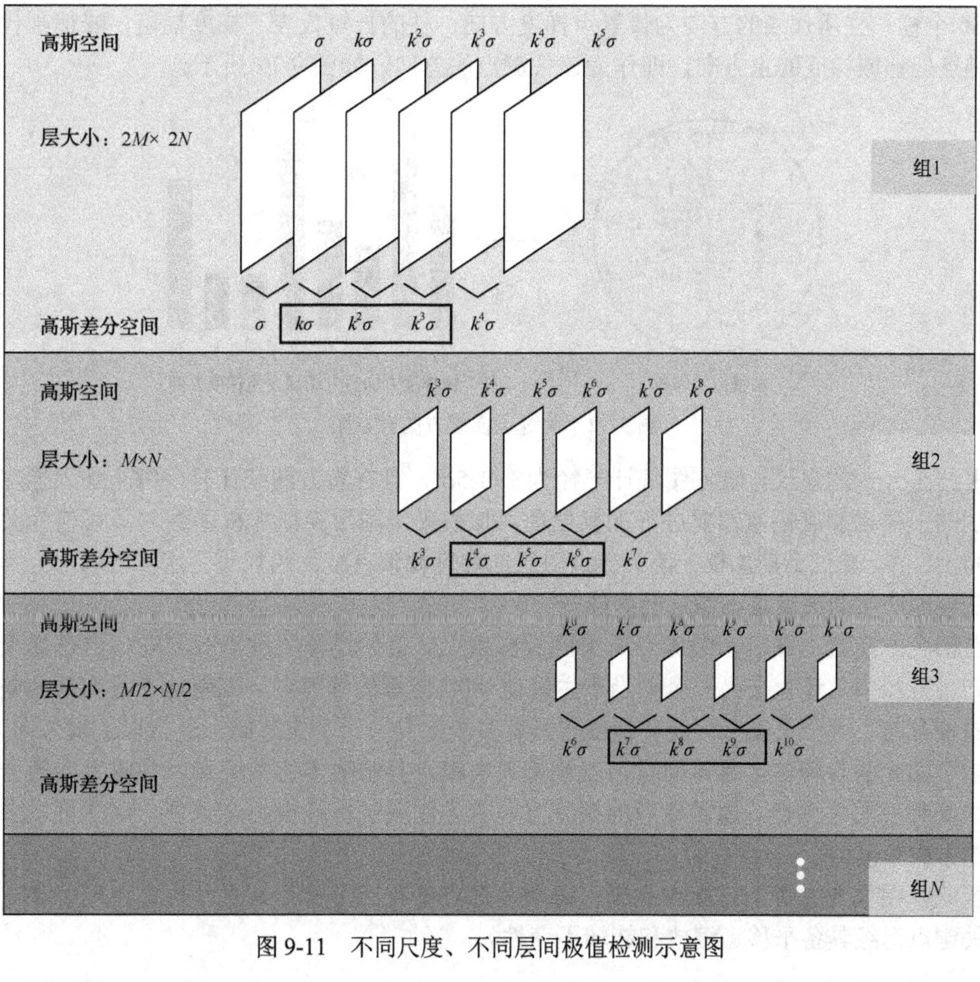

图9-11　不同尺度、不同层间极值检测示意图

由于 DoG 值对噪声和边缘较敏感，因此，在上面 DoG 尺度空间中检测到的局部极值点，还要经过进一步的检验才能精确定位为关键点。这涉及去除低对比度的极值点及边缘响应点两个过程，限于篇幅，此处不对这两个过程进行详细讨论。在去除了噪声和边缘响应点后，剩余的极值点就是关键点了。

5. 关键点方向的分配

通过尺度不变性求极值点，可以使其具有缩放不变的性质。利用关键点邻域像素的梯度方向分布特性，可以为每个关键点指定方向参数，从而使描述子对图像旋转具有不变性。

每个关键点像素的梯度幅值和梯度方向分别为

$$m(x,y)=\sqrt{(L(x+1,y)-L(x-1,y))^2+(L(x,y+1)-L(x,y-1))^2} \tag{9.50}$$

$$\theta(x,y)=\arctan\left[\frac{L(x,y+1)-L(x,y-1)}{L(x+1,y)-L(x-1,y)}\right] \tag{9.51}$$

在实际计算时，在关键点为中心的邻域窗口内进行采样，并统计该邻域窗口内每一个像素点的梯度方向，生成梯度方向直方图。该梯度方向直方图代表了以关键点为原点的一定区域内像素点对关键点方向生成的贡献。梯度直方图的范围是 0° ～360° ，其中每 10° 一个柱，总共 36 个柱。柱所代表的方向为像素点梯度方向，柱的长短代表了梯度幅值，峰值则代表了该关键点处邻域梯度的主方向，即作为该关键点的方向，如图 9-12 所示。

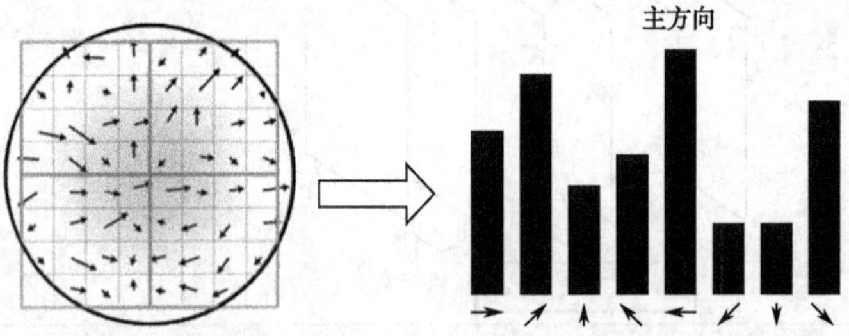

（a）关键点的邻域　　（b）由梯度方向直方图确定主梯度方向

图 9-12　关键点梯度方向直方图

根据 Lowe 的建议，直方图统计半径为 $3\times1.5\sigma$ ，且在直方图统计时，每个加入梯度方向直方图的采样点梯度幅值都要进行加权处理，加权采用圆形高斯加权函数，其 σ 值为关键点尺度的 1.5 倍。通过高斯加权，使关键点附近的梯度幅值有较大的权重，这样可以部分弥补因仿射变换而产生的关键点不稳定的问题。

在梯度方向直方图中，关键点周围区域梯度主峰值就是该关键点的方向，但是如果在梯度方向直方图中，还存在另一个相当于主峰值 80%能量的峰值时，则将这个方向认为是该关键点的辅方向。一个关键点可能会被指定具有多个方向（一个主方向，一个以上辅方向），这可以增强匹配的鲁棒性。具体而言，就是把该关键点复制成多份关键点，并将方向值分别赋给这些复制后的关键点。通常离散的梯度方向直方图要进行插值拟合处理，这样可以求得更精确的方向角度值。

至此，图像的关键点已检测完毕，每个关键点都有三个特征信息：位置、尺度和方向，而且关键点已经具备平移、缩放和旋转不变性。

6. 特征描述子的生成

在关键点检测结束之后，需要对每个关键点的特征量进行描述。描述的目的是用一组向量将这个关键点的特征描述出来，这个描述子不但包括关键点，也包括关键点周围对其有贡献的像素点。描述的思路是通过对关键点周围图像区域分块，计算块内梯度直方图，生成具有独特性的向量，这个向量是该区域图像信息的一种抽象，具有唯一性。

SIFT 特征描述子与关键点所在的尺度有关，因此，对梯度的求取应该在关键点对应的高斯图像上进行。假设关键点的主方向为θ、所在的尺度为σ，将关键点附近邻域划分成$d \times d$个子区域，每个子区域的尺寸为$3\sigma \times 3\sigma$个像元大小，则该关键点的 SIFT 描述子的具体实现步骤如下所述。

步骤 1：确定计算描述子所需的图像区域。考虑到实际计算时需要对图像插值，计算的图像区域为$3\sigma(d+1)$，如果再加上旋转的因素，则实际计算的图像区域半径为$R = 3\sigma\sqrt{2}(d+1)$。

步骤 2：将坐标移至关键点主方向。为了保证特征矢量具有旋转不变性，需要以关键点为中心，将关键点附近$R \times R$邻域内图像坐标旋转一个方向角θ。

步骤 3：在旋转后的图像坐标下，以关键点为中心，选取$3\sigma d \times 3\sigma d$大小的区域，对每个像素$(x,y)$计算梯度幅值$m_{x,y}$和梯度方向$\theta_{x,y}$。

步骤 4：对每个像素的梯度幅值用高斯窗口进行高斯加权，每个像素对应一个向量，长度为$G(x,y,\sigma') \times m_{x,y}$，方向仍为$\theta_{x,y}$，其中$G(x,y,\sigma')$为该像素点的高斯权值，$\sigma'$为关键点所在尺度的 3 倍，即$3\sigma$。

步骤 5：将$3\sigma d \times 3\sigma d$大小的图像区域等间隔划分成$d \times d$个子区域，每个子区域大小为$3\sigma \times 3\sigma$。在每个子区域内计算 8 个方向的梯度方向直方图，绘制每个梯度方向的累加值，即可形成一个种子点。与计算关键点主方向时有所不同，此时，每个子区域的梯度方向直方图将 0° ～360° 划分为 8 个方向范围，每个范围为 45° ，这样每个种子点共有 8 个方向的梯度强度信息。由于子区域个数为$d \times d$，所以最终形成$d \times d \times 8$维的 SIFT 特征矢量。

步骤 6：对特征矢量进行归一化处理，去除光照变化的影响。归一化后对特征矢量大于 0.2 的元素还要进行截断，即大于 0.2 的元素只取 0.2，截断后再进行一次归一化处理，目的是提高特征的鉴别性。

图 9-13 是一个 SIFT 描述子实例。左图是关键点及其 8×8 邻域，每一个小格都代表了关键点邻域所在尺度空间的一个像素，箭头的长度和方向分别代表了该像素的梯度幅值和梯度方向，这些幅值由一个高斯窗口进行加权（图中的圆所示的窗口），然后在 4×4 的子窗口内计算 8 个方向的梯度方向直方图，绘制每个梯度方向的累加值，形成一个种子点，如右图所示。

图 9-13 中的关键点邻域窗口取 8×8 大小，每 4×4 个像素形成一个种子点，因此，该关键点的特征描述子由 2×2（d=2）个种子点的信息所组成，每个种子点有 8 个方向梯度信息，即该关键点可以由 32 维向量表征。根据 Lowe 的实验结果，当窗口大小取 16×16 时，特征描述子可以由 4×4×8＝128 维向量表征（d=4），此时，特征不变性与独特性效果最优。

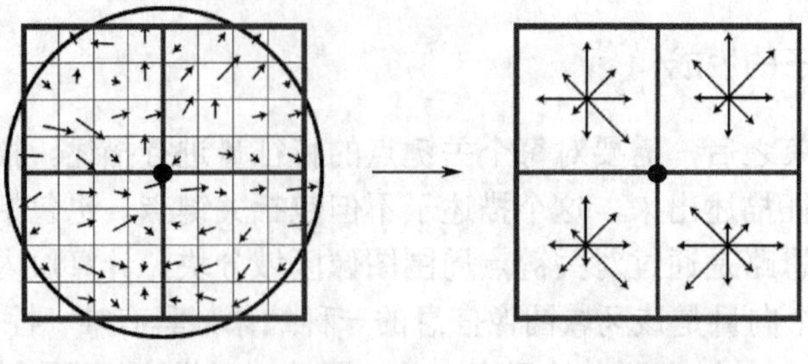

（a）特征点邻域内的图像梯度　　（b）特征点描述子

图 9-13　SIFT 描述子实例

9.4.2　SURF 特征描述子

在 SIFT 基础上，Herbert Bay 等人于 2006 年提出了一种叫做 SURF 的方法。相对于 SIFT 特征描述子存在时间复杂度高、计算数据量大的问题，SURF 算法不仅保持了尺度不变和旋转不变的特性，并且具有速度快、鲁棒性好的特点。

SURF 特征描述子在生成特征矢量时，利用积分图像，使用快速 Hessian 检测子来判断尺度空间提取的图像关键点是否为极值点。通过确定每个关键点的主方向，然后沿主方向构造一个窗口区域，在窗口内提取特征向量，用该向量描述关键点。

1. 积分图像

积分图像计算的是某一矩形区域内的像素和。对于图像 I 中的像素点 (x,y)，它的积分面积可以由该点到原点区域内所有点的总和计算得到

$$I_{\sum(x,y)} = \sum_{i=0}^{i\le x}\sum_{j=0}^{j\le y} I(x,y) \tag{9.52}$$

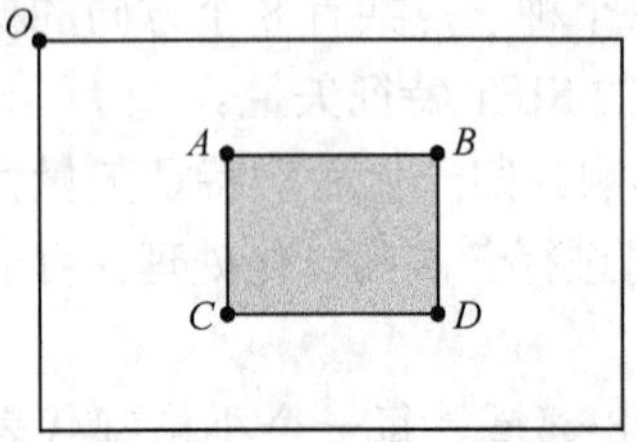

图 9-14　使用积分快速计算图像面积

利用这一点，图像中的任意矩形区域内（如图 9-14 所示）像素点的求和，只需要 $\sum = A + D - (B + C)$ 加减运算就可以得到。

这种矩形区域大小改变而求和计算时间不变的特性非常巧妙，特别是在计算较大尺寸图像区域的时候。SURF 特征检测算法正是利用了这个性质来加速不同大小的盒子滤波同原始图像间的卷积过程。

2. Hessian 矩阵

给定图像 I 中的一点 x，Hessian 矩阵 $\boldsymbol{H}(x,\sigma)$ 在 x 处尺度为 σ 的定义如下，即

$$\boldsymbol{H}(x,\sigma) = \begin{bmatrix} L_{xx}(x,\sigma) & L_{xy}(x,\sigma) \\ L_{xy}(x,\sigma) & L_{yy}(x,\sigma) \end{bmatrix} \tag{9.53}$$

这里 $L_{xx}(x,\sigma)$ 是 Gaussian 二阶偏导数 $\dfrac{\partial^2 g(\sigma)}{\partial x^2}$ 在 x 处与图像 I 的卷积，与之类似有 L_{xy} 和 L_{yy}。实际计算时 Gaussian 二阶偏导数 $L(x,\sigma)$ 的模板如图 9-15（a）所示，模板的大小为 9×9，从左至右分别是 L_{xx}、L_{yy} 和 L_{xy}。为了加快运算速度，Herbert Bay 等人采用了加权的盒子型滤波

器对 $L(x,\sigma)$ 滤波器进行近似，如图 9-15（b）所示，在图 9-15（b）中黑色区域权值为−1，白色区域权值为+1，而其他灰色区域权值为 0。这样，Hessian 矩阵的行列式有一个近似计算，即

$$\det(H_{\text{approx}}) = D_{xx}D_{yy} - (0.9D_{xy})^2 \tag{9.54}$$

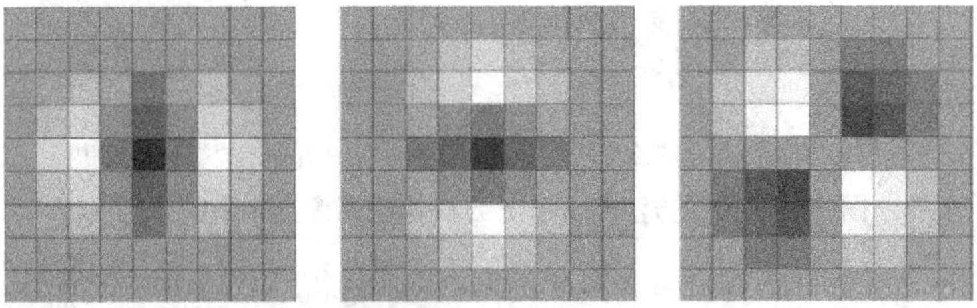

（a）二阶偏导数$L(x,\sigma)$对应的模板，从左至右分别是L_{xx}、L_{yy}和L_{xy}

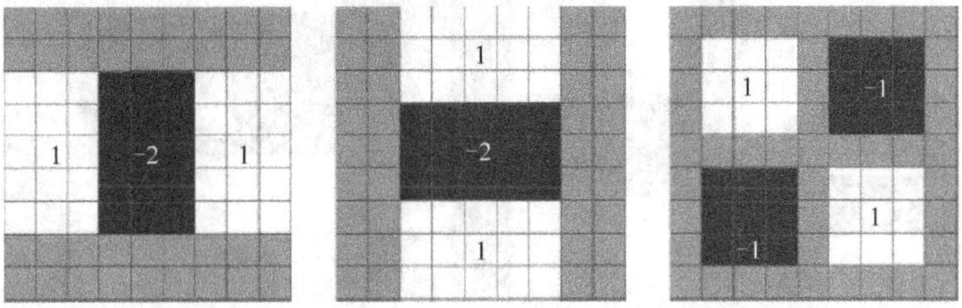

（b）加权的盒子形滤波器，从左至右分别用D_{xx}、D_{yy}和D_{xy}代表

图 9-15　$L(x,\sigma)$模板和对应的加权盒子形滤波器

为了保持较好的尺度不变性，在实际计算滤波响应值时，需要对盒子滤波器的响应除以模板盒子尺寸（面积）进行归一化处理。最后，可以利用 Hessian 矩阵的行列式来表示图像中某点处的斑点响应值，遍历图像中所有的像元，便形成了在某一尺度下斑点检测的响应图像。使用不同的模板尺寸，便形成了多尺度斑点响应的金字塔图像。

3. 尺度空间建立

算法的尺度不变性主要是靠不同尺度下寻找感兴趣点来实现的。为了获取不同尺度的兴趣点，必须建立图像的尺度空间金字塔。在构建多尺度空间时，SURF 算法使用盒子滤波近似代替二阶高斯函数，然后与原始图像做卷积，并在这一过程中应用了积分图像的技巧。传统的图像金字塔构造是改变图像的大小，而用 Guassian 滤波器不断平滑子层图像，此时 Guassian 滤波器的大小是不变的，如 SIFT 算法中的图像金字塔构造。而 SURF 在构造图像金字塔时则是保持图像大小不变，改变的是滤波器的大小，如图 9-16 所示。

与 SIFT 类似，SURF 的尺度空间也是按组划分的。每组里是对输入图像用尺度不断增加的盒子滤波器进行滤波后得到的一系列响应。总的来说，一组包含了一个缩放因子 2。每一组内的层数是一个常量。由于积分图像的离散特性，两个连续尺度间的最小尺度差分取决于二阶偏导在导数方向（x 或 y）上正的或负的波瓣长度 l_0。在实际中，l_0 设为盒子滤波器边长的 1/3，例如，对于 9×9 的盒子滤波器，l_0 值为 3。对于同一组中连续的层，采用的滤波器尺寸大小增加的最小量是 2，以保证滤波器的边长始终是奇数，这样使得滤波器以 6 像素为单位进行扩充，如图 9-17 所示。

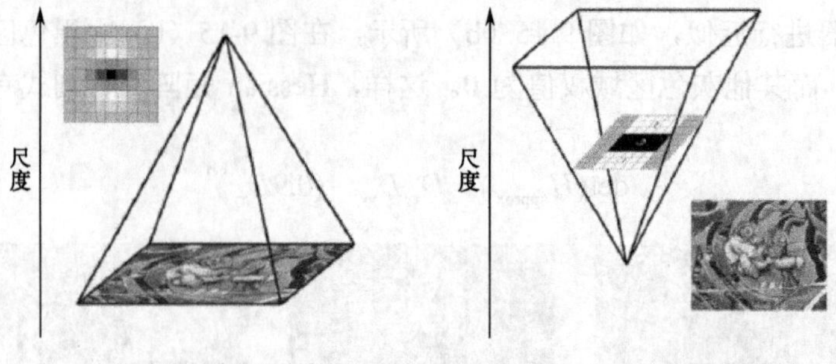

（a）传统方法构造金字塔　　（b）SURF方法构造金字塔

图 9-16　传统方法和 SURF 方法构造图像金字塔的区别

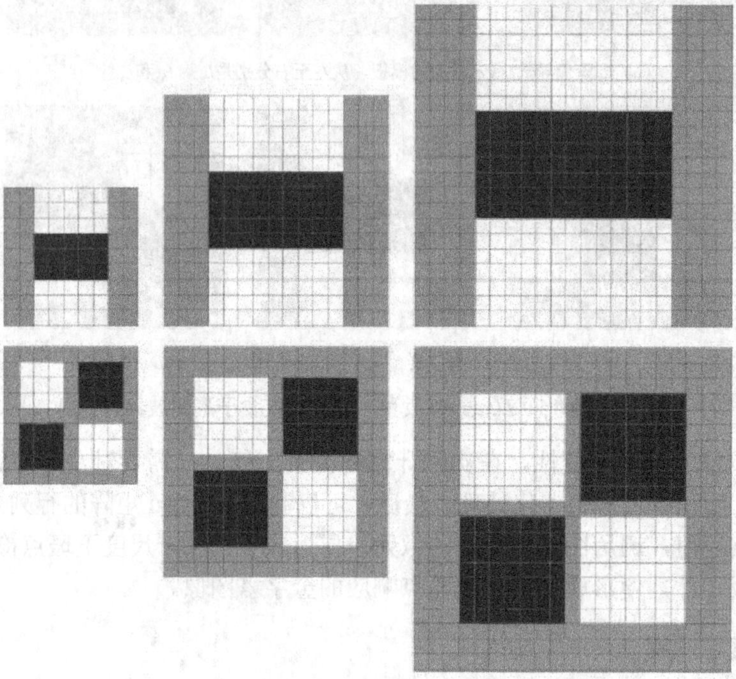

图 9-17　盒子滤波器的尺度变化

仿照 SIFT 算法，关于滤波器响应长度 l，滤波器尺寸 L，层索引 s 尺度及 σ 之间的相互关系可表示为

$$l = 2^{\sigma+1}(s+1)+1 \tag{9.55}$$

$$L = 3\times l = 3\times[2^{\sigma+1}(s+1)+1] \tag{9.56}$$

$$\sigma = 1.2\times\frac{L}{9} = 1.2\times\frac{l}{3} \tag{9.57}$$

第一组开始用的是大小为 9×9 的滤波器，接下来的滤波器大小依次为 15×15，21×21，27×27，采用这些模板可以达到多于两个像素的尺度变化。对于其他组，盒子滤波器的尺度变化是类似的。图 9-18 是 SURF 特征尺度空间金字塔的构建流程。图中具有 4 个组，每组具有 4 个层。第一组中，第一层的盒子滤波大小为 9×9 像素，后续层以 6 像素的幅度递增。第二组类似，只不过此时相邻的两个滤波器的尺寸差为 12 像素，是第一组的两倍，类似有第三组和第四组。

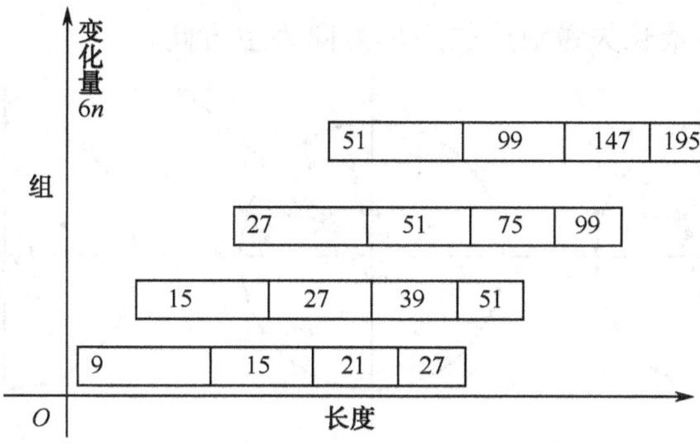

图 9-18　SURF 尺度空间金字塔的构造

4. 兴趣点的检测与定位

在尺度空间金字塔构建完毕后，就需要对某一特定尺度下的局部极值进行求取。根据式（9.54）对于每一个 Octave，对计算出的行列式值设一个阈值，大于该阈值的列为候选兴趣点。接下来，对候选极值点进行非极大抑制，即比较候选兴趣点与周围 8 个相邻点以及上下两层相应位置的 9×2 个点的行列式，若该点行列式的值比周围 26 个点（$8+9\times2=26$）的值都大，则保留。

5. 兴趣点方向的分配

SIFT 特征描述是统计关键点附近的梯度分布，SURF 特征描述则是统计关键点在 x 和 y 方向上的 Harr 小波值分布。如图 9-19 所示是 x 和 y 方向的 Haar 小波值分布，其中黑色区域为-1，白色区域为+1，这样做同样是因为可以借助积分图加速运算。

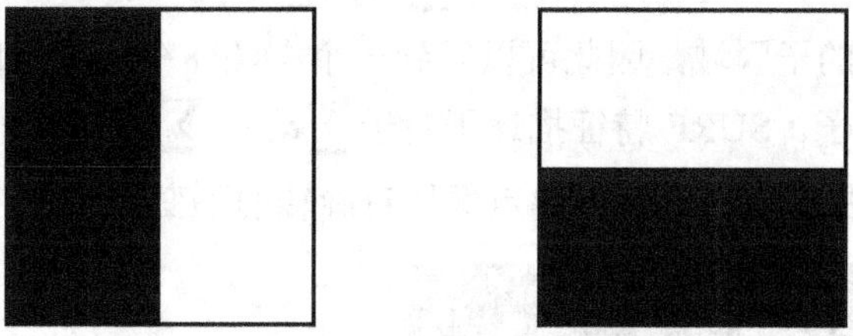

图 9-19　x 和 y 方向的 Haar 小波值分布

在确定关键点主方向时，以关键点为中心，确定 $6s$ 为半径的圆（s 为关键点所在的尺度）。将 Haar 小波的尺寸设为 $4s$，对圆内以 s 为步长的采样点计算 x 和 y 方向上的 Haar 小波响应。同时，与 SIFT 相似，使用 $\sigma=2s$ 的高斯加权函数对 Haar 小波的响应值进行加权，对靠近圆心方向贡献大的关键点赋以较大权重，以此来削弱那些远离圆心的关键点对主方向构建的影响。

然后选择以 60° 为扇形滑动窗口，以关键点为原点，旋转扇形区域，如图 9-20 所示。对滑动窗口 w 内图像 Haar 小波响应值 d_x 和 d_y 进行累加，得到一个局部的矢量（m_w,θ_w），即

$$m_w=\sum_w d_x+\sum_w d_y \tag{9.58}$$

$$\theta_w=\arctan\left(\sum_w d_x \Big/ \sum_w d_y\right) \tag{9.59}$$

在所有滑动窗口内，选择最长矢量对应的扇形方向为主方向。

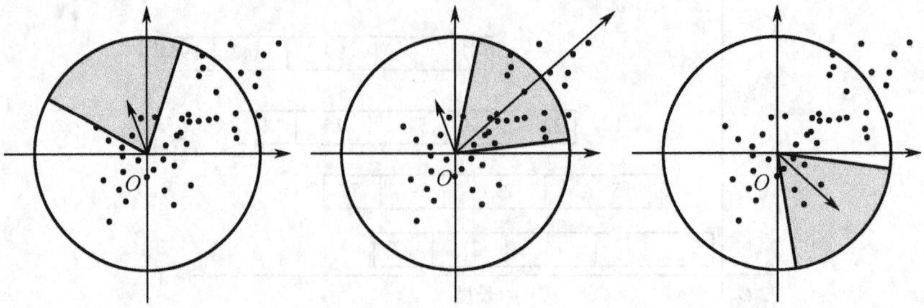

图 9-20　扇形区域围绕关键点旋转计算 Haar 小波响应值

6. 特征描述子的生成

通过关键点的方向分配，获得了关键点赋予图像位置坐标尺度和主方向，这些参数构成了一个描述关键点局部邻域的二维坐标系统，并具有对这些参数的不变性。接下来就是对该局部区域进行量化描述，生成关键点的描述符，即 SURF 特征描述子。

针对兴趣点，沿兴趣点的主方向构造一个中心点在兴趣点附近的方框，方框的大小为 $20s$（s 为兴趣点所在的尺度），如图 9-21 所示。将 $20s\times20s$ 的图像区域划分成 4×4 的子块，每个子块为 $5s\times5s$，共进行 25 次采样，如图 9-22 所示。对每个子区域，计算其主方向及垂直方向上的 Haar 小波（尺寸为 $2s$）响应值 d_x 和 d_y，并用以兴趣点为中心、$\sigma=3.3s$ 的高斯函数对 d_x 和 d_y 进行加权。在子区中统计 Haar 小波响应的累加和，分别记为 $\sum d_x$ 和 $\sum d_y$，小波响应绝对值的累加和记为 $\sum|d_x|$ 和 $\sum|d_y|$，生成一个四维的描述符向量，即

$$V=(\sum d_x,\sum d_y,\sum|d_x|,\sum|d_y|) \tag{9.60}$$

由于采用的是 4×4 的子区域，因此可以得到一个 $4\times(4\times4)=64$ 维的特征向量，该特征向量即是 SURF 特征描述子。SURF 特征描述子对于 $\sum d_x$、$\sum d_y$、$\sum|d_x|$ 和 $\sum|d_y|$ 的计算都是相对于兴趣点主方向的，这样可使关键点保持对旋转的不变性。

图 9-21　不同尺度下的方框

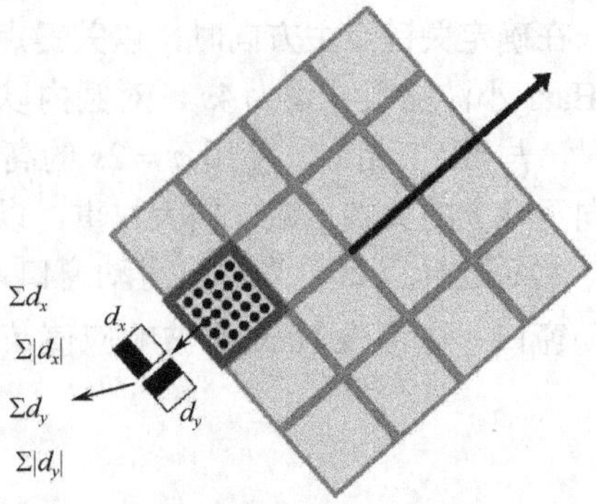

图 9-22　SURF 特征描述子

9.4.3 基于 SIFT/SURF 特征的匹配

从本质上而言，基于 SIFT/SURF 特征的匹配过程就是判断图像间的特征向量是否存在一定数量对应的过程。必须首先提取出特征点的特征向量，再利用两个向量的相似程度衡量寻找两两距离最近的特征点匹配对。

基于 SIFT/SURF 特征匹配一般都采用一种叫 K-D 树的数据结构来完成搜索。搜索的内容是以目标图像的关键点为基准，搜索与目标图像的特征点最邻近的原图像特征点和次邻近的原图像特征点。K-D 树的一个显著优点是数据结构简单，适用范围广，检索等算法十分高效，在对特征点进行匹配时，利用 K-D 树能够实现高效的存储和检索。因此，本节重点讨论基于 K-D 树的搜索方法、利用 SIFT/SURF 描述子实现图像的快速匹配。

首先，对特征进行相似性度量。一般采用距离函数作为特征的相似性度量。距离函数有欧式距离、马氏距离等。通过相似性的度量来得到两幅图像间可能存在的匹配点。获取 SIFT/SURF 特征向量后，采用优先 K-D 树进行搜索来寻找每个特征点的两个近邻特征点。在得到的这两个特征点中，如果最近的距离除以次近的距离少于我们设定的某个比例阈值，则接受这一对匹配点。反之，则丢弃这一对匹配点。这个比例阈值也就决定了匹配对的数目，提高阈值，SIFT/SURF 匹配对数会增加，但是相对精确度会降低；降低阈值，匹配对数会减少，但相对更加稳定。

其次，消除错配。通过上面相似性度量得到潜在匹配对，不可避免存在错误的匹配对，所以，需要根据几何限制和其他的约束条件来消除错误的匹配，以此来提高算法的鲁棒性。常用的几何约束是极限约束，去外点的方法是 RANSAC（Random Sample Consensus）随机抽样一致性算法。接下来将分别讲述 K-D 树的生成方法和 RANSAC 算法。

1. K-D 树的生成

假设在一个由 N 点组成的集合中，每个点都为 k 维，然后找到所有点差异最大的维度 i，把所有点在 i 维上的值进行排序，并找到中间值 m，以 i 维的中值 m 为阈值把 N 点集合拆分成左右两个子集合，使得左边子集合中所有点在 i 维的值都小于等于 m，而右边子集合中所有点在 i 维的值都大于 m。然后创建一个内节点，存储 i 和 m 的值，并使该内节点的左右指针分别指向上述的左右两个子集合。将该过程在两个子集合中不断迭代，最终将产生一个左右平衡的二叉树，即 K-D 树，树的深度为 $d=[\log_2 N]$。对于具体的一个点 P，设点 Pk 维的值分别为 $K_0(P),K_1(P),\cdots,K_{k-1}(P)$，对每个 K-D 树的内节点 T，i，m 的值已经按上述方法确定，若 $K_i(P)\leqslant m$，P 划分到 T 的左子集合，反之则把 P 划到 T 的右子集合。

K-D 树是一个较好的多维数据结构，它通过超平面把一个空间递归划分为两个子空间来实现二叉搜索，所以 K-D 树是一个二叉树。数学描述上，对于一个 K-D 树，K 维的欧氏空间被一个正交于任意 K 维坐标轴的超平面（$K-1$维）分割为两个半空间。这个超平面可以表示为被超平面分割的两个半空间，分别为 R_l 和 R_r。通过 K-D 树，可以把空间分布的矢量依据超平面进行以二为单位的划分，得到划分后的两个子空间（简称为 bin）。超平面的划分是一个连续递归迭代进行的过程，直到所有子树上搜索到叶节点为止。超平面划分的深度也就是 K-D 树的深度，该划分深度用 d 表示，所以 K-D 树上节点的总数即为 $2d$ 或 $2d-1$。可见，K-D 树

中的 K 表示要划分的 K 维空间，而 D 则表示划分深度，即 K-D 树的深度，这也是 K-D 树名字的由来。

2. 最近邻算法与 BBF 算法

如何在 K-D 树中检索与查询点距离最近的特征点，也是特征匹配的重要环节，我们采用最近邻算法（Nearest Neighbor），也称为 NN 算法。

对一个具体查询点 q，第一步先纵向搜索包含 q 的子空间。从 K-D 树的根节点开始，把 q 的 i 维值与根节点的 m 值比较，若 $K_i(P) \leq m$，则再将 q 与左子节点比较；若 $K_i(P) > m$，则再将 q 与右子节点比较。如此类推，只需 $d = [\log_2 N]$ 次比较，就能找到包含 q 点的子树，该子树中原有的数据点 p 即使不是 q 的最近邻点，也已经和 q 的最近邻点非常接近，设 D_{cur} 为点 p 到点 q 的距离；第二步回溯搜索，确定最近邻点。在这个过程中，从 K-D 树根节点开始，所有距离 q 点大于 D_{cur} 的 K-D 树的分支被剪除。最后一步是在剩下的所有分支中穷举搜索 q 的最近邻点。

以上所说的 NN 算法将搜索空间大为减少，并且在低维空间非常有效。但在高维空间有非常多与 q 点所在子树相邻的子树，这使得第二步的剪除效果下降迅速，从而使搜索空间仍然巨大，故提出近似 NN 算法，即限制最终搜索点数目 E，并将所找到的最接近点视为 NN。但是这样还不够高效，因为原始的 NN 算法在回溯过程并不合理，只是按照原有 K-D 树的结构得到相邻的子树，而没有考虑 q 点所在子树位置的影响。一个改进的想法是按照所留下的子树离 q 点的距离远近排序，从最近的子树开始搜索。而要实现这个排序，可以用一个优先级序列。q 到子树的距离定义为 q 到子树的所有边界点的最小距离，但在实现时较复杂而费时，故这里简单用 $K_i(q) - m$ 近似，其中 i 为该子树划分时的维度值、m 为对应的划分中值。显然，该近似不能很好地实现所有子树离 q 点的距离远近排序，甚至会出现顺序错误的情况，所以如何有效、快速近似实现 q 到子树的距离是一个改进的方向。

BBF（Best-Bin-First）算法就是针对这一方向对 NN 搜索算法进行的改善。BBF 算法在 NN 搜索时，每当从一个内节点进入一个方向的分支时，优先级序列中插入一个条目。该条目包含另一个方向的分支节点的当前位置及 q 点与其的距离。序列中的条目始终按照离 q 点距离由近到远的顺序排列。当一个叶节点距离 q 点的距离被验证后，从序列头部找到离 q 点最近的 K-D 树节点，然后递归重复以上过程，直到被验证的叶节点数目大于 $E_{\max}$ 停止。若叶节点总数小于 $E_{\max}$，则全部叶节点被验证后停止。如此一来，BBF 算法对 NN 算法进行了极大改进，通过排序过程，使得只需一个很小的 $E_{\max}$，就能极大降低时间消耗，并在大部分情况下找到准确的最近邻点，在其余情况下找到非常接近的近邻点。

通过上面的方法，建立基准图与实时图两幅图像的 SIFT/SURF 关键点描述子集合后，对具有 128/64 维的关键点描述子采用欧式距离作为相似性判定的度量，并采用优先 K-D 树近似 BBF 搜索算法对基准图中的每个关键点在实时图中查找匹配点。设基准图中的关键点描述子为 $R_i = (r_{i1}, r_{i2}, \cdots, r_{i128})$，实时图的关键点描述子为 $S_i = (s_{i1}, s_{i2}, \cdots, s_{i128})$，则任意两个描述子的相似性度量为

$$d(R_i, S_i) = \sqrt{\sum_{j=1}^{128} (r_{ij} - s_{ij})^2} \tag{9.61}$$

要得到配对的关键点描述子，式（9.61）中的 $d(R_i, S_i)$ 需满足

$$\frac{\text{实时图中距离}R_i\text{最近的点}S_j}{\text{实时图中距离}R_i\text{的次最近点}S_p} < \text{阈值} \tag{9.62}$$

3. 错配点消除

通过相似性度量得到潜在的匹配对，并不标志着匹配算法的结束，因为其中不可避免地会产生一些错误匹配，因此需要根据几何限制和其他附加约束消除错误匹配，以提高鲁棒性。常用的去外点方法是 RANSAC 随机抽样一致性算法。RANSAC 算法是基于特征的图像匹配算法中的典型算法，其优点是可靠、稳定、精度高，对图像噪声和特征点提取不准确有强的承受能力，鲁棒性强，并且具有较好的剔除误匹配点的能力。

RANSAC 的基本思想是，先根据具体问题设计出某个目标函数，然后通过反复提取最小点集估计该函数中参数的初始值，利用这些初始值把所有的数据分为“内点”（即满足估计参数的点）和“外点”（即不满足估计参数的点），最后用所有的内点重新计算和估计函数的参数。实质上 RANSAC 就是一个反复测试、不断迭代的过程。下面总结 RANSAC 算法的计算步骤。

步骤 1：从样本集中随机抽取尽可能少但又充分多的数据点集来估算目标函数各参数的初始值，并利用这些参数初始值把所有的数据划分为内点和外点。

步骤 2：按照设定的阈值，找出样本中满足该阈值的样本子集。

步骤 3：如果超过样本总数的那部分内点的数量超过了设定的阈值，那么用所有确定的内点重新估计模型参数。

步骤 4：否则，重复步骤 1～步骤 3 的步骤 N 次，直到算法终止。

由于 RANSAC 算法最开始是利用一小部分数据作为内点得到参数初始值，然后根据初始值寻找数据集合中别的内点，这样可以最大限度减少噪声和外点的影响，因此该算法具有较强的鲁棒性。

通过以上所有的步骤，可以对基准图和实时图进行匹配。下面对一些下视景象目标图像进行 SIFT 特征点的匹配实验，部分特征点匹配结果如图 9-23 所示。

图 9-23 对下视景象港口码头的 SIFT 匹配结果

9.4.4 D–nets 特征描述子

D-Nets 能显著提升图像匹配的准确性，是一种计算高效的方法。D-nets 构建了一个特征网络，其中“节点”对应于传统的稀疏或密集采样得到的关键点，两点之间的连线称为“边”，图像内容是在网络中的“边”上选择性采样得到的。D-Nets 有三个变种：第一种，网络是将节点全连通的图；第二种，迭代变种即在必要时动态构建连接；第三种，在固定的网格上密集地采样节点。本节中仅详细介绍第一个变种。

在第一个变种中，节点对应于兴趣点，并把每一对节点两两相连。考虑在两幅图像 I 和 I' 中进行匹配，它们的 D-Nets 分别由直接的图 $G=(\nu,\varepsilon)$ 和 $G'=(\nu',\varepsilon')$ 组成。$\nu=\{a_1,\cdots,a_n\}$ 和 $\nu'=\{b_1,\cdots,b_{n'}\}$ 代表各自图中的节点，ε 和 ε' 代表这些图的边。在这个变种中，节点是完全连通的，也就是 $\varepsilon=\{(a_i,a_j)\,|\,i\neq j\}$ 和 $\varepsilon'=\{(b_i,b_j)\,|\,i\neq j\}$。将在连线上的图像区域称为条。

1. 图像金字塔

利用图像金字塔来构建一个多尺度图像内容的表述，不仅降低了长边的计算复杂性，还使得它们有更广泛的幅宽。一个金字塔由 L 层构成，第一层是用 $\sigma=1.0$ 的高斯核光滑原始图像后的图像，其他层是第一层的降采样，尺度因子为 $f=(1/L)^{\frac{1}{L-1}}$，这样，金字塔的最后一层是原始图像的 $1/L$。对每一条定义一个层索引，根据它在原始图像中的长度 l：$i(l)=\left\langle \log_f(8s/l)\right\rangle$，其中 $\langle\cdot\rangle$ 表示离散化参数到一个有效的索引范围 $i(l)\in\{0,\cdots,L-1\}$，s 参数，留待后续介绍。

2. 图像内容描述子生成

对于图像中每个边上的 $e\in\varepsilon$，定义一个离散的描述子，称为 d-token，它由条带层索引上的像素亮度生成。考虑两节点之间的有向连接 $a_i\to a_j$，它在原始图像中的长度为 $l=\|a_i-a_j\|_2$。那么可以确定其合适的金字塔层为 $i(l)$，其中相关的尺度因子由 $f^{i(l)}$ 给定。在这一层中，对应 $a_i\to a_j$ 连接的条带长度为 $\bar{l}=lf^{i(l)}$，并存在于尺度化后的点 $\bar{a}_i$ 和 $\bar{a}_j$ 之间。d-token 的构成步骤如下所述。

步骤 1：在金字塔层上，从条带的 10%～80%部分的 $\bar{l}$ 上等间距采样像素亮度值，即从 $\bar{a}_i+0.1(\bar{a}_j-\bar{a}_i)$ 到 $\bar{a}_i+0.8(\bar{a}_j-\bar{a}_i)$。这样做的原因是，使特征描述对起点和终点位置的节点不敏感。

步骤 2：将这些采样像素值分组构成 s 个小组块，在每一个组块中求像素亮度的平均值，生成一个 s 维的向量，以降低噪声的影响。

步骤 3：归一化均值向量 $\boldsymbol{s}$，以满足 $\min_i s_i=0$ 并且 $\max_i s_i=1$，在最不可能的 $\forall_{i,j}(s_i=s_j)$ 情况下，设置 $\forall_i s_i=0.5$。

步骤 4：使用 b 字节均匀地离散化 s 中的每个值。

步骤 5：连接 s 段，每段用 b 字节表示，由此便得到一个离散的 d-token。

9.4.5 基于 D–nets 特征的匹配

在基于 D-nets 特征的匹配中，图像匹配是建立在两幅图像中的边匹配，而不是节点匹配。

当且仅当两个边的起点和终点在两幅图像中对应于相同的物理点，这两个边才能定义为一个正确匹配。假定待匹配图像 I 和 I' 中的节点分别为 $\nu = \{a_1, \cdots, a_n\}$ 和 $\nu' = \{b_1, \cdots, b_{n'}\}$，匹配就是需要定义节点之间的相关性，它可以通过匹配图像中节点间的有向连接来实现。其中，节点间的连接用一个离散的 d-token 描述，匹配过程采用一个结合专用哈希表的投票程序实现。

为了保持低的数据，我们采用一个小的 d-token 产生方案，其中对每个连接分成 3 段，每段用 1 位量化，这样可生成一个包含有 $2^{sb} = 8$ 种可能 d-token 的字典，将它们定义为 $D = \{A, B, C, \cdots, H\}$。哈希表中有 $|D|$ 个单元，也就是每个单元对应于一个独特的 d-token $d \in D$，它用作表中的离散索引，如图 9-24 所示。与标准的哈希表不同的是，在专用哈希表中每个 d 包含两个单独的列表，每个表对应一个待匹配的图像。这两个列表简单列举出每个图像中的连线对应于给定的单元。每个列表的长度限制为 $n_L = 20$。这样的设计有两个好处：

1）它限定了表的记忆空间；

2）类似于在信息检索中使用停止词，限制了频繁重复无用信息的影响。

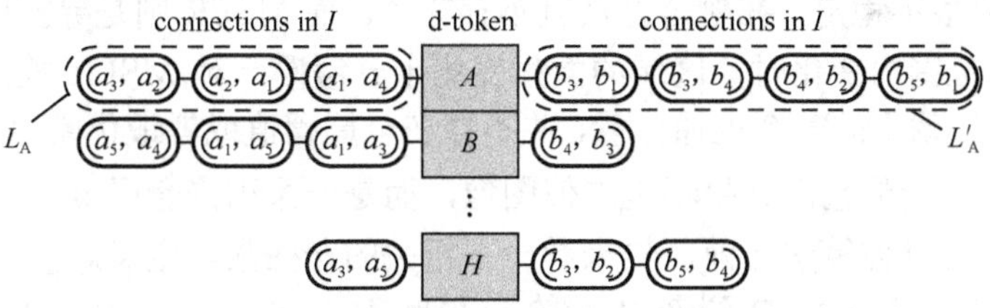

图 9-24　有 8 个单元的哈希表

使用这个哈希表，投票算法转换成一个二维的假设关联网格，$G[i, j] \in \mathrm{R}$，单元 $G[i, j]$ 积累支持假设图像 I 中的节点 a_i 对应于图像 I' 中的节点 b_j 的投票，因此，G 有 $|\nu| \times |\nu'|$ 个单元。考虑每个在图 9-26 中的单元，迭代 d-token $d \in \{A, \cdots, H\}$，每次一个。在第一次迭代中（$d = A$），单元包含图像 I 中的 3 个连线，图像 I' 中的 4 个连线。第一个列表中的任一个连线应该对应于第二个列表中的任何一个连线，得到下面的集合 B_A。对于连线的对应关系，有以下 12 种假设，即

$$B_A = \{((a_3, a_2), (b_3, b_1)), ((a_3, a_2), (b_3, b_4)), \\ \cdots((a_1, a_4), (b_4, b_2)), ((a_1, a_4), (b_5, b_1))\} \tag{9.63}$$

既然连线是有向的，每个连线的假设意味着节点的对应关系。比如说，B_A 中的第一个元素是 $a_3 \leftrightarrow b_3$ 和 $a_2 \leftrightarrow b_1$，我们描述这是给 $G[3,3]$ 和 $G[2,1]$ 投票。每次投票的强度与给定的单元（$B_A = 12$）中假设的数量成反比。这样的归一化消除了常出现的条带的影响，并且奖励罕见但是更具鉴别力的匹配。

实际上，$|D|$ 可以很大，并且哈希表中的很多单元包含至少一个空列表。既然这些单元包含无效假设，它们可以被直接跳过。同样的问题出现在如果两幅图像非常不一样，这样几乎没有 d-tokens 出现在两幅图中。现在以机场为例，利用 D-nets 来进行图像匹配，结果如图 9-25 所示。

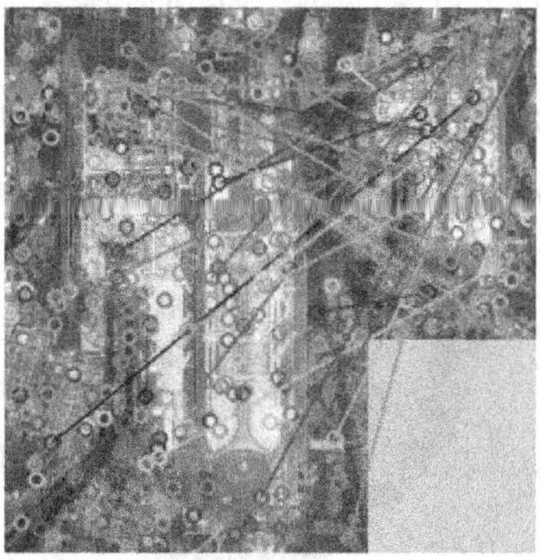
图 9-25　基于 D-nets 特征的机场图像匹配

9.4.6 基于最大稳定极值区域的匹配

前面我们讨论的图像匹配方法主要针对图像中的圆形或近似圆形的斑点特征进行检测，如 SIFT，SURF，这些算法具有尺度和旋转的不变性，但不具备仿射不变性。2002 年 Malas 等人提出了最大稳定极值区域（Maximally Stable Extremal Regions，MSER），这是一种类似分水岭算法的图像分割算法，它所提取的图像特征具有良好的仿射不变性，近年来在图像匹配领域得到了广泛的应用。

1. 最大稳定极值区域

和前面讨论的局部不变描述子不同，MSER 检测使用地形中分水岭的概念来求解局部区域。在前面 7.4 节我们已经介绍过分水岭算法，这里就不再赘述。分水岭算法是由一系列区域组成的集合，例如，$R_i \cup R_j = D, R_i \cap R_j = \Phi$，其关键在于区域发生融合时的阈值（即山峰的脊线），但这些阈值很不稳定，在融合之后就不存在了。而 MSER 则是寻找区域内的盆地或高原，即水位在一定范围内变化时，区域的面积变化十分缓慢。对 MSER 检测来说，每个极值区域都是某个阈值图像 I_i 的一个连通分量，并不存在全局阈值或者最优阈值，寻找的是一系列阈值，因此 MSER 检测的输出结果不是二值图像，而是一系列嵌套区域。

在介绍 MSER 的具体算法之前，先来看一下相关的一些数学定义。

（1）图像 I 是一个区域 D 到灰度 S 的一种映射：$D \subset Z^2 \to S$。S 是可排序的，且 $S = \{0,1,\cdots,255\}$。

（2）邻域关系 $A \subset D \times D$。如果使用四邻域时，对于点 $p,q \in D$，当且仅当 $\sum_{i=1}^{d} | p_i - q_i | \leqslant 1$ 时，二者互为邻域关系，记为 pAq。

（3）区域 Q。Q 是 D 的一个连通子集。对每个 $p,q \in Q$，存在一个序列 $p,a_1,a_2,\cdots,a_n,q$ 和 $p \in A(a_1),\cdots,a_i \in A(a_{i+1}),\cdots,a_n \in A(q)$。

（4）区域边界 ∂Q。$\partial Q = \{q \in D \setminus Q : \exists q \in A(p)\}$，即 ∂Q 不属于区域 Q，但区域 Q 中至少存在一个像元与其构成邻接关系。

（5）极值区域 Q。极值区域 $Q \in D$，对于所有 $p \in Q, q \in \partial Q : I(p) > I(q)$（最大极值区域）或 $I(p) < I(q)$（最小极值区域）。

（6）最大稳定极值区域（MSER）。如果 $Q_1,\cdots,Q_{i-1},Q_i,\cdots$ 为一系列相互包含的极值区域，即 $Q_i \subset Q_{i+1}$，若极值区域 Q_{i^*} 为最大极值区域，当且仅当区域变化率 $q(i) = | Q_{i+\Delta} \setminus Q_{i-\Delta} | / | Q_i |$ 在 i^* 处取得局部极小值。$|\cdot|$ 表示为区域的面积，$\Delta \in S$，Δ 为微小的灰度变化。

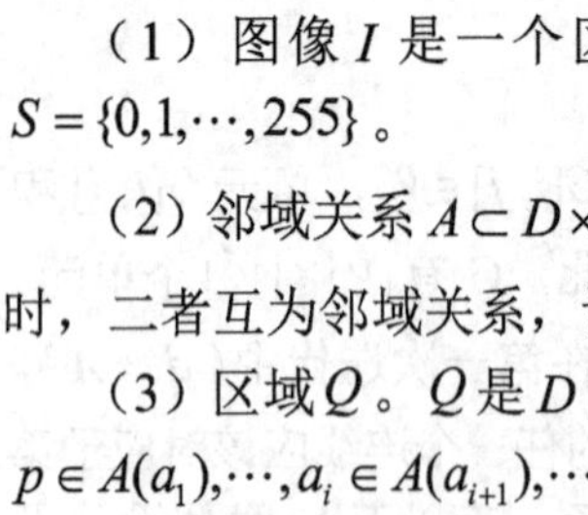

图 9-26　Q_i、$Q_{i+\Delta}$、$Q_{i-\Delta}$ 之间关系的示意图

图 9-26 给出了 Q_i、$Q_{i+\Delta}$、$Q_{i-\Delta}$ 及 ∂Q_i 之间关系的示意图，从区域变化率定义来看，$q(i)$ 可以理解为 $Q_{i+\Delta}$ 所包含的面积减去 $Q_{i-\Delta}$ 所包含的面积，分母部分则为 Q_i 所包含的面积。

由图 9-26 可看出，极值区域 Q 指的就是一个由彼此相连的像素集合，并且集合中的每个像素的灰度值总是大于或小于包围这个区域的每个像素的灰度值。最大稳定极值区域 MSERs 是指在某个灰度阈值 i，区域内像素数量变化是最小的。如图 9-27 所示，从小到大取阈值 $i = \{0,1,2,\cdots,255\}$ 获得 I_i，首先我们将会看到一幅全白的图像，接下来具有较小灰度的黑点慢慢呈现，并且慢慢合并成小块区域，直至整个图像变成黑色。注意图像中帽檐上方的黑色小三角所在的区域，阈值在 50～100 变化，该区域大小并没有明显的变化，这个区域即是我们所期望的最稳定区域。

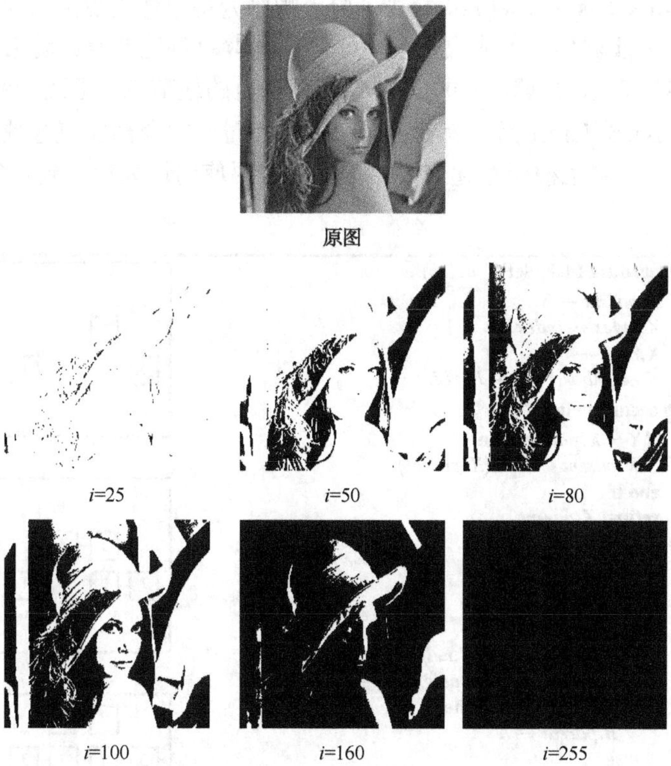

图 9-27　不同阈值的 I_i

2. 最大稳定极值区域的提取

现在我们对 MSER 检测方法进行详细介绍，主要包含以下五个步骤。

1）像素点排序

对给定的图像根据灰度值进行排序，如果是彩色图像，需要将彩色图像转换成灰度图像，可采用快速排序算法，如 Binsort 排序，也称之为箱排序。它假设输入的待排序元素是等可能地落在等间隔的值区间内。等间隔的区间称为箱，每个箱内保存落在该区间的元素。每个箱自动排序，最后再将这些箱串起来。

2）提取极值区域

极值区域的提取是按照阈值的灰度级从小到大（或从大到小）的顺序，依次计算每个阈值图像上的极值区域，这个过程最终生成一个树状的数据结构，称为成分树。其中，成分树的每一层对应一个阈值图像，且层上的每个节点代表了相应阈值图像上的一个极值区域。成分树可使用 N 叉树分离集合森林（N-tree Disjoint set Forest，NDS-Forest）算法来建立，该算法具有较高的计算效率。该算法将双向链表 N 叉树数据结构和分离集合森林数据结构结合在一起，可以恢复那些在任意时间存在于任意一棵树上的节点信息。该算法能求出区域的全部像素信息，且可以跟踪节点被加入到每个连通域的顺序及连通域是如何融合在一起的。通过一系列的递归过程就可以把与像素点对应的极值区域查找出来。

为了快速地提取 MSER，预先为图像中的每个像素点分配一个节点。根据像素点排序结果，将它们逐一置入 N-tree Disjoint set Forest 中，置入顺序为每个像素点所对应的节点索引号。如图 9-28 所示，在插入步骤中，首先调用 MakeSet(*X*,index) 创建节点，随后检查该像素点的四邻域位置，如果存在节点，则调用 union(*X*,*Y*) 查找各自的根节点，把两个节点区域进行合并。当像素点全部置入 NDS-Forest 后，就获得了该图像所对应的全部极值区域，在构造节点的时候，该像素点的空间位置也被保存起来了。下面就需要使用最大稳定判定条件来获取 MSER 区域。

```
Procedure MakeSet(X, index)
  X.parent ← X
  X.index ← index
  X.rank ← 0
  X.neighbor[1 : 4] ← NULL
Procedure Find(X)
  if X ≠ X.parent then
    X.parent ← Find(X.parent)
  end if
  return X.parent
Procedure Union(X, Y)
  A ← Find(X)
  B ← Find(Y)
  if A ≠B then
    X.neighbor[length(X.neighbor) + 1] ← Y
    Y.neighbor[length(Y.neighbor) + 1] ← X
    if A.rank > B.rank then
      B.parent ← A
    else
      A.parent ← B
    end if
    if A.rank = B.rank then
      B.rank ← B.rank + 1
    end if
  end if
```

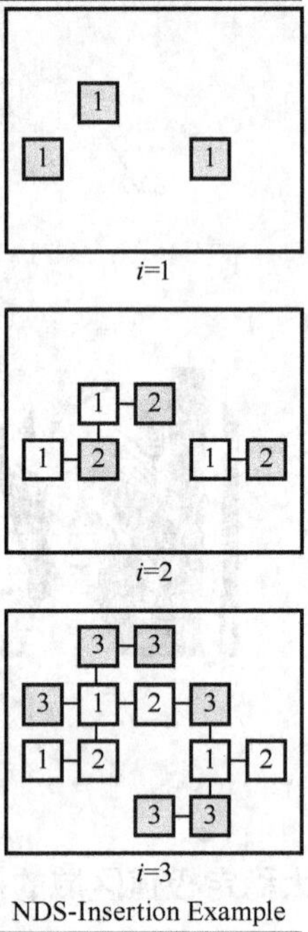

图 9-28　ND-Forest 插入算法

3）最大稳定判定条件

为了获取最大稳定极值区域，在提取极值区域的过程中，将极值区域作为节点构造成分树。利用成分树数据结构，可以很方便地找出某一极值区域满足一定阈值条件的嵌套区域。成分树每个节点都对应图像的一个极值区域为

$$\forall p \in R_i, \forall q \in \text{boundary}(R_i) \to I(p) \geqslant I(q) \tag{9.64}$$

这些极值区域即为阈值图像 I_i 的连通域为

$$I_i = \begin{cases} 1 & I \geqslant i \\ 0 & \text{其他} \end{cases} \quad i \in [\min(I) \quad \max(I)] \tag{9.65}$$

树的边界定义了连通域之间的包含关系，因此如果区域 R_i 是 R_j 的子区域，则

$$\forall p \in R_i \to p \in R_j$$

通过向上移动成分树，极值区域相关的阈值 i 不断减少，同时区域的大小不断增加。树的根表

示一个区域，这个区域包含了输入图像 I 的全部像素点。

因此，当二值化阈值在 $[i-\Delta, i+\Delta]$ 变化时，连通域也相应地变为 $R_{i+\Delta}$ 和 $R_{i-\Delta}$，在这个变化范围内具有极小变化率 $q(i)$ 的区域就被认为是 MSERs。如图 9-29 所示，选取多个阈值 i 得到图片 I_i。在 i 为 155 时，成分树具有字母 a 和 e 两个节点。而在 i 为 200 时，由于 e 字母已被分割成两个区域，此时树中有三个节点。这里极值考虑范围 Δ 设为 15，a 字母在阈值由 170 变为 200 时，并未明显变化，则 a 字母为 MSERs 区域，而 e 字母在阈值变化中分为了两个不连通的区域，则 e 字母不是 MSERs 区域。

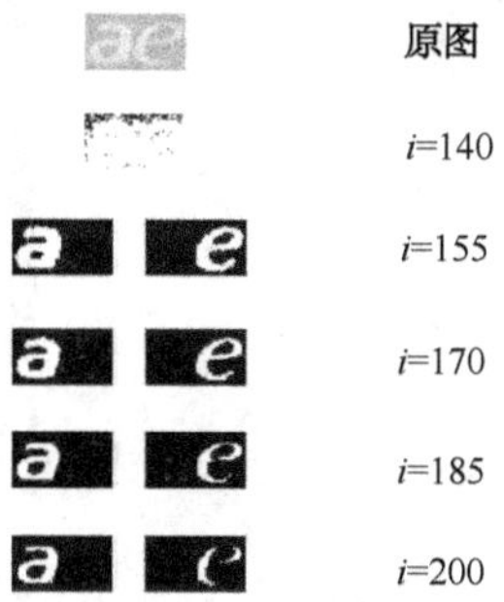

图 9-29　成分树

需要注意的是，一个标准的 MSER 算法可以检测出最小灰度（黑色）的 MSERs+。通过对输入图像灰度取反值，根据算法可以得到最大灰度（白色）的区域 MSERs-。这样我们就能得到由 MSERs+和 MSERs-组成的最稳定极值区域（MSERs）。

经过上述的步骤，可以得到许多最大稳定极值区域，但一些区域是需要清理的，比如面积较大和较小的区域、面积变化率较大和较小的区域。因为面积较大和较小的区域具有较差的独特性，直接导致较低的可匹配性。面积变化率较大的区域稳定性差，而面积变化率较小的区域多为重复区域，即这些区域的面积几乎相等，基本上是由噪声引起的。

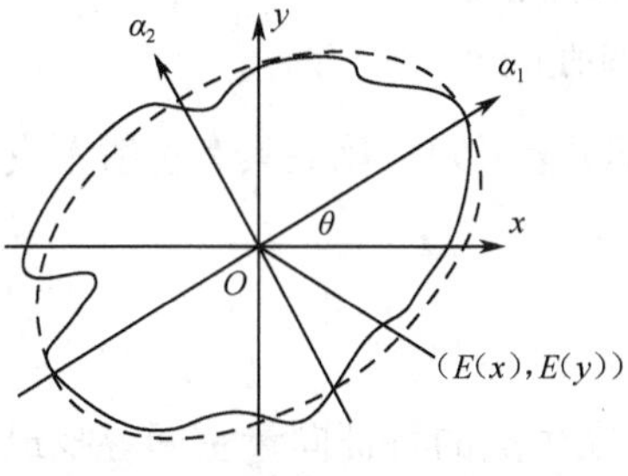

图 9-30　椭圆形区域的调整

4）MSERs 区域拟合

最大稳定极值区域是具有任意不规则形状区域，而对不规则形状是难以进行特征描述的。为了更好地对区域进行描述，可利用如图 9-30 所示的构造仿射不变量的方法把最大稳定极值区域表征成椭圆。

从数学的角度来看，协方差是方差的扩展，度量的是两个特征向量在相同方向上的改变趋势。从几何角度来看，协方差对应特征的椭圆分布，协方差越大，对应的椭圆也就越扁，即特征向量都聚集在主轴附近。而二阶中心距是更为广义概念上的协方差。因此，可以利用组成不规则最大稳定极值区域的像素信息构建出基于向量表示的二阶中心距，该二阶中心距用于对不规则最大稳定极值区域的调整，也同样适用于其他类型的不规则区域。

通过计算椭圆的长短轴和方向，即可确定拟合的椭圆区域，具体公式请参考第 8 章图像描述中的 8.3.2 节，图 9-31 显示的是 MSER 区域椭圆拟合的图像示例。

5）MSERs 区域归一化

MSERs 区域拟合成椭圆后，为了构造出具有仿射不变性的特征描述子，还需要将 MSERs 对应的椭圆拟合区域扩大成为测量区，然后将测量区按指定半径大小进行归一化。在归一化的图像上提取特征描述子。适当扩大测量区面积，可以大大提高测量区域的显著性。归一化的方法主要分为以下三步。

步骤 1：将 MSERs 拟合区对应的测量区进行仿射归一化，得到一个半径指定大小的归一化区。

步骤 2：在归一化区内进行图像梯度直方图统计，找出该直方图的最大值，并将该最大值对应的方向作为归一化区图像梯度的主方向。

步骤 3：根据主方向对归一化区图像再进行旋转归一化，旋转后图像的梯度主方向为零度。

（a）最大灰度MSERs　（b）最大灰度MSERs的椭圆拟合

（c）最小灰度MSERs　（d）最小灰度MSERs的椭圆拟合

图 9-31　图像最大稳定极值区域 MSERs 与椭圆的拟合

通过上述三步，就可由将检测到的每个 MSERs 椭圆形特征测量区归一化成具有仿射不变性的局部图像区域。

3．基于最大稳定极值区域的匹配

在分别获得两幅图像的特征区域描述子后，特征匹配就是在生成的特征向量空间寻找最相似的特征向量，即在两组特征点集中找到距离最小的特征点匹配对，该匹配对对应的是场景中的同一位置。

至此，我们已经提取了图像中的最大稳定极值区域，并且将其归一化为具有仿射不变性的局部特征，所以，基于最大稳定极值区域特征的图像匹配步骤如下所述。

步骤 1：从两幅待匹配图像中获取多尺度 MSERs 特征区域，采用区域仿射不变椭圆拟合的方法计算 MSERs 的椭圆度量区域。

步骤 2：对仿射不变性特征区域进行不变性描述，较典型的特征描述符大都通过梯度特征求取该区域的主方向，并根据主方向进行图像旋转来获取特征描述符的旋转不变性，通过对特征描述符进行归一化获取对灰度变化的不变性，如前面介绍的 SIFT 等描述子构造 MSERs 的特征向量。

步骤 3：采用特征向量的欧氏距离作为两幅图像特征区域的相似性度量进行图像匹配。设 x,y 分别是两个 n 维特征矢量，代表进行匹配的两个特征区域，则基于欧氏空间距离的测度为

$$d(x,y)=\| x-y \|=\left[\sum_{i=1}^{n}(x_i-y_i)^2\right]^{\frac{1}{2}} \tag{9.66}$$

设定阈值，当 $d(x,y)$ 差异值小于设定的阈值时，即认为匹配成功，反之失败。

小结

迄今为止，在国内外的图像处理研究领域，已经报道了相当多的图像匹配方面的研究工作，产生了不少图像匹配方法。总的来说，各种方法都是面向一定范围的应用领域，也具有各自的特点。本章从基于灰度信息、基于特征和基于局部不变描述子的角度介绍了几种典型的图像匹配算法。

习题

9-1　对同一场景，在不同位置对该场景成像，计算图像间的互相关信息，并分析图像重叠区域大小对互相关信息的影响。

9-2　对于一个固定场景，自行拍摄两幅图像，拍摄角度要有一定的变化，试提取 Harris 角点，并采用奇异值分解的方法对两幅图像中的角点进行匹配，同时，变化两张图像的拍摄角度，分析角度变化的大小对匹配准确率的影响。

9-3　给定一幅图像，对该图像进行旋转和平移操作，采用相位相关法计算两幅图像的旋转角度和平移量，验证相位相关算法的有效性。

9-4　什么是 SIFT 特征描述子？它有何特点？试编写计算图像 SIFT 描述子的程序。

9-5　SURF 特征描述子与 SIFT 特征描述子的主要区别是什么？与 SIFT 特征描述子相比，SURF 特征描述子的优势何在？试分析它们在图像匹配中的优劣。

9-6　D-nets 描述子有哪些主要特征？

9-7　分析 MSER 获取方法与分水岭分割算法的异同。

第10章

图 像 融 合

随着传感器技术的不断发展，越来越多的系统同时利用多种传感器联合来完成操作任务。与单一传感器相比，多传感器可以提供具有冗余性和互补性的观察信息。因此，为了获得一个更可靠、更丰富、更精确的信息，多传感器信息融合快速发展起来，它通过对多个传感器信息进行多层次分析、合成，从而最大限度地获得对目标场景的各种特征信息描述。众所周知，人眼是人类最重要的信息获取器官，而图像是人眼产生视知觉的知觉实体，是通过各种成像传感器对客观世界的观测测量。因此，多传感器图像融合是信息融合中的一个重要分支。

图像融合是一个综合了传感器、图像处理和人工智能等理论的交叉研究领域，Pohl 和 Genderen 对它定义如下："图像融合就是通过一种特定算法将两幅或多幅图像合成为一幅新图像。"它使得新图像更加适合人的视觉感知，或者更能满足在图像处理中的特殊需要。

10.1 图像融合的概况介绍

10.1.1 图像融合的要求

图像融合的目标是将多源图像中各自的突出特征信息都综合到融合结果中去，以增强和优化后续的显示和处理过程。图像融合算法要能很好地整合多源图像间的冗余和互补信息，利用冗余性来增强在某一源中不清晰的特性，利用互补性来弥补在某个传感器中所缺失的信息，最终使合成图像包含各原始图像的所有有用信息。概括起来，多传感器图像融合应该满足以下三个要求：

（1）包含源图像中任何重要信息，比如图像的边缘信息、形状结构、纹理细节等；

（2）舍弃影响人眼观察的不利或不一致因素，比如局部放大图像中的某些要素；

（3）尽可能实现算法的可靠性、鲁棒性、自适应性，比如克服源图像中的噪声，根据输入图像源的不同种类设置不同融合规则。

10.1.2 图像融合的困难与挑战

由于图像传感器种类的不断发展，不同图像传感器的成像原理不同，加上不同的环境影响，就造成了传感器成像后的目标特征千差万别；另外，由于图像是一种特殊的信号，具有与其他信号不同的特殊性和复杂性。图像融合算法依然面临众多困难。

第一，图像是一个二维信号，它在存储空间和传输带宽上都有很高的要求。因此，在图像融合过程中，一方面要求获得高质量的融合结果，另一方面也要求能实时地处理大量图像数据。

第二，图像中的局部区域特征是由多个像素点在一定结构相关性上的体现。因此，图像融合算法要从人眼对图像理解的角度出发，关注像素点之间的关联性。

第三，传感器种类众多，目前融合算法应用较多的是针对不同的应用背景设计不同的融合框架，而开发出一种具有普适性的图像融合框架存在较大困难。对于新出现的传感器种类，也需要设计出新的融合算法。

最后，图像融合效果的评价问题一直没有得到很好的解决，还存在很大的困难。原因是同一融合算法，对于不同类型的图像，其融合效果不同；同一融合算法，观察者感兴趣的部分不同，则认为效果不同；不同的应用要求图像的各项参数不同，由此导致选取的融合方法不同，其效果也不同。

10.1.3 图像融合的系统模型

根据图像融合发生的位置和信息抽象化的程度，Hall 和 Linas 等人把多传感器图像融合分为三级：像素级图像融合、特征级图像融合、决策级图像融合，如图 10-1 所示。

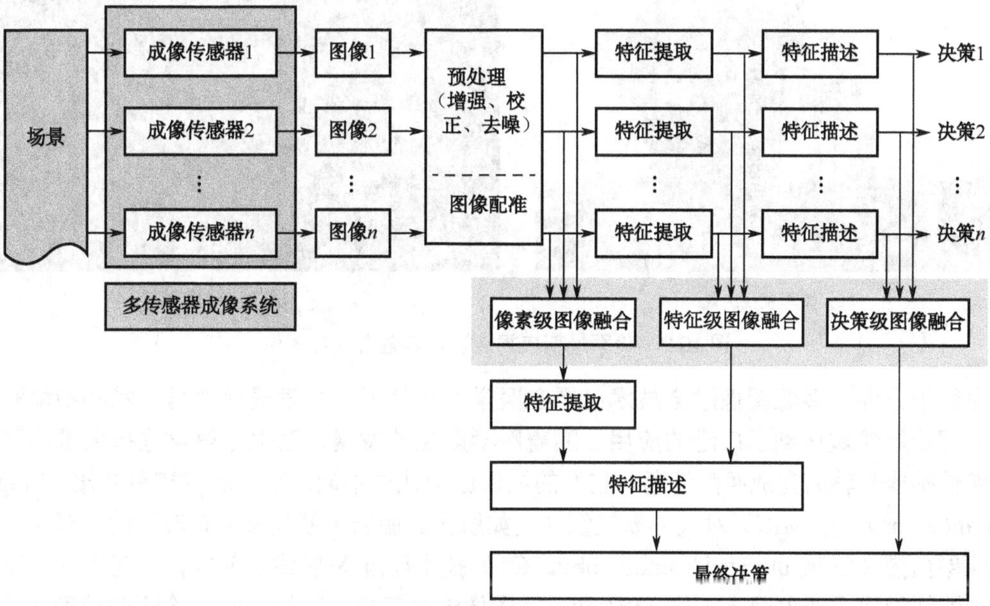

图 10-1 图像融合系统的模型框图

像素级图像融合，它直接对图像中像素点进行信息综合处理，是一种在基础数据层面上进行的信息融合，是最低层次的图像融合，需要处理的信息量最大，对设备要求较高，但融合的准确性最高，能够提供其他层次的融合处理所不具有的细节信息，目前仍然受到广泛关注。

特征级图像融合，它属于中间层次的信息融合，主要针对特征信息如边缘、形状、纹理等进行综合处理。因此，它既保留了图像的重要信息，又可对数据进行压缩，有利于快速实时处理。

决策级图像融合，它根据一定的准则及每个决策的可信度作出最优决策，是最高层次的信息融合。实时性好，具有一定的纠错能力。

10.1.4 多源图像融合的应用

多源图像融合首先在军事领域发展起来，以多传感器技术为核心内容的战场感知已成为现代战争中最具影响力的军事高新技术。在美国国防部不同时期制定的关键战术计划中，有相当一部分的任务涉及多源图像融合。90 年代，美国海军在 SSN-691 潜艇上安装了第一套图像融合样机，可使操作人员在最佳位置上直接观察到各传感器的全部图像。1994 年，美国开发研制出了战场便携式实时多光谱成像融合和景物区分系统；英国也以Ⅱ类通用组件为基础研制出具有图像融合处理功能的双波段热像仪；Lillquist 制造了一台可以融合可见光和热红外图像的仪器；2000 年，MIT 林肯实验室开发了四传感器图像融合夜视系统。另外，美军也将图像融合技术用于其最新的夜视装置中，如图 10-2 所示。

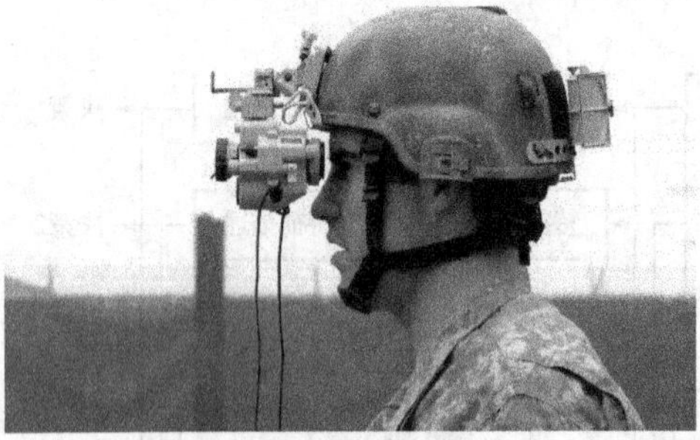

（a）美军夜视装置

（b）融合夜视图像

图 10-2　美军最新夜视装置及其融合夜视图像

在民用方面，多源图像融合技术已经在医学图像处理、光学景深增强、威胁物检测、对地遥感观测等领域得到了广泛的应用。随着医学影像的发展，医生更愿意选择大量不同的人体影像传感器来辅助完成医疗诊断，它们的成像原理往往不同。常用的有核磁共振（Magnetic Resonance Imaging，MRI）对人体软组织（例如肌肉、脂肪、筋膜等）有较好的分辨率，而计算机断层扫描（Computerized Tomography，CT）技术通过 X 射线反射成像，对存在密度差的人体骨骼结构成像效果明显。将 MRI 和 CT 图像结合起来，对提高医学诊断的准确性具有重要的意义，如图 10-3 所示。多聚焦图像融合技术是用来解决光学透镜景深限制问题的，通过获取多幅不同聚焦区域或目标的图像，通过一定的融合规则提取各种清晰信息，得到一个所有区域都清晰的融合图像，如图 10-4 所示。威胁物检测主要用到红外或毫米波等具有穿透性的波段成像，这些波段能获得可见光以外的视觉图像，可以大大提高危险目标的检测概率，如图 10-5 所示。

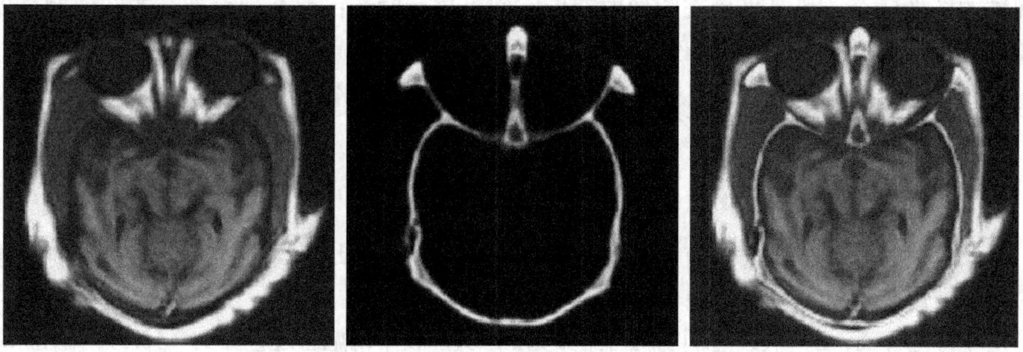

（a）CT 成像　　（b）MRI 成像　　（c）融合图像

图 10-3　脑颅 CT、MRI 及其融合图像

（a）近聚焦成像　　（b）远聚焦成像　　（c）融合图像

图 10-4　多聚焦图像及其融合图像

（a）红外成像　　（b）可见光成像　　（c）融合图像

图 10-5　红外、可见光图像及其融合图像

国内对图像融合技术研究虽然起步较晚，但也已有实际应用的记载。1999 年 10 月 4 日，由我国和巴西联合研制的“资源一号”卫星发射升空，卫星上安装了我国自行研制的 CCD 相机和红外多光谱扫描仪，这两种航天遥感器之间可以进行图像融合，大大扩展了卫星的遥感应用范围。另外，由上海交通大学航空航天信息与控制研究所开发的“机载多传感器图像融合”软件为具有国内领先研究水平的成果之一。

10.2 像素级图像融合方法

像素级图像融合一般分为两类：基于空间域的图像融合和基于变换域的图像融合。基于空间域的图像融合一般是直接在图像的灰度空间上进行融合；而基于变换域的图像融合先对源图像进行图像变换，然后融合变换后的系数。

10.2.1 基于空间域的像素级图像融合方法

1. 加权平均融合

基于空间域的图像融合最直接的方法就是简单的加权平均，最常见的就是直接对源图像对应像素灰度值进行加权平均融合处理。

对于源图像 A、B，假设它们的融合结果为 F，其加权平均融合过程如式（10.1）所示，即

$$F(i,j) = w_1 A(i,j) + w_2 B(i,j) \tag{10.1}$$

其中，(i,j) 代表图像中像素点坐标位置。w_1、w_2 为加权因子，通常取 $w_1+w_2=1$。

可以看出，像素灰度值的加权平均法进行图像融合简单直观，它在一定程度上提高了融合的计算速度，但是同时也削弱了图像的对比度，使得图像的边缘和对比度受到一定影响。

2. 成分替换法

成分替换的融合方法，一般是针对遥感图像中全色图像（Panchromatic，Pan）与多光谱图像（Multispectral Image，MS）之间的融合处理。在成分替换方法中，典型的代表是 HIS 融合方法和 PCA 融合方法，它们的具体实现过程如图 10-6 所示。

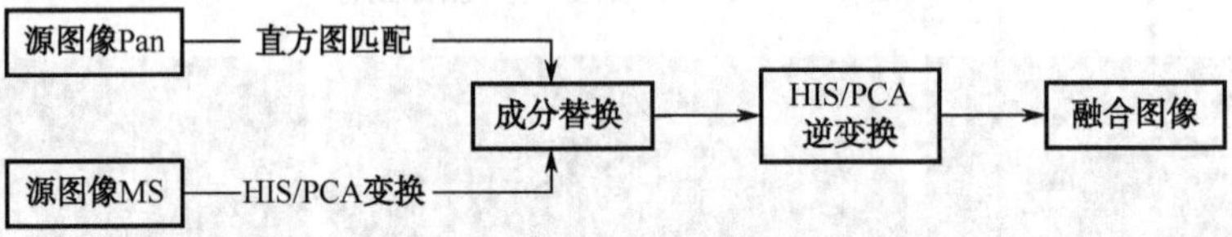

图 10-6　成分替换融合方法的流程图

基于 HIS 的成分替换融合方法以 HIS 变换为基础。将多光谱彩色图像从 RGB 三原色空间转换到用色度（Hue，H），亮度（Intensity，I）及饱和度（Saturation，S）组成的 HIS 颜色空间，然后用与亮度图像 I 直方图匹配过的且具有更高空间分辨率的全色图像来替换亮度图像 I，最终进行 HIS 逆变换回到 RGB 颜色空间，得到分辨率增强的彩色图像。HIS 变换属于色度空间变换，所以基于 HIS 变换的成分替换融合方法可以提供彩色增强，但是它只能选择多光谱图像的 R，G，B 三波段作为多光谱数据，然而在遥感中，绝大多数多光谱图像还包含有其他光谱段，这就降低了多光谱图像的利用程度。

基于 PCA 的成分替换融合方法弥补了基于 HIS 成分替换融合方法中的波段局限性，它不局限于三波段的彩色图像，可以用于更多波段的多光谱图像与全色图像的融合。在具体的融合实现中，将多光谱图像各个波段图像的原始数据 PCA 变换，得到每个波段的成分数据，用匹配过的全色图像替换多光谱数据集中的主成分数据，然后进行 PCA 逆变换得到融合图像。该方法使用灵活，特别在多个波段遥感图像的融合应用上，该方法实现快速简单，能较好地保持多个波段数据特征。但在融合过程中，只是简单用单波段图像数据替换了第一分量的图像数据，图像信息丢失较大。

3. 基于区域分割的融合

在大多数图像处理与应用中，人们感兴趣的并不是单个像素点，而是能表征图像信息的目标区域。目前，已有越来越多的研究者开始转向基于区域分割的图像融合算法研究，他们大多数是首先采用某种图像分割算法将源图像分割成不同的区域，然后再针对每个区域根据一定的区域显著性度量分别进行融合。这类方法主要应用于多聚焦图像融合中，其融合框架如图 10-7 所示。

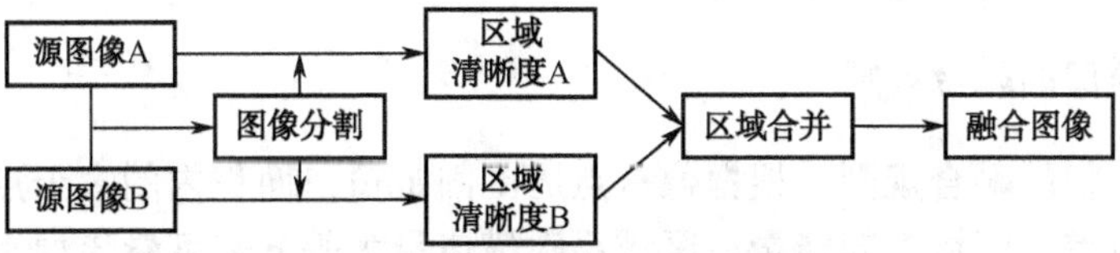

图 10-7　基于区域分割的图像融合框架图

由于多聚焦图像融合的主要目的是将源图像的各个区域进行合并，最终形成一幅全图聚焦的图像。在基于区域分割的多聚焦图像像素级融合中，主要包括源图像区域分割、区域图像清晰度计算、区域合并三部分内容。在区域分割算法精确的情况下，该方法可以得到最优的融合结果。一般的聚焦理想图像就是通过对聚焦区域的分割和合并构成的。虽然该方法很大程度上保持了源图像的清晰度，但太过依赖于分割结果。

10.2.2　基于变换域的像素级图像融合方法

基于变换域的图像融合的基本思想是对源图像进行图像变换，得到各个图像的分解系数，然后对这些系数按一定的融合规则进行融合，得到一个融合后的系数表示，再将融合系数经过图像逆变换就可以获得融合图像，其融合框架如图 10-8 所示。

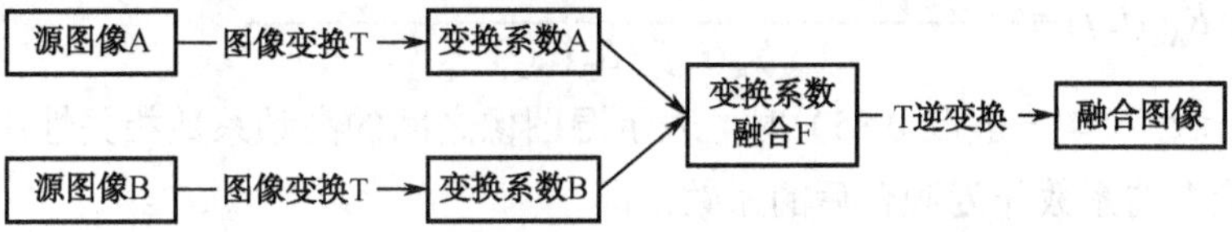

图 10-8　基于变换域的像素级图像融合框架图

由于图像的多尺度分解（Multi-scale Decomponent，MSD）能很好地分析图像的特征，所以出现了很多基于多尺度分解的融合方法。其中由于离散小波变换（Discrete Wavelet Transform，DWT）能够提供更多细节上的空间信息，它在图像融合中得到了更好的应用。在实际应用中，许多基于离散小波变换的融合算法都被用来解决具体的问题。其中，由于源图像的边缘、纹理等重要信息均包含在高频分解系数中，因此基于小波变换的融合规则主要是集中在高频系数上。所采用的融合规则可分为三类：基于像素选取的融合规则、基于窗口的融合规则和基于区域的融合规则。而低频系数一般采用加权平均的融合规则。假设源图像 A，B 的高频系数为 C_A，C_B，而它们的融合系数表示为 C_F。

1. 基于像素点的融合规则

高频分解系数对应输入图像的边缘、纹理等细节信息，而像素绝对值是对这种细节

信息强度的最直观的度量。因此，最简单、直接的融合规则是像素绝对值取大规则，表示如下，即

$$C_F(i,j)=\begin{cases}C_A(i,j),如果|C_A(i,j)|\geqslant|C_B(i,j)|\\C_B(i,j),其他\end{cases} \tag{10.2}$$

基于像素点系数选取的融合规则是在图像相邻系数之间不存在相关性的前提下提出的。然而，仅依赖单独的像素点作为细节信息的强度度量是不稳定的，因此基于像素选取的融合规则不能获得令人十分满意的融合效果。

2. 基于窗口的融合规则

也称为基于面积的融合规则，根据像素点周围固定窗口面积内的多个点统计特性（比如区域能量、区域方差、区域方向能量、区域系数模值最大等）来度量该像素点的细节信息强度。该规则一般选取 3×3、5×5 等固定大小的窗口 W 对系数图像进行滤波，将滤波后的像素值作为对应像素点的细节信息强度表示。

常用的基于窗口的融合规则为 Burt 等人提出的加权平均规则，它以(i,j)点为中心，以周围窗口区域内的能量（或方差）作为该点细节信息强度的度量，即

$$S_A(i,j)=\sum_{u\in U}\sum_{v\in V}W(u,v)[C_A(i+u,j+v)]^2 \tag{10.3}$$

$$S_B(i,j)=\sum_{u\in U}\sum_{v\in V}W(u,v)[C_B(i+u,j+v)]^2 \tag{10.4}$$

其中，U 和 v 表示窗口 W 的行列集合。

再根据高频系数在窗口区域内的局部、归一化的互相关系数比较选择不同的融合规则。参照窗口 W，高频系数的互相关系数表示为

$$R_{AB}(i,j)=\frac{2\sum_{u\in U}\sum_{v\in V}W(u,v)C_A(i+u,j+v)C_B(i+u,j+v)}{S_A(i,j)+S_B(i,j)} \tag{10.5}$$

当 $R_{AB}(i,j)\leqslant\alpha$（$\alpha$ 一般取 0.85）时，表示源图像之间的高频系数相关性比较低，直接选择具有局部能量大的系数作为融合后的系数，即

$$C_F(i,j)=\begin{cases}C_A(i,j) & 如果\ S_A(i,j)\geqslant S_B(i,j)\\C_B(i,j) & 其他\end{cases} \tag{10.6}$$

当 $R_{AB}(i,j)>\alpha$ 时，说明源图像之间的高频系数相关性比较高，此时采用系数的加权平均作为融合后系数，即

$$C_F(i,j)=w_A(i,j)C_A(i,j)+[1-w_A(i,j)]C_B(i,j) \tag{10.7}$$

其中加权系数 $w_A(i,j)$ 由式（10.8）确定，即

$$w_A(i,j)=\frac{1}{2}\begin{cases}1+\dfrac{1-R_{AB}(i,j)}{1-\alpha} & 如果 S_A(i,j)>S_B(i,j)\\1-\dfrac{1-R_{AB}(i,j)}{1-\alpha} & 其他\end{cases} \tag{10.8}$$

由于基于窗口的融合规则考虑了相邻像素间的相关性，因此在一定程度上能够有效减少融合像素的错误选取，从而提高了融合效果。

10.3 特征级图像融合方法

特征级融合是介于像素级融合和决策级融合之间的中间层次上的融合，它保留了足够数量的重要图像信息，又能对图像信息进行压缩。因此，特征融合方法研究侧重于对图像中所包含信息的提取以及对提取后的特征信息进行融合规则的设计。

10.3.1 基于边缘特征的图像融合方法

所谓图像边缘是指在图像中与周围像素值比较起来有阶跃变化的像素的集合。它是图像的基本构成要素，是图像的基本特征。因此，图像的边缘检测是图像处理的基本问题，它的研究受到广泛关注，也涌现出一系列有效的方法，如 Canny 算子，Sobel 算子等。

在图像融合中，基于边缘特征增强的融合方法比较简单，主要包括以下四个步骤。

步骤 1：对源图像分析，选择基准图像和辅助图像（以遥感图像为例，一般以多光谱图像为基准图像，以全色图像为辅助图像）。

步骤 2：对辅助图像采用多种方法得到多种边缘检测结果。

步骤 3：对多种边缘检测结果进行与或逻辑运算，以消除单个边缘图像中的虚假和冗余特征，得到一个最终的可靠边缘图像。

步骤 4：将边缘图像与基准图像进行像素级融合，得到融合结果。

10.3.2 基于梯度特征的图像融合方法

图像的梯度特征是图像边缘的一种基本变换系数特征。一般而言，融合的理想结果是具有源图像中梯度局部重要区域的特性。本节将介绍基于梯度特征的融合方法。

假设源图像 A，B，它们之间基于梯度特征的融合过程包括以下四个步骤。

步骤 1：对源图像进行水平和垂直方向的梯度计算，得到梯度图像 G_a 和 G_b。

步骤 2：对每个像素点计算梯度幅度值，用来表征该点的重要度 W_a 和 W_b。

步骤 3：根据重要程度比例，采用加权算法计算融合图像的梯度图像。

$$Gf=\frac{W_a}{W_a+W_b}G_a+\frac{W_b}{W_a+W_b}G_b \tag{10.9}$$

步骤 4：从融合的梯度图像中，采用迭代算法恢复出融合图像。

$$F=\arg\min|\nabla F-G_f| \tag{10.10}$$

10.4 决策级图像融合方法

与像素级融合和特征级融合相比，决策级融合实时性较好，它是最高层次的融合。一般来说，在融合之前，各个传感器已经完成了对目标的决策，决策级融合就是结合每个决策的可信度及一些先验知识作出最佳决策。目前，常用的决策级图像融合算法主要是基于统计理论的表决法、贝叶斯法、证据理论等，本节主要对这些方法进行简要介绍。

10.4.1 基于表决法的决策级融合方法

在对多个传感器决策的综合处理中，一种简易方法就是投票表决，它类似于我们常说的少数服从多数的民主选举。实行“一人一票”原则，也就是给每个传感器提供一个输入说明，然后由表决法对这些说明进行统计，以找到一个半数以上传感器一致的决策，作为最终的表决结果。当然，简单的表决规则只是从各传感器决策结论出发，并没有考虑到各个传感器自身的特性。事实上，由于各个传感器在原理和方法上不一样，所以它们针对的特征不同，每个传感器的决策性能和能力就有所差异。为此，为了提高决策性能，改善投票表决规则，有时也将传感器特性作为先验知识，在投票表决时对该决策引入加权、阈值等方法。

10.4.2 基于贝叶斯推理的决策级融合方法

贝叶斯（Bayes）理论是最早用于不确定推理的方法，它的基本原理是，将信息描述为概率分布，在给定一定的先验条件下，通过统计对象全体条件下的相对性来预测后验概率。

在多传感器系统中，将多传感器作为一个决策对，其中每个传感器提供一个信息源设为 x_i，则在整个系统中会得到一组信息源 $X=\{x_1, ..., x_i, ..., x_n\}$，根据最大后验概率将目标 Z 判给类 w_j，即令 $Z \to w_j$，当

$$P(w_j|x_1, \cdots, x_n)=\max_k P(w_k|x_1, \cdots, x_n) \tag{10.11}$$

根据贝叶斯理论，最大后验概率可表示为

$$P(w_k|x_1, \cdots, x_n)=\frac{p(x_1, \cdots, x_n|w_k)P(w_k)}{p(x_1, \cdots, x_n)} \tag{10.12}$$

其中的联合概率密度 $P(x_1, \cdots, x_n)$ 可以表示为

$$P(x_1, \cdots, x_n)=\sum_{j=1}^{m} p(x_1, \cdots, x_n|w_j)P(w_j) \tag{10.13}$$

假设各信息源之间是统计独立的，则可得

$$P(x_1, \cdots, x_n|w_k)=\prod_{i=1}^{n} p(x_i \mid w_k) \tag{10.14}$$

由式（10.11）、式（10.13）和式（10.14）可得

$$P(w_k|x_1, \cdots, x_n)=\frac{P(w_k)\prod_{i=1}^{n} p(x_i|w_k)}{\sum_{j=1}^{m} P(w_j)\prod_{i=1}^{n} p(x_i|w_j)} \tag{10.15}$$

将式（10.15）代入式（10.11），可以得到以下决策规则。

令 $Z \to w_j$，如果 $P(w_j)\prod_{i=1}^{n} p(x_i|w_j)=\max_k P(w_k)\prod_{i=1}^{n} p(x_i|w_k)$，利用各个传感器的后验概率可得判决规则为

$$\frac{\prod_{i=1}^{n} p(w_j|x_i)}{P^{(n-1)}(w_j)}=\max_k \frac{\prod_{i=1}^{n} p(w_k|x_i)}{P^{(n-1)}(w_k)} \tag{10.16}$$

针对各种不同的应用背景，基于贝叶斯推理的决策级融合方法的研究得到长足发展。但该方法也有很多缺点，比如定义先验似然函数比较困难，当出现多个可能的假设或多个条件相关事件时显得很复杂，要求对立的假设彼此不相容，缺乏分配总不确定性的能力等。

10.4.3 基于证据理论的决策级融合方法

证据理论也称 Dempster-Shafer 信度函数理论（D-S 证据理论），由 Dempster 于 1967 年提出，他的学生 Shafer 发展成为一个理论，它是对 Bayes 决策检验法的推广，其主要思想为引入信任函数，利用上下限概率来解决不确定性问题。

在各种信息融合方法中，D-S 证据理论能进行不确定性推理。它将传感器采集的信息作为证据，在决策目标集上建立一个相应的基本可信度。D-S 证据理论用“识别框架（假设空间）Θ”表示感兴趣的命题集。在该框架上定义一个基本概率分配函数 m：$2^{\Theta}\rightarrow[0,1]$，并且满足

$$m(\phi)=0 \text{ 且 } \sum_{A\subseteq\Theta} m(A)=1 \tag{10.17}$$

假设 A 属于识别框架 Θ，称之为焦元，则基本概率分配函数 $m(A)$ 称为 A 的基本可信数，用来反映 A 本身的可信度大小。在识别框架 Θ 上，基于基本可信数的信任函数和似然函数定义为

$$\mathrm{Bel}(A)=\sum_{B\subseteq A} m(B) \tag{10.18}$$

$$\mathrm{Pl}(A)=1-\mathrm{Bel}(\overline{A}) \tag{10.19}$$

用信任函数和似然函数两个数值组成的区间 $(\mathrm{Bel}(A),\mathrm{Pl}(A))$ 可描述 A 的信任区间。给定几个同一辨识框架上基于不同证据的可信度函数，证据理论用 Dempster 规则对不同证据联合产生可信度函数。

设 Bel_1、Bel_2 是同一识别框架上基于两个独立证据的可信度函数，m_1、m_2 分别是其对应的基本概率分配，焦元分别为 $A_1,A_2,\cdots,A_k$ 和 $B_1,B_2,\cdots,B_l$，由 Dempster 合成法则可得

$$m(A)=\begin{cases}\dfrac{\sum\limits_{A_i\cap B_j=A} m_1(A_i)m_2(B_j)}{1-\sum\limits_{A_i\cap B_j=\phi} m_1(A_i)m_2(B_j)} & A\neq\phi \\ 0 & A=\phi\end{cases} \tag{10.20}$$

其中，$i=1,2,\cdots,k$；$j=1,2,\cdots,l$。

证据理论是概率论的推广，它满足更弱的公理系统，相比于其他模式识别算法，它更简单有效。但 Dempster 合成法则中的“证据独立性”要求限制了证据理论的使用范围，并且其正则化过程可能会掩盖证据本身存在的冲突性。

10.5 多源图像融合的实例与分析

10.5.1 区域融合方法概述

本节以基于相似性分析的区域融合方法为实例，对多源图像融合算法进行分析。该融合系

统框图如图 10-9 所示，用源图像的相似性特征来引导分割和融合处理，旨在通过源图像之间的相似性比较找到冗余和互补区域，用不同的加权因子完成不同区域的融合。这种方法是完全根据图像数据本身的特性驱动，没有假定具体的成像模型先验知识，可以应用在不同的融合中。

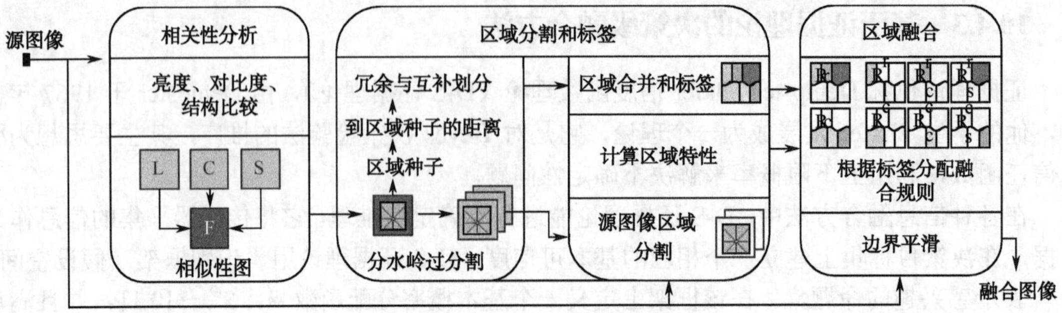

图 10-9　区域融合系统框图

其中，对源图像之间的相关性图表示要满足如下要求。

（1）具有图像特性定义的分量表示。

（2）能估计不同位置之间的相似性。

（3）输出的相关性图应该和源图像具有相同大小。

根据上述要求，可以选用 Wang 等人提出的亮度、对比度、相关性三个比较图 l_map、c_map、s_map，以及综合得到的图像结构相似性图 ssim_map，共同作为源图像的相关性图。同时用这四个图的全图平均数来表示它们相应的评估值。图 10-10 以红外图像和可见光图像为例，给出了它们之间的源相关性图，从中可以观察到，l_map、c_map、s_map 分别反映了图像的亮度、对比度和结构的对比程度，而 ssim_map 就是这些比较图的综合，它与人眼的视觉感知基本上是一致的，特别是在红外图像中人物的位置，充分体现出了它们之间的区别。

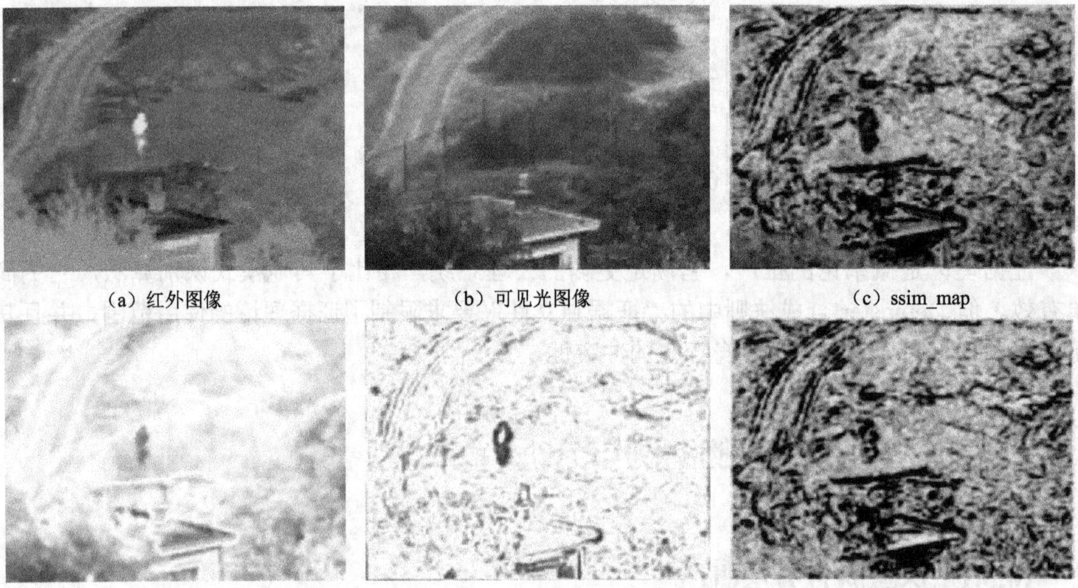

（a）红外图像　　（b）可见光图像　　（c）ssim_map

（d）l_map　　（e）c_map　　（f）s_map

图 10-10　红外图像与可见光图像的相关性比较图

10.5.2 区域分割和标签

由于不同的源图像区域有明显不同的相似关系，如果图像中不同区域之间的相关性能更好地区分，融合效果就会提升。

可以采用两步法对相似性图进行分割。在第一阶段中，应用分水岭变换对 ssim-map 图梯度图进行分割，产生一个过分割，具体步骤如下所述。

步骤 1：生成 ssim_map 图梯度图像；

步骤 2：修正梯度图像；

步骤 3：对修正梯度图像进行分水岭图像变换；

步骤 4：映射 ssim_map 过分割结果到 l_map、c_map、s_map 三个比较图内。

为了弥补分水岭过分割的弱点，在第二阶段根据各区域之间的距离关系合并过分割区域。区域的距离测量要应用在两两区域之间，它被反复计算，同时考虑到区域的大小是任意的，那么距离必须与不同大小的区域兼容。采用推土机距离（Earth Mover Distance，EMD）计算两个区域之间的距离能满足上述要求。在一维数据中，EMD 简化为“匹配距离”。

$$D_{\mathrm{match}} = \sum_k |\,\mathrm{ch}_k - \mathrm{cg}_k\,| \tag{10.21}$$

式中，$\mathrm{ch}_k = \sum_{l<k} h_l$ 是分布 h_k 的累积直方图，对于 g_k 也有类似定义。对于 N_b 个统计单元，该距离通过式（10.22）归一化，即

$$d = \frac{D_{\mathrm{match}}}{N_b - 1} \tag{10.22}$$

下面的步骤说明了对过分割区域合并和加标签的过程，同时图 10-11 给出一个同步分析例子。

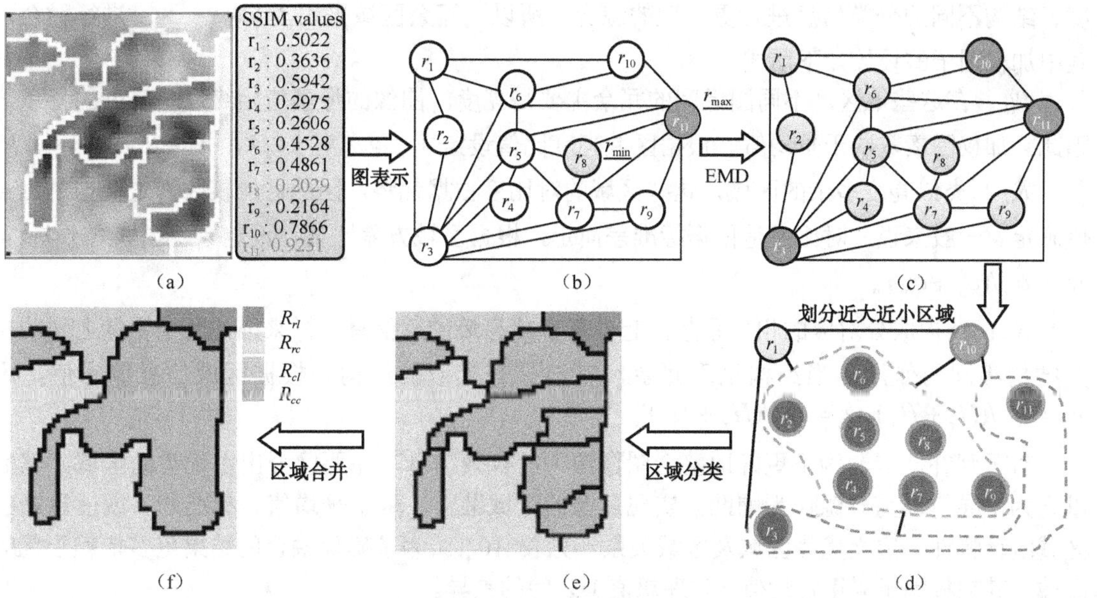

图 10-11 区域分割合并实例

步骤 1：计算每个区域的相似性值（包括亮度相似度 l、对比度相似度 c、相关性相似度 s、结构相似度 SSIM），选取具有最大、最小 SSIM 的区域 $r_{\max}$ 和 $r_{\min}$ 作为区域种子。

步骤 2：计算其余区域与区域种子 $r_{\max}$ 和 $r_{\min}$ 之间的 EMD 距离，其中与 $r_{\max}$ 的距离记为 $d_{\max i}$，而与 $r_{\min}$ 之间的 EMD 距离记为 $d_{\min i}$。所有的区域距离可以分为如下集合：$d_{\max}=\{d_{\max 1},d_{\max 2},\cdots,d_{\max n}\}$，$d_{\min}=\{d_{\min 1},d_{\min 2},\cdots,d_{\min n}\}$。同时，两个距离之间的如下比较将所有的区域划分为近大与近小区域。

$$R_{\max}=\{d_{\min i}\geqslant d_{\max i}|r_i\in R\}=\{r_{\max 1},r_{\max 2},\cdots,r_{\max n1}\},$$
$$R_{\min}=\{d_{\min i}<d_{\max i}|r_i\in R\}=\{r_{\min 1},r_{\min 2},\cdots,r_{\min n2}\}$$

步骤 3：对近大、近小区域中各个相似性度量值分别进行如下比较，将各个小区域分类到亮度冗余区域 R_{rl}、对比度冗余区域 R_{rc}、结构冗余区域 R_{rs}、亮度互补区域 R_{cl}、对比度互补区域 R_{cc}、结构互补区域 R_{cs} 六个区域中。

$$R_{rl}=\{l_{r_i}\geqslant c_{r_i},l_{r_i}\geqslant s_{r_i}|r_i\in R_{\max}\},\quad R_{rc}=\{c_{r_i}\geqslant l_{r_i}\ c_{r_i}\geqslant s_{r_i}|r_i\in R_{\max}\},$$
$$R_{rs}=\{s_{r_i}\geqslant l_{r_i},s_{r_i}\geqslant c_{r_i}|r_i\in R_{\max}\},\quad R_{cl}=\{l_{r_i}<c_{r_i},l_{r_i}<s_{r_i}|r_i\in R_{\min}\},$$
$$R_{cc}=\{c_{r_i}<l_{r_i},c_{r_i}<s_{r_i}|r_i\in R_{\min}\},\quad R_{cs}=\{s_{r_i}<l_{r_i},s_{r_i}<c_{r_i}|r_i\in R_{\min}\}。$$

步骤 4：合并在同一源中具有同样性质的标签区域。

10.5.3 区域融合

如前所述，融合方案应满足两个关键要求：一是保存信息源图像中所含的任何显著的特征；二是不引入任何输入图像所没有的假象。如果根据相似性分析识别出具有不同特点的源图像区域，融合的过程将更有效。根据 10.5.2 节的区域分割和标签后，源图像之间已经划分出不同的冗余或互补地区，对于不同区域根据冗余和互补的不同相关信息，可以采用不同的融合规则。

对于冗余的地区，由于相应的源图像具有共同的特点，加权法计算就可以对亮度、对比度、结构不同的分类信息进行更合理的综合。所以，冗余区域采用 $f=w_1x+w_2y$ 进行融合，其中加权因子的设计如下所述。

R_{rl}：在这些地区，不同图像间的冗余主要是亮度。图像的像素值始终反映亮度的特点，因此，加权因素取决于平均值。根据区域亮度比值设定 $w_1=u_x/(u_x+u_y)$，$w_2=u_y/(u_x+u_y)$。

R_{rc}：类似亮度多余的区域，这些区域的对比度占据优势。因此，加权因素是根据对比度值确定。一般来说，对比度是依据标准差而定，根据区域方差比值，设定 $w_1=\sigma_x/(\sigma_x+\sigma_y)$，$w_2=\sigma_y/(\sigma_x+\sigma_y)$。

R_{rs}：结构成分对应的相关系数，起着基于信息熵的互信息一样来描述两个变量之间的相关结构相同的作用。当结构呈现冗余，它们具有类似的结构。根据区域信息熵比值，设 $w_1=H_x/(H_x+H_y), w_2=H_y/(H_x+H_y)$。

对于互补地区，为了更好地整合图像源中的有效信息，先要区分出占优势的区域，然后以它为主导，以另一源作为辅助，实现多源的区域融合。基于平均值、标准差、或信息熵的区域统计特性，定义优势区域及区域关系，见表 10-1。为了确保融合的结果更多依赖于优势区域，其加权因子采用特性值 r 和理想值 1 之间的差异。

$$f=(1-r)R_p+r\overline{R_p} \tag{10.23}$$

对于区域之间的边界问题，一个简单的策略是平均所有界限的可能融合结果值。

图 10-12 给出了 5 组类型不同的源图像的融合结果，其中图 10-12（a）和图 10-12（b）分

别显示了实验所选的源图像对，图 10-12（c）则给出了源图像对之间的结构相似性比较的 SSIM 图，它很好地反映了源图像图 10-12（a）与（b）之间在结构上的相似性关系，越亮的区域表明相似性越大。图 10-12（d）是对 SSIM 分割并归类标签后的区域结果图，从图中可见上述区域分割方法能很有效地区分两幅图像在不同位置上的相关性，共同的背景区域分为冗余区域，而视觉感知差别较大的区域则划分为互补区域，这种分割方式与人眼的视觉感知保持了高度的一致性。根据这种划分，最终的融合结果就能很好地在源图像间去冗余信息，保留互补信息，综合有效特征，从而较好地融合，结果如图 10-12（e）所示。

表 10-1 两源区域（R_x和 R_y）之间的比较

区域标签	区域 R_x 与 R_y 的比较值(r)	区域统计特性(v)	优势区域(R_p)
R_{cl}	l-map 对应区域的均值	均值：u_x，u_y	如果 $v_x \geq v_y$，$R_p = R_x$，$\overline{R_p} = R_y$
R_{cc}	c-map 对应区域的均值	方差：σ_x，σ_y	
R_{cs}	s-map 对应区域的均值	熵：H_x，H_y	如果 $v_x < v_y$，$R_p = R_y$，$\overline{R_p} = R_x$

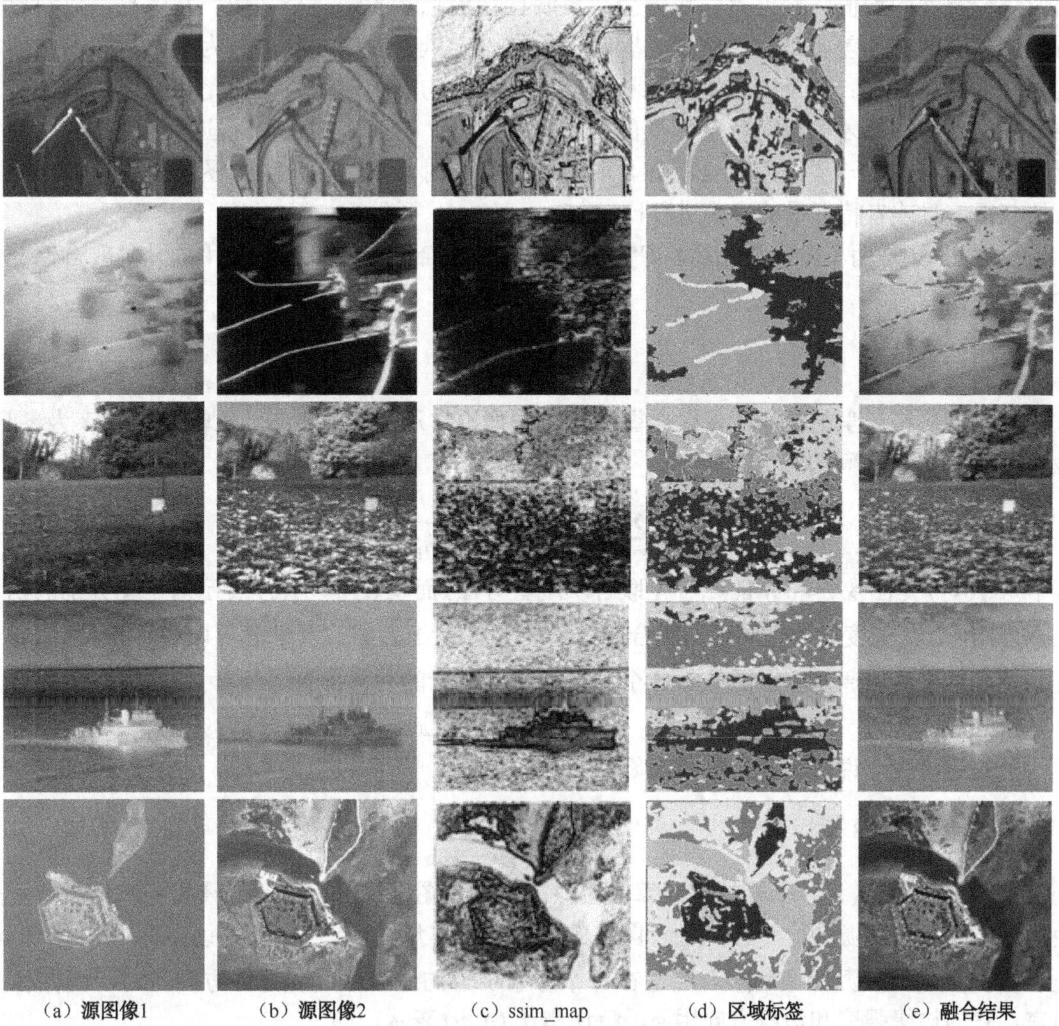

（a）源图像1　（b）源图像2　（c）ssim_map　（d）区域标签　（e）融合结果

图 10-12 融合实例

10.6 多源图像融合的性能评价

在图像融合算法研究中，融合图像质量评价体系可以看作一个公平的评估体系，推动融合算法不断发展；同时，融合图像的评价结果也可以作为参数对融合算法进行不断优化，使融合算法能达到最优的性能。相对于图像融合算法研究的多样性，对融合质量评价的研究较少。在图像质量评价中，从原则上分为客观评价方法与主观评价方法两种。图像质量客观评价方法的共同点是用物理方法对图像的物理特性进行度量，将度量值与规定标准进行比较计测。相应地，多源图像融合性能评价也主要有两种评价方式：主观评价法和客观评价法。

主观评价只涉及人的定性评价，它以人为观察者，对图像融合的优劣作出主观的定性评价。融合图像的主观评价在实际应用中比较困难，客观评价能够克服主观因素的影响。客观评价指标主要通过数值计算来进行量化评定，它一般是对单个因素进行客观研究，包括基于图像统计特性的均值、均方差、协方差；反映图像信息量的熵、交叉熵、互信息，以及反映图像清晰度的标准差、平均梯度等。客观评价法是定量的评估方法，分为需要参考图像和不需要参考图像两种。对于熵、互信息量、均方误差、均方根误差、信噪比和峰值信噪比必须知道标准参考图像才可以对融合图像的质量进行评价。然而，多数实际应用场合是无法得知标准参考图像的，一般采用融合图像与源图像进行比对，通过衡量融合图像分别从各个源图像处获得信息或者特征量的多少进行比较。

设 A 和 B 是两个输入源图像，F 为它们的实际融合图像，下面对常用的几种融合性能评价指标进行介绍。

1. 互信息（MI）

互信息从统计学的角度衡量融合图像从源图像中继承信息的多少。以输入图像 X 为参照，融合图像 F 与它之间的互信息为

$$\mathrm{MI}_{F,A}=\sum_{i=1}^{L}\sum_{j=1}^{L}h_{F,A}(i,j)\log_2\frac{h_{F,A}(i,j)}{h_F(i)h_A(j)} \tag{10.24}$$

其中 $h_{F,A}(i,j)$ 为图像 F 和 X 的归一化联合灰度直方图，而 $h_F(i)$ 和 $h_A(j)$ 表示两个图分别的归一化直方图，L 是灰度级数。同理，融合图像 F 与源图像 Y 之间的互信息可以表示为 $\mathrm{MI}_{F,B}$。最终的融合结果可以通过融合图像与各个源之间的互信息的和来评价，即

$$\mathrm{MI}=\mathrm{MI}_{F,A}+\mathrm{MI}_{F,B} \tag{10.25}$$

互信息的值越大，说明融合质量也越好。

2. Xydeas 指标

Xydeas 等人认为一个好的融合算法应该能从输入图像中提取所有的重要视觉信息，于是他们提出了评价从源图像转移到融合图像的边缘信息总量的 $Q^{AB/F}$ 指标。该指标首先用 Sobel 边缘检测算子计算源图像和融合图像在每个像素位置的边缘强度和边缘方向。对于源图像 A 而言，它的边缘强度和边缘方向用 $g_A(n,m)$ 和 $\alpha_A(n,m)$ 表示，即

$$g_A(n,m)=\sqrt{s_A^x(n,m)^2+s_A^y(n,m)^2} \tag{10.26}$$

$$\alpha_A(n,m)=\arctan\frac{s_A^x(n,m)}{s_A^y(n,m)} \tag{10.27}$$

其中，$S_A^x(n,m)$ 和 $S_A^x(n,m)$ 分别表示 Sobel 模板对图像 A 在像素位置 (n,m) 处的水平和垂直方向的卷积。定义融合图像 F 与源图像 A 的相对边缘强度 $G^{AF}(n,m)$ 和边缘方向 $A^{AF}(n,m)$ 为

$$G^{AF}(n,m)=\begin{cases} g_F(n,m)/g_A(n,m), & \text{如果}\ \ g_F(n,m)<g_A(n,m) \\ g_A(n,m)/g_F(n,m), & \text{其他} \end{cases} \tag{10.28}$$

$$A^{AF}(n,m)=1-\frac{|\alpha_A(n,m)-\alpha_F(n,m)|}{\pi/2} \tag{10.29}$$

然后计算

$$Q^{AF}(n,m)=\frac{\Gamma_g}{1+\mathrm{e}^{K_g(G^{AF(n,m)}-\sigma_g)}}\cdot\frac{\Gamma_\alpha}{1+\mathrm{e}^{K_\alpha(A^{AF(n,m)}-\sigma_\alpha)}} \tag{10.30}$$

其中 $\Gamma_g,K_g,\sigma_g,\Gamma_\alpha,K_\alpha,\sigma_\alpha$ 为形状边缘的常量参数。最后 $Q^{AB/F}$ 指标通过加权因子 $w^A(n,m)$ 和 $w^B(n,m)$ 对两个源图像的测量值加权平均获得

$$Q^{AB/F}=\frac{\sum_{n=1}^{N}\sum_{m=1}^{M}Q^{AF}(n,m)w^A(n,m)+Q^{BF}(n,m)w^B(n,m)}{\sum_{n=1}^{N}\sum_{m=1}^{M}(w^A(n,m)+w^B(n,m))} \tag{10.31}$$

3. Piella 指标

根据图像质量评价指标结构相似性，Piella 提出基于分块、加权比较及边缘的三个局部重要性图像融合质量评价指标。假设源图像 A 与融合图像 F 之间的结构相似性为 $Q(A,F)$（也就是后来发展成熟的 SSIM），Piella 对其进行分块计算，同时考虑两源图像与融合图像的结构相似关系，定义融合质量评价指标为

$$Q_0(A,B,F)=\frac{1}{|W|}\sum_{w\in W}\left[\lambda_A(w)Q(A,F\mid w)+\lambda_B(w)Q(B,F\mid w)\right] \tag{10.32}$$

其中 W 表示所有窗口的集合，一共包含 $|W|$ 个窗口，而 w 表示其中的每个分窗。权值 $\lambda_A(w)=s(a\mid w)/(s(a\mid w)+s(b\mid w))$ 表示源 A 在窗口 w 内的活跃度比重。

人类视觉系统比较重视图像中比较显著的区域，如对比度比较大的区域，这样就可以对每个窗口赋予不同的权值，即

$$c(w)=\frac{C(w)}{\sum_{w'\in W}C(w')},\ C(w)=\max(s(a\mid w),s(b\mid w)) \tag{10.33}$$

从而定义基于窗口权重的融合质量评价指标为

$$Q_w(A,B,F)=\sum_{w\in W}C(w)[\lambda_A(w)Q(A,F\mid w)+\lambda_B(w)Q(B,F\mid w)] \tag{10.34}$$

如果考虑图像边缘特性，可以定义融合图像评价指标为

$$Q_e(A,B,F)=Q_w(A,B,F)Q_w(A',B',F')^\alpha \tag{10.35}$$

其中，A',B',F' 分别表示源图像 A，B 与融合图像 F 的边缘图像。对于这三种指标，Q_0，Q_w 和

Q_e越大意味着融合的质量越好，最大值能达到1。

4. Cvejic 指标

在 Piella 指标中，活跃度选择图像边缘或者方差，但是没有很好地估计融合图像与源图像的相似程度。同时活跃度的计算也增加了算法的计算量，窗口大小的选择对最后的结果也有一定的影响。因此 Cvejic 提出一种考虑输入图像与融合图像局部相似性的评价指标为

$$Q_b(X,Y,F)=\sum_{w\in W}\text{sim}(X,Y,F\mid w)Q_0(X,F\mid w)+(1-\text{sim}(X,Y,F\mid w)Q_0(Y,F\mid w) \tag{10.36}$$

其中，
$$\text{sim}(X,Y,F\mid w)=\begin{cases}0 & \text{如果}0\leqslant\dfrac{\sigma_{xF}}{\sigma_{xF}+\sigma_{yF}}\leqslant 1\\ \dfrac{\sigma_{xF}}{\sigma_{xF}+\sigma_{yF}} & \text{如果}0\leqslant\dfrac{\sigma_{xF}}{\sigma_{xF}+\sigma_{yF}}\leqslant 1\\ 1 & \text{如果}\dfrac{\sigma_{xF}}{\sigma_{xF}+\sigma_{yF}}>1\end{cases}$$

5. Yang 指标

源图像之间的局部 SSIM 能区分出局部区域的匹配程度，从而可以根据该匹配程度对融合结果进行测评。以一个7×7的滑动窗口划分区域，对源图像之间，以及它们与融合图像计算加窗 SSIM 为：$\text{SSIM}(A,B\mid w)$，$\text{SSIM}(A,F\mid w)$，$\text{SSIM}(B,F\mid w)$。然后根据源图像之间的 SSIM 值与阈值 0.75 进行比较，将不同的源图像区域进行足够冗余归类，从而获得源图像与融合图像之间的测量值。

$$Q(X,Y,F\mid w)=\begin{cases}\lambda(w)\text{SSIM}(A,F\mid w)+(1-\lambda(w))\text{SSIM}(B,F\mid w) & \text{如果 SSIM}(A,B\mid w)\geqslant 0.75\\ \max\{\text{SSIM}(A,F\mid w),\text{SSIM}(B,F\mid w)\} & \text{如果SSIM}(A,B\mid w)<0.75\end{cases} \tag{10.37}$$

其中，$\lambda(w)$为源图像窗口内部的方差权重，而最后的融合评价指标为各个窗口评价值的平均。

融合效果和融合图像质量的定量评价问题是一个十分复杂的问题。对于同一个融合图像，常常会出现主观和客观评估相互矛盾的情况，所以需要研究通用的、主观与客观因素相结合的图像融合质量综合评价准则，才可以对融合图像进行全面和准确的评价。

小结

本章主要对多源图像融合方法和融合性能评价进行介绍。首先系统地介绍了多源图像融合中的基本问题，并引入图像融合的系统模型。然后对多源图像融合在像素级、特征级、决策级的融合方法分别进行了介绍。同时，给出基于图像相似性的区域融合方法的具体实例分析。最后，在多源图像融合性能评价方面，比较全面地介绍了目前常用的评价指标。

习题

10-1 什么是图像融合，多源图像融合的特点和难点是什么？

10-2 图像融合模型分为哪些，分析它们之间的联系和区别？

10-3 特征级融合的主要特点是什么，与像素级融合相比有何优劣？

10-4 试想决策级融合的典型应用范围都有哪些？

10-5 图像融合质量评价的指标分哪几个类型，其中常用的指标有哪些？

10-6 尝试编程，实现基于区域分割，验证其算法的有效性。

第 11 章

图像目标检测

目标检测、跟踪与识别技术是当前数字视频处理和计算机视觉领域中备受关注的前沿问题，它融合了计算机视觉、图像处理、模式识别、机器学习和人工智能等领域的知识，不仅在科学研究中备受青睐，而且在实际工程应用中也具有广阔的应用需求，是安防监控、智能交通、工业控制、军事侦察、精确制导及天基预警等应用领域的核心技术。根据目标不同的成像特性，本章从运动目标、有形目标和小目标等角度分别介绍目标检测的原理和典型方法。

11.1 基本问题概述

目标检测是利用可见光、红外等成像设备从客观世界获取目标和背景的图像信号，并利用计算机信息处理的手段自动地对图像数据进行分析和处理，从中检测出特定的或者感兴趣的目标，并能够对目标行为或特性进行理解与描述的科学技术领域。本节介绍与目标检测相关的几个基本概念、目标检测与跟踪识别的关系，以及目标检测方法的分类等内容。

1. 基本概念

目标：指一个待探测、定位、识别和确认的物体，也就是图像或视频序列中我们感兴趣的物体或内容。

背景：指反衬目标的任意辐射分布，相对于目标来说，除了目标以外的其他成分就是背景。

所谓目标和背景都是相对而言的，对于同一幅图像，感兴趣的内容就是目标，那么其他部分就是背景；如果对背景中的某部分产生兴趣，那么它就变成新的目标，而原来的目标就演变成反衬目标的背景。

目标特征：它是目标最主要的表现形式，是能把目标从背景中区别出来的空间、光谱、形状和光学强度等的总称。目标特征是目标检测、跟踪与识别的基础，它是区别目标与背景、不同类型之间目标的依据。利用目标特征就能够有效地把目标从背景中检测或识别出来。

目标检测：也叫目标提取，工程上常称目标捕获或目标探测，它是一种利用目标灰度、几何和统计特征等进行图像分割和目标定位的过程，它通常将目标的分割、定位和识别融合在一起，是一个复杂的、涉及人眼-大脑的图像翻译过程的问题。

广义上讲，目标检测是指能够检测到目标所在位置并对目标辨别达到所希望的等级，即从检测到分类、识别和确认，是一个将目标分类与识别包含在内的过程。因此，对于目标检测来说，分为纯检测和辨别检测。纯检测是在局部均匀的背景下检测到一个目标，能够对目标进行位置、运动特性等简单描述。而辨别检测一般都是指目标的识别和确认，在完成辨别检测时，需要认出某些外形或形状，对目标的类型属性进行判别，以便将目标从背景杂乱的物体里区别出来。我们通常所说的目标检测基本上都是纯检测。

2. 目标检测、跟踪与识别的关系

目标检测、跟踪与识别是对感兴趣目标的一个完整的处理过程，它主要是从包含运动目标的图像序列中检测、识别出感兴趣目标，并对目标准确定位，同时利用跟踪窗口锁定目标，获得目标的位置、速度、加速度等运动参数，记录视场内目标的运动轨迹，从而对其类别、属性或行为进行理解与描述。一个完整的检测、跟踪与识别系统需要解决三方面的任务：

（1）目标是否出现。

（2）目标在什么位置。

（3）目标是什么（或目标在干什么）。

这三个任务正好对应了目标检测、跟踪与识别这三个不同阶段，每一个阶段都有不同的任务和特点，需要获得的结果也不同。目标检测的任务是搜索图像中静止或运动的感兴趣区域或目标，以获得目标的客观信息。目标跟踪的任务在于对感兴趣的目标进行跟踪并获取其运动轨迹，以便为其后的识别理解等高层次图像处理提供信息。目标识别的任务在于对目标的类型判别或身份识别，更高级别的识别任务还包括对目标的行为分析、语义描述等。图 11-1 所示为一个目标检测、跟踪与识别系统的基本处理框架。

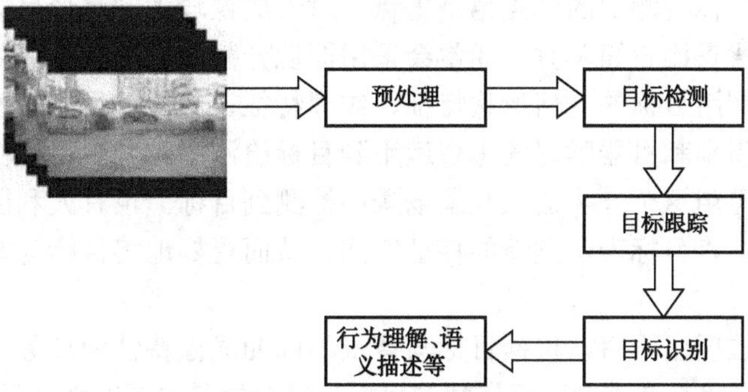

图 11-1　目标检测、跟踪与识别系统的基本处理框架

针对输入的视频图像序列，首先经过去噪、图像增强、图像复原等预处理后，再利用目标检测算法，检测出视场中包含的所有潜在目标。为了保证对于真正目标具有较高的检测概率，在所有检测到的候选目标中会存在部分虚警目标，必须通过进一步的目标运动状态和典型特征来确认目标；然后在图像中跟踪所有检测到的目标，并记录下每一个目标某段时间内的运动状态和运动轨迹等相关信息，为进一步的目标判别提供依据；通过运动信息和目标特征对目标进行分类与识别，并能够判断目标的典型行为等。由此可见，目标的检测与跟踪在整个视觉系统中起着承上启下的作用，即通过目标检测与跟踪环节得到视频序列中指定目标的运动信息，为之后的识别等高层处理提供依据。

从上面的过程可以看出，目标检测是目标跟踪和识别的基础与前提，只有正确地把目标从背景中分离出来，才能进一步实现对感兴趣目标的持续跟踪和类型识别；而目标跟踪又是

对目标进行连续不断检测与捕获的结果，更多是为了研究感兴趣目标的当前状态，其中包括位置、姿态、运动速度、形状或类型等。目标检测、跟踪与识别之间是相辅相成的关系，在很多算法中并没有明确的界限。

3. 目标检测方法的分类

利用摄像机采集的一幅待处理图像可以认为是由三个分量组成的：目标图像、背景图像和噪声图像。目标检测的基本思想是：利用目标自身特征，通过有效抑制背景和消除噪声，将目标从背景中突出出来，并对目标定位。抑制背景和消除噪声的目的都是为了更好地突出目标，归根结底，目标检测的本质就是目标与背景的二元决策问题。

按照目标的运动特性来划分，感兴趣的目标检测可以分为单幅图像的目标检测和运动目标检测。单幅图像的目标检测是利用单幅图像信息对目标和背景进行分割，如灰度、边缘、角点等特征信息。对于在视场中成像较大的目标，可以利用图像分割或特征匹配等方法提取出目标，但对于低对比度、低信噪比的小目标来说，很难利用单幅图像信息有效地检测出目标，通常要结合小目标的运动信息，才能在保证较低虚警率的同时获得较高的检测概率。对运动目标的检测则是利用图像序列的运动信息对目标进行检测，与单幅图像不同，连续采集的图像序列能够反映出场景中目标的运动和场景的变化情况，更有利于目标的检测。运动目标检测又分为静止背景下的运动目标检测和动态背景下的运动目标检测。

按照目标的成像尺寸来划分，还可以分为小目标检测和有形大目标检测。由于小目标在成像面上的像素非常少，没有边缘、轮廓和纹理等细节特征的信息，因此，低信噪比条件下的小目标检测既是目标检测中的难点也是重点。对于成像较大的有形目标来说，当目标与背景亮度差异较大且背景比较简单时，通常会采用图像分割的方法来提取目标；而对于复杂背景的情况，则需要利用目标的几何形状特征、纹理特征、频谱特征或其他特征来提取目标。有学者尝试将模式识别和机器学习的思想运用到目标检测中，利用目标样本的底层特征训练出合适的分类器，再用这个分类器从复杂场景中检测到目标。也有人利用底层特征构建出目标的高层语义模型，将目标表示到新的特征空间，从而更好地将目标与背景分类，如特征袋模型等。

目标检测的方法层出不穷，根据目标与背景不同的成像特性和任务环境，可以选择不同的检测方法，目的是将具有不同特征属性的目标从复杂背景中更好地凸显出来。

11.2 运动目标检测

运动目标检测是指在序列图像中将由运动产生的前景变化区域从背景中提取出来，并尽可能地抑制背景噪声和前景噪声，以准确得到感兴趣的运动目标。运动目标分为大目标和小目标。对于小的运动目标检测，我们将在 11.4 节中进行介绍。而对于有形状或纹理信息的大运动目标，有时不需要依靠帧间信息就可以在单帧图像上检测到目标，或者在单帧图像上先初步检测到目标，然后再利用帧间信息对目标进行确认，这两种情况所采用的目标检测算法就是 11.3 节介绍的有形目标检测算法。因此，本节所介绍的运动目标检测算法都是利用帧间运动信息进行目标检测的。

根据摄像机和目标之间的相对运动，由运动目标所形成的图像序列可分为两种情况：一种是摄像机保持不动，而目标在运动，产生的是静态背景下的运动目标图像；另一种是摄像机和目标都有运动，产生的是动态背景下的运动目标图像。静态背景下其图像场景是静止的，因此背景模型可以确定，这时的运动目标检测相对比较容易。

11.2.1 运动图像序列的背景建模

要使运动目标能够从视频图像中被凸显出来，就应使感兴趣的运动目标与场景背景的某种固有属性存在较大偏差，因此，问题的关键就是如何对场景的固有属性进行建模，以及如何定义这种偏差，这是背景建模与前景检测需要解决的问题。背景建模方法考虑了每个背景像素具体的分布规律，并且建立了许多数学模型来描述背景，下面分别介绍几种典型背景建模方法。

1. 多帧图像平均的背景建模

多帧平均法是以当前某段时间内图像序列的平均值作为参考图像，即产生一个除运动区域以外与当前静态场景相似的近似背景图像，是最简单的一种背景建模方法，公式描述如下。

$$B_k = \frac{1}{N}\left(f_{k-N+1} + f_{k-N+2} + \cdots + f_k\right) \tag{11.1}$$

其中，N 为重建的图像序列帧数，B_k 为重建的背景图像，f_k 为第 k 帧图像，背景图像中每个像素点的值为该像素点 N 帧图像灰度的累加平均。图 11-2 显示的是采用多帧图像平均的背景建模实例，这里利用了 100 帧连续视频图像，由结果可以看出，重建出的背景图像中还是存在部分目标的干扰成分，累加平均的图像数量越多，就越能克服这种现象。

（a）第 1 帧图像　　（b）第 2 帧图像　　（c）构建的背景模型图像

图 11-2 基于多帧图像平均的背景建模结果

当单个目标处于连续不间断运动，且背景多数时间内可见的条件下时，这种方法是非常有效的。但当运动目标数量过多，特别是运动速度过慢时，这种方法就很难正确区分出目标与背景了。

2. 单高斯分布背景建模

高斯模型是典型的参数化建模方法，它描述了背景点颜色分布的概率模型，通过一段时间的训练获得其参数并不断更新其分布参数，就可得到较好的背景建模与更新方法。

单高斯分布背景模型把每个像素点在时间上的颜色值变化用单个高斯分布 $\eta(X,\mu_t,\Sigma_t)$ 表示，其中，下标t表示时间，μ_t表示t时刻高峰期分布的均值，Σ_t为高斯分布的协方差。设像素点的当前颜色值为f_t，记$d_t = f_t - \mu_t$，若$d_t^T \Sigma_t^{-1} d_t$的值大于一定的阈值，则该点被判定为运动的前景点，否则认为该点与高斯分布相匹配，为场景的背景像素点。单高斯分布背景建模分为以下两个步骤。

步骤 1：初始化背景图像。计算一段时间内视频序列图像$f(x,y)$平均灰度μ_0及像素灰度的方差Σ_0，由μ_0和Σ_0组成具有高斯分布的初始背景图像B_0，即

$$B_0 = [\mu_0, \Sigma_0] \tag{11.2}$$

其中

$$\mu_0 = \frac{1}{T}\sum_{i=0}^{T-1} f_i \tag{11.3}$$

$$\Sigma_0 = \frac{1}{T}\sum_{i=0}^{T-1} [f_i - \mu_0]^2 \tag{11.4}$$

步骤 2：更新背景图像。若场景发生变化，则背景模型需响应这些变化。算法利用视频序列提供的实时信息对背景模型进行更新，更新公式为

$$\mu_{t+1} = (1-\alpha)\mu_t + \alpha f_t \tag{11.5}$$

$$\Sigma_{t+1} = (1-\alpha)\Sigma_t + \alpha d_t d_t^T \tag{11.6}$$

其中，$d_t = f_t - \mu_t$，μ_t为当前背景图像中像素点的灰度值，也是高斯分布的均值；f_t为当前帧像素点的灰度值；μ_{t+1}为参数更新后背景图像的灰度值。α为学习率，当f_t被检测为运动前景时，α可以取值为 0。背景模型参数α取经验值，若该值取太小，会使背景模型跟不上实际场景背景的更新速度，α若取值太大，则可能将速度较慢的运动目标更新成为背景模型的一部分，使运动上传检测出现空洞与拖尾现象，甚至可能丢失运动前景目标，通常α取经验值 0.005。

更新公式（11.5）没有考虑运动目标对背景的影响，使得运动目标上的像素点也参与了背景图像的更新，从而造成更新后的背景与实际背景存在误差。因此，Koller 等人对该算法进行了改进，采取了只对被判为背景区域的像素点进行更新，如式（11.7）所示。

$$\mu_{t+1} = \begin{cases} (1-\alpha)\mu_t + \alpha f_t & \text{(该点被判定为背景)} \\ \mu_t & \text{(该点被判定为前景)} \end{cases} \tag{11.7}$$

单高斯分布模型能处理有微小变化与缓慢变化的简单场景，适用于场景光照近似不变且背景静止的场合，但难以适用于光照变化和动态背景，如背景中含有晃动的树木、闪烁的显示屏、喷泉及运行着的电梯等运动物体，由于背景像素值变化较快，并不是由一个相对稳定的单峰分布渐渐过渡到另一个单峰分布，此时单高斯背景模型就显得无能为力了。

11.2.2 静止背景下的运动目标检测

常用的静止背景下的运动目标检测方法有：帧间差分法、背景差分法、模板匹配等。也有人将一些优秀的算法，如小波变换或者遗传算法等应用到序列图像的运动目标检测中，但是由于受到计算机运算速度和算法复杂度的限制，使得在检测与跟踪运动目标的实时性和鲁棒性方面总是不太理想，若没有特定的硬件支持，一般很难满足实时处理的要求。在实时系统中人们更热衷于使用计算简单的帧间差分法或背景差分法来获得期望的目标检测结果，下面我们对这两种方法进行介绍。

1. 背景差分法

背景差分法将图像分为背景和前景，利用 11.2.1 节背景建模方法对背景进行建模，然后把当前帧图像与构建的背景参考模型逐点进行差分运算。假设图像序列的背景模型为 $B_k(x,y)$，当前帧的图像为 $f_{k+1}(x,y)$，则当前帧图像与背景模型图像 $B_k(x,y)$ 之间的变化可以用一个二值差分图像 $D_{k+1}(x,y)$ 来表示，即

$$D_{k+1}(x,y)=\begin{cases}1 & |f_{k+1}(x,y)-B_k(x,y)|>T \\ 0 & 其他\end{cases} \tag{11.8}$$

根据式（11.8），那些与背景模型相近的像素（差值小于 T 的像素）被标记为背景，用 0 代表，不相近的像素被标记为前景目标，用 1 代表。在序列图像中，每一幅图像都与背景模型图像逐个像素进行比较，这样可以在图像序列中完整地分割出运动目标。当背景发生变化时，则需要对背景模型不断地更新，使之始终与实时的背景图像保持一致，这样才能检测出与背景模型不一致的运动目标区域。

背景差分法实现简单，当背景已知时是一种非常有效的运动目标检测算法，特别是在背景相对静止的场合应用较多，但该方法对场景中由光照引起的像素变化比较敏感。

2. 帧间差分法

帧间差分法是利用连续的图像序列中相邻几帧图像之间的时间差分，并且通过阈值化方法提取出图像中的运动变化区域。

首先将相邻几帧图像校正在同一坐标系下，然后将同一背景不同时刻的两帧图像对应像素点的灰度值进行差分运算。假设图像序列中第 j 帧图像 $f_{m,n,j}(x,y)$ 与第 k 帧图像 $f_{m,n,k}(x,y)$ 之间的变化用一个二值差分图像 $DP_{jk}f_{m,n}(x,y)$ 来表示，即

$$DP_{jk}f_{m,n}(x,y)=\begin{cases}1 & |f_{m,n,j}(x,y)-f_{m,n,k}(x,y)|>T \\ 0 & 其他\end{cases} \tag{11.9}$$

根据式（11.9），如果对应像素值相差很小，就认为此处景物是静止的，在差分图像中，灰度不发生变化的背景部分就会被减掉；如果图像区域某处的像素值变化很大，则认为这是由于图像中目标运动引起的，两帧相减后就能够使运动目标凸显出来，将这些区域标记出来，利用这些标记的像素区域，就可以求出运动目标在图像中的位置。图 11-3 给出了基于帧间差分的运动目标检测实例。

（a）第 1 帧图像　　（b）第 2 帧图像

图 11-3　基于帧间差分的运动目标检测实例

（c）两帧相减　　　　（d）检测出的目标区域

图 11-3　基于帧间差分的运动目标检测实例（续）

帧间差分法是最简单、最直接的运动目标检测方法，能较快地检测出图像序列中发生明显变化的部分。该方法受光线变化影响小，检测有效而稳定，计算速度快，占用系统资源少。缺点是它只能检测相对运动的目标，检测出的目标位置不精确，不能提取出较完整的运动目标，并且在较大程度上依赖差分帧的选择时机和目标的运动速度。

3. 帧间差分相乘方法

理论上对于二维差分图像来说，只有运动目标重叠部分对应的像素点位置是不为零的，但实际上由于相邻帧图像中包含高频噪声、光照改变和自然场景中一些微小变化的影响，使得差分图像中除了运动目标点以外的很多像素点位置上的值都不为零，总会存在很多虚假的运动目标。对于运动目标而言，差分残留图像之间必然存在运动重叠区域，利用多帧差分相乘的方法可以使差分图像中运动边缘的相关峰更加尖锐，这样就能有效排除噪声、光照不均和自然场景中一些微小变化的影响，正确检测出运动目标的边缘轮廓信息。

令 $f_1(x,y)$，$f_2(x,y)$，$f_3(x,y)$，$f_4(x,y)$ 分别表示静止背景下相邻四帧的图像，则差分相乘图像 $M(x,y)$ 可表示为

$$M(x,y)=|f_1(x,y)-f_3(x,y)|\times|f_2(x,y)-f_4(x,y)| \tag{11.10}$$

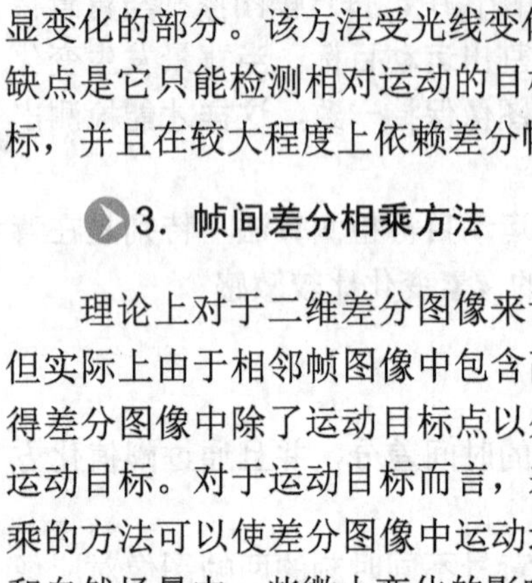

图 11-4　差分相乘的原理图

如图 11-4 所示是一个阶跃边缘信号从第 1 帧 f_1 中依次运动到第 2 帧 f_2、第 3 帧 f_3 和第 4 帧 f_4 中的另一位置时，差分相乘方法与差分累加方法所得到的结果对比。差分累加方法不仅使这两个差值信号的中间部分出现较大值，而且也会增加其他有信号位置的值，如图中 $|f_1-f_3|+|f_2-f_4|$ 信号的黑粗线所示；但是如果让这两个差值信号相乘，则只有这两个差值信号的中间部分会出现较大的值，而其他位置还将保持为零，如图中 $|f_1-f_3|\times|f_2-f_4|$ 信号的黑粗线所示，可以看出差分相乘方法明显的性能优势。

二维图像的每一个像素都可以看成图中的差分相乘点。对于图像中某一点，如果没有运动或者没有强的边缘通过，则在该点处的灰度差在差分相乘图像中是不能产生高的相关峰的。所以，如果图像中没有运动物体，则两幅图像的灰度差为零，只有在运动重叠的地方才会在差分相乘图像中产生高的相关峰，因此，利用阈值法就可以有效排除其他干扰，检出目标的边缘，再利用形心公式即可计算出运动轮廓的形心位置坐标作为目标位置。也可以

使用 6 帧相邻图像差分相乘的方法，抗噪声和干扰的效果更为明显，但同时也加大了算法的计算量。与其他方法相比，帧间差分相乘的运动目标检测方法具有计算简单、精确度较高和噪声鲁棒性强的优势。

11.2.3 动态背景下的运动目标检测

动态背景下，在目标运动的同时，摄像机也处于相对运动状态，图像中目标的变化与背景本身的变化就会叠加并且混合在一起。由于摄像机的运动，将会造成目标形状、尺寸和光照条件的变化，同时，运动目标会经常遇到障碍物遮挡或者多个动态目标运动过程中存在相互遮挡的情况，因此，动态背景下的目标检测要比静态场景运动目标检测复杂很多，而如何把这两种运动分开是检测出运动目标的关键。本节介绍两种常用的动态背景下的运动目标检测方法：光流法和基于图像配准的运动目标检测方法。

1. 光流法

当人们在观察动态场景的时候，无论是场景动还是人在动，在人的视网膜上产生的是一系列连续的光亮变化。这种连续变化的信息不断“流过”视网膜，就像一种光的“流动”，所以被称为光流。这样，客观的三维世界被二维的视网膜感知的时候，所涉及的信息已经退化为二维图像序列。空间物体的运动在这里就形成了二维光的流迹。

光流场是一种描述图像运动的 2D 瞬时速度场，它能够反映出在一定时间间隔内由于运动所造成的图像变化，如图 11-5 所示。通过对图像的运动场进行估计，计算出帧间图像对应像素点间的位移矢量，就能够将相似的运动矢量合并成运动目标。光流计算基于两个假设：一是任何物体点所观测到的亮度随时间是恒定不变的，二是图像平面内的邻近点以类似的方式进行移动（速度平滑性约束）。

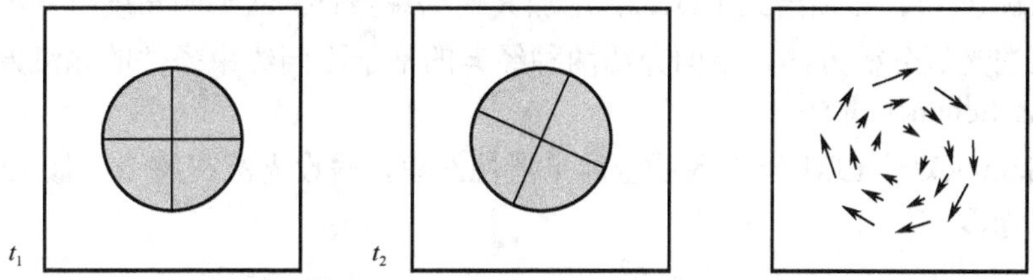

图 11-5 利用光流来反映微小时间间隔内由于运动引起的图像变化情况

利用光流法检测运动目标的基本原理是利用动态图像序列中灰度的时域变化和相关性来确定图像中背景和目标的运动情况。如果图像中没有运动目标，则光流矢量在整个图像区域是连续变化的，当目标和图像背景存在相对运动时，运动目标所形成的速度矢量必然和邻域背景速度矢量不同，如图 11-6 所示。

光流法正是依据这一原理来检测运动目标的。首先给图像中的每个像素点赋予一个速度矢量，在某一时刻，二维物体上的点和图像上的点根据投影关系一一对应，利用图像序列的灰度变化计算出速度矢量场，然后利用一些约束条件从速度矢量场中推出运动参数和目标物体结构，根据各个像素点不同的速度矢量特征形成目标与背景区域，从而正确检测出运动目标的位置。

（a）t_1时刻的图像

（b）t_2时刻的图像

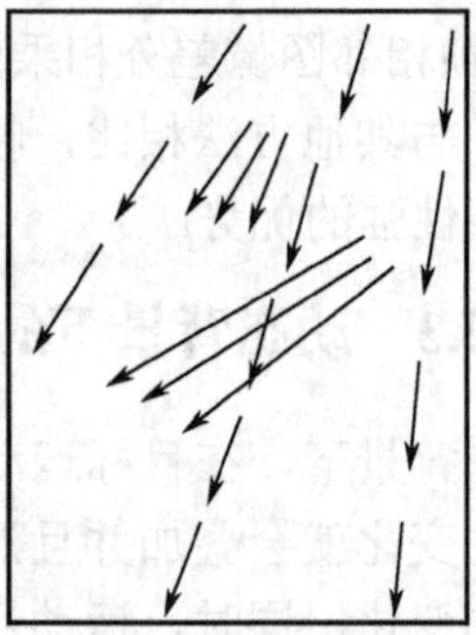
（c）较短间隔内获得的光流信息

图 11-6　用光流法表示图像的运动特征

根据视觉感知原理，客观物体在空间一般是相对连续运动，在运动过程中，投射到传感器平面的图像实际上也是连续变化的，即灰度不变性假设。根据这一基本假设，就可以得到光流的基本方程。设图像上的点(x,y)在时刻t的灰度为$f(x,y,t)$，光流$w=(u,v)$在该点的水平和垂直移动分量$u(x,y)$和$v(x,y)$为

$$u=\frac{\mathrm{d}x}{\mathrm{d}t}\qquad v=\frac{\mathrm{d}y}{\mathrm{d}t} \tag{11.11}$$

经过间隔$\mathrm{d}t$后对应点为$f(x+\mathrm{d}x,y+\mathrm{d}y,t+\mathrm{d}t)$，当$\mathrm{d}t\to 0$，灰度$f$保持不变，得到$f(x,y,t)=f(x+\mathrm{d}x,y+\mathrm{d}y,t+\mathrm{d}t)$，此式由 Taylor 展开，忽略二阶无穷小，整理得到基本的光流约束方程为

$$-\frac{\partial f}{\partial t}=\frac{\partial f}{\partial x}u+\frac{\partial f}{\partial y}v \tag{11.12}$$

光流约束方程表示灰度对时间的变化率等于灰度的空间梯度与光流速度的点积。为了对式（11.12）求解(u,v)，必须给式（11.12）附加其他约束条件，从不同角度引入不同约束条件，就产生了不同的光流分析方法。下面介绍两种经典的基于不同约束条件的光流方法。

1）Hom & Schunck 算法

Hom 和 Schunck 于 1981 年引入了全局平滑性约束，假设光流在整个图像上光滑变化，即速度的变化率为零。

$$(\nabla u)^2=\left(\frac{\partial u}{\partial x}+\frac{\partial u}{\partial y}\right)^2=0\qquad(\nabla v)^2=\left(\frac{\partial v}{\partial x}+\frac{\partial v}{\partial y}\right)^2=0 \tag{11.13}$$

式（11.13）与式（11.12）相结合，可知光流$w=(u,v)$应满足以下公式。

$$\min\{\varepsilon(x,y)=\sum_x\sum_y\{(f_xu+f_yv+f_t)^2+\lambda^2[(\nabla u)^2+(\nabla v)^2]\}\} \tag{11.14}$$

其中，$f_x=\dfrac{\partial f}{\partial x}$，$f_y=\dfrac{\partial f}{\partial y}$，$f_t=\dfrac{\partial f}{\partial t}$。这里$\lambda$的取值主要考虑图中的噪声情况。如果噪声较强，说明数据的置信度较低，需要更多地依赖光流约束，所以λ取值较大；反之，λ取值较小。

2）Lucas & Kanade 算法

Lucas 和 Kanade 于 1981 年引入了局部平滑性约束，即假设在一个小空间邻域Ω上运动矢量保持恒定，使用加权最小二乘法估计光流。在一个小的空间邻域Ω上，光流估计误差定义为

$$\varepsilon = \sum_{(x,y)\in\Omega} W^2(x)(f_x u + f_y v + f_t)^2 \tag{11.15}$$

其中，$W^2(x)$表示窗口权重函数，它使邻域中心区域对约束产生的影响比外围区域更大，式（11.15）的解为

$$U = (A^{\mathrm{T}}W^2A)^{-1}A^{\mathrm{T}}W^2B \tag{11.16}$$

其中，t时刻$X_i \in \Omega$，$A = [\nabla f(X_1),\cdots,\nabla f(X_n)]^{\mathrm{T}}$，$W = \mathrm{diag}[W(X_1),\cdots,W(X_n)]$，$B = -[I_t(X_1),\cdots,I_t(X_n)]^{\mathrm{T}}$。

总的来说，光流法的优点是能够检测出独立运动的目标对象，不需要预先知道场景的任何信息，并且可用于摄像机运动的情况。但是由于噪声、多光源、阴影、光照变化及遮挡等原因，使计算出的光流场分布并不十分可靠和精确；而且，光流法计算复杂耗时，对噪声十分敏感，除非有特殊的硬件支持，否则很难将光流法应用到实时的视频图像处理系统中。

2. 基于图像配准的运动目标检测方法

利用背景图像配准的方法将动态背景图像序列转化为静态背景图像序列，再按照静态背景的方法就可以很容易地检测出运动目标。处理时先将连续几帧图像通过图像配准的方法估计出帧间动态背景的全局运动矢量，即后一帧相对前一帧背景来说在X方向和Y方向上各运动了多少像素，然后把后一帧在位置上与前一帧配准，这样就能将背景稳定在同一帧图像的相同位置上，从而使运动目标凸显出来，完成图像配准之后就可以利用静止背景下的帧间差分法来进行目标检测。利用图像配准进行动态背景下的运动目标检测关键问题是图像配准的精度。有关图像配准的理论内容可以参见第 9 章内容，此处不做赘述。

确定了相邻帧背景之间的运动偏移量后，把后一帧图像按此偏移量与前一帧背景图像在位置上对准，再进行帧间差分运算，这样配准的背景图像就被减掉。为了有效排除噪声、光照不均和自然场景中一些微小变化的影响，正确检测出运动目标的边缘信息，也可以采用 11.2.2 节介绍的帧间差分相乘的方法来检测运动目标，这样会使差分图像中运动边缘的相关峰更加尖锐，检测到的目标更准确。以四帧差分相乘算法为例，基于图像配准的运动目标检测算法的具体实现过程如下所述。

步骤 1：将第 1 帧图像与第 3 帧图像配准，第 2 帧图像与第 4 帧图像配准。

步骤 2：将配准后的图像第 1 帧与第 3 帧做差分，第 2 帧与第 4 帧做差分。

步骤 3：将两幅帧差分图像相乘，存在运动重叠的地方会出现较高的相关峰，其他不连续区域的数值为零或较小，这样利用阈值法就可以得到运动目标的轮廓边缘。

步骤 4：将得到的差分相乘图像进行形态学滤波和阴影去除，从而实现运动目标的检测。

步骤 5：利用形心公式计算出目标的形心坐标，该坐标即目标位置。

图 11-7 是针对动态背景下的运动目标，采用基于图像配准的检测方法进行目标检测的实例。其中图（a）是第 10 帧图像，图（b）～图（d）为相对于图（a）进行帧间配准后的图像，图（e）为图（a）与图（c）差分后的结果，图（f）为图（b）与图（d）差分后的结果，图（g）为图（e）与图（f）相乘后的结果，图（h）是对图（e）进行形态学去噪和连通区域填充的结果。可以看出运动目标被很好地检测出来。从图 11-7 的实验结果可以看出，如果直接采用帧间差分的方法来检测运动目标，差分图像中存在很多噪声，这样很难将运动目标从差分图像

中提取出来。对差分图像进行相乘运算之后，图像噪声大大减少，这时再对图像进行去噪和形态学处理，很容易就能把目标检测出来。

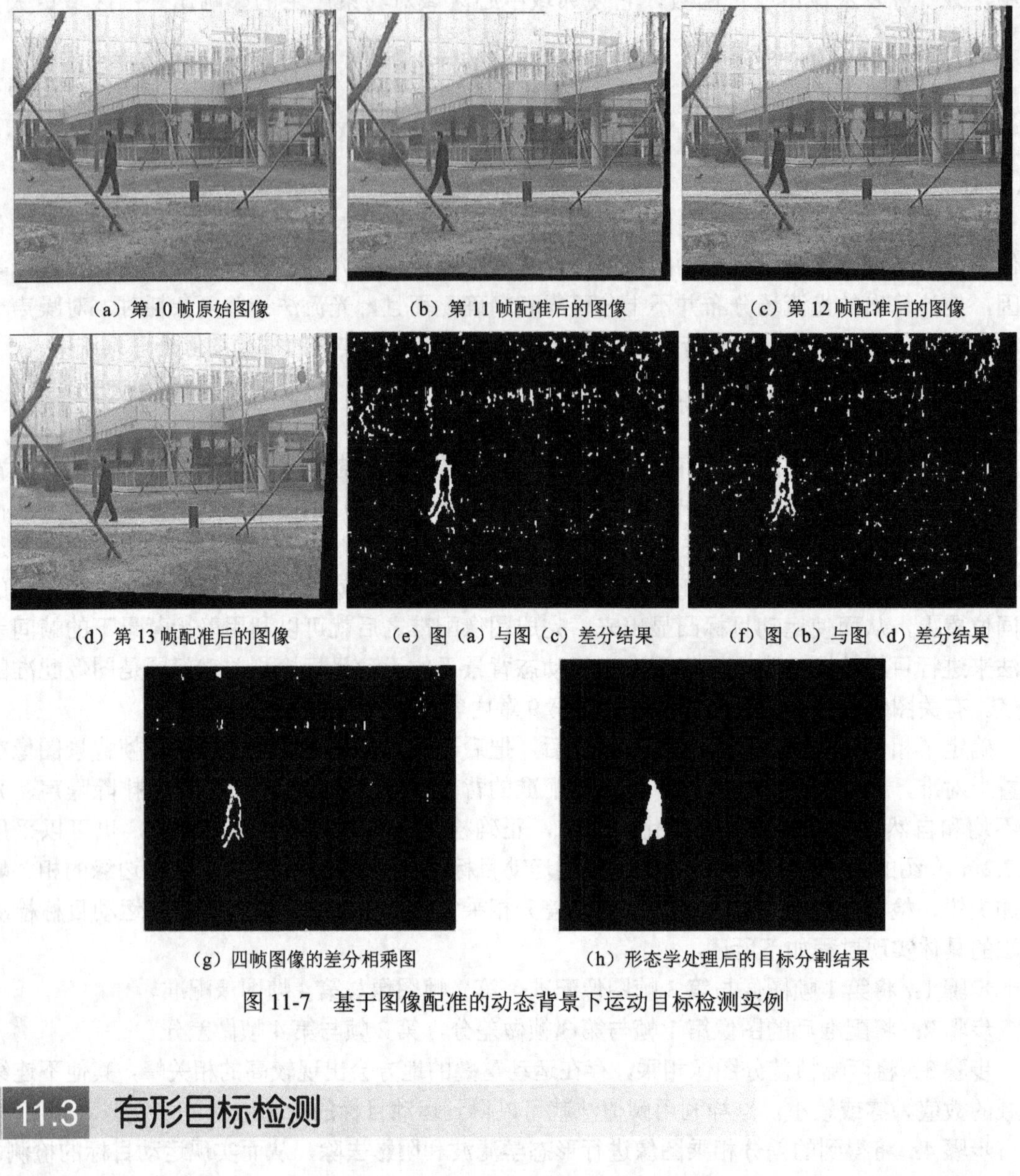

（a）第 10 帧原始图像　（b）第 11 帧配准后的图像　（c）第 12 帧配准后的图像

（d）第 13 帧配准后的图像　（e）图（a）与图（c）差分结果　（f）图（b）与图（d）差分结果

（g）四帧图像的差分相乘图　（h）形态学处理后的目标分割结果

图 11-7　基于图像配准的动态背景下运动目标检测实例

11.3　有形目标检测

目标尺寸不同导致成像特性差异较大，检测方法也就不尽相同。有形目标是目标检测中最常见的，它可以是典型地物目标，如机场、桥梁和建筑物等，也可以是飞机、车辆、舰船等机动目标。与前面介绍的利用帧间运动信息检测目标的方式不同，这一节主要介绍如何在单帧图像上利用目标与背景的成像特征差异来检测目标。由于大的有形目标在图像中占有较大尺寸，具有明显的边缘、轮廓和纹理等细节特征，因此，通常根据目标的灰度、几何形状、边缘轮廓、不变矩、频域等特征进行目标检测，也有学者将模式识别和机器学习的理论引入大目标检测中，通过分类器学习和训练，可以获得更鲁棒的检测结果。常用的有形目标检测方法主要包括基于图像分割的方法、基于模板匹配的方法及基于机器学习的方法等。由于有关图像分割、模板匹配及机器学习的理论我们分别在第 6 章、第 9 章和第 13 章中进行了介绍，此处我们仅对这几种目标检测方法的基本思路进行简单介绍。

11.3.1　基于图像分割的目标检测方法

基于图像分割的目标检测方法是最典型也是最常用的一种方法，它利用目标与背景在灰度、形状及分布区域上的差异将目标与背景分割开，目的是把图像能够分解成构成它的部件和对象，并有选择性地定位感兴趣的对象在图像中的位置和范围，这是利用图像分割进行目标检测的基本原理。以阈值分割为例，基于分割的目标检测算法基本步骤如下所述。

步骤 1：图像分割。

将目标准确地从图像背景中分割出来是目标正确检测的基础，根据目标与背景在灰度上的差异，利用阈值方法进行图像分割是最基本也是最常用的手段。

步骤 2：目标定位。

利用分割出的全体目标像元位置数据和目标像元的总点数就可以对目标进行定位，确定出目标的具体位置，即目标的重心位置或形心位置。根据 8.3.2 节图像矩，目标的重心计算公式为

$$X_{\mathrm{C}}=\frac{\sum_{y=1}^{N}\sum_{x=1}^{M}xf(x,y)}{\sum_{y=1}^{N}\sum_{x=1}^{M}f(x,y)}\qquad Y_{\mathrm{C}}=\frac{\sum_{y=1}^{N}\sum_{x=1}^{M}yf(x,y)}{\sum_{y=1}^{N}\sum_{x=1}^{M}f(x,y)}\tag{11.17}$$

其中，$f(x,y)$ 是图像在 (x,y) 点的像元灰度值，M,N 分别为图像中 x 方向和 y 方向的像元数。若将图像二值化后，$f(x,y)=1$，此公式转化为形心计算公式。

在目标检测跟踪系统中，重心或形心数据作为目标检测的结果，将成为目标跟踪的初始位置，启动目标的跟踪过程。

步骤 3：确定目标尺寸和区域

在二值图像上，不为零的像素的边界位置对应的就是目标的边界，由此可以确定目标的大小尺寸。以计算出的目标的重心或形心位置为中心，以略大于目标尺寸的矩形框叠加到图像上，就形成了目标的区域。在目标跟踪中，这个叠加在目标上的矩形框就是目标的跟踪框。

图 11-8 是对一艘搁浅的登陆舰进行分割检测的实例。由于图像背景简单，目标与背景的对比度较大，选择基于阈值分割的目标检测方法来检测目标，分割出来的二值图像如图 11-8（b）所示，目标被很好地检测出来，再利用形心方法就可以就算出目标位置如图 11-8（c）所示。

（a）待检测图像　　（b）阈值分割后的二值图像　　（c）检测到的目标位置

图 11-8　基于阈值分割的目标检测实例

由于这种基于阈值分割的目标检测方法依赖于图像分割的程度，因此，仅适用于目标与背景有较强对比度、背景比较简单、背景或目标的灰度比较单一的情况。而对于复杂的背景条件，则可以利用目标的更多特性进行分割，如形状、纹理、颜色等。

11.3.2 基于模板匹配的目标检测方法

将感兴趣目标看作一个模板（基准图），将待检测图像看作参考图，则可以采用基于模板匹配的方法在参考图上搜索感兴趣目标。基于模板匹配的目标检测方法是以图像匹配作为核心技术的一种常用的目标检测手段，特别是在下视景象匹配、导弹制导和航空侦察等领域具有广泛的应用。

1. 基于模板匹配方法进行目标检测的原理

基于模板匹配的目标检测方法的基本思路是：以事先获取的目标先验模型或先验信息作为模板，提取能够反映目标自身与其他不同目标之间最大化差异的特征，并根据该特征确定相似性度量和匹配准则，通过各种搜索与匹配算法来确定模板与待检测图像之间的相似性，以确定在待检测图像中是否存在与模板相同或相似的区域，从而达到目标检测和定位的目的。具体步骤如下所述。

步骤 1：选择合适的特征空间。

由于特征是使其不同于其他图像的本质属性所在，因此对特征空间的选取准则应该是使其能够反映自身与其他不同目标图像之间的最大化差异，并且用于表示该特征空间的特征量或数据量应该是最小化的，这些特征可以是图像本身的亮度，也可以是线特征（如边缘、曲线、几何形状），点特征（角点、直线交点、SIFT 点）和统计特征（如不变矩、重心、直方图），高层语义特征与描述也可作为匹配的特征（如特征袋模型）。

步骤 2：确定相似性度量与匹配准则。

相似性度量用于描述模板图像与待检测图像之间的相似程度，这种相似程度可以通过某一对应的度量值来表示，通常定义为某种代价函数或者是距离函数的形式。常用的相似性度量包括相关度量和距离度量，其中相关度量主要包括最大互相关准则、最小均方差准则、最大匹配像素数量准则等，距离度量一般包括欧氏距离、马氏距离、Hausdorff 距离等。

步骤 3：构建搜索空间搜索目标。

为了获取最佳匹配位置，需要构建一个搜索空间。在这个空间中通过平移、旋转、仿射、透视投影等一系列变换操作，最终能够收敛于全局相似性最大的一个值，则找到目标所在位置。若搜索到最后也没有得到满足条件的位置，则认为目标不在搜索区域中。

2. 金字塔搜索算法

在对搜索空间进行搜索的时候，我们可以将所有可能的匹配位置都计算一遍，即全搜索策略。这种策略虽然可以找到全局最优值，但非常耗时。金字塔搜索算法，也叫分层搜索算法，是基于人们先粗后细寻找事物的惯例而得到的，是典型的快速搜索算法，其具体实现步骤如下所述。

步骤 1：金字塔分层预处理。

具体方法是将图像进行 2×2 的邻域平均，得到一个分辨率较低和维数较小的图像；然后，将此图像再用同样的邻域平均方法处理，得到一个分辨率更低、维数更小的图像；依次进行下去，可以进行 k 次分层处理，得到 k 个处理后的图像。加上原始的实时图像，可构成一组分辨率由高到低、维数由大到小的图像序列。假定模板图大小为 $M\times M$，待检测图像大小为 $N\times N$，用上述方法将模板图和待检测图像分别进行分层处理，可以得到两组图像序列如下。

$$\{X_k\}:\left(\frac{M}{2^k}\times\frac{M}{2^k}\right)\qquad\{Y_k\}:\left(\frac{N}{2^k}\times\frac{N}{2^k}\right)$$

其中，$k=0,1,2,\cdots,L$。因为原图的分辨率最高，且维数最大，所以 $k=0$ 的基准图 X_0（原始目标图像）和参考图 Y_0（原始待检测图像）具有最高的分辨率，而 $k=L$ 的基准图 X_L 和参考图 Y_L 具有最低的分辨率。

步骤 2：由粗到细的模板匹配。

第一次搜索从第 L 层开始，将模板 X_L 在参考图 Y_L 的所有搜索位置上进行匹配运算，确定粗匹配的位置。由于此时 X_L 和 Y_L 的维数最小，搜索速度很快，但匹配精度较差，可能产生多个粗匹配位置。下一次匹配运算只需要在上一次匹配运算产生的粗匹配位置附近进行搜索就可以了。依此类推，直到在最高分辨率的模板图 X_0 和参考图 Y_0 上找到最佳匹配位置为止。

如果对最低分辨率的两图进行匹配运算时，总的搜索位置数为

$$\left(\frac{M}{2^L}-\frac{N}{2^L}+1\right)^2\approx(M-N)^2/2^{2L}\tag{11.18}$$

而对最高分辨率的两图进行匹配运算时，搜索位置数为

$$(M-N+1)^2\approx(M-N)^2\tag{11.19}$$

因此，如果不考虑其他各层的搜索位置数（很少）的话，那么分层搜索算法的搜索位置数为全搜索算法的 $1/2^{2L}$，从而大大提高了处理速度。

图 11-9 是采用模板匹配的方法进行机场目标检测的实例。图 11-9（a）是待检测的机场目标，大小为 128×128；图 11-9（b）是包含机场目标的待检测遥感图像，大小为 1024×1024；把机场目标看作模板，采用模板匹配方法来检测目标，相似性度量选择归一化互相关准则，搜索算法选择 2 层金字塔分层搜索算法，最后的检测结果如图 11-9（c）中的矩形框所示，这种金字塔搜索算法比遍历搜索方法的速度可以提高 8 倍左右。

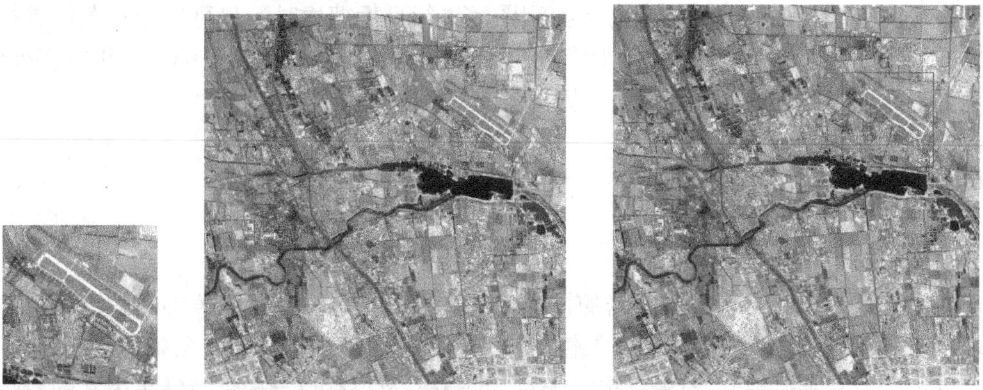

（a）机场目标　　（b）待检测遥感图像　　（c）检测结果

图 11-9　基于模板匹配的目标检测实例

11.3.3 基于机器学习的目标检测方法

基于机器学习的目标检测方法是目前应用较为广泛的一种方法，它打破了以往传统目标检测方法的思想，将目标检测过程看作一个目标与背景的二值分类问题，即用二值分类器把当前的图像像素分类，分类的结果就是目标像素和背景像素。因此，这种检测方法的关键在于分类器是否能够正确分辨目标与背景。

这种检测方法的基本思想是通过对某类目标样本的大量学习获得针对这类目标的分类器，然后利用这个分类器在图像中检测出这类感兴趣目标，将机器学习用于目标检测的过程更类似于人类对外界环境的理解和认识的过程，它包括两个阶段：训练阶段和检测阶段，如图 11-10 所示。

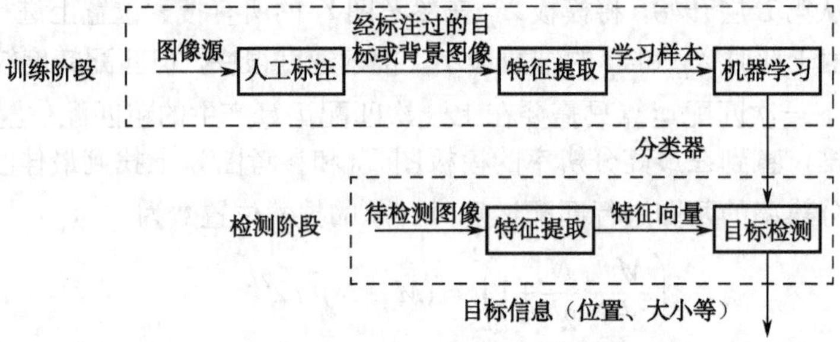

图 11-10 基于机器学习的目标检测算法流程

在训练阶段，首先从已知目标和背景像素的图像中采集大量样本，并将样本分为正、负两类，其中正样本为所要检测的目标样本，而负样本即为背景样本，并对这些样本进行预处理，如尺寸归一化；然后，根据检测任务的需要来设计特征提取算法，将图像样本映射到特征空间，提取出具有较好区分度的样本特征；接下来采用机器学习算法（如 SVM、Adaboost 等）在样本的特征空间对样本特性进行学习，生成一个具有普适意义的分类器，即目标检测分类器。在目标检测阶段，搜索待检测图像，对于每一个搜索位置进行特征提取，并将这些特征输入已经学习好的分类器进行分类，根据分类器的预测结果判定是否存在目标，可以使用 1 或 0 来表示目标像素和背景像素，也可以采用连续的实数代表该像素归属于目标或者背景的置信度，从而实现目标的检测。在对待检测图像进行目标搜索时，也可以先对图像进行一次感兴趣区域的提取，如显著性检测、图像分割等，然后，只对那些感兴趣区域进行特征提取，判别是否有目标存在，这样可以提高目标检测的效率。

11.4 弱小目标检测

近年来，随着现代远程打击武器的快速发展，人们希望在目标与传感器的距离相对较远的时候，即在目标成像阶段就能高可靠性地检测到目标，但由于自然气象条件（天气、风速、风向、气温、太阳辐射等）、背景环境（天空、地表）及目标自身成像特性等因素的影响，复杂背景下弱小目标的检测，一直是图像目标检测与识别的难点问题，成为近年来信息处理技术中的研究热点之一。

11.4.1 弱小目标检测的基本原理

1. 弱小目标的定义

随着传感器成像技术的不断进步，分辨率和传感器靶面不断提高，对弱小目标的定义也不尽相同。首先，需要明确什么是弱小目标。“弱”和“小”指的是目标属性的两个方面：“弱”是指目标的强度，反映到图像上就是指目标的灰度，如一般情况下弱小“亮”目标的灰度总是略高于其邻域背景灰度，在其邻域形成一个微小的“凸起”；“小”是指目标的尺寸，反映到图像上就是指目标所占的像素数。因此，通常将没有形状、大小、纹理等特征的目标定义为弱小目标。弱小目标其实并不是指目标本身尺寸很小，而是由于探测距离较远，导致目标在像面上的成像很小。弱小目标的另外一个特性是运动特性，它的运动轨迹是连续的，并贯穿于整个图像序列中，与图像背景和噪声的运动情况具有明显差异。这些关于弱小目标特性的描述成为其检测成功与否的关键。

SPIE 给出了关于弱小目标的具体定义：当成像系统和目标的相对位置较远时，虽然目标本身可能有几米甚至十几米的直径，但是在成像平面内仅表现为一个或几个像素的面积，它通常被称为点目标或小目标。具体来说，当弱小目标信噪比小于 3，所占的像素大小不超过 6×6 像素，约占一幅 256×256 图像的 0.05%时，可以认为在图像上大小在 1×1 个～6×6 个像素的目标为弱小目标，通常情况下可以认为弱小目标就是几何尺寸小到几乎没有形状信息的目标。

2. 弱小目标检测的基本思想

弱小目标检测和跟踪一直被认为是一个难题，因为目标常以一个或几个像素点的形式出现在含有严重背景起伏的强杂波图像中，目标强度较弱、信噪比低，缺乏形状和结构信息，甚至在运动过程中经常出现闪烁或间断遮挡等现象，这给正确检测带来了很大难度。因此，弱小目标检测的核心思想就是如何有效地抑制杂波和背景对目标检测的影响，突出潜在的目标区域，增强信噪比，从而提高目标的检测概率。

图 11-11 显示了弱小目标检测的算法流程图。由于弱小目标没有形状、纹理等特征，很难利用灰度信息从单帧图像中检测到，因此，通常采用空间和时间滤波相结合的方法。为了增强目标和抑制背景，首先要对图像进行空间滤波的预处理，以提高图像的信噪比，然后结合目标像素在图像序列中运动的连续性和轨迹的一致性，通过时间序列分析进行时间域滤波，去伪存真，这样就可以检测并跟踪到真正的目标。

在不同尺寸、形态、背景复杂度、成像特性及应用场合等情况下，弱小目标检测的方法也不尽相同。对于目标较大，信噪比较高，对比度较强、背景相对简单的目标来说，通常利用单帧的阈值分割方法就能够很好地检测到目标，但随着目标尺寸变小、信噪比和对比度降低、杂波和噪声干扰加强，再加上复杂背景等，单纯利用阈值分割的方法就很难检测到弱小目标了，这时可以根据不同的情况在算法中增加背景抑制、恒虚警率约束、序列图像的运动信息及轨迹外推等方法，以保证对于弱小目标的高检测概率和低虚警率。

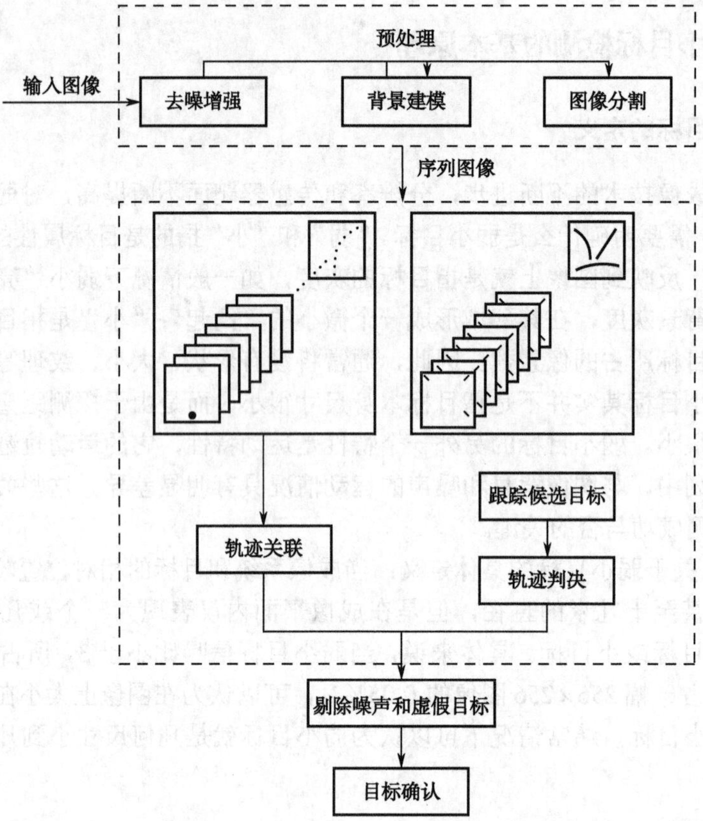

图 11-11　弱小目标检测的算法流程

3. 弱小目标检测的算法分类

弱小的运动目标在检测中可利用的有效特征仅有两个：一个是目标的亮度，另一个是目标的运动轨迹。它们在短时间内具有平稳特性。在检测弱小运动目标时，按照上述两种目标特征使用顺序的不同，产生了两种弱小目标检测的思路。第一种是将时间滤波器放在空间滤波器之后，叫作先检测后跟踪（Detect Before Track，DBT），第二种是将时间滤波器放在空间滤波器之前，叫作探测前跟踪（Track Before Detection，TBD）或者叫作边检测边跟踪。

1）先检测后跟踪方法

先检测后跟踪方法（DBT）是比较传统的弱小目标检测方法，将把目标检测与目标跟踪划分为两个独立的过程，检测过程首先是对由传感器获得的图像进行滤波，尽可能抑制背景杂波、滤除噪声，然后根据目标的灰度特性对单帧图像进行灰度阈值判别，将超过检测门限的像素作为下一步跟踪的量测值。在跟踪过程中，根据目标的短时运动速度特性，利用数据关联的方法来寻找可能的目标航迹，将每一次量测与航迹进行关联，实现目标的航迹起始、确认与维持、航迹终结。

DBT 方法中的目标检测环节既可以采用单帧的目标检测方法也可以采用多帧能量累积的序列目标检测方法。DBT 方法虽然简单，易于实现，但由于使用单帧检测门限，致使包含在序列图像中的许多有用信息都会丢失，因此，这种方法一般只适用于信噪比较高的情况，而在低信噪比条件下表现较差。

2）边检测边跟踪方法

当图像序列中的目标弱到难以有效检测时，人们试图在检测之前采用一些跟踪思想，这就是边检测边跟踪方法（TBD）方法。它的基本思想是对单帧图像中有无目标不进行判断，而是在连续帧里累积所有可能运动轨迹上的目标能量，并对可能的轨迹同时进行跟踪，然后再利用累积统计量来判别各条轨迹是否为真实目标运动轨迹，这样逐步剔除由噪声构成的虚假轨迹，维持目标的真实轨迹，避免了因信噪比低而造成的航迹漏检。

TBD 方法的流程主要包括三个步骤：一是通过滤波将图像低频和高频部分进行分离，尽可能抑制原始图像中的低频背景杂波干扰，提高信噪比；二是利用连续几帧中目标的运动信息来分割目标，从背景抑制后的图像中分割出少量候选目标进行跟踪；三是利用序列图像中目标运动的连续性和轨迹的一致性，进一步排除虚假目标，从候选对象中检出真正目标。

TBD 方法把目标检测与跟踪的过程结合在一起，提高了弱小目标在恒虚警率下的目标检测能力。目前对于低信噪比条件下的弱小目标检测来说，主要还是以 TBD 方法为主，能够有效提高目标的检测概率。

11.4.2 弱小目标检测中的背景抑制

在进行目标检测之前，如果能对单帧弱小目标场景图像进行有效的预处理，则可以抑制图像中的起伏背景，提高图像信噪比，这就是背景抑制。背景抑制算法是将图像背景滤除而只保留点目标信号和噪声的过程，用于抑制各种影响小目标检测的背景杂波，为目标分割和目标精确定位去除干扰，这在低信噪比的弱小目标检测中至关重要。

1. 高通滤波法

在目标频域分析中，弱小目标亮度较背景高，在图像中是孤立的亮斑，与背景相关性小，是图像中的高频部分，而背景主要是大面积缓慢变化的低频部分，而高通滤波能抑制低频分量。

假设滤波器的输入为 $f(x,y)$，输出信号为 $g(x,y)$，滤波器的脉冲响应函数为 $h(x,y)$，用*表示卷积运算，则

$$g(x,y)=f(x,y)*h(x,y) \tag{11.20}$$

对于离散图像，一般用卷积模板表示滤波器的脉冲响应函数，记为 $\boldsymbol{H}$，常用的高通滤波器模板有

$$\boldsymbol{H}_1=\begin{bmatrix}-1&-1&-1&-1&-1\\-1&-1&-1&-1&-1\\-1&-1&25&-1&-1\\-1&-1&-1&-1&-1\\-1&-1&-1&-1&-1\end{bmatrix}\quad \boldsymbol{H}_2=\begin{bmatrix}-1&-1&-1&-1&-1\\-1&-1&4&-1&-1\\-1&4&4&4&-1\\-1&-1&4&-1&-1\\-1&-1&-1&-1&-1\end{bmatrix} \tag{11.21}$$

对于模板 $\boldsymbol{H}_1$，中心像素权值大，而周围部分权值均为-1，因此，对于孤立的目标点，信号强度高，容易通过，而对于具有一定面积的背景则不易通过，从而抑制了背景。而模板 $\boldsymbol{H}_2$ 则将中心高权值分布在十字区域内，使权值分散，必然使滤波后的弱小目标发生膨胀，面积变大，背景变得更加均匀。

2. 形态学滤波

数学形态学滤波是一种实用的自适应非线性预测技术，它是通过使参与运算的区域大小根据背景的起伏程度（图像局部统计方差的大小）进行相应的调整来实现自适应滤波的。在图像背景抑制方面，数学形态学滤波比线性的背景估计算法有更好的性能。由于形态学滤波的方法不用考虑时间上的关联性，因此对图像匹配没有要求。

根据第 7 章形态学的知识，灰度开运算可以用来消除向上的噪声，闭运算可以用来消除向下的噪声，根据开闭运算的这一滤波性质，采用形态学方法对背景抑制的基本步骤为如下所述。

步骤 1：选择合适的结构元素；

步骤 2：用开运算消除比结构元素小的亮噪声；

步骤 3：用闭运算消除比结构元素大的暗噪声；

步骤 4：用原图与所获得的图像进行差分即可得到抑制背景后的图像。

由于开/闭运算只是对图像中的小噪声有滤波作用，图像整体灰度值和大的亮、暗区域基本不受影响。而小目标在图像中表现为小的亮点或亮斑，在步骤 2 中会被消除掉，因此，图像经过步骤 2 和 3，可以获得图像的背景。经过步骤 4 后得到背景抑制图像，这时再利用阈值分割的方法就可以很容易检测到小目标。

3. 背景预测

图像中任何一点的背景预测值都可以用它的某个邻域内点的灰度值经过组合产生，将图像中点的实际灰度值与预测值相减得到预测差，此时只要在预测差分图像上进行阈值检测就可以检测出目标候选点。最基本的背景预测模型为

$$Y(m,n)=\sum_{l,k\in S_j}\sum \boldsymbol{W}_j(l,k)X(m-l,n-k) \tag{11.22}$$

$$m=0,1,\cdots,M-1;n=0,1,\cdots,N-1$$

式中，X 是 $M\times N$ 大小的输入图像，Y 为预测图像，$\boldsymbol{W}_j$ 是第 j 级的权重矩阵，S_j 是邻域块中点的集合。

预测图像与输入图像之间的残差图像为

$$E(m,n)=X(m,n)-Y(m,n) \tag{11.23}$$

由于弱小目标在图像中所占的比例是非常小的，所以背景预测的最佳结果为

$$\sum E(m,n)=\min \tag{11.24}$$

对于基于背景预测的弱小目标检测方法来说，有以下三个关键问题需要解决。

1）权重 $\boldsymbol{W}_j$ 的选取

等权重和渐变权重是两种常用的权重选取方法。假定所有邻域点对其影响是相同的，等权重相当于将局域背景像素点的灰度值进行平均，作为中心点的预测值。

$$\boldsymbol{W}_j(l,k)=\frac{1}{L} \tag{11.25}$$

实际图像中邻域点对中心点的贡献并不是完全相同的，此时，可以考虑渐变权重，即

$$W_j(l,k)=\frac{r(l,k)}{\sum_{l,k\in S_j}\sum r(l,k)} \tag{11.26}$$

式中，$r(l,k)$为局域背景点到观测点的几何距离。因为要预测的是背景，故离预测点的距离越近，权重越小。这样选取权重可以从预测点的邻域开始取点，而且权重是越靠近预测点越小，所以兼容性更好，可以适用于点目标和弱小目标。

2）背景点的选取

选取多少局域背景点？在什么地方选？原则上选取的局域背景点越多，预测的效果会越好，但同时计算量也会越大。在什么地方选点与目标的大小有关，越靠近目标越好，但由于目标不一定仅仅是点目标，有可能具有一定的尺寸，所以应该根据目标大小在目标外侧选点。

3）阈值的确定

由于图像中噪声的存在，弱小目标的检测问题是在杂乱背景和噪声中实现的，所以属于统计检测问题。如果门限过高，则检测概率下降；门限过低，则检测概率升高，但虚警概率也升高了。因此针对具有一定信噪比的图像中一定对比度的目标，根据系统检测概率和虚警概率的要求，可以确定一个合理的检测门限。

11.4.3 基于单帧的弱小目标检测算法

1. 门限检测法

在弱小目标检测方法中最常用也是最典型的方法就是门限检测法，门限检测法主要分为基于全局阈值分割的检测方法和基于局部特征分割的检测方法两种。

1）基于全局阈值分割的弱小目标检测

全局阈值分割适用于目标与背景存在较强对比度的弱小目标检测，它利用的是图像中要提取的弱小目标与其背景在灰度特性上的差异。给定一幅图像$f(x,y)$，选取合适的阈值T，场景图像中高于阈值的像素被认为是目标点，而低于阈值的像素认为是背景和噪声，即可得到小目标检测的结果$g(x,y)$，其计算公式为

$$g(x,y)=\begin{cases}1 & (f(x,y)\geqslant T)\\0 & (f(x,y)\geqslant T)\end{cases} \tag{11.27}$$

式中，1表示目标像素，0表示背景像素。

全局阈值分割的方法比较简单，算法的关键是如何选取合适的阈值，能够将目标从背景中分割出来。

2）基于局部图像灰度梯度的检测方法

图像中弱小目标的检测问题可以看作在具有空间相关性的图像背景中加入弱小目标而形成的，因此，图像的局部特征更能够反应弱小目标的特性。利用窗口思想，提取出弱小目标与背景的局部特征差异，能够获得比全局阈值分割更好的检测效果。

图像中的弱小目标沿各个方向上的梯度均较高，而背景部分的梯度由于背景相关性而不具有这一特性，即使在背景的边缘部分，也仅有一个或两个方向的灰度梯度较大。这样就可以通过目标点与背景边缘之间的差异将它们区分开来，从而进一步剔除虚假目标点，提高单帧图像的目标检测概率。

像元 (m,n) 位置处沿水平方向的梯度定义为

$$\Delta X_{+(m,n)}=\begin{cases}1 & |X_{(m+l,n)}-X_{(m,n)}|\geqslant T\\0 & |X_{(m+l,n)}-X_{(m,n)}|<T\end{cases}\tag{11.28}$$

式中，T 为梯度检测阈值，它与背景的梯度特性及目标信号强度有关；l 与目标大小有关，对于点目标，$l=1$，若目标大小未知，可取可能的最大值。同样的可以给出 (m,n) 处沿水平负方向、垂直正方向和垂直负方向上梯度的定义。

定义梯度检测函数为

$$\Delta_{(m,n)}=\Delta X_{+(m,n)}\Delta X_{-(m,n)}\Delta Y_{+(m,n)}\Delta Y_{-(m,n)}\tag{11.29}$$

从梯度检测函数的定义可以看出，只有当某一位置处沿四个方向上的梯度均较高时，梯度检测函数才认为该点是目标点，否则认为是背景。

通过灰度梯度检测，可以将杂乱背景剔除，此时图像中的目标候选点有真实目标和噪声。

2. USAN 算法

USAN 滤波是基于粗糙集理论，利用像素和像素邻域间灰度的相似性来判断像素特性的方法。当弱小目标或目标边缘的起伏比背景的起伏强时，才有较高的检测性能。USAN 算法大致包含三个方面。

1）USAN 滤波

在图像上移动圆形模板，若模板内的像素灰度与模板中心的像素差值小于给定的门限，则认为该点与中心点是同值的，由满足这样条件的像素组成的区域叫吸收同值核区（USAN）。USAN 区含有图像在某个局部区域的结构信息，同值核的大小反映了图像局部特性的强度。图像中某一点的 USAN 区大小可表示为

$$n(r_0)=\sum_{r\in C(r_0)}C(r_0,r)\tag{11.30}$$

式中，$C(r_0)$ 是以 r_0 为圆心的模板，$C(r_0,r)$ 为模板内属于 USAN 区的像素判别函数，通常简化定义为

$$C(r_0,r)=\begin{cases}1, & |f(r)-f(r_0)|\leqslant t\\0, & |f(r)-f(r_0)|>t\end{cases}\tag{11.31}$$

式中，f 为像素灰度值，t 为灰度差门限。USAN 算子所具备的较好的局部抗干扰性能主要体现在灰度差门限上。灰度差门限小则表明提取特征多，反之，则特征少。

根据式（11.30）产生 USAN 区的大小值，利用式（11.32）生成 USAN 区的特征图像 $R(x,y)$ 为

$$R(x,y)=\begin{cases}g-n(x,y), & n(x,y)\leqslant g\\0, & n(x,y)>g\end{cases}\tag{11.32}$$

式中，$n(x,y)$ 为当前像素点的 USAN 区大小，g 为几何门限，一般取 $\frac{3}{4}\times N$，N 为 $n(x,y)$ 所能取的最大值，即除去模板内的中心点后的模板面积，也即模板的大小减 1。

2）灰度差门限选择

提取图像的上下左右四块边界区域作为局部背景，如果某块区域的方差较大，则很可能

此区域不只包含背景，反之，方差较小，则仅包含背景的可能性就较大，然后就可用此块背景来计算灰度差门限。计算该块图像中所有点的 USAN 区大小 $n(x,y)$，求使 $n(x,y)>g$ 的最小灰度差门限 $t_{\min}(x,y)$，取该区域内所有点的 $t_{\min}(x,y)$ 的最大值 $t_{\max}=\max\{t_{\min}(x,y)\}$，令灰度差门限 $t=t_{\max}+\varDelta$，$\varDelta$ 为较小正数。

3）杂波剔除

对滤波后的像素进行连通性检测，如果连通区域长度或面积过大，则可能是背景边缘或虚假目标。

11.4.4 基于多帧的弱小目标检测算法

由于弱小目标没有形状、纹理等特征，有时很难利用灰度信息从单帧图像中检测到弱小目标。这时可以根据不同的情况在算法中增加序列图像的运动信息，以提高弱小目标的检测概率。在基于多帧的弱小目标检测方法中，目标检测与跟踪的界限并不十分明显，通常是将目标检测与目标跟踪结合在一起，通过在序列图像中对弱小目标的持续跟踪，实现对弱小目标真实航迹的判别，从而从虚假目标中确认弱小目标。

1. 多帧目标能量累积的检测方法

基于多帧图像目标能量累积的检测方法总体思路是将多帧图像沿时间轴叠加，利用弱小目标灰度信息的累积效应，提高信噪比，并最终检测到弱小目标，其基本原理如图 11-12 所示。假设所有参与多帧能量累积的每帧图像的目标和噪声灰度分布相同，且目标的运动速度小于其支持域直径（相邻两帧之间目标的运动距离小于目标的直径），则多帧叠加在一起会使弱小目标的能量获得增加，并且目标能量积累的程度大于噪声能量积累的程度。累积后的图像信噪比相对于单帧图像信噪比有所提高。基于能量累积的目标检测算法步骤如下所述。

步骤 1：将前后帧图像坐标配准后再沿时间轴将多帧目标图像进行叠加；

步骤 2：采用基于单帧的弱小目标检测算法在能量累积图像上对目标进行检测；

步骤 3：利用轨迹预测和轨迹关联的方法剔除虚假目标，提高检测概率。

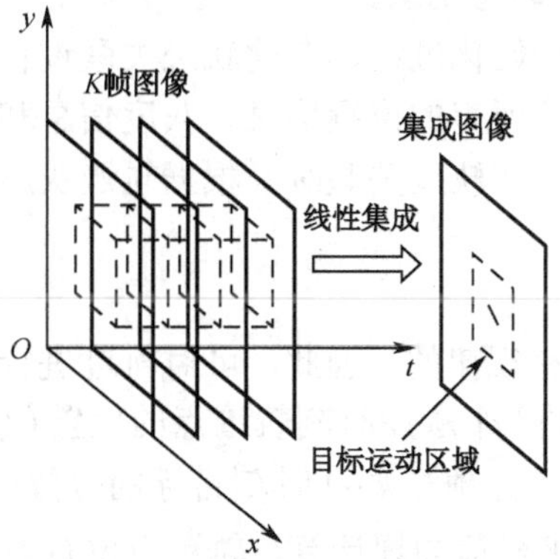

图 11-12 多帧图像目标能量累积的基本原理

2. 基于轨迹关联的虚假目标剔除方法

在基于序列图像的弱小目标检测方法中，利用目标运动的连续性及方向性，通过轨迹关联的方法剔除虚假目标，维持目标航迹是十分重要的检测手段，它在保证对于弱小目标具有较高的检测概率的同时也满足了虚警概率的要求。

轨迹关联就是利用目标的运动信息，以门限判决后的图像序列中的候选目标点为中心，开搜索窗寻找匹配点，根据目标运动的连续性、方向性和光滑性对目标进行时空关联处理，目的是将各阶段候选目标的轨迹进行关联匹配，以尽可能地剔除虚警目标轨迹，提高目标检测概率，降低目标虚警概率。轨迹关联的关键是精确地轨迹预测。轨迹预测是根据已知的目标轨迹信息，采用轨迹数据拟合外推的方法预测出目标下一帧的理论位置，轨迹预测的结果直接影响到轨迹的关联。

图 11-13 给出了基于轨迹关联的虚假目标检测方法的流程。真正的目标在二维空间中具有连续的运动轨迹，而噪声点随机出现没有连续轨迹的特性。当目标经过分割或序列图像能量积累后，可获得包含目标点在内的候选目标点集。对这些候选目标点建立运动轨迹记录，利用轨迹预测的方法对目标的下一帧位置进行预测。根据轨迹相邻点的位置差确定搜索窗口的大小，在下一帧图像中的预测位置搜索与之相匹配的目标点进行关联处理，并不断更新轨迹。当所建立的候选目标轨迹长度达到判决长度时，进行轨迹置信度检验，判决轨迹的真实性。这样就可以进一步剔除噪声点，检测出正确目标。目前轨迹预测和数据拟合的方法很多，工程中以最小二乘法最为普遍，下面就以此为例介绍轨迹关联算法的具体实现过程。

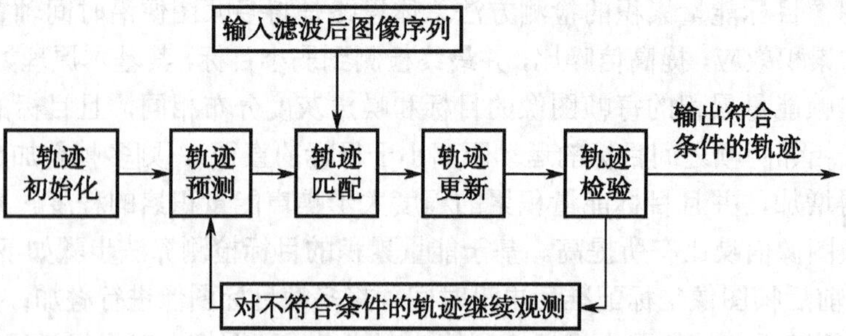

图 11-13　轨迹关联检测算法框图

步骤 1：建立点目标的运动轨迹记录。

轨迹的建立是轨迹关联的初始化过程，在此轨迹关联过程中，对轨迹在历史帧中的所有记录都予以保留，即保留了轨迹所有的位置信息、灰度信息和前后关联信息，由此可以获得轨迹的灰度和速度时间序列值，在轨迹关联时，根据轨迹灰度和速度的变化规律，剔除虚假轨迹。

步骤 2：预测过程。

目标在空间的运动是连续有规律的，因此，可对轨迹进行预测。根据目标运动轨迹为近似直线的假设，利用已经得到的k个顺序时刻轨迹点的位置(x_k, y_k)，采用最佳线性逼近的方法，建立目标的运动轨迹方程，并预测$k+1$时刻目标的位置坐标(x_{k+1}, y_{k+1})。下面以轨迹点的x坐标为例进行计算说明，y坐标同理计算。轨迹点位置x坐标可用式（11.33）最佳线性逼近，即

$$x = a + bt \tag{11.33}$$

实际值与逼近值之间的误差为

$$\varepsilon_l = x_l - a_l - bt_l \tag{11.34}$$

对 k 个轨迹点位置估计的均方误差为

$$E=\sum_{l=1}^{k}(x_l-a_l-bt_l)^2 \tag{11.35}$$

希望选择合适的 a，b，使得均方误差 E 取最小值，采用最小二乘估计的方法，对 a，b 分别求偏微分，使

$$\begin{cases}\dfrac{\partial E}{\partial a}=0\\ \dfrac{\partial E}{\partial b}=0\end{cases} \tag{11.36}$$

$$\begin{cases}\sum_{l=1}^{k}x_l=\sum_{l=1}^{k}a+b\sum_{l=1}^{k}t_l\\ \sum_{l=1}^{k}t_lx_l=\sum_{l=1}^{k}at_l+b\sum_{l=1}^{k}t_l^2\end{cases} \tag{11.37}$$

解得

$$\hat{a}=\frac{\sum_{l=1}^{k}t_l^2\sum_{l=1}^{k}x_l-\sum_{l=1}^{k}t_l\sum_{l=1}^{k}x_lt_l}{k\sum_{l=1}^{k}t_l^2-(\sum_{l=1}^{k}t_l)^2} \tag{11.38}$$

$$\hat{b}=\frac{\sum_{l=1}^{k}t\sum_{l=1}^{k}x_l-k\sum_{l=1}^{k}x_lt_l}{k\sum_{l=1}^{k}t_l^2-(\sum_{l=1}^{k}t_l)^2} \tag{11.39}$$

步骤 3：匹配过程。

在成像系统中，弱小目标在图像序列中合适长度区间内可近似为匀速直线运动，可表示为

$$\begin{cases}x(k)=x(l)+V_x*(k-l)\\ y(k)=y(l)+V_y*(k-l)\end{cases} \tag{11.40}$$

假设目标帧间最大运动速度为 $V_{\max}$，累加帧数为 k，则经过前级滤波后目标运动的最大帧间速度为 $kV_{\max}$，搜索窗口最大为 $(2kV_{\max}+1)*(2kV_{\max}+1)$。

匹配过程是以预测位置为参考点，在搜索窗中寻找符合匹配条件的最佳候选目标，有关匹配搜索的内容请参见第 9 章的图像匹配。

步骤 4：虚假目标剔除。

对候选目标点进行轨迹关联处理，并不断更新轨迹，当候选目标的轨迹长度达到判决长度时，进行轨迹置信度检验，判决轨迹的真实性，将虚假目标剔除。

轨迹预测与关联方法不仅可以有效剔除与目标特征相似的噪声点或其他物体，而且也是目标跟踪过程中克服遮挡、多目标编号维持时常用的方法，能够有效地维持与判别目标的运动轨迹。

11.5 目标检测的性能评价

11.5.1 目标检测中的通用性能评价指标

1. 目标对比度

在目标检测的性能评价指标中，一般都是用对比度和信噪比来描述目标信号的强弱，而对比度主要描述的是目标与周围背景之间灰度或亮度的差异。对比度是亮度的局部变化，定义为物体亮度的平均值与背景亮度的比值。对比度的定义较多，常用的三种定义如下。

$$C_1 = \frac{G_{\mathrm{T}} - G_{\mathrm{B}}}{G_{\mathrm{T}} + G_{\mathrm{B}}} \tag{11.41}$$

$$C_2 = \frac{G_{\mathrm{T}} - G_{\mathrm{B}}}{G_{\mathrm{B}}} \tag{11.42}$$

$$C_3 = \frac{G_{\mathrm{T}} - G_{\mathrm{B}}}{G_{\max} - G_{\min}} \tag{11.43}$$

上列三式中的G_{T}代表目标的灰度平均值，G_{B}代表背景的灰度平均值，$G_{\max}$为图像的最大灰度值，$G_{\min}$为图像的最小灰度值，其中的C_1和C_2常被称为相对对比度，而C_3被称为绝对对比度。

由于小目标在成像特性上的特殊性，如果在全局图像范围内利用标准的对比度计算公式，则很难直接反映出小目标与背景在成像上的差异，因此，将小目标的对比度定义在局部窗口区域内，计算公式为

$$C_{\mathrm{small}} = \frac{G_{\mathrm{t}} - G_{\mathrm{b}}}{G_{\mathrm{b}}} \tag{11.44}$$

其中，G_{t}为窗口处理区域内目标像元的灰度平均值，G_{b}为窗口局部邻域内背景的灰度平均值。

2. 目标信噪比

信噪比（SNR）描述的是目标与噪声之间灰度或亮度的差异，指目标强度与噪声强度的比值，主要反映了目标与背景之间的相关性及目标被噪声淹没的程度，信噪比越小说明目标与背景的相关性越大，目标受背景干扰越严重，它是评价目标检测算法的一个重要指标。对于图像中的目标检测问题的信噪比可以定义为

$$\mathrm{SNR} = \frac{\text{目标强度}}{\text{噪声均方差}} = \frac{G_{\mathrm{T}} - G_{\mathrm{B}}}{\sigma} \tag{11.45}$$

其中，G_{T}为目标位置处的灰度平均值，G_{B}为背景的灰度平均值，σ为背景噪声的方差估计值。

与对比度相同，为了更好地反映小目标与周围邻域区域的强度对比情况，同样也可以在局部区域窗口内定义弱小目标的信噪比为

$$\mathrm{SNR} = \frac{(G_{\mathrm{t}} - G_{\mathrm{b}})^2}{\sigma^2} \tag{11.46}$$

其中，G_{t}为图像中目标的平均灰度（或者目标灰度的峰值），G_{b}为窗口局部邻域内的背景平

均灰度，σ 为窗口局部邻域内噪声的标准均方差。

σ 的计算公式为

$$\sigma=\sqrt{\sum_{k=1}^{L}[x_k-\mu]^2\frac{n_k}{n_L}} \tag{11.47}$$

L 为目标（或背景）像元的灰度级，x_k 为目标像元的灰度值，n_k 为灰度值是 x_k 的像元个数，n_L 为窗口内背景的像元个数。局部信噪比更适合评估弱小目标检测算法的性能。

3. 目标信杂比

信杂比（SCR）描述的是目标与包含噪声在内的杂波之间的差异程度，指目标强度与杂波强度的比值。由于图像预处理的最终目的就是提高图像的信杂比，因而，滤波前后信杂比改善的程度是算法性能优劣的一个直接体现。目标与背景的幅度信杂比定义为

$$\mathrm{SCR}=\frac{f_{\mathrm{tmax}}-f_{\mathrm{bmean}}}{\sigma} \tag{11.48}$$

其中，f_{tmax} 表示目标最大灰度值（对于点目标，即是目标灰度），f_{bmean} 表示目标所在局部窗口内像素灰度均值，σ 表示局部窗口内像素灰度标准差。目标信杂比适合杂波背景较强的目标检测任务，例如海面弱小目标检测、红外弱小目标检测等。

4. 检测概率、虚警概率和漏警率

检测概率和虚警概率是评价检测性能的重要指标，虽然这两个指标常常也是系统指标而不单纯是检测技术本身的评价指标。由于检测时间一般都对应序列图像（多帧图像），所以在检测过程中存在着多次检测的情况。为更准确地描述多次检测和单次检测之间的关系，将使用单帧检测率、单帧虚警率、多帧检测概率和多帧虚警概率、漏警率作为评价检测性能的指标，定义分别如下所述。

单帧检测率：对单帧图像进行检测，检测到目标的次数与目标实际存在次数的比值。

单帧虚警率：对单帧图像进行检测，检测到候选目标而目标实际上不存在的次数与检测次数的比值。

序列检测概率：对多帧图像序列（对应一定的检测时间）进行检测，检测到目标的次数与目标实际数目的比值，即将目标正确判别为目标的可能性。

序列虚警概率：对多帧图像序列（对应一定的检测时间）进行检测，检测到候选目标而目标实际不存在的次数与检测次数的比值，即将非目标错判为目标的可能性。

漏警率指待测图像中包含目标，而检测结果却表明不含目标的概率。下面介绍一下目标检测概率、虚警率、漏警率与信噪比之间的关系。

假设经过背景抑制后的图像背景杂波近似为零均值高斯白噪声，使用二元假设判断目标是否存在。

H_0：目标不存在

H_1：目标存在

假设分割门限 Th 已经确定，那么图像中所有灰度值大于门限 Th 的像素就认为是可能的目标点，其余像素为背景像素。输出信号 U（U 为通过图像信息计算得到的门限函数，最简单的情况下 U 为图像的灰度），$P(U|H_0)$ 与 $P(U|H_1)$ 分别是图像中无目标和有目标假设下 U

的条件概率密度函数，如图 11-14 所示显示的是检测概率、虚警率和漏警率之间的关系示意图。

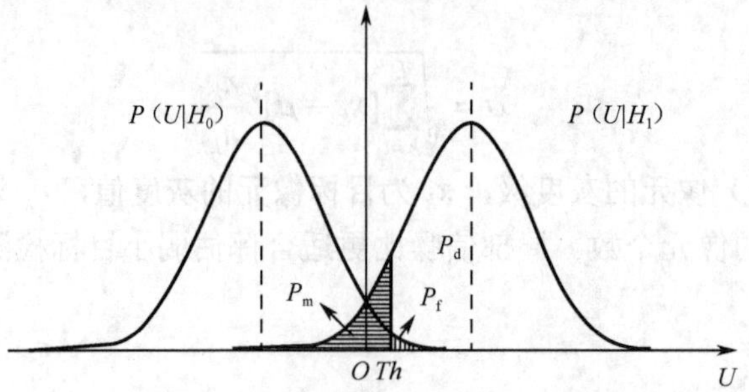

图 11-14 检测概率、虚警率与漏检率之间的关系示意图

假定如下判定：

$$\begin{cases} U < \text{Th}，则判决为H_0，无目标 \\ U \geqslant \text{Th}，则判决为H_1，有目标 \end{cases} \tag{11.49}$$

因此，二元假设检测的结果与实际情况有四种检测事件发生：实际无目标，但$U \geqslant \text{Th}$判定为目标，虚警率记为P_f；实际无目标，且$U < \text{Th}$判定无目标，事件发生，记为$1-P_\text{f}$；实际有目标，且$U \geqslant \text{Th}$判定有目标，事件发生，检测概率记为P_d；实际有目标，但$U < \text{Th}$判定无目标，事件漏报，漏检率记为P_m。

由于经过背景抑制后，背景杂波（包含噪声）B服从均值为u_b、方差为σ_b^2的高斯分布，即$B \sim N(u_\text{b}, \sigma_\text{b}^2)$。由于单帧图像为目标与高斯噪声加性叠加而成的复合信号，因此，目标也服从高斯分布，即$T \sim N(u_\text{t}, \sigma_\text{b}^2)$。根据信噪比的定义如下。

$$\text{SNR} = \frac{u_t - u_\text{b}}{\sigma_\text{b}}, \tag{11.50}$$

可得

$$u_\text{t} = \text{SNR}\sigma_\text{b} + u_\text{b} \tag{11.51}$$

$P(U \mid H_0)$与$P(U \mid H_1)$的概率密度函数分别为

$$P(U \mid H_0) = \frac{1}{\sqrt{2\pi}\sigma_\text{b}} \exp(-(x-\mu_\text{b})^2 / 2\sigma_\text{b}^2) \tag{11.52}$$

$$P(U \mid H_1) = \frac{1}{\sqrt{2\pi}\sigma_\text{b}} \exp(-(x-\mu_\text{t})^2 / 2\sigma_\text{b}^2) \tag{11.53}$$

从而可计算目标的单帧检测概率和单帧虚警概率分别为

$$\begin{aligned} P_\text{d} &= \int_{\text{Th}}^{\infty} P(U \mid H_1)\text{d}x \\ &= \int_{\text{Th}}^{\infty} \frac{1}{\sqrt{2\pi}\sigma_\text{b}} \exp(-(x-\mu_\text{t})^2 / 2\sigma_\text{b}^2)\text{d}x \\ &= 1 - \varPhi\left(\frac{\text{Th}-\mu_\text{t}}{\sigma_\text{b}}\right) \\ &= \varPhi\left(\frac{\mu_t - \text{Th}}{\sigma_\text{b}}\right) = \varPhi\left(\frac{\text{SNR}\sigma_\text{b} + u_\text{b} - \text{Th}}{\sigma_\text{b}}\right) \end{aligned} \tag{11.54}$$

$$P_{\mathrm{f}} = \int_{\mathrm{Th}}^{\infty} P(U \mid H_0)\mathrm{d}x = \int_{\mathrm{Th}}^{\infty} \frac{1}{\sqrt{2\pi}\sigma_{\mathrm{b}}} \exp\left(-\frac{(x-\mu_{\mathrm{b}})^2}{2\sigma_{\mathrm{b}}^2}\right)\mathrm{d}x = 1-\Phi\left(\frac{\mathrm{Th}-\mu_{\mathrm{b}}}{\sigma_{\mathrm{b}}}\right) = \Phi\left(\frac{\mu_{\mathrm{b}}-\mathrm{Th}}{\sigma_{\mathrm{b}}}\right) \tag{11.55}$$

进一步推导出

$$\mathrm{Th} = \mathrm{SNR}\sigma_{\mathrm{b}} + u_{\mathrm{b}} - \sigma_{\mathrm{b}}\Phi^{-1}(P_{\mathrm{d}}) \tag{11.56}$$

$$\mathrm{Th} = \mu_{\mathrm{b}} - \sigma_{\mathrm{b}}\Phi^{-1}(P_{\mathrm{f}}) \tag{11.57}$$

因此，推出单帧检测概率、单帧虚警概率与信噪比之间的关系为

$$\Phi^{-1}(P_{\mathrm{d}}) - \Phi^{-1}(P_{\mathrm{f}}) = \mathrm{SNR} \tag{11.58}$$

设门限系数$k = \dfrac{Th-\mu}{\sigma}$，由前面的推导就可以得到检测概率、虚警概率与门限系数之间的关系。

可以看出，检测概率、虚警概率同信噪比及分割门限参数的选择有很大关系。信噪比越高，检测概率越高，同时虚警概率也会下降。在相同信噪比下，门限越高，虚警概率越低，但是检测概率也下降；若门限过低，则虚警会很高。所以门限选择必须平衡检测概率和虚警概率两方面的要求。即必须在保证虚警概率一定的情况下，尽量提高检测概率，或者在检测概率达到一定程度的条件下尽量降低虚警概率。

5. 其他指标

检测精度反映自动检测系统检测图像目标范围与手动标记目标范围的偏离程度。

算法复杂度指计算所需的步数或计算时间，体现计算机求解问题的快慢程度。

11.5.2 ROC 曲线评估模型

ROC 分析是受试者工作特征（Receiver Operating Characteristic）的缩写，用来说明分类器命中率和误报警率之间的关系。ROC 分析的基础是两类的分类问题，而目标检测正好符合机器学习理论中目标与背景的二分类问题，即判断像素点是目标或者不是目标。

ROC 曲线应用于目标检测算法性能评估时，如图 11-15 所示，曲线上的点代表同一个检测算法在阈值不同时的检测概率和虚警概率，是唯一度量某一特定算法的目标检测和拒绝虚警能力的方法，可有效描述算法的检测性能。图中虚线为随机接受，即假设检验对零假设无论真假，检测到目标真假的可能性完全相同。对理想的检测性能来说，总是 100%地拒绝虚警；曲线 a 和曲线 b 是性能不同的实际曲线，由于它们的检测概率比虚警概率高，因此性能比随机接受好，但比理想性能差。而曲线 a 的检测性能要好于曲线 b，因为当虚警概率相同时，曲线 a 的检测概率更高。

为了能够直接比较多个算法在任何情况下的性能，我们可能希望将 ROC 曲线描述的检测算法性能转换为一个数值。一个通用的方法就是计算 ROC 曲线下的面积，面积越大，检测算法性能越好。

将 ROC 曲线下的面积分成若干梯形。设曲线上的点为$(x_i, y_i)(i = 0,1,\cdots,n)$，其中$x_i$为虚警

概率，y_i 为检测概率，n 为ROC 曲线上的工作点总数，则曲线下面积为

$$S_{\mathrm{ROC}} = \frac{1}{2}\sum_{i=1}^{n}(x_i - x_{i-1})(y_i + y_{i-1}) \tag{11.59}$$

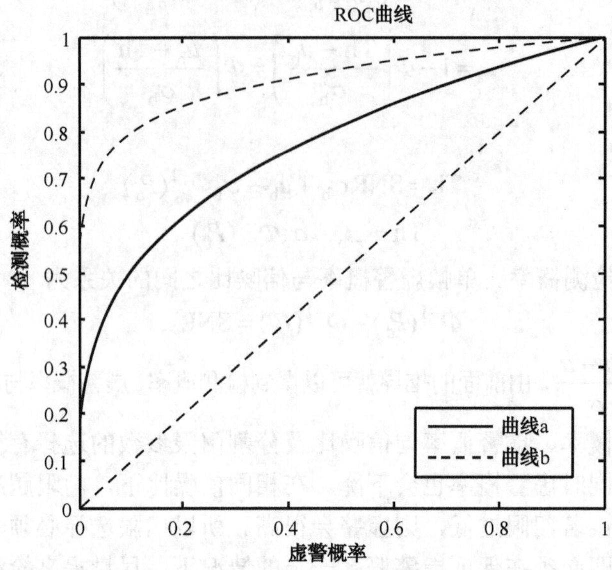

图 11-15　ROC 曲线示意图

ROC 曲线受检测算法的阈值影响，因为检测概率与虚警概率是由无目标和有目标假设下的条件概率密度函数得出的。有目标和无目标的检测结果，其概率分布重叠的数量决定算法的检测能力，这种重叠决定 ROC 曲线的形态及位置，如果两种情况的概率分布相同，即它们完全重叠，则检测概率与虚警概率在任何情况下都相同，这种算法是没有价值的；而对于一个理想的 ROC 曲线，两种条件下的概率分布并不重叠，所选阈值是在两个分布之间，这种结果的检测概率为 100%，虚警概率为 0。但对于大多算法来说，有目标和无目标的概率分布是重叠的，任何阈值都将导致虚警和漏警，降低阈值，检测概率会增大，但与此同时也增加了虚警概率，因此，为了在一定的虚警概率的条件下使检测概率达到最大，应选取合理的阈值，使 ROC 曲线下面积尽可能最大。

小结

目标检测是目标跟踪和识别的基础与前提，只有正确地把目标从背景中分离出来，才能进一步实现对感兴趣目标的持续跟踪和类型识别。目标检测从目标特性角度分为单幅图像目标检测和运动目标检测，从成像大小角度可分为弱小目标检测和有形大目标检测。不同的目标特性具有与之相适应的检测理论和方法，本章从运动目标、有形目标和弱小目标等角度，分别介绍了各种目标检测的基本原理和典型方法，最后给出了目标检测算法的性能评价。

习题

11-1　什么是目标检测？

11-2　简述目标检测、分类、识别与确认之间的关系。

11-3　对于一个静态背景下含有运动目标的图像序列（共 100 帧），设计三种不同的方法来检测出运动目标，并详细阐述每种方法的具体实现步骤。

11-4　简述重心法和形心法在检测目标时的区别。

11-5　简述弱小目标检测的难点。

11-6　假设有一个含有弱小点目标的红外云层背景图像序列（1000 帧），用三种不同的方法实现对红外图像序列中弱小目标的检测，并分别计算出三种检测算法的检测概率和虚警率，比较检测算法的检测性能。

11-7　给出一个模板图像大小为 128×128 和一个实时图像大小为 1024×1024，设计一套算法流程能够快速实现对实时图像的搜索，并定位目标。

11-8　分析 DBT 方法与 TBD 方法对于弱小目标检测的优点与缺点。

第 12 章

目 标 跟 踪

目标跟踪技术作为目标检测跟踪与识别系统的重要组成部分，已逐渐成为计算机视觉领域的一个热点研究方向，它是对摄像机视野中单个或者多个感兴趣目标的位置、运动参数等信息进行持续估计的过程，它可以提供目标的运动状态和轨迹，通过在连续的视频序列中建立起运动目标位置的对应关系，找到目标在每一帧图像中的确切位置，从而为运动分析、场景理解、行为或事件检测提供初始数据，在安防监控、智能交通、机器人导航、成像末制导及军事侦察等领域得到广泛应用。

12.1 目标跟踪问题概述

目标跟踪是指对视频图像序列中的运动目标进行准确定位，并利用跟踪窗口锁定目标，获得目标的位置、速度、加速度等运动参数，同时记录视场内目标的运动轨迹，从而掌握目标的状态变化、理解目标的行为目的，以完成更高一级的识别任务。本节介绍目标跟踪的系统流程、目标的表观模型和运动模型，以及目标跟踪算法分类等与目标跟踪相关的问题。

1. 目标跟踪的系统流程

所有目标跟踪算法都可看作解决“目标是什么”和“目标在哪里”的问题。所谓“目标是什么”，是指检测目标并提取特征描述该目标的过程，用来解决跟踪什么目标的问题；“目标在哪里”是指真正的目标跟踪过程，可以通过不同目标跟踪模型来实现。一个完整的目标跟踪过程可分为目标检测、目标建模和目标跟踪三个阶段，如图 12-1 所示。

在目标跟踪过程中，当目标出现在视频中的第一帧图像时，需要通过一个目标检测算法提取目标，或者人工选择一个感兴趣区域作为目标，提取目标特征并对该目标进行描述；接下来在后续图像帧中对目标进行建模，包括目标的表观模型和运动模型；最后在跟踪阶段则需要完成目标状态估计（建立跟踪模型）和目标模型更新的任务。

2. 目标建模

目标跟踪是一个复杂过程，目标跟踪所面临的主要挑战是两种离散的不确定性：量测起源的不确定性和目标运动模型的不确定性。量测起源的不确定性是指由传感器提供的数据可能是外部的干扰数据，它有可能是杂波、虚警和相邻的目标所引起的，也可能是由被跟踪目标自身变化引起的。解决量测起源不确定的方法是对目标的表观模型进行建模。目标运动模型的不确定性是指目标在未知的时间段内可能做已知的或未知的机动，一般情况下，目标的非机动方式及目标机动方式都可以通过不同的数学模型来加以描述，建立的运动模型能否正确描述目标运动对跟踪性能是非常重要的。

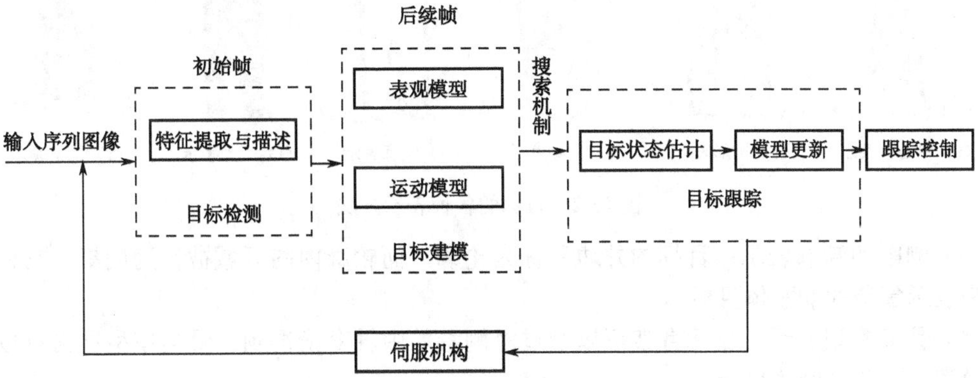

图 12-1 目标跟踪系统的工作过程

目标的表观模型也称为观测似然模型，用来估计一个候选状态属于被跟踪目标的概率。为了得到稳定的目标描述，必须建立目标的表观模型。目标表观模型既可以利用单一特征来描述，也可以利用多特征融合来描述，常用的特征描述包括灰度、颜色、纹理、超像素以及稀疏编码模型等。根据表观模型的建模方式不同可以分为两类：生成模型和判别模型。前者在当前帧中选择最相似的或者重建误差最小的图像区域作为候选目标，典型的采用生成模型的跟踪算法有基于核的跟踪方法和基于子空间的跟踪方法等；后者把目标和背景看作二分类问题，它将分类器输出的极大值对应的图像区域作为候选目标，常见的判别模型有 Adaboost、SVM 等，基于判别模型的跟踪方法通常叫做基于检测的目标跟踪方法。两类方法都需要对表观模型进行在线更新，对于生成模型需要在线或者增量式地更新模板或者表示目标特征向量；对于判别型模型，需要使用新到来的正负样本更新分类器，使分类器根据表观的变化具有自适应能力。

在跟踪过程中，目标的运动规律不断变化，目标的运动模型就是对目标的运动过程进行建模，来准确地描述目标的运动规律，如匀速、加速、减速及大机动等。同时在每一帧中利用目标先验知识，对目标有可能出现的位置进行预测，将对目标的跟踪作为一个在得到目标量测条件下对目标当前状态进行更新的过程，用连续的过程噪声和量测噪声来处理假设模型与真实系统之间的未知模型误差，通过目标状态的概率求取模型，对目标的最终状态进行定位。

3. 目标的表示与描述

目标可以被定义为任何感兴趣的像素集合，目标的描述形式从本质上可分为两类：形状描述和表观描述，即所谓的“形”与“貌”。常用的形状描述主要包括点、几何形状、侧影和轮廓、骨架模型等，如图 12-2 所示。

（1）点表示：在图像中用一个点或点集来表示被跟踪目标，这些点可以是目标质心、角点、特征点集等。

（2）基本几何形状表示：目标被表示为一个矩形区域或椭圆区域，这种表示法可以描述目标平移、仿射变换或者投影变换，并且对刚体和非刚体目标都可以表示。

图 12-2　目标的各种表示方法

（3）侧影和轮廓表示：目标的外边界称为轮廓，而轮廓内的区域被称为侧影，它们都可以用来表示复杂的非刚体目标 。

（4）骨架模型表示：目标骨架可以通过对侧影的中轴变换得到。骨架模型通常可以表示关节模型目标和非刚体目标。

除了形状描述以外，目标的表观描述更能反映目标的本质特征，常用的表观描述方法除了传统的目标表观的概率密度、特征模板、活动表观模型、核函数等，基于子空间、稀疏表示和分类器等表观模型的描述方法现已逐渐成为研究的热点，增强了对实际目标的描述能力。

一般说来，目标的表式方法是根据检测和跟踪任务选择的。如果是场景中的小区域目标，点表示是一个很合适的选择；而对于人脸、车辆等目标，基本几何形状表示是一个很好的选择；对于复杂形状的目标，如人体、手掌，用轮廓和侧影表示会取得更好的效果。

4. 目标跟踪的算法分类

目标的建模方式决定了目标跟踪方法的设计，根据目标模型的不同，出现了自顶向下和自底向上两种目标跟踪的研究思路，而对应这两种研究思路，目标跟踪算法可以分为基于模型驱动的方法和基于数据驱动的方法。

基于模型驱动的方法是自顶向下的处理思路，将目标跟踪问题转化为递推的目标状态估计问题。一般来说，该方法依赖于所构建的模型或先验知识，通过在图像序列中进行匹配运算或求解得到后验概率。其中的匹配运动通过求解目标模型与候选跟踪目标进行相似性度量，在距离最为接近时认为跟踪上运动目标。求解后验概率，并选择最大后验概率所对应的状态向量作为运动目标的当前状态。与数据驱动的方法相比，该方法则由先验知识对跟踪问题建立模型，然后利用实际图像序列来验证模型的正确性。卡尔曼滤波和粒子滤波等都属于这类方法。该方法具有坚实的数学理论基础，是理论界研究视频图像序列目标跟踪问题的主流方法。但是，先验知识的描述本来就是人工智能的难点和关键问题，还有许多的先验知识根本无法用数学形式描述，因此给目标跟踪带来困难。

基于数据驱动的跟踪方法，是自底向上的处理思路，这类方法将跟踪问题转化为模式匹配寻优问题，通过提取目标的可判别性特征，在目标与背景之间形成可分性，随后在可判别性特征的基础上建立目标的表观模型，在后续视频帧中确定最终的目标图像区域。该方法不依赖于先验知识，直接从图像序列中获得目标的运动信息并进行跟踪。早期的目标跟踪算法应用非常多，其中以 David Marr 的视觉计算理论最具代表性。模板跟踪、核跟踪、活动轮廓跟踪及基于机器学习的跟踪等都属于这类算法。自底向上的跟踪方法能快速检测并跟踪上运动目标，工程上容易实现，目前已有大量相关的实际系统利用该思路解决图像序列的目标跟踪问题。

基于模型驱动的跟踪方法和基于数据驱动的跟踪方法有着各自的优势和缺点。在跟踪过程中，为了保证目标跟踪的精度和准确度，通常将这两种方法结合起来应用。一般的做法是将基于模型驱动的跟踪算法作为跟踪框架，对目标的运动状态进行估计，再根据不同的任务需求和目标特性，选择基于数据驱动的跟踪方法对目标建模和定位，最终实现目标的稳定跟踪。

12.2 基于模型驱动的跟踪方法

从统计理论的角度分析，目标跟踪可以理解为一个应用估计理论对目标的空间位置、旋转角度、尺度等自身状态进行估计的过程。基于模型驱动的跟踪方法是在获取目标状态先验概率的基础上，通过迭代求解目标状态在新观测值条件下的最大后验概率来估计目标状态。根据贝叶斯理论，后验概率分布可以通过状态的先验分布和状态与观测的似然函数来确定。其中，先验分布可以认为是目标所具有的先验特征，可以是人为指定具有某种语义的特征描述；而目标的观测就是对目标灰度、颜色、轮廓等特征的测量。因此，可以构造贝叶斯概率模型，求解表征目标状态的后验概率分布，然后根据估计准则，估计出目标的状态值。这样，就可以将目标跟踪问题转化为贝叶斯理论框架下的最优猜测或是推理过程，通过求解状态空间的两个方程来实现目标跟踪。卡尔曼滤波与粒子滤波便是以贝叶斯为基础的两种典型目标跟踪框架。

12.2.1 目标的运动模型

目标运动模型是目标跟踪理论的基本要素之一，任何跟踪算法都是以目标运动的某个或某些模型为基础的。在跟踪过程中，目标的大小、位置、速度、加速度、旋转角度按照自身的运动规律不断变化，目标的运动模型是对目标运动规律的描述。在建立目标运动模型时，一般原则是所建立的模型既要符合实际情况，又要便于数学处理。

1. 二阶常速和三阶常加速模型

考虑随机干扰情况，当目标作匀速或匀加速直线运动时，可分别采用如下的二阶常速（CV）模型或三阶常加速（CA）模型。

二阶常速模型为

$$\begin{bmatrix}\dot{x}\\ x\end{bmatrix}=\begin{bmatrix}0 & 1\\ 0 & 1\end{bmatrix}\cdot\begin{bmatrix}x\\ \dot{x}\end{bmatrix}+\begin{bmatrix}0\\ 1\end{bmatrix}w(t) \tag{12.1}$$

三阶常加速模型为

$$\begin{bmatrix}\dot{x}\\ \ddot{x}\\ \dddot{x}\end{bmatrix}=\begin{bmatrix}0 & 1 & 0\\ 0 & 0 & 1\\ 0 & 0 & 0\end{bmatrix}\cdot\begin{bmatrix}x\\ \dot{x}\\ \ddot{x}\end{bmatrix}+\begin{bmatrix}0\\ 0\\ 1\end{bmatrix}w(t) \tag{12.2}$$

式中，$x, \dot{x}, \ddot{x}$ 分别为目标的位置，速度和加速度分量；$w(t)$ 是均值为零、方差为 σ^2 的白噪声。

CV 和 CA 模型是目标运动模型中最基本的两种模型，是其他运动模型的基础。这两种模型结构简单，计算量小，非常适合在跟踪精度要求不高时，对弱机动目标进行实时跟踪。

2．一阶时间相关模型（Singer 模型）

1970 年，Singer 首次假设机动加速度 $a(t)$ 服从一阶时间相关过程，其时间相关函数为指数衰减形式，即

$$R_a(t)=E\{a(t)a(t+\tau)\}=\sigma_a^2\mathrm{e}^{-a|\tau|} \tag{12.3}$$

式中，σ_a^2 为目标加速度方差；a 为机动频率。同时假定加速度均值为零，加速度的概率密度函数近似服从均匀分布，方差 σ_a^2 为

$$\sigma_a^2=\frac{A_{\max}^2}{3}(1+4P_{\max}-P_0) \tag{12.4}$$

式中，$A_{\max}$ 为最大机动加速度，$P_{\max}$ 为其发生概率，P_0 为非机动发生概率。对时间相关函数 $R_a(t)$ 应用 Wiener-Kolmogorov 白化方法，即机动加速度 $a(t)$ 可用一阶时间相关模型表示为

$$\dot{a}(t)=-\alpha a(t)+w(t) \tag{12.5}$$

这时的目标运动方程可表示为

$$\begin{bmatrix}\dot{x}\\ \ddot{x}\\ \dddot{x}\end{bmatrix}=\begin{bmatrix}0&1&0\\0&0&1\\0&0&-a\end{bmatrix}\cdot\begin{bmatrix}x\\ \dot{x}\\ \ddot{x}\end{bmatrix}+\begin{bmatrix}0\\0\\1\end{bmatrix}w(t) \tag{12.6}$$

式中，$w(t)$ 是均值为零，方差为 $2\alpha\sigma_a^2$ 的白噪声。由于 Singer 模型采用机动频率描述目标的机动变化情况，因此，仅适用于等速和等加速范围内的目标运动。但对于比较强烈的机动，采用该模型将会产生较大的模型误差，需要构造一个更高阶次的模型。

3．高度机动目标 Jerk 模型

Kishore 和 Mehrotra 提出了一种高度机动目标模型——Jerk 模型，其状态向量包括目标的位置、速度、加速度和加速度的变化率。该模型假设目标的加速度变化率服从零均值、平稳的一阶时间相关过程，其时间相关函数为指数衰减形式。目标加速度变化率的“阶跃”通常简称 Jerk 机动。

Jerk 模型的一维离散形式为

$$\begin{aligned}x(k+1)&=\boldsymbol{F}(k)x(k)+w(k)\\ z(k)&=\boldsymbol{H}(k)x(k)+v(k)\end{aligned} \tag{12.7}$$

式中，$\boldsymbol{H}(k)=[1\ 0\ 0\ 0]$ 为量测矩阵，$w(k)$，$v(k)$ 为不相关的高斯白噪声序列，$\boldsymbol{F}(k)$ 为状态转移矩阵，即

$$\boldsymbol{F}(k)=\begin{bmatrix}1&T&T^2/2&(2-2aT+a^2T^2-a\mathrm{e}^{-aT})/2a^3\\0&1&T&(\mathrm{e}^{-aT}-1+aT)/a^2\\0&0&1&(1-\mathrm{e}^{-aT})/a\\0&0&0&\mathrm{e}^{-aT}\end{bmatrix} \tag{12.8}$$

模型中，T 为采样周期，a 为 Jerk 机动频率，起到调节系统模型阶数的作用。Jerk 模型对于加速度变化率出现机动的复杂运动具有很好的跟踪效果。

12.2.2 贝叶斯估计理论

目标跟踪系统中需要两个模型，一个是描述随时间演化的状态模型，另一个是与状态有关的带有噪声的观测模型。贝叶斯状态估计分两步进行：预测和更新。预测是利用系统模型预测从一个测量时刻到下一个时刻的先验概率密度函数，而更新是利用最新的测量值对这个先验概率密度函数进行修正。

考虑离散时间序列的估计问题，以$\{\boldsymbol{x}_k, k \in N\}$表示状态向量，则系统状态模型和观测模型可以用两个一般性数学方程来描述。

系统状态方程 $$\boldsymbol{x}_k = f(\boldsymbol{x}_{k-1}, u_{k-1}) \tag{12.9}$$

观测方程 $$z_k = g(\boldsymbol{x}_k, v_k) \tag{12.10}$$

其中，$f_k: \mathfrak{R}^{n_x} \times \mathfrak{R}^{n_v} \to \mathfrak{R}^{n_x}$（$\mathfrak{R}^n$表示$n$维欧式空间）是状态向量$\boldsymbol{x}_{k-1}$的非线性函数，$\boldsymbol{x}_k$为系统在$k$时刻的状态，$\{u_{k-1}, k \in \mathbf{N}\}$是离散过程的噪声序列。$n_x$和$n_y$分别是状态向量和过程噪声向量的维数，$\mathbf{N}$是自然数集。$g_k: \mathfrak{R}^{n_x} \times \mathfrak{R}^{n_v} \to \mathfrak{R}^{n_x}$是$\boldsymbol{x}_k$的非线性函数，$\{v_{k-1}, k \in \mathbf{N}\}$是离散观测噪声序列。$\boldsymbol{y}_n$为系统状态$\boldsymbol{x}_n$的观测值，$n_x$和$n_y$分别是观测向量和观测噪声向量的维数。

贝叶斯滤波原理的实质是试图用所有已知信息来构造系统状态向量的后验概率密度，即用系统状态转移模型预测状态的先验概率密度，再使用最近的观测值进行修正，得到后验概率密度。这样，通过观测数据$z_{1:k}$来递推计算状态$\boldsymbol{x}_k$取不同值时的置信度$p(\boldsymbol{x}_k | z_{1:k})$，由此获得状态的最优估计。

状态估计就是在给定观测数据$z_{1:k} = \{z_i, i = 1, 2, \cdots, k\}$的条件下，估算状态向量$\boldsymbol{x}_k$的值，即估计后验概率密度（PPD）$p(\boldsymbol{x}_k | z_{1:k})$。

假设初始先验概率密度函数$p(x_0 | z_0) = p(x_0)$是已知的，定义$\boldsymbol{x}_k$为系统状态，z_k为对系统的观测值（其中，$\boldsymbol{x}_0$表示初始状态向量，z_0表示没有量测值），则通过预测和更新操作就能以递归的方式估计后验概率密度函数。

步骤1：预测。

由系统的状态转移模型，在未获得k时刻的观测值时，实现先验概率$p(\boldsymbol{x}_{k-1} | z_{1:k-1})$至先验概率$p(\boldsymbol{x}_k | z_{1:k-1})$的推导。假设在$k-1$时刻，$p(\boldsymbol{x}_{k-1} | z_{1:k-1})$是已知的，对于一阶马尔可夫过程（某一时刻的概率仅与前一时刻有关），由Chmpman-Kolmogorov方程得出

$$p(\boldsymbol{x}_k | z_{1:k-1}) = \int p(\boldsymbol{x}_k | x_{k-1}) p(\boldsymbol{x}_{k-1} | z_{1:k-1}) \mathrm{d}x_{k-1} \tag{12.11}$$

即可得到不包含k时刻观测值的先验概率，并可以由系统的状态转移概率$p(\boldsymbol{x}_k | x_{k-1})$来计算。

步骤2：更新。

由系统的观测模型，在获得k时刻的观测值后，实现先验概率$p(\boldsymbol{x}_k | z_{1:k-1})$至后验概率$p(\boldsymbol{x}_k | z_{1:k})$的推导。

在获得观测值z_k后，由贝叶斯公式$p(b|a) = \dfrac{p(a|b)p(b)}{p(a)}$，得

$$p(\boldsymbol{x}_k | z_{1:k}) = \frac{p(z_{1:k} | \boldsymbol{x}_k) p(\boldsymbol{x}_k)}{p(z_{1:k})} \tag{12.12}$$

将观测值z_k独立出来，由

$$p(z_{1:k}\mid \boldsymbol{x}_k)=p(z_k,z_{1:k}\mid \boldsymbol{x}_k),p(z_{1:k})=p(z_k,z_{1:k-1}) \tag{12.13}$$

得

$$p(\boldsymbol{x}_k\mid z_{1:k})=\frac{p(z_k,z_{1:k-1}\mid \boldsymbol{x}_k)p(\boldsymbol{x}_k)}{p(z_k,z_{1:k-1})} \tag{12.14}$$

由条件概率定义 $p(a,b)=p(a\mid b)p(b)$，得

$$p(z_k,z_{1:k-1})=p(z_k\mid z_{1:k-1})p(z_{1:k-1}) \tag{12.15}$$

由联合分布概率公式 $p(a,b\mid c)=p(a\mid b,c)p(b\mid c)$，得

$$p(z_k,z_{1:k-1}\mid \boldsymbol{x}_k)=p(z_k\mid z_{1:k-1},\boldsymbol{x}_k)p(z_{1:k-1}\mid \boldsymbol{x}_k) \tag{12.16}$$

由贝叶斯公式，得

$$p(z_{1:k-1}\mid \boldsymbol{x}_k)=\frac{p(\boldsymbol{x}_k\mid z_{1:k-1})p(z_{1:k-1})}{p(\boldsymbol{x}_k)} \tag{12.17}$$

将式（12.15）、式（12.16）、式（12.17）代入式（12.14）得

$$p(\boldsymbol{x}_k\mid z_{1:k})=\frac{p(z_k\mid z_{1:k-1},\boldsymbol{x}_k)p(\boldsymbol{x}_k\mid z_{1:k-1})p(z_{1:k-1})p(\boldsymbol{x}_k)}{p(z_k\mid z_{1:k-1})p(z_{1:k-1})p(\boldsymbol{x}_k)} \tag{12.18}$$

假设各个观测是相互独立的，则

$$p(z_k\mid z_{1:k-1},\boldsymbol{x}_k)=p(z_k\mid \boldsymbol{x}_k) \tag{12.19}$$

代入式（12.19），则贝叶斯的更新规则为

$$p(x_k\mid z_{1:k})=\frac{p(z_k\mid \boldsymbol{x}_k)p(\boldsymbol{x}_k\mid z_{1:k-1})}{p(z_k\mid z_{1:k-1})} \tag{12.20}$$

式中，$p(z_k\mid \boldsymbol{x}_k)$ 称为似然函数，表征系统状态由 $\boldsymbol{x}_{k-1}$ 转移到 $\boldsymbol{x}_k$ 后和观测值的相似程度；$p(\boldsymbol{x}_k\mid z_{1:k-1})$ 表示先验概率，由上一步系统状态转移过程可得

$$p(z_k\mid z_{1:k-1})=\int p(z_k\mid \boldsymbol{x}_k)p(\boldsymbol{x}_k\mid z_{1:k-1})\mathrm{d}\boldsymbol{x}_k \tag{12.21}$$

$p(z_k\mid z_{1:k-1})$ 称为证据，一般是一个归一化常数。

12.2.3 卡尔曼滤波

卡尔曼滤波是一个对动态系统的状态序列进行线性最小方差估计的算法。它通过状态方程和观测方程来描述一个动态系统。基于系统以前的状态序列对下一个状态进行最优估计，预测时具有稳定和最优的特点，且具有计算量小、可实时计算的特点，可以准确地预测目标的位置和速度。

1. 卡尔曼滤波的基本原理

卡尔曼滤波器可以用状态方程和观测方程来描述，即

$$\begin{aligned} x_k &= \boldsymbol{F}_k x_{k-1}+u_k \\ z_k &= \boldsymbol{H}_k x_{k-1}+v_k \end{aligned} \tag{12.22}$$

式中，$\boldsymbol{F}_k$ 和 $\boldsymbol{H}_k$ 为线性状态转移矩阵和观测矩阵；噪声 u_k 和 v_k 为零均值高斯噪声，其协方差分别为 Q_k 和 R_k。

根据贝叶斯估计理论基本的求解过程，以 $k-1$ 时刻到 k 时刻为例，卡尔曼滤波一次完整的迭代滤波过程如下所述。

1）预测阶段

已知$k-1$时刻目标状态的后验概率密度具有如下形式：

$$p(\boldsymbol{x}_{k-1} | z_{1:k-1}) = N(\boldsymbol{x}_{k-1}; m_{k-1|k-1}, P_{k-1|k-1}) \tag{12.23}$$

式中，$N(\boldsymbol{x},m,P)$表示均值为m、方差为P的高斯随机变量x的概率密度函数，则k时刻预测状态的先验概率为

$$p(\boldsymbol{x}_{k-1} | z_{1:k-1}) = N(\boldsymbol{x}_k; m_{k|k-1}, \boldsymbol{P}_{k|k-1}) \tag{12.24}$$

式中，参数$m_{k|k-1}$和$\boldsymbol{P}_{k|k-1}$采用递推方法获得

$$m_{k|k-1} = \boldsymbol{F}_k m_{k-1|k-1}, \quad \boldsymbol{P}_{k|k-1} = Q_{k-1} + \boldsymbol{F}_k \boldsymbol{P}_{k-1|k-1} \boldsymbol{F}_k^{\mathrm{T}} \tag{12.25}$$

2）状态更新阶段

利用z_k对k时刻状态的先验概率进行更新，可得

$$\boldsymbol{P}(\boldsymbol{x}_k | z_{1:k}) = N(\boldsymbol{x}_k; m_{k|k}, \boldsymbol{P}_{k|k}) \tag{12.26}$$

式中，参数$\boldsymbol{m}_{k|k}$和$\boldsymbol{P}_{k|k}$的递推方法如下所述。

计算卡尔曼增益矩阵为 $$\boldsymbol{K}_k = \boldsymbol{P}_{k|k-1} \boldsymbol{H}_k^{\mathrm{T}} (\boldsymbol{H}_k \boldsymbol{P}_{k|k-1} \boldsymbol{H}_k^{\mathrm{T}} + R_k)^{-1} \tag{12.27}$$

定义残差向量为 $$d_k = z_k - \hat{z}_{k|k-1} \tag{12.28}$$

残差向量的协方差矩阵为 $$\boldsymbol{S}_k = \boldsymbol{H}_k P_{k|k-1} \boldsymbol{H}_k^{\mathrm{T}} + R_k \tag{12.29}$$

由观测到的目标更新预测估计为 $$m_{k|k} = m_{k|k-1} + \boldsymbol{K}_k (z_k - \boldsymbol{H}_k m_{k|k-1}) \tag{12.30}$$

更新误差协方差矩阵为 $$\boldsymbol{P}_{k|k} = (I - \boldsymbol{K}_k \boldsymbol{H}_k) \boldsymbol{P}_{k|k-1} \tag{12.31}$$

经过以上两个步骤的处理，即可实现由$\boldsymbol{P}(\boldsymbol{x}_{k-1} | z_{1:k-1})$递推获得$\boldsymbol{P}(\boldsymbol{x}_k | z_{1:k})$。接着，通过计算后验概率密度的数学期望，即可获得当前时刻状态向量的估计值$\hat{\boldsymbol{x}}_{k|k} = m_{k|k}$。

2. 卡尔曼滤波跟踪方法的实现

在目标跟踪系统中，设目标的运动状态参数为某一时刻目标的位置和速度。在跟踪过程中，由于相邻两帧图像时间间隔较短，目标运动状态变化比较小，可以假设目标在单位时间间隔内做匀速直线运动。定义卡尔曼滤波器系统状态是一个四维向量$\boldsymbol{x}(k) = \{x_c^k, y_c^k, \dot{x}_c^k, \dot{y}_c^k\}$，其中，$x_c^k$、$y_c^k$、$\dot{x}_c^k$、$\dot{y}_c^k$分别表示第$k$帧图像目标在$x$轴和$y$轴上的质心位置和速度。

由于单位时间T内假设目标是匀速运动，因此定义状态转移矩阵为

$$\boldsymbol{F}(k) = \begin{bmatrix} 1 & T & 0 & 0 \\ 0 & 1 & 0 & 0 \\ 0 & 0 & 1 & T \\ 0 & 0 & 0 & 1 \end{bmatrix} \tag{12.32}$$

由系统方程和观测状态可知，观测矩阵为

$$\boldsymbol{H}(k) = \begin{bmatrix} 1 & 0 & 0 & 0 \\ 0 & 0 & 1 & 0 \end{bmatrix} \tag{12.33}$$

初始位置按照测量值假设为真值，初始速度设为零，即

$$\boldsymbol{x}(0|0) = \begin{bmatrix} x_c^0 \\ 0 \\ y_c^0 \\ 0 \end{bmatrix} \tag{12.34}$$

其中，x_c^0、y_c^0 为目标初始位置的质心坐标。

系统初始误差矩阵一般可以在对角线取较大值。初始估值的协方差矩阵对滤波的影响不大，可以给出一个对角阵作为它的初始值。因为滤波收敛速度较快，一般取大值。

$$\boldsymbol{P}(0)=\begin{bmatrix}10&0&0&0\\0&10&0&0\\0&0&10&0\\0&0&0&10\end{bmatrix} \tag{12.35}$$

根据卡尔曼滤波原理，根据上述滤波流程就可以对运动目标的状态进行连续估计。具体实现包括如下步骤。

步骤 1：初始化。在第一帧中选定目标的初始位置，构造目标的表观模型，并初始化卡尔曼滤波器。

步骤 2：目标检测。首先根据卡尔曼滤波器的预测结果，确定当前帧中目标搜索区域。然后根据目标检测方法，在搜索区域中找到与目标模型最匹配的候选目标位置。

步骤 3：遮挡处理。在跟踪的过程中，根据候选目标与目标模型的相似性测度，判断目标是否被遮挡。如果目标出现了遮挡，则调整卡尔曼滤波器的参数。

步骤 4：更新卡尔曼滤波器，确定目标的状态。

步骤 5：根据遮挡情况，更新目标模型。

步骤 6：输入下一帧图像，并转到步骤 2。

3. 扩展卡尔曼滤波

传统的卡尔曼滤波方法是有效的线性最优估计技术，但不能处理非线性和非高斯的情况。为了使跟踪滤波器能够适应非高斯、非线性的条件，扩展卡尔曼滤波器（Extended Kalman Filter，EKF）用局部线性的方法来逼近非线性过程模型，得到了较好的效果。

对于非线性系统，状态空间模型如式（12.36）所示。

$$\begin{aligned}x_k&=f(x_{k-1})+u_k\\z_k&=h(x_k)+v_k\end{aligned} \tag{12.36}$$

这里状态转移方程 f 及观测方程 h 均为非线性方程，转移噪声 u_k 均值为 0、方差为 Q 的高斯噪声 $N(0,Q)$，观测噪声 v_k 均值为 0，方差为 R 的高斯噪声 $N(0,R)$。

扩展卡尔曼滤器对状态转移方程 f 及观测方程 h 的线性化处理措施如式（12.37）所示。

$$\begin{aligned}\tilde{\boldsymbol{F}}&=\left.\frac{\partial f(x_{k-1})}{\partial x_{k-1}}\right|x_{k-1}=\hat{x}_{k-1}\\\tilde{\boldsymbol{H}}&=\left.\frac{\partial h(x_k)}{\partial x_k}\right|x_k=\hat{x}_k\end{aligned} \tag{12.37}$$

获得了线性化的转移矩阵 $\tilde{\boldsymbol{F}}$ 及观测矩阵 $\tilde{\boldsymbol{H}}$ 之后，可采用经典卡尔曼滤波方法进行状态估计，则观测协方差和卡尔曼增益为

$$\boldsymbol{S}_k=\tilde{\boldsymbol{H}}P_{k|k-1}\tilde{\boldsymbol{H}}_k^{\mathrm{T}}+\boldsymbol{R}_k \tag{12.38}$$

$$\boldsymbol{K}_k=\boldsymbol{P}_{k|k-1}\tilde{\boldsymbol{H}}_k^{\mathrm{T}}\boldsymbol{S}_k^{-1} \tag{12.39}$$

扩展卡尔曼滤波器继承了卡尔曼滤波器的所有优点，且进行非线性化处理的计算复杂度

较低，适用于非线性化程度不高的估计。

12.2.4 粒子滤波

粒子滤波是一种求解非高斯、非线性情况下状态估计问题的贝叶斯滤波方法，它通过寻找一组在状态空间中传播的随机样本对后验概率分布进行近似，以样本均值代替积分运算，从而获得状态的最小方差估计过程，该方法采用蒙特卡罗仿真技术实现递归滤波。所谓粒子，是形容尺度极小的滤波器，可以认为是一个代表目标状态分布中的一个点。所谓滤波，是指由当前和以前的观测值来估计目标当前的状态。粒子滤波的含义就是目标状态传播的后验概率可以用若干个粒子来近似表示。粒子滤波适用于任何能用状态空间模型表示的非线性系统和非高斯系统，精度可以逼近最优估计，具有极好的鲁棒性。

1. 贝叶斯滤波的蒙特卡罗实现

根据贝叶斯估计理论，用系统状态转移模型预测状态的先验概率密度，再使用最近的观测值进行修正，得到后验概率密度。通过观测数据 $z_{1:k}$ 来递推计算状态 x_k 取不同值时的置信度 $p(x_k | k_{1:k})$，由此获得状态的最优估计，其中

状态预测方程为

$$p(x_k | z_{1:k-1}) = \int p(x_k | z_{k-1}) p(x_{k-1} | z_{1:k-1}) \mathrm{d}x_{k-1} \tag{12.40}$$

状态更新方程为

$$p(x_k | z_{1:k}) = \frac{p(z_k | x_k) p(x_k | z_{1:k-1})}{p(z_k | z_{1:k-1})} \tag{12.41}$$

这样就构成了一个由先验概率推导至后验概率 $p(x_k | z_{1:k})$ 的递推过程。由状态变量 $x_{0:k}$ 求得后验概率分布 $p(x_{0:k} | z_{1:k})$ 后，根据蒙特卡罗仿真原理，任意函数 $g(x)$的数学期望表示为

$$E(g(x_{0:k})) = \int g(x_{0:k}) p(x_{0:k} | z_{1:k}) \mathrm{d}x_{0:k} \tag{12.42}$$

$E(g(x_{0:k}))$ 可以用状态更新方程来近似表示，即

$$\overline{E(g(x_{0:k}))} - \frac{1}{N}\sum_{i=1}^{N} g(x_{0:k}^i) \tag{12.43}$$

其中，离散样本 $\{x_{0:k}^i, i = 0,1,\cdots,N\}$ 是从后验概率分布函数 $f(x|z)$ 中产生的 N 个点的独立同分布序列。当 N 足够大时，$\bar{E}(g(x_{0:k}))$ 绝对收敛于 $E(g(x_{0:k}))$。

2. 序列重要性采样

为了描述粒子滤波算法，令 $\{x_{0:k}^i, w_k^i\}_{i=1}^N$ 代表后验概率密度 $p(x_{0:k} | z_{1:k})$ 的随机采样集，$x_{0:k}^i = \{x_j, j = 0,1,2,\cdots,k\}$ 为所采样本，称为粒子。由于 $p(x_{0:k} | z_{1:k})$ 的分布未知，所以可以先从一个已知的、容易采样的参考分布 $q(x_{0:k} | z_{1:k})$ 中采样，通过对参考分布的采样粒子点进行加权来近似 $p(x_{0:k} | z_{1:k})$。$\{w_k^i, i = 0,1,2,\cdots,N_s\}$ 为与粒子相关联的权值集合，且经过归一化处理，满足 $\sum_i w_k^i = 1$。为了对后验分布进行递推形式的估计，就有了序列重要性采样，即 SIS 算法。

k 时刻的后验概率密度可以表示为

$$p(x_{0:k} | z_{1:k}) \approx \sum_{i=1}^{N} w_k^i \delta(x_{0:k} - x_{0:k}^i) \tag{12.44}$$

其中，$\delta(\cdot)$ 为狄拉克（Dirac）函数，权值选择将按照重要性采样原理。$w_k^i \propto \dfrac{p(x_{0:k}^i \mid z_{1:k})}{q(x_{0:k}^i \mid z_{1:k})}$ 是归一化权值，假设系统的观测模型服从马尔可夫过程，且在给定状态下观测量独立，则权值 w_k^i 的递推更新公式为

$$w_k^i = w_{k-1}^i \frac{p(z_k \mid x_k^i)p(x_k^i \mid x_{k-1}^i)}{q(x_k^i \mid x_{k-1}^i, z_{1:k})} \tag{12.45}$$

其中，$q(\cdot)$ 为重要性密度，可以写为

$$q(x_k \mid x_{k-1}^i, z_k) = p(x_k \mid x_{k-1}^i) \tag{12.46}$$

参考分布选择的关键是如何合理选择 $q(x_k \mid x_{k-1}^i, z_k)$，最常见的参考分布选择为先验密度，$w_k^i = w_{k-1}^i p(z_k \mid x_k^i)$。

重要性密度依赖于 x_{k-1} 和 z_k，因此可以通过扩展已有样本集 $x_{0:k-1}^i \sim q(x_{0:k-1} \mid z_{1:k-1})$，来获得新的状态 $x_k^i \sim q(x_k \mid x_{0:k-1}, z_{1:k})$ 的样本分布 $x_{0:k}^i \sim q(x_{0:k} \mid z_{1:k})$。最后，后验滤波估计可近似写成

$$p(x_k \mid z_{1:k}) \approx \sum_{i=1}^{N_s} w_k^i \delta(x_k - x_k^i) \tag{12.47}$$

当 $N_s \to \infty$ 时，式（12.47）的估计值接近于真实的后验概率密度 $p(x_k \mid z_{1:k})$。

3. 粒子重采样

序列重要性采样经过几步迭代递推后，许多粒子的权重变得非常小，只有少数几个粒子具有较大权值。这种退化现象意味着大量的计算工作都被用来更新那些对 $p(x_k \mid z_{1:k})$ 的估计几乎没有影响的粒子上。解决退化问题一般采用重采样原理。重采样的核心思想是对粒子和相应权值表示的概率密度函数重新采样，产生新的样本集，保留或复制权值较大的粒子，丢弃权值较小的粒子，重新分配权值并规范化。

加入重要性重采样的粒子滤波过程如图 12-3 所示。

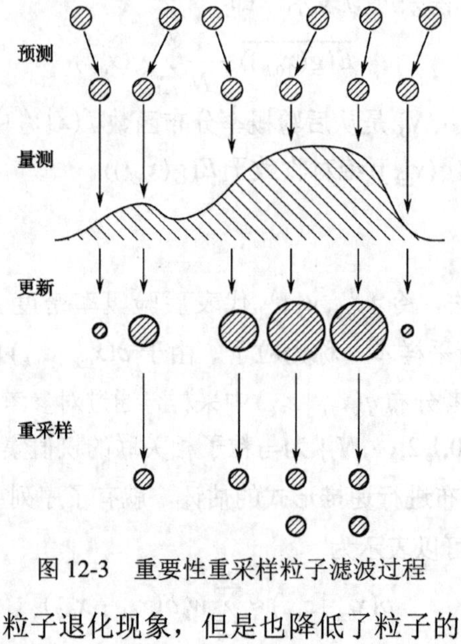

图 12-3　重要性重采样粒子滤波过程

重采样算法虽然改善了粒子退化现象，但是也降低了粒子的多样性，因此重采样的选用

要依据一些准则。目前常用的准则就是根据有效采样尺度 N_{eff} 来判断重采样时机。

有效采样尺度 N_{eff} 定义为：

$$N_{\text{eff}} = N_s / [1 + \text{var}(w_k^{*i})] \tag{12.48}$$

其中，$w_k^{*i} = p(x_k^i \mid z_{1:k}) / q(x_k^i \mid x_{k-1}^i, z_k)$ 表示粒子的真实权重，$\text{var}(w_k^i)$ 为 w_k^i 的方差，N_s 表示粒子数目。N_{eff} 的近似估计值为

$$N_{\text{eff}} \approx \frac{1}{\sum_{i=1}^{N} (w_t^i)^2} \tag{12.49}$$

N_{eff} 越小，说明粒子退化现象越严重，当 $N_{\text{eff}} \leqslant N_T$ 时对粒子进行重采样，N_T 为阈值（一般取 $\frac{2}{3}N_s$）。

4. 粒子滤波的跟踪模型

跟卡尔曼滤波目标跟踪一样，如果想用粒子滤波跟踪目标，必须建立一种系统的动态模型，包括状态模型、状态转移模型及相应的观测模型。

1）状态模型及其转移模型

假设单个目标的状态矢量模型为

$$\boldsymbol{x}_k = [x_k,\quad y_k,\quad H_k,\quad W_k]^{\text{T}} \tag{12.50}$$

其中，(x_k, y_k) 代表图像区域的中心或跟踪波门的中心。(H_k, W_k) 为图像区域的尺寸参数，如果采用矩形跟踪窗的话，即跟踪窗的高和宽，上标 T 代表矩阵的转置。更为复杂的模型还可以把目标运动速度、加速度、方位角等考虑进去，为了推导方便，我们这里仅仅考虑目标的位置和尺寸。目标运动及其他尺寸的改变可以通过一个随机扰动来描述，即状态方程可以用一个线性模型来描述，即

$$x_k = x_{k-1} + w_{k-1} \tag{12.51}$$

式中，噪声 w_{k-1} 可以视为零均值、方差为 Q 的高斯白噪声。

2）状态观测模型

在运动目标跟踪中，描述目标的特征有点、线、边缘轮廓、直方图等。为了简化计算，这里仅考虑简单的灰度变化图像，即跟踪区域内的灰度直方图 q_k，跟踪区域的位置和尺寸由状态矢量 $\boldsymbol{x}_k$ 决定，其位置在 (x_k, y_k)，尺寸为 (H_k, W_k)。

下面采用一种高斯概率密度的似然函数模型来观测其灰度变化情况，即

$$p(q_k \mid x_k) \propto N(D_k; 0, \sigma^2) = \frac{1}{\sqrt{2\pi\sigma}} \exp\left\{-\frac{D_k^2}{2\sigma^2}\right\} \tag{12.52}$$

其中，D_k 代表跟踪目标区域的参考图像与搜索区域图像的相似距离。高斯概率密度的标准差 σ 为一个在设计时需要确定的参数。

假设直方图分布被量化为 m 个等级，且用 $h(l_i)$ 来描述。某一量级的灰度直方图分布 $p_l = \{p_l^{(u)}\}_{u=1,2,\cdots,m}$ 可以按式（12.53）计算，即

$$p_l^{(u)} = f \sum_{i=1}^{N} g\left(\frac{\| l - l_i \|}{a}\right) \delta[h(l_i) - u] \tag{12.53}$$

其中，N 为区域总像素数，$a=\sqrt{H_x^2+H_y^2}$ 为一个控制区域尺寸的参数，$\delta(\cdot)$ 是 Kronecker Delta 函数。f 为一个归一化系统，可以定义为

$$f=\frac{1}{\sum_{i=1}^{N}g\left(\frac{\|l-l_i\|}{a}\right)} \tag{12.54}$$

式（12.54）可以确保 $\sum_{u=1}^{m}p_l^{(u)}=1$ 为一个加权函数，可以按离区域中心点的距离来定义，即

$$g(r)=\begin{cases}1-r^2, & r<1\\ 0, & \text{其他}\end{cases} \tag{12.55}$$

其中，r 为某个位置距区域中心的距离。假设 $p=\{p^{(u)}\}_{u=1,2,\cdots,m}$ 和 $q=\{q^{(u)}\}_{u=1,2,\cdots,m}$ 为需要计算其相似距离的两个直方图，那么其相似距离可以采用 Bhattacharyya 相似系数的准则进行计算，即

$$D_k=\sqrt{1-\sum_{u=1}^{m}\sqrt{p^{(u)}q^{(u)}}} \tag{12.56}$$

5. 粒子滤波跟踪过程的实现

步骤 1：设 k–1 时刻的先验概率由若干权值为 $\frac{1}{N}$ 的粒子 $\{x_{k-1}^i, w_{k-1}^i\}_{i=1}^N$ 近似表示，经过系统状态转移过程，通过加入随机量预测每个粒子在 k 时刻的状态 x_k^i。

步骤 2：在系统观测阶段，重新计算粒子的权值，w_{k-1}^i 中符合实际情况的粒子（波峰处的粒子）被赋予较大的权值（图 12-3 中较大的粒子），而偏离实际情况的粒子（波谷处的粒子）被赋予较小的权值（图 12-3 中较小的粒子）。

步骤 3：根据有效粒子数 N_{eff} 来判断是否需要重采样。在重采样过程中，权值较大的粒子衍生出较多的“后代”粒子，而权值较小的粒子相应的“后代”粒子也较少，并且所有“后代”粒子的权值被重新设置为 $\frac{1}{N}$。

步骤 4：通过若干粒子的加权得到目标状态的最终表示，实现目标跟踪。

图 12-4 是采用粒子滤波方法进行人脸目标跟踪的实例。这组视频图像序列中目标人物完成了多种动作，表现出了明显的姿态、尺度和表情变化，同时还伴有瞬时遮挡以及光照的变化，这使跟踪任务的难度增大。在这个实例中，我们选择梯度特征和 HOG 特征作为目标的联合特征描述，并设置每帧的粒子数为 400 个，用粒子滤波算法对人脸目标进行跟踪，跟踪结果用跟踪框表示。从跟踪结果可以看出，粒子滤波算法可以很好地处理多种干扰和遮挡情况，跟踪的精度和稳定性较好，能够对目标进行准确、鲁棒的跟踪。

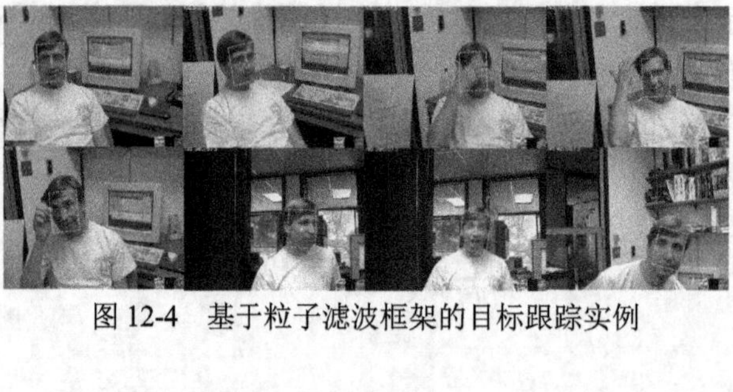

图 12-4　基于粒子滤波框架的目标跟踪实例

12.3 基于数据驱动的跟踪方法

基于数据驱动的目标跟踪方法采用自底向上的设计思想，并不涉及跟踪过程的建模，而是从数据出发，将跟踪问题转化为不同的优化问题。最常见的方式是采用相似性度量来描述当前帧图像的候选目标与目标模板的相似程度，再根据最优化方法来搜索目标位置，如基于模板匹配的方法、基于核的方法等。近年来，基于子空间的跟踪方法和基于分类思想的跟踪方法也受到广泛关注，成为目标跟踪领域新的研究热点。

12.3.1 波门跟踪方法

波门跟踪方法是最传统的目标跟踪方法之一，它首先设计一个波门，使波门的尺寸略大于目标图像，在跟踪过程中使波门能紧紧套住目标，使目标不受波门外噪声干扰的影响。跟踪波门可分为固定式和自适应式两种，前者的波门大小始终保持不变，后者则随目标大小的变化而变化。当目标由远及近变大时，或由于目标姿态的变化导致投影形状的大小变化时，都要求跟踪波门也随之变化。波门跟踪方法包括重心跟踪算法、边缘跟踪算法、双边缘跟踪算法和区域平衡跟踪算法等。

1）重心（形心）跟踪算法

重心跟踪算法以自适应阈值分割为基础，利用重心（形心）公式来确定目标的中心位置（或高密度中心）。当前帧中目标的重心位置将作为下一帧目标的初始候选位置，在下一帧图像中以该位置为中心在一定的窗口区域内计算新的重心位置，并以该位置作为目标当前帧的位置数据，依次类推，实现目标的跟踪。重心跟踪算法计算简便，精度较高，但容易受目标剧烈运动或遮挡的影响。目标的剧烈运动往往会使目标从波门中快速移出，造成目标丢失。当目标接近另一目标时，两者的特征往往都进入波门，迫使亮度中心偏移到两目标之间的某点上，即所谓的瞄准点漂移，因此，这种方法仅适用于背景比较单一，视场中仅存在单目标的情况。

2）边缘跟踪算法

边缘跟踪算法是一种简便的算法。边缘是图像的最基本特征，是图像中灰度发生急剧变化区域的边缘。可以用梯度算子、Sobel 算子、Laplace 算子等来检测目标图像的边缘。这样就可以选定目标边界的上、下、左、右等边界点中的一个作为跟踪点，使波门套住其中的某个边界点，以抑制目标或背景的其余部分。边缘跟踪算法的缺点是易受干扰，跟踪精度相对较低，适合在跟踪过程中目标出现分裂的情况，例如，由跟踪飞机目标变成跟踪飞机发射的导弹目标。

3）双边缘跟踪算法

双边缘跟踪算法是边缘跟踪算法的一种改进算法，即目标位置为两个边缘的中心，该算法跟踪精度较高，适合跟踪比较对称的目标或点源目标。

4）波门内目标面积平衡法

以跟踪波门的中心线为基准，可将目标分成四个象限或两对象限，然后求每对象限内目标图像的面积。如果目标处在波门中心线，则波门中心线上下和左右两侧目标图像的面积相等，否则不平衡。不平衡时产生的误差信号用来调整波门的位置。这种平衡与不平衡的交替过程直至充满跟踪窗结束。为使被分的图像面积达到平衡，波门不断调整中心线的位置，这样常引起算法的不稳定，使精度和时间响应指标变差。

12.3.2 基于模板匹配的跟踪方法

模板匹配是目标跟踪系统中的一种常用方法，通过遍历来寻找与模板最相似的区域。为简化运算，模板通常设计为包含目标的矩形或椭圆。在初始帧确定目标并对模板进行定义，灰度和颜色是最常用的模板描述特征。根据所选择的描述特征不同，通常将其分为相关跟踪和基于特征匹配的跟踪。与基于模板匹配的目标检测相类似，模板匹配的跟踪方法主要包括特征描述、特征匹配和模板更新三部分。

1）特征描述

对模板特征的提取准则应该是使其能够反映自身与其他不同目标图像之间的最大化差异，并且用于表示该特征空间的特征量或数据量应该最小化。这些特征可以是图像本身的亮度，也可以是点、线、几何形状、边缘、矩以及纹理等特征。当采用图像本身的亮度作为模板特征时，就是相关匹配跟踪，而当采用点、线、几何形状等特征时，就是基于特征匹配的跟踪。

2）匹配运算

根据目标特征将目标模板与当前实时图像中同样大小区域进行比较，根据判别准则找到和目标模板最相似的子图像位置，并在下一帧图像中在目标位置附近区域搜索与目标模板最相似的位置，作为新的目标位置。

3）模板更新

在目标跟踪过程中，目标模板维系了整个跟踪的动态过程。在序列图像中，目标的姿态、尺度和光照变化等因素常会严重影响模板匹配方法的可靠性。需要在目标跟踪过程中设计一个模板更新策略，适时地对模板加以修正，从而避免由于目标自身变化和环境干扰对模板匹配结果造成的影响，提高跟踪精度。

模板匹配跟踪属于穷尽搜索方法，可以保证全局最优，但其缺点是运算量大，当搜索区域较大时很难保证实时性，为了提高运算速度，通常会利用图像金字塔加速算法来减少匹配计算量。另一方面，该算法要求目标变形不大，且不能有太多遮挡，否则匹配精度下降会造成目标丢失。为了克服这种情况，基于模板匹配的跟踪方法可以与 Kalman 滤波或粒子滤波等方法相结合，对目标的运动方向和轨迹进行预测，这样当目标被遮挡或出现短暂丢失情况时，仍然可以实现对目标持续、稳定的跟踪。

12.3.3 基于活动轮廓的跟踪方法

基于轮廓匹配的跟踪算法的基本思想是提取物体的边界轮廓，用封闭的轮廓曲线来描述该运动物体，跟踪该目标轮廓，并且轮廓可在后续帧中自动、持续更新。

由 6.5 节的内容可知，可以把活动轮廓线 Snake 描述成在目标边界附近的一条闭合的参数化曲线 $X(s)=[x(s),y(s)]$，其中 $x(s),y(s)$ 是沿着轮廓线的 x,y 坐标，s 是沿着 $X(s)$ 的标准化弧长（$0\leqslant s\leqslant 1$），那么最终的轮廓将从最小化函数 E_{snake} 获得：

$$E_{\text{snake}}(X(s)) = \int_0^1 E_{\text{int}}(X(s)) + E_{\text{ext}}(X(s))\text{d}s \tag{12.57}$$

其中，E_{int} 是曲线 X 的内部能，包括弹性能和刚性能，E_{ext} 是曲线 X 的外部能量函数。

将式（12.57）最小化的过程应用于运动目标跟踪，即基于活动轮廓的跟踪方法。该方法的基本步骤如下所述。

步骤 1：提取目标轮廓。对目标的边界提取可以是人工方式，也可以采用目标检测方法对目标进行自动检测定位，利用分割方法提取出目标的边界轮廓，并利用封闭的轮廓曲线来描述该运动目标。

步骤 2：对后续帧进行跟踪。将当前帧的轮廓投影作为下一帧目标的初始轮廓，然后再使用 Snake 算法将该初始轮廓收敛到目标的真正边缘，得到分割的跟踪结果。

步骤 3：更新目标轮廓，重复步骤 2 实现目标的稳定跟踪。

基于活动轮廓的跟踪方法，即使场景比较复杂也可以准确地分割出目标，但是要求目标的总体结构基本不变，且连续两帧间目标形变不太大。

在传统活动轮廓的基础上，有学者先后提出了基于活动形状模型的跟踪方法和基于活动表观模型的跟踪方法。其中，基于活动形状模型的跟踪方法根据统计学的可变形模型，利用目标形状的先验知识，用一组离散的控制点来描述对象的形状，这样就可以灵活地改变模型的形状，以适应目标形状不确定性的需要。而基于活动表观模型的跟踪方法不仅建立了反映形状变化的形状统计模型，也建立了反映全局纹理变化的全局纹理模型，以充分利用全局的纹理信息，并将形状模型及纹理模型结合起来建立表观模型，这样不仅包含了目标物体的形状信息，也包含了目标的内部纹理信息，能够更好地描述目标的特征信息。限于篇幅，此处不对这两种活动轮廓跟踪方法进行详细阐述，感兴趣的读者可查阅相关文献。

12.3.4 基于核的跟踪方法

基于核的目标跟踪方法（Mean-Shift）采用了空间域上的核函数描述目标物的外观特征，借助于 Mean-Shift 算法搜索目标区域，其实现简单、速度快，对于形变、旋转有较好的鲁棒性。

根据 6.4.3 节的内容，数据集在位置 y 的核密度估计公式为

$$\hat{f}_{h,k}(y) = \frac{c_{k,d}}{nh^d}\sum_{i=1}^{n} k\left(\left\|\frac{y-x_i}{h}\right\|^2\right) \tag{12.58}$$

如果希望知道数据集合中密度最大数据的分布位置，可以对标准密度梯度进行估计。令 $g(y) = -k'(y)$，对式（12.58）求取梯度，经过化简后可得到 Mean-Shift 均值平移向量 $\boldsymbol{m}_{h,G}(y)$，即

$$\boldsymbol{m}_{h,G}(y) = \frac{\sum_{i=1}^{n} x_i g\left(\left\|\frac{y-x_i}{h}\right\|^2\right)}{\sum_{i=1}^{n} g\left(\left\|\frac{y-x_i}{h}\right\|^2\right)} - x \tag{12.59}$$

有关以上两个公式的推导，在 6.4.3 节有详细介绍，此处不再赘述，这里主要介绍如何利用 Mean-Shift 实现稳定的目标跟踪。

1．目标模型的描述

由于目标图像的直方图记录颜色出现的概率，不受目标形状变化的影响，所以 Mean-Shift 选用颜色直方图作为目标的特征描述。假设目标具有 n 个像素，在图像中的像素位置以 $\{x_i\}_{i=1\cdots n}$ 表示，且假设目标具有 m 个颜色，则目标模型为具有 m 个值的直方图，归一化后目标颜色分布可以表示为

$$\hat{q}_u = C\sum_{i=1}^{n}\delta[b(x_i)-u] \tag{12.60}$$

其中，函数 $b: R^2 \to \{1\cdots m\}$ 是位于 x_i 的像素向颜色索引的映射，$u=1,2,\cdots,m$ 为颜色值，$\delta(x)$ 为方差函数，C 是归一化系数。

由于遮挡或者受到背景的影响，目标模型中心附近的像素比其他像素更可靠，因此可以对目标不同位置的像素赋予不同的权值。靠近中心的像素赋一个大的权值，而远离中心的像素赋一个小的权值。假设目标区域的中心为 y_0，对目标密度函数引入核估计，则目标模型的概率密度估计可表示为

$$\hat{q}_u = C\sum_{i=1}^{n}k\left(\left\|\frac{y_0-x_i}{h}\right\|^2\right)\delta[b(x_i)-u] \tag{12.61}$$

其中，$k(x)$ 为核函数的轮廓函数，函数 $k(x)$ 中 $\left\|\frac{y_0-x_i}{h}\right\|$ 的作用是消除不同大小目标计算时的影响。运用条件 $\sum_{u=1}^{m}\hat{p}_u=1$ 可以得到

$$C=\frac{1}{\sum_{i=1}^{n}k\left(\left\|\frac{y_0-x_i}{h}\right\|^2\right)} \tag{12.62}$$

2．候选模型的描述

在以后的各帧中，可能包含运动目标的区域称为候选区域。该区域中的像素用 $\{x_i\}_{i=1\cdots n_h}$ 表示，核函数中心坐标用 y 表示。对候选区域的描述称为目标候选模型，候选模型的概率密度估计为

$$\hat{p}_u(y) = C_h\sum_{i=1}^{n_k}k\left(\left\|\frac{y-x_i}{h}\right\|^2\right)\delta[b(x_i)-u] \tag{12.63}$$

其中，$C_h=\frac{1}{\sum_{i=1}^{n_k}k\left(\left\|\frac{y-x_i}{h}\right\|^2\right)}$ 是标准化的常量系数。

3．相似性函数

相似性函数描述目标模型和候选目标之间的相似程度，在理想情况下两个模型的概率分布是完全一样的。在 Mean-Shift 算法中，选取巴氏距离作为相似性函数，Bhattacharyya 系数的定义如下。

$$\rho(y)=\rho\left(\hat{p}(y),\hat{q}\right)=\sum_{u=1}^{m}\sqrt{\hat{p}_u(y)\hat{q}_u} \tag{12.64}$$

式（12.64）的值在0～1，$\rho(y)$的值越大，表示两个模型越相似。在当前帧，通过计算不同候选区域得到的候选模型，使得$\rho(y)$最大的候选区域即为当前帧中目标的位置。

4．基于核的目标跟踪方法实现

由前面介绍可以知道，目标在当前帧中最可能出现的位置是使得$\rho(y)$最大的候选区域。为了使$\rho(y)$最大，在当前帧中以前一帧中目标的中心位置y_0为起始位置，开始寻找最优匹配位置，其中心为y。先计算目标候选模型$\hat{p}(y_0)$，对式（12.64）在$\hat{p}(y_0)$处进行泰勒展开，Bhattacharyya系数可近似表示为

$$\rho(\hat{p}(y),\hat{q})\approx\frac{1}{2}\sum_{u=1}^{m}\sqrt{\hat{p}_u(y_0)\hat{q}_u}+\frac{C_h}{2}\sum_{i=1}^{n_k}w_i k\left(\left\|\frac{y-x_i}{h}\right\|^2\right) \tag{12.65}$$

其中

$$w_i=\sum_{u=1}^{m}\delta[b(x_i-u)]\sqrt{\frac{\hat{q}_u}{\hat{p}_u(\hat{y}_0)}} \tag{12.66}$$

从式（12.65）可以看出，只有第二项随y变化，令

$$f_{h,k}=\frac{C_h}{2}\sum_{i=1}^{n_k}w_i k\left(\left\|\frac{y-x_i}{h}\right\|^2\right) \tag{12.67}$$

则要使$\rho(\hat{p}(y),\hat{q})$最大，等价于使$f_{h,k}$最大。

分析式（12.67）可以看出，这个表达式类似于核密度估计函数，不过多了一个权值w_i，因此，可以通过Mean-Shift迭代使$f_{n,k}$取最大值，具体步骤如下所述。

步骤1：假设上一帧目标模型的分布为$\{\hat{q}_u\}_{u=1\cdots m}$，目标被估计位置为$\hat{y}_0$。

步骤2：用$\hat{y}_0$初始化当前帧的目标位置，计算当前帧分布$\{\hat{p}_u(\hat{y}_0)\}_{u=1\cdots m}$，估计Bhattacharyya系数$\rho[\hat{p}(y_0),\hat{q}]=\sum_{u=1}^{m}\sqrt{\hat{p}_u(\hat{y}_0)\hat{q}_u}$。

步骤3：根据式（12.66）计算得到权值$\{w_i\}_{i=1\ldots n_h}$。

步骤4：根据式（12.59）Mean-Shift向量$\boldsymbol{m}_{h,G}(y)$，计算目标的新位置，即

$$\hat{y}_1=\frac{\sum_{i=1}^{n_h}x_i w_i g\left(\left\|\frac{\hat{y}_0-\hat{x}_i}{h}\right\|^2\right)}{\sum_{i=1}^{n_h}w_i g\left(\left\|\frac{\hat{y}_0-\hat{x}_i}{h}\right\|^2\right)}$$

步骤5：更新$\{\hat{p}_u(\hat{y}_0)\}_{u=1\ldots m}$，估计$\rho[\hat{p}(y_1),\hat{q}]=\sum_{u=1}^{m}\sqrt{\hat{p}_u(\hat{y}_1)\hat{q}_u}$。

步骤6：当$\rho[\hat{p}(y_1),\hat{q}]<\rho[\hat{p}(y_0),\hat{q}]$时，$\hat{y}_1\leftarrow\frac{1}{2}(\hat{y}_0+\hat{y}_1)$。

步骤7：如果$\|\hat{y}_1-\hat{y}_0\|<\varepsilon$则停止，否则$\hat{y}_0\leftarrow\hat{y}_1$，执行步骤1。

目标跟踪的过程就是通过Mean-Shift向量的梯度下降搜索求出Bhattacharyya系数的最大

值，从而找出目标在下一帧中的最佳匹配位置。图 12-5 是利用 Mean-Shift 方法进行运动目标跟踪的实例。

图 12-5　采用 Mean-Shift 方法进行运动目标跟踪的实例

Mean-Shift 用于目标跟踪的优点：首先，计算量不大，在目标区域已知的情况下可以做到实时跟踪；其次，作为一个无参数密度估计算法，很容易作为一个模块和别的算法集成；另外，采用核函数直方图建模，对边缘遮挡、目标旋转、变形和背景运动不敏感。

Mean-Shift 算法也存在一些缺点，主要包括：一是度量的不确定性，如背景颜色分布和目标定位的不确定性，这些扰动会影响 Bhattacharyya 系数的最大值和改变最大值周围的曲率；二是目标在连续的两帧中不能发生剧烈的变化，也就是说，前后两帧目标的跟踪窗口要有重叠；三是对目标的尺度和旋转变化比较敏感。

12.3.5　基于子空间学习的跟踪方法

视频序列是一组图像的集合，可以看成高维数据，而这些图像又不是孤立存在的，彼此之间存在着一定的相关性。子空间模型作为高维数据的一种低维描述，为图像提供了紧凑的描述方式，对于视频图像序列而言，恰好可以反映其视频帧之间的相关性。因此，有学者提出了一种基于子空间学习的目标跟踪方法，它建立目标的表观模型后，将目标由特征分量表示，以增量更新的方式使用主成分分析（PCA）学习确定目标样本集所张成的子空间，使用子空间中距离度量代替传统的模板匹配过程，在跟踪过程中寻找重构误差最小的图像区域作为候选目标，并且对目标的特征分量进行在线更新。

1．基于增量 PCA 的子空间跟踪方法

采集前 N 帧目标作为训练样本，形成训练样本集 $\boldsymbol{X}=\{\boldsymbol{x}_1,\boldsymbol{x}_2,\cdots,\boldsymbol{x}_N\}$，每个样本为 d 维特征向量。首先，计算归一化样本集 $\boldsymbol{A}=\{\boldsymbol{x}_1-\bar{\boldsymbol{x}},\boldsymbol{x}_2-\bar{\boldsymbol{x}},\cdots,\boldsymbol{x}_N-\bar{\boldsymbol{x}}\}$，其中 $\bar{\boldsymbol{x}}$ 表示样本均值。通过

对归一化样本集 $\boldsymbol{A}$ 进行奇异值分解（SVD），求解出目标类样本的主分量，即

$$\boldsymbol{U\Sigma V}^{\mathrm{T}}=\mathrm{svd}(\boldsymbol{A}) \tag{12.68}$$

其中，$\boldsymbol{U}$ 即为特征空间中的特征向量矩阵。取奇异值矩阵 $\boldsymbol{\Sigma}$ 的前 k 个奇异值对应的特征向量作为主分量，可以得到主分量空间的投影矩阵 $\boldsymbol{W}\in\mathbb{R}^{d\times k}$。因此，对于目标的特征描述 $\boldsymbol{x}$，可以按照式（12.69）将其投影到主分量空间并进行距离度量，即

$$S=\boldsymbol{W}^{\mathrm{T}}(\boldsymbol{x}-\bar{\boldsymbol{x}}) \tag{12.69}$$

2. 序列化 Karhunen-Loeve 变换算法

在目标跟踪过程中，由于样本的多样性和不可预知性，跟踪算法不可能在第一帧就得到整个跟踪过程中的全体训练样本，因此，提出了使用序列化 Karhunen-Loeve 变换算法实现在线更新的思想。该算法将需要不断更新的训练样本看作流式输入的数据，因此 SVD 更新的过程则成为一个序列化迭代的计算过程，即在每次 SVD 更新计算中，通过控制所加入数据向量的数量来优化主分量的计算性能，从而避免合并新旧训练数据集进行 SVD 的大量重复运算，降低了算法的复杂度。

假设 $\boldsymbol{A}$ 为已有的输入向量集，该向量集合的奇异值分解结果为 $\boldsymbol{A}=\boldsymbol{U\Sigma V}^{\mathrm{T}}$。令新输入的向量集为 $\boldsymbol{B}$，则整个向量集的奇异值分解结果为

$$[\boldsymbol{A}\ \ \boldsymbol{B}]=\boldsymbol{U}'\boldsymbol{\Sigma}'\boldsymbol{V}'^{\mathrm{T}} \tag{12.70}$$

因为 $\boldsymbol{U}'$ 可由 $[\boldsymbol{U}\ \ \boldsymbol{B}]$ 的正交化得到，所以 $\boldsymbol{U}'$ 可以表示为 $[\boldsymbol{U},\tilde{\boldsymbol{B}}]$（其中，$\tilde{\boldsymbol{B}}$ 为 $\boldsymbol{B}$ 与 $\boldsymbol{U}$ 相正交的部分），则有

$$[\boldsymbol{A}\ \ \boldsymbol{B}]=[\boldsymbol{U},\tilde{\boldsymbol{B}}]\begin{bmatrix}\boldsymbol{\Sigma} & \boldsymbol{U}^{\mathrm{T}}\boldsymbol{B}\\ 0 & \tilde{\boldsymbol{B}}^{\mathrm{T}}\boldsymbol{B}\end{bmatrix}\begin{bmatrix}\boldsymbol{V}^{\mathrm{T}} & 0\\ 0 & \boldsymbol{I}\end{bmatrix} \tag{12.71}$$

在式（12.71）中，令 $\boldsymbol{R}=\tilde{\boldsymbol{U}}\tilde{\boldsymbol{\Sigma}}\tilde{\boldsymbol{V}}^{\mathrm{T}}$，则上述向量集奇异值分解的过程可进一步表示为

$$[\boldsymbol{A}\ \ \boldsymbol{B}]=([\boldsymbol{U},\tilde{\boldsymbol{B}}]\cdot\tilde{\boldsymbol{U}})\tilde{\Sigma}\left(\tilde{\boldsymbol{V}}^{\mathrm{T}}\begin{bmatrix}\boldsymbol{V}^{\mathrm{T}} & 0\\ 0 & \boldsymbol{I}\end{bmatrix}\right) \tag{12.72}$$

在已知 $\boldsymbol{A}$ 的特征向量集 $\boldsymbol{U}$ 及特征值对角矩阵 $\boldsymbol{\Sigma}$ 的情况下，Karhunen-Loeve 变换算法并没有直接对集合 $\boldsymbol{A}$ 和集合 $\boldsymbol{B}$ 进行合并再进行奇异值分解，而是通过已有向量集 $\boldsymbol{A}$ 的特征值与特征向量来避免特征向量的重复计算，从而达到降低计算复杂度的目的，具体步骤如下所述。

步骤 1：首先对 $[\boldsymbol{U}\ \boldsymbol{\Sigma}\ \boldsymbol{B}]$ 进行 QR 分解，可以得到 $[\boldsymbol{U},\tilde{\boldsymbol{B}}]$ 与 $\boldsymbol{R}$，即 $[\boldsymbol{U}\ \boldsymbol{\Sigma}\ \boldsymbol{B}]=[\boldsymbol{U},\tilde{\boldsymbol{B}}]\cdot\boldsymbol{R}$。

步骤 2：对 $\boldsymbol{R}$ 进行奇异值分解得到 $\tilde{\boldsymbol{B}}$、$\tilde{\boldsymbol{\Sigma}}$，合并数据集 $[\boldsymbol{A}\ \ \boldsymbol{B}]$ 的特征向量 $\boldsymbol{U}'$ 就可以表示为 $\boldsymbol{U}'=[\boldsymbol{U},\tilde{\boldsymbol{B}}]\cdot\tilde{\boldsymbol{U}}$。

步骤 3：特征值对角矩阵为 $\tilde{\boldsymbol{\Sigma}}=\boldsymbol{\Sigma}'$。

在上述计算过程中，$[\boldsymbol{U}\ \boldsymbol{\Sigma}\ \boldsymbol{B}]$ 的 QR 分解计算的时间复杂度为 $O(\dim(\boldsymbol{A})\cdot\mathrm{num}(\boldsymbol{B})\cdot(\mathrm{num}(\boldsymbol{A})+\mathrm{num}(\boldsymbol{B})))$，其中 $\dim(\boldsymbol{A})$ 表示 $\boldsymbol{A}$ 中向量的维数，$\mathrm{num}(\cdot)$ 表示矩阵中所包含的列向量数，而 $\boldsymbol{R}$ 的奇异值分解计算的时间复杂度为 $O((\mathrm{num}(\boldsymbol{A})+\mathrm{num}(\boldsymbol{B}))^3)$，因此集合 $\boldsymbol{B}$ 中所包含的向量数目 $\mathrm{num}(\boldsymbol{B})$ 直接影响整个算法的处理效率。

增量 PCA 算法运算的代价比较高，序列化 Karhunen-Loeve 变换算法通过利用已有向量集的特征值与特征向量来代替增量 PCA 算法中在合并数据向量集上求取特征值及特征向量的做法，避免了特征向量的重复计算，从而达到降低计算复杂度的目的。

这种基于增量子空间模型的跟踪方法能够在视点变化、光照变化、部分遮挡、目标物尺度缩放等情况下保持稳定的跟踪性能。图 12-6 为基于增量 PCA 子空间的跟踪方法与比较流行的 WSL 方法和 Mean-Shift 方法的跟踪结果对比，实线矩形框为基于增量 PCA 子空间学习的跟踪方法的跟踪结果，椭圆高亮区为 WSL 方法的跟踪结果，虚线矩形框为 Mean-Shift 的跟踪结果。WSL 也是一种在线更新表观模型的跟踪方法（有兴趣的读者可以自行查阅）。由跟踪结果可以看出，在视点、光照、尺度变化及部分遮挡等情况下，Mean Shift 方法的跟踪结果最差，出现了严重的漂移。基于增量 PCA 的方法与 WSL 的方法都获得了较好的跟踪结果，而基于增量 PCA 的方法在跟踪一个目标的同时，也能够学习一个紧凑的低维空间表观模型，使跟踪算法具有更强的鲁棒性和抗干扰能力。

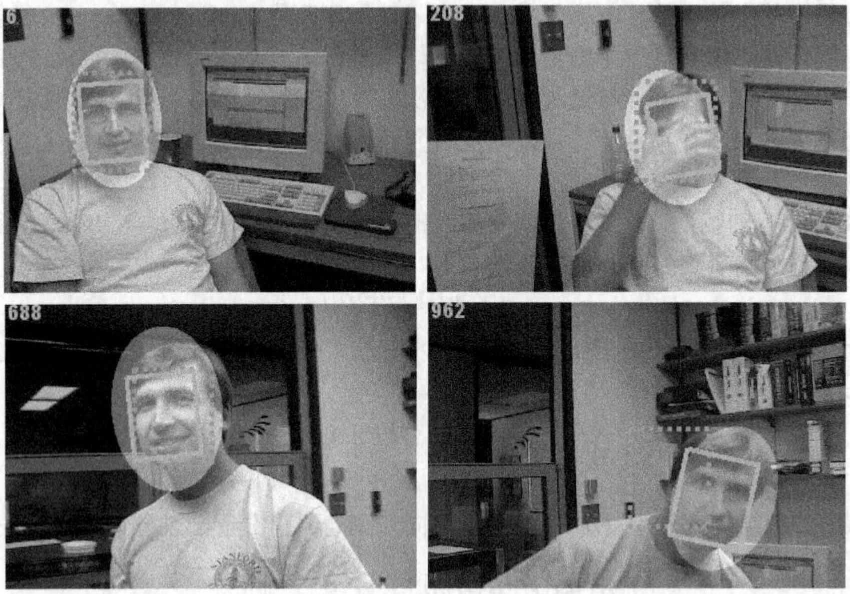

图 12-6　基于子空间的目标跟踪方法与 WSL 和 Mean-Shift 方法的跟踪结果比较

12.3.6　基于机器学习的跟踪方法

随着机器学习和模式识别理论的广泛应用，有学者提出从目标检测出发来解决目标跟踪的问题，这就是基于机器学习的跟踪方法，也叫作基于检测的跟踪方法。它的核心思想是把跟踪问题转化为判定特定目标区域与背景区域的二分类问题，即对特定目标的跟踪。通过第一帧对目标特征及背景进行学习训练，目标特征视为正样本，周围的局部背景视为负样本，并通过这些特征训练分类器来鉴别目标与背景，即找到目标与背景间的最佳分类界面。同时，利用在线学习的方法不断更新样本，提高分类能力，使跟踪算法能够适应目标尺度、旋转、姿态及光照条件等变化，具有较好的跟踪效果。与子空间的跟踪方法不同，这种方法可以有效避免目标表观模型重建带来的大量计算，具有更好的实时性。

1. 基于机器学习的跟踪方法流程

基于机器学习的目标跟踪算法流程：在第一帧采集正负样本并手工标定，训练目标和背景的表观模型分类器，在一下帧由分类器对于目标周围一定区域内取得的候选目标图像进行分类，概率最大的即作为新目标位置，并重复样本采集过程，由得到的目标背景样本更新训练分类器，继续进行下一帧跟踪操作，如此反复。在整个跟踪过程中，目标与背景的表观模型都会发生变化，可判别的特征也会产生变化，两者的可分性并不是一成不变的，因此需要具有良好性能的分类器能够适应目标与背景表观的变化，始终保持对目标与背景良好的分类性能。常用的分类器包括 SVM、Boosting、Adaboost、LDA、随机森林等。图 12-7 表示此跟踪框架的典型流程。

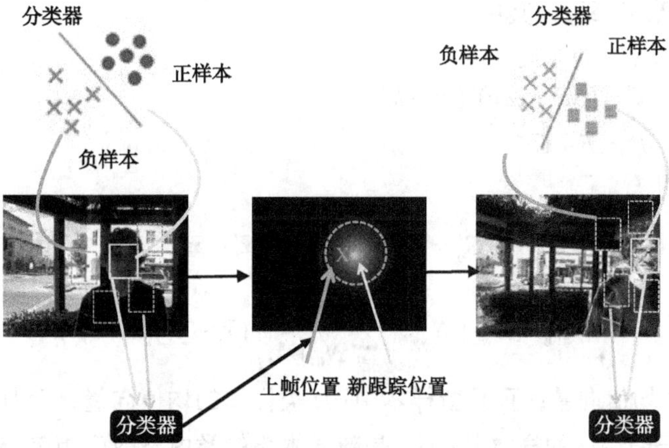

图 12-7　基于分类的目标跟踪框架的典型流程

下面我们以 Fisher 线性判别分析（Fisher Linear Discriminant Analysis，Fisher LDA）算法为例介绍基于分类的跟踪方法的具体实现过程。

2. 基于增量 Fisher 线性判别分析的目标跟踪方法

基于 Fisher 线性判别分析的目标跟踪方法利用目标与背景的训练样本集，使用 FLDA 作为分类器，通过最大化类间方差及最小化类内方差寻找目标样本与背景样本的最优投影子空间，并在该子空间下进行距离度量。Ross 等和 Lin 等对原有的 Fisher 线性判别分析进行了改进，提出了增量式 Fisher 线性判别分析（Incremental Fisher LDA，IFLDA），通过使用跟踪结果中提取的正负样本在线更新特征分类子空间，保证了投影子空间能够及时反映当前帧的目标和背景的表观变化，以适应跟踪期间目标模型所发生的变化，实现了较为鲁棒和精确的跟踪效果。

假设 $\boldsymbol{X}=\{\boldsymbol{x}_1,\boldsymbol{x}_2,\cdots,\boldsymbol{x}_N\}$ 表示全部 N 个训练样本，每个样本为 d 维向量。其中，所有样本被分为 P 类，FLDA 的思想是通过最大化类间方差矩阵 $\boldsymbol{S}_{\mathrm{b}}$ 和最小化类内方差矩阵 $\boldsymbol{S}_{\mathrm{w}}$ 求最优的投影方向 $\boldsymbol{W}$，其目标优化函数为

$$J(\boldsymbol{W})=\frac{\boldsymbol{W}^{\mathrm{T}}\boldsymbol{S}_{\mathrm{b}}\boldsymbol{W}}{\boldsymbol{W}^{\mathrm{T}}\boldsymbol{S}_{\mathrm{w}}\boldsymbol{W}} \tag{12.73}$$

其中，

$$\boldsymbol{S}_{\mathrm{b}}=\sum_{i=1}^{P}N_i(\overline{\boldsymbol{x}}_i-\overline{\boldsymbol{x}})(\overline{\boldsymbol{x}}_i-\overline{\boldsymbol{x}})^{\mathrm{T}} \tag{12.74}$$

$$\boldsymbol{S}_{\mathrm{w}}=\sum_{i=1}^{P}\sum_{j=1}^{N_i}(\boldsymbol{x}_{ij}-\overline{\boldsymbol{x}})(\boldsymbol{x}_{ij}-\overline{\boldsymbol{x}})^{\mathrm{T}} \tag{12.75}$$

N_i 是训练样本中属于第 i 个类别的样本数，$\bar{\boldsymbol{x}}$ 是 $\boldsymbol{X}$ 的均值向量，而 $\bar{\boldsymbol{x}}_i$ 是第 i 类样本的均值向量。最优投影方向 $\boldsymbol{W}$ 可以通过对式（12.76）进行特征值分解求得

$$\boldsymbol{S}_{\mathrm{w}}^{-1}\boldsymbol{S}_{\mathrm{b}}\boldsymbol{W} = \boldsymbol{W}\boldsymbol{\Lambda} \tag{12.76}$$

IFLDA 在 FLDA 的基础上实现了在线训练样本更新过程。假定使用 $\boldsymbol{\Psi} = (N, \bar{x}, P, S_{\mathrm{w}}, S_{\mathrm{b}})$ 来表示线性判别子空间，则可以把增量线性判别分析看作在得到 M 个新样本 $\boldsymbol{Y} = \{\boldsymbol{y}_1, \boldsymbol{y}_2, \cdots, \boldsymbol{y}_M\}$ 之后在线更新子空间的过程。也就是说，在已知 $\boldsymbol{Y}$ 和 $\boldsymbol{\Psi}$ 的条件下，如何计算出新的线性判别子空间 $\boldsymbol{\Psi}' = (N', \bar{x}', P', S_{\mathrm{w}}', S_{\mathrm{b}}')$，其中

新的样本数目：$N' = N + M$ （12.77）

新的均值向量：$\bar{\boldsymbol{x}}' = (N\bar{\boldsymbol{x}} + M\bar{\boldsymbol{y}})/(N + M)$ （12.78）

新的类别数目：$P' = P + C$ （12.79）

另外，可以证明

$$\boldsymbol{S}_{\mathrm{b}}' = \sum_{i=1}^{P'} N_i'(\bar{\boldsymbol{x}}_i' - \bar{\boldsymbol{x}}')(\bar{\boldsymbol{x}}_i' - \bar{\boldsymbol{x}}')^{\mathrm{T}} \tag{12.80}$$

$$\boldsymbol{S}_{\mathrm{b}}' = \boldsymbol{S}_{\mathrm{w}} + \boldsymbol{S}_{\mathrm{wy}} + \sum_{i=1}^{P} \frac{N_i M_i}{N_i + M_i}(\bar{\boldsymbol{x}}_i - \bar{\boldsymbol{y}}_i)(\bar{\boldsymbol{x}}_i - \bar{\boldsymbol{y}}_i)^{\mathrm{T}} \tag{12.81}$$

其中，$\bar{\boldsymbol{y}}$ 为新样本的均值向量；$\bar{\boldsymbol{y}}_i$ 是新样本中第 i 类样本的均值向量；C 为新样本类别数；M_i 为 M 个新样本中属于类别 i 的样本数；$\boldsymbol{S}_{\mathrm{wy}}$ 是新样本集的类内离散度矩阵。通过以上两个公式，IFLDA 方法得以实现目标的在线更新。根据上述理论，就可以在线持续获得新增正负样本，并且在线更新训练 IFLDA 分类器，保持跟踪算法可以正确区分目标与背景，获得目标的正确位置。

图 12-8 是以粒子滤波作为目标跟踪的基本框架，采用 IFLDA 跟踪算法对视频数据进行运动目标跟踪的实例，其中粒子滤波采用 400 个粒子。在测试视频数据中，目标人物从一个黑暗的屋子走到明亮的区域，过程中伴随着尺度变化和较大程度的姿态变化，比如侧脸、微笑、摘眼镜后又带上等动作均造成了较大的姿态变化，且人物在灯光下走动的过程经历了光照频繁变化的过程。从图中可以看出，基于 IFLDA 的跟踪算法在多种干扰条件下依然可以鲁棒、准确地跟踪目标。

图 12-8　基于 IFLDA 跟踪算法对视频数据进行运动目标跟踪实例

12.4 多目标跟踪

多目标跟踪技术无论在军事领域还是在民用领域均有广泛的应用。所谓多目标跟踪，就是为了维持对多个目标的当前状态的估计而对所接收到的量测进行处理的过程。与单目标相比，多目标跟踪主要包括目标状态估计和数据关联两个方面。前一方面利用单目标跟踪模型的滤波与预测方法估计目标在任意时刻的状态，主要问题是数据精度；后一方面提供量测与目标的对应关系，即量测与多个目标航迹的关联，主要问题是数据关联的正确性。多目标跟踪的基本思想是首先假定各个目标相互独立运动，然后按照一定关联规则将目标与其量测之间进行准确关联，再用不同的滤波器分别进行跟踪。

12.4.1 多目标跟踪的基本原理

1. 单个目标跟踪模型

跟踪波门是跟踪空间域中的一块子区域，它将传感器接收到的目标量测划分为可能源于目标和不可能源于目标两部分。其中心位置位于被跟踪目标的预测位置，大小由目标的运动模型动态确定。落入跟踪波门内的目标称为候选目标。跟踪波门的形成既是限制试探性航迹的关键环节，又是维持跟踪和更新目标航迹的先决条件。

设目标量测方程为

$$z_k = \boldsymbol{H}_k x_k + v_k \tag{12.82}$$

目标在$k-1$时刻的状态为x_{k-1}，k时刻的状态预测值为$\hat{x}_{k|k-1}$，量测矩阵为$\boldsymbol{H}_k$，量测量为z_k，量测噪声为v_k，则k时刻的量测预测值为

$$\hat{z}_{k|k-1} = \boldsymbol{H}_k \hat{x}_{k|k-1} \tag{12.83}$$

实际量测值z_k与预测量测值$\hat{z}_{k|k-1}$之差表示新息d_k，有

$$d_k = z_k - \hat{z}_{k|k-1} \tag{12.84}$$

则k时刻的跟踪波门G_k定义为

$$d_k = | z_k - \hat{z}_{k|k-1} | \leqslant G_k, i = 1,\cdots,m \tag{12.85}$$

其中，m为k时刻的有效目标（量测）的数量，G_k为跟踪波门的大小。在k时刻落入跟踪波门的量测量z_k称为候选目标。

2. 多目标跟踪原理

多目标跟踪的目的是将传感器所接收到的量测数据分解为对应于不同信息源所产生的不同观测集合或轨迹。一旦轨迹被形成和确认，则被跟踪的目标数及相应于每一条轨迹的目标运动参数，如位置、速度、加速度及目标分类特征等，均可相应估计出来。一套完整的多目标跟踪算法大致包括三部分：一是跟踪起始，二是数据关联及跟踪维持，三是跟踪终结。

跟踪起始是一种建立新的目标档案的方法，它主要包括假定轨迹形成，轨迹初始化和轨迹确定三方面。通常不与已知目标轨迹相关的观测集合被用来形成新的假定轨迹，进行轨迹

的初始化处理。新目标出现后，测量系统应该对其具有自动识别的能力，此后能够保持对该目标的编号始终不发生改变。

数据关联和跟踪维持是多目标跟踪的核心部分，其目的就是保证跟踪目标可分辨且不发生误跟和失跟现象。数据关联就是利用观测数据间的某些特性，按照选定的关联规则辨别出观测数据究竟来源于哪个目标，或者只是仅仅来源于虚警，最后确定正确的观测与轨迹配对的过程。跟踪维持包括机动识别和自适应滤波与预测，可以估计出各目标轨迹的真实状态。数据关联应与滤波与预测紧密结合，在跟踪过程中，数据关联为滤波与预测提供可靠数据，而高性能的滤波又能极大提高数据关联的准确性，两者有机地融合在一起，可以达到跟踪系统整体的优化。

跟踪终结是跟踪启动的逆问题，它是清除多余目标档案的一种方法，当被跟踪目标逃离跟踪区域、消失或者被遮挡时，状态更新质量下降。为了减少不必要的存储与计算，跟踪器必须作出相应的决策，以消除多余目标档案，完成跟踪终结过程。

如图 12-9 所示为多目标跟踪的基本原理框图。

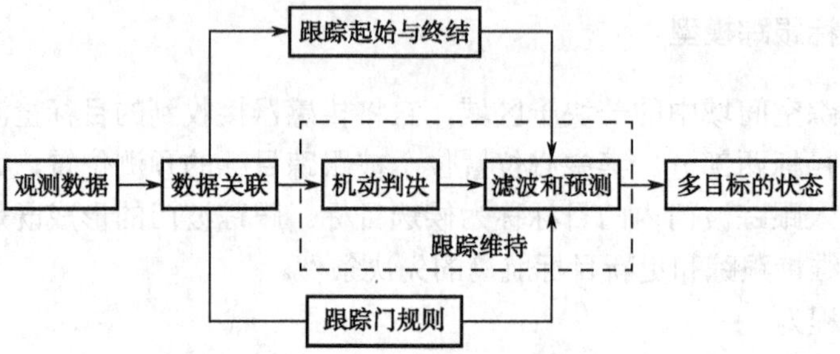

图 12-9　多目标跟踪的基本原理框图

假定跟踪前各目标轨迹已经形成，整个目标跟踪流程为递推过程，其单一循环过程为：首先判别当前帧各个观测值是否落在已存在的目标波门内，如果没有落在任何已确立的目标波门内，该目标可能是虚假目标，也可能是新出现的目标，于是对该目标建立暂时航迹，如果该暂时航迹波门内连续三帧都有观测值出现，则认为出现了一个新目标，该目标的航迹被确立。

对于已建立航迹的目标通过跟踪门规则和数据关联实现量测和目标运动轨迹的配对，接下来利用机动检测及自适应滤波与预测等跟踪维持方法估计出各目标的真实状态，从而更新已建立的目标轨迹。

在已经确立航迹的目标编号波门内，如果当前帧没有观测值出现，该目标可能消失，也可能在当前帧内漏检观测目标，所以在下一帧继续判别该目标预测波门内是否有观测值出现，如果该目标预测波门内连续四帧都没有观测值出现，则认为该目标航迹消亡，取消对该目标的轨迹维持。

最后，在新的观测到达之前，由目标预测状态可以确定下一时刻的跟踪门中心和大小，并重新开始下一时刻的递推循环。

12.4.2　最近邻法（NN）

最近邻方法（Nearest Neighbor，NN）的主要思想是：在相关跟踪门内“唯一”地选择与被跟踪目标预测位置距离最近的量测作为与目标相关联的跟踪信息，即测量值与目标之间是一一对应的关系。所谓“最近”往往表示目标预测位置与有效目标量测值之间的统计距离最小或者残差概率密度最大，统计距离一般采用欧氏距离为

$$\begin{aligned} D_k^2 &= \boldsymbol{v}_k^T \boldsymbol{S}_k^{-1} v_k \\ &= (z_k - \boldsymbol{H}_k \hat{x}_{k|k-1})^{\mathrm{T}} S_k^{-1} (z_k - \boldsymbol{H}_k \hat{x}_{k|k-1}) \end{aligned} \tag{12.86}$$

其中，v_k 表示新息，是实际量测值 z_k 与预测量测值 $\hat{z}_{k|k-1}$ 之差，$\boldsymbol{S}_k$ 为 v_k 的协方差矩阵。

最近邻方法是最简单的数据关联方法，它选择离关联波门中心最近的量测对目标航迹进行更新，而离中心最近的量测未必就是正确的目标量测。因此，算法实质上是一种局部最优的“贪心”算法，并不能在全局意义上保持最优，对于外界干扰的抵抗力比较差，当目标密度变大或者目标突发机动时会出现关联错误的现象。但该算法计算量小，便于实现，适用于信噪比高、目标密度小的跟踪任务。

12.4.3 概率数据关联滤波器（PDAF）

在基于贝叶斯理论的关联算法中，最基本的方法就是概率数据关联滤波算法（Probabilistic Data Association Filter，PDAF）。与最近邻算法的一一对应原则不同，PDAF 算法假定每个目标之间都是相互独立的，它认为落入目标跟踪波门内的所有候选测量值都有源于目标的可能，测量值源于目标的概率被称为关联概率。PDAF 算法计算跟踪波门内的所有候选目标测量值的置信概率，将这些测量值按置信概率进行加权数据融合，并将融合的结果用于目标状态的滤波更新。

采用大家熟悉的贝叶斯动态模型，假设目标在短时间内做匀速运动，则

$$\begin{aligned} \boldsymbol{x}(k+1) &= \boldsymbol{F}(k)\boldsymbol{x}(k) + u(k),\ k = 1,2,\cdots \\ z(k) &= \boldsymbol{H}(k)\boldsymbol{x}(k) + v(k), \quad k = 1,2,\cdots \end{aligned} \tag{12.87}$$

其中，$\boldsymbol{x}(k)$ 表示 k 时刻的状态向量，$z(k)$ 表示 k 时刻的观测向量，$\boldsymbol{F}(k)$ 表示状态转移矩阵，$\boldsymbol{H}(k)$ 表示量测矩阵，$u(k)$ 和 $v(k)$ 是零均值相互独立的高斯噪声。

设 $Z(k) = \{z_j(k)\}_{j=1}^m$ 表示传感器在 k 时刻确认的量测集合；m 表示在 k 时刻确认的量测的个数；$Z^k = \{z_j(k)\}_{j=1}^k$ 表示直到时刻 k 的累积量测集。

概率数据关联理论的三个基本假设是：

（1）假量测在关联波门中服从均匀分布。

（2）正确量测服从正态分布。

（3）在杂波环境下仅有一个目标存在，并且这个目标的航迹已经形成。

概率数据关联滤波算法可以简单描述如下：在 k 时刻有 m 个量测落入波门内，第 j 个有效量测 $z_j(k)$ 源自目标的概率为

$$\beta_j = \frac{e_j}{b + \sum_{l=1}^m e_l},\ j = 1,2,\cdots,m \tag{12.88}$$

m 个量测中没有一个是来自目标的量测概率为

$$\beta_0 = \frac{b}{b + \sum_{l=1}^m e_l} \tag{12.89}$$

其中，$e_j=\exp\left\{-\frac{1}{2}v_j^{\mathrm{T}}(k)S^{-1}(k)v_j(k)\right\}$，$v_j(k)$是第$j$个有效量测$z_j(k)$的新息，$S(k)$为量测的协方差。

对于参数模型的概率数据关联滤波算法，上述两式中的b由式（12.90）给定，即

$$b=\lambda\sqrt{2\pi S(k)}\frac{1-P_{\mathrm{D}}P_{\mathrm{G}}}{P_{\mathrm{D}}} \tag{12.90}$$

式中，λ为杂波的空间分布密度，P_{D}是检测概率，P_{G}是源自目标的量测正确落入跟踪门内的概率。同时，关联概率必须满足以下约束，即

$$\sum_{j=0}^{m}\beta_j(k)=1, 0\leqslant\beta_j\leqslant1 \tag{12.91}$$

PDAF算法中的目标状态估计由式（12.92）完成更新，即

$$\hat{x}(k|k)=\hat{x}(k|k-1)+K(k)v(k) \tag{12.92}$$

其中，$\hat{x}(k|k)$为状态更新估计，$\hat{x}(k|k-1)$为状态预测值，$K(k)$为卡尔曼增益，$v(k)$表示组合新息，即新息的加权和有

$$v(k)=\sum_{j=1}^{m}\beta_j v_j(k) \tag{12.93}$$

$$v_j(k)=z_j(k)-H(k)\hat{x}(k|k-1) \tag{12.94}$$

目标状态更新估计的协方差由式（12.95）确定，即

$$P(k|k)=\beta_0 P(k|k-1)+[1-\beta_0]P^c(k)+\tilde{P}(k) \tag{12.95}$$

其中

$$P^c(k)=P(k|k-1)-K(k)S(k)K^{\mathrm{T}}(k) \tag{12.96}$$

$$\tilde{P}(k)=K(k)\left(\sum_{j=1}^{m}\beta_j v_j(k)v_j^{\mathrm{T}}(k)-v(k)v^{\mathrm{T}}(k)\right)K^{\mathrm{T}}(k) \tag{12.97}$$

12.4.4 联合概率数据关联滤波器（JPDAF）

联合概率数据关联滤波（Joint Probability Data Association Filter，JPDAF）算法被公认为是解决密集量测下多目标数据关联最有效的算法之一，其目标跟踪成功率在各种环境下都非常高。

JPDAF 算法的核心思想是计算每一个量测与其可能的各种源目标之间的关联概率，即联合事件下的条件概率，设$\theta(k)=\{\theta_i(k)\}_{i=1}^{\theta_k}$表示在$k$时刻的所有可能的联合事件的集合，$\theta_k$表示$\theta(k)$中元素的个数，则

$$\theta_i(k)=\bigcap_{j=1}^{m}\theta_{jt_j}^i(k) \tag{12.98}$$

$\theta_{jt_j}^i(k)\triangleq\{在第i个联合事件中由目标t_j得到的量测j\}$，$j=1,2,\cdots,m;t=0,1,\cdots,T$，$t_j$是事件中与量测$j$关联的目标序号。

定义确认矩阵：$\boldsymbol{\Omega}(k)=\{w_{jt}(k)\}\quad j=1,2,\cdots,m;t=0,1,\cdots,T$（12.99）

二进制元素$w_{jt}(k)$为1表示量测j处在目标t的确认门内，为0表示量测j没有处在目标t

的确认门内；$t=0$ 表示“没有目标”，$\boldsymbol{\Omega}(k)$ 的相应列全部是 1，因为此时每一个量测都来自杂波或虚警。

由此，一个联合关联事件 $\theta_i(k)$ 可以表示成以下矩阵，即

$$\hat{\boldsymbol{\Omega}}(\theta_i(k))=[\hat{w}_{jt}^i(\theta_i(k))] \tag{12.100}$$

其中，$\hat{w}_{jt}^i(\theta_i(k))=\begin{cases}1 & 若\theta_{jt}^i(k)\subset\theta_i(k)\\ 0 & 其他\end{cases}$，表示在第 i 个联合事件中，量测 j 是否源于目标 t，在量测 j 源于目标 t 时为 1，否则 0。

可能事件包括：

（1）每一个量测有且只有一个源，即

$$\sum_{t=0}^{T}\hat{w}_{jt}^i(\theta_i(k))=1, j=1,2,\cdots,m \tag{12.101}$$

（2）每一个目标产生的量测个数不能大于 1，即

$$\delta_t(\theta_i(k))=\sum_{j=1}^{m}\hat{w}_{jt}^i(\theta_i(k))\leqslant 1, t=1,2,\cdots,T \tag{12.102}$$

对于每一个可能事件 $\hat{\Omega}(\theta_i(k))$，分别计算目标检测指示值和量测关联指示值，即

$$\delta_t(\theta_i(k))=\sum_{j=1}^{m}\hat{w}_{jt}^i(\theta_i(k)), t=1,2,\cdots,T \tag{12.103}$$

$$\tau_j(\theta_i(k))\triangleq\sum_{t=1}^{T}\hat{w}_{jt}^i(\theta_i(k)), j=1,2,\cdots,m \tag{12.104}$$

联合事件 $\theta_i(k)$ 中虚假观测的数目，即

$$\phi(\theta_i(k))=\sum_{j=1}^{m}[1-\tau_j(\theta_i(k))] \tag{12.105}$$

利用贝叶斯法则推导在 k 时刻的联合事件 $\theta_i(k)$ 的条件概率为

$$\begin{aligned}p(\theta_i(k)\mid Z^k)&=p(\theta_i(k)\mid Z(k),Z^{k-1})=\frac{1}{c}p[Z(k)\mid\theta_i(k),Z^{k-1}]\\&=\frac{1}{c}p[Z(k)\mid\theta_i(k),Z^{k-1}]p(\theta_i(k))\end{aligned} \tag{12.106}$$

其中，$c=\sum_{i=1}^{\theta_k}p[Z(k)\mid\theta_i(k),Z^{k-1}]p(\theta_i(k))$

假设不与任一目标关联的量测在航迹探测确认区域 V 内服从均匀分布，而与某个目标关联的正确量测服从高斯分布，通过计算可以得到

$$p(\theta_i(k)\mid Z^k)=\frac{\gamma(\theta_i(k))}{c'} \tag{12.107}$$

$$c'=\sum_{i=1}^{\theta_k}\gamma(\theta_i(k)) \tag{12.108}$$

JPDAF 滤波器有以下两种形式。

（1）参数 JPDAF 使用泊松分布，有

$$\gamma(\theta_i(k))=\lambda^{\phi(\theta_i(k))}\prod_{j=1}^{m}N_{t_j}[z_j(k)]^{\tau_j\theta_i(k))}\prod_{t=1}^{T}(P_D^t)^{\delta(\theta_i(k))}(1-P_D^t)^{1-\delta(\theta_i(k))} \tag{12.109}$$

其中，λ 为虚假量测的空间密度。

（2）对于非参数 JPDAF 使用均匀分布，有

$$\gamma(\theta_i(k))=\frac{\phi(\theta_i(k))!}{V^{\phi(\theta_i(k))}}\prod_{j=1}^{m}N_{t_j}[z_j(k)]^{\tau_j\theta_i(k))}\prod_{t=1}^{T}(P_D^t)^{\delta(\theta_i(k))}(1-P_D^t)^{1-\delta(\theta_i(k))} \tag{12.110}$$

其中

$$\begin{aligned}N_{t_j}[z_j(k)]&=N[z_j(k);\hat{z}_{t_j}(k|k-1);S_{t_j}(k)]\\&=[2\pi S_{t_j}(k)]^{-1/2}\exp\left\{-\frac{1}{2}v_j^{\mathrm{T}}(k)S_{t_j}^{-1}(k)v_j(k)\right\}\end{aligned} \tag{12.111}$$

$$v_j(k)=z_j(k)-\hat{z}_{t_j}(k\,|\,k-1) \tag{12.112}$$

通过对所有联合事件求和，可以得到第 j 个量测与目标关联的概率为

$$\beta_{jt}(k)=p(\theta_{jt}(k)\,|\,Z^k)=\sum_{i=1}^{\theta_k}p(\theta_i(k)\,|\,Z^k)w_{jt}(\theta_i(k)) \tag{12.113}$$

目标 t 的状态更新估计由全概率公式得到

$$\hat{x}_t(k\,|\,k)=\sum_{j=0}^{m}\beta_{jt}(k)\hat{x}_j^t(k\,|\,k) \tag{12.114}$$

其中，$\hat{x}_j^t(k\,|\,k)=E[x^t(k)\,|\,\theta_{jt}(k),Z^k],j=1,2,\cdots,m$ 表示在 k 时刻第 j 个量测对目标 t 进行卡尔曼滤波所得的状态估计。$\hat{x}_0^t(k\,|\,k)$ 表示 k 时刻没有量测源于目标的情形，这时用预报值代替：$\hat{x}_0^t(k\,|\,k)=\hat{x}^t(k\,|\,k-1)$。

由上述推导可知，JPDAF 与 PDAF 的不同仅在于关联概率 β_{jt} 的计算，JPDAF 对所有可能关联的目标量测值进行综合计算，从而找到最佳关联概率。因此，JPDAF 算法对于目标密集环境具有优良的跟踪性能。

12.4.5 多假设跟踪

1977 年，Reid 基于“全邻”最优滤波器和确认矩阵的概念，提出了多假设目标跟踪方法（Mutiple Hypothesis Tracking，MHT），其基本思想是：k 时刻的假设是由 k-1 时刻的假设和当前累计量测集合关联得到的，在形成假设时不仅要考虑虚警的可能性，还要考虑新目标出现的可能性。主要过程包括假设生成、假设估计、假设管理（删除、合并、聚类等），如图 12-10 所示。

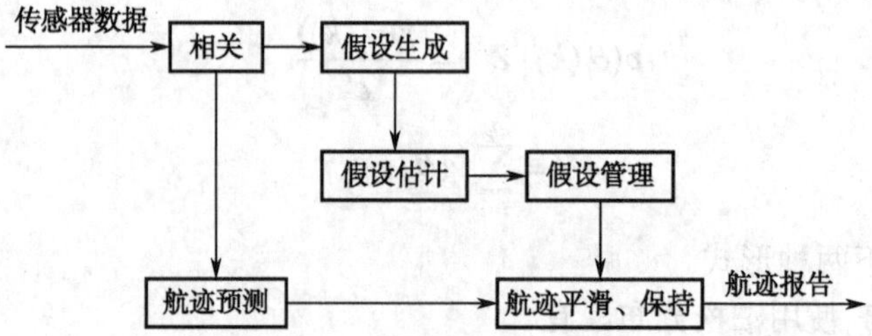

图 12-10　多假设跟踪方法流程

1. 假设的产生

设 $\boldsymbol{\Omega}^k$ 是至 k 时刻的关联假设集，由 $k-1$ 时刻的关联假设集 $\boldsymbol{\Omega}^{k-1}$ 和当前量测集 $Z(k)$ 关联得到

$$Z(k) \triangleq \{z_i(k)\}_{i=1}^{m} \tag{12.115}$$

量测 $z_i(k)$ 和一个假设的关联有以下三种可能。

（1）与原有的一个假设关联，是一个已有航迹的继续。

（2）是一个新目标。

（3）是虚警。

每一个目标最多能与一个现在量测关联，该量测必须落入确认区域内。

2. 概率计算

设关于当前量测的事件 $\theta(k)$ 包含 τ 个源于已建立航迹的量测，v 个源于新目标的量测和 ϕ 个源于虚警或杂波的量测。对于 $i=1,2,\cdots,m$，定义与 $\theta(k)$ 事件有关的指示变量，即

$$\tau_i = \tau_i[\theta(k)] \triangleq \begin{cases} 1，如果z_i(k)来自已经确认的航迹 \\ 0，其他 \end{cases} \tag{12.116}$$

$$v_i = v_i[\theta(k)] \triangleq \begin{cases} 1，如果z_i(k)是新目标 \\ 0，其他 \end{cases} \tag{12.117}$$

$$\phi_i = \phi_i[\theta(k)] \triangleq \begin{cases} 1，如果z_i(k)源于虚警或杂波 \\ 0，其他 \end{cases} \tag{12.118}$$

则在 $\theta(k)$ 中已建立的航迹数为

$$\tau = \sum_{i=1}^{m} \tau_i \tag{12.119}$$

在 $\theta(k)$ 中起始的新航迹数为

$$v = \sum_{i=1}^{m} v_i \tag{12.120}$$

在 $\theta(k)$ 中假量测数为

$$\phi = \sum_{i=1}^{m} \phi_i = m - \tau - v \tag{12.121}$$

设 $\Theta^{k,l}$ 表示 k 时刻的第 l 条航迹，在 k 时刻的联合累积事件表示为

$$\Theta^{k,l} = \{\Theta^{k-1,s}, \theta(k)\} \tag{12.122}$$

事件 $\theta(k)$ 表示当前量测集 $z(k)$ 中的量测与目标或杂波关联的一种可能的情形，$\theta(k)$ 可以表示为

$$\theta(k) = \{\theta_T(k), \theta_N(k), \theta_F(k)\} \tag{12.123}$$

其中，$\theta_T(k) = \bigcap_{i:\tau_i=1} \theta_{i_{t_i}}(k)$ 表示与已确认航迹的关联，t_i 是航迹的标号，该航迹与 $z_i(k)$ 关联；$\theta_N(k) = \bigcap_{i:v_i=1} \theta_{i_{n_i}}(k)$ 表示在 k 时刻的新目标事件，n_i 对应由 $z_i(k)$ 起始的新目标航迹标号；$\theta_F(k) = \bigcap_{i:\tau_i+v_i=1} \theta_{j0}(k)$ 表示在 k 时刻的虚警事件，0 表示 $z_i(k)$ 源于杂波或虚警。

假设如果一个量测 $z_i(k)$ 源于一条已建立的航迹，则其服从高斯概率分布；如果一个量测 $z_i(k)$ 源于杂波或虚警，则其在探测范围内服从均匀分布；如果一个量测 $z_i(k)$ 起始一条新航迹，

也假设服从均匀分布，则应用贝叶斯法则可以得到假设 $\Theta^{k,l}$ 的概率和假设 $\Theta^{k-1,s}$ 的概率之间的递归关系，即

$$\begin{aligned} p(\Theta^{k,l} \mid Z^k) &= p\{\theta(k), \Theta^{k-1,s} \mid Z(k), Z^{k-1}\} \\ &= \frac{1}{c} p\{Z(k) \mid \theta(k), \Theta^{k-1,s}, Z^{k-1}\} p\{\theta(k) \mid \Theta^{k-1,s}, Z^{k-1}\} p\{\Theta^{k-1,s} \mid Z^{k-1}\} \\ &= \frac{1}{c} \frac{\phi! v!}{m!} \mu_{\mathrm{F}}(\phi) \mu_{\mathrm{N}}(v) \prod_t (P_{\mathrm{D}}^t)^{\delta_t} (1-P_{\mathrm{D}}^t)^{1-\delta_t} \prod_{i=t}^{m} [N_{t_i}[z_i(k)]]^{\tau_i} p(\Theta^{k-1,s} \mid Z^{k-1}) \end{aligned} \tag{12.124}$$

其中，$c = p\{Z(k) \mid Z^{k-1}\}$，$P_{\mathrm{D}}^t$ 表示目标 t 的探测概率；$\mu_{\mathrm{F}}(\phi)$ 和 $\mu_{\mathrm{N}}(v)$ 分别表示虚警数和新航迹数的概率分配函数，然后根据计算所得的假设概率进行假设管理，包括假设删除和假设合并等，最后得到的高概率的假设即为真目标的估计航迹。

多假设跟踪算法综合了联合概率数据关联算法和最近邻算法的优点，是一种在密集杂波环境中对于目标具有较高跟踪精度的方法。多假设跟踪算法也有一些不足之处，如对于目标和杂波的先验知识过于依赖，以及目标与杂波数量增加时计算量会呈指数增长。

小结

在这一章中，以视频目标跟踪为切入点，介绍了目标跟踪涉及的基本概念、算法原理及目标跟踪方法的分类。重点介绍了基于模型驱动的跟踪方法、基于数据驱动的目标跟踪方法及多目标跟踪方法。本章在介绍每一类跟踪方法时都挑选了比较具有代表性的跟踪方法，详细介绍了其算法原理和实现步骤，并对算法特性进行分析，可以为工程技术人员和初学者提供很好的学习思路和研究平台。

习题

12-1 比较分析卡尔曼滤波、扩展卡尔曼滤波在进行目标轨迹预测过程中的优缺点。

12-2 以视频图像序列第一帧的感兴趣目标区域为模板，编程实现基于模板匹配的目标跟踪。

12-3 编程实现基于重心法的单目标的检测跟踪。

12-4 编程实现卡尔曼滤波，并比较单纯模板匹配跟踪和结合了卡尔曼滤波方法的跟踪精度的变化。

12-5 利用 Mean-Shift 方法对运动目标进行跟踪。

12-6 尝试编程实现利用粒子滤波对运动目标进行跟踪。

12-7 如果分别有一个天空中飞机目标的图像序列、一个红外点目标的图像序列和一个路面上车辆目标的图像序列，分析应该分别使用什么目标跟踪方法进行跟踪？

第13章

图像识别

图像数据经过滤波、增强或复原、分割等处理后，即可将目标物（感兴趣）区域从背景中分离出来，进入目标物分类识别阶段。分类方法有很多种，但每一种方法都有其优缺点及使用范围，需要根据实际需求选择合适的分类方法及相应的特征。本章首先介绍图像识别系统，并介绍图像特征数据的提取及对特征数据的处理，在此基础上介绍一些常用的图像分类方法，包括统计分类、人工神经元网络分类、支持向量机及Adaboost方法等。

13.1 图像识别系统

图像中的每一个对象都是一种模式，图像识别的问题就是模式识别的问题。简单地说，图像识别就是把图像中的研究对象根据其某些特征进行识别并分类。图像识别系统如图13-1所示，对输入的图像数据进行预处理以提高图像的质量，然后分割图像以提取出感兴趣的目标区域，最后对目标物进行特征提取，并选择合适的方法进行分类，下面分别对各个部分作简要介绍。

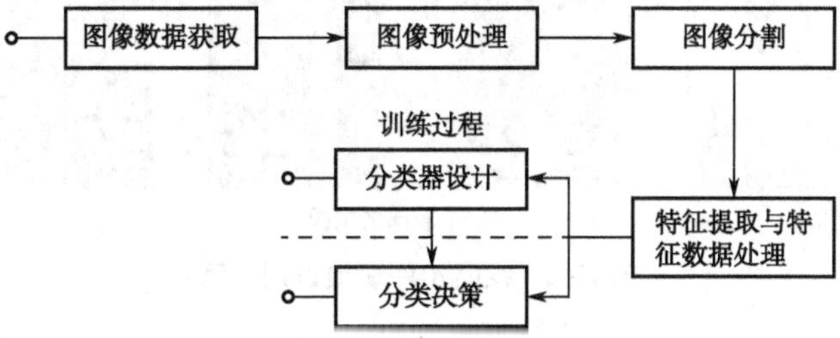

图13-1　图像识别系统

1）图像数据获取

图像数据获取是通过图像输入设备实现的，常用的图像输入设备有电视摄像机、扫描仪等，它将景象光学灰度信号转换为模拟信号，并经过A/D变换为数字图像信号。目前常用的数码成像设备，如数码相机和数码摄像头等则是直接将A/D转换器集成在成像设备上了。

2）图像预处理

由于原始图像信号中经常存在着噪声和畸变，要进行预处理，包括平滑、滤波、增强、复原等，以提高图像质量，为后续的图像分割和识别做准备。

3）图像分割

图像分割是将图像中感兴趣的区域或目标提取出来，如边缘检测、阈值分割、聚类分割、活动轮廓分割等。在识别分类系统中，图像分割是为后续的特征提取和识别做准备的，图像分割的好坏直接影响分类结果。

4）特征提取与特征数据处理

图像的各种描述方法即图像识别阶段的特征描述，包括颜色、纹理和形状等。在识别阶段，这个过程叫特征形成，得到的特征称为原始特征。原始特征有可能维数很大，或者存在冗余，这会使得后续的分类识别效果不佳。特征数据的处理则是对图像原始特征进行去粗存精的过程，包括特征提取、选择及对特征数据的更高层次的组织等。

5）分类决策

分类决策就是在特征空间中用统计方法把被识别对象归为某一类别。基本做法是在样本训练集上确定某个判决规则，使按这种判决规则对被识别对象进行分类所造成的错误识别率最小或引起的损失最小。也就是说，模式识别的任务是如何作出最优决策问题。

我们以铁路扣件缺损识别系统为例说明图像识别的过程。图 13-2 中是三幅不同亮度的铁路轨道图像，其中图 13-2（c）中的扣件有缺损，影响火车的安全运行，需要将其检测出来。从图中可以看出，三幅图像不同亮度影响分割算法的准确性，所以需要先对其进行预处理（如直方图均衡），以消除亮度不同对分割算法带来的影响；预处理后再采用分割算法将扣件区域从图像中提取出来；为了区分哪些扣件是正常的还是非正常的，需要对扣件进行特征提取，如边缘特征、灰度特征和 Haar 特征等，然后采用分类器（如 BP 神经网络分类器）进行识别，将扣件分为正常和缺损两类。

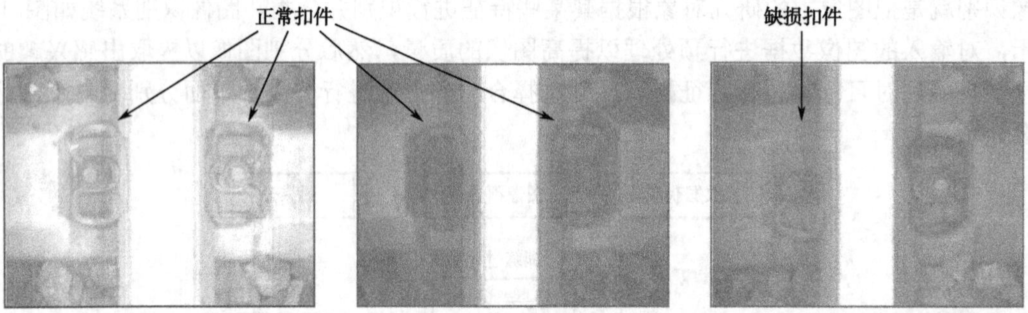

（a）较亮的情况　　（b）较暗的情况　　（c）扣件有缺损的情况

图 13-2　铁路扣件缺损识别示例

13.2 特征提取与特征数据处理

图像的描述方法形成了图像的原始特征，而原始特征的维数可能很大，或者说样本是处于一个高维空间中，通过映射（或变换）的方法可以用低维空间来表示样本，这个过程叫特征提取。映射后的特征叫二次特征，它们是原始特征的某种组合（通常是线性组合）。还有一种方式就是从原始特征中挑选一些最有代表性的特征，这就是特征选择。随着图像识别理论的发展，特征袋模型和稀疏编码也开始用于特征数据的处理，它们是对特征数据的更高层次的建模和组织。特征提取、特征选择，以及特征袋模型和稀疏表示等本质上都是对原始特征的再处理，这些处理方法在分类决策中并不是必需的，在需要的时候，可以选择其中的一种方法也可以选择其中的几种方法进行处理，而在不需要的时候，则可以不对原始特征进行任何的处理即可直接进入后续的分类识别阶段。

13.2.1 原始特征的形成

根据被识别的对象，首先需要产生一组基本特征，这组基本特征就是原始特征。常被选的原始特征如下所述。

（1）图像的幅度特征：图像像素灰度值、彩色图像的三色值、频谱值等，这些是图像的最基本特征。

（2）图像统计特征：主要有直方图特征、统计性特征（如均值、方差、能量、熵等）、描述像素相关性的统计特征（如自相关系数、协方差等）。

（3）图像几何特征：主要有面积、周长、分散度、伸长度、曲线的斜率和曲率、凸凹性、拓扑特性等。

（4）图像变换系数特征：如傅里叶变换系数、哈达玛变换系数、K-L 变换系数等。

（5）其他特征，如纹理特征、三维几何结构描述特征等。

采用本书第 8 章中介绍的描述方法，即可得到上述的原始特征。当原始特征能够精确描述一个图像目标时，就可以将这些原始特征直接送入后面的决策分类环节。然而，实际应用中，这些原始特征经常不是决策分类的最有效特征，还需要对其进行更进一步加工。

13.2.2 线性特征提取

从数学上讲，特征提取相当于把一个物理模式变成一个随机向量，如果提取和选择了 m 个特征，则此物理模式可用一个 m 维特征向量描述，表现为 m 维欧式空间中的一个点。m 维特征向量表示为

$$\boldsymbol{x}=(x_1,x_2,\cdots,x_m)^{\mathrm{T}} \tag{13.1}$$

所谓特征提取在广义上就是指一种变换。若 $\boldsymbol{X}$ 是测量空间，$\boldsymbol{Y}$ 是特征空间，则变换 $A:\boldsymbol{X}\in\boldsymbol{R}^m\rightarrow\boldsymbol{Y}\in\boldsymbol{R}^d\,(d\ll m)$ 就称为特征提取器。

常用的特征提取方法可以分为线性提取和非线性提取两类。此处介绍几种常用的线性提取方法，而非线性提取则留在 13.2.3 节介绍。

1. 主成分分析（Principal Component Analysis，PCA）

如 2.5.3 节所述，主成分分析即为 K-L 变换，它的目的是在最小均方意义下寻找最能够代表原始数据的投影方法。这一类方法通常对训练样本的协方差矩阵进行特征分解，对应 d 个最大特征值的特征向量则称为主成分，样本在这些主成分上的线性投影之后便形成了主成分特征，从而有利于特征提取。

主成分分析通常具有四个优点：

（1）每一个主成分都是各个原始变量的线性组合；

（2）主成分数目远远少于原始变量的数目；

（3）主成分保留了原始变量的绝大多数信息；

（4）各主成分之间互不相关。

正是由于 PCA 具有以上优点，因此，研究人员将 PCA 广泛应用于模式识别等多个领域。具体来说，给定一个包含 N 个样本的训练样本集 $\boldsymbol{X}=[\boldsymbol{x}_1,\boldsymbol{x}_2,\cdots,\boldsymbol{x}_N],\boldsymbol{x}_i\in\boldsymbol{R}^m(i=1,\cdots,N)$，$m$ 为样本维数，则样本集的协方差可以表示为

$$\boldsymbol{S}=\sum_{i=1}^{N}(\boldsymbol{x}_i-\boldsymbol{x}_0)(\boldsymbol{x}_i-\boldsymbol{x}_0)^{\mathrm{T}} \tag{13.2}$$

其中，$\boldsymbol{x}_0$ 是样本均值，即 $\boldsymbol{x}_0=\frac{1}{N}\sum_{i=1}^{N}\boldsymbol{x}_i$。通过对协方差矩阵 $\boldsymbol{S}$ 进行特征分解，从而获得一组与前 d 个最大特征值所对应的特征向量组成的投影矩阵，记为 $\boldsymbol{P}=[\boldsymbol{p}_1,\boldsymbol{p}_2,\cdots,\boldsymbol{p}_d]$，将样本投影到该投影矩阵（$\boldsymbol{Y}=\boldsymbol{P}^{\mathrm{T}}\boldsymbol{X}$）上可得到主成分特征 $\boldsymbol{Y}$。

2．独立分量分析（Independent Component Analysis，ICA）

独立分量分析是信号处理领域在 20 世纪 90 年代发展起来的一项处理方法。它通常是在特征空间上寻找最能使得数据相互独立的方法。PCA 的特征分解通常保证分解出来的各分量不相关，但是却不能保证这些分量互相独立。这样就使得 PCA 分解缺少实际意义，从而降低了所提取特征的典型性。在许多电生理测量中，观察值实际上是由若干相对独立的信源的加权和组成的，因此，在这样的实际应用背景下，能够分解独立分量的 ICA 受到越来越多的关注。

假设 $\boldsymbol{X}$ 是由多个信源 $\boldsymbol{S}$ 经混合矩阵 $\boldsymbol{A}$ 组合而成的，即 $\boldsymbol{X}=\boldsymbol{AS}$。ICA 的求解思路通常可以概括为在 $\boldsymbol{S}$ 与 $\boldsymbol{A}$ 均为已知的条件下，求取一个解混矩阵 $\boldsymbol{W}(\boldsymbol{W}=\boldsymbol{A}^{-1})$，使得 $\boldsymbol{X}$ 通过它后所得输出 $\boldsymbol{Y}(\boldsymbol{Y}=\boldsymbol{WX})$ 是 $\boldsymbol{S}$ 的最优逼近。具体来说，对于一组特征样本集 $\boldsymbol{X}=[\boldsymbol{x}_1,\boldsymbol{x}_2,\cdots,\boldsymbol{x}_N],\boldsymbol{x}_i\in\boldsymbol{R}^m(i=1,\cdots,N)$，ICA 提取特征过程可以描述为：

步骤 1：中心化训练样本。将 $\boldsymbol{X}$ 中任意 $\boldsymbol{x}_i$ 减去样本均值 $\boldsymbol{x}_0$，求得中心化后的训练样本集 $\tilde{\boldsymbol{X}}=[\tilde{\boldsymbol{x}}_1,\tilde{\boldsymbol{x}}_2,\cdots,\tilde{\boldsymbol{x}}_N]$，其中 $\tilde{\boldsymbol{x}}_i=\boldsymbol{x}_i-\boldsymbol{x}_0$。

步骤 2：计算训练样本 $\tilde{\boldsymbol{X}}$ 的协方差 $\boldsymbol{S}$ 并求白化矩阵，即

$$\boldsymbol{S}=(1/N)\sum_{i=1}^{N}\tilde{\boldsymbol{x}}_i\tilde{\boldsymbol{x}}_i^{\mathrm{T}}=(1/N)\tilde{\boldsymbol{X}}\tilde{\boldsymbol{X}}^{\mathrm{T}} \tag{13.3}$$

设 $\lambda_1,\lambda_2,\cdots,\lambda_d(\lambda_1>\lambda_2>\cdots>\lambda_d)$ 为 $\boldsymbol{S}$ 的 d 个最大的特征值，$\boldsymbol{p}_1,\boldsymbol{p}_2,\cdots,\boldsymbol{p}_d$ 为各特征值所对应的特征向量，则白化矩阵可表示为 $\overline{\boldsymbol{P}}=\boldsymbol{P}\boldsymbol{\Lambda}^{-\frac{1}{2}}$，其中 $\boldsymbol{P}$ 为 $\boldsymbol{p}_1,\boldsymbol{p}_2,\cdots,\boldsymbol{p}_d$ 所组成的矩阵，$\boldsymbol{\Lambda}$ 为 $\lambda_1,\lambda_2,\cdots,\lambda_d$ 组成的对角阵。这样白化后的数据为 $\boldsymbol{Z}=\overline{\boldsymbol{P}}^{\mathrm{T}}\tilde{\boldsymbol{X}}$。

步骤 3：求解解混矩阵 $\boldsymbol{W}$。假设经过解混矩阵 $\boldsymbol{W}$ 分解后各分量是相互独立的，则有 $\boldsymbol{Z}$ 的峰度达到最大值。将 $\boldsymbol{Z}$ 经过 $\boldsymbol{W}$ 分解后的峰度表示为

$$\mathrm{Kurt}(\boldsymbol{WZ})=\boldsymbol{E}[(\boldsymbol{WZ})^4]-3[\boldsymbol{E}[(\boldsymbol{WZ})^2]]^2+r[1-\boldsymbol{E}[(\boldsymbol{WZ})^2]] \tag{13.4}$$

其中，$\boldsymbol{E}(\cdot)$ 表示求期望操作。通过对 $\boldsymbol{W}$ 求偏导，即可得到关于 $\boldsymbol{W}$ 的方程为

$$\boldsymbol{W}=\frac{2}{r}(\boldsymbol{C}^{-1}\boldsymbol{E}[\boldsymbol{Z}(\boldsymbol{WZ})^3]-3\boldsymbol{W}) \tag{13.5}$$

其中，$\boldsymbol{C}$ 为 $\boldsymbol{Z}$ 的协方差矩阵。式（13.5）可通过快速固定点迭代法求解。

步骤 4：通过 $\boldsymbol{Y}=\boldsymbol{WX}$ 获取 ICA 特征 $\boldsymbol{Y}$。

3. Fisher 线性鉴别分析（Fisher Linear Discriminant Analysis，FLDA）

Fisher 线性鉴别分析是一类有监督的线性特征提取算法，它的目的是选取一组最优投影轴，使得投影之后的同类样本尽可能靠近，不同类样本相互分离。

给定一个包含 C 个模式类，N 个训练样本的特征样本集 $\boldsymbol{X}=[\boldsymbol{x}_1,\boldsymbol{x}_2,\cdots,\boldsymbol{x}_N],\boldsymbol{x}_i\in\boldsymbol{R}^m(i=1,\cdots,N)$，$n_i$ 为第 i 类的训练样本数，$\boldsymbol{m}_i$ 为第 i 类训练样本的均值，$\boldsymbol{m}_0$ 为所有训练样本的均值，$\boldsymbol{m}_{ij}$ 为第 i 类中第 j 个训练样本，Fisher 鉴别准则函数定义如下，即

$$J_{\text{FLDA}}(\boldsymbol{p})=\arg\max_{p}\frac{\boldsymbol{p}^{\mathrm{T}}\boldsymbol{S}_{\mathrm{b}}\boldsymbol{p}}{\boldsymbol{p}^{\mathrm{T}}\boldsymbol{S}_{\mathrm{w}}\boldsymbol{p}} \tag{13.6}$$

其中，$\boldsymbol{p}$ 为投影方向，$\boldsymbol{S}_{\mathrm{b}}$ 表示样本的类间散布矩阵，$\boldsymbol{S}_{\mathrm{w}}$ 表示样本的类内散布矩阵，它们分别定义为式（13.7）和式（13.8）。

$$\boldsymbol{S}_{\mathrm{b}}=\frac{1}{M}\sum_{i=1}^{C}n_i(\boldsymbol{m}_i-\boldsymbol{m}_0)(\boldsymbol{m}_i-\boldsymbol{m}_0)^{\mathrm{T}} \tag{13.7}$$

$$\boldsymbol{S}_{\mathrm{w}}=\frac{1}{M}\sum_{i=1}^{C}\sum_{j=1}^{n_i}(\boldsymbol{x}_{ij}-\boldsymbol{m}_i)(\boldsymbol{x}_{ij}-\boldsymbol{m}_i)^{\mathrm{T}} \tag{13.8}$$

Fisher 线性鉴别分析的目的就是选取一组使得 Fisher 鉴别准则函数 $J_{\text{FLDA}}(\boldsymbol{p})$ 达到最大的投影方向 $\boldsymbol{P}=[\boldsymbol{p}_1,\boldsymbol{p}_2,\cdots,\boldsymbol{p}_d]$，使得投影后样本的类间离散度最大，类内离散度最小。$J_{\text{FLDA}}(\boldsymbol{p})$ 可以转化为求解特征方程 $\boldsymbol{S}_b\boldsymbol{p}=\lambda\boldsymbol{S}_w\boldsymbol{p}$ 的前 d 个最大特征值所对应的特征向量 $\boldsymbol{p}_1,\boldsymbol{p}_2,\cdots,\boldsymbol{p}_d$，再将原始样本 $\boldsymbol{X}$ 投影到矩阵 $\boldsymbol{P}$ 上，记为 FLDA 特征 $\boldsymbol{Y}(\boldsymbol{Y}=\boldsymbol{P}^{\mathrm{T}}\boldsymbol{X})$。它的突出优点是使用了一个与分类相关的准则函数。如图 13-3 所示，对于两类样本，PCA 通常是找到数据散布最大的方向作为投影方向，而由于 FLDA 引入了样本的类别信息，因此，FLDA 是将有利于分类的方向作为投影方向。

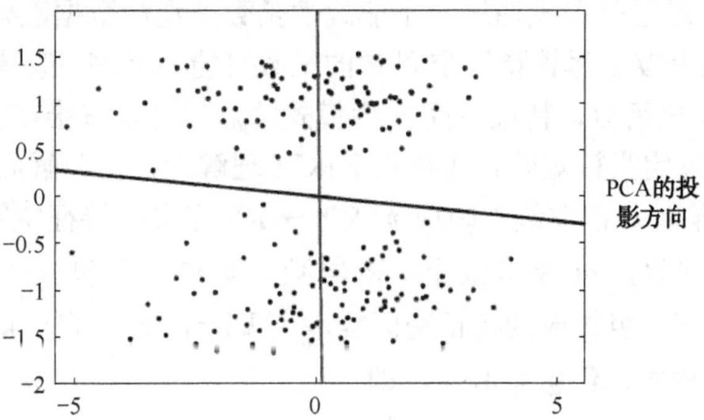

图 13-3　PCA 与 FLDA 投影方向比较

13.2.3　非线性特征提取

1. 核方法（Kernel Method）

核方法是利用 Mercer 核及其对应的再生核空间（Reproduction Kernel Hilbert Space，RKHS）定义特征空间。对于一个非线性可分问题，核方法利用一个非线性变换 ϕ 将原始空间

的样本映射到一个特征空间以实现线性可分，如图 13-4 所示。为了避免直接计算这个非线性变换，核方法定义了一个核函数 $K(\boldsymbol{x},\boldsymbol{x}_i)$，这样就不必在意非线性变换的具体形式，而只要关注核函数。此外，对于映射之后的特征空间，计算复杂度没有增加，而且与维数无关，从而避免了“维数灾难”。不同的核函数和核参数会使得算法的识别性能有所不同，因此选择合适的核函数及核参数是核方法的关键所在。

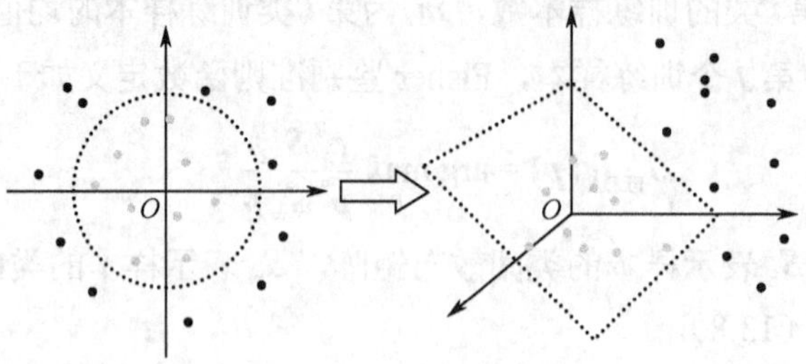

图 13-4　核方法思想

常用的 Mercer 核函数有以下几种。

（1）多项式核函数为

$$K(\boldsymbol{x},\boldsymbol{x}_i)=(\boldsymbol{x}^{\mathrm{T}}\boldsymbol{x}_i+b)^d \tag{13.9}$$

（2）高斯径向基核函数为

$$K(\boldsymbol{x},\boldsymbol{x}_i)=\exp\left(-\|\boldsymbol{x}-\boldsymbol{x}_i\|^2 \Big/ 2\sigma^2\right) \tag{13.10}$$

（3）Sigmoid 核函数为

$$K(\boldsymbol{x},\boldsymbol{x}_i)=\tanh[a(\boldsymbol{x}^{\mathrm{T}}\boldsymbol{x}_i)-b] \tag{13.11}$$

常见的用于非线性特征提取的核方法有核主成分分析（KPCA）、核独立分量分析（KICA）和核 Fisher 鉴别分析（KFDA）。在这里，以核主成分分析（KPCA）为例说明核方法在特征提取中的应用。KPCA 的思想是首先通过一个非线性函数把观测数据映射到特征空间 $\boldsymbol{F}$，然后在空间 $\boldsymbol{F}$ 中实施原始的 PCA。尽管特征空间 $\boldsymbol{F}$ 的维数可能非常高，但是 PCA 可以用点积形式表示，通过采用 Mercer 核函数，特征空间 $\boldsymbol{F}$ 中模式的点积可以直接在输入数据空间计算而不需要明确计算出 ϕ。通过定义核矩阵，可以把 KPCA 理解为特征分解问题。

设 $\phi(\boldsymbol{x}_i)$ 表示输入样本 $\boldsymbol{x}_i$ 在非线性映射 $\phi:\boldsymbol{R}^{m_0}\to\boldsymbol{R}^{m_1}$ 定义的特征空间中对应的映射样本，其中 m_0 是输入空间的维数，m_1 是特征空间的维数。给定一组包含 N 个样本的特征样本集 $\boldsymbol{X}=[\boldsymbol{x}_1,\boldsymbol{x}_2,\cdots,\boldsymbol{x}_N]$，必有一组相应的特征空间样本 $\phi(\boldsymbol{X})=[\phi(\boldsymbol{x}_1),\ \phi(\boldsymbol{x}_2),\ \cdots,\ \phi(\boldsymbol{x}_N)]$。

假设映射后的训练样本已经被中心化，即

$$\frac{1}{N}\sum_{i=1}^{N}\phi(\boldsymbol{x}_i)=0 \tag{13.12}$$

映射后训练样本的协方差矩阵 $\boldsymbol{S}$ 为

$$\boldsymbol{S}=\frac{1}{N}\sum_{i=1}^{N}\phi(\boldsymbol{x}_i)\phi(\boldsymbol{x}_i)^{\mathrm{T}} \tag{13.13}$$

求解下列的特征方程，即

$$\lambda\boldsymbol{v}=\boldsymbol{C}\boldsymbol{v} \tag{13.14}$$

根据再生核理论，特征向量 $\boldsymbol{v}$ 一定位于 $\phi(\boldsymbol{x}_1)$, $\phi(\boldsymbol{x}_2)$, …, $\phi(\boldsymbol{x}_N)$ 张成的空间中，即

$$\boldsymbol{v}=\sum_{i=1}^{N}\alpha_i\phi(\boldsymbol{x}_i) \tag{13.15}$$

将式（13.12）、式（13.13）和式（13.15）代入式（13.14），可得

$$\boldsymbol{K}\alpha=N\lambda\alpha \tag{13.16}$$

其中，矩阵 $\boldsymbol{K}$ 为核矩阵。同时，$\phi(\boldsymbol{x}_i)$ 在 $\boldsymbol{v}$ 上的投影为核主成分特征，即

$$\boldsymbol{v}^{\mathrm{T}}\phi(\boldsymbol{x})=\sum_{i=1}^{N}\alpha_i\phi(\boldsymbol{x}_i)^{\mathrm{T}}\phi(\boldsymbol{x})=\sum_{i=1}^{N}\alpha_i\boldsymbol{K}(\boldsymbol{x}_i,\boldsymbol{x}) \tag{13.17}$$

2. 流形学习（Manifold Learning）

由于传统的线性特征提取算法，如 PCA 和 FLDA，以及核方法都是试图发现数据的全局结构，对于原始空间中数据可能存在的局部信息或者低维流形结构没有给予关注，而基于局部性质的流形学习，旨在发现高维数据的分布规律，提示其内在几何结构，其基本思想是：高维观测空间中的点由少数独立变量共同作用，在观测空间张成一个流形，如果能有效地展开观测空间卷曲的流形或发现内在的主要变量，就可以对该数据集进行降维或者实现数据可视化。

有关流形学习提取图像特征的文献有很多，此处介绍三种比较有代表性的基于流形学习的特征映射方法，即局部线性嵌入（Local Linear Embedding，LLE）、局部保留投影（Locality Preserving Projections，LPP）和边界 Fisher 分析（Marginal Fisher Analysis，MFA）。

1）*局部线性嵌入*（LLE）

LLE 认为，数据集中的全局非线性结构在局部意义下是线性的，或者说局部意义下，数据点在同一个超平面上，因而可以通过局部线性结构来揭示数据集的全局结构。基于这个思想，LLE 算法通过构造样本点和它的邻域点之间的权向量，并在低维空间保持每个邻域中的权值不变来实现。

假设在高维空间 $\boldsymbol{R}^m$ 中给定样本集 $\boldsymbol{X}=[\boldsymbol{x}_1,\boldsymbol{x}_2,\cdots,\boldsymbol{x}_N](\boldsymbol{x}_i\in\boldsymbol{R}^m)$，投影之后的低维特征样本集为 $\boldsymbol{Y}=[\boldsymbol{y}_1,\boldsymbol{y}_2,\cdots,\boldsymbol{y}_N](\boldsymbol{y}_i\in\boldsymbol{R}^d,d\ll m)$，LLE 算法通常可以概括为：

步骤 1：求取每个特征样本 $\boldsymbol{x}_i$ 的 k 个邻域点，从而构成邻域集 $\boldsymbol{X}_i=[\boldsymbol{x}_{i1},\boldsymbol{x}_{i2},\cdots,\boldsymbol{x}_{ik}]$。

步骤 2：计算 $\boldsymbol{x}_i$ 与它的某个邻域点 $\boldsymbol{x}_j$ 之间的权重 $\boldsymbol{W}_{ij}$，使得把 $\boldsymbol{x}_i$ 用它的 k 个近邻点线性表示最小，即通过最小化重构误差来求出 $\boldsymbol{W}_{ij}$，重构误差如下，即

$$\begin{gathered}\min\sum\nolimits_i\left\|\boldsymbol{x}_i-\sum\nolimits_j\boldsymbol{W}_{ij}\boldsymbol{X}_j\right\|^2\\ s.t.\ \ \boldsymbol{W}_{ij}=0;\ \sum_j\boldsymbol{W}_{ij}=1\end{gathered} \tag{13.18}$$

步骤 3：映射到低维空间 $\boldsymbol{R}^d$ 时，保持权值 $\boldsymbol{W}_{ij}$ 不变，即求 $\boldsymbol{x}_i$ 在低维空间的映射 $\boldsymbol{y}_i$，使得低维重构误差最小，其中重构误差为

$$\sum\nolimits_i\left\|\boldsymbol{y}_i-\sum\nolimits_j\boldsymbol{W}_{ij}\boldsymbol{y}_j\right\|^2=\mathrm{trace}[\boldsymbol{Y}^{\mathrm{T}}(\boldsymbol{I}-\boldsymbol{W})^{\mathrm{T}}(\boldsymbol{I}-\boldsymbol{W})\boldsymbol{Y}] \tag{13.19}$$

该优化问题可以转化为对矩阵 $\boldsymbol{M}=(\boldsymbol{I}-\boldsymbol{W})^{\mathrm{T}}(\boldsymbol{I}-\boldsymbol{W})$ 进行特征分解，求解出 $\boldsymbol{M}$ 的前 d 个最小特征值所对应的特征向量 $\boldsymbol{p}_1,\boldsymbol{p}_2,\cdots,\boldsymbol{p}_d$，从而组成投影矩阵 $\boldsymbol{P}=[\boldsymbol{p}_1,\boldsymbol{p}_2,\cdots,\boldsymbol{p}_d]$，将样本 $\boldsymbol{X}$ 投

影到矩阵 $\boldsymbol{P}$ 上即为 LLE 特征 $\boldsymbol{Y}(\boldsymbol{Y}=\boldsymbol{P}^{\mathrm{T}}\boldsymbol{X})$。

LLE 算法有解析的全局最优解，不需要迭代，低维嵌入的计算归结为稀疏矩阵特征值的计算，从而具有较小的计算复杂度。一方面，LLE 算法能保证每个点的近邻权值在平移、旋转、伸缩变换下保持不变。另一方面，LLE 方法可以直接在训练样本中产生一个嵌入，但是它无法产生一个显式的变换矩阵或函数，当有新的样本数据时，很难在嵌入空间找到该样本的图像，因此需要重新学习以产生新的嵌入。

2）*局部保留投影*（LPP）

LPP 是在拉普拉斯特征投影的基础上改进而来，是一种无监督学习方法，它本质上属于一种非线性特征提取技术，其基本思想是保留样本间的局部近邻关系。LPP 通过

$$\begin{gathered}\min\sum_{ij}\|\boldsymbol{y}_i-\boldsymbol{y}_j\|^2\boldsymbol{W}_{ij}\\ s.t.\ \operatorname{trace}(\boldsymbol{P}^{\mathrm{T}}\boldsymbol{XDX}^{\mathrm{T}}\boldsymbol{P})=\boldsymbol{I}\end{gathered}\tag{13.20}$$

其中，$\boldsymbol{y}_i=\boldsymbol{P}^{\mathrm{T}}\boldsymbol{x}_i$，$\boldsymbol{x}_i$ 为数据集中的第 i 个特征样本，$\boldsymbol{y}_i$ 为样本 $\boldsymbol{x}_i$ 的低维特征，矩阵 $\boldsymbol{P}$ 为 LPP 所要求解的投影矩阵。$\boldsymbol{W}$ 是一个权值矩阵；$\boldsymbol{D}$ 是一个对角矩阵，且 $\boldsymbol{D}_{ij}=\sum_j\boldsymbol{W}_{ji}$；$\boldsymbol{L}=\boldsymbol{D}-\boldsymbol{W}$ 称为拉普拉斯矩阵；$\boldsymbol{I}$ 是单位矩阵。

LPP 算法可以概括为以下几步。

步骤 1：计算每个样本点 $\boldsymbol{x}_i$ 的邻域点，得到邻接图 G。

步骤 2：利用热核法或者 0-1 法建立邻接矩阵 $\boldsymbol{W}$。

步骤 3：计算式（13.20）的 d 个最小特征值所对应的特征向量 $\boldsymbol{p}_1,\boldsymbol{p}_2,\cdots,\boldsymbol{p}_d$，作为投影矩阵 $\boldsymbol{P}$，通过投影公式 $\boldsymbol{y}_i=\boldsymbol{P}^{\mathrm{T}}\boldsymbol{x}_i$ 即可求得 LPP 的低维特征。

3）边界 Fisher 分析（MFA）

LLE 和 LPP 属于无监督学习方法，没有使用数据集中的类别信息。Yan 等人利用“图嵌入”的思想，提出了边界 Fisher 分析（MFA），有效地使用了数据集的类别信息，同时保持了类内的紧密性和类间的分离性。MFA 通过构造两张邻域图，即类内近邻图（Intrinsic Graph）和类间惩罚图（Penalty Graph），类内近邻图用来描述类内的紧密性，同时连接每个样本同类近邻中的 k_1 个样本，而类间惩罚图则用来描述类间的分离性，同时连接每个样本不同类近邻中的 k_2 个样本，即所谓的“边界点”，从而在图嵌入的基础上设计一个准则函数，以寻找一组最优投影轴，使得对于数据集中的任意一个样本 $\boldsymbol{x}$ 经过投影后与类内的近邻点尽可能靠近，同时与类间的边界点相互分离。

给定一组包含 N 个样本的特征样本集 $\boldsymbol{X}=[\boldsymbol{x}_1,\boldsymbol{x}_2,\cdots,\boldsymbol{x}_N]$，其中 $\boldsymbol{x}_i\in\boldsymbol{R}^m,i=1,\cdots,N$，$\boldsymbol{p}$ 为所要求解的投影轴，且 $\boldsymbol{y}_i=\boldsymbol{p}^{\mathrm{T}}\boldsymbol{x}_i(i=1,\cdots,N)$。类内的紧密性和类间的分离性分别由类内散布矩阵 $\boldsymbol{S}_{\mathrm{c}}$ 和类间散布矩阵 $\boldsymbol{S}_{\mathrm{p}}$ 表示，如式（13.21）和式（13.22）所示。

$$\boldsymbol{S}_{\mathrm{c}}=\sum_i\sum_{i\in N_{k_1}^{+}(j)\text{或}j\in N_{k_1}^{+}(i)}\|\boldsymbol{p}^{\mathrm{T}}\boldsymbol{x}_i-\boldsymbol{p}^{\mathrm{T}}\boldsymbol{x}_j\|^2=2\boldsymbol{p}^{\mathrm{T}}\boldsymbol{X}(\boldsymbol{D}-\boldsymbol{W})\boldsymbol{X}^{\mathrm{T}}\boldsymbol{p}\tag{13.21}$$

$$\boldsymbol{S}_{\mathrm{p}}=\sum_i\sum_{(i,j)\in P_{k_2}(c_i)\text{或}(i,j)\in P_{k_2}(c_j)}\|\boldsymbol{p}^{\mathrm{T}}\boldsymbol{x}_i-\boldsymbol{p}^{\mathrm{T}}\boldsymbol{x}_j\|^2=2\boldsymbol{p}^{\mathrm{T}}\boldsymbol{X}(\boldsymbol{D}^{\mathrm{p}}-\boldsymbol{W}^{\mathrm{p}})\boldsymbol{X}^{\mathrm{T}}\boldsymbol{p}\tag{13.22}$$

其中，$\boldsymbol{W}$ 和 $\boldsymbol{W}^{\mathrm{p}}$ 可以定义为

$$W_{ij}=\begin{cases}1, 若\ i\in N_{k_1}^{+}(j)\ 或者\ j\in N_{k_1}^{+}(i)\\ 0, 其他\end{cases} \tag{13.23}$$

$$W_{ij}^{\mathrm{P}}=\begin{cases}1, 若\ (i,j)\in P_{k_2}(c_i)\ 或者\ (i,j)\in P_{k_2}(c_j)\\ 0, 其他\end{cases} \tag{13.24}$$

$N_{k_1}^{+}(i)$ 表示样本 x_i 在类内的 k_1 个近邻样本集合，矩阵 D 是对角矩阵，且 $D_{ii}=\sum_j W_{ij}$ 。$P_{k_2}(c_i)$ 表示样本 x_i 在类间的 k_2 个近邻集合，矩阵 D^{p} 是对角矩阵，且 $D_{ii}^{\mathrm{p}}=\sum_j W_{ij}^{\mathrm{p}}$ 。

MFA 的鉴别准则函数定义如下，即

$$J_{\mathrm{MFA}}(p)=\arg\min_p \frac{S_{\mathrm{c}}}{S_{\mathrm{p}}}=\arg\min_p \frac{p^{\mathrm{T}}X(D-W)X^{\mathrm{T}}p}{p^{\mathrm{T}}X(D^{\mathrm{p}}-W^{\mathrm{p}})X^{\mathrm{T}}p} \tag{13.25}$$

MFA 的鉴别准则函数 $J_{\mathrm{MFA}}(p)$ 可以转化为求解特征方程 $S_{\mathrm{c}}p=\lambda S_{\mathrm{p}}p$ 的前 d 个最小特征值所对应的特征向量 $p_1,p_2,\cdots,p_d$，再将原始特征样本 X 投影到矩阵 P 上，记为 MFA 特征 $Y(Y=P^{\mathrm{T}}X)$。

13.2.4 特征袋模型

特征袋模型（Bag-of-Features，BoF），也叫词袋模型（Bag-of-words，BoW），最初来源于文本信息检索和文本分类等应用。在这个模型中，一个文档通常可以看作由若干词汇组成，通过将所有文档的词汇划分不同的主题，再用每个主题在文档中出现的次数构成特征矢量，用于描述每一个文档。

在图像处理领域，特征袋模型通常对每幅图像提取局部特征描述子（如 SIFT 特征点），并认为每一幅图像是由这些局部特征描述子构成，通过聚类方法对这些局部描述子聚类，从而得到特征袋模型中的“单词”，将这些单词的集合看作一个字典，最后利用量化方法得到每幅图像的特征袋模型表示。

设训练图像集的局部特征描述子集合为 $X=[x_1,x_2,\cdots,x_N]$，其中 $x_i(i=1,\cdots,N)$ 为 m 维的局部特征描述子。特征袋模型利用 k 均值聚类方法对集合 X 聚类，从而形成视觉词典 $Y=[y_1,y_2,\cdots,y_K]$，其中 $y_j(j=1,\cdots,K)$ 为特征单词。因此，特征袋模型可以表示为以下优化问题，即

$$\begin{gathered}\arg\min_c \sum_{i=1}^{N}\| x_i-Yc_i \|^2\\ s.t.\ \| c_i \|_0=1, \| c_i \|_1=1, c_i \geqslant 0, \forall i\end{gathered} \tag{13.26}$$

其中，$c_i=[c_1,c_2,\cdots,c_K]^{\mathrm{T}}$ 用来表示描述子 x_i 与视觉词典 Y 中特征单词的关系，约束条件 $\| c_i \|_0=1$，即为向量 c_i 的 l_0 范数，它意味着向量 c_i 中只有一个非零元素，也就是说，每个 x_i 只与一个特征单词 y 相关。约束条件 $\| c_i \|_1=1, c_i\geqslant 0$，即为向量 c_i 的 l_1 范数，它表示向量 c_i 中非零元素为 1，即用来度量与 x_i 最相关的视觉单词。

图 13-5 是对坦克目标进行特征袋表示的处理实例。特征袋模型通常对每个坦克训练样本图像提取局部特征点，如图 13-5 中第二行所标出的 SIFT 特征点，再对这些特征点构成的集合进行 k 均值聚类，从而构造视觉词典，最后利用矢量量化将每张图像表示为关于特征单词的频率直方图。该直方图即为图像的特征袋表示，利用分类器（比如 k 近邻分类器、SVM 分类器

等）对图像的该特征表示进行最终的分类决策。

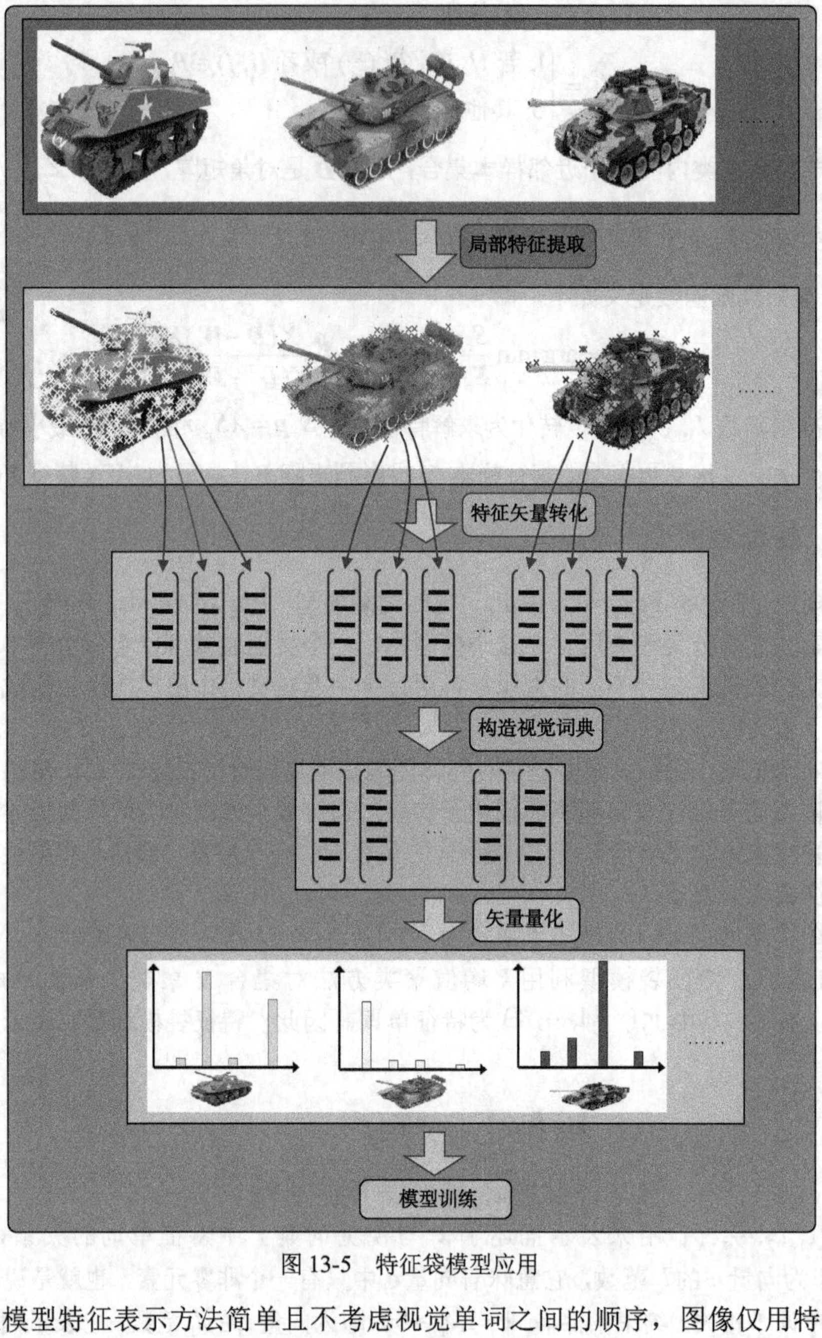

图 13-5　特征袋模型应用

特征袋模型特征表示方法简单且不考虑视觉单词之间的顺序，图像仅用特征单词出现的频率表示，对于类别较多且需要大量训练的图像分类工作，其优势更加明显。虽然特征袋模型图像分类方法相当有效，但是视觉词典的大小（聚类的数目）也会影响分类的效果，且词典大小的确定也需要经过实验确定。另外，特征袋模型没有考虑局部特征的空间关系，丢失了局部特征中的某些重要信息，从而构造的视觉词典不具有全面性导致最终分类效果不佳。

13.2.5 稀疏编码

稀疏编码数学模型认为，自然图像可以看成由多个基函数构成的线性组合。这是由于基函数对应自然图像的局部时频域特征，当自然图像在某一频率和方向上有最大特征的时候，与其对应的神经元会有最强的响应，而其他神经元响应很弱或者不响应。所以，把图像投影到基函数构成的特征子空间时，只有一部分神经元同时处于兴奋状态，产生对自然图像的稀疏表示。稀疏编码的数学模型可以用公式表示为

$$I(x,y)=\sum_i a_i\Phi_i(x,y) \tag{13.27}$$

其中，$I(x,y)$为自然图像的灰度函数，$\Phi_i(x,y)$为第i个基函数，a_i为第i个神经元的响应，可以看作基函数$\Phi_i(x,y)$对当前整幅图像的贡献值。

稀疏编码建模的目标是找到适合的基函数的集合Φ，使得由基函数集合Φ所线性表示的自然图像能够满足自然图像的统计特征。式（13.27）中，等号左边的灰度函数$I(x,y)$是已知的，右边的两项a_i和$\Phi_i(x,y)$则是未知的。因此，在实际应用中，这些基函数通常通过已知图像的训练结果估计出来。以上的数学描述只是说明稀疏编码的物理过程，而对于实际的求解过程则要依据下面的公式。

实质上，稀疏编码可以概括为用较少的已知基函数重构测试样本。这一思想可以用基于l_0范数或者l_1范数最小化的优化问题来描述，同时它已成功地运用到数据降维、目标识别建模和分类器设计应用中。与特征袋模型不同，稀疏编码考虑了一个局部特征描述子与少量特征单词之间的关系，该模型可以表示为以下优化问题，即

$$\arg\min_{\boldsymbol{A},\boldsymbol{x}_i}\{\|\boldsymbol{y}_i-\boldsymbol{A}\boldsymbol{x}_i\|^2+\lambda\|\boldsymbol{x}_i\|_1\} \tag{13.28}$$

这里，$\boldsymbol{y}_i$为局部特征描述子，$\boldsymbol{A}$为特征词典，$\boldsymbol{x}_i$为与$\boldsymbol{y}_i$对应的稀疏系数。需要指出，稀疏编码模型中的特征词典$\boldsymbol{A}$可以通过聚类的方法求解，也可以通过式（13.28）进行迭代求解。

以面向空间目标识别的稀疏编码分类器为例，给定一组多视角、多尺度下的空间目标图像样本，如图 13-6 所示，通过特征提取构造多视角、多尺度的特征词典$\boldsymbol{A}=[\boldsymbol{a}_1,\boldsymbol{a}_2,\cdots,\boldsymbol{a}_M]$。对于待识别目标$\boldsymbol{y}$，可以利用字典$\boldsymbol{A}$求解出对应的稀疏系数$\hat{\boldsymbol{x}}$，如式（13.29）所示。

$$\begin{aligned}&\hat{\boldsymbol{x}}=\arg\min_{\boldsymbol{\alpha}}\|\boldsymbol{x}\|_1\\&s.t.\ \|\boldsymbol{y}-\boldsymbol{A}\boldsymbol{x}\|_2<\varepsilon\end{aligned} \tag{13.29}$$

这里，常数ε用来调节重构误差。需要指出，当字典$\boldsymbol{A}$固定时，式（13.29）和式（13.28）具有等价性。求解出稀疏系数$\hat{\boldsymbol{x}}$之后，计算字典中的每一个基元$\boldsymbol{a}_i$与测试样本$\boldsymbol{y}$的残差，即

$$e_i(\boldsymbol{y})=\|\boldsymbol{y}-\boldsymbol{a}_i\hat{x}_i\|_2\quad i=1,\cdots,M \tag{13.30}$$

最后利用最小误差准则对测试样本进行分类。

通过上面稀疏编码分类器的实例可以发现，稀疏编码强调了样本重构过程中用少量的样本来表征测试样本与训练样本之间的关系，能够自动反映具有不同重构贡献的样本，挖掘出数据内在的关系。

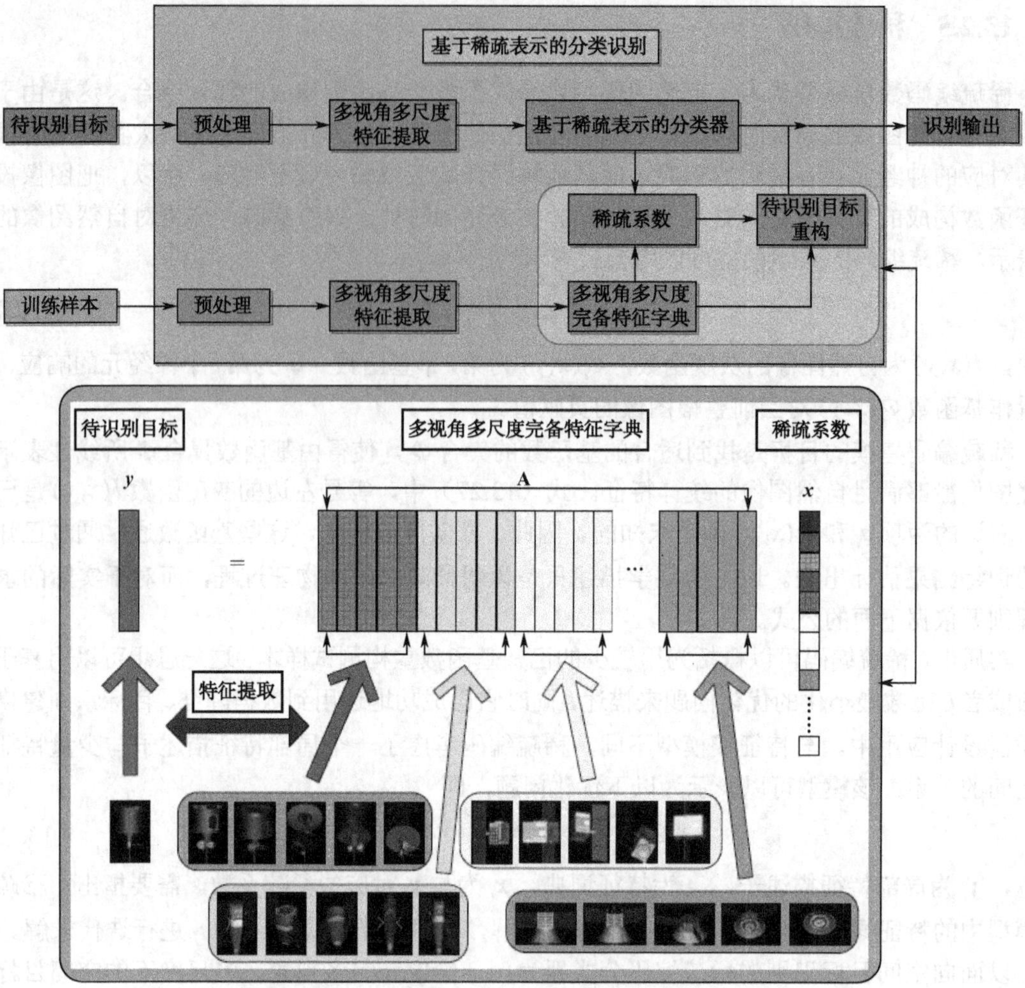

图 13-6　面向空间目标识别的稀疏编码分类器应用

13.2.6　特征选择

特征选择的任务是从一组数量为 D 的特征中选择数量为 d（$D>d$）的一组最优特征来表征样本本身。最简单的特征选择方法是根据专家的知识挑选那些对分类最有影响的特征，另一个可能则是用数学的方法进行筛选比较，找出最有分类信息的特征。而对于后者，有两个问题需要解决：一是选择的标准，我们希望选择出的特征有利于分类，对于不同的特征选择方法，需要定义不同的类别可分离性准则 J_{ij}，用来衡量在一组特征下第 i 类和第 j 类之间的可分程度；另一个问题就是要找一个较好的搜索算法，以便在允许的时间内找出最优的那组特征，该问题可以由搜索算法来解决。

1. 类别可分性准则

特征选择可以被看作一个优化问题，其关键是建立一种评价标准来区分哪些特征组合有助于分类，哪些特征组合存在冗余性、部分或者完全无关。通过反复选择不同的特征组合，采用定量分析比较的方法，判断所得到的特征维数及所采用特征是否对分类最有力，这种用一定量检验分类性能的准则称为类别可分离性判据，用来检验不同特征组合对分类性能好坏的影响。在实际应用中合适的可分离性准则应该满足以下几个要求：

（1）判据应该与错误率（或错误率的上界）有单调关系，这样才能较好地反映分类目标。

（2）当特征独立时，判据对特征应该具有可加性，即 $J_{ij}(x_1,x_2,\cdots,x_d)=\sum_{k=1}^{d}J_{ij}(x_k)$。这里 J_{ij} 是第 i 类和第 j 类之间的可分程度。J_{ij} 越大，两类的分离程度就越大，$x_1,x_2,\cdots,x_d$ 是一系列特征变量。

（3）判据应该具有以下度量特性，即

$$J_{ij}>0,\ 当i\neq j时$$
$$J_{ij}=0,\ 当i=j时$$
$$J_{ij}=J_{ji}$$

（4）理想的判据应该对特征具有单调性，即加入新的特征不会使判据减小，即

$$J_{ij}(x_1,x_2,\cdots,x_d)\leqslant J_{ij}(x_1,x_2,\cdots,x_d,x_{d+1})$$

下面介绍两种常用的判据，即基于欧氏距离的可分离性判据和基于熵的可分离性判据。

1）基于欧氏距离的可分离性判据

各类样本可以分开是因为它们位于特征空间中的不同区域，显然这些区域之间距离越大，类别可分性就越大。令 $\boldsymbol{m}_i$ 为第 i 类的均值向量，$\boldsymbol{d}_i$ 为第 i 类的均方差向量，则

令 $\boldsymbol{x}_k^{(i)}$、$\boldsymbol{x}_l^{(j)}$ 分别为 w_i 类和 w_j 类中的 D 维特征向量，则 $\delta(\boldsymbol{x}_k^{(i)},\boldsymbol{x}_l^{(j)})$ 为这两个向量间的距离，则各类特征向量之间的平均距离为

$$J_d(x)=\frac{1}{2}\sum_{i=1}^{c}P_i\sum_{j=1}^{c}P_j\frac{1}{n_in_j}\sum_{k=1}^{n_i}\sum_{l=1}^{n_j}\delta(\boldsymbol{x}_k^{(i)},\boldsymbol{x}_l^{(j)}) \tag{13.31}$$

其中，c 为类别数，n_i 为 w_i 类中样本数，n_j 为 w_j 类中样本数，P_i,P_j 是相应类别的先验概率。

多维空间中两个向量之间有很多种距离度量，在欧氏距离情况下有

$$\delta(\boldsymbol{x}_k^{(i)},\boldsymbol{x}_l^{(j)})=(\boldsymbol{x}_k^{(i)}-\boldsymbol{x}_l^{(j)})^{\mathrm{T}}(\boldsymbol{x}_k^{(i)}-\boldsymbol{x}_l^{(j)}) \tag{13.32}$$

用 $\boldsymbol{m}_i$ 表示第 i 类样本集的均值向量为

$$\boldsymbol{m}_i=\frac{1}{n_i}\sum_{k=1}^{n_i}\boldsymbol{x}_k^{(i)} \tag{13.33}$$

用 $\boldsymbol{m}$ 表示所有各类的样本集总平均向量为

$$\boldsymbol{m}=\sum_{i=1}^{c}P_i\boldsymbol{m}_i \tag{13.34}$$

将式（13.32）～式（13.34）代入式（13.31）得

$$J_d(x)=\sum_{i=1}^{c}P_i\left[\frac{1}{n_i}\sum_{k=1}^{n_i}(\boldsymbol{x}_k^i-\boldsymbol{m}_i)^{\mathrm{T}}(\boldsymbol{x}_k^i-\boldsymbol{m}_i)+(\boldsymbol{m}_i-\boldsymbol{m})^{\mathrm{T}}(\boldsymbol{m}_i-\boldsymbol{m})\right] \tag{13.35}$$

式（13.35）中的第二项是第 i 类的均值向量与总体均值向量 $\boldsymbol{m}$ 之间的平方距离，用先验概率加权平均后可以代表各类均值向量的平均平方距离为

$$\sum_{i=1}^{c}P_i(\boldsymbol{m}_i-\boldsymbol{m})^{\mathrm{T}}(\boldsymbol{m}_i-\boldsymbol{m})=\frac{1}{2}\sum_{i=1}^{c}P_i\sum_{j=1}^{c}P_j(\boldsymbol{m}_i-\boldsymbol{m}_j)^{\mathrm{T}}(\boldsymbol{m}_i-\boldsymbol{m}_j) \tag{13.36}$$

我们应该选择这样的特征 x^*，使 c 个类别各样本之间的平均距离 $J(x^*)$ 为最大，即

$$J(x^*)=\max_x J_d(x) \tag{13.37}$$

2）基于信息熵的可离分性判据

把类别 $\omega_i, i=1,\cdots,c$ 看作一系列随机事件，它的发生依赖于随机向量 $\boldsymbol{x}$，给定 $\boldsymbol{x}$ 后 ω_i 的后验概率是 $P(\omega_i\,|\,\boldsymbol{x})$。如果根据 $\boldsymbol{x}$ 能完全确定 ω，则 ω 就没有不确定性，对 ω 本身的观察就不会再提供信息量，此时熵为 0，特征最有利于分类；如果 $\boldsymbol{x}$ 完全不能确定 ω，则 ω 不确定性最大，对 ω 本身的观察所提供信息量最大，此时熵为最大，特征最不利于分类。

人们常用的熵度量有如下两种。

（1）Shannon 熵：$H=-\sum_{i=1}^{c}P(\omega_i\,|\,\boldsymbol{x})\log_2 P(\omega_i\,|\,\boldsymbol{x})$

（2）平方熵：$H=2\left[1-\sum_{i=1}^{c}P^2(\omega_i\,|\,\boldsymbol{x})\right]$

在这些熵的基础上，对特征的所有取值积分，就得到基于熵的可分性判据，即

$$J_E=\int H(\boldsymbol{x})p(\boldsymbol{x})\mathrm{d}\boldsymbol{x} \tag{13.38}$$

J_E 越小，可分性越好。

2. 搜索算法

目前，几乎没有解析的方法能够指导特征的选择如何进行。在很多情况下，凭直觉的引导可以列出一些可能的特征表，然后用特征排序方法选择不同特征，利用其结果对表进行删减，从而选出若干最好的特征。但是，这种直接比较的方法对于待选特征较多的特征集来说，效果并不好，因为要比较的、可能的特征组合比较多，每个都比较一次，几乎是不实际的。因此，就出现了很多其他间接方法来寻找特征次优子集。此处，我们介绍两种常用的特征搜索算法——遗传算法和模拟退火算法。

1）遗传算法

遗传算法（Genetic Algorithms，GAs）是 1975 年美国密歇根大学教授 Holland 提出的，是一种通过模拟生物选择和进化过程的搜索寻优方法，它以其良好的自适应和并行搜索性能在众多复杂优化决策和优化设计的应用中得到满意的结果。简单而言，它使用了群体搜索技术，将种群代表一组问题解，通过对当前种群施加选择、交叉和变异等一系列遗传操作，从而产生新一代的种群，并逐步使种群进化到包含近似最优解的状态。限于篇幅，本书不对遗传算法的基础理论进行过多介绍，只给出基于遗传算法特征选择的基本步骤。

我们采用二进制编码方式，假设特征总数为 D 个，则染色体是码长为 D 的二进制编码，0 代表该特征未被选中，1 代表该特征被选中。以式（13.31）或式（13.38）作为适应度函数，则基于遗传算法的特征选择的基本步骤如下所述。

步骤 1：参数初始化，包括种群规模 m、交叉率 p_c 和初始变异率 p_m，以随机方式生成初始种群 $P(0)$。

步骤 2：计算 t 代种群 $P(t)$ 的染色体适应度 $f_i, i=1,2,\cdots,m$，并根据适应度值对染色体进行

从大到小排序。

步骤 3：选择、交叉和变异等遗传操作，并采用精英保留策略以保证算法的收敛性。

步骤 4：是否满足终止条件，如果是，则执行步骤 5，否则转步骤 2。

步骤 5：解码最优个体，最优个体上编码为 1 的所有序号即为最佳特征组合。

遗传算法是一种随机搜索算法，由于解空间有可能存在多个极小点情况，因此不同的搜索过程可能得到不同的特征组合。

2）模拟退火算法

模拟退火算法也是具有代表性的搜索算法。在物理上，让一个多磁体系统或合金中的多原子系统达到最低能量的方法称为“退火”。模拟退火算法来源于固体退火原理，将固体加温至充分高，再让其徐徐冷却。加温时，固体内部粒子随温升变为无序状，内能增大，而冷却时粒子渐趋有序，在每个温度都达到平衡态，最后在常温时达到基态，内能减为最小。

根据 Metropolis 准则，粒子在温度 T 时趋于平衡的概率为：

$$p = \exp\left(\frac{-\Delta E}{kT}\right)$$

其中，E 为温度 T 时的内能，ΔE 为其改变量，k 为 Boltzmann 常数。

将内能 E 模拟为目标函数值 f，温度 T 演化成控制参数 t，即得到解组合优化问题的模拟退火算法。该算法的基本思路是：由初始解 i 和控制参数初值 t 开始，对当前解重复“产生新解→计算目标函数差→接受或舍弃”的迭代，并逐步衰减 t 值，算法终止时的当前解即为所得近似最优解。模拟退火算法的整个退火过程由冷却进度表控制，包括控制参数的初值 t 及其衰减因子 Δt、每个 t 值时的迭代次数 L 和停止条件 S，具体步骤如下所述。

步骤 1：选择初始温度 T（充分大），初始解状态 S（是算法迭代的起点），每个 T 值的迭代次数 L。

步骤 2：对 $k=1,\cdots,L$ 循环重复以下过程（1）～（4）。

（1）产生新解 S'；

（2）计算增量 $\Delta t' = C(S') - C(S)$，其中 $C(S)$ 为评价函数；

（3）若 $\Delta t' < 0$ 则接受 S' 作为新的当前解，否则以概率 $\exp\left(\frac{-\Delta t'}{T}\right)$ 接受 S' 作为新的当前解；

（4）如果满足终止条件，则输出当前解作为最优解，结束程序，否则进入步骤 3。

步骤 3：T 逐渐减少，且 T 趋于 0，然后转入步骤 2。

模拟退火的终止条件通常取为连续若干个新解都没有被接受时终止算法。模拟退火算法具有渐近收敛性和并行性，已在理论上被证明是一种有全局最优解的全局优化算法。

13.3 统计分类器

图像经过特征提取之后，通常需要判断图像之间的相似性，从而为图像识别工作提供最终的识别结果，而相似性的判断通常需要借助分类器。本节所要讨论的统计分类器认为图像是欧氏空间中的一个点，每一类图像分布在整个空间，空间中每一个点属于某一类的概率不同，属于这一类的可能性大一些，属于另一类的可能性小一些。在这样的假设下，我们介绍常见的三种统计分类器，即线性分类器、最近邻分类器和 Bayes 分类器。

13.3.1 线性分类器

对于两类二维问题，训练样本和未知样本分布在二维特征空间中，采用一条直线将两类样本所在的区域划分开，这样的分类器是线性分类器。该直线称为线性决策面，一般表达式为：

$$g(\boldsymbol{x}) = \boldsymbol{w}^{\mathrm{T}}\boldsymbol{x} + w_0 \tag{13.39}$$

其中，$\boldsymbol{x} = (x_1, x_2)^{\mathrm{T}}$ 为样本特征向量，$\boldsymbol{w} = (w_1, w_2)^{\mathrm{T}}$ 为权向量，w_0 为常数，称为阈值权。

对于 c 类（$\omega_1, \omega_2, \cdots, \omega_c$）问题，我们可以定义 c 个判别函数，$g_i(\boldsymbol{x}) = \boldsymbol{w}_i^{\mathrm{T}}\boldsymbol{x} + w_{i0}$，$i = 1, 2, \cdots, c$，我们要用样本去估计各个 $\boldsymbol{w}_i$ 和 w_{i0}，并把未知样本 $\boldsymbol{x}$ 归到具有最大判别函数值的类别中去。例如，对于两类问题的线性分类器决策函数为：

$$g(\boldsymbol{x}) = g_1(\boldsymbol{x}) - g_2(\boldsymbol{x}) \tag{13.40}$$

对于任一模式的未知样本 $\boldsymbol{x}$，将样本特征向量代入式（13.40），则决策规则为：

$$\begin{cases} g(\boldsymbol{x}) > 0, \text{则决策}\boldsymbol{x} \in \omega_1 \\ g(\boldsymbol{x}) < 0, \text{则决策}\boldsymbol{x} \in \omega_2 \\ g(\boldsymbol{x}) = 0, \text{可将}\boldsymbol{x}\text{分为任何一类，或拒绝} \end{cases}$$

图 13-7 是两类模式的线性分类器示意图，其中直线 $g(\boldsymbol{x}) = 0$ 即为决策面。线性分类器虽然简单易求，但对于比较复杂的问题就无能为力了，为此，引入分段线性分类器。

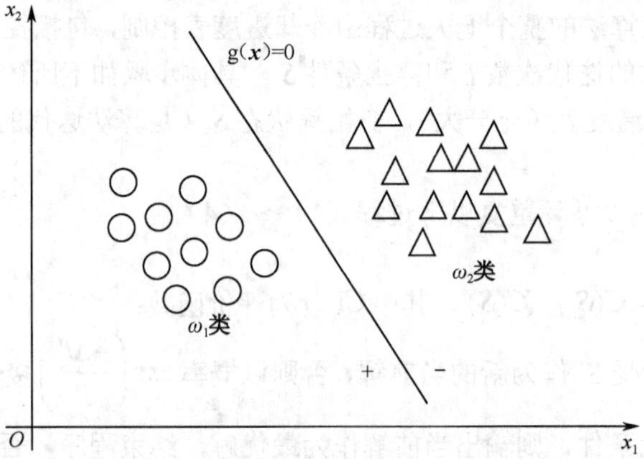

图 13-7　两类模式的线性分类器示意图

垂直平分分类器又称最小距离分类器，是最简单的线性分类器。该分类器的决策面是两类样本均值点的垂直平分线，待决策的样本距离哪一类的均值点近就被决策为哪一类。如图 13-8 所示，$\boldsymbol{m}_1$ 和 $\boldsymbol{m}_2$ 分别是两类样本的均值中心点，最小距离分类器决策面即为 $\boldsymbol{m}_1$ 和 $\boldsymbol{m}_2$ 之间的中垂线。

考虑如图 13-9 的两类多峰分布情况，如果按最小距离分类器的方法将每一类的均值作为代表点，得到的分类决策面如虚线所示，这样的分类结果并不准确。如果是在每一类中多取几个代表点，依然分别按照最小距离的决策规则将待分类点分类为距离最近的代表点所属的类别，分类结果如图中实线段所示，这种方法称为分段最小距离分类器。

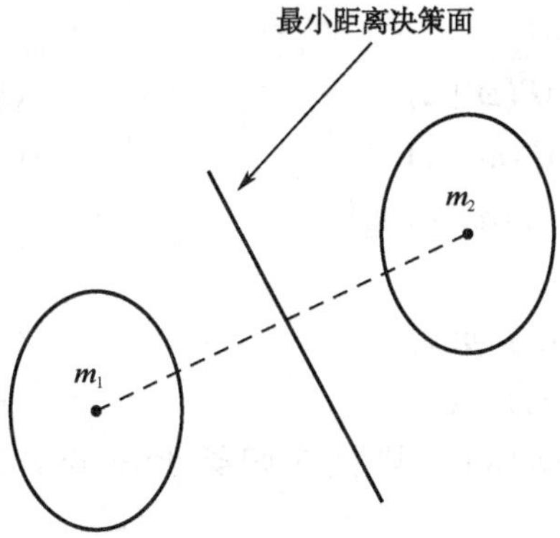

图 13-8 最小距离分类器

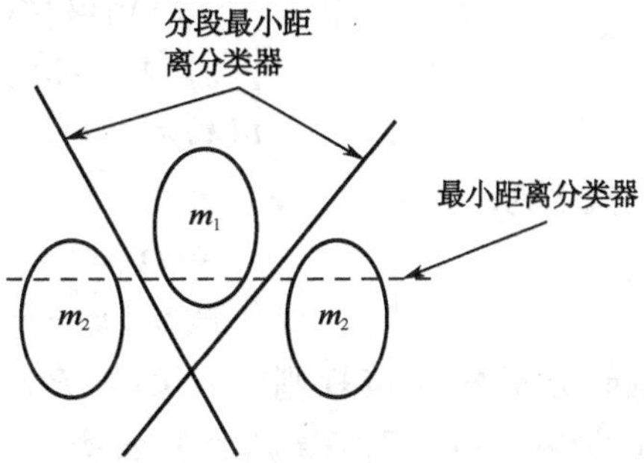

图 13-9 分段最小距离分类器

13.3.2 最近邻分类器

最近邻分类器是分段线性分类器的极端情况，就是把各类中全部样本都作为“代表点”的情况。这时的决策方法为近邻法，它是模式识别非参数法中最重要的方法之一。

假定有 c 个类别 $\omega_1,\omega_2,\cdots,\omega_c$，每类有标明类别的样本 N_i 个，$i=1,2,\cdots,c$，判别函数为：

$$g_i(\boldsymbol{x})=\min_k \|\boldsymbol{x}-\boldsymbol{x}_i^k\|,\quad k=1,2,\cdots,N_i \tag{13.41}$$

其中 $\boldsymbol{x}_i^k$ 的角标 i 表示 ω_i 类，k 表示 ω_i 类 N_i 个样本中的第 k 个。按照式（13.41），决策规则可以写为：

$$g_j(\boldsymbol{x})=\min_i g_i(\boldsymbol{x}),\quad i=1,2,\cdots,c \tag{13.42}$$

则决策 $\boldsymbol{x}\in\omega_j$。

这一决策方法称为最近邻法，其直观的解释是，比较未知样本 $\boldsymbol{x}$ 与所有 $N=\sum_{i=1}^{c}N_i$ 个已知样本的距离，并决策 $\boldsymbol{x}$ 与离它最近的样本类别相同。

K-近邻法是最近邻法的一个推广。取未知样本 $\boldsymbol{x}$ 的 k 个近邻（已知样本），看这 k 个近邻中多数属于哪一类，就把 $\boldsymbol{x}$ 归为哪一类。假设 $N_i,i=1,2,\cdots,c$ 是来自 ω_i 类的已知样本数，若 $k_1,k_2,\cdots,k_c$ 分别是 k 个近邻中属于 $\omega_1,\omega_2,\cdots,\omega_c$ 类的样本数，则可以定义判别函数为：

$$g_i(\boldsymbol{x})=k_i,i=1,2,\cdots,c \tag{13.43}$$

决策规则为：

$$g_j(\boldsymbol{x})=\max_i k_i,i=1,2,\cdots,c \tag{13.44}$$

则决策 $\boldsymbol{x}\in\omega_j$。

13.3.3 Bayes 分类器

几乎所有的分类器在识别时都有可能出现错误分类的情况，这种错误分类的可能性称为分类器识别结果的错误概率，简称错误率或误判率。在模式分类问题中，人们往往希望尽量减少错误分类，Bayes 分类器的设计思路是寻求具有最低错误率的分类器，分类的结果是概率意义上的最优解。

已知两类 ω_1 和 ω_2，样本特征向量为 $\boldsymbol{x}$，$P(\omega_1)$ 和 $P(\omega_2)$ 是先验概率，$p(\boldsymbol{x}|\omega_1)$ 和 $p(\boldsymbol{x}|\omega_2)$

为类条件概率密度函数，Bayes 条件概率公式为：

$$p(\boldsymbol{x}\mid\omega_1)P(\omega_1)=p(\boldsymbol{x})P(\omega_1\mid\boldsymbol{x}) \tag{13.45}$$

$$p(\boldsymbol{x}\mid\omega_2)P(\omega_2)=p(\boldsymbol{x})P(\omega_2\mid\boldsymbol{x}) \tag{13.46}$$

$$p(\boldsymbol{x})=p(\boldsymbol{x}\mid\omega_1)P(\omega_1)+p(\boldsymbol{x}\mid\omega_2)P(\omega_2) \tag{13.47}$$

后验概率为：

$$P(\omega_1\mid\boldsymbol{x})=p(\boldsymbol{x}\mid\omega_1)P(\omega_1)/p(\boldsymbol{x}) \tag{13.48}$$

$$P(\omega_2\mid\boldsymbol{x})=p(\boldsymbol{x}\mid\omega_2)P(\omega_2)/p(\boldsymbol{x}) \tag{13.49}$$

Bayes 分类的决策规则为：如果 $P(\omega_1\mid\boldsymbol{x})>P(\omega_2\mid\boldsymbol{x})$，则把 $\boldsymbol{x}$ 归类于 ω_1 类，反之，$P(\omega_1\mid\boldsymbol{x})<P(\omega_2\mid\boldsymbol{x})$，则把 $\boldsymbol{x}$ 归类于 ω_2 类。

13.4 人工神经元网络

人工神经元网络模拟生物神经网络，其模型、拓扑关系、学习与训练算法等都建立在对生物神经元系统的研究之上，具有高度的并行性、非线性全局作用，适合解决分类问题，被广泛应用于图像识别领域中。

13.4.1 基本原理

人工神经元模型的种类繁多，在此只介绍工程上常用的最简单的模型，如图 13-10（a）所示。

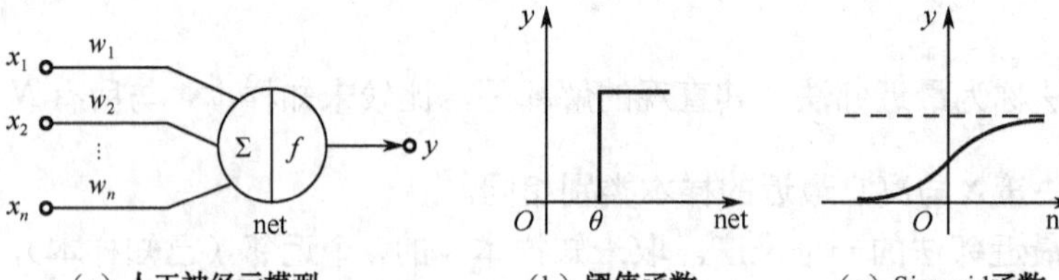

（a）人工神经元模型　（b）阈值函数　（c）Sigmoid函数

图 13-10　人工神经元模型与两种常见的输出函数

图中的 n 个输入 $x_i\in R$，是其他神经元的输出值，n 个权值 $w_i\in R$，为连接强度，f 是一个非线性函数，例如，阈值函数或 Sigmoid 函数（如图 13-10（b）和图 13-10（c）所示）。神经元的动作如下：

$$\text{net}=\sum_{i=1}^{n}w_i x_i \tag{13.50}$$

$$y=f(\text{net}) \tag{13.51}$$

当 f 为阈值函数时，其输出为：

$$y=\text{sgn}\left(\sum_{i=1}^{n}w_i x_i-\theta\right)$$

θ 是阈值。为使式子更为简约，我们设阈值：

$$\theta=-w_0 \tag{13.52}$$

$$w = (w_0, w_1, w_2, \cdots, w_n)^T \tag{13.53}$$

$$x = (1, x_1, x_2, \cdots, x_n)^T \tag{13.54}$$

则

$$y = \mathrm{sgn}(w^T x) \tag{13.55}$$

或

$$y = f(w^T x) \tag{13.56}$$

这样的表达式可以将阈值合并到权向量中处理。

人工神经网络是由大量简单处理单元以某种方式相互连接，对连续的输入作出状态响应的动态信息处理系统。从神经元连接方式的角度，人工神经元网络可以分为前馈神经网络、反馈神经网络、层内互联神经网络、全互联神经网络，结构如图 13-11 所示。

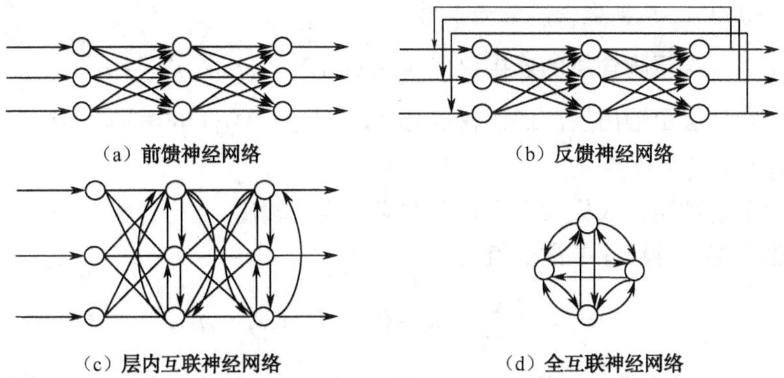

图 13-11　神经网络结构模型

按照学习方式的不同，神经网络可分为监督学习神经网络和非监督学习神经网络两种。神经网络与模式识别有着密切的联系。典型的监督学习神经网络如 BP 网、多层感知器等已经用于模式识别中的分类：先利用已知分类结果的样本对网络进行训练，然后利用学习过的网络对新的样本进行分类。非监督学习神经网络采用无导师学习方式，自动地揭示数据的内部结构，这与模式识别中的聚类分析是一致的。

13.4.2　BP 神经网络

BP 神经网络是应用最为广泛的一类前馈型的多层神经网络，输入层与输出层之间包括若干隐层，且以单向前馈方式形成耦合关系，同层神经元之间不存在相互连接，图 13-12 即是含一个隐层的简单 BP 网络模型。根据 BP 学习算法，当给定网络的一个输入模式时，它由输入层单元送到隐层单元，经隐层单元逐层处理后再送到输出层单元，由输出层单元处理之后得到一个输出模式，因此称之为前馈型组织结构。如果输出响应与期望输出模式之间有误差，且不满足要求，则通过误差的反向传播实现权值的修正和优化。

假设以梯度下降法对 BP 神经网络进行训练，则当第 l 个输入样本（$l = 1, 2, \cdots, N$）进行训练时，BP 神经网络学习过程如下。

步骤 1：确定参数。

（1）确定输入向量 $\boldsymbol{x}$、输出向量 $\boldsymbol{y}$、期望输出向量 $\boldsymbol{o}$ 和隐含层输出向量 $\boldsymbol{b}$，它们分别表示为：

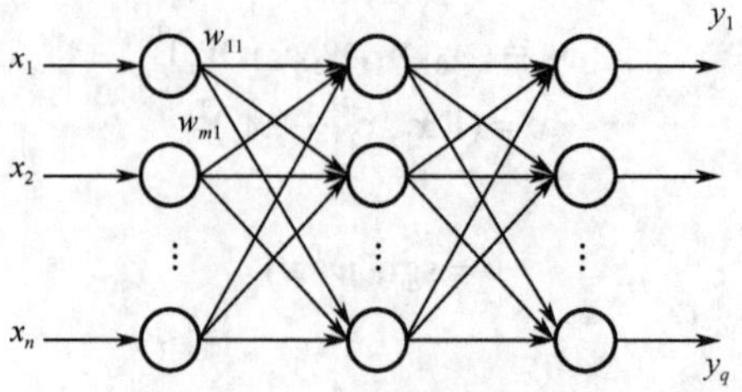

图 13-12　三层 BP 网络模型

$\boldsymbol{x}=(x_1,x_2,\cdots,x_n)^{\mathrm{T}}$，$n$ 是输入层单元个数。

$\boldsymbol{y}=(y_1,y_2,\cdots,y_q)^{\mathrm{T}}$，$q$ 是输出层单元个数。

$\boldsymbol{o}=(o_1,o_2,\cdots,o_q)^{\mathrm{T}}$

$\boldsymbol{b}=(b_1,b_2,\cdots,b_p)^{\mathrm{T}}$，$p$ 是隐含层单元个数。

（2）初始化输入层至隐含层的连接权值 $\boldsymbol{w}_j=(w_{j1},w_{j2},\cdots,w_{jn})^{\mathrm{T}},j=1,2,\cdots,p$。

（3）初始化隐含层至输出层的连接权值 $\boldsymbol{v}_k=(v_{k1},v_{k2},\cdots,v_{kp})^{\mathrm{T}},k=1,2,\cdots,q$。

步骤 2：输入模式顺传播。

这一过程主要是利用输入模式求出它所对应的实际输出。

（1）计算隐含层各神经元的激活值 s_j：

$$s_j=\sum_{i=1}^{n}w_{ji}x_i-\theta_j,\quad j=1,2,\cdots,p \tag{13.57}$$

式中，w_{ji} 为输入层到隐含层的连接权，θ_j 为隐含层单元的阈值，激活函数采用式（13.58）的 Sigmoid 函数。

$$f(x)=\frac{1}{1+\mathrm{e}^{-ax}},\quad 0<f(x)<1 \tag{13.58}$$

（2）计算隐含层 j 单元的输出值。将上面的激活值代入激活函数中，可得隐含层 j 单元的输出值为：

$$b_j=f(s_j)=\frac{1}{1+\exp\left(-\sum_{i=1}^{n}w_{ji}x_i+\theta_j\right)},\quad j=1,2,\cdots,p \tag{13.59}$$

阈值 θ_j 在学习过程中和权值一样也不断被修正。

（3）计算输出层第 k 个单元的激活值 s_k：

$$s_k=\sum_{j=1}^{p}v_{kj}b_j-\theta_k,\quad k=1,2,\cdots,q \tag{13.60}$$

式中 v_{kj} 是隐含层到输出层的权值，θ_k 是输出层单元阈值。

（4）计算输出层第 k 个单元的实际输出值 y_k：

$$y_k=f(s_k)=\frac{1}{1+\exp\left(-\sum_{j=1}^{p}v_{kj}b_j+\theta_k\right)},\quad k=1,2,\cdots,q \tag{13.61}$$

步骤 3：输出误差的逆传播。

在模式顺传播计算中我们得到了网络的实际输出值，当这些实际的输出值与期望的输出值误差大于所限定的数值时，就要对网络进行修正。这里的修正是从后向前进行的，所以叫做误差逆向传播，计算时从输出层到隐含层，再从隐含层到输入层。

（1）输出层的修正误差为：

$$d_k=(o_k-y_k)y_k(1-y_k),\quad k=1,2,\cdots,q \tag{13.62}$$

式中，y_k 是实际输出，o_k 是期望输出。

（2）隐含层各单元的修正误差为：

$$e_j=\left[\sum_{k=1}^{q}v_{kj}d_k\right]b_j(1-b_j),\quad j=1,2,\cdots,p \tag{13.63}$$

（3）对于输出层到隐含层连接权和输出层阈值的修正量为：

$$\Delta v_{kj}=\alpha d_k b_j \tag{13.64}$$

$$\Delta\theta_k=\alpha d_k \tag{13.65}$$

式中，b_j 为隐含层 j 单元的输出，d_k 为输出层的修正误差，α 是大于 0 小于 1 的学习系数。

（4）隐含层到输入层的修正量为：

$$\Delta w_{ji}=\beta e_j x_i \tag{13.66}$$

$$\Delta\theta_j=\beta e_j \tag{13.67}$$

式中，e_j 为隐含层 j 单元的修正误差，β 为大于 0 小于 1 的学习系数。

步骤 4：循环记忆训练。

为使网络的输出误差趋于极小值，对于 BP 神经网络输入的每一组训练模式，一般要经过数百次甚至上万次的循环记忆训练，才能使网络记住这一模式。这种循环记忆训练实际上就是反复重复上面介绍的输入模式。

步骤 5：学习结果的判别。

当每次循环记忆训练结束后，都要进行学习结果的判别。判别的目的主要是检查输出误差是否已经小到可以允许的程度。如果是，就可以结束整个学习过程，否则还要继续循环训练。

13.4.3 模糊神经网络

神经技术以生物神经网络为模拟基础，试图在模拟推理及自动学习等方面向前发展一步，使人工智能更接近人脑的自组织和并行处理等功能，它在模式识别、聚类分析和专家系统等多方面已显示出了新的前景和新的思路。模糊技术则以模糊逻辑为基础，抓住了人类思维中的模糊性特点，以模仿人的模糊综合判断推理来处理常规方法难以解决的模糊信息处理难题，使计算机应用扩大到人文、社会和心理学等领域。模糊神经网络融合了模糊逻辑和神经网络的优点，既能表示定性知识，又具有自学习和处理定量数据的能力，因而获得了广泛的应用。

模糊神经网络具有多种类型，与一般模式神经网络相类似，通常，我们将最基本的神经网络划分为前向型模糊神经网络和反馈型模糊神经网络两大类。典型的模糊前向神经网络的结构如图 13-13 所示。

第一层为输入层，该层的各个节点直接与输入向量的各分量 x_i 连接，它起着将输入值 $\boldsymbol{x}=(x_1,x_2,\cdots,x_n)^{\mathrm{T}}$ 传送到下一层的作用，该层的节点数为 $N_1=n$。

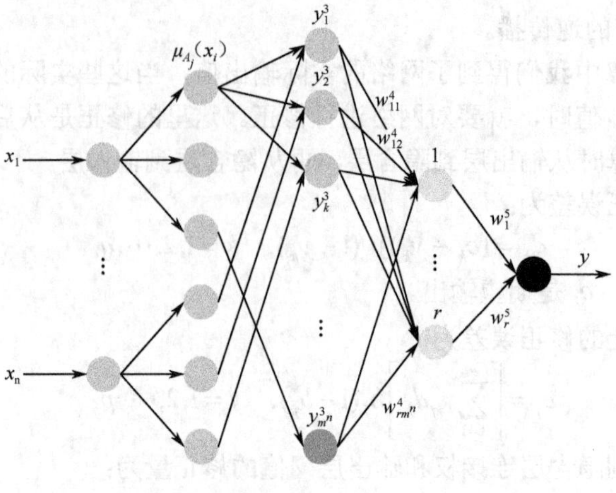

图 13-13　典型模糊前向神经网络的组织结构

第二层为模糊化层，实现输入变量的模糊化（即隶属度划分）。隶属度通常采用高斯函数、三角函数、梯形函数作为隶属函数。较复杂的参量函数如样条函数乃至神经网络的隶属函数也都能作为输入隶属函数进行同样的调整。假设采用高斯函数作为隶属度函数，且每个输入分量均划分为 m 个模糊度，则第 i 个分量的第 j 个隶属度函数为：

$$\mu_{A_j}(x_i)=\mathrm{e}^{-\left(\frac{x_i-a_i^j}{b_i^j}\right)^2},\quad i=1,2,\cdots,n,j=1,2,\cdots,m \tag{13.68}$$

其中，a_i^j，b_i^j 为高斯函数的中心和宽度。图 13-14 是一个模糊函数的示例，该函数是具有三个模糊度划分的高斯函数。模糊化层节点的输出是各输入分量 x_i 的各个模糊度的隶属度函数值，即 $y_{ij}^2=\mu_{A_j}(x_i)$，当每个输入分量划分为 m 个模糊度时，第二层的节点数为 $N_2=m\times n$ 个。

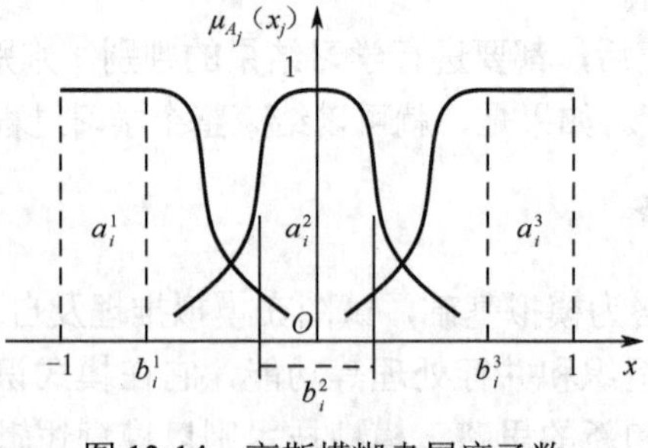

图 13-14　高斯模糊隶属度函数

第三层为规则层，也称为求“与”层，用来存放模糊规则。该层与第二层的连接不为全互连，每个节点的连接与 If（$x_1=A_1^j,x_2=A_2^j,\cdots,x_n=A_n^j$）Then…（$A_i^j$ 为输入分量 x_i 的某一个模糊集合）这样一条规则相对应，这样的连接不会重复，假设每个分量统一划分为 3 个模糊度，则该层有 3^n 个节点，也就是有 3^n 条规则。该层每一个节点代表一个可能的模糊规则的 If 部分。每个节点内实现最小化，即模糊“与”操作，通常的模糊“与”操作就是将一条规则中所有输入变量隶属度的最小值作为前件部（If 部分）的隶属度（即规则的强度），用来匹配模糊规则的前件，计算出每条规则的适用度（即激活度），该层节点的输出为：

$$y_k^3 = \min\{\mu_{A_j^k}(x_1), \mu_{A_j^k}(x_2), \cdots, \mu_{A_j^k}(x_n)\}, k = 1,2,\cdots,m^n \tag{13.69}$$

第四层为求“或”层，每个节点分别为输出变量的一个模糊度划分（即模糊集合），代表一个可能的模糊规则的Then部分。它们所完成的操作是把具有相同后件的模糊规则组合起来，即每个节点内实现最大化（模糊“或”操作），通常的模糊“或”操作就是将后件为输出变量的同一个模糊集合的各个规则前件与其连接权值乘积的最大值作为输出变量的该模糊集合的隶属度函数值。该层节点的输出为：

$$y_l^4 = \max\{w_{lk}^4 y_k^3\}, k = 1,2,\cdots,m^n, l = 1,2,\cdots,r \tag{13.70}$$

其中，w_{lk}^4 为每个连接权值，它代表了各条模糊规则的置信度，该值在训练过程中可以调整。

第五层为去模糊化层，也就是将模糊规则推理得到的输出变量的各个模糊集合的隶属度值（即第四层各个节点的输出）转换为输出变量的精确数值，常采用的是面积重心法。在多输入单输出系统中，该层的节点数为1，其输出为y，即

$$y = \frac{\sum_{l=1}^{r}(w_l^5 y_l^4)}{\sum_{l=1}^{r} y_l^4} \tag{13.71}$$

这里，w_l^5 是第四层中节点l所代表的输出变量 y_l^4 的一个模糊集合的隶属度函数的重心，在训练过程中可以调整。

根据以上定义的模糊神经网络各层节点的操作，下面推导出针对这种模糊神经网络的误差反向传播学习算法（即FBP算法）来修正网络的可调参数。定义FBP算法的目标函数为：

$$E = \frac{1}{2}(y^d - y)^2 \tag{13.72}$$

式中，y^d 为教师信号，根据FBP算法，误差信号将由第五层向第二层依次反向传递。

1）去模糊化层

Delta值：

$$\delta^5 = \frac{-\partial E}{\partial y} = y^d - y \tag{13.73}$$

根据梯度下降法：

$$\Delta w_l^5 = \frac{-\partial E}{\partial w_l^5} = \frac{-\partial E}{\partial y}\frac{\partial y}{\partial w_l^5} = \delta^5 \frac{y_l^4}{\sum_{k=1}^{r} y_k^4}, l = 1,2,\cdots,r \tag{13.74}$$

权值调整算法：

$$w_l^5(t+1) = w_k^5(t) + \eta_5 \Delta w_l^5, l = 1,2,\cdots,r \tag{13.75}$$

2）求“或”层

Delta值：

$$\delta_l^4 = \frac{-\partial E}{\partial y}\frac{\partial y}{\partial y_l^4} = (y^d - y)\frac{w_l^5 - y}{\sum_{k=1}^{r} y_k^4}, l = 1,2,\cdots,r \tag{13.76}$$

根据梯度下降法：

$$\Delta w_{lk}^4 = \frac{-\partial E}{\partial w_{lk}^4} = \frac{-\partial E}{\partial y}\frac{\partial y}{\partial y_l^4}\frac{\partial y_l^4}{\partial w_{lk}^4} = \delta_l^4 \begin{cases} y_k^3, & \text{当} w_{lk}^4 \cdot y_k^3 = \mathrm{MAX}_1 \\ 0, & \text{其他} \end{cases} \tag{13.77}$$

权值调整算法：

$$w_{lk}^4(t+1) = w_{lk}^4(t) + \eta_4 \Delta w_{lk}^4, l = 1,2,\cdots,r \quad k = 1,2,\cdots,m^n \tag{13.78}$$

3）求“与”层

Delta 值：

$$\delta_k^3 = \frac{-\partial E}{\partial y}\frac{\partial y}{\partial y_l^4}\frac{\partial y_l^4}{\partial y_k^3} = (y^d - y)\frac{w_l^5 - y}{\sum\limits_{l=1}^{r} y_l^4}\begin{cases} w_{lk}^4, & \text{当} w_{lk}^4 y_k^3 = \mathrm{MAX}_1 \\ 0, & \text{其他} \end{cases} \tag{13.79}$$

该层没有需要调整的参数，因此直接进入隶属度函数层的参数调整。

4）模糊化层

Delta 值：

$$\delta_{ij}^2 = \frac{-\partial E}{\partial y}\frac{\partial y}{\partial y_l^4}\frac{\partial y_l^4}{\partial y_k^3}\frac{\partial y_k^3}{\partial y_{ij}^2} = (y^d - y)\frac{w_l^5 - y}{\sum\limits_{l=1}^{r} y_l^4} w_{lk}^4 h_{ij}^k \tag{13.80}$$

其中，$h_{ij}^k = \begin{cases} 1, & \text{当} w_{lk}^4 y_k^3 = \mathrm{MAX}_1 \text{且} y_k^3 = \min\{\mu_{A_j^k}(x_i)\}, j = 1,\cdots,m \quad i = 1,\cdots,n \\ 0, & \text{其他} \end{cases}$

根据梯度下降法：

$$\Delta a_i^j = \frac{-\partial E}{\partial y}\frac{\partial y}{\partial y_l^4}\frac{\partial y_l^4}{\partial y_k^3}\frac{\partial y_k^3}{\partial y_{ij}^2}\frac{\partial y_{ij}^2}{\partial a_i^j} = \delta_{ij}^2 \operatorname{sgn}(x - a_i^j)\frac{2}{b_i^j} \tag{13.81}$$

$$\Delta b_i^j = \frac{-\partial E}{\partial y}\frac{\partial y}{\partial y_l^4}\frac{\partial y_l^4}{\partial y_k^3}\frac{\partial y_k^3}{\partial y_{ij}^2}\frac{\partial y_{ij}^2}{\partial b_i^j} = \delta_{ij}^2 \frac{2|x - a_i^j|}{(b_i^j)^2} \tag{13.82}$$

权值调整算法：

$$a_i^j(t+1) = a_i^j(t) + \eta_2 \Delta a_i^j, i = 1,2,\cdots,n \quad j = 1,2,\cdots,m \tag{13.83}$$

$$b_i^j(t+1) = b_i^j(t) + \eta_2 \Delta b_i^j, i = 1,2,\cdots,n \quad j = 1,2,\cdots,m \tag{13.84}$$

其中，η_5、η_4、η_2 分别为 w_l^5、w_{lk}^4、a_i^j 和 b_i^j 的学习率，t 为离散时间变量。

根据上述推理过程，我们可用以下步骤来调整 a_i^j、b_i^j、w_{lk}^4 和 w_l^5 四个参数变量，即模糊神经网络学习算法。

步骤 1：初始化各个参数，包括 a_i^j、b_i^j、w_{lk}^4 和 w_l^5。

步骤 2：输入训练数据 $(x_1, x_2, \cdots, x_n; y^d)$。

步骤 3：根据式（13.68）～式（13.71），计算出每一推理规则的隶属度 $\mu_{A_j}(x_i)$ 及每一层的输出 y_k^3，y_l^4 和 y。

步骤 4：根据式（13.74）、式（13.77）、式（13.81）和式（13.82），计算各个参数的修正误差 Δw_l^5、Δw_{lk}^4、Δa_i^j 和 Δb_i^j 等参数的修正误差。

步骤 5：根据式（13.83）、式（13.84）、式（13.75）和式（13.78），对 a_i^j、b_i^j、w_{lk}^4 和 w_l^5 等参数进行调整。

步骤 6：计算目标函数 $E=\frac{1}{2}(y^d-y)^2$，重复步骤 2～步骤 5 步直到 $\Delta E=E(t+1)-E(t)$ 小于一个定义的极限值。

13.4.4　组合神经网络

20 世纪中叶以来，神经网络技术的研究工作几经浮沉逐步走向成熟，成为最主流的机器学习工具，并走向实际的应用。但随着研究的深入，神经网络也逐渐暴露了一些不足，如缺乏严密的理论体系，使用者的经验对应用效果影响过大，训练过程会遇到的局部最小、过拟合导致泛化性能下降等。Hansen 和 Salamon 首先证明可以简单地通过训练多个神经网络并将其结果进行回归合成，显著提高神经网络系统的泛化能力。1996 年，Sollieh 和 Krogh 提出了广为接受的神经网络集成的定义：神经网络集成是用有限个神经网络对同一个问题进行学习，集成在某输入示例下的输出由构成集成的各神经网络在该示例的输出共同决定。

与单一神经网络相比，组合式神经网络分类器是按一定的法则集成了多个相互独立的神经网络分类器而形成的，其性能和分类精度要比参与集成的每一单个独立分类器好得多，主要优点在于：

（1）组合式神经网络分类器能够有效地处理高维特征，特别是能够灵活处理不同类型、不同规模的特征。

（2）组合式神经网络分类器并不需要每个已训练网络都达到最优，组合神经网络设计比较简单，因此也简化了整个神经网络的设计难度。

（3）组合式神经网络分类器融合了多个已训练网络的分类结果，因而比其中的任何一个单一网络都具有更好的推广能力。

（4）由并行的多个已训练网络构成的组合式神经网络分类器，即使其中的一个或几个网络失效，也能给出正确的分类结果，因而具有更好的稳健性。

（5）能有效降低分类器的时间和空间复杂度。

（6）特别适合并行处理。

1. 组合式神经网络模型

图 13-15 是一个具有并联结构的组合式神经网络拓扑图，组合神经网络是由一些相对独立的子神经网络组合而成的，其中各个子神经网络的模型参数可以并行独立训练，整个组合神经网络的总输出 $\tilde{y}$ 是各个单一神经网络输出 y_j（$j=1,2,\cdots,p$）的加权和，即

$$\tilde{y}=\sum_{j=1}^{p}\alpha_j y_j(\boldsymbol{x}) \tag{13.85}$$

其中，$\boldsymbol{x}$ 为输入数据，α_j 为第 j 个子网的权重。

2. 组合神经网络的实现

1）个体生成方式

显而易见，如果一组神经网络的泛化能力完全相同，那么将这些网络组合的神经网络模型将不会有任何作用。通常神经网络间的差异存在于它们的权值、训练的时间甚至它们的结

构，如隐层单元个数等方面。通过对不同参数的各种设定可以得到推广性不同的网络，这些参数通常包括初始权值、训练数据、网络结构和训练算法。针对组合神经网络模型中个体网络模型的设计，已经有很多方法可以实现，其中最重要的技术是 Bagging 和 Boosting 方法。

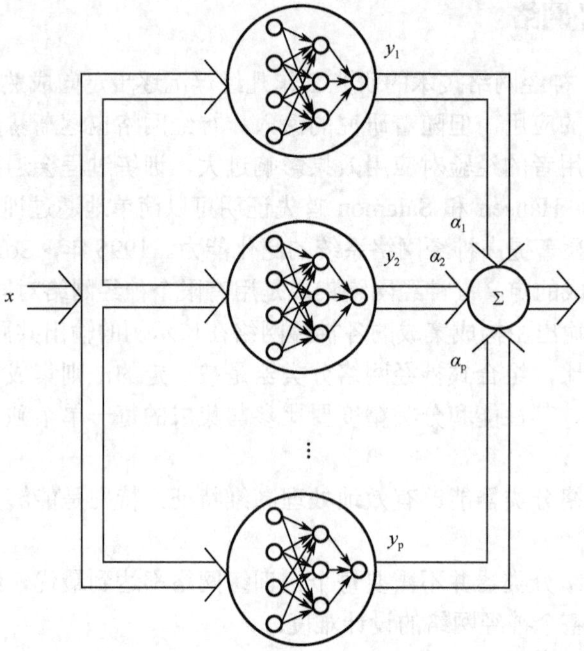

图 13-15　组合神经网络拓扑图

● Bagging 法

Bagging 法的基本思想是：从原始训练集中随机产生不同的子集，然后用这些不同的子集来训练不同的个体神经网络。有些数据可能在训练过程中被重复利用，而有些数据则可能一直没用到。如果由于给训练集数据一个扰动而使组合模型构建产生明显变化，如神经网络、决策树和线性回归，则此时的 Bagging 法可以明显改善组合模型的泛化能力。

● Boosting 法

在用 Boosting 法构建组合神经网络模型时，各个体网络的训练集决定于在其之前产生的个体网络的表现，被已有网络错误判断的示例将以较大的概率出现在新个体网络的训练集中。这样，新个体网络将能够很好地处理对已有个体网络来说很困难的示例。另一方面，虽然 Boosting 方法能够增强神经网络组合模型的泛化能力，但同时也有可能使该组合模型过分偏向某几个特别困难的示例。因此，该方法不太稳定，有时能起到很好的作用，有时却没有效果。1995 年，Freund 和 Schapire 提出了 AdaBoost（Adaptive Boost）算法，该算法不需要事先知道弱学习算法学习正确率的下限，可以非常容易地应用到实际问题中，成为目前最流行的 Boosting 算法。

2）结论生成方式

组合神经网络的结论生成是通过整合每个子神经网络的输出来完成的，即所谓的多神经网络融合问题。常用的结论生成方法主要包括平均值法、投票法、Bayes 方法、模糊积分法、进化寻优法和神经网络法等。

当组合神经网络模型用于分类时，投票机制比较常用。通常采用的方法有绝对多数投票（某分类成为最终结果当且仅当超过半数的神经网络输出结果为该类）和相对多数投票法（某分类成为最终结果当且仅当输出结果为该类的神经网络数目最多）。理论和实践表明，相对多数投票法明显优于绝对多数投票法。

13.5 支持向量机分类

传统的统计模式识别方法只有在样本趋向无穷大时，其性能才有理论的保证。统计学习理论是研究有限样本情况下的机器学习问题。支持向量机（Support Vector Machine，SVM）的理论基础就是统计学习理论，它在解决小样本情况下的机器学习问题和高维、非线性问题中表现出较为优异的效果。SVM 方法是基于线性可分的最优分类面提出的，最优分类面的定义保证了在样本一定的情况下两类样本间的距离最大。

13.5.1 最优分类面

SVM 是从线性可分情况下的最优分类面发展而来的，基本思想可用图 13-16 的两维情况来说明。图中，三角形点和圆形点代表两类样本，H 为分类线，H_1、H_2 分别为过这两类点中离分类线最近的点且平行于分类线的直线，这两条直线之间的距离称为分类间隔。所谓最优分类线就是要求分类线不但能将两类正确分开，而且使分类间隔最大。有很多可能的线性分类器可以把这组数据分割开，但是只有一个使两类的分类间隔最大，即图中的 H，这个线性分类器就是最优分类超平面，与其他分类器相比，具有更好的泛化性。推广到高维空间，最优分类线就变为最优分类平面。

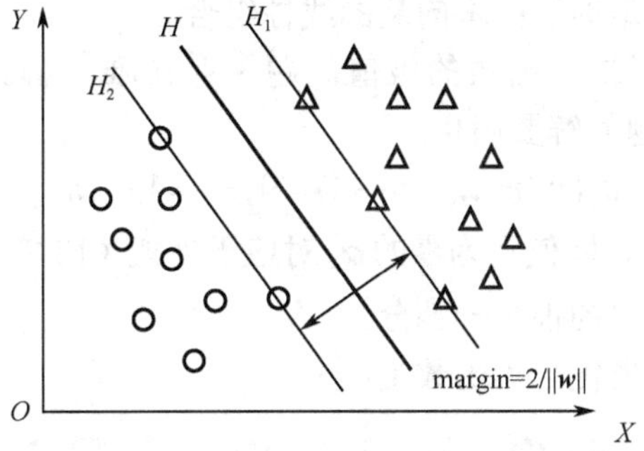

图 13-16 最优分类超平面示意图

设线性可分样本集为 $(\boldsymbol{x}_i, y_i)$，$i=1,\cdots,n$，$\boldsymbol{x}\in R^d$，$y\in\{+1,-1\}$ 是类别标号。d 维空间中线性判别函数的一般形式为 $g(\boldsymbol{x})=\boldsymbol{w}^{\mathrm{T}}\boldsymbol{x}+b$，分类面方程为：

$$\boldsymbol{w}^{\mathrm{T}}\boldsymbol{x}+b=0 \tag{13.86}$$

我们将判别函数进行归一化，使两类所有样本都满足 $|g(\boldsymbol{x})|\geqslant 1$，即使离分类面最近样本的 $|g(\boldsymbol{x})|=1$，这样分类间隔就等于 $2/\|\boldsymbol{w}\|$，因此使间隔最大等价于使 $\|\boldsymbol{w}\|$（或 $\|\boldsymbol{w}\|^2$）最小。而要求分类线对所有样本正确分类，就是要求它满足：

$$y_i(\boldsymbol{w}^{\mathrm{T}}\boldsymbol{x}_i+b)-1\geqslant 0,\quad i=1,2,\cdots,n \tag{13.87}$$

因此，满足上述条件且使$\| \boldsymbol{w} \|^2$最小的分类面就是最优分类面。通过两类样本中离分类面最近的点且平行于最优分类面的超平面H_1、H_2上的训练样本就是式（13.87）中使等号成立的那些样本，因为它们支撑了最优分类面，因此称它们为支持向量。

下面来看如何求最优分类面。根据上面的讨论，最优分类面问题可以表示成如下的约束优化问题，即在条件（13.87）的约束下，求函数：

$$\phi(\boldsymbol{w}) = \frac{1}{2}\| \boldsymbol{w} \|^2 = \frac{1}{2}(\boldsymbol{w}^{\mathrm{T}}\boldsymbol{w}) \tag{13.88}$$

的最小值。为此，可以定义如下的Lagrange函数：

$$L(\boldsymbol{w},\boldsymbol{\alpha},b) = \frac{1}{2}(\boldsymbol{w}^{\mathrm{T}}\boldsymbol{w}) - \sum_{i=1}^{n}\alpha_i[y_i(\boldsymbol{w}^{\mathrm{T}}\boldsymbol{x}_i + b) - 1] \tag{13.89}$$

其中，$\alpha_i > 0$为Lagrange系数，现在的问题是对$\boldsymbol{w}$和b求Lagrange函数的极小值。

把式（13.89）分别对$\boldsymbol{w}$和b求偏微分并令它们等于 0，就可以把原来的问题转化为如下较简单的对偶问题。在约束条件：

$$\sum_{i=1}^{n} y_i \alpha_i = 0 \tag{13.90a}$$

$$\alpha_i \geqslant 0, \quad i = 1,\cdots,n \tag{13.90b}$$

之下对α_i求解下列函数的最大值：

$$Q(\alpha) = \sum_{i=1}^{n}\alpha_i - \frac{1}{2}\sum_{i,j=1}^{n}\alpha_i\alpha_j y_i y_j(\boldsymbol{x}_i^{\mathrm{T}}\boldsymbol{x}_j) \tag{13.91}$$

若α_i^*为最优解，则

$$\boldsymbol{w}^* = \sum_{i=1}^{n}\alpha_i^* y_i \boldsymbol{x}_i \tag{13.92}$$

即最优分类面的权系数向量是训练样本向量的线性组合。

这是一个不等式约束下二次函数的极值问题，存在唯一解。根据 Karush-Kuhn-Tucker（KKT）条件，这个优化问题的解要满足：

$$\alpha_i(y_i(\boldsymbol{w}^{\mathrm{T}}\boldsymbol{x}_i + b) - 1) = 0, \quad i = 1,\cdots,n \tag{13.93}$$

因此，对多数样本α_i^*将为零，取值不为零的α_i^*对应于使式（13.87）等式成立的样本即支持向量，它们通常只是全体样本中的很少一部分。

求解上述问题后得到的最优分类函数是：

$$f(\boldsymbol{x}) = \mathrm{sgn}\{(\boldsymbol{w}^*)^{\mathrm{T}}\boldsymbol{x} + b^*\} = \mathrm{sgn}\{\boldsymbol{x}^{\mathrm{T}}\boldsymbol{w}^* + b^*\} = \mathrm{sgn}\left\{\sum_{i=1}^{n}\alpha_i^* y_i(\boldsymbol{x}_i^{\mathrm{T}}\boldsymbol{x}) + b^*\right\} \tag{13.94}$$

其中，sgn( )为符号函数。由于非支持向量对应的α_i均为 0，因此，式中的求和实际上只对支持向量进行。而b^*是分类的阈值，可以由任意一个支持向量用式（13.87）求得（因为支持向量满足其中的等式），或通过两类中任意一对支持向量取中值求得。

13.5.2 支持向量机

现实世界中并不都是线性可分的情况，图 13-17 是一个线性不可分的例子。图中圆形和三角形分别代表不同的类别，它们不可以通过直线来区分。

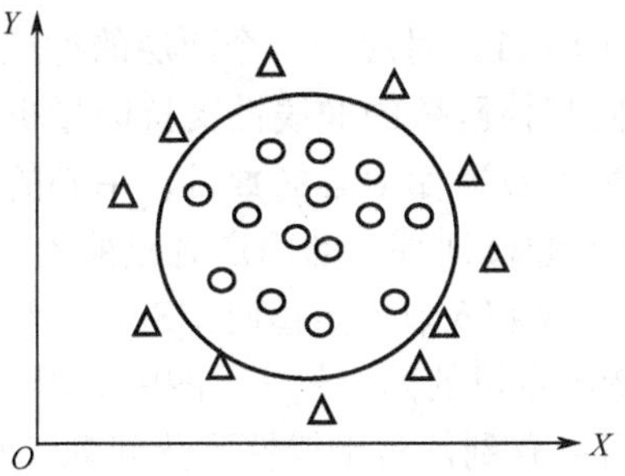

图 13-17 线性不可分的例子

线性可分的判别函数建立在欧氏距离的基础上，即 $K(\boldsymbol{x}_i,\boldsymbol{x}_j)=\boldsymbol{x}_i^{\mathrm{T}}\boldsymbol{x}_j$。对于非线性问题，可以把样本 $\boldsymbol{x}$ 映射到某个高维特征空间 H，并在 H 中使用线性分类器，即将 $\boldsymbol{x}$ 做变换 Φ：$R^d \to H$：

$$\boldsymbol{x} \to \Phi(\boldsymbol{x})=(\varphi_1(\boldsymbol{x}),\varphi_2(\boldsymbol{x}),\cdots,\varphi_i(\boldsymbol{x}),\cdots)^{\mathrm{T}} \tag{13.95}$$

其中 $\phi_i(\boldsymbol{x})$ 是实函数。

如果以特征向量 $\Phi(\boldsymbol{x})$ 代替输入向量 $\boldsymbol{x}$，则由式（13.91）和式（13.94）可以得到：

$$Q(\alpha)=\sum_{i=1}^{n}\alpha_i-\frac{1}{2}\sum_{i,j=1}^{n}\alpha_i\alpha_j y_i y_j[\Phi(\boldsymbol{x}_i)^{\mathrm{T}}\Phi(\boldsymbol{x}_j)] \tag{13.96}$$

$$f(\boldsymbol{x})=\mathrm{sgn}\{\Phi(\boldsymbol{x})^{\mathrm{T}}\boldsymbol{w}^*+b^*\}=\mathrm{sgn}\left\{\sum_{i=1}^{n}\alpha_i^* y_i[\Phi(\boldsymbol{x}_i)^{\mathrm{T}}\Phi(\boldsymbol{x})]+b^*\right\} \tag{13.97}$$

由此可知，不论是寻优函数（13.91）还是分类函数（13.94）都只涉及训练样本之间的内积 $\boldsymbol{x}_i^{\mathrm{T}}\boldsymbol{x}_j$。这样在高维空间实际上只需进行内积运算，而内积运算是可以用原空间的函数实现的，甚至没有必要知道变换的形式。根据泛函的有关理论，只要一种核函数 $K(\boldsymbol{x}_i,\boldsymbol{x}_j)$ 满足 Mercer 条件，它就对应某一内积。

在最优分类面中采用适当的内积函数 $K(\boldsymbol{x}_i,\boldsymbol{x}_j)$ 就可以实现某一非线性变换后的线性分类，而计算复杂度却没有增加，此时目标函数式（13.91）变为：

$$Q(\alpha)=\sum_{i=1}^{n}\alpha_i-\frac{1}{2}\sum_{i,j=1}^{n}\alpha_i\alpha_j y_i y_j K(\boldsymbol{x}_i,\boldsymbol{x}_j) \tag{13.98}$$

而相应的分类函数式（13.94）也变为：

$$f(\boldsymbol{x})=\mathrm{sgn}\left\{\sum_{i=1}^{n}\alpha_i^* y_i K(\boldsymbol{x}_i,\boldsymbol{x})+b^*\right\} \tag{13.99}$$

算法的其他条件均不变。这就是支持向量机。

支持向量机的基本思想可以概括为：首先通过非线性变换将输入空间变换到一个高维空间，然后在这个新空间中寻求最优分类面，而这种非线性变换是通过定义适当的内积函数来实现的。

13.5.3 核函数的选择

SVM 中不同的核函数将形成不同的算法。比较常用的核函数有式（13.9）、式（13.10）和式（13.11）。其中，式（13.9）对应的支持向量机在样本空间中的分界面为多项式曲线，式（13.10）

对应于高斯径向基分类器，式（13.11）对应于一个两层的神经网络分类器。与传统的高斯径向基分类器相比，使用高斯径向基核函数的非线性支持向量机不仅具有良好的泛化性能，而且能在训练过程中自动确定各种参数，如中心的数目、中心的位置、权值等。同样，当使用Sigmoid 核函数时，支持向量机也通过训练自动确定对应神经网络的结构（隐层节点数及相应权值）。需要指出的是，只有参数κ和δ取特定值时，Sigmoid 核函数才满足 Mercer 定理。

图 13-18 给出了非线性支持向量机的两个例子。图中的黑点和圆圈是两类目标，使用的核函数为$K(\boldsymbol{x},\boldsymbol{x}_i)=(\boldsymbol{x}^{\mathrm{T}}\boldsymbol{x}_i+1)^3$。可以看到，对于线性可分问题（左图），非线性支持向量机所得到的分界面仍是近似线性的，这表明分类器的容量得到了控制，而右图中的线性不可分问题则被正确地分开了。

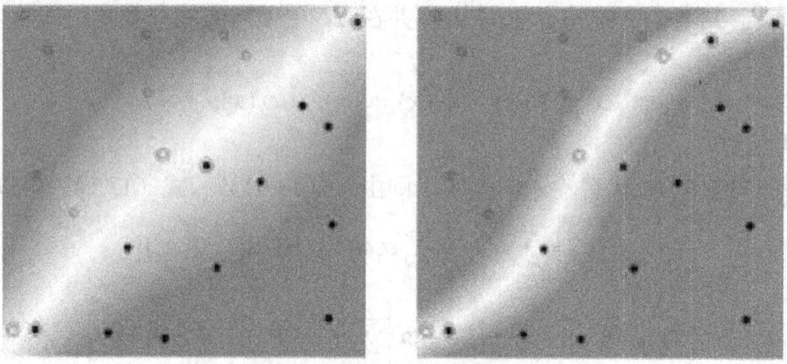

图 13-18　非线性支持向量机示例

13.6　分类器增强算法——AdaBoost

AdaBoost（Adaptive Boosting）算法是 Freund 和 Schapire 在 1995 年根据在线分配算法提出的，它是一种迭代算法，其核心思想是针对同一个训练集训练不同的分类器（弱分类器），然后把这些弱分类器集合起来，构成一个更强的最终分类器（强分类器）。其算法本身是通过改变数据分布来实现的，它根据每次训练集中每个样本的分类是否正确，以及上次的总体分类的准确率来确定每个样本的权值，通过权值的大小确定各个样本出现在新训练子集中的概率。将修改过权值的新数据集送给下层分类器进行训练，最后将每次训练得到的分类器融合起来，作为最后的决策分类器。

给定弱学习算法和训练集$\{(\boldsymbol{x}_1,y_1),(\boldsymbol{x}_2,y_2),\cdots,(\boldsymbol{x}_n,y_n)\}$，其中，$\boldsymbol{x}_i$是输入的训练样本向量，且$\boldsymbol{x}_i\in X$，$X$是训练样本集，$y_i$是分类的类别标志，对于两类区分问题，$y_i\in\{-1,+1\}$。初始化权值$D_1(\boldsymbol{x}_i)=\dfrac{1}{n},i=1,2,\cdots,n$，则 Adaboost 算法在第$t$（$t=1,2,\cdots,T$）步的过程如下所述。

步骤 1：根据权值D_t训练弱分类器。

步骤 2：得到预测函数h_t，$X\to\{-1,+1\}$。

步骤 3：求出该预测函数的错误率$\varepsilon_t=\sum_{i=1}^{n}D_t(\mathbf{x}_i)[h(\boldsymbol{x}_i)\neq y_i]$，若$\varepsilon_t>0.5$则转到步骤 1，否

则继续。

步骤 4：选择错误率最小的预测函数，令 $\alpha_t = \frac{1}{2}\ln\left(\frac{1-\varepsilon_t}{\varepsilon_t}\right)$，根据上述错误率更新权值。

$$D_{t+1}(\boldsymbol{x}_i) = \frac{D_t(\boldsymbol{x}_i)}{Z_t} \times \begin{cases} e^{-\alpha_t}, & 若h_t(\boldsymbol{x}_i) = y_i，则y_i h_t(\boldsymbol{x}_i) = +1 \\ e^{\alpha_t}, & 若h_t(\boldsymbol{x}_i) \neq y_i，则y_i h_t(\boldsymbol{x}_i) = -1 \end{cases}$$
$$= \frac{D_t(\boldsymbol{x}_i)\exp(-\alpha_t y_i h_t(\boldsymbol{x}_i))}{Z_t}$$

其中，Z_t 是使 $\sum_{i=1}^{n} D_{t+1}(\boldsymbol{x}_i) = 1$ 的归一化因子。

步骤 5：输出最终结果：$H(\boldsymbol{x}) = \text{sign}\left[\sum_{t=1}^{T} \alpha_t h_t(\boldsymbol{x})\right]$。

从 AdaBoost 算法的迭代过程可以看出，其核心思想是每一次迭代过程在当前的概率分布上找到一个具有最小错误率的弱分类器，然后调整概率分布，增大当前弱分类器分类错误样本的概率值，降低当前弱分类器分类正确样本的概率值，以突出分类错误的样本，使下一次迭代更加针对本次的不正确分类，即针对更“难”的样本，使得那些被错分的样本得到进一步重视。最终选取最具有分类意义的 T 个弱分类器，根据权值 α 合成一个强分类器。

小结

分类是图像识别系统中的最后一个环节，算法的好坏影响目标物分类识别的准确率。本章首先介绍了特征提取及特征数据的处理，并从应用的角度介绍了图像处理中的几种常用分类方法，包括传统的统计模式识别分类方法、基于人工智能的神经网络分类方法、基于核函数的支持向量机分类方法及 Adaboost 算法等。更多的有关分类识别的理论内容可以参阅模式识别方面的专业书籍。

习题

13-1　给定一幅图像，采用 SURF 作为局部特征描述子，编程提取该图像的特征袋表示。

13-2　给定特征向量为二维的两类样本，两类样本均值分别为（17，65）和（90，20），试计算垂直平分分类器的决策函数，写出决策规则，并在二维平面上画出决策面。

13-3　对于二维平面上的三类问题，假设有三类模式 c_1、c_2 和 c_3，每一类都可用简单的决策面和其他类分开，假设三个决策函数为：

$$g_1(\boldsymbol{x}) = -x_1 + x_2，\quad g_2(\boldsymbol{x}) = x_1 + x_2 - 5，\quad g_3(\boldsymbol{x}) = -x_2 + 1$$

则三个决策面为：

$$g_1(\boldsymbol{x}) = -x_1 + x_2 = 0，\quad g_2(\boldsymbol{x}) = x_1 + x_2 - 5 = 0，\quad g_3(\boldsymbol{x}) = -x_2 + 1 = 0$$

试在二维平面上画出决策面，并写出决策规则。

13-4　编程实现 BP 神经网络学习算法，并对模拟数据进行分类验证。

13-5　将 13-4 题中实现的 BP 神经网络作为基本分类器，编写 AdaBoost 算法，产生各个弱分类器，并将这些弱分类器集成为强分类器，实现神经网络的组合集成，并用模拟数据进行组合神经网络分类性能的验证。

第 14 章

工程应用系统案例分析

图像是人类获取和交换信息的主要来源，随着数字技术和数字计算机技术的飞速发展，数字图像处理技术已经发展成为一门独立的有强大生命力的学科，其应用领域十分广泛。本章根据课题组多年来的研究成果，凝练出几个有代表性的典型案例。这些案例将本书的各章内容贯穿起来，进一步加深读者对图像处理理论内容的理解，有望提高读者分析问题和解决问题的能力。

14.1 免疫细胞图像分析系统

血液中淋巴细胞的生物活性物质可直接反映体内一些疾病（如肿瘤、肝炎等）进展的程度与免疫状况的相互关系。免疫细胞在显微镜下的图像如图 14-1 所示，在背景中分布着若干个目标——椭圆状的细胞核，细胞核中包裹着核仁。细胞核仁组成银染区的程度能准确反映细胞中 rDNA 转录活性，是蛋白质合成功能的重要标志之一，其银染区的面积和积分光密度是检测细胞 rDNA 转录活性的极好指标。

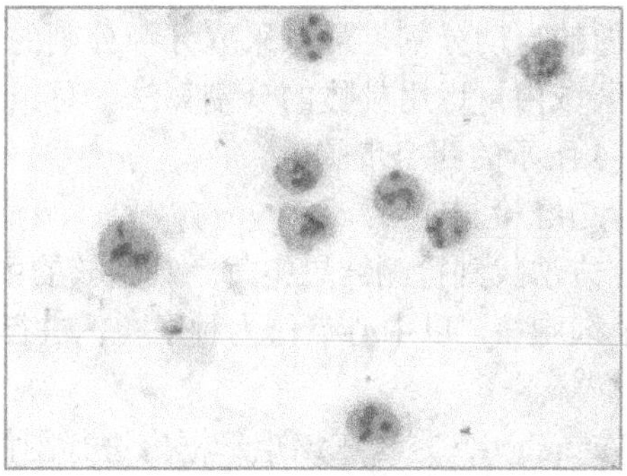

图 14-1　免疫细胞图像

传统对免疫细胞生物活性的分析是靠人眼来判读的，这种判读方式非常耗时，容易引起眼疲劳，且带有主观性，尤其对于没有经验的医师更容易引起误判。而免疫细胞图像分析系统可以解放医师的劳动，且分析具有客观可重复性，能够给社会带来巨大的财富。本节针对用特殊培养液进行培养后的人体外周血淋巴细胞图像，用图像分割算法自动提取出免疫细胞，并测量细胞核仁银染面积的相对值和积分光密度相对值，该值反映了机体免疫状态，为临床癌症的诊断、肿瘤病情的动态监测、鉴别诊断及治疗效果的评估提供一个简便可行的检测方法。

免疫细胞图像自动分析系统设备如图 14-2 所示，系统包含了硬件平台和软件处理模块。针对软件处理模块，其主要流程如图 14-3 所示。

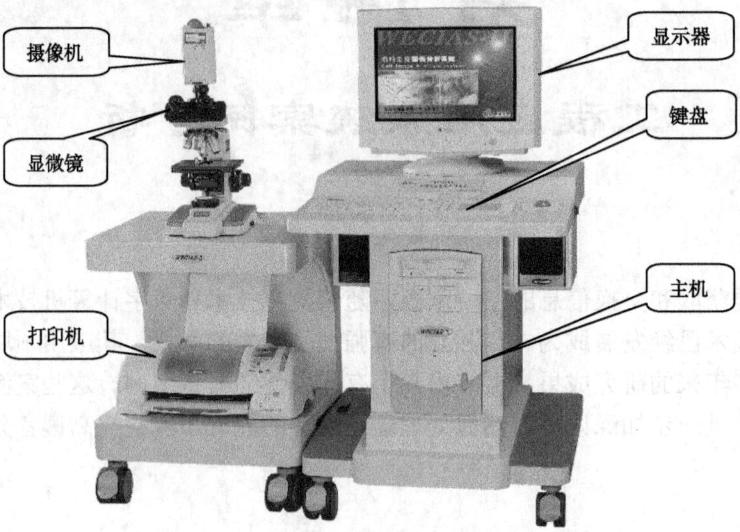

图 14-2　免疫细胞图像自动分析系统设备

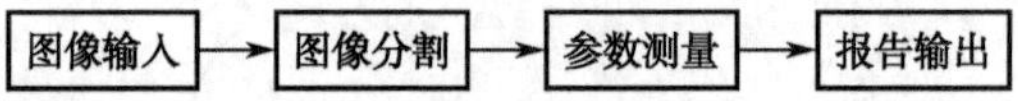

图 14-3　免疫细胞图像自动分析系统软件模块

14.1.1　图像的自动分割

在实际采集到的图像中还存在各种噪声，因此如果对一幅视野里的图像进行一次性整体分割，将会由于噪声的存在而很难得到满意的结果，自动分割也就无从谈起。为了降低分割的复杂性，实现免疫细胞图像的自动分割，可以采取分级分割的策略，即先定位找到背景中的目标，然后在细胞所在小区域内再运用具体的分割算法。总结起来，对免疫细胞图像的自动分割大致可以分为如图 14-4 所示的四个步骤。

步骤 1：对分割图像进行边缘检测。

步骤 2：用椭圆目标定位方法找到检测结果中每个细胞核的中心位置。

步骤 3：对于得到的每个细胞核，以中心点作为种子点，进行区域生长，用一个矩形框返回细胞核轮廓的大致位置。

步骤 4：用水域生长（Watershed）方法在该矩形框内进行图像分割。

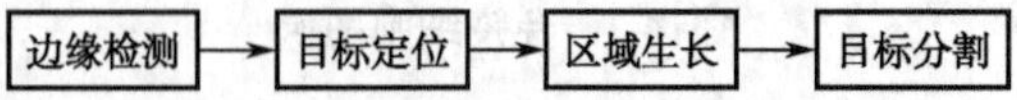

图 14-4　细胞图像自动分割流程图

14.1.2　目标定位

由 6.1.5 节可知，Hough 变换是一种检测、定位直线和解析曲线的有效方法，它把二值图变换到 Hough 参数空间，在参数空间用极值点的检测来完成目标的检测。由于细胞是一种类似椭圆形的目标，此处，我们采用改进的 Hough 变换来进行椭圆目标定位。

假设椭圆目标的半径小于等于 R，且其所在窗口大小为 $M \times M$，则建立一个同样大小的累加数组 T。从边缘点开始沿梯度切线方向（指向圆心）做一个有一定角度 α 并且半径大于 R 的扇形区，然后对扇形区内的点进行累加，并记录在累加数组 T 中，则 T 中对应椭圆圆心的区域就会有较高的值出现，这时只要对累加数组取阈值，大于阈值的位置就对应了目标的内部。图 14-5 说明了椭圆目标位置检测的全过程，从图中可以看出，对累加数组 T 取阈值后目标内部的一个点集被检测出来，这时通过质心计算求出这个点集的中心点，则这个中心点就对应了目标的中心位置。

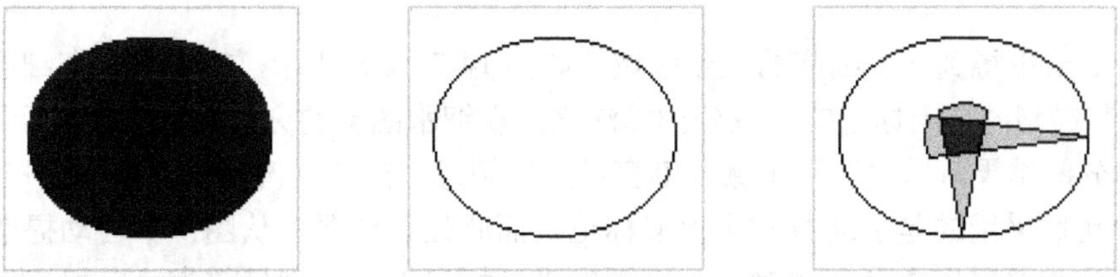

（a）原图　（b）边缘检测的结果　（c）从边缘点沿梯度方向作扇形

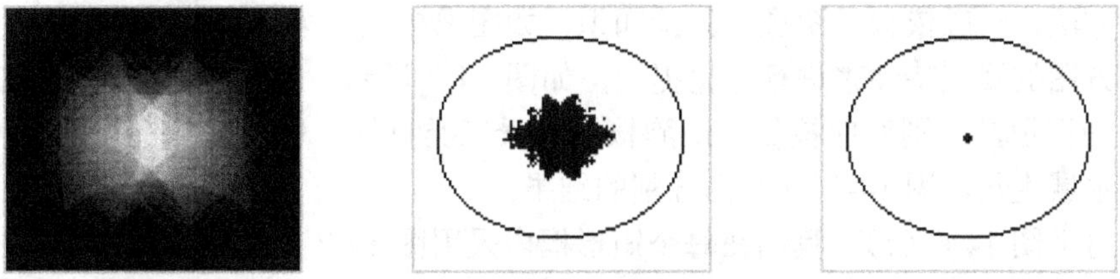

（d）累加器累加的结果　（e）对（d）取阈值并与（b）叠加　（f）计算中心点

图 14-5　椭圆目标的位置检测过程示意图

图 14-6 给出了实际对免疫细胞图像进行目标定位的过程。首先对图像进行边缘检测，得到各个细胞的轮廓。将细胞的轮廓看作椭圆目标，采用前面改进的 Hough 变换对累加数组进行累加，最后取阈值后的结果如图 14-6（c）所示。图 14-6（d）中的黑点即是最后计算出的细胞位置，从图中可以看出，由于细胞并不是规则的椭圆，最后确定的是细胞的大致位置。

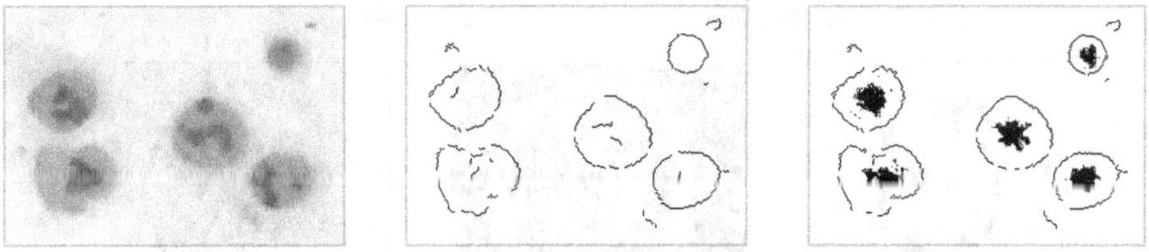

（a）原图　（b）边缘检测的结果　（c）目标定位并与（b）叠加的结果

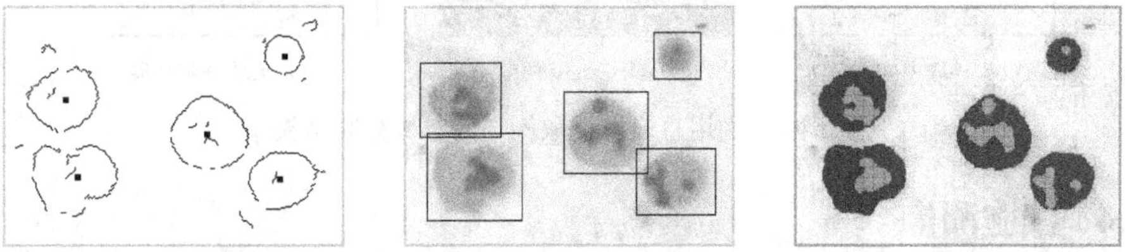

（d）计算目标中心点　（e）计算目标所在矩形框　（f）在矩形框内分割图像

图 14-6　免疫细胞图像目标定位过程示意图

以这些细胞中心位置像素作为种子点，通过区域生长的方式即可提取出细胞目标。然而，由于区域生长算法所产生的目标边界不够光滑，且当种子点位置变化时，所提取出的目标边界也存在变化，这将导致最后分割和测量结果的不一致性。因此，我们此处只是用区域生长算法来确定出细胞图像的大致区域，如图 14-6（e）中各个矩形框标出的区域。而在第 7 章中介绍的水域分割算法，其本质上是利用图像的区域特性来分割图像，它将边缘检测与区域生长的优点结合起来，能够得到单像素宽的、连通的、封闭的，并且位置准确的轮廓，恰好符合医学图像中对分割测量的一致性要求。因此，在细胞所在大致区域内，我们将采用水域分割算法实现细胞图像的分割。

14.1.3　细胞提取

从 14.1.2 节中得到一个细胞的大致区域，如图 14-7（a）所示，接下来，在细胞大致区域内采用 7.4 节提到的基于标记的水域分割算法来实现细胞图像的分割。由于目标标记的正确与否直接影响分割结果，所以利用水域分割变换进行图像分割的关键是标记提取。在图 7-48 的分割实例中我们采用的是手动方式来提取标记，而此处系统要求从图像中自动提取细胞并进行测量，因此需要采用自动方式对待分割图像进行标记提取。到目前为止，标记提取还没有一个统一的方法，一般依赖于图像的先验知识，如图像极值、平坦区域或纹理等。在本例中，我们采用直方图的峰值特性来进行标记提取，如图 14-7 所示。算法将直方图中的三个峰所对应的像素作为标记，分别对应核仁、细胞核及背景三类目标，以这些标记点作为种子，在梯度图上进行水域生长，图 14-7（e）为分割的结果。

同样，对于图 14-6（e），我们在每个矩形框内采用图 14-7 所示的水域分割算法，即可将细胞准确提取出来了，图 14-6（f）是图 14-6（a）最后的分割结果。

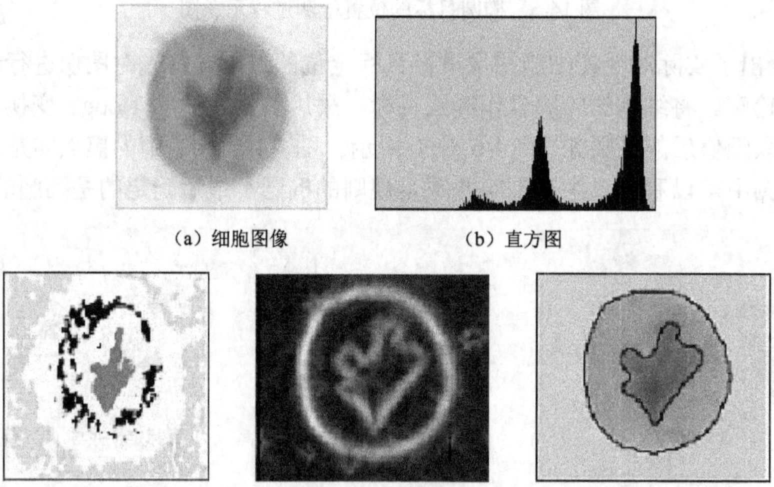

（a）细胞图像　　（b）直方图

（c）提取出的标记　　（d）Canny 梯度　　（e）水域分割结果

图 14-7　利用直方图提取标记的水域分割结果

14.1.4　细胞测量

完成图像分割后，接下来的工作就是测量细胞参数。由于免疫细胞化学的应用种类和目的的多样性，使得图像分析仪在组织细胞化学产物定量分析的应用中也有许多不同的形式。通常，在定量免疫细胞化学的研究工作中，人们关心的定量分析内容可分为：

（1）免疫细胞银染区域的面积大小及其细胞核区域大小的比率，目的是分析发生免疫细胞银染反应的阳性区域的大小和细胞核区域的比率。

（2）免疫细胞银染区域内的平均反应强度和细胞核的反应强度，目的是分析发生免疫细胞银染反应区域和细胞核内物质量的多少。

（3）免疫细胞银染反应综合评价指标，目的是综合分析免疫细胞银染区域和细胞核比率的大小。

在上述定量分析的内容中，使用了多种计算方法，各个计算公式得出的结果各有千秋，感兴趣的读者可以查阅相关文献，此处不详细讨论。而在这些公式在实际使用中，不但要针对具体的图像特点认真选择合适的算法，同时也要满足体视学的采样和测量要求。

14.2 皮肤镜图像分析系统

皮肤镜是一种观察活体皮肤表面以下微细结构和色素的无创性显微图像分析技术。它可以观察到表皮下部、乳头层和真皮层等肉眼不可见的影像结构与特征，这些特征与皮肤组织病理学的变化有着特殊和相对明确的对应关系，根据这些对应关系确定了皮肤镜诊断的敏感度、特异性与临床意义。目前，医学工作者大多数仍然依靠人眼观察来进行皮肤肿瘤的诊断，诊断的准确率依赖于医生的经验，而且人眼缺少精确性、重复性，对病情的量化也没有统一的指标，而这些对于临床病灶的精确诊断是非常重要的。

皮肤镜下采集到的图像如图 14-8 所示。皮肤镜图像自动分析系统可以对图 14-8 所示的病变组织自动提取、智能识别，具有定量分析、定量测量等功能，减少医务工作人员诊断的主观性。同时，可以在定量分析结束后自动生成并打印分析诊断结果，10～20min 内即可形成诊断报告，便于医生及时诊断，给医生正确发现和诊断病灶提供了极大的便利，从而大幅提高皮肤恶性肿瘤的早期诊断率。

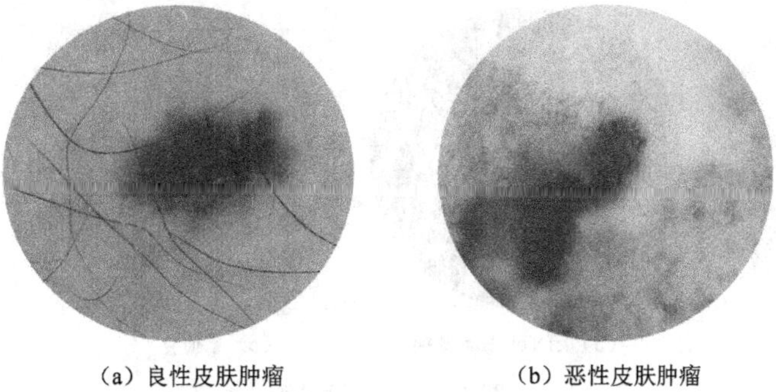

（a）良性皮肤肿瘤　　（b）恶性皮肤肿瘤

图 14-8　两个皮肤镜图像

皮肤镜图像分析系统的整体框图如图 14-9 所示，其中图像处理部分主要包括预处理、图像分割、特征提取和分类识别等几部分，本节主要介绍这几个部分的关键技术。

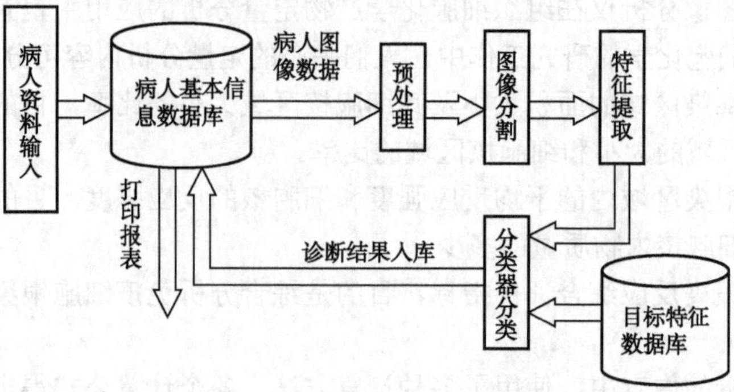

图 14-9　皮肤镜图像分析系统整体框图

14.2.1　皮肤镜图像的预处理

人体存在毛发，如图 14-8（a）所示，毛发的存在影响后续图像分割结果，从而会导致错误的诊断分类，因此，需要通过预处理步骤将毛发检测出来，并恢复出毛发遮挡部位的信息。我们将毛发遮挡信息的恢复问题归结为两个子问题来解决，先根据线特征提取出毛发，然后运用图像修复技术恢复出被遮挡部位的纹理。

1. 毛发的检测

由于在皮肤镜图像中毛发的亮度值较周围像素要暗，恰好可以看作波谷信号，因此，我们采用 7.3.5 节闭 Top-Hat 变换（波谷检测器）在灰度域上对毛发图像进行增强。图 14-10（b）是对图 14-10（a）做波谷检测的结果，可以看出，弱毛发和强毛发一起被凸显出来，毛发区域与其他非毛发像素间的对比度大大提高了。

毛发被增强后变成图像中的高亮区，对其二值化后可得图 14-10（c）所示的结果，可以看出，图像中的毛发连同一些其他噪声都被检测出来了。由于图像中的其他噪声要比毛发目标所占面积小得多，因此可以根据区域面积大小对图 14-10（c）进行滤波，14-10（d）是滤波后得到的最终毛发目标。

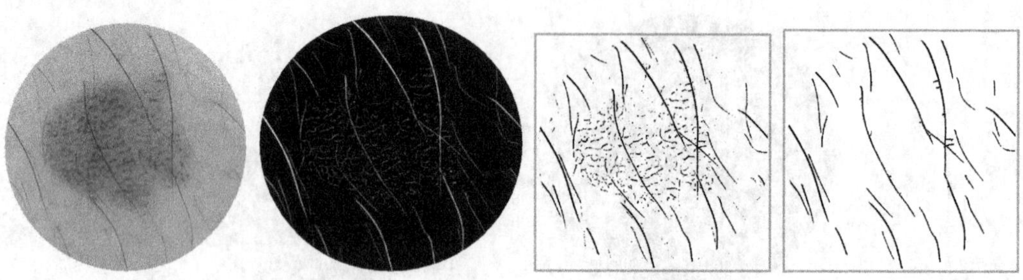

（a）原图　（b）闭 Top-Hat 变换　（c）二值化　（d）滤波结果

图 14-10　毛发检测

2. 毛发遮挡信息的修复

毛发的存在影响皮肤黑素瘤图像的正确分割与病情诊断。对于皮肤黑素瘤的分析而言，当毛发被检测出来后，可以采取拒绝毛发纹理参与计算的方式来提高诊断的准确性，而对于图像分割，尤其是利用空间特征的分割算法，则需要通过修复毛发遮挡部位的纹理来提高图像分割的准确性。

目前，大部分图像修复模型是以偏微分方程（PDE）或变分法为工具。在 PDE 方法中，图像的几何特征通过像素间的差分实现扩散，具有很好的线性特征保持性能，对于小尺度目标区域的修复效果较好。而毛发是细长的曲线，对于曲线上的每一个局部区域，都可以看作一个小尺度目标，恰好符合 PDE 这种特点，因此，我们选择基于 PDE 的修复技术来修复毛发遮挡部位的信息。

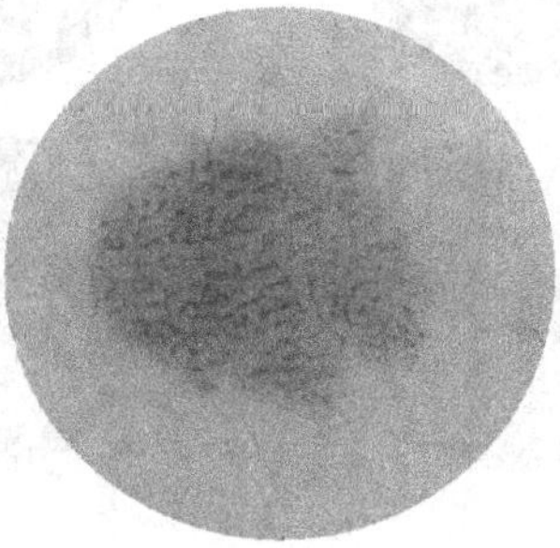

图 14-11 采用 PDE 方法对图 14-10（a）修复的结果

14.2.2 皮肤镜图像的分割

图像分割是自动分析皮肤肿瘤的关键技术之一，然而，如图 14-12 所示，对于皮肤肿瘤图像，无论是良性病变还是恶性病变，常常没有规则的边界和形状，也没有统一的颜色，加之经常有毛发存在，因此皮肤黑色素细胞瘤图像的自动分割是一项非常有挑战性的工作。

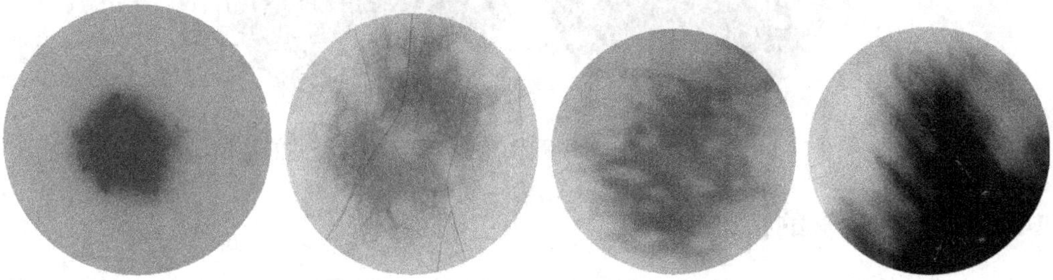

图 14-12 皮肤肿瘤的复杂性

用在皮肤肿瘤图像上的分割算法有很多种，如 K-均值、模糊 C 均值、统计区域融合（SRM）、Mean-Shift 和自生成神经网络（SGNN）等，图 14-13 是采用 K-均值、模糊 C 均值、改进 SGNN 方法对皮肤肿瘤进行聚类分割的一组实例。

聚类算法将皮肤镜图像聚为若干个子区，对于多于两个子区的情况（图 14-13 的后面两行），需要将各个子区合并成目标和背景两部分。由于皮肤镜图像中正常的背景皮肤通常位于图像的外边缘区域，且亮度要比皮损目标区域高，根据这个特点，很容易将图 14-13 中的各个聚类子区合并成目标和背景两部分，图 14-14 是对图 14-13（d）进行子区合并的结果。

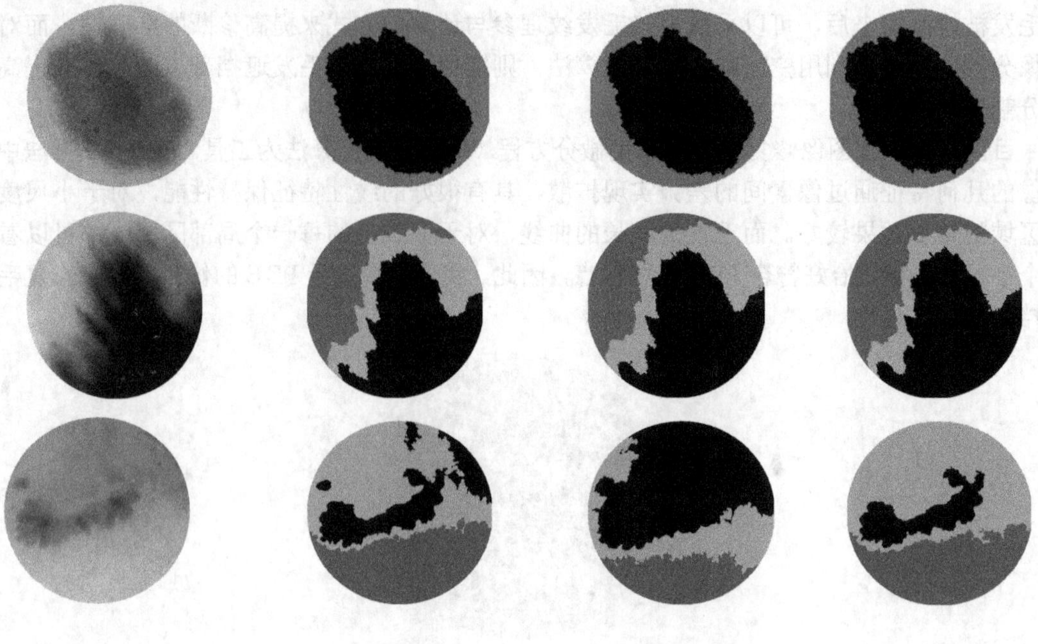

（a）原图　（b）K-均值　（c）模糊 C 均值　（d）改进 SGNN

图 14-13　几种聚类算法对皮肤镜图像的分割实例

图 14-14　对图 14-13（d）所示的三类子区进行合并的结果

14.2.3　皮损目标的特征提取

皮肤肿瘤具有颜色和纹理特征，在临床诊断上医生主要是靠病变部位的颜色、纹理、形态和结构等特征进行判断的。尽管不同类型的皮肤恶性病变具有不同的诊断标准，但总体而言，恶性肿瘤的皮损区域一般颜色多样、形状和纹理不规则、边界模糊，而良性皮损则颜色单一、纹理规则、边界清晰、形状呈对称性。

提取有效特征是目标成功分类和识别的关键。在计算机辅助诊断系统中，对于皮损目标的特征描述和提取主要是以人工诊断标准为参考依据的。一般用于描述皮肤肿瘤目标的特征主要有以下几点。

（1）颜色特征：如颜色均值和方差、三维直方图颜色数、LUV 直方图距离等。

（2）纹理特征：灰度共生矩阵及一些统计特征。

（3）形状特征：目标的纵横比、不对称性、椭圆圆度、饱和度、边界不规则性、过渡区凹陷度等。

以上特征描述可能会包含几十甚至上百个特征。特征过多会因引入噪声特征而导致识别率降低，对于维数过高的情况一些算法也会计算能力下降。如果从中选出少量非常有用的特征作为特征子集，一些非常简单的分类器也能获得很好的效果。因此，特征选择对于提高分类效率是非常重要的。

特征选择的任务是从一组数量为D的特征中选出数量为d（$D>d$）的一组最优特征，为此，有两个问题需要解决，一是选择的标准，这个问题可以用类别可分离性判据来解决；另一个问题就是要找一个较好的算法，以便在允许的时间内找出最优的那组特征，该问题可以由搜索算法（如遗传算法）来解决。

以上特征经过选择后，得出一组最优的特征，将这一组特征作为特征向量，输入分类器，即可进行皮肤肿瘤的分类识别。

14.2.4 皮损目标的分类识别

分类器模型的选择同样影响分类准确率。目前，K 近邻、支持向量机（SVM）和神经网络等分类方法是用来做黑素细胞瘤图像分类识别的常用方法。此处，我们采用 13.4.4 节介绍的组合神经网络分类器模型对皮损目标进行分类，图 14-15 是我们设计的组合神经网络模型。采用 AdaBoost 算法生成单一 BP 神经网络，将这些单一神经网络作为子网，按照图 14-15 的结构组合起来，即是组合神经网络。对于组合神经网络的结论输出，采用遗传算法和神经网络学习算法对各个子网的输出权重进行优化和学习，最后的决策为各子网组合输出的结果。实验结果显示，该分类器模型能够对皮损目标进行有效分类。

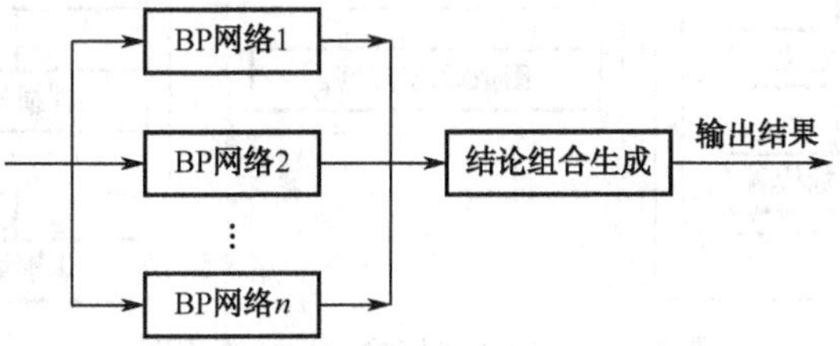

图 14-15 组合 BP 神经网络模型

14.3 铁路扣件损伤检测系统

对铁路扣件进行缺陷检测是保证铁路安全运行的重要手段。采用人工对铁路扣件进行安全检查是目前铁路巡检的主要方式，这种方式效率低、检测结果受天气、人员工作状况等影响大。利用图像处理技术，开发自动高效的铁路扣件损伤检测系统可以有效解决人工巡检所带来的问题。因此，本节针对有砟铁路轨道图像进行扣件损伤状态的检测识别。

图 14-16 是三幅不同亮度的铁轨图像，其中白色椭圆区域是损伤或有污物覆盖的扣件。扣件的损伤或缺失严重影响铁路运营的安全，需要通过扣件损伤检测系统将损伤扣件从图像中检测出来。从图中可以看出，图像不仅存在明暗变化，还存在石子、油污、异物覆盖等问题，为扣件损伤检测带来了难度。根据图像特点，我们设计的扣件损伤检测系统主要包括图像数

据的获取模块、扣件目标的检测模块、扣件目标图像的对比度增强模块和扣件损伤状态的识别模块等几个部分，其流程图如图 14-17 所示。

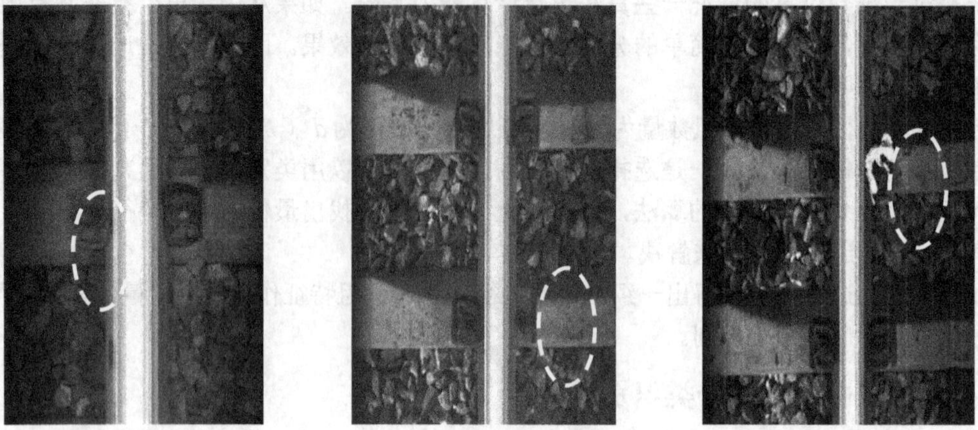

（a）扣件损伤情况　　（b）扣件缺失情况　　（c）扣件被覆盖情况

图 14-16　有砟轨道的铁轨图像

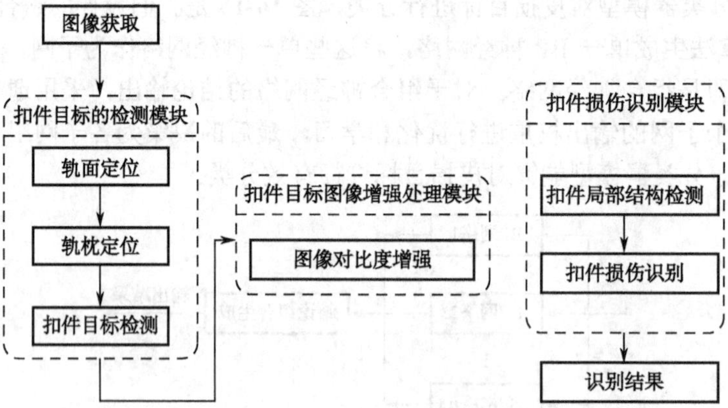

图 14-17　扣件损伤检测系统流程图

14.3.1　轨面定位

铁轨轨面定位是整个算法的第一步，也是后续方法的基础。在图像中，铁轨一般位于中间区域，但由于不同列车的摄像机安装角度和高度有所不同，以及图像在采集过程中受到列车颠簸的影响，会使铁轨在图像中的位置有所偏差。另一方面，在铁路道岔区，铁轨轨面的位置变化较大，所以对铁轨轨面位置一般不通过设定经验值的方法来直接定位。由于在整个图像中，铁轨的特征比较明显并且与周围纹理差别较大，主要表现为：

（1）在灰度上显示为亮色；

（2）在梯度上由于比较光滑，梯度信息小。

因此，利用梯度和灰度信息加权的方式即可定位出轨枕的位置，图 14-18 箭头指向的白色线即为定位到的轨面边界。

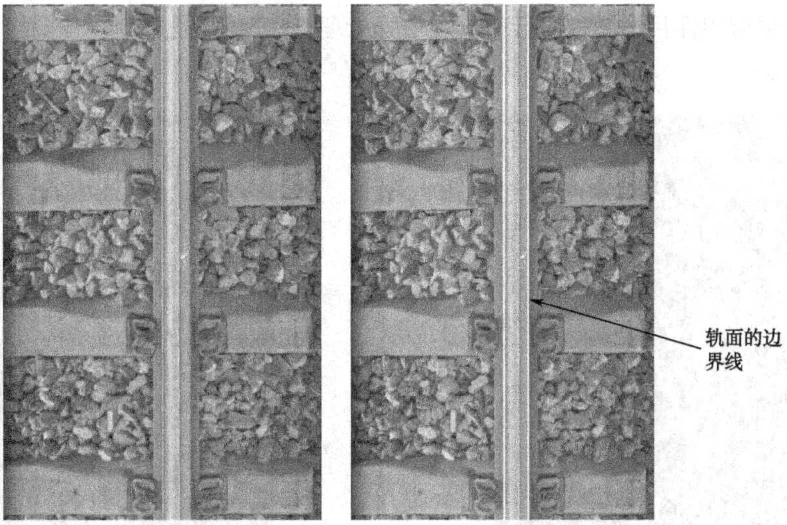

（a）原图　　（b）轨面定位

图 14-18　轨面定位示意图

14.3.2　轨枕定位

从有砟轨道图像中我们可以看到，石砟主要分布在轨枕之间的区域，即道砟区，轨枕区域除亮度有变化外，很少有石碴的干扰。轨枕区域与道砟区相比，在灰度和梯度上有所差别：

（1）轨枕上的灰度要比道砟区亮；

（2）当我们对图像取纵轴方向的梯度时，由于道砟区域粒子的干扰，边缘梯度信息变化大，而轨枕位置的梯度变化小。

因此，轨枕的定位方法与铁轨轨面的定位方法类似，主要也是利用梯度和灰度的加权信息来进行定位。与铁轨轨面定位有所不同的是，铁轨轨面的定位只是在图像中找到最小值所对应的区域即可求出轨面位置，而在图像中轨枕的数量一般为 2～4 个不等，并且轨枕位置在不同图像中的分布也呈现随机性。针对这种情况，如果通过求图像最小值点的方法只能找出一个轨枕的位置，同时，由于轨枕个数是不确定的数，所以也不能通过查找固定数量的极小值点来定位所有轨枕。因此这里采用按一定步长对单幅图像进行纵向搜索的方法来提取梯度和灰度加权极小值位置，从而确定所有轨枕的位置，图 14-19 给出了轨枕定位示意图。

14.3.3　扣件目标检测

扣件位于轨枕之上，且分布在轨面两侧，当准确定位出轨面和轨枕后，也就确定了扣件所在的大致区域，如图 14-20（a）所示的矩形框。在这个大致区域内，采用基于特征的匹配方法进行细搜索，即可确定出扣件的具体位置，如图 14-20（b）中的矩形框所示。

14.3.4　扣件区域增强

受环境因素、光照变化等的影响，采集到的铁路扣件目标图像会出现明暗度不同，如图 14-16 所示。另一方面，由于扣件区域反射率相对比较低的原因，造成扣件目标区域的亮度比较灰暗，导致扣件区域的一些细节无法很好辨识，影响了识别的准确性。因此，在进行扣件识别之前需要对扣件目标图像进行对比度增强处理，图 14-21 是采用直方图均衡算法对扣件进行增强的实例。

（a）原图

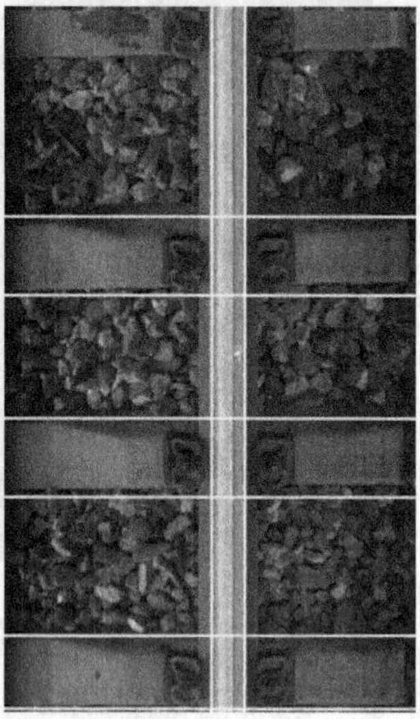

（b）轨枕定位

图 14-19　轨枕定位示意图

（a）扣件所在区域

（b）最后的扣件定位

图 14-20　扣件定位示意图

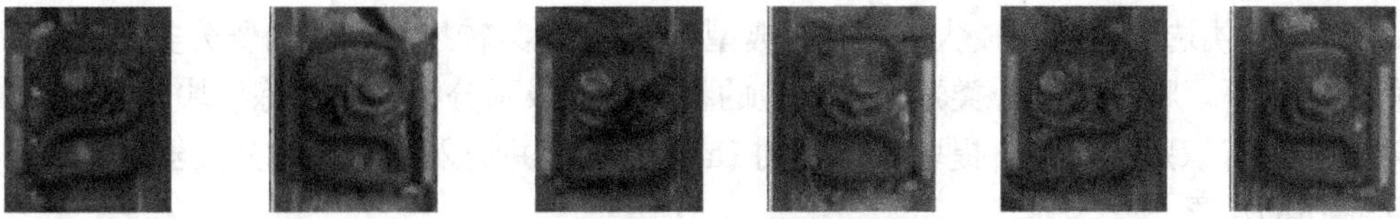

（a）从图 14-20（b）所示位置截取的扣件目标

（b）直方图均衡的结果

图 14-21　扣件目标对比度增强

14.3.5　扣件目标特征提取

Haar 特征因类似于 Haar 小波而得名，也称为矩形特征，它对一些简单的边缘、线段结构比较敏感，同时能够描述特定走向（水平、垂直、对角）的结构，因此，对于图像中具有明显边缘、线条特征的图像具有较好识别性。Haar 特征分为三类：边缘特征、线性特征、中心特征和对角线特征，组合成特征模板，如图 14-22 所示。特征模板内有白色和黑色两种矩形，并定义该模板的特征值为白色矩形像素和减去黑色矩形像素和。

（a）　（b）　（c）　（d）　（e）

图 14-22　Haar 特征模板

我们将正常扣件作为正样本（如图 14-23 所示），将损伤扣件或非扣件区域作为负样本（如图 14-24 所示）。对这些正负样本提取 Haar 特征，训练分类器，并进行分类识别。

图 14-23　扣件正样本

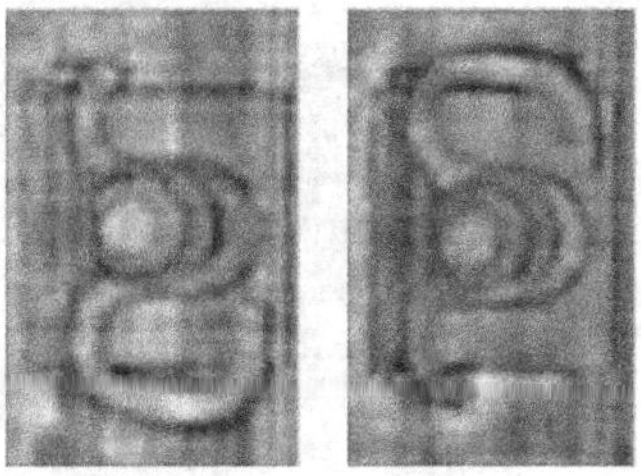

图 14-24　扣件负样本

14.3.6　扣件目标损伤状态识别

我们在 13.6 节介绍了 AdaBoost 算法原理。AdaBoost 是一种高效的多分类器融合算法，在模式识别、函数逼近、数据挖掘和非线性系统控制等领域中均得到了很好的应用。正是由于 AdaBoost 的优越性能，当检测到扣件目标后，我们采用 AdaBoost 算法进行扣件的损伤识别。

首先采集足够多的正负样本，对这些样本提取 Haar 特征。然后利用 AdaBoost 算法从大量的 Haar 特征中挑选出贡献比较大的特征（典型特征），将其转换成对应的弱分类器。最后在给定阈值的条件下，将这些弱分类器通过一定的权重组合成强分类器。训练模块设计如图 14-25 示。对于一个待识别的扣件，提取该扣件的 Haar 特征，并送入训练好的分类器，即可得到扣件是否损伤的结果。

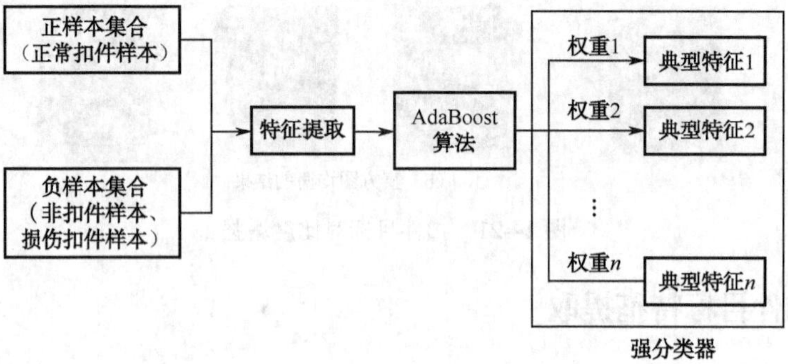

图 14-25　基于 AdaBoost 的扣件训练模块设计图

14.4　交通监控车牌识别系统

随着交通压力的急剧增大，我国交通拥堵和交通事故成为了困扰我国道路交通尤其是城市交通的突出难题。近年来，随着计算机技术、通信技术和计算机网络技术的发展，自动化的信息处理技术水平不断提高，人们把目光聚焦到了道路交通运输系统管理和监控技术的开发上。因此，构建高效、安全、现代化的智能化交通管理系统已成为目前交通管理系统的迫切要求。车牌作为汽车的标识具有唯一性，通过车牌可以确定车辆的其他相关信息（如车辆种类、车主等），所以汽车牌照自动识别系统（LPR）作为智能交通管理系统（见图 14-26）的重要组成部分，在交通、治安、管理等方面有着广泛的应用。

图 14-26　智能交通管理系统

汽车牌照自动识别系统（LPR）主要由车牌检测（或车牌定位）与字符识别两大部分组成。根据应用环境的不同，需加入适当的预处理算法，系统流程如图 14-27 所示。

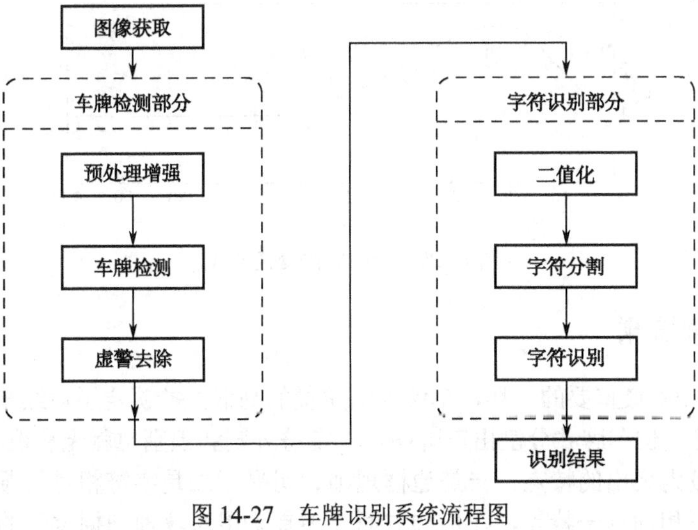

图 14-27　车牌识别系统流程图

随着目标检测与文字识别技术的不断发展，算法主流从最初的基于规则的人为设定阈值方法逐步发展为如今较为主流的基于机器学习的方法。相对于前者，利用机器学习方法构建的分类器有更高的检测效率，对外界环境的变化适应性更好，对目标旋转、模糊等畸变有更强的鲁棒性。我国境内车牌样式较多，如蓝底白字、黄底黑字、白底黑字等，针对不同的车牌，整个检测识别过程在细节上有一些差别，但主要流程一致。下面以最为常见的蓝底白字车牌为例，对检测与识别过程进行介绍。

14.4.1　预处理增强

预处理效果的好坏将直接影响整个系统的表现。针对不同的使用环境，适当加入去噪、增强、平滑、畸变校正等图像处理方法才能取得良好的使用效果。如图 14-28（a）所示，对于复杂的拍摄环境，车牌区域经常会比较暗，需要在车牌检测之前进行对比度增强。相比于车身区域，车牌区域的字符和背景是有明显对比的，因此我们采用一种基于邻域方差的对比度拉伸算法来突出感兴趣的车牌区域。其主要思想为：对图像中的每一点，计算其 $N \times N$ 邻域的方差，对方差在 20 左右的点进行对比度大幅拉伸，而其他区域做较小改变或不改变，变换曲线如图 14-29 所示，横坐标为 $N \times N$ 邻域的方差，纵坐标为对应的拉伸倍数，实际增强效果如图 14-28（c）所示。

（a）原图

（b）增强后

图 14-28　基于邻域方差方法的增强效果

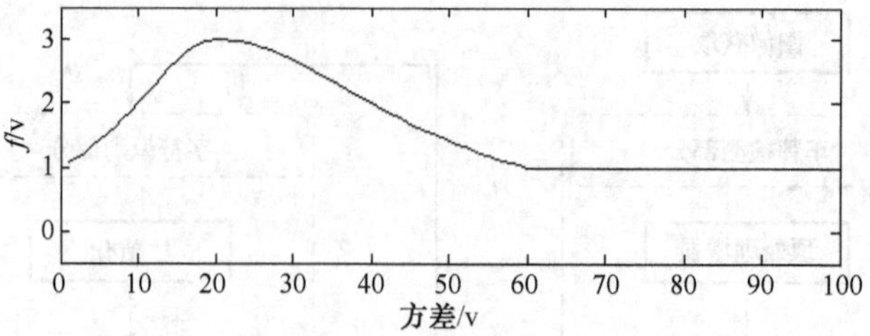

图 14-29　增强算法变换曲线

14.4.2　车牌检测

车牌检测是 LPR 最重要的一环，车牌检测质量的高低直接决定了后续车牌识别效果的好坏，如果无法准确定位车牌并分割出车牌图像，字符分割和识别也就无从谈起。

车牌有两个较为突出的特点，一是边框规则、明显，二是字符相对位置固定。考虑到每个车牌的字符都不相同这一特点，在检测方面，不宜采用对纹理把握过强的特征，而应采用对目标区域统计特性描述较好的特征。这里，我们采用对线条及统计特征均能有效描述的 Haar 特征。根据车牌特点，我们设计的 Haar 特征模板及其与车牌的对应关系如图 14-30 所示。

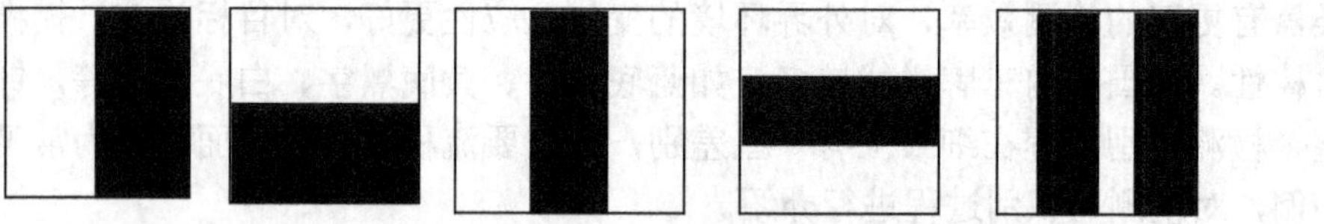

（a）用于描述车牌的Haar特征模板

（b）与车牌的对应关系

图 14-30　Haar 特征模板及其与车牌的对应关系

与 14.3 节铁轨扣件识别一样，我们采用 Adaboost 方法构建分类器。Adaboost 是一种弱分类器提升算法，它通过利用给定的正负样本反复训练，在大量候选分类器中选出对目标分类效果最好的若干个分类器，按照一定顺序排列，加权组合构成最终的分类器。如表 14-1 所示，将带有边框的车牌作为正样本，其他不包含车牌或包含部分车牌的区域作为负样本。

表 14-1　正负样本举例

正样本举例					
负样本举例					

Haar 特征的计算及 Adaboost 分类器的训练过程在 14.3 节已介绍，此处不再赘述。 用训

练好的分类器对输入图像中可能出现车牌的区域进行遍历搜索。一般来讲，如果在车牌检测之前先进行了道路分割、车辆检测等步骤，则可以只在道路上或者有车辆的区域进行遍历，以缩小遍历范围，提高检测效率；否则，需要进行全图遍历。图 14-31 是对两部车辆进行车牌检测的实例。从图中可以看出，除了真正的车牌被检测出来外，有些假的区域也当作车牌被检测出来了，因此，接下来需要对虚警目标进行去除，进而对真正的车牌进行字符识别。

（a）原始图像

（b）检测结果

图 14-31　车牌检测实例，白色边框即是检测的结果

14.4.3　虚警去除

我们需要去除假的车牌目标，并对车牌字符部分进行精确定位。图 14-32（a）所示是两种车牌安装的主要方式，它们在车牌边框部位有较大的差异，将为精确定位规则的设定带来困难，需要算法具有较强的鲁棒性。因此我们将梯度算子和投影算法结合起来进行字符的准确定位，同时去除“假”车牌，即虚警去除。

首先，如图 14-32 所示，我们在计算水平投影之前先采用 Sobel 算子在垂直方向进行微分，以消除左右边框对投影结果的影响；同理，在计算垂直投影之前做一次水平方向的微分处理，以去除上下边框对投影结果的影响。

然后，去除虚假目标。车牌的水平投影有着很强的峰-谷交替的特点，这是去除假牌的主要依据。在图像的中间位置用一条直线对投影进行扫描，如图 14-32（c）所示，扫描线将经历多次“黑-白”或“白-黑”的变化，一般而言，若该区域为车牌，扫描线经历的总变化次数应超过 10 次，而虚警区域很难达到这一次数。经过如上的后判条件，可以去除大部分虚警。

最后，我们对通过后判条件的车牌进行字符的精确定位，通过由两边向中间的扫描方式，对垂直/水平投影进行扫描，当某处投影值大于等于某一给定阈值时，确定此处为文字的边界，如图 14-33 所示的白色边框即是精确定位的区域。

（a）两种车牌安装方式

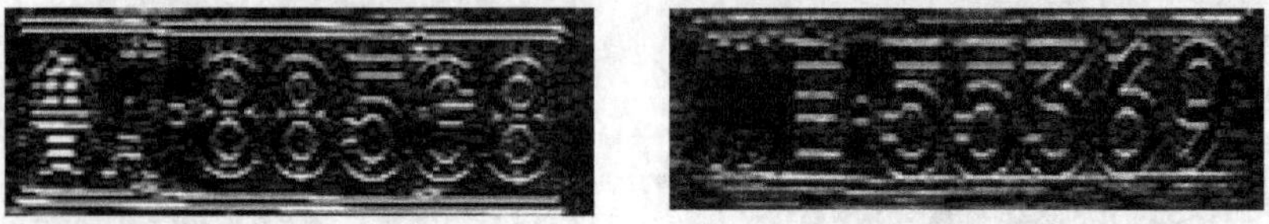

（b）竖直方向微分

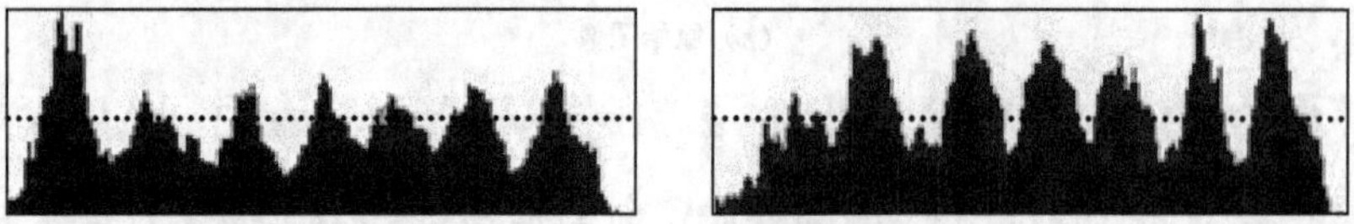

（c）竖直方向微分的水平投影

（d）水平方向微分

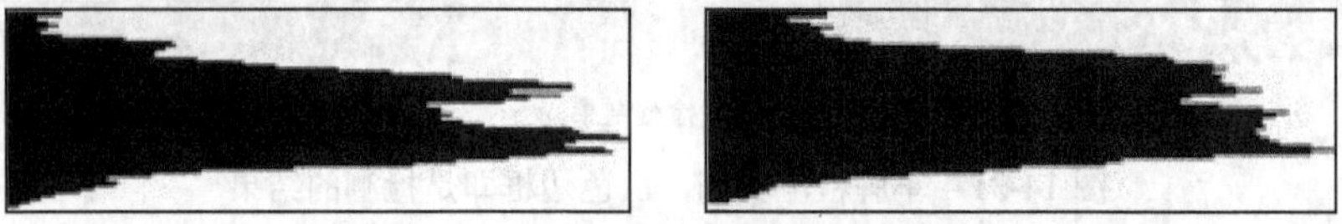

（e）水平方向微分的垂直投影

图 14-32　两种车牌安装方式及其在水平和垂直方向微分的投影

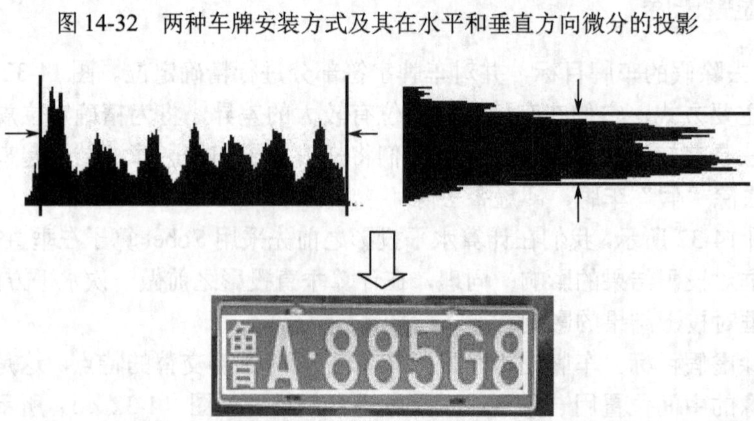

图 14-33　根据投影计算对字符区域进行精确定位

14.4.4　字符分割

对车牌字符位置进行精确定位之后，接下来要对字符区域进行分割，并将每个字符单独提取出来，分割流程如图 14-34 所示。首先要对字符区域进行二值化处理，这里采用应用最为广泛的大津阈值法，然后将二值化图像的水平方向投影信息看作一条曲线，分别按照从左到右、从右到左的次序进行扫描，寻找曲线低于某一高度的谷值，如图 14-34（b）所示，从左到右的扫描找到的位置即为字符的左边缘，而从右向左的扫描得到的是字符的右边缘，根据搜索到的字符左边缘和右边缘的位置关系确定字符区域，进而提取出每个字符，图 14-34（c）是最后的分割结果。

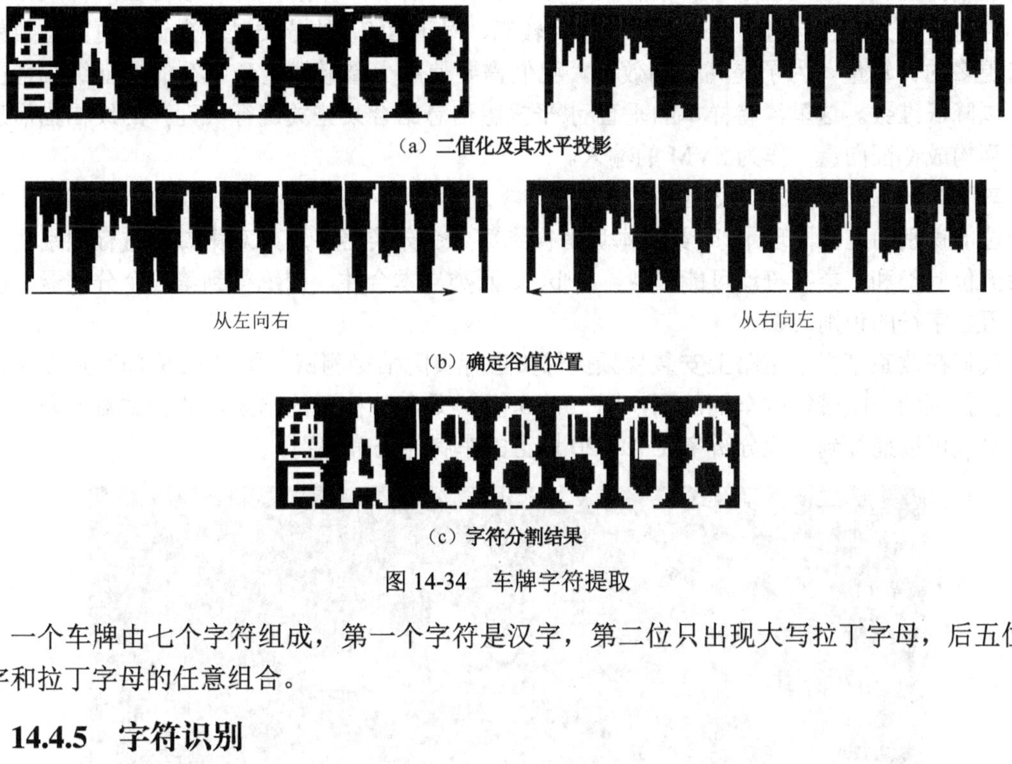

（a）二值化及其水平投影

（b）确定谷值位置

（c）字符分割结果

图 14-34　车牌字符提取

一个车牌由七个字符组成，第一个字符是汉字，第二位只出现大写拉丁字母，后五位为数字和拉丁字母的任意组合。

14.4.5　字符识别

我们采用支持向量机（SVM）作为分类器对字符进行识别，SVM 是一种有效的数据分类机器学习方法，主要解决非线性和高维模式识别问题，可有效解决两类以上分类问题，具有使用简单、分类速度快、对小样本集群有着明显优势等特点，这也是使用 SVM 做字符识别的原因。有关 SVM 的基本原理我们在 13.5 节已经介绍，此处不再赘述。

首先要采集足够的样本，如表 14-2 所示，我们将样本分为三类：文字、拉丁字母和阿拉伯数字。

表 14-2　样本分类

a类							

续表

b类	P	A	B	G	Q	N	Z
c类	0	3	2	4	5	7	3

确定样本之后，要将样本转化为SVM的输入形式。SVM处理的是高维特征向量，因此，字符识别的主要问题是提取字符的特征。如果将样本的每个像素作为一维特征，构成特征向量不失为一种方法。但这样一来，特征维数较高，对于SVM的分类过程来说，更高维数就意味着更多的计算量。为了提高识别效率，我们需要使用少量最能区分字符的特征组成特征向量，以降低维数。这里，将样本的垂直/水平投影信息结合某些关键行（列）的线扫描信息顺次排列构成特征向量，作为SVM的输入。

车牌第一位必为汉字，我们可以用a类样本进行训练，得到第一个分类器，专门用来解决第一位的识别问题；同理用 b 类样本训练得到第二个分类器，用来对第二位进行识别；考虑到后五位b类和c类字符均可能出现，将b、c两类样本合并，训练得到第三个分类器，以解决后五位字符的识别问题。

我们在北京某主干道路上安装视频摄像头进行实际拍摄测试。图 14-35（a）是在天桥上实际拍摄到的一帧带行驶车辆的图，图 14-35（b）是车牌检测的结果，从测试数据来看，采用本系统可以捕捉到图像分辨率在70×20以上的车牌并正确识别。

原图

图14-35　高峰时段的交通图

检测结果

图 14-35 高峰时段的交通图（续）

一般来说，车辆越少，路况越好，检测和识别的准确率就越高。图 14-36 是从视频监控中截取的另外两帧图像及其车牌检测识别结果，可以看出，车牌位置被准确标识出来。

图 14-36 车辆较少时车牌检测识别的实例

以上几节讲述了交通监控中整个车牌检测和识别的系统流程，该车牌检测与识别系统是一种综合考虑识别效果、系统鲁棒性及算法速度的折中方案，适合工程应用。针对某一特定环境，适当调整训练参数，本系统车牌检测率可达到 90%以上，平均虚警小于 1 个/正检，字符识别部分正确率可保证在 92%以上。针对不同应用环境进行调整，系统运行速度有能力达到百毫秒以内的实时水平。

小结

本章从生物医学、铁路、交通监控等角度对典型工程案例进行分析，并给出了解题思路。这些案例所涉及的内容几乎涵盖了图像处理的各个方面，希望通过这些案例的介绍，能为读者提供一种解题思路，提高读者对图像处理理论内容的全面理解。

参考文献

[1] 程开富. CMOS 图像传感器的原理及应用[J]. 半导体情报，2001, 38(5):5-9.

[2] 库尔特・考夫卡. 李维, 译. 格式塔心理学原理[M]. 北京: 北京大学出版社，2010.

[3] 李云红, 屈海涛. 数字图像处理[M]. 北京: 北京大学出版社，2012.

[4] 刘书琴，毋立芳，宫玉，刘兴胜. 图像质量评价综述[J]. 中国科技论文在线，2001, 6(7):501-506.

[5] 刘贤德. CCD 及其应用原理[M]. 武汉: 华中理工大学出版社，1990.

[6] 那彦, 焦李成. 基于多分辨分析理论的图像融合方法[M]. 西安：西安电子科技大学出版社，2007.

[7] 魏政刚, 袁杰辉, 蔡元龙. 图像质量评价方法的历史、现状和未来[J]. 中国图像图形学报，1998, 3(5):386-389.

[8] 章毓晋. 图像工程[M]. 上册. 北京：清华大学出版社，2006.

[9] 胡广书. 数字信号处理——理论、算法与实现[M]. 北京: 清华大学出版社，2003.

[10] 温智婕. 图像纹理特征表示方法研究与应用[D]. 大连：大连理工大学，2008.

[11] 陶亮，张德龙, H. K. Kwan. 离散信号和图像的实数形式 Gabor 变换[J]. 中国图像图形学报，2000, 5(10):840-845.

[12] 郭立智，赵金环. 基于小波变换的边缘检测[J]. 青岛理工大学学报，2007, 28(2):78-80.

[13] 杨帆. 数字图像处理与分析[M]. 北京: 北京航空航天大学出版社，2007.

[14] 曹茂永. 数字图像处理[M]. 北京: 北京大学出版社，2007.

[15] 田浩，译. T. Acharya. 数字图像处理一原理与应用[M]. 北京：清华大学出版社，2007

[16] 沈庭芝. 数字图像处理及模式识别[M]. 北京: 北京理工大学出版社，1998.

[17] 袁晓松，王秀坛，王希勤. 基于人眼视觉特性的自适应的图像增强算法的研究[J]. 电子学报，1999, 27(4):63-65.

[18] 张新龙，汪荣贵，张璇，等. 基于视觉区域划分的雾天图像清晰化方法[J]. 电子测量与仪器学报，2010, 24(8):754-762.

[19] 张新龙，汪荣贵，张璇，等. 雾天图像增强计算模型及算法[J]. 中国图像图形学报，2011, 16(8):1359-1368.

[20] 李骜，李一兵，刘丹丹. 基于照度划分的多尺度图像增强新算法[J]. 吉林大学学报，2012, 42(2):494-498.

[21] 杨长生. 图像与声音压缩技术[M]. 杭州: 浙江大学出版社，2011.

[22] 黄贤武，王加俊，李家华. 数字图像处理与压缩编码技术[M]. 成都: 电子科技大学出版社，2000.

[23] 龚声蓉，刘纯平，王强，等. 数字图像处理与分析[M]. 北京: 清华大学出版社，2006.

[24] 刘直芳，王运琼，朱敏. 数字图像处理与分析[M]. 北京: 清华大学出版社，2006.

[25] 朱虹，等. 数字图像处理基础[M]. 北京: 科学出版社，2005.

[26] 李朝晖. 数字图像处理及应用[M]. 北京: 机械工业出版社，2004.

[27] 洪小达. 多媒体计算机与数据压缩技术[M]. 北京: 中国国际广播出版社，1999.

[28] 张春田，苏育挺，张静. 数字图像压缩编码[M]. 北京: 清华大学出版社，2006.

[29] 余松煜，张文军，孙军. 现代图像信息压缩技术[M]. 北京: 科学出版社，1998.

[30] 肖自美. 图像信息理论与压缩编码技术[M]. 广州: 中山大学出版社，2000.

[31] 章毓晋. 图像分割[M]. 北京：科学出版社，2001.

[32] 王积分，张新荣. 计算机图像识别[M]. 北京: 中国铁道出版社，1988.

[33] 谢凤英. 免疫细胞图像分析方法研究及系统设计[D]. 北京: 北京航空航天大学，2002.

[34] 吴健康. 数字图像分析[M]. 北京: 人民邮电出版社，1989.

[35] 余松煜，周源华，吴时光. 数字图像处理[M]. 北京: 电子工业出版社，1989.

[36] 周新伦，柳健，刘华志. 数字图像处理[M]. 北京: 国防工业出版社，1986.

[37] 张毅军，吴雪菁，夏良正. 二维熵图像阈值分割的快速递推算法[J]. 模式识别与人工智能，1997, 10(3):259-264.

[38] 宁纪锋. 图像分割和目标跟踪中的若干问题研究[D]. 西安: 西安电子科技大学，2009.

[39] 李俊. 基于曲线演化的图像分割方法及应用[D]. 上海: 上海交通大学，2001.

[40] 朱国普. 基于活动轮廓模型的图像分割[D]. 哈尔滨: 哈尔滨工业大学，2007.

[41] 张俊华. 颈部淋巴结超声图像分析与应用[D]. 上海: 复旦大学，2007.

[42] 周昌雄. 基于活动轮廓模型的图像分割方法研究[D]. 南京: 南京航空航天大学，2005.

[43] 侯叶. 基于图论的图像分割技术研究[D]. 西安: 西安电子科技大学，2011.

[44] 刘建龙. 基于图论的图像分割算法研究[D]. 哈尔滨: 哈尔滨工业大学，2006.

[45] 刘春燕. 图像分割评价方法研究[D]. 西安: 西安电子科技大学，2011.

[46] 张石，董建威，佘黎煌. 医学图像分割算法的评价方法[J]. 中国图像图形学报，2009, 14(9):1872-1880.

[47] 崔屹. 图像处理与分析-数学形态学方法及应用[M]. 北京: 科学出版社，2000.

[48] 唐常青，吕宏伯. 数学形态学方法及其运用[M]. 北京: 科学出版社，1990.

[49] 张李秋. 一种基于纹理特征提取的图像检索方法[D]. 成都: 电子科技大学，2007.

[50] 陈冰，赵亦工，李欣. 一种新的宽基线图像匹配方法[J]. 西安电子科技大学学报（自然科学版），2011, 38(2):116-123.

[51] 宋小丽. 宽基线立体图像的区域匹配及应用[D]. 北京: 中科院自动化所，2007.

[52] 王永明，王贵锦. 图像局部不变性特征与描述[M]. 北京: 国防工业出版社，2010.

[53] 魏玉兰，颜云辉，李兵，等. 邻域灰度与空间特征相结合的互信息配准方法研究[J]. 中国机械工程，2011, 22(4):439-443.

[54] 殷硕文. 一种基于线特征的高分辨率遥感影像配准方法[J]. 测绘技术装备，2007, 9(2):3-5.

[55] 张曼祺. 基于线特征的多源遥感影像配准研究[D]. 南京: 河海大学，2006.

[56] 陈煜. 图像融合技术及其应用研究[D]. 南京: 南京航空航天大学，2004.

[57] 敬忠良，肖刚，李振华. 图像融合：理论与应用[M]. 北京：高等教育出版社，2007 .

[58] 罗晓燕. 多源图像融合方法研究及其应用[D]. 北京：北京航空航天大学，2012.

[59] 王章野. 地面目标的红外成像仿真及多光谱成像真实感融合研究[D]. 杭州：浙江大学，2002.

[60] 赵书河. 多源遥感影像融合技术与应用. 南京：南京大学出版社，2008.

[61] 郑有志. 基于多尺度经验模态分解的图像融合算法研究[D]. 北京：清华大学，2009.

[62] 周丽雅，秦志远. 突出边缘特征的图像融合方法研究[J]. 测绘科学技术学报，2008, 25(6):448-450.

[63] 李华庆. 支持向量机及其在人脸识别中的应用研究[D]. 上海：上海交通大学，2006.

[64] 边肇祺，张学工. 模式识别[M]. 北京：清华大学出版社，2001.

[65] 夏良正. 数字图像处理[M]. 南京：东南大学出版社，1999.

[66] S. Hashem. Optimal linear combinations of neural networks[J]. Neural networks, 1997, 10(4):599-614.

[67] 周倩. 组合电器局部放电超高频信号数学模型构建和模式识别研究[D]. 重庆：重庆大学，2007.

[68] 艾芳菊. 模糊神经网络的结构优化研究[D]. 北京：中国科学院，2006.

[69] M. Negnevitsky. 顾力栩，译. 人工智能—智能系统指南[M]. 北京：机械工业出版社，2007.

[70] 杨福生，洪波. 独立分量分析的原理与应用[M]. 北京：清华大学出版社，2006.

[71] 徐蓉，姜峰，姚鸿勋. 流形学习概述[J]. 智能系统学报，2006, 1(1):44-51.

[72] 谢凤英，姜志国，周付根. 基于数学形态学的免疫细胞图像的分割[J]. 中国图像图形学, 2002, 7(11):1119-1122.

[73] 谢凤英. 基于计算智能的皮肤黑素细胞瘤图像分割与识别[D]. 北京：北京航空航天大学，2009.

[74] 邓泽峰. 图像复原技术研究及应用[D]. 武汉：华中科技大学，2007.

[75] 加春燕，王昕. 基于 Randon 变换和 Gabor 变换鉴别运动模糊方向角[J]. 华北科技学院学报，2012，9（3）：19-22.

[76] 刘辉. 受限运动模糊图像的处理研究[D]. 武汉：武汉理工大学，2009.

[77] 乐翔，程建，李民. 一种改进的基于 Radon 变换的运动模糊图像参数估计方法[J]. 红外与激光工程，2011，40（5）：963-969.

[78] 王菲. 运动模糊图像的恢复及恢复质量评价[D]. 西安：西安电子科技大学，2010.

[79] 张明谦. 运动模糊图像的运动参数估计及复原研究[D]. 成都：电子科技大学，2009.

[80] 邸慧，于起峰. 基于自相关的匀速运动模糊长度参数识别[J]. 国防科技大学学报，2006，28（5）：123-125.

[81] 李俊鹤. 运动模糊图像复原算法研究[D]. 武汉：武汉理工大学，2012.

[82] 张敏. 基于 Radon 变换的超分辨率运动模糊图像复原[D]. 成都：西南交通大学，2012.

[83] 陈建功. 运动模糊图像复原算法研究[D]. 南昌：南昌航空大学，2012.

[84] 陈前荣，陆启生，成礼智. 基于模糊图像的运动模糊方向鉴别[J]. 国防科技大学学报，2004，26（1）：41-45.

[85] 何红英. 运动模糊图像恢复算法的研究与实现[D]. 西安：西安科技大学，2011.

[86] 王辉登. 基于振铃抑制的运动模糊图像复原方法研究[D]. 南京：南京理工大学，2011.

[87] 孙浓亮，曹茂永. 运动模糊图像清晰度评价函数的研究[J]. 仪器仪表学报，2001，22（3）：204-205.

[88] 刘微，运动模糊图像恢复算法的研究与实现[D]，长春：中科院长春光学精密机械与物理研究所，2006.

[89] 余恕梅. 运动模糊图像复原算法研究[D]. 合肥：合肥工业大学，2012.

[90] 郑辉. 运动模糊图像复原技术的研究与实现[D]. 长沙: 国防科学技术大学，2007.

[91] 李红阳. 运动图像恢复[D]. 北京: 清华大学，2002.

[92] 许彬，郑链，王永学，等. 红外序列图像小目标检测与跟踪技术综述[J]. 红外与激光工程，2004, 33(5):482-487.

[93] 陈远. 复杂场景中视觉运动目标检测与跟踪[D]. 武汉: 华中科技大学，2008.

[94] 贾海涛. 运动目标检测与识别算法的研究[D]. 成都: 电子科技大学，2006.

[95] 朱明旱，罗大庸，曹倩霞. 帧间差分与背景差分相融合的运动目标检测算法[J]. 计算机测量与控制，2005, 13(3): 215-217.

[96] 王勇. 基于统计方法的运动目标检测与跟踪技术研究[D]. 武汉: 华中科技大学.

[97] 郑世友. 动态场景图像序列中运动目标检测与跟踪[D]. 南京: 东南大学: 2006.

[98] 杨卫平，沈振康. 红外图像序列小目标检测预处理技术[J]. 红外与激光工程，1998, 27(1):23-28.

[99] 张国敏. 复杂场景遥感图像目标检测方法研究[D]. 长沙: 国防科技大学，2010.

[100] 徐英. 红外图像序列中运动弱小目标检测方法研究[J]. 红外技术，2002, 24(6):27-30.

[101] 徐军. 红外图像中弱小目标检测技术研究[D]. 西安: 西安电子科技大学，2001.

[102] 李勐. 红外序列图像弱小运动目标检测新方法研究[D]. 武汉: 华中科技大学，2006.

[103] 黄晓辉. 基于图像匹配的目标检测技术研究及算法设计[D]. 上海: 上海交通大学，2012.

[104] 叶斌，彭嘉雄. 基于能量累积与顺序形态滤波的红外小目标检测[J]. 中国图像图形学报, 2002, 7(3):251-255.

[105] 丁茂实. 基于运动背景的运动目标检测技术研究[D]. 南京: 南京航空航天大学，2009.

[106] 张艳晶. 复杂云背景下红外运动小目标检测算法研究[D]. 长沙: 国防科学技术大学，2003.

[107] 叶斌，彭嘉雄. 基于形态学 Top-Hat 算子的小目标检测方法[J]. 中国图像图形学报，2002, 7(7):638-642.

[108] 张必银. 小目标检测识别技术性能评价研究[D]. 武汉: 华中科技大学，2007.

[109] 彭真明，雍杨，杨先明，光电图像处理及应用[M]. 电子科技大学出版社，2013.

[110] 侯志强，韩崇昭，视觉跟踪技术综述[J]. 自动化学报，2006, 32(4):603-617.

[111] 王强. 图像目标跟踪技术综述[J]. 计算机工程与应用，2008, (33S):271-275.

[112] 周宏仁. 多目标跟踪技术综述[J]. 航空学报，1986, 7(1):1-10.

[113] 吕泽华. 梁虎，唐赫，王光伟. 目标跟踪研究综述[J]. 计算机工程与科学，2012,

34(10):92-97.

[114] 戴渊明. 视频序列图像中目标跟踪技术研究[D]. 杭州：浙江大学，2012.

[115] 王孝艳. 基于卡尔曼滤波的动目标视觉跟踪方法研究[D]. 沈阳：沈阳理工大学，2012.

[116] 李昱辰. 基于粒子滤波的视频目标跟踪方法研究[D]. 兰州：兰州理工大学，2013.

[117] 闫鹤. 基于粒子滤波的目标跟踪研究[D]. 西安：西安电子科技大学，2010.

[118] 黄斌. 基于粒子滤波的视频目标跟踪方法研究[D]. 成都：电子科技大学，2008.

[119] 彭亮. 机动目标跟踪算法的研究［D］. 西安：西北工业大学，2007.

[120] 樊友友. 高速高机动目标跟踪算法及应用研究[D]. 西安：西安电子科技大学，2013.

[121] 丁春山，安瑾，何佳洲. 机动目标跟踪典型算法评述[J]. 舰船电子工程，2006, 26(1):25-31.

[122] 贾静平，张飞舟，柴艳妹. 基于核密度估计尺度空间的目标跟踪算法[J]. 清华大学学报(自然科学版)，2009, 49(4):595-598.

[123] 孙宸. 基于半监督在线学习的跟踪算法研究[D]. 上海：上海交通大学，2012.

[124] 李坤. 基于在线学习的视频跟踪算法研究与实现[D]. 长沙：国防科学技术大学，2009.

[125] 冯谦. 基于局部特征的视频目标跟踪方法研究[D]. 成都：电子科技大学，2013.

[126] 姜明新. 智能视频监控中的目标跟踪技术研究[D]. 大连：大连理工大学，2013.

[127] 钱诚. 增量型目标跟踪关键技术研究[D]. 杭州：浙江大学，2011.

[128] 高爽. 结合在线学习检测的粒子滤波行人跟踪算法[D]. 成都：电子科技大学，2013.

[129] 顾幸方. 基于随机森林的视觉跟踪算法研究及应用[D]. 南京：南京理工大学，2013.

[130] 崔潇潇，王贵锦，林行刚. 基于边缘片段特征的目标检测[J]. 清华大学学报（自然科学版），2008, 48(10): 1640-1642.

[131] 孟晓敏. 面向智能视频监控系统中的运动目标检测与跟踪方法研究[D]. 西安：西安电子科技大学，2012.

[132] R.C. Gonzalez, R.E. Woods. Digital image processing[M]. Second Edition. Prentice-Hall, 2002.

[133] H.R. Sheikh, A.C. Bovik, G. Veciana. An information fidelity criterion for image quality assessment using natural scene statistics[J]. IEEE Transactions on Image Processing, 2005, 14(12):2117-2128.

[134] H.R. Sheikh, A.C. Bovik. Image information and visual quality[J]. IEEE Transactions on Image Processing, 2006, 15(2):430-444.

[135] M. Sonka, V. Hlavac, R. Boyle. Image processing, analysis and machine vision[M]. Second Edition. PWS Publishing, 1999.

[136] X. Gao, W. Lu, D. Tao, X. Li. Image quality assessment and human visual system[J]. Proc. of SPIE, 2010, 7744(77440Z):1-10.

[137] Z. Wang, A.C. Bovik. A universal image quality index[J]. IEEE Signal Processing Letters, 2002, 9(3):81-84.

[138] Z. Wang, A.C. Bovik, H.R. Sheikh, E.P. Simoncelli. Image quality assessment: From

error visibility to structural similarity[J]. IEEE Transactions on Image Processing, 2004, 13(4):600-612.

[139] A.V. Oppenheim, R.W. Schafer. Discrete-time signal processing[M]. Englewood Cliffa, NJ: Prentice-Hall, 1989.

[140] A.V. Oppenheim, A.S. Willsky. Signals and systems[M]. Englewood Cliffa, NJ: Prentice-Hall, 1983.

[141] J.S. Lim. Two-dimensional digital signal processing[M]. Englewood Cliffa, NJ: Prentice-Hall, 1989.

[142] J.W. Cooley, J.W. Tukey. An algorithm for the machine computation of complex Fourier series[J]. Machematics of Computation, 1965, 19(4):297-301.

[143] P. Duhamael, H. Holtmann. Split-radix FFT algorithm[J]. Electronics Letters, 1984, 20(1):14-16.

[144] S. Winograd. On computing the discrete Fourier transform[J]. Proc. Nat. Acad. Sci, 1976, 73(4): 1005-1006.

[145] P. Duhamael, M. Vetterli. Fast Fourier transform-A tutorial review and a state of the art[J]. Signal Processing, 1990, 4(19):259-299.

[146] K.R. Castleman. Digital image processing[M]. Prentice Hall, 1998.

[147] D. Gabor. Theory of communication[J]. Journal of the Institute of Electrical Engineers. 1946, 93(26):429-457.

[148] D. Dunn, W.E. Higgins, J. Wakeley. Texture segmentation using 2-D Gabor elementary functions[J]. IEEE Transactions on Pattern Analysis and Machine Intelligence, 1994, 16(2):130-148.

[149] A.K. Jain, F. Farrokhnia. Unsupervised texture segmentation using Gabor filters[J]. Pattern Recognition, 1991, 24(12):1167-1186.

[150] L. Tao, H.K. Kwan. Real discrete gabor expansion for finite and infinite sequences. In Proceedings of the 2000 IEEE International Symposium on Circuits and Systems. Geneva, Switzerland, 2000, 4:637-640.

[151] E.H. Land. The retinex theory of color vision[J]. Scientific American, 1977, 237(6):108~128.

[152] Z. Rahman, D.J. Jobson, G.A. Woodell. Multiscale retinex for color image enhancement[J]. IEEE Image Processing, 1996, 3:1003 - 1006.

[153] M. Jourlin, J.C. Pinoli. Logarithmic image processing[J]. Acta Stereol, 1987, 6: 651-656.

[154] M. Jourlin, J.C. Pinoli. A model for logarithmic image processing[J]. Microsc,1988,149: 21-35.

[155] J.S. Lee. Digital image enhancement and noise filtering by use of local statistics[J]. Pattern Analysis and Machine Intelligent, 1980, 2(3): 165-168.

[156] G. Deng, L.W. Cahill. Multiscale image enhancement using the logarithmic image processing model[J]. Electronics Letters, 1993, 29(9):803-804.

[157] G. Deng, L.W. Cahill, G.R. Tobin. The study of logarithmic image processing model and its application to image enhancement[J]. IEEE Trans. on Image Processing, 1995, 4(4): 506-512.

[158] K. Panetta, E. Wharton, S. Agaian. Human visual system based image enhancement and logarithmic contrast measure[J]. IEEE Transactions on Systems, Man, and Cybernetics, 2008, 38(1):174-188.

[159] K. Panetta, E. Wharton, S. Agaian. Parameterization of Logarithmic Image Processing Models[J]. IEEE Tran Systems, Man, and Cybernetics, Part A: Systems and Humans, submitted for publication.

[160] MPEG-1(ISO/IEC JTC1/SC29/WG11, 11172). Coding of moving pictures and associated audio for digital storage media atupto1.5Mbit/s. 1992.

[161] MPEG-2(ISO/IEC JTC1/SC29/WG11, 13818-2). Generic coding of moving pictures and associated audio. 1993.

[162] JEPG(ISO/IEC JTC1/SC2/WG8 10918-1). Digital compression and coding of continuous-tone still picture. 1991.

[163] MPEG-4 (ISO/IEC 14496). Coding of audio-visual objects. 1998.

[164] J. Ostermann, J. Bormans, P. List, et al. Video coding with H.264/AVC tools performance and complexity[J]. Circuits and Systems Magazine, 2004, 4(1):7-28.

[165] ITU-T Rec H.264. Advanced video coding for generic audiovisual services[S]. 2003.

[166] T. Sikora. Low complexity shape-adaptive DCT for coding of arbitrarily shaped image systems[J]. Signal Processing: Image Common, 1995, 7(4-6): 381－395.

[167] Y.J. Zhang. A Review of recent evaluation methods for image segmentation[J]. ISSPA, 2001, 1:148-151.

[168] R.M. Haralick and L.G. Shapiro. Survey: image segmentation[J[. Computer Vision, Graphics, Image Processing, 1996, 29(8):1335-1346.

[169] J.R. Parker. Algorithms for image processing and computer vision[M]. New York: Wiley Computer Publishing, 1996.

[170] D. Comaniciu and P. Meer, Mean shift: a robust approach toward feature space analysis[J]. IEEE Transactions on Pattern Analysis and Machine Intelligence, 2002, 24(5):603-619.

[171] Y. Ukrainitz and B. Sarel. Mean shift theory and applications [EB/OL]. 2004.

[172] M. Kass, A. Witkin and D. Terzopoulos. snakes: active contour models[J]. Int. J. Computer Vision, 1988, 1(4):321-331.

[173] C. Xu, J. Prince. Snake, shapes, and gradient vector flow[J]. IEEE Transactions on Image Processing, 1998, 7(3):359-369.

[174] C. Xu, J. Prince. Generalized gradient vector flow external forces for active contours [J]. Signal Processing, 1998, 71(2):131-139.

[175] G. Sapiro. Geometric partial differential equations and image analysis[M]. Cambridge University Press, Cambridge, 2006.

[176] V. Caselles, F. Catte, T. Coll and F. Dibos. A geometric model for active contours in image processing[J]. Numerische Mathematik, 1993, 66(1):1-31.

[177] R. Malladi, J.A. Sethian and B.C. Vemuri. Shape modeling with front propagation: A Level Set Approach[J]. IEEE Trans. Pattern Analysis and Machine Intelligence, 1995,

17(2):158-175.

[178] S. Osher and J.A. Sethian. Fronts propagating with curvature-dependent speed: algorithms based on Hamilton-Jacobi formulations[J]. Journal of Computational Physics, 1988, 79(1):12-49.

[179] D. Chop. Computing minimal surfaces via level set curvature flow[J]. Journal of Computational Physics, 1993, 106(1):77-91.

[180] C. Xu, D.L. Pham, M.E. Rettmann, D.N. Yu and J.L. Prince. Reconstruction of the human cerebral cortex from magnetic resonance images[J]. IEEE Trans. Medical Imaging, 1999, 18(6):467-480.

[181] J.A. Sethian. Level set methods and fast marching methods: evolving interfaces in geometry, fluid mechanics, computer vision and materials sciences[M]. Cambridge, U.K.: Cambridge University Press, 1966.

[182] S. Kichenassamy, A. Kumar, P. Olver, A. Tannenbaum, and A. Yezzi. Conformal curvature flows: from phase transitions to active vision. archive for rational mechanics and analysis, 1996, 134(3):275-301.

[183] V. Caselles, R. Kimmel and G. Sapiro. Geodesic active contours[J]. International Journal of Computer Vision, 1997, 22(1):61-79.

[184] T. Chan and L. Vese. Active contours without edges. IEEE Transactions on Image Processing, 2001, 10(2):266-277.

[185] D. Mumford and J. Shah. Optimal approximation by piecewise smooth functions and associated variational problems[J]. Communication on Pure and Applied Mathematics, 1989, 42(5):577-685.

[186] J. Dicker. Fast marching methods and level set methods: an implementation[J]. University of British Columbia, Okanagan campus, Computer Science Undergraduate Honours Essays, 2006.

[187] J.A. Sethian. Level set methods and fast marching methods[M]. Cambridge University Press, 1999.

[188] A. Martelli. An application of heuristic search methods to edge and contour detection[J]. Communications of ACM, 1976, 19(2):73-83.

[189] Z.Y. Wu and R. Leahy. An optimal graph theoretic approach to data clustering: theory and its application to image segmentation [J]. IEEE Transactions on Pattern Analysis and Machine Intelligence, 1993, 15(11):1101-1113.

[190] J.B. Shi and J. Malik. Normalized cuts and image segmentation [J]. IEEE Transactions on Pattern Analysis and Machine Intelligence, 2000, 22(8):888-905.

[191] L. Ford and D. Fulkerson. Flows in networks[M]. New Jersey: Princeton University Press, 1962.

[192] M. Fiedler. A property of eigenvectors of nonnegative symmetric matrices and its application to graph theory[J]. Czech. Math. J., 1945, 25(4):619-637.

[193] K. Dae-Won, K.H. Lee and D. Lee. Detecting clusters of different geometrical shapes in

microarray gene expression data [J]. Bioinformatics, 2005, 21(9):1927-1934.

[194] A. Mukhopadhyay, S. Bandyopadhyay and U. Maulik. Clustering using multi-objective genetic algorithm and its application to image segmentation[J]. Proc IEEE Int'l Conf Syst, Man, Cybern, Taipei, 2006, 3:2678-2683.

[195] J.Handl, J. Knowles and D. Kell. Computational cluster validation in post-genomic data analysis [J]. Bioinformatics, 2005, 21(15):3201-3212.

[196] H. Zhang, J. Fritts, S. A. Goldman. Image segmentation evaluation: a survey of unsupervised methods[J]. Computer Vision and Image Understanding, 2008, 110(2):260-280.

[197] M.D. Levine and A.M. Nazif. Dynamic measurement of computer generated image segmentations. IEEE Transactions on Pattern Analysis and Machine Intelligence, 1985, 7(2):155–164.

[198] M.E. Celebi, G. Schaefer, H. Iyatomi, W.V. Stoecker, J.M. Malters and J.M. Grichnik. An improved objective evaluation measure for border detection in dermoscopy images[J]. Skin Research and Technology, 2009, 15(4):444-450.

[199] D.P. Huttenlocher, G.A. Klanderman, and W.J. Rucklidge. Comparing images using the Hausdorff distance. IEEE Transaction on Pattern Analysis and Machine Intelligence, 1993, 15(9):850-863.

[200] P. A. Maragos. Representation theory for morphological image and signal processing [J]. IEEE Trans. on PAMI, 1989, 11(6): 586-599.

[201] M. Haralickr, S.R. Sternberg and X. Zhuang. Image analysis using mathematicial morphology[J]. IEEE Trans. on PAMI, 1987, 9(4): 532-550.

[202] J.A. Bangham and S. Marshall. Image and signal processing with mathematical morphology[J]. Electronics & Communication Engineering Journal, 1998, 4(1):117-128.

[203] A. Hanbury. The morphological Top-Hat operator generalised to multi-channel images[C]. Proceedings of the 17th International Conference on Pattern Recognition, 2004, 1: 672-675.

[204] N. Dalal, B. Triggs. Histograms of oriented gradients for human detection[C]. Proceedings of IEEE Computer Society Conference on Computer Vision and Pattern Recognition. San Diego, 2005, 1: 886-893.

[205] F. Porikli. Integral histogram: a fast way to extract histograms in Cartesian spaces[C]. IEEE International Conference on Computer Vision and Pattern Recognition, 2005, 1: 886-893.

[206] T. Ojala, M. Pietikainen, T. Maenpaa. Multiresolution gray-scale and rotation invariant texture classification with local binary patterns[J]. IEEE Transactions on Pattern Analysis and Machine Intelligence, 2002, 24(7): 971-987.

[207] T. Ojala, M. Pietikainen, T. Maenpaa. A generalized local binary pattern operator for multiresolution gray scale and rotation invariant texture classification[C]. Proceedings of the 2nd International Conference on Advances in Pattern Recognition, 2001, 2013: 397-406.

[208] M. Pietikäinen, T. Ojala, Z. Xu. Rotation-invariant texture classification using feature distributions[J]. Pattern Recognition, 2000, 33(1): 43-52.

[209] S.C. Liao, X.X. Zhu, Z. Lei,et al. Learning multi-scale block local binary patterns for face

recognition[C]. International Conference on Biometrics, 2007, 4642: 828-837.

[210] D.G. Lowe. Object recognition from local scale-invariant features[C]. The Proceedings of the 7th International Conference on Computer Vision. Kerkyra, Greece, 1999, 2:1150-1157.

[211] D. G.Lowe. Local feature view clustering for 3D object recognition[C]. the Proceedings of the Conference on Computer Vision and Pattern Recognition. Kauai, Hawaii, 2001, 1:682-688.

[212] K. Mikolajczyk, C. Schmid. Indexing based on scale invariant interest points[C]. In Proceedings of the 8th International Conference on Computer Vision, Vancouver, Canada, 2001, 1:525~531.

[213] J.G. Daugman. Uncertainty relation for resolution in space, spatial frequency, and orientation optimized by two-dimensional visual cortical filters[J]. Optical Society of America, Journal, A: Optics and Image Science, 1985, 2(7): 1160-1169.

[214] Z. Galil, G.F. Italiano. Data structures and algorithms for disjoint set union problems[J]. ACM Computing Surveys, 1991, 23(3):319-344.

[215] C.E. Murphy, M. Trivedi. N-tree-disjoint-set foreset for maximally stable extremal regions[J]. BMVC. Edinburgh, 2006:278-186.

[216] D.G. Lowe. Distinctive image features from scale-invariant keypoints[J]. International journal of computer vision, 2004, 60(2): 91-110.

[217] F.V. Hundelshausen, R.Sukthankar. D-Nets: Beyond patch-based image descriptors[C]. IEEE Conference on Computer Vision and Pattern Recognition (CVPR), 2012:2941-2948.

[218] H. Bay, T. Tuytelaars, L.V. Gool. Surf: Speeded up robust features[C]. Computer Vision–ECCV 2006. Springer Berlin Heidelberg, 2006: 404-417.

[219] J. Matas, O. Chum, et al. Robust wide-baseline stereo from maximally stable extremal regions[J]. Image and vision computing, 2004, 22(10): 761-767.

[220] K. Mikolajczyk, C. Schmid. A performance evaluation of local descriptors[J]. IEEE transactions on pattern analysis and machine intelligence, 2005, 27(10):1615-1630.

[221] A.A. Goshtasby, S. Nikolov. Image fusion: Advances in the state of the art[J]. Information Fusion, 2007, 8(2): 114-118.

[222] A. KleinL. Sensor and data fusion concepts and applications[M]. SPIE, Bellingham, WA, 1999.

[223] B. Jeon, D.A. Landgrebe. Decision fusion approach for multitemporal classification[J]. IEEE Transactions on Geoscience and Remote Sensing, 1999, 37(3):1227-1233.

[224] B. Yang, S.T. Li. Multifocus image fusion and restoration with sparse representation[J]. IEEE Transactions on Instrument & Measurement, 2010, 59(4): 884-892.

[225] C. Liu , Z. Jing, G. Xiao, B. Yang. Feature-based fusion of infrared and visible dynamic images using target detection[J]. Chinese Optics Letters, 2007, 5(5): 274-277.

[226] C. Pohl, J.L. VanGenderen. Multisensorimage fusion in remote sensing: Concepts, methods and applications[J]. International Journal of Remote Sensing, 1998, 19(5):823-854.

[227] C.S. Xydeas, V. Petrović. Objective image fusion performance measure[J]. Electronics Letters, 2000, 36(4):308-309.

[228] C. Thomas, T. Ranchin, L. Wald, J. Chanussot. Synthesis of multispectral images to high spatial resolution: A critical review of fusion methods based on remote sensing physics[J]. IEEE Transactions on Geoscience and Remote Sensing, 2008, 46(5):1301-1312.

[229] E. Lallier, M. Farooq. A real time pixel-level based image fusion via adaptive weight averaging[C]. The 3rd International Conference on Information Fusion. Paris, France, 2000, 2:WeC3_3-WeC3_13.

[230] G. Piella, H. Heijmans. A new quality metric for image fusion[C]. In: Proceedings of ICIP, 2003, 3:137-176.

[231] G. Piella. Adaptive wavelets and their applications to image fusion and compression[D]. Amsterdam :University of Amsterdam, 2003.

[232] H.B. Mitchell. Multi-sensor data fusion: An introduction[M]. Springer , 2007.

[233] H.J. Park, D.H. Har. Subjective image quality assessment based on objective image quality measurement factors[J]. IEEE Transactions on Consumer Electronics,2011,57(3):1176-1184.

[234] L. HallD. Mathematical techniques in multisensor data fusion[M]. Boston: Artech House, Norwood, MA,1992.

[235] M.I. Smith, J.P. Heather. A review of image fusion technology in 2005[C]. Defense and Security. International Society for Optics and Photonics, 2005: 29-45.

[236] N. Damera-Venkata, T.D. Kite, W.S. Geisler, B.L. Evans, A.C. Bovik. Image quality assessment based on a degradation model[J]. IEEE Transactions on Image Processing, 2000, 9(4):636-650.

[237] P.J. Burt, R.J. Kolczynski. Enhanced image capture through fusion[C]. In Proc. of Int. Conf. on Computer Vision, Berlin, Germany, 1993:173-182.

[238] P.K. Varshn. Multisensor data fusion[J]. Electronics and Communication Engineering Journal, 1997, 9(6):245-253.

[239] Q. Wang, Y. Shen, Y. Zhang, J.Q. Zhang. Fast quantitative correlation analysis and information deviation analysis for evaluating the performances of image fusion techniques[J]. IEEE Transactions on Instrumentation and Measurement, 2004, 53(5): 1441-1447.

[240] R.D. Lillquist. Composite visible/thermal-infrared imaging apparatus: U.S. Patent 4,751,571[P]. 1988,6,14.

[241] R. Raskar, A. Ilie, J. Yu. Image fusion for context enhancement and video surrealism[C]. ACM SIGGRAPH 2005 Courses, 2005:4.

[242] V. Petrović, T. Cootes. Objectively adaptive image fusion[J]. Information Fusion, 2007, 8(2): 168-176.

[243] Y. Chai, Y. He, C.L. Ying. CT and MRI image fusion based on contourlet using a novel rule[C]. The 2nd International Conf. on Bioinformatics and Biomedical Engineering, 2008, 2064-2067.

[244] Z. Zhang, R.S. Blum. A categorization of multiscale-decomposition-based image fusion schemes with a performance study for a digital camera application[J]. Proceedings of the IEEE,1999,87(8):1315-1326.

[245] C.J.C. Burges. A tutorial on support vector machines for pattern recognition[J]. Data Mining and Knowledge Discovery, 1998, 2(2):121-167.

[246] Y. Freund, R.E. Schapire. A decision-theoretic generalization of on-line learning and an application to boosting[C]. Proc. of the Second European Conference on Computational Learning Theory, Lecture Notes In Computer Science, 1995, 904:23-37.

[247] L. Sirovich, M. Kirby. Low-dimensional procedure for characterization of human faces[J]. J. Optical Soc. Am., 1987, 4(3):519-524.

[248] M. Kirby, L. Sirovich. Application of the KL procedure for the characterization of human faces [J]. IEEE Transaction on Pattern Analysis and Machine Intelligence, 1990, 12(1) :103-108.

[249] M. Turk, A. Pentland. Face recognition using Eigenfaces[C]. Proceedings of IEEE Conference on Computer Vision and Pattern Recognition, 1991: 586-591.

[250] B. Scholkopf, A. Smola, K.R. Muller. Nonlinear component analysis as a kernel eigenvalue problem [J]. Neural Computation, 1998, 10(5):1299-1319.

[251] J. Yang, X.M. Gao, D. Zhang, J.Y. Yang. Kernel ICA: an alternative formulation and its application to face recognition[J]. Pattern Recognition, 2005, 38(10): 1784-1787.

[252] J. Lu, K.N. Plataniotis, A.N. Venetsanopoulos. Face recognition using kernel direct discriminant analysis algorithms[J]. IEEE Trans. Neural Networks, 2003,14(1):117-126.

[253] J. Yang, A.F. Frangi, D. Zhang, J.Y. Yang, J. Zhong. KPCA Plus LDA: a complete kernel fisher discriminant framework for feature extraction and recognition[J]. IEEE Trans. Pattern Analysis and Machine Intelligence, 2005,27(2):230-244.

[254] J.B. Tenenbaum, V.D. Silva, J.C. Langford. A global geometric framework for nonlinear dimensionality reduction[J]. Science, 2000, 290(5500):2319-2323.

[255] S.T. Roweis, L.K. Saul. Nonlinear dimensionality reduction by locally linear embedding[J]. Science, 2000, 290(5500):2323-2326.

[256] M. Belkin, P. Niyogi. Laplacian eigenmaps for dimensionality reduction and data representation[J]. Neural Computation, 2003,15(6):1373-1396.

[257] X. He, P. Niyogi. Locality preserving projections[C]. In Advances in Neural Information Processing System 16. MIT Press, Cambridge, MA, 2003.

[258] G. Meng, Z.G. Jiang, Z.Y. Liu, H.P. Zhang, D.P. Zhao. Full-viewpoint 3D space object recognition based on kernel locality preserving projections[J]. Chinese Journal of Aeronautics, 2010, 23(5):563-572.

[259] S. Yan, D. Xu, B. Zhang, H. Zhang, Q. Yang, S. Lin. Graph embedding and extension: a general framework for dimensionality reduction[J]. IEEE Transactions on Pattern Analysis and Machine Intelligence, 2007, 29(1): 40-50.

[260] F.F. Li, P. Perona. A bayesian hierarchical model for learning natural scene categories[C]. IEEE Conference on Computer Vision and Pattern Recognition (CVPR), 2005, 2:524-531.

[261] J.J. Wang, J.C. Yang, K. Yu, F.J. Lv, T.S. Huang, Y.H. Gong. Locality-constrained linear coding for image classification[C]. IEEE Conference on Computer Vision and Pattern Recognition (CVPR), 2010:3360-3367.

[262] L.S.Qiao, S.C.Chen, X.Y.Tan. Sparsity preserving projections with applications to face recognition[J]. Pattern Recognition, 2010, 43(1):331-341.

[263] H. Lee, A. Battle, R. Raina, A. Ng. Efficient sparse coding algorithms[C]. Advances in Neural nformation Processing Systems, MIT Press, 2007:801-808.

[264] J.C. Yang, K. Yu, Y.H. Gong, T. Huang. Linear spatial pyramid matching using sparse coding for image classification[C]. IEEE Conference on Computer Vision and Pattern Recognition (CVPR), 2009:1794-1801.

[265] J. Wright, A.Y. Yang, A. Ganesh, S.S. Sastry, Y. Ma. Robust face recognition via sparse representation[J]. IEEE Transactions on Pattern Analysis and Machine Intelligence, 2009, 31(2):210-227.

[266] J.H. Holland. A daptation in natural and artificial systems[M]. The University of Michigan Press, 1975.

[267] F.Y. Xie, A.C. Bovik. Automatic segmentation of dermoscopy images using self-generating neural networks seeded by genetic algorithm[J]. Patten Recognition, 2013, 46(3):1012-1019.

[268] F.Y. Xie, S.Y. Qin, Z.G. Jiang, et al. PDE-based unsupervised repair of hair-occluded information in dermoscopy images of melanoma[J]. Computerized Medical Imaging and Graphics, 2009, 33(4):275-282.

[269] Y.Q. Xia, F.Y. Xie, Z.G. Jiang. Broken railway fastener detection based on adaboost algorithm[A]. Proceedings of 2010 International Conference on Optoelectronics and Image Processing, 2010: 313-316.

[270] S. Qi, J. Jiaya. High-quality motion deblurring from a single image[J]. ACM Transactions on Graphics, 2008, 27(3): Article 73.

[271] C.W. Helstrom. Image restoration by the method of least squares[J]. Journal of the Optical Society of America, 1967: 57(3): 297-303.

[272] A.D. Hillery, R.T. Chin. Iterative wiener filter for image restoration[J]. IEEE Transactions on Signal Processing, 1991, 39(8): 1892-1899.

[273] D.A. Fish, A.M. Brinicombe, E.R. Pike. Blind deconvolution by means of the Richardson-Lucy algorithm[J]. Journal of the Optical Society of America A, 1995, 12(1): 58-65.

[274] R. Liou, M.R. Azimi-Sadjadi. Detection of dim target in high cluttered background using high order correlation method[J]. IEEE Traps. On Aerospace and Electronic System, 1993, 28 (3):841-856.

[275] S.M. Tonissen, R.J. Evans. Performance of dynamic programming techniques for track before detect[J]. IEEE Traps. On Aerospace and Electronic System, 1996, 32(4):1440-1450.

[276] C.A. Barlow, S.S. Blackman. New Bayesian track-before-detect design and performance study[C]. Proceedings of SPIE. 1998, 3373: C249.

[277] Z.F. Zhu. Grayscale morphological filter for small target detection[J]. SPIE, 2000, 4130: 28-34.

[278] L. Reed, S. Gagliardi. Optical moving target detection with 3-D matched filtering[J].

IEEE Traps on Aerospace and Electronic System, 1988, 24(4),327-336.

[279] Y. Alon, D.D. Johnson, G.H. Mallean, et al. Track-before-detect implementation and test results[C]. International Society for Optics and Photonics, 1997: 84-95.

[280] H. Im, T. Kim. Optimization of multi-frame target detection schemes[J]. IEEE traps on Aerospace and Electronic System, 1999, 35(1):176-186.

[281] B. Yair. Dynamic programming solution for detection dim moving targets[J]. IEEE Trans. On Aerospace and Electronic System, 1985, 21(1):144-156.

[282] D.B. Steven, S.H. Thomas. Detecting small moving objects in image sequences using sequential hypothesis testing[J]. IEEE trans on Signal Processing, 1991, 39(7): 1611-1629.

[283] Z. Tang, X. Wang. An efficient algorithm for infrared small target detection[C]. Information and Computing Science, 2009.Second International Conference on. IEEE, 2009, 2: 51-54.

[284] A. Doucet, S. Godstill, C. Andrieu. On sequential Monte Carlo sampling methods for Bayesian filtering[J]. Statistics and computing, 2000, 10(3): 197-208.

[285] A.D. Jepson, D.J. Fleet, T.F EI-Maraghi. Robust online appearance models for visual tracking[J]. IEEE Transactions on Pattern Analysis and Machine Intelligence, 2003, 25(10):1296-1311.

[286] A. Yilmaz, O. Javed, and M. Shah. Object tracking: A survey[J]. ACM Computing Surveys, 2006, 38(4):13.

[287] R.A. Singer, J.J. Stein. An optimal tracking filter for processing sensor data of imprecisely determined origin in surveillance systems [C]. IEEE Conference on Decision and Control, 1971, 10:171-175.

[288] D. Comaniciu,V. Ramesh, P. Meer. Kernel-based object tracking[J]. IEEE Transactions on Pattern Analysis and Machine Intelligence, 2003, 25(5):564-577.

[289] J. Sung, D. Kim. Adaptive active appearance model with incremental learning [J]. Pattern Recognition Letters, 2009, 30(4):359-367.

[290] J. Ho, K.C. Lee, M.H. Yang, et al. Visual tracking using learned linear subspaces[C]. IEEE Conference on Computer Vision and Pattern Recognition, 2004:782-789.

[291] D.A. Ross, J. Lim, R.S. Lin, et al. Incremental learning for robust visual tracking[J]. International Journal of Computer Vision, 2008, 77(1):125-141.

[292] B. Babenko, M.H. Yang, S. Belongie. Visual tracking with online Multiple Instance Learning[C].IEEE Conference on Computer Vision and Pattern Recognition, 2009:983-990.

[293] D.B. Reid. An algorithm for tracking multiple targets [J]. IEEE Transactions on Automatic Control, pp. 843-854, 1978.

[294] S. Avidan. Support vector tracking [J]. IEEE Machine Intelligence, 2004, 26(8):1064-1072.

主编简介

谢凤英，博士，教授，自2002年北京航空航天大学毕业留校至今，一直从事与数字图像处理相关的教学和科研工作。先后主讲了本科生和研究生的数字图像处理课程，并承担了包括国家自然基金在内的多项课题的研究任务，已在本领域发表学术论文30余篇，出版专业著作3部。曾于2010年5月至2011年5月期间赴美国德州大学奥斯汀分校做访问学者，目前是中国体视学学会理事、中国图像图形学会医学影像专业委员会委员。